Christina Beran

Internationales Marketing und Exportmanagement

Gerald Albaum
Jesper Strandskov
Edwin Duerr

Internationales Marketing und Exportmanagement

3. Auflage

Pearson Studium

ein Imprint der Pearson Education Deutschland GmbH

Die Deutsche Bibliothek – CIP-Einheitsaufnahme

Ein Titeldatensatz für diese Publikation ist bei
Der Deutschen Bibliothek erhältlich.

Autorisierte Übersetzung der englischen Originalausgabe:
International Marketing and Export Management, 3rd edition, by Gerald Albaum et al. © 1998

Umwelthinweis:
Dieses Buch wurde auf chlorfrei gebleichtem Papier gedruckt.
Die Einschrumpffolie – zum Schutz vor Verschmutzung – ist aus umweltverträglichem und recyclingfähigem PE-Material.

10 9 8 7 6 5 4 3 2
03 02 01

ISBN 3-8273-7006-X

ein Imprint der Pearson Education Deutschland GmbH
Martin-Kollar-Straße 10–12, D-81829 München / Germany

www.pearson-studium.de
Übersetzung: reemers publishing services gmbh, Krefeld
Lektorat: Helge Sturmfels, hsturmfels@pearson.de
Tilman Bergt, Eva Vogel
Fachlektorat: Dr. Barbara Kreis-Engelhardt, LMU München
Korrektorat: Stefanie Menke, Wuppertal
Einbandgestaltung: Thomas Jarzina, DYADEsign, Düsseldorf
Titelabbildung: The Stock Market Photo Agency, Düsseldorf
Herstellung: Claudia Bäurle, cbaeurle@pearson.de
Satz: reemers publishing services gmbh, Krefeld (www.reemers.de)
Druck und Bindung: Kösel, Kempten (www.koeselbuch.de)
Printed in Germany

Inhaltsverzeichnis

Vorwort

Vorgehensweise und Ziele

In vielen Teilen der Welt haben sich die Einstellungen von Geschäftsunternehmen hinsichtlich der Bedeutung einer internationalen Perspektive in ihren Geschäftsaktivitäten gewandelt. Dies bestätigen die jahrelangen Aktivitäten von Unternehmen in anderen Ländern. Die Internationalisierung von Geschäftsunternehmen ist sowohl bei Praktikern als auch bei Akademikern an Universitäten und anderen Institutionen „in Mode". Daher kann es nicht überrraschen, dass mehr oder weniger regelmäßig Bücher zu den Themen „Internationales Marketing" und „Unternehmensmanagement" erscheinen.

Viele der Bücher befassen sich mit dem Management multinationaler (oder globaler) Unternehmen, die meist recht groß sind. Hinsichtlich der Anzahl der Unternehmen, die auf die eine oder andere Art und Weise internationale Geschäfte tätigen, befinden sich jedoch die kleinen und mittleren Unternehmen bei weitem in der Mehrzahl. Die meisten dieser Unternehmen können ihre internationalen Operationen möglicherweise nie so weit ausdehnen, dass sie zu multinationalen bzw. globalen Unternehmen werden. Die wichtigste internationale Aktivität der meisten kleinen und mittleren Unternehmen ist das Exportieren. Selbst große multinationale Unternehmen mit globalen Operationen befassen sich intensiv mit Exporten.

Bücher zum internationalen Marketing und über Strategien des internationalen Unternehmensmanagements widmen dem Thema des Exportmanagements nur wenige Seiten, oft nur ein Kapitel. Zudem ist in den letzten Jahren nur wenig geschrieben worden, was sich ausschließlich mit dem Exportmanagement befasst. Diese dritte Auflage von „Internationales Marketing und Exportmanagement" führt das Ziel der bisherigen beiden Auflagen, diese Lücke zu schließen, fort. Weiterhin umfasst der Export unserer Meinung nach die Anwendung von Marketingverfahren und -maßnahmen. Das ist das zentrale Thema dieses Buches. Es soll jedoch keine Bedienungsanleitung für die prozeduralen Aspekte des Exports sein. Einige dieser Vorgehensweisen werden zwar behandelt, aber das Buch soll in erster Linie dabei helfen, das Management von Exportoperationen und die entsprechenden Entscheidungen zu verstehen. Notwendigerweise sind Beschreibungen in gewissem Umfang enthalten. Wir nähern uns dem Stoff weiter aus der Sicht des Prozesses, mit dem sich Unternehmen aus beliebigen Ländern kreativ an die internationale Umgebung anpassen können, in der sie operieren. Zur Ergänzung der Erörterungen der jeweiligen Kapitel finden Sie an deren Ende Fallstudien. Wir haben einige der Fallstudien der zweiten Auflage übernommen und sie bei Bedarf durch neuere ergänzt. Nur wenige der Fallstudien (typischerweise die längeren) sind nicht speziell für dieses Buch geschrieben worden. Die Erfahrungen dieser Unternehmen erhellen den Text und bieten die Möglichkeit, den Lehrstoff dieses Buches zu integrieren und Entscheidungen zu treffen. Das Buch eignet sich für alle Unternehmen, die Geschäfte mit ausländischen Märkten abwickeln.

An dieser Auflage von *Internationales Marketing und Exportmanagement* wurden einige Änderungen vorgenommen, die kurz angesprochen werden sollten. Erstens ist das Buch sorgfältig überarbeitet und durch Begebenheiten ergänzt bzw. aktualisiert worden, die sich im internationalen Umfeld seit der Veröffentlichung der zweiten Auflage ereignet haben. Zudem wurden einige Kapitel umgeschrieben und bei Bedarf neue „Denkhaltungen" integriert. Wir haben unsere Ausrichtung hinsichtlich des Exports nicht geändert. Aus der Marketingperspektive sind die z.B. der Produktentwicklung und -strategie, der Werbung und der Preispolitik zu Grunde liegenden Ideen jedoch unabhängig vom Markteintrittsmodus (exportierend oder nichtexportierend) häufig dieselben. In dieser Hinsicht nähern sich Exportmarketing und das allgemeinere internationale Marketing sowohl aus der Perspektive der Ausbildung als auch aus der Perspektive der Praxis. Zweitens wurde zusätzliches Material zum Kanalmanagement hinzugefügt, um die Diskussion des Eintrittsmodus zu erweitern und sie aus der Perspektive eines Distributionskanals zu präsentieren. Kontinuierlich verbinden wir die verschiedenen Themen mit der Strategie.

Leserschaft

Internationales Marketing und Exportmanagement wurde für alle geschrieben, die Wissen über internationales und Exportmarketing erwerben bzw. dieses erweitern wollen. Erstens soll es sich als Text für das Grundstudium an Universitäten und für fortgeschrittene Kurse im Exportmanagement oder dem internationalen Marketing eignen. Die verschiedenen Elemente des Marketing-Mixes inklusive aller Arten von Eintrittsmodi werden behandelt.

Eine zweite Zielgruppe stellen Personen in der Managementausbildung und in anderen nichtuniversitären Programmen dar. Das Buch eignet sich gut für Kurse, die das Exportmanagement und/oder das internationale Marketing behandeln. Es muss jedoch daran gedacht werden, dass es sich hier nicht um ein Handbuch für die prozeduralen Aspekte des Exportierens handelt.

Eine letzte Zielgruppe sind Praktiker im Export bzw. dem internationalen Marketing. An verschiedenen Stellen des gesamten Buches bieten wir einige neue Einsichten, die selbst für den erfahrenen Exporteur nützlich sein können.

Dank der Autoren

Die Autoren danken den vielen Personen, die die Vorbereitung dieses Buches angeregt und unterstützt haben. In diesem kurzen Vorwort können wir unmöglich alle namentlich nennen. Zunächst und in erster Linie wollen wir Juliet Dowd danken, die uns Materialien aus dem Buch „Introduction to Export Management“ zur Verfügung gestellt hat, das von Laurence Dowd verfasst und von Eljay Press veröffentlicht worden ist. Wir schulden den Schülern und Geschäftsleuten, deren Artikel, Bücher und andere Materialien wir übernommen oder zitiert haben, großen Dank. Durch persönliche Kontakte mit Spezialisten auf vielen Gebieten des Themas konnten wir ebenfalls unsere Kenntnisse erweitern. J. Andrzej Lubowski, J.H. Dethero und James Fitzgerald (J.E. Lowden & Company) waren uns sehr behilflich. Insbesondere danken wir Gordon Miracle, Michigan State University, dafür, dass er uns Material aus Arbeiten zur Verfügung gestellt hat, die früher in Zusammenarbeit mit einem der Autoren dieses Buches entstanden sind. Wir danken jenen, die die erste und zweite Auflage des Buches ganz oder teilweise Korrektur gelesen haben und uns hilfreiche Hinweise geben konnten: Jürgen Reichel, University of Stockholm, E.P. Hibbert, Durham University Business School, Collin Gilligan, Sheffield City Polytechnic, Michele Akoorie, University of Waikato, Jeremy Baker, London Guildhall University, und Nick Foster, Sheffield Hallam University. Obwohl wir aus ihren Vorschlägen viel gelernt haben, konnten wir nicht alle integrieren. Daher sind wir für alle ggf. noch vorhandenen Mängel allein verantwortlich.

Unseren Lektoren bei Addison Wesley Longman, Allison King (erste Auflage), Sarah Mallen und Tim Pitts (zweite Auflage) und Richard Beaumont (dritte Auflage) gebührt unsere Anerkennung für ihre Ermutigung, ihre Unterstützung und vor allem Geduld während der

Zeit der Vorbereitung des Manuskripts. Schließlich war uns unser Produktionsredakteur Christian Turner eine große Hilfe, dem wir zudem für die schnelle Abwicklung des Produktionsprozesses danken.

Gerald Albaum
Jesper Strandskov
Edwin Duerr

Aus Gründen der besseren Lesbarkeit verzichten wir in diesem Buch auf die Nennung männlicher und weiblicher Pronomen, Berufsbezeichnungen usw.

KAPITEL 1

Internationales Marketing und Exporte

1.1 Einleitung

Seit den 90er Jahren entstehen zunehmend Unternehmen, die im globalen Handel „globale" Märkte bedienen (oder bedienen sollen). Dieses wichtige Motiv liegt den seit den 80er Jahren in kommerziellen Unternehmen zunehmenden *Internationalisierung*saktivitäten und Internationalisierungsprozessen zu Grunde. Das aktuelle Interesse kommerzieller Unternehmen am internationalen Marketing lässt sich zu einem großen Teil weltweiten Änderungen der Nachfrage, der Versorgung der Märkte und der sich laufend ändernden Wettbewerbssituation zuschreiben. Unternehmen, die bisher nur Inlandsmärkte bedient haben, stellen fest, dass sich diese Märkte dem Punkt nähern, an dem das Angebot (zumindest hinsichtlich der *Produktionskapazitäten*) die Nachfrage übersteigt. Dafür sind mehrere Faktoren verantwortlich, wie z.B. das langsamere (oder sogar stagnierende) Marktwachstum, die zunehmende Konkurrenz durch andere lokale Firmen, der zunehmende Wettbewerb mit ausländischen Anbietern und verringerte Handelsbarrieren. Alle Unternehmen in Ländern der Europäischen Union (EU) müssen sich dieser Situation z.B. auf dem neuen internen Markt stellen, der mit dem sog. EU92-Programm entstand, das auf der Basis des Binnenmarktgesetzes (SEA – Single European Act) von 1987 entwickelt wurde. Es gibt globale, internationale, nationale und unternehmensspezifische Einflussgrößen, die anscheinend den Internationalisierungsaktivitäten von Unternehmen zu Grunde liegen. Globale Einflussgrößen sind die allgemeinsten. In seiner jüngsten Untersuchung finnischer Unternehmen identifiziert Luostarinen (1994) eine Reihe globaler Faktoren für den Zeitraum der 70er bis 90er Jahre. Diese werden in Tabelle 1.1 wiedergegeben und erklären in gewissem Umfang auch die Internationalisierungsaktivitäten nicht-finnischer Unternehmen. Neben diesen Umweltfaktoren gibt es je nach Gastland, Unternehmensherkunft und der jeweiligen Firma selbst weitere Einflussgrößen, wie Abbildung 1.1 verdeutlicht.

1.1.1 Internationalisierung und der globale Marketer

Wendet man den Begriff der Internationalisierung auf kommerzielle Unternehmen an, handelt es sich – je nach Sichtweise – um (1) einen Prozess, (2) ein Endergebnis und/oder (3) eine Denkweise. Formal definieren wir Internationalisierung als (Luostarinen, 1994, S. 1):

> *Ein schrittweiser Prozess der internationalen Geschäftsentwicklung, durch den sich Unternehmen zunehmend mit bestimmten Produkten in ausgewählten Märkten engagieren und internationale Geschäftsaktivitäten entwickeln.*

Laut Definition ist dieser Entwicklungsprozess sequenziell und geordnet.

Er kann sowohl Wechselwirkungen zwischen Umwelteinflüssen und Führungsverhalten als auch diese beiden Haupteffekte selbst umfassen. In gewisser Weise kann die Internationalisierung von Unternehmen eine Frage des Ausmaßes sein, wie Beispiel 1.1 zeigt.

Tabelle 1.1 Einige globale Faktoren zur Erklärung der Internationalisierung.

1. Der Welthandel wächst schneller als das Welt-Bruttosozialprodukt steigt.
2. Die globale Summe der Direktinvestitionen im Ausland wächst seit 20 Jahren stärker als das Handelsvolumen.
3. Die Abhängigkeiten zwischen Konkurrenten in verschiedenen Teilen der Welt nehmen zu.
4. Die Globalisierung der Industrien und Unternehmen nimmt zu.
5. Das Wesen der globalen Konkurrenz ändert sich aufgrund zunehmender internationaler Vernetzung, Zusammenarbeit und Bündnisbildung.
6. Kapitalmärkte werden dereguliert.
7. Die Gebietsintegration steigt. Das heißt, die Bewegung von Kapital und Produkten sowie Arbeitskraft und Dienstleistungen werden zunehmend liberalisiert.
8. Osteuropäische (und asiatische) Nationen übernehmen zunehmend marktwirtschaftliche Systeme.
9. Die Entwicklung verzögerungsfreier internationaler Kommunikation.
10. Das Ende des kalten Krieges.
11. Wirtschaftliche Interessen erhalten mehr Gewicht als politische und/oder militärische Interessen.
12. Ein starker Anstieg grenzüberschreitender Reisen.
13. Die Beschleunigung und Zunahme internationaler Transporte.
14. Die Internationalisierung kultureller Beziehungen, Arbeitsgruppen usw.
15. Das erhöhte internationale Bewusstsein der Menschen aufgrund von Ausbildung, Forschung, Reisen, Medien und Kontakten mit Ausländern.

Quelle: Luostarinen, 1994, S. 6–7.

Abbildung 1.1 Faktoren zur Erklärung der Internationalisierung.

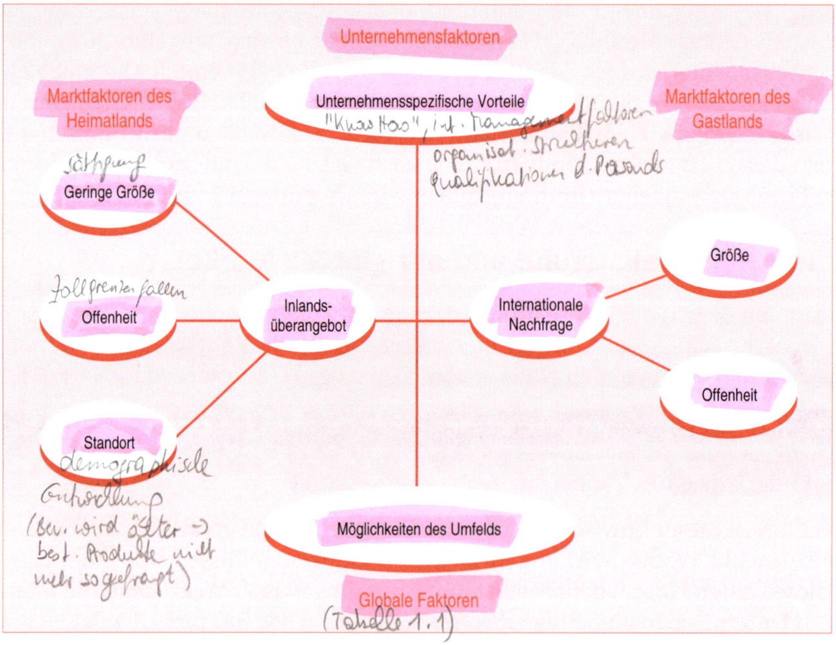

Quelle: nach Luostarinen, 1994, S. 7.

BEISPIEL 1.1

Der Internationalisierungsgrad eines Unternehmens

Manche Leute halten es für wichtig, das Ausmaß der Internationalisierung eines Unternehmens messen zu können. Wirklich gültige Maßstäbe scheinen sie aber nicht gefunden zu haben. Im Laufe der Jahre wurden Versuche unternommen, das Ausmaß der Internationalisierung aus Analysen von Entwicklung, Struktur und Verlauf der Geschäftsbeziehungen in den demographischen, strategischen, organisatorischen, markt-, produkt- und einstellungsbezogenen Merkmalen der internationalen Expansion eines Unternehmens zu folgern. Weiter gingen in die Bemessung der Internationalisierung prozentuale Verkaufs- und Produktionsmengen, Gewinne und Vermögenswerte ein. Der jüngste Versuch einer Messung stammt von Sullivan (1994). Das von ihm entwickelte Maß basiert auf den folgenden Einflussgrößen:

- Auslandsverkäufe in Prozent der Gesamtverkäufe
- ausländische Vermögenswerte in Prozent der Gesamtvermögenswerte
- überseeische Tochterunternehmen in Prozent der Tochterunternehmen insgesamt
- psychische Verteilung internationaler Operationen
- internationale Erfahrung der Top-Manager.

Sullivan (1994, S. 336) glaubt, dass sein Maß den statistischen Anforderungen genügt und dass es eine Weiterentwicklung anderer Maßstäbe darstellt. Er zeigt jedoch nicht auf, welchen operationalen Wert sein Maßstab für Unternehmen hat.

Piercy (1982) hat die folgende Checkliste entwickelt und stellt einen wesentlich nützlicheren Ansatz zur Verfügung. Mit Hilfe der Checkliste können Unternehmen Folgendes beurteilen:

- wie international sie momentan sind
- wie international sie sein können
- wie international sie sein wollen.

Das Resultat ist eine sog. Gap-Analyse, die die Differenz zwischen aktueller und angestrebter Position des Unternehmens aufzeigt.

Checkliste

A. Wie international ist das Unternehmen?

1. Wie hoch sind unsere *Exportverkäufe* nach Produkten?
   (a) in Gesamtmengen/Gesamteinnahmen je Produkt
   (b) im Verhältnis zu den Gesamtverkäufen je Produkt
   (c) als Trend
2. In wie vielen *Exportmärkten* verkaufen wir?
   (a) die Anzahl der Länder
   (b) die Anzahl der Produktmärkte
3. Wie *konzentriert* sind unsere Exportverkäufe?
   (a) nach Märkten
   (b) nach Produkten

Beispiel 1.1 (Forts.)

4. Welches tatsächliche Ausmaß haben unsere *Exportanstrengungen* und welche tatsächlichen Kosten verursachen sie?
   (a) Personal: Wie viele Mann-Äquivalente sind dem Exportgeschäft zuzuordnen?
   (b) Werbung: Wie hoch sind die Ausgaben zur Generierung von Exportverkäufen?
   (c) Gewinnbeitrag: Wie hoch sind der relative Gewinnbeitrag und die Allgemeinkosten der Exportverkäufe (d.h. Verkaufseinnahmen – direkte Kosten = Beitrag)?
5. Woher stammen unsere Exportgeschäfte (*Quelle*)? Mit anderen Worten, welchen Anteil am Exportgeschäft haben
   (a) freiwillige Aufträge
   (b) Aufträge von Distributoren (i) aus ihren Anstrengungen, (ii) aus unseren Anstrengungen
   (c) Aufträge aus unseren eigenen Verkaufsanstrengungen?
6. Wie lässt sich unsere wirkliche Einstellung zu Exporten zusammenfassen? Wo befindet sich das Unternehmen auf der folgenden Skala?

1 (reaktiv/passiv)	**2**	**3**	**4**	**5 (aktiv)**
Exporte ergänzen nur lokale Verkäufe, sie stammen z.B. vorwiegend aus freiwilligen Aufträgen	Exporte sind wichtig, aber nicht so wichtig wie lokale Verkäufe	Exporte und lokale Verkäufe sind gleich wichtig	Exporte sind wichtiger als der lokale Markt	Exporte sind die Hauptquelle des Geschäfts

B. Wie international kann das Unternehmen sein?

7. Welche *Märkte* sind für uns entwicklungsfähig?
   (a) Größe der nationalen Märkte und Marktanteile
   (b) Größe der Produktmärkte und Marktanteile
8. Welche existierenden *Barrieren* (z.B. Kapazität, Mitbewerber, Handelsabkommen, Zollfreigrenzen) könnten die Nutzung identifizierter Marktchancen verhindern?
9. Was müssten wir tun, um diese Barrieren zu überwinden (z.B. Investitionen, neue Produkte, neues Fachwissen)?

C. Wie international will das Unternehmen sein?

10. Wie hoch sollen die Export*verkäufe* sein?
11. Welche *Märkte* planen wir anzugreifen?
12. Kommen wir mit den *Konsequenzen* erhöhter Exportanstrengungen (z.B. Produktionskapazität, Kundendienst, langsamerer Cashflow, neues Fachwissen) zurecht?
13. Wie wird sich die tatsächliche *Einstellung* zu Exporten ändern müssen (vgl. Skala in Frage 6)?
14. *Gap-Analyse*: Welche Aktivitäten und Ressourcen werden benötigt, um die Lücke zwischen A (aktueller Zustand) und C (erwünschter Zustand) zu schließen?

Das Extrem eines globalen Anbieters ist das *globale Unternehmen*. Es ist als ein Unternehmen definiert, das so konsequent gleich bleibend – bei niedrigen relativen Kosten – vorgeht, dass die Welt oder wesentliche Regionen derselben scheinbar eine Einheit bilden (Levitt, 1986, Kap. 2). Ein solches Unternehmen würde überall die gleichen Produkte auf die gleiche Weise verkaufen. Im Unterschied dazu operieren multinationale Unternehmen (MNU) „alten Stils" in mehreren Ländern, für die sie ihre Produkte und Aktivitäten jeweils (bei hohen relativen Kosten) anpassen. Diese beiden Extreme entsprechen Standardisierung und Adaption/Individualisierung. Eine wesentliche Prämisse des globalen Unternehmens ist, dass Nationen, Menschen und Märkte in einer sich weiterentwickelnden Welt zunehmend homogener werden und dass die Menschen bereit sind, Präferenzen für Produktmerkmale usw. für gute Qualität bei niedrigem Preis aufzugeben. Tatsächlich wird argumentiert, dass das globale Unternehmen nur bereits vorhandene Prozesse zu beschleunigen sucht, um weltweit standardisierte Produkte und Handlungsweisen zu forcieren, weil dies akzeptiert wird, insbesondere wenn aggressive, niedrige Preise mit Qualität und Zuverlässigkeit einhergehen. Gegner argumentieren, dass es keine Beweise (z.B. einheitliche bzw. ähnliche Marktreaktionsfunktionen für verschiedene Länder oder zunehmende Preissensibilität der Konsumenten zu Lasten von Produktmerkmalen und -funktionen) für eine homogener werdende Welt gibt. Die Unterschiede zwischen MNU und globalem Unternehmen fasst Tabelle 1.2 zusammen.

In gewissem Umfang ist die Frage semantischer Natur. International operierende Unternehmen wurden international, transnational, multinational, global oder auch Weltfirma genannt. Oft sind die Unterschiede zwischen diesen Bezeichnungen weder zahlreich noch bedeutend. Zudem werden diese Begriffe nicht immer gleich definiert. Ungeachtet der Bezeichnung liegt der Schlüssel für viele Unternehmen darin, sich eine globale Sicht im Hinblick auf folgende Punkte anzueignen:

- Die Einschätzung der relativen Aussichten der Marktchancen.
- Die Einschätzung der Investitionschancen und die Verwendung der Investmentfonds.
- Der Erwerb von Rohmaterialien, Komponenten, Produktionsmitteln und Vorräten.
- Personal- und Kapitalbeschaffung.

Kurz, Unternehmen mit globaler Sicht operieren ohne Rücksicht auf nationale Grenzen, sofern diese nicht die relativen Vorteile verschiedener Aktivitäten untereinander beeinflussen. Globale Strategien basieren auf standortspezifischen und kompetitiven Vorteilen (Roth und Morrison, 1994). Der wesentliche Unterschied zwischen globalen und nicht globalen Strategien ist also operationaler Natur. Der Vorteil globaler Strategien ist die operationale Flexibilität, die aus der Regelung des Ressourcenflusses im multinationalen Netz resultiert. Laut Tom van Heesch, Direktor von Phillips International, muss ein Unternehmen im Hinblick auf Personal, Ressourcen und Produkte flexibel sein, wenn es Globalisierung anstrebt.

In einigen Fällen, wenn es ein globales Marktsegment gibt, kann Standardisierung angemessen sein. Benetton z.B. operiert anscheinend auf diese Weise. Unter anderen Bedingungen sind Anpassungen erforderlich. Um z.B. Autos erfolgreich auf dem japanischen Markt zu verkaufen, muss das Produkt eine Rechtssteuerung besitzen. Alles in allem können Unternehmen „global denken, aber lokal handeln", eine Management-Maxime des großen schweizerischen Unternehmens Asea Brown Boveri (Agthe, 1990), wenn sie beide Sichtweisen in Einklang bringen wollen. Das US-Unternehmen Loctite, Hersteller und Vertreiber von Industrieklebern und Dichtungsmitteln, setzt diese Philosophie um, indem es den lokalen Managern der eigenen Tochtergesellschaften oder der Joint Ventures die Durchführung eigener Maßnahmen erlaubt.

Zur weiteren Veranschaulichung: Das große US-Fast-Food-Unternehmen McDonald's nennt sich selbst „multi-lokales" Unternehmen. Es hält an der Idee fest, dass die Restaurants zum größten Teil im Besitz von Einheimischen sind, und passt seine Produkte an die örtliche Kultur an. Gleichzeitig kauft McDonald's seine Rohmaterialien zunehmend nicht mehr lokal, sondern global ein. Zum Beispiel könnte das Fleisch aller McDonald's-Filialen Asiens eines Tages aus Australien stammen, während alle Kartoffeln aus China kommen. Schon jetzt kommt jeder Sesamsamen auf allen Brötchen der Welt aus Mexiko. Für McDonald's sind Multi-Lokalität und Globalisierung miteinander vereinbar – hier handelt es sich um eine Demokratisierung der Globalisierung, bei der die Menschen überall einen gewissen Anteil daran haben, wie sie ihr Leben beeinflusst.

Tabelle 1.2 Das multinationale und das globale Unternehmen (ausgewählte Aspekte).

Variablen	**Annahmen des multinationalen Paradigmas des internationalen Marketing**	**Annahmen des globalen Paradigmas des internationalen Marketing**
Industrie	Multinationale Unternehmen konkurrieren sowohl in einheimischen als auch in globalen Industrien.	Globalisierung der gesamten Industrie.
Produktlebenszyklus	Produkte befinden sich in verschiedenen Ländern in unterschiedlichen Stadien des Produktlebenszyklus.	Globaler Produktlebenszyklus. Alle Verbraucher wollen die fortschrittlichsten Produkte.
Adaption	Produktanpassung ist in Märkten erforderlich, die sich durch nationale Unterschiede charakterisieren lassen.	Produkte werden an globale Wünsche und Bedürfnisse angepasst. Die Produkteignung hat geringere Bedeutung.
Marktsegmentierung	Segmente geben Unterschiede wieder. Angepasste Produkte für die jeweiligen Segmente. Viele spezifische Märkte. Regionale/nationale Unterschiede werden anerkannt.	Segmente geben Gruppenähnlichkeiten wieder. Ähnliche Segmente werden zusammengefasst. Weniger standardisierte Märkte. Expansion der Segmente auf weltweite Proportionen.
Wettbewerb	Einheimische/nationale Wettbewerbsbeziehungen.	Die Fähigkeit zum Wettbewerb in nationalen Märkten wird von der globalen Position des Unternehmens beeinflusst.
Produktion	Standardisierung wird von den Anforderungen des nationalen Geschmacks beschränkt.	Global standardisierte Produktion. Anpassungen erfolgen über modulare Entwürfe.
Der Verbraucher	Präferenzen reflektieren nationale Unterschiede.	Globale Konvergenz der Verbraucherwünsche und -bedürfnisse.
Produkt	Produkte differieren hinsichtlich Design, Merkmale, Funktion, Stil, Image, usw.	Betonung wertsteigernder Unterschiede.
Preis	Verbraucher sind bereit, höhere Preise für angepasste Produkte zu zahlen.	Verbraucher ziehen global standardisierte Waren vor, wenn sie günstiger erhältlich sind.
Werbung	Nationales Produkt-Image, von nationalen Bedürfnissen beeinflusst.	Globales Produkt-Image, von nationalen Unterschieden und globalen Bedürfnissen beeinflusst.
Standort	Nationale Distributionskanäle.	Globale Standardisierung der Distribution.

Quelle: nach Hampton und Buske (1987), S. 265-266.

Die Internationalisierung von Aktivitäten beschränkt sich nicht auf größere Unternehmen. Kleine und mittlere Unternehmen werden sich ebenfalls internationalisieren, sich dabei aber in Art und Umfang von den Großunternehmen unterscheiden. In der Regel werden kleine, multinationale Unternehmen nur in wenigen Ländern international tätig und versuchen nicht, ihre Produkte/Dienstleistungen global einzuführen (Bellak und Luostarinen, 1994, S. xi). Sie konzentrieren sich anscheinend auf nahe Märkte. In den USA exportieren z.B. die meisten Unternehmen erst einmal nach Kanada. Aufgrund der geringen Sprachbarrieren, ähnlicher Geschäftskultur und der NAFTA (North American Free Trade Area) ist Kanada zumindest anfangs der attraktivste Markt für kleine Unternehmen (Barrett, 1995, S. 99). Bei Erfolg wenden sie sich dann weiter entfernten Märkten wie Westeuropa und Asien/Pazifik zu. Derartige Unternehmen investieren ggf. wegen geringerer Transport- und/oder Produktionskosten in entfernten Gebieten. Dies geschieht dann aus Gründen der Beschaffung und weniger aus Gründen des Markteintritts. Es gibt jedoch auch einige kleine globale Unternehmen, die in Nischen ansässig sind, die entweder wegen des kleinen Inlandsmarktes global tätig werden oder sich globalisieren müssen, um auf diesem Weg ihren Vorsprung vor nachahmenden Wettbewerbern zu sichern.

1.1.2 Ausrichtung des Buches

Dieses Buch befasst sich mit *internationalem Marketing* und *Exportmanagement*. Auch wenn es Themen diskutiert, die für alle möglichen Aktivitäten im Bereich des internationalen Marketing relevant sind, liegt die Betonung auf dem *Exportmarketing*. Diese Beschränkung ist weniger bedeutsam, als es zunächst scheint, da Export eine wesentliche Dimension des internationalen Marketing und somit eine Markteintrittsvariante ist. Andere Formen des Eintritts in ausländische Märkte sind Direktinvestitionen und strategische Allianzen. Es gibt klare Beziehungen zwischen den verschiedenen Eintrittsmodi. Sie werden in Abbildung 1.2 dargestellt, die Stadien verschiedener Internationalisierungsmuster zeigt, in denen sich Unternehmen in verschiedenen Zielmärkten befinden können. Acht unterschiedliche Internationalisierungsmuster werden vorgestellt. Unabhängig vom verfolgten Markteintrittsmuster müssen Unternehmen weiterhin andere Marketingaktivitäten durchführen. Auch wenn der Schwerpunkt unserer Erörterungen dieser Aktivitäten (Produkt, Preis, Werbung usw.) auf dem Exportmarketing liegt, sind sie größtenteils auch auf Unternehmen anwendbar, die andere Markteintrittsmodi benutzen.

Warum befasst man sich mit internationalem Marketing und speziell mit Exportmarketing? Die Antwort ist einfach: Diese Art des Marketing ist sowohl für ganze Nationen als auch für einzelne Unternehmen wichtig und erfordert Kenntnisse, die sich von denen für Inlandsmärkte unterscheiden, auch wenn diese Unterschiede zuweilen nur graduell und nicht grundsätzlich sind. Des Weiteren geht dieses Wissen mit besonderen Kompetenzen und Erfahrungen einher, die erforderlich sind, wenn Unternehmen erfolgreich sein sollen. Kompetenz in allgemeinen Bereichen des Marketing selbst ist für sich allein eine notwendige (aber nicht hinreichende) Voraussetzung für Erfolge im Exportmarketing. Über Wissen, Kompetenz und Erfahrungen in ausländischen Märkten hinaus setzt der Erfolg auch die richtige *Einstellung* und das entsprechende *Engagement* des Unternehmensmanagements voraus. Kenneth Butterworth, Vorsitzender von Loctite, hat z.B. festgestellt, dass „die Einstellung der Firmenleitung weltweit das größte nichttarifliche Hindernis für Amerikaner ist".

Abbildung 1.2 Internationalisierungsmuster eines Unternehmens.

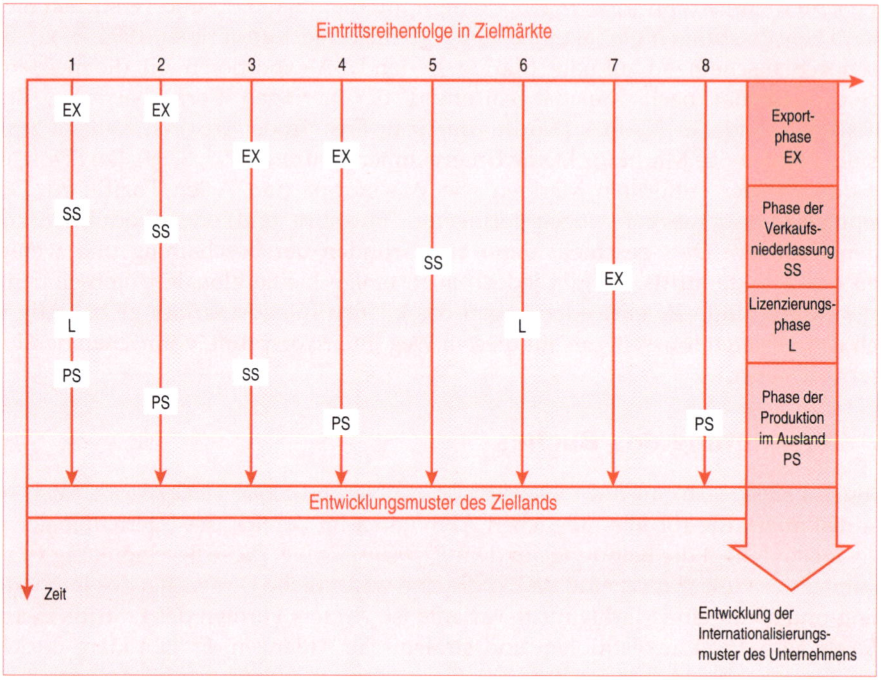

Quelle: nach Luostarinen und Welch, 1990, S. 264.

1.1.3 Kapitelüberblick

Der Rest dieses Kapitels ist eine Einführung in das internationale Exportmarketing-Management. Wir betrachten zunächst das internationale Marketing und zeigen dann, wie sich Exportmarketing in das Gesamtschema eingliedern lässt. Dies ist erforderlich, um zu verstehen, in welcher Beziehung das Exportmarketing zum internationalen Geschäftsumfeld steht. Als Nächstes wenden wir uns der Planung und Strategie im Exportmarketing zu. Das Kapitel endet mit einer Diskussion wahrgenommener Exporthindernisse und einigen ethischen/moralischen Aspekten, die im internationalen Marketing von Belang sein können.

1.2 Das Wesen des internationalen Marketing

1.2.1 Definition

Der Begriff Marketing wurde von verschiedenen Autoren unterschiedlich definiert. Für die Zielsetzung dieses Buches ist es jedoch hinreichend, Marketing aus der Sicht des Einzelunternehmens wie folgt zu definieren:

Marketing ist der Geschäftsbereich, der sich mit Planung, Kommunikation (z.B. Werbung), Distribution, Preisgestaltung und Diensten rund um Güter und Dienstleistungen befasst, für die es eine Nachfrage bei potenziellen und tatsächlichen Kunden gibt.

Zum Marketing zählen damit Geschäftsaktivitäten wie die folgenden:

- Analyse von Märkten und potenziellen Märkten.
- Planung und Entwicklung der Produkte, die die Verbraucher wünschen, in einer klar identifizierbaren, geeigneten Verpackung.
- Die Verteilung der Produkte über Kanäle, die die vom Käufer nachgefragten Dienstleistungen oder Annehmlichkeiten bieten.
- Gestaltung der Kommunikationspolitik für die Produkte (inkl. Anzeigen und Direktverkauf), um Kunden über Produkte oder Dienstleistungen zu informieren und aufzuklären, oder sie zum Ausprobieren neuer, verbesserter oder anderer Möglichkeiten zur Befriedigung ihrer Wünsche und Bedürfnisse zu bewegen.
- Das Festlegen von Preisen, die sowohl einen angemessenen Wert (oder Nutzen) der Produkte für Kunden als auch einen zufrieden stellenden Gewinn bzw. eine Rendite der Investitionen darstellen.
- Technische und nichttechnische Dienstleistungen für Kunden (sowohl vor als auch nach dem Kauf), um deren Zufriedenheit sicherzustellen und so den Weg für mögliche zukünftige Verkäufe zu ebnen, die für das Überleben, das Wachstum und den Fortbestand des Unternehmens erforderlich sind.

Die Definition des internationalen Marketing unterscheidet sich von der allgemeinen Definition des Marketing nur insofern, als dass Güter und Dienstleistungen *über politische Grenzen hinweg vermarktet* werden. Dieser für den Uneingeweihten zunächst nur unwesentliche Unterschied ändert jedoch auf bedeutsame Weise das Wesen des Marketingmanagements, die Lösung von Marketingproblemen, die Formulierung von Marketingtaktiken und deren Umsetzung.

1.2.2 Internationales Marketingmanagement

Das internationale Marketingmanagement muss drei grundlegende Entscheidungen treffen. Die erste ist die, ob man sich überhaupt auf internationale Marketingaktivitäten einlassen will. Wenn sich ein Unternehmen zu geschäftlichen Aktivitäten auf internationalen Märkten entschließt, muss als zweites eine Entscheidung getroffen werden, die die Auswahl der zu bedienenden, spezifischen, individuellen Märkte betrifft. Schließlich muss das Unternehmen festlegen, wie es diese Märkte bedienen will, d.h. mit welchen Methoden oder mit welchem System sollen Produkte Verbrauchern im Ausland angeboten werden. Diese letzte Entscheidung lässt sich als grundlegende Marketing-Mix-Entscheidung bezeichnen, und sie beinhaltet die Planung und Strategie in Hinsicht auf den Markteintritt, die Produkte, die Werbung, die Distributionskanäle und die Preise.

Internationales Marketingmanagement umfasst das Management von Marketingaktivitäten für Produkte, die politische Grenzen souveräner Staaten überqueren. Es umfasst auch Marketingaktivitäten von Firmen, die in einer gegebenen fremden Nation produzieren und verkaufen, wenn (1) die Firma Teil einer Organisation oder eines Unternehmens ist, das in anderen Ländern tätig ist, und (2) es in gewissem Umfang Einflüsse, Vorgaben, Weisungen oder eine Steuerung derartiger Marketingaktivitäten von außerhalb des Landes gibt, in dem die Firma das Produkt produziert und verkauft. Die wesentlichen Dimensionen des internationalen Marketing sind insbesondere die folgenden:

- *Export:* Verkäufe an Auslandsmärkte.
- *Import:* Einkäufe aus ausländischen Gebieten.
- *Management internationaler Geschäfte:* alle Phasen wie auch immer gearteter Geschäftsaktivitäten, wie z.B. der Betrieb von Marketing- und Verkaufseinrichtungen im Ausland, die Gründung von Produktions- oder Montageeinrichtungen in ausländischen Gebieten, das Aushandeln von Lizenzvereinbarungen und anderen Arten von strategischen Allianzen sowie das Engagement in gegenseitigen Handelstransaktionen.

Das internationale Marketingmanagement umfasst nicht nur, aber auch das Marketingmanagement in fremden Ländern. Aus der Gesamtperspektive beziehen sich diese Dimensionen auf den weiten Bereich der Strategie für den Markteintritt in Fremdmärkte. Folglich sehen wir, dass sich Exportmarketing als eine der wesentlichen Dimensionen in das internationale Marketing eingliedert und daher einen wichtigen, alternativen Eintrittsmodus darstellt.

Die geplante und koordinierte Kombination eingesetzter Marketingmethoden oder -werkzeuge zur Erreichung eines vorbestimmten Ziels wird *Marketingprogramm* oder *Marketing-Mix* genannt. Ein zentrales Merkmal des Marketing ist die *Kundenorientierung*. Das Marketingprogramm sollte unter Berücksichtigung der Interessen und Bedürfnisse der Kunden formuliert werden. Es muss so strukturiert werden, dass der Kunde in das Unternehmen integriert wird und dass eine stabile Beziehung zwischen dem Unternehmen und dem Kunden hergestellt und langfristig erhalten wird. Firmen, die auf diese Weise handeln, nennt man *marktorientiert*, und sie befassen sich mit dem, was Verbraucher kaufen wollen und dem, was sich profitabel herstellen lässt.

Marktorientiertes Marketing zielt auf die Schaffung, nicht auf das Beherrschen von Märkten ab. Es ist ein fortwährender Prozess, der sich auf schrittweise Verbesserungen und nicht auf einfache marktanteilbasierende Taktiken, Verkaufsmengen an sich und/oder bisherige Ereignisse stützt. Das wirkliche Ziel des Marketing ist der „Besitz" eines Marktes, nicht nur die Herstellung oder der Verkauf von Produkten (McKenna 1991). Wenn ein Unternehmen einen Markt besitzt, entwickelt es Produkte speziell für diesen Markt. Ein gutes Beispiel dafür ist Intel mit seinen Mikroprozessoren. Intel entwickelte nicht nur einen Halbleiter, sondern vereinte die wesentlichen Computerkomponenten auf einem Chip und schuf damit eine neue, eigene Produktkategorie, in der Intel solange Marktführer bleibt, solange sich keine neue oder andere Technologie von Wettbewerbern durchsetzt.

Im Gegensatz dazu sind einige Unternehmen produkt- oder technologieorientiert. Sie glauben an die alte Weisheit „Wenn man eine bessere Mausefalle baut, rennt einem die ganze Welt die Tür ein". Es gibt zwar erfolgreiche Unternehmen, die nicht marktorientiert sind, man findet diese aber vorwiegend in Industrien, in denen die Nachfrage des Marktes die Produktionskapazitäten der Industrie bei weitem übersteigt und in denen sich die Wettbewerber (sofern es überhaupt welche gibt) weniger um Kunden und Marktanteile als um die Produktleistung kümmern. Da sich Bedingungen schnell ändern können (d.h., Änderungen des Marktes, zunehmender Wettbewerb, Produkte veralten, usw.), können sich produktorientierte Unternehmen weniger schnell oder leicht als marktorientierte Unternehmen anpassen. Ein gutes Beispiel dafür ist die PC-Industrie. Anfangs konnten Hard- und Softwarefirmen produkt- und technologieorientiert arbeiten. Jene, die nicht marktorientiert vorgingen, bekamen jedoch erhebliche Probleme oder wurden vom Wettbewerb verdrängt. IBM, Dell, Compaq und Toshiba sind Beispiele für marktorientierte Unternehmen in dieser Industrie. Beispiel 1.2 stellt exemplarisch den Weg zur Marktorientierung eines Unternehmens dar.

Die Elemente des Marketingprogramms stehen zueinander in Beziehung und sind voneinander abhängig. Manchmal können sie einander ersetzen, manchmal ergänzen sie einander, manchmal auch beides. So kann z.B. eine Anzeige in einer in Großbritannien zirkulierenden

Geschäfts- oder Handelspublikation eine Alternative zur Anstellung zweier zusätzlicher Verkäufer (einer in London, einer in Edinburgh) sein, die Bemühungen des vorhandenen Verkaufspersonals in dieses Gebieten unterstützen oder beiden Zwecken dienen.

Da ein Marketingprogramm aus einer Reihe interagierender und voneinander abhängiger Aktivitäten besteht, kann man es als System betrachten. Marketingaktivitäten sind die *Steuervariablen* (des Unternehmens), und die Fülle der geografischen, ökonomischen, soziologischen, politischen und kulturellen Begleitumstände (sowohl im In- als auch im Ausland) sind neben bestimmten Merkmalen des Unternehmens die *unabhängigen Variablen* (des Unternehmens). Der Zustand der unabhängigen Variablen beeinflusst die Zusammensetzung des Marketing-Mixes und die funktionale Beziehung zwischen seinen Elementen. Geschäftsunternehmen setzen Marketingaktivitäten ein, um sich an ihr Umfeld auf eine Weise anzupassen, dass die Unternehmensziele erreicht werden. Das ist das Wesen des Marketingmanagements, unabhängig davon, wie Unternehmen auf einheimischen oder internationalen Märkten (oder in Bezug auf den Export) agieren. Die Beziehungen zwischen den Steuer- und den unabhängigen Variablen dienten Warren Bilkey (1985) als Grundlage für das Formulieren und Testen einer Theorie des Exportmarketing-Mixes. Ein schematisches Modell zur Analyse eines solchen Marketing-Mixes finden Sie in Abbildung 1.3.

Abbildung 1.3 Schematisches Modell des Exportmarketing-Mixes.

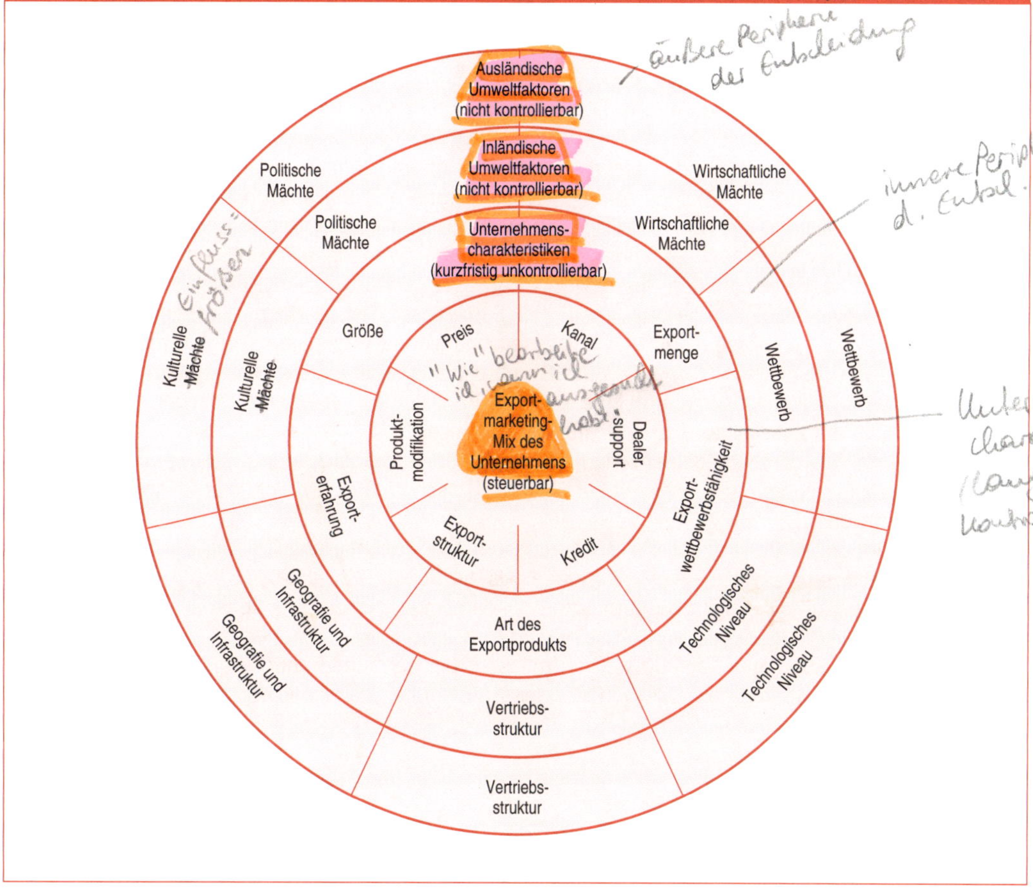

BEISPIEL 1.2

Scandinavian Airlines: Ein kundenorientiertes Unternehmen

Seit den frühen 80ern ist Scandinavian Airlines (SAS) eine international erfolgreiche Fluggesellschaft. Zum großen Teil lässt sich dieser Erfolg auf die Geschäftsphilosophie ihres ehemaligen Präsidenten, Jan Carlzon, zurückführen. Als er die Fluggesellschaft 1981 nach zwei vorangegangenen Verlustjahren übernahm, erwarteten nicht nur die Beschäftigten Maßnahmen zur Kürzung der Ausgaben und zur Senkung der Flugpreise. Entgegen den Erwartungen startete Carlzon aber ein Programm, das SAS zu einem kunden- bzw. marktorientierten Unternehmen machen sollte.

Zu Beginn wurden Antworten auf folgende Fragen gesucht:

- Wer sind unsere Kunden?
- Was sind ihre Bedürfnisse?
- Was müssen wir tun, um ihre Gunst zu gewinnen?

Carlzon entschied, dass die Antwort darin bestand, die SAS-Dienstleistungen auf *viel fliegende Geschäftsleute* und ihre Bedürfnisse zu konzentrieren. Er erkannte aber auch, dass andere Fluggesellschaften ebenfalls dieses Segment für sich gewinnen wollten. Sie boten breitere Sitze, freie Getränke und andere Annehmlichkeiten an. SAS musste ähnliche Annehmlichkeiten bieten, wenn sie die bevorzugte Fluggesellschaft der viel fliegenden Geschäftsreisenden werden wollte.

Carlzons Philosophie basiert auf der Bedeutung des ersten 15-Sekunden-Kontakts zwischen dem Passagier und dem Personal an vorderster Front (vom Ticket-Agenten bis hin zum Flugbegleiter). Dieser „Augenblick der Wahrheit“, der auf einer einzelnen Reise mehr als einmal eintritt, ist für den Eindruck des Kunden hinsichtlich des gesamtem Unternehmens entscheidend. Angestellte mit direktem Kundenkontakt werden für die wichtigsten Beschäftigten des Unternehmens gehalten. Die Aufgabe der Manager ist es, das Front-Personal bei der Erfüllung aller Aufgaben zu unterstützen, und die Rolle des Präsidenten ist es, den Managern bei der Unterstützung des Front-Personals zu helfen.

Wo steht SAS heute? Die Position als eine der in Europa und weltweit pünktlichsten Fluggesellschaften konnte gewahrt werden. Die Check-In-Systeme sind schnell und ermöglichen Reisenden mit Aufenthalt in SAS-Hotels ihr zu ladendes Gepäck direkt zum Flughafen und zum Flieger zu schicken. SAS ist auch beim Entladen des Gepäcks nach der Landung schnell. Eine weitere Neuerung ist der Verkauf aller Tickets für die Business-Class (Euro-Klasse), es sei denn, der Reisende wünscht Economy-Class. Der verbesserte Ruf der Fluggesellschaft unter Geschäftsreisenden führte zu einer Steigerung der europäischen Buchungen um 8 und der interkontinentalen Buchungen um 16 Prozent (jeweils bei vollen Flugpreisen). Eine beachtliche Leistung angesichts des derzeitigen Nullwachstums und der Preissenkungen im Markt der Luftreisen.

Die SAS-Erfahrungen verdeutlichen, wie Kundenzufriedenheit und Gewinne steigen können, wenn begeisternde Unternehmensvisionen und -missionen geschaffen und durch das Personal gemeinsam realisiert werden.

Ein abschließendes Beispiel für die Bedeutung der Marktorientierung für SAS ist die Unternehmensentscheidung hinsichtlich seiner Flugzeuge. Als die Boeing 737 erhältlich war, wurden die vorhandenen DC-9-Flugzeuge nicht ausgemustert, sondern modernisiert, um sie einsetzen zu können, bis passende neue Flugzeuge erhältlich sein würden. Grund dieser Entscheidung war, dass bei der 737 mehr Mittelsitze hätten verkauft werden müssen, die bei Kunden nur wenig gefragt sind. Und insbesondere Geschäftsreisende sind von Mittelsitzen nicht gerade begeistert.

Quelle: nach Carlzon, 1987.

Dieses Modell lässt sich durch die folgenden Annahmen ergänzen und weiter erklären:

- Die *relative Export-Rentabilität* beliebiger Marketingprogramme oder -komponenten ist situationsbezogen und wird von den Variablen aus Abbildung 1.3 beeinflusst.
- Abbildung 1.3 selbst gibt keinen Hinweis darauf, welche Komponenten in beliebigen, speziellen Situationen am rentabelsten sind.
- Der genutzte Exportkanal bestimmt, welche Exportstruktur und Händlerunterstützung am rentabelsten ist.

1.2.3 Import als interne Internationalisierung

Abbildung 1.4 Interne/externe Aktivitäten von Island Cooler Pty Ltd.

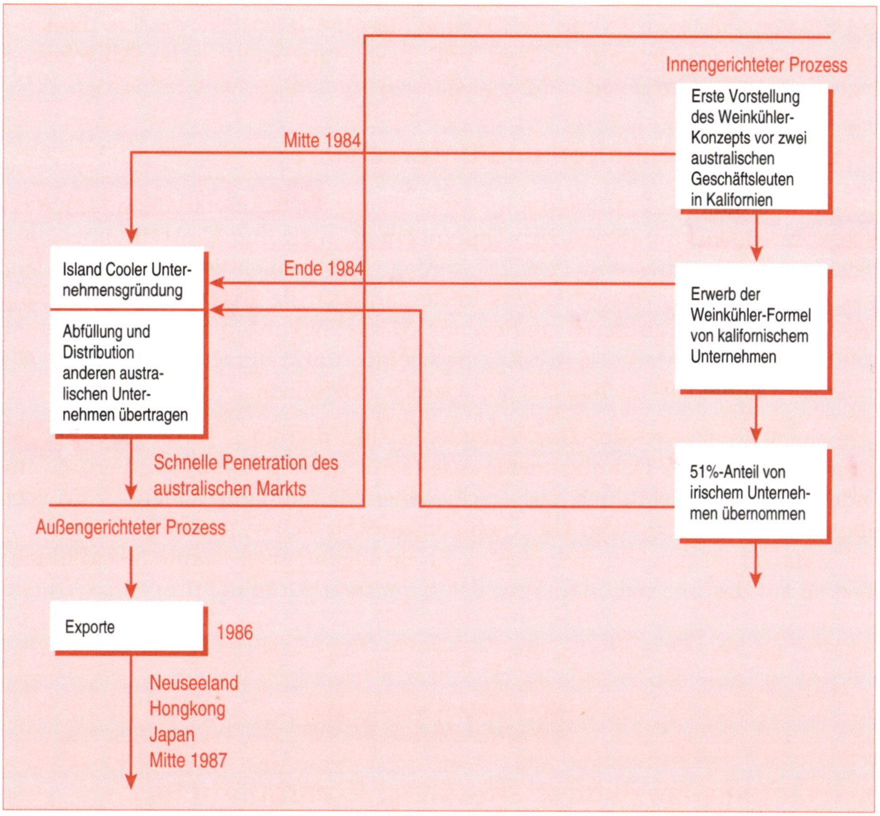

Quelle: Welch und Luostarinen, 1993, S. 47.

Wenn man an internationales Marketing denkt, geschieht dies gewöhnlich im Zusammenhang mit einem aktuellen oder zukünftigen Verkauf beim Eindringen in einen ausländischen Markt. Der vorherige Abschnitt schloss jedoch Importe als eine wichtige Dimension des internationalen Marketing ein. Der Grund dafür ist der, dass es oft eine Verbindung zwischen Importen und der Art und Weise des Eintritts in fremde Märkte gibt. Ausländische Beschaffungsmaßnahmen (interne Internationalisierung) können vorausgehen und die Realisierung von Markteintritt und Marketingaktivitäten (externe Internationalisierung) derart beeinflussen, dass die Effizienz der internen Aktivitäten den Erfolg der externen Aktivitäten bestimmen kann (Welch und Luostarinen, 1993). Interne/externe Beziehungen lassen sich innerhalb eines Kontinuums zwischen direkt und indirekt klassifizieren. Bei einer direkten Beziehung sind externe Aktionen offenkundig vom internen Internationalisierungsprozess abhängig (oder umgekehrt). Im Gegensatz dazu ist die Abhängigkeit der Entwicklung der beiden Dimensionen relativ gering. Eine indirekte Beziehung bedeutet z.B. für den Importeur, dass er Kenntnisse über das sog. „Netz" (Lieferanten und selbst Kunden) seines Lieferanten erwirbt, so dass er später für externe Exporte an Mitglieder dieses Netzes gerüstet ist. Bei direkteren Beziehungen können internen Auslandslizenzen externe Technologieverkäufe folgen.

Das Beispiel eines australischen Unternehmens, Island Cooler Pty Ltd., verdeutlicht, wie in einem Unternehmen interne Aktionen externen Aktivitäten vorausgehen können.

Wie Abbildung 1.4 zeigt, führte der Import des Produktkonzepts und der Produktformel aus den USA von 1984 zum Export von Weinkühlern im Jahr 1986. Andere direkte Formen wären gegenseitige Handelsbeziehungen und bestimmte strategische Allianzen, die auf Grundlage der Intern-/Externverbindung zustande kommen.

1.2.4 Einige Ähnlichkeiten und Unterschiede

Die Aufgabe internationaler Marketingmanager ist die Formulierung und Umsetzung von Marketingprogrammen, mit denen sich Unternehmen so an ihre Umwelt anpassen können, dass Ziele möglichst umfassend erreicht werden. Alle einheimischen und ausländischen Märkte weisen Ähnlichkeiten und Unterschiede auf, aber die wissenschaftlichen Marketingkonzepte sind allgemein gültig. Grundlegende Marketingkonzepte wie der Produktlebenszyklus und traditionelle Marketingwerkzeuge wie die Marktsegmentierung gelten sowohl in Wales in Großbritannien als auch in Neusüdwales in Australien.

Die allgemeinen Kategorien der Umweltfaktoren sind dieselben (d.h., sozial, ökonomisch, politisch und geografisch). Der allgemeine Ansatz zur Lösung von Marketingproblemen und insbesondere die Berücksichtigung der verschiedenen Marketingmethoden zur Erreichung der Unternehmensziele angesichts der Unternehmensumwelt bleiben gleich.

Daher ist davon auszugehen, dass sich die Erfahrungen mit einheimischen Märkten zumindest teilweise auf das internationale bzw. das Exportmarketing übertragen lassen (siehe Beispiel 1.3).

BEISPIEL 1.3

Eigenschaften von Führungskräften im Exportmarketing

Welche Eigenschaften und Vorkenntnisse qualifizieren Personen für das Exportmarketing-Management? Einfach formuliert lautet die Antwort:

- technische Marketingkompetenz;
- spezielle Kenntnisse der Faktoren des internationalen Umfelds, die sich vom einheimischen Umfeld unterscheiden oder dort fehlen;
- die Fähigkeit, dieses Wissen zusammen mit anderen (im In- oder Ausland) zur Entwicklung und Umsetzung solider Marketingprogramme einzusetzen.

Beispiel 1.3 (Forts.)

Technische Kompetenz und spezielle Kenntnisse der Umweltfaktoren lassen sich teilweise durch Schulungen und natürlich durch Erfahrungen und Auslandsreisen erwerben. Die Fähigkeit zu entwickeln, diese Kompetenz und dieses Wissen beim Umsetzen von Entscheidungen einzusetzen, dürfte schwieriger sein. Häufig wurde argumentiert, dass die wesentliche Eigenschaft einer im Export erfolgreichen Person *kulturelles Einfühlungsvermögen* sei, so dass sie kulturelle Unterschiede nicht nur erkennt, sondern sie auch so gut versteht, dass effektive Kommunikation und effektive Leitung menschlicher Bemühungen zur Umsetzung von Marketingentscheidungen möglich werden.

Vielfach wurde beobachtet, dass zwischen der Erkenntnis der Notwendigkeit kulturellen Einfühlungsvermögens und der Fähigkeit, dieses auch umzusetzen, große Unterschiede bestehen. Einiges weist darauf hin, dass man sich die für das kulturelle Einfühlungsvermögen erforderlichen Kenntnisse durch anthropologische und soziologische Studien aneignen kann. Entsprechende praktische Fähigkeiten erwirbt man aber wahrscheinlich am besten mit Hilfe handlungsorientierter Fallstudien. Solche Studien und Fallanalysen sind aber nicht wirklich ausreichend. Wenn man Überzeugungen, Lebensweise und Ansichten von Menschen verstehen will, gibt es keine Alternative zum Erlernen der entsprechenden Sprache. Es reicht auch nicht aus, wenn man eine Sprache oberflächlich beherrscht oder diese nur lesen kann. Kulturelles Einfühlungsvermögen bekommt man möglicherweise dann, wenn man seine Sprachfähigkeiten sorgfältig so weit entwickelt, dass man in einer anderen als der eigenen Muttersprache denken, empfinden, argumentieren und Emotionen wahrnehmen kann.

Eine Untersuchung 1500 erfahrener Manager aus 20 Ländern ergab, dass internationale Marketingmanager idealerweise über folgende Eigenschaften verfügen sollten (Korn, 1989):

- globale Perspektive und eine internationale Einstellung;
- Auslandserfahrungen;
- Beherrschung oder zumindest gewisse Kenntnisse einer Fremdsprache.

In einem kurzen Rückblick auf Studien aus dem Zeitraum zwischen Mitte 1970 und Anfang der 90er Jahre folgerte Gray (1995, S. 110), dass die häufigsten Elemente (bei den Merkmalen/Fähigkeiten von Export-Managern) Anpassungsfähigkeit, kulturelle Sensibilität und Sprachkenntnisse sind. Im Hinblick auf internationale Marketing-Investitionsentscheidungen scheinen drei Persönlichkeitsvariablen die Unterschiede zu erklären (Gray, 1995, S. 107):

- internationale Erfahrung;
- internationale Ausrichtung (diese schließt kulturelles Einfühlungsvermögen/Sensibilität und Sprachkenntnisse ein);
- internationales Geschäftsengagement.

Es gibt jedoch Hinweise darauf, dass nur Ausrichtung und Engagement durchweg mit der Leistung korrelieren.

Die Faktoren eines fremden oder einheimischen Umfelds lassen sich so grob formulieren, dass sie einheitlich klassifizierbar sind. Schlüsselt man sie aber detaillierter auf, bemerkt man, dass einige Faktoren im einheimischen Umfeld fehlen. Auch wenn sich z.B. sowohl einheimische als auch internationale Marketingaktivitäten in einem juristischen Umfeld abspielen, sind die jeweiligen Komponenten unterschiedlich; bestimmte Regelungen und Gesetze gibt es in einigen Ländern, in anderen aber nicht. Steuern und Tarife sind zwischen den Ländern höchst unterschiedlich, und dasselbe gilt auch für verschiedene Handelsbeschränkungen, wie z.B. Quoten oder Kontrollen des Warenverkehrs. Desgleichen gibt es Unterschiede hinsichtlich der Währung und ihrer Merkmale und in den Wechselkursen zwischen den Ländern, auch wenn sowohl einheimische als auch internationale Transaktionen in Währungsbeträgen abgewickelt werden.

Während einheimische Geschäfte über intranationale politische Grenzen (Staaten, Länder und/oder Bezirke) hinweg abgewickelt werden, handelt es sich bei internationalen Geschäften um die Grenzen souveräner Nationen. Regierungsinstitutionen und das Bankwesen unterscheiden sich deutlich in den verschiedenen Ländern und haben häufig signifikanten Einfluss auf Marketingaktivitäten. Diese Einflüsse und jene des juristischen Umfelds können von der Art des politischen Systems beeinflusst sein.

Andere allgemein bekannte Umweltunterschiede resultieren aus Sprache, Religion, Bräuchen, Traditionen und anderen kulturellen Unterschieden, ganz zu schweigen von geografischen Entfernungen, Klimaunterschieden und der vorhandenen Infrastruktur. Analysen und Lösungen internationaler Marketingprobleme setzen daher Fähigkeiten, Vorkenntnisse und Einsichten voraus, die über jene hinausgehen, die für die Lösung durchweg einheimischer Marketingprobleme erforderlich sind.

Bisher haben wir zwei grundlegende Dimensionen des internationalen Marketing und natürlich des Exports diskutiert: die *Unternehmensumwelt* und das *Überschreiten nationaler Grenzen*. Es gibt eine dritte Dimension, die daraus resultiert, dass *Unternehmen ihre Produkte gleichzeitig in mehr als einem nationalen Umfeld vermarkten*. Wenn nationale Grenzen überschritten werden, führt dies unweigerlich zu unterschiedlichen Chancen und Problemen. Der internationale Marketer muss die jeweiligen nationalen Marktchancen analysieren und Entscheidungen darüber fällen, wer die Marketingaktivitäten im Unternehmen durchführen soll. Das Unternehmen sollte diese Aktivitäten für mehrere Länder untereinander vergleichen, um sowohl die Effizienz der einzelnen nationalen Marketingprogramme als auch jene der weltweiten Marketinganstrengungen zu erhöhen.

Der Ansatz zur Lösung internationaler Marketingprobleme erfordert erstens eine internationale (oder *globale*) Einstellung, bei der die Welt oder relevante Teile derselben als einzelner Markt betrachtet werden, der aus mehreren Segmenten besteht, die dem zu verkaufenden Produkt gerecht und nicht notwendigerweise durch nationale Grenzen beschränkt werden. Zweitens müssen Marktziele realistisch eingeschätzt und die auszubeutenden Segmente des „Weltmarkts" ausgewählt werden. Drittens müssen die relevanten Umweltfaktoren in den Marktsegmenten bewertet und viertens muss ein Marketingprogramm formuliert werden. Dabei müssen beim Durchlaufen dieses Prozesses die Größe und die Ausdehnung der Märkte ermittelt, das Verbraucherverhalten bewertet, einheimischer und ausländischer Wettbewerb eingeschätzt, juristische und politische Faktoren geprüft und Kosten kalkuliert werden.

1.3 Planung und Strategie des Exportmarketing

Bei umfassender Betrachtung der Planungs- und Entscheidungsprozesse besteht die Notwendigkeit, sich sowohl mit *strategischen* als auch *taktischen* Aspekten zu befassen, die sich auf Exportmarketing-Entscheidungen beziehen. Strategische Entscheidungen betreffen z.B. die Auswahl der Länder, Produktmärkte, Zielsegmente, Operationsmodalitäten und der zeitlichen Planung des Markteintritts. Im Gegensatz dazu beziehen sich taktische Entscheidungen auf Aktionen in einem gegebenen Land, wie z.B. auf Produktpositionierung, Produktanpassung, Anpassung der Anzeigenauflage und Medienauswahl sowie bestimmte Werbe-, Preis- und Distributionsentscheidungen. Ein erster wesentlicher Schritt, speziell bei „Newcomern" in internationalen Märkten, ist die Bereitschaft des Unternehmens zum Eintritt in derartige Märkte (vgl. Beispiel 1.4).

BEISPIEL 1.4

Ist ein Unternehmen zum Eintritt in Auslandsmärkte bereit?

Bei der Planung und Entwicklung von Strategien muss ein Unternehmen im wesentlichen, ersten Schritt feststellen, ob es zum Eintritt in ausländische Märkte bereit ist. Unabhängig von Größe und Erfahrung müssen alle Firmen zunächst feststellen, wie gut sie auf diesen Schritt vorbereitet sind. Die beiden Expertensysteme – *Export Expert: Judging Your Export Readiness* (Columbia Cascade, 1997) und *CORE* (Company Operational Readiness to Export) (Cavusgil, 1994) – sind beispielsweise Werkzeuge, die die Entscheidungsfindung unterstützen und mit denen sich die Bereitschaft von Unternehmen zum Eintritt in einen Auslandsmarkt bestimmen lassen.

Die Expertensysteme wurden entwickelt, um die Bewertung interner Stärken und Schwächen im Export-Kontext zu ermöglichen. Auch wenn die Programme nicht völlig identisch sind, ähneln sie sich doch recht stark in Hinsicht auf die wesentlichen erfassten Bereiche:

- Wettbewerbsfähigkeit im Inlandsmarkt
- Motivation für die Internationalisierung
- Engagement der Eigentümer und des Top-Managements
- Eignung der Produkte für Auslandsmärkte
- Fähigkeiten, Wissen und Ressourcen
- Erfahrungen und Schulung.

Das Analyseergebnis ist ein Bericht, der Werte enthält für die einzelnen Dimensionen und die Bereitschaft insgesamt, Aussagen zur Bedeutung des Ergebnisses für das Unternehmen zu treffen sowie Empfehlungen für erste, zukünftige Maßnahmen abzugeben.

Export Expert ist umfassender und unterstützt bei der Analyse von Risiken, der Entwicklung eines internationalen Geschäftsplans und der Zielmarktdefinition.

Die Systeme eignen sich insbesondere für kleine und mittlere Unternehmen, die erste Exporterfahrungen sammeln möchten. Sie nützen aber auch größeren Unternehmen, die ihre Stärken und Schwächen im Hinblick auf aktuelle internationale Marketingaktivitäten neu bewerten wollen.

Die Analyse der Bereitschaft zum Eintritt in Auslandsmärkte (durch Exporte oder andere Arten des internationalen Marketing, wie z.B. strategische Allianzen) mit Bewertungssystemen wie den vorgestellten ist eine gute Basis für die Entscheidung. Aber sie sollten nur anfangs eingesetzt werden! Unternehmen sollten sich bei ihren Entscheidungen nicht ausschließlich auf diese Art der Analyse stützen. Der nächste Schritt wäre eine umfassende Analyse der Stärken und Schwächen, der Struktur und der Wettbewerbsvorteile und -chancen. Wettbewerbsvorteile können die für den Erfolg in neuen Märkten erforderliche Nische sein.

Im Wesentlichen besteht die Planung und Entwicklung von Strategien für den Export aus drei unterschiedlichen Komponenten:

1. *Ziel.* Das exportierende Unternehmen hat bestimmte Ziele, die es erreichen will und die als Kriterien für die Beurteilung des Fortschritts dienen. Die grundlegenden Unternehmensziele sind Identifikation und Bewertung von Marktchancen.
2. *Programm.* Dazu zählt sowohl die Entwicklung des strategischen als auch des taktischen Marketing-Mixes.
3. *Organisation.* Die Entwicklung einer Organisation bedeutet das Zusammenstellen von Unternehmensressourcen zur Operationalisierung des Marketing-Mixes. Kurz: Strategien und Taktiken werden in die Tat umgesetzt.

Abbildung 1.5 Planungsprozess des Exportmarketing.

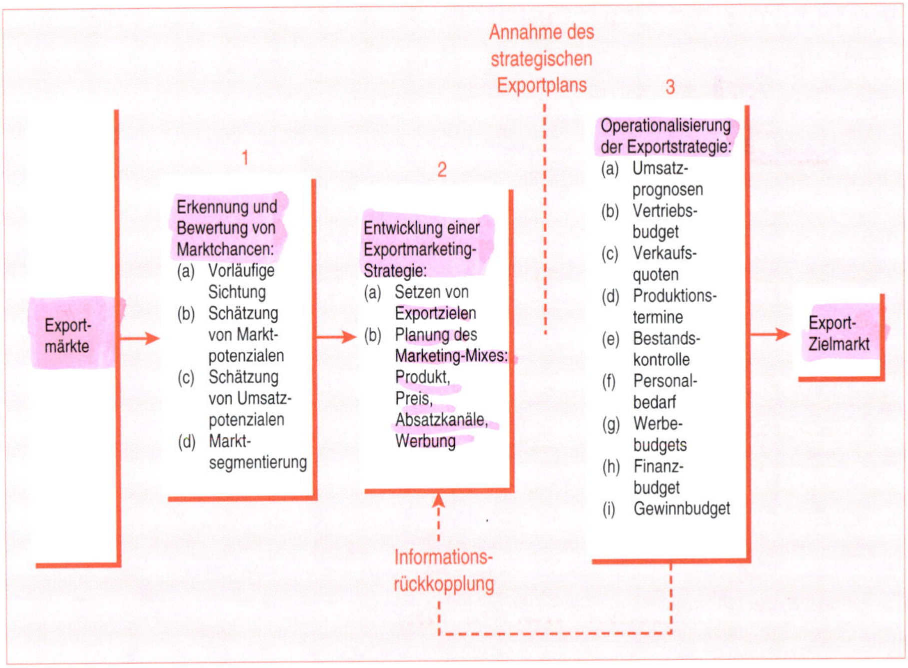

Abbildung 1.5 fasst sowohl das über Exportplanung Gesagte als auch die allgemeine, internationale Marketingplanung zusammen. Diese Komponenten sind zwar verschieden, stehen aber zueinander in Beziehung und hängen daher voneinander ab. Wenn ein Unternehmen z.B. aus irgendeinem Grund die zur Umsetzung des zur Erreichung des ausgewählten Ziels entwickelten Programms erforderliche Organisation nicht zusammenstellen kann, dann muss entweder das Programm oder das Ziel (vielleicht auch beides) geändert werden. All dem, insbesondere auch dem anfänglichen Entschluss zum Export, liegen Art und Umfang des mit solchen Aktivitäten verbundenen, *wahrgenommenen Risikos* zugrunde. Manchmal kann z.B. das mit einem Exportmarketing-Programm verbundene, wahrgenommene Risiko für das Management zu groß sein, so dass es nicht weiter verfolgt wird. Dann wird das Programm geändert, werden Ziele neu festgelegt und/oder die Organisation wird angepasst. In jedem Fall ist es Ziel, das wahrgenommene Risiko so zu verringern, dass es vom Management akzeptiert wird.

Die Exportleistung (d.h. dessen Wachstum, Ausmaß, usw.) eines Unternehmens wird von der Firma selbst, ihren Märkten, der jeweiligen Industrie und der gewählten Exportstrategie beeinflusst. Zwei Hauptkomponenten der Exportstrategie sind Produktpolitik und Marktselektion. Die Frage der Produktstrategie läuft letztendlich auf Entscheidungen über das Ausmaß von Produktanpassungen hinaus. Diese umfassen die Spanne zwischen keiner oder minimaler Anpassung (d.h. im Prinzip dem Verkauf des Inlandsprodukts) bis hin zur Entwicklung spezieller Produkte für Exportmärkte. Marktselektion betrifft die Auswahl der Exportländer sowie Art und Umfang der Segmentierung dieser Länder.

1.3.1 Management der Nachfrage

Das wesentliche Anliegen des Marketing in Unternehmen galt Anfang der 70er Jahre dem effizienten Ressourceneinsatz in der Produktion, der Steuerung der Nachfrage innerhalb der Grenzen des beschränkten Angebots, dem verbesserten Produktmanagement zur Beseitigung oder zumindest zur Reduzierung des Ausschusses und der Steigerung des proportionalen Verhältnisses von Dienstleistungen zu Produkten in der industriellen Produktion. Der Grund für diese auch heute noch existierenden Anliegen war, dass Entwicklungsländer anfingen, primäre Güter stärker zu kontrollieren. Denn diese bildeten eine wesentliche (und in einigen Fällen die einzige) und für die wirtschaftliche Entwicklung notwendige Devisenquelle.

Es hat sich ein Marketingmanagement-Konzept entwickelt, bei dem es insbesondere die Höhe, den Zeitpunkt und die Art der Nachfrage für Unternehmensprodukte in Abhängigkeit von den jeweiligen Zielvorstellungen zu regulieren gilt. Dabei lassen sich acht verschiedene Nachfragesituationen unterscheiden – vier entsprechen der Unternachfrage, zwei der angemessenen Nachfrage und zwei der Übernachfrage. Sie führen jeweils zu verschiedenen, spezifischen Aufgaben des Exportmarketing, bei denen unterschiedliche Variablen, psychologische Theorien und Management-Anforderungen beteiligt sind oder im Vordergrund stehen (vgl. Beispiel 1.5).

BEISPIEL 1.5

Verschiedene Nachfragesituationen

1. *Negative Nachfrage*. In dieser Situation sagt das Produkt Segmenten eines potenziellen Markts nicht zu und es besteht möglicherweise sogar die Bereitschaft, Zahlungen für die Abschaffung des Produkts zu leisten. Dies trifft auf recht viele Produkte und Dienstleistungen zu. Die Aufgabe des Marketing ist der Wandel durch Änderung einer oder mehrerer Marketingaktivitäten. Diese Nachfragesituation entsteht oft aufgrund politischer Maßnahmen und Überzeugungen nationaler Regierungen. Beispiele sind Verbraucherboykotte, die Produkte bestimmter Länder (z.B. südafrikanische Goldmünzen) und Reisen in Länder mit unerwünschter Regierung betreffen. Kulturelle und religiöse Überzeugungen können auch Quellen der Ablehnung sein, wie z.B. die Einstellung von Moslems zu alkoholischen Getränken oder der starke Widerstand, der sich gegen Nestlés Babynahrung richtete.
2. *Keine Nachfrage*. In dieser Nachfragesituation stehen Segmente eines potenziellen Markts einem bestimmten Produkt, einer Dienstleistung oder einer Idee uninteressiert oder indifferent gegenüber. Das betreffende Objekt wird möglicherweise generell für wertlos gehalten, hat für den betreffenden Markt keinen Wert oder ist eine Innovation, für die dem Markt das Verständnis fehlt. Der Markt muss durch Demonstration der Produktvorteile stimuliert werden. Als erstmals versucht wurde, moderne landwirtschaftliche Maschinen in bestimmten unterentwickelten Ländern einzuführen, hielten die Farmer eine Änderung ihrer traditionellen Methoden für kaum sinnvoll.
3. *Latente Nachfrage*. Wenn eine beträchtliche Zahl von Personen ein starkes Bedürfnis nach einem aktuell nicht existierenden Produkt hat, besteht eine latente Nachfrage. Das Marketingproblem besteht in der Entwicklung der richtigen Mittel (d.h. eines Produkts) zur Befriedigung des Bedürfnisses. Die Entwicklung eines preiswerten, proteinreichen Nahrungsmittels zur Lösung des Problems der Unterernährung in vielen Ländern Lateinamerikas und Afrikas wäre ein Beispiel. Auch hier sind wieder existierende kulturelle und religiöse Ansichten zu berücksichtigen.

Beispiel 1.5 (Forts.)

4. *Sinkende Nachfrage*. Dieser Zustand besteht, wenn die Nachfrage nach einem Produkt unter dem letzten Stand liegt und ein weiteres Sinken erwartet wird, sofern keine Änderungen am Zielmarkt, dem Produkt und/oder dem Marketingprogramm vorgenommen werden. Märkte, die aufgrund von Regierungsaktionen nicht mehr erreicht werden können, stellen ein Beispiel dar. Dies ist z.B. bei Quotenregulierungen (bis hin zur Unterbindung jeder Produkteinfuhr) der Fall, wenn der Aufbau einer lokalen Industrie gewünscht wird. Die Aufgabe des Marketing ist einfach: Es wird (falls erlaubt) in Produktionsstätten investiert oder man gibt den betreffenden Markt auf und leitet seine Bemühungen in andere Märkte um.
5. *Irreguläre Nachfrage*. In dieser Situation gilt die Sorge nicht der Gesamtnachfrage, sondern ihrem zeitlichen Muster, das sich saisonal oder aufgrund anderer Fluktuationen vom Zeitschema des Angebots unterscheidet. Diese Situation herrscht in allen nationalen Märkten bei vielen Produkten und lässt sich leicht am Beispiel des internationalen Tourismus illustrieren. Der Zeitraum der größten Nachfrage von Amerikanern und Kanadiern nach Europareisen und umgekehrt ist der Sommer. Für Hotels, Transportunternehmen usw. stellt sich die Aufgabe, Touristen zu anderen Jahreszeiten zum Reisen zu bewegen. Reduzierte Preise sind eine häufig genutzte Marketingtechnik. Ein weiteres Beispiel für irreguläre Nachfrage sind Flugzeugkäufe ausländischer Fluggesellschaften bei Firmen wie Airbus Industrie (Airbus 330), Boeing Aircraft Company (Boeing 777) und McDonnell Douglas (MD-80-Serie).
6. *Gesättigte Nachfrage*. Dies ist die für einen Exporteur wünschenswerteste Situation, weil sich die Höhe und das zeitliche Anfallen von Angebot und Nachfrage im Gleichgewicht befinden. Da diese Situation eher ideal als real ist, befinden sich Produkte nur gelegentlich in einem solchen Zustand. Leider kann man nicht erwarten, dass der Zustand gesättigter Nachfrage endlos anhält, weil sich Bedürfnisse und Geschmäcker ändern und auch Wettbewerber nicht untätig bleiben. Entsprechend schwer ist die Aufgabe für Exporteure mit höchst erfolgreichen Produkten, den Status der Nachfrage zu wahren.
7. *Übersättigte Nachfrage*. Die Nachfrage nach einem Produkt kann aus vielen Gründen deutlich höher als das vom Verkäufer erwünschte Angebot sein. Folglich versucht der Exporteur absichtlich, bestimmte Kundengruppen oder Kunden im Allgemeinen abzuwehren. Dies bedeutet umgekehrtes Marketing, weil Versuche unternommen werden, die Nachfrage durch „Demarketing“ zu verringern. Das wohl klassische Beispiel aus den internationalen Märkten ist die Maßnahme der Öl produzierenden Länder des Mittleren Ostens in den frühen 70er Jahren. Die Ursache bestand darin, dass diese Länder sich ihre wichtigste Ressource und Devisenquelle erhalten, sich wirtschaftlich schneller entwickeln und es möglicherweise den Industrienationen „heimzahlen“ wollten, von denen sie über Jahre hinweg ausgebeutet worden waren. Ein weiteres Beispiel ist die Aktion von Wilkinson Sword (UK) bei der Einführung rostfreier Stahlrasierklingen in den USA in den frühen 60er Jahren, als sich die Nachfrage nicht erfüllen ließ.
8. *Ungesunde Nachfrage*. In dieser Situation ist jede Nachfrage wegen der mit dem Produkt assoziierten abgelehnten Eigenschaften unerwünscht. Meist geht der Versuch zur Unterdrückung der Nachfrage in derartigen Situationen von einer Regierungsinstitution oder organisierten, besorgten Bürgergruppen aus. Süchtig machende Produkte (wie Alkohol, Zigaretten, Drogen) und der Verkauf militärischer Waffen in bestimmte Teile der Welt sind Beispiele. Unternehmen können auch versuchen, die Nachfrage nach ihren Produkten absichtlich zu unterdrücken, wenn sie Märkte für eigene Innovationen schaffen wollen.

Quelle: nach Kotler, 1994, S. 14-15.

Wenn man die Bedeutung des Schwerpunkts des Nachfragemanagements für den Exporteur bestimmen will, ist es wichtig, die einfache Tatsache nicht zu vergessen, dass sich verschiedene Überseemärkte in unterschiedlichen Nachfragesituationen befinden können. Daher ist das Exportmarketing-Potenzial unterschiedlich und erfordert möglicherweise verschiedene Exportstrategien. Unternehmen können aufgrund unterschiedlicher Reaktionen der individuellen Hauptsegmente auch innerhalb beliebiger nationaler Märkte verschiedenen Nachfragesituationen gegenüber stehen. Dies kann insbesondere bei nationalen Märkten relevant sein, die in sich kulturell oder sozial inhomogen sind (z.B. Belgien) oder die ökonomisch homogen sind (z.B. Italien).

1.3.2 Exporthindernisse

Manche Unternehmen wagen nie den ersten Schritt ins internationale Marketing, speziell in das Exportieren, weil sie Hindernisse oder Barrieren wahrnehmen, deren Überwindung zu schwer ist. Diese Hindernisse können wirklich oder auch nur scheinbar existieren. Andere Unternehmen gehen bei ihren internationalen Bemühungen aufgrund der Hindernisse langsamer vor. Meistens sind es die kleineren (und in gewissem Umfang die mittleren) Unternehmen, die im Umgang mit diesen Barrieren die größten Probleme haben.

Ob Barrieren wirklich oder nur scheinbar existieren, ist bei beliebigen Potenzialen, tatsächlichen Exporteuren und/oder beliebigen Zeitpunkten natürlich eine empirische Frage. Für unsere Zwecke widmen wir uns der Frage, indem wir potenzielle Hindernisse betrachten. Dabei handelt es sich um die Hindernisse, die laut Auskunft von Unternehmen deren Exportentscheidungen beeinflusst haben. Insgesamt scheint der allgemein größere operationale Aufwand beim Export und dem Eindringen in Auslandsmärkte im Vergleich zum Inlandsmarketing für viele Unternehmen ein Haupthindernis zu sein. Insbesondere sind es Exportmechanismen (d.h. Zahlungsmittel, Dokumentation, physische Distribution und Preisverhältnisse), die viele Unternehmen abschrecken. Auch herrscht die Überzeugung, dass mit Exporten höhere Risiken verbunden sind.

Viele der Hindernisse lassen sich vom Unternehmen steuern, während dies bei anderen nicht der Fall ist. Einige Barrieren betreffen die Auslandsmärkte, andere die Inlandsmärkte. Tabelle 1.3 zeigt einige Ergebnisse über die Exportbarrieren zugrunde liegenden Dimensionen, die sich bei einer Studie über dänische Exporteure herausgestellt haben. Insgesamt wurde keine der aufgeführten Barrieren für besonders wichtig gehalten. Dies sollte jedoch wenig überraschen, weil es sich bei der untersuchten Gruppe um „erfahrene" internationale Marketer handelte. Bei einer Studie kleinerer bis mittlerer Unternehmen in den USA stellte sich im Unterschied dazu heraus, dass diese viele dieser Hindernisse für sehr wichtig hielten (Mahone, 1995). Weiterhin hielten Handelsunternehmen die Barrieren für wichtiger als Hersteller.

Tabelle 1.3 Dimensionen von Exportbarrieren.

	Dimension der Exportbarrieren			
Barriere	**Intern steuerbare I-Dimension**	**Ausländische nichtsteuerbare Dimension**	**Intern steuerbare II-Dimension**	**Lokale nichtsteuerbare Dimension**
Kommunikation mit Auslandseinheit	✓			
Mangelnde Exportschulung (Erfahrungen und Sprachkenntnisse)	✓			
Mangelnde Marktinformationen	✓			
Kontrolle internationaler Aktivitäten	✓			
Dokumentationsanforderungen	✓			
Einstellung der ausländischen Regierung		✓		
Öffentliche ausländische Einstellung		✓		
Handelsbarrieren (Tarife, Quoten)		✓		
Durchführung von Transport, Verpackung usw.			✓	
Anbieten von Dienstleistungen			✓	
Höher als einheimische Risiken			✓	
Finanzierung von Verkäufen				✓
Keine Unterstützung durch die einheimische Regierung				✓

Quelle: nach Shoham und Albaum, 1995, S. 93.

Beide oben erwähnten Studien befassen sich mit wahrgenommenen und nicht mit „dokumentierten“ realen Hindernissen. Letztlich macht es keinen Unterschied, ob Hindernisse real oder eingebildet sind, weil Manager ihre Entscheidungen auf der Basis ihrer Wahrnehmung von der Situation, der sie gegenüberstehen, treffen. Offensichtlich sind Barrieren wegen ihrer Wirkung auf potenzielle und tatsächliche Exporteure in verschiedenen Stadien der Internationalisierung bedeutsam. Beispiel 1.6 enthält einige Ratschläge für kleine Unternehmen für die Bewältigung und den Umgang mit einigen der wahrgenommenen Hindernisse.

BEISPIEL 1.6

X

Wie können Unternehmen klar kommen?

Müssen kleine Unternehmen die Situation mit den für sie scheinbar existierenden Hindernissen einfach so hinnehmen? Natürlich nicht! Es gibt viele Dinge, die ein kleines Unternehmen neben der Anwendung solider Geschäftspraktiken zur Überwindung von Barrieren unternehmen kann. *Business Week* schlägt die folgenden globalen Richtlinien für kleine Unternehmen vor (Barrett, 1995, S. 97):

Betrachtung vorhandener Kunden. Viele Unternehmen können dadurch in Auslandsmärkte eindringen, dass sie Produkte oder Dienstleistungen an ausländische Niederlassungen ihrer einheimischen Kunden verkaufen.

Delegation. Exportieren ist keine Teilzeitaufgabe. Es erfordert umfassende Forschungen. Das Auslandsgeschäft sollte von erfahrenen Managern geleitet werden.

Rat suchen. In Universitäten gibt es häufig MBA-Studenten, die bei Exporten als Berater arbeiten. Einige Beratungsunternehmen, wie z.B. Arthur Andersen, bieten kostenlose Erstberatungen an.

Nutzen Sie Handelsmessen. Von Regierungsinstitutionen finanzierte Werbeveranstaltungen für den Handel ziehen im Ausland große Menschenmengen an. Kostenbewusste Unternehmen können dort mit Produkten vertreten sein, ohne selbst daran teilzunehmen.

Märkte sorgfältig auswählen. Potenziell lukrative, schnell wachsende Märkte können unerwartet gesättigt sein. Berücksichtigen Sie die Qualität der Kunden und nicht nur deren Nationalität.

Wachstumsmanagement. Es braucht Zeit, um die Finanzierung in den Griff zu bekommen und die Organisation so zu erweitern, dass sie Exporte handhaben kann. Viele kleine Exporteure sind bei Großaufträgen überfordert.

Nutzen Sie Akkreditive. Einige Erstexporteure verschicken Produkte und hoffen, dass die Zahlungen erfolgen. Akkreditive schützen vor säumigen Zahlungen finanzschwacher oder zwielichtiger Käufer.

Bilden Sie Beziehungsnetzwerke. Kleine Firmen müssen Zeit mit der Kultivierung von Kontakten verbringen, bevor die Exportaufträge anlaufen.

Sorgfältige Auswahl der Partner. Eine erfahrene einheimische Frachtgesellschaft ist entscheidend bei der Bearbeitung von Zollpapieren. Ungeschickte Distributoren im Ausland können den Ruf eines Unternehmens ruinieren.

1.4 Ethische/moralische Fragen

Marketingaktivitäten werden ständig aus moralischen Gründen angegriffen. Zu den bekannteren Vorfällen unter den internationalen Marketingaktivitäten zählen die Zahlungen von Lockheed Aircraft Corporation an Politiker in Japan, den Niederlanden, Griechenland und einigen anderen Ländern. Unternehmen wurden auch wegen der Zahlung von Schmiergeldern angeklagt, mit denen sie sich in Verteilungsnetze oder Produktionseinrichtungen eines Landes einkaufen wollten, wie dies z.B. bei der Zahlung von knapp 500.000 US-Dollar an einen „Geschäftsberater" in Guatemala durch die DelMonte Corporation der Fall war, die den Kauf einer Bananenplantage unterstützen sollte. Dumping-Preise zählen ebenfalls zu den Preispraktiken einiger Unternehmen. Ein weiterer Bereich ist das Angebot „schädlicher" Produkte auf einem Markt, wobei der Begriff schädlich nicht auf physische Schäden beschränkt ist. Nestlés Einführung seiner Babynahrung in Gebieten, in denen üblicherweise gestillt wird, ist dafür ein Beispiel. Andere ethische/moralische „Angriffe" betreffen Unternehmen mit Geschäftsaktivitäten, die Regimes unterstützen, die laut herrschender Meinung ihre Bevölkerung unterdrücken und Menschenrechte verletzen, wie dies z.B. bei Royal Dutch/Shell in Nigeria und UNOCAL in Myanmar (Birma) Mitte der 90er Jahre der Fall war.

Einige der Praktiken, weshalb Unternehmen kritisiert werden, sind in den betroffenen Auslandsmärkten legal. Ethik und Moral sind nicht das Gesetz. Unterschiedliche Länder und Kulturen haben andere ethische Standards. Daher muss sich der internationale Marketer mit einem komplexen ethischen Umfeld auseinander setzen. Meistens sind es größere multinationale und globale Unternehmen, die der Verletzung ethischer Standards bezichtigt werden. In der Regel handelt es sich dabei um „hoch profilierte" Unternehmen. Das bedeutet nicht, dass sich kleine und mittlere Unternehmen nie an Praktiken beteiligen, die im Ruf stehen, ethisch bedenklich zu sein.

Es geht nicht darum, die ethischen Dimensionen von Entscheidungen und Verhaltensweisen im Rahmen des internationalen/Exportmarketing zu bewerten. Vielmehr soll dafür gesorgt werden, dass dem Leser bewusst ist, dass es auch in der Zukunft weiterhin ethische und moralische Probleme geben wird. Tatsächlich gewinnen diese mit Beginn des 21. Jahrhunderts sogar noch an Bedeutung.

Woher soll der Export-/internationale Marketer aber wissen, ob ein beabsichtigtes Verhalten als unethisch empfunden wird? Fritzsche (1985) identifiziert drei verwendete Standards:

- *Utilitaristisches Prinzip.* Führt zu dem Schluss, dass Aktivitäten unmoralisch sind, die zur ineffizienten Nutzung von Ressourcen führen und/oder die Aktionen beinhalten, die zu persönlichen Gewinnen führen und dabei auf Kosten der Gesellschaft gehen.
- *Rechtsprinzip.* Moralisches Recht basiert auf Universalisierbarkeit. Die Motive einer Person für ihre Taten müssen Gründe sein, nach denen alle zumindest prinzipiell handeln könnten. Darüber hinaus existiert das Kriterium der Umkehrbarkeit. Die Motive einer Person für ihre Taten müssen Gründe sein, die Sie allen anderen ebenfalls zugestehen würde.
- *Gerechtigkeitsprinzip.* Die für das wirtschaftliche System geltende distributive Gerechtigkeit basiert darauf, dass Gleiches gleich geregelt und Ungleiches ungleich behandelt werden sollte.

Diese drei Standards führen nicht immer zu denselben Schlussfolgerungen. Der internationale Marketingmanager muss entscheiden, welchem er den Vorzug gibt.

Alles in allem sollte das internationale Management darauf Rücksicht nehmen, wie andere (insbesondere jene, die aufgrund ihrer Position das Management beeinflussen können) ein Verhalten aus der ethischen/moralischen Perspektive beurteilen. Insbesondere sollte man sich im Hinblick auf Auslandsmärkte folgenden Fragen zuwenden (Fritzsche, 1985, S. 95):

- *Produkt.* Ist das Produkt für die Menschen oder die Umwelt des Zielmarktlandes schädlich? Verbessert das Produkt das Leben der Menschen im Zielmarktland?
- *Werbung.* Hält das Heimatland oder der Auslandsmarkt (absatzfördernde) Maßnahmen für Bestechung oder Schmiergeld? Ist die Werbung für die Menschen im Zielauslandsmarkt irreführend oder irritierend?
- *Distribution.* Sind für den Eintritt in den Auslandsmarkt Bestechungen oder Schmiergelder erforderlich? Wie groß ist die Wahrscheinlichkeit, dass Mittler im Auslandsmarkt Zahlungen für den Zugang zum Markt erpressen?

- *Preis.* Betrachten fremde Mitbewerber oder Regierungen den Preis für den Auslandsmarkt als Dumping-Preis? Ist der Preis für den Auslandsmarkt unter Berücksichtigung der aktuellen Betriebskosten fair?

1.5 Überblick über das Buch

Auch wenn die grundlegenden Marketingprinzipien in Inlands- und Auslandsmärkten dieselben sind, wird das international aktive Unternehmen zwar wahrscheinlich keine prinzipiellen, aber doch signifikante graduelle Unterschiede feststellen. Diese und alle damit zusammenhängenden Unterschiede resultieren aus der Tatsache, dass unterschiedliche Umweltbedingungen herrschen, dass Produkte nationale Grenzen überschreiten und dass möglicherweise gleichzeitig für zwei oder mehrere ausländische Gebiete Marketingmaßnahmen durchzuführen sind.

Der Hauptschwerpunkt dieses Buches ist die Untersuchung von Marketingaktivitäten und -einrichtungen, die nur für das internationale und das Exportmarketing zutreffen, sowie die Untersuchung von darauf ausgerichteten und möglicherweise nicht darauf beschränkten Aktivitäten. Kapitel 2 betrachtet die Grundlagen des Exportmarketing sowohl aus der Makro- als auch aus der Mikroperspektive.

Kapitel 3 befasst sich mit dem internationalen Umfeld und untersucht die Auswirkungen aller bereits in Abbildung 1.3 vorgestellten Dimensionen. Da sich diese Dimensionen nicht beeinflussen lassen, sind entsprechende Anpassungen äußerst wichtig. Häufig halten Geschäftsleute bestimmte Umweltaspekte, wie z.B. die Kultur, für gegeben, weil sie für den Inlandsmarkt im Allgemeinen bestens damit vertraut sind. Beim Exportmarketing kann man so nicht vorgehen, weil Überseemärkte unbekannte Kulturkreise repräsentieren.

Kapitel 4 behandelt das überaus wichtige Problem der Marktselektion. Dabei sind sowohl die zu entwickelnden Strategien als auch die Methoden zu deren Bestimmung erörtert. Das ist der Kern der Analyse der Marktchancen. Kapitel 5 befasst sich mit für die Marktforschung relevanten Themen.

Die Komponenten des internationalen Marketing-Mixes werden in den Kapiteln 6 bis 12 diskutiert. Die Kapitel 6, 7 und 8 befassen sich mit Strategien für die verschiedenen Markteintrittsmodalitäten und Distributionskanäle. Kapitel 9 betrachtet die Variable Produkt. Die Preissetzung für Produkte in Exportmärkten und Methoden zur Finanzierung von Transaktionen sind Thema der Kapitel 10 und 11. Schließlich werden in Kapitel 12 Fragen der Exportwerbung und der Kommunikation auf den Märkten diskutiert.

Kapitel 13 behandelt die praktischen Aspekte von Exportaufträgen und Versand und umfasst eine breitere Betrachtung des Managements der physischen Distribution. An geeigneten Stellen werden strategische Auswirkungen im Kontext des jeweils behandelten Themas besprochen.

Kapitel 14 erläutert Organisationen für internationale Marketingoperationen und diskutiert einige umfassende Varianten der Organisationsstruktur von Unternehmen.

X

FRAGEN ZUR DISKUSSION

1.1 Warum hat das Interesse von Geschäftsunternehmen am internationalen und Exportmarketing derart zugenommen? Wird dieses Interesse weiterhin steigen? Warum, bzw. warum nicht?

1.2 Was bedeutet Internationalisierung, und inwiefern bezieht sie sich auf den globalen Marketer?

1.3 Beschränkt sich das Vertreten globaler Standpunkte auf Unternehmen, die sich selbst als globales Unternehmen sehen? Erläutern Sie Ihre Ansicht.

1.4 Sind Versuche sinnvoll, das Ausmaß (oder den Umfang) der Internationalisierung eines Unternehmens zu messen? Erläutern Sie Ihre Ansicht.

1.5 Was bedeutet „Marktorientierung" für ein Unternehmen? Ist sie im heutigen Umfeld wirklich wichtig oder können Unternehmen auch ohne eine solche Orientierung erfolgreich sein? Erläutern Sie Ihre Ansicht.

1.6 Erklären Sie die Bedeutung der folgenden Aussage: „Wenn ein Unternehmen in Auslandsmärkten erfolgreich sein will, muss sein Management alle Aspekte der Umwelt, innerhalb derer es dann operiert, hinreichend verstehen."

1.7 Nennen Sie zwei oder mehr Beispiele dafür, wie externe Faktoren (exogene Variablen) Exportmarketing im internationalen Umfeld komplexer als Inlandsmarketing machen.

1.8 Was ist interne Internationalisierung? Erklären Sie das Wesen der Beziehung zwischen interner und externer Internationalisierung aus der Perspektive eines individuellen Unternehmens.

1.9 Was sind die drei verschiedenen Komponenten der Exportplanung und der Entwicklung von Strategien und wie stehen sie zueinander in Beziehung?

1.10 Identifizieren Sie die potenziellen Barrieren (oder Hindernisse), denen sich Unternehmen stellen, die internationale Marketingoperationen planen (oder ausdehnen). Welche sind am wichtigsten und welche sind weniger wichtig? Erläutern Sie Ihre Ansicht.

1.11 Wenn man die ethischen und moralischen Fragen berücksichtigt, die dem Verhalten eines internationalen Marketers zugrunde liegen, sollte der Manager dann dem utilitaristischen Prinzip, dem Rechts- oder dem Gerechtigkeitsprinzip folgen? Erläutern Sie Ihre Position.

LITERATURHINWEISE

Agthe, K. E. (1990). Marketing the mixed marriage. *Business Horizons*, 33(1), 37–43.

Barrett, A. (1995). It's a small (business) world. *Business Week*, 17. April, 96–101.

Bellak, C. und Luostarinen, R. (1994). *Foreign Direct Investment of Small and Open Economies: Case of Austria and Finland.* Helsinki: Center for International Business, Helsinki School of Economics and Business.

Bilkey, W. J. (1985). Toward a theory of the export marketing mix. Vortrag, Academy of International Business Meetings.

Carlzon, J. (1987). *Moments of Truth.* Cambridge, MA: Ballinger.

Cavusgil, S. T. (1994). *CORE 4.0.* East Lansing, MI: Michigan State University.

Columbia Cascade (1997). *Export Expert: Judging your export readiness.* Computer software published by Columbia Cascade, Inc., Reston, VA.

Fritzsche, D. J. (1985). Ethical issues in multinational marketing. In: G. R. Laczniak und P. E. Murphy (Hg.), *Marketing Ethics: Guidelines for Managers.* Lexington, MA: Lexington Books.

Gray, B. J. (1995). Assessing the influence of attitudes, skills, and experience on international marketing investment decision-making: a behavioral/systems approach. *J. Global Marketing*, 8(3/4), 103–123.

Hampton, G. M., Buske, E. (1987). The global marketing perspective. *Advances in International Marketing*, 2, 259–277.

Korn, L. B. (1989). How the next CEO will be different. *Fortune*, 22. Mai, 157–158.

Kotler, P. (1994). *Marketing Management: Analysis, Planning and Control.* 8. Aufl. Englewood Cliffs, NJ: Prentice Hall.

Levitt, T. (1986). *The Marketing Imagination.* New York: Free Press.

Luostarinen, R. (1994). *Internationalization of Finnish Firms and Their Response to Global Challenges.* UNU World Institute for Development Economic Research, Research for Action.

Luostarinen, R., Welch, L. S. (1990). *International Business Operations.* Helsinki.

Mahone, C. E., Jr. (1995). A comparative analysis of the differences in perceived obstacles to exporting by small- and medium-sized manufacturers and traders. *The International Trade Journal*, 9(3), 315–332.

McKenna, R. (1991). Marketing is everything. *Harvard Business Review*, Januar-Februar, 65–79.

Piercy, N. (1982). *Export Strategy: Markets and Competition.* London: George Allen & Unwin.

Roth, K., Morrison, A. J. (1994). Implementing global strategy: characteristics of global subsidiary mandates. *J. International Business Studies*, 26(4), 715–735.

Shoham, A., Albaum, G. (1995). Reducing the impact of barriers to exporting: a managerial perspective. *J. International Marketing*, 3(4), 85–105.

Sullivan, D. (1994). Measuring the degree of internationalization of a firm. *J. International Business Studies*, 26(2), 325–342.

Welch, L. S., Luostarinen, R. K. (1993). Inward-outward connections in internationalization. *J. International Marketing*, 1(1), 44–56.

WEITERFÜHRENDE LITERATUR

Altobelli, C. F., Berndt, R., Sander, M. (1999). *Internationales Marketing-Management*. Berlin: Springer-Verlag.

Backhaus, K., Büschken, J., Voeth, M. (2000). *Internationales Marketing*. 3., überarbeitete und erweiterte Aufl., Stuttgart: Schäffer-Pöschl.

Miller, M. M. (1993). Executive insights: the 10-step road map to success in foreign markets. *J. International Marketing*, 1(2), 89–106.

Yoo, S. Y., Leone, R. P., Alden, D. L. (1992). A market expansion ability approach to identify potential exporters. *J. Marketing*, 56 (Januar), 84–96.

FALLSTUDIE 1.1

Export von Kunstgegenständen aus Ungarn

Auf Urlaub in Osteuropa entdeckten eine Professorin und ihr Ehemann in Budapest einige wunderschöne handgefertigte, gebrannte Tonfiguren, die zum Verkauf standen. Der Künstler hatte die einzigartigen Stücke mit ihrem ausgezeichneten Design in einem Verkaufsstand auf einem kleinen offenen Markt in der Nähe der Donau ausgestellt. Während einer langen Unterhaltung mit der Professorin sagte der Hersteller, dass niemand eine der Figuren kaufen sollte, „bevor sie nicht zu ihm gesprochen hätte".

Bei zwei Besuchen des Marktes und einem im kleinen Atelier in der Wohnung des Künstlers auf der anderen Flussseite kaufte die Professorin drei Figuren. Bei zweien handelte es sich um verschiedene Posen eines Jungen in einer Art Narrenkostüm und bei der dritten um eine junge Frau in einem zeitgenössischen Kleid. Die Modelle, der Sohn und die Frau des Künstlers, wurden im Atelier vorgestellt. Im Atelier gab es viele fertige einmalige Stücke, die nie identisch waren. Der Künstler erwähnte, dass er über die Hälfte seiner Zeit mit dem Verkauf seiner Waren im Stand verbrachte – Zeit, die er lieber für kreative Tätigkeit hätte. Die Kundschaft von relativ wenigen Touristen und der gelegentlich seinen kleinen, offenen Marktverkaufsstand besuchenden lokalen, betuchten Kunden war einfach zu klein.

Wieder zu Hause, stellten die Professorin und ihr Ehemann ihre neuen Kunstgegenstände im Wohnzimmer auf. Sie waren überrascht, wie viele Freunde die Figuren bewunderten und fragten, wo ähnliche Arbeiten zu bekommen seien.

Da die Professorin einen Kurs im internationalen Marketing abhielt, nutzte sie die Gelegenheit und ließ als Klassenprojekt einen Marketingplan für die Figuren entwickeln. Dieser Plan ließ sich sowohl aus der Sicht des Künstlers, der seine Figuren im Ausland verkaufen wollte, als auch aus der Sicht eines Händlers, der die Kunstgegenstände importieren und vertreiben wollte, entwickeln. Er müsste mindestens die potenzielle Nachfrage, die zu benutzenden Marketingkanäle, die Methoden der Werbung, die Export-/Importverfahren, die physische Distribution und die Verteilung und wirtschaftliche Durchführbarkeit ermitteln bzw. festlegen.

Fragen:

1. Wie kann ein Lehrbuch wie das vorliegende (a) der Klasse beim geplanten Projekt, (b) dem Künstler, wenn er sich dazu entschließt, Anstrengungen zum Export seiner Arbeiten zu unternehmen, und (c), einem potenziellen neuen Importeur in einem anderen Land nützlich sein?
2. Führen Sie einige der Punkte auf, die unter den jeweiligen Hauptdimensionen eines Marketingplanes für die Kunstgegenstände aufgenommen werden sollten.

Leitfaden für APIC
1 a.) z.B. Abb. 1.5 Planungsprozess d. Exportmarketing
c) Exportmarketing-Mix S.23
2.) Erkennung & Bewertung von Marktchancen, vorläufige Sichtung

FALLSTUDIE 1.2

Murphy Company Limited

Murphy Company Limited, ansässig in der Nähe von Auckland (Neuseeland), stellte Geschirrspülmaschinen und Müllzerkleinerer für den Hausgebrauch und Küchenausstattung und kommerzielle Zerkleinerer für Restaurants her. Die Produkte des relativ jungen Unternehmens hatten bei Wohnungsvermietern und Bauunternehmen einen guten Ruf. Das Unternehmen war für die Qualität seiner Produkte und guten und schnellen Service nach der Installation bekannt.

Obwohl die Verkäufe weiter stiegen, erkannte der leitende Direktor von Murphy, Bryan Murphy, dass der neuseeländische Markt begrenzt war und die Nachfrage in einigen Jahren stagnieren würde. Die Bevölkerungszahlen sind relativ klein und steigen kaum. Deshalb schlug er vor zu prüfen, ob Exporte für weiteres Wachstum sorgen könnten.

Das Exportinstitut hielt in der Landeshauptstadt Wellington ein zweitägiges Seminar über Exportchancen neuseeländischer Firmen ab. Der Marketingdirektor Fred Murphy entschloss sich, das Seminar zusammen mit seinem Assistenten Sam Murphy zu besuchen, um zu sehen, welche Chancen es gab und welche Hilfestellungen einem Unternehmen wie Murphy Company Limited, das überhaupt keine Exporterfahrungen besaß, zur Verfügung standen.

Einer der Seminarvorträge wurde von Michelle Akory, Expertin für Exportmarketing und Universitätsdozentin, gehalten. Unter den Materialien, die Frau Akory den Seminarteilnehmern überreichte, befand sich eine Aufstellung potenzieller Fehler neuer Exporteure, die nachfolgend wiedergegeben werden:

1. Keine qualifizierte Exportberatung und fehlende internationale Marketingpläne vor Beginn der Exportgeschäfte.
   Maßnahme: Lassen Sie sich qualifiziert extern beraten.

2. Ungenügendes Engagement des Top-Managements beim Bewältigen anfänglicher Schwierigkeiten und den finanziellen Anforderungen des Exports.
   Maßnahme: Sorgen Sie für eine langfristige Sicht und eine gute Basis, oder verzichten Sie auf Exporte.

3. Mangelnde Sorgfalt bei der Auswahl von Vertretern oder Distributoren in Übersee.
   Maßnahme: Wählen Sie persönlich das Personal aus, das für Ihre Konten, die Distributionseinrichtungen und die eingesetzten Managementmethoden verantwortlich ist. Denken Sie daran, dass Sie von Ihrem ausländischen Distributor vertreten werden und dass sein Ruf der Ruf Ihres Unternehmens ist.

4. Weltweite Jagd nach Aufträgen, statt die Basis für profitables, operationales und geordnetes Wachstum zu schaffen.
   Maßnahme: Konzentrieren Sie sich in Ihren Bemühungen nur auf ein oder zwei geografische Gebiete gleichzeitig, und verlagern Sie die Bemühungen dann auf das nächste ausgewählte Gebiet.

5. Vernachlässigung des Exportgeschäfts bei boomendem Inlandsmarkt.
   Maßnahme: Engagieren Sie sich langfristig im Exportgeschäft. Auch bei florierenden Inlandsmärkten sollten Sie es nicht vernachlässigen oder als zweitrangig sehen.

6. Der Umgang mit internationalen Distributoren erfolgt nicht auf der gleichen Basis wie mit ihren inländischen Gegenstücken.
   Maßnahme: Schließen Sie Exportdistributoren nicht von Inlandsprogrammen aus. Erweitern Sie institutionelle Werbekampagnen, besondere Preisnachlassangebote, Verkaufsanreizprogramme, besondere Kreditprogramme usw., so dass ausländische Distributoren zu gleichberechtigten Partnern werden. Ansonsten laufen Sie

Gefahr, den überseeischen Marketinganstrengungen die Durchschlagskraft zu nehmen.

7. Fehlende Bereitschaft, Produkte so zu modifizieren, dass sie den Bestimmungen oder kulturellen Präferenzen anderer Länder entsprechen.
   Maßnahme: Für die rechtliche und lokale Wettbewerbsfähigkeit notwendige Modifikationen erfolgen am besten bei der Herstellung. Wenn Änderungen nicht in der Produktion erfolgen, muss sie der Distributor vornehmen (gewöhnlich unter höheren Kosten und vielleicht auch mit geringerer Qualität). Letztendlich wird Ihr Produkt möglicherweise für den Distributor weniger attraktiv und durch die zusätzlichen Kosten weniger profitabel für Sie.

8. Mitteilungen über Dienstleistungen, Verkäufe und Garantiebedingungen werden nicht in der entsprechenden Landessprache gedruckt.
   Maßnahme: Drucken Sie Anleitungen, Verkaufsmitteilungen, Garantiebedingungen usw. in der jeweiligen Landessprache. Stellen Sie sich vor, wie es wäre, wenn die Bedienungsanleitung Ihrer neuen Kamera japanisch ist.

9. Keine Erwägung der Inanspruchnahme von Exportmanagement-Unternehmen oder anderen Marketingvermittlern.
   Maßnahme: Wenn das Unternehmen nicht über das erforderliche Personal oder das Kapital für Investitionen in erfahrenes Exportpersonal verfügt, engagieren Sie geeignete Vermittler.

Fragen:

1. Haben kleine Unternehmen wie Murphy Company Limited Exportchancen? Erläutern Sie Ihre Antwort. Wäre es für das Unternehmen besser, wenn es seine Produktlinie für den neuseeländischen Markt erweitern würde?
2. Bewerten Sie die neun „alltäglichen Fehler“ hinsichtlich ihrer relativen Wichtigkeit und Bedeutung für ein Unternehmen wie Murphy.
   Was sollte Fred Murphy Bryan Murphy empfehlen?

KAPITEL 2

Grundlagen des internationalen Marketing

2.1 Einleitung

Der internationale Handel ist während der letzten Hälfte des 20. Jahrhunderts schnell gewachsen. Zu den wesentlichen Faktoren dieser Expansion zählten das schnelle Wachstum der Weltproduktion, reduzierter Protektionismus, größere Effizienz der internationalen Kommunikation (u.a. durch Nutzung moderner Informations- und Kommunikationstechnologie) und Transportmethoden und größere regionale ökonomische Integration. Im Endeffekt stieg die relative Bedeutung des internationalen Handels in den meisten Wirtschaftsländern.

Dieses Kapitel stellt eine theoretische Plattform für die Analyse des internationalen Marketing und des Exportmanagements in den folgenden Kapiteln dar. Das Kapitel erörtert dabei drei zentrale Fragen des Gebiets der internationalen Handelstheorien und der Theorien zum Exportverhalten von Einzelunternehmen:

1. Welche Vorteile haben Exporte und der internationale Handel?
2. Warum befassen sich Länder und Unternehmen mit Exporten?
3. Welche Waren sollten Länder exportieren und welche importieren?

Das Kapitel wiederholt Schlüsselkonzepte, Modelle und Elemente der Makro- und Mikrogrundlagen des internationalen Handels und Exports. Auch wenn es aus der Exportperspektive verfasst ist, ist vieles auch bei Entscheidungen über Investitionen und strategische Allianzen anwendbar. Kurz, die diskutierten Themen können für alle Arten internationaler Marketingaktivitäten von Bedeutung sein.

2.2 Potenzieller Nutzen des Exportmarketing

Idealerweise findet Exportmarketing unter der Prämisse statt, dass es (unabhängig davon, ob wir Nationen oder einzelne Unternehmen betrachten) allen Beteiligten nützt und niemandem schadet (außer vielleicht den Wettbewerbern). Für einzelne Unternehmen bedeutet dies üblicherweise die Realisierung von direkten (beim Verkäufer bzw. Exporteur) oder indirekten Gewinnen (beim Käufer bzw. Importeur). Die Ausführungen dieses Abschnitts beziehen sich vorwiegend auf den Kontext des internationalen Handels, weil hier die Makroeffekte schneller offensichtlich werden.

Allgemein formuliert, wird der Nutzen des internationalen Handels für ein Land durch seine Auswirkungen auf Verbrauch und Produktion bestimmt. Kein Land ist im Hinblick auf seine Fähigkeit zur effizienten und ökonomischen Befriedigung der gesamten Bandbreite der sich ständig ändernden Bedürfnisse seiner Bevölkerung völlig selbstständig. Da der Verbrauch das Ziel der ökonomischen Aktivität und die Produktion nur ein Mittel zu diesem Zweck ist, ist der grundlegendste aller Beiträge des internationalen Handels der, der zum Wohlbefinden der inländischen Verbraucher führt. Aktive Handelsbeziehungen zwischen Ländern schaffen Arbeitsplätze und Verbraucher ziehen daraus ihre Vorteile, weil Arbeit die Quelle ihrer Kaufkraft für in- und ausländische Waren und Dienstleistungen bildet.

2.2.1 Die Auswirkungen von Importen

Der potenzielle Nutzen des Imports von Verbrauchsgütern ist offensichtlich. Zu nennen sind insbesondere niedrigere Preise sowie ein wachsendes und vielfältigeres Warenangebot, aus dem der Verbraucher auswählen kann. Auch wenn dies weniger offensichtlich ist, sind die Auswirkungen des Imports von industriellen Waren dieselben. Hier handelt es sich jedoch nicht um einen direkten Nutzen, sondern um die Auswirkungen, die derartige Importe auf den inländischen Produktionssektor der Wirtschaft haben.

In erster Linie führt der Import bestimmter industrieller Produkte, egal ob es sich um Rohmaterialien oder Kapitalausrüstung handelt, zu einer wirtschaftlicheren Produktion und damit zu niedrigeren inländischen Produktionskosten, die sich nicht realisieren ließen, wenn die Hersteller der Verbrauchsgüter nur bei inländischen Anbietern einkaufen würden. Ein weiterer möglicher Vorteil der Betrachtung des Imports einiger Rohmaterialien ist, dass sie tendenziell kostbare Ressourcen erhalten.

Zweitens ermöglicht der Import vieler industrieller Güter, speziell bestimmter Rohmaterialien wie Kupfer und Zinn, die Produktion von Waren, die fast ausschließlich und manchmal völlig auf ausländischen Angebotsquellen basieren. Möglicherweise muss ein Land importieren, weil es nicht in der Lage ist, inländische Käufer mit all ihren Bedürfnissen aus einheimischen Ressourcen zu versorgen. Öl produzierende Länder des Westens, die auch aus dem Mittleren Osten importieren, sind dafür ein Beispiel. Wieder profitieren die Verbraucher von niedrigeren Preisen und darüber hinaus von der größeren Menge und Vielfalt der Waren, die der Markt zur Verfügung stellt.

Natürlich können im importierenden Land auch Nachteile auftreten. Um Importe bezahlen zu können, muss es einen Kapitalabfluss geben. Dieser hat nicht nur einen negativen Effekt auf die Zahlungsbilanz des Landes, sondern kann auch zu einer Verringerung einer dringend benötigten Fremdwährung führen. Es kann stärkere Konkurrenz für lokal produzierte Waren geben und die Beschäftigung kann leiden, wenn dieser Wettbewerb zu sinkendem Absatz, fallenden Gewinnen und Redundanzen bei der Beschäftigung führt. Da bedeutende Mengen der Importe in gegebene Länder aus unternehmensinternen „Verkäufen" resultieren können, kann diese Situation häufiger entstehen, ohne offensichtlich zu sein.

In einer Gleichgewichtssituation variieren die Auswirkungen von Importen in der Praxis zwischen den verschiedenen Ländern.

2.2.2 Die Auswirkungen von Exporten

Um Importe so zu finanzieren, dass sie die Außenhandelsbilanz nicht negativ beeinflussen und zu einer Belastung der internationalen währungspolitischen Vorräte werden, müssen Länder exportieren. Verbraucher haben dahingehend Anteil an den Exporten einheimischer Unternehmen, dass große Mengen zu ökonomischeren Produktionsprozessen führen. Die daraus resultierenden Vorteile werden dann an den Verbraucher weitergegeben. Das heißt, Verkäufe im Ausland unterstützen eine wirtschaftlichere Produktion im Inland, und diese sorgt für niedrigere Verbraucherpreise bei den Inlandserzeugnissen. Bei einzelnen Unternehmen verbessert eine Senkung der Produktkosten tendenziell ihre Wettbewerbsposition sowohl im In- als auch im Ausland und hilft, das inhärente Risiko der Geschäftsführung zu diversifizieren.

Exporte haben vielleicht auch Einfluss auf die allgemeine Wirtschaftslage eines Landes. Während rückläufiger Konjunkturbewegungen im Inland bleiben Exporte im Allgemeinen tendenziell stabil und steigen manchmal sogar und schwächen damit die Auswirkungen der Rezession ab. Da sich der Konjunkturzyklus in einigen Ländern im Aufschwung und gleichzeitig in anderen im Abschwung befindet, können Exporte während einer Rezession im Inland vielleicht sogar steigen.

Obwohl Exporte per saldo tendenziell in einem Land eine positive Wirkung haben werden, kann es auch einzelne Länder geben, die zu bestimmten Zeiten mit negativen Auswirkungen konfrontiert werden. Eine Güterknappheit könnte bestehen, die bei einheimischen Verbrauchern zu höheren Preisen führt. Vor vielen Jahren waren zum Beispiel japanische Farbfernseher in Japan teurer als in den Vereinigten Staaten, weil die Hersteller und die Regierung für ausreichende Liefermengen sorgen wollten, um den amerikanischen Markt durchdringen zu können. Für einige Industrien und Unternehmen – insbesondere für jene, die weniger exportorientiert arbeiten – wird das Einstellen qualifizierten Personals möglicherweise schwierig, wenn die exportorientierten Industrien wachsen.

2.2.3 Steigerung von Produktivität und Effizienz

Die vorherigen Anmerkungen über Importe und Exporte deuten darauf hin, dass ein bedeutender Anteil des internationalen Handels in einigen Nationen vorwiegend die effiziente Auslastung der Produktivkräfte fördern wird. Dies bedeutet, dass der Handel eine Möglichkeit zur Steigerung und vielleicht sogar Maximierung der Produktivität ist. Industrie und Handel sind dynamisch. Die Methoden der Produktion und des Marketing befinden sich im ständigen Wandel. In alten Industrien werden neue Produktionstechniken entwickelt und migrieren von einem Land zum anderen. Weiterhin entstehen durch den technologischen Fortschritt ständig völlig neue Industrien. Dieser Wandel überträgt sich durch internationalen Handel, direkt im Ausland angelegtes Kapital oder strategische Bündnisse auf die ganze Welt. Das bedeutet, dass etablierte inländische Industrien ständig mit neuen Mitbewerbern konfrontiert werden. In einigen Fällen werden alte Industrien durch neue verdrängt. Zum Beispiel wurde Japans Seidenindustrie durch Nylon praktisch ruiniert, während die Entwicklung von Kunststoffen (z.B. synthetisches Gummi) die Verbreitung ihrer natürlichen Entsprechungen beschränkt und in einigen Fällen ganz ersetzt hat. Transistoren, Siliziumchips und ähnliche Produkte haben die Elektronikindustrie vollkommen verändert.

Überall in der Welt besteht großes Interesse am *Technologietransfer*. Diesen kann man als Übertragung neuer Produkte, Prozesse und Produktionsverfahren zwischen den Ländern sehen. Osteuropäische Länder haben Technologien vom Westen erworben und gleichzeitig Technologien dorthin geliefert. Die Entwicklungsländer der Welt benötigen ständig die Technologien der entwickelten Länder. Neben den Technologien *an sich* profitieren die Länder möglicherweise durch Arbeitsplätze für ihre Bürger, Wohnungsbau, Schulen und die Entwicklung des Managements. Unter dem Druck der chinesischen Regierung, ihre Technologie zu transferieren, errichtete das amerikanische Unternehmen Motorola z.B. 1996 zusammen mit einer Computerchipfabrik für 720 Mio. US$ 2.200 Apartments und zwei Schulen für seine 5.000 Beschäftigten. Zudem wurde für die Chinesen vor Ort ein Kurztrainingsprogramm im Management bereitgestellt (*The Economist*, 1996a, S. 48).

Der internationale Handel wird deshalb zusammen mit dem industriellen Wandel zu einem potenziellen Motor des Fortschritts. Ob dieses Potenzial verwirklicht und die Produktivität gesteigert wird, hängt von der Reaktion der einheimischen Industrien auf die Herausforderung ab, vor die sie durch die Konkurrenz der neuen Industrien und neuen Methoden gestellt werden. In den Vereinigten Staaten reagierten z.B. einige Industrien (z.B. Hersteller von Fahrrädern, Armbanduhren oder Halbleitern) auf den Druck der steigenden Konkurrenz aus Importen damit, dass sie die Protektion der Regierung forderten. Einige Industrien konnten die Regierung dazu überreden, bei den fremden Regierungen um „freiwillige" Verringerungen oder Beschränkungen der exportierten Produktmengen nachzusuchen und diese auch zugesagt zu bekommen. Wenn inländischen Firmen ein derartiger Schutz der Regierung gewährt wird, bewirkt der Stimulus des Importwettbewerbs keine Zunahme der Produktivität, weil die Reaktion negativ ist. Die Situation in der geschützten Industrie wird buchstäblich eingefroren.

Eine andere Art der Reaktion auf die Importkonkurrenz, die zu Produktivitätssteigerungen führt, sind Kostensenkungen. Viele Industrien in Westeuropa und den USA konnten mit der Automatisierung Einsparungen beim Personal und der Anzahl der Einzelteile und Produktvereinfachungen realisieren.

2.3 Internationale Handelstheorien

Die dem Handel zwischen Ländern zugrunde liegenden Einflüsse sind komplex und zahlreich. Zwar ist klar, dass Handelsfirmen und Nationen auf vielerlei Art vom Handel profitieren können, zu einem umfassenderen Verständnis kommt man aber nur, wenn man kurz einige internationale Handelstheorien untersucht, die durchweg von sich behaupten, letzte Weisheiten darüber anzubieten, was die Handelsmodelle zwischen den Ländern bestimmt. Keine hat sich als die ultimative allgemeine Theorie erwiesen, die auf alle jemals gehandelten Güter anwendbar ist.

Die hier vorgestellten Theorien sind die folgenden:

- die klassische Theorie des internationalen Handels
- die Faktorproportionentherorie
- die Produktlebenszyklustheorie des internationalen Handels.

Inzwischen sind ganze Bücher über diese Theorien geschrieben worden. Dieser Teil befasst sich nur mit grundlegenden Konzepten und Erläuterungen, und die Erörterungen werden auf die Frage beschränkt: „Was bestimmt das Wesen und die Mengen der Güter, die ein Land kauft und in internationale Märkte verkauft?" Eine umfassende Abhandlung des Themas bieten die üblichen Quellen und Lehrbücher.

2.3.1 Die klassische Theorie des internationalen Handels

Was ein Land exportiert und importiert, wird nicht allein von seinem Charakter, sondern in Relation zu jenem seiner Handelspartner bestimmt. Das Konzept des *wirtschaftlichen Vorteils* besagt, dass sich Länder tendenziell auf jene Produkte spezialisieren, bei denen sie einen Vorteil, nämlich den der niedrigeren Fabrikationskosten haben. Das bedeutet einfach, dass ein Land jene Gegenstände für die Inlandsnachfrage und den Export produziert, die es besser oder preiswerter als andere Länder herstellen kann, und jene Produkte importiert, die es im Ausland preiswerter als im Inland erwerben kann. Der Kern der Logik des wirtschaftlichen Vorteils ist, dass sich alle Nationen nur selbst schaden können, wenn sie den Import von Gütern verhindern, die preiswerter im Aus- als im Inland erhältlich sind.

Weiterhin trifft diese Logik selbst auf Länder wie z.B. Frankreich und Deutschland zu, die möglicherweise in der Lage sind, die meisten Produkte preiswerter im In- als im Ausland zu produzieren. Unter derartigen Umständen profitieren Deutschland und Frankreich (aufgrund höherer bzw. besserer Bodenschätze, Arbeits- und Managementfähigkeiten, Kapitalressourcen oder Herstellungsprozesse) vom Import jener Güter mit relativen Produktionsnachteilen und erhalten so die Gelegenheit, Artikel mit relativem Vorteil zu exportieren.

Es gibt drei verschiedene Situationen hinsichtlich der internationalen Kostendifferenzen: *absolute*, *komparative* und *gleiche* Vorteile. Das Ausmaß des Handels und dessen Ausprägung hängt bei einer beliebigen gegebenen, potenziellen Handelsbeziehung von der jeweils herrschenden Situationen (absolute, komparative bzw. gleiche Vorteile) und dem Wesen der gegenseitigen Nachfragestrukturen ab. In der klassischen Theorie wird angenommen, dass der Angebotspreis den monetären Kosten der Produktion entspricht (d.h. Transportkosten, Marketingkosten und individuelle Gewinne einzelner Firmen werden vernachlässigt). In der Realität existieren diese Kosten natürlich, und sie sind in den meisten Fällen sogar recht signifikant. Aber das Konzept des Angebotspreises bleibt unverändert; es sind nur absolute Größen betroffen.

Absoluter Vorteil

Ein Zustand des absoluten Vorteils besteht, wenn ein Land einen Kostenvorteil vor einem anderen bei der Herstellung eines Produkts hat (d.h. es lässt sich mit weniger Ressourcen herstellen), während das andere Land einen Kostenvorteil bei der Herstellung eines anderen Produkts hat. In einer Zwei-Länder-zwei-Produkte-Welt sind der internationale Handel und die Spezialisierung für die jeweiligen Länder von Nutzen, wenn sie absolut effizienter als ihr Handelspartner sind. Für eine gegebene Menge produktiver Ressourcen (Input von Kapital und Arbeit) führen Spezialisierung und Handel zu einem größeren Output bei beiden Produkten.

Die Theorie vom absoluten Vorteil versucht auch zu erklären, warum die Kosten zwischen den Nationen unterschiedlich sind. Kostenunterschiede existieren, weil die Produktivität der Faktor-Inputs (insbesondere der Arbeit) die wesentliche Determinante der Herstellungskosten in den verschiedenen Ländern darstellt. Diese Produktivität basiert auf natürlichen und erworbenen Vorteilen des jeweiligen Standorts. Zu den natürlichen Vorteilen zählen Faktoren wie das Klima, Boden und Bodenschätze; zu den erworbenen Vorteilen zählen besondere Fähigkeiten, technisches und Marketing-Know-how usw. Mit derartigen Vorteilen in der Produktion eines Gutes könnte eine Nation dieses preiswerter als ein Handelspartner herstellen, dem diese Vorteile fehlen.

Komparativer Vorteil

Damit weiterhin profitabel gehandelt werden kann, muss ein Land nicht notwendigerweise einen absoluten Vorteil gegenüber anderen Ländern haben. Wenn ein Land einen absoluten Vorteil gegenüber einem anderen Land bei der Herstellung aller Produkte hat, ist Handel von Nutzen, wenn die inländischen Tauschverhältnisse in den jeweiligen Ländern unterschiedlich sind. Das ist mit anderen Worten dann der Fall, wenn es einem Land mit absolutem Vorteil möglich ist, ein Produkt mit größerem Vorteil als ein anderes herzustellen. Diese Situation ist als das „Prinzip des komparativen Vorteils" bekannt.

Wenn diese Bedingung existiert, profitiert ein Land davon, dass es sich auf das Produkt spezialisiert und es exportiert, bei dem es den größten oder einen größeren (komparativen) Vorteil hat, und das Produkt importiert, bei dem seine Vorteile geringer oder minderwertig (komparativer Nachteil) sind. Daher kann das andere Land selbst dann durch Spezialisierung auf das Produkt mit den geringsten Nachteilen und seinen Export profitieren, wenn es sich bei der Herstellung aller Produkte im Nachteil befindet.

Um das Prinzip des komparativen Vorteils zu verdeutlichen, gehen wir von den Informationen der Tabelle 2.1 für Deutschland und Dänemark aus.

Tabelle 2.1 Herstellungskosten von Maschinen und Möbel.

	Herstellungskosten pro Einheit		
Land	**Maschinen**	**Möbel**	**inländisches Tauschverhältnis**
Deutschland	DM 10	DM 40	1:4
Dänemark	DM 20	DM 60	1:3

Nehmen Sie an, dass sowohl die Produktionskosten für Möbel als auch die für Maschinen in Deutschland niedriger als in Dänemark sind. Bei Maschinen beträgt der Vorteil 1:2 (DM 10 zu DM 20), während er bei Möbeln 1:1,5 (DM 40 zu DM 60) ist. Der Theorie des komparativen Vorteils zufolge spezialisiert sich Deutschland besser auf die Produktion von Maschinen und tauscht diese gegen in Dänemark produzierte Möbel. Der maximale, potenzielle Gewinn der jeweiligen Länder lässt sich wie folgt bestimmen.

Betrachtet man die inländischen Tauschverhältnisse, könnte Deutschland ohne den internationalen Handel je produzierter Maschine nur eine Vierteleinheit Möbel erwerben. Andererseits betragen die inländischen Kosten der Produktion einer Maschine in Dänemark eine Dritteleinheit Möbel (anders ausgedrückt, sind drei Maschinen die Opportunitätskosten einer Einheit Möbel). Lässt man sich auf den Tauschhandel mit Deutschland ein, ist man in der Lage, für jede exportierte Maschine eine Dritteleinheit Möbel zu importieren. Der potenzielle Handelsgewinn beträgt eine Zwölfteleinheit Möbel. Dänemark kann währenddessen für jede exportierte Einheit Möbel vier Maschinen importieren, so dass der potenzielle Handelsgewinn eine Maschine ist.

Die inländischen Tauschverhältnisse der jeweiligen Länder setzen die Grenzen, in die das internationale Tauschverhältnis fallen muss, wenn beide Handelspartner profitieren sollen. So wird Deutschland dann profitieren, wenn es für jede produzierte Maschine etwas mehr als eine Vierteleinheit Möbel erhalten kann, während Dänemark dann profitiert, wenn es eine Maschine für weniger als eine Dritteleinheit Möbel besorgen kann. Der Bereich des internationalen Tauschverhältnisses lässt sich so ausdrücken:

$$3 \leq X \leq 4$$

Dabei entspricht X der Anzahl Maschinen, die gegen eine Einheit Möbel getauscht wird. Das genaue internationale Tauschverhältnis hängt von der bestehenden reziproken Nachfragesituation ab.

In der Realität scheint die Bedeutung des komparativen Vorteils schwächer zu sein, als dieses einfache Handelsmodell andeutet. Länder spezialisieren sich z.B. weniger, als man erwarten würde. Es gibt viel intraindustriellen Handel – Frankreich verkauft Autos nach Deutschland und umgekehrt. Konkurrenz ausländischer Lieferanten führt zuweilen zu Lohnsenkungen in den importierenden Ländern.

Kompliziertere Versionen dieses Modells helfen bei der Erklärung dieser offensichtlichen Anomalien. Geht man nicht mehr von zwei Gütern und Ländern aus, sondern zu vielen Gütern und Länder über, werden zwar die Berechnungen komplizierter, aber sonst ändert sich nur wenig. In der Realität ist Arbeit nicht der einzige Produktionsfaktor. Es gibt Kapital, Personal usw. Daher ist das inländische Tauschverhältnis im Allgemeinen nicht linear, sondern kurvenförmig und verläuft von der Mitte aus nach außen. Das deutet darauf hin, dass eine völlige Spezialisierung unwahrscheinlich ist. Mit den – auf reziproken Nachfrageänderungen basierenden – Änderungen des internationalen Tauschverhältnisses oder Preises verstärkt ein Land langsam seine Spezialisierung im Sinne des komparativen Vorteils bis hin zur vollständigen Spezialisierung.

Gleicher Vorteil

Eine Bedingung für den gleichen Vorteil besteht, wenn ein Land einen absoluten Vorteil vor einem anderen bei der Herstellung aller Produkte hat, aber kein einziges Produkt einen größeren Vorteil bietet.

Dies lässt sich einfach anhand der Daten für Schuhe und Kleidung in Tabelle 2.2 verdeutlichen.

Tabelle 2.2 Produktionskosten für Schuhe und Bekleidung.

Land	Produktionskosten pro Einheit Schuhe	Bekleidung
Brasilien	£10	£20
Italien	£20	£40

Tatsächlich ist Brasilien bei beiden Produkten doppelt so effizient. Das inländische Tauschverhältnis von Schuhen zu Bekleidung ist in den beiden Ländern dasselbe (1:2). Benutzt man die obige Argumentation, gibt es keinen möglichen Spielraum für internationale Handelsverhältnisse. Das bedeutet, dass die beiden Länder durch den Handel weder gewinnen noch verlieren. Unter derartigen Umständen gibt es möglicherweise keinen Handel, weil der Gewinnanreiz fehlt.

2.3.2 Die Faktorproportionentheorie

Die klassischen Handelstheorien argumentieren, dass unterschiedliche internationale Produktionsbedingungen und Faktorproduktivitäten, die aufgrund lokal unterschiedlicher Standortvorteile (natürliche und erworbene Vorteile) bestehen, die Grundlage des Handels bilden. Aber über diese allgemeine Erklärung hinaus tragen die klassischen Theorien nur wenig zur Erklärung der Ursachen der Diskrepanzen bei komparativen Kosten bei.

Im Gegensatz dazu bietet die Faktorproportionentheorie eine Erklärung für die Unterschiede der komparativen Kosten zwischen Handelspartnern an. Dieser Theorie zufolge erklären internationale unterschiedliche Versorgungsbedingungen große Teile des internationalen Handels. Zu den Versorgungsbedingungen zählen Faktorproduktivität und Faktorausstattung. Es wird angenommen, dass Handelspartner gleiche Geschmäcker und Vorlieben haben (Nachfragebedingungen), in der Produktion Faktoren gleicher Qualität einsetzen und gleiche Technologien benutzen. Die Produktivität oder Effizienz einer gegebenen Ressourceneinheit ist daher bei beiden Handelsnationen gleich.

Die Faktorproportionentheorie argumentiert, dass das relative Preisniveau der Länder unterschiedlich ist, weil sie (1) über verschiedene relative Faktoraustattungen in der Produktion (Kapital und Arbeit) verfügen und (2) unterschiedliche Waren voraussetzen, so dass der Faktoreinsatz bei der Produktion mit unterschiedlichen Intensitäten erfolgt (Faktorintensitäten – Kapital/Arbeit-Beziehungen). Geht man von diesen Begleitumständen aus, lässt sich die Faktorproportionentheorie so formulieren:

Eine Nation wird das Produkt exportieren, für das eine große Menge des relativ reichlich vorhandenen (billigen) Faktors benötigt wird, und es wird das Produkt importieren, bei dessen Produktion der relativ knappe (teure) Faktor benutzt wird.

Die prinzipielle Erklärung der Modelle des internationalen Handels ist die ungleichmäßige Verteilung der Ressourcen der Welt auf die Nationen in Verbindung mit der Tatsache, dass Produkte verschiedene Proportionen der Produktionsfaktoren erfordern. Während die Produktion von Bekleidung z.B. sehr arbeitsintensiv ist, ist die Herstellung von Maschinen viel kapitalintensiver. Wenn ein Land jene Produktionsfaktoren im Überfluss besitzt, die in großen Mengen zur Herstellung eines Produkts benötigt werden, wird der Preis für dieses Produkt relativ zum Preis für ein anderes Produkt, das nach großen Mengen eines knapperen Faktors (Ressourcen) verlangt, niedrig sein.

2.3.3 Die Produktlebenszyklustheorie des internationalen Handels

Aus mehreren Gründen haben sich die traditionellen (auf dem wirtschaftlichen Vorteil der Faktorausstattung basierenden) Theorien zur Erklärung des internationalen Handels, wie er sich seit Beginn der 60er Jahre entwickelt hat, als defizitär erwiesen. Wegen des schnellen technologischen Fortschritts und der Entwicklung multinationaler Unternehmen wurde es erforderlich, eine neue internationale Handelstheorie zu finden, die der sich wandelnden Realität des Welthandels, so wie sie sich entwickelt hat und heute existiert, gerecht wird. Die Produktlebenszyklustheorie des internationalen Handels hat sich nicht nur bei der Erklärung der Handelsmuster der Hersteller, sondern auch bei der multinationalen Expansion der Verkäufe und der Verbreitung produzierender Tochtergesellschaften als nützliches Modell erwiesen. Das heißt, es eignet sich zur Erklärung bestimmter Arten der Direktinvestitionen im Ausland (Vernon, 1966; Vernon und Wells, 1996).

Dem Produktlebenszyklus-Konzept zufolge unterliegen viele Industriegüter und insbesondere technologisch fortschrittliche Produkte (z.B. Elektronik und Büromaschinen) einem Konjunkturzyklus. Abbildung 2.1 verdeutlicht diesen Prozess und zeigt, wie er die internationalen Handelsströme eines Landes beeinflusst.

Während des Prozesses, der sich in verschiedene Phasen unterteilen lässt, ist das Entwicklerland eines neuen Produktes anfangs Exporteur, verliert dann seinen Wettbewerbsvorteil und damit seine Handelspartner und wird schließlich vielleicht einige Jahre später zum Importeur des Produkts. Die Einführungsphase des Handelszyklus beginnt, wenn dem Unternehmen im Entwicklerland ein technologischer Durchbruch in der Produktion einer hergestellten Ware gelingt. Das Land, in dem sich das die Innovation einführende Unternehmen befindet, genießt anfangs den zu seinen Gunsten bestehenden internationalen technischen Rückstand und verfügt in der Regel über eine entwickelte Wirtschaft mit hohem Einkommen. Anfangs implizieren der relativ begrenzte lokale Markt (Inlandsmarkt) für das Produkt und technologische Ungewissheiten, dass die Massenfertigung nicht möglich ist.

Während der nächsten Phase des Handelszyklus beginnt der innovative Hersteller, sein Produkt in Auslandsmärkte zu exportieren, bei denen es sich wahrscheinlich um Länder mit ähnlichem Geschmack und vergleichbarer Einkommenssituation und Nachfragestrukturierung (d.h. andere entwickelte Länder) handelt. Während dieser Phase des Wachstums und der Expansion stellt der Hersteller fest, dass sein Markt nun groß genug für die Massenfertigung und das Aussortieren ineffizienter Produktionstechniken ist, so dass er zunehmende Mengen an die Weltmärkte liefern kann.

Mit der Zeit erkennt der Hersteller, dass er die Produktion in die Nähe der Auslandsmärkte verlagern muss, wenn er seinen Auslandsabsatz und seine Exportgewinne verteidigen will. Die einheimische Industrie tritt in ihre Reifephase ein, während innovative Unternehmen

Tochtergesellschaften im Ausland (normalerweise zunächst in fortschrittlichen Ländern) gründen. Ein wesentlicher Grund dafür ist, dass der anfängliche Kostenvorteil des Innovators kaum unbegrenzt andauert. Nach einer gewissen Zeitspanne stellt das die Innovation einführende Land möglicherweise fest, dass seine Technologie nicht mehr wirklich neu ist und dass Frachtkosten und Zölle die Verkaufspreise wesentlich beeinflussen. Der Innovator erkennt vielleicht auch, dass der Auslandsmarkt groß genug für eine Massenproduktion in der Nähe des Marktes geworden ist, und tätigt entweder Direktinvestitionen oder geht strategische Bündnisse ein.

Abbildung 2.1 Die Produktlebenszyklustheorie des internationalen Handels.

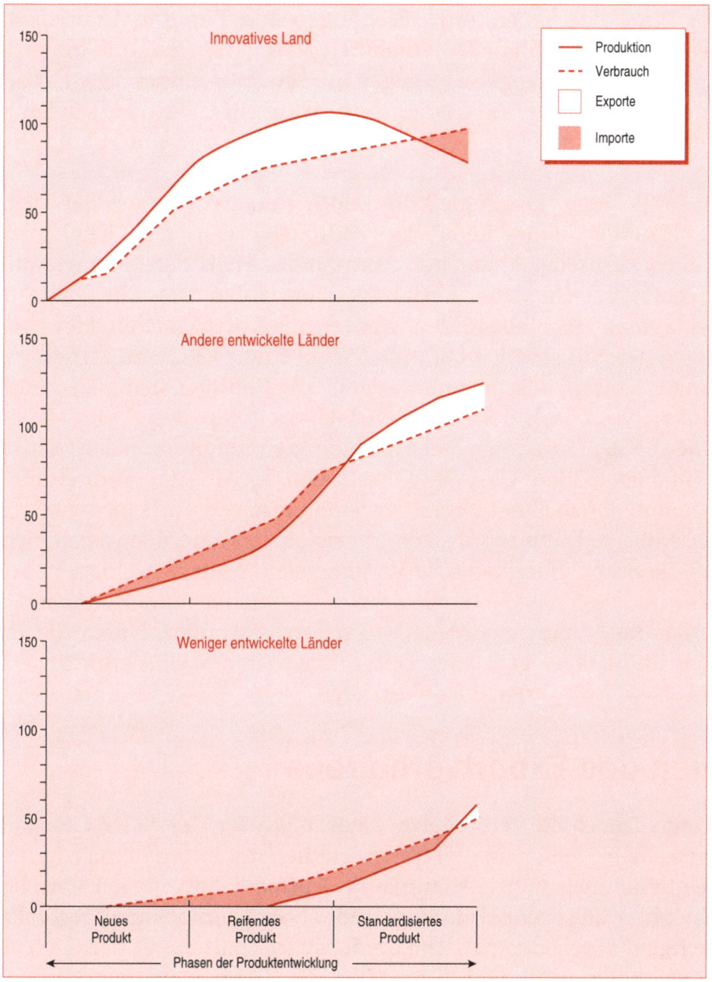

Quelle: Vernon und Wells, 1996, S. 119.

Obwohl die Monopolstellung des Entwicklerlands möglicherweise durch Rechtsansprüche (z.B. Patente und andere geistige Eigentumsrechte) verlängert wird, ist sie oft nur vorübergehend. Das liegt daran, dass Wissen auf lange Sicht tendenziell ein freies Gut ist. Sobald sich die innovative Technologie zunehmend verbreitet, beginnen ausländische Produzenten damit, den Produktionsprozess zu imitieren. Das Entwicklerland verliert allmählich seinen komparativen Vorteil und sein Exportzyklus geht in die Phase des Verfalls über. Der Handelszyklus ist abgeschlossen, wenn der Produktionsprozess standardisiert wird, so dass ihn alle Nationen, also auch kleinere entwickelte Länder, leicht nutzen können. Das Entwicklerland wird vielleicht schließlich sogar selbst zu einem Nettoimporteur des Produktes, da seine Monopolstellung der fremden Konkurrenz erliegt.

Auf der Ebene des einzelnen Unternehmens handelt es sich bei Situationen, die zwar auf Patenten und geistigen Eigentumsrechten basieren, aber dennoch den Zusammenbruch der Monopolstellung zur Folge haben, um Fälschungen und Piraterie. In einigen Fällen werden Regierungen bemüht, um nationale Unternehmen zu unterstützen. Ein gutes Beispiel sind die 1996 von der amerikanischen Regierung gegen ausgewählte chinesische Exporte angedrohten Sanktionen wegen der Piraterie von Computersoftware auf CD-ROM. Die US-Regierung hatte den Eindruck, dass die chinesische Regierung nicht genug zur Unterbindung dieser Piraterie unternahm.

Mit dem Produktlebenszyklusmodell des internationalen Handels ließ sich die historische Entwicklung des Handels für eine Reihe von Produkten erklären, zu denen insbesondere Textilien, Schuhe, Radios, Fernseher, Halbleiter, Autos, industrielle Befestigungsmittel und standardisierte Komponenten verschiedener Einsatzbereiche zählen. Diese Produkte, die in den USA, Westeuropa und Japan angeboten werden, werden aus Korea, Taiwan, Hongkong, Indien, Singapur und anderen neuindustriellen Ländern (NICs) sowie China importiert.

Die Erfahrungen amerikanischer und japanischer Radiohersteller verdeutlichen das Produktlebenszyklusmodell. Nach dem Zweiten Weltkrieg war das Radio ein verbreitetes Produkt. Amerikanische Unternehmen beherrschten den internationalen Radiomarkt, da die Vakuumröhre anfangs in den USA entwickelt wurde. Mit der Verbreitung der Produktionstechnologie konnte Japan aber billigere Arbeiter einsetzen und einen großen Teil der Radiomärkte der Welt erobern. Dann wurde der Transistor von amerikanischen Firmen entwickelt. Etliche Jahre lang konnten amerikanische Radiohersteller mit den Japanern konkurrieren, die weiterhin mit der überholten Technologie arbeiteten. Wieder imitierte Japan US-Technologien und konnte Radios zu konkurrenzfähigeren Preisen verkaufen. Durch die Entwicklung der PCBs (Printed Circuit Boards – gedruckte Leiterplatten) in den USA erhielten US-Unternehmen wieder die Möglichkeit, mit Japan zu konkurrieren.

2.4 Theorien des Exportverhaltens

Exportieren ist immer noch die verbreitetste Alternative der Hersteller, Geschäfte in Auslandsmärkten abzuwickeln, besonders in den frühen Stadien der Internationalisierung. Dem Exportverhalten der Unternehmen wurde signifikante Aufmerksamkeit von Forschern und Praktikern zuteil. Obwohl Konzeptionalisierung und Theorieentwicklung recht karg ausgefallen sind, sieht die zeitgenössische theoretische Betriebswirtschaft das Exportieren als einen fortlaufenden Prozess, bei dem sich allmählich der Grad der Einbindung und des Engagements eines Unternehmens im Ausland erhöht. Wachsende Exporte führen im Allgemeinen zu diskreten Änderungen der Organisationsstrukturen, die mit dem zunehmenden Engagement des Unternehmens zur Versorgung der Auslandsmärkte einhergehen. Unter Exportieren versteht man daher das Durchlaufen einer Folge von Eintrittsmodalitäten, die schließlich zu direkten Auslandsinvestitionen führen.

Im Gegensatz zu den oben präsentierten internationalen Handelstheorien versuchen Exportverhaltenstheorien zu erklären, warum und wie sich einzelne Unternehmen mit Exportaktivitäten befassen, und insbesondere, wie sich die dynamische Natur dieser Aktivitäten konzeptionalisieren lässt. Exporttheorien konzentrieren sich deutlich auf Unternehmensmotive und Exportstrategien (und nicht nur auf die wirtschaftlichen Gründe des Exportierens), das Unternehmensmarketing und andere Exportfähigkeiten sowie die Wechselwirkungen mit dem Umfeld des Auslandsmarkts. Risiko, Unsicherheit und unvollständige Kenntnisse sind wichtige Determinanten des Exportverhaltens, weil Unternehmen, die sich auf Aktivitäten im Auslandsmarkt einlassen, oft entsprechende vorausgehende Kenntnisse, Erfahrungen und adäquate Marketinginformationen fehlen.

2.5 Exportmotive

Warum beschäftigen sich Unternehmen im Allgemeinen mit internationalem Marketing und insbesondere dem Exportieren? Wir können (realistischerweise) annehmen, dass der Wunsch des Unternehmens, seine Ressourcen so zu nutzen und zu entwickeln, dass seine kurz- und/ oder langfristigen wirtschaftlichen Ziele erfüllt werden, die treibende Kraft beim Beginn oder der Ausnutzung von Exportaktivitäten ist. Folglich stehen die Exportmotive in enger Beziehung mit den grundlegenden Zielen des Unternehmens. Allgemein gesagt, dehnen sich Firmen im Ausland aus, wenn sie ihre strategischen Ziele nicht mehr dadurch zufrieden stellend verwirklichen können, dass sie einzig und allein auf dem Inlandsmarkt operieren.

2.5.1 Basisziele

Jedes Geschäftsunternehmen hat ein vorrangiges Ziel, das es versucht zu erreichen. Dieses Ziel kann auf Gewinne oder Gemeinnutz ausgerichtet sein. Profitorientierte Ziele umfassen Investitions- und Verkaufserlöse, Gewinnmaximierung, Wachstum und Stabilität. Ziele, die ihrem Wesen nach gemeinnützig sind, umfassen erwünschte Verkaufsmengen, Marktanteile, Wahrung des Status quo, die Versorgung der Kunden und bestimmter Märkte, die finanzielle Liquidität, die Sicherheit des bestehenden Managements und verschiedene humanitäre Ziele, wie z.B. die Wahrung der Beschäftigungssituation und die Produktion von Produkten, von denen das Unternehmen ehrlich glaubt, dass sie gut für den Verbraucher sind.

Unabhängig davon, wie das Unternehmen seine vorrangigen Ziele formuliert und ob diese explizit vorliegen, gibt es wirklich nur einen grundlegenden oder primären Anreiz, nämlich den, *Profit zu machen*. So wird ein gemeinnütziges Ziel vielleicht nur angestrebt, weil sich daraus entweder ein direkter oder indirekter Gewinn ergibt. Nur bei aufeinander folgenden Gewinnen können Unternehmen ihre Aktivitäten fortsetzen und sich den Luxus leisten, Ziele zu verfolgen, die ihrem Wesen nach gemeinnützig sind. Exportgeschäfte entscheiden bei jenen, die schon exportieren, häufig über Gewinn oder Verlust eines ganzen Unternehmens. Zudem führen Auslandsaktivitäten, zu denen Exporte zählen, zu einer Stabilisierung der Gewinne.

Bei vielen Unternehmen werden wichtige Teile der Erlöse mit Exporten und anderen Auslandsaktivitäten erzielt. Beispielsweise stammen zwischen 80 und 90% der Verkäufe und Gewinne bei den schwedischen Unternehmen Ericsson und Electrolux von Exporten und fremden Tochtergesellschaften (*The Economist*, 1989). 1995 wurden 64% der Gesamtverkäufe (Umsatz) des Elektronikunternehmens Motorola durch ausländische Aktivitäten erzielt (1990 waren es noch 44%). In den frühen 90er Jahren stammten drei Viertel des Ertrags der Exxon Corporation (Esso) an sich und sein gesamtes Ertragswachstum aus ausländischen Quellen. Das sind nur einige Beispiele für Ertragsanteile, die aus internationalen Marketingaktivitäten herrühren. Weitere Beispiele für Unternehmen, bei denen wichtige Erlösanteile aus internationalen Aktivitäten stammen, sind nicht schwer zu finden: Coca-Cola, IBM, Unilever, Procter & Gamble, CPC, N.V. Philips Gloelampenfabrieken, Sony, Nestlé, C. Itoh, Daimler-Benz und Toyota, um nur einige zu nennen. Bei vielen Unternehmen stammt der Großteil der Auslandserlöse eher aus Aktivitäten im Ausland als aus Exportverkäufen. Diese größere Rentabilität (real und potenziell) lässt sich teilweise durch das mit der Durchführung von Auslandsaktivitäten verbundene größere Risiko erklären, das aufgrund der nicht kontrollierbaren Umwelt entsteht, der sich das Geschäftsunternehmen stellen muss. Das Management scheint den Standpunkt zu vertreten, dass die Erlöse internationaler Aktivitäten dem hohen Risiko angemessen sein müssen.

Natürlich stellt das Risiko nicht die einzige Erklärung dar. Sicherlich üben die enormen Wachstumschancen der Auslandsmärkte einen wichtigen, in einigen Fällen vielleicht sogar den dominierenden Einfluss aus. Mit dem Wechsel ins 21. Jahrhundert erwarten Motorola und viele andere Firmen starkes Wachstum in Osteuropa und China.

2.5.2 Spezifische Gründe

Neben dem grundlegenden Gewinnziel gibt es möglicherweise spezifische Ziele, die dem Engagement (egal, wie stark oder schwach dieses auch ausgeprägt sein mag) von Unternehmen in Auslandsmärkten zugrunde liegen. Wie bereits gesagt, wird jedes dieser Ziele nur dann ein gültiges Ziel, wenn es einen Beitrag zum grundlegenden Ziel leistet. Das heißt, jedem dieser spezifischen Ziele liegt die Erwartung zugrunde, dass die Gewinne gesteigert werden.

Tabelle 2.3 Eine Klassifikation der Exportmotive.

	Intern	**Extern**
Proaktiv	• Motivation des Managements • Vermarkten von Vorteilen • Wirtschaftlichere Mengen • Einzigartige Produkt-/Technologie-Kompetenz	• Marktchancen im Ausland • Auslandsvertretungen
Reaktiv	• Risikodiversifikation • Steigerung der Verkäufe von saisonalen Produkten • Überkapazität der Ressourcen	• Freiwillige Aufträge • Kleiner Inlandsmarkt • Stagnierender/schwindender Inlandsmarkt

Eine Klassifikation spezifischer Exportmotive finden Sie in schematischer Form in Tabelle 2.3. Im Grunde genommen schlägt das Schema vor, dass verschiedene Arten von Anreizen oder Einflüssen ein Unternehmen dazu veranlassen, sich mit Exporten zu befassen. Zwei wesentliche Unterschiede lassen sich erkennen. Erstens werden die motivationalen Faktoren entweder als Stimuli, die von unternehmens*internen* Einflüssen ausgehen, oder als Stimuli, die aus der *externen* Umwelt (Inlands- oder Exportmärkte) des Unternehmens stammen, angegeben. Zweitens werden die Motive in Hinsicht darauf kategorisiert, ob die Exportaktivität auf *reaktivem* (das Unternehmen reagiert auf internen oder externen Druck – sog. Push-Faktoren – und agiert passiv) oder *proaktivem* und/oder aggressivem Verhalten (basierend auf dem Interesse des Unternehmens daran, einmalige Fähigkeiten oder Marktchancen auszubeuten – Pull-Faktoren) beruhen. Eine weitere Möglichkeit der Betrachtung ist, dass die Entscheidung *innovationsorientiert* (d.h., man ist sich der Existenz einer Marktchance bewusst) oder *problemorientiert* sein kann. Eine solche Unterscheidung kann wichtig sein, weil sie das Wesen der Exportentscheidung widerspiegelt: Wird die Auslandsaktivität wegen des Bedürfnisses nach Exporten oder auf der rein freiwilligen Basis, die bereits sichere Situation des Unternehmens zu verbessern, initiiert? Beispiel 2.1 zeigt die Bedeutung einiger Motive auf.

BEISPIEL 2.1

Sollte ein Unternehmen in Übersee vertreiben?

Die Welt bietet Unternehmen, die keine Geschäfte in Auslandsmärkten tätigen, zunehmend internationale Marktpotenziale. Aber wie kann ein Unternehmen entscheiden, ob Auslandsmarketing für es selbst und sein(e) Produkt(e) „richtig" ist?

Die Schlüssel zum Erfolg in Auslandsmärkten sind *Information*, *Vorbereitung* und *Engagement*. Das ist nichts anderes als das, was auch für den Erfolg in Inlandsmärkten erforderlich ist. Eine Studie erfolgreicher mittlerer Unternehmen zeigt, dass Erfolge auf dem Engagement des Managements, Qualität, besserem Marketing, Innovationen und Anpassung an die Unternehmensumwelt, nicht auf Unternehmensgröße, Finanzierung oder einer günstigen Währung beruhen.

Den Hauptanreiz für ein Unternehmen bilden natürlich Wachstums- und Gewinnchancen. Außerdem können Verkäufe in Auslandsmärkten Erlös- bzw. Umsatzschwankungen abschwächen, unabhängig davon, ob diese nun von der Saison, vom Technologiewandel, gesättigten Märkten oder wirtschaftlichen Bedingungen verursacht werden. Laut Suzanne Quadt (1990) helfen neue Märkte Unternehmen, ihre Produktionskapazitäten besser auszunutzen, den Produktlebenszyklus zu verlängern und den Konkurrenzgeist zu erhöhen, und sie kommen dabei vielleicht sogar in den Genuss von Steuervorteilen.

Vier Schritte führen zu der Entscheidung, ob man sich international engagiert oder nicht:

- *Stellen Sie sicher, dass ein aufrichtiges Engagement und Interesse vom Vorsitzenden an abwärts besteht*, oder die Programme stehen auf schwachen Beinen. Das internationale Engagement muss in die Geschäftsstrategie integriert werden.
- *Weisen Sie Forschungs-, Bewertungszeiten und Ressourcen zu.* Legen Sie Aufgaben, Verantwortlichkeiten und Terminpläne fest.
- *Sammeln Sie Informationen als Grundlage für vernünftige Entscheidungen:*
  - Zielen Sie auf potenzielle Weltmärkte für die Unternehmensprodukte ab. Studieren Sie Marktcharakteristiken, Wettbewerb, mögliche Eintrittsbarrieren, Export-/Importregulierungen, Sitten und Gebräuche und berücksichtigen Sie Lizenzen.
  - Schätzen Sie das Bewusstsein, die Bedürfnisse und die Kaufneigung ein. Bewerten Sie das Unternehmen, Produktstärken und -schwächen für den Markt.
  - Schätzen Sie ein, wie sich Produkte und Dienstleistungen an die lokalen Anforderungen, Standards und Geschmäcker anpassen lassen. Planen Sie im Voraus Exportfinanzierung, Preise, Zahlungsmethoden und zusätzliche Kosten der Geschäfte in Auslandsmärkten.
- *Prüfen Sie die Marketingkenntnisse über das Ausland, die Fähigkeiten und Erwartungen des Personals, der Lieferanten und Aktionäre.* Werden weiteres Personal, Schulung, Finanzierung oder externe Ressourcen benötigt?

Im letzten Schritt wird die Entscheidung auf der Basis der benötigten Eingangsdaten gefällt.

Motivation des Managements

Die Einstellungen des Managements spielen eine wichtige, wenn nicht wesentliche Rolle bei der Festlegung der Exportaktivitäten eines Unternehmens. Die Motivation des Managements reflektiert das Verlangen, den Antrieb, die Begeisterung und das Engagement des Managements zum Exportieren und für andere Arten des internationalen Marketing. In kleinen und mittleren Unternehmen obliegen Exportentscheidungen vielleicht einem einzelnen Entscheidungsträger; in größeren Unternehmen werden sie von einer weisungsbefugten Einheit getroffen. Unabhängig von der Anzahl der am Exportentscheidungsprozess beteiligten Personen bleibt die Wahl einer Markteintrittsstrategie für das Ausland abhängig von der Wahrnehmung der Auslandsmärkte durch die Entscheidungsinstanz, diesbezüglichen Erwartungen und der wahrgenommenen Fähigkeit des Unternehmens zum Eintritt in jene Märkte. Das weist darauf hin, dass sich die Charakteristiken individueller Entscheider auf zwei Ebenen auswirken können: (1) Informationsstimuli im Hinblick auf Exportaktivitäten werden schließlich verarbeitet und (2) die Charakteristiken stehen im Zusammenhang mit nachfolgenden Entscheidungen darüber, ob man sich für Exportaktivitäten engagiert oder nicht.

Es besteht eine gewisse Beziehung zwischen den individuellen Merkmalen der Entscheidungsträger und dem Exportverhalten. Günstige Einstellungen zu Auslandsaktivitäten werden als wesentliche Voraussetzung dafür angesehen, dass Unternehmen internationale Märkte betreten oder sich dort ausdehnen. Merkmale von Entscheidungsträgern, einschließlich kognitiver und affektiver Faktoren, können in bestimmten Fällen die systematischen Unterschiede der Einstellung und des Verhaltens verschiedener Manager gegenüber Auslandsaktivitäten erklären.

Ein Prozess der kulturellen Sozialisierung, der den Entscheidungsträger Informationen und Kontakten mit Auslandsmärkten aussetzt, wird ihn wahrscheinlich für Stimuli, die das Ausland betreffen oder mit diesem im Zusammenhang stehen, empfänglicher machen. Von Managern, die entweder im Ausland geboren wurden oder dort Lebens- oder Reiseerfahrungen gesammelt haben, kann man eine internationalere Gesinnung als von anderen Managern erwarten. Eine frühere Beschäftigung bei exportierenden Firmen, eine frühe Sozialisierung und fortwährender Kontakt mit externen Referenzgruppen (wie z.B. die Mitgliedschaft in Handels- und Berufsgenossenschaften) können möglicherweise ebenfalls die Wahrnehmungen und Bewertungen der Hauptentscheidungsträger von ausländischen Umgebungen verstärken.

Einzigartige Produkt-/Technologiekompetenz

Einzigartige Produkte und/oder Technologiekompetenzen spielen bei der Stimulierung des Exportverhaltens eine bestimmte Rolle. Erstens erhält ein Unternehmen, das überlegene Produkte herstellt, wegen der wahrgenommenen Kompetenz seiner Angebote mit größerer Wahrscheinlichkeit Anfragen ausländischer Märkte. Mehrere Dimensionen des Produktangebots beeinflussen die Wahrscheinlichkeit, dass ein potenzieller Käufer Exportstimuli ausgesetzt wird. Auch wenn über diese Frage wenig bekannt ist, können der Grad der Standardisierung, der Komplexitätsgrad und – bei beteiligter Soft- und Hardware – die Verteilung der jeweiligen Verkäufe (Umsätze) signifikante Elemente zur Beschreibung des Exportprodukts sein.

Zweitens können die Möglichkeiten zur Verteilung der einzigartigen Vorzüge in Überseemärkten sehr umfangreich sein, wenn ein Unternehmen einzigartige Kompetenzen in seinem Inlandsmarkt entwickelt hat, weil die Opportunitätskosten der Ausbeutung dieser Aktiva in anderen Märkten null betragen oder sehr niedrig sein werden. Erklärungen dafür, warum einzigartige Kompetenzen dazu führen, dass die Möglichkeit des Exports genutzt wird, basieren üblicherweise auf der Tatsache, dass sich durch die Entwicklung der Kompetenz oder des Produkts eine gewisse Kostensenkung erreichen ließe.

Risikodiversifikation

Viele, aber nicht alle exportierenden Unternehmen setzen sich aufgrund ihrer diversifizierten geografischen Märkte wahrscheinlich insgesamt einem geringeren Marktrisiko aus als nichtexportierende Unternehmen. Normalerweise sind Länder nicht derselben Art und denselben zeitlichen Abläufen der Konjunktur ausgesetzt. Es wird erwartet, dass rückläufige Konjunkturphasen nicht notwendigerweise zum gleichen Zeitpunkt oder mit gleicher Intensität in verschiedenen Auslandsmärkten auftreten. Der Verkauf in mehreren Märkten (Marktstreuung) senkt das mit schwindenden Verkäufen und Gewinnen in beliebigen Märkten einhergehende Risiko. Durch eine derartige Marktdiversifikation kommt das Unternehmen besser mit den sich ständig wandelnden allgemeinen Wirtschaftslagen im Inlandsmarkt zurecht. Wenn sich der Inlandsmarkt mitten in einer Rezession befinden sollte, lassen sich Exportverkäufe immer tätigen, weil Weltmärkte selten zum selben Zeitpunkt gleich schwach sind. Als sich die Holzprodukte-Industrie in der pazifischen Nordwestregion der USA während der ersten Hälfte der 80er Jahre wegen einer schwachen inländischen Bauindustrie in der Depression befand, schlugen sich einige Firmen besser als andere, weil sie Baumstämme und Holzsplitter nach Japan exportieren konnten.

Chancen in Auslandsmärkten

Das Enthüllen ausländischer Marktchancen hat oft einen starken Einfluss auf die Exportbereitschaft eines Unternehmens. Offensichtlich stellen Marktchancen nur dann einen Stimulus dar, wenn das Unternehmen über die zur Nutzung der Chancen erforderlichen Ressourcen verfügt oder sich diese sichern kann. Im Allgemeinen ist es wahrscheinlich, dass Entscheidungsträger nur eine recht beschränkte Anzahl von ausländischen Marktchancen in ihre Planungen des ausländischen Markteintritts einbeziehen. Weiterhin ist es wahrscheinlich, dass die Entscheidungsträger zunächst jene überseeischen Marktchancen erwägen, bei denen Ähnlichkeiten mit den Gegebenheiten ihrer Heimatmärkte bestehen.

Auslandsvertretungen

Regierungsvertretungen, industrielle Handelsverbände, Banken, Handelskammern und andere Organisationen können wichtige Förderer von Exportaktivitäten sein. Die wichtigsten Maßnahmen zur Exportförderung sind die Vergabe und die Bürgschaft bei Krediten, die Vermittlung von Kreditmöglichkeiten und Versicherungen, die Veröffentlichung allgemeiner Daten zum Auslandsmarkt, die Teilnahme an Handelsmessen und Ausstellungen, das Sponsoring und die Teilnahme an Handelsdelegationen, das Anbieten von Unternehmensführern und Berichten über Einzelunternehmen und die Beteiligung an Handelsabkommen. Stimulierende Regierungsmaßnahmen können nicht nur hinsichtlich der möglichen direkten finanziellen Auswirkungen, sondern auch hinsichtlich der Bereitstellung von Informationen zu Marktchancen im Ausland einen positiven Einfluss haben. Industrieverbände, Banken und Handelskammern bieten oft auch ähnliche Dienstleistungen an.

Economies of Scale (Stückkostendegression)

Wenn es eine Kostendegression in Produktion, Werbung, Distribution oder anderen Bereichen gibt, können durch Exporte ausgedehnte Märkte bei den hergestellten Produkten zu einer Senkung der Stückkosten führen. Der Skaleneffekt spiegelt die natürliche Effizienz wider, die mit der Größe einhergeht. Durch Exporte lassen sich die Fixkosten der Verwaltung, der Einrichtungen, der Ausrüstung, des Verwaltungspersonals, der Forschung und Entwicklung auf größere Stückzahlen verteilen. Bei einigen Unternehmen ist die mögliche internationale Standardisierung des Marketing-Mixes eine Voraussetzung für die vollständige Ausnutzung der Skaleneffekte in Überseemärkten. Bei anderen ist das standardisierte Marketing jedoch für Skaleneffekte keine unbedingte Voraussetzung. Bei solchen Unternehmen treten Kostendegressionseffekte allein aufgrund ihrer Größe auf.

Vorteile des Auslandsmarketing

Spezialisiertes Marketingwissen oder der Zugang zu Informationen kann ein exportierendes Unternehmen von seinen Wettbewerbern unterscheiden. Ein gutes und möglicherweise einmaliges Produkt, eine starkes Verkaufsteam, eine effiziente Marketing-Infrastruktur und gute technische Service- und Supportsysteme können z.B. Anreize für den Export bieten, weil das betreffende Unternehmen kompetitive Marketingvorteile aufgebaut hat. Bisherige Marketingerfolge können sich stark motivierend auf das zukünftige Marketingverhalten auswirken. Kompetenz in einer oder mehreren der wichtigen Marketingaktivitäten ist oft ein ausreichender Katalysator für Unternehmen, den Export aufzunehmen oder zu expandieren. In Verbindung mit einem starken Produkt und/oder einer Markenkonzession können sich Unternehmen besser vor dem Wettbewerb in Exportmärkten schützen, wenn sie alle Marketingaufgaben gut bewältigen. Kurz: Marketingvorteile können für potenzielle Wettbewerber in Auslandsmärkten ein Eintrittshindernis sein.

Ausweitung der Verkäufe saisonaler Produkte

Einige Industrien (z.B. Hersteller von Textilien, Kleidung, Sportausrüstung und Spielzeugen oder die Tourismus-Branche) können gegen Geschäftszyklen weniger immun als andere sein. Saisonbedingte Produktions- und Nachfrageschwankungen des Binnenmarkts können industriespezifisch sein und anhaltende Stimuli für die Erforschung von Auslandmärkten sein. Erstens wird exportiert, weil sich durch die Exportmärkte wahrscheinlich Fluktuationen im Produktzyklus beseitigen lassen. Zweitens kann der schwache Binnenmarkt ein Engagement in Exportmärkten erzwingen, wenn anhaltendes Wachstum und dauernde Rentabilität gesichert werden sollen. Infolgedessen kann man von Unternehmen vielleicht eine entsprechende strategische Reaktion zur Bewältigung saisonaler Schwankungen erwarten.

Durch den Verkauf saisonabhängiger Produkte in Ländern, in denen die Saison entgegengesetzt zu der in der Heimat verläuft, lässt sich eine größere Umsatzkonstanz erreichen. Das ermöglicht natürlich eine gleichmäßigere Produktion während des Jahres. Für Skiausrüstung und Bekleidung von Unternehmen wie Salomon, Rossignol, Olin, Head und White Stag gibt es z.B. in den Monaten von November bis März Märkte auf der Nordhalbkugel (Nordamerika und Europa), während die Märkte der Südhalbkugel (Chile, Argentinien, Neuseeland und Australien) im Zeitraum zwischen Mai und September am rentabelsten sind.

Überkapazität der Ressourcen

Wenn der von einem Unternehmen bediente Heimatmarkt die Güter, die dieses Unternehmen produziert oder produzieren könnte, nicht aufnehmen kann oder will, dann können Auslandsmärkte Abnehmer dieser Überproduktion bzw. Produktionskapazitäten sein. Sowohl in- als auch ausländischer Wettbewerb im Heimatmarkt zwingt Unternehmen häufig zur Suche nach Auslandsmärkten. In vielen Fällen lässt sich die Produktion mit der vorhandenen Anlagen- und Arbeitsausstattung steigern, ohne dass dadurch erhebliche Kosten entstehen, so dass sie im Endeffekt eine Steigerung der Produktionseffizienz des Unternehmens bewirkt. Die dadurch entstehende wirtschaftlichere Produktion verbessert die Wettbewerbsposition des Unternehmens sowohl im In- als auch im Ausland.

Es gibt ein Problem, das nicht übersehen werden sollte, wenn man sich auf derartige Aktivitäten einlässt. Manchmal versuchen Unternehmen, sich ihres überschüssigen Inventars zu attraktiven Preisen in Überseemärkten zu entledigen. Wenn der Preis des Angebots in Übersee unter dem des Heimatmarkts liegt, hat man es mit einem Fall von *Dumping* zu tun. Gelegentlich wurden die osteuropäischen Länder von den wichtigsten westeuropäischen Ländern und der USA des Dumpings bei einer Vielzahl von Produkten (z.B. Kinderschuhe, Elektromotoren und Dämmplatten) bezichtigt. Einige Länder (und Gruppen von Ländern) haben Antidumping-Gesetze erlassen. Entweder ist Dumping dann illegal oder es werden höhere Zölle erhoben, um diese Situation auszugleichen. In den späten 80er Jahren erhob die EU (Europäische Union) z.B. bei vielen Produkten (z.B. Schreibmaschinen, Armbanduhren und Polyestergarne) Antidumping-Zölle zwischen 7 und mehr als 40%. Die USA erhoben 1996 bei der Mehrzahl der chinesischen Fahrradhersteller einen Antidumping-Zoll von 61,69% – der normale Satz liegt bei 2,95%. Andere Länder ohne derartige Gesetze missbilligen Dumping-Praktiken möglicherweise einfach nur und erreichen damit, dass lokale Importeure vom Kauf der Dumping-Produkte absehen. Zudem wird sich die entsprechende Regierung gegenüber ausländischen Unternehmen, die diese Praktiken verfolgen, wahrscheinlich wenig wohlwollend verhalten. Folglich können alle kurzfristigen direkten Dumping-Gewinne durch negative längerfristige Effekte aufgehoben werden.

Unter bestimmten Umständen beginnen ganze Industrien damit, permanente Überschüsse für den Export zu produzieren. Das ist z.B. der Fall, wenn das weitere Wachstum des Heimatmarkts aus dem einen oder anderen Grund gehemmt wird oder wenn aufgrund des Fehlens eines adäquaten lokalen Marktes ein Preisverfall scheinbar bevorsteht, sofern sich keine neuen Märkte entdecken und entwickeln lassen.

Freiwillige Auslandsaufträge

Der Eingang freiwilliger Anfragen nach Produkt-, Preis- oder Distributionsinformationen könnte ein sehr verbreitetes Ereignis sein, durch das sich Unternehmen ihrer Chancen in Exportmärkten bewusst werden. Für diese Anfragen können Anzeigen in weltweit zirkulierenden Handelsmagazinen, Ausstellungen und andere Dinge verantwortlich sein. Es gibt Unmengen von Anzeichen dafür, dass in vielen Ländern die anfänglichen Aufträge bei der Mehrzahl der exportierenden Unternehmen freiwillig eingingen. Derartige Ereignisse können einen ungeplanten oder passiven (reaktiven) Exportmarkteintritt fördern, jedoch werfen freiwillige Aufträge als erklärender Faktor von Exportaktivitäten zumindest eine grundlegende Frage auf. Warum sollten, wie es praktisch der Fall ist, freiwillige Aufträge bei einigen Unternehmen zahlreicher als bei anderen eingehen?

Im Allgemeinen macht man es sich wohl zu einfach, wenn man das Exportverhalten einer einzigen Erklärung für den Auftragseingang zuschreibt. Man sollte erwarten, dass Faktoren, durch die ein Unternehmen zu einem wahrscheinlichen Empfänger freiwilliger Aufträge wird, auch nach dem Beginn des Exports nicht verschwinden. Neben freiwilligen Anfragen muss es daher bestimmte Faktoren geben, die Exportaktivitäten fördern. Die Ergebnisse einer Studie von Simpson und Kujawa (1974) stützen die Ansicht, dass Unternehmen externen Stimuli wie freiwilligen Aufträgen unterschiedlich stark ausgesetzt sind. In dieser Studie gingen bei mehr als 80% der exportierenden Unternehmen, aber nur bei ca. 30% der Nichtexporteure Anfragen ausländischer Kunden ein. Das deutet darauf hin, dass sich unternehmens- und industriespezifische Faktoren auswirken, die für ein Umfeld sorgen, das den Empfang freiwilliger Aufträge fördert. Relevante Merkmale können im Zusammenhang mit der Technologie des Unternehmens, dem Produkt-Mix, der Erfahrung und der aktuellen Bekanntheit im Markt stehen.

Kleiner Binnenmarkt

Unternehmen können durch das kleine Volumen ihres Heimatmarktes zum Exportieren gezwungen sein. Für einige Unternehmen sind die Heimatmärkte zu klein und reichen für anhaltend wirtschaftliche Kosten und Mengen nicht aus. Diese Unternehmen beziehen automatisch Exportmärkte mit in ihre Markteintrittsstrategie ein. Diese Art des Verhaltens ist bei industriellen Produkten mit wenigen, über die ganze Welt verteilten, leicht identifizierbaren Kunden und bei Herstellern spezialisierter Verbrauchsgüter mit kleinen nationalen Segmenten in vielen Ländern wahrscheinlich. Die Strategie eignet sich auch für Unternehmen mit Verbraucherprodukten, deren Zielkunden internationale Konsumenten mit verbreitetem Lebensstil, aber schmalem Geldbeutel sind.

Auch wenn die Inlandsmärkte sehr groß sind, bedeutet das nicht notwendigerweise, dass Unternehmen zunächst auf ihrem Heimatmarkt expandieren, um sich dann erst zum Export zu entschließen. Für einige kanadische Unternehmen können z.B. die Märkte in den USA weit näher und ökonomisch rentabler als jene in Westkanada sein. Für australische Unternehmen, die sich bereits auf ihrem regionalen Markt voll expandiert haben, kann – aufgrund wirtschaftlicher Faktoren, wie z.B. der Transportmöglichkeiten – Japan oder Südkorea und nicht ein anderer australischer Staat der attraktivste Eintrittsmarkt sein.

Stagnierende oder schwindende Inlandsmärkte

Marktsättigung kann für Unternehmen ein wichtiger Anreiz für die Suche nach neuen Chancen sein. Wenn der Inlandsmarkt stagniert oder schwindet, kann Auslandsexpansion eine geeignete Strategie sein. Inlandsmärkte sind dann gesättigt, wenn Unternehmen bestenfalls mit ihren Marketinganstrengungen abnehmende Grenzerlöse erzielen oder sich schlimmstenfalls in einer Situation befinden, in der die angestrebten inkrementellen Verkaufserlöse niedriger als die Kosten der entsprechenden inkrementellen Marketinganstrengung sind. Wenn man verstehen will, warum Unternehmen in Übersee expandieren, wird aber noch ein anderer Aspekt der Marktsättigung relevant. Die Sättigung der Inlandsmärkte bedeutet, dass das Unternehmen über ungenutzte produktive Ressourcen (z.B. Produktions- und Managementreserven) verfügt. Produktionsreserven sind ein Stimulus für die Wahrnehmung neuer Marktchancen und Managementreserven. Sie stellen die für das Sammeln, Interpretieren und Nutzen von Marktinformationen erforderlichen Wissensressourcen zur Verfügung.

Ressourcen

Die Möglichkeiten zur Durchführung jeglicher internationaler Aktivitäten werden natürlich durch die dem Unternehmen dafür zur Verfügung stehenden Mittel beschränkt. Während Exportmotive den Prozess der Internationalisierung vorantreiben, können die verfügbaren Ressourcen die Expansion jederzeit einschränken. Bei der Ressourcenfrage gilt es, mehr als nur Produktions- oder Finanzkapazitäten zu berücksichtigen. Einige der kritischen Faktoren bei der Durchführung ausgewählter Exportaktivitäten sind angemessene Exportkenntnisse, neue persönliche Kontakte und eine im Vergleich zu Inlandsgeschäften größere Risikobereitschaft.

Multinationale, globale Weltfirmen

Internationale Marketingchancen, zu denen Exportchancen zählen, sind die wichtigsten Gründe für die Existenz einiger Unternehmen, die in ihrem Wesen wirklich global sind. Diesen Unternehmen hat man verschiedene Bezeichnungen verliehen (z.B. multinational, transnational, global, Weltfirma) und es bestehen einige Unterschiede in Bezug auf ihre charakteristische Vorgehensweise. Allen ist jedoch gemein, dass bei Entscheidungen weltweit vergleichbare

Chancen berücksichtigt werden. Märkte sind nicht auf irgendwelche politischen Grenzen beschränkt und Ressourcen werden global genutzt. Der strategische und taktische Entscheidungsprozess in derartigen Unternehmen ist tendenziell zunehmend marktorientiert.

Ein weiteres, relativ allgemeines Merkmal dieser Unternehmen ist, dass sie in vielen Ländern verkaufen, vermarkten und herstellen. Arvin Industries (US) besitzt z.B. Fabriken in 16 Ländern und verschifft Produkte in 130 Länder. Zwei ihrer Automobilteile (Gabriel-Stoßdämpfer und McPherson-Federbeine) werden an 17 Automobilunternehmen verkauft, zu denen Toyota, Volvo und Hyundai zählen (Nulty, 1992). Das bedeutet, dass globale Geschäftsstrategien notwendig sind, die Forschung und Entwicklung in mehreren Gebieten umfassen. Es wurde vorgeschlagen, dass globales Marketing eine vollintegrierte weltweite Strategie auf der Grundlage konsequenten Markenvertriebs bedeutet (Barber, 1988).

Diese Unternehmen sind fortschrittlich. Die allen progressiven Firmen inhärenten dynamischen Kräfte zielen logischerweise auf Wachstum und Expansion ab. Wenn die Wachstumsmöglichkeiten in Inlandsmärkten aus irgendeinem Grund beschränkt sind, kann man sich nur ausländischen Gebieten zuwenden.

Beispiele für derartige Unternehmen sind General Motors (USA), Philips (Niederlande), Unilever (Niederlande und Großbritannien), Nestlé (Schweiz) und Hitachi (Japan). Natürlich sind nicht alle derartigen Unternehmen so groß wie die genannten.

Andere Ziele

Über die bereits genannten Ziele hinaus kann internationales Marketing die Weiterentwicklung des Managementpersonals begünstigen und die Entwicklung verbesserter Produkte und Methoden stimulieren. Durch die erfolgreiche Bewältigung von Situationen in verschiedenen Fremdländern bekommen Manager Gelegenheit zum Beweis ihrer Fähigkeit und sie können die zu diesem Zweck entwickelten offenen, neuen Ideen und Techniken einbringen. Zudem hat niemand ein Monopol auf Erfolg, auch wenn die Technologie so geartet ist, dass Erfindungen und Innovationen ungleichmäßig verteilt sind. Der erfolgreichste, jemals von Gillette eingeführte Rasierer (der Trac II) wurde z.B. von seinen britischen Labors entwickelt.

Ein weiteres Ziel der Exporte besteht darin, dem Inlandsmarkt eine Bezugsquelle zu geben. Dieses Phänomen ist als „offshore plant" (küstenferne Fertigungsstätte) bekannt und lässt sich als eine Fertigungsstätte definieren, die einem Unternehmen in einem bestimmten (üblicherweise industrialisierten) Land gehört, die aber in einem weniger entwickelten Land angesiedelt ist, dessen vorrangige Aufgabe in der Herstellung von Produkten besteht, die für den Export in das Heimatland bestimmt sind. Derartige Operationen amerikanischer Hersteller fanden mit Förderung der mexikanischen Regierung seit den frühen 70er Jahren in Mexiko statt. Diese vielfach in der Elektronikindustrie angesiedelten Fertigungsstätten, die unter dem Namen *Maquilalora*-Operation bekannt geworden sind, wurden in speziellen zollfreien Gebieten errichtet. Ursprünglich waren diese Fertigungsstätten in den Gebieten entlang der US-mexikanischen Grenze in Tijuana, Mexicali, Ciudad Juarez und Nuevo Laredo angesiedelt. Durch die steigenden Löhne in den grenznahen Gebieten begannen die Unternehmen jedoch, sich in das Innere Mexikos zu verlagern, wo die Löhne bis zu 50% niedriger sind. Motorola und Burroughs Corporation operieren z.B. in Jalisco (in der Nähe von Guadalajara), und andere ähnliche Einrichtungen befinden sich in San Luis Potosí, Durango und auf der entfernten Halbinsel von Yucatán. Japanische Hersteller verlagern ihre Fertigung, um Kosten zu senken, ebenfalls ins Ausland. Unabhängig von den spezifischen Gründen der Investition in derartige Unternehmungen (z.B. intensiver Importwettbewerb im Inlandsmarkt oder extrem niedrige Arbeitslöhne) liegt der Errichtung einer ausländischen Fertigungsstätte das Ziel des Exports in die Heimatmärkte zugrunde.

Im Zusammenhang mit dem Phänomen der Auslandsfertigung und dem Ziel der Erschließung ausländischer Quellen durch die Exporteure steht der Einkauf in Übersee (Importieren) bei unabhängigen Anbietern, die einfach eine bessere Qualität und/oder niedrigere Preise bieten. 1989 kaufte z.B. eine Tochtergesellschaft des US-Unternehmens Johnson & Johnson ein Wasserfiltersystem bei einem finnischen Unternehmen, weil es besser als alle in den USA verfügbaren Systeme war.

Ein abschließender Kommentar

Um unsere Diskussion über die Ziele individueller Unternehmen abzuschließen, sollte betont werden, dass Firmen üblicherweise mehrere Ziele verfolgen. Aber eines dieser Ziele hat wahrscheinlich Vorrang, während die anderen sekundär sind und sog. Grenzbedingungen darstellen. Auch können dem für das Exportmarketing Verantwortlichen einige Ziele vom höheren Management vorgegeben werden, so dass er innerhalb der Grenzen dieser Ziele operieren muss.

2.6 Exportentwicklung im Unternehmen: Internationalisierungsstadien

Für die meisten Unternehmen sind Exportaktivitäten der erste Schritt der Internationalisierung. Es gibt Beweise dafür, dass viele Unternehmen ihre Exportgeschäfte nur graduell vorantreiben.

Das Konzept des Prozesses der Exportentwicklung (des Internationalisierungsprozesses) ist von verschiedenen Autoren unterschiedlich definiert worden (Welch und Luostarinen, 1988; Johanson und Vahlne, 1977). Aus der Sicht des Einzelunternehmens wurde der Internationalisierungsprozess in Kapitel 1 als ein evolutionärer Entwicklungsprozess des internationalen Engagements eines Unternehmens definiert. Daher könnte man den evolutionären Prozess als eine Zeitphasenfunktion der gesammelten Auslandserfahrungen sehen, so dass das Exportunternehmen mit der Zeit sukzessive organisatorisch hinzulernt. Der Lernzyklus beinhaltet sowohl Prozesse, mit denen sich das Unternehmen selbst defensiv an Auslandsmärkte anpasst, als auch Prozesse, bei denen Wissen und Erfahrungen offensiv zwecks besserer Übereinstimmung zwischen dem Unternehmen und dem Umfeld des Auslandsmarktes angewendet werden. Die Exportentwicklung lässt sich als Stimulus-Response-Prozess beschreiben, in dem experimentelles Lernen eine wichtige Determinante ist. Informationsaktivitäten, die Bereitschaft zur Bestimmung von Ressourcen und die Risikobereitschaft im Managementverhalten sind durchweg wesentlich für die Beschreibung des Prozesses.

Bei der Untersuchung des Exportverhaltens haben sich die Forscher fast ausschließlich darauf konzentriert, die Determinanten der Industrie und des Unternehmens für internationale Aktivitäten zu ermitteln. Beziehungen zwischen Variablen des Marktumfelds und ausländische Aktivitäten waren nur selten Gegenstand der systematischen empirischen Analyse (Cavusgil und Nevin, 1981). In den 70er und 80er Jahren befasste sich die Forschung mit der Identifikation von technologie- und produktspezifischen Variablen als wichtigen strukturellen Faktoren, die zum Prozess der Exportexpansion beitrugen. Strukturelle Faktoren wurden oft für kritische Determinanten der Exportaktivitäten eines Unternehmens gehalten; dies steht aber im Widerspruch dazu, dass der Effekt von der Größe, dem Produkt und der Technologieorientierung gefördert wird.

In jüngster Zeit richtet sich die Aufmerksamkeit auf die Determinanten des Verhaltens im Internationalisierungsprozess. Forschungen in diese Richtung befassen sich mit der Rolle der Wahrnehmung des Entscheidungsträgers von Auslandsmärkten, diesbezüglichen Erwartungen und der Fähigkeit des Unternehmens, derartige Märkte zu betreten. Die Forschungsergebnisse stützen vorläufig die Existenz individueller Managementfaktoren, die das Exportverhalten von Unternehmen beeinflussen.

Empirische Ergebnisse deuten darauf hin, dass Unternehmen mit steigendem internationalen Engagement dazu tendieren, die Methoden zur Versorgung der Auslandsmärkte zu ändern. Wie auch das zunehmende Engagement scheint das Verhaltensmuster mit der fortschreitenden Internationalisierung von größerer operationaler Vielfalt gekennzeichnet zu sein. Dies hängt scheinbar nicht nur mit größerer Erfahrung, größerem Wissen, besserer Kenntnisse der Auslandsmärkte und des sich innerhalb des Unternehmens entwickelnden Marketing zusammen, sondern auch damit, dass man einer breiteren Palette von Alternativen und Gefahren ausgesetzt ist.

Mit dem steigenden Engagement des Unternehmens in internationale Operationen besteht auch eine Tendenz dazu, dass sein Angebot (entweder durch die Erweiterung einer bestehenden Produktlinie, durch eine neue Produktlinie oder durch eine Änderung des gesamten Produktkonzepts, das auch nichtmaterielle Bestandteile wie Dienstleistungen, Technologie, Knowhow oder entsprechende Kombinationen umfasst) für die Auslandsmärkte tiefer und diversifizierter wird. Auf dieselbe Weise tendieren Unternehmen anfangs zum Export in bekannte Kundenmärkte und/oder Länder, bei denen die Hindernisse der Informationsgewinnung niedrig sind und sich der Ressourceneinsatz inkrementell erhöhen lässt.

Theorien des Exportverhaltens identifizieren mehrere Prozessphasen. Obwohl jeweils andere Klassifizierungsschemen verwendet werden, kommen alle Theorien zu einer gemeinsamen Meinung: Die Entscheidung zur Internationalisierung ist ein allmählicher Prozess, der sich unterteilen lässt.

Es sollte betont werden, dass das Konzept eines sequenziellen, kumulativen Prozesses der Internationalisierung nicht notwendigerweise mit einem glatten, unveränderlichen Entwicklungsweg gleichbedeutend ist. Die tatsächlichen Abläufe sind oft unregelmäßig. Mit der Zeit unterliegt das Engagement häufig Schwankungen und bestimmte Schritte werden von auftretenden Chancen und/oder Gefahren beeinflusst, die normalerweise nicht kontinuierlich oder kontrolliert auftreten. Das Ergebnis ist meist eine Kombination bewusster und notfallartiger Strategien.

BEISPIEL 2.2

Ebenen des Exportierens

Ebene 1: Exporte als zusätzliche Aktivitäten. Das Unternehmen interessiert sich nur für den Überseeverkauf von Überkapazitäten oder es stehen ihm bei den meisten Produkten die Ressourcen zur Erfüllung von Überseeaufträgen auf kontinuierlicher Basis nicht zur Verfügung.

Ebene 2: Exportmarketing. Das Unternehmen wirbt aktiv für Überseeverkäufe vorhandener Produkte und ist zu beschränkten Änderungen seiner Produkte und Marketingaktivitäten bereit, um sich an die Nachfrage der Überseekunden anzupassen.

Ebene 3: Entwickeln für den Überseemarkt. Das Unternehmen nimmt wesentliche Änderungen an Produkten und Marketingaktivitäten für den Exportmarkt vor, um die Käufer in anderen Ländern besser zu erreichen.

Ebene 4: Technologische Entwicklungen. Das Unternehmen entwickelt neue Produkte für bestehende oder neue Überseemärkte.

In einem frühen Theorieansatz benutzten Johanson und Vahlne (1977), basierend auf umfangreichen Erfahrungen mit schwedischen Unternehmen, die Form des Markteintritts als Kriterium. Die Klassifikation der Unternehmen besteht aus vier weit gefassten Stadien, in denen die folgenden internationalen Aktivitäten stattfinden: (1) kein andauernder Export, (2) Export über Vertreter, (3) Export über eine Verkaufsniederlassung und (4) Fertigung in einer Auslandsniederlassung. Einen weiteren Ansatz finden Sie in Beispiel 2.2, das Ebenen des Exportierens kurz skizziert. In der Regel befinden sich Unternehmen entweder auf Ebene 1 oder 2. Dies trifft insbesondere auf Erstexporteure zu.

Andere Autoren haben gemischte Klassifikationsschemen benutzt (Bilkey und Tesar, 1977; Czinkota, 1982; Cavusgil, 1984). Bei den jüngsten empirischen Forschungen hat sich – unter Einsatz eines überarbeiteten und ausführlicheren Modells – herausgestellt, dass sich Ansätze mit verschiedenen Stadien wesentlich besser zur Identifikation homogener Gruppen von Unternehmen eignen, als dies bei Klassifizierungen auf der Grundlage von Management-Einstellungen, Unternehmensgrößen oder der Produktorientierung der Fall ist. Ein allgemeines Muster der evolutionären Entwicklung wurde von finnischen Forschern am umfassendsten bestätigt (Luostarinen, 1978).

Es gab zunehmende Kritik am Entwicklungsstadien-Ansatz der Theorien des Exportverhaltens (Turnbull, 1987). Es gibt interpretative, konzeptuelle und empirische Probleme, die erwogen werden müssten. Erstens stellt sich die Frage nach der grundsätzlichen theoretischen Validität des Ansatzes. Die der Theorie zugrunde liegende Annahme, dass Unternehmen mit zunehmender Abhängigkeit von den Exportmärkten rein formale Strukturen für die entsprechenden Aktivitäten entwickeln, wird heftig kritisiert. Alle beschriebenen Stadien der Entwicklung sind ein Resultat des Ergebnisses der Aktivitäten eines vorherigen Stadiums und haben Einfluss auf nachfolgende Stadien. Das impliziert eine deterministische Beschreibung der Unternehmensentwicklung über die Zeit hinweg.

Zweitens entsteht ein konzeptionelles Problem, wenn man das Ausmaß der Internationalisierung eines Unternehmens zu definieren versucht. Wie soll man den *Internationalisierungsgrad* von Einzelunternehmen messen? Mehrere Maßstäbe wurden vorgeschlagen. Im Allgemeinen wurde der Grad mit Hilfe von quantitativen Indikatoren gemessen. Zu diesen zählten z.B. die Anzahl der Länder, in denen das Unternehmen aktiv ist, Merkmale wie z.B. die Erträge, Verkäufe, Umsätze und Vermögenswerte im Ausland, die Zahl der an Auslandsaktivitäten beteiligten Beschäftigen usw. Diese quantitativen Indikatoren lassen sich absolut oder relativ messen. Die absolute Komponente liefert einen Hinweis auf die Menge der Ressourcen, die vom Unternehmen für Auslandsoperationen eingesetzt wird. Das relative Maß zeigt, dass Unternehmen dann stark von ihren Auslandsaktivitäten abhängig sind, wenn sie wesentliche Teile ihrer finanziellen, technologischen und menschlichen Ressourcen für Auslandsmarktaktivitäten abstellen.

Der Internationalisierungsgrad eines Unternehmens lässt sich auch über qualitative Indikatoren beschreiben. Verhaltensmerkmale wie die „internationale Ausrichtung" des Topmanagements, das Ausmaß der Auslandserfahrung usw. sind zwar äußerst reizvoll, die Anwendung derartiger Indikatoren wirft aber viele Messprobleme auf und sie lassen sich schwer operationalisieren. Es ist fast unmöglich, genau festzustellen, was es bedeutet, wenn das Topmanagement „international denkt" oder „die Welt ist unser Markt" sagt. Ob Unternehmen alternative Marketingchancen auf einer weltweiten Basis abwägen oder ob Marketingchancen im Ausland nicht einfach nur deshalb nicht verworfen werden, weil sie sich nicht im Produktionsland bieten, ist wichtig für das Verständnis des internationalen Verhaltens eines Unternehmens. Derartige Unterscheidungen sind jedoch in der Praxis sehr schwer zu machen.

Ein weiterer Ansatz zur Messung wurde in Kapitel 1 im Beispiel 1.1 vorgestellt.

2.7 Exportieren und das Netzwerkmodell

Empirische Forschungen haben gezeigt, dass Unternehmen in industriellen Märkten dauerhafte Geschäftsverbindungen mit anderen Unternehmen begründen und entwickeln. Dies ist als *Beziehungsmarketing* bekannt. Es wird in Beispiel 2.3 exemplarisch dargestellt. Insbesondere gilt dies für internationale Märkte, in denen eine Firma an einem Netzwerk von Geschäftsbeziehungen zwischen etlichen verschiedenen Unternehmen beteiligt ist, dem sowohl Exportdistributoren, Vertreter, ausländische Kunden, Wettbewerber und Berater als auch regulatorische und andere öffentliche Einrichtungen angehören (vgl. Abbildung 2.2). Diese Geschäftsbeziehungen sind durch Netzwerke untereinander verbunden, in denen die Parteien gegenseitiges Vertrauen und Kenntnisse durch Interaktionen aufbauen, die ein starkes Engagement für die Beziehung bedeuten.

BEISPIEL 2.3

Beziehungsmarketing

Einerseits befassen sich Unternehmen mit internen Beziehungen, die unter Marktdruck stabil bleiben, verlagern Nicht-Kerngeschäfte über Verträge nach außen und errichten „Profitcenter" innerhalb des Unternehmens, die untereinander im Wettbewerb stehen. Andererseits wenden sie sich von Markttransaktionen mit Außenseitern zugunsten von „Absprachen zwischen Gentlemen" ab.

Traditionell würden Unternehmen Lieferanten und Distributoren zwingen, auf der Basis des Preises zu konkurrieren. Heute verlassen sie sich zunehmend auf informelle Partnerschaften. Statt zahlreiche Lieferanten gegeneinander auszuspielen, reduzieren sie die Zahl der Lieferanten (in einem Zeitraum von nur drei Jahren wurde die Anzahl der Lieferanten von Ford um 45%, von 3M um 64% und von Motorola um 70% verringert) und gehen engere Beziehungen mit den verbleibenden Lieferanten ein. Sie helfen sogar ihren Lieferanten bei der Bewältigung schwieriger Probleme, von der Finanzierung bis hin zur Entwicklung. Gleichzeitig fallen die traditionellen Grenzen zwischen den Unternehmen.

Diese Mode der vertikalen Integration ist von der Erkenntnis inspiriert, dass das Schaffen von Werten in der Verantwortung einer ganzen Reihe von Unternehmen (vom Lieferanten bis hin zum Distributor) liegt und dass dies erheblichen Vorrang vor den Vorrechten eines bestimmten Unternehmens genießen sollte. Es wird argumentiert, dass Unternehmen nicht bereits mit der Verbesserung der eigenen Leistung zufrieden sein sollten. Sie sollten vielmehr auch bereit sein, die Leistung ihrer Distributoren und Lieferanten zu verbessern.

Im Westen trat diese Mode erstmals bei Automobilunternehmen in Erscheinung. Gedemütigt durch das Vorgehen von Toyota in den späten 70ern, begannen amerikanische und europäische Unternehmen mit dem Studium japanischer Geschäftsmethoden. Sie erkannten, dass das *Keiretsu*-System der langfristigen Beziehungen zwischen Unternehmen und ihren Lieferanten dazu beitrug, dass sie von japanischen Firmen nicht nur bei Qualität und Lieferzeiten, sondern auch beim Preis übertroffen wurden. Jetzt entstehen Geschäftsbeziehungen, bei denen General Motors in Amerika und BMW in Deutschland ihren Lieferanten sogar gestatten, zur Entwicklung ihrer Autos beizutragen.

...

Beispiel 2.3 (Forts.)

Ein Vorteil der Partnerschaften besteht darin, dass Transaktionskosten reduziert werden. Es ist viel einfacher, sich nur mit einer Handvoll verlässlicher Lieferanten zu befassen, als mit hunderten möglicherweise feindlich gesinnten zu verhandeln. Firmen müssen weniger Zeit und Anstrengung auf das Kultivieren von Beziehungen, das Prognostizieren der Nachfrage, die Bearbeitung von Aufträgen, das Ausfüllen von Rechnungen und das Horten von Aktien zur Vorbeugung gegen Katastrophen verschwenden. Managementmode und Technologie haben zusammen zur Entwicklung von Partnerschaften beigetragen.

In der ersten Phase der letzten Reorganisation, des „Re-engineering", haben sich Unternehmen auf ihre internen Prozesse konzentriert, hier eine Abteilung ausgelöscht, da ausgelagert und dort externe Verträge abgeschlossen. Als sie merkten, dass sie immer noch Verluste machten oder dass die Angestellten übermäßig belastet wurden, wandten sie sich nach außen und ihren Beziehungen mit den Lieferanten zu.

Computer und moderne Informations- und Kommunikationstechnologie (EDV) spielen auch eine Rolle. Der elektronische Datenaustausch, durch den Geschäftsdokumente binnen Sekunden auch bei Kunden und Lieferanten vorliegen, wurde derart beliebt, dass viele große Firmen Nicht-User meiden. Tesco, eine britische Supermarktkette, verhandelt nicht mit Lieferanten, die nicht an ihrem neuen, automatisierten Bestell- und Zahlungssystem teilnehmen. Die meisten Lebensmittelgeschäfte experimentieren mit elektronischen Spielereien, die die verkauften Waren automatisch nachbestellen, sobald der Kunde den Laden verlassen hat.

...

Im Extremfall ignoriert diese Integration Unternehmensgrenzen, so dass Lieferanten weitgehend wie Tochtergesellschaften behandelt werden. Digital Equipment, ein Computerunternehmen, benutzt für Lieferanten ein ähnliches Leistungsbewertungssystem wie für seine eigenen Angestellten. Sherwin-Williams, ein Unternehmen der Lackindustrie, lässt Manager von Sears, Roebuck bei der Auswahl profitabler Kunden helfen. Eastman Kodak, eine Chemie- und Fotografie-Gruppe, gestattet Außenstehenden, eine ihrer Versorgungsstationen zu betreiben. Xerox und General Electric schicken gegenseitig Teilnehmer zu ihren betriebsinternen Schulungen. Unterstützt werden diese Tendenzen durch die Internettechnologie, welche die Bildung von Intra- und vor allem Extranets und damit eine medienübergreifende Zusammenarbeit mit Lieferanten, Partnern und Abnehmern ermöglicht!

Obwohl Partnerschaften zurzeit hochmodern sind, bleiben sie nicht ohne Probleme. Zunächst geht mit ihnen ein Verlust von Geheimhaltung und Freiheit einher, zwei entscheidende Waffen des Wettbewerbs. Ein Unternehmen, das seine Produktionspläne dem Lieferanten preisgibt, muss vielleicht feststellen, dass dieser zum Rivalen überläuft. Autounternehmen, die ihre Lieferanten je nach Bedarf bezahlen, reduzieren vielleicht ihre Schreibarbeiten, machen sich aber auch von Lieferanten abhängig, die vielleicht ihre Preise erhöhen oder Pleite machen.

Und Partnerschaften lassen sich entsetzlich schlecht leiten. Wenn es bereits schwierig ist, ein einzelnes Unternehmen zu leiten, wird die Leitung mehrerer bei unterschiedlicher Kultur und Strategie zu einem Albtraum.

Quelle: In Anlehnung an *The Economist* (1994a).

Oft ist das entsprechende spezifische Unternehmen in verschiedene industrielle Netzwerke eingebunden, da es in mehrere Länder exportiert. Verschiedene industrielle Netzwerke können jedoch dahingehend mehr oder weniger international sein, dass die Verbindungen zwischen Netzwerken in verschiedenen Ländern mehr oder weniger intensiv sind. Ein globales industrielles Netzwerk lässt sich auf verschiedene Weise aufteilen. Die Abgrenzungen können geografische Gebiete, Produkte, Techniken usw. betreffen.

Abbildung 2.2 Gegenseitiger Austausch im Beziehungsmarketing.

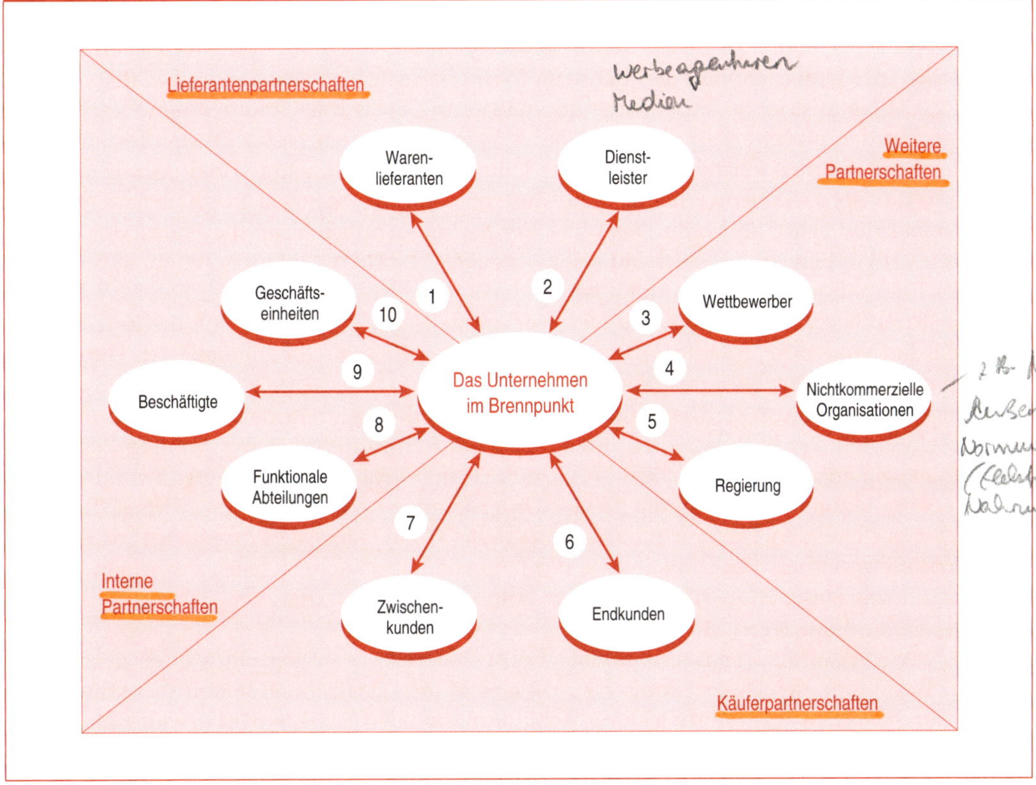

Quelle: Morgan und Hunt, 1994, S. 21.

Wenn die Gruppierung auf Grundlage der nationalen Grenzen erfolgt, lassen sich verschiedene „nationale Netze" identifizieren. Dementsprechend beziehen sich „Produktionsnetze" auf Beziehungen zwischen jenen Firmen, deren Aktivitäten mit einem bestimmten Produktgebiet verbunden sind. Es ist z.B. möglich, ein „Netz schwerer Lkws" zu identifizieren, zu dem Herstellerfirmen, Distributoren, Reparaturwerkstätten und die Benutzer schwerer Lastwagen zählen. Die Unternehmen im Netz sind miteinander verbunden und es bestehen untereinander gewisse Abhängigkeitsverhältnisse. Das „Netz schwerer Lkws" lässt sich weiter nach seiner Nationalität unterscheiden, so dass z.B. in Frankreich ein „französisches Netz schwerer Lkws" operiert.

Das Netzwerkmodell hat Folgen für die Bedeutung der Internationalisierung der Märkte. Zum Beispiel lässt sich ein Produktionsnetzwerk mehr oder weniger internationalisieren. Ein hoher Grad der Internationalisierung eines Produktionsnetzes bedeutet, dass es viele und starke Beziehungen zwischen den verschiedenen nationalen Sektionen eines globalen Produktionsnetzes gibt. Andererseits bedeutet ein niedriger Grad der Internationalisierung eines globalen Produktionsnetzes, dass zwischen den meisten nationalen Netzen kaum Beziehungen bestehen.

Wenn sich Beziehungen durch Interaktion entwickeln, werden die Menschen oder Unternehmen im örtlichen oder internationalen Umfeld durch verschiedene Bindungen aneinander gebunden: technische, gesellschaftliche, administrative, gesetzliche, wirtschaftliche usw. Diese

Bindungen kommen bei bzw. in Produkt- und Fertigungsänderungen, Kenntnissen über den jeweiligen Partner, persönlichem Vertrauen, speziellen Kreditabkommen und langfristigen Verträgen zum Ausdruck.

Dem Netzwerkmodell zufolge wird der Prozess sowohl von den Internationalisierungscharakteristiken des Unternehmens als auch vom Markt beeinflusst (Johanson und Mattson, 1988). In Bezug auf Netzwerke bedeutet Internationalisierung, dass das Unternehmen Geschäftsbeziehungen in den Netzwerken anderer Länder bzw. an anderen Netzwerkstandorten entwickelt. Aber die internen Vermögenswerte des Unternehmens (einmalige Produktlinie, effizienter Produktionsprozess usw.) haben eine andere Struktur, wenn das Unternehmen stark internationalisiert wird, als wenn dies nicht der Fall ist. Ähnlich kann die Stärke der Vermögenswerte im Wettbewerb abweichend sein, wenn der Markt von einem hohen bzw. niedrigen Grad der Internationalisierung geprägt ist.

Eine grundlegende Annahme des Netzwerkmodells ist, dass das individuelle Unternehmen von den von anderen Unternehmen kontrollierten Ressourcen abhängig ist. Die Firmen erhalten durch ihre Netzwerkpositionen Zugang zu diesen externen Ressourcen. Weil die Entwicklung der Positionen Zeit benötigt und von der Akkumulation der Ressourcen abhängt, müssen Unternehmen in Relation zu ihren Gegenstücken in fremden Netzwerken Positionen begründen und entwickeln. Dies lässt sich durch (1) *internationale Erweiterung* (Errichtung von Positionen in nationalen Netzen, die für das Unternehmen neu sind), (2) *Penetration* (Entwicklung einer bestehenden Position im Ausland) und (3) *internationale Integration* (Erhöhen der Koordination zwischen Positionen in verschiedenen nationalen Netzen) erreichen. Welche Möglichkeit das Unternehmen wählt, hängt vom Grad der Internationalisierung sowohl des Unternehmens als auch des Markts ab.

Der Netzwerkansatz der Internationalisierung liefert kurz gesagt ein Modell des Markts und der Beziehung des Unternehmens zu diesem Markt. Das Modell betont das kumulative Wesen der Aktivitäten zur Entwicklung der internationalen Marktpositionen des Unternehmens und scheint sich besonders zu eignen, wenn es darum geht, die Hauptfragen zu verstehen, die mit der Kooperation in industriellen Systemen und der globalen industriellen Konkurrenz einhergehen.

ZUSAMMENFASSUNG

Dieses Kapitel hat die Grundlagen und wirtschaftlichen Gründe des Exportmarketing untersucht. Im Wesentlichen war es das Ziel des Kapitels, die Motive zu verdeutlichen, die der Beteiligung von Unternehmen am Export zugrunde liegen. Diese Motive sind auch die Grundlage der weit gefassten und spezifischen Ziele, die einzelne Unternehmen mit ihrer Exportstrategie verfolgen.

Unser erstes Anliegen galt dem besseren Makroverständnis. Der potenzielle Nutzen des Exportierens und relevante internationale Handelstheorien wurden vorgestellt. Danach haben wir uns Mikroüberlegungen zugewendet und alternative Theorien des Exportverhaltens für Einzelunternehmen erforscht. Dies führte notwendigerweise zu einer Besprechung des Prozesses, mit dem sich Firmen „internationalisieren“ können.

Schließlich wurde das Wesen der Netzwerke (d.h. Geschäftsbeziehungen zwischen Firmen) unter Berücksichtigung der Möglichkeiten durch moderne Informations- und Kommunikationstechnologie aus der Sicht nationaler und internationaler Netzwerke besprochen. Die Positionen, wo das Einzelunternehmen in solche Netzwerke passt, und die alternativen Positionen, die es in solchen Netzwerken entwickeln kann, wurden identifiziert.

FRAGEN ZUR DISKUSSION

2.1 Welcher Nutzen entsteht Verbrauchern aus dem internationalem Handel? Ist dieser derselbe bei industriellen Gütern und Verbrauchsgütern? Welche Kosten entstehen durch den internationalen Handel für den Verbraucher?

2.2 Diskutieren Sie, wie Exporte und Importe zur Steigerung von Produktivität und Effizienz beitragen.

2.3 Die Produktivitäten der Faktorinputs in Bezug auf verschiedenen Produkte werden von einer Kombination natürlicher und erworbener Vorteile bestimmt. Resultiert die japanische Produktivität vorwiegend aus natürlichen oder erworbenen Vorteilen? Wie sieht das bei Deutschen oder Amerikanern aus? Erläutern Sie Ihre Antwort.

2.4 (a) Erklären Sie kurz den Unterschied zwischen „absolutem Vorteil“, „komparativem Vorteil“ und „gleichem Vorteil“ für die zwei Länder A und B, die jeweils die beiden Produkte X und Y herstellen können.
(b) Unter welchen Bedingungen ist Handel vorteilhaft (unter der Annahme der Abwesenheit von Transportkosten)?
(c) Wie kann ein einzelnes Geschäftsunternehmen einen vergleichenden Vorteil haben?

2.5 Finden Sie ein Beispiel für ein Land, das ein Produkt exportiert, bei dem es einen absoluten Nachteil gegenüber einem Handelspartner hat, das aber auch über einen komparativen Vorteil verfügt. Erläutern Sie die Natur dieser Handelsbeziehung.

2.6 Erklären Sie das Konzept des Produktlebenszyklus im Hinblick auf den internationalen Handel und Investitionen. Was bedeutet das Konzept für ein Einzelunternehmen?

2.7 Exportmotive lassen sich als intern bzw. extern und reaktiv bzw. proaktiv klassifizieren. Was bedeuten diese Begriffe im Hinblick auf das Exportmarketing? Nennen Sie Beispiele für alle Kombinationen von Exportmotiven.

2.8 Warum könnten Firmen bereit sein, neue oder zusätzliche Export-/internationale Marketinganstrengungen zu unternehmen, obwohl diese offenbar nur ähnliches (oder sogar niedrigeres) Rentabilitätsniveau bieten?

2.9 Was bedeuten „Auslandsvertretungen“ für das Exportmarketing? Geben Sie Beispielaktivitäten für jede Art von Auslandsvertretung an.

2.10 Nennen Sie einige quantitative und qualitative Maßstäbe für den Grad der Internationalisierung eines Unternehmens. Gibt es einen Maßstab, der besser und nützlicher als die anderen ist? Erläutern Sie Ihre Antwort.

2.11 Wie lange sollte ein Unternehmen brauchen, um international zu werden?

2.12 Finden Sie ein Beispiel für ein Unternehmen, das seine Export-/internationalen Marketingaktivitäten erweitert oder mit entsprechenden Aktivitäten begonnen hat, und bestimmen Sie die für das Unternehmen damit verbundenen Absichten und zu erzielenden Ergebnisse.

2.13 Wie können Unternehmen das Netzwerkmodell und das Beziehungsmarketing bei der Planung und Ausführung internationaler Marketingaktivitäten operational nutzen?

LITERATURHINWEISE

Barber, D. (1988). Dairy Board vows to outsell Nestlé. *National Business Review* (Neuseeland), 25. März, 19.

Bilkey, W. J., Tesar, G. (1977). The export behavior of smaller-sized Wisconsin manufacturing firms. *J. International Business Studies*, 9 (Frühjahr/Sommer), 93-98.

Cavusgil S. T. (1984). Differences among exporting firms based on degree of internationalization. *J. Business Research*, 12(2), 195-208.

Cavusgil, S. T., Nevin, J. R. (1981). State-of-the-art in international marketing: an assessment. In: *Review of Marketing* (Hrsg.: B. M. Enis, K. J. Roering), S. 195-216, Chicago: American Marketing Association.

Czinkota, M. R. (1982). *Export Development Strategies. U.S. Promotion Policy.* New York: Praeger.

Johanson, J., Mattson, L.-G. (1988). Internationalization in industrial systems – a network approach. In: *Strategies in Global Markets* (Hrsg.: N. Hood, J. Vahlne). New York: Croom-Helm.

Johanson, J., Vahlne, J. E. (1977). The internationalization process of the firm – a model of knowledge development and increasing foreign commitments. *J. International Business Studies*, 8 (Frühjahr/Sommer), 23-32.

Luostarinen, R. (1978). Internationalization process of the firm: different research approaches. Working Paper No. 1978/1. Helsinki School of Economics, Finland's International Business Operations (FIBO).

Morgan, R. M., Hunt, S. D. (1994). The commitment-trust theory of relationship marketing. *J. Marketing*, 58 (Juli), 20-38.

Nulty, P. (1992). Quick course in going global. *Fortune*, 12 (Januar), 64.

Quadt, S. M. (1990). To market overseas or not: how to decide. *Marketing News*, 24(14), 7.

Simpson, C. L., Kujawa, D. (1974). The export decision process: an empirical inquiry. *J. International Business Studies*, 5 (Frühjahr), 107-117.

The Economist (1989). Sweden's stockmarket stunner. 2. Dezember 89.

The Economist (1994a). Tying the knot. 14. Mai 73.

The Economist (1996a). Tough at the top. 6. Januar, 47-48.

The Economist (1996b). The miracle of trade. 27. Januar, 61-62.

Turnbull, P. W. (1987). A challenge to the stages theory of the internationalization process. In: *Managing Export Entry and Expansion* (Hrsg.: P. J. Rosen, S. D. Reid). New York: Praeger.

Vernon, R. (1966). International investment and international trade in the product life cycle. *Quarterly J. Economics*, 80 (Mai), 190-207.

Vernon, R., Wells, L. T. Jr. (1996). *Manager in the International Economy.* 7. Aufl. Englewood Cliffs, NJ: Prentice Hall.

Welch, L. S., Luostarinen, R. (1988). Internationalization: evolution of a concept. *J. General Management*, 14(2), 36-64.

WEITERFÜHRENDE LITERATUR

Curry, J. E. (2000). *Internationales Marketing – Neue Märkte erschließen – Expansion im Zeichen der Globalisierung*. Köln: Deutscher Wirtschaftsdienst.

Dunning, J. H. (1988). The eclectic paradigm of international production: a restatement and some possible extensions. *J. International Business Studies*, Frühjahr, 1-31.

Deutscher Marketing Verband (Hg.) (1998). *Internationales Marketing-Lexikon 1998*. Köln: Fortis Verlag.

The Economist (1994b). The tyranny of triangles. 16. Juli 1965.

FALLSTUDIE 2.1

Die Suche nach dem Weltauto

(Diese Fallstudie wurde von Nicholas Gurney und Joel Nicholson verfasst – beide San Francisco State University, USA.)

Die von Mercedes-Benz, Toyota und Ford benutzten unterschiedlichen Strategien stellen interessante Beispiele des internationalen, multinationalen und globalen Marketing dar. Alle haben im Laufe der Jahre einen anderen Ansatz verfolgt und konnten erfolgreich beträchtliche Marktanteile in den meisten Zielmärkten erringen. Alle drei Firmen konnten im Allgemeinen auch insgesamt ein hohes Rentabilitätsniveau erreichen. Sie ändern jedoch ihre Strategien, wenn neue Märkte entstehen, und die bestehenden Märkte werden zunehmend umkämpft.

Die wesentlichen Kompetenzen von Mercedes-Benz sind überlegenes Ingenieurwesen, qualitativ hochwertige Produkte und althergebrachte Designs. Seine Nische ist seit den 60ern der weltweite Markt für Luxusautos. Bis in die späten 90er Jahre wurden die in die ganze Welt exportierten Fahrzeuge durchweg in Deutschland produziert.

Toyota konzentrierte sich auf seinen protegierten Inlandsmarkt und entwickelte währenddessen ein zunehmend effizientes Produktionssystem. Als seine kleinen Autos in den frühen 60ern durch Verbesserungen der Produktivität, der Qualität und des Designs wettbewerbsfähig wurden, begann es damit, den internationalen Markt mit Exporten zu durchdringen. Während das Unternehmen es anfangs vorzog, die internationalen Märkte mit Exporten zu versorgen, fühlte es sich schließlich genötigt, wegen des durch Barrieren beschränkten Marktanteils in den USA und Europa auch im Ausland zu produzieren. Während es ursprünglich nur in der Marketingnische der kleinen und relativ preisgünstigen Autos ansässig war, expandierte es später in den Bereichen der teureren Modelle und schließlich der Luxusautos.

Ford war bereits früh führend in der Internationalisierung und produzierte und vermarktete Autos bereits seit 1925 sowohl in Europa als auch in Asien. Es produzierte eine breite Modellpalette mit häufigen Neueinführungen und Designänderungen. Das Unternehmen entwickelt zurzeit von den drei genannten den globalsten Ansatz und entwirft und produziert eine Vielzahl von Fahrzeugen, die auf die spezifischen Marktsegmente der Hauptmärkte zugeschnitten sind.

Internationale, regionale und globale Ansätze

Der Markt für Autos und Autoteile ist bereits international. Die meisten wichtigen amerikanischen, europäischen und asiatischen Produzenten beziehen zunehmend Teile bei den wirtschaftlichsten Herstellern, errichten Produktionsstätten im Ausland und beteiligen sich an Joint Ventures und anderen strategischen Bündnisformen. Die Marktanteile ausländischer Autos sind in den letzten Jahren in den meisten OECD-Ländern im Wesentlichen gestiegen und wurden häufig mehr von formellen und informellen Handelsbarrieren als von den Vorlieben der Verbraucher behindert bzw. beschränkt.

Zwei gegenläufige Faktoren bestimmen die Realisierbarkeit eines „globalen Autos", das sich überall verkaufen lässt. Einerseits breiten sich Informationen und Ideen mit besserer Kommunikation und steigenden Wechselwirkungen unter den Menschen weltweit aus und die Menschen werden sich hinsichtlich ihrer Vorlieben bei allgemeinen Arten von Verbrauchsgütern zunehmend ähnlicher.

Wenn Menschen jedoch wohlhabender werden, wird die Nachfrage tendenziell vielfältiger und differenzierter. Gleichzeitig bleiben grundlegende Unterschiede bei den Vorlieben der Verbraucher aufgrund kultureller, wirtschaftlicher und institutioneller Variationen bestehen. Die meisten europäischen und japanischen Verbraucher ziehen bei höheren Benzinpreisen und schmaleren innerstädtischen Straßen kleinere Autos vor und neigen nicht zu den von vielen Amerikanern bevorzugten großen Modellen. Europäer tendieren zu einer strafferen Federung als Amerikaner. Innerhalb von Europa bestehen Unterschiede hinsichtlich der Vorlieben für Motorleistung, Farbe und Größe. Die Position des Lenkrads ist in den Ländern verschieden. In Asien kann sich eine schnell wachsende Zahl der Bevölkerung erstmals ein Auto leisten. Dadurch entsteht eine starke, neue Nachfrage nach kleinen, einfachen und preiswerten Autos. Die vorhandenen Märkte für Luxus- und Mittelklasse-Autos bleiben bestehen.

Automobilunternehmen stehen vor der Herausforderung, ein Produkt-Mix, die Standorte für Design, Entwicklung und Produktion sowie die Marketingstrategien bestimmen zu müssen, die der Nachfrage ihrer Zielmärkte am ehesten und effizientesten gerecht werden. Wenn sie Autos entwickeln können, die sich an große, globale Segmente und nicht nur an ein Segment eines Landes oder einer Region verkaufen lassen, kommen sie bei der Herstellung und im Marketing in den Genuss einer beträchtlichen Kostendegression. Dies kann wiederum das Ansehen ihrer Marke, ihre Verkäufe und ihre Gewinne erhöhen.

Die Gesamtstrategie eines Unternehmens kann sich auf die Produktion im Inland konzentrieren, so dass mit Exporten nur die Auslandsnachfrage befriedigt wird. Das Unternehmen kann zur Produktion und Vermarktung in einigen Ländern übergehen, multinational werden, behält dabei dann aber üblicherweise seine primäre Betonung des Inlandsmarkts bei. Es kann aber auch global werden und anfangen, das Design, die Entwicklung, die Fertigung und die Vermarktung der Produkte in die wirtschaftlich geeignetsten Gebiete zu verlagern.

Globalisierung im Marketingsinn bedeutet normalerweise das Entwickeln und Verkaufen von Gütern oder Diensten, die sich in weiten Regionen der Welt verkaufen lassen. Natürlich können auch internationale Unternehmen einige spezialisierte Autos speziell für örtliche oder regionale Märkte entwickeln. Toyota produziert z.B. mehrere Luxuslimousinen, die nur in Japan verkauft werden. Die kleinen, preiswerten „Asien Autos“, die aktuell von allen drei in diesem Fall besprochenen Unternehmen entwickelt werden, sind ein Versuch, bestimmte Bedürfnisse in einem zukünftigen großen, regionalen Markt zu befriedigen, auch wenn sich möglicherweise herausstellt, dass sich das Auto für andere Märkte eignet.

Die Erfahrungen und die Entwicklung der Strategien von Mercedes-Benz, Ford und Toyota illustrieren einige Vorteile und Nachteile der internationalen, multinationalen und globalen Ansätze.

Ford und das Streben nach Globalisierung

Die Ford Motor Company wurde 1903 gegründet, führte das Fließband in der Fertigung von Autos ein und verwendete untereinander austauschbare Teile in den produzierten Fahrzeugen. Mit den Vorteilen niedriger Kosten, hoher Volumen und Verfügbarkeit der Ersatzteile konnte es seinen Markt schnell erweitern. Schon bald wurde es von einem inländischen zu einem internationalen und dann zu einem multinationalen Unternehmen. Das Unternehmen gründete 1908 eine Verkaufsniederlassung in Frankreich, errichtete 1911 seine erste europäische Fabrik in Großbritannien und gründete 1925 seine beiden deutschen Ford-Werke und eine Produktionsstätte in Japan. Ford besitzt gegenwärtig Fabriken in den USA, Kanada, Lateinamerika, in sechs europäischen und drei asiatischen Ländern.

Wenn das Unternehmen von der Regierungspolitik, beschränkten Marktgrößen oder anderen Faktoren davon abgehalten wurde, eigene Fabriken zu erstellen, wurden Exporte und / oder Joint Ventures zur Befriedigung der lokalen Nachfrage eingesetzt. Durch die protektionistische Gesetzgebung von 1936 wurde Ford aus Japan verbannt und seine Japan-Exporte wurden seit 1950 über viele Jahre hinweg stark von der protektionistischen japanischen Regierungspolitik beschränkt. Schließlich betrat Ford wieder diesen Markt mit Exporten aus den USA und Europa. Später erwarb es einen Eigenkapitalanteil an Mazda und wurde 1996 von der Sumitomo Bank gebeten, die Kontrolle dieses Unternehmens zu übernehmen. Ford besitzt auch Jaguar und hat teilweises Eigentum und/oder strategische Bündnisse an/mit anderen Unternehmen in Europa, Asien und Lateinamerika.

Ford ist zunehmend zum globalen Marketing übergegangen. In den späten 80ern rief dann der Ford-Vorsitzende Donald E. Petersen nach einem „globalen Auto", das sich auf einem Kontinent konstruieren ließ, um es dann auf mehreren anderen zu produzieren und zu verkaufen. Das Ziel war die Vermeidung der teuren, doppelten und sehr kostenintensiven Entwicklung und Maschinenausrüstung. Der Escort war 1991 Fords erstes entsprechendes Auto. Das Auto, dessen Äußeres von Ford und dessen Inneres von Mazda konstruiert worden war, wurde an 12 Standorten montiert und in 90 Märkten verkauft. Die kooperative Zusammenarbeit erfüllte alle Unternehmensziele und sparte schätzungsweise mindestens 1 Mrd. US$ an Entwicklungskosten ein. Ford und Mazda haben bei zehn aktuellen Modellen zusammengearbeitet, so dass eines von vier in den USA verkauften Ford-Autos Teile von Mazda und zwei von fünf Mazdas irgendein Teil von Ford verwenden.

Die überseeische Entwicklung von Autos für breitere Märkte wurde auch in den europäischen Entwicklungszentralen von Ford fortgeführt. 1993 wurde der europäische Mondeo entworfen, um in allen Hauptmärkten des Unternehmens verkauft zu werden, und er wurde zur Basis aller in den USA und aller in Europa hergestellten Autos.

1994 vergrößerte das Unternehmen seine Anstrengungen, allen Aktivitäten des Unternehmens bei der Produktentwicklung mit einer „Ford 2000"-Reorganisation einen globalen Stempel aufzudrücken. Im folgenden Jahr trennte Ford seine weltweite Design- und Motorenentwicklung in fünf separate Fahrzeugzentren. Diese befanden sich in den USA, England und Deutschland, mit jeweiligem Fokus auf ein besonderes Marktsegment. Das Ziel ist der Verkauf der an beliebigen Standorten produzierten Autos im gesamten Markt.

Das Unternehmen investierte 5 Milliarden US$ in die Entwicklung eines „Weltautos" für die Kompaktklasse, das 1995 eingeführt wurde. Es entwickelt aber auch weiterhin einige Autos für bestimmte Gebiete. 1996 brachte das Unternehmen sein kleinstes Auto, den Ka, heraus, das hauptsächlich für die verstopften Städte und beschränkten Parkräume Europas vorgesehen war. Es plant auch die Produktion eines „asiatischen Autos".

Ford besitzt drei wesentliche Stärken. Ford hat die größte Modellvielfalt von den drei Firmen dieses Fallbeispiels, und dies sichert ihm sowohl in den USA als auch in Europa größere Marktanteile gegenüber Toyota und dem Nischen-Marketer Mercedes-Benz. Ford genießt insbesondere in den USA und Europa, wo das Unternehmen durch seine lange Präsenz die Aura eines europäischen Unternehmens hat, eine ausgezeichnete Markenbekanntheit. Die Produktivität der amerikanischen Ford-Fabriken ist die höchste der größten drei Unternehmen der USA und auch die höchste der größten vier in Europa.

In Asien, wo die Japaner 85% des Marktes besitzen, ist Fords Position am schwächsten. Die größeren Autos eignen sich nicht für die Straßen und Vorlieben der meisten asiatischen Länder, und das Unternehmen genießt im Unterschied zu Mercedes-Benz nicht den Ruf von Qualität und Eleganz. Toyota ist dort bei kleineren Autos durch seinen guten Ruf in Bezug auf Qualität und Preis und seine längerfristige Präsenz in den meisten asiatischen Märkten (ohne Korea und Taiwan) ein zäher Mitbewerber.

Toyota und Änderungen der Strategie

Toyota Motor Company (damals Toyoda Automatic Loom) begann 1935 im kleinen Rahmen mit der Fertigung von Autos in Japan und stellte später Lastwagen her. Nach den Zerstörungen des Zweiten Weltkriegs und der Lahmlegung durch einen Arbeitsstreit im Jahr 1949 wurde es zu einem kleinen, sich abmühenden Lastwagenhersteller, der nur ungefähr 300 Fahrzeuge pro Monat verkaufte. Dann trafen Bestellungen über Tausende von Lastwagen vom amerikanischen Verteidigungsministerium zur Unterstützung des Koreakriegs ein. Mit dem Geld aus den Gewinnen dieser Verkäufe konnte das Unternehmen die Produktion von Pkws finanzieren.

Toyota hatte bereits den Prototyp eines kleinen Autos entwickelt und Fords Fertigungsstraßen studiert. Das Unternehmen investierte in moderne Fertigungsausrüstung, hatte schließlich Erfolg bei der Gründung einer Unternehmensgewerkschaft, übernahm das Anstellungssystem auf Lebenszeit für die regulären Arbeiter in der Fertigung, forderte Angestellte zu Beiträgen für Entscheidungen auf, entwickelte ein Verfahren zur ständigen Weiterentwicklung und führte das „Just-in-Time"-Vorratssystem ein. Formelle und informelle Handelshindernisse sorgten bei Toyota und anderen japanischen Herstellern in der Zeit nach dem Zweiten Weltkrieg für einen geschützten Inlandsmarkt.

Mit steigenden Produktionsmengen und sinkenden Kosten in den japanischen Fertigungsstätten entschied sich Toyota für Exporte in den amerikanischen Markt. 1958 wurden die ersten Autos in die USA eingeführt, sie scheiterten aber bei Straßentests und wegen ihrer schlechten Qualität. Mit dem zweiten Eintritt in den amerikanischen Markt kam mit umgestalteten Autos und besserer Qualität auch der Erfolg. Durch die Ölkrisen von 1973 und 1978/79 wurden Toyotas kleine, sparsame Autos sehr attraktiv für den amerikanischen Verbraucher und der Marktanteil wuchs schnell.

Die steigenden japanischen Autoverkäufe in den USA, die Stellenverluste bei amerikanischen Arbeitern und schwerwiegende Marktanteilsverluste bei amerikanischen Herstellern bewirkten, führten 1980 zu einem „freiwilligen Beschränkungsabkommen". Es beschränkte den Export japanischer Autos nach Amerika. Fortwährende Importrestriktionen europäischer Länder schränkten Toyotas Möglichkeiten zur Steigerung der Exporte in diese Region ein.

Während es Toyota zunächst vorgezogen hatte, sich bei seiner internationalen Strategie einzig auf Exporte zu verlassen, führten die Beschränkungen der Marktanteile dazu, dass Toyota seine erste Fertigungsstätte im Ausland eröffnete. 1984 tat es sich mit General Motors in einem Joint Venture (New United Motors Manufacturing Inc.) zusammen, um Autos in Kalifornien zu produzieren. Dem Erfolg der Fertigungsstätte folgten 1986 die Errichtung einer komplett eigenen Fabrik in Kentucky sowie die Eröffnung der Fertigungsstätten in Kanada und 1982 in Großbritannien. Inzwischen sind Fertigungsstätten in Thailand, Taiwan, Indonesien, den Philippinen und Brasilien hinzugekommen.

Toyota hat speziell für den asiatischen Markt ein kleines, preiswertes Auto entwickelt. Im Januar 1997 ging der in Thailand hergestellte Soluna in den Verkauf, und er hatte den niedrigsten Preis, der in diesem Land jemals für ein massenproduziertes Auto verlangt worden war.

Toyota hat sich von einem internationalen zu einem multinationalen Unternehmen entwickelt und verfügt jetzt über einige der Merkmale eines globalen Unternehmens. Es ist gegenwärtig der drittgrößte Autohersteller der Welt (nach General Motors und Ford) und besitzt den größten Marktanteil in Japan. Es verkauft mehr Autos in Übersee als in seinem Heimatland. Von 1,7 Mio. im Ausland verkauften Autos wurden 1995 60% in den lokalen Märkten hergestellt. Toyota ist, nach Honda, aber vor Ford, der zweitgrößte Exporteur amerikanisch gefertigter Autos nach Japan und exportiert auch in Amerika gefertigte Autos in andere asiatische Nationen. Während viele Einzelteile zur Verwendung in der Überseefertigung immer noch in Japan produziert werden, verstärkt Toyota den Einsatz lokaler Einzelteile und dehnt die überseeische Beschaffung von Teilen für seine japanischen Fertigungsstätten schnell aus. Im

Grunde genommen stammen aber alle Planungen und Entwicklungsarbeiten von Japanern in Japan.

Die wesentlichen Stärken des Unternehmens sind seine hohe Produktivität, sein Qualitätsruf und das anhaltende Streben nach dauernder Verbesserung auf beiden Gebieten. Zwar fehlt Toyota immer noch die breite Fahrzeugpalette von Ford, es hat aber die Zahl der angebotenen Modelle beständig erhöht. Die Fortschritte bei Luxuskarossen stellten Mercedes-Benz vor eine Herausforderung. Mit Vermögenswerten, die über 25 Mrd. US$ in bar und Regierungswertpapieren einschließen, besitzt Toyota die wirtschaftliche Stärke zur Nutzung neuer Chancen.

Mercedes-Benz und seine Präferenz für den exportierenden Ansatz

Mercedes-Benz hat sich bei der Penetration des internationalen Markts stark auf eine Exportstrategie verlassen. Es hat weltweite Distributionskanäle geschaffen, während sich die Produktion auf Deutschland konzentriert. Das Unternehmen war jahrelang Hersteller von eleganten Autos der Hochleistungsklasse, ging aber in den Mittsechzigern zu seiner aktuellen Strategie der Produktion von Luxusautos über. 1982 führte es mit dem Mercedes 190 seinen ersten Kompaktwagen ein. Daimler-Benz, die Holding-Gesellschaft von Mercedes-Benz, tätigte nach 1989 unter dem Vorstandsvorsitzenden Eduard Reuter eine Reihe von Fusionen und Käufen und strebte ein Abkommen über die gemeinsame Fertigung von Automobilen zwischen Mercedes-Benz und Mitsubishi an. Es wurde jedoch nicht unterzeichnet, so dass das Unternehmen im Ausland nicht zur gemeinschaftlichen Produktion überging.

Mercedes-Benz besitzt weltweit einen guten Ruf bei Luxuswagen im klassischen Stil. Der Besitz eines Mercedes-Benz ist in entwickelten, neu industrialisierten und weniger entwickelten Ländern gleichermaßen zu einem Erfolgssymbol geworden. Das Unternehmen beherrscht das Segment der Luxusautos in fast allen Ländern Südostasiens.

Während Ford über eine breite Palette von Autos jeder Größe und Art verfügt und seine Modelle in den bedeutenden Märkten häufig wechseln, produziert Mercedes eine kleinere Modellpalette bei relativ seltenem Modellwechsel.

Durch wirtschaftliche Gründe und den Druck des Wettbewerbs wurde Mercedes-Benz jetzt dazu gezwungen, seine Strategien zu überdenken. 1991 übertraf Toyotas Luxusauto, der Lexus 400, Mercedes-Benz bei den USA-Verkäufen. Der Lexus wurde in Umfragen zur Verbraucherzufriedenheit auch höher als Mercedes-Benz eingeschätzt. Der deutsche Hersteller reagierte mit Preissenkungen und konnte erfolgreich US-Marktanteile zurückgewinnen.

Mercedes-Benz produziert zudem neue Modelle und neue Entwürfe. 1995 begann Mercedes-Benz mit der Vermarktung von drei neuen Modellen seiner E-Klasse. Im japanischen Markt waren sie die ersten komplett neu entwickelten Autos, die das Unternehmen seit elf Jahren eingeführt hatte. Ein neues und relativ preisgünstiges Kompaktauto, die A-Klasse mit Heckklappe, wird seit Oktober 1997 in mehreren Märkten verkauft. Mercedes-Benz entwickelte auch ein Nutzfahrzeug mit Allradantrieb, die C-Klasse und gemeinsam mit Swatch das Swatch-Mobil.

Die hohen Kosten der deutschen Autoproduktion, zusammen mit der höheren Konkurrenz aus Japan, führten bei Mercedes-Benz zum Start der Überseeproduktion. Im Herbst 1997 nahm eine Fabrik in den USA die Produktion des neuen, sportlichen Nutzfahrzeugs auf. Die A-Klasse wird in Brasilien und Deutschland produziert. Asiatische Fertigungsstätten werden wohl folgen.

Der Vorsitzende Helmut Werner soll gesagt haben: „Wir mussten verstehen, dass sich die Welt geändert hat und dass die von Mercedes so erfolgreich verfolgte Philosophie am Ende war.“

Geänderte Strategien

Die unterschiedlichen Strategien von Mercedes-Benz, Toyota und Ford nähern sich einander an. Darin lässt sich der Anpassungsversuch aller drei Firmen sowohl an die Nachfrage globaler als auch individueller Marktsegmente sehen. Alle drei Hersteller bieten eine größere Produktpalette an, um die Nachfrage wohlhabender und informierter Kunden nach größerer Auswahl zu befriedigen, wobei es Mercedes-Benz in zusätzliche Marktnischen zieht. Gleichzeitig versuchen sie, in vergleichbaren Segmenten aller wichtigen Märkte Modelle zu verkaufen, die nur die für den lokalen Markt erforderlichen Modifikationen aufweisen. Sie bieten also eine größere Auswahl an, die aber eher auf den globalen Markt als auf individuelle Länder oder regionale Märkte abzielt.

Alle drei haben Qualität und Produktivität verbessert, um der wachsenden Konkurrenz und den Erwartungen der Kunden gerecht zu werden. Um die Kosten zu kontrollieren und die Importbeschränkungen einiger Länder zu überwinden, verlagern sie ihre Produktion zunehmend ins Ausland.

Die Entwicklung einfacher, preiswerter „asiatischer Autos“ kann man als den Versuch der Ausbeutung eines sich entwickelnden Marktsegments sehen, das zwar nicht ausschließlich, aber doch weitgehend regionaler Natur ist.

Ford, Toyota und Mercedes unterscheiden sich weiterhin bei Konstruktion und Entwicklung in der Stärke ihrer Konzentration auf das Heimatland. Für Ford haben Kostendegressionen in Produktion und Marketing Vorrang vor dem Übergang zu einem globalen Ansatz. Dieser ist auch ein Versuch, sowohl weltweite Konstruktionsanregungen zu bekommen, als auch doppelte Kosten für Konstruktion und Entwicklung zu vermeiden. Toyota zieht es vor, die Konstruktion und Entwicklung in Japan zu behalten, verlässt sich auf sein hocheffizientes Produktionssystem und darauf, dass es durch hohe Qualität und niedrige Kosten für die Zufriedenheit der Kunden sorgen kann. Mercedes-Benz verlagert seine Produktion nach Übersee und muss aufpassen, dass es seine Qualität bewahren kann, für die es in den Weltmärkten Aufpreise berechnen konnte.

Fragen:

1. Werden in Zukunft alle Automobilhersteller, wie die drei Firmen des Beispiels, dazu gezwungen sein, in Übersee zu produzieren und im globalen Markt zu verkaufen? Erläutern Sie warum bzw. warum nicht.
2. Bewerten Sie die Strategieänderungen der drei Firmen. Wie riskant ist es, sich von einem erfolgreichen Ansatz abzuwenden, der eine zentrale Strategie gewesen ist?
3. Welche Produkte und Dienstleistungen eignen sich für einen globalen Marketingansatz am besten?
4. Welche Produkte und/oder Dienstleistungen lassen sich kaum oder gar nicht exportieren?

FALLSTUDIE 2.2

ELECTRO-X

ELECTRO-X wurde 1966 in Dänemark als Privatunternehmen gegründet. Der Gründer war ein begeisterter junger Elektroingenieur, der gerade sein Studium an der technischen Hochschule abgeschlossen hatte. Seine Fähigkeiten und seine Kompetenz bauten auf technischen Kenntnissen über elektrische Relais auf und das Unternehmen befasste sich in den ersten Jahren nur mit deren Herstellung. In der Zeit bis Mitte der 70er Jahre wurde die Produktlinie des Unternehmens zu einer breiten Palette elektrischer Komponenten erweitert, die vorwiegend auf industriellen Märkten angeboten wurden. Die Produktentwicklung stützt sich auf Patente und innerhalb relativ weniger Jahre wurde ELECTRO-X in Dänemark zu einem führenden Hersteller im Bereich der elektrischen Automatisierung und der Steuerungsanlagen.

Phase 1: Sporadische Exportaktivitäten

1970 erhielt das Unternehmen seinen ersten Exportauftrag. Einem niederländischen Distributor fielen die Produkte von ELECTRO-X auf einer Ausstellung in Westdeutschland auf. In den folgenden Jahren erhielt das Unternehmen etliche weitere freiwillige Anfragen von diesem holländischen Distributor, der zu einem Verkaufsvertreter von ELECTRO-X wurde. Der nächste Eintritt in Exportmärkte war zufällig. 1977 verbrachte der Gründer seinen Urlaub zusammen mit der Familie in Australien und kam bei einem gesellschaftlichen Anlass in Kontakt mit einem australischen Importeur von elektrischen Komponenten. Später wurde der Importeur dann ein Verkaufsvertreter des dänischen Unternehmens.

Die Exporte von ELECTRO-X waren anfangs nicht geplant und passiv. Zu der Zeit war das Unternehmen nicht daran interessiert oder Willens, Ressourcen für den Export abzustellen. Es war zu sehr mit der Konzentration auf das Wachstum der Inlandsmärkte beschäftigt. Weiterhin war das Unternehmen stark technologie- und produktorientiert; Entscheidungen über Marketingfragen wurden zum Beispiel nicht von Personen mit Marketingkenntnissen getroffen. Gleichzeitig war eine sehr zwanglose Organisation charakteristisch für das Unternehmen, bei dem der Gründer für alle wichtigen Entscheidungen verantwortlich war. Das außerordentliche Inlandswachstum, die Abfolge der Produktdiversifikationen und der einmalige Charakter von ELECTRO-X basierten größtenteils auf der Philosophie, den Überzeugungen und den Werten des Gründers. Diese Wahrnehmungen schlossen nur eine diffuse Vorstellung von der Attraktivität des Exportierens ein.

Ungefähr Mitte der 70er Jahre war ELECTRO-X dann aber mit den Entscheidungsprozessen überlastet. Dies lag daran, weil entweder zu viele Entscheidungen vom Gründer selbst getroffen werden mussten oder weil die Qualität seiner Entscheidungen wegen Zeitmangel und fehlender Erfahrungen schlechter wurde. Infolgedessen wurde die Notwendigkeit einer professionelleren Organisation erkannt und ELECTRO-X wurde funktional in Abteilungen für Verkauf, Produktion und Finanzen strukturiert.

Phase 2: Versuchsweise Exportaktivitäten unternehmen

Bis Ende der 70er Jahre konzentrierten sich die Verkäufe der ELECTRO-X-Produkte vorwiegend auf Dänemark, und Exportgeschäfte hatten ein sehr geringes Ausmaß. Ausländische Marktchancen und freiwillige Auslandsaufträge führten zu der Entscheidung, die Aktivitäten des Unternehmens in Überseemärkten formeller zu erweitern. Derzeit gab es auf dem europäischen Markt für elektrische Automatisierung und Steuerungsanlagen eine schnell steigende Nachfrage und es wurden viele neue Unternehmen für elektrische Ausrüstungen gegründet, die sich in der Regel auf ihre eigenen, wachsenden Inlandsmärkte konzentrierten und sich häufig auf bestimmte Produkte spezialisierten. ELECTRO-X war damals in mehreren industriellen Marktsegmenten aktiv und konnte daher auf verschiedenen Exportmärkten eine breite Produktpalette anbieten.

Dazu errichtete man ein Netzwerk von Vertriebsagenten in sechs europäischen Ländern. Zwischen 1978 und 1980 trat das Unternehmen mit Verkaufsrepräsentanten in Westdeutschland, Großbritannien, Schweden, Norwegen, Finnland und Frankreich in Kontakt. Die als Versuch angelegten Exportaktivitäten wurden realisiert, indem man die Marketinganstrengungen des Unternehmens auf psychologisch nahe Länder (Länder, deren Geschäftspraktiken relativ gut bekannt und ähnlich sind) konzentrierte. Aber immer noch war das Exportengagement durch die eingehenden freiwilligen Aufträge der Verkaufsrepräsentanten charakterisiert, die nur ca. 5 bis 10% des Gesamtumsatzes des Unternehmens ausmachten.

Am Ende der Phase 2 erkannte ELECTRO-X – aufgrund unterschiedlicher Standards und Marketingbedingungen in den verschiedenen Ländern – einen wachsenden Bedarf für Produktmodifikationen und Adaptionen. Dadurch entstanden Koordinationsprobleme zwischen der Produktions- und der Verkaufsabteilung. Tendenziell nahmen auch die Koordinationsprobleme zwischen dem einheimischen Markt und den Exportmärkten zu.

Phase 3: Expansion der Auslandsmärkte

Zwischen 1980 und 1985 erkannte das Management von ELECTRO-X die Attraktivität des Exportierens und wollte adäquate Ressourcen für eine geplante Strategie zur Expansion der Auslandsmärkte bereitstellen. Ein mangelndes Wachstum des Inlandsmarkts hatte die Exporterwartungen des Besitzers geändert. Es fand eine systematische Untersuchung vieler ausländischer Marktchancen statt. Zukünftige Märkte wurden geprüft und Potenziale bewertet. Schließlich wurde ein Versuch unternommen, ein Exportmarkt-Informationssystem zu erstellen.

Mitte der 80er Jahre hatte sich die Wettbewerbssituation in Europa geändert. Das Wachstum der Nachfrage hatte sich verringert und europäische Produzenten hatten Überkapazitäten. Als ELECTRO-X dieser Situation gegenüberstand, lautete seine strategische Antwort auf die Herausforderung weitere Marktentwicklung und Penetration. Verkaufsrepräsentanten in Nordamerika, Lateinamerika und Südostasien wurden ernannt und Verkaufsniederlassungen ersetzten die Vertreter in zwei der größeren europäischen Märkte. Das Unternehmen schuf auch eine separate organisatorische Einheit, eine Exportabteilung, die der Autorität der Marketingabteilung unterstand.

Phase 4: Die Entwicklung überseeischer Verkaufsniederlassungen

Zwischen Ende der 80er und Anfang der 90er Jahre wurde ELECTRO-X zu einem engagierten Teilnehmer am internationalen Marketing. Bis zum Beginn der Phase 4 konnte das Unternehmen seine Gewinn-, Wachstums- und Diversifikationsziele weitestgehend verwirklichen. Der jährliche Gesamtumsatz stieg von 135 Mio. DKr (1985) auf 200 Mio. DKr (1991), und die Gewinne vor Steuer stiegen während desselben Zeitraums von 20 Mio. DKr auf 40 Mio. DKr. 1990 machten die Exportverkäufe ca. 50% der Gesamtverkäufe aus.

ELECTRO-X konnte zwar ein beträchtliches Wachstum erreichen, der internationale Wettbewerb hatte sich aber intensiviert. Etliche weitere Wettbewerber begannen sich jenseits ihrer natürlichen Grenzen umzusehen und es wurde für ELECTRO-X in den reicheren Ländern zunehmend schwierig, die Märkte zu penetrieren und Marktanteile aufzubauen. Das Unternehmen erkannte, dass es die Distributionskanäle umfassender kontrollieren und beeinflussen musste.

Während der 80er Jahre konnte man durch den Einsatz eines Netzes von Vertriebsvertretern in verschiedenen europäischen Ländern leicht kleine Marktanteile bei geringen Kosten erringen. Aber das Wesen des Wettbewerbs änderte sich und das Unternehmen erachtete es für notwendig, sein Marktengagement dadurch zu vergrößern, dass es überseeische Verkaufsniederlassungen errichtete – zuerst in Skandinavien, Frankreich und Spanien, später in den USA und Kanada. Man erwartete von diesen direkten Auslandsinvestitionen, dass sie ELECTRO-X zu einer besseren Wettbewerbsposition im Ausland verhelfen würden.

Phase 5: Konsolidierung der Auslandsmärkte

1997 operierte ELECTRO-X weltweit mit 35 Vertretungen und eigenen Verkaufsniederlassungen in zehn Ländern. Die Herstellung der elektrischen Automatisierungs- und Steuerungsanlagen befindet sich immer noch in Dänemark in einer hochautomatisierten, mittelgroßen Fabrik. Das Unternehmen beschäftigt ca. 500 Leute. Es ist immer noch funktional organisiert, aber die Marketingabteilung wurde in eine Inlands- und eine internationale Abteilung aufgespalten, die für die Exportverkäufe verantwortlich ist.

In den letzten Jahren erreichte ELECTRO-X ein starkes Umsatzwachstum. Von 1990 bis 1996 stieg der Umsatz auf ca. 300 Mio. DKr. Aber die Gewinne vor Steuer sanken in demselben Zeitraum ständig. Tatsächlich durchlief das Unternehmen 1995 eine Krise mit Verlusten. Unter dem starkem Druck des Wettbewerbs (vorwiegend dem zweier internationaler Konkurrenten), angesichts der Handelsbarrieren (insbesondere nationalistische Einstellungen und Zollfreigrenzen) und des Preiswettbewerbs entschloss sich ELECTRO-X zur Ausarbeitung eines Plans zur Konsolidierung seiner Auslandsaktivitäten.

Es wurde erkannt, dass das Wachstum nicht bewältigt werden konnte. Die Streuung der Märkte war zu groß gewesen und im Allgemeinen hatte das Unternehmen versucht, seine breite Produktpalette in möglichst vielen Märkten zu verkaufen. Auch wenn man nicht erwartet hatte, dass die Direktinvestitionen in Verkaufsniederlassungen bereits nach wenigen Jahren profitabel arbeiten würden, hatte man doch auf eine bessere Erfolgsgeschichte der größeren Niederlassungen gehofft, als diese tatsächlich vorweisen konnten. Keine der größeren Verkaufsniederlassungen in Westdeutschland, Großbritannien und Schweden kam über 8% des ausländischen Gesamtumsatzes hinaus.

In Phase 5 wurden Planungs- und Kontrollsysteme erstellt, um die Koordination der internationalen Aktivitäten zu verbessern und Kosten-Effektivität zu erreichen. Alle Verkaufstochtergesellschaften wurden durch regelmäßige monatliche Verkaufs- und Organisationsberichte in die gemeinschaftlichen Aktivitäten integriert. Das Unternehmen reduzierte die Anzahl der ausländischen Zielmärkte und die Anzahl der industriellen Marktsegmente, in denen man ELECTRO-X-Produkte anbot.

Fragen:

1. Bewerten Sie den von ELECTRO-X beschrittenen Internationalisierungsansatz. War er zu konservativ und war die für die Konsolidierung der Auslandsmärkte benötigte Zeit zu lang?
2. Erläutern Sie andere Ansätze, die das Unternehmen hätte nutzen können.

KAPITEL 3

Das internationale Umfeld

3.1 Einleitung

Wie wir in Abbildung 1.3 gezeigt haben, gibt es neben dem nationalen ein internationales Umfeld. Hier geht es uns vorwiegend um das fremde Umfeld, das eine unbekannte Einflussgröße für das international tätige Marketing / Export-Unternehmen sein kann.

Viele verschiedene Umweltgrößen können internationale Marketingunternehmen beeinflussen. Wir werden unsere Betrachtungen auf wirtschaftliche, soziokulturelle, politisch / rechtliche Mächte und die Konkurrenz beschränken, weil diese Faktoren die wesentlichen Einflussgrößen des Verhaltens sind und daher den notwendigen Umweltrahmen für die nachfolgende Diskussion der Variablen des internationalen Marketing-Mixes bieten. Umfassendere Abhandlungen sowohl dieser Komponenten als auch der Vertriebsstrukturen, der Geografie und der Infrastrukturen sowie der Technologielevel finden Sie in breiter angelegten Texten über internationale Geschäfte.

Das internationale Umfeld war seit den späten 80ern sehr turbulent. Die ehemalige Sowjetunion zerfiel und die GUS (Gemeinschaft Unabhängiger Staaten) mit Russland als größtem Staat entstand. Im Gegensatz zur GUS wurde das ehemalige Jugoslawien durch eine Reihe unabhängiger Gebiete ersetzt, was aber nicht ohne größere Territorialkämpfe verlief. Die friedlichste Teilung war die der Tschechoslowakei in die Slowakei und die Tschechische Republik. Änderungen fanden in Osteuropa statt, wo etliche Länder mit Demokratie und Marktwirtschaften experimentiert haben. Ein weiteres bedeutendes Ereignis betrifft die Europäische Union (EU), in der die 15 Mitgliedstaaten die Schaffung des gemeinschaftlichen Markts in Übereinstimmung mit dem Binnenmarktgesetz (SEA – Single European Act) von 1987, das in dem am 1. Januar 1993 in Kraft getretenen EU92-Programm institutionalisiert wurde, weitgehend abgeschlossen haben. Außerdem beschäftigte sich der Maastricht-Vertrag von 1991 mit bedeutenden finanziellen und währungspolitischen Fragen.

Die politischen und ökonomischen Turbulenzen beschränken sich nicht auf Europa. Die Volksrepublik China (VRC) hat und wird ihren internationalen Handel, die Anzahl der Unternehmen, die sich komplett im ausländischen Besitz befinden, Joint Ventures und andere strategische Allianzen und ihre politischen Kontakte weiterhin ausbauen. Weitere Änderungen sind zu erwarten, zumal Hongkong 1997 wieder souverän wurde und als spezielle administrative Region zurück an die VRC fiel. Dasselbe gilt seit 1999 auch für Macau. Bisher diente China eher als Lieferant denn als Ziel der Marktpenetration.

3.2 Wirtschaftsmächte

Ein wesentliches Merkmal der Welt des internationalen Marketers ist die Vielfalt der Marketingumgebungen, in denen sich Geschäfte tätigen lassen. Insbesondere die wirtschaftlichen Dimensionen der Umgebung des Weltmarkts sind dabei von herausragender Bedeutung.

Wirtschaftsmächte beeinflussen den internationalen Marketer durch die Wirkung, die sie auf das Marktpotenzial und jederzeit auf die Tatsachen des Marktes haben. Außerdem können die Wirtschaftsmächte eines Landes von der vorhandenen Infrastruktur, zu der Kommunikation, Energie und Transporteinrichtungen zählen, stark beeinflusst werden.

Signifikante Variationen in nationalen Märkten haben ihren Ursprung oft in direkten wirtschaftlichen Unterschieden. *Bevölkerungsmerkmale* stellen eine wichtige Dimension dar. Relevant sind Eigenschaften wie die Bevölkerungszahl und deren räumliche Verteilung im Land (z.B. der Grad der Urbanisation). Sowohl die absolute Höhe als auch die *Verteilung von Einkommen und Vermögen* der Bevölkerung sind relevant, weil sie die Kaufkraft bestimmen. Es ist hinreichend dokumentiert, dass das Einkommen eine wesentliche Determinante des Besitzes von dauerhaften Konsumgütern darstellt. Natürlich werden die Verkäufe einiger dauerhafter Waren auch von anderen Faktoren beeinflusst, wie z.B. vom Klima und der geografischen Lage. Der Kauf von Klimaanlagen und Luftentfeuchtern wird z.B. sowohl vom Klima als auch vom Einkommen beeinflusst. In Schweden können sich Personen mit hohem Einkommen leicht eine Klimaanlage leisten, werden sich aber wohl kaum eine kaufen. Im Unterschied dazu besteht bei Algeriern mit niedrigem Einkommen ein Bedarf an Klimaanlagen, es ist aber unwahrscheinlich, dass sie ein solches Gerät kaufen, weil sie es sich nicht leisten können.

Die Verteilung von Einkommen und Vermögen und auch der Reichtum bestimmter Gruppen in einer Nation oder Region sind von großem Interesse. Selbst in einer Gesellschaft mit niedrigem durchschnittlichen Einkommen kann es ein Bevölkerungssegment mit einem hohen Einkommen mit dem Bedürfnis geben, Luxusgüter zu kaufen. Während das Durchschnittseinkommen Hongkongs deutlich unter dem in den bedeutenden industrialisierten Ländern liegt, gibt es dort pro Kopf den weltweit größten Besitz an Rolls-Royce-Automobilen.

3.2.1 Marktentwicklung

In größerem Maßstab beeinflusst das Ausmaß der *wirtschaftlichen Entwicklung* eines Markts die Branchen, die sich in einem Land niederlassen können, und die Methoden, mit denen Geschäfte betrieben werden können. Sowohl die Infrastruktur als auch alle Arten von Institutionen innerhalb eines Landes üben Einfluss aus.

Auslandsmärkte können sich in verschiedenen Stadien der wirtschaftlichen Entwicklung befinden, wobei jedes Stadium von unterschiedlichen Merkmalen geprägt ist. Das gebräuchlichste Verfahren zur Kategorisierung von Ländern ist die Einteilung in *entwickelte Länder* (z.B. Dänemark, Großbritannien, Japan, USA) und *Entwicklungsländer* (z.B. Malaysia, Costa Rica, Ägypten, Uruguay). Einige Entwicklungsländer sind deutlich schneller als die meisten anderen gewachsen. Diese *neu industrialisierten Länder* (NIC – Newly Industrialized Country, z.B. Brasilien, Mexiko, Südkorea, Taiwan und Singapur sowie Hongkong, das nun ein spezielles administratives Gebiet der VRC ist) entsprechen nicht der traditionellen Vorstellung von Entwicklungsländern, weil ihr Bruttoinlandsprodukt (BIP) pro Kopf 3.000 US-Dollar übersteigt, die Mehrzahl der hergestellten Produkte exportiert werden und ihr Industrialisierungsprozess neben Unternehmen, die sich im lokalen Besitz befinden, auch Joint Ventures mit ausländischen, multinationalen Firmen einschließt (Cateora, 1993, S. 214). Eine solche Kategorisierung ist natürlich stark vereinfachend und gibt nur die Extreme wieder.

Ein weiterer Ansatz zur Kategorisierung der Wirtschaften der Welt sieht so aus (*Washington Post*, 19. Januar 1986, S. H1):

- industrialisierte (z.B. USA, Großbritannien, Deutschland, Australien)
- sich entwickelndes mittleres Einkommen:

  (1) neu industrialisiert (z.B. Taiwan, Südkorea)

  (2) bedeutender, sich entwickelnder Schuldner (z.B. Brasilien, Mexiko, Philippinen)

- bedeutende Ölexporteure (z. B. Iran, Irak, Saudi-Arabien)
- weniger entwickelte (z. B. Indien, China).

Diese Kategorisierung basiert auf wirtschaftlichen Variablen, die zwischen allgemeinen Ländervariablen und Variablen, die sich direkt auf das von einem Unternehmen vermarktete Produkt beziehen (z. B. der Kaufkraft des Markts), angesiedelt sind. Auch wenn es in dieser Hinsicht Änderungen auf der Weltkarte gegeben hat, bezogen sich diese doch eher auf die europäischen Turbulenzen, die bereits in Abschnitt 3.1 erläutert wurden. Die Kategorisierung besitzt weiterhin Gültigkeit. 1996 hat die Weltbank die Wirtschaftsländer auf der Grundlage des Pro-Kopf-Bruttosozialprodukts so eingeteilt (vgl. Abbildung 3.1):

1. *Niedriges Einkommen* (z. B. Vietnam, Haiti, Indien)
2. *Niedriges bis mittleres Einkommen* (z. B. Guatemala, Philippinen, Türkei)
3. *Mittleres bis hohes Einkommen* (z. B. Mexiko, Malaysia, Griechenland)
4. *Hohes Einkommen* (z. B. USA, Japan, Deutschland).

Eine eigene Kategorie wird für die neu industrialisierten Länder (NICs) Asiens, wie z. B. Singapur und Taiwan, verwendet.

Diese Arten der Klassifikation sind für einen internationalen Marketer nur von beschränktem Nutzen und sollten nicht die einzige Basis bei der Entscheidung für oder gegen den Eintritt in Auslandsmärkte und das Herangehen an diese Märkte darstellen. Derartige Klassifikationen beruhen auf vielen Faktoren, die Wechselwirkungen innerhalb des Systems mit sich bringen. Daher können zwei Länder, die sich in vielerlei Hinsicht unterscheiden, durchaus in dieselbe Kategorie fallen. Ein Beispiel für ein von einem Unternehmen zur eigenen internen Verwendung entwickeltes Klassifikationsschema finden Sie in Beispiel 3.1.

BEISPIEL 3.1

Wirtschaftliche Entwicklungsvariablen zur Verwendung von Elektrizität und elektrischen Gütern in einzelnen Ländern

Gelegentlich entwickeln Unternehmen eigene Kategorisierungsschemen. Das zeitweilig von General Electric Company benutzte System wird nachfolgend zusammengefasst:

- *Weniger entwickelt:* Diese Länder verfügen vorwiegend über eine Agrar- und/oder rohstoffgewinnende Wirtschaft. Hohe Geburtenraten und die beschränkte Infrastruktur sind für das niedrige Pro-Kopf-Einkommen und die Nutzung der Elektrizität bestimmend. Die Elektrifizierung bleibt auf die Hauptballungszentren beschränkt. Im Allgemeinen werden die elektrischen Basisgeräte importiert.
- *Früh entwickelt:* Diese Länder haben mit der Entwicklung einer Infrastruktur begonnen und verfügen in geringem Umfang über Industrien, wie z. B. Bergbau und bestimmte landwirtschaftliche Betriebe. Wirtschaftliche Zielsektoren können hohe Wachstumsraten aufweisen, obwohl das Pro-Kopf-Einkommen und der Verbrauch von Elektrizität immer noch bescheiden sind. Zunehmend wird anspruchsvollere elektrische Ausrüstung importiert, häufig für die zukünftige Integration der Gewinnungsindustrien.

Beispiel 3.1 (Forts.)

- *Teilweise entwickelt:* Diese Länder haben mit dem beschleunigten Ausbau der Infrastruktur und der umfassenden industriellen Diversifikation begonnen. Entsprechend steigen Pro-Kopf-Einkommen und Elektrizitätsverbrauch schnell. Das höhere verfügbare Einkommen und die Elektrifizierung ermöglichen dem wachsenden Mittelstand zunehmend den Besitz von Autos und elektrischen Geräten. Hoch technologische Ausrüstung wird in größeren Mengen importiert.
- *Entwickelt:* Diese Länder verfügen über gut entwickelte Infrastrukturen, ein hohes Pro-Kopf-Einkommen, einen hohen Elektrizitätsverbrauch und eine hohe industrielle Diversifikation. Charakteristisch sind auch ein niedriges Bevölkerungs- und Wirtschaftswachstum sowie die Verlagerung der Gewichte in der Industrie von der Herstellung hin zur Dienstleistung (insbesondere Transport, Informations- und Kommunikationssysteme).
- *Kommunistisch:* Die separate Aufführung dieser Länder impliziert nicht, dass sie sich entweder in einer späteren oder früheren Phase der wirtschaftlichen Entwicklung befinden. Sie könnten sich in jede der oben aufgeführten Klassen eingliedern.*

Dieser Ansatz integriert allgemeine Ländervariablen (z.B. Geografie, Bevölkerung, Einkommen usw.) und industriespezifisch interessante Variablen (z.B. Nutzung des Produkts, Gesamtimporte usw.) (Czinkota und Ronkainen 1993, S. 150-151).

*Heute scheint diese Kategorie obsolet.
Abdruck mit Genehmigung von The Conference Board; aus: V. Yorio, *Adapting Products for Export (1978)*, S. 11.

Jedes Klassifizierungsschema geht von einer gewissen Homogenität der Märkte innerhalb derselben Kategorie aus, die oft nicht besteht. Selbst in den verstärkt traditioneller ausgerichteten Ländern kann es Personengruppen geben, die aufgrund ihres Einkommens oder anderer Werte einen Markt für anspruchsvolle Produkte und Dienstleistungen bilden können, während es in einigen entwickelten Ländern immer noch gewisse Bevölkerungsgruppen gibt, die sich zumindest teilweise außerhalb der Geldwirtschaft bewegen.

Wenn sie durch die Verwendung sozialer/wirtschaftlicher, kultureller, demographischer und struktureller Daten ergänzt werden, dann lassen sich Klassifizierungen zur Bewertung der Existenz eines potenziellen Markts für gegebene Produkte in einem bestimmten Land benutzen. Aber die Ergebnisse derartiger Analysen führen möglicherweise nur zu dem Wissen, dass ein Markt für das Produkt*konzept* existiert, ohne den Erfolg eines beliebigen, gegebenen Marketing-Mixes sicherzustellen. Dann sind alle Klassifizierungsschemen bestenfalls Indikatoren dafür, ob weitere Untersuchungen sinnvoll sind.

3.2.2 Einige Regionen des Wandels

Asien und die pazifischen Länder sind bedeutende Regionen des schnellen Wachstums und des Wandels gewesen. Die asiatischen Länder erweitern von sich aus ihren Handel, ihre Investitionen und ihre Kommunikationsnetze, statt – wie in der Vergangenheit – von Europa oder den USA abzuhängen. Wie Tabelle 3.1 gezeigt hat, befinden sich die asiatischen Länder hinsichtlich Bevölkerung, Pro-Kopf-BIP und der prozentualen Verstädterung im Wandel. Ein weiterer Ansatz für Asien bietet sich, wenn man sich die neu entstehenden sog. Wachstumsgebiete ansieht (vgl. Abbildung 3.2). Dazu gehören Regionen wie das südliche China (inkl. Taiwan) und städtische Wachstumsgebiete wie Kunming und Wuhan in China und Chiang Rai in Thailand (Hewett, 1996).

Abbildung 3.1 Globale Ökonomien. Bearbeitung von World Bank (1996).

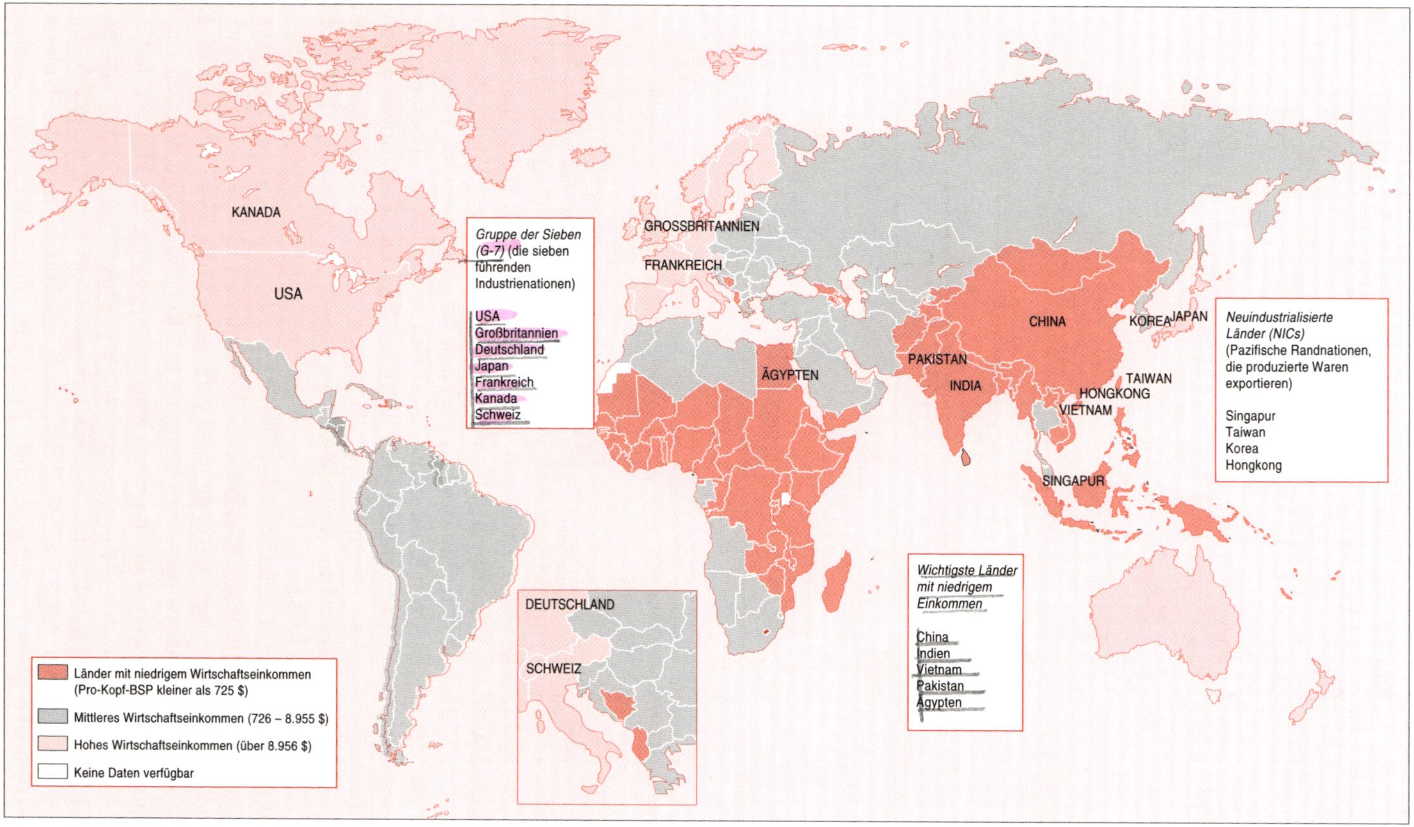
KANADA
USA
Gruppe der Sieben (G-7) (die sieben führenden Industrienationen)
USA
Großbritannien
Deutschland
Japan
Frankreich
Kanada
Schweiz
GROSSBRITANNIEN
FRANKREICH
ÄGYPTEN
PAKISTAN
INDIA
CHINA
KOREA
JAPAN
TAIWAN
HONGKONG
VIETNAM
SINGAPUR
Neuindustrialisierte Länder (NICs) (Pazifische Randnationen, die produzierte Waren exportieren)
Singapur
Taiwan
Korea
Hongkong
Wichtigste Länder mit niedrigem Einkommen
China
Indien
Vietnam
Pakistan
Ägypten
DEUTSCHLAND
SCHWEIZ
Länder mit niedrigem Wirtschaftseinkommen (Pro-Kopf-BSP kleiner als 725 $)
Mittleres Wirtschaftseinkommen (726 – 8.955 $)
Hohes Wirtschaftseinkommen (über 8.956 $)
Keine Daten verfügbar

Tabelle 3.1 Ausgewählte Indikatoren für asiatische Regionen.[a]

Gebiet	Bevölkerung (Mio.)	Pro-Kopf-BIP (PPP, US-$)[b]	Stadtbevölkerung
Hongkong	6,3	23.080	95%
Südkorea	44,8	10.534	78%
China	1.215,5	2.660	30%
Singapur	3,1	21.493	100%
Taiwan	21,5	13.235	58%
Malaysia	20,3	8.763	47%
Thailand	61,0	6.870	36%
Indonesien	197,6	3.690	34%
Philippinen	68,5	2.800	46%
Vietnam	75,5	1.263	21%
Myanmar (Birma)	47,2	676	26%
Kambodscha	10,2	1.266	14%
Laos	4,8	2.071	22%

[a] Zusammengestellt aus den letzten verfügbaren Daten; aus: *Asiaweek*, 21. Juni 1996, S. 65-66.
[b] PPP: Purchasing Power Parity (Kaufkraftausgleich), berücksichtigt die Preisunterschiede zwischen den Ländern.

Während der letzten Jahre haben Geschäftsleute die große Bevölkerung Chinas als potenzielle Kunden (mehr als 1,2 Mrd.) für sich entdeckt. Anbieter von Verbrauchsgütern wie McDonald's und Kentucky Fried Chicken beim Fast Food, United Biscuits, Kraft Foods und Bierproduzenten wie Fosters (Australien), Carlsberg (Dänemark) und San Miguel (Philippinen) haben sich mit aggressivem Marketing den chinesischen Verbrauchern zugewendet. Die meisten dauerhaften Verbrauchsgüter (Elektronik, Einrichtung, modische Bekleidung) befinden sich außerhalb der Reichweite der meisten chinesischen Bürger. Jüngsten Schätzungen zufolge wurde Chinas „wirtschaftlich aktive" Bevölkerung (Personen mit einem Jahreseinkommen über 1.000 US-$) auf 100 Mio. geschätzt, und diese Zahl könnte bis zum Jahr 2000 auf 270 Mio. anwachsen (*The Economist*, 1994).

Ein anderes bedeutendes Gebiet des Wandels ist Lateinamerika. In Lateinamerika wachsen einige Länder (z.B. Argentinien, Chile, Mexiko, Kolumbien und Peru) schnell und die wirtschaftlichen Bedingungen haben sich bedeutend verbessert. Werkzeug-, Fertigungs-, Konstruktions- und Telekommunikationsindustrien befinden sich in Ländern wie Argentinien, Brasilien, Chile und Mexiko immer noch in ihren frühen Wachstumsphasen. Ein Hinweis auf die Attraktivität von Lateinamerika waren die dort steigenden Investitionen asiatischer Firmen (*The Economist*, 1996). Kia (Südkorea) eröffnete z.B. 1995 in Brasilien eine Fertigungsstätte für Automobile im Wert von 500 Mio. US-$, während Samsung verkündete, dass das Unternehmen in Brasilien und Mexiko seine Produktion von Fernsehern und elektrischen Haushaltsgeräten erweitern würde. Nieu Hsing (ein Textilunternehmen aus Taiwan) und CSB (ein Produzent von

Abbildung 3.2 Heutige und zukünftige Wachstumsgebiete in Asien.

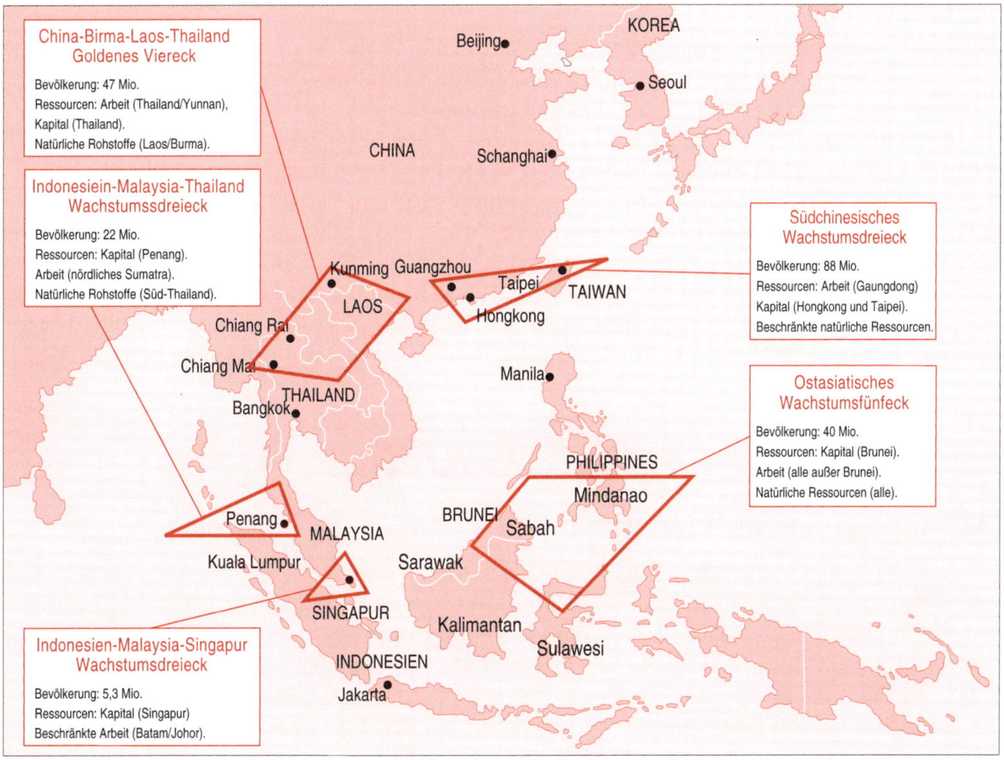

Quelle: Hewett, 1996.

Batterien) planen die Errichtung von Fabriken in Mexiko. Eine Art Marktrevolution findet auf der anderen Seite Lateinamerikas statt. Regierungen privatisieren, reduzieren Zölle und Bürokratie und machen die Märkte allgemein zugänglich.

3.3 Soziokulturelles Umfeld

Das soziokulturelle Umfeld beeinflusst das Verhalten der Käufer, die die Märkte bilden, der Manager, die internationale/Export-Marketingprogramme planen und umsetzen, und der Marketingmittler (z.B. Werbeagenturen und Medien), die am internationalen Marketingprozess teilnehmen. Man sollte Kultur nicht einfach als Geschäftshindernis zwischen verschiedenen Kulturkreisen betrachten. Sie kann greifbaren Nutzen bieten und lässt sich als Werkzeug im Wettbewerb oder als Grundlage einer Wettbewerbsstrategie einsetzen. Kurz: Kulturelle Unterschiede können und sollten berücksichtigt und bewältigt werden. Probleme treten dann auf und Gewinne werden dann beeinträchtigt, wenn kulturelle Unterschiede vernachlässigt werden.

Soziokulturelle Käufermerkmale (gleichermaßen von Verbrauchern und industriellen Kunden) werden von externen Stimuli beeinflusst. Somit handelt es sich um eine Menge sehr wichtiger Faktoren, die den Kaufentscheidungsprozess beeinflussen. Dazu zählen Dinge wie die grundlegende Kultur, Sprache, Bildung, Ästhetik, Werte und Einstellungen, soziale Organisationen sowie politisch/rechtliche Strukturen und Philosophien. Dieser Abschnitt soll einige soziokulturelle Ähnlichkeiten und Unterschiede verdeutlichen, auf die man in verschiedenen Gesellschaften trifft.

Es wird nicht immer verstanden, dass sich ausländische Verbraucher in allen Belangen (dem Was, Warum, Wer, Wie, Wann und Wo) des Kaufverhaltens in gewisser Weise von heimischen Kunden unterscheiden. Ganz allgemein unterscheiden sich die Kunden in einem Land von den Kunden aller anderen Länder. Es herrscht aber die Ansicht, dass sich z.B. Mittelschicht-Haushalte in Mexiko und in den USA in ihrem Verhalten als Kunden sehr ähnlich sind (Triplett, 1994). Mexikanische Mittelschicht-Kunden wurden als wohlgebildet, gut informiert, reisefreudig und mit ständigem Interesse an US-Marken charakterisiert. Aber es gibt wichtige kulturelle Unterschiede, die das Kaufverhalten beeinflussen. Die typische mexikanische Mittelschicht-Familie beschäftigt ein Dienstmädchen, das die täglichen Einkäufe erledigt. Auf die amerikanische Mittelschicht trifft dies nicht zu. Trotz solcher „Beweise" unterscheiden sich Verbraucher sowohl zwischen Ländern als auch innerhalb von Ländern (siehe Beispiel 3.2).

BEISPIEL 3.2

Kunden können sich innerhalb eines Landes unterscheiden

Über die Unterschiede zwischen Kunden in verschiedenen Ländern hinaus kann es auch Unterschiede innerhalb eines Landes geben. Das britische Forschungsinstitut MORI (Jacobs und Worcester, 1991) hat z.B. britische Verbraucher in vier Gruppen eingeteilt:

- *Traditionalisten.* Üblicherweise ältere Leute, die die traditionellen Werte der Mittelklasse hochhalten, nicht besonders gebildet, Hausbesitzer, verheiratet, „Moralisten, die die Werte, Regeln, Normen und Stereotype unterstützen, mit denen die Gesellschaft ihre Probleme zu lösen versucht".
- *Egalitaristen (oder Herausforderer).* Leute, die die aktuelle Gesellschaft und ihre Werte herausfordern, weil ihnen politische Gleichheit und Freiheit mehr als alles andere bedeuten.
- *Abenteurer.* Jüngere, unabhängigere Leute, die besser gebildet sind, und zu denen „klassische linke Intellektuelle zählen, die neue Ideen über den Umgang mit den Problemen der Gesellschaft produzieren".
- *Pragmatiker.* Streben nach materieller Befriedigung. Sie befinden sich rechts oder in der Mitte des politischen Systems und gehen mit dem System, um daraus den größtmöglichen Nutzen zu ziehen.

Ein weiteres Beispiel für Unterschiede ergibt sich aus einer psychographischen Studie über russische Käufer (Durham, 1992). Diese Studie weist darauf hin, dass in Russland zu vermarktende Produkte für die verschiedenen russischen Käufergruppen kulturell akzeptabel sein müssen.

Diese Gruppen wurden so identifiziert:

- *Kuptsi:* Würden ein Auto aus russischer Fertigung kaufen und Stolichnaya trinken. Sind tendenziell konservativ, selbständig, nationalistisch, sogar selbstgefällig.
- *Geschäftsleute:* Rauchen am liebsten Marlboro und trinken Johnny Walker Scotch. Ähneln dem amerikanischen „Yuppie" und kaufen Produkte wegen ihres Image-Werts. Haben das Verlangen, „Geld zu machen".
- *Cossacks:* Überkritisch. Handeln nationalistisch, kaufen aber ausländisch. Rechthaberisch, aber zu einem Handel bereit.
- *Studenten:* Neigen zu westlichen Gütern, können sie sich aber nicht leisten. Hohe Ideale, aber wenig beschäftigt.
- *„Russische Seelen":* Nehmen, was ihnen angeboten wird und was verfügbar ist. Sehr passive Kunden, die anderen folgen.

Beispiel 3.2 (Forts.)

Die russische Bevölkerung, getrennt nach Männern und Frauen, verteilt sich wie folgt auf diese Gruppen:

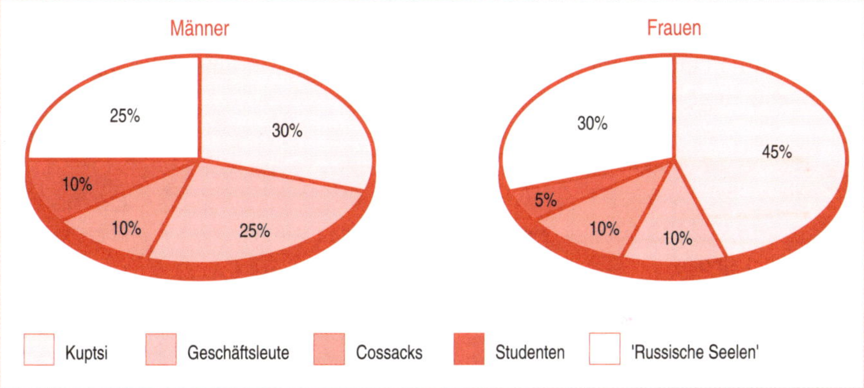

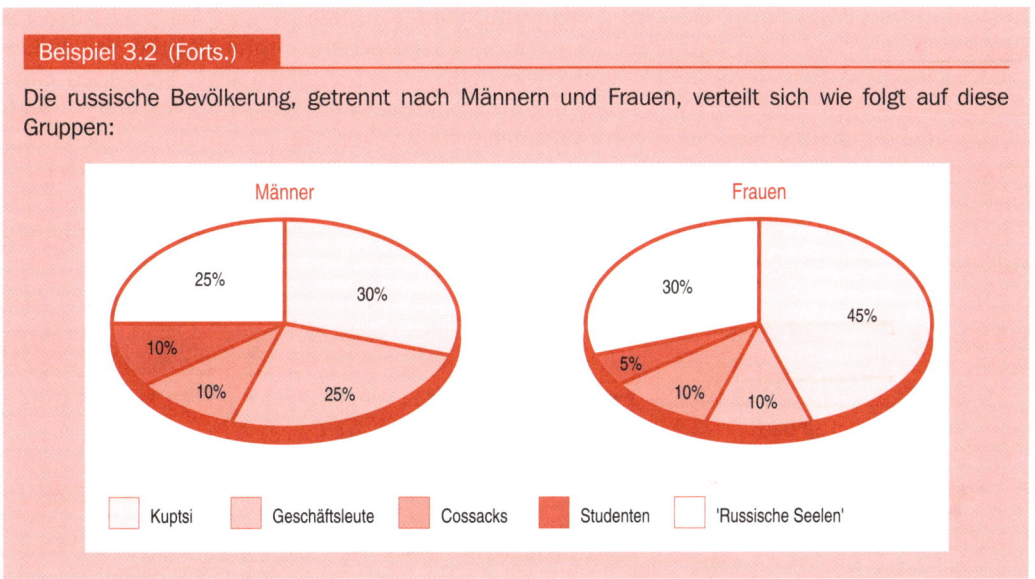

Exportmanagern mangelt es oft am kulturellen Bewusstsein. Das kann in der Marketingpolitik Fehler oder entgehende potenzielle Gewinne zur Folge haben. Ricks (1983, p. 61) hat z.B. berichtet, dass Unilever im Wesentlichen das gleiche Produkt unter verschiedenen Markennamen in Deutschland und Österreich angeboten hat. Da Deutsche und Österreicher aber dieselbe Sprache sprechen und auch häufig Kontakt mit den Medien des anderen Landes haben, hielten die Kunden die beiden Produkte für Konkurrenten. Da Werbekampagnen eines Landes leicht auch die Kunden im anderen Land erreichen, wäre es eine effizientere und effektivere Strategie gewesen, in beiden Ländern denselben Markennamen zu benutzen. Derartige Überlappungen hätten die Werbeanstrengungen verstärkt und den Verkauf in beiden Ländern unterstützt. Adler (1991, S. 25) zitiert in einem anderen Beispiel den Fall eines ausgebürgerten nordamerikanischen Managers in Hongkong, der für sich ein großes, normal geschnittenes Büro wählte, das sich neben dem des Vizepräsidenten befand. Chinesische Kunden fühlten sich bei Besuchen in diesem Büro unwohl, weil sie meinten, das Büro hätte schlechtes *feng shui* und würde für schlechte Geschäfte sorgen. *Feng shui* reflektiert den Glauben, dass Menschen und deren Handeln von der Form und Ausrichtung ihrer Arbeitsstätte und Wohnung beeinflusst werden, wobei das Ziel darin liegt, in Harmonie mit der Umwelt zu leben. Die Wahl des Managers entsprach seiner Kultur, denn er wollte seinen Status und Einfluss durch die Größe und die Lage seines Büros maximieren. Für Chinesen war die Wahl des Büros jedoch ungeschickt, weil es ihm an der Harmonie mit der Natur mangelte. Glücklicherweise war der Manager für chinesische kulturelle Werte empfänglich und wechselte sein Büro.

3.3.1 Das Wesen der Kultur

Kulturelle Faktoren üben einen wesentlichen Einfluss auf das Verbraucherverhalten aus, weil sie die grundlegendste Determinante der Bedürfnisse und des Verhaltens von Menschen darstellen. Da der Erfolg beim internationalen Marketing derart stark vom Verständnis der Kultur abhängt, könnte man die Frage stellen, um was es sich dabei eigentlich handelt. Für Anthropologen stand Kultur lange für die Lebensweise von Menschen, für die Summe ihrer angelernten Verhaltensmuster, Einstellungen und materiellen Dinge (Hall, 1973, S. 21). Praktisch wird Kultur von Menschen gemacht. Sie wird gelernt und daher von einer Generation an die nächste übertragen. Kultur haben die Mitglieder einer Gesellschaft gemeinsam und die Verhaltensmerkmale, aus denen sie besteht, manifestieren sich in Institutionen und Artefakten einer Gesellschaft. Kultur formt das Verhalten oder die Strukturen der Weltsicht. Insgesamt ist Kultur ein gemeinschaftliches System von Deutungen, sie wird erlernt, sie gilt für Gruppen und sie ist relativ (d.h. es gibt keine kulturellen absoluten Wahrheiten). Kultur ist weder falsch noch richtig, ist nicht vererblich und es geht nicht um individuelles Verhalten (Hoecklin, 1995, S. 24–25). Tabelle 3.2 enthält eine Reihe von Indikatoren für die Kultur einer Person, die von Richard Brislin (1993) festgelegt wurden.

Tabelle 3.2 Indikatoren für die Kultur einer Person.

1. Konzepte, Werte und Annahmen über das Leben, die das Verhalten leiten und die vielen Menschen gemein sind.
2. Der persönlich geschaffene Teil der Umgebung.
3. Ideen, die von Generation zu Generation und selten über explizite Anweisungen übertragen werden (von Eltern, Älteren, Lehrern usw.).
4. Das bedeutet, dass es identifizierbare Kindheitserfahrungen gibt, die zur Übertragung der Kultur führen.
5. Ein möglicherweise hilfreiches Bild ist das einer Gruppe 18- bis 20-Jähriger. Respektierte Ältere können alle 18- bis 20-Jährigen betrachten und ein summarisches Urteil abgeben: „Ja, diese Person ist eine von uns" oder „Nein, diese Person gehört nicht zu uns". Die Person, die mit „eine von uns" beurteilt wird, hat die Kultur gelernt.
6. Über Kultur wird nicht gesprochen – vieles wird für selbstverständlich gehalten (wie die Luft, die wir atmen), und über das, was wir für selbstverständlich halten, wird nicht diskutiert. Da die Kultur Gemeingut ist, ist es zudem uninteressant, darüber zu sprechen. Das bedeutet jedoch, dass Menschen wenig erfahren in Diskussionen darüber sind, wie Kultur ihr Verhalten beeinflusst, und daher schlecht darauf vorbereitet sind, ihre Kultur Menschen aus anderen Ländern zu vermitteln.
7. Von Kultur beeinflusste Verhaltensweisen geschehen um ihrer selbst willen. Es wird von den Menschen nicht erwartet, dass sie entsprechende Verhaltensweisen verteidigen.
8. Stark von Kultur beeinflusste Gewohnheiten bleiben trotz Fehlern und Ausrutschern bestehen.
9. Kultur wird dann besonders deutlich, wenn Menschen mit unterschiedlichsten Hintergründen interagieren. Kultur äußert sich in wohlmeinendem Streit. Die Beteiligten engagieren sich für das gemäß ihrer Kultur richtige Verhalten, so dass es zum Streit kommt, wenn Leute mit unterschiedlichem kulturellen Hintergrund aufeinander treffen.
10. Es kommt zu einer emotionalen (nicht zu einer einfachen intellektuellen) Reaktion, wenn kulturelle Annahmen verletzt werden.
11. Von Kultur beeinflusstes Verhalten lässt sich manchmal in sehr deutlichen Bildern oder in kurzen filmähnlichen Szenen (Skript) zusammenfassen.
12. Durch Kultur können Menschen „Lücken" ausfüllen, wenn sie grundlegende Elemente erkennen, die aus der bekannten Verhaltensmenge ihrer eigenen Kultur stammen.
13. Ähnlich wie bei Punkt 12. können Menschen durch Kultur „und all diese Dinge" und „Du weißt, was ich meine" sagen, wenn grundlegende, vertraute Verhaltensweisen erwähnt werden.
14. Menschen können Aspekte ihrer Kultur in ihrem Leben zeitweise ablehnen, um sie später in einer anderen Phase wieder zu akzeptieren.

Tabelle 3.2 Indikatoren für die Kultur einer Person. (Forts.)
15. Manche kulturell beeinflussten Verhaltensweisen lassen sich in sehr starken Kontrasten zusammenfassen (Individualismus-Kollektivismus, Pünktlichkeit, räumliche Lebensausrichtung, Theorie vs. Empirie).
16. Beim Versuch, über kulturelle Änderungen nachzudenken, entsteht ein Gefühl von „das wird schwierig und zeitaufwändig".

Quelle: nach Brislin (1993, S. 3-24).

Um eine Kultur verstehen zu können, muss man deren Ursprünge, Geschichte, Struktur und Funktionsweise verstehen. Man muss verstehen, wie sich ihre Artefakte und Institutionen entwickelt haben, um mit der Umwelt fertig zu werden, und wie sich das geografische Umfeld auf die Kultur, deren Übernahme und Integration ausgewirkt hat. Kultur widersteht dem Wandel der Zeit und ändert sich in der Regel nur langsam. Manchmal gibt es aber auch einen „schnellen" Wandel. Dieser ist jedoch oftmals nicht „natürlich", sondern ist eine Reaktion auf äußeren Druck (z.B. der Regierung). Als der Schah im Iran seine Macht verlor und die religiösen Führer die Regierungskontrolle erlangten, wandelte sich die Kultur relativ schnell weg von ihrer „verwestlichten" hin zu einer fundamentaleren islamischen Ausrichtung. Regierungen beeinflussen Kultur auch anderweitig, wobei der Wandel langsamer erfolgen kann. Mitte der 90er Jahre bildete die Regierung von Singapur ein Komitee, um die Gefahren für die Familienwerte zu stoppen. Das Komitee definierte fünf Kernbestandteile für die Familienwerte im Singapur-Stil: Liebe, Obhut und Sorge, gegenseitiger Respekt, Verantwortung der Kinder für ihre Eltern, Engagement und Kommunikation. Ein Regierungsministerium soll diese Eigenschaften über Schulbildung und kommunale Aktivitäten vermitteln (Moy, 1996, S. 11). Derartige Änderungen können die Attraktivität eines Markts schnell ändern und daran können internationale/Export-Marketer wenig ändern. Internationale Marketingmanager müssen wissen, wie sich die Kultur ändert, und sie müssen wissen, wie ihre Entscheidungen mit der Kultur interagieren und manchmal als Detektor des Wandels dienen. Kultur stellt die Grundlage der Verhaltensnormen von Käufern, Verbrauchern und Verkäufern dar, und diese Normen steuern das Verhalten in einer Weise, die nicht immer leicht zu verstehen ist.

Kultur hat viele Dimensionen und diese werden in Abbildung 3.3 zusammengefasst. Einige der großen Religionen der Welt wirken sich z.B. grenzüberschreitend aus und tragen dadurch zur kulturellen Homogenität bestimmter Nationen bei. Ähnlich können die Bildungsmöglichkeiten für Menschen aus Entwicklungsländern in entwickelten Ländern zur Ähnlichkeit von Gewohnheiten, Sitten, Vorlieben und Werten beitragen. Fremdsprachen werden oft von den gebildeten Gesellschaftsklassen der Nationen gesprochen und tragen zur kulturellen Homogenität bei. Andererseits unterstützt die Verschiedenheit der Sprachen, Religionen, Bildungssysteme und vieler anderer kultureller Faktoren unterschiedliche Lebensweisen, Gewohnheiten und Sitten. Selbst innerhalb von Nationen gibt es große kulturelle Unterschiede, wie z.B. zwischen Hamburg und München oder zwischen den vielen ethischen und rassischen Gruppen in den USA oder den 14 oder mehr wesentlichen Sprachgruppen in Indien.

Eine andere Möglichkeit, Kulturen kennen zu lernen, ist die Untersuchung *kultureller Bereiche* und die Suche nach Verallgemeinerungen, die auf alle Kulturen zutreffen. George Murdock (1945) unterscheidet mehr als 70 kulturelle Bereiche, zu denen z.B. athletische Sportarten, Bildung, Feste, Spiele, Sprache, Trauer, Musik, Statusdifferenzierung und Besuche zählen. Während die Mittel der *Statusdifferenzierung* oder der musikalischen Vorlieben zwischen den jeweiligen Kulturen unterschiedlich sein können, gibt es in allen Kulturen Möglichkeiten zur Differenzierung und Vorlieben für bestimmte Musikrichtungen.

Abbildung 3.3 Aufbau eines soziokulturellen Umfelds bei internationalen Geschäften.

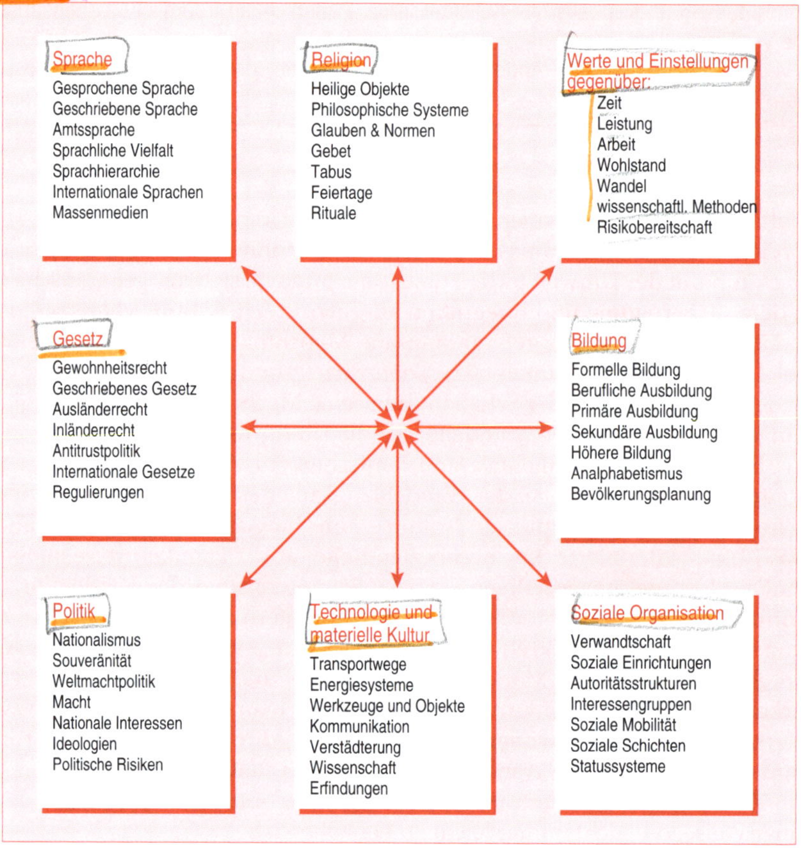

Quelle: Aus Terpstra (1978), mit Genehmigung der South-Western Publishing Co.

Man kann Kulturen zwar studieren und vergleichen, wenn man aber nach Regelmäßigkeiten oder Unregelmäßigkeiten in kulturellen Bereichen sucht, wird diese Aufgabe dadurch erschwert, dass das tägliche Leben von kulturellen Merkmalen bestimmt wird, die den Menschen nur undeutlich oder gar nicht bewusst sind. Dieses Phänomen nennt man *Eisbergprinzip*. An der Oberfläche gibt es eine Kultur, zu der die offensichtlicheren Dimensionen wie Musik, Kunst, Lebensmittel und Getränke, Grußformen, Kleidung, Manieren, Rituale und nach außen gerichtete Verhaltenweisen zählen. Aber bei den wichtigsten Kulturelementen kann es sich durchaus um jene handeln, die unter dem Wasserspiegel liegen und zu denen die sog. Werteausrichtungen zählen, bei denen es sich um Resultate handelt, die vor anderen präferiert werden, wie z.B. Beeinflussung der Umwelt vor Harmonie mit der Umwelt. Beispiele für ausgewählte Werteausrichtungen gegenüber ausgewählten Variablen führt Tabelle 3.3 auf.

Tabelle 3.3 Ausgewählte Werteausrichtungen.

Variable	Beschreibung verschiedener Werteausrichtungen gegenüber der Variablen	
Umwelt	Steuerung:	Menschen können ihre Umwelt dominieren; diese lässt sich an die menschlichen Bedürfnisse anpassen.
	Harmonie:	Menschen sollten mit ihrer Umwelt in Harmonie leben.
	Beschränkung:	Menschen werden durch ihre Umwelt beschränkt. Schicksal, Glück und Wandel spielen wesentliche Rollen.
Zeit	Vergangenheit:	Das Bewahren von Traditionen hat hohen Stellenwert.
	Gegenwart:	Kurzfristige Ausrichtung auf schnelle Resultate.
	Zukunft:	Bereitschaft, kurzfristige Gewinne für langfristige Ergebnisse aufzugeben.
Aktion	Tun:	Aufgabenzentriert. Die Betonung liegt auf den produktiven Aktivitäten bei der Durchführung und dem Erreichen von Zielen.
	Sein:	Beziehungszentriert. Die Betonung liegt auf der momentanen Aufgabe, Erfahrungen haben Vorrang vor der Durchführung.
Kommunikation	Starker Kontext:	Durch gemeinsame Erfahrungen versteht man gewisse Dinge, ohne sie explizit äußern zu müssen. Die Regeln für das Sprechen und das Verhalten sind vom Kontext abhängig.
	Schwacher Kontext:	Die Betonung liegt auf der Weitergabe von Fakten und Informationen. Information werden primär in Worten vermittelt und die Bedeutung wird explizit ausgedrückt.
Sphäre	Privat:	Individuelle Ausrichtung bei der Nutzung des physischen Raums. Präferenz für Distanz zwischen Individuen.
	Öffentlich:	Gruppenausrichtung bei der Nutzung des physischen Raums. Präferenz für enge Nachbarschaft.
Macht	Hierarchie:	Auf Machtunterschiede zwischen Individuen und Gruppen wird Wert gelegt.
	Gleichheit:	Auf die Minimierung der Hierarchien wird Wert gelegt.
Individualismus	Individualist:	Das „Ich" dominiert das „wir". Unabhängigkeit hat hohen Stellenwert.
	Kollektivist:	Gruppeninteressen haben Vorrang vor individuellen Interessen. Die Identität beruht auf dem sozialen Netzwerk. Loyalität hat hohen Stellenwert.
Konkurrenz	Kompetitiv:	Leistung, Selbstbewusstsein und materieller Erfolg werden gefördert.
	Kooperativ:	Lebensqualität, wechselseitige Abhängigkeiten und Beziehungen werden betont.
Struktur	Ordnung:	Hohes Bedürfnis nach Vorhersehbarkeit und geschriebenen/ungeschriebenen Regeln. Konflikte sind bedrohlich.

Tabelle 3.3 Ausgewählte Werteausrichtungen. (Forts.)

Variable	Beschreibung verschiedener Werteausrichtungen gegenüber der Variablen	
Struktur	Flexibilität:	Tolerieren unvorhersehbarer Situationen und Zweideutigkeiten. Meinungsverschiedenheiten werden akzeptiert.
Denken	Induktiv:	Argumentation auf der Basis von Erfahrungen und Experimentieren.
	Deduktiv:	Argumentation auf der Basis von Theorien und Logik.

Quelle: nach Brake, Walker und Walker, *Doing Business Internationally*, Irwin Professional Publishing, 1995, S. 46-47. Abdruck mit Genehmigung der McGraw-Hill Companies.

Das Identifizieren von Kulturen wird dadurch noch weiter erschwert, dass nicht nur Gesellschaften und Gruppen bestimmte gemeinsame kulturelle Merkmale haben können, sondern dass es auch viele *Subkulturen* mit charakteristischen Merkmalen geben kann, die unterschiedliche Verhaltensweisen innerhalb von Kulturen erklären. Wichtige Subkulturen können auf Nationalität, Religion, Rasse und geografischen Gebieten basieren. Die Katalanen sind z.B. überaus stolz auf ihre Kultur, die sich in vielerlei Hinsicht vom übrigen Spanien unterscheidet. Manche Menschen verfügen über gewisse gemeinsame kulturelle Merkmale mit Einwohnern anderer Länder, sie können sich von diesen aber auch durch andere Merkmale deutlich unterscheiden. Obwohl Mitglieder der Katholischen Kirche in Frankreich und Lateinamerika kulturelle Ähnlichkeiten haben, gibt es andere soziokulturelle Merkmale (z.B. Lebensweise bei Armut oder Reichtum), die für unterschiedliche Verhaltensweisen innerhalb dieser religiösen Gruppe sorgen. Betrachten Sie als weiteres Beispiel die auf der Basis der Ähnlichkeit der kulturellen Werte gebildeten Cluster der Länder in Tabelle 3.4.

Tabelle 3.4 Länder-Cluster geordnet nach der Ähnlichkeit der Werte.*

Cluster 1 – Anglo:
Kanada, Australien, Neuseeland, Großbritannien, USA
Cluster 2 – Germanisch:
Österreich, Deutschland, Schweiz
Cluster 3 – Romanisches Europa:
Belgien, Frankreich, Italien, Portugal, Spanien
Cluster 4 – Nordisch:
Dänemark, Finnland, Norwegen, Schweden
Cluster 5 – Lateinamerika:
Argentinien, Chile, Kolumbien, Mexiko, Peru, Venezuela
Cluster 6 – Naher Osten:
Griechenland, Iran, Turkei
Cluster 7 – Ferner Osten:
Hongkong, Indonesien, Malaysia, Philippinen, Singapur, Südvietnam, Taiwan
Cluster 8 – Arabische Länder:
Bahrain, Kuwait, Saudi-Arabien, Vereinigte Arabische Emirate
Unabhängig (ohne engere Beziehung zu anderen Ländern):
Japan, Indien, Israel

*Länder innerhalb eines Clusters hält man hinsichtlich ihrer kulturellen Werte für ähnlich. Die Cluster sind nach der Ähnlichkeit angeordnet (d.h. das Anglo-Cluster ist den europäischen Clustern – Germanisch, Romanisches Europa und Nordisch – ähnlicher als den Clustern Lateinamerika, Naher Osten, Ferner Osten und Arabische Länder).
Quelle: Punnett, 1994, S. 15.

Obwohl die Länder innerhalb eines Clusters ähnliche Werte (oder gemeinsame Präferenzen) haben, gibt es Unterschiede bei anderen kulturellen Charakteristiken. Im Cluster 4 wird in Finnland z.B. eine andere Sprache als in den anderen drei Ländern gesprochen.

In Hinsicht auf das internationale Marketingmanagement scheint es am besten zu sein, wenn man den Kulturbegriff nicht nur weit (relevante Muster und Grundtendenzen), sondern auch eng fasst (spezifisches Verhalten in Bezug auf bestimmte Produkte oder Marketinganstrengungen). Dieser Ansatz zur Untersuchung von Kultur kann zu Informationen führen, die internationale Marketinganstrengungen leiten können, speziell dann, wenn festzustellen ist, ob dieselben Strategien und Taktiken für mehrere Länder verwendet werden können oder nicht.

Möglicherweise erklären auch einige kulturelle Beschränkungen das Verhalten. In manchen Kreisen wird z.B. immer noch die sprachliche Relativität (oder die Whorf-Hypothese) zitiert, die insbesondere besagt, dass die Weltsicht der Individuen von der Struktur und den Merkmalen der von ihnen gesprochenen Sprache abhängt, dass unterschiedliche Sprachen verschiedene Segmente der Erfahrung bieten und dass Sprechen und Denken vielleicht synonym sind (Kess, 1976). Viele Nationen sind sprachlich homogen und andere sind heterogen. Beispiele für sprachlich homogene Nationen sind Großbritannien, die USA, Korea, Japan, Costa Rica, Ägypten, Norwegen und Brasilien. Zu den Nationen, in denen mehr als eine Sprache gesprochen wird, zählen Belgien, Südafrika, Indien, die Elfenbeinküste, die Schweiz, Guatemala und Kanada.

Menschen, die Erfahrung mit anderen Sprachen haben, stellen häufig fest, dass sich gewisse Gedanken nur schwer übersetzen lassen oder dass die beste Übersetzung irgendwie unvollständig zu sein scheint. In einigen Sprachen lassen sich scheinbar bestimmte Gedanken, Gefühle oder Erfahrungen kürzer oder klarer als in anderen zum Ausdruck bringen.

Untersuchungen international tätiger Unternehmen über diese und damit zusammenhängende Themen dürften wahrscheinlich zu bedeutungsvollen strategischen und taktischen Anwendungen bei der Auswahl von Markennamen, Packungen oder dem Anzeigenentwurf in mehreren Ländern haben. Derartige Informationen wären z.B. hilfreich, wenn man feststellen will, ob sich Markennamen, Verpackungen und/oder Anzeigen nicht nur für eine, sondern auch für andere Kulturen eignen (oder nicht).

Zuweilen beschränken Regierungen Geschäftspraktiken, um kulturelle Werte zu stützen. 1996 verkündete die Zentralregierung der VRC, dass chinesische Unternehmen keine westlichen Markennamen mehr verwenden dürften, wenn sie der chinesischen Kultur und Gesellschaft keinen Schaden zufügen wollten. Ein weiteres Beispiel stammt aus Singapur. Darüber besorgt, dass eine weitere Steigerung der Konsumausgaben bei den Menschen zu falschen Werten führen könnte, unterband die Zentralbank von Singapur Ende 1994 Werbung mit Geschenken, speziellen Preisnachlässen und Kaufanreizen für Kreditkarteninhaber.

3.3.2 Kultur und Kommunikation

Jede Kultur spiegelt in ihrer Sprache die Werte der Menschen wider. Sprache, sei sie nun geschrieben, gesprochen oder nonverbal, wird zur Verkörperung der Kultur und ist ein Mittel, durch das Menschen entweder innerhalb ihrer Kultur oder in unterschiedlichen Kulturen mit anderen Menschen kommunizieren. Allgemeiner umfasst Kommunikation alle Verhaltensweisen, die eine andere Person wahrnimmt und interpretiert. Dabei handelt es sich um die von einer Person wahrgenommene Bedeutung dessen, was eine andere Person zu vermitteln versucht. Laut Adler (1991, S. 64):

> *umfasst Kommunikation sowohl verbale (Worte) als auch nonverbale Botschaften (Stimmlage, Gesichtsausdruck, Verhalten und physische Begleitumstände). Sie umfasst sowohl bewusst als auch vom Sender völlig unbewusst übermittelte Botschaften ... Kommunikation ist daher ein komplexer, vielschichtiger, dynamischer Prozess des Austauschs von Bedeutungen.*

Das Verhalten ist selbst eine Form der Kommunikation. Alle Kulturen können sich darin unterscheiden, wie sie Dinge wie Zeit, Raum, Beziehungen und eine Fülle anderer Aspekte der Kultur wahrnehmen und einsetzen. Diese Art der Kommunikation wird *stille Sprache* genannt. Allgemein hat Edward Hall (1973) sog. *primäre Botschaftssysteme* als die Mittel definiert, durch die Kulturen mit ihren Mitgliedern und anderen Kulturen kommunizieren. Zu diesen primären Botschaftssystemen zählen:

- *Interaktion:* Die Art und Weise der menschlichen Interaktion mit der Umgebung durch Sprache, Berührungen, Geräusche, Gesten usw.
- *Assoziation:* Die Organisation und Strukturierung der Gesellschaft und ihrer Bestandteile.
- *Leben:* Die Verhaltensweisen bei menschlichen Aktivitäten wie Ernährung, Arbeit und Lebensgestaltung.
- *Bisexualität:* Die Abgrenzung der Geschlechter in Hinsicht auf deren Rollen, Aktivitäten und Funktionen.
- *Territorialität:* Der Besitz, die Nutzung und die Verteidigung von Raum und Gebieten.
- *Zeitempfinden:* Die Nutzung, die Zuordnung und Einteilung der Zeit.
- *Lernen:* Der adaptive Prozess des Lernens und Lehrens.
- *Spiel:* Entspannung, Humor, Erholung und Unterhaltung.
- *Verteidigung:* Schutz vor der Umwelt (inkl. Medizin, Krieg und Gesetz).
- *Ausbeutung:* Die Nutzung der Umwelt durch Technologie, Bauwesen und die Förderung von Rohstoffen.

Hall (1960) hat die wesentlichen Dimensionen der stillen Sprache und deren Funktion innerhalb des internationalen Marketing spezifischer so definiert: (1) Zeit, (2) Raum, (3) Dinge, (4) Freundschaft, (5) Übereinkommen.

Diese fünf Dimensionen können als Basis für ein wirkliches Verständnis fremder Kulturen dienen. Das international tätige Unternehmen muss, wenn es zu einer erfolgreichen und beidseitig gewinnbringenden Beziehung kommen soll, *wissen*, wie die Personen, die es kontaktiert, die jeweiligen Sprachen benutzen. Es ist z.B. wichtig zu wissen, dass sich Menschen aus dem Mittleren Osten und Lateinamerikaner wesentlich näher stehen als Westeuropäer.

Ein weiteres Beispiel sind die Unterschiede bei der Nutzung der Zeit. Ein US-Unternehmen konnte einen wichtigen Vertrag in Griechenland nicht abschließen, weil dessen Manager Zeitlimits für die Meetings setzen wollten. Die Griechen empfanden die Zeitlimits jedoch als verletzend und hielten sie für ein Zeichen mangelnden Taktgefühls (Ricks, 1983, S. 8). Ähnliche Beispiele ließen sich für andere Sprachen aufführen.

Ein weiteres Beispiel lässt sich aus dem Empfang von Vereinbarungen ableiten. Vereinbarungen bedürfen der Bestätigung, bei deren technischer Ausgestaltung gibt es aber kulturelle Unterschiede. In einigen asiatischen Ländern ist der angegebene Preis lediglich eine Verhandlungsbasis und nicht das „letzte Wort" wie in vielen westlichen Ländern. Darüber hinaus kann der Wert logischer oder emotionaler Bestätigungen zwischen den Kulturen variieren.

Der *kulturelle Kontext* ist für das Verständnis von Unterschieden zwischen Kulturen und deren Reaktionen auf Kommunikation und Verhalten wichtig. Stark kontextorientierte Kulturen müssen wissen, in welchem Kontext sich eine Person oder ein Produkt befindet, um es bewerten zu können, oder – im Fall der Sprache – wie ein Wort oder Wörter eingesetzt werden. Die Wörter an sich haben wenig Bedeutung. Im Gegensatz dazu können wenig kontextorientierte Kulturen ein Produkt z.B. auf der Grundlage von Testergebnissen usw. bewerten, ohne dabei zu wissen, von welchem Personenkreis es wann üblicherweise benutzt wird usw. In Hinsicht auf die Sprache wird bei wenig kontextorientierten Kulturen der größte Teil der Bedeutung durch die Wörter selbst übertragen, so dass sich die Bedeutung einer Botschaft vom Kontext, in dem die Botschaft übermittelt wird, isolieren lässt.

Schließlich muss der internationale Marketer erkennen, dass bei Geschäften in ausländischen Märkten in allen Beziehungsaspekten eine kulturübergreifende Kommunikation erforderlich ist. Wenn die Person aus der anderen Kultur die Botschaft nicht so empfängt, wie es vom Sender beabsichtigt war, dann kommt es zu einer kulturbedingten Fehlkommunikation. Je größer die kulturellen Unterschiede zwischen dem Verkäufer und dem Käufer sind, desto größer wird die Wahrscheinlichkeit der kulturellen Missverständnisse. Fehlkommunikation tritt aufgrund von Missverständnissen auf, die auf falscher Wahrnehmung, falscher Interpretation und/oder falscher Bewertung beruhen. Daher sollte der internationale Marketer den Rat von Adler (1991, S. 67) beachten und *„so lange Unterschiede annehmen, bis die Ähnlichkeit bewiesen ist"*, wenn er sich in kulturübergreifenden Situationen befindet.

3.3.3 Selbstbezugs-Kriterium

James Lee (1966) prägte den Begriff „Selbstbezugs-Kriterium" (self-reference criterion – SRC) als nützliches Konzept zur Vermeidung kultureller Missverständnisse. Er schlug vor, Probleme zunächst in Begriffen der kulturellen Merkmale, Gewohnheiten oder Normen der Heimatgesellschaft zu definieren. Dann sollten sie ohne Werturteil in den Begriffen der ausländischen Merkmale, Gewohnheiten und Normen neu definiert werden. Er wies darauf hin, dass die Unterschiede zwischen diesen beiden Spezifikationen Hinweise auf wahrscheinliche kulturelle Abweichungen (SRC-Effekt) liefern können, die man dann isolieren und eingehend untersuchen kann. Dadurch lässt sich feststellen, wie sie das Konzept oder das Problem beeinflussen. Nach dieser Untersuchung definiert man das Problem neu und beseitigt Verzerrungen. Der Wert des Ansatzes beruht darauf, dass Manager gezwungen sind, sich mit dem Problem auseinander zu setzen, ihre Annahmen über die das Problem betreffenden kulturellen Elemente spezifizieren müssen und dass sie sich fragen müssen, ob diese auch auf die andere Kultur zutreffen.

3.3.4 Ein abschließender Kommentar

Kultur ist eine durchdringende Umweltvariable, die sich auf alle Aktivitäten des internationalen und Exportmarketing auswirkt (siehe Beispiel 3.3). Für den Manager sind die Einflüsse von Religion, Familie, Bildung und der Sozialsysteme einer Gesellschaft von Bedeutung. Häufig manifestieren sich diese in den Werten, Einstellungen und der Motivation der Menschen und können Geschäftsgewohnheiten, wie z.B. persönliche Verhaltensweisen, Farben, Werbung, das Geben und Empfangen von „Geschenken", Stolz und Status und andere Aspekte, beeinflussen. Viel zu häufig tendieren wir dazu, Kultur für etwas Gegebenes zu halten, und beziehen deren Auswirkungen nicht ausdrücklich in unsere Entscheidungen ein. Im Umgang mit Auslandsmärkten sollte dies jedoch selbst dann geschehen, wenn die kulturelle Entfernung zu uns nicht groß ist.

BEISPIEL 3.3

Die durchdringende Wirkung der Kultur auf das internationale Exportmarketing

Die offensichtlichsten Wirkungen von Kultur betreffen vielleicht die Art, das Design, den Stil und die Farben der Produkte, die sich in Überseemärkten verkaufen lassen. Schweinefleischprodukte sind für islamische Kulturen normalerweise nicht akzeptabel, obwohl eine amerikanische internationale Barbecue-Restaurantkette vor kurzem in Malaysia, das über eine ziemlich große nicht islamische chinesische Bevölkerung verfügt, die Erlaubnis erhielt, Schweinefleisch zu importieren.

Beispiel 3.3 (Forts.)

Der persönliche Geschmack bestimmt neben Straßenbedingungen, Steuern und Einkommensniveau, welche Farbe, Größe und Leistung bei Autos am beliebtesten ist. Die japanischen Hightech-Toiletten mit beheizten Sitzen, Wassersprays und Warmluft-Trockner lassen sich in arabischen Ländern nicht verkaufen, weil sie von der sitzenden Person mit der rechten Hand bedient werden müssen. Ein Unternehmen aus dem Mittleren Osten, das eine ähnliche Toilette hergestellt hat, bei der sich die Spülung mit der linken Hand betätigen ließ, stieß unter den Wohlhabendsten auf bereitwillige Abnehmer.

Kultur beeinflusst auch, welche Themen und welche Präsentation der Werbung für den Verkauf eines Produkts am effektivsten sind. Die Werbung für Diamanten in Fernsehspots, bei denen sich ein kultivierter Mann und eine Frau in romantischer Umgebung treffen und die in europäischen Ländern und in den USA sehr wirksam waren, hatte in Japan wenig Erfolg. Dort stiegen die Verkäufe wesentlich, als man das Thema so variierte, dass es einen Mann in gewöhnlichem Geschäftsanzug zeigte, der seiner Frau einen Diamanten schenkte und ihr (überaus freundlich) zu verstehen gab, wie dumm er doch sei, so viel Geld für sie auszugeben. Die in Japan wirksamsten, frühen Anzeigen von Kentucky Fried Chicken betonten die amerikanische Herkunft und die Exklusivität des Produkts.

Verhandlungsmethoden werden ebenfalls kulturell beeinflusst. Amerikanische Unterhändler ziehen in der Regel direkte Aussagen, eine nachdrückliche Verteidigung von Positionen und Punkt-für-Punkt-Abkommen vor, wollen für alle Eventualitäten einen schriftlichen Vertrag und streben eine zügige Abwicklung bis hin zur Entscheidung an. Japanische Unterhändler nehmen sich in der Regel Zeit, wollen ihre potenziellen Partner erst einmal kennen lernen, ziehen es vor, hitzige Auseinandersetzungen und Konfrontationen zu vermeiden, wollen Abkommen als Ganzes betrachten und müssen vor irgendwelchen Abschlüssen häufig untereinander und mit Kollegen im Unternehmen zur Übereinstimmung kommen. Wenn diese Unterschiede nicht erkannt und toleriert werden, können die dadurch verursachten Gefühle des Misstrauens dazu führen, dass Abkommen, die ansonsten für beide Parteien nützlich wären, nicht zustande kommen.

Der Umgang mit fremden Managern oder Untergebenen in ausländischen Büros bietet Potenzial für Missverständnisse und Konflikte. Ein älterer US-Manager berief (gegen den Rat seines lokalen amerikanischen Managers) bei seinem Besuch eines großen italienischen Büros eine Versammlung für 8 Uhr morgens ein. Nur der lokale amerikanische Manager erschien pünktlich und alle waren äußerst irritiert: das italienische Personal, weil ein Außenstehender eine Versammlung zu einer völlig inakzeptablen Uhrzeit einberufen hatte, der US-Manager, weil Leute, die „für ihn“ arbeiteten, seinen Anweisungen nicht folgten, und der amerikanische Manager war gekränkt. In einigen Ländern werden Manager, die Vorschläge von Untergebenen einholen oder ihnen bei ihrer Arbeit zu viel Entscheidungsfreiheit einräumen, für schwach oder inkompetent gehalten. Manager und Profis in vielen europäischen Ländern, Kanada und Amerika erwarten ein gewisses Maß an individueller Freiheit, Diskretion und Verantwortung, das ihnen vielleicht nicht eingeräumt wird, wenn sie für jemanden arbeiten müssen, der aus einem Land kommt, in dem Kollektivismus und Gruppenarbeit stärker betont werden.

Ein Verständnis für die Auswirkungen der Kultur ist beim Umgang mit Leuten in anderen Gesellschaften, seien es nun Kunden, Partner, Angestellte oder Untergebene, notwendig, wenn man teure Fehler vermeiden will. Es hilft auch, jene Gefühle von Unbehagen und Stress zu vermeiden, die dann auftreten, wenn sich andere nicht so verhalten, wie wir es von ihnen erwarten, oder nicht so reagieren, wie sie es unserer Meinung nach tun sollten. Daher beeinflusst Kultur die Wahl des Modus des Auslandsmarkteintritts speziell dann, wenn es um Entscheidungen zwischen Joint Venture, Gründungs-Erstinvestitionen oder Erwerb geht (Kogut und Singh, 1988).

Beispiel 3.3 (Forts.)

Persönliche Beziehungen liefern einen wichtigen Beitrag zum gesellschaftlichen und wirtschaftlichen Leben. Wenn der internationale Marketer mit seinen Geschäften in China erfolgreich sein will, ist es z.B. wichtig, dass *Guanxi* hergestellt wird. *Guanxi* beruht auf Gegenseitigkeit und bezieht sich auf persönliche Verbindungen/Beziehungen, die zwischen starker persönlicher Loyalität und teilweiser Bestechung angesiedelt sein können. Praktisch führt gutes und umfangreiches *Guanxi* zu einem guten operationalen Netzwerk in China. Die Realität bei Geschäften in China oder mit chinesischen Unternehmen sieht so aus, dass alles schwer wird, lange dauert oder sich gar nicht durchführen lässt, wenn man nicht über gutes *Guanxi* verfügt (Davies, et al., 1995; Cheung, 1996).

3.4 Politisches/rechtliches Umfeld

Die politische/gesetzliche Umgebung lässt sich operational mit der Regierung gleichsetzen, obwohl politische Philosophien und Überzeugungen, die das Verhalten von Geschäftsunternehmen beeinflussen können, möglicherweise formell nicht Bestandteil der Regierungspolitik sind. Ein Beispiel für das Letztere ist der Nationalismus, den man als den Einfluss kollektiver Mächte in Form eines nationalen Geistes oder einer nationalen Einstellung sehen kann. Nationalistische Überzeugungen können auf irgendeine Untergruppe innerhalb der Nation beschränkt sein oder auch die gesamte Nation betreffen.

Die internationalen Marketingentscheidungen der Geschäftsunternehmen werden von den Handlungen der Regierungsinstitutionen auf allen Ebenen (übernational, national und subnational) beeinflusst. Das Ausmaß der Beteiligung einer Regierung am internationalen Marketing und die spezifische Ausprägung dieser Beteiligung hängen teilweise vom Wirtschaftssystem des Landes (z.B. Kapitalismus, Sozialismus oder Kommunismus), der Art oder Form der Regierungsorganisation (z.B. Monarchie, Republik oder Gewaltherrschaft) und der Art des Rechtssystems (Gesetzbücher oder Gewohnheitsrecht) ab. Zur Verdeutlichung können die Unterschiede zwischen Rechtssystemen betrachtet werden. Die Grundlage des Gewohnheitsrechts (in Ländern wie Großbritannien und Kanada) sind Traditionen, Praktiken und juristische Präzedenzfälle aus der Vergangenheit, die zu Gerichtsentscheidungen geführt haben. Im Gegensatz dazu basiert das niedergeschriebene Gesetz, wie es in den meisten Ländern der Welt anzutreffen ist, auf einem System schriftlich niedergelegter Rechtsregeln, die alle Eventualitäten abdecken sollen.

3.4.1 Die Rolle der Regierung

Als eine Umweltmacht, die das internationale/Exportmarketing beeinflusst, *greifen* Regierungen in die Wirtschaft eines einzelnen Landes (und der Welt) dadurch *ein*, dass sie daran teilnehmen, sie planen, steuern oder stimulieren. Derartige Interventionen lassen sich in drei Gruppen kategorisieren:

1. Jene, die Transaktionen des internationalen/Exportmarketing *fördern* (d.h. motivieren oder erleichtern).
2. Jene, die solche Transaktionen *behindern*.
3. Jene, die im *Wettbewerb* mit Transaktionen des internationalen/Exportmarketing der Privatunternehmen stehen oder diese ersetzen.

Diese grundlegenden Arten von Interventionen existieren mit variierender Gewichtung in gewissem Umfang auf allen Regierungsebenen. Auf der überstaatlichen Ebene sind die ergriffenen Maßnahmen vorwiegend jene, die auf eine Motivierung und Erleichterung der internationalen Marketingbeziehungen (insbesondere Exporte) abzielen. Zu den Beispielen zählen viele Abkommen zwischen Ländern, wie internationale Warenabkommen, bilaterale Abkommen, wie z.B. das zwischen Australien und Neuseeland, das in den späten 80ern unterschrieben wurde, und das frühere/multilaterale General Agreement of Tariffs and Trade (GATT). Auf der Organisationsebene gibt es die verschiedenen Vertretungen der Vereinten Nationen (UN), wie z.B. United Nations Conference on Trade and Development (UNCTAD – Handel und Entwicklung), United Nations Industrial Development Organization (UNIDO – industrielle Entwicklung), die Organization for European Economic Cooperation and Development (OECD – wirtschaftliche Zusammenarbeit und Entwicklung), der Internationale Währungsfonds (IWF), die Weltbank (IBRD – International Bank for Reconstruction and Development) und ähnliche Organisationen. Mitte der 90er Jahre wurde das GATT formal in eine Organisation namens World Trade Organization (WTO – Welthandelsorganisation) umgewandelt. Wie Beispiel 3.4 zeigt, sind mit der WTO große Erwartungen verknüpft.

Subnational (Staat, Provinz usw.) konzentrieren sich Regierungsvertretungen tendenziell auf die Förderung von Aktivitäten des Exportmarketing privater Geschäftsunternehmen. Aber es gibt einige Beispiele, in denen subnationale Regierungen für Beschränkungen sorgen, die als Hindernis fungieren. Bestimmte Staatsregierungen in den USA haben z.B. den Kauf ausländischer Produkte durch Staatsvertretungen beschränkt, so dass Exporte anderer Länder beeinträchtigt werden. Anfang 1997 belegte der Staat Massachusetts in den USA Unternehmen, die Handel mit Birma (Myanmar) trieben, mit Sanktionen. Die Sanktionen verbieten oder bestrafen Gebote derartiger Unternehmen bei öffentlichen Verträgen. Ähnliche Sanktionen haben einzelne Städte der USA auferlegt.

BEISPIEL 3.4

Große Erwartungen in Hinsicht auf die WTO

Die WTO wurde am 1. Januar 1995 ins Leben gerufen. Zu Beginn bestand eine wesentliche Aufgabe darin, die vom GATT unerledigten Dinge zu Ende zu führen. Verhandlungen über finanzielle Dienste, Telekommunikation, Schifffahrt und andere Dienstleistungsgeschäfte mussten abgeschlossen werden. Dabei mussten grundlegende Prinzipien entwickelt und durchgehalten werden.

Es gibt einen Streitschlichtungsmechanismus innerhalb der WTO. Das Verfahren arbeitet so, dass die WTO als Welthandelsgericht fungiert. Es gibt vier Schritte (Borrus und Javetski, 1995):

1. Die WTO schickt die zwei Länder mit einem Handelsdisput zurück an den Verhandlungstisch.
2. Wenn es nach 60 Tagen noch keine Lösung gibt, kann das WTO ein Gremium ernennen, das aus drei Personen besteht, die den Fall entscheiden sollen. Das Gremium hat sechs bis neun Monate Zeit, sein Urteil zu veröffentlichen.
3. In einer Berufung kann der Bericht des Gremiums einem anderen Drei-Personen-Gremium zur Entscheidung übergeben werden. Das Berufungsgremium muss seine Entscheidung nach spätestens 60 Tagen veröffentlichen.
4. Der Verlierer der Berufung muss sich nach dem WTO-Urteil richten oder eine Entschädigung mit dem anderen Land aushandeln. Wenn sich die Länder nicht auf eine Entschädigung einigen können, kann das klagende Land Zölle zur Vergeltung erheben.

Beispiel 3.4 (Forts.)

Es scheint offensichtlich, dass der Beschlussmechanismus lange genug währen soll, um beiden Seiten das Aushandeln einer Einigung zu ermöglichen.

Fälle wie der folgende fallen in den Zuständigkeitsbereich der WTO:

1. Amerikanische Beschwerden darüber, dass Koreas Vorschriften über kurze Verfallsdaten bei Fleisch amerikanische Produzenten wirksam aus dem Markt aussperrten.
2. Japans Klage darüber, dass die USA japanische Luxusautos einseitig mit hohen Zöllen belegten, während den USA die japanische Praxis widerstrebt, die amerikanische Autoteile aus dem japanischen Markt heraushält.

Auf nationaler Ebene befassen sich Regierungen mit allen Arten von Aktivitäten und können eine Kategorie vor anderen begünstigen (oder nicht). Viele der spezifischen Interventionen, mit denen sich nationale Regierungen befassen, insbesondere jene, die als Hindernis fungieren, werden in Tabelle 3.5 aufgeführt. Diese Interventionen beziehen sich direkt auf Unternehmensaktivitäten und das Management und beeinflussen die Formulierung und die Implementation von Strategien. Soziologische und wirtschaftliche Zwänge (z. B. Nationalismus, Einstellung zu Ausländern und der Stand der Zahlungsbilanz) sind auch von Bedeutung, weil sie einen bestimmten Einfluss darauf haben können, wie rechtliche/politische Zwänge ausgeübt werden.

Tabelle 3.5 Politische/rechtliche Zwänge.

1. *Politische Ideologie:* Die politischen Standpunkte existierender Regierungen, wie sie beispielsweise vom vorherrschenden Regierungsmodell oder der Philosophie führender politischer Parteien vertreten werden.
2. *Relevante rechtliche Regeln für ausländische Unternehmen:* Die besonderen Spielregeln, die nur für Unternehmen im ausländischen Besitz gelten, inklusive besonderer diskriminierender Arbeits- und Steuergesetzgebung.
3. *Internationale Organisations- und Vertragspflichten:* Formelle Pflichten des Landes in Hinsicht auf militärische Verantwortung, politische Pflichten, Copyright, Post, Patentpflichten und ähnliche Belange.
4. *Macht oder wirtschaftliche Blockbildung:* Mitgliedschaft in formellen und informellen politischen, militärischen und wirtschaftliche Blöcken, wie z. B. kommunistisch-marxistische oder neutrale Gruppen; explizite und indirekte Pflichten solcher Gruppen.
5. *Import-/Export-Beschränkungen:* Formelle Rechtssätze, die Exporte und Importe kontrollieren, einschließlich Zölle, Quoten, Ausfuhrzölle, Exportbeschränkungen und ähnlicher Dinge.
6. *Internationale Investitionsbeschränkungen:* Formelle gesetzliche und administrative Beschränkungen auf Investitionen für Ausländer im Landesinnern.
7. *Gewinnerlassbeschränkungen:* Formelle gesetzliche und administrative Beschränkungen bei Überweisungen von Gewinnen aus lokalen Aktivitäten ins Ausland.
8. *Währungsumtauschbeschränkungen:* Formelle gesetzliche und administrative Kontrolle des Umtauschs der örtlichen Währung in beliebige oder alle Fremdwährungen oder Gold.
9. *Mitgliedschaft und Pflichten in internationalen finanziellen Organisationen:* Pflichten und Verantwortungen des Landes gegenüber internationalen Organisationen wie der Weltbank und dem IWF, Rechte des Landes als Mitglied derartiger Organisationen.

Quelle: nach Farmer und Richman, 1984, S. 68.

Über die vielen internationalen Zwänge hinaus gibt es bestimmte lokale Regierungszwänge, deren Ursache beim Heimatland des Exporteurs liegen. Zum Beispiel kann ein Unternehmen feststellen, dass es in einem bestimmten Auslandsmarkt keine Geschäfte machen kann, weil zwischen der Regierung in seiner Heimat und der fraglichen fremden Regierung politische Differenzen bestehen. Beispiele sind die wirtschaftlichen Sanktionen, die von bestimmten westlichen europäischen Regierungen Mitte der 80er Jahre gegen Südafrika und von den Vereinten Nationen in den frühen 90ern gegen den Irak verhängt wurden.

Manchmal reagieren ausländische Regierungen auf politische Entscheidungen und Einstellungen im Land eines Exporteurs. 1996 vergab China einen Großauftrag (1,5 Mrd. US-$) für kommerzielle Flugzeuge an die europäische Gesellschaft Airbus Industrie statt an das US-Unternehmen Boeing. Dies geschah teilweise deshalb, weil die USA Chinas Politik wegen ihres Verhaltens gegenüber Taiwan, Verstößen gegen die Menschenrechte, der Missachtung geistiger Eigentumsrechte usw. heftig kritisiert hatten. Ähnlich verhinderte China Mitte 1997 alle neuen Unternehmungen der Walt Disney Co. in China. Diese Maßnahme kann aufgrund der Produktion und des Vertriebs des Disney-Films *Kundun* über den tibetanischen geistigen Führer, den Dalai Lama, verhängt worden sein. China hat immer den Standpunkt vertreten, dass derartige politische Fragen von Handelsbelangen isoliert werden sollten.

3.4.2 Regierungskontrollen

Aus Tabelle 3.5 lässt sich erkennen, dass viele der von der Regierung veranlassten Hindernisse des internationalen Marketing im Allgemeinen und des Exportierens im Besonderen Beschränkungen und Kontrollen darstellen. Es gibt verschiedene Arten von Beschränkungen und Kontrollen, die sich speziell mit Exporten und Importen befassen. Derartige Kontrollen beeinflussen direkt sowohl die Art als auch die Menge der Produkte, die exportiert und importiert werden können. Andere restriktive Kontrollen können indirekt die Handelsbeziehungen betreffen, indem sie direkt die Zweckmäßigkeit und/oder Rentabilität individueller Transaktionen beeinflussen. Exportkontrollen sollen in der Regel den Export militärischer Ausrüstung beschränken, die Binnenwirtschaft vor Belastungen durch Güterknappheit schützen und/oder die nationale Sicherheit verbessern (physisch und wirtschaftlich). Derartige Kontrollen dienen als Werkzeug, um sowohl die Auslands- und Handelspolitik der Regierung als auch die Kontrolle von Technologien und Ressourcen zu fördern. Obwohl Exportkontrollen in einzelnen Fällen wichtig sein können, schaffen Importkontrollen die wichtigsten Hindernisse für Exporttransaktionen von Unternehmen. 1996 verkündete z.B. die US-Regierung, dass sie Strafzölle in Höhe von bis zu 3 Mrd. US-$ auf chinesische Importe erheben würde als Sanktion dafür, dass nicht genug getan wurde, um die Piraterie geistigen Eigentums zu stoppen. Wichtige Produkte, die betroffen sein sollten, waren Textilien und Bekleidung, elektrische/elektronische Verbrauchsgüter und Sportartikel. Die Zölle wären hoch genug gewesen, um die Produkte vom US-Markt wirksam fern zu halten. Diese Produkte wurden deshalb ausgewählt, weil sie in der Guandong-Provinz hergestellt werden, in der das Piraterieproblem am ärgsten ist.

Zusätzlich zu Export-/Import-Kontrollen gibt es Regulierungen, die ausländische Aktivitäten betreffen und die aus Direktinvestitionen und strategischen Bündnissen wie Lizenzvereinbarungen resultieren. Ein Land, das ausländische Direktinvestitionen reguliert, macht dies, um den Einfluss des ausländischen Investors einzuschränken, bei dem es sich üblicherweise um ein multinationales (oder globales) Unternehmen handelt, und um gleichzeitig für Investitionen zu sorgen, die auf die erwünschte Weise zur Erreichung der wirtschaftlichen, gesellschaftlichen und politischen Ziele des Landes beitragen. Die folgende Liste ist zwar nicht erschöpfend, führt aber Bereiche auf, in die Länder möglicherweise regulierend eingreifen und in denen sie den weiten Bereich der Auslandsinvestionen beschränken:

1. Entscheidungsfindung durch Prozeduren, die die Auswahl der Investitionsart, die Kontrolle von Übernahmen, die Abwicklung von Fusionen und Käufen, Beschränkungen (bis hin zum Verbot) der Investitionen in bestimmte Industrien und ähnliche Dinge betreffen. Mitte 1996 kündigte die chinesische Regierung an, dass über die 40 bereits bestehenden Fabriken hinaus keine weiteren Joint Ventures über kohlensäurehaltige Getränke mehr genehmigt werden würden. Dies betraf die weitere Expansion von Coca-Cola und PepsiCo.
2. Regulierung der Eigentumsverhältnisse, Kontrolle von Management und lokale Beschäftigsquoten hinsichtlich Besitz, Management, Produktinhalt und Beschäftigung. In Indien ist es Unternehmen ohne Regierungsgenehmigung z.B. weder gestattet, Betriebe zu schließen, noch Arbeiter zu entlassen. Viele ausländische Investoren wurden durch diese Politik entmutigt.
3. Besteuerung und Regulierung finanzieller Transaktionen, Kontrolle des Kapitals, der Gewinnverlagerung und -überweisung sowie der Herkunft und Art ausländischer und lokaler Kredite.

Einzelne Länder regulieren möglicherweise Investitionen, indem sie bestimmte spezifische internationale Marketingpraktiken beschränken. Die Regierung von Indien genehmigte z.B. das Gesuch von PepsiCo zur Errichtung eines Abfüllungsbetriebs als Joint Venture. Unter den vielen Auflagen der Genehmigung, die die indische Regierung dabei jedoch machte, befand sich eine, die den Markennamen betraf. PepsiCo erklärte sich damit einverstanden, seinen Markennamen Pepsi nicht zu verwenden. Die indische Regierung war der Meinung, dass globale Markennamen dem internationalen Marketer einen Vorteil vor lokalen Unternehmen verschaffen würden.

Es gibt Regierungskontrollen, die alle Unternehmen, ausländische und lokale, gleichermaßen betreffen. 1993 wurde die Tabakwerbung (inkl. Sponsoring bei Sport- und Kulturveranstaltungen) und ein Großteil der Alkoholwerbung in Frankreich verboten. Die meisten Weine waren vom Gesetz ausgenommen. Ähnliche Gesetze gibt es in Australien, Neuseeland, Kanada und mittlerweile in vielen weiteren Ländern. In Vietnam und Hongkong wurde die Tabakwerbung zur Finanzierung von Sportereignissen verboten. In Vietnam ging man noch weiter und verbot neben der Werbung von Alkoholunternehmen bei Sportereignissen auch die Werbung für beide Produkte bei Kulturereignissen. Ein weiteres Beispiel stellen die deutschen Verpackungsgesetze dar, die das Management und das Recycling von Verpackungsabfällen regulieren.

Lizenzvoraussetzungen

Verschiedene Länder regulieren das Wesen ihrer externen Handelsbeziehungen dadurch, dass für den Export/Import von Waren Lizenzen erforderlich sind, die vorher erworben werden müssen. Bei Produkten, die die Regierung beschränken will, werden Lizenzen nicht oder nur unter Mengenbeschränkungen vergeben. Im Extremfall gibt es spezielle Verbote beim Export/Import bestimmter Produkte. Die USA kontrollieren z.B. den Export von Produkten, denen militärischer Wert zugeschrieben wird. Mexiko verbietet den Import ausgewählter Produkte, um lokale Entwicklungen und das Wachstum der lokalen Industrie anzuregen. Beim umfassendsten Verbot wird der gesamte Handel mit einem anderen Land (üblicherweise aus politischen Gründen) verboten. In den frühen 90ern verhängte die UN ein solches Verbot gegen den Irak, von dem nur Produkte ausgenommen waren, die humanitären Bedürfnissen dienten.

Zölle

Zölle sind Steuern auf Importe, die entweder als Prozentsatz des Wertes (*ad valorum*) oder pro Mengeneinheit erhoben werden. Eine Regierung kann ein System von Zöllen einrichten, um Produkte aus dem Land zu halten (*Schutzzölle*) und/oder um Steuereinkommen zu generieren (*Finanzzölle*). Wie zu vermuten ist, sind Schutzzölle tendenziell relativ hoch, weil sie die Inlandsindustrie schützen sollen. Der Zweck eines Schutzzolls kann auch einfach darin bestehen, dass das Preisniveau der importierten Waren auf das der inländischen Substitute angehoben wird. Im Gegensatz dazu sind Finanzzölle häufig recht niedrig, weil sie bei der Regierung zu möglichst maximalen Einnahmen führen sollen.

Regierungen können ihren Importen einen Tarifzuschlag auferlegen. Im Allgemeinen handelt es sich hierbei um eine vorübergehende Maßnahme, die dann ergriffen wird, wenn die Regierung Importe aus irgendeinem Grund verhindern will, wie z.B. bei vorhandenem Passivsaldo der Zahlungsbilanz. Die Zuschläge werden aufgehoben, wenn die ursächlichen Bedingungen korrigiert worden sind.

Eine permanentere Art der Zuschläge stellen *Ausgleichszölle* dar. Diese können erhoben werden, um einen bestimmten Vorteil oder Preisnachlass (d.h. eine Exportsubvention) auszugleichen, der von der Regierung des Exporteurs zugelassen wird. Der Schutz im Importland kann somit wieder auf die ursprünglich beabsichtigte Höhe gebracht werden. Spanien hat z.B. einmal ein multiples Wechselsystem benutzt und bei Exporten von Haselnüssen in die USA unterbewertete Wechselkurse angewandt. Dadurch erhielt der Exporteur mehr Peseten für jeden Dollar, so dass er seinen Preis senken konnte. Die US-Regierung erhob zusätzlich einen Ausgleichszoll, um dem Subventionseffekt des unterbewerteten Devisenkurses entgegenzuwirken.

Eine andere Art der Ausgleichszölle wird als *Anti-Dumping*-Maßnahme ergriffen. Dumping ist als Verkauf zu einem bedeutend niedrigeren Preis in einem Auslandsmarkt als im Inland oder, wenn es keine Inlandsverkäufe gibt, als Preis, der unterhalb der Kosten liegt, definiert. Im April 1993 erhob Mexiko Anti-Dumping-Zölle zwischen 16% und mehr als 1.000% auf 75% der chinesischen Warenimporte. Davon waren nicht nur Unternehmen aus China, sondern auch aus Hongkong betroffen. Viele Exporteure aus Hongkong haben ihre Produkte in China hergestellt und dann wieder zurück exportiert. Mexiko behauptete, dass viele chinesische Produkte zu Preisen verkauft wurden, die unterhalb des Werts der Einzelbestandteile lagen. 1996 erhoben die USA einen Anti-Dumping-Zoll in Höhe von 61,69% bei der Mehrzahl der chinesischen Fahrradhersteller, die sich zum größten Teil im Besitz des Staates befanden. Diese Unternehmen hatten in den USA nur einen geringen Marktanteil, so dass diese Aktion der US-Regierung letztlich viele Unternehmen aus dem Markt gedrängt hat. Bei jenen Unternehmen mit wesentlichen Marktanteilen wurden Zölle zwischen null und 2,95% erhoben (Chan, 1996).

Einzelne Geschäftsunternehmen sind von der Wirkung der Zölle meist direkt betroffen. Kosten und Preise der Produkte im Wettbewerb werden beeinflusst. Besonders in Reaktion auf Schutzzölle handeln Unternehmen auf eine Art und Weise, die sie ansonsten unterlassen würden.

Quoten

Quoten sind bestimmte Maßnahmen, die die Menge der möglichen, zu importierenden ausländischen Produkte beschränken. In einigen Ländern sind im Rahmen der nationalen Planung auch Exporte betroffen. Die Anwendung von Quoten kann global oder auf Länderbasis erfolgen.

Im Allgemeinen lassen sich Quoten in drei Kategorien einordnen:

1. Am restriktivsten wirken *absolute* Quoten, die Importmengen absolut beschränken. Der Extremfall ist dabei die Nullquote bzw. das Embargo. Die Europäische Union hat z.B. Mitte der 90er Jahre Quoten für eine Anzahl chinesischer Produkte (z.B. Spielzeug, Schuhwerk, Handschuhe und Glaswaren) eingerichtet. Diese ersetzten alle vorhandenen nationalen Quoten.
2. *Zoll*quoten erlauben den Import begrenzter Mengen bei niedrigen Zolltarifen, während für alle darüber hinausgehenden Mengen wesentlich höhere Tarife gelten.
3. Es gibt verschiedene Arten *freiwilliger* Quoten. Sie sind unter der Bezeichnung *freiwillige Exportbeschränkungen* bekannt und dienen dem Schutz inländischer Unternehmen, um diesen Zeit zu geben, nach notwendigen Anpassungen ihre externe Wettbewerbsfähigkeit wiederzuerlangen.

Ein Typ der freiwilligen Exportbeschränkung resultiert aus ausdrücklichen internationalen Abkommen. Ein anderer resultiert aus diplomatischen Verhandlungen oder anderweitigem Druck auf der Regierungsebene. Während des Zeitraums von Anfang der 80er Jahre bis 1992 „überredeten" die USA z.B. eine Reihe ausländischer Regierungen dazu, Stahlexporte in die USA zu beschränken. Eine dritte Art freiwilliger Quoten ist ebenfalls unilateral und geht vom exportierenden Land aus, ist aber Ergebnis einer Bewertung der Marktsituation des importierenden Landes, dem keinerlei Vereinbarungen hinsichtlich Menge oder Dauer der Quote zu Grunde liegen. Um bei inländischen Händlern das Dumping ihrer Produkte unmöglich zu machen, gab es in China einen Mechanismus, bei dem die Exporteure ausgewählter Produktgruppen das Exportrecht kaufen mussten (Lu, 1996). Die wesentlichen von diesem Verfahren betroffenen Produkte waren Gummiharz, Kaschmir, Ginseng, Teppiche, Honig und Gelee Royal.

Alle freiwilligen Exportbeschränkungen entstehen auf Druck eines Importlandes. Alle Quoten haben den Nachteil, dass sie für Verwirrung sorgen und häufig normale Marketingprozesse zerstören. Tatsächlich suchten Unternehmen Schutz vor den Anforderungen des Wettbewerbs durch ausländische Unternehmen, weil es z.B. bei vorhandenen freiwilligen Exportbeschränkungen weniger Gründe gibt, in Forschung und Entwicklung auf der Höhe der Zeit zu bleiben. Die entsprechenden Leistungen werden fast mit Sicherheit schlechter, wenn Regierungen unabhängig von der Leistung für das Überleben von Industrien garantieren.

Es gibt jedoch auch Situationen, in denen Quoten für Exportunternehmen und die Organisationen, die für sie im Ausland verkaufen, von Vorteil sein können. Ein Beispiel ist das VRA (voluntary restraint agreement), das die japanische Regierung unter starkem Druck der US-Regierung Anfang 1983 den eigenen Exporten von Automobilen auferlegt hat (Duerr, 1992). Als die Anzahl der Exporte in die USA unter die Nachfrage gedrückt wurde, reagierten die japanischen Automobilunternehmen damit, dass sie komplett ausgestattete Fahrzeuge vom obersten Ende ihrer Produktlinie überführten. Aufgrund der Nachfrage der Amerikaner ließen sich alle Exporte von den lokalen Händlern unter Preisaufschlägen absetzen. Das führte sowohl bei den japanischen Unternehmen als auch bei ihren US-Händlern zu einem erheblichen Anstieg der Gewinne. Die einzigen Verlierer dabei waren die Kunden, die einen deutlich höheren Preis für ihre Automobile zahlen mussten.

Quoten können sich auf die Beschaffungsentscheidungen eines internationalen Marketers auswirken. Ein in Hongkong ansässiger Textilfabrikant, Milo's Knitwear, verlagerte seine Produktion von Ramiefaser (Chinagras) und Seide von China nach Thailand, um zu vermeiden, dass seine Waren wegen der seit 1994 bestehenden EU-Quoten für bestimmte chinesische Textilprodukte von Europa ausgeschlossen blieben.

Sondersteuern

In einigen Ländern gibt es Verbrauchs-, Handels- oder Verkehrssteuern auf bestimmte Produkte. Auch wenn diese Steuern der Regierung Einnahmen aus inländischen Quellen verschaffen sollen, kann die Art, in der sie erhoben werden, Importe beschränken und daher den Exporteur betreffen. Die amerikanische Automobilindustrie war z.B. lange den europäischen Straßensteuern ausgesetzt. Eine Straßensteuer ist ein jährlicher Betrag, der je nach Größe, Gewicht oder PS zu entrichten ist, und dieser stellt tendenziell ein Mittel zur Diskriminierung der größeren amerikanischen Fahrzeuge dar.

Eine viel breitere Form der Besteuerung, die für den internationalen Marketer von Bedeutung ist, sind Einfuhrzölle, die von europäischen Ländern neben Zöllen auf Importe erhoben werden. Eine von einem Land veranlasste Änderung der Einfuhrzölle soll Importe mit einer Steuerlast belegen, die der entspricht, die inländische Produkte zu tragen haben. Entsprechend soll die Rate angeblich die Höhe der internen Verbrauchssteuer und anderer indirekter Steuern ausgleichen, die inländische Hersteller konkurrierender Produkte zu zahlen haben. Von der Idee her sollen Einfuhrzölle bei lokalen Waren und Importen für eine einheitliche Wettbewerbsbasis sorgen. Daher ist der Zoll im Grunde genommen eine Variante der Mehrwertsteuer, die einheimische Produzenten aber nicht betrifft.

Qualitative Kontrollen

Obwohl diese Kontrollen die Rentabilität des Exportierens beschränken, können fremde Produkte mit wenigen Ausnahmen importiert werden, sofern der Verkäufer niedrigere Nettogewinne und/oder der Käufer einen höheren Preis in Kauf nimmt. Dadurch wirken sie weit weniger restriktiv als die verschiedenen quantitativen Maßnahmen, wie z.B. Zölle und Quoten. Von Bedeutung sind Zollverfahrensweisen, Regulierungen zur Kennzeichnung des Herkunftslandes und Gesetze unter dem Motto „kaufe einheimisch'. Letztere Regulierungen werden auch von subnationalen Regierungen verhängt. Auf verschiedene Weise lassen sich all diese Maßnahmen effektiv als Importhemmnis für bestimmte Produkte einsetzen.

Devisenbewirtschaftung

Regierungskontrolle über die Versorgung mit oder die Nachfrage nach ausländischen Zahlungsmitteln kann benutzt werden, um internationales/Exportmarketing wirksam zu beschränken. Die Devisenbewirtschaftung beschränkt die Menge ausländischer Zahlungsmittel, die ein Importeur z.B. für die Bezahlung gekaufter Waren erhalten kann und die ein Exporteur für Waren, die er im Ausland verkauft hat, bekommen und behalten darf. Beschränkungen der Möglichkeiten, an Fremdwährungen zu kommen, unterbinden effektiv Käufe im Ausland, da sich der Verkäufer in der Regel nur auf profitable Geschäfte einlassen kann, wenn er seine eigene Währung oder eine andere Währung als die des Käufers als sicheres Zahlungsmittel benutzen kann. In einigen Fällen wird die quantitative Beschränkung mit einer qualitativen kombiniert, bei der ein übermäßig hoher Preis (bzw. amtlicher Umrechnungskurs) für die gewünschte Fremdwährung verlangt wird. Wenn ein sehr ungünstiger amtlicher Wechselkurs festgesetzt wird, können die tatsächlichen inländischen Währungskosten eines Imports dazu dienen, diesen preislich aus dem einheimischen Markt zu drängen.

Wenn ein Exporteur eine ausländische Tochtergesellschaft für bestimmte Märkte hat oder über ein Direktinvestitions- oder Lizanzabkommen verfügt, können *Gewinn- oder Einkommensüberweisungs*beschränkungen zu einem Problem werden. Diese Beschränkungen sind Bestandteil der allgemeinen Devisenbewirtschaftungprogramme eines Landes über die Umwandlung der lokalen Währung in ausländische Zahlungsmittel. Sie betreffen ausdrücklich die Überweisung der Gewinne oder Einkommen aus „lokalen" Aktivitäten an Muttergesellschaften in anderen Ländern.

3.4.3 Förderungsaktivitäten

Die von Regierungsorganisationen vertretene Politik und die von ihnen durchgeführten Programme zur Exportförderung sind im internationalen Umfeld von zunehmender Bedeutung. Viele Aktivitäten werden von der Regierung allein durchgeführt bzw. gesponsert, während andere das Ergebnis gemeinschaftlicher Anstrengungen von Regierung und Wirtschaft sind.

Nationale Regierungen beteiligen sich nicht nur an Abkommen und Übereinkünften und sind nicht nur Mitglied supranationaler Organisationen, sondern unterstützen das internationale Marketing auch durch sog. *regulatorische Fördermaßnahmen*. Diese Aktivitäten fallen im Allgemeinen unter die politische oder juristische Gerichtsbarkeit der nationalen Regierung, sind im Wesentlichen regulatorischer Natur und werden als Werbemaßnahme eingesetzt. Durch den Einsatz dieser Werkzeuge versuchen Regierungen direkt, ihre Produkte auf den Weltmärkten wettbewerbsfähiger zu machen. Es ist auch ein Versuch, speziell bei kleineren Unternehmen eine stärkere Exportbeteiligung zu fördern, wie Beispiel 3.5 zeigt.

In Bezug auf Exporte sind zwei Arten der Regierungsaktivitäten von besonderer Bedeutung: Staatshandel und die Gewährung von Subventionen. Wenn sich Regierungen im Staatshandel engagieren, beteiligen sie sich durch Käufe oder Verkäufe (staatlicher Unternehmen) entweder selbst direkt mit Geschäftstransaktionen oder regulieren Exportaktivitäten. Die Exportförderung ist für die Exportindustrie dasselbe wie Zölle für die einheimische Industrie. In beiden Fällen ist es das Ziel, die Profitabilität von Industrien und Einzelunternehmen sicherzustellen, die sehr wahrscheinlich unterlegen wären, wenn man sie der ganzen Macht des Wettbewerbs aussetzen würde. Bei Exportindustrien werden Einnahmen durch Subventionen ergänzt oder es werden Kosten durch die Subvention bestimmter Eingangsfaktoren reduziert. Subventionen lassen sich über niedrigere Steuern auf Gewinne aus Exportverkäufen, die Rückerstattung verschiedener indirekter Steuern (einige Länder erstatten z.B. „Mehrwertsteuer" zurück), niedrigere Frachtsätze bei Exportwaren und Manipulationen am System der Devisenkurse erreichen. Überdies können Subventionen die Form einer direkten Unterstützung annehmen, durch die der Empfänger mit Firmen anderer Länder konkurrieren kann, Kostenvorteile genießt oder die von Empfängerfirmen für besondere Werbemaßnahmen genutzt werden kann. 1992 gewährten die USA zu diesem Zweck z.B. Subventionen an Campbell Soup Co. (für die Vermarktung des V-8-Safts in Argentinien und dem Fernen Osten), an McDonald's (Förderung von Chicken McNuggets) und Joseph E. Seagram & Sons (Förderung des Whiskys Four Roses in Europa und dem Fernen Osten). Viele andere Unternehmen aus dem Nahrungsmittelbereich erhielten ebenfalls Unterstützung. Interessanterweise handelte es sich dabei vorwiegend um Großunternehmen.

BEISPIEL 3.5

Unterstützung kleiner Unternehmen

Kleine und mittlere Unternehmen benötigen beim internationalen Marketing eine Unterstützung, die bei Großunternehmen nicht erforderlich ist. Die großen Unternehmen verfügen ganz einfach über die Ressourcen und Kenntnisse zur Entwicklung und Umsetzung von internationalen und insbesondere von Exportmarketing-Programmen.

Beispiel 3.5 (Forts.)

Regierungen, Quasi-Regierungen und private Organisationen bieten verschiedene Arten von Unterstützungen an. Um dies zu verdeutlichen, hat die Australian Trade Commission (Austrade) ein umfassendes Programm zur Unterstützung von Kleinunternehmen entworfen. Austrade ist in mehr als 50 Ländern präsent. Ein Exportberater in einem lokalen Austrade-Büro kann kurzfristig eine einfache Analyse für die Nachfrage nach dem Produkt eines Unternehmens im Auslandsmarkt durchführen und über alle relevanten örtlichen Regulationen informieren. Wenn der Markt viel versprechend erscheint, lassen sich detailliertere Untersuchungen durchführen, die Auskunft über die Größe des Marktes, die Wettbewerbssituation, alternative Marketingvermittler, die kontaktiert werden können, usw. geben. Ein überseeisches Austrade-Büro unterstützt bei der Vereinbarung von Terminen und stellt Informationen über alle praktischen Aspekte der Geschäfte in diesem Markt zur Verfügung.

Weitere Aspekte des Austrade-Unterstützungsprogramms umfassen:

1. Teilnahme an Handelsmessen.
2. Gewährung von Krediten zur Unterstützung von Aktivitäten, wie z.B. Marketing, Reisen usw.

Ein Beispiel für eine Agentur einer nationalen Regierung zur Unterstützung von kleinen und mittleren Unternehmen bei der Gewinnung von Auslandsmärkten ist die Japan External Trade Organization (JETRO). Mit der Zeit änderte sich das wesentliche Ziel von JETRO hin zur Förderung von Importen und der Unterstützung ausländischer Unternehmen beim Verkauf ihrer Produkte nach Japan. Eins änderte sich aber nicht, nämlich der Fokus auf kleine Unternehmen.

Was bietet die JETRO Unternehmen, die sich für Exporte nach Japan interessieren, und wie können Geschäftsleute die JETRO-Dienste zu ihrem Vorteil nutzen? Im Folgenden ist eine Übersicht über einige wesentliche Dienstleistungen und Programme der Organisation dargestellt.

Information ist eine der grundlegendsten Dienstleistungen, und die JETRO hat sich lange besonders darauf konzentriert, akkurate, qualitativ hochwertige und aktuelle Informationen zur Verfügung zu stellen. Individuelle Handelserhebungen werden durchgeführt, Seminare über den Export nach Japan werden abgehalten und eine breite Palette von Publikationen über japanische Märkte und Geschäftspraktiken wird veröffentlicht.

Die JETRO spielt eine aktive Rolle bei der Organisation und Förderung von Handelsmessen in Japan und erleichtert auch die Beteiligung ausländischer Unternehmen an derartigen Ereignissen.

Eine der innovativsten und vielversprechendsten Aktivitäten hinsichtlich des Exports nach Japan ist das Senior Trade Adviser Program, bei dem erfahrende japanische Geschäftsleute aus privaten Unternehmen (wie z.B. Handelsfirmen) mobilisiert werden und für einen Zeitraum von zwei Jahren ins Ausland geschickt werden, um lokale Unternehmen bei der Entwicklung ihrer Exporte nach Japan zu unterstützen. Die Unterstützung beschränkt sich nicht auf einfache Ratschläge, sondern umfasst auch die Vorstellung bei Kunden in Japan, die technische Vermittlung von Kontakten mit japanischen Unternehmen, das Makeln individueller Transaktionen usw.

Im privaten Sektor ist Rotterdam Distriport ein Beispiel. Dabei handelt es sich um eine nichtkommerzielle Stiftung, der 16 niederländische Unternehmen angehören. Diese Unternehmen befassen sich in den Niederlanden mit physischer Distribution, Container-Handling, Versicherungen, Buchführung und Bankwesen sowie finanziellen, juristischen und steuerpolitischen Belangen. Das oberste Ziel von Rotterdam Distriport ist es, ausländischen Exporteuren beizustehen und sie zu unterstützen, so dass sie vom Rotterdamer Hafen aus ihre Waren möglichst effizient über die europäischen Märkte verteilen können.

Quellen: nach Matsutuji (1992), *VIA Port of NY-NJ* (1998) und Bullock (1995).

Im weiteren Sinne sollen sich Exportförderprogramme von Regierungen und Programme für internationale Marketingaktivitäten im Allgemeinen mit diesen wichtigen Hindernissen befassen:

1. Mangelnde *Motivation*, da internationales Marketing für zeitaufwändiger, teurer, riskanter und weniger profitabel als Inlandsgeschäfte gehalten wird.
2. Fehlen adäquater *Informationen*.
3. *Operationale/ressourcenbasierte* Einschränkungen.

Diese Programme sind in Entwicklungsländern recht beliebt, in denen sie als Absatzförderungsorganisationen (TPO – Trade Promotion Organization) des öffentlichen Sektors bekannt sind. In vielen Fällen konnten sich TPOs nicht als geeignet für die entstehenden Bedürfnisse der Länder und speziell der Entwicklungsländer erweisen. Derartige Organisationen können effektiv Marketingunterstützung bieten, wenn Folgendes zutrifft (Keesing und Singer, 1992):

- sie genießen die Unterstützung der Geschäftswelt,
- sie sind angemessen finanziert,
- sie sind mit qualifizierten Mitarbeitern besetzt, deren Gehälter sich am privaten Sektor orientieren und
- sie sind zumindest teilweise von der Regierung unabhängig.

Eine ausführlichere Darstellung der Exportförderung und von Regierungsprogrammen finden Sie in den Werken von Seringhaus und Rosson (1989) und Milner (1990).

Finanzielle Aktivitäten

Auf die eine oder andere Art und Weise nimmt die nationale Regierung die Rolle eines internationalen Bankiers an. Ein Weg, diese Rolle einzunehmen, ist die Mitgliedschaft bei internationalen Finanzorganisationen, wie z.B. dem Internationalen Währungsfonds (IWF bzw. IMF – International Monetary Fund), der Weltbank und der International Finance Corporation. Die Gewährung von Subventionen ist eine weitere finanzbasierte Fördermaßnahme nationaler Regierungen.

Einige nationale Regierungen gewähren Geschäftsunternehmen direkte Kredite. In den USA sind z.B. unter bestimmten Bedingungen Kredite von der Export-Import-Bank (Eximbank), der AID (Agency for International Development) und der CCC (Commodity Credit Corporation) erhältlich. Obwohl Eximbank- und AID-Kredite in Dollar auch ausländischen Quellen gewährt werden, müssen sie zum Kauf von Waren oder Dienstleistungen bei US-Exporteuren eingesetzt werden. In Australien stehen Kleinunternehmen Unterstützungen und Kredite von Austrade zur Verfügung.

Eine der lebenswichtigsten Determinanten der Ergebnisse des Exportmarketing-Programms eines Unternehmens ist die Kreditpolitik. Exporteure auf der ganzen Welt meinen, dass die traditionellen Faktoren, die normalerweise die kompetitiven Vorteile determinieren (Preis, Qualität und Verfügbarkeit), auf den heutigen stark umkämpften internationalen Märkten zuweilen nur eine sekundäre Rolle spielen. Lieferanten, die bessere Zahlungs- und Finanzierungsbedingungen bieten, können selbst dann verkaufen, wenn ihre Preise über denen der Konkurrenz liegen oder die Qualität ihrer Produkte schlechter ist. Das Handelsbüro der kolumbianischen Regierung (PROEXPO) bietet z.B. neben Kreditmöglichkeiten zur Deckung des Betriebskapitalbedarfs auch mittelfristige Finanzierungen für Infrastrukturbedürfnisse an. Diese werden zur Förderung nichttraditioneller Exporte (alles außer Kaffee und Öl) verwendet. In Großbritannien gewährt das ECGD (Export Credits Guarantee Department) Kredite und subventioniert von kommerziellen Banken erhältliche Exportkredite. Das Rediskontieren von Krediten ist in vielen Ländern (z.B. Frankreich, Korea und Sri Lanka) möglich. Die Türkei hat Exportkredite subventioniert.

Wenn sich die für die Tätigung eines Verkaufs erforderlichen Kreditlaufzeiten verlängern, steigen die Zahlungsrisiken und viele Exporteure sind nicht bereit, dieses Risiko in Kauf zu nehmen. Wenn eine nationale Regierung also für zunehmende Exporte sorgen will, muss sie Exporteuren die Möglichkeit bieten, das Risiko durch Delkredereversicherungen zu verlagern. Delkredereversicherungen und Bürgschaften decken bestimmte kommerzielle und politische Risiken ab, die im Zusammenhang mit Exportgeschäften stehen können. In Australien bietet z.B. die EFIC (Export Finance and Insurance Corporation) neben der Versicherung des Zahlungsrisikos oder einer Bürgschaft bei einer Bank auch verbesserten Zugang zu Betriebskapital an. Die meisten EFIC-Kunden sind kleine Exporteure.

Informationsdienste

Bei Unternehmen, die im internationalen Marketing erfolgreich sein wollen, müssen deren Manager in der Lage sein, konsequent die richtigen Entscheidungen zu treffen. Auf lange Sicht ist es ohne adäquate und rechtzeitige Marketinginformationen beinahe unmöglich, solide Entscheidungen zu treffen. Marketinginformationen sind bei Entscheidungen über z.B. die Auswahl der Märkte, den Zeitpunkt des Markteintritts und die Form der Marktpräsenz unverzichtbar. Diese Fragen, zu denen sowohl strategische als auch taktische Entscheidungen zählen, werden in Kapitel 5 näher erörtert.

Nationale Regierungen können einen Großteil der grundlegenden Informationen bereitstellen, auf denen internationale Marketingentscheidungen basieren. Offensichtlich müssen nicht alle Unternehmen derartige Informationsdienste in Anspruch nehmen. Viele große Unternehmen können die benötigten Informationen auch selbst sammeln. Andere Unternehmen verfügen zwar nicht über die nötigen Kenntnisse, um die Untersuchungen selbst durchzuführen, können es sich aber leisten, externe Forschungsinstitute für die erforderlichen Untersuchungen zu beauftragen. Es gibt jedoch viele Unternehmen, für die weder der eine noch der andere Ansatz in Frage kommt. Für diese in der Regel kleinen oder im internationalen Marketing unerfahrenen Unternehmen sind deren nationale Regierungen die wesentliche Quelle für grundlegende Marketinginformationen. Es sollte auch erwähnt werden, dass Unternehmen, die ihre eigenen Untersuchungen durchführen oder Forschungsinstitute beauftragen können, vielfach ebenfalls Informationsdienste der Regierung in Anspruch nehmen. Das ist dann der Fall, wenn die Regierung die einzige Quelle für eine bestimmte Art von Informationen ist, und tritt verstärkt auf, wenn die Regierung ihre Informationsdienste erweitert.

Obwohl die für internationale/Exportmarketer relevante Information in den einzelnen Ländern variiert, sind folgende Daten bei etlichen führenden Nationen erhältlich:

1. wirtschaftliche, gesellschaftliche und politische Daten über individuelle Länder, einschließlich Infrastruktur.
2. Individuelle Berichte über ausländische Unternehmen.
3. Spezifische Exportchancen.
4. Listen potenzieller Überseekäufer, Distributoren und Vertretungen für verschiedene Produkte in verschiedenen Ländern.
5. Summarische und ausführliche Informationen über aggregierte internationale Marketingtransaktionen.
6. Informationen über relevante Regierungsregulationen in der Heimat und im Ausland.

Handelskammer = non-profit - Unternehmen

7. Quellen verschiedener Arten von Informationen, die nicht immer von der Regierung lieferbar sind, wie z.B. ausländische Kreditauskünfte.
8. Informationen, die das Unternehmen bei der Durchführung seiner Operationen unterstützen, wie z.B. über Exportprozeduren und -techniken.

Die meisten der genannten Arten von Informationen werden Unternehmen durch veröffentlichte Berichte und Dokumentationen zur Verfügung gestellt. Darüber hinaus nehmen Regierungsbeamte häufig an Seminaren und Workshops teil, die darauf ausgerichtet sind, den internationalen Marketer zu unterstützen.

Aktivitäten zur Exporterleichterung

Es gibt eine Reihe nationaler Regierungsaktivitäten zur Stimulierung des Exports, die man Aktivitäten zur Exporterleichterung nennen kann. Dazu zählen:

1. Das Betreiben von Büros zur Handelsentwicklung im Ausland, entweder als eigenständige Einheit oder als Teil des normalen Betriebs einer Botschaft oder eines Konsulats.
2. Die Finanzierung von Handelsmissionen von Geschäftsleuten, die ins Ausland gehen, um Verkäufe zu tätigen und/oder Vertretungen zu gründen oder anderweitig im Ausland repäsentativ tätig zu werden.
3. Das Durchführen oder die Teilnahme an Handelsmessen und Ausstellungen. Handelsmessen sind ein praktischer Marktplatz für Käufer und Verkäufer, auf dem Exportkaufleute ihre Produkte vorführen können.
4. Der Betrieb ständiger Handelszentren in ausländischen Marktgebieten, die Handelsausstellungen organisieren, welche sich häufig auf einen einzelnen Industriezweig konzentrieren.

Aus der Sicht der nationalen Regierung stellt jede dieser Aktivitäten einen anderen Ansatz zur Stimulierung des Wachstums der Exporte dar. Aus der Sicht der Einzelunternehmen sind diese Aktivitäten relativ preiswerte alternative Möglichkeiten zur direkten Kontaktaufnahme mit möglichen Käufern in Überseemärkten. Diese Dienste sind eine Möglichkeit, die Versorgung der Überseemärkte bei relativ niedrigen Kosten verbessern.

Während die Exportförderung durch die nationale Regierung nützlichen Zwecken dient, zielt sie üblicherweise nicht auf irgendeine spezifische politische Teilgruppe eines Landes ab. Politische Untereinheiten, wie z.B. Staaten, Provinzen und in einigen Ländern (z.B. Kanada, USA, Deutschland) Kommunen, beteiligen sich aktiv an der Förderung internationaler Geschäfte, um Geschäftsunternehmen aus dem jeweiligen Gebiet zu unterstützen.

Sowohl lang- als auch kurzfristige Programme wurden entwickelt, um ausländische Märkte zu erobern und die vielen verfügbaren Chancen zu nutzen. Diese Programme sollen sowohl die bereits im Exportmarketing aktiven Unternehmen als auch diejenigen unterstützen, für die es sich beim Export um ein völlig neues Unterfangen handelt. Die meisten subnationalen Regierungsaktivitäten finden auf der Staats- oder Provinzebene statt, es gibt aber auch einige Aktivitäten auf der lokalen oder städtischen Ebene (z.B. das Werbe- und Wirtschaftsförderungsamt der Stadt Düsseldorf). Die Art der Aktivitäten der subnationalen Regierungsagenturen ähnelt jenen nationaler Regierungen und umfasst das Betreiben von Büros für die Handelsentwicklung, zielt aber stärker auf „lokale" Geschäftsunternehmen ab. Die kanadischen Provinzen Alberta, Quebec und Prince Edward Island sowie die US-Staaten New York und California betrieben z.B. Mitte 1996 Handelsbüros in Hongkong.

In gewisser Weise im Zusammenhang mit diesen Aktivitäten stehen die von der Regierung autorisierten Freihandelszonen, Freihäfen und Freibezirke. Eine *Freihandelszone* ist im Grunde ein abgeschlossenes, überwachtes Gebiet ohne Wohnbevölkerung in der Nachbarschaft oder in der Nähe des Zugangs, in das nicht anderweitig verbotene ausländische Güter ohne formale Zollabfertigung oder Zollzahlungen gebracht werden können. Beispiele sind die Colon Free Zone in Panama und die Barranquilla-Freihandelszone in Kolumbien. Ein *Freihafen* umfasst einen Hafen oder eine ganze Stadt, die für Zollzwecke vom Rest des Landes isoliert ist. Ein Beispiel für einen wichtigen Freihafen ist Hongkong. Schließlich ähnelt ein *Freibezirk* einem Freihafen hinsichtlich der erlaubten Aktivitäten, ist aber grundsätzlich auf eine „entfernte" unterentwickelte Region beschränkt. Bestimmte Gebiete in Mexiko, die ca. 7 km von der US-amerikanischen Grenze entfernt sind, illustrieren diese Variante. Da all diese Gebiete internationale Transaktionen fördern und erleichtern, können sie dem Exporteur nicht nur bei der Verteilung von Produkten in einem einzelnen Land, sondern in einer ganzen Region nützlich sein. Hongkong wird beispielsweise häufig als Distributionszentrale für den gesamten Fernen Osten genutzt.

Einige Entwicklungsländer und neu industrialisierte Länder haben *Exportabwicklungszonen* (EAZ) als Mittel zur Förderung der Industrialisierung eingerichtet. Beispiele sind die Jakarta-Zone in Indonesien, die Penang-Zone in Malaysia und die Batran-Zone in den Philippinen. Eine EAZ ist ein relativ kleines, geografisch abgegrenztes Gebiet innerhalb eines Landes, deren Zweck darin besteht, ausländische Investitionen exportorientierter Industrien anzuziehen. Durch die EAZ lassen sich Produktimporte zur Fertigung von Exporten auf einer überwachten, zollfreien Basis nutzen. Ein Exporteur kann derartige Zonen als Basis zur Belieferung mehrerer Märkte nutzen.

Förderung durch private Organisationen

Verschiedene, nicht regierungsabhängige Organisationen spielen eine Rolle bei der Förderung des internationalen Marketing. Viele der Aktivitäten überlappen und / oder reproduzieren jene der Regierungsagenturen. Andere kann man jedoch als Ergänzung der Regierungsanstrengungen sehen. Eine allgemeine Liste der Arten privater Organisationen, die sich an der Förderung des internationalen Marketing beteiligen, sieht wie folgt aus:

1. *Handelskammern:* lokale Handelskammern, nationale Kammern, nationale und internationale Verbände der Kammern, nationale Kammern im Ausland und binationale Kammern.
2. *Industrie- und Fachverbände:* nationale, regionale und sektorspezifische Industrieverbände, Verbände von Handelsfirmen, verschiedene Verbände von Herstellern, Händlern und anderen Körperschaften.
3. *Andere Organisationen, die sich mit Absatzförderung befassen:* Organisationen, die Exportforschungen durchführen, regionale Organisationen zur Außenhandelsförderung, Welthandelszentren, geografisch ausgerichtete Organisationen zur Absatzförderung, Exportverbände und -vereine, internationale Geschäftsverbände, Welthandelsverbände, Organisationen, die sich mit kommerzieller Arbitrage befassen.
4. *Exportdienstleistungs-Organisationen:* Banken, Transportunternehmen, Frachtspediteure, Exportkaufleute und Handelsunternehmen.

Zu den Arten der Unterstützung für Geschäftsunternehmen zählen Informationen und Publikationen, Ausbildung und Assistenz bei „technischen" Details, Auslandswerbung und andere Aktivitäten. Ausführlichere Informationen finden Sie z.B. in Seringhaus und Rosson (1989, S. 44–56).

3.4.4 Staatshandel

Das Extrem hinsichtlich der Beteiligung von Regierungen am internationalen Marketing ist der *Staatshandel*, bei dem sich Regierungen laut Definition entweder direkt oder über kontrollierte Agenturen anstelle von oder neben privaten Händlern an kommerziellen Unternehmungen beteiligen. Beispiele für Länder mit aktivem Staatshandel sind China und Russland sowie andere Länder, in denen alle Exporte, Importe und der Devisentausch Regierungsmonopolen überlassen bleibt oder in denen sich einzelne Unternehmen im Staatsbesitz befinden und sich an internationalen Marketingaktivitäten beteiligen. Viele dieser Länder lassen mittlerweile durch Joint Ventures oder als Resultat der Privatisierung staatlicher Unternehmen (experimentell) private Handelsaktivitäten zu. Darüber hinaus gibt es in Australien und bestimmten afrikanischen Ländern Verteilerstellen, die den Auslandshandel abwickeln.

In kapitalistischen Ländern stellt der Staatshandel keine normale und reguläre Aktivität des Staates dar. Er findet dann statt, wenn spezifische Ziele erreicht werden sollen, die mit relativ temporären Problemen zusammenhängen. Ausnahmen sind Aktivitäten von Unternehmen, die sich im staatlichen Besitz befinden, die aber so operieren, als ob es sich um Privatunternehmen handeln würde.

Sowohl kommunistische als auch kapitalistische Länder können sich des Staatshandels bedienen, um eines oder mehrere der folgenden Ziele zu erreichen:

- Förderung ihrer politischen Ziele.
- Absatz verschiedener Überschussprodukte.
- Unterstützung des Exporthandels.
- Verbesserung inländischer Planungsprogramme durch den Kauf von Produkten, die für die Schließung einer Planlücke benötigt werden.
- Verbesserung der internationalen Zahlungsbilanz des Landes.
- Steuerung des Austauschs von Fremdwährungen.
- Bewahrung der nationalen Sicherheit und Verteidigung.
- Erwerb spezifischer Produkte, weil diese entweder preiswerter erhältlich oder im In- und/oder Ausland knapp sind.
- Unterstützung inländischer Interessen durch Verbesserung der Wirtschaftskraft oder durch Schutz gegen ausländische Konkurrenz.

Private Geschäftsunternehmen sind vom Staatshandel aus zwei Gründen betroffen. Erstens bedeutet die Einrichtung von Importmonopolen, dass Exporteure substanzielle Korrekturen an ihren Exportmarketing-Programmen vornehmen. Sie können nicht wie in Privatwirtschaften direkt an Märkte verkaufen und Kundenloyalität aufbauen. Das staatliche Einkaufsbüro kauft bestimmte Waren ein, um eine Lücke im staatlichen Gesamtplan zu schließen. Die Marketingfähigkeiten des Verkäufers lassen sich zur Beeinflussung oder Änderung des Plans jedoch nicht in dem Umfang nutzen, wie es bei Privatwirtschaften möglich ist.

Ferner sind, wenn Staatshändler ihre monopolistische Macht ausspielen wollen, private internationale Marketer nicht wirklich in der Lage, mit ihnen zu konkurrieren oder mit ihnen zu verhandeln. Unterstützt von fast unbeschränkten Geldmitteln und ohne die Notwendigkeit eines monetären Gewinns, besitzen sie eine starke Verhandlungsmacht und können Zugeständnisse von international tätigen Unternehmen für die Vermarktung ihrer Rechte in ihrem Land erpressen.

3.5 Ökonomische Integration

Seit den 50er Jahren stellen entstehende Vereinbarungen über die regionale Wirtschaftsintegration eine zentrale Wirtschaftsmacht dar, die alle Formen internationaler Geschäftsaktivitäten und speziell Exporte und ausländische Direktinvestitionen betreffen. Im weitesten Sinne bedeutet ökonomische Integration eine grundsätzliche Vereinigung von separaten Einzelwirtschaften zu einer größeren einzelnen Wirtschaft. Letztendlich geht eine solche Integration über rein ökonomische Belange hinaus und betrifft auch soziokulturelle und politische/rechtliche Fragen. Entsprechend können Projekte der regionalen Wirtschaftsintegration als Vereinbarungen gesehen werden, die engere ökonomische Verbünde innerhalb eines Gebiets, das aus mehreren politisch unabhängigen Ländern besteht, fördern und die ökonomischen Konsequenzen politischer (und vielleicht sogar kultureller) Grenzen minimieren sollen.

Verschiedene Verfahren mit dem Ziel, eine regionale ökonomische Integration zu erreichen, wurden bereits ausprobiert, befinden sich im Einsatz oder wurden vorgeschlagen. Dabei reicht die Spanne von bilateralen Vereinbarungen zur Beseitigung von Handelshindernissen (wie z.B. das Closer Economic Relations Agreement zwischen Australien und Neuseeland) bis hin zur völligen ökonomischen Integration mit supranationalen Institutionen (wie z.B. der Europäischen Union). Wie Tabelle 3.6 zeigt, reichen die wichtigsten Integrationsprogramme von dem am wenigsten komplexen und anspruchsvollen *Freihandelsgebiet* bis zur umfassenden *politischen Union*. Sie finden heute existierende Beispiele für die jeweiligen Varianten in Tabelle 3.7.

Tabelle 3.6 Merkmale der ökonomischen Integration.

Merkmal	Feihandelsgebiet	Zollunion	Gemeinsamer Markt	Ökonomische Union	Politische Union
Beseitigung interner Zölle	X	X	X	X	X
Gemeinsame externe Zölle		X	X	X	X
Freier Fluss von Kapital und Arbeit			X	X	X
Harmonisierung der Wirtschaftspolitik				X	X
Politische Integration					X

Exportierende Geschäftsunternehmen können auf zwei grundlegende Arten von der Bildung eines beliebigen regionalen Schemas betroffen sein. Es kann einen *Präferenz-* und einen *Wachstumseffekt* geben. Für Exporteure außerhalb einer bestimmten Region bedeutet ein Präferenzeffekt, dass es wegen der bevorzugten Behandlung der innerhalb dieser Region angesiedelten Wettbewerber zu sinkenden Exporten (vielleicht sogar zu einem völligen Verlust des Marktes) in dieser Region kommt. Natürlich kann der „Außenseiter" in gewissem Umfang durch ein überlegenes Produkt, niedrigere Preise, das Eingehen einer oder mehrerer strategischer Allianzen oder – im Extremfall – die Errichtung einer Produktionsstätte innerhalb der Region wettbewerbsfähiger werden. Die letzte Maßnahme wurde von vielen Unternehmen als Reaktion auf die Bildung des internationalen Marktes der EU infolge des Europa-1992-Programms ergriffen.

In einigen Situationen wird die Errichtung einer Produktionsstätte von der sich integrierenden Gruppe gefördert. Seit ihren Anfängen in den späten 60er Jahren hat z.B. die ASEAN ein Programm für die ergänzende sektorielle Entwicklung verschiedener Industrien durchgeführt. Die Regierungen fördern Auslandsinvestitionen in „genehmigten" Industrien. Alle von „Außenseitern" als Antwort auf den Präferenzeffekt ergriffenen Aktionen können eine Änderung der Strategie und/oder Taktik der Exporteure in der Region erforderlich machen.

Teilweise kann dieser Präferenzeffekt durch den Wachstumseffekt ausgeglichen werden. Da ein größerer Gesamtmarkt entstanden ist, kann dies zusammen mit einer steigenden wirtschaftlichen Wachstumsrate bedeuten, dass Verbrauchern und industriellen Abnehmern mehr Geld für Produkte aus dem Ausland zur Verfügung steht.

Tabelle 3.7 Bestehende ökonomische Integrationsprogramme.

Freihandelsgebiet			
Europäische Freihandelsgemeinschaft (EFTA)		Latin American Integration Association	
Island		Argentinien	Mexiko
Liechtenstein		Bolivien	Paraguay
Norwegen		Brasilien	Peru
Schweiz		Chile	Uruguay
		Equador	Venezuela
		Kolumbien	
Association of South-East Asian Nations (ASEAN)		North American Free Trade Area (NAFTA)	
Brunei	Philippinen	Kanada	
Birma (Myanmar)	Singapur	Mexiko	
Indonesien	Thailand	USA	
Laos	Vietnam		
Malaysien			
Zollunion			
Benelux			
Belgien			
Luxemburg			
Niederlande			
Gemeinsamer Markt			
Europäische Union (EU)		Andean Common Market	
Belgien	Großbritannien	Bolivien	Peru
Dänemark	Italien	Equador	Venezuela
Deutschland	Luxemburg	Kolumbien	
Finnland	Niederlande		
Frankreich	Portugal		
Griechenland	Schweden		
Irland	Spanien		
Österreich			

Tabelle 3.7 Bestehende ökonomische Integrationsprogramme. (Forts.)

Mercosur	
Argentinien	Bolivien*
Brasilien	Chile*
Paraguay	
Uruguay	
Ökonomische Union	
Am ehesten in der Europäischen Union (EU). Die Schaffung des sog. „gemeinschaftlichen Markts" der EU Ende 1992 war ein Schritt in Richtung einer völligen wirtschaftlichen Kooperation zwischen den damals 12 (nun 15) Mitgliedsstaaten.	
Politische Union	
Der COMECON (Council for Mutual Economic Assistance) war ein Hybride, der die *politische Union* der wirtschaftlichen Angelegenheiten umfasste. Ursprünglich handelte es sich um eine erzwungene Union der Länder Osteuropas mit der UdSSR. Aber diese Union entwickelte sich zu einer Art freiwilligem wirtschaftlichen Verband, dem beliebige Nationen angehören konnten, die sich um eine Mitgliedschaft bemühten. Das British Commonwealth of Nations kann als eine freiwillige Union gesehen werden. Ähnlich schlägt die EU diese Richtung bei verschiedenen Bestimmungen des Vertrags von Maastricht ein.	

* unterschrieb ein Freihandelsabkommen

Präferenz- und Wachstumseffekte betreffen auch die Unternehmen innerhalb des regional integrierten Gebiets. Die Vorteile der ökonomischen Integration für Unternehmen innerhalb dieses Gebiets sind möglicherweise niedrigere Kosten und steigende Umsätze. Die Herstellungskosten können sinken, weil Vorprodukte aller Art aus größeren Gebieten zollfrei bezogen werden können. Die Verkäufe können wegen expandierender Märkte steigen. Natürlich profitieren davon nicht alle Unternehmen in demselben Maße.

Es ist auch zu erwarten, dass ökonomische Integration zu einer Verlagerung der ökonomischen Aktivitäten auf effizientere Produzenten von Waren und Dienstleistungen führt. Weniger effiziente Produzenten, die ihre Waren nur aufgrund protektiver nationaler Hindernisse verkaufen konnten, müssen ihre Effizienz verbessern, sich mit anderen zusammenschließen, neue Nischen finden oder Umsatzrückgänge in Kauf nehmen und sich aus dem Geschäft zurückziehen. Beispiele für diesen Prozess und die damit verbundenen wirtschaftlichen und politischen Schwierigkeiten kann man in der Notwendigkeit der Schließung vergleichsweise ineffizienter Produktionsstätten in der europäischen Stahlindustrie und in der Bewegung hin zur Konsolidierung und größeren Fertigungsstätten in der europäischen Zellstoff- und Papierindustrie sehen. Bereits exportierende Unternehmen haben schon ihre Wettbewerbsfähigkeit demonstriert und sollten ihre Position verbessern können, wenn es zu weiterer Integration kommt.

Aus Marketingsicht könnte man möglicherweise denken, dass sich eine Region (wie die EU) von einem Exporteur wie ein einzelner Markt behandeln läßt. Der Exporteur, der seine Operationen unter Verwendung einer solchen Strategie durchführt, wird schnell feststellen, dass dies keineswegs so einfach ist. Innerhalb einer Region hören separate Märkte nicht auf zu existieren. Die relevanten demographischen Merkmale und sozialen, rechtlichen und kulturellen Einflüsse, die einen Markt definieren, ändern sich nicht nur deshalb, weil ein Land Teil eines Gebiets mit freiem internationalen Handel und vielleicht auch frei beweglichen Ressourcen ist. Neben den variierenden Bedürfnissen und Einstellungen der Verbraucher führen andere Faktoren weiterhin zu erheblichen Marktunterschieden, zu denen Regulierungen der Marketingaktivitäten durch die Regierung, Verteilungsstrukturen und die Verfügbarkeit der Medien zählen, um nur einige zu nennen. Schließlich werden z.B. in der EU elf verschiedene Sprachen gesprochen.

Die regionale ökonomische Integration ist ein dynamischer Vorgang. Daher sind Vorgänge in der Welt nicht leicht zu beschreiben und zu analysieren. Was heute existiert, besteht morgen vielleicht nicht oder zumindest nicht mehr in derselben Form. Vorhaben von heute werden vielleicht sogar nie zur Realität. Zu den Beispielen für die dynamische Natur der regionalen Integration zählt die Formierung der Mercosur 1991 durch Argentinien, Brasilien, Paraguay und Uruguay, die durchweg auch Mitglieder der umfasserenderen Latin American Integration Association waren. Mitte 1996 unterzeichneten Chile und Bolivien ein Freihandelsabkommen mit Mercosur. Die ASEAN wurde 1997 durch Laos und Birma (Myanmar) trotz der Widerstände der nordamerikanischen und europäischen Regierungen gegen den Beitritt von Birma erweitert. Der Antrag von Kambodscha wurde wegen der Mitte 1997 entstehenden politischen Streitigkeiten und Instabilitäten auf Eis gelegt. Mitte der 90er Jahre gab es ein Interesse an der Errichtung eines südamerikanischen Freihandelsgebiets, das Mercosur mit dem Andean Common Market verbinden sollte. Auf breiterer Basis wurde die FTAA (Free Trade Area of the Americas) vorgeschlagen, die aus der NAFTA und Mercosur entstehen sollte (*The Economist*, 1995).

In Europa fanden die dynamischsten Ereignisse statt. 1987 verabschiedeten die zwölf Nationen der EU das Binnenmarktgesetz. Dieses Gesetz bildete die Grundlage eines Programms, das unter dem Namen Europa 1992 bekannt geworden ist und für dessen Implementierung bis zum 1. Januar 1993 285 Abkommen erforderlich waren. Das Endergebnis war die Schaffung des *Binnenmarkts*. Obwohl es bereits freie Bewegungen von Produkten und Ressourcen in der Gemeinschaft gab, sollte der Entwurf Europa 1992 alle Lücken schließen. Weiterhin sollten alle Grenzkontrollen und technischen Hindernisse beseitigt werden, Regierungsausschreibungen mussten auch ausländischen Anbietern aus der Gemeinschaft offen stehen und Finanzdienstleistungen mussten für den Wettbewerb geöffnet werden. Am Horizont warten die gemeinsame Währung der Gemeinschaft (der Euro) und weitere finanzielle Harmonisierungsmaßnahmen. Diese Fragen deckt der Vertrag von Maastricht ab, der schließlich 1993 von allen EU-Mitgliedstaaten ratifiziert wurde.

Das langfristige Ziel der EU-Führung ist es, die Mitgliedschaft durch weitere Länder zu erweitern. Die ehemaligen EFTA-Mitglieder (European Free Trade Association – Europäische Freihandelsgemeinschaft) Österreich, Schweden und Finnland traten 1995 bei. Die anderen ehemaligen EFTA-Staaten werden sehr wahrscheinlich folgen, so dass die langfristige Zukunft der EFTA an sich im Dunkeln liegt. Zwischenzeitlich einigten sich die EU und die EFTA auf ein Bündnis, die EEA (European Economic Association). Schließlich warten auch Länder in Zentral- und Osteuropa (z.B. Ungarn, die Tschechische Republik, die Slowakei und Polen) auf den Beitritt zur EU. Zusätzlich zu diesen Ländern haben sich Estland, Rumänien, Lettland, die Türkei, Malta und Zypern um eine Mitgliedschaft beworben und 1996 machte die EU Südafrika das Angebot einer Freihandelszone.

3.6 Wettbewerb

Der Wettbewerb ist in Bezug auf die Marketingstrategie einzelner Exporteure eine der dynamischsten Umweltkräfte. Alle Unternehmen müssen Verfahren entwickeln, mit denen sie sich selbst im Markt behaupten können. Alle Unternehmen haben eine Position inne, die in einigen Aspekten einmalig ist (z.B. Standort, Produkt, Kunden).

Wettbewerb existiert, weil Unternehmen aus ihrer Einzigartigkeit bei der Suche nach einer Nische im ökonomischen Umfeld möglichst große Vorteile ziehen wollen. Das Ergebnis ist (hoffentlich) die Entwicklung eines *differenzierenden Vorteils*, der einem Unternehmen einen Vorsprung vor den Angeboten anderer Anbieter gibt. Es ist die endlose Suche nach differenzierenden Vorteilen, die den Wettbewerb dynamisch hält. Hoecklin (1995) argumentiert, dass das Verständnis und die *Berücksichtigung* kultureller Differenzen zu innovativen Geschäftspraktiken und einer andauernden Quelle des Wettbewerbsvorteils werden können. Im weiteren Sinne lässt sich tatsächlich erkennen, dass sich längerfristige Wettbewerbsvorteile von „harten" effizienten hin zu „weicheren" effektiven Quellen verlagern.

Ein gutes Beispiel dafür ist die Situation Japans. Japan und seine Unternehmen wurden des „unfairen" Wettbewerbsverhaltens beschuldigt und Japan wurde vorgeworfen, den Zugang zu seinen Inlandsmärkten zu blockieren. Vernachlässigt man die Frage nach dem fairen Wettbewerb, gibt es Beweise dafür, dass die japanischen Märkte ausländischen Produkten nicht verschlossen sind (siehe Beispiel 3.6). 1990 war Japan die drittgrößte Importnation der Welt. Allerdings lag das Exportvolumen deutlich unter dem der Importe. Die Daten zeigten, dass Japan 1990 sehr wenig Lebensmittel, Rohmaterialien oder Brennstoffe exportierte, diese aber in großen Mengen importierte. Im Unterschied dazu wurden relativ wenig Kraftfahrzeuge importiert, die in großen Mengen exportiert wurden. Die Lage der Dinge deutet darauf hin, dass Japan dem ökonomischen Prinzip des *komparativen Vorteils* folgte: Es wird exportiert, was im eigenen Land gut hergestellt werden kann, und importiert, was im eigenen Land schlecht hergestellt werden kann (*The Economist*, 1992).

BEISPIEL 3.6

Die Vorteile des Wettbewerbs auf den Heimatmärkten des Konkurrenten

Im Laufe der 80er Jahre sah Eastman Kodak nur wie ein weiteres „fettes und unglückliches" amerikanisches Unternehmen aus, das unfähig war, sich gegen einen heftigen japanischen Angriff zu verteidigen. Fuji Photo Film attackierte die amerikanischen und europäischen Märkte, in denen Kodak über Jahrzehnte hinweg eine einträgliche Herrschaft bei Farbfilmen geführt hatte. Es drückte Kodaks Margen und zwang es zu diversen und nicht immer erfolgreichen panischen Maßnahmen zur Begrenzung der Kosten.

Dann schlug Kodak zurück. Die Manager in Rochester (New York) gestanden sich ein, dass ihr Unternehmen sich der nur noch zunehmenden globalen Herausforderung von Fuji stellen musste. Sie entschlossen sich zu einer Invasion in die Heimatmärkte ihres Rivalen. Seit dem Wiedereintritt in den japanischen Markt im Jahr 1984 wuchs Kodaks lokale Unternehmung von einem kleinen Büro mit 15 Leuten zu einem Geschäft mit 4.500 Beschäftigten, einem schmucken Hauptquartier in Tokio, einem Unternehmenslabor in der Nähe von Yokohama, Fertigungsstätten und Dutzenden von angegliederten Firmen. Inzwischen sind Kodaks Verkäufe in Japan auf das Sechsfache auf geschätzte 1,3 Mrd. US-$ (1990) gestiegen. All dies wurde unter heftigem Widerstand von Fuji und Konica, den einheimischen japanischen Filmlieferanten, erreicht.

Kodaks Eindringen in den japanischen Markt war nicht billig. Die japanischen Aktivitäten werfen nun einen Betriebsgewinn ab, aber es kann noch Jahre dauern, bis die für ihren Aufbau ausgegebenen 500 Mio. US-$ wieder amortisiert sind. Aber Kodak erkannte, dass der japanische Markt der zweitgrößte der Welt ist. Das Unternehmen kam zu der Ansicht, dass die Invasion Fuji in die Defensive drängen würde, so dass Fuji gezwungen sein würde, Ressourcen von Übersee abzuziehen, um sich in der Heimat zu verteidigen, wo sein Marktanteil bei Farbfilmen bei 70% lag. Einige der besten Fuji-Manager wurden jetzt nach Tokio zurückgerufen. Fujis heimische Margen wurden gedrückt. Fuji hat sich beim Angriff in Japan ebenso verwundbar wie Kodak in Amerika gezeigt.

Beispiel 3.6 (Forts.)

Kodak hat seit 1889 fotografische Materialien in Japan verkauft. Aber nach dem Zweiten Weltkrieg überredeten die amerikanischen Berufsgenossenschaften die meisten amerikanischen Unternehmen und auch Kodak, Japan zu verlassen, um der lokalen Industrie die Chance zur Erholung zu geben. Kodak übertrug das Marketing seiner Produkte japanischen Distributoren. Im Laufe der nächsten vier Jahrzehnte gewann Fuji seinen 70%-Anteil des japanischen Markts und begann dann mit einer eigenen Exportkampagne. Der Nachzügler Konica errang 20% des Inlandsabsatzes und überließ Kodak und einer Handvoll europäischer Unternehmen gemeinsam nur 10%. Bis 1984 wurden in wiederholten Handelsverhandlungen die meisten der Nachkriegshindernisse abgebaut, die den japanischen Filmmarkt schützten. Kodak versuchte seine gelben Packungen dem japanischen Kunden so vertraut und angenehm wie die bekannten lokalen Produkte zu machen. Kodak wollte Folgendes fördern:

- *Distribution.* Kodak erkannte, dass es die Kontrolle der eigenen Distributions- und Marketingkanäle übernehmen musste … . Statt diese Aufgabe allein anzugehen, begründete Kodak ein Joint Venture mit seinem Distributor, Nagase Sangyo, einem in Osaka ansässigen Handelsunternehmen, das sich auf Chemikalien spezialisiert hat.
- *Lokale Investitionen.* Um die Beziehungen zu seinen Lieferanten auszubauen, erwarb Kodak auch Eigenkapitalanteile an ihnen. Es besitzt nun 20% von Chinon Industries (einem Lieferanten von 35-mm-Kameras, Videokamera-Linsen, Druckern und anderem Computerzubehör, die Kodak unter dem eigenen Label verkauft). Kodak Imagica (ein Foto-Finisher, der Entwicklungslabors in ganz Japan unterhält) gehört ebenfalls zu 51% Kodak.
- *Werbung.* Es errichtete für 1 Mio. US-$ gigantische Leuchtreklamen, die in vielen japanischen Großstädten Orientierungspunkte darstellen. Kodak finanzierte Sumo-Ringen, Judo, Tennisturniere und 1988 sogar das japanische Team bei den Olympischen Spielen in Seoul … . Kodaks provozierendste Aktion war die Ausgabe von 1 Mio. US-$ für ein Luftschiff, das mit seinem Logo geschmückt war. Es kreuzte drei Jahre lang über japanischen Städten.

Die Hälfte aller japanischen Verbraucher erkennt nun Produkte von Kodak sofort. Dieses Markenbewusstsein half Kodak dabei, in Japan doppelt so schnell wie Fuji oder Konica zu wachsen. Kodaks Anteil bei Verkäufen an Amateurfotografen ist in den letzten sechs Jahren jährlich stetig um 1% gewachsen. Kodak hat jetzt einen Anteil von 15% in diesem Markt und es wird erwartet, dass Konicas zweiter Platz in den nächsten Jahren von Kodak übernommen wird. Kodaks Erfolg in Tokio war noch beeindruckender. Dort besitzt es nun 35% des Amateurmarkts, obwohl es sich bei der Amateurfotografie nicht um Kodaks größtes Geschäft in Japan handelt. In den Märkten für medizinische Röntgenfilme und Fotozubehör für Grafikkünstler und die Verlagsindustrie erreicht Kodaks Anteil 85%.

Kodaks Gegenangriff wurde nur durch einen abrupten Wandel der Einstellungen in Rochester möglich. Kodak hat in den wichtigsten Punkten seine unglaublich begrenzte Sichtweise aufgegeben. Das Unternehmen war angesichts seiner technischen Brillanz im Marketing selbstzufrieden und nachlässig geworden. Erst 1984 begann Kodak damit, seine Verpackungen in Japan japanisch zu bedrucken und erst 1988 wurde erstmals ein Film angeboten (Kodacolor Gold), der die vom japanischen Verbraucher bevorzugten grellbunten Farben lieferte. Heute denkt Kodak zumindest in Japan einfach wie ein japanisches Unternehmen. Außer einer von einem Nichtjapaner geleiteten kleinen Niederlassung, die mit Kodaks Hauptquartier verbunden ist, sind die übrigen lokalen Tochtergesellschaften völlig japanisch, haben einen japanischen Chef und ein japanisches Management. Unter Kodaks 4.500 Beschäftigten in Japan gibt es nur 30 Ausländer. Kodak ist derart gründlich japanisch geworden, dass es sogar seinen eigenen Keiretsu (eine Gruppe von Unternehmen, die gegenseitig Teile der Unternehmen besitzen) hat. Und Kodak ist derart umfassend akzeptiert worden, dass einige der größten Geschäftskunden Kodak darum bitten, sich auch mit kleinen Eigenkapitalanteilen an ihnen zu beteiligen. Das ist sowohl für die Markterwartung als auch für die Akzeptanz des Unternehmens eine äußerst wichtige Geste. Die globale Schlacht mit Fuji wird sich fortsetzen, aber sie wird nun auf beiden Seiten der Welt ausgetragen.

Quelle: Zitiert aus *The Economist* (1990). Copyright 1990 *The Economist* Newspaper Ltd. Abdruck mit Genehmigung.

Manchmal ist der Wettbewerb nicht „fair“ (Borrus, Toy und Salz-Trautman, 1995). Ein großes deutsches Elektronikunternehmen zahlte Bestechungsgelder, um Auslandsaufträge zu erhalten, Frankreich forderte 20% des vietnamesichen Telekommunikationsmarkts im Tausch für seine Hilfe, und ein europäischer Flugzeugproduzent drohte die EU-Mitgliedschaft der Türkei und Maltas zu blockieren, sofern ihre nationalen Fluggesellschaften nicht seine Maschinen kaufen würden. Von diesen und anderen Praktiken wurde aus der Wettbewerbsarena der globalen Geschäftswelt berichtet, und es scheint auch andere Beweise dafür zu geben, dass derartige Praktiken speziell in Schlüsselsektoren zunehmen werden. Unternehmen und Regierungen scheinen heute eher bereit zu sein, diese unkonventionellen Methoden einzusetzen, um Verkäufe zu machen. Nicht alle Länder (oder Kulturen) halten derartige Praktiken für illegal oder auch nur unethisch.

3.6.1 Das Wesen des Wettbewerbs

Exportmarketing-Planung erfordert Kenntnisse (1) der Strukturen des Wettbewerbs (Anzahl und Art der Konkurrenten) und (2) der Aktionen der Wettbewerber (die den Marketingmanagern bei Entscheidungen über Produkt, Vertriebskanal, Preis und Werbung zur Verfügung stehenden Werkzeuge). Manager z.B. müssen ständig den Wettbewerb in internationalen Märkten im Auge behalten.

Dies kann Produkte betreffen, deren Preise in verschiedenen Nationen einer bekannten Gesetzmäßigkeit folgen, die standardisiert sind oder nach international akzeptierten Standards eingestuft werden und die aufgrund von Marktbedürfnissen und Wettbewerbsbedingungen normalerweise von einem Land in ein anderes fließen. Kurz, es sind Produkte betroffen, für die es einen erkennbaren internationalen Markt gibt. Rohstoffe und Vorprodukte (z.B. Stahl, Kaffee, Gummi, Textilien, industrielle Chemikalien) sind Beispiele für derartige Produkte. Diese Produkte sind homogen oder lassen sich in homogene Kategorien einstufen. Es sind „Komponenten, die in Industrien praktisch aller Länder in eine große Vielzahl von Produkten einfließen“.

Es gibt jedoch auch einen gewissen internationalen Markt für Produkte, die nicht wirklich homogen sind, sich aber hinreichend ähneln, so dass man sie als akzeptable Substitute ansehen kann (z.B. Aspirin, Rasierklingen, Erfrischungsgetränke, Kraftfahrzeuge und Bekleidung). Derartige Produkte sollten in einem gewissen Maß spezifisch auf das jeweilige Marktsegment zugeschnitten werden. Ein ausländisches Unternehmen, das Kraftfahrzeuge herstellt, wird z.B. in den Märkten von Ländern, in denen auf der linken Straßenseite gefahren wird (Großbritannien, Japan, Neuseeland, Thailand), wettbewerbsfähiger sein, wenn es Fahrzeuge mit Rechtslenkung anbietet. Wenn ein internationaler Markt existiert, müssen Produzenten mit Herstellern anderer Länder konkurrieren. Wenn Produzenten anderer Nationen zu hohe Preise verlangen oder das Qualitätsniveau deutlich niedriger ansetzen, können Verbraucher die ausländischen Produkte aus Preisgründen für ein besseres „Schnäppchen“ halten. Häufig kennen heimische Produzenten oder multinationale Unternehmen, die für gegebene Inlandsmärkte fertigen, die Grenzen, innerhalb derer sie sich bewegen müssen, damit ihre Produkte den Bedürfnissen des lokalen Markts entsprechen, besser als ausländische Hersteller. Entsprechend können Hersteller von Aspirin das Produkt in unterschiedlichen Verpackungsgrößen für verschiedene nationale Märkte anbieten, Hersteller eines Apfelsinensafts können dessen Zusammensetzung an die unterschiedlichen Verbrauchervorlieben anpassen (z.B. den Anteil des natürlichen Apfelsinensafts im Getränk). Auch wenn es so scheinen mag, dass derartige Produkte keiner direkten Konkurrenz von ähnlichen, sich aber zugleich unterscheidenden Produkten, die an anderen Orten vermarktet werden, ausgesetzt sind, ist diese Schlussfolgerung illusorisch. Es existiert dennoch ein gewisser Wettbewerb.

3.6.2 Den Wettbewerb beeinflussende Faktoren

Wenn Produkte in dem Sinne homogen sind, dass die Produkte eines Herstellers einen guten Ersatz für die anderer Hersteller darstellen, und wenn es eine hinreichend große Zahl von Käufern und Verkäufern gibt, so dass deren Aktionen (allein oder zusammen mit anderen) praktisch keine Folgen für andere Käufer und Verkäufer haben, wird der Preis der Produkte von den natürlichen Marktfaktoren bestimmt. Die Qualität und Art des Produkts (oder Produktvarianten) siedeln sich tendenziell auf einem Niveau an, auf dem es für den Markt in Übereinstimmung mit seinem Preis steht. Die physische Distribution, der Verkauf und die Werbungskosten werden dabei tendenziell auf das niedrigstmögliche Niveau reduziert. Unter derartigen Bedingungen ist die Struktur des Wettbewerbs der Hauptfaktor, den Exporteure bei der Festlegung ihrer Marktpolitik berücksichtigen müssen. In gewisser Weise brauchen Exporteure kaum eine umfassendere Politik als die, die Produktqualität auf das minimal akzeptierte Niveau zu senken, andere Marketingkosten zu minimieren und ihre Produkte zum Marktpreis anzubieten. Im Nettoergebnis wird der Preis tendenziell auf die durchschnittlichen Stückkosten gedrückt, tendenziell profitieren preiswerte Hersteller – weniger effiziente Wettbewerber (im Sinne der Kostensenkung) werden tendenziell aus dem Markt verdrängt oder in andere Unternehmungen gezwungen, die sie effizienter durchführen können.

Unter den oben beschriebenen Umständen ist die Annahme der Produkthomogenität ein wesentlicher Faktor. Bei einigen Produkten ist dies eine sinnvolle Annahme, bei anderen nicht. Die Welt sähe wirklich düster aus, wenn Hersteller zur Fertigung einheitlicher Produkte gezwungen wären. Aus praktischen Gründen halten es Produzenten häufig für sinnvoll, dass sich ihre Produkte in einer für den Verbraucher bedeutsamen Weise von denen ihrer Wettbewerber absetzen. Zu derartigen Anstrengungen zählen nicht nur physische Produktänderungen, sondern auch Variationen der Verpackung, der Produktlinie, der Marketingkanäle, des persönlichen Verkaufs, der Werbung und des Preises, also alle Änderungen der Elemente des Marketing-Mixes. Wenn Anbieter auf diese Weise reagieren, gewinnt der Wettbewerb neue Dimensionen, die über seine strukturellen Aspekte hinausgehen.

Manchmal entwickeln sich Wettbewerbsbedingungen, bei denen die Bedürfnisse der Verbraucher adäquat erfüllt werden, manchmal stehen die Bedürfnisse und Interessen der Verbraucher aber auch hinter den Interessen der Anbieter zurück. Im letzteren Fall sind manchmal Gesetze oder regulatorische Maßnahmen von Regierungen zum Schutz der gesamtgesellschaftlichen vor den Interessen von „Minderheiten" erforderlich. Gesetze oder Regulierungen von Regierungen können bei der Förderung des „effektiven Wettbewerbs" substanzielle Faktoren sein oder Gesellschaften und Wettbewerber auf gewisse Weise schützen. Daher werden Regulierungen der Regierung zu Faktoren, die teilweise das Wesen des Wettbewerbs bestimmen.

Zusammengefasst wird der Wettbewerb also stark beeinflusst durch (1) das allgemeine Geschäft, kulturelle, ökonomische und wirtschaftliche Bedingungen, (2) Kosten und (3) Gesetze und Regulierungen. Darüber hinaus beeinflussen auch die Aktivitäten und Politiken der *Wettbewerber* selbst den Wettbewerb. 1996 besaß beispielsweise auf den Philippinen ein lokales Unternehmen, Jollibee Foods Corporation, hinsichtlich der Anzahl der Besuche in Hamburger-Restaurants einen Marktanteil, der dreimal so hoch war wie der von McDonald's. Die Stärke von Jollibee war die Kenntnis des lokalen Geschmacks (schwere, würzigsüße Soßen und Reis in Verbindung mit Entrées). Dieser Erfolg brachte McDonald's dazu, eigene „Spicy Burgers" im Filipino-Stil anzubieten. In den 90ern kamen zwei der größten Produzenten von Telekommunikationsausrüstung aus kleinen nordischen Ländern. Nokia (Finnland) und L.M. Ericsson (Schweden) belieferten etwa ein Drittel des Weltmarkts mit mobiler Kommunikationsausrüstung. Aus dem Erfolg dieser beiden Unternehmen können alle Anbieter von Telekommunikationsausrüstung und vielleicht auch die Anbieter anderer Industriegüter die folgenden Lektionen lernen: (1) konkurrieren Sie in der Heimat, (2) schauen Sie sich im Ausland um und (3) investieren Sie in neue Technologien.

Aus der Marketingsicht kann der Exporteur auf einer *preislichen* und / oder einer *nichtpreislichen* Basis konkurrieren. Der nichtpreisliche Wettbewerb kann besonders in jenen Märkten recht intensiv sein, in denen Verbraucher über entsprechende Einkommen bzw. Reichtümer verfügen, die es ihnen ermöglichen, auf andere Dinge als nur den „günstigsten Einkauf" zu achten.

ZUSAMMENFASSUNG

In diesem Kapitel wurden die wesentlichen Komponenten des internationalen Umfelds und deren Bedeutung für die Marketinganstrengungen internationaler Marketer erörtert. Unser Interesse konzentrierte sich auf das ökonomische, soziokulturelle und politisch/rechtliche Umfeld und auf den Wettbewerb. Obwohl diese Bereiche jeweils verschieden sind, können sie sich auch gegenseitig beeinflussen. Die Regierungspolitik kann sich z.B. auf die Wettbewerbssituation auswirken. Es ist unbedingt notwendig, dass der internationale Marketer/Exporteur nie vergisst, dass „ein Geschäftsunternehmen ein Produkt seiner Umwelt ist". Wie Beispiel 3.7 verdeutlicht, ist der Erwerb von Wissen jedoch ein Schlüssel zum Gewinn differenzierender Vorteile.

BEISPIEL 3.7

Den Kampf gegen die Wettbewerber gewinnen

Wellington schrieb angesichts der starken zahlenmäßigen Überlegenheit der französischen napoleonischen Truppen: „Das ganze Unternehmen des Kriegs, und tatsächlich auch das des Lebens, ist ein Streben, das herauszufinden, was man nicht weiß ...". Er war ein Führer, der um den strategischen Wert der Intelligenz wusste, und sich bewußt war, wie sich diese beim Streben nach kompetitiven Vorteilen anwenden ließ.

Strategische Intelligenz ist die systematische Überwachung des kompetitiven Umfelds zwecks Erwerb einer Wissensbasis für zukünftige Aktionen. Der langfristige Erfolg eines Unternehmens liegt in der Konzentration auf eine Kernidee, wobei man Umweltänderungen beobachtet und vorausahnt, die für diese Idee eine Herausforderung darstellen könnten. Wissen ist von Vorteil. Daher lassen sich die folgenden Fragen nur unter Einsatz von Intelligenz beantworten:

1. Welche Chancen bietet die Erfüllung der sich wandelnden Bedürfnisse der Verbraucher?
2. Was will ein Unternehmen als Unternehmen sein (die Kernidee des Geschäfts)?
3. Wie werden die Wettbewerber auf Änderungen der Präferenzen der Verbraucher reagieren?
4. Wo sollte das Unternehmen angreifen? Wo sind die die Produkte und Kunden des Wettbewerbers verwundbar?
5. Wer sind die Wettbewerber von morgen?
6. Wie kann sich das Unternehmen selbst schützen?

Letztlich stellen die Intelligenz eines Unternehmens und dessen Fähigkeit zur „Gegenspionage" dessen Wettbewerbsvorteil dar.

Quelle: nach Haybyrne, 1996.

FRAGEN ZUR DISKUSSION

3.1 Manchmal werden verschiedene Klassifizierungsschemen zur Ermittlung des Potenzials eines bestimmten fremden Markts/Landes benutzt. Erläutern Sie, was dafür spricht, diese Schemen als Basis für Entscheidungen über den Markteintritt in die Märkte zu benutzen, und was dagegen spricht.

3.2 Erklären Sie die Bedeutung von „kulturelle Bereichen". Bieten diese universellen Zugang zum Verhalten in allen Gesellschaften?

3.3 Stimmen Sie darin überein, dass der internationale Marketer eine Kultur nicht aus der nahen Perspektive studieren muss, sondern nur eine weite Perspektive benötigt, um die allgemeinen Muster und Themen kennen zu lernen? Erläutern Sie Ihre Antwort.

3.4 Erklären Sie die Bedeutung der folgenden Aussage: „Menschen machen das internationale Marketing zwar aufregend, aber auch frustrierend".

3.5 Was ist die „stille Sprache" des internationalen Marketing und wie steht sie zu dem Konzept „Kultur ist Kommunikation" in Beziehung?

3.6 Warum ist die Anwendung des Selbstbezugs-Kriteriums für einen Marketer nicht wünschenswert?

3.7 Regierungen können im internationalen Marketing etliche verschiedene Rollen spielen. Was sind diese Rollen und welche Wirkung haben sie auf einzelne Geschäftsunternehmen?

3.8 Warum würden einige Exporteure freiwillige Exportbeschränkungen unterstützen, auf die sich ihre Regierungen einlassen?

3.9 Entscheiden Sie für ein Land Ihrer Wahl, was dessen Regierung zur Förderung von Exporten und anderen internationalen Marketingaktivitäten unternehmen soll. S. 109

3.10 Was ist regionale ökonomische Integration, welches sind ihre Ziele, wie soll sie diese Ziele erreichen und welche Auswirkungen hat sie auf einzelne Exporteure? S. 116

3.11 Sollte eine ökonomisch integrierte Region als ein Marktgebiet angesehen werden? Erläutern Sie Ihre Antwort. Würde Ihre Antwort für die Europäische Union und z.B. die NAFTA anders lauten? S. 118

3.12 Was ist eigentlich damit gemeint, wenn ein Unternehmen einen differenziellen Vorteil vor seinen Wettbewerbern in einem oder mehreren ausländischen Märkten hat?

LITERATURHINWEISE

Adler, N. J. (1991). *International Dimensions of Organizational Behavior.* 2. Aufl. Boston: PWS-Kent.

Borrus, A. und Javetski, B. (1995). Who's afraid of the World Trade Organization? *Business Week*, 5 Juni, 35.

Borrus, A., Toy, S., Salz-Trautman, P. (1995). A world of greased palms. *Business Week*, 6 November, 36-38.

Brake, T., Walker, D. M., Walker, T. (1995). *Doing Business Internationally.* Burr Ridge, IL: Irwin Professional.

Brislin, Richard (1993). *Understanding Culture's Influence on Behavior.* Fort Worth, TX: Harcourt Brace Jovanovich.

Bullock, G. (1995). How Austrade can help your export drive. *Sydney Morning Herald*, 6. Juni, 47.

Cateora, P. (1993). *International Marketing*. 8. Aufl. Homewood, IL: Richard D. Irwin.

Chan, C. (1996). State-run bicycle makers hit with large duty by U.S. *South China Morning Post*, 20. Mai, Business Post, 3.

Cheung, S. (1996). The cost of good connections. *South China Morning Post*, 26. Mai, 2.

Czinkota, M., Ronkainen, I. (1993). *International Marketing*. 3. Aufl. Chicago: The Dryden Press.

Davies, H., Leung, T. K. P., Luk, S. T., Wong, Y-H. (1995). The benefits of „guanxi". *Industrial Marketing Management*, 24, 207-214.

Duerr, M. (1992). New United Motor Manufacturing Inc. at Midlife: experience of the joint venture. In: *Research in International Business and International Relations*, Bd. 5, Greenwich, CT: JAI Press, 193–214.

Durham, B. (1992). Study tries to define Russian buyers. *We/Mbl*, 7. Mai, 6.

Farmer, Richard, Richman, Barry (1984). *International Business.* 4. Aufl. Bloomington, In: Cedarwood.

Hall, E.T. (1960). The silent language in overseas business. *Harvard Business Review*, Mai-Juni, 93–96.

Hall, E T. (1973). *The Silent Language*. Garden City, NY: Anchor/Doubleday.

Haybyrne, J. (1996). Learning to win the war against competition. *South China Sunday Morning Post*, 30. Juni, 8.

Hewett, G. (1996). New growth zones set to drive region's economy. *South China Morning Post*, 27. Mai, Business, 5.

Hoecklin, L. (1995). *Managing Cultural Differences: Strategies for Competitive Advantage*. Wokingham, England: Addison-Wesley.

Jacobs, C., Worcester, R. (1991). *We British: Britain Under the MORIscope*. London: Weidenfeld & Nicholson.

Keesing, D.B., Singer, A. (1992). Why export promotion fails. *Finance & Development*, 29(1), 52-53.

Kess, J. (1976). *Psycholinguistics: Introductory Perspectives*. New York: Academic.

Kogut, B., Singh, H. (1988). The effect of national culture on the choice of entry mode. *J. International Business Studies*, Herbst, 19, 411–432.

Lee, James A. (1966). Cultural analysis in overseas operations. *Harvard Business Review*, März-April, 44, 106–114.

Lu, H. (1996). Quota rules fix exports. *China Daily Business Weekly*, 26. Mai-1. Juni, 1.

Matsutuji, T. (1992). Helping American firms sell in Japan. *VIA International*, 44(6), 22–23.

Milner, C. (1990). *Export Promotion Strategies: Theory and Evidence from Developing Countries*. New York: New York University Press.

Moy, J. (1996). Relative values. *Asia Magazine*, 21–3 Juni, 8–13.

Murdock, George (1945). *The Common Denominator of Cultures: The Science of Men in the World Crises* (Hrsg. R. Linton). New York: Columbia University Press, 123–142.

Punnett, B. J. (1994). *Experiencing International Business and Management.* 2. Aufl. Belmont, CA: Wadsworth.

Ricks, D. (1983). *Big Business Blunders: Mistakes in Multinational Marketing*. Homewood, IL: Dow Jones-Irwin.

Seringhaus, F.H.R., Rosson, P.S. (Hrsg.) (1989). *Government Export Promotion: A Global Perspective*. London: Routledge.

Terpstra, V. (1978). *The Cultural Environment of International Business*. Cincinatti, OH: South-Western.

The Economist (1990). The revenge of Big Yellow. 10. November, 77–78.

The Economist (1992). Japan's troublesome imports. 61.

The Economist (1994). How not to sell 1.2 billion tubes of toothpaste. 3. Dezember, 75–76.

The Economist (1995). The Americas drift towards free trade. 8. Juli, 35–36.

The Economist (1996). Crossing the Pacific. 24 August, 51–52.

Triplett, T. (1994). Middle-class Mexicans share traits with U.S. counterparts. *Marketing News*, 28 (10. Oktober), 8.

VIA Port of NY-NJ (1988). Holland's matchmaker. 40(10), 8-9.

World Bank (1996). *World Development Report 1996*. New York: Oxford University Press.

Yorio, V. (1978). *Adapting Products for Export*. New York: The Conference Board.

WEITERFÜHRENDE LITERATUR

Bolz, J., Meffert, H. (2001). *Internationales Marketing-Management*. 4. Aufl. Stuttgart: Kohlhammer.

Jovanovic, M. N. (1992). *International Economic Integration*. London: Routledge.

Kornmeier, Müller (erscheint 2001). *Internationales Marketing*. München: Vahlen.

Nsouli, S. M., Bisat, A., Kanaan, O. (1996). The European Union's new Mediterranean strategy. *Finance & Development*, September, 14–20.

Quack, H. (1995). *Internationales Marketing – Entwicklung einer Konzeption mit Praxisbeispielen.* München: Vahlen.

Terpstra, Vern, David, Kenneth (1985). *The Cultural Environment of International Business*. Cincinnati, OH: South-Western.

The Economist (1996). MERCOSUR survey. 12. Oktober, 3–30.

Yau, O. H. M. (1994). *Consumer Behavior in China: Customer Satisfaction and Cultural Values*. London: Routledge.

FALLSTUDIE 3.1

Supreme Canning Company

(Diese Fallstudie wurde von Mitsuko Saito Duerr, San Francisco State University, verfasst.)

Die Supreme Canning Company (der richtige Name des Unternehmens wurde geändert) ist ein unabhängiges amerikanisches Verpackungsunternehmen von Tomatenprodukten (ganze geschälte Tomaten, zerkleinerte Tomaten, Ketchup-, Pasta-, Pizza- und andere Soßen sowie Tomaten und Zucchini). Das Unternehmen ist in Kalifornien ansässig. Auch wenn es einige Dosen unter eigenem Markennamen herstellt, wird ein Großteil der Produktion für andere produziert, deren Markennamen und Aufkleber auf die Dosen kommen. Das Unternehmen produziert Dosen in Größen für den Verkauf im Einzelhandel, mit einer Gallone Inhalt für Restaurants und industrielle Abnehmer, sowie 55-Gallonen-Fässer für andere Abnehmer, die von diesen anders verpackt oder weiterverarbeitet werden. Die jährliche Verarbeitungskapazität übersteigt 100.000 Tonnen Tomaten, die saisonbedingt in einer Betriebszeit von ca. drei Monaten verarbeitet werden.

In den Jahren 1977 bis 1987 hatte die kalifornische Konservenindustrie schwer unter dem starken ausländischen Wettbewerb und mangelnder Nachfrage gelitten. Eine ein wenig gestiegene lokale Nachfrage nach Tomatenspezialitäten, insbesondere nach Pizza- und anderen Soßen, konnte die steigenden Importe nicht wettmachen. Der hohe Wert des US-Dollars im Jahr 1985 machte es für US-Unternehmen schwer, ins Ausland zu exportieren. Überkapazitäten und die daraus resultierenden niedrigen Preise führten zum Bankrott etlicher kalifornischer Konservenunternehmer.

Mit dem während 1986 und 1987 sinkenden Dollar und den japanischen Anstrengungen, ihre Handelsbarrieren abzubauen und Importe zu erhöhen, schien der Eintritt in den japanischen Markt für die Supreme Canning Company möglich zu sein. Eine Anfrage eines Lebensmittelverpackers und -Distributors in Japan deutete auf ein entsprechendes Interesse hin. Das japanische Unternehmen produzierte und verteilte eine große Anzahl von Produkten, war in Japan wohl bekannt und viel größer als das US-Unternehmen.

Da Supreme Canning Company keinen eigenen anerkannten Markennamen hatte, hatte das Unternehmen Interesse daran, als Großlieferant von Produkten aufzutreten, die nach den Spezifikationen der Kunden für deren Distribution und unter deren Markennamen hergestellt werden sollten. Daher war die Anfrage aus Japan mehr als willkommen.

Das japanische Unternehmen lud erfahrene Manager des amerikanischen Unternehmens ein, ihre japanischen Produktionseinrichtungen und Büros zu besuchen. Der Präsident und auch der Ausschussvorsitzende von Supreme Canning Company statteten den Managern des Unternehmens in Japan einen viertägigen Besuch ab. Der Präsident des US-Unternehmens kannte die japanischen Geschäftspraktiken ein wenig aus Studien an der Universität von Stanford und umfangreichen Lektüren und wollte hinsichtlich der japanischen Geschäftspraktiken als Führer fungieren. Der Ausschussvorsitzende wusste nur wenig von Japan und hielt sich für einen entscheidungsfreudigen Mann der Tat. Obwohl es einige kleinere Missverständnisse gab, konnte der Besuch erfolgreich abgeschlossen werden, und die Amerikaner luden die Japaner zu einem Vier-Tage-Besuch ihrer Fertigungsstätten in Kalifornien ein.

Die Japaner zeigten Interesse an der Unterzeichnung eines gegenseitigen Kooperationsvertrags. Der amerikanische Ausschussvorsitzende zeigte aber kein Interesse, sondern strebte konkrete Abkommen und Verträge an. Als der Zeitpunkt des japanischen Besuchs in den USA näher rückte, deuteten die Japaner an, dass ihr Präsident nicht kommen könne. Einige erfahrene Manager könnten das Treffen wohl wahrnehmen, aber nur zwei statt vier Tage bleiben. Der zweite Ausschussvorsitzende des kalifornischen Unternehmens fragte schriftlich nach, warum die Japaner ihren Präsidenten nicht schicken würden und warum sie nicht vier, sondern nur zwei Tage bleiben konnten, „wie wir es in Japan gemacht haben". Der Brief war offen und direkt formuliert. Der Ton war der einer Person, die mit einem Gleichgestellten redet, aber nicht übermäßig höflich.

Das japanische Unternehmen sagte daraufhin seinen Besuch ab – es fanden keine weiteren Verhandlungen oder ernste Kontakte mehr statt.

Einige Monate später fragte ein lokaler Geschäftsmann japanischer Herkunft den Präsidenten der Supreme Canning Company, ob Vertreter eines anderen (noch größeren) japanischen Lebensmittel-Produzenten und -Distributoren die Fertigungsstätte besuchen könnten. Vier Japaner erschienen zusammen mit dem örtlichen Geschäftsmann, der als Dolmetscher und Vermittler fungierte. Drei der Japaner mittleren Alters zückten ihre *meishi* (Visitenkarten) und stellten sich vor. Alle sprachen ein wenig Englisch. Der ältere Mann überreichte keine Visitenkarte und stellte sich auch nicht vor. Als der Präsident des amerikanischen Unternehmens nachfragte, wer er war, sagte der Vermittler, dass er nur einer der Unternehmensdirektoren sei. Der Besuch endete, ohne dass über Geschäftliches gesprochen worden war, aber das war vom Erstbesuch japanischer Geschäftsleute auch nicht erwartet worden.

Der Präsident von Supreme fand später den Familiennamen des unbekannten Besuchers heraus und erkannte sofort, dass es sich bei ihm um den Präsidenten des japanischen Unternehmens gehandelt hatte. Er nahm an, dass der Präsident des japanischen Unternehmens bei seinem Besuch unerkannt bleiben wollte. Er rief den Vermittler an und teilte ihm mit, dass er nie wieder jemanden aus diesem Unternehmen in seiner Fertigungsstätte sehen wolle.

Durch eine Beschreibung des unbekannten Besuchers erkannte ein Berater des Unternehmens, dass der Besucher nicht der Präsident des japanischen Unternehmens war. Vielmehr war es der Vater des Präsidenten, der sich bereits teilweise im Ruhestand befand. Der Vater behielt eine Position im Vorstand und sein aktives Interesse an den Unternehmensaktivitäten bei, war aber in alltäglichen Angelegenheiten nicht mehr aktiv. Anders als sein Sohn, der fließend Englisch sprach, sprach er nur japanisch. Der Berater erkannte plötzlich, dass der Ausschussvorsitzende des amerikanischen Unternehmens offenbar Folgendes nicht verstanden hatte:

- dass Japaner Menschen lieber erst gut kennen lernen, bevor sie Geschäfte mit ihnen machen;
- die Bedeutung des Abkommens über die Zusammenarbeit (was ein erster Schritt sein sollte, ein langfristiges Geschäftsabkommen zu schließen);
- die Rangordnung zwischen kleineren und größeren Unternehmen in Japan (größere Unternehmen besitzen einen höheren Status und ihren Managern wird größerer Respekt gezollt);
- die Rangordnung zwischen Anbietern und Abnehmern in Japan (die Abnehmer besitzen einen höheren Status und ihren Managern wird größerer Respekt gezollt).

Fragen:

1. Hätte sich der Vorsitzende des amerikanischen Unternehmens vorher besser über japanische Geschäftspraktiken informieren müssen?
2. Hätten die Japaner sich vor dem Knüpfen des Kontakts besser über amerikanische Geschäftspraktiken informieren müssen?
3. Wie sollte der Präsident des amerikanischen Unternehmens jetzt reagieren?

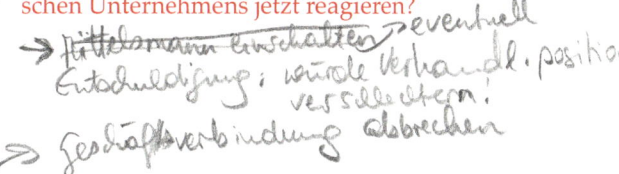

FALLSTUDIE 3.2

Mary Kay China: Markteintritt in Schanghai

(Dieser Fall wurde verfasst von Bernd Schmitt, Columbia University, USA und China Europe International Business School, China. © 1997 Bernd Schmitt und CEIBS.)

Im Februar 1995, kurz vor dem chinesischen Neujahr, arbeitete Cecilia Yang, die Vizepräsidentin des Verkaufs und Marketing von Mary Kay China, spät in ihrem Büro im Zentrum von Schanghai. Sie freute sich auf ihren fünftägigen chinesischen Neujahrsurlaub – nicht wegen des Urlaubs, sondern einfach, um ein paar ruhige Tage zu haben, während derer sie die wichtigste Aufgabenstellung ihrer neuen Position bei Mary Kay noch einmal überprüfen konnte: den Entwurf einer Verkaufs- und Marketingstrategie sowie dessen Umsetzung für den Markteintritt von Mary Kay in Schanghai.

Schanghai war die erste Stadt in der Volksrepublik China (VRC), in der die Produkte von Mary Kay verkauft werden würden. Mary Kay hatte seine Produkte in Thailand und Singapur vertrieben und war in Taiwan sehr erfolgreich. Aber der Eintritt in die sozialistische Marktwirtschaft der VRC war scheinbar ein völlig anderes Problem. Mary Kay China war auf das offizielle Startdatum Mitte April 1995 vorbereitet.

Das Image von Hausverkäufen war in der VRC äußerst negativ und wurde mit den Aktivitäten zweifelhafter Unternehmen assoziiert. Es war nicht klar, ob sich in Schanghai ein hoch motiviertes weibliches Verkaufsteam anwerben ließ, das wie in vielen anderen Ländern das Rückgrat von Mary Kay bilden sollte. Auch lagen die verfügbaren Einkommen der Frauen in China viel niedriger, und sie waren hinsichtlich Hautpflege und Kosmetika anspruchsloser und schlechter informiert als Chinesinnen in Übersee.

Cecilia musste Schönheitsberaterinnen (Consultants) anwerben und bei dieser Entscheidung die umfassenderen strategischen Fragen der Positionierung des Unternehmens und der Auswahl der Zielkunden klären. In den USA bildeten Verbraucher mittleren Alters den Mary-Kay-Kundenstamm. In China konnten die Zielkunden durchaus andere sein. Wo sollte das Verkaufsteam zudem Mary-Kay-Produkte verkaufen? Chinesische Kunden waren den Verkauf von Kosmetika in Kaufhäusern gewohnt. Aber Mary Kay vertrieb seine Produkte im Direktverkauf.

Wie ließ sich die negative Einstellung zum Direktverkauf überwinden? Was wäre die beste Methode des Verkaufs von Produkten an Endkunden?

Wie sollten schließlich, vor dem Hintergrund der niedrigen verfügbaren Einkommen in China, die Preise der Produkte gestaltet werden? Sollte das übliche Mary-Kay-Sortiment angeboten werden oder sollte es von lokalen Produkten ergänzt werden?

Es gab eindeutig viel zu tun. Die Aufgabe schien manchmal überwältigend zu sein. Marktdaten hatten in der VRC jahrelang nicht zur Verfügung gestanden. Heute waren sie immer noch knapp, etwas inkonsistent und oft unzuverlässig. Zur Unterstützung ihrer Entscheidungsfindung hatte Cecilia einige Daten über die Konkurrenz und die Preise der Kosmetika der Wettbewerber in Schanghai gesammelt und eine Marketingstudie über chinesische Verbraucher in Auftrag gegeben. Sie hatte auch einige ausgewählte Hintergrunddaten über China und Schanghai bekommen.

Mary Kay Company

Mary Kay Inc. wurde 1963 von Mary Kay Ash in Texas gegründet. Mary Kay ist bei Gesichtspflege und Farbkosmetika die meistgekaufte Marke in den USA. Das Mary-Kay-Sortiment umfasst mehr als 200 Produkte in neun Kategorien: Gesichtspflege, Farbkosmetika, Nagelpflege, Haarpflege, Körperpflege,

Sonnenschutz, Düfte, Hautpflege von Männern und Nahrungsergänzungen. Der Hauptanteil liegt bei der Hautpflege, die mehr als 45% der Verkäufe ausmacht. Mehr als 20 Millionen amerikanische Kunden kaufen jährlich etwa 150 Millionen Mary-Kay-Produkte. Die Produkte werden in Marys Kays einzigem Betrieb in Texas hergestellt und von dort aus in weltweit mehr als 25 Länder verschifft.

Mary Kay hat sein Unternehmen erfolgreich aufgebaut, indem es seinem Kundenstamm durch persönliche Aufmerksamkeit und eine Dienstleistung von Angesicht zu Angesicht gerecht wird. Dies hat sich als Vorteil erwiesen, wenn es darum geht, Frauen dabei zu helfen, ihre individuellen Schönheitsbedürfnisse zu erkennen und die für sie geeignetsten Produkte zu finden.

Mary-Kay-Produkte werden von sog. „Schönheits-Consultants" in deren Wohnung an die Kunden verkauft. Die Consultants benutzen eine „Partyplan-Methode". Um eine Mary-Kay-Party zu veranstalten, lädt die Schönheits-Consultant mehrere Kunden in ihre Wohnung ein, führt die Produkte vor und bietet sie anschließend zum Kauf an.

Anfang 1995 gab es mehr als 400.000 unabhängige Mary Kay Schönheits-Consultants, die ihr Mary-Kay-Geschäft in weltweit mehr als 20 Ländern betrieben. In fast allen Ländern waren Schönheits-Consultants selbstständige Verkaufsleute, die „ihr eigenes Unternehmen führten". Consultants kauften die Produkte des Unternehmens bei ca. 50% Nachlass auf den Einzelhandelspreis ein. Man konnte sich der Verkaufsmannschaft anschließen, wenn man einen Schaukasten für einen gewissen Minimalbetrag erwarb (100 US-$ in den USA). Es mussten alle drei Monate Bestellungen für einen gewissen minimalen Betrag aufgegeben werden (180 US-$ in den USA), um als Consultant aktiv zu bleiben.

Als Teil ihrer Mission und Kultur legte Mary Kay großen Wert auf Karrierechancen für Frauen und Beschäftigungsmöglichkeiten, nach denen moderne Frauen suchen. Weil Schönheits-Consultants als selbstständige Verkaufsleute arbeiten, hängt es von der jeweiligen Beraterin selbst ab, wie viel und wie viele Stunden sie arbeitet. Das Unternehmen unterstützt die Schönheits-Consultants aber mit Broschüren und Verkaufsmaterial und (in beschränktem Umfang) mit Werbemitteln. Consultants erhalten auch Anerkennung bei einem jährlichen Drei-Tage-Seminar in Dallas, auf dem die Consultants mit dem höchsten Umsatz persönlich von Mary Kay Ash ausgezeichnet werden.

Mary Kays globale Strategie

Bis vor kurzem waren Marys Kays internationale Verkäufe recht beschränkt. 1992 betrugen die internationalen Verkäufe nur 11% bei einem Gesamtumsatz von ca. 1 Mrd. US-$. Im Gegensatz dazu resultierten bei Avon, Marys Kays Hauptmitbewerber in der Kosmetikindustrie bei Direktverkäufen, 55% des Umsatzes von 3,6 Mrd. US-$ aus internationalen Märkten.

1992 initiierte Mary Kay eine globale Expansionsstrategie. Regionale Verkaufsniederlassungen wurden in Europa, Amerika (ohne die USA) und im schnell wachsenden asiatisch-pazifischen Gebiet gegründet. 1992 gehörten Mary Kay Tochtergesellschaften in Taiwan, Australien und Neuseeland, ein Gemeinschaftsunternehmen in Thailand und Distributoren in Singapur, Malaysia und Brunei. Im Rahmen ihrer ostasiatischen Ausdehnungsstrategie entschied sich Mary Kay, auch in Japan und China Niederlassungen zu gründen.

Schanghai wurde unter anderen chinesischen Städten, wie Beijing und Guangzhou, ausgewählt, weil die Kunden aus Schanghai ein positives Image von Kosmetika hatten und über entsprechendes Wissen verfügten, mehr ausgaben und weil dort effizient gearbeitet wurde. Schanghai ist Chinas größte kommerzielle Stadt mit einer Bevölkerung von 13,4 Mio. (davon sind 7,9 Mio. städtische Einwohner). Die Stadt hat schätzungsweise 2 Mio. Bewohner, die nur vorübergehend bleiben. Die durchschnittliche Familiengröße in Schanghai beträgt drei Personen und die Zahl der Beschäftigten 1,5. Letztlich konnten Mary

Kays Expansionspläne für die nächsten fünf Jahre das breitere Yangtse-Flussdelta mit Dutzenden von mittelgroßen Städten – einige mit mehr als einer Mio. Einwohnern – sowie das Beijing-Gebiet umfassen.

Tabelle 3.8 Marktprofil der Volksrepublic China.

Wirtschaftliche Indikatoren (1993)			
Bevölkerung	(Mio.):	1.185 (+1,1%)	
Bruttoinlandsprodukt	(Mrd. RMB¥)	3.138 (+13,4%)*	
BIP pro Kopf	(RMB¥):	2.626 (+ 28%)	
Inflation	(Einzelhandelsindex):	13%	
Inkrementeller Wert			
– Sekundärindustrie	(Mrd. RMB¥):	1.625 (+20,4%)	
– Tertiärindustrie	(Mrd. RMB¥):	849 (+9,3%)	
Einzelhandelsverkauf	(Mrd. RMB¥):	1.224 (+26,1%)	
Ausländische Investitionsprojekte			
– Anzahl der Projekte	:	83.265 (+71%)	
– Gesamtbetrag	(Mrd. US$):	122,7	
– Nutzbetrag	(Mrd. US$):	36,8	
Devisenkurs	(20.6.94):	US$1 = RMB¥8.6571	
		1993	Jan–Jul 1994
Exporte	(Mrd. US$):	91,77 (+8%)	58,7 (+31,2%)
durch auslandsinvestierte Unternehmen	(Mrd. US$):	25,24 (+45%)	13,5 (+44,4%)**
Importe	(Mrd. US$):	103,95 (+29%)	58,8 (+19%)
durch auslandsinvestierte Unternehmen	(Mrd. US$):	41,83 (+59%)	22,3 (+45,9%)**

Anm.:
*In realen Renminbi-Beträgen
**Werte für Jan-July 1994

Jüngste konjunkturelle Entwicklungen in China

Bis 1978 war die VRC eine reine Planwirtschaft. Beginnend mit 1979 öffnete sie sich für Kapitalanlagen aus dem Ausland und begann mit wirtschaftlichen Reformen. Seit Mitte 1993 ist die Inflation konstant hoch gewesen (13%) und bei chinesischen Behörden Ursache der Sorge. In der ersten Hälfte von 1994 stieg die Inflation insgesamt auf bis zu 20% und auf 24% in den Städten. Die hohe Inflationsrate wurde durch überhöhte Investitionen verursacht, um deren Kontrolle sich die zentrale Regierung jetzt bemühte. Im Juni 1993 wurden Maßnahmen zur wirtschaftlichen Einschränkung ergriffen, die ein gesundes und stetiges Wachstum des Sozialprodukts sicherstellen sollten. Die chinesische Wirtschaft erreichte 1993 ein Wachstum des Sozialprodukts von 13,4%, das sich in der ersten Hälfte von 1994 verlangsamte, bei einem realen Anstieg des BIP um 11,6%. Wirtschaftliche Indikatoren für 1993 finden Sie in Tabelle 3.8.

Am 1. Januar 1994 schaffte China das zweigleisige Devisensystem ab. Der Schritt bedeutete gleichzeitig eine 33%ige Abwertung des Renminbi (RMB) und brachte seiner Valuta den internationalen Normen näher. Das war ein wichtiger Schritt bei Chinas Versuch, wieder dem GATT beizutreten. Seit der Einführung der neuen Wechselkurspolitik lag der RMB-Devisenkurs recht stabil bei 1 US$ = RMB 8,7.

Bei seiner Vorbereitung auf den Beitritt zum GATT versprach China, die meisten Einfuhrbeschränkungen wie Quoten und Lizenzvereinbarungen abzuschaffen und die Importzölle bis zum Dezember 1997 zu reduzieren. Im Dezember 1993 reduzierte China die Importzölle auf industrielle Rohstoffe. Als Resultat wurde Chinas aktuelle durchschnittliche Zollrate auf 36,4% reduziert.

Die Einzelhandelsumgebung in Schanghai

Der Einzelhandelsverkauf betrug 1993 insgesamt RMB 65,4 Mrd. (Steigerung um 36% seit 1992). Die zwei führenden Einzelhändler der Stadt waren Shanghai Nr. 1 Department Store und Hualian Commercial Building. Sie waren die erst- und viertgrößten hinsichtlich ihres Umsatzes in Gesamtchina. Das kosmetische Umsatzvolumen und der Marktanteil von Kaufhäusern und anderen Geschäften werden in Tabelle 3.9 wiedergegeben.

Tabelle 3.9 Verkäufe der wichtigsten Produkte nach führenden Department Stores in Schanghai-City (Hautpflegve und Farbkosmetika).

Kosmetik-Nettoverkäufe nach Geschäften (Mai 1993)

Zähler	Kaufhaus	Verkäufe (RMB)	Anteil (%)
1	No. 1 Department Store Co., LTD	1668.548	21,94
2	No. 7 Department Store	928.200	12,21
3	Women's Article Shop	644.800	8,48
4	Jing Pin Commercial Building	608.234	8,00
5	Zhong Lian Commercial Building	544.249	7,16
6	No. 3 Department Store	403.930	5,31
7	No. 6 Department Store	392.643	5,16

Tabelle 3.9 Verkäufe der wichtigsten Produkte nach führenden Department Stores in Schanghai-City (Hautpflegve und Farbkosmetika). (Forts.)

Kosmetik-Nettoverkäufe nach Geschäften (Mai 1993)

Zähler	Kaufhaus	Verkäufe (RMB)	Anteil (%)
8	Hui Lian Commercial Building	305.643	4,02
9	Cao Yang Department Store	285.515	3,75
10	Jiu Zhou Commercial Building	270.581	3,56
11	Chao Yang Department Store	253.945	3,34
12	Friendship & Overseas Chinese Co., LTD	249.187	3,28
13	Yi Min Department Store Co., LTD	179.674	2,36
14	Bao Gang Department Store	154.214	2,03
15	Yi Chuan Shopping Centre	151.880	2,00
16	Pu Dong Department Store	114.500	1,51
17	No. 9 Department Store Co., LTD	106.479	1,40
18	Huan Long Department Store	101.337	1,33
19	No. 11 Department Store	61.192	0,80
20	Da Ming Department Store	57.616	0,76
21	Golden Square Store	37.202	0,49
22	No. 5 Department Store	36.483	0,48
23	Yu Garden Tourism Store Co., LTD	31.572	0,42
24	Xin Xin Department Store	16.400	0,22
Total		7604.026	100,00

Quelle: Abteilung Wirtschaft des Nationalen Informationszentrums, Shanghai Finance and Trade Office Commercial Division.

Die meisten Kosmetika wurden in Kaufhäusern verkauft. Die Kosmetikabteilung befindet sich normalerweise in der Nähe der Haupteingänge im Erdgeschoss. Kaufhäuser sind für die Zuverlässigkeit ihrer Marken bekannt: Verbraucher können sicher sein, dass sie das echte Produkt und nicht Fälschungen (Fake) desselben erhalten. Fälschungen waren bei Kosmetika jedoch ein geringeres Problem als bei anderen Modeprodukten.

Es gab eine Reihe von Kaufhäusern, die für die Kosmetiksparte besonders interessant waren. Die meisten davon befanden sich auf der Nanjing Road, der ältesten und etabliertesten Einkaufsstraße, auf der Huaihai Road, einer Einkaufsstraße für etwas gehobenere Ansprüche, und im Hongqiao District. Für ausländische Marken schien Isetan der führende Anbieter zu sein, ein sino-japanisches Joint-Venture, ein modernes Kaufhaus mit auffallender Gestaltung und geräumigem Eingang. Lokale und ausländische Kosmetika wurden auch zunehmend in vorstädtischen Einkaufszentren und Drogerien (wie z.B. dem aus Hongkong stammenden Watson's) verkauft.

1992 wurde das „größte Kaufhaus Asiens" im Pudong-Entwicklungsgebiet von Schanghai als Joint Venture zwischen Shanghai No. 1 Department Store und Yaohan International Corporation of Japan eröffnet.

Der Kosmetikmarkt

Der Hautpflege- und Kosmetikmarkt in Schanghai war ein fragmentierter Markt ohne dominierende Anbieter. Tabelle 3.10 zeigt die Verkaufsmengen und Marktanteile der wichtigsten 30 Marken in Schanghai. Die stärksten fünf Marken hatten einen Anteil von 36%. Mit Verkäufen im Wert von RMB 879,565 und einem Anteil von 11,5% war Natural Beauty der Marktführer, dem drei Marken mit ähnlichen Anteilen über 6% folgten.

Tabelle 3.10 Verkäufe wichtiger Produkte in führenden Kaufhäusern von Schanghai (Hautpflege- und Farbkosmetika-Produkte).

Kosmetik-Nettoverkäufe nach Marken (Mai)

Zähler	Marken	Verkäufe (RMB)	Anteil (%)
1	Natural Beauty	879.565	11,57
2	Lifei	553.569	7,28
3	Yue-Sai	500.722	6,58
4	Pond's	487.082	6,41
5	Cheng Ming Ming	319.312	4,20
6	Academie	267.691	3,52
7	Eesli	261.539	3,44
8	Hazeline	236.863	3,11
9	Polar Plus	234.229	3,08
10	Kose	170.227	2,24
11	Sunrose	168.463	2,22
12	Mini Nurse	166.393	2,19
13	Oil of Ulan	149.099	1,96
14	OLC	141.132	1,86
15	Xia Fei	128.072	1,68
16	Chinf de Chinf	121.919	1,60
17	Samsara	117.839	1,55

Tabelle 3.10 Verkäufe wichtiger Produkte in führenden Kaufhäusern von Schanghai (Hautpflege- und Farbkosmetika-Produkte). (Forts.)

Kosmetik-Nettoverkäufe nach Marken (Mai)

Zähler	Marken	Verkäufe (RMB)	Anteil (%)
18	Yin Fong	115.468	1,52
19	Maxam	112.365	1,48
20	Sofnon	111.147	1,46
21	Agree	106.220	1,40
22	Phoenix	105.875	1,39
23	Evas	104.023	1,37
24	Ya-Aifendi	96.910	1,27
25	Kanebo	96.609	1,27
26	Ailin	92.600	1,22
27	East-treasure	91.681	1,21
28	Pien Tze Huang	90.488	1,19
29	Faleedo	89.966	1,18
30	Laurent Cristanel	81.976	1,0

Quelle: Abteilung Wirtschaft des Nationalen Informationszentrums, Shanghai Finance and Trade Office Commercial Division.

Tabelle 3.11 zeigt die Preise von Konkurrenzprodukten. Die Preise variieren stark. In einigen Fällen sind Hautpflegeprodukte ausländischer (d.h. japanischer) Unternehmen 60-mal teurer als minderwertige einheimische Waren. Seit 1990 steigen die Kosmetikpreise mit der Inflationsrate. Die durchschnittlichen Marktpreise waren aufgrund des erhöhten Zustroms teurerer ausländischer Artikel 1994 insgesamt höher als 1990. Die höchsten Margen existierten bei Parfüm (40%), Haarpflege (20-25%) und Farbkosmetika (20-30%). Die Margen bei der Hautpflege lagen relativ niedrig (10-20%).

Viele multinationale Unternehmen, wie z.B. Procter & Gamble, S.C. Johnson & Son, Inc., Unilever PLC und Johnson & Johnson, besaßen Produktionsstätten in China. Viele waren Joint Ventures mit bedeutenden staatlichen Unternehmen eingegangen (z.B. S.C. Johnson mit Shanghai Jahwa Corporation). Durch den Import von Rohmaterialien und die lokale Produktion konnten ausländische Unternehmen die hohen Importzölle umgehen. Viele Unternehmen benutzten ihre Unternehmen in China als Produktionsstätte für andere asiatische Märkte. Mary Kay plante eine Produktionsstätte für seine Kosmetika in Hangzhou in der Yangtse-Deltaregion.

1993 waren ausländische Unternehmen insgesamt für 30% der Industrieverkäufe verantwortlich. Zu den primären Vorteilen zählten neben der fortschrittlicheren Technologie beim Produkt- und Verpackungsdesign die Marketingfähigkeiten.

Tabelle 3.11 Preise konkurrierender Marken in Kaufhäusern.

Reiniger	Cleanser (200 ml) Christian Dior (Hydra Dior) 375,00RMB	Deep Cleanser (175 ml) Natural Beauty 118,00RMB	Cleanser Avon Skin Silk II 110,00RMB	Cleanser Yue-Sai 48,00RMB	Cleanser (100 g) Lifei 38,00RMB
Masken	Relaxing Mask (75 ml) Christian Dior 372,00RMB	Pore Reducer Mask Avon 50,00RMB	Mask (50 g) Cheng Ming Ming 49,00RMB	Crystal Scrub (50 g) Yue-Sai 38,80RMB	Mask (105 g) Eesli 25,00RMB
Erfrischung	Skin Freshener (200 ml) Christian Dior (Hydra Dior) 375,00RMB	Moisturizing Freshener (170 ml) Natural Beauty 186,00RMB	Freshener (100 ml) Avon Clearwhite 160,00RMB	Freshener (200 g) Cheng Ming Ming 42,00RMB	Freshener (120 ml) Kose 34,70RMB
Feuchtigkeit	Enriched Moisturizer Cream (60 ml) Christian Dior 550,00RMB	Moisturizer Natural Beauty 43,80RMB	Moisturizer Cheng Ming Ming 34,00RMB	Protective Moisturizer (50 g) Yue-Sai 38,80RMB	Moisturizer (75 g) Avon Basic Beauty 26,00RMB
Grundierung	Foundation (25 ml) Christian Dior 460,00RMB	Foundation (13 g) Kose 61,20RMB	Foundation (20 g) Natural Beauty 51,50RMB	Foundation (50 g) Cheng Ming Ming 45,00RMB	Foundation Yue-Sai 40,00RMB
Lippenstift	Lipstick (4 g) Christian Dior 235,00RMB	Lipstick Natural Beauty 120,00RMB	Lipstick (4 g) Yue-Sai 48,80RMB	Lipstick (4 g) Cheng Ming Ming 46,00RMB	Lipstick (4 g) Avon Coordinates 25,00RMB
Rouge	Cheek Color Christian Dior 364,00RMB	Cheek Color (3 g) Natural Beauty 90,00RMB	Cheek Color Lifei 75,00RMB	Cheek Color (12 g) Yue-Sai 68,80RMB	Cheek Color (6 g) Cheng Ming Ming 49,00RMB
Lidschatten	Eyeshadow (2 shades) Christian Dior 310,00RMB	Eyeshadow (3 shades) Yue-Sai 68,80RMB	Eyeshadow (6 shades) Natural Beauty 62,80RMB	Eyeshadow Collection (5 shades) Avon 52,00RMB	Eyeshadow (4 colors) Cheng Ming Ming 48,00RMB
Lippenkontur	Lip Liner with sharpener Christian Dior 242,00RMB	Lip Pencil Yue-Sai 42,00RMB	Luxury Liplining Pencil Avon Colour 30,00RMB	Lip Pencil Natural Beauty 16,80RMB	Lip Pencil Lifei 12,00RMB

Tabelle 3.11 Preise konkurrierender Marken in Kaufhäusern. (Forts.)

Pflegeseife	Two-Way Cake (8 g) Christian Dior 475,00RMB	Two-Way Cake (12 g) Cheng Ming Ming 89,00RMB	Two-Way Cake Natural Beauty 72,00RMB	Two-Way Cake Kose 69,80RMB	Two-Way Cake Lifei 30,60RMB
Mascara	Mascara Christian Dior 240,00RMB	Mascara Yue-Sai 64,80RMB	Curl & Color Mascara (10 g) Avon Colour 55,00RMB	Maximizing Mascara Cheng Ming Ming 49,00RMB	Mascara Natural Beauty 33,00RMB
Kompakt-puder	Pressed Powder Christian Dior 455,00RMB	Pressed Powder Cheng Ming Ming 89,00RMB	Pressed Powder (16 g) Yue-Sai 68,80RMB	Pressed Powder Natural Beauty 52,80RMB	Pressed Powder Compact (14 g) Avon Coordinates 25,00RMB

Laut dem Euromonitor International Report vom März 1995 nahmen die Verkäufe von Kosmetika (inkl. Produkte zur Haut-, Haar-, Gesichts- und Nagelpflege) zwischen 1990 und 1993 um 210% zu. 1994 erreichten die Kosmetikverkäufe RMB 9 Mrd. und stiegen damit um 30% gegenüber 1993. Ähnliche Wachstumsraten wurden für die nächsten fünf Jahre erwartet. Die Ausgaben der Chinesen für Kosmetika hatten das Wachstum bei dauerhaften Konsumgütern übertroffen und wurden zu Statussymbolen.

Ausländische Hersteller von Kosmetika konnten seit 1985 einen Verkaufsanstieg von 1.000% verzeichnen. Die Importe von Kosmetika stiegen zwischen 1992 und 1993 um 77%. Ein wichtiger Prozentsatz dieser Importe stammte aus Asien, aber zunehmend auch aus Frankreich, Italien und den USA.

Hautpflege war für 44%, Haarpflege für 29% und Düfte für 21% der Verkaufserlöse verantwortlich. Die ausländischen Marken, zu denen Oil of Ulan, Pond's und Yin Fong zählten, hatten einen Marktanteil von mehr als 20% erreicht. Im Inland produzierte Marken wie Maxam und Phoenix waren ebenfalls beliebt. Procter & Gamble Co. hatte mit seinen von Guangzhou hergestellten Marken Rejoice und Head & Shoulders einen Marktanteil von 30% bei der Haarpflege erreicht.

Farbkosmetika, die 1993 für 6% des Kosmetikmarkts verantwortlich waren, waren das am schnellsten wachsende Segment der Industrie. Lippenstifte, die 3% des Industrieabsatzes ausmachten, verkauften sich in Schanghai sehr gut. Junge Frauen aus der Stadt, die vorwiegend mit ihren Eltern zusammenlebten und deren grundlegende Lebensunterhaltskosten abgedeckt waren, hielt man für die primäre Käuferschicht. Aber ältere Frauen und junge Männer schienen auch für einen großen Teil des Kosmetikkonsums verantwortlich zu sein.

Distribution

Es gab mehr als 3.000 registrierte Distributoren von Kosmetikprodukten in China. Dazu zählten:

- Kollektive und Verwaltungsbezirke, die 52% aller Kosmetik-Distributoren darstellten,
- Staatsunternehmen (40%),
- Privatunternehmen (8%).

Der Anteil der Privatunternehmen wuchs schnell. Die wichtigsten 20 Distributoren (durchweg Staatsunternehmen) waren für Verkäufe im Wert von RMB 1 Mrd. verantwortlich (10% der Verkäufe). Diese Unternehmen waren durchweg Tochtergesellschaften der General Merchandise Corp. Staatsunternehmen waren auch die wichtigsten Lieferanten der chinesischen Kaufhäuser. Sie distribuierten in der gesamten Küstenregion und auch im Landesinnern. Bei den meisten chinesischen Unternehmen (75%) befand sich die Produktionsstätte in Küstenstädten.

Privatunternehmen und ausländische Firmen kombinierten zunehmend die traditionelle Versorgungsstrategie durch Großhändler mit den Kommunikationsmitteln der Massenmedien, Verkaufsdisplays und anderen Werbemaßnahmen. Um die ineffizienten Distributionskanäle zu umgehen, nutzten die ausländischen Hersteller auch den Direktverkauf an Einzelhändler durch städtische Zweigstellen und Absatzstäbe in ausgewählten Städten. Procter & Gamble verteilte Proben direkt an Endverbraucher, um diese zum Ladenverkauf zu veranlassen.

Avon Cosmetics setzte vorwiegend im Süden den persönlichen Direktverkauf an Endverbraucher ein und verfügte über mehrere Tausend Verkäuferinnen in der Region von Schanghai. Mehrere Unternehmen (u.a. Amway Corp., Nuskin und Herbalife) folgten dem Beispiel von Avon.

Studien über chinesische Verbraucher

Den jüngsten Regierungsangaben zufolge lag das durchschnittliche Monatseinkommen städtischer Haushalte bei 335 RMB. Schätzungen mit Kaufkraftausgleich kamen andererseits üblicherweise auf ein Pro-Kopf-Jahreseinkommen von mehr als 2.000 US-$. Ein Report von McKinsey, einem Management-Consulting-Unternehmen, schätzte die „ökonomisch aktive Bevölkerung“ der VRC (d.h. jene mit einem Jahreseinkommen über 1.000 US-$) auf 100 Mio. und erwartete, dass sie bis zum Jahr 2000 auf 270 Mio. anwachsen würde.

DRI/McGraw-Hill, ein amerikanisches Forschungsunternehmen, unterteilte den Verbrauchermarkt in drei Segmente:

- das Segment, das sich importierte Luxusgüter (wie z.B. teure alkoholische Getränke, Uhren und bestimmte Kosmetika) leisten kann, zu dem ca. 1% der Stadtbevölkerung zählt,
- das Segment, das sich importierte Produkte der „mittleren Klasse“ leisten kann, zu dem die oberen ca. 2,5% der Stadtbevölkerung zählen,
- das Segment, das sich lokal hergestellte Produkte der „mittleren Klasse“ leisten kann, zu dem die oberen 10% in den städtischen Gebieten zählen.

Laut Asian Strategies Ltd. gibt ein typischer städtischer Verbraucher durchschnittlich 20% des Monatseinkommens für Kosmetika und die persönliche Pflege aus. Dieser Anteil liegt deutlich höher als bei amerikanischen und europäischen Verbrauchern.

Im Januar 1995 veröffentlichte East Asian Executive Reports die Ergebnisse über eine Reihe von Zielgruppen, die von Coopers & Lybrand in Schanghai durchgeführt worden war und die Einblicke in die Einkaufsgewohnheiten der Verbraucher in Schanghai gewährte. Coopers & Lybrand unterschied die folgenden Segmente: Männer im Alter zwischen 30 und 45, Frauen im Alter zwischen 30 und 45 und Männer/Frauen im Alter zwischen 19 und 25.

Die Segmente unterschieden sich in ihren Einkaufsgewohnheiten. Frauen zwischen 30 und 45 schätzten „Wert und Zweckmäßigkeit“. Männer zwischen 30 und 45 waren „Bedarfskäufer“, die das kauften, was sie gerade benötigten. Verbraucher aus Schanghai im Alter unter einschließlich 30 „stecken sich hohe Ziele und sind an Besitz und Freizeit interessiert“. Insbesondere die Frauen waren am wenigsten preisbewusst. Sie bevorzugten wegen Atmosphäre und Bedienung fremdinvestierte Kaufhäuser und Boutiquen, wie z.B. Isetan (ein japanisch finanziertes

Kaufhaus). Wie eine Teilnehmerin der Befragung anmerkte: „Wenn ich etwas sehe, das mir gefällt, kaufe ich es einfach und frage mich nicht, ob ich es brauche oder nicht“. Entsprechend geben viele dieser jungen Frauen, selbst bei niedrigem Einkommen, laut ihrer Aussage ihr gesamtes Einkommen für Kosmetik und Mode aus.

Im Februar 1994 veröffentlichte Gallup China die Ergebnisse einer nationalen Umfrage bei chinesischen Verbrauchern, die im Jahr zuvor durchgeführt worden war. Gallup hatte 3.400 Personen in deren Wohnung interviewt, die eine ziemlich repräsentative Stichprobe der chinesischen Bevölkerung darstellten. Eine auf persönlichen Interviews beruhende Studie, wie die Gallup-Umfrage, war in China beispiellos. Die Umfrage enthüllte starke Unterschiede zwischen ländlichen und städtischen Verbrauchern. Einige der Ergebnisse für die städtischen Verbraucher schienen für das Marketing in Schanghai relevant zu sein.

52% der antwortenden Städter sagten, dass sie höhere Preise für Produkte hoher Qualität zahlen würden; 41% der Befragten gaben an, dass sie eine Spitzenmarke ohne Rücksicht auf den Preis kaufen würden. Für hoch komplizierte Artikel gaben chinesische Verbraucher auch an, dass sie lieber preiswerte Produkte mit beschränkten Merkmalen (44%) als Spitzenprodukte mit zahlreichen zusätzlichen Eigenschaften kaufen würden. Die Bekanntheit ausländischer Marken war in den Städten am höchsten. Weiterhin war die Markenkenntnis mit Bildung und Einkommen korreliert. Bei Softdrinks stieg z.B. die Markenkenntnis von Verbrauchern mit elementarer Bildung über High-School-Absolventen bis hin zu Collegeabsolventen an. Ähnlich stieg die Markenkenntnis mit der Einkommenskategorie vom niedrigen (weniger als 350 US-$) über mittlere (350–799 US-$) bis hin zu hohen Einkommen (mehr als 799 US-$) an.

Schließlich war in der Gallup-Umfrage der Anteil der fernsehenden Personen überraschend hoch. 80% der Verbraucher gaben an, dass sie gestern ferngesehen hätten. Bei der untersuchten Stadtbevölkerung lag dieser Anteil sogar bei 86%. Etwa die Hälfte sowohl der ländlichen als auch der städtischen Bevölkerung gab an, gestern Radio gehört zu haben.

Mary Kay-Verbraucherumfrage

Cecilia Yang gab auch selbst Primärstudien für den chinesischen Verbrauchsgütermarkt in Auftrag. Die Verbraucherumfrage wurde zwischen dem 18. und 21. Dezember 1994 von Dazheng Marketing Research Co. durchgeführt. Ein Bericht wurde Cecilia Yang im Januar 1995 vorgelegt.

Die Untersuchung benutzte eine Zielgruppen-Methodik. Zuerst wurde eine Hautpflegeschulung durchgeführt, die ungefähr anderthalb Stunden dauerte. Daran schloss sich eine Zielgruppendiskussion an. In erster Linie sollten die Preissensitivität der Befragten, ihre Einstellung zum Verkaufsstil von Mary Kay und ihre Einstellung und Bewertung von Mary Kay's Hautpflegeprodukten ermittelt werden.

Die Untersuchung benutzte eine geschichtete Stichprobe, bei der jeweils sechs Befragte die folgenden Kriterien erfüllen sollten:

20-27 Jahre alt,
persönliches Einkommen: 600–900 RMB

20-27 Jahre alt,
persönliches Einkommen: 900–1.200 RMB

20-27 Jahre alt,
persönliches Einkommen: über 1.200 RMB

28-35 Jahre alt,
persönliches Einkommen: 600–900 RMB

28-35 Jahre alt,
persönliches Einkommen: 900–1.200 RMB

28-35 Jahre alt,
persönliches Einkommen: 1.200–2.000 RMB

28-35 Jahre alt,
persönliches Einkommen: über 2.000 RMB

Aufgrund eines Problems bei der Stichprobenauswahl passten jedoch nur 28 Probanden in eine der obigen Kategorien. Die Antworten von 13 Probanden blieben unberücksichtigt. Die meisten Probanden hatten keinerlei Erfahrungen mit Direktverkäufen und nur sehr wenige hatten bereits etwas von Avon oder Aline gehört. Die Preise der von den Probanden verwendeten Gesichtsreinigungsmilch oder Lotion lagen meist zwischen 20 und 40 RMB. Typische Marken waren Pond's, Hazeline, Ulan, Yue-Sai oder Lifei von Johnson & Johnson. Nur die jüngere weibliche Gruppe mit hohem Einkommen benutzte teurere Marken wie z.B. Kao, Kose, Kanebo und Chen Ming Ming, deren Preise zwischen 50 und 70 RMB lagen. Die Preisspanne bei Lippenstiften war ein wenig größer (20-60 RMB) und Yue-Sai und Lifei waren die vorwiegend benutzten Marken. Junge Frauen mit hohem Einkommen benutzten teurere Lippenstifte (eine benutzte YSL, eine andere Auper).

Die meisten Probanden hielten die Produkte für untereinander schwer vergleichbar. Einige Probanden verglichen die Produkte mit Shiseido, Chanel und Estée Lauder.

Die Reaktionen auf die von den Probanden für verschiedene Produkte geschätzten Preise und die Preise, die sie für akzeptabel hielten, werden von Tabelle 3.12 wiedergegeben.

Den Probanden wurden die tatsächlich geplanten Preise für die Lotion (105 RMB), den Reinigungsschaum (95 RMB) und den getesteten Lippenstift (70 RMB) genannt. Die meisten Probanden hielten die Lotion und den Schaum für zu teuer und sagten, dass sie die Produkte nicht kaufen würden. Einige Probanden sagten, dass sie die Produkte kaufen würden, wenn diese besonders gut wären oder wenn sie gerade ihre Gehaltszahlung erhalten hätten. Die meisten Probanden hielten jedoch den Preis des Lippenstifts für akzeptabel. Nur wenige Probanden, die speziell aus den Kategorien mit niedrigerem Einkommen kamen, hielten ihn für zu teuer. Selbst diejenigen, die den Lippenstift für teuer hielten, sagten jedoch, dass sie ihn vielleicht kaufen würden, weil es sich dabei um das wichtigste kosmetische Produkt handelte, das sich lange benutzen ließe. Zudem hielt man die Qualität des Lippenstifts für sehr gut.

Bei den fünf- und dreiteiligen Sets bevorzugten die Probanden mit hohem Einkommen (ab 1.200 RMB) das fünfteilige und jene mit niedrigerem Einkommen das dreiteilige Set. Alle Probanden hielten das fünfteilige Set für besser, aber nicht alle konnten es sich leisten. Im fünfteiligen Set wurde die Grundierung häufig für nicht notwendig gehalten.

Hinsichtlich ihrer Kaufabsichten teilten sich die Befragten in drei Gruppen. Die mit hohen Einkommen sagten, sie würden das Produkt kaufen. Unter den übrigen Probanden sagte die eine Hälfte, dass sie die Produkte nicht kaufen würden, weil sie zu teuer wären, und die andere Hälfte, dass sie sich nicht sicher wären.

Tabelle 3.12 zeigt auch die Reaktionen auf den Preis der Schönheitstasche der Schönheits-Consultants.

Tabelle 3.12 Reaktion auf die Preise der verschiedenen Produkte und die Schönheitstasche der Schönheits-Consultants

Produkte	**Vorgeschlagener Preis (RMB)**	**Personen, die den Preis für angemessen hielten**	**Personen, die den Preis für akzeptabel hielten**
Lotion	Unter 30	0	5
	30–39	3	2
	40–49	1	7
	50–59	7	8
	60–69	6	8
	70–79	1	4
	80–89	3	0
	90–99	4	1
	100 und darüber	3	0
Reinigungsmilch	Unter 20	1	1
	20–29	0	3
	30–39	2	7
	40–49	4	3
	50–59	5	6
	60–69	4	3
	70–79	1	2
	80–89	5	2
	90–99	4	0
	100 und darüber	3	1
Lippenstift	Unter 20	0	0
	20–29	0	3
	30–39	4	12
	40–49	5	6
	50–59	4	4
	60–69	6	2
	70–79	4	1
	80–89	2	0
	90–99	1	0
	100 und darüber	3	1
Schönheitstasche	Unter 400	1	3
	400–590	2	8
	600–790	1	4
	800–999	4	3
	1.000–1.199	4	4
	1.200–1.499	4	2
	1.500–1.699	6	3
	1.700–1.999	2	0
	2.000–2.499	2	0
	2.500–2.999	0	0
	3.000 und darüber	2	0

Quelle: Verbraucherbefragung von Mary Kay durch Dazheng Marketing Research Co., Ltd.

Die Bewertung von Mary Kay als Unternehmen war positiv. Die Probanden hielten Mary Kay für:

- sehr professionell,
- ein großes Unternehmen von großer wirtschaftlicher Stärke,
- zuverlässig,
- ein Unternehmen mit guten Produkten.

Wenige glaubten, dass es sich um ein in den USA beheimatetes Unternehmen handelte.

Die Teilnehmer hielten die Hautpflegeschulung für „interessant", die Schönheits-Consultants für „warm", „höflich", „gut geschult und ausgebildet" und die Produkte für „gut" und „zuverlässig". Sie begrüßten es, dass sie durch die Hautpflegeschulung etwas über Kosmetika lernen konnten, dass die Schönheits-Consultants selbst attraktiv waren und dass das Produkt innerhalb von drei Monaten zurückgegeben werden konnte. Während der Sitzungen widmeten die meisten Probanden der Hautpflege mehr Aufmerksamkeit als dem Make-up. Eine große Zahl der Frauen aus der Kategorie mit niedrigerem Einkommen widmete jedoch dem Make-up mehr Aufmerksamkeit als der Hautpflege. Nur sehr wenige hielten Mary Kay deshalb für attraktiv, weil es Frauen Verdienstmöglichkeiten bot.

Die Probanden wurden auch nach ihrem Bild der typischen Teilnehmerin an Hautpflegeschulungen und dem der typischen Käuferin gefragt. Das Bild der typischen Teilnehmerin an Hautpflegeschulungen führte zu den folgenden Festlegungen:

- junge Mädchen, die schöner sein wollen,
- Frauen zwischen 25 und 35, die verheiratet sind und ein Kind haben und für die Hautpflege wichtig ist,
- Frauen, die im Büro arbeiten,
- Frauen mit Hautpflegeproblemen,
- Frauen, die nicht berufstätig sind,
- Frauen mit relativ hohen Einkommen.

Das Gesamtbild der typischen Käuferin war eine junge Frau mit hohem Einkommen, die auf Hautpflege und Make-up Wert legt.

Die meisten Probanden schätzten den Beruf einer Schönheits-Consultant positiv ein, weil:

- sie anderen und sich selbst hilft, schön zu sein,
- es hilft, Geld zu verdienen
- es eine Möglichkeit bietet, Leute kennen zu lernen und neue Freunde zu finden.

Die meisten Probanden sagten, dass diese Beschäftigung für sie in Frage käme. Einige ältere Frauen sagten jedoch, dass dieser Job für sie wenig geeignet sei. Die Probanden glaubten, dass man als Schönheits-Consultant „warmherzig", „gebildet", „geduldig" und „selbstsicher" sein müsse. Sie glaubten, dass der Job sowohl für jene interessant sein könne, die momentan mit ihrer Arbeit nicht zufrieden sind oder einen Nebenjob suchen, als auch für jene Frauen, die freie Zeit haben oder ihren Job verloren haben.

Geschäftsprüfungen

Cecilia Yang stellte auch eine örtliche Forschungsassistentin ein, um mehrere Kaufhäuser der oberen Mittelklasse in Schanghai zu besuchen. Die Assistentin suchte fünf Läden auf, sprach mit dem Verkaufspersonal und untersuchte die angebotenen Produkte. In ihrer Mitteilung an Cecilia Yang beschrieb sie ihre Eindrücke wie folgt:

- *Reine Importprodukte.* Statt nur Teile ihrer Produktlinie zu zeigen, fangen die meisten Spitzenmarken im Frühjahr 1995 damit an, die komplette Produktlinie zu präsentieren. Sie widmen der attraktiven Präsentation ihrer Produkte große Aufmerksamkeit. Die Produkte werden von umfangreichen und attraktiven Verkaufsmitteln (Broschüren, Literatur usw.) unterstützt. Häufig finden spezielle Werbeaktionen („Eins gekauft, eins geschenkt") statt. Anzeigen werden in Magazinen und nur sehr selten im Fernsehen geschaltet. Das Umsatzvolumen ist aufgrund der hohen Preise niedrig.

- *Joint-Venture-Produkte.* Fast alle Joint-Venture-Marken haben diesen Sommer eine Linie mit Sonnenprodukten gestartet (in den vorherigen Jahren wurden nur zwei bis drei Sonnenschutzprodukte angeboten). Diese Produkte werden üblicherweise „skin whitening" (Haut-Weißmacher) genannt. Die Whitening-Linie besteht aus sechs bis acht Produktidentifizierungskodes und umfasst Reiniger, Erfrischer, Lotion, Sonnenschutz, Whitening und Puder. Die Umsatzmengen scheinen nicht signifikant zu sein.
- *Umsatzstarke Produkte.* Dazu zählen scheinbar Sunblocker/Sonnenschutz, Gesichtsreiniger und Körperpflegeprodukte. Eines der umsatzstärksten Unternehmen scheint die lokale Shanghai Daily Chemicals Co. zu sein. Sie hat Körperpflegeprodukte, kölnisch Wasser und Sonnenpflegeprodukte in neuer Verpackung auf den Markt gebracht und mit TV-Spots unterstützt. Ihr Erfolg scheint auf Produkten mit akzeptablen Preisen im unteren mittleren Preissegment und einem guten Image zu beruhen.

Cecilia Yang glaubte stark an den Unternehmensgeist der Chinesinnen. Mit der richtigen Startstrategie und deren korrekter Umsetzung würde Mary Kay im chinesischen Markt erfolgreich sein. Es war jetzt 22 Uhr. Entfernt hörte sie die Stimmen der jungen Männer und Frauen, die sich am Eingang der Jute Box anstellten, die eine der beliebtesten Diskotheken der Stadt war. Wie gewöhnlich schienen die jungen Leute viel Spaß zu haben. Cecilia hatte sie oft beobachtet, wenn sie ihr Büro spät verließ: Die Frauen waren modisch gekleidet und benutzten die aktuellsten Lippenstifte und Hautkosmetika. Was für ein Unterschied im Vergleich zu der Situation vor gerade einmal zehn Jahren, als sich die Leute ihre Haare immer noch mit Seife wuschen und die Benutzung von Kosmetika offiziell verpönt war.

Fragen:

1. Wie kann Mary Kay das negative Image der Direktverkaufsmethode bei der Distribution in der VRC überwinden?
2. Welche kulturellen Dimensionen der chinesischen Bevölkerung können den Erfolg von Mary Kay in China beeinträchtigen?
3. Kann Mary Kay denselben Verkaufsansatz wie in den anderen Ländern (insbesondere die „Partyplan-Methode") verwenden? Erläutern Sie Ihre Antwort. Wenn nicht, können die Verbraucher diese Distributionsmethode (im psychologischen Sinn) „lernen"?
4. Sind die wichtigen Werte der Chinesen mit der Distributionsmethode des Direktverkaufs kompatibel? Erläutern Sie Ihre Antwort.
5. Konnten die von Mary Kay angestrengten Untersuchungen die für den erfolgreichen Markteintritt des Unternehmens in Schanghai und China wesentlichen kulturellen Variablen aufdecken? Erläutern Sie Ihre Antwort.
6. Sollte Mary Kay seine Produkte besser über die traditionellen Kanäle als direkt vertreiben? Warum?

KAPITEL 4

Exportmarkt-Selektion: Definition und Strategien

4.1 Einleitung

Dieses Kapitel beschreibt Alternativen für internationale marktstrategische Entscheidungen (speziell Exporte) und die Basis des Exportwettbewerbs. Es befasst sich speziell mit der Selektion internationaler Märkte, also der Auswahl der Anzahl und der Art der Länder und Marktsegmente durch das Unternehmen. Naturgemäß ist das Kapitel daher strategisch ausgerichtet und eng mit dem strategischen Planungssystem des Unternehmens verknüpft.

Wenn eine effiziente internationale und Exportmarketing-Strategie sichergestellt werden soll, muss sich der Exportmanager im Prozess der Selektion und Gestaltung der Märkte mindestens drei wesentlichen Anforderungen stellen. Erstens sollte sich der Marketer nicht nur auf die individuellen Produkte und ihre Auslandsmärkte konzentrieren, sondern auch die Rolle des jeweiligen Produkts und/oder Markts im Unternehmensportfolio berücksichtigen (Doyle und Gidengil, 1977; Wind und Douglas, 1981). Zweitens muss sich der Prozess der Marktselektion über die traditionellen Schwerpunktfragen der Segmentierung und Differenzierung hinaus auch auf die weiter gefassten Maßnahmen der strategischen Planung konzentrieren. Diese repräsentieren die Gesamtattraktivität eines Markts und die Wettbewerbsposition des Unternehmens in diesem Markt. Drittens nehmen Exportmarketer eine Schlüsselrolle im strategischen Planungsprozess ein, da viele Planungswerkzeuge stark von Marketingkonzepten, wie z.B. Marktanteil, Marktdefinition und Produktlebenszyklus, abhängen. Einerseits muss der Exportmanager seine detaillierte Kenntnis der Auslandsmärkte einfließen lassen, die strategische Planer nicht notwendigerweise haben. Andererseits muss er aber auch gemeinsame Maßstäbe anwenden, um effektiv mit Unternehmensstrategen kommunizieren zu können.

Ein wichtiger Schritt bei der Formulierung einer internationalen Marketingstrategie ist die *Exportmarkt-Selektion*, bei der es sich um einen „Prozess der Bewertung von Möglichkeiten, der zur Auswahl der Märkte führt, in denen man in den Wettbewerb eintritt“ handelt. Dieser Prozess erfordert eine zunehmende Anpassung an die Anforderungen des zukünftigen Markts bzw. erfordert die Anpassungsfähigkeit des Unternehmens an diese Anforderungen (oder umgekehrt, die Fähigkeit des Unternehmens, die Anforderungen des Marktes zu ändern). Darüber hinaus kann eine Selektion der Märkte nicht allein auf dem Marketing fundieren, es müssen vielmehr auf breiterer Basis die Kenntnisse, Möglichkeiten und Ziele des Unternehmens berücksichtigt werden, so dass der Prozess der Marktselektion in den Kontext der Gesamtstrategie einzugliedern ist. Die Identifizierung des richtigen Markts (oder der richtigen Märkte) für den Eintritt ist aus drei Gründen – unabhängig davon, ob es sich um den ersten Markt oder eine Selektion im Rahmen eines Expansionsprogramms handelt – wichtig (Papadopoulos und Jansen, 1994, S. 38):

1. Zielmarktentscheidungen gehen der Entwicklung von Programmen für ausländische Absatzmärkte und damit den Marketingkosten voraus.
2. Das Wesen und die Lage der Märkte beeinflussen die Koordinationsmöglichkeiten des Unternehmens.
3. Die Gründung von Niederlassungen in geeigneten Auslandsmärkten kann eine wesentliche Dimension der globalen Positionierungsstrategie sein.

Eine zweite Entscheidung der Marketingstrategie, die in engem Zusammenhang mit der Marktselektion steht, ist das *für den Exportmarkt anzustrebende Ziel*. Soll das Unternehmen seine Position in einem gegebenen Auslandsmarkt *ausbauen*, *halten*, sich aus dem Markt *zurückziehen* oder ihn *fallen lassen*? Diese Entscheidung lässt sich von der Selektion der Märkte kaum trennen, weil die Faktoren, die die Attraktivität eines Landes im Rahmen der Auswahl bestimmen, für die Entscheidung über die vom Unternehmen in diesem Markt einzuschlagende Richtung äußerst wichtig ist. Weiterhin führt die Option des Ausbaus der Marktposition häufig zur Selektion weiterer Exportmärkte, während am Ende des Zurückziehens aus Märkten das komplette Fallenlassen des Markts steht.

Marktselektion und Marktziele sind möglicherweise – zusammen mit den Strategien und Alternativen des Markteintritts und operationalen Entscheidungen – die bedeutendsten Fragen des Exportmarketing. Das Marketing-Mix wandelt diese auf hoher Ebene angesiedelten Entscheidungen in konkrete Politiken um. Segmentierung, Positionierung und Differenzierung sind einige der traditionellen Analysehilfen bei der Entwicklung des Marketing-Mixes.

4.2 Marktdefinition und Segmentierung

Die Marktdefinition ist keine mechanische Übung, sondern eine bedeutende und komplexe Komponente der Exportmarketing-Strategie. Die korrekte Marktdefinition ist offensichtlich entscheidend für die Bestimmung von Marktanteilen und anderen Leistungsindikatoren, für die Festlegung der Zielkunden und ihrer Bedürfnisse sowie für die Identifizierung wichtiger Wettbewerber.

Die Frage der Marktdefinition führt unvermeidlich zur Frage der *Marktsegmentierung*. Angesichts der Heterogenität der meisten Märkte bedeutet Segmentierung die Aufteilung des Markts für ein bestimmtes Produkt oder eine Dienstleistung in Kundensegmente, die sich hinsichtlich ihrer Reaktionen auf Marketingstrategien unterscheiden. Dadurch kann das Unternehmen seine Marketingpolitik auf die Bedürfnisse jedes spezifischen Segments ausrichten und auf größere Gewinne hoffen, als sich mit einer einheitlichen Strategie für den Gesamtmarkt erzielen ließen. Allein auf Grundlage der Sprache gibt es z.B. in der Schweiz ein französisches, ein deutsches und ein italienisches Segment. Betrachten Sie als weiteres Beispiel die USA, in denen der ethnische Hintergrund die Grundlage vieler potenzieller Segmente in verschiedenen Landesgebieten bildet, zu denen spanische, irische, afroamerikanische, chinesische, italienische, koreanische und andere südostasiatische Gebiete zählen. Eine wesentliche Stärke der Marktsegmentierung ist, dass sie für eine Spezialisierung sorgen kann. Gleichzeitig birgt die Segmentierung in einigen Fällen Kosten, Risiken und mögliche Schwächen.

Beim Exportmarketing ist es eine gebräuchliches Verfahren, Märkte auf der Ebene von Exportländern zu definieren bzw. zu beschreiben. Das ist nur eine von immens vielen potenziellen Möglichkeiten zur Segmentierung. Um sinnvoll zu sein, sollten Analysen des Marktverhaltens mehrere Ebenen umfassen, bei denen es sich neben der geografischen Dimension z.B. auch um Dimensionen wie Distributionskanäle, Kundensegmente oder Nutzungsmöglichkeiten handeln kann. Märkte werden häufig nur auf der Basis einer einzigen Dimension (z.B. Kundengruppe) definiert, die im Konflikt mit anderen Definitionen auf der Basis anderer

Dimensionen (z.B. Produktfunktion) stehen können. Wettbewerber definieren ebenfalls Märkte, und deren Definitionen sehen häufig anders aus. Das Ignorieren der Definitionen der Wettbewerber kann zu verpassten Chancen führen und die Grundlage für zukünftige Aktionen der Wettbewerber bilden. Noch einen weiteren Ansatz können Sie Beispiel 4.1 entnehmen.

BEISPIEL 4.1

Wie sieht der europäische Kunde aus?

Gibt es so etwas wie einen europäischen Kunden? Denkt man an das Binnenmarktgesetz (SEC – Single European Act) von 1987, das die Basis der heutigen EU bildet, könnte man meinen, diese Frage bejahen zu müssen. Es verweist häufig auf die Schaffung und Vollendung des sog. *Binnenmarkts*. Laut Lynch (1994, Kap. 4) hilft die Spezifikation von fünf Positionen entlang des Kontinuums von lokalen bis hin zu globalen Märkten bei der Ermittlung der geografischen Märkte, in denen ein Unternehmen operiert. Diese fünf Positionen zeigt die folgende Abbildung:

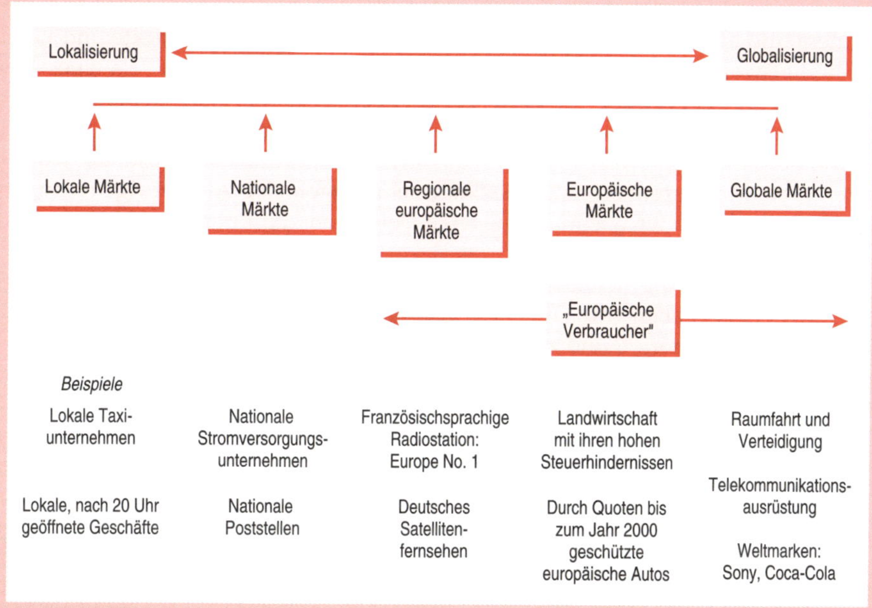

Danach fallen die europäischen Verbraucher unter die drei Märkte rechts im Diagramm.

Was bedeutet es aber, wenn es sich dabei um europäische Verbraucher handelt? Bedeutet es z.B., dass es einen einheitlichen Markt mit ca. 360 Mio. Personen mit homogenen Wünschen usw. gibt? Das ist äußerst unwahrscheinlich! Das Konzept des europäischen Verbrauchers ist ausschließlich eines der *geografischen Lage*. Aus Marketingperspektive gibt es paneuropäische *Marktsegmente*, die erreichbar, ansprechbar und unterschiedlich sind. Alle Segmente haben gemeinsame Bedürfnisse. Cathelet (1993) hat z.B. eine Studie über die Segmentierung von Verbrauchermärkten nach ihrem Lebensstil durchgeführt und schlägt einige europäische Kundentypen vor:

Eurostyles:

Beispiel 4.1 (Forts.)

Euro-Dandy
Euro-Zweifler
Euro-Fan
Euro-Romantiker
Euro-Verteidiger
Euro-Landadel
Euro-Moralist
Euro-Strenggläubiger
Euro-Bürger
Euro-Besonnener
Euro-Pfadfinder
Euro-Pioneer
Euro-Protestant
Euro-Olivados* OLVIDADOS

*Arme Arbeiter in der Landwirtschaft

Wie nützlich sind derartige Kategorisierungsversuche von Europäern? Eine wichtige Frage aus der Perspektive des Exporteurs ist die Erreichbarkeit der Gruppen. Wie lässt sich z.B. ein Sement von Euro-Moralisten erreichen, wenn viele Sprachen gesprochen und die Segmentmitglieder verschiedene Medien „benutzen"? Derartige Ansätze zur Segmentierung von Europa sind zumindest äußerst fragwürdig. Es gibt keinerlei Beweise, dass sie zu besseren Entscheidungen führen oder dass die Bedürfnisse der Verbraucher vom Exportmarkter besser befriedigt werden.

Marketinganalysen für ein Produkt oder eine Dienstleistung sollten innerhalb aller relevanten Marktsegment und auf höheren Analyseebenen über Marktsegmente, Märkte und Länder hinweg angestrengt werden. Die Beurteilung der Leistung oder des Potenzials eines Unternehmens für ein gegebenes Produkt innerhalb der Grenzen eines Marktsegments liefert Hinweise auf die Beziehungen zwischen den von mehreren Wettbewerbern angebotenen Produkten. Auf dieser Ebene der Analyse konzentriert sich das Interesse auf den individuellen Kunden. Zur Bestimmung von Marktgrenzen sind die Wahrnehmungen der Angehörigen der einzelnen Marktsegmente für Marketer wichtig. Eine enge Definition kann den kurzfristigen, taktischen Belangen des Marketing-Mixes dienen.

Der Produktmix (d.h. die strukturellen Importmuster) kann auch Märkte definieren. Green und Srivastava (1985) haben mit Hilfe der Clusteranalyse 80 Nationen auf der Basis ihrer Importe (18 Produktkategorien und zweistellige SITC wurden verwendet) gruppiert und kommen zu dem Schluss, dass eine Segmentierung internationaler Märkte auf der Basis einzelner geografischer oder demographischer Kriterien gefährlich ist. Die im Ergebnis identifizierten zwölf Cluster sind nicht für sich genommen definitiv. Eher liefert die Zusammenstellung der Cluster Hinweise auf vorhandene komplexe Interaktionen, die die Bestimmung der relativen Größe verschiedener nationaler Märkte für individuelle Produktkategorien erleichtert. Die Ergebnisse und die in dieser Studie angewendeten Techniken eignen sich sowohl für Direktinvestitionen und damit zusammenhängende Marketingaktivitäten als auch für die Segmentierung von Exportmärkten. Länder, die relativ große Mengen eines Produkts importieren und einen ausreichend großen Markt besitzen, können z.B. Kandidaten für Direktinvestitionen oder strategische Allianzen sein. Ebenso können große Länder, die ein Produkt durch Restriktionen ausschließen (z.B. Mexikos Verhalten in der Vergangenheit), potenzielle Kandidaten für Direktinvestitionen oder strategische Allianzen sein.

Auf höheren Ebenen der Marktsegmentierung ignoriert die Analyse tendenziell die individuellen Verbraucher und konzentriert sich mehr auf die Leistung der jeweiligen Produkte in ihren relevanten Marktsegmenten. Eine breitere Definitionen eines Markts führt dann zu einer Streuung der Anstrengungen und des Wettbewerbs in den aktuellen Geschäftsaktivitäten. Die Definition von Produkt- und Landesmärkten führt zu der Selektion der attraktivsten Produkt-Markt-Kombinationen und damit zur Ressourcenallokation in Form eines *Portfolios strategischer Elemente*. Die breitere Definition des Markts reflektiert langfristige, strategische Planungsprobleme, zu denen Technologiewandel, Preisbeziehungen, potenzielle Substitutionsprodukte, mögliche neue Märkte usw. zählen. Um neue Chancen oder Herausforderungen des Wettbewerbs erkennen zu können, muss die Marktdefinition nicht nur den *bedienten Markt* (d.h. die Kunden, auf die das Unternehmen seine Marketinganstrengungen ausrichtet), sondern auch jene Teile des nichtbedienten Markts umfassen, die auf lange Sicht für den kompetitiven Erfolg des Unternehmens entscheidend sind.

4.2.1 Exportmarkt-Segmentierung

Die Fragen der Segmentierung sind für Exportmärkte mindestens so wichtig und häufig wichtiger als für einheimische Märkte. Wegen der wirtschaftlichen, kulturellen und politischen Unterschiede des Umfelds zwischen den Ländern tendieren internationale Märkte zu einer größeren Heterogenität als einheimische Märkte. Die Spanne der Einkommenshöhen und die Unterschiedlichkeit der Lebensstile und des Sozialverhaltens sind wahrscheinlich signifikant größer, wenn man den Weltmarkt im Gegensatz zum nationalen Markt betrachtet. Die Existenz derartiger Heterogenität sorgt für substanzielle Potenziale bei der Identifizierung verschiedener Segmente.

Bei gegebenen beschränkten finanziellen und organisatorischen Ressourcen sollte das Exportunternehmen hinsichtlich der Präferenzen des Segments, des Musters des Wettbewerbs und der Stärken des Unternehmens versuchen, die attraktivsten Marktsegmente zu identifizieren, die es bedienen kann. Dies bietet einige Vorteile, wie z.B. bessere Marktchancen aufgrund der Positionierung im Wettbewerb, der Anpassung von Marketingprogrammen an die Bedürfnisse verschiedener Kundensegmente und klarerer Kriterien für die Zuteilung von Marketingmitteln auf die verschiedenen Segmente im Einklang mit dem wahrscheinlichen Ausmaß der Kaufreaktion. Aber bei der Identifizierung von Marktsegmenten müssen diese Vorteile größer sein als die Kosten der Marketingstrategien, mit denen sie erreicht werden.

Weltweit gibt es viele Möglichkeiten zur Segmentierung, und der gemischte Einsatz von Kriterien kann zu den bedeutsamsten Segmentierungen führen. Will man z.B. Sähmaschinen verkaufen und nutzt nur das Niveau der wirtschaftlichen Entwicklung (gemessen als Pro-Kopf-BSP oder -BIP) als Kriterium der Ländersegmentierung, kann man zwar Exportmärkte mit hoher Kaufkraft identifizieren, diese verfügen aber meist nur über unbedeutende landwirtschaftliche Sektoren. Daher müssen komplexere und kombinierte Maßstäbe benutzt werden, die z.B. die Bedeutung und Zusammensetzung des landwirtschaftlichen Sektors, die Kaufkraft, das Bildungsniveau, das Technologienivieau, Kaufentscheidungskriterien usw. umfassen.

Es ist anzumerken, dass jede Entscheidung über die Segmentierung auf einer bestimmten Basis hinsichtlich der folgenden Kriterien beurteilt werden sollte.

Messbarkeit

Messbarkeit umfasst das Ausmaß, in dem sich Segmente *identifizieren* lassen, sowie die Frage, ob sich deren Größe und Kaufkraft überhaupt messen lassen. Beim Exportmarketing-Management sind wichtige qualitative Indikatoren, wie z.B. kulturelle Merkmale, zwar intuitiv geeignete Grundlagen der Ländersegmentierung, sie lassen sich aber aufgrund konzeptioneller und messtechnischer Probleme nur schwer nutzen. Nehmen Sie an, ein Bekleidungsfabrikant aus Hongkong will in die EU-Länder exportieren. Er interessiert sich für die beiden Alterssegmente zwischen 16 und 24 sowie zwischen 25 und 40 Jahren. Das Unternehmen müsste ermitteln können, welche potenziellen Kunden zur jeweiligen Gruppe gehören, und müsste die Größe und z.B. die Einkommenshöhe des jeweiligen Segments feststellen können. Wenn diese Alterskategorien nicht mit jenen korrespondieren, die in den verschiedenen Ländern verwendet werden und sich voneinander unterscheiden können, dann wäre es schwierig, die Größe und Kaufkraft der jeweiligen Gruppe festzustellen.

Zugänglichkeit

Zugänglichkeit ist das Ausmaß, in dem sich die resultierenden Segmente effektiv erreichen und bedienen lassen. Im Exportmarketing entstehen durch Kommunikationsprobleme bestimmte Schwierigkeiten beim Erreichen des Endverbrauchers (häufig auch des ausländischen Distributors). Diese können auf nicht ausreichenden Sprachkenntnissen, nationalistischen Einstellungen, Problemen des Exporteurs beim Verständnis der ausländischen Mediensysteme (Struktur und Format) usw. beruhen. Führt man das Beispiel des Bekleidungsexporteurs aus Hongkong fort, stellt sich die Frage, ob es Medien gibt, mit denen sich die beiden Segmente effizient und effektiv erreichen lassen. Es ist sehr unwahrscheinlich, dass es Medien gibt (gedruckt oder übertragen), die nur von den Mitgliedern des Segments gelesen bzw. empfangen werden. Entsprechend können die Kosten der Werbung – oder der Information – teilweise verschwendet sein.

Rentabilität

Bei der Rentabilität stellt sich die Frage, ob die sich ergebenden Segmente groß und/oder profitabel genug sind, um ihnen separate Marketingaufmerksamkeit zu widmen. Beim Exportmarketing können die mit der Marktsegmentierung verbundenen Kosten überaus hoch sein. Die Kosten entstehen durch notwendige Anpassungen an die spezifischen Bedürfnisse und Anforderungen der lokalen Märkte. Marktabhängige Faktoren, wie z.B. Zölle und Steuern auf bestimmte Waren, schaffen eine Grundlage für Produktmodifikationen. Produktabhängige Faktoren, wie z.B. spezifische legale Restriktionen (Patentvereinbarungen, Qualitätsstandards und Kontrollen), können ebenfalls die Produktspezifikationen und Kosten beeinflussen. Das Unternehmen muss erkennen, dass segmentiertes Exportmarketing teuer ist und dass Wechselwirkungen zwischen Gewinnen und Kosten bestehen. Wenn die Exportkosten tendenziell hoch sind, können sich die Segmente durch Investitionen oder strategische Allianzen erreichen lassen. Der Hersteller aus Hongkong muss sich an dieser Stelle die Frage stellen, ob die beiden Alterssegmente in den europäischen Ländern groß genug sind, um den Einsatz von Geldmitteln zur Vermarktung seiner Produktlinie zu rechtfertigen.

Umsetzbarkeit

Die Umsetzbarkeit betrifft die Formulierbarkeit effektiver Programme zur Anziehung und Bedienung der Segmente. Segmente, die ermittelbar, zugänglich und möglicherweise profitabel sind, sind als solche „wertlos“, sofern sich für sie keine Marketingprogramme entwickeln und implementieren lassen. Darüber hinaus müssen die Segmente auf Marketinganstrengungen unterschiedlich reagieren, wenn die Programme effektiv sein sollen. Der Bekleidungshersteller aus Hongkong muss feststellen, ob er über die für die Entwicklung und Implementierung der erforderlichen Marketingprogramme für die Segmente notwendigen Ressourcen und organisatorischen Voraussetzungen verfügt. Die Rentabilität hängt teilweise davon ab, wie empfänglich die beiden Segmente für die Marketinganstrengungen des Unternehmens sind.

4.2.2 Basen der Segmentierung

Ein Klassifikationsschema verschiedener Basen für die Exportmarkt-Segmentierung zeigt Tabelle 4.1. Es ist offensichtlich, dass die Relevanz eines jeden bestimmten Segmentierungskriteriums von der spezifischen Marktsituation und den Eigenschaften des Unternehmens abhängt und dass es sich bei den vorgeschlagenen Kriterien nur um mögliche, zu berücksichtigende Elemente handelt. Es werden zwei Arten von Segmentierungsvariablen unterschieden (*allgemeine Markt*- und *spezifische Produkt*indikatoren), und diese werden sowohl aus der Sicht des Landes- als auch des Kundenmarktes betrachtet. *Allgemeine Marktindikatoren* variieren nicht in unterschiedlichen Kaufsituationen, während *spezifische Produktindikatoren* mit der jeweiligen Kaufsituation oder bei bestimmten Produkten variieren.

Es ist klar, dass es viele verschiedene mögliche Basen für die Unterteilung internationaler Märkte gibt. Ein Beispiel einer psychographischen Segmentierung finden Sie in Beispiel 4.2, das die Marken von Erfrischungsgetränken und Merkmale des Lebensstils im australischen Markt zueinander in Beziehung setzt. Über die „spezifische" Segmentierung (d.h., für eine Produktklasse oder für ein Unternehmen) hinaus, gibt es viele Schemen allgemeinerer Natur, die vorgeschlagen wurden. Eine Studie über globale Verbrauchertrends, die Mitte der 90er Jahre von Roper Starch Worldwide, Inc. durchgeführt wurde, unterschied z.B. im Wesentlichen vier verschiedene Kategorien beim Einkaufsverhalten von Verbrauchern (Shermach, 1995):

- *Geschäftemacher* (29%): gebildet, 32 Jahre alt (Median), durchschnittliches Vermögen und durchschnittliche Beschäftigung. Diese Gruppe konzentriert sich auf den Kaufprozess.
- *Schnäppchenjäger* (27%): größter Anteil an Rentnern, niedrigstes Ausbildungsniveau, vorwiegend weiblich, mit durchschnittlichem Vermögen. Diese Gruppe sucht nach den preiswertesten Angeboten.
- *Markentreue* (23%): die am wenigsten Wohlhabenden, vorwiegend männlich, 36 Jahre alt (Median), mit durchschnittlicher Ausbildung und Beschäftigung
- *Luxusinnovatoren* (21%): suchen nach neuen, prestigeträchtigen Marken, die gebildetsten und wohlhabendsten Käufer, vorwiegend männlich, 32 Jahre alt (Median), mit dem höchsten Anteil von Managern und anderen Profis.

Tabelle 4.1 Basen für die Exportmarkt-Segmentierung.

	Allgemeine Marktindikatoren	Spezifische Produktindikatoren
Ebene des Ländermarkts	Demographische und Bevölkerungsmerkmale Sozio-ökonomische Merkmale Politische Merkmale Kulturelle Merkmale	Wirtschaftliche und gesetzliche Zwänge Marktbedingungen Produktgebundene Merkmale der Kultur und des Lebensstils
Ebene des Kundenmarkts	Demographische Merkmale: Alter, Geschlecht, Lebenszyklus, Religion, Staatsangehörigkeit usw. Sozio-ökonomische Merkmale: Einkommen, Beruf, Ausbildung usw. Psychographische Merkmale: Persönlichkeit	Verhaltensmerkmale: Verbrauchs- und Anwendungsmuster, Einstellungen, Loyalitätsmuster, Streben nach Nutzen usw.

BEISPIEL 4.2

Ein Beispiel für die psychographische Segmentierung

Exportmärkte lassen sich häufig auf der Basis psychographischer Merkmale, zu denen auch der Lebensstil zählt, segmentieren. Ende der 70er Jahre untersuchte die Studie eines kommerziellen Forschungsunternehmens über den australischen Markt für Erfrischungsgetränke 18 Lebensstil-Dimensionen und wie diese zu den Marken der meistkonsumierten Erfrischungsgetränke in Beziehung stehen. Insgesamt wurden zwölf Marken ermittelt. Es wurden sog. „Lebensstil-Landkarten" konstruiert, die zeigten, wie die Konsumenten bestimmter Marken die Merkmale der Lebensstile bewerten. Diese Landkarten wurden mit Hilfe der Faktoranalyse (drei Faktoren waren für 78% der Gesamtvarianz der Markenpositionierung verantwortlich) und einer metrischen, multidimensionalen Skalierungstechnik konstruiert.

Die folgenden Lebensstil-Merkmale ließen sich mit den jeweiligen Erfrischungsgetränkemarken in der Reihenfolge ihrer Wichtigkeit assoziieren:

	Lebensstil-Merkmale	
Marke	**Positiv korreliert**	**Negativ korreliert**
Solo	abenteuerlustig modebewusst leistungsorientiert impulsiv extrovertiert australischer Chauvinist Aufwärtsmobilität nach Qualitätserfahrungen suchend	rechthaberisch autoritär ökonomisch konservativ sozial konservativ beruflich engagiert
Loys	sozial konservativ autoritär rechthaberisch zynisch	Aufwärtsmobilität nach Qualitätserfahrungen suchend australischer Chauvinist leistungsorientiert abenteuerlustig kritischer Verbraucher Umweltschützer modebewusst familienbewusst beruflich engagiert
Marchants	sparsamer Verbraucher	Umweltschützer extrovertiert ökonomisch konservativ nach Qualitätserfahrungen suchend impulsiv beruflich engagiert zynisch Aufwärtsmobilität

Beispiel 4.2 (Forts.)

	Lebensstil-Merkmale	
Marke	**Positiv korreliert**	**Negativ korreliert**
Schweppes	beruflich engagiert ökonomisch konservativ Umweltschützer	
Shelleys	Umweltschützer	
Swing	zynisch extrovertiert sozial konservativ	familienbewusst sparsamer Verbraucher kritischer Verbraucher australischer Chauvinist
Tab	sparsamer Verbraucher familienbewusst kritischer Verbraucher beruflich engagiert Umweltschützer australischer Chauvinist	zynisch extrovertiert sozial konservativ

Weitere Marken (Coca-Cola, Cottees, Fanta, Leed und Torax) waren in der Studie vertreten, ließen sich aber keinem der Lebensstil-Merkmale eindeutig zuordnen.

Die Marktlandkarte dieser Studie gilt für den australischen Gesamtmarkt. Andere Basen, wie z.B. demographische oder geografische Merkmale, hätten zur Segmentierung genutzt werden können.

Betrachtet man spezifische Bereiche der Welt, herrschen die Geschäftemacher in den USA (wobei Schnäppchenjäger fast gleich häufig vertreten sind), Asien, Lateinamerika und dem mittleren Osten vor. Schnäppchenjäger sind im Gegensatz dazu in Japan und Europa vorherrschend.

Die Werbeagentur Backer, Spielvogel Bates Worldwide ermittelte auf Grundlage einer Studie mit 15.000 Erwachsenen in 14 Ländern auf fünf Kontinenten weltweit fünf unterschiedliche Kundensegmente. Die von ihnen durchgeführte Untersuchung stellte globale Ähnlichkeiten bei den Werten, Einstellungen und tatsächlichen Kaufverhaltensmustern fest. Die Verbraucher wurden dann über demographische Merkmale definiert. Die erste Gruppe der *Streber* hat ein mittleres Alter von 31 und führt ein aktives Leben. Sie befinden sich die meiste Zeit über unter Stress und bevorzugen Produkte und Dienstleistungen, die Quellen unmittelbarer Befriedigung sind. Eine weitere Gruppe, der *Erfolgreichen*, ist ebenfalls jung, ihre Mitglieder haben aber bereits den Erfolg gefunden, nach dem sie gesucht haben. Sie sind wohlhabend, selbstbewusst, verkörpern die Meinung der Gesellschaft und sind stilweisend. Die *Erfolgreichen* schätzen bei gekauften Produkten den Wertstatus und die Qualität und sind vorwiegend für das Setzen von Trends verantwortlich. Bei den *Unter-Druck-Stehenden* handelt es sich vorwiegend um Frauen aller Altersgruppen, die es für extrem schwer halten, all ihre Lebensprobleme zu bewältigen. Sie haben wenig Zeit für Vergnügungen. Ein viertes Segment bilden ältere Verbraucher, die bequem leben, die *Adapter*. Sie erkennen und respektieren neue Ideen, ohne ihre eigenen Werte dabei aus den Augen zu verlieren. Sie sind bereit, neue Produkte auszuprobieren, die ihr Leben bereichern. Schließlich verkörpern die *Traditionalisten* die ältesten Werte ihrer Länder und Kulturen. Sie sind gegen Wandel immun und mit den ihnen vertrauten Produkten zufrieden.

Werte wurden zur Definition anderer umfassender Schemen zur Segmentierung der Verbraucher eingesetzt. Obwohl sie in der Regel auf der Grundlage von Verbrauchern eines Landes entwickelt wurden, sollen sie auf Verbraucher aller Länder anwendbar sein. In der Tat decken Werte tendenziell kulturelle Unterschiede auf. Ein Ansatz zur Verwendung von Werten als Werkzeug zur Segmentierung im internationalen Marketing umfasst eine Werteliste (LOV – List Of Values), die neun Werte misst, die Personen für sich für wichtig erachten (Kahle, Albaum und Utsey, 1987). Diese Werte sind ein Zusammengehörigkeitsgefühl, Spaß und Vergnügen, enge Beziehungen, Selbstverwirklichung, Aufregung, Leistungsfähigkeit, Sicherheit und Selbstachtung. Zu den spezifischen Anwendungsgebieten für dieses Schema zählen neben anderen Umwelterhebungen, Produkteinführung und -positionierung und Werbung. Tabelle 4.2 zeigt die Ergebnisse einer Studie über die Unterschiede dieser Werte zwischen Kulturen und verschiedenen Altersgruppen.

Tabelle 4.2 Die von zwei Altersgruppen in drei Ländern ausgewählten wichtigsten Werte.

	Studenten			Eltern		
Werte	**USA**	**BRD**	**Dänemark**	**USA**	**BRD**	**Dänemark**
Zusammengehörigkeitsgefühl	2,1%	20,6%	6,1%	7,0%	38,2%	24,2%
Spaß und Vergnügen	14,9	6,9	23,0	2,3	0	3,3
Enge Beziehungen	8,5	14,5	12,2	11,6	3,6	9.9
Selbstverwirklichung	27,7	13,7	10,1	9,3	8,2	2,2
Respektiert werden	7,1	3,1	4,7	2,3	4,5	5,5
Aufregung	1,4	4,6	2,0	0	0	0
Leistungsfähigkeit	11,3	5,3	8,1	9,3	8,2	15,4
Sicherheit	10,6	5,3	4,1	11,6	18,2	9,9
Selbstachtung	16,3	26,0	29,7	46,5	19,1	29,7
Gesamt	100,0%	100,0%	100,0%	100,0%	100,0%	100,0%
Anzahl n der Antworten	141	131	148	43	110	93

Quelle: Grunert, Grunert und Beatty (1989), S. 36. Permission for using this material has been granted by ESOMAR (European Society for Opinion and Marketing Research), J.J. Viottastraat 29, 1071JP Amsterdam, Niederlande.

hinter beiden Tab. müsste der Durchschnitt [illegible] stehen!
Keine gute Tab.!

Abbildung 4.1 Strategisches Gerüst für Marketingentscheidungen.

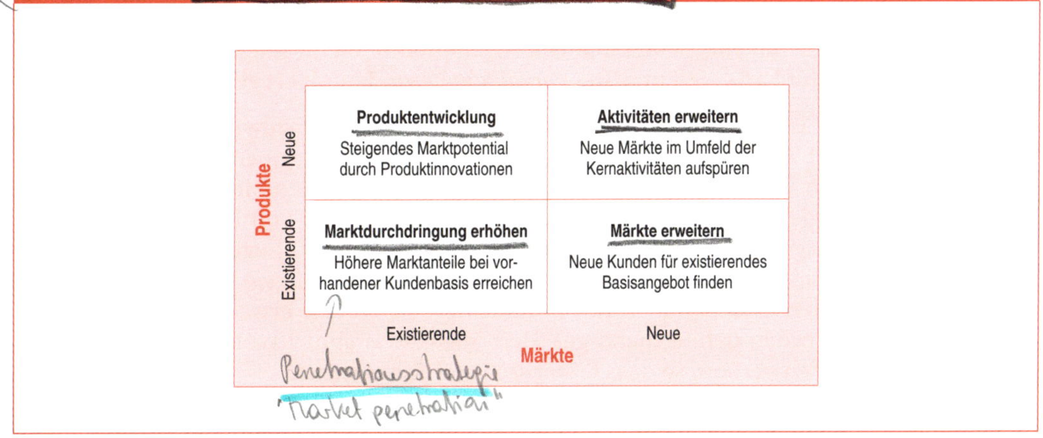

Quelle: Vandermerwe (1990), S. 35.

Manchmal müssen Unternehmen ihre Strategien überdenken und ihre Produkt-/Marktportfolios anpassen, wenn Änderungen in den Marktsegmenten auftreten. Um dieses Phänomen zu verdeutlichen, untersuchte Vandermerwe (1990) das Jugendsegment (15–24 Jahre) in Japan, den USA und Europa. Die Untersuchung zeigt, dass die Größe dieser Gruppe zwar abnimmt, sie aber im Hinblick auf das Jahr 2000 über zunehmende Geldmittel und Einfluss auf den Märkten verfügt. Unter Benutzung einer Variation des klassischen Produkt-/Markt-Mix von Ansoff (1965; vgl. Abbildung 4.1) ergibt sich ein nützliches Gerüst zur Strukturierung und Ausrichtung notwendiger Änderungen. Die vier Strategien werden so erläutert:

1. *Penetration (Marktdurchdringung) steigern.* Diese Strategie zielt darauf ab, mehr junge Kunden zu gewinnen und diese zum Marken- oder Produktwechsel zu überreden. Sie ist insbesondere in stark wachsenden Märkten üblich und setzt ein umfassendes Verständnis der Kaufkriterien und kompetitive Marketinganstrengungen voraus, die auf sorgfältig definierte Segmente ausgerichtet sind. Statt reiner Werbung und „hartem Verkauf" wird eine Kombination aller Elemente des Marketing-Mixes benötigt, um einen Wettbewerbsvorteil zu gewinnen. In den späten 80er Jahren kämpften die Banken in Großbritannien um die Marktpenetration, nachdem Sie erkannt hatten, dass der Markt der Ersparnisse der Teenager auf jährlich £1 Mrd. angewachsen war. Sie boten besondere Konten, die keine Minimaleinlage erforderten, großzügige Zinssätze auf Guthaben und kostenlose Bargeldkarten an, mit denen Teenager rund um die Uhr Geld abheben konnten. Um diese Kunden zur Eröffnung laufender Konten zu verlocken, boten sie Geschenke wie Taschenrechner oder elektronische Organizer an.
2. *Produkte entwickeln.* Das Ziel ist die Ausdehnung des Jugendmarkts durch Verbesserung der Produktleistung mit Hilfe des Einsatzes neuer Technologien. Dieser Ansatz erfordert sorgfältig ausgewählte und geplante Forschungen, Entwicklungen und Marketingprogramme für bisher unerreichte Nischen. Unternehmen, die mit dieser Strategie erfolgreich waren, haben junge Verbraucher in das Design ihrer Produkte und andere Marketingentscheidungen eingebunden. In den frühen 80er Jahren brachte das japanische Elektronikunternehmen Nintendo „Famicon", einen Familiencomputer speziell für Spiele, auf den Markt. Der Verkaufspreis lag bei 14.800 Yen, dem Betrag, den japanische Teenager üblicherweise am Neujahrstag erhielten.

- Whittle Communications startete in einem Joint Venture mit *Time* eine zwölfminütige Nachrichtensendung speziell für das Publikum der Teenager, die über die Schulen vertrieben wurde.
- General Electric hat eine neue Linie von Audioprodukten für junge Erwachsene entwickelt, bei der auf Farbe, Stil und Tragbarkeit ein besonderer Wert gelegt wurde.

3. *Märkte ausdehnen*. Um dem schwindenden Jugendmarkt entgegenzuwirken, betreten einige Unternehmen mit Angeboten ihrer Kernprodukte neue Marktsegmente. Weil sich „Baby-Boomer" in vielen Eigenschaften für jugendliche Kunden in vielen Märkten ähneln, eignet sich diese Strategie in zunehmendem Maße. Wie ein Manager von Benetton sagte: „Die Leute werden jünger, handeln jünger und kleiden sich jünger". Levi Strauss entwickelte eine neue Jeans-Linie für Leute über 40 mit Schnitten, die an fülligere Körperformen angepasst waren. Nintendo stellt nun seine Produkte für eine breitere erwachsene Marktgruppe her. Die Spiele wurden dahingehend geändert, dass sie anspruchsvoller wurden, und die Werbepläne wurden variiert, so dass Erwachsene erreicht werden.
4. *Aktivitäten erweitern*. Hier sucht ein Unternehmen nach neuen Produkt- und Marktchancen. Diese Strategie erfordert häufig die umfassendsten Investitionen und ist am erfolgreichsten, wenn sich Synergien zu den aktuellen Maßnahmen feststellen lassen. Kellogg, ein Zerealienunternehmen, war ehedem vorwiegend auf Kinder ausgerichtet, investiert aber stark in die Entwicklung von Getreideprodukten für Erwachsene, neue Tiefkühlkost für die Doppelverdiener-Familie und neue Diätprodukte.

Die Werbeagentur DMB&B untersuchte die kulturellen Einstellungen und das Konsumverhalten von mehr als 6.500 Teenagern in 26 Ländern (Miller, 1995). Das Ergebnis weist darauf hin, dass das Leben von Teenagern auf der ganzen Welt sehr ähnlich ist. Tatsächlich kann man sie für globale Kunden halten. Diese Gruppe lässt sich so definieren:

> *„Beverly Hills, 90210" im Fernsehen anschauen, Coca-Cola trinken, Big Macs essen, mit Macintosh-Rechnern im Internet surfen und für „Ace Ventura: Tierdetektiv" anstehen. Zur internationalen Teenie-Uniform gehören abgetragene Levi- oder Diesel-Jeans, T-Shirts, Nikes oder Doc Martens und Lederjacken.*

Diese Gruppe ist mit dem Fernsehsender MTV aufgewachsen. Auch wenn Teenager ein globales Segment zu sein scheinen, gibt es immer noch regionale und lokale Unterschiede, die feine Differenzierungen des Marketing erforderlich machen. Es gibt einige grundlegende Werte, die für alle Teenager rund um den Globus gelten. Die Gegner der Idee des globalen Teenagers argumentieren aber, dass kulturelle Unterschiede derart vorrangig sind, dass es sehr schwer ist, sie global zu vereinheitlichen.

4.3 Expansionsstrategien für den Exportmarkt

Die Wahl einer Marktexpansionspolitik ist eine entscheidende strategische Option des Exportmarketing und stellt die Grundlage für Entscheidungen über die Elemente des Exportmarketing-Mixes dar. Expansionsstrategien befassen sich mit Fragen darüber, wie das Unternehmen die zu selektierenden Exportmärkte mit der Zeit identifiziert und analysiert, wie es die *Anzahl* der Märkte, in denen es operieren will, festlegt und wie die erwünschten *Eigenschaften* dieser Märkte aussehen. Expansionspolitiken lassen sich in mehreren Dimensionen betrachten, zu denen das Wesen der Marktforschungsaktivitäten bei der Auswahl der Exportmärkte, das Verfahren zur Sichtung der Exportmärkten und die Verfahren zur Allokation der Anstrengungen und Ressourcen zwischen verschiedenen Exportmärkten zählen. Der Zweck dieses Abschnitts ist es, ein Gerüst für die Analyse alternativer Marktexpansionsstrategien zur Verfügung zu stellen.

4.3.1 Marktselektionsprozess: reaktive vs. proaktive Ansätze

Viele Unternehmen sind von Fall zu Fall und auf ungeplante Weise in das Exportieren und das internationale Marketing eingestiegen. Der *reaktive Marktselektionsansatz* charakterisiert eine Situation, in der der Exporteur bei der Auswahl von Märkten passiv bleibt und freiwillige Aufträge erfüllt oder auf Initiativen seitens ausländischer Käufer, ausländischer Repräsentanten (Importeure, Vertreter, usw.) oder anderer Exportvertreter wartet, die indirekt den Markt für das Unternehmen selektieren. Der Selektionsprozess bleibt dann sehr zwanglos, unsystematisch und kauforientiert, so dass das Exportmarketing (und auch andere Arten des internationalen Marketing) mehr oder weniger sporadisch wird. Bei diesem Ansatz *reagiert* der Exporteur auf eine entstandene Situation.

Typische Anlässe der passiven Marktselektion sind Anfragen ausländischer Unternehmen entweder durch eigene aktive Käufe oder durch Kontakte, die indirekt über Medien entstehen, die der Exporteur im Heimatland einsetzt, um die Aufmerksamkeit von Ausländern auf sich zu lenken. Exporteure können in nationalen oder subnationalen Exportverzeichnissen werben oder aufgeführt sein. Sie können auch an international ausgerichteten Messen und/oder Ausstellungen im Heimatland teilnehmen. Bei einer Untersuchung von Herstellern in den USA stellte sich heraus, dass 41,1% der antwortenden regelmäßigen Exporteure und 62,4% der sporadischen Exporteure über die Reaktion auf freiwillige Anfragen oder Aufträge eines Käufers oder Anstrengungen eines Vermittlers in den Export eingestiegen sind (Samiee und Walters, 1991). Auch für eine kleine und offene Wirtschaft wie die Dänemarks gibt es empirische Beweise dafür, dass dänische Hersteller und Exporteure Exportmärkte passiv selektieren. In einer Studie über dänische Exporteure sind 42% der antwortenden Unternehmen mit der Erfüllung von freiwilligen Aufträgen in das Exportgeschäft eingestiegen (Strandskov, 1986).

Marktselektion mit passiven Mitteln fand vorwiegend bei kleinen und mittleren Exporteuren mit wenig oder gar keinen Erfahrungen statt, auch wenn größere und erfahrenere Exporteure diese Strategie in bestimmten Fällen ebenfalls als nützlich empfinden (z.B. wenn freiwillige Aufträge von einem Markt stammen, in den das Unternehmen nie zuvor exportiert hat). Eines der treibenden Motive ist kurzfristiger Gewinn, der sich häufig sehr leicht durch die geringen Kosten, die mit dem Erfüllen freiwilliger Aufträge verbunden sind, realisieren lässt.

Der Ansatz der *proaktiven Marktselektion* ist im Gegensatz zum reaktiven Ansatz marketingorientiert. Der Exporteur initiiert aktiv die Selektion ausländischer Märkte und deren weitere Kundensegmentierung. Da aktive Marktselektion systematisch und formalisiert ist, entstehen für den Exporteur recht große organisatorische Aufgaben, die Personal mit internationaler Erfahrung und Zugang zu internationalen Marktinformationen erforderlich machen.

Die proaktive Marktselektion ist ein *formeller* Prozess. Als solcher kann er systematische Marktforschung und selbst einen oder mehrere Auslandsbesuche zwecks Bewertung des potenziellen Markts mit sich bringen. Für die Suche nach Märkten gibt es einen weiteren verbreiteten Ansatz. Manager können mehr oder weniger *informell* Auslandsmärkte auf der Grundlage von Gesprächen mit einer Geschäftsbekanntschaft selektieren, die über Erfahrungen in einem bestimmten Markt verfügt. Manager können einfach auch während ihres Urlaubs über Gelegenheiten „stolpern". Auf jeden durch systematische Marktforschung neu entdeckten Exportmarkt kommen mehrere, die auf einer intuitiveren Grundlage entwickelt werden. Da die formelle Exportmarktforschung sehr kostenintensiv ist, dürfte dies kein allzu schlechtes Verfahren zum Aufspüren bestimmter Markttypen sein.

Offensichtlich gibt es keine klare Abgrenzung zwischen dem reaktiven und dem proaktiven Ansatz, da viele Exporteure tendenziell die proaktive Strategie bei vermeintlich primären Märkten und die reaktive Strategie auf die vom Unternehmen für sekundär oder marginal gehaltenen Märkte anwenden. Laut Papadopoulos und Jansen (1994) haben viele Untersuchungen gezeigt, dass die meisten Manager unabhängig davon, ob sie auf eine Anfrage reagieren oder proaktiv nach Chancen suchen, stark von einem der folgenden Umstände beeinflusst werden:

- *psychische Distanz* – ein Gefühl von Unsicherheit hinsichtlich der Auslandmärkte und der wahrgenommenen Schwierigkeit bei der diesbezüglichen Informationsbeschaffung
- *kulturelle Distanz* – die wahrgenommenen Unterschiede zwischen der eigenen Kultur des Managers und der des Zielmarktes
- *geografische Distanz* – Nähe.

4.3.2 Prozeduren der Marktselektion: expansive vs. eingrenzende Methoden

Bei der Implementierung einer proaktiven oder initiativenbasierten Marktselektionspolitik lassen sich zwei unterschiedliche Methoden bei der Sichtung von Exportmärkten anwenden: expansive oder eingrenzende Verfahren.

Expansive Verfahren

Im Allgemeinen dient der Heimatmarkt oder der vorhandene Kernmarkt bei diesem Ansatz als Ausgangspunkt. Im Laufe der Zeit basiert die Marktselektion auf Ähnlichkeiten zwischen den nationalen politischen, sozialen, ökonomischen oder kulturellen Marktstrukturen, so dass der Exportmarketer von einem zum nächsten Markt expandiert und nur ein Minimum an weiterer Produktanpassung und Änderungen anderer Exportmarketing-Parameter erforderlich ist. Hier handelt es sich um eine Art der erfahrungsbasierten Marktselektion.

Unter den nationalen Marktcharakteristiken kann entweder die Ähnlichkeit der Umwelt oder der Handelspolitik den Marktselektionsprozess bestimmen. Im ersten Fall scheinen unmittelbar benachbarte Märkte wegen der starken Ähnlichkeiten der ökonomischen, politischen, soziologischen und kulturellen Standpunkte das optimale Expansionsgebiet zu sein, so dass das Marketingprogramm in diesen Märkten mehr oder weniger identisch ist. Häufig wird diese Politik *Ansatz des nächsten Nachbarn* genannt, bei dem es sich um eine Art der Clusterung oder Gruppierung von Märkten handelt. Für den Vertrieb beim nächsten Nachbarn kann der Marketer Produkte und/oder Segmente anpassen. Diese allgemeinere Methode der Cluster-Marktselektion setzt voraus, dass ein Unternehmen nur einen einzelnen Markt besitzt, der als Basismarktgebiet dienen kann. Der Basismarkt wird entweder deshalb ausgewählt, weil er das stärkste Marketingzentrum des Unternehmens darstellt, oder weil er zum Brennpunkt des Exportmarketing werden soll. Daher ist die Grundlage der Marktgruppierung an sich eine Marketingchance, die häufig auf qualitativen Umweltfaktoren beruht, die ein Maß für die Nähe der anderen Märkte zur Basis darstellen.

Bemerkenswerte Beispiele sind der starke Handel zwischen benachbarten Ländern im skandinavischen Gebiet (Dänemark, Norwegen und Schweden), den britischen Inseln (Großbritannien und Irland), dem südpazifischen Gebiet (Australien und Neuseeland) und dem nordamerikanischen Kontinent (USA, Kanada und Mexiko). Andere Beispiel-Cluster sind die nordafrikanischen Länder (Algerien, Ägypten, Libyen, Marokko und Tunesien), die arabischen Golfstaaten (Bahrain, Kuwait, Oman, Katar und die Vereinigten Arabischen Emirate), die Andenländer (Bolivien, Chile, Ekuador, Kolumbien und Peru) sowie verschiedene asiatische Länder (z.B. Malaysia und Singapur).

Zwei abschließende Beispiele können auch die Nähe der Handelspolitik verdeutlichen. Jedes Cluster hat Freihandelszonen und gemeinsame Marktstrukturen errichtet. Im europäischen Kontext sind die EU und die EFTA relevante Beispiele. Befindet man sich innerhalb eines

Handelsblocks, ist es nur natürlich, wenn Exporteure zuerst nach Marktchancen in den Märkten suchen, in denen die Zölle und andere Maßnahmen der Handelspolitik eliminiert oder harmonisiert sind bzw. sich auf dem Weg dorthin befinden, bevor sie sich andernorts umsehen. Aus der Sicht der Handelspolitik besteht für den Exporteur in allen Mitgliedsstaaten im wesentlichen die Situation des Heimatmarkts. Natürlich können andere (z.B. kulturelle oder technische) Hindernisse weiterhin existieren.

Bei der Wahl einer Basis für die Clusterung von Märkten sind andere Dinge von Bedeutung. Wenn ein Unternehmen z.B. gleichzeitig bis zu fünf Landesmärkte durchdringen will, sollte die Errichtung einer Export-Vertriebsniederlassung in einem der Märkte ernsthaft in Betracht gezogen werden. In diesem Fall ist es wichtig, Steuerbedingungen zu berücksichtigen. Ein in einem kleinen Land wie der Schweiz eingerichtetes Verkaufsbüro kann als Exportbasis in Märkte wie Deutschland, Frankreich, Italien und die Niederlande dienen, die jeweils ein hohes Marktpotenzial besitzen. Aufgrund der Steuervorteile kann die Schweiz der beste Ort für eine ausländische Verkaufsniederlassung sein. Als Ausgangspunkt für die Clusterung von Märkten kann diese Wahl aber wegen der unterschiedlichen, zu bedienenden nationalen Marktcharakteristiken auch weniger gut geeignet sein. Auf der anderen Seite wäre die Auswahl eines großen Landes wie China als Ausgangspunkt für die Clusterung von Märkten in Südostasien verständlich. Nach Marketingmaßstäben ist China immer noch eine „Wüste", die sich messtechnisch nur schwer erfassen lässt, die nicht komplett zugänglich und in der die Kaufkraft recht gering ist.

Auf einer formalisierteren Basis wurde die multivariante statistische Technik der Clusteranalyse zur Gruppierung ähnlicher Länder eingesetzt. Papadopoulos und Jansen (1994) benutzten z.B. 27 Variablen, die sieben Umweltfaktoren repräsentierten, zur Clusterung von 100 Ländern in vier Gruppen. Bei dieser Studie wurde der sog. *Temperaturgradient-Ansatz* benutzt, bei dem die Länder auf der Grundlage einer kombinierten Bewertung von sieben Variablen (politische Stabilität, Marktchancen, wirtschaftliche Entwicklung und Leistung, kulturelle Einheitlichkeit, legale Barrieren, physiografische Hindernisse und geokulturelle Distanz) in die Kategorien *extrem heiß, heiß, moderat* oder *kalt* eingeordnet wurden. Wenn man sich vom extrem heißen in Richtung des kalten Clusters bewegt, werden die Märkte ärmer, das Pro-Kopf-BSP wird niedriger, wirtschaftliche Indikatoren wie Stahl- und Energieverbrauch sinken, die ethnische Homogenität nimmt ab, legale und geografische Barrieren nehmen zu und die Kulturen unterscheiden sich tendenziell stärker. Tabelle 4.3 führt die Länder der einzelnen Cluster auf.

Tabelle 4.3 Platzierung von Ländern in nach Temperaturen abgestuften Clustern.

Extrem heiß	USA		
Heiß	Belgien	Irland	Norwegen
	Dänemark	Italien	Singapur
	Frankreich	Japan	Schweden
	Westdeutschland	Luxemburg	Schweiz
	Hongkong	Niederlande	Großbritannien
Moderat	Argentinien	Finnland	Portugal
	Australien	Griechenland	Saudi-Arabien
	Österreich	Jamaika	Südkorea
	Bolivien	Mexiko	Spanien
	Chile	Neuseeland	Türkei
	Equador	Panama	Uruguay
	Ägypten	Paraguay	Venezuela

Tabelle 4.3 Platzierung von Ländern in nach Temperaturen abgestuften Clustern. (Forts.)

Kalt	Brasilien Indonesien Indien Kenia	Malaysia Marokko Nigeria Pakistan	Peru Philippinen Senegal

Quelle: Papadopoulos und Jansen, 1994, S. 42.

Analysen wie diese sind recht allgemein und eignen sich am besten als Ausgangspunkt für individuelle Unternehmensanalysen. Eine produktspezifischere Studie klassifiziert 173 Länder und Territorien auf der Basis des Marktpotenzials und verwendet sieben Sichtungskriterien (Russow, 1992). Die sieben Kriterien sind Wachstum der Marktgröße (produktspezifisch), Handel (produktspezifisch), indirekte Marktgröße, Grad der wirtschaftlichen Entwicklung, Bevölkerungsdichte, Infrastruktur und Investition. Die Analyse wurde für sechs Produkte durchgeführt. Die auf die Daten für Rechenmaschinen angewandte Clusteranalyse führte z.B. zu acht Länderclustern.

Eng verwandt mit dem gerade vorgestellten Ähnlichkeitsprinzip ist das Analogieprinzip, das sich auf die Ähnlichkeiten der Markttrends in verschiedenen Märkten bei komplementären oder substituierbaren Produkten stützt. Wenn keine direkten Marktdaten gesammelt werden können, lassen sich indirekte Daten, die für Analogien relevant sind, zum Zwecke der Marktselektion nutzen.

Eingrenzende Verfahren

Beim Einsatz von eingrenzenden Verfahren beginnt die optimale Marktselektion mit allen oder vielen nationalen Märkten, die schließlich auf der Basis politischer, ökonomischer, sprachlicher oder anderweitigen Kriterien in regionale Gruppen aufgeteilt werden. Eingrenzende Verfahren bringen eine systematische Sichtung aller Märkte mit sich, führen zur sofortigen Eliminierung der am wenigsten Erfolg versprechenden Märkte und einer weiteren Untersuchung der vielversprechendsten Märkte. Dabei müssen relevante bzw. „K.O."-Faktoren festgelegt werden. Zwei Sätze von Faktoren, die bereits diskutiert worden sind, sind (1) allgemeine Marktindikatoren und (2) spezifische Produktindikatoren. Ein Beispiel für ein eingrenzendes Verfahren wird in Abbildung 4.2 vorgestellt.

Der Gesamtansatz scheint zwar komplex zu sein, umfasst aber nur drei Stufen:

1. Es werden vorläufige Sichtungskriterien für die Untersuchung der Länder festgelegt. Das Ergebnis ist eine Liste in Frage kommender Länder.
2. In der zweiten Stufe wird festgelegt, welche Landescharakteristiken zur Bewertung von Marketingchancen eingesetzt werden und wie diese gewichtet werden sollten. Vier Arten von Variablen werden untersucht: operative Risiken, Marktpotenzial, Kosten und potenzieller lokaler und ausländischer Wettbewerb.
3. Länder werden auf der Basis der in der zweiten Stufe ausgewählten Kriterien bewertet und auf der Basis abgeleiteter Punktzahlen in eine Rangordnung gebracht.

Das Ergebnis ist eine Sortierung der Länder, so dass sich eine Reihe von Ländern für weitere, umfassendere Analysen auswählen lassen.

Abbildung 4.2 Ein konzeptionelles Gerüst für die Selektion von Ländern/Markteintrittsmodi: Ein Beispiel für ein eingrenzendes Verfahren.

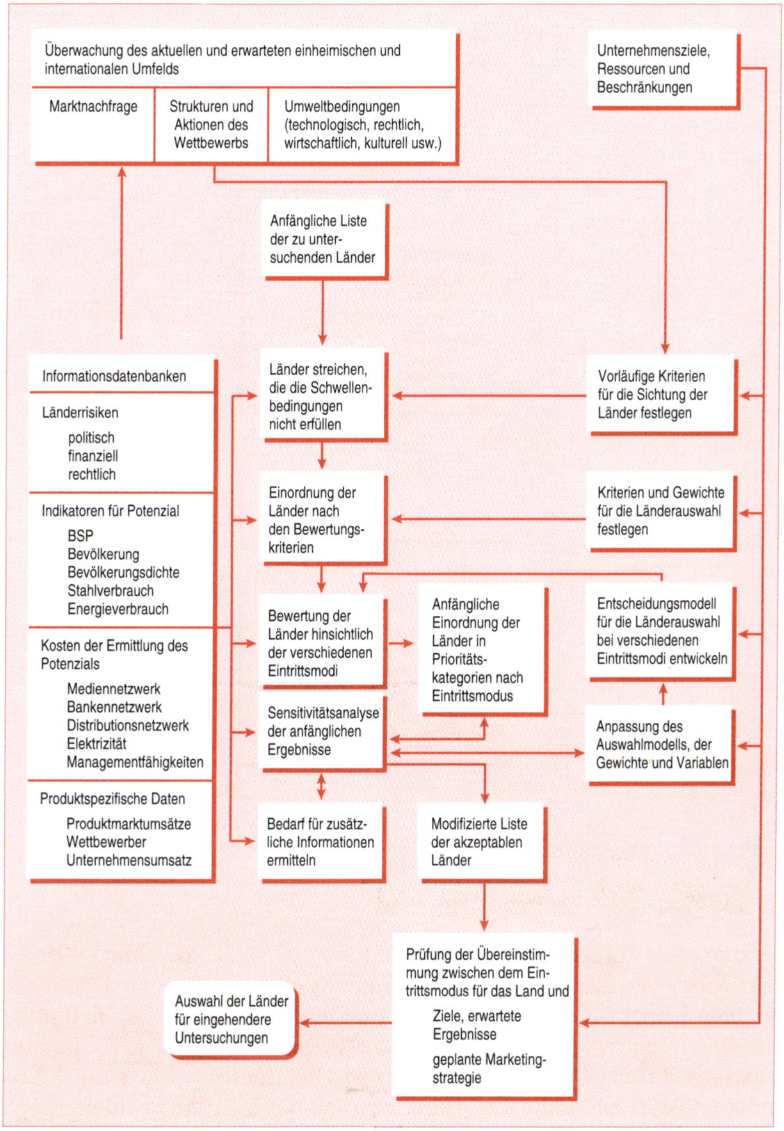

Quelle: Douglas und Craig (1983), S. 111.

Ein Beispiel für ein Marktsichtungsverfahren wird schematisch in Abbildung 4.3 dargestellt. Die Sichtung bzw. Analyse potenzieller Märkte ist in einem systematischen zweischrittigen Verfahren organisiert, das mit einer geografischen Marktsegmentierung beginnt und mit einer Kundenmarktsegmentierung endet.

Abbildung 4.3 Exportmarkt-Selektion: ein eingrenzendes Verfahren.

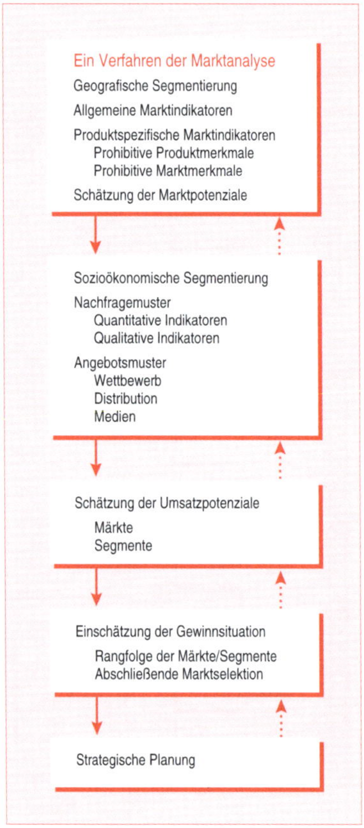

Schritt 1: Geografische Segmentierung

Die erste Analysestufe lässt sich in Abhängigkeit von der Nähe des Markts und den akkumulierten Erfahrungen des Exporteurs beim Sammeln einer Reihe von Daten zu allgemeinen Marktindikatoren weiter in eine *Informations-* und eine *Entscheidungsstufe* untergliedern. Über die geografischen Indikatoren selbst hinaus, sind auch demographische, ökonomische, politische und infrastrukturelle Marktcharakteristiken von Interesse. Da einige dieser Merkmale mehr als andere fluktuieren, sollte das primäre Augenmerk auf den Änderungen und Perspektiven und nicht auf früheren Statistiken *an sich* liegen. In einer Welt der sich stetig ändernden Wirtschaftspolitik der nationalen Regierungen und internationalen Autoritäten ist es von äußerster Wichtigkeit, dass der Exporteur auf diesem Gebiet jene Informationen aus der riesigen Masse herauszieht, die für die Marketingsituation relevant sind, der er gegenübersteht, um Strategien und Politiken entsprechend anpassen zu können.

Neben allgemeinen muss eine Reihe produktspezifischer Marktindikatoren verglichen werden, um eine optimale Marktselektion sicherzustellen. Diese Daten lassen sich weiter in zwei Gruppen prohibitiver Faktoren untergliedern: eine Reihe *prohibitiver Produktcharakteristika* (d.h.

produkt-inhärente Faktoren, die aus klimatischen, kulturellen, religiösen oder anderen Gründen offensichtlich im Konflikt mit den obigen allgemeinen Marktindikatoren stehen), und eine Reihe *prohibitiver Marktfaktoren* (d.h., wenn der Markt selbst aus verschiedenen Gründen, wie z.B. Handelsverboten, Importrestriktionen, Handelsbarrieren, Boykotten, Embargos, Importkontingenten, prohibitiven Zöllen und Zollfreigrenzen, weitere Untersuchungen verhindert oder bedeutungslos macht). Ein prohibitives Produktmerkmal lässt sich z.B. verdeutlichen, wenn man versucht, Getränke oder Nahrungsmittel mit Alkohol in einem Land zu verkaufen, in dem religiöse Ansichten deren Genuss verbieten. Ein Beispiel für einen prohibitiven Marktfaktor wären Unternehmen, die Produkte, für die Importverbote bestehen, nach Mexiko exportieren wollen, oder Waren Ende 1993 nach Haiti verkaufen wollten, als wirtschaftliche Sanktionen der UN in Kraft waren.

Die wirtschaftlichen, gesetzlichen und kulturellen Umfelder müssen spezifisch berücksichtigt werden. Das wirtschaftliche Umfeld lässt sich weitgehend am einfachsten bewerten, da quantitative Indikatoren zur Verfügung stehen. Das gesetzliche Umfeld kann sehr komplex sein, da es viele Bereiche umfasst und in den verschiedenen Ländern unterschiedlich ist. Ein Unternehmen kann nicht alle wesentlichen Gesetze in allen potenziellen Märkten untersuchen. Und auch die Analyse ausländischer Kulturen kann ein komplexes Unterfangen sein, da es z.B. darum geht, Einstellungen und Werte, Sitten und Umgangsformen, Lebensstile und die Beziehung der Nation zur Kultur zu untersuchen. Daher bleibt die Analyse notwendigerweise größtenteils subjektiv. Der Wert einer solchen Analyse sollte jedoch nicht allein wegen ihrer Subjektivität unterschätzt werden. Z.B. zeigten die europäischen Verbraucher nur wenig Interesse für Diätnahrung, bis dieses in den späten 80ern zu steigen begann. Heinz, Nestlé und Unilever haben den laufenden kulturellen Wandel richtig analysiert und die Chance im Markt der Diätnahrungsmittel zu ihrem Vorteil genutzt. Alle konnten hohe Umsätze und Gewinne verzeichnen (Peterson, 1990).

Die geografische Segmentierung auf Grundlage von Makromarktindikatoren reduziert die Zahl der potenziellen Märkte. Für die übrigen Märkte lässt sich die jeweilige jährliche Gesamtkapazität (d.h., Marktpotenzial, Verkäufe oder Nachfrage) über das nationale Produktionsvolumen, Vorräte und Außenhandelsstatistiken einschätzen. Diese Berechnungen versorgen den Exporteur mit einer vergleichbaren quantitativen Basis zur weiteren Eliminierung von Märkten bei der Entscheidung, für welche verbleibenden Märkte sich das Sammeln detaillierterer Informationen rechtfertigt (vgl. Beispiel 4.3).

Schritt 2: Kundensegmentierung

Für die Märkte, die nach Schritt 1 (Geografische Segmentierung) weiter berücksichtigt werden, sollte eine weitere Segmentierung auf der Basis der Kundenmarktdaten durchgeführt werden, um zur endgültigen Rangordnung der potenziellen Märkte zu gelangen. Die Nachfrage- und Liefermuster, die sich beide sowohl mit quantitativen als auch qualitativen Maßstäben ermitteln lassen, sind unter den Kundensegmentierungsindikatoren entscheidend.

Auf der Nachfrageseite unterscheiden sich die Merkmale zwischen Verbraucher- und Industriemärkten beträchtlich, obwohl für beide Markttypen psychographische Indikatoren wie Verhalten, Lebensstil, Einstellungen, Kaufmuster und der Entscheidungsprozess einbezogen werden müssen. Auf der Lieferseite müssen Wettbewerber entsprechend ihrer Nationalitäten, Kapazitäten, Aktivitäten usw. eingeordnet werden. Außerdem müssen Vertriebswege in Hinsicht auf Merkmale wie Erhältlichkeit, Geschäftsfähigkeiten und durchgeführte Aktivitäten ausgewählt werden. Schließlich ist auf der Lieferseite noch die Mediensituation (Erhältlichkeit, Kosten, Zirkulation und Prioritäten) zu untersuchen.

Wenn der Exporteur sowohl auf der geografischen als auch auf der Kundenmarktebene Daten gesammelt hat, dann sollte er die Ergebnisse über die Marktpotenziale zur Schätzung der Marktanteile (Umsatzpotenzial) einsetzen und so schließlich zu einer Rangfolge gelangen, die auf der geschätzten Rentabilität beruht. Dann können Märkte selektiert werden, wobei die nicht gewählten Märkte für einen möglichen späteren Eintritt „in Reserve" gehalten werden können. Spezifische Techniken zur Bestimmung des Marktpotenzials werden in Kapitel 5 kurz besprochen.

BEISPIEL 4.3

Detaillierte Analyse des Auslandsmarkts

Eine Reihe von Indikatoren (d.h. Variablen) ist für die Bewertung des Exportpotenzials ausländischer Märkte relevant. Wenn es einen Bedarf für eine umfassende und detaillierte Analyse gibt, sollten sie jeweils im Hinblick auf ihr Potenzial für einen gegebenen Markt untersucht werden. In einigen Fällen können Variablen für diesen Markt irrelevant sein, oder ihr „Wert" kann nicht signifikant sein.

Im Allgemeinen wird der Wert eines Auslandsmarkts von seinen physischen Eigenschaften, politischen Tendenzen, soziokulturellen Merkmalen und ökonomischen Faktoren beeinflusst. Im Speziellen könnte es sich um die folgenden Indikatoren handeln:

- physische Geografie des Landes (Gebiet, Topografie, Klima, Entfernung von anderen Ländern, geografische Unterteilung)
- Bevölkerungsmerkmale und Kaufkraft (Gesamtbevölkerung, Geschlechts- und Altersverteilungen, Einkommen, Reichtum, Kaufkraft, gesellschaftliche Klassen, städtische und ländliche Gruppen)
- kulturelle Faktoren (Religion, Sprachen, Gewohnheiten, Sitten, Präferenzen, Werte, Normen, Einstellungen)
- Ressourcen
- Industrien (wesentliche Industriezweige, Lage, Bedeutung, Wachstum der Industrialisierung)
- Außenhandelsmodelle und -partner (Exporte, Importe, Muster der Entwicklung)
- Wettbewerb (lokal, ausländisch)
- grundlegende Infrastruktur einschließlich Transport- und Kommunikationsmöglichkeiten
- finanzielle Belange und Kreditbedingungen (Währung, Devisenkurse, Verfügbarkeit von Kapital, Zinssätze)
- Marketingkanäle und Geschäftssitten
- Regierung und ihre Restriktionen und Regulierungen des Handels
- gesetzliche Faktoren (Copyright, Warenzeichen und Patentschutz, Vertragsabschlüsse usw.)

Relevante vergangene, gegenwärtige und zukünftige Bedingungen sollten bewertet werden. Alle signifikanten Trends und Änderungen müssen in die Analyse einbezogen werden.

4.3.3 Marktselektionsstrategien

Die wesentlichen strategischen Alternativen der Marktexpansion sind *Marktkonzentration* und *Marktstreuung*. Bisher ließen sich die Alternativen der Expansionsstrategie über die Zahl der Märkte identifizieren. Eine Marktkonzentrationsstrategie wurde als ein langsames und graduelles Wachstum in einer Reihe von Märkten beschrieben, die ein Unternehmen bedient. Im Gegensatz dazu wird die Strategie der Marktstreuung durch eine hohe Wachstumsrate in einer Reihe von Märkten charakterisiert, die bereits in frühen Stadien der Expansion bedient werden. Es ist offensichtlich, dass diese beiden Strategien die Extreme eines Kontinuums verschiedener Expansionsalternativen darstellen.

Die Wahl einer Marktexpansionspolitik ist eine Schlüsselentscheidung des Exportmarketing. Erstens führen verschiedene Muster wahrscheinlich mit der Zeit zur Entwicklung unterschiedlicher kompetitiver Situationen in verschiedenen Märkten. Schnelle Wachstumsraten in neuen Märkte, die durch einen kurzen Produktlebenszyklus charakterisiert sind, können Eintrittsbarrieren für neue Wettbewerber erzeugen und für eine höhere Rentabilität sorgen. Auf der anderen Seite kann eine zielbewusste Selektion relativ weniger Märkte bei intensiveren Entwicklungen für höhere Marktanteile sorgen, die mit einer stärkeren Wettbewerbsposition gleichbedeutend sind.

Zweitens führen die beiden Marktexpansionspolitiken zur Wahl unterschiedlich hoher Marketinganstrengungen und verschiedener Ausgestaltungen des Marketing-Mixes in den jeweiligen Märkten. Bei gegebenem Einsatz finanzieller und organisatorischer Ressourcen ist die Zuteilung von Ressourcen auf die einzelnen Märkte bei der Marktkonzentrationsstrategie höher als bei der Strategie der Streuung. Dies hat Auswirkungen auf die Marketing-Mix-Investitionen in eine Marketinginfrastruktur und führt zu einem größeren Engagement und stärkerer Kontrolle (und auch Risiken) bei der Wahl des Markteintrittsmodus, bei hohem Werbeaufwand usw. Die Strategie der Streuung führt andererseits zu geringerem Werbeaufwand und einer stärkeren Abhängigkeit von ausländischen Distributoren (Importeure, Vertreter usw.).

Vor der detaillierten Erörterung der Marktexpansionpolitiken kann man sich fragen, ob Konzentration und Streuung gleichbedeutend mit wenigen bzw. vielen Märkten sind. Im Allgemeinen wurden Exportmarktstrategien und -pläne über die Anzahl der Landesmärkte gemessen. Bei einer derartigen Messung entstehen jedoch einige konzeptionelle und analytische Probleme. Erstens: Welchen absoluten Ansatz soll man hinsichtlich der Anzahl der Märkte wählen? Darf ein Unternehmen, wenn es eine Konzentrationsstrategie verfolgt, nicht mehr als beispielsweise fünf Zielmärkte bedienen? Die Fähigkeit von Unternehmen, in mehreren Exportmärkten zu verkaufen, variiert mit dessen Ressourcen und Fähigkeiten, der Unterschiedlichkeit der Exportmärkte und deren Ausprägung und dem Ausmaß der Differenzierung der Produkte und Marketinganstrengungen in den jeweiligen Märkten. Daher kann man die Anzahl der Märkte als relatives Konzept auffassen. Bei kleineren Unternehmen, die ihre Produkte z.B. in mehr als acht relativ heterogenen Märkten vertreiben, kann man dies nicht für die Verfolgung einer Konzentrationsstrategie halten. Bei größeren Unternehmen, bei denen Anpassungskosten nur geringe Auswirkungen auf die Ressourcensituation haben, können acht Märkte durchaus eine Konzentration bedeuten.

Zweitens: Wie soll man die Anzahl der Märkte konzeptionalisieren? In einigen Fällen stehen echte Marktunterschiede in keinem Zusammenhang mit nationalen Grenzen. In anderen Fällen unterscheiden sich Märkte innerhalb von nationalen Märkten, wobei dies an soziokulturellen Merkmalen und/oder verhaltensbestimmenden Einstellungen liegen kann. Konzentrieren z.B. Unternehmen, die nur in die USA exportieren und ihr Marketingprogramm an regionale und staatliche Unterschiede der soziokulturellen und ökonomischen Merkmale abstimmen, ihre Anstrengungen im Vergleich mit Unternehmen, die das gleiche Produkt nach Dänemark, Schweden, Norwegen und in die Niederlande exportieren? In diesem Beispiel ist die Zahl der Märkte von untergeordneter Bedeutung. Die relevante Frage ist die nach dem Ausmaß der Marktunterschiede, das die Ressourcenallokation der Marketinganstrengungen auf die verschiedenen Zielmärkte (geografische Märkte *und* Marktsegmente) beeinflusst.

Statt die Zahl der Märkte für die Charakterisierung der verschiedenen Expansionsstrategien zu bemühen, scheint es angemessener zu sein, Maßstäbe anzuwenden, die sich mit der Verteilung der *Größe des Exportmarketing-Budgets* auf die verschiedenen Arten der Landesmärkte und Marktsegmente befassen. Es gibt jedoch eine positive Beziehung zwischen der Zahl der Landesmärkte und der Höhe der Ressourcen, die den jeweiligen Märkten zugeteilt werden, so dass die Zahl der Märkte auch nicht völlig ignoriert werden darf.

Weil es sich schwierig operationalisieren lässt, wie Marketingausgaben über die Exportmärkte verteilt werden (die Verteilung geteilter Kosten, Markteintrittskosten in verschiedene Länder und Märkte, etc.), können Unternehmen alternativ mit dem Herfindahl-Index das *Ausmaß ihrer Exportkonzentration* berechnen und es über die Zeit oder mit anderen Unternehmen vergleichen. Dieser Index ist als die Summe der Quadrate der prozentualen Verkäufe in den jeweiligen fremden Ländern definiert.

$$C = \sum S_i^2 \quad i = 1, 2, \ldots, n \text{ Ländern}$$

mit C = der Exportkonzentrationsindex des Unternehmens
S_i = Exporte in das Land i als Prozentsatz der Gesamtexporte des Unternehmens

$$\sum_{i=1}^{n} S_i = 1$$

Die maximale Konzentration (C=1) wird erreicht, wenn alle Exporte nur in ein einziges Land gehen, und die minimale Konzentration (C=1/n) liegt vor, wenn sich alle Exporte über eine große Anzahl von Ländern verteilen. Bei der Diskussion von Faktoren, die die Wahl der Marktexpansionsstrategie beeinflussen, werden die folgenden Definitionen verwendet.

Eine *Marktkonzentrationsstrategie* wird dadurch charakterisiert, dass die verfügbaren Ressourcen in eine kleine Zahl von Märkten geleitet werden, wobei Marketinganstrengungen und Ressourcen relativ hohen Umfangs auf die jeweiligen Märkte entfallen, um in diesen Märkten signifikante Marktanteile und z.B. ein Exportwachstum durch Marktpenetration zu erreichen. Nach dem Aufbau starker Positionen in vorhandenen Märkten erweitert das Unternehmen langsam seinen Aktionsradius auf andere Länder und/oder Kundensegmente.

Eine *Marktstreuungsstrategie* wird durch die Verteilung der Marketingressourcen auf eine große Zahl von Märkten charakterisiert, um das Risiko einer Ressourcenkonzentration zu verringern und die Gewinnmöglichkeiten der Flexibilität auszubeuten, um z.B. Exportwachstum über Marktentwicklung zu erreichen.

4.3.4 Überlegungen, die die Wahl der Exportmarkt-Expansionsstrategie beeinflussen

Es gibt einige wesentliche Faktoren, die die Exportmarkt-Expansionsstrategie der Unternehmen beeinflussen. In den meisten Fällen ist eine explizite Auswahl zwischen Marktkonzentration und Marktstreuung nicht durchführbar, weil das Ausbalancieren verschiedener situativer Faktoren häufig zu strategischen Entscheidungen führt, die zwischen den beiden Extremen liegen. Es ist aber wichtig, dass Unternehmen über ein analytisches Gerüst verfügen, mit dem sie ihre Exportposition mit den verfügbaren Chancen abstimmen können. Ein solches Gerüst sollte ein Gesamtbild liefern, das zeigt, ob der Marketingsituation des Unternehmens Konzentration oder Streuung eher angemessen ist. Wichtig ist es anzumerken, dass zwar die Ziele die involvierten Faktoren bestimmen, dass aber die tatsächlich vom Unternehmen gewählte strategische Option weitgehend von der subjektiven Beurteilung des Managements der Höhe und Art der mit den verfügbaren Alternativen und der Art der Unternehmensziele (Gewinn vs. Umsatz) verbundenen Risiken abhängig sind. Die Wahrnehmung der kommerziellen (ökonomischen) und politischen Risiken beim Exportmarketing sind ein Resultat der Managementexpertise im Unternehmen, der gesammelten Exporterfahrungen und der Verfügbarkeit und Qualität der Informationen über das Umfeld des Exportmarkts (die Kunden, die Wettbewerber usw.) Politische Risiken, die sich als „die angewandte Politik der Gastgeberregierung, die die

Geschäftsaktivitäten einer gegebenen ausländischen [Investitions-] Operation beschränkt" (Schmidt, 1986, p. 45) definieren lassen, haben viele Dimensionen. Es gibt die Dimensionen des Transfers, der Operation, des Besitzes/der Kontrolle und der allgemeinen Instabilität. Die Unternehmensziele werden primär von den treibenden Motiven und Gründen hinter den Exportalternativen bestimmt.

Argumente für den Einsatz einer Marktkonzentrationsstrategie lassen sich im Exportmarketing aus der *Macht der Marktspezialisierung*, der *Größe und Marktpenetration*, der *besseren Marktkenntnis* und *dem höheren Ausmaß der Kontrolle* ableiten. Verbesserungen finden aufgrund von Export-Lernprozessen und der Erfahrungskurve statt. Das Unternehmen bewältigt seine Aufgaben einfach besser, weil seine Kenntnisse und sein Sachverstand im Umgang mit einer kleinen Gruppe von Märkten zunehmen. Diese Zunahme resultiert daraus, dass einige Probleme immer wiederkehren und nur einmal gelöst werden müssen, dass das Exportpersonal Erfahrungen sammelt, dass persönliche Kontakte und Einflussmuster enstehen und die Kontrolle erhöht wird. Beispiel 4.4 verdeutlicht die Beziehung zwischen einem Unternehmen mit einer kritischen Masse und einem Marktkonzentrationsansatz.

BEISPIEL 4.4

Marktkonzentration und kritische Masse

Viele Unternehmen haben die Probleme beschränkter Ressourcen und weitgehend verschiedenartiger Märkte dadurch überwunden, dass sie ihre Aufmerksamkeit auf eine ausgewählte Anzahl von Exportchancen konzentrieren und erst, nachdem sie in diesen wenigen Gebieten erfolgreich waren, in andere expandiert und somit eine *Marktkonzentrationsstrategie* verfolgt haben.

Attiyeh und Wenner (1979) zufolge lässt sich eine solche Strategie auf die Konzepte der kritischen Masse und der Selektivität gründen. *Kritische Masse* bedeutet, dass eine minimale Größe und Effektivität erreicht worden sind. In der Regel steigen die Gewinne tendenziell, wenn erst einmal eine kritische Masse erreicht worden ist und der Exporteur den kompetitiven Ansprüchen des Markts besser gerecht werden kann. Wenn sich ein Unternehmen der Schwelle der kritischen Masse nähert, ist nur noch ein relativ geringer zusätzlicher Zeit- und Ressourceneinsatz erforderlich, um eine substanzielle Zunahme der Umsätze und/oder Gewinne zu erreichen. Dies lässt sich am Beispiel eines Herstellers von Haushaltsgeräten verdeutlichen, der in mehrere europäische Märkte – einschließlich Deutschland – stark investiert und entsprechende Ressourcen aufgewandt hatte und damit nur einen sehr geringen Gewinn erzielen konnte. Nach der Analyse des deutschen Markts fand das Unternehmen heraus, dass es durch zusätzliche Investitionen für den Support und das Training der Händler und das Schließen einer Lücke der Produktlinie (zusammengenommen nur eine inkrementell kleine zusätzliche Ausgabe im Verhältnis zu den bisherigen Investitionen) seine Gewinne schrittweise erhöhen konnte.

Kritische Masse: eine minimale Größe & Effektivität wurden erreicht
Wenn kritische Masse erreicht -> steigen Gewinne tendenziell

Beispiel 4.4 (Forts.)

Matrix für das Setzen von Prioritäten bei der Marktentwicklung.

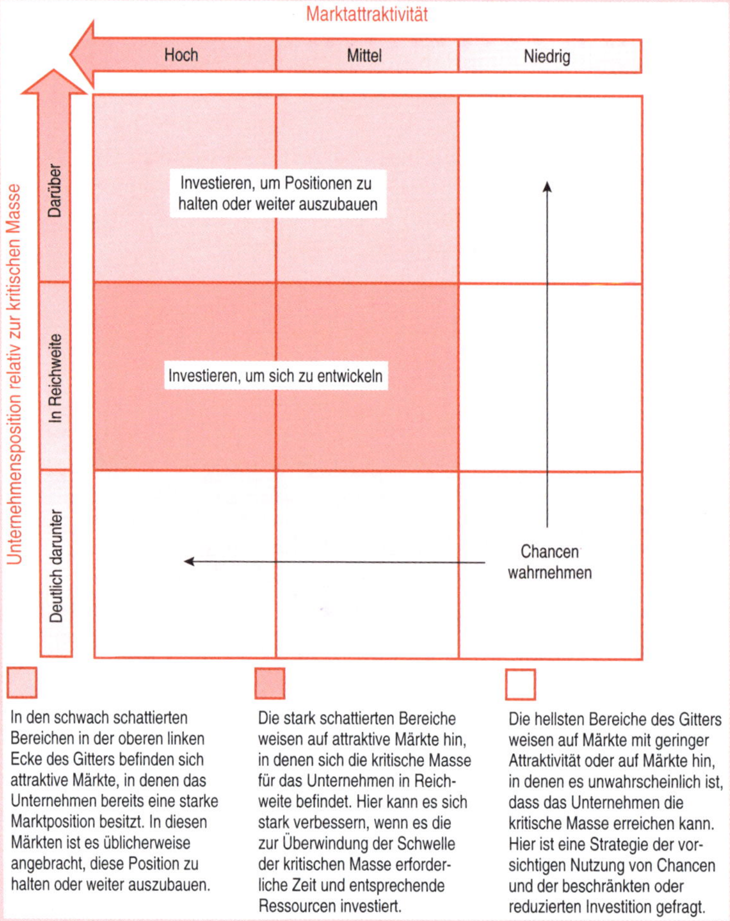
Marktattraktivität
Hoch
Mittel
Niedrig
Unternehmensposition relativ zur kritischen Masse
Darüber
In Reichweite
Deutlich darunter
Investieren, um Positionen zu halten oder weiter auszubauen
Investieren, um sich zu entwickeln
Chancen wahrnehmen
In den schwach schattierten Bereichen in der oberen linken Ecke des Gitters befinden sich attraktive Märkte, in denen das Unternehmen bereits eine starke Marktposition besitzt. In diesen Märkten ist es üblicherweise angebracht, diese Position zu halten oder weiter auszubauen.
Die stark schattierten Bereiche weisen auf attraktive Märkte hin, in denen sich die kritische Masse für das Unternehmen in Reichweite befindet. Hier kann es sich stark verbessern, wenn es die zur Überwindung der Schwelle der kritischen Masse erforderliche Zeit und entsprechende Ressourcen investiert.
Die hellsten Bereiche des Gitters weisen auf Märkte mit geringer Attraktivität oder auf Märkte hin, in denen es unwahrscheinlich ist, dass das Unternehmen die kritische Masse erreichen kann. Hier ist eine Strategie der vorsichtigen Nutzung von Chancen und der beschränkten oder reduzierten Investition gefragt.

Unternehmen verfügen in der Regel über beschränkte Ressourcen, so dass sie nicht in einer unendlich großen Zahl von ausländischen Märkten erfolgreich sein können. Daher müssen Märkte *selektiv* ausgewählt werden. Auf lange Sicht sollten die selektierten Märkte so in einer Folge nacheinander entwickelt werden, dass die Ressourcen unter den Anforderungen der kritischen Masse möglichst gut ausbalanciert werden. Um die Selektivität erfolgreich verfolgen zu können, benötigen Unternehmen ein Verfahren zur Bestimmung des richtigen Portfolios für Auslandsmärkte. Ein Ansatz, der sich beim Setzen von Prioitäten in derartigen Portfolios zwischen Märkten als hilfreich erwiesen hat, wird in der obigen Abbildung dargestellt. Die Matrix basiert auf der Marktattraktivität und der Unternehmensposition relativ zur kritischen Masse.

Beispiel 4.4 (Forts.)

Das Ergebnis der Bewertung von Märkten ist eine grafische Darstellung aktueller oder potenzieller ausländischer Märkte, die scheinbar mehr Ressourceneinsatz und größere Aufmerksamkeit rechtfertigen bzw. dies nicht tun. Mit diesem „Werkzeug" kann ein Unternehmen den „Wert" der jeweiligen Schlüsselmärkte im Licht seiner strategischen Ziele, Stärken und lokalen Marktbedingungen bestimmen.

Anschließend bleibt immer noch die Frage, wie es innerhalb der jeweiligen Märkte weitergehen soll. Dies erfordert möglicherweise eine Marktsegmentierung. Unternehmen müssen einen Zeitplan festsetzen und die für die Erreichung der kritischen Masse in jedem Segment eines Markts erforderlichen Ressourcen festlegen. Vor etlichen Jahren hat sich z. B. ein Unternehmen, das elektrische Ausrüstung nach Frankreich exportiert hat, dazu entschieden, den Markt in eine Reihe verschiedener Kundensegmente zu unterteilen. Der sequenzielle Marktentwicklungsplan des Unternehmens für die Nutzung von Zeit und Ressourcen lautete: (1) Werften, (2) regionale Unternehmer, (3) Kleinunternehmer, (4) indirekte Kunden und (5) Handwerker. Für einige Segmente errichtete das Unternehmen eine Verkaufsniederlassung oder nutzte regionale Verkaufsbüros, während für andere Segmente Montagebetriebe gegründet wurden.

Auf der anderen Seite basieren die Argumente für die Marktstreuung auf der Schwäche der Marktkonzentration. Die Marktstreuung bietet eine Position mit *größerer Flexibilität, geringerer Abhängigkeit von bestimmten Exportmärkten* und *geringer wahrgenommenen Risiken und Unsicherheiten* im internationalen Marktplatz. Kleine Marktanteile lassen sich bei geringen Kosten erreichen.

In Tabelle 4.4 fassen wir viele der signifikanten Unternehmens-, Produkt-, Markt- und Marketingfaktoren zusammen, die sich auf die relative Attraktivität der Expansionsalternativen auswirken. Nur selten werden alle für ein Unternehmen wirksamen Faktoren auf eine Strategie hinweisen. Daher kommen Unternehmen häufig über einen Bewertungsprozess, der Wechselwirkungen einbezieht, zu einer Strategie.

Tabelle 4.4 Exportmarkt-Konzentration vs. Marktstreuung.

Faktoren, die Marktstreuung begünstigen	**Faktoren, die Marktkonzentration begünstigen**
Unternehmensfaktoren	
Hohes Risikobewusstsein des Managements Ziel des Wachstums durch Marktentwicklung Geringe Marktkenntnis	Niedriges Risikobewusstsein des Managements Ziel des Wachstums durch Marktpenetration Fähigkeit zur Selektion der „besten" Märkte
Produktfaktoren	
Beschränkte spezialisierte Anwendungen Niedriges Volumen Keine Wiederholungskäufe Früh oder spät im Produktlebenszyklus Standardprodukt, das sich in vielen Märkten verkaufen lässt	Allgemeine Anwendung Hohes Volumen Wiederholungskauf-Produkt Mitte des Produktlebenszyklus Produkt erfordert Adaptation an unterschiedliche Märkte

Tabelle 4.4 Exportmarkt-Konzentration vs. Marktstreuung. (Forts.)

Faktoren, die Marktstreuung begünstigen	Faktoren, die Marktkonzentration begünstigen
Marktfaktoren	
Kleine Märkte – spezialisierte Segmente	Große Märkte – großvolumige Segmente
Instabile Märkte	Stabile Märkte
Viele ähnliche Märkte	Beschränkte Anzahl vergleichbarer Märkte
Neue oder verfallende Märkte	Reife Märkte
Niedrige Wachstumsraten der jeweiligen Märkte	Hohe Zuwachsraten der jeweiligen Märkte
Große Märkte sind sehr kompetitiv	Große Märkte sind nicht übermäßig kompetitiv
Etablierte Wettbewerber besitzen große Anteile an Schlüsselmärkten	Schlüsselmärkte werden unter vielen Wettbewerbern aufgeteilt
Geringe Herstellertreue	Hohe Herstellertreue
Marketingfaktoren	
Niedrige Kommunikationskosten für zusätzliche Märkte	Hohe Kommunikationskosten für zusätzliche Märkte
Niedriger Auftragskosten für zusätzliche Märkte	Hohe Auftragskosten für zusätzliche Märkte
Niedrige physische Distributionskosten für zusätzliche Märkte	Hohe physische Distributionskosten für zusätzliche Märkte
Standardisierte Kommunikation in vielen Märkten	Kommunikation verlangt Anpassungen an verschiedene Märkte

Quelle: Bearbeitung nach Piercy, 1981, S.64

Produktfaktoren

Die Art der Produkttransaktion (Volumen, Frequenz und Vielfalt), der Grad der Produktspezialisierung, Standardisierung, Softwareinhalt, Wiederholungskauf und das Stadium des Produktlebenszyklus beeinflussen die Wahl der Expansionsstrategie. Hochvolumige und niederfrequente Produkte ohne Wiederholungskauf-Charakteristik lassen sich mit Marktstreuung assoziieren. Der Verkauf von z.B. schweren industriellen Systemen wie Stahl- und Zementwerken erfordert bei der Identifizierung von Exportchancen eine weltweite Perspektive. Auf der anderen Seite ist die Konzentrationsstrategie bei Produkten mit niedrigem Volumen und hohen Frequenzen (wie z.B. die meisten gewöhnlichen Konsumgüter) vergleichsweise attraktiver.

Bei spezialisierten Produkten, für die es in den meisten Ländern nur kleine Marktsegmente gibt, ist der Einsatz der Streuungsstrategie erforderlich, um einen ausreichenden Anteil des Marktpotenzials zu gewinnen. Der spezialisierte Charakter des Produkts kann entweder auf technologischen Gründe, Dienstleistungen oder Marketingmerkmalen beruhen. Die wenigen Produktlinien des dänischen Unternehmens Radiometer, das wissenschaftliche Instrumente an Krankenhäuser und Labors verkauft, zielen z.B. auf einen weltweiten Nischenmarkt ab, was dazu führt, dass Exportverkäufe wahrscheinlich für mehr als 90% des Gesamtumsatzes des Unternehmens verantwortlich sind.

Die Softwarebestandteile des Produkts, wie z.B. das Dienstleistungsmerkmal, ist auch wichtig bei der Bewertung der Marktexpansionsstrategien. Wenn Kundenberatung, Kundendienst, spezielle Lieferanforderungen und Lagerhaltung erforderlich sind, müssen Unternehmen ihre Ressourcen und Marketinganstrengungen konzentrieren, um Käufer zu halten und zu Wiederholungskäufen zu bewegen. Speziell in industriellen Märkten, in denen Käufer-/

Verkäufer-Beziehungen auf Zuverlässigkeit und Vertrauen basieren, haben ausländische Hersteller aufgrund nationalistischer Käufereinstellungen häufig Schwierigkeiten, Vertrauen zu gewinnen. Daher können in vielen Fällen nur dienstleistungsorientierte Bemühungen den Umstand kompensieren, dass man kein lokales Unternehmen ist. Das dänische Unternehmen Kongskilde, das landwirtschaftliche Maschinen produziert und exportiert, hat z.B. erkannt, dass Verkaufs- und Serviceniederlassungen im Ausland der effizienteste Weg zur Bedienung eines Markts sind. Obwohl sie in mehr als 50 Länder exportieren, sind die wenigen Schlüsselmärkte, in denen sie Verkaufs- und/oder Produktionsniederlassungen gegründet haben, für den größten Teil des Gesamtexportvolumens verantwortlich.

Die Position, die das Produkt in seinem Lebenszyklus im jeweiligen geografischen Markt einnimmt, hat Einfluss auf die Expansionswahl. Wenn sich die Positionen in einer Vielzahl von Ländern stark unterscheiden, kann eine sukzessive Konzentrationsstrategie, bei der das Unternehmen einen Markt nach dem anderen durchdringt und auf diesem Weg expandiert, logisch erscheinen. Wenn andererseits keine Unterschiede beim Produktlebenszyklus zwischen den Märkten bestehen, ist es von Bedeutung, ob sich das Produkt in früheren oder späteren Phasen des Zyklus befindet. Sowohl in der Einführungs- als auch in der Degenerationsphase scheint es vorteilhaft zu sein, möglichst viele Märkte zu bedienen, im ersten Fall, um Erfahrungen zu sammeln und das Volumen zu steigern und im letzten Fall, um das Volumen bei verfallenden Märkten aufrecht zu erhalten. Im Gegensatz dazu scheint die Marktkonzentration in den Phasen des Wachstums und der Reife, in denen der Preiswettkampf härter wird, angemessener zu sein.

Umweltfaktoren

Die Natur der Märkte (Marktgröße, Wachstum, Stabilität, Marktunsicherheit, Heterogenität, Wettbewerb und Herstellertreue) beeinflusst die Wahl einer Exportexpansionsstrategie. Hohe Marktpotenziale bei stabilen und reifen Charakteristiken favorisieren tendenziell die Marktkonzentration, während sich niedrige Potenziale in Verbindung mit neuen und instabilen Märkten eher für die Streuungsstrategie eignen. Marktkonzentration kann auch eine geeignete Wahl sein, wenn sich das Unternehmen mit eigenen Mitteln effektiv gegen Wettbewerber behaupten kann und wenn wesentliche Schlüsselmärkte nicht von starken internationalen Konkurrenten dominiert werden.

Auch die Wachstumsrate der jeweiligen Märkte ist wichtig. Wenn die Wachstumsrate der Industrie in allen Ländern oder Marktsegmenten niedrig ist, können Unternehmen häufig ein schnelleres Wachstum erreichen, wenn sie ihre Bemühungen auf viele Märkte verteilen. Eine Streuungsstrategie kann jedoch gleichzeitig auch für Unternehmen mit beschränkten Ressourcen vorteilhaft sein. Hohe Wachstumsraten in vielen Ländern lassen sich erreichen, wenn man bei seinen Marketinganstrengungen auf unabhängige Verkaufsvertreter vertraut, die daran interessiert sind, das Produkt des Unternehmens in ihren eigenen wachsenden Märkten zu fördern.

Wenn es nicht viele grundsätzliche Unterschiede in den Umweltbedingungen gibt (niedrige Marktheterogenität), scheint Marktstreuung die attraktivere Strategie zu sein. Dieselbe Schlussfolgerung gilt, wenn Eintrittsbarrieren der wesentlichen Märkte (z.B. Zölle) hoch und schwierig zu überwinden sind und wenn die Kundentreue niedrig ist.

Exportmarketing-Faktoren

Die Kosten der Bedienung eines Markts und die Natur dieser Kosten sind wahrscheinlich die wichtigsten bestimmenden Faktoren der Expansionswahl. Marketingkosten sind ein Resultat der Natur des Produkts und der Merkmale des Markts und hängen im Allgemeinen vom gewählten Eintrittsmodus bei den ausländischen Operationen und der Notwendigkeit der Anpassung an die lokalen Bedingungen und Nachfragen ab. Betrachtungen des Markteintrittsmodus stehen mit der Frage des Ressourcenengagements für internationale Märkte im Zusammenhang und bestimmen ein wesentliches Element der Distributionsstrategie bei der Marktexpansion. Der extensive Einsatz von unabhängigen Vertretern wird häufig mit Marktstreuung assoziiert, während das Ressourcenengagement für Verkaufsniederlassungen ein wahrscheinlicheres strategisches Element der Marktkonzentration ist.

Ein wesentlicher Gesichtspunkt ist jedoch, wie Unternehmen das höchste Verkaufsvolumen bei möglichst niedrigen Marketingkosten erreichen und generieren können. Diese Frage steht im Zusammenhang mit der Umsatzreaktionsfunktion für die Marketinganstrengungen. Je besser die Einschätzung oder die Kenntnisse der Exportmanager von relevanten Umsatzreaktionen für ein gegebenes Produkt sind, desto besser sind die Möglichkeiten der Formulierung einer effektiven Expansionsstrategie. Die Umsatzreaktionsfunktion beschreibt die Beziehung zwischen dem Verkaufsvolumen (Umsatz) und einem bestimmten Element des Marketing-Mixes. Zwei alternative Formen der Reaktionsfunktion sind verbreitet: eine S-Kurvenfunktion und eine konkave Funktion, wie sie in Abbildung 4.4 dargestellt werden.

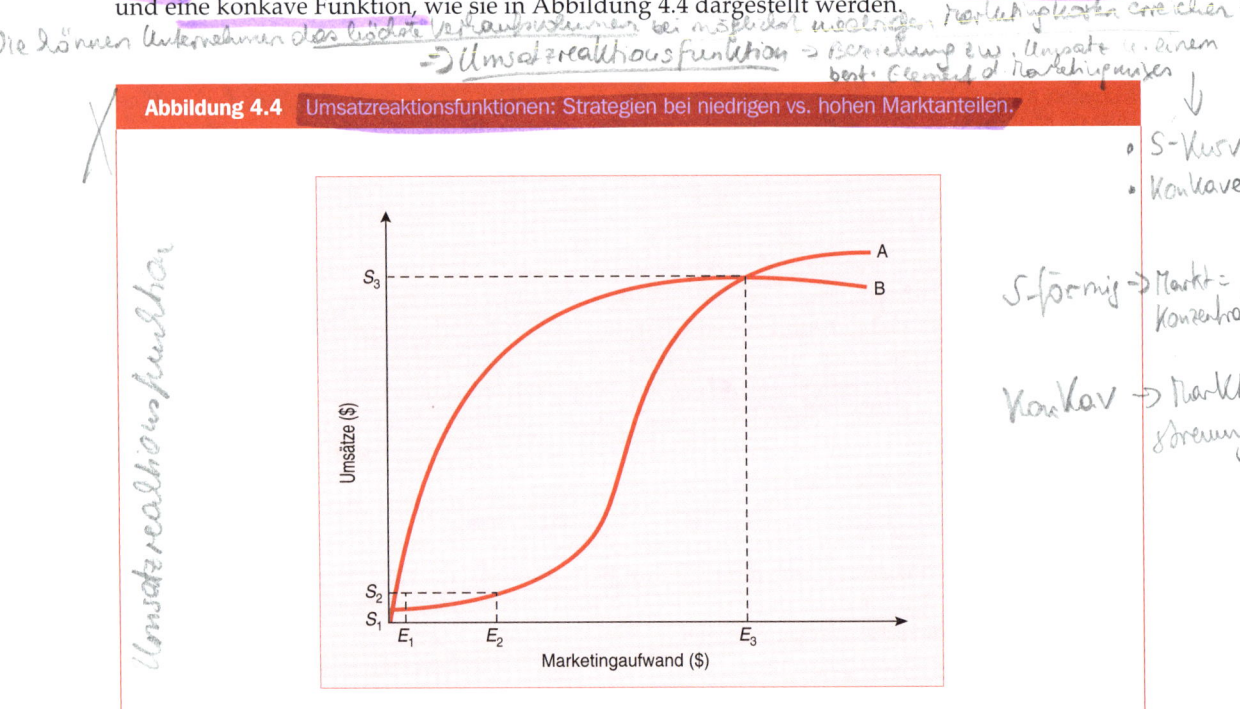

Abbildung 4.4 Umsatzreaktionsfunktionen: Strategien bei niedrigen vs. hohen Marktanteilen.

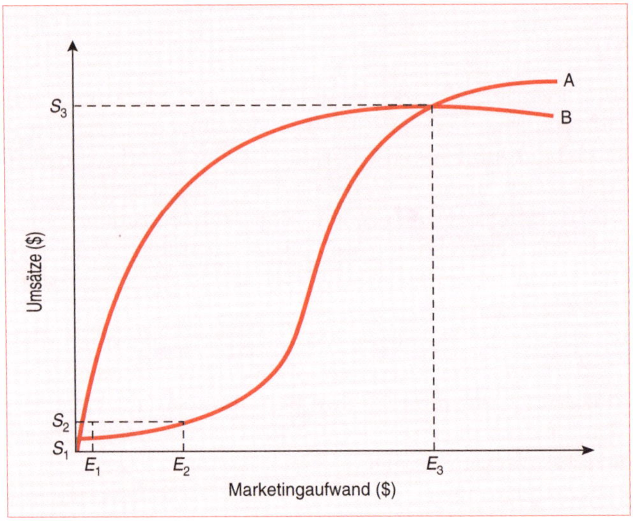

Die *S-förmige Funktion* (A) setzt voraus, dass alle Anstrengungen zur Penetration eines neuen Markts verschiedenen Schwierigkeiten und Käuferwiderständen gegenüberstehen. Mit kleinen Werbebudgets lassen sich z.B. nicht genug Anzeigen kaufen, um mehr als eine minimale Markenbekanntheit zu erreichen. Wenn aber die Marketinganstrengungen und Ausgaben einen höheren Punkt erreichen, führt jede Erhöhung der Kosten zu einer starken Umsatzsteigerung, bis es zu einer sinkenden Reaktion auf erhöhte zusätzliche Anstrengungen kommt, so dass z.B. sehr hohe Marketingausgaben nur zu einer geringfügig größeren Reaktion führen können, weil dem Zielmarkt die Marke ohnehin bereits vertraut ist.

Die *konkave Funktion* (B) verdeutlicht eine Situation, in der das Umsatzvolumen zwar stetig, aber mit abnehmender Rate zunimmt. Das impliziert, dass sich die stärksten Reaktionen auf Marketinganstrengungen mit niedrigeren Marketingausgaben erreichen lassen. Diese funktionale Beziehung basiert auf der Annahme, dass es in den betrachteten Märkten eine Reihe von Kunden gibt, die sich besonders für das Produkt des Exporteurs interessieren. Ein einzigartiges Produkt von besonderer Qualität und Differenzierung und mit einem entsprechenden Marketingprogramm erzeugt ein derartiges Interesse, aber zusätzliche Marketingausgaben beeinflussen das Verkaufsvolumen ab einem gewissen Punkt nur marginal.

Welche Implikationen ergeben sich für die Wahl der Marktexpansionsstrategie? Oft wird argumentiert, dass Unternehmen, die einer S-förmigen Umsatzkurve gegenüberstehen, gewöhnlich eine Marktkonzentrationsstrategie vorziehen, mit der sie einen großen Marktanteil in einigen wenigen Märkten erreichen wollen. Das stützt sich auf empirische Beweise, die zeigen, dass höhere Marktanteile mit hoher Rentabilität assoziiert sind. Um einen hohen Marktanteil zu erreichen, ist aber beim Exportmarketing häufig ein starkes Ressourcenengagement bei Verkaufsniederlassungen erforderlich. Für viele kleine und mittlere Exporteure, die sich nicht in der Position befinden, dass sie ihre Marketingausgaben auf ein Niveau anheben können, bei dem die Anstrengungen zu steigenden Gewinnen über die Umsatzreaktionen führen, eignet sich die Konzentrationsstrategie kaum. Hat es der kleinere Exporteur mit einer S-förmigen Umsatzfunktion zu tun, kann er seine Marketingressourcen produktiver einsetzen (vgl. Abbildung 4.4), wenn er die Kosten E_1 für die Umsätze S_1 in mehreren Märkten anstelle von E_2 für die Umsätze S_2 in einem oder zwei Märkten aufwendet. Dies bedeutet, dass es im Gegensatz zur Marktkonzentration sogar bei S-förmiger Funktion vorteilhaft sein kann, wenn man sich mit kleinen Marktanteilen in einer größeren Zahl von Märkten zufrieden gibt.

Wenn ein Unternehmen andererseits glaubt, dass es einer konkaven Reaktionsfunktion gegenübersteht, sollte es einen starken Anreiz für den Einsatz der Strategie der Marktstreuung geben. Eine derartige Strategie basiert auf der Prämisse, dass es weltweit leicht ist, einen kleinen (aber akzeptablen) Marktanteil bei sehr niedrigen Marketingausgaben zu erreichen, wenn man z.B. intensiv unabhängige Vertreter in Anspruch nimmt. Dies ist speziell eine attraktive Strategie für kleine und mittelgroße Exporteure, für die sich bei effizientem Einsatz eines beschränkten Marketingbudgets ein großer Marktwert erzeugen lässt, der bestimmte Vorteile nach sich zieht. Kleine Marktanteile in einer Vielzahl von Exportmärkten sind nicht notwendigerweise ein Nachteil. Sie können eine wichtige strategische Herausforderung sein, die kleineren Unternehmen Wettbewerbsmöglichkeiten erschließt, die für die größeren Rivalen unerreichbar sind.

Die obige Diskussion über die Form der Umsatzreaktionskurve, mit der ein Unternehmen konfrontiert ist, wird von der Art des Produkts selbst bestimmt. Andere Exportmarketing-Faktoren, die mit der Wahl der Expansionsalternativen im Zusammanhang stehen, sind weitgehend ein Resultat inkrementeller und fester Kosten der Bedienung des Exportmarkts. Das Ausmaß der Heterogenität zwischen verschiedenen nationalen Märkten und die Möglichkeiten, einen Ansatz mit einem standardisierten Marketing-Mix zu verfolgen, bestimmen die Art und die absolute Höhe der Adaptationskosten. Wenn das internationale Umfeld durch fragmentierte Teilmärkte charakterisiert ist, was auf die Notwendigkeit lokaler Anpassungen hinweist, scheint die Marktkonzentration die attraktivere Strategie zu sein.

Eine weitere Kernfrage betrifft die Höhe der Marketingkosten, die im Zusammenhang mit dem Engagement für weitere Märkte steht. In einigen Fällen können die inkrementellen Kosten der Kommunikation, Distribution usw. bei zusätzlichen Märkten niedrig sein. Unternehmen mit einer guten Reputation können z.B. signifikante Exportgschäfte generieren, wenn sie Möglichkeiten nutzen, die relativ wenig Kosten verursachen, wie z.B. internationale Ausstellungen, Direktwerbung oder Verkaufskataloge, Bekanntheit durch technische Zeitschriften und Kundenempfehlungen. Wenn die inkrementellen und Fixkosten für zusätzliche Exportmärkte sehr hoch sind, ist es umgekehrt notwendig, Maßnahmen wie die Einrichtung von Verkaufsbüros, lokale Anzeigenkampagnen und die Beschäftigung zusätzlichen Verkaufspersonals zu ergreifen. Im Allgemeinen favorisieren niedrige inkrementelle Marketingausgaben die Marktstreuung, während hohe inkrementelle Kosten tendenziell die Markkonzentration fördern. Wenn man Konzentration und Streuung als angemessene Strategie einander gegenüberstellt, werden dieselben Fragen und Themen aufgeworfen, wenn andere als Exporteintrittsmodi zur Anwendung kommen.

4.4 Auslandsmarkt-Portfolios: Technik und Analyse

Da sich der Wettbewerb um Weltmarktanteile in vielen Industrien intensiviert, werden Richtlinien und systematische Verfahren zur Bewertung ausländischer Marktchancen und Gefahren dringend benötigt. Für das internationale bzw. exportorientierte Unternehmen kann die Planung auf einer Landes- oder sogar regionalen Basis zu einer punktuellen Marktleistung führen, speziell bei Industrien, in denen wichtige Unternehmen in einer globalen Landschaft konkurrieren. Es besteht Bedarf, die weltweite Perspektive zu übernehmen, um die optimale Kombination von Ländern und Marktsegmenten zu bestimmen.

4.4.1 Standardisierter Ansatz der Portfolioanalyse

Die Portfolioanalyse ist ein exzellentes Verfahren zur Bewertung des Ausmaßes und der Art des Engagements eines Unternehmens in internationalen Märkten, bei dem Chancen zur Verbesserung der Rentabilität durch die Umverteilung von Ressourcen und Anstrengungen über z.B. Länder, Produktlinien und Operationsmodalitäten ermittelt werden. Unter den vorgeschlagenen Portfoliomodellen zur Unterstützung der Formulierung von Marketingstrategien befinden sich das Modell der Boston Consulting Group (BCG), das Business Assessment Array und die direktionale Politikmatrix.

Der BCG-Ansatz der Produktportfolioanalyse ist am bekanntesten und das am häufigsten eingesetzte Modell. Die BCG-Portfolioanalyse konzentriert sich auf zwei Determinanten der Marketingstrategie:

- *Marktstärke* – der relative Marktanteil (Einheiten des verkauften Produkts des Unternehmens geteilt durch die des wichtigsten Konkurrenten)
- *Marktattraktivität* – Wachstumsrate des Markts.

In einer formalisierten Produktportfolioanalyse wird jedes Produkt im Portfolio grafisch durch einen Kreis in einer relativen Anteils-/Wachstumsmatrix des Markts dargestellt, dessen Durchmesser proportional der Verkaufsmenge des Produkts entspricht. Durch Einordnung des Produkts in die Matrix werden vier grobe Kategorien unterschieden: *Stars*, *Problemkinder* (auch als *Fragezeichen* bekannt), *Cash-Cows* (*Milchkühe*) und *Dogs* (*arme Hunde*). Von Cash-Cows wird erwartet, dass sie Bargeld generieren und von Problemkindern, dass sie Geldmittel verschlingen, während Stars und Dogs im Allgemeinen einen ausgeglichenen Cash Flow aufweisen sollten.

Es wurde gezeigt (Wind und Douglas, 1981), dass die meisten standardisierten Portfoliomodelle inlandsorientiert sind. In den traditionellen Modellen werden folgende Dinge z.B. nicht berücksichtigt:

- Kosten des Eintritts in verschiedene Länder und Märkte
- gemeinsame Kosten im internationalen (und Export-) Marketing
- die Risiken ausländischer Geschäftsoperationen.

Das sind durchweg kritische Fragen bei der Entwicklung internationaler einschließlich Exportmarketing-Strategien, und sie sollten von Managern ausdrücklich berücksichtigt werden. Auf der *Kostenseite* können Exporteure preistreibende Faktoren wie Transportkosten, Kosten der Produktadaptation und Wettbewerbsrestriktionen feststellen. Weiterhin bestehen im Ausland Unterschiede bei den Löhnen, der Inflation, den Devisenkursen, Zöllen und staatlichen Subventionen, die beträchtliche Auswirkungen auf die kompetitiven Vorteile eines Unternehmens haben können. Der BCG-Portfolioansatz nimmt an, dass Marktdominanz (gemessen über den relativen Marktanteil) mit hoher Rentabilität einhergeht, und erklärt diese mit der Existenz von Erfahrungseffekten. Wettbewerber mit höheren Marktanteilen erzielen erwartungsgemäß eine größere Rentabilität als Wettbewerber mit niedrigeren Marktanteilen. Für ausländische Märkte ist jedoch der Zusammenhang zwischen Marktmacht und Rentabilität unter Umständen nicht so zutreffend wie im Heimatmarkt.

Abbildung 4.5 Marktportfolioanalyse: Eine Länderattraktivitäts/kompetitive Stärken-Matrix.

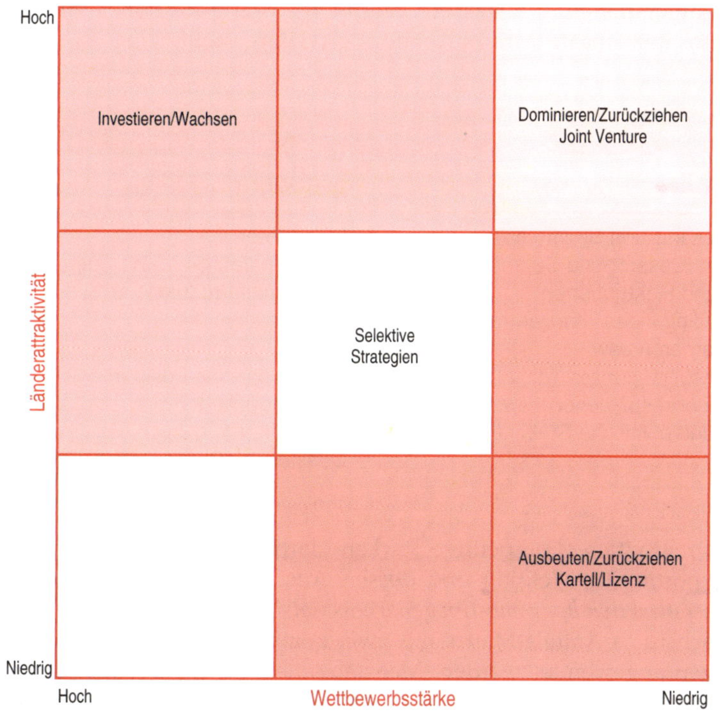

Quelle: Harrell und Kiefer, 1981, S. 288. Abdruck mit Genehmigung der Eli Broad Graduate School of Business, Michigan State University.

Hinsichtlich *gemeinsamer Kosten* im Exportmarketing können eine Reihe von Vorteilen entstehen, wenn Unternehmen in mehreren Ländern operieren. Prohibitiv hohe Forschungs- und Entwicklungskosten der Entwicklung eines neuen Produkts für einen individuellen Markt lassen sich über eine Anzahl von Ländern verteilen und zu einem höheren Kapitalrücklauf dieser Investitionen führen. Die Gründung von ausländischen Verkaufsniederlassungen kann als Exportbasis für andere ausländische Märkte dienen, und die Verringerung der Eintrittskosten kann wirtschaftliche Folgen für mehrere und nicht nur einzelne Produktlinien haben.

In keinem der standardisierten Portfoliomodellen ist die *Risikodimension* enthalten. Die politischen, finanziellen und kommerziellen Risiken (Valuta, legale und regulatorische Risiken usw.) steigen, wenn Unternehmen im internationalen Umfeld operieren.

4.4.2 Anwendung eines Portfoliomodells auf Exportmarkt-Selektionsentscheidungen

Angesichts der Beschränkungen der Anwendung der standardisierten Modelle auf die internationale Portfolioanalyse und aufgrund dessen, dass der Einsatz derartiger Analysen hinsichtlich der Bedürfnisse kleiner und mittlerer Unternehmen (den typischen exportierenden Unternehmen) mit gewissen Problemen verbunden ist, sollte sich ein Exportmarkt-Portfolioansatz gleichzeitig auf eine breite Auswahl von Auslandsmärkten konzentrieren, um das Ausbalancieren der Kapitalanforderungen, der kompetitiven Skaleneffekte, der Eintrittskosten und der Rentabilität zu unterstützen, um stärkere langfristige Marktpositionen zu erreichen. Ein Beispiel für einen solchen Ansatz wird in Abbildung 4.5 dargestellt.

Tabelle 4.5 Dimensionen der Länderattraktivität und der kompetitiven Stärke.

Länderattraktivität	Kompetitive Stärke
Marktgröße (Gesamt und Segmente)	Marktanteil
Marktwachstum (Gesamt und Segmente)	Marketingfähigkeit und -kapazität
Markt-Saison und Fluktuationen	Passendes Produkt
Wettbewerbsbedingungen (Konzentration, Intensität, Eintrittsbarrieren usw.)	Deckungsbeitrag
	Image
Marktausschlussbedingungen (Zölle, Zollfreigrenzen, Importrestriktionen usw.)	Technologische Position
	Produktqualität
Ökonomische und politische Stabilität	Marktunterstützung
	Qualität der Distributoren und Dienstleistungen

Diese Länderattraktivitäts-/kompetitive Stärken-Matrix lässt sich als wichtiges Werkzeug im Prozess der Exportmarkt-Selektion und dessen Ausrichtung einsetzen (Harrell und Kiefer, 1981). Die *Länderattraktivitäts-/kompetitive Stärken-Matrix* ersetzt die beiden Einzeldimensionen in der BCG-Wachstums-Anteils-Matrix mit zwei kombinierten Dimensionen, die auf Exportmarketing-Fragen angewendet werden. Maßstäbe dieser Dimensionen setzen sich aus einer großen Zahl möglicher Variablen (wie z.B. jenen in Tabelle 4.5) zusammen.

Beim Einsatz dieser Variablen und einem entsprechenden Gewichtungsschema lassen sich Länder in eine von neun Zellen klassifizieren, die relative Marktinvestitionschancen abbilden. Die Flexibilität und der Umfang dieser Vorgehensweise führt zu verschiedenen Fragen der Anwendung:

- Die relevante Liste der beitragenden Faktoren muss für die gegebene Situation identifiziert werden.
- Die Richtung und Art der Beziehung muss bestimmt werden.
- Irgendein Schema muss explizit oder implizit zur Gewichtung der beitragenden Faktoren in den jeweiligen kombinierten Dimensionen eingesetzt werden. Eine Frage lautet, ob dieselben Gewichte für verschiedene Länder oder Märkte desselben Unternehmens benutzt werden sollen.

Bei der praktischen Nutzung der Abbildung 4.5 würden alle Schlüsselländer in der Marktportfoliomatrix auf der Basis der Bewertung der Länderattraktivität und kompetitiven Stärke eingeordnet werden.

Investitions-/Wachstumsländer

Diese fordern vom Unternehmen ein Engagement für eine starke Marktposition. Ein dominanter Anteil eines schnell wachsenden Markts erfordert substanzielle finanzielle Investitionen. Ebenso wichtig sind auf der Länderebene die Investitionen in Personal, um eine starke kompetitive Position zu erhalten. Produktentwicklung und -modifikation ist wichtig, um Produkte an die spezifischen Marktanforderungen anzupassen. Ausländische Direktinvestitionen und Verkaufs- und Serviceniederlassungen sind häufig für die schnelle Marktreaktion, Lieferung und den Service erforderlich, weil wichtige Wettbewerber ebenfalls in derartigen Wachstumsmärkten operieren werden. Jede Marketingunterstützung sollte expansiv sein und sich auf Personal, Werbung und Qualität der Dienstleistungen beziehen.

Abschöpfende, sich zurückziehende, lizenzierende, kombinierende Länder

Diese Länder erfordern oft Strategien wie das Einbringen von Gewinnen oder das Verkaufen des Geschäfts. Im Allgemeinen werden alle generierten Gewinne aufgezehrt, wenn man versucht, den Anteil zu halten, so dass der Anteil üblicherweise für den Gewinn aufgegeben wird. Die zeitliche Steuerung des Cashflows wird kritisch. Da der Marktanteil und die Wettbewerbsposition des Unternehmens wahrscheinlich recht schlecht sind, der Markt relativ klein und das Wachstum niedrig ist, sollten sich Pläne auf das Einbringen kurzfristiger Gewinne konzentrieren, bis die Exportaktivitäten schließlich eines Tages ganz eingestellt werden. Die Finanzplanung sollte sich auf häufige Cashflow-Berechnungen konzentrieren, um sicherzustellen, dass die variablen Kosten gedeckt sind. Die Preispolitik zielt auf kurzfristige Aspekte ab. Durch Preiserhöhungen und reduzierte Marketingkosten kann das Unternehmen im Allgemeinen Profite aus den noch vorhandenen Verkäufen ziehen. Die Märkte müssen nicht aufgegeben werden, wenn sich mehrere dieser Länder kombinieren lassen, so dass sie für ein ausreichendes Volumen und entsprechende Exporte oder Niederlassungsgeschäfte sorgen.

Dominierende/sich zurückziehende Länder

Diese Länder stellen eine besonders schwierige strategische Wahl dar, weil das Unternehmen zwar im Wettbewerb schwach, der Markt aber reizvoll ist. Um eine stärkere Marktposition zu erreichen, müssen langfristige Cashflow-Defizite in Kauf genommen werden. Das Zurückziehen setzt einen existierenden Käufer voraus und trennt das Unternehmen von Cash- und Gewinnchancen.

Die Entscheidung erfordert eine sorgfältige Analyse der Cash-Anforderungen und der Verfügbarkeit der Mittel sowie der meisten anderen Faktoren, die beim Eingehen einer neuen Unternehmung zu berücksichtigen sind. Es wäre z.B. vorteilhaft, ein Exportmarktumfeld mit starkem Produktdesign mit einem Exportmarktumfeld mit Distributions- und Marketingstärke zu kombinieren.

Selektivitätsländer

Bei diesen Ländern stellt sich ein anderes Problem. In einigen Situationen sind die Produkte dieses Bereichs meist perfekte Kandidaten für das „Melken“. Sie verursachen einen starken Cashflow. Im Allgemeinen lassen sich Marktanteile in diesen Ländern nur schwer halten, selbst wenn sich das Unternehmen in der zweit- oder drittstärksten Wettbewerbsposition befindet. Der Wettbewerb ist heftig und intensiv. Diese Märkte deuten klar auf Strategien des Haltens hin, die für Cashflow sorgen. Andererseits kann die Strategie auf den Aufbau von Marktanteilen abzielen, wenn technologische oder andere Vorteile existieren.

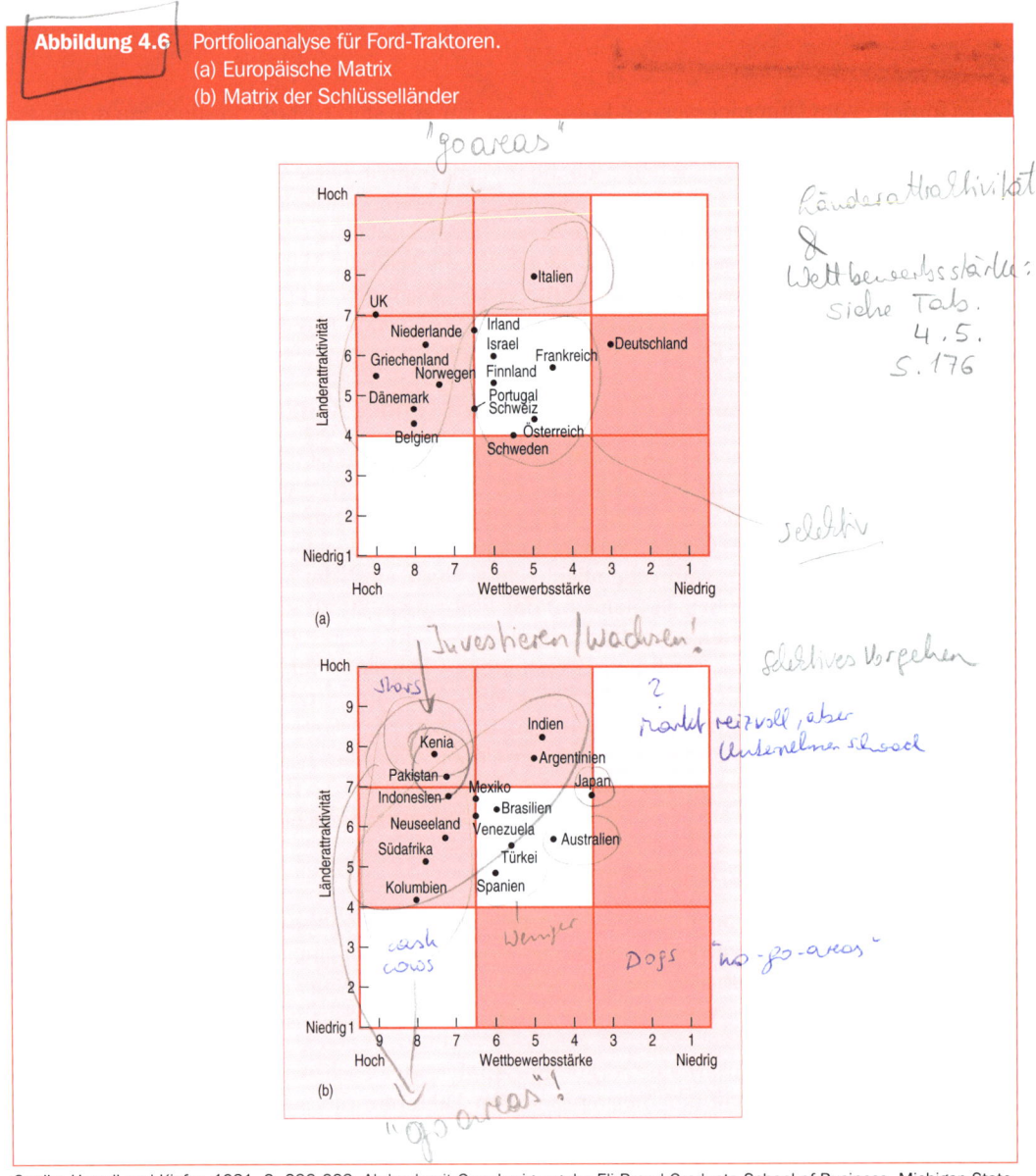

Abbildung 4.6 Portfolioanalyse für Ford-Traktoren.
(a) Europäische Matrix
(b) Matrix der Schlüsselländer

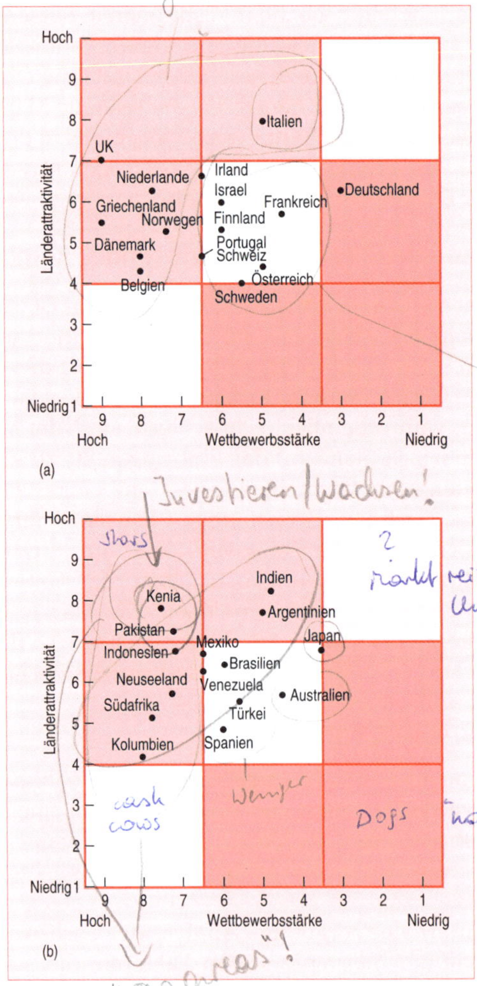

Quelle: Harrell und Kiefer, 1981, S. 292-293. Abdruck mit Genehmigung der Eli Broad Graduate School of Business, Michigan State University.

Ein Beispiel für ein Ergebnis des Einsatzes der Länderattraktivitäts-/kompetitiven Stärken-Matrix der International Tractor Operations der Ford Motor Company wird in Abbildung 4.6 gezeigt. Bewertungen der einzelnen Faktoren und spezifische Gewichtungsmodelle für diese Faktoren bilden die jeweiligen Dimensionen. Die Einordnung der europäischen Länder durch Ford Tractor wird von Abbildung 4.6(a) dargestellt. Schlüsselländer der übrigen Welt werden in der Matrix in Abbildung 4.6(b) abgebildet.

Der Einsatz der Portfolioanalyse für Exportmärkte scheint einige Vorteile zu haben. Erstens kombiniert die Portfolioanalyse die Dimensionen der internen Stärken/Schwächen des Unternehmens und die Chancen/Gefahren des Auslandsmarktumfelds, konzentriert sich auf Abhängigkeiten zwischen verschiedenen Entscheidungen und sorgt für ein Werkzeug der Ressourcenallokation auf alternative strategische Marktwahlmöglichkeiten. Im Vergleich mit dem traditionellen Modell der Marktselektion, bei dem der Schwerpunkt auf einer systematischen Sichtung aller Märkte liegt, der zu einer sofortigen Eliminierung weniger optimaler Märkte führt, greift die Analyse der Stärken und Schwächen eines Unternehmens sehr spät im Selektionsprozess. Dies kann bedeuten, dass gewisse Chancen übersehen werden.

Zweitens hilft die Portfolioanalyse bei der Festlegung der primären Rolle der jeweiligen spezifischen Exportmärkte im internationalen Kontext. Die Rolle kann z.B. das Generieren von Mitteln, das Wachstum, ein Beitrag zum Produktionsvolumen oder das Verhindern der Expansion von Konkurrenten sein. Wenn diese Rolle erst einmal festgelegt wurde, können Ziele für den jeweiligen Exportmarkt bestimmt werden, die sicherstellen, dass die landespezifischen Marketingstrategien mit der internationalen Gesamtmarketingstrategie konsistent sind. Dabei ist anzumerken, dass die Marktportfolioanalyse ein Werkzeug ist, das nur einen Teil des gesamten Komplexes des Exportmarketing erfasst und daher mit anderen analytischen Werkzeugen und Betrachtungen kombiniert werden muss.

Das oben diskutierte Verfahren ist beim Eintrittsmodus über Investitionen und strategische Allianzen genauso gut einsetzbar wie bei Exporten.

ZUSAMMENFASSUNG

Dieses Kapitel betrachtet die Entscheidung der Selektion ausländischer Märkte. Alternative Entscheidungen für Exportmarkt-Strategien werden diskutiert. Im Kapitel wird durchgehend die Dichotomie der verfügbaren Alternativen dargestellt. Diese Vorgehensweise wird benutzt, um zu betonen, dass Kontinuen beteiligt sind und nur die jeweiligen Extreme vorgestellt werden. Einzelne Unternehmen werden häufig Strategien und Politiken entwickeln, die zwischen diesen Extremen liegen. Tatsächlich scheinen viele Unternehmen bestimmte Merkmale dieser „reinen" Strategien aufzuweisen. Das Kapitel schließt mit der Diskussion einer Art von Portfolioanalyse, die auf die Selektion des Auslandsmarkts und Entscheidungen über die Marktausrichtung angewendet wird. Diese Analyse liefert Hinweise auf die Arten des „kreativen" Managements, die Unternehmen einsetzen können.

FRAGEN ZUR DISKUSSION

4.1 Strategische Exportplanung erfordert die Entwicklung einer effektiven Marketingstrategie, zu der die Marktselektion und deren Ausrichtung (Entwicklung) zählen. Welche wichtigen Implikationen hat dies für Exportmanager eines Unternehmens?

4.2 Erklären Sie den Unterschied zwischen der Selektion und der Ausrichtung des Exportmarkts.

4.3 Was ist Marktsegmentierung, und warum ist sie bei Auslandsmärkten komplexer als bei heimischen Märkten?

4.4 Worin besteht für einen Manager der praktische Wert, wenn er auf europäische, asiatische und nordamerikanische Kunden setzt, statt auf Kunden aus Europa, Asien und Nordamerika?

4.5 Wie lassen sich Exportmärkte segmentieren, und was bestimmt, ob eine bestimmte Art der Segmentierung erwünscht ist?

4.6 Erklären Sie den Unterschied zwischen einem proaktiven und einem reaktiven Ansatz der Marktselektion. Ist einer besser als der andere? Warum?

4.7 Unterscheiden Sie zwischen expansiven und eingrenzenden Prozeduren der Marktselektion. Welche Prozedur würden Sie bevorzugen und warum, wenn Sie eine Entscheidung über eine solche Prozedur treffen müssten?

4.8 Unterscheiden Sie zwischen Marktkonzentration und Marktstreuung als Expansionsstrategie. Ist für ein gegebenes Produkt die eine generell besser als die andere?

4.9 Ist es kostengünstiger, geringe Marketinganstrengungen auf alle einzelnen Märkte aufzuwenden oder die Anstrengungen auf einige Märkte zu konzentrieren, wenn die Absatzreaktionsfunktionen S-förmig sind? Was wäre, wenn die Reaktionsfunktionen konkav sind?

4.10 „Aufgrund ihrer Komplexität lässt sich die Portfolioanalyse für Auslandsmärkte nur von großen Unternehmen nutzen, die Geschäfte in vielen Märkten betreiben und einer Strategie der Marktstreuung folgen.“ Diskutieren Sie diese Aussage.

4.11 Wie lässt sich das Konzept der kritischen Masse von einem Unternehmen bei der Entwicklung eines Auslandsmarkt-Portfolios nutzen?

4.12 Entwickeln Sie operationale Maßstäbe für alle der in Tabelle 4.5 gezeigten Variablen, geben Sie unterschiedliche Gewichtungen an, die Sie für realistisch halten, und wenden Sie diese im Rahmen einer Matrixanalyse (wie der in Abbildung 4.5) der EU- und ASEAN-Länder für ein dauerhaftes Verbrauchsgut Ihrer Wahl an.

4.13 Wiederholen Sie die Übung aus Frage 4.12 für ein Industrieprodukt. Erläutern Sie alle Unterschiede zu der sich aus Frage 4.12 ergebenden Matrix.

4.14 Welche Änderungen würden Sie an den in Tabelle 4.5 zur Messung der Attraktivität eines Landes und kompetitiven Stärke verwendeten Variablen vornehmen? Erläutern Sie, warum Sie die gezeigten Variablen erweitert oder einzelne entfernt haben.

LITERATURHINWEISE

Ansoff, I. (1965). *Corporate Strategie*. New York: McGraw-Hill.

Attiyeh, R. S., Wenner, D. L. (1979). Critical mass: key to export profits. *Business Horizons*, 22(6) (Dezember), 28-38.

Cathelet, B. (1993). *Lifestyles*. London: Kogan Page.

Douglas, S. P., Craig, C. S. (1983). *International Marketing Research*. Englewood Cliffs, NJ: Prentice Hall.

Doyle, P., Gidengil, Z. (1977). A strategic approach to international market selection. *Proceedings of the Educators' Conference, American Marketing Association*, 230–234.

Green, R. T., Srivastava, R. K. (1985). Segmentation of export markets based on product mix. Unpublished Working Paper, Department of Marketing Administration, University of Texas at Austin.

Grunert, K. G., Grunert, S. C., Beatty, S. E. (1989). Cross-cultural research on consumer values. *Marketing and Research Today*, Februar, 30–39.

Harrell, G. D., Kiefer, R. O. (1981). Multinational strategic portfolios. *MSU Business Topics* (Winter), 5–15.

Kahle, L. R., Albaum, G., Utsey, M. (1987). The List of Values (LOV) as a segmentation tool in international Marketing research and product introduction. In: *Proc. 14th International Marketing Research Seminar in Marketing*, Institut d'Administration des Entreprises, Université d'Aix-Marseille III, France.

Lynch, R. (1994). *European Marketing: A Strategic Guide to the New Opportunities*. Burr Ridge, IL: Richard D. Irwin.

Miller, C. (1995). Teens seen as the first truly global consumers. *Marketing News*, 29(7), 9.

Papadopoulos, N., Jansen, D. (1994). Country and method-of-entry selection for international expansion: international distributive arrangements revisited. In: *Dimensions of International Business, No. 11*. Carleton University, International Business Study Group, Frühjahr, 31–52.

Peterson, R. T. (1990). Screening is first step in evaluating foreign markets. *Marketing News*, 24(14) (9. Juli), 13.

Piercy, N. (1981). Export Strategy: concentration on key markets vs. market spreading. *J. International Marketing*, 1(1), 56–67.

Russow, L. C. (1992). Global screening: the preliminary identification of potential Märkte. *Proc. Conference Academy of International Business.*

Samiee, S., Walters, P. G. P. (1991). Segmenting corporate exporting activities: sporadic versus regular exporters. *J. Academy of Marketing Science*, 19 (Frühjahr), 93–104.

Schmidt, D. A. (1986). Analyzing political risk. *Business Horizons*, Juli-August, 43–50.

Shermach, K. (1995). Portrait of the world. *Marketing News*, 29 (28. August), 20–21.

Strandskov, J. (1986). Hvor internationale er Danske verksornheder. *Forlaget Management*, Copenhagen.

Vandermerwe, S. (1990). Youth consumers: growing pains. *Business Horizons*, 33(4) (Mai-Juni), 30–36.

Wind, Y., Douglas, S. (1981). International portfolio analysis and Strategie: the challenge of the 80s. *J. International Business Studies*, 12(2) (Herbst), 69–82.

WEITERFÜHRENDE LITERATUR

Baalbaki, I. B., Malhotra, N. K. (1993). Marketing management bases for international market segmentation: an alternative look at the standardization/customization debate. *International Marketing Review*, 10(1), 19–44.

Backhaus, K., Meyer, M. (1986). Country risk assessment in international industrial Marketing. In: *Contemporary Research in Marketing*, Bd. 1 (Hrsg. K. Möller und M. Poltschik), *Proc. 15th Annual Conference of the European Marketing Academy*, Helsinki, Juni.

Meissner, H. G., (1995). *Strategisches internationales Marketing*. 2. überarbeitete Aufl. München: Oldenbourg.

FALLSTUDIE 4.1

SAN A/S

SAN A/S ist ein dänisches, handelsrechtlich eingetragenes Unternehmen, das Produkte für elektrische Heizungen für den industriellen Markt herstellt. Das Unternehmen wurde 1950 gegründet und befasste sich in beschränktem Umfang mit der Produktion von Heizelementen. Seine vorwiegenden Aktivitäten waren die einer Handelsgesellschaft, die den Vertrieb von Produkten anderer Herstellerfirmen handhabt. Diese Beziehung wurde nach und nach umgekehrt. Das Unternehmen generiert nun den größten Teil seines Verkaufsvolumens aus eigener Herstellung und vertreibt nur noch einige wenige komplementäre Produkte anderer Hersteller. Produktion, Verkäufe und Rentabilität sind stetig gestiegen und in den frühen 70ern besaß das Unternehmen bei seinen Produkten einen dominierenden Anteil des dänischen Markts.

Weiteres Wachstum wurde seitdem vorwiegend durch steigende Exportverkäufe erreicht, die gegenwärtig ein Drittel der Verkäufe des Unternehmens ausmachen. Es wird erwartet, dass die Exporte bis zum Ende der 90er Jahre auf etwa die Hälfte der Unternehmensumsätze steigen werden. Die aktuelle Exportexpansion des Unternehmens ist Ergebnis einer steigenden Beteiligung an größeren Projekten. Die Produktion kleiner Produkte wird in den kommenden Jahren unverändert bleiben (obwohl sich der Anteil des Unternehmensumsatzes von zwei Dritteln auf die Hälfte verringern wird), und das Unternehmen hat aufgrund des intensiven Wettbewerbs in den lokalen Überseemärkten bisher nicht aktiv nach Möglichkeiten gesucht, diese kleinen Produkte zu exportieren.

Unternehmensziele

Das Unternehmen gibt seine primäre Funktion als Befriedigung der industriellen Nachfrage nach elektrischen Heizungsprodukten in Dänemark und im Ausland an. Es versucht in erster Linie auf der Grundlage seines Know-hows, seiner Produktentwicklung und seiner Dienstleistungen wettbewerbsfähig zu sein. Expansion wird über Exporte angestrebt, weil der dänische Markt keine weiteren Expansionsmöglichkeiten bietet. Das Unternehmen will seine Umsätze jährlich um mindestens 1% erhöhen, und diese Expansion soll nicht durch den Wettbewerb mit Massenherstellern erfolgen.

Produkte, Ressourcen und Organisation des Unternehmens

SAN A/S entwickelt und produziert maßgefertigte Lastwiderstände und elektrische Heizungssysteme sowie standardisierte Heizelemente und Kabel. Das Unternehmen nennt dies einen engen, tiefen und konsistenten Produkt-Mix. Heizungssysteme werden nach Kundenangaben gefertigt und umfassen: Wasser-, Öl- und Gasheizungen, Industrieöfen, Lüftungssysteme, Geräte und Batterieheizungen, Defrosterelemente, Raumheizungen und Röhrenöfen. Das durch die Entwicklung von Heizungssystemen nach Kundenangaben erworbene Know-how ermöglicht dem Unternehmen die Entwicklung neuer Standard-Heizelemente und Kabel, die denen ähnlicher Produkte technologisch überlegen sind. Diese Produkte sind insofern konsistent, als sie ähnliche Produktionsanforderungen und Distributionskanäle voraussetzen und (mit Ausnahme der Lastwiderstände) auf denselben Markt abzielen.

Das Unternehmen ist wirtschaftlich gesund, und seine stetige Expansion hat zu keinerlei Gewinn- oder Finanzierungsproblemen geführt. Die Umsätze beliefen sich 1997 auf ca. 45 Mio. DKr, und es wird erwartet, dass sie (zum größten Teil aufgrund von Exportzuwächsen) 1998 auf 53 Mio. DKr steigen werden. (Für Vergleichszwecke nehmen Sie einen Wechselkurs von 1 US$ = 6,4 DKr an.) Das Unternehmen nutzt derzeit seine gesamte Produktionskapazität und ist dabei, seine Fertigungsstätten zu erweitern. Trotz dieser Kapazitätserweiterung erwartet es, dass das weitere Umsatzwachstum für eine fortgesetzte volle Kapazitätsauslastung sorgen wird. Diese hohe Kapazitätsauslastung hat in der Vergangenheit zu Lieferverzögerungen geführt, und das Unternehmen hat nun beschlossen, dass die Lieferzeiten für seine Standardprodukte sechs Wochen nicht überschreiten dürfen.

Das dänische Unternehmen befindet sich zu 100% in Privatbesitz und verfügt über Fertigungsstätten in der Nähe von Kopenhagen. Dort gibt es aktuell 70 Beschäftigte, zu denen acht Ingenieure und zwölf Techniker zählen. Die Produktentwicklung ist in der Regel in Projektgruppen organisiert. Das Unternehmen verkauft direkt an dänische Kunden und sowohl direkt als auch über Importvertreter im Ausland.

Markt

Die Kunden des Unternehmens stammen vorwiegend aus der Veredelungsindustrie, in der Wärmeprozesse beinahe unzählige Anwendungen finden. Die petrochemische Industrie und Industrien mit Trocknungsprozessen sind im Markt von SAN besonders wichtig. Das Unternehmen konzentriert sich allein auf elektrische Wärmeprozesse. Diese lassen sich in Prozesse einteilen, bei denen sich die Wärmeanforderungen durch standardisierte und massengefertigte Produkte erfüllen lassen, und jene, bei denen die Anforderungen die Entwicklung maßgeschneiderter Produkte oder Systeme voraussetzen.

Der Markt für standardisierte und serienmäßig hergestellte Heizelemente und Kabel ist gut entwickelt. In allen industrialisierten Ländern gibt es etablierte Hersteller und intensiven Wettbewerb. Käufer suchen nach Produkten, die Spezifikationen erfüllen und die von vielen Lieferanten angeboten werden. Der Markt fordert hohe Qualität, kurze Lieferzeiten, gute Verfügbarkeit der Teile und einen wettbewerbsfähigen Preis. Die Kaufentscheidung wird üblicherweise von Ingenieuren getroffen, die Betriebskosten reduzieren wollen. Der Wettbewerb auf dem Markt für spezialisierte Produkte und Systeme ist weniger intensiv und es gibt auch weniger Lieferanten. Hier suchen Käufer nach Lieferanten, deren Sachkenntnis die Entwicklung von Produkten/Systemen unterstützt, die neuen Spezifikationen folgen, die es bei vorhandenen Produkten nicht gibt, wie z.B. höhere Temperaturen, besseres Verhältnis von Wärmeleistung zu Energieverbrauch, besserer Korrosionswiderstand oder geringere Abmessungen. Der Käufer fragt immer noch nach hoher Qualität und gutem Support (Verfügbarkeit der Teile und Dienstleistungen), sucht aber nicht nach schneller Lieferung aus „dem Regal". Auch der Preis ist weniger wichtig, da sich das Produkt/System entweder durch verringerte Betriebskosten oder gesteigerte Produktivität selbst finanzieren muss. Wieder werden die Kaufentscheidungen in der Regel von Ingenieuren getroffen. Der Direktkontakt zwischen dem Käufer und dem Lieferanten ist im Kaufprozess wichtig, da die Produktentwicklung für beide Parteien zu einer neuen Aufgabe wird.

Exportmärkte

SAN ist ein Unternehmen mit Nischenmarketing und einer typischen Exportgeschichte. Als der Heimatmarkt gesättigt war, begann das Unternehmen mit der Erforschung der Möglichkeiten in den geografisch und kulturell nahen Märkten durch Importvertreter. Der Export startete in den skandinavischen Ländern und wurde seither über Vertreter auf die meisten Länder Westeuropas (außer Deutschland und Großbritannien), Polen, Griechenland und Nordamerika ausgedehnt. Zurzeit hat das Unternehmen noch keine internationalen Investitionen in Form von Verkaufsniederlassungen, Fertigungsstätten oder Joint Ventures vorgenommen. Da die Exporte nun einen schnell zunehmenden Anteil der Verkäufe ausmachen, interessiert sich das Management zunehmend für die

Steuerung seiner internationalen Marketinganstrengungen. Das Ziel der Expansionsstrategie des Unternehmens ist daher die Gründung von Vertriebsunternehmen, sofern dies ökonomisch sinnvoll ist, und Vertreter werden nur für die zweitbeste Lösung gehalten.

Der steigende Anteil von Verkäufen aus Projektexporten hat auch zu einem anderen Schwerpunkt der Marketingstrategie geführt. Während Importvertreter beim Etablieren der SAN-Exporte bei kleinen Produkten eine nützliche Rolle gespielt haben, ist deren Nutzen bei Projektexporten deutlich beschränkt, da hier ein direkter Informationsaustausch zwischen dem Lieferanten und dem Kunden sehr wichtig ist. Für das Unternehmen bedeutet dies, dass eine weitere Expansion zu einem verstärkten direkten Engagement in ausländischen Märkten führen wird. In einigen ausländischen Märkten gibt es ein duales Distributionssystem, bei dem SAN für Projekte und spezielle Produkte und Vertreter für kleine und standardisierte Produkte zuständig sind.

Expansion nach Australien und Neuseeland

Als Teil seiner langfristigen Expansionsstrategie erwägt SAN den Eintritt in Märkte in anderen Teilen der Welt. Zwei derartige Märkte, in denen SAN noch keine Exporterfahrungen besitzt, sind Australien und Neuseeland. Aufgrund der aktuellen Expansion in Skandinavien und Westeuropa kann das Unternehmen nur beschränkte Ressourcen den australischen und neuseeländischen Märkten widmen. Das Unternehmen ist etwas vorsichtig und nicht darauf aus, sich zu schnell auszudehnen. Kurz gefasst würden die Ziele des Unternehmens daher wie folgt lauten, wenn es in die Märkte Australiens und / oder Neuseelands eindringen würde:

- die Reputation des Unternehmens in Australien und / oder Neuseeland etablieren, wobei der Blick auf die intensivere Marktentwicklung in späteren Stadien gerichtet sein muss, sofern es die Ressourcen zulassen;
- ein schneller Rücklauf der Investitionen, um Verzögerungen der Expansion in andere Märkte als Resultat einer finanziellen Überbeanspruchung in Australien und / oder Neuseeland zu vermeiden.

Fragen

1. Welche Politiken, Vorgehensweisen und Strategien benutzt SAN A/S bei der Marktselektion? Sind es im Hinblick auf die Ziele und verfügbaren Ressourcen des Unternehmens die richtigen?
2. Analysieren Sie die Märkte von Australien und Neuseeland und bestimmen Sie das Verkaufspotenzial für die Produkte des Unternehmens.
3. Sollte das Unternehmen in diese Märkte exportieren? Erläutern Sie Ihre Antwort.

1) Wasserfallstrategie (einer nach dem anderen wird bedient), auf Basis des erlernten Wissens?
2) setzt Informationssuche voraus! Frage: wer sind die stärksten Mitbewerber? zuerst: Ländermarktportfolio zeichnen! Zusatztipps!!!
3) zuerst prüfen! ja, aber ... ev. Niederlassungsgründung

FALLSTUDIE 4.2

IKEA

(Diese Fallstudie ist eine Bearbeitung von: Sharen Kindel, 1997, IKEA: furnishing a big world, Hemispheres, Februar, S. 31-34. Abdruck mit Genehmigung des Autors.)

1943 gründete ein 17-jähriger schwedischer Junge ein Unternehmen, das zu einem Multimilliarden-Dollar-Unternehmen werden sollte, und verkaufte Arbeitshosen und andere landwirtschaftliche Bedarfsgüter vor der Tür. Ingvar Kamprad startete den Verkauf von landwirtschaftlichen Geräten unter dem Namen IKEA, der ein Akronym seines Namens und Geburtsorts ist. Heute befindet sich das Unternehmen in Privatbesitz und hatte 1996 einen Umsatz (Verkaufsvolumen) von 6,5 Mrd. US$. IKEA ist wahrscheinlich der weltgrößte Einzelhändler von Wohnungseinrichtungen.

Unternehmensgeschichte

Bis weit in die 50er Jahre war Schweden ein recht armes Land, das immer noch unter starken Klassenunterschieden litt. Kamprad, der während dieser Periode in Armut aufwuchs, war von der Idee besessen, dass schöne Dinge nicht nur Reichen vorbehalten, sondern allen zugänglich sein sollten. Mit dieser egalitären Einstellung entschloss er sich 1950, sein Angebot landwirtschaftlicher Produkte um eine Linie mit wohldesigntem, funktionalem Wohnungsmobiliar zu erweitern.

Sie wurde sofort zum Erfolg. Um das Gebiet, das er bedienen konnte, zu erweitern, ließ Kamprad schon bald einen Katalog drucken und richtete einen Ausstellungsraum ein. Ab 1955 begannen in Skandinavien entworfene Möbel einen weltweiten Ruf zu genießen, und IKEA startete mit dem Design der eigenen Möbel. Der erste IKEA-Einzelhandelsladen wurde 1958 in Almhult (ein Dorf in der Nähe von Kamprads Heimat) eröffnet. 1965 eröffnete IKEA seinen ersten Laden in Stockholm, einen 135.000 Quadratmeter großen Giganten – es stellten sich Tausende für eine Gelegenheit zum Ausprobieren der Waren an.

Während die skandinavische Designergemeinde Kamprads Ideal von ästhetisch wertvollen Möbeln begrüßte, die auch für einen breiten, nichtelitären Markt verfügbar sind, konnte sie bis zur Nachkriegsperiode keine Entwürfe vorweisen, die prestigeträchtige internationale Wettbewerbe wie die Mailänder Triennale gewinnen konnten. Der internationale Beifall schließlich brachte die skandinavischen Länder dazu, ihre Wohnungseinrichtung im großen Stil weltweit zu vermarkten. Zu dieser Zeit waren Mobiliar und dekorative Haushaltskunst mit einfachen, schnörkellosen geometrischen Formen als skandinavisches Design bekannt geworden.

Unternehmensoperationen: Taktiken und Strategie

Das Problem des skandinavischen Designs war aber, dass es für den Durchschnittsverbraucher immer noch zu teuer war. Infolgedessen scheiterten mehrere Versuche der Vermarktung skandinavischen Mobiliars jenseits der schwedischen Grenzen. Bonniers, die schwedische Kette, und Design Research in den USA entstanden beide in den 60ern und verschwanden in den 70ern. Und heute (in den späten 90ern) sind skandinavische Möbel immer noch überwiegend ein ziemlich großer Nischenmarkt. Aber Kamprad, der völlig davon überzeugt war, dass es einen breiten, noch nicht bedienten Mittelstand gab, der diese schönen Möbel zu erschwinglichen Preisen kaufen würde, machte sich daran, seine Kosten auf ein Minimum zu reduzieren.

Seit den Anfängen war der Preis der Kern der kompetitiven Idee von IKEA gewesen, um aber die Preise noch weiter senken zu können, entwickelte Kamprad das Konzept der Selbstmontage zu einer Kunstform weiter und stellte Teile her, die sich leicht zusammenbauen ließen. Selbst heute lassen sich die meisten IKEA-Möbel mit einem einzigen Werkzeug (einem Imbusschlüssel) montieren, der in der Regel zum Satz dazugehört.

Durch das Konzept der Selbstmontage spart IKEA auch Geld bei Transport und Lagerung. Die meisten Unternehmensprodukte werden in flache Kartons verpackt, die Transportkosten sparen, das Schadensrisiko minimieren und den Heimtransport durch die Kunden vereinfachen. IKEAs Konzept der Selbstmontage funktioniert, wie Jan Kjellman, der Präsident von IKEA Nordamerika sagt, weil die Kunden erkennen, dass sie „viel weniger als in traditionellen Einrichtungshäusern zahlen müssen, wenn sie die Hälfte des Jobs selbst übernehmen".

Daher erkannte IKEA, dass die Wertschöpfung bei der Herstellung von Möbeln nicht notwendigerweise in deren Herstellung lag. IKEA entwickelte Bausätze, die den Kunden in die Mitte der Wertschöpfungskette einreihten und ihm eine Menge der Aufgaben überließen, die traditionell Aufgabe des Herstellers waren. Dadurch ließen sich Unmengen von Kosten aus dem System entfernen.

IKEA reduzierte seine Kosten weiter durch Produktorientierung. Das Unternehmen trachtet danach, die Produktentwicklung auf der Grundlage des Geschäfts auszuführen. Es schickt seine zehn hausinternen Entwickler in die Betriebe der Lieferanten, damit sie dort lernen können, welche Möglichkeiten und Grenzen deren Maschinen haben, so dass sich das Produktdesign daran anpassen lässt, statt den umgekehrten Weg zu beschreiten. „Die meisten Designer berücksichtigen zwar Formen und Funktionen, unsere müssen aber zudem auch auf den Preis achten", erläutert Kjellman. „Wir wollen keine Produkte, die nur in kleinen Mengen herzustellen sind. Wir wollen sie in großen Mengen produzieren."

Manchmal bedeutet das Niedrighalten der Kosten, dass ein IKEA-Design mit Materialien niedrigerer Qualität hergestellt wird. Das Unternehmen zögert z.B. nicht, für eine lackierte Tischplatte ein Holz niedrigerer Güteklasse zu verwenden oder ein einfacheres Material für eine Basis zu verwenden, die nicht sichtbar ist. Und Möbel, deren Herstellung aus Birke zu teuer wäre, werden aus Kiefer gemacht.

Während es das Ziel des Unternehmens ist, Produkte guter Qualität herzustellen, ist der Preis immer noch der Hauptgrund für den Einkauf bei IKEA.

Internationale Expansion

Die internationale Expansion begann in den 60ern, als das Unternehmen zum Bezug von Produkten außerhalb von Schweden gezwungen wurde. Lokale schwedische Möbel-Einzelhändler hielten die IKEA-Niedrigpreispolitik für unfairen Wettbewerb und versuchten, lokale Hersteller davon abzuhalten, die Firma mit Waren zu beliefern. Statt die Preise zu erhöhen, besorgte sich IKEA seine selbst entworfenen Waren außerhalb von Schweden. Heute lässt das Unternehmen sein Produkte in 73 Ländern fertigen und schließt mit seinen Herstellern Verträge über Kapazitäten und nicht über eine Reihe von Artikeln ab. In einigen Fällen hat IKEA in Lieferfirmen von Möbeln und Haushaltswaren die Eigentümerrolle übernommen. In anderen Fällen übernimmt es die Rolle des Finanziers, was speziell für Osteuropa gilt, das nun für 13% der Produktion verantwortlich ist.

IKEA brauchte 30 Jahre, um über seine einheimischen Grenzen (einer Kette von sieben Läden) hinauszuwachsen und ausländische Märkte zu penetrieren. Als die Zeit für die Expansion gekommen war, erläutert Kjellman, „entschlossen wir uns, den konservativsten Markt in Angriff zu nehmen, den wir nur finden konnten, und das war die Schweiz". Mit dem dortigen Erfolg begann IKEAs langsame, stetige Expansion, bei der auf Nordeuropa (speziell Deutschland) Australien und Kanada folgten. Anfang 1997 besaß das Unternehmen 115 Läden in 19 Ländern, die von der IKEA-Gruppe betrieben wurden, und weitere 16 Läden in acht weiteren Ländern im Besitz von Franchisenehmern. Ende 1997 eröffnete das Unternehmen sein erstes Geschäft auf dem chinesischen Festland.

Während der 80er Jahre eröffnete IKEA jährlich zwischen fünf und zehn Geschäften. Aber die Expansion verlangsamte sich in den 90ern beträchtlich, als das Unternehmen seine Holding konsolidierte und an der Steigerung der Verkäufe der einzelnen Läden und der Gesamtrentabilität arbeitete.

Die weltweite Expansion hat neue Herausforderungen mit sich gebracht, zu denen die Ermittlung der Nachfrage und die dementsprechende Vorratshaltung zählt. „Es traten viele Engpässe auf," gestand Kjellman ein. „Als wir Schweden verlassen haben, war es eines unserer größten Probleme, die richtigen Produkte in ausreichenden Mengen in den Läden zu haben. Wir haben die Absatzmengen bei unserem ersten Eintritt in den nordamerikanischen Markt unterschätzt."

Der US-Markt

Ein noch größeres Problem, das IKEA zu überwinden hatte, war die beschränkte Bekanntheit seines Namens. „Beim Eintritt in die USA haben wir den Leuten zuerst beigebracht, wie unser Name auszusprechen ist," sagt Kjellman. Dazu startete IKEA Anzeigen mit einem Auge (eye), einem Schlüssel (key) und einem Pluszeichen, dem das Wort „ah" folgte. Nach diesem Einführungsfeldzug fing das Unternehmen damit an, in Anzeigen mit der Schlagzeile „Ein großes Land. Jemand muss es möblieren." für seine Wertvorstellungen von wohldesignter Wohnungseinrichtung zu erschwinglichen Preisen zu werben.

In den zehn Jahren der Operation in den USA stiegen die Verkäufe (Umsätze) von 50 Mio. US$ in einem Laden auf 550 Mio. US$ in 13 Läden im Steuerjahr 1996. Die ersten Gewinne wurden nicht vor 1993 erzielt. Ein wesentlicher Grund für dieses Wachstum ist, dass US-Verbraucher niedrige Preise für selbstverständlich halten.

IKEA erkannte, dass die USA eine äußerst mobile Gesellschaft mit einer hohen Zahl von Haushaltsgründungen und -wechseln sind, und änderte seine TV-Werbung, um den Wert seiner Wohnungseinrichtung mit einer leichten, erschwinglichen Wahl des Lebensstils zu verbinden. Kjellman versteht, dass er nicht nur mit anderen Möbelketten, sondern mit jedem konkurriert, der um das verfügbare Einkommen wirbt. „Wir müssen Leute davon überzeugen, dass sie zu uns kommen müssen, um ein neues Sofa zu kaufen", sagt er.

Auch wenn die Etablierung des Unternehmens nicht leicht war, hat es keinerlei Absichten, die USA zu verlassen. Der US-Möbel-Markt ist riesig (ca. 50 Mrd. US$) und stark fragmentiert. Tatsächlich sind die erfolgreichsten zehn Wettbewerber für weniger als 12% des Einzelhandelsvolumens verantwortlich, und IKEA befindet sich bereits unter ihnen.

„Die USA sind der schwierigste Markt der Welt, wir können aber eine Menge aus ihm lernen", sagt Kjellman. Die Möbel-Trends, die in den USA beginnen, wie z.B. Unterhaltungselektronik oder Büromöbel für die Wohnung, finden nach und nach ihren Weg in andere Teile der Welt. Dadurch, dass IKEA dort ist, wo die Trends geboren werden, kann das Unternehmen neue Designs entwickeln, die diesen Trends gerecht werden und dann seine Kosten amortisieren, indem die entsprechenden Produkte in andere Teile der Welt verkauft werden.

Die Attraktivität von IKEA beruht darauf, dass seine Möbel erschwinglich, verfügbar und praktisch sind. „Wir haben einem Bedürfnis entsprochen, um das sich niemand gekümmert hat", sagt Kamprad. „Und die Reaktion war phantastisch."

Fragen

1. Bewerten Sie den von IKEA gewählten Ansatz der Marktexpansion.
2. Ist es für IKEA besser, eigene Fabriken zu besitzen oder Produktionsverträge abzuschließen?

KAPITEL 5

Informationen für internationale Marketingentscheidungen

5.1 Einleitung

Im letzten Kapitel haben wir das Problem der Marktselektion besprochen und entsprechende Verfahren, Vorgehensweisen und Strategien behandelt. Ein maßgeblicher Bestandteil beliebiger Marktauswahlprogramme ist die Verfügbarkeit von Marktinformationen. Eine allgemeine Betrachtung zeigt, dass es fast unendlich viele Quellen internationaler Markt- und Produktinformationen gibt, so dass das einzige Problem darin besteht, die wirklich benötigten Daten aufzuspüren. Große Exporteure können dieses Problem teilweise durch Einrichtung computergestützter Datenbanken lösen, die allerdings ständig geprüft und aktualisiert werden müssen. Für die Auswahl neuer Märkte und anstehende Entscheidungsprozesse haben Firmen wie Corning und Digital Equipment Systeme zur Unterstützung von Marketingentscheidungen entwickelt. Derartige Systeme sollten Daten bereitstellen können, die wie folgt aussehen:

- *relevant*: für die Entscheidungsträger von Bedeutung
- *rechtzeitig*: aktuell und schnell verfügbar
- *flexibel*: in der vom Management benötigten Form verfügbar
- *genau*: für das aktuelle Problem gültige Informationen
- *erschöpfend*: die Datenbank sollte hinreichend umfassend sein, da viele Dinge in internationale Marketingtaktiken und -strategien einfließen, die im einheimischen Markt bedeutungslos sind
- *zweckmäßig*: der Zugang zu den Daten und deren Nutzung muss relativ einfach möglich sein (Czinkota, Ronkainen und Tarrant, 1995, S. 55–56).

Größtenteils werden es größere, international erfahrenere Unternehmen sein, die die finanziellen Mittel für die Errichtung und Wartung formalisierter Entscheidungsunterstützungssysteme (EUS) aufbringen können. Für kleinere und mittlere Unternehmen sind formalisierte Informationssysteme jedoch nur selten verfügbar, so dass der Exportkaufmann immer noch mehr oder weniger dem traditionellen Informationsproblem gegenübersteht.

Das Hauptproblem ist das *Sammeln* von Informationen, für das bestimmte organisatorische Voraussetzungen gegeben sein müssen, die die Quellen und Methoden der Sammlung, die Verarbeitung, die Analyse und – falls erforderlich – die Verbreitung von Informationen innerhalb des Unternehmens erleichtern. Das Sammeln von Informationen umfasst die Suche nach vorhandenen Informationsquellen und die Auswahl von Suchverfahren, mit denen sich zusätzliche Informationen beschaffen lassen. Der Gesamtprozess wird in Abbildung 5.1 dargestellt. Dieser Prozess beginnt mit der Ermittlung der Informationsanforderungen bzw. der „Problemdefinition“ (zu der auch die Ziele der Forschung zählen) und endet mit dem abgeschlossenen Bericht und der Integration der Ergebnisse in den Management-Entscheidungsprozess.

Abbildung 5.1 Der Forschungsprozess im internationalen Exportmarketing.

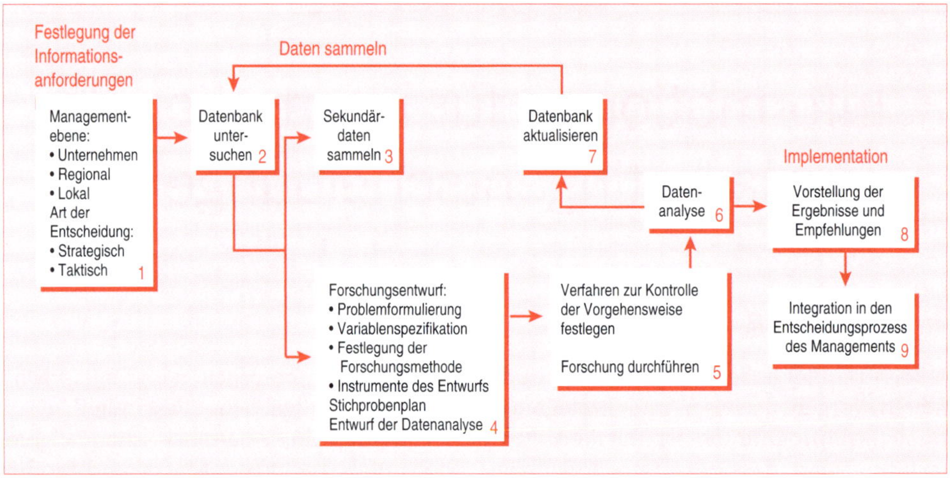

Quelle: Douglas und Craig (1983), S. 27

Wie man sieht, unterscheidet sich der Forschungsprozess nicht wirklich vom allgemeinen Ansatz der Marketingforschung. Nach Majaro (1987, S. 64) werden die internationalen Dimensionen in den verschiedenen Stadien des Prozesses besonders berücksichtigt. Dabei handelt es sich um (vgl. Abbildung 5.1):

1. Bestimmung des Informationsbedarfs:
   (a) Sicherstellen, dass die verwendeten Begriffe unter allen möglichen Begriffen die für die Fragestellung zutreffendsten sind.
   (b) Vorbereitung eines Dokuments der „Forschungsberechtigung".
   (c) Prioritäten für die Zuteilung von Geldmitteln festlegen.

4. Entwurf des Forschungsplans:
   (a) Durchführung einer vorgeschalteten „Schreibtischanalyse" zur Identifizierung jener Bereiche bzw. Gebiete mit den besten Möglichkeiten, für die sich eingehendere Studien lohnen.
   (b) Unterschiedliche Vergleichbarkeiten festlegen.
   (c) Auswahl der Vorgehensweise mit den geringsten Vergleichbarkeitsproblemen.
   (d) Sichtung international erfahrener Forschungsagenturen.

2., 3., 5. Datenerhebung:
   (a) Gewichtung der Daten, um nationalen/kulturellen Unterschieden Rechnung zu tragen.
   (b) Erkennung lokal bedingter systematischer Fehler (z.B. durch die Interviewer).

6. Dateninterpretation:
   (a) Auf die Vergleichbarkeit der Daten achten.
   (b) Sicherstellen, dass sich unerwartete Ergebnisse nicht auf spezielle lokale, systematische Fehler zurückführen lassen.

7. Aktualisierung der Datenbank.

8. Präsentation des Berichts:
   (a) Berücksichtigung des internationalen Lesers und entsprechende Kommunikation.
   (b) Auf Sprache und Begriffe achten.
   (c) Vermeiden von Schlussfolgerungen, die lokale Empfindlichkeiten angreifen.

Es sollte klar sein, dass die erste Stufe dieses Prozesses, in der der Informationsbedarf bestimmt wird, besonders wichtig ist. Das bedeutet nicht, dass die anderen Stufen unproblematisch sind. Es heißt nur, dass man die benötigten Informationen gar nicht bekommen kann, wenn der Informationsbedarf nicht richtig definiert wird, da die nachfolgenden Stufen bedeutungslos werden. Bei der Analyse potenzieller Märkte werden häufig Informationen über verschiedene Umweltzwänge (und Einstellungen) benötigt, mit denen der Exporteur bzw. internationale Anbieter konfrontiert ist. Dazu zählen *pädagogische* (z.B. Grad der Lesefähigkeit, Bildungsniveau, Einstellung zum Lernen), *soziologische* (z.B. Klassenstruktur und Mobilität, Einstellung zu Autorität, Leistung und Arbeit, Reichtum und Materialismus, Risikobereitschaft und Wandel), *politische/rechtliche* (z.B. die entsprechenden Spielregeln, politische Stabilität und Organisation) und *ökonomische* (z.B. Stabilität, Faktorausstattung, Marktgröße) Zwänge bzw. Beschränkungen (Farmer und Richman, 1980, S. 80–83).

Für Entscheidungen über die zu betretenden Märkte, den passenden Eintrittsmodus für einen bestimmten Markt und das spezielle Exportmarketing-Mix und die einzusetzende Strategie werden speziell die folgenden Arten von Informationen benötigt: (1) politische, finanzielle und juristische Daten, (2) Daten über die den Märkten zugrunde liegende Infrastruktur, (3) Marketingdaten und (4) produktspezifische Daten. Daher gehen die benötigten Informationen über jene hinaus, die sich direkt auf die Marketingentscheidungen beziehen, und umfassen alle anderen Aspekte der Unternehmenstätigkeit. Tabelle 5.1 zeigt die Antworten britischer Exporteure zu ihrem relativen Informationsbedarf in einer Studie aus den 90er Jahren. Czinkota, Ronkainen und Tarrant (1995, S. 22–25) stellen eine Kontrollliste mit Forschungsfragen über allgemeine strategische Aspekte, Beurteilung und Auswahl von Auslandsmärkten und das Marketing-Mix zur Verfügung. Sie sind der Meinung, dass der Informationsbedarf detailliert und umfassend ermittelt werden sollte.

Tabelle 5.1 Relativer Bedarf an Informationsarten für Exporteure.

	Nummerisch geordnete Kategorisierung des Bedarfs		
Art der Information	**Ja**	**Neutral**	**Nein**
Daten über potenzielle Kunden	1		
Identifikation von Auslandsvertretern	2		
Bezahlung der Exporte	3		
Spezifische Exportgelegenheiten	4		
Transport und Distribution	5		
Marktberichte	6		
Technische Standards im Ausland	7		
Exportversicherungen		8	

Tabelle 5.1 Relativer Bedarf an Informationsarten für Exporteure. (Forts.)

	Nummerisch geordnete Kategorisierung des Bedarfs		
Art der Information	**Ja**	**Neutral**	**Nein**
Exportfinanzierung		9	
Sprache/Übersetzung		10	
Wirtschaftsberichte über Länder			11
Verfügbarkeit von Außenhandelsliteratur			12

Quelle: McAuley, 1992, S. 11.

5.2 Informationsquellen

Informationsquellen lassen sich in interne und externe Quellen einteilen. Zu den *internen* Quellen zählen Aufzeichnungen über Umsätze und Kosten und das von Angestellten des Unternehmens erworbene Wissen, wie z.B. Informationen, die Verkäufer oder Techniker im Umgang mit Kunden, Konkurrenten, Angestellten oder Regierungsbeamten erhalten. Leider übersehen oder vernachlässigen viele Unternehmen interne Datenquellen. Zuweilen können derartige Quellen alle Informationen liefern, die für das Treffen einer sofortigen Entscheidung benötigt werden.

Zu den *externen* Quellen zählen sowohl Primär- als auch Sekundärquellen. Bei der Nutzung primärer Quellen werden Informationen durch Beobachtung, kontrollierte Experimente, Umfragen und andere Techniken direkt bei jenen gesammelt, über die man diese Informationen benötigt. Bei der Nutzung sekundärer Quellen zieht man Quellen mit veröffentlichten Informationen heran, zu denen Regierungsprospekte, Bücher, Nachrichten, Fachzeitschriften, Magazine, Hausorgane von Mitbewerbern, Veröffentlichungen von Fachverbänden und verschiedene publizierte Forschungsstudien zählen. Man sollte immer daran denken, dass oftmals andere bereits viele oder alle zur Lösung eines bestimmten Problems erforderlichen Informationen aus primären Quellen erhalten haben.

In den frühen Stadien des Prozesses der Marktforschung kann das international tätige Unternehmen bzw. der Exporteur Nutzen aus (den in überwältigender Vielfalt) vorhandenen Sekundärdaten ziehen. Dies gilt speziell für Informationen über allgemeine Marktindikatoren, die in regelmäßigen und speziellen Berichten der nationalen Regierungsagenturen und internationalen (überstaatlichen) Körperschaften zu finden sind. Einige der bedeutenden überstaatlichen Organisationen sind die UNO (United Nations Organization – Vereinte Nationen), die OECD (Organization for Economic Cooperation and Development – Organisation für Wirtschaftliche Zusammenarbeit und Entwicklung), die EU (European Union – Europäische Union), die EFTA (European Free Trade Association – Europäische Freihandelsgemeinschaft), die WTO (World Trade Organization – Weltwirtschaftsorganisation), die IBRD (International Bank for Reconstruction and Development – Internationale Bank für Wiederaufbau und Entwicklung), der IMF bzw. IWF (International Monetary Fund – Internationaler Währungsfonds) und die IFC (International Finance Corporation – Organisation für Privatinvestitionen in Entwicklungsländern und Unterorganisation der Weltbank). Über historische und aktuelle Daten hinaus veröffentlichen einige dieser Organisationen Berichte mit *Prognosen*, *Aussichten*, *Trends* usw. Natürlich beseitigen diese Informationsquellen nicht die Ungewissheiten der Zukunft, sie können dem Exporteur aber eine bessere Entscheidungsplattform zur Verfügung stellen.

Nationale Regierungsagenturen sind eine bedeutende Quelle für Basisdaten und andere Berichte, die für den internationalen Außenhändler bzw. Exporteur von Nutzen sein können. Sowohl die Regierung des Exporteurs als auch jene des potenziellen Auslandsmarkts kann nützliche Informationen veröffentlichen. Es können sowohl globale Indikatoren und spezifische Länderanalysen als auch Studien über bestimmte Wirtschaftsaktivitäten und Problemfelder verfügbar sein. Die Kontaktaufnahme mit einem *Konsulat* oder einer *Botschaft* ist häufig ein erster Schritt bei der Durchführung einer Auslandsmarktanalyse. Die Sprache ist ein potenzielles Problem bei ausländischen Regierungsquellen. Exporteure der englischsprachigen Welt (z.B. Großbritannien, USA, Neuseeland) haben z.B. keinerlei Probleme mit Daten aus Dänemark, Norwegen oder China, weil die Statistiken dieser Länder in Englisch veröffentlicht werden. Im Unterschied dazu werden die Statistiken der Schweiz üblicherweise in Französisch und Deutsch verfasst. Dieses Problem lässt sich überwinden, wenn im Unternehmen viele Sprachen gesprochen werden. Andere nützliche, von Regierungen zur Verfügung gestellte Daten stammen von subnationalen Regierungsinstitutionen (Staaten/Provinzen und Städten). Recht aktive Regierungsagenturen sind in dieser Hinsicht *Hafenämter*. Häfen wie San Francisco (USA), Rotterdam (Niederlande), Sydney (Australien) und Hongkong (China) können Exporteuren anderer Länder äußerst gute Dienste leisten.

Institutionen, die keinen Regierungen unterstehen, können ebenfalls nützliche Informationsquellen für den Exporteur sein. Große *kommerzielle Banken* und *Anlageberatungsunternehmen* haben oft internationale Abteilungen, die regelmäßig nützliche Statistiken zusammentragen und verbreiten. Die Bank of America in den USA unterhält z.B. einen Weltinformationsdienst (*World Information Services*), der über Aussichten, Prognosen und Länderrisiken informiert. Ähnlich stellt die Barclay's Bank Datenblätter mit Marktinformationen der Länder zur Verfügung. Zudem sind die erfahrenen Angestellten dieser Institute meist recht hilfsbereit und werden auch unterstützend tätig. Zum Beispiel kann man über eine Bank mit internationalem Netz Ratschläge und wirklich aktuelle und genaue Informationen über einen Auslandsmarkt erhalten. Die Bank of America und Abbey National plc sind nur zwei Beispiele. Möglicherweise arbeiten Banken auch eng mit anderen Dienstleistungsunternehmen wie *Versicherungen* und Unternehmen aus dem *Frachtgeschäft* zusammen, die speziell den Neuling im Exportgeschäft unterstützen können. Die Dienstleistungsindustrie (wie z.B. Transportunternehmen, Werbeagenturen und große Abrechnungsgesellschaften) hofft darauf, Geschäfte im eigenen Bereich zu machen und kann daher recht hilfreich sein, wenn es nicht nur um Informationen über ausländische Märkte und deren Situation, sondern auch um Methoden des Exports, der Finanzierung, der Versicherung und des Versands von Produkten ins Ausland geht. Ein Beispiel dafür ist die Reihe der von der großen Wirtschaftsprüfungs- und Beratungsgesellschaft Price Waterhouse veröffentlichten Leitfäden über verschiedene Geschäftsaspekte in Ländern, in denen Price Waterhouse über Niederlassungen oder Wirtschaftskontakte verfügt. Unternehmen, Handels- und Berufsgenossenschaften (einschließlich der Handelskammern) können Quellen relevanter Daten sein. Die Business International Corporation in den USA und die Economist Intelligence Unit in Großbritannien veröffentlichen z.B. viele Berichte, teils in regelmäßiger Abfolge, die den Außenhändler/Exporteur unterstützen können. Kommerzielle Marktforschungsagenturen übernehmen Forschungen im Kundenauftrag und erstellen zuweilen sog. *Multiclient-Reports*. Schließlich führen Universitäten und andere Bildungsinstitutionen technische und wirtschaftliche Forschungen durch und veröffentlichen diese in verschiedenen technischen Berichten und anderen Publikationen. Beispielsweise sind beim David M. Kennedy Center for International Studies an der Brigham Young University in den USA sog. „Kulturgramme" (culturegrams) für mehr als 100 Gebiete der Welt erhältlich. Ein typisches, jährlich aktualisiertes Kulturgramm enthält Informationen über die Bevölkerung des Landes (Sitten und Umgangsformen, Lebensstil usw.; vgl. Beispiel 5.1).

Sekundärquellen werden im Allgemeinen nicht ausreichen (zumindest sollte man sie üblicherweise nicht als einzige Quelle nutzen), um Entscheidungen über internationale Marketingprogramme zu treffen. Trotzdem sollte man Daten aus Sekundärquellen sammeln, verarbeiten, analysieren und interpretieren, so dass sie für die wie auch immer geartete, erforderliche Primärforschung als Hintergrundinformationen dienen können. Durch die Vermeidung unnötiger Primärforschung spart man nicht nur Geld. Das bereits verfügbare Hintergrundwissen unterstützt vielmehr die Planung und Durchführung der Studien, wenn Primärforschung unbedingt erforderlich ist. Häufig ist das Problem bei internationalen Aktivitäten nicht das Aufspüren der Daten, sondern deren Auswahl, Bewertung, Interpretation und die Nutzung bereits vorhandener Daten.

Die Nutzung sekundärer Daten hat einige Beschränkungen und potenzielle Probleme zur Folge. Die wesentlichen Aspekte betreffen Verfügbarkeit, Zuverlässigkeit und Vergleichbarkeit der Daten. Daten sind nicht für alle Märkte im gleichen Umfang, in der gleichen Zusammenfassung oder Ausführlichkeit erhältlich. Industrienationen stellen typischerweise sehr detaillierte Daten zur Verfügung. Und auch die Zuverlässigkeit der Daten ist selbst bei entwickelten Ländern unterschiedlich. Dafür gibt es viele Gründe, denn nicht nur Einzelunternehmen neigen dazu, ihrer Regierung keinen genauen Aufschluss über ihre Aktivitäten zu geben. Die Frage der Zuverlässigkeit betrifft auch die Daten überstaatlicher Institutionen wie der UNO, da diese Organisationen auf die von den Regierungen zur Verfügung gestellten Statistiken angewiesen sind. Schließlich sind für grenzüberschreitende Ländervergleiche möglicherweise keine vergleichbaren Daten aufzutreiben. Beispielsweise können sich die verwendeten Kategorien unterscheiden. Viele Länder benutzen unterschiedliche Kategorien bei der Altersverteilung der Bevölkerung. Das soll keinesfalls so interpretiert werden, dass alle sekundären Daten schlecht sind. Vielmehr bedeutet es, dass international aktive Unternehmen bzw. Exporteure klären sollten, von wem die Daten für welchen Zweck wie erhoben wurden. Antworten auf derartige Fragen helfen dem Exporteur, den „Wert“ der Daten zu beurteilen.

BEISPIEL 5.1

Ein Kulturgramm kann einen Einstieg bieten

Ein Kulturgramm ist im Wesentlichen eine Vorstellung der Bevölkerung eines Landes. Es ist allgemein gehalten und trifft möglicherweise nicht auf alle Regionen und Menschen der Nation zu. Die enthaltenen Informationen sind ein Produkt einheimischer Kommentare und originaler, sachkundiger Analyse. Die Redakteure nennen die Statistiken Schätzungen und die dargebotenen Informationen meinungsabhängig. Die Dokumentation beruht daher nur zum Teil auf Fakten. Dennoch handelt es sich immer noch um eine nützliche Quelle kultureller Informationen über ein Land, die einen Überblick über die Situation eines Landes gibt. Kulturgramme werden jährlich aktualisiert.

Es wird ein vierseitiges Layout verwendet, das unter anderem die folgenden Arten von Informationen über das jeweilige Land enthält.

I. Sitten und Umgangsformen/Gebräuche
   - Grußformen
   - Besuche
   - Essen
   - Gesten

Beispiel 5.1 (Forts.)

II. Die Menschen
- Allgemeine Einstellungen
- Persönliches Aussehen
- Bevölkerung
- Sprache
- Religion

III. Lebensstil
- Familie
- Verabredungen und Hochzeit
- Ernährung
- Beruf
- Freizeit
- Urlaub

IV. Die Nation
- Land und Klima
- Geschichte
- Regierung
- Wirtschaft
- Bildung
- Transport und Kommunikation
- Gesundheit
- Reiseinformationen

In den 90ern entstand mit dem Internet ein schnelles, effizientes und relativ preiswertes elektronisches Kommunikationsmittel. Die dem international aktiven Unternehmer zur Verfügung stehenden Datenbanken sind äußerst umfassend und das Internet hat Wirtschaftsunternehmen Informationen verfügbar gemacht, die in der Vergangenheit nur schwer erhältlich waren (vgl. Beispiel 5.2).

BEISPIEL 5.2

Surfen im Web!

Eine der wichtigsten Quellen des international aktiven Unternehmers, die in den 90ern einen regelrechten Höhenflug erlebt hat, ist das *Internet*. Es bietet sofortigen Online-Zugriff auf globale Daten, die genau und auf dem neuesten Stand sind. Es stehen Daten zur Verfügung, die Unternehmen nutzen können, wenn sie darüber entscheiden, ob sie international aktiv werden wollen, welche speziellen Länder geeignete Zielmärkte sind, welcher Eintrittsmodus benutzt werden soll, welche Risiken mit der Auslandsaktivität verbunden sind, welche alternativen Marketingstrategien in Frage kommen und welche potenziellen Kunden, Lieferanten und Geschäftspartner es gibt.

Wenn sich ein international aktives Unternehmen oder ein Exporteur insbesondere z.B. für Asien interessiert, dann eignet sich eine Suche mit folgenden Internet-Adressen (Stand Februar 2001):

Beispiel 5.2 (Forts.)

Länder

China Trade Center
http://www.netchina.com/trade/main1.html

Hongkong Homepage
http://www.hongkong.org

India Online
http://indiaonline.com

Malaysia Suchmaschine/Allgemeine Informationen
http://www.jaring.my

Asien-Suchmaschine
http://www.asist.go.jp

Thailand allgemein
http://www.nectec.or.th

Indonesien allgemein
http://www.asia-inc.com

Finanzinformationen (z.B. Asien)

Asian Development Bank:
http://www.asiandevbank.org/

Handelsverzeichnisse

Asia Trade and Business Directory
http://www.asia-directory.com

IHK Gesellschaft zur Förderung der Außenwirtschaft
http://www.ihk.de, insbesondere http://www.ihk.de/ihk-ges/inside.htm

Allgemeine Suchmaschinen sind ebenfalls zur Export-Recherche verwendbar:
http://www.findmany.com

Den Zugang zu einigen Suchmaschinen erhalten Sie über die folgenden Adressen:
http://www.google.com
http://www.findwhat.com
http://www.goto.com
http://www.askjeeves.com
http://www.sprinks.com
http://www.hotbot.com
http://www.hotboot.com
http://de.altavista.com
http://www.altavista.com
http://www.go.com
http://www.firstgov.gov

Zudem stoßen Sie gelegentlich auch auf umfassende Listen mit Links zu Seiten, die für spezielle Bereiche des internationalen Marketing Informationen zur Verfügung stellen. Als Beispiel mag die folgende Adresse dienen, über die Sie auf eine Fülle von Informationen Zugriff haben:
http://www.exim.gov/main.html

Beispiel 5.2 (Forts.)

Die obige Zusammenstellung soll lediglich illustrierenden Charakter haben. Ähnliche Daten stehen auf anderen Internet-Websites auch für andere Gebiete der Welt zur Verfügung. Zudem ändert sich die Art der angebotenen Informationen ständig. Die Aktualität und Qualität der verfügbaren Daten wird zunehmend besser. Durch das Internet wurden z.B. tausende Datenbanken für intelligente Nachforschungen nutzbar, die auch Nachforschungen über Wettbewerber ermöglichen. Ferner enthalten elektronische Datenbanken Marketinginformationen, die von aktuellen Nachrichten über jüngste Produktentwicklungen bis hin zu neuen Denkansätzen im akademischen Bereich und in der Wirtschaftspresse und laufend aktualisierten internationalen Handelsstatistiken reichen.

Das Internet ist ein Recherche-Medium der Zukunft. Es wird aber andere sekundäre Datenquellen keineswegs völlig ersetzen. Die Kosten werden weiterhin ein Faktor bleiben, der die Auswahl der sekundären Datenquellen eines Unternehmens beeinflusst.

Ob verschiedene Informationsquellen angemessen sind, hängt von der Art der benötigten Informationen ab und davon, wie sie analysiert, interpretiert oder angewendet werden. Wenn ein Unternehmen z.B. erwägt, sich in internationalen Märkten zu engagieren und in diese einzutreten, benötigt es eine Einschätzung der politischen und juristischen Situation, die Namen der für das geplante Unternehmen wesentlichen Finanzinstitutionen und eine Vielzahl von Statistiken über die verschiedenen, in diesem Kapitel bereits erwähnten Themen.

In einer Studie über kleine und mittlere Exportunternehmen (mit weniger als 500 Angestellten) in den USA konnten Yeoh und Jeong (1996) Informationsquellen in drei Kategorien einteilen:

- persönlich (einschließlich persönlicher Besuche von Auslandsmärkten)
- professionell (wie z.B. Handelskammern, Konsulate usw.)
- dokumentiert (veröffentlichte Materialien).

Es wurde eine offensichtlich positive Beziehung zwischen der Häufigkeit der Nutzung einer Quelle und dem wahrgenommenen Nutzen festgestellt. Darüber hinaus stellten diese Forscher fest, dass Informationen professioneller Quellen zwar für sehr nützlich gehalten wurden, aber unter Umständen den Informationsbedarf der Unternehmen nicht befriedigen konnten, so dass ergänzende persönliche und dokumentierte Quellen erforderlich sind.

Wenn z.B. Informationen zur Einschätzung der verschiedenartigen Aktivitäten von Mitbewerbern benötigt werden, gibt es diese typische Quellen:

- Wirtschaftspublikationen
- Hausorgane des Mitbewerbers
- Verkäufer, die aufmerksam auf Informationen der Groß- oder Einzelhändler achten, mit denen sie telefonieren. Ihnen kann manchmal die spezielle Aufgabe übertragen werden, bestimmte Information von derartigen Vermittlern zu besorgen.
- in Übersee ansässige Vertreter und Distributoren
- Verkäufer, Ingenieure und Funktionäre des Unternehmens, die an gesellschaftlichen oder professionellen Veranstaltungen teilnehmen, durch die sie in Kontakt mit Angestellten der Mitbewerber kommen. Dieser Kontakt gestattet es ihnen möglicherweise, etwas darüber zu erfahren, was die Mitbewerber unternehmen.
- direkte Beobachtung der Aktivitäten der Mitbewerber, wie z.B. Produktneueinführungen und Anzeigenkampagnen.

Für Entscheidungen über Produkte, Kanäle, Werbemaßnahmen und Preise werden Daten über die Kundenbedürfnisse, Einstellungen und andere Dinge, die das Verhalten beeinflussen, benötigt. Diese Informationen lassen sich teilweise der nationalen Literatur entnehmen. Insbesondere Soziologen, Sozialpsychologen und Kulturanthropologen veröffentlichen zu Lehrzwecken die Ergebnisse ihrer Forschungen in Zeitschriften und Büchern. Häufig werden jedoch umfangreiche, detaillierte Informationen benötigt, die speziell zur Lösung des individuellen Marketingproblems des Unternehmens zu beschaffen sind. Derartige Informationen können von kenntnisreichen lokalen Marktspezialisten stammen. Häufig sind aber auch direkte Beobachtungen, Experimente oder Umfragen in irgendeiner Form erforderlich.

Eine Aufstellung ausgewählter Publikationen finden Sie im Anhang dieses Kapitels.

5.3 Einschätzung des Marktpotenzials

Sekundärdaten werden oft zur Einschätzung der Größe des potenziellen Auslandsmarkts genutzt. Tabelle 5.2 beschreibt einige der verfügbaren Verfahren. Ausführliche Erläuterungen dieser (und anderer) Verfahren und deren Einsatz finden Sie in den Werken von Douglas und Craig (1983, S. 114-124), Keegan (1995, S. 243-250), Moyer (1968) und Kotler (1994, Kap. 9).

Tabelle 5.2 Einige Verfahren zur Einschätzung der Größe des Exportmarkts.

Analyse von Nachfragemustern	Diese Vorgehensweise umfasst die Prüfung der Wachstumsmuster einer Industrie.
Bestimmung der Einkommenselastizität	Die Beziehung zwischen der Nachfrage nach einem Produkt und den Einkommensänderungen in einem Land wird bewertet.
Vorsprung-Rückstand-Analyse	Diese Technik basiert auf der Auswertung der Zeitreihendaten eines Landes und der Projektion dieser Daten auf andere Länder. Es wird angenommen, dass die Determinanten der Nachfrage in den beiden Ländern dieselben sind und lediglich zeitlich verschoben wirken.
Schätzung über Analogien	Wenn keine Daten für eine reguläre Vorsprung-Rückstand-Analyse zur Verfügung stehen, kann eine Schätzung auf der Grundlage von Analogien erfolgen. Im Grunde handelt es sich dabei um eine Kennzahl auf der Basis eines einzelnen Faktors mit einem Korrelationswert (zwischen einem Faktor und der Nachfrage nach einem Produkt), die für ein Land ermittelt und auf einen Exportmarkt übertragen wird.
Multipler Faktorindex	Bei dieser Indexvariante wird die Nachfrage dadurch geschätzt, dass zwei oder mehr Ersatzvariablen benutzt werden, von denen man glaubt, dass sie mit der potenziellen Marktnachfrage des interessierenden Produkts in Beziehung stehen. Derartige Indizes eignen sich am besten für relative Beurteilungen, die auf der Rangordnung von Märkten oder Submärkten innerhalb von größeren Märkten beruhen.
Regressionsanalyse	Wenn die geeigneten Daten zur Verfügung stehen, ist dies ein mächtiges Werkzeug zur Schätzung der Exportmarktnachfrage. Eine oder mehrere bestimmende Variablen werden zur Schätzung der Nachfrage (der abhängigen Variablen) verwendet. Idealerweise erklären die bestimmenden Variablen einen großen Teil der Schwankungen der abhängigen Variablen bzw. der Nachfrage.

Tabelle 5.2 Einige Verfahren zur Einschätzung der Größe des Exportmarkts. (Forts.)

Clusteranalyse	Das Ziel dieser Technik ist es, Gruppen von Ländern (Cluster) zu finden, die über ähnliche Merkmale verfügen. Wenn dann das Potenzial eines oder mehrerer Länder in einem Cluster bekannt ist, lassen sich diese Informationen nutzen, um den „Wert" der anderen Länder des Clusters zu beurteilen.

Bei der Einschätzung des Marktpotenzials gibt es zwei Schlüsseldimensionen: (1) die Zahl der potenziellen Anwender des Produkts und (2) die maximale erwartete Kaufrate. Das Marktpotenzial lässt sich als *die Menge eines Produkts, das der Markt in einem unendlichen Zeitraum unter optimalen Bedingungen der Marktentwicklung aufnehmen kann,* definieren. Das Marktpotenzial ist ein nützliches Maß zur Bewertung der Attraktivität eines Markts im Hinblick auf den Markteintritt. Es lässt sich darüber streiten, ob Marktpotenzial und Umsatzpotenzial eines Unternehmens identisch sein sollten, so dass alle potenziellen Käufer und deren potenzielles Kaufvolumen allen und jedem einzelnen Unternehmen, das dort zu verkaufen versucht, zur Verfügung stehen. Sobald spezifische Einzelheiten berücksichtigt werden, wird die Marktnachfrage für die strategischen und taktischen Entscheidungen des Exporteurs wichtiger. Die Marktnachfrage nach einem Produkt ist die „*Gesamtmenge*, die von einer definierten *Kundengruppe* in einem definierten geografischen *Gebiet* in einem definierten *Zeitraum* bei definierter *Marketingumgebung* und definiertem *Marketingprogramm gekauft* werden könnte" (Kotler, 1994, S. 247). Sobald Ausgaben des Exportmarketing berücksichtigt werden, kann der Exporteur in den Begriffen des Markts und der Unternehmensprognosen denken. Bei der Marktprognose handelt es sich um die *erwartete* Marktnachfrage, während es sich bei der Umsatzprognose für das Unternehmen um die erwartete Höhe der Verkäufe auf der Grundlage des zu implementierenden Marketingplans unter einigen Annahmen über das Umfeld, in dem der Exporteur operiert, handelt. Kurze Beschreibungen ausgewählter Prognoseverfahren, die auf Beurteilungen, Zählungen, Zeitreihen und Assoziationen bzw. Kausalitätsüberlegungen basieren, finden Sie in Tabelle 5.3. Sie verdeutlicht, dass dem Exporteur eine breite Palette von Alternativen zur Verfügung steht.

Tabelle 5.3 Kurzbeschreibung ausgewählter Prognoseverfahren.

Beurteilungsmethoden	**Zählverfahren**	**Methoden der Zeitreihenanalyse**	**Assoziative oder kausale Vefahren**
Naive Extrapolation: Anwendung einer einfachen Annahme über das wirtschaftliche Ergebnis der nächsten Zeitperiode bzw. eine einfache, ggf. subjektive Hochrechnung der Ergebnisse der aktuellen Ereignisse.	*Markttests:* Repräsentative Reaktionen auf neue Angebote, die getestet und hochgerechnet werden, um die zukünftigen Aussichten des Produkts zu schätzen.	*Gleitender Durchschnitt:* Aktuelle Werte der prognostizierten Variablen werden ermittelt und auf die Zukunft hochgerechnet.	*Korrelationsmethoden:* Vorhersage der Werte auf der Basis historischer Muster der Kovarianz zwischen Variablen.

Tabelle 5.3 Kurzbeschreibung ausgewählter Prognoseverfahren. (Forts.)

Beurteilungs-methoden	Zählverfahren	Methoden der Zeit-reihenanalyse	Assoziative oder kausale Vefahren
Einschätzung der Verkäufer: Eine Zusammenstellung der Schätzungen der Verkäufer (oder Händler) zu den erwarteten Umsätzen in ihren Gebieten, die um angenommene Verzerrungen und erwartete Änderungen bereinigt wird.	*Verbrauchermarkt-umfrage:* Datenerhebung über Einstellungen und Kaufabsichten repräsentativer Käufer.	*Exponentielle Glättung:* Eine Schätzung für die kommende Periode, die auf einer konstant gewichteten Kombination der Prognosen für die vorherige Periode und der aktuellen Ergebnisse basiert.	*Regressionsmodelle:* Die Schätzungen leiten sich aus einer Vorhersage ab, die durch Minimierung der Restvarianz einer oder mehrerer (unabhängiger) Variablen errechnet wird.
Expertenmeinung: Der Konsens einer Gruppe von „Experten", die häufig aus einer Vielzahl von Funktionsbereichen innerhalb eines Unternehmens stammen.	*Industriemarktumfrage:* Ähnliche, aber weniger umfangreiche Daten wie bei der Verbrauchermarktumfrage. Die Probanden verfügen über bessere Kenntnisse, so dass man qualifiziertere Bewertungen erhält.	*Adaptive Filter:* Eine Hochrechnung aus einer gewichteten Kombination tatsächlicher und geschätzter Ergebnisse, die zur Anpassung an Änderungen der Datenmuster systematisch variiert werden.	*Wesentliche Indikatoren:* Die Vorhersage leitet sich aus einer oder mehreren wichtigen Variablen ab, die in einer systematischen Beziehung zu der vorherzusagenen Variablen stehen.
Planspielverfahren: Langsam, erzählerisch erweiterte Beschreibungen einer angenommenen Zukunft, die durch eine Reihe von Zeitrahmen oder Momentaufnahmen festgehalten werden.		*Zeitreihen-Extrapolation:* Eine Prognose der Ergebnisse mit einer an eine Datenreihe angepassten Funktion der kleinsten Quadrate, bei der die Zeit die unabhängige Variable ist.	*Ökonometrische Modelle:* Prognose der Ergebnisse über ein integriertes System paralleler Gleichungen, die die Beziehungen zwischen den Elementen der nationalen Wirtschaft beschreiben und die sich aus Geschichte und Wirtschaftstheorie ableiten.

Tabelle 5.3 Kurzbeschreibung ausgewählter Prognoseverfahren. (Forts.)

Beurteilungs-methoden	Zählverfahren	Methoden der Zeit-reihenanalyse	Assoziative oder kausale Vefahren
Delphi-Technik: Eine sukzessive Reihe von Schätzungen, die unabhängig von den einzelnen Mitgliedern einer „Expertengruppe" entwickelt werden. In jeder Stufe des Prozesses fließen die summarischen Ergebnisse der Gruppe in die Fomulierung der neuen Schätzungen ein.		*Zeitreihenanalyse:* Eine Prognose der erwarteten Ergebnisse aus Trends, saisonalen, zyklischen und zufälligen Komponenten, die aus einer Datenreihe isoliert werden.	*Input-Output-Modelle:* Ein Matrix-Modell, das zeigt, wie Nachfrageänderungen in einer Industrie direkt und in zunehmendem Maße andere Industrien beeinflussen können.
Historische Analogie: Vorhersagen auf der Grundlage von Einzelheiten vergangener Ereignisse, die sich analog auf die aktuelle Situation übertragen lassen.		*Box-Jenkins:* Ein komplexes, computergestütztes Verfahren, das ein autoregressives, integriertes Modell der gleitenden Durchschnitte erzeugt, das saisonale und trendbedingte Faktoren berücksichtigt, entsprechende gewichtende Parameter schätzt, das Modell prüft und diesen Zyklus – falls erforderlich – wiederholt.	

Quelle: Georgoff und Murdick, 1986, S. 111.

Es gibt viele Beispiele dafür, wie wichtig die Marktanalyse und die Bestimmung des Marktpotenzials vor dem Eintritt in einen Auslandsmarkt und dem Abstellen entsprechender Ressourcen sind (Ricks, 1983, S. 127-134):

- Ein US-amerikanisches Unternehmen soll eine große Menge seines beliebten Marken-Ketchups nach Japan geliefert haben, als es erfuhr, dass in Japan kein Ketchup erhältlich war. Leider nahm sich das Unternehmen nicht die Zeit zu prüfen, warum Ketchup in Japan bisher noch nicht vermarktet wurde. Die Versuchung des großen, finanzstarken japanischen Markts war zu groß und das Unternehmen fürchtete, jede Verzögerung könne dazu führen, dass einer der Wettbewerber die „Chance" erkennen und den Markt für sich erobern würde. Ein Markttest hätte mit Sicherheit enthüllt, warum kein Ketchup verkauft wurde: Es wird Sojasoße bevorzugt.

- Ein US-Produzent von Cornflakes versuchte, sein Produkt in Japan einzuführen und erlitt dabei einen fürchterlichen Fehlschlag. Wie kann ein Hersteller erwarten, dass Japaner Cornflakes kaufen, wenn diese allgemein kein Interesse am Konzept der Frühstückszerealien haben?
- Unilever musste sich vorübergehend aus einem seiner Auslandsmärkte zurückziehen, als es unangenehm zu spüren bekommen hatte, dass sich die Franzosen nicht für ihre Tiefkühlkost interessierten.
- Ein Unternehmen musste feststellen, dass falsch angewendete Messzahlen für sein Produkt der Grund für seinen Misserfolg waren. Das Unternehmen wollte Aerosolspray-Möbelpolitur in einem der weniger entwickelten Länder verkaufen. Die Analyse des lokalen Durchschnittseinkommens hatte ergeben, dass sich die Einheimischen das Produkt leisten konnten. Derartige Daten sind aber häufig irreführend. In vielen Ländern konzentrieren sich Reichtum und Besitz auf einige Wenige. Daher kann die durchschnittliche Einkommenshöhe fälschlicherweise darauf hindeuten, dass sich viele Personen der Bevölkerung ein Produkt leisten können. In diesem Fall konnten sich nur die wenigen Personen mit hohem Einkommen den „Luxus" der Aerosolspray-Möbelpolitur leisten. Und selbst die hatten kein Interesse am Produkt: Sie hielten derart arbeitserleichternde Mittel für ihre Hausangestellten nicht für erforderlich.

In jüngerer Vergangenheit, Mitte der 90er Jahre, machte das in Kanada beheimatete Schuhunternehmen Bata in Indien einen großen Fehler (McDonald, 1996). Es überschätzte die Größe des Markts für seine Produkte. Bata nahm an, dass die indische Mittelschicht genügend Geld hätte und modischere Markenprodukte „begeistert" aufnehmen würde. Die Strategie des Unternehmens sollte das Image von Bata als Lieferanten billiger, praktischer Schuhe und Sandalen verbessern. Man hob die Preise an und wechselte in modernisierte Filialen in den moderneren Einkaufszentren. Der Plan war ein Flop. Die anvisierten Büroangestellten wollten die höheren Preise für diesen gewöhnlichen Teil ihrer „Uniform" nicht zahlen. Wenn Verbraucher der indischen Mittelschicht sehen, dass preiswertere Produkte oder Dienstleistungen angeboten werden, dann greifen sie zu diesen.

Eins gilt für all diese Beispiele: Es gibt nur einen unzureichenden Markt. Wäre das Marktpotenzial in einer Studie richtig bestimmt worden, wäre der Markteintritt höchstwahrscheinlich – zumindest zum jeweiligen Zeitpunkt – nicht erfolgt.

5.4 Exportmarketing-Forschung

Unsere Diskussion der Informationsquellen und der Analyse potenzieller Märkte blieb bisher recht oberflächlich. Weder lassen sich alle Informationsquellen noch alle Verfahren der Absatzanalyse besprechen, die dem Exporteur zur Verfügung stehen. Daher konnten wir nur einige Beispiele präsentieren. Oft ist die Datenbeschaffung für Auslandsmärkte schwieriger und komplexer als für Inlandsmärkte. Zum größten Teil stehen dem Exporteur und anderen international tätigen Unternehmen jedoch dieselben Prinzipien und Verfahren zur Durchführung von Sekundär- und Primärforschung wie dem einheimischen Marktforscher zur Verfügung. Es gibt eine Reihe von Quellen, die diese Verfahren behandeln, so dass wir den Leser auf Bücher von Douglas und Craig (1983) und Malhotra (1996) verweisen.

5.4.1 Definition der Marketingforschung

Marketingforschung lässt sich als systematische und objektive Suche nach und Analyse von Informationen definieren, die für die Identifikation und Lösung beliebiger, für die Marketingaktivitäten des Unternehmens und die Marketingentscheidungsträger relevanten Probleme von Bedeutung sind. Der Prozess wurde bereits oben in Abbildung 5.1 skizziert.

Sehr weit gefasst, umfassen die Funktionen der internationalen/Exportmarketing-Forschung *Beschreibung* und *Erklärung* (notwendig für das *Verstehen*) sowie *Vorhersage* und *Bewertung*. Enger gefasst besteht die Funktion derartiger Forschung innerhalb eines Unternehmens darin, die für die effiziente *Planung* zukünftiger Auslandmarktaktivitäten, die *Kontrolle* der internationalen Marketingoperationen in der Gegenwart und die *Bewertung* der Ergebnisse erforderlichen Informationen und Analysen zu beschaffen. Untersuchungen über die Kundenzufriedenheit können alle drei Funktionen beeinflussen. Hewlett-Packard führt im Rahmen der Ermittlung der Gesamtzufriedenheit seiner Personal-Computer-Kunden drei Programme in Europa und anderen Orten durch: (1) Input aus Kundenrückmeldungen, (2) Umfragen über die Kundenzufriedenheit und (3) umfassende Qualitätskontrollen. Umfragen über weltweite Beziehungen werden ca. alle 18 Monate durchgeführt. Diese Umfragen enthalten einige Fragen über die Produkte, die Zufriedenheit der Kunden mit dem Unternehmen als Ganzem und eine Bewertung von Hewlett-Packard im Vergleich mit den Wettbewerbern.

In außereuropäischen Märkten hält man Studien über die Kundenzufriedenheit in den verschiedenen Planungsstufen von Verkauf und Marketing für zunehmend wichtig. In einigen Märkten können Kunden wirklich eine Art „Hindernis" darstellen, weil sie es nicht gewöhnt sind, im Rahmen von Umfragen über die Kundenzufriedenheit um ihre Meinung gebeten zu werden. Bei der Durchführung dieser Art von Forschung muss man der Versuchung widerstehen, alle Aspekte des Verbraucherverhaltens abzufragen. Die Forschung zur Kundenzufriedenheit sollte sich nur mit den Themen befassen, die sich bei aktuellen und früheren Kunden auf das Produkt bzw. die Dienstleistung des Unternehmens beziehen. ITT Sheraton und andere Dienstleistungsunternehmen kontrollieren – insbesondere in der Reise- und Tourismusbranche – mit einer standardisierten Umfrage sowohl auf lokaler als auch auf regionaler Basis laufend die Kundenzufriedenheit.

Die Marketingforschung hat für das Exportmarketing vielfältigen Nutzen. Erstens dient die Forschung der Schätzung der Nachfrage, die für Entscheidungen der Marktselektion und der Produktpositionierung ausschlaggebend ist. Zweitens lässt sie sich so gestalten, dass sie Entscheidungen über möglichst angemessene Grundlagen der internationalen Marktsegmentierung unterstützt. Drittens kann die Marktforschung unschätzbare Dienste bei der Bewertung des Nutzens und der Probleme alternativer Markteintrittsmodi leisten. Viertens kann die Marketingforschung die Planung und Implementation spezifischer Marketingaktivitäten (wie z.B. Werbung und Preisgestaltung) unterstützen. Häufig will man auch wissen, ob die Strategie auf eine Standardisierung oder eine Anpassung an die speziellen Bedürfnisse der individuellen Märkte hinausläuft. Saab-Scania AB, der schwedische Automobilhersteller, führt z.B. eine umfangreiche Marketingforschung im US-Markt durch. Um deren Wünsche, Bedürfnisse, Vorlieben und Abneigungen zu bestimmen, finden Umfragen unter aktuellen und potenziellen Autobesitzern statt. Es wurden Laborstudien durchgeführt, in denen Käufer Saab mit Fabrikaten der Wettbewerber vergleichen konnten. Und auch zur Analyse der demographischen Merkmale der Käufer von Saab und anderen Kraftfahrzeugen finden Studien statt. Forschungen wie die von Saab unterstützen die Entscheidungsfindung in vielen Bereichen der internationalen Marketingaktivitäten.

Das Testen von Fernsehspots und Anzeigen für internationale Märkte ist eine weitere Variante der Werbeforschung. RSC (Research Systems Corporation) und RI (Research International) sind Beispiele für Werbeforschungsunternehmen, die Anzeigen testen. RSC misst Änderungen des Kaufverhaltens der Verbraucher, indem es das Verhalten in einer kontrollierten Laborumgebung nachbildet. Im Gegensatz dazu misst RI den Eindruck bzw. die Gefühle, die Probanden beim Betrachten der Anzeige selbst haben. Anders als andere Verfahren der Anzeigenforschung werden die Verbraucher weder von RSC noch von RI nach ihrer Meinung zu der Anzeige befragt (Triplett, 1994).

5.4.2 Der Exportmark(e)t(ing)-Forschungsprozess

Wie wir bereits früher in diesem Kapitel erwähnt haben, verfügt der internationale/Exportmarketing-Forschungsprozess über mehrere getrennte, sich aber häufig überlappende Dimensionen (vgl. Abbildung 5.1). Diese sollen nun kurz einzeln besprochen werden.

Problemformulierung

Die Problemformulierung ist praktisch das Wichtigste am Forschungsprozess. Entsprechend handelt es sich bei ihr um den wichtigsten Schritt. Die Problemformulierung bedeutet aus der Sicht des Forschers die Übersetzung der *Managementprobleme* in *Forschungsprobleme*. Damit dies gelingen kann, muss der Forscher die Herkunft und die Natur des Managementproblems verstehen und sie aus analytischer Sicht neu formulieren können. Das Endergebnis ist nicht nur ein analytisch bedeutsames Managementproblem, sondern auch eines, das die Art der zur Lösung des Managementproblems benötigten Information bestimmt.

Forschungsverfahren und -design

Welche Methode einem Forschungsproblem angemessen ist, hängt zum großen Teil von der Art des Problems selbst und dem Umfang des vorhandenen Wissens ab. Zwei umfassende Methodiken lassen sich zur Beantwortung beliebiger Forschungsfragen einsetzen: *experimentelle* und *nichtexperimentelle* Forschung. Der wesentliche Unterschied zwischen den beiden Vorgehensweisen liegt in der Kontrolle über die externen Variablen und der Manipulation mindestens einer Variablen durch Eingriffe des Forschers in das Experiment. Bei der nichtexperimentellen Forschung gibt es keine Eingriffe, die über das für den Zweck der Messung Notwendige hinausgehen.

Die Entwicklung eines Forschungsdesigns ist der nächste Schritt nach der Festlegung der Vorgehensweise. Ein Forschungsdesign ist als *Festlegung der Methoden und Verfahren zur Beschaffung der benötigten Informationen* definiert. Es ist ein Plan oder Organisationsrahmen für die Durchführung der Studie und die Datenerhebung. Kurz, das Forschungsdesign ist an die Methodik gebunden.

Techniken der Datenerhebung

Das Forschungsdesign nimmt Gestalt an, wenn sich der Forscher für spezifische Techniken zur Lösung des formulierten Problems entscheidet und die ausgewählte Strategie oder Methode umsetzt. Es stehen etliche Techniken der Datenerhebung zur Verfügung, die sich für beide Methodiken eignen.

Im Allgemeinen werden bei der Datenerhebung entweder *Kommunikations- oder Beobachtungsverfahren* eingesetzt. Bei der Kommunikation stellt man Fragen und erhält Antworten. Das Verfahren kann persönlich, per Post oder telefonisch umgesetzt werden. In den meisten Fällen handelt es sich im weitesten Sinne um eine sog. *Umfrage*. Im Gegensatz dazu lassen sich Daten auch beschaffen, indem man das Verhalten in der Gegenwart oder Vergangenheit beobachtet. Bei der Beobachtung vergangenen Verhaltens werden sekundäre Datenquellen (z.B. unternehmensinterne Aufzeichnungen und von externen Quellen veröffentlichte Studien) und physische Spuren (z.B. Erosion und Zunahmen) ausgewertet. Forschung wird, je nach Umfang der Strukturierung und Direktheit (verborgen oder nicht) der gestellten Fragen, „qualitativ" oder „quantitativ" genannt.

Nicht alle Datenerhebungstechniken lassen sich notwendigerweise auch in allen Ländern verwenden. Zum Beispiel ist es in Mexiko beinahe unmöglich, telefonische Umfragen für allgemeine Bevölkerungsumfragen zu benutzen, weil Telefone dort immer noch wenig verbreitet sind (in Mexiko City verfügen 55-60%, in Guadalajara und Monterey weniger als 50% und in anderen Städte teilweise nur 35% der Haushalte über ein Telefon). Das bei weitem beste Umfrageverfahren in Mexiko ist die persönliche Umfrage von Haus zu Haus (Namakforoosh, 1994). Verbraucherumfragen per Post oder Telefon führen in China mit geringerer Wahrscheinlichkeit als persönliche Umfragen (sei es nun zu Hause oder irgendwo unterwegs) zu Ergebnissen, die sich verallgemeinern lassen.

Die Vergleichbarkeit der Daten aus verschiedenen Ländern sicherzustellen ist ein weiteres mögliches Problem. Ted Johnson, der Vorsitzende der NPD-Gruppe in den USA, führt aus, dass die Forschungsmethoden in Europa wegen der unterschiedlichen Kulturen und Sitten nie zu hundertprozentig übereinstimmenden Ergebnissen führen, weil sie zu unterschiedlichen Reaktionen und Antworten der Leute führen. Zudem sind juristische Fragestellungen zu berücksichtigen. In Italien dürfen die Forscher z.B. dem befragten Personenkreis Testmuster nicht per Post zusenden (Miller, 1997, S. 22).

Bei der Kommunikation oder Beobachtung müssen Mittel zur Aufzeichnung der Reaktionen oder des Verhaltens zur Verfügung stehen. Daher stehen das Messverfahren und die Entwicklung eines Messinstruments mit der Entscheidung über die einzusetzenden Erfassungstechniken in engem Zusammenhang. Die Beziehung ist gegenseitig. Während Stuktur und Inhalt des Messinstruments von der Datenerhebungstechnik abhängen können, beeinflussen Fragen der Messbarkeit häufig die Wahl der Technik. Vor vielen Jahren hat *Reader's Digest* eine Studie durchgeführt (Ricks, 1983, S. 137). Aus den Ergebnissen wurde die Schlussfolgerung gezogen, dass Deutsche und Franzosen mehr Spaghetti als Italiener verzehren. Dieses „falsche Ergebnis" ließ sich definitiv auf die Art der Fragestellung zurückführen. Die Fragestellung bezog sich auf den Kauf von Spaghetti, die als Markenprodukt verpackt waren. Italiener kaufen Spaghetti jedoch vorzugsweise unverpackt ein. Wenn man es mit einer heterogenen Bevölkerung zu tun hat, die bisher kaum mit Marketing in Berührung gekommen ist (z.B. in Entwicklungsländern), ist es häufig nützlich, wenn man dieselbe(n) Frage(n) mehrfach auf verschiedene Weise und in verschiedenen Teilen der Erhebung stellt. Dabei handelt es sich um eine Art Qualitätskontrolle.

Sprache ist bei der Entwicklung der Befragung und der Umsetzung der Forschung von wesentlicher Bedeutung. Wenn die Studie von einer Person aus einer Kultur entwickelt und zunächst formuliert wird, die eine andere Sprache spricht, um sie dann zu befragenden Personen aus einer anderen Kultur vorzulegen, die eine andere Sprache sprechen, entsteht ein potenzielles Problem. Der übliche Weg, dieses Problem zu bewältigen, ist das Verfahren der Übersetzung und Rückübersetzung. Es ist wünschenswert, wenn „Außenseiter" die Rückübersetzung und alle weiteren Neuübersetzungen übernehmen. Dieses Verfahren kann zeitaufwändig und teuer werden, funktioniert aber dennoch!

Die Beobachtung kann ein nützliches Verfahren für internationale Marketingforscher sein, die mit der bevorstehenden Situation nicht vertraut sind. Verhaltensweisen lassen sich häufig nicht durch Fragen in Erfahrung bringen. Dann sind Beobachtungen wesentlich aufschlussreicher. Bei der Beobachtung von Personen muss man sich unbedingt darüber bewusst sein, dass die Kultur einen bedeutenden Einfluss darauf haben kann, wie die Leute auf die Beobachtung reagieren. Dies kann insbesondere für die Konsumwarenforschung wichtig sein, bei der Techniken zum Einsatz kommen, die vor Ort im Geschäft angewandt werden.

Stichprobenauswahl

Nur selten wird bei Marketingforschungsprojekten die gesamte relevante Bevölkerung untersucht. Meist führen praktische Erwägungen (z.B. die insgesamt verfügbaren Ressourcen und Kosten-Nutzen-Betrachtungen) dazu, dass nur eine Stichprobe bzw. eine Untermenge der relevanten Bevölkerung befragt wird. In anderen Fällen leitet sich die Verwendung einer Stichprobe von der Wechselwirkung zwischen systematischen und variablen Fehlern ab.

Bei der Stichprobenauswahl muss der Forscher drei Dinge festlegen: (1) wo die Stichprobe ausgewählt werden soll, (2) wie die Stichprobe ausgewählt werden soll und (3) wie groß die Stichprobe sein soll. Die Stichprobenauswahl muss der relevanten Bevölkerung entsprechen (Konsistenz), die üblicherweise im Stadium der Problemformulierung festgelegt worden ist. Dadurch wird es möglich, aus der Stichprobe Schlussfolgerungen für einen größeren Teil der Bevölkerung abzuleiten.

Datenerhebung

Sobald die vorherigen Schritte ausgeführt worden sind, kann die Datenerhebung beginnen. Die Datenerhebung, sei es nun durch Kommunikation oder Beobachtung, erfordert den Einsatz von Personal, so dass sich zwangsläufig die Frage nach dessen Organisation stellt. Die Datenerhebung kann teuer sein.

Organisatorische Fragen konzentrieren sich auf (1) den Umfang, in dem sich die Forschung im Unternehmen zentralisieren oder dezentralisieren lässt, und darauf (2), ob die Forschung mit internen Ressourcen durchgeführt oder von externen Dienstleistern gekauft werden soll. Eine Studie unter Managern aus dem Marketingforschungsbereich in den USA und Deutschland erörterte einige potenzielle Probleme, die entstehen können, wenn man externe Dienstleister in Anspruch nimmt (Monaco, 1988). Bei den von den US-Managern festgestellten wesentlichen Problemen handelte es sich um die Kommunikation in verschiedenen Sprachen und die Übersetzung der Projektmaterialien. Die Häufigkeit der Nennung der folgenden weiteren Probleme war ebenfalls statistisch signifikant:

- Entfernungs- und Zeitunterschiede
- Erklärung der Forschungsziele für den Dienstleister
- Wahrung der Qualitätskontrolle über die Datenerhebung
- Auffinden und Bewerten qualifizierter Dienstleister im Ausland.

Die Marketingmanager in Westdeutschland berichteten von ähnlichen Problemen wie die US-Manager, wobei die Kommunikation das meistgenannte Problem war. Weiterhin wurden diese Probleme genannt:

- Probleme mit verschiedenen Methodiken
- unterschiedliche professionelle Standards
- minderwertige Dienstleister.

Eine Möglichkeit zur Überwindung dieser Probleme beginnt mit der Festlegung der Forschung und der Ziele mit einem Bottom-up-Ansatz. Der zweite Aspekt betrifft die Definition der spezifisch auszuführenden Aufgaben und deren Erfassung in einer umfassenden und detaillierten

Problembeschreibung. Diese umfasst alle Themen von der Auswahl der Stichprobe bis hin zur Analyse und alle Aspeke der Übersetzung und Rückübersetzung.

Das Thema Zentralisation/Dezentralisation ist weitgehend davon abhängig, ob standardisierte oder adaptierende Strategien verfolgt werden. Es wird auch von der Größe des exportierenden Unternehmens und der Bedeutung der Exportumsätze beeinflusst. Die Frage der Inanspruchnahme interner Ressourcen oder der Einkauf externer Dienstleistungen wird ebenfalls von der Größe des Unternehmens beeinflusst. Weiterhin ist u.a. die Anzahl der einzelnen, zu bedienenden nationalen Märkte zu berücksichtigen. Viele Exporteure verfügen nicht über genügend interne Kenntnisse, um Forschungen für all ihre Auslandsmärkte zu entwickeln und durchzuführen. Die Notwendigkeit, mit dem lokalen Umfeld vertraut zu sein und mehrere Sprachen zu beherrschen, führt dazu, dass der Einkauf externer Forschung erforderlich ist, es sei denn, es würde sich dabei in erster Linie um eine Schreibtischstudie mit Sekundärdaten handeln. Darüber hinaus rechtfertigt möglicherweise der Umfang der durchzuführenden Studien nicht die andauernde Finanzierung eines Forschungsteams.

Analyse und Interpretation

Die erhobenen Daten sind in der Regel wenig nützlich, wenn sie in der ursprünglichen Form der Erhebung präsentiert werden. Die Daten müssen analysiert werden. Nach der Erhebung müssen die Daten vor der formalen Analyse (z.B. statistische Tests) aufbereitet, kodiert und tabellarisiert werden. Die Arten der Analysen, die sich (ordnungsgemäß) durchführen lassen, hängen von der Stichprobenauswahl, den Messinstrumenten und den Datenerhebungstechniken ab. Dabei muss man daran denken, dass man keine übermäßig anspruchsvollen Analysewerkzeuge auf undifferenzierte Daten anwendet. Die Werkzeuge müssen der Qualität der Daten angemessen sein. Dass es sich bei einem Markt um ein Entwicklungsland handelt, ist für sich allein kein ausreichender Grund für die Durchführung umfassender Analysen, die eigentlich hochwertigen Daten vorbehalten sind.

Vorstellung der Ergebnisse

Am Ende des Forschungsprozesses steht der Forschungsbericht. Er sollte über alle durchgeführten Schritte Aufschluss geben und sollte die Ergebnisse, Schlussfolgerungen und möglichst auch Empfehlungen für zu ergreifende Aktionen klar, exakt und ehrlich vorstellen. Entscheidend für den Bericht ist, dass er alle vom Leser benötigten Informationen in einer für diesen verständlichen Sprache liefert (*Vollständigkeit*) und dass er die enthaltenen Daten selektiv vorstellt (*Knappheit*). Diese Merkmale eines Berichts stehen häufig im Widerspruch zueinander. Berichte über Marketingforschung enthalten, unabhängig von ihrer Länge, Brillanz und der eingesetzten pädagogischen Techniken, keine Informationen, sofern sie nicht die Kenntnisse des Lesers erweitern.

5.4.3 Zu berücksichtigende Fragestellungen

Unabhängig vom Einsatzbereich des Exportmarketing konnte man eine Anzahl konzeptioneller, methodologischer und organisatorischer Fragestellungen ermitteln, die die Datenerhebung und die Durchführung der Forschung behindern. Dazu zählen:

- Die Komplexität des Forschungsentwurfs aufgrund der Durchführung in einem multinationalen, multikulturellen und mehrsprachigen Umfeld.
- Der Mangel an verfügbaren Sekundärdaten für viele Länder und Produktmärkte.
- Die besonders in Entwicklungsländern hohen Kosten der Erhebung von Primärdaten.

- Die mit der Koordination und Erhebung der Daten in verschiedenen Ländern verbundenen Probleme.
- Die Probleme, die damit verbunden sind, dass man bei der in unterschiedlichen Umfeldern durchgeführten Forschung für Vergleichbarkeit und Äquivalenz (Entwurf, Messverfahren und Stichprobenauswahl) der Daten sorgen muss.
- Der intrafunktionelle Charakter vieler Exportmarketing-Entscheidungen.
- Die Wirtschaftlichkeit vieler Exportmarketing-Entscheidungen.

Insbesondere die Frage der Vergleichbarkeit ist von besonderer Bedeutung. In gewissem Umfang lassen sich alle Auslandsmärkte durch die ihnen eigenen soziokulturellen Verhaltensmuster und Werte charakterisieren. Das bedeutet, dass Einstellungen und Verhalten einzigartig sein können. Relevante Konstrukte und deren Messung sind für bestimmte Länder einmalig (d.h. kulturspezifisch). Auf der anderen Seite kann es aber auch Ähnlichkeiten bzw. Übereinstimmungen geben (kulturunabhängig). Das bevorzugte Forschungsverfahren wird von der bestehenden Situation bestimmt. Man sollte nie davon ausgehen, dass Übereinstimmungen existieren. Ein US-Unternehmen ging z.B. davon aus, dass es bei ähnlicher Sprache auch ähnliche Vorlieben gäbe. Der Versuch des Verkaufs seiner After-Shave-Lotion in England schlug fehl, weil der Durchschnitts-Engländer keinen funktionellen Wert im Einsatz des Produkts sah (Ricks, 1983, S. 133). Ähnlich würden japanische Fahrradhersteller in den USA einer anderen funktionellen Einschätzung ihrer Produkte (Freizeitfahrzeug) als in China (Fahrzeug für Aktivitäten, wie z.B. Reisen und die Fahrt zur Arbeit außerhalb des Freizeitbereichs) gegenüberstehen.

Ein weiteres Problem sind Vergleichbarkeit und Äquivalenz. Dazu sehen wir uns an, wie PepsiCo den Verbrauch in sieben verschiedenen Auslandsmärkten ermittelt. Wie Tabelle 5.4 zeigt, wäre es außer für Mexiko and Venezuela schwierig, grenzüberschreitende Vergleiche des Pepsi-Cola-Verbrauchs anzustellen. Weitere Beispiele für Probleme, die die Vergleichbarkeit der Messungen betreffen, finden Sie in den Beispielen 5.3 und 5.4.

Tabelle 5.4 Wie PepsiCo den Verbrauch definiert.

Land	Definition
Mexiko	Anzahl der Gelegenheiten, bei denen das Produkt am Tag vor dem Interview konsumiert wurde
Venezuela	Wie in Mexiko
Argentinien	Anzahl der am Vortag des Interviews konsumierten Getränke
Deutschland	Anzahl der Probanden, die das Produkt „täglich oder fast täglich“ trinken
Spanien	Anzahl der Getränke, die „mindestens einmal wöchentlich“ konsumiert werden
Italien	Anzahl der Probanden, die das Produkt am Vortag des Interviews getrunken haben
Philippinen	Anzahl der Gläser des Produkts, die am Vortag des Interviews getrunken wurden

Quelle: Keegan, 1995, S. 236.

BEISPIEL 5.3

Mangel an Äquivalenz in Europa

Ist Europa einheitlich hinsichtlich der Kategorisierung der Daten? Innerhalb der EU setzen die verschiedenen Regierungen nicht die gleichen, standardisierten Definitionen für Datenkategorien ein:

- *Demographische Daten* werden nicht immer von Regierungskörperschaften erhoben. Einige Länder nutzen private Forschungsagenturen, die nicht die gesetzliche Autorität haben, eine Beteiligung zu erzwingen, so dass die Daten weniger zuverlässig sind.
- Das *Bildungsniveau* lässt sich zwar zur Messung des Sozialstatus nutzen, wird aber in Europa unterschiedlich definiert: Prüfungen, Anzahl der Schuljahre und Hochschulreife können beteiligt sein.
- Der *Familienstand* kann für die Erkennung von Haushaltstrends wichtig sein. In einigen römisch-katholischen Ländern (z.B. der Republik Irland) werden drei Arten des Familienstands erfasst: ledig, verheiratet und verwitwet. Dabei werden Geschiedene, Zusammenlebende und Angehörige allein erziehender Familien ignoriert.
- Die Klassifizierung nach *Herkunftsland* kann bei paneuropäischen Finanztransaktionen problematisch sein. Ein Transfer von Geldmitteln, bei dem ein in den Niederlanden registriertes anglo-amerikanisches Holding-Unternehmen in Luxemburg einen Kredit zur Finanzierung einer Anschaffung in Spanien aufnimmt, wird z.B. als holländische Direktinvestition erfasst. Wenn es sich um einen langfristigen Kredit handelt, wird er ggf. auch als eine Investition Luxemburgs erfasst.
- Die Einteilung in *soziale Klassen* erfolgt in den EU-Ländern nach unterschiedlichen Maßstäben, wie z.B. Beruf, Ausbildung und Vermögen. Diese führen nicht notwendigerweise zu identischen Rangordnungen.
- Daten über *Ausgaben für Anzeigen und Werbung* können der EU-Kommission zufolge unvollständig oder zweifelhaft sein:
  - einige Länder benutzen Schätzungen, andere tatsächliche Daten
  - die verschiedenen Medien werden nicht immer vollständig erfasst (z.B. wird die Kinowerbung ausgeklammert oder es werden bei den Printmedien nur die wichtigsten Titel erfasst)
  - in einigen Ländern werden auch an Anzeigenagenturen gezahlte Provisionen und die Produktionskosten der Werbung bei den Umsatzdaten mit erfasst, in anderen nicht.

So viel zum einheitlichen Europa!

Quelle: nach Lynch (1994), S. 97–98.

BEISPIEL 5.4

Vorab zu prüfende Fragen

Obwohl einzelne Fragen (eigentlich die gesamten Fragebögen) bei allen Studien vorab getestet werden sollten, ist dies bei länderübergreifenden Studien noch wichtiger. Es ist insbesondere wichtig, schlecht und für die Probanden unverständlich oder missverständlich formulierte Fragen aufzudecken. Außerdem können solche Studien die Frage nach der *Äquivalenz der Messungen* und insbesondere der Gleichbedeutung der Übersetzung aufwerfen. Mit von Bedeutung bei der *Übersetzungsäquivalenz* ist es, wie Stich- oder Schlagwörter im Forschungskontext interpretiert bzw. wahrgenommen werden. Die Probanden interpretieren Stimuli möglicherweise falsch, weil sich die von ihnen hervorgerufenen Assoziationen zwischen den Ländern oder Kulturen unterscheiden.

Beispiel 5.4 (Forts.)

Über ein gutes Beispiel dafür, was warum getan werden sollte, berichtet Oppenheim (1992, S. 48) im Rahmen der Erörterung einer internationalen Studie über Gesundheitsprobleme. Die Forscher hatten sich dazu entschlossen, eine Reihe von Fragen aufzunehmen, die sich mit den für die Probanden tatsächlich verfügbaren lokalen Einrichtungen befassten. Diese Fragen hatte man bereits zuvor in Studien eingesetzt, die in mehreren Ländern durchgeführt worden waren. In einer der Fragen ging es um „fließendes Wasser". Die Ergebnisse aus der Pilotstudie (dem Vorab-Test) wiesen darauf hin, dass die Befragten in Entwicklungsländern unter „fließendem Wasser" häufig einen Fluss oder Bach in der Nähe ihrer Wohnung verstanden. Daher musste die Formulierung dieser Frage geändert werden. Aus ihr wurde nun „Verfügbarkeit von Frischwasser aus Rohrleitungen". Und auch diese Formulierung musste sicherheitshalber wieder vorab getestet werden.

Es sollte angemerkt werden, dass die Frage wahrscheinlich in der Hauptfeldstudie eingesetzt worden wäre, wenn diese unbeabsichtigte Fehlinterpretation in der Pilotstudie nicht aufgefallen wäre, da die Probanden mit der Beantwortung der Frage keinerlei Probleme hatten. Erst viel später, in der Analysephase, wäre den Forschern möglicherweise ein bemerkenswert hoher Anteil von Probanden aufgefallen, die offensichtlich über kein Frischwasser aus Rohrleitungen verfügten. Aber dann wäre es zu spät gewesen. Die Beantwortung schlecht formulierter Fragen muss den Befragten nicht schwer fallen. Viel gefährlicher sind scheinbar unproblematische Fragen, die unbeabsichtigt zu falschen Daten führen.

ZUSAMMENFASSUNG

Dieses Kapitel hat sich mit Fragen befasst, die sich auf Informationsarten und -quellen beziehen und bei Untersuchungen im Rahmen der Marktselektion genutzt werden, und es wurden darüber hinaus kurz einige Kernfragen der Marketingforschung untersucht. Die relevanten Verfahren sind meist recht technisch, so dass wir den Leser für ausführliche Erörterungen auf spezialisierte Quellen verwiesen haben.

FRAGEN ZUR DISKUSSION

5.1 Wie würden Sie jemandem antworten, der die folgende Aussage macht: „Allgemein stehen dem Exportmarketing-Manager in der Regel wenige Informationsquellen bei der Marktauswahl zur Verfügung"?

5.2 Führen Sie die wichtigsten Informationsquellen über Aktivitäten der Wettbewerber für drei verschiedene, zu exportierende Produkte auf.

5.3 Wählen Sie zwei Auslandsmärkte – je ein Industrie- und ein Entwicklungsland – aus und erstellen Sie eine Liste mit Informationsquellen, die Ihnen bei der Bestimmung des wahrscheinlichen Markts für ein aus Ihrem Land exportierbares Produkt hilfreich sein können (geben Sie Ihr Produkt und Ihr Land an).

5.4 Wie sieht der von einem internationalen Exporteur eingesetzte Marktforschungsprozess aus und welche wesentlichen Fragen können sich beim Entstehen von „Komplikationen" stellen?

5.5 Diskutieren Sie die Aussage: „Die Marketingforschung liegt jenseits der Möglichkeiten und Bedürfnisse des kleinen Exporteurs. Nur bei größeren Unternehmen, die in vielen Ländern unternehmerisch tätig sind, gibt es eine Nachfrage nach Forschungsdienstleistungen."

5.6 Erläutern Sie, wie das Internet selbst für den kleinsten Exporteur eine wertvolle Informationsquelle sein kann.

5.7 Wie kann ein international tätiges Unternehmen die Inkompatibilität der in den verschiedenen Ländern anwendbaren Forschungsverfahren im Rahmen einer vergleichbaren Studie überwinden?

LITERATURHINWEISE

Czinkota, M. R., Ronkainen, I.A., Tarrant, J. J. (1995). *The Global Marketing Imperative*. Lincolnwood, IL: NTC Business Books.

Douglas, S. P., Craig, C. S. (1983). *International Marketing Research*. Englewood Cliffs, NJ: Prentice Hall.

Farmer, R. N., Richman, B. N. (1980). *International Business*. 3. Aufl. Bloomington, IN: Cedarwood.

Georgoff, D. M., Murdick, R. G. (1986). Manager's guide to forecasting. *Harvard Business Review*, 64(1), Januar-Februar, 110–118.

Keegan, W. J. (1995). *Global Marketing Management*. 5. Aufl. Englewood Cliffs, NJ: Prentice Hall.

Kotler, P. (1994). *Marketing Management: Analysis, Planning, Implementation and Control*. 8. Aufl. Englewood Cliffs, NJ: Prentice Hall.

Lynch, R. (1994). *European Marketing: A Strategic Guide to the New Opportunities*. Burr Ridge, IL: Irwin.

Majaro, S. (1987). *International Marketing: A Strategic Approach to World Markets*. Überarbeitete Aufl. London: George Allen & Unwin.

Malhotra, N. (1996). *Marketing Research: An Applied Orientation*. 2. Aufl. Englewood Cliffs, NJ: Prentice Hall.

McAuley, A. (1992). Toward a better understanding of exporters' information needs. In: *Dimensions of International Business* No.8 (Hrsg. N. Papadopoulos). International Business Study Group, Carleton University, Ottawa, Canada.

McDonald, H. (1996). Bata finds promise of Indian middle classes wearing thin. *South China Morning Post*, 2. April.

Miller, C. (1997). Research firms go global to make revenue grow. *Marketing News*, 31(1) (6. Januar), 1 ff.

Monaco, J. (1988). Overcoming obstacles to international research. *Marketing News*, 22(18), 12.

Moyer, R. (1968). International market analysis. *Journal of Marketing Research*, 5 (November), 353–360.

Namakforoosh, N. (1994). Data collection methods hold key to research in Mexico. *Marketing News*, 28 (29. August), 18.

Oppenheim, A. N. (1992). *Questionnaire Design, Interviewing and Attitude Measurement*. Neue Aufl., London: Pinter.

Ricks, D. (1983). *Big Business Blunders: Mistakes in Multinational Marketing*. Homewood, IL: Dow Jones-Irwin.

Triplett, T. (1994). Researchers probe ad effectiveness globally. *Marketing News*, 28 (29. August), 6–7.

Yeoh, Poh-Lin, Jeong, Insik (1996). Export information source use: impact of perceived usefulness, entrepreneurialism, organizational and environmental characteristics. Bei der AMA Summer Educators' Conference vorgestellte Unterlagen.

WEITERFÜHRENDE LITERATUR

Berekoven, L., Eckert, W., Ellenrieder, P. (1993). *Marktforschung.* Wiesbaden: Gabler-Verlag.

Czinkota, M. R., Ronkainen, I.A., Tarrant, J. J. (1995). *The Global Marketing Imperative*. Lincolnwood, IL: NTC Business Books, Kap. 2–3.

Krämer, A., Wilger, G. (1999). *Marktforschung – Richtig informiert über Märkte und Kunden*, Planegg: Standard.

Malhotra, N. K. (1988). A methodology for measuring consumer preferences in developing countries. *International Marketing Review*, Herbst, 52–66.

Meffert, H. (1986). *Marktforschung*, Wiesbaden: Gabler-Verlag.

Müller, S., Kesselmann, P. (1996). *Akzeptanz von computergestützten Erhebungsverfahren – Ein empirischer Vergleich mit traditionellen Fragebogentechniken*, Marketing ZFP, Heft 3/1196, 191–202.

Nieschlag, R., Dichtl, E., Hörschgen, H. (1994). *Marketing*. Berlin: Duncker und Humblot.

planung & analyse (Hrsg.) (2000). *Handbuch der Markt- und Marketingforschung*. Frankfurt am Main: Deutscher Fachverlag.

ANHANG

Ausgewählte Publikationen mit Sekundärdaten und wichtige Adressen

Es folgt eine ausgewählte Liste verschiedener Publikationen, die dem nach relevanten Quellen für das internationale Management und Exporte suchenden Manager als Empfehlungen dienen können. Die Liste gliedert sich in vier Teile:

A. Allgemeine Verzeichnisse
B. Wirtschaftstrends
C. Spezielle Dienste
D. Statistiken
E. Adressen

A. Verzeichnisse und Führer

1. CD-ROMs.
   Es gibt verschiedene computergestützte Datenbanken, die auf CD (compact disc) erhältlich sind. Diese Datenbanken ermöglichen dem Anwender die Erstellung einer individuellen Bibliografie zum Thema seiner Wahl.
   a) ABI/INFORM
      i) *Behandelte Themen*: Buchführung, Bankwesen, Wirtschaft, Finanzen, Management, Personal, Marketing und Werbung, Unternehmen und Produkte; Geschäftsbedingungen und Trends.
      ii) *Indizierte Publikationen*: ca. 800 Wirtschaftszeitschriften.
   b) PAIS (Public Affairs Information Service)
      i) *Behandelte Themen*: Gesellschaftspolitik, gesellschaftliche Fragen, internationale Beziehungen, Politologie, öffentliche Verwaltung, Wirtschaft, Regierung des Bundes, der Länder und der Kommunen.
      ii) *Indizierte Publikationen*: Zeitschriftenartikel, Bücher, Regierungsdokumente, Berichte.

2. *Business Periodicals Index (BPI – Verzeichnis periodisch erscheinender Wirtschaftszeitschriften)*, monatlich.
   Verzeichnisse aller wichtigen, periodisch erscheinenden Unternehmens- und Wirtschaftszeitschriften. Etwas schwach bei Handelsblättern.

3. *Encyclopedia of Geographic Information Sources*.
   Dieser Führer liefert Informationsquellen zu anderen Ländern. Zu den aufgeführten Quellen zählen Verzeichnisse, Almanache, periodisch erscheinende Zeitschriften usw.

4. *Microfilm Business Index*, monatlich.
   Ähnlich wie BPI (2. oben), wird aber auf Mikrofilm veröffentlicht. Führt doppelt so viele Zeitschriften wie *BPI* auf.

5. *Predicasts Funk and Scott Indexes*, wöchentlich.
   a) *US Index of Corporations and Industries*, wöchentlich.
      Ausgezeichnet für die Suche nach aktuellen US-Unternehmen, -Produkten oder -Industrieinformationen.
   b) *F & S Europe*, monatlich.
      Ergänzt das vorherige Verzeichnis und erfasst Artikel oder Daten ausländischer Unternehmen, Produkte und Industrien.
   c) *F & S International Index*, monatlich.
      Vgl. b).

6. *Public Affairs Information Source Bulletin*, halbmonatlich.
   Das Verzeichnis erfasst periodische Artikel, Bücher, Regierungsdokumente, Tagungsberichte und andere Publikationen, die sich mit Themen befassen, die für die Gesellschaftspolitik von Interesse sind. Mehr als 1400 Zeitschriften werden erfasst. Auch auf CD-ROM erhältlich (siehe 1b, oben).

B. Wirtschaftstrends

1. *Asia Yearbook*, jährlich.
   Das Jahrbuch für Asien enthält Information über die einzelnen Länder und über Finanzen, Investitionen, Wirtschaft, Handel, Hilfen usw.

2. *Encyclopedia of the Third World*.
   Bietet eine kompakte, ausgewogene Beschreibung der politischen, wirtschaftlichen und sozialen Systeme von 122 Ländern.

3. *Europe Yearbook*, jährlich.
   Enthält u.a. Informationen über die Geschichte, wirtschaftliche Angelegenheiten, Wirtschaftsstatistiken, Verfassung, Regierung der einzelnen Länder.

4. *Organization for Economic Cooperation and Development: Economic Surveys of the OECD*, jährlich.
   Wirtschaftliche Umfragen der 24 OECD-Mitgliedstaaten, mit Informationen über aktuelle Trends der Nachfrage und Produktion, Preis und Löhne, des Außenhandels und der Zahlungen, der Konjunkturpolitik und der künftigen wirtschaftlichen Aussichten.

5. *Price Waterhouse Guide Series*, dauernde Aktualisierung.
   Eine Reihe von Führern über verschiedene unternehmerische Aspekte der Länder, in denen Price Waterhouse über Niederlassungen oder Wirtschaftskontakte verfügt. Zu den behandelten Themen zählen u.a. Investitionen, Unternehmensinformationen, wirtschaftliche Vorschriften, Buchführung, Steuern usw. Die Reihe erfasst mehr als 75 Länder.

6. *World Economic Survey*, jährlich.
   Ein umfassendes Bild der Wirtschaftssituation und der Prognosen für die gesamte Welt. Enthält u.a. auch Analysen von Inflation, Zinssätzen, Devisenkursen, Handelsbilanzen, Warenpreisen und Verschuldung.

7. *Euromonitor References*.
   Eine Reihe von Berichten über die Konsumgütermärkte der Welt. Einige der Berichte beziehen sich auf Regionen, andere auf einzelne Länder.

C. Spezielle Dienste

1. *African Research Bulletin: Economic, Financial and Technical Series*, monatlich.

2. *Asian Recorder*, wöchentlich.

3. *Business International*, Loseblattdienst.
   a) *Business International*, wöchentlicher Loseblattdienst.
      Wirtschaft, Exportindustrie, Außenhandel, Management und Marketing enthalten. Die Informationsbriefe decken die folgenden Gebiete ab:
      i) Business Asia
      ii) Business China
      iii) Business Eastern Europe
      iv) Business Europe
      v) Business International
      vi) Business Latin America
   b) *Financing Foreign Operations*, unregelmäßig.
      Dieser aktuelle Führer soll Unternehmern dabei helfen, Quellen für Kapital und Kredite in 34 wichtigen Märkten zu finden.
   c) *Investing, Licensing and Trading Conditions Abroad*, jährlich.
      Deckt den mittleren Osten Afrikas, Europa, Asien, Nord- und Lateinamerika ab. Enthält Informationen über die Rolle des Staates in der Industrie, Wettbewerbsregeln, Preisüberwachung, Körperschaftssteuern, persönliche Steuern, Prämienlöhne, Beschäftigung und Außenhandel.
   d) *Forschungsberichte*, unregelmäßig.
      Hierbei handelt es sich um ausführliche, vom BI-Dienst aufbereitete

Berichte über verschiedene Themen und Länder. „Marketing in China", „Andean Common Market" sind Beispiele für Titel von Berichten.

e) *Weltweite Wirtschaftsindikatoren*, jährlich.
Umfasst die wichtigsten wirtschaftlichen Kennzahlen von mehr als 130 Ländern. Enthält BIP, demographische und Arbeitsmarktdaten, Zahlen zum Außenhandel, zur Produktion und zum Verbrauch.

4. Ernst and Whinney, *International Business Series*, ungegelmäßig.
Ähnelt stark der obigen Price Waterhouse-Reihe, ist aber bei den behandelten Themen weniger ausführlich.

5. *Moody's Global Company Data*, jährlich.
Stellt finanzielle und wirtschaftliche Informationen zu mehr als 5.000 wichtigen ausländischen Aktiengesellschaften bereit und führt nationale und transnationale Institutionen von 100 Ländern auf.

6. *ALLECO* ist ein neuer Wirtschaftsinformationsdienst, der gemeinsam von der Deutschen Telekom AG und der ECOFIS Wirtschaftsinformation GmbH betrieben wird. Hauptmerkmal ist die schnelle Verfügbarkeit aktueller Unternehmensinformationen.

7. *AWI-Außenwirtschaftsinformationen* werden monatlich von der Industrie- und Handelskammer für München und Oberbayern herausgegeben (IHK München und Oberbayern, 80323 München).

8. *CATS – Computer Aided Tender Services.*
Hier werden in Ausschreibungen die TED-Datenbank der Europäischen Union veröffentlicht. Das EIC (Euro Info Centre) der IHK München-Oberbayern bietet CATS und die obige Datenbank an (Fax: 089/511 6-615).

D. Statistiken

1. *Demographisches Jahrbuch*, jährlich.
Umfassende Sammlung internationaler demographischer Statistiken. Umfasst Bevölkerung, demographische und soziale Merkmale, geografische, bildungsbezogene und wirtschaftliche Informationen.

2. UN Statistical Office, *Statistical Yearbook*, jährlich.
Wird vom *Monthly Bulletin of Statistics* aktuell gehalten. Umfassendes Nachschlagewerk international vergleichbarer Daten zur Analyse der sozioökonomischen Entwicklung auf weltweiter, nationaler und regionaler Ebene.

3. International Labor Office, *Yearbook of Labor Statistics*, jährlich.
Enthält Zahlen zur gesamten und wirtschaftlich aktiven Bevölkerung, zu Beschäftigung, Arbeitslosigkeit, Arbeitszeiten, Löhnen usw.

4. UN Department of Economic and Social Affairs, *International Trade Statistics Yearbook*, jährlich.
Warenhandelsstatistiken und Tendenzen des Handels.

5. Statistische Abteilung der UNO, *National Accounts Statistics*, jährlich.
Statistiken zu den nationalen Zahlungsbilanzen.

6. UNESCO, *Statistical Yearbook*, jährlich.
Enthält Tabellen, die nach verschiedenen Themengebieten sortiert sind: Bevölkerung, Bildung, Bibliotheken und Museen, Buchproduktion, Zeitungen und Ausgaben für Radio, Fernsehen und Kultur. Über 200 Länder oder Gebiete werden erfasst.

7. Statistische Abteilung der UNO, *Yearbook of Industrial Statistics*, jährlich.

a) Bd. I, General Industrial Statistics: Industrielle 10-Jahres-Zahlen für die jeweiligen Länder. Umfasst industrielle Aktivitäten, Zahl der Einrichtungen, Beschäftigungszahlen, Löhne, Arbeitszeiten, Preise von Waren und Materialien.
b) Bd. II, Commodity Production Data: Ebenfalls für einen 10-Jahres-Zeitraum. Benutzt ISIC-Kode (International Standard Industrial Classification). Es werden mehr als 527 industrielle Handelsgüter in 200 Ländern oder Gebieten erfasst.

8. Die Vereinten Nationen haben eigene wirtschaftliche und soziale Kommissionen für alle geografischen Regionen. Alle veröffentlichen einen jährlichen Bericht, der die wirtschaftlichen und gesellschaftlichen Trends dieser Region untersucht und über wirtschaftliche Aussichten, Außenhandel, Investitionen, Erdölindustrie und Landwirtschaft Aufschluss gibt. Die Titel dieser jährlichen Berichte werden im Folgenden aufgeführt, wobei ihnen die Titel ihrer periodischen bzw. ergänzenden Aktualisierungen folgen (sofern es solche gibt).
   a) UN Economic and Social Commission for Asia and the Pacific.
      Economic and Social Survey of Asia and the Pacific.
      Economic Bulletin for Asia and the Pacific.
   b) *Economic Survey of Europe. Economic Bulletin for Europe.*
   c) *Economic Survey of Latin America.*

9. Andere internationale Statistiken.
   a) *Index to International Statistics.*
      Bietet den Zugang zu und eine Beschreibung von statistischen Veröffentlichungen internationaler zwischenstaatlicher Organisationen.
   b) *International Financial Statistics*, monatlich.
      Daten zu Devisenkursen, internationalen Reserven, Geld- und Bankwesen, Handel, Preisen und Produktion aller IWF-Mitgliedstaaten.
   c) IWF, *Balance of Payments Statistics Yearbook*, jährlich.
      Ausführliche Fünf-Jahres-Statistiken zur Außenhandelsbilanz von ca. 100 Ländern. Enthält Statistiken zu Waren, Dienstleistungen, Kapital, Wechselkursen usw. Schenken Sie den Hinweisen zu den jeweiligen Tabellen besondere Aufmerksamkeit.

10. CD-ROMs.
   a) *World Marketing Data and Statistics.*
      Erhältlich als Teil eines Pakets in der Euromonitor-Informationsreihe. Es stehen Daten für 185 Länder zur Verfügung.
   b) *World Consumer Markets.*
      Ebenfalls aus der Euromonitor-Informationsreihe. Es stehen Daten für mehr als 230 Verbrauchsgüter zur Verfügung.
   c) *bfai/Bundesstelle für Außenhandelsinformation.*
      Mehr als 100.000 Einzelinformationen aus allen Ländern der Welt können in verschiedenen Datenbanken und Länder-CD-ROMs recherchiert werden (www.bfai.com).

11. *ifo-Institut.*
    Eines der größten Wirtschaftsinstitute Deutschlands. CESifo ist dabei die gemeinsame Marke von ifo und CES (Center for Economic Studies der Ludwig Maximilian Universität München), unter der die internationalen Serviceprodukte und Forschungsergebnisse (Geschäftsklima, Wirtschaftskonjunktur, Schnelldienst, Konjunkturprognose, Standpunkt) vertrieben werden (http://www.ifo.de).

12. *DIHT-Außenhandelsstatistik.*
    Aufgrund vorläufiger Ergebnisse des Statistischen Bundesamts werden Import-/Export-Statistiken zusammengestellt (http://www.diht.de/ahk/home/news/meldung12.html).

E. Adressen

1. *Arbeitskreis Deutscher Markt- und Sozialforschungsinstitute.*
   ADM-Geschäftsstelle
   Langer Weg 18
   60489 Frankfurt am Main
   Tel.: 069 / 97 84 31 36
   Fax: 069 / 97 84 31 37
   E-Mail: adm.ev@t-online.de

2. *Berufsverband Deutscher Markt- und Sozialforscher.*
   BVM-Geschäftsstelle
   Frankfurter Str. 22
   63065 Offenbach am Main
   Tel.: 069 / 800 15 52
   Fax: 069 / 800 31 43
   E-Mail: bvm.blos@t-online.de

3. *ESOMAR.*
   Vondelstraat 172
   1054 GV Amsterdam
   The Netherlands
   Tel.: +31 / 20 / 664 21 41
   Fax: +31 / 20 / 664 29 22
   E-Mail: email@esomar.nl

4. planung & analyse.
   Zeitschrift für Informationsmanagement, Markt-, Media- und Werbeforschung
   Deutscher Fachverlag GmbH
   60264 Frankfurt am Main
   Tel.: 069 / 75 95 01
   Fax: 069 / 75 95 29 99

5. IHK – *Gesellschaft zur Förderung der Außenwirtschaft*
   Schedestr. 11
   53113 Bonn
   Tel.: 0228 / 104 2385
   Fax: 0228 / 104 2384

6. *Umweltbüro Ost der deutschen Wirtschaft* (ITUT)
   Schönholzer Str. 10-11
   13187 Berlin
   Tel.: 030 / 48 806 234
   Fax: 030 / 48 806 453
   E-Mail: ub-ost@t-online.de

7. bfai – *Bundesstelle für Außenhandelsinformation*
   „Wirtschaft aktuell"
   Agrippastr. 87-93
   Postfach 100522
   50676 Köln
   Tel.: 0221 / 2057 0
   Fax: 0221 / 2057 212
   Asien: asien@bfai.com
   Amerika: amerika@bfai.com
   Westeuropa: westeuropa@bfai.com
   Osteuropa: osteuropa@bfai.com
   Afrika / Nahost: afrikanahost@bfai.com

FALLSTUDIE 5.1

Mariani Packing Company, Inc.

Die Mariani Packing Company baut Früchte an, trocknet und verarbeitet sie. Die Zentrale befindet sich in San Jose (Kalifornien, USA). Der bei weitem größte Teil der Verkäufe (Umsatz) wird in den USA getätigt. Aber Mariani exportiert auch in eine Reihe von Ländern, zu denen u.a. Kanada, Mexiko, Australien, Deutschland, Norwegen und Großbritannien zählen. Der Verkauf findet sowohl in großen Abnahmemengen als auch in individuellen Verpackungseinheiten für den Einzelhandel statt. Anfang der 90er Jahre erreichte der weltweite Gesamtumsatz ein Niveau von 60 Mio. US-Dollar.

Unternehmengeschichte

Paul A. Mariani Sr. gründete 1906 in Santa Clara County (jetzt Silicon Valley, Kalifornien) seinen Familienbetrieb, der Früchte bei den Betreibern von Obstplantagen in Santa Clara für den Weiterverkauf einkaufte. Damit war die PAUL A. MARIANI COMPANY geboren.

Schon bald verpackte und exportierte Mariani getrocknete Früchte. Mitte der 20er Jahre war das Unternehmen Industrieführer bei der Ausfuhr getrockneter Pflaumen nach Europa und sein Exporthandel hielt bis zum zweiten Weltkrieg an. Wegen des Kriegs, durch den der europäische Markt in Unordnung geriet, sagte Paul Senior zu seinem Sohn Paul Junior: „Zieh los und entwickle einen Heimatmarkt“.

Und genau das machte er! Mitte der 40er Jahre hatte er die Verantwortung für das Unternehmen übernommen. Er ließ keine Gelegenheit aus, die Unternehmensaktivitäten auf Australien und andere Teile der Welt auszuweiten.

Paul Mariani Junior ist für seine vielen Innovationen und speziell dafür bekannt, dass er als erster getrocknete Früchte im sog. „moist pak“ feucht verpackte. Dabei kam ein Verfahren zum Einsatz, das er an der Universität von Kalifornien in Davis (in der Nähe von Sacramento) entwickelt hatte. Das 1947 eingeführte MARIANI-Moist-Pak war der Pionier bei den verzehrbereiten, getrockneten Früchte, die in einem durchsichtigen Beutel verpackt waren.

Mark A. Mariani, eines der sieben Kinder Paul Juniors, war seit 1979 der Unternehmensdirektor. Unter seiner Führung wurde das Unternehmen von Cupertino nach San Jose verlagert, es wurden Produktionsstätten auf dem neuesten Stand der Technik errichtet, weitere Quellen getrockneter Früchte, neue Mehrwertprodukte und innovative, auf die steigende Verbrauchernachfrage abgestimmte Verpackungen entwickelt. Für Mark und seine Familie ist Mariani mehr als nur ein Markenname. Es ist vielmehr ein Familienname, der seit Generationen Bestand hat und der für ein starkes Engagement für Qualität, Innovation und Kundendienst steht.

Aktuelle Aktivitäten und die aktuelle Organisation

Der Name des Unternehmens wurde in Mariani Packing Company, Inc. geändert. Eine Produktionsstätte, die den Hauptsitz, die Verarbeitung, die Verpackung und die Distribution umfasst, befindet sich auf einer 30.000 m^2 großen Fläche in San Jose (Kalifornien). Zu den anderen Produktionsstätten zählen ein 81.000 m^2 großes Trockengebiet mit Zerkleinerungseinrichtung in Kelseyville (Kalifornien) und ein moderner Dehydrationsbetrieb mit Kühllager in Marysville (Kalifornien). Distributionslager befinden sich in zehn Städten der USA. Darüber hinaus existieren in drei Städten überregionale Verkaufsbüros.

Das Unternehmen verkauft eine Vielzahl von Produkten mit getrockneten Früchten, zu denen die folgenden zählen:

Pflaumen mit und ohne Kern

Geschnittene Früchte: Aprikosen, Pfirsiche, Birnen, Nektarinen, Äpfel, gemischte Früchte und Fruchtcocktails

Rosinen

Feigen

Imbissfrüchte: Joghurtrosinen, Aprikosen, Pflaumen, Rosinen, Fruchtmix

Tropische Früchte: Bananenchips, Papaya, Ananas, tropischer Fruchtmix

Die Situation in Mexiko

Obwohl das Unternehmen bereits seit einiger Zeit nach Mexiko exportiert, handelte es sich bisher nur um große Mengen. Die internationale Abteilung glaubt, dass es mit dem Ableben der NAFTA (North America Free Trade Association) ein echtes Potenzial für den Export einer vollständigen Produktlinie für den Einzelhandel (bereits für den Verkauf verpackt) gibt. Mark Mariani nahm Kontakt zur Cascade Consulting Group auf und traf sich mit ihr, um ein Forschungsprojekt zu diskutieren, dem das folgende Managementproblem zu Grunde liegt:

> *Wie können wir [Mariani] unter Kosten- und Zeitaspekten effizient mit einer breiten Produktpalette von Trockenfrüchten für den Einzelhandel in den mexikanischen Markt eindringen?*

Vor seinem Treffen mit den Cascade-Angestellten, in dem das Abkommen über das Projekt beschlossen werden sollte, erhielt Mark Mariani das in Abbildung 5.2 wiedergegebene Memorandum. Mark erkannte, dass es sich bei den in der Aktennotiz erwähnten Problemen um „eine Forschungsangelegenheit handelte, für die mehr als ein Projekt erforderlich war". Entsprechend glaubte er, dass er nur die wichtigeren Fragen berücksichtigen sollte, die für das zu bewältigende Managmentproblem direkt von Bedeutung waren.

Für das Steuerjahr 1991/92 beliefen sich die Mariani-Exporte von Pflaumen nach Mexiko auf 164 Tonnen. Das waren ca. 10 Prozent der gesamten kalifornischen Exporte dieses Produkts nach Mexiko. Der Marktanteil war verglichen mit dem 25%-Anteil des Vorjahres zurückgegangen.

Fragen

1. Was sind die wichtigsten Probleme, die durch die erste Studie gelöst werden müssen?
2. Welche alternativen Informationsquellen stehen für die benötigten Informationen zur Verfügung?
3. Lässt sich die Studie vollständig mit Sekundärdaten durchführen? Erläutern Sie Ihre Antwort.
4. Angenommen, es mussten Primärdaten gesammelt werden. Welche Forschungsfragen sollten beantwortet werden? Erläutern Sie die systematische Vorgehensweise und die Techniken der Datenerhebung, die Sie für die Durchführung des Projekts empfehlen würden.

Abbildung 5.2 Memorandum an Mark Mariani.

MEMO
AN: MARK MARIANI VON: LEITER DER INTERNATIONALEN ABTEILUNG
BETREFF: CASCADE CONSULTING GROUP – AUSLANDSMARKTSTUDIE

Mark,
mit Bezug auf dein anstehendes Treffen mit den Cascade-Leuten würde ich es begrüßen, wenn du die folgenden Aspekte im Hinblick auf die Situation in Mexico ansprechen würdest. Von besonderem Interesse sind diese Punkte:

Produkte
1. Welche Sorten von Trockenfrüchten sind in Mexiko besonders beliebt?
2. Werden Qualtät und Preis der in Mexiko erhältlichen Trockenfruchtprodukte eher für hoch oder eher für niedrig gehalten?

Verpackung
3. Welche Verpackungsarten (Folienbeutel, Karton, Kanister, Dosen usw.) sind bei getrockneten Früchten am beliebtesten?
4. Bevorzugen Mexikaner Produkte in Original-US-Verpackung oder mit spanischen Etiketten?
5. In welchen Nettopackungsgrößen werden Trockenfrüchte im Einzelhandel üblicherweise verkauft?
6. Achten die Verbraucher auf spezifische Merkmale der Verpackung (Sichtbarkeit, Wiederverschließbarkeit, keine doppelte Verpackung wegen Umweltaspekten usw.)?
7. Welche besonderen Anforderungen muss die Aufschrift auf der Verpackung erfüllen?

Ort/Distribution
8. Welche Art von Verteilungsnetzwerk (z.B. ein nationaler Distibutor, verschiedene lokale Distributoren oder Direktverkauf durch Mariani Packing über die Niederlassung in San Jose, Kalifornien) ist zu empfehlen?
9. Welche Funktionen müsste ein potenzieller Repräsentant von Mariani in Mexiko wahrnehmen? Welche Kriterien würdest du bei der Auswahl deiner Repräsentanten berücksichtigen?
10. Wie sind die bestellten Waren an die einzelnen Supermarktketten auszuliefern (an regionale Lager, direkt an die Filialen usw.)?
11. Welche Gebiete (Mexiko Stadt, Guadalajara usw.) besitzen das größte Verkaufspotenzial?

Importieren
12. Aktuelle Importanforderungen.
13. Wie sehen die Zölle für die verschiedenen getrockneten Früchte aus, die zu unserer Produktlinie für Mexiko gehören sollen?
14. Sind andere Gebühren an die mexikanische Regierung, den Zoll, Spediteure oder andere Instanzen zu entrichten? Dies ist für die Kalkulation der Verkaufspreise wichtig.
15. Auf welche Weise lassen sich Waren am effizientesten nach Mexiko transportieren?

Aussichten
16. Würdest du empfehlen, mit den Produktmärkten in den verschiedenen mexikanischen Städten zusammenzuarbeiten, oder glaubst du, dass das mexikanische Wachstum im Einzelhandel liegen wird?
17. In welcher Abteilung der Lebensmittelgeschäfte (Lebensmittel-, Warenabteilung usw.) liegen getrocknete Früchte im Allgemeinen aus?

Werbemaßnahmen
18. Welche unterstützenden Werbemaßnahmen erwarten die Einzelhandelsketten vom Lieferanten, wenn überhaupt?
19. Welche Art der Vor-Ort-Werbung ist in Mexiko am wirksamsten?
20. Bewerben die mexikanischen Einzelhandelketten ihre Produkte über eigene Werbebeilagen bzw. Prospekte?
21. Welche Art der Verbraucherwerbung (Reklametafeln, TV-Spots, Zeitschriften) ist am wirksamsten? Bitte angeben.

Wettbewerb
22. Wer sind unsere aktuellen Konkurrenten (ausländische Konkurrenz, kalifornische Marken)?
23. Mariani will sich von der Konkurrenz unterscheiden. Wäre Nischenmarketing angebracht? Wenn ja, um welche Nische(n) handelt es sich? Wenn nein, wie sehen die Alternativen aus?

Kunden
24. Wie werden getrocknete Früchte im Allgemeinen von mexikanischen Verbrauchern konsumiert?
25. Aus welchen Gründen (Gesundheit, Tradition, Mahlzeit usw.) kaufen mexikanische Kunden getrocknete Früchte?
26. Wie kann Mariani Verbrauchertrends in seiner Marketingstrategie zum eigenen Vorteil nutzen?
27. Lassen sich die Verbraucher nach Einkommen, Alter und/oder Geschlecht klassifizieren?

Aktuelle Marktbedingungen
29. In welcher Form werden getrocknete Früchte am besten verkauft (Mengen vs. Einzelhandelsgrößen, Warenmarkt vs. Lebensmittelgeschäft)?
29. Ist ein Wandel der Trends feststellbar? Wenn ja, wie sieht dieser aus?

FALLSTUDIE 5.2

Aquabear AB

Aquabear AB wurde 1970 in Stockholm (Schweden) als kleines Privatunternehmen gegründet, das maritime Freizeitkleidung fertigte. 1975 startete das Unternehmen unter dem Markennamen Snowbear eine Linie mit Skibekleidung.

Ende 1997 beschäftigte das Unternehmen etwa 85 Leute. Das Umsatzvolumen betrug 1997 ca. 110 Mio. SKr . (Gehen Sie von einem Devisenkurs von 1 US$ 1 = SKr 7,59 aus.) Aquabear AB hatte aufgrund des Marktwachstums bei Sport- und Freizeitbekleidung in den letzten zehn Jahren eine Periode des schnellen Wachstums hinter sich. Das Unternehmen ist finanziell gesund. Die Snowbear-Linie der Skibekleidung war vorwiegend wegen der Anstrengungen eines kreativen Designers (und enthusiastischen Skifahrers), der sich 1979 dem Unternehmen angeschlossen hatte, zur dominierenden Produktlinie geworden.

Die gesamte Herstellungskapazität von Aquabear AB befindet sich in Schweden. Aufgrund des Erfolgs der vorangegangenen Jahre befinden sich die Fertigungsstätten und Anlagen 1997 auf dem Stand der Technik. In Schweden verkauft Aquabear direkt an Kaufhäuser und spezialisierte Einzelhändler. Das Unternehmen verfügt über ca. 20 Jahre Exporterfahrung in die westeuropäischen Märkte, vorwiegend Deutschland, Österreich und die Schweiz. Aquabear exportiert direkt über Vertreter in den jeweiligen Ländern.

Die Skibekleidungs-Produkte

Die Snowbear-Linie mit Skibekleidung der Aquabear AB besteht aus qualitativ hochwertiger Bekleidung für nordische und alpine Skifahrer. Snowbear-Markenzeichen sind auffällige Entwürfe mit gewagten, aber doch einfachen Mustern und Farben, gutem Schnitt, qualitativ hochwertigen Materialien und entsprechend guter Verarbeitung. Die Bekleidung ist mit Details wie Verschlüssen am Hals, den Armen, Beinen und Taschen sehr zweckmäßig und gründlich durchdacht. Produktion und Design von Aquabear folgten der Marktentwicklung bei Stoffen und hielten mit den Modetrends Schritt. Das Unternehmen ist bei einigen Artikeln sogar zu so etwas wie einem Trendsetter im Markt geworden.

Die Kollektionen aus Jacken, Westen, Skianzügen und -hosen für Männer und Frauen sind aufeinander abgestimmt und lassen sich bei Bedarf beliebig kombinieren. Eine typische Kollektion besteht aus mehreren Modellen und Farben der jeweiligen Kleidungsstücke, wobei es allerdings ein paar Jackenmodelle mehr gibt, weil diese auch als normale Winterjacken gekauft werden.

Das Preisniveau des Sortimentes befindet sich zwar im oberen Segment, liegt aber unter dem Niveau der Skibekleidung der Designer-Marken. Die Einzelhandelspreise betrugen Ende 1997 in Schweden etwa:

	SKr
Skianzüge	2.700
Jacken (alpin)	1.700
Jacken (nordisch)	1.100
Westen	950
Hosen (alpin)	1.000
Hosen (nordisch)	750

Die Suche des Managements nach neuen Märkten

Aquabear ist in den letzten zehn Jahren, speziell mit seiner Snowbear-Produktlinie, sehr erfolgreich gewesen. Die Hauptgründe dafür sind die steigende Zahl der Skifahrer, die zunehmende Nutzung von Skikleidung als Winter- und Freizeitkleidung sowie die Qualität der Snowbear-Produkte. Das Verkaufspersonal des Unternehmens hält die primären Kunden für sowohl junge als auch ältere Menschen beiderlei Geschlechts, die den mittleren bis höheren Einkommensgruppen angehören und die Qualität, Zweckmäßigkeit und originellem Design mehr Wert als dem Preis beimessen.

Skibekleidung ist ein saisonales Gut. Die Verkaufsperiode beginnt in Europa, obwohl dies wetterbedingt variieren kann, im späten Oktober und reicht bis zum März. Durch die Erfolge in den Heimatmärkten und in Europa ermutigt und angesichts der gesunden finanziellen und organisatorischen Situation interessiert sich das Management dafür, seine Exportmärkte auf die südliche Halbkugel zu erweitern. Der Hauptvorteil dieses Vorhabens liegt im Unterschied zu einer Erweiterung auf neue europäische oder US- bzw. kanadische Märkte darin, dass sich saisonale Schwankungen in Produktion und Verkauf ausgleichen lassen, weil die Skisaison auf der Südhalbkugel entgegengesetzt zu der auf der Nordhalbkugel verläuft.

Selektion potenzieller Märkte auf der Südhalbkugel

Die Länder der Südhalbkugel, in denen das Skifahren möglich ist und die für das Unternehmen in Betracht kommen, sind: Chile, Bolivien und Argentinien in Südamerika, sowie Australien und Neuseeland. Das Unternehmen entschließt sich dazu, Bolivien auszuklammern, weil sich dort das Skifahren auf eine einzige Piste beschränkt (allerdings der höchstgelegenen der Welt). Für die Auswahl des vielversprechendsten Exportmarkts auf der Südhalbkugel können die geografischen, demographischen, wirtschaftlichen und politischen Daten der übrigen vier Länder analysiert werden.

Der Exportleiter, Wil Hønacker, hat vorab ein wenig Hintergrundforschung betrieben und dabei herausgefunden, dass die Skisaison in Argentinien, Chile und Australien im Mai oder Juni beginnt und bis in den September andauert, während sie in Neuseeland bis in den Oktober oder sogar den November hineinreichen kann. Die jeweiligen Länder verfügen über diese bedeutenden Skigebiete:

Argentinien	Bariloche, LasLeñas, Chapelco
Chile	Portillo, LaParva, ElColorado, Valle Nevado, Termas de Chillan
Australien	Thredbo Village, Perisher Valley, Mount Blue Cow, Smiggin Holes, Charlotte Pass, Mount Selwyn, Guthega (alle in den Snowy Mountains von Neusüdwales)
Neuseeland	Treble Cone, Coronet Peak, Mount Hutt, Mount Ruapehu, The Remarkables.

Wil Hønacker weiß, dass beim Prozess der Marktauswahl mehrere Merkmale berücksichtigt werden sollten. Entsprechend bittet er seinen Assistenten, Harald Gornisson, weitere Forschungen zu betreiben. Harald Gornisson hat vor kurzem sein MBA an der Simon Fraser University in Kanada gemacht. Nach einigem Suchen konnte man über die vier Länder die grundlegenden Informationen in Tabelle 5.5 zusammentragen.

Herr Gornisson berichtete Herrn Hønacker darüber und teilte ihm mit, dass die Informationen nur allgemeine Indikatoren enthielten, die für die Sichtung der Auslandsmärkte von Nutzen sein konnten. Für eine umfassendere Analyse der vier potenziellen Zielländer solle man sich viele andere Daten, wie z.B. über das Käuferverhalten bei Skibekleidung und die Wettbewerbssituation, beschaffen. Insbesondere wurde die Beschaffung der folgenden Informationen vorgeschlagen:

- Zahl der Skigebiete und der aktiven Skifahrer
- Einkommenshöhe und Lebensstandard
- Entfernung der Skigebiete von den größten Städten und anderen bewohnten Gebieten

- Zölle, andere importbezogene Gebühren, Verkaufs- und Mehrwertsteuern
- Einfuhrbeschränkungen, wie z.B. Einfuhrerlaubnisse und Kontingente
- politische Situation (Reife, Stabilität)
- Ausmaß nationalistischer Einstellungen
- Wachstumspotenzial des Markts
- möglicherweise vorhande Sprachbarrieren
- Anzahl (und Herkunft) der Touristen
- Wettbewerb
- Transportkosten
- Währungssituation.

Als Herr Gornisson nach seinem Treffen mit Herrn Hønacker wieder in seinem Büro war, dachte er über seine jüngsten Aktivitäten nach. Er fragte sich, warum Herr Hønacker Südafrika nicht in die Liste der Länder aufgenommen hatte.

Fragen

1. Sollte Aquabear AB mit seiner Produktlinie der Skibekleidung Märkte in der südlichen Hemisphäre betreten?
2. Wenn ja, welchen Markt (welche Märkte) sollte es betreten? Begründen Sie Ihre Antwort.
3. Wenn nicht, warum nicht?

Tabelle 5.5

	Chile	Argentinien	Australien	Neuseeland
Bevölkerung (1995, geschätzt)	14,16 Mio.	34,59 Mio.	18,05 Mio.	3,54 Mio.
Prozentsatz der Bevölkerung in der Altersgruppe zwischen 15 und 64 Jahren	64%	62%	67%	65%
BIP (Bruttoinlandsprodukt, 1994, geschätzt)	97,7 Mrd. US$	270,8 Mrd. US$	374,6 Mrd. US$	163,1 Mrd. US$
Pro-Kopf-Nationalprodukt (1994, geschätzt)	7.010 US$	7.990 US$	20.720 US$	16.640 US$
Verbraucherausgaben für Bekleidung und Schuhe	3.587 Mio. US$	31.583 Mio. US$	11.231 Mio. US$	1.665 Mio. US$
Verbraucherausgaben für Freizeit/Bildung	3.055 Mio. US$	24.884 Mio. US$	23.138 Mio. US$	3.048 Mio. US$
Touristenankünfte an den Grenzen	1.750.000	4.101.000	3.771.000	1.454.000

KAPITEL 6

Eintrittsstrategien für Exportmärkte

6.1 Einleitung

Eine Markteintrittsstrategie legt einen *Eintrittsmodus* und einen *Marketingplan* fest. Der Eintrittsmodus bestimmt die Art des Eindringens in ein Zielland, während der Marketingplan beim Eindringen in einen ausländischen Zielmarkt verfolgt wird. Der Eintrittsmodus ist wichtig, weil er für das Ausmaß der Kontrolle des Unternehmens über das Marketing-Mix im Zielmarkt ausschlaggebend ist. Die Umsetzung einer Eintrittsstrategie für die jeweiligen Märkte entspricht der Einrichtung eines *Distributionskanals*. Dabei kann es sich um einen erstmaligen oder einen laufenden Eintritt handeln.

6.2 Markteintritt als Entscheidung über Distributionskanäle

6.2.1 Struktur der Distributionskanäle

Der internationale Distributionskanal eines Unternehmens ist der Weg in der Verteilungsstruktur, über den Produkte des Unternehmens den Endverbraucher oder Anwender erreichen. Aus Sicht des Unternehmens besteht die Verteilungsstruktur aus den aktuell im Auslandsmarkt verfügbaren Kanälen sowie den Distributionskanälen, über die sich der Markt primär erreichen lässt. Daher umfasst die Verteilungsstruktur für einen beliebigen Auslandsmarkt alle vermittelnden Marketingagenturen oder -institutionen, die von Unternehmen in Anspruch genommen werden können, deren Möglichkeiten und Fähigkeiten und geografische Reichweite.

Wenn Unternehmen Entscheidungen über ihren Eintrittsmodus (oder ihre Eintrittsmodi) treffen, müssen sie den Ablauf zweier Dinge planen, die den Durchlauf der Produkte durch die Distributionsstruktur bestimmen: (1) den Fluss der Transaktionen und (2) den Fluss des physischen Produkts. Der Transaktionsfluss, der auch als Eigentumsfluss bekannt ist, wird durch eine Reihe von Verkaufstransaktionen erreicht, die von den Mitgliedern des Kanals ausgehandelt oder erleichtert werden und durch die letztlich das Produkt in das Eigentum der Endverbraucher übergeht. Der physische Fluss transportiert das Produkt selbst durch physische Transporte und über Zwischenlager zum Endverbraucher. Bei allen internationalen Distributionskanälen fallen die beiden Elemente tendenziell zusammen, aber es gibt auch Ausnahmen. Nutzt man Exportmakler, hat man es z.B. nur mit dem Element der Transaktion zu tun. Wird aber ein Exportkaufmann in Anspruch genommen, fallen beide Elemente in der Regel zusammen. Von den beiden Flüssen ist der des Eigentums vielleicht für das Management von größerer Bedeutung, weil das Eigentum sowohl mit Risiko als auch mit Kontrolle verbunden ist. Damit ist nicht gesagt, dass die physische Distribution (Logistik) unwichtig ist. Im Gegenteil, es kann Fälle geben, in denen der physische Fluss definitiv Auswirkungen auf den Transaktionsfluss hat. Unternehmen können bestimmte Verkäufe möglicherweise nur deshalb durchführen, weil das benutzte physische Distributionssystem das Produkt zum gewünschten Zeitpunkt unter angemessenen Kosten (relativ zu anderen, dem Käufer verfügbaren Optionen) an den gewünschten Ort und damit zum Käufer transportieren kann. Gleichermaßen wichtig sind auch die Aktivitäten nach dem eigentlichen Verkauf (Dienstleistungsangebot), da die entsprechenden Service-Dienstleistungen zukünftige Exportumsätze beeinflussen.

Viele Arten von Organisationen können im internationalen Marketing an Transaktionen und physischen Flüssen eines gegebenen Distributionskanals beteiligt sein. Primär sind die Marketingorganisationen von Bedeutung, bei denen es sich um unterschiedliche selbstständige Unternehmen, ausländische Verkaufsniederlassungen usw. handelt und die direkt an den Flüssen beteiligt sind. Sie spielen eine direkte Rolle beim Verkauf. Die selbstständigen Unternehmen, die möglicherweise Rechte an den betroffenen Produkten besitzen, werden nicht direkt vom Hersteller kontrolliert. Neben Marketingorganisationen gibt es andere Arten von Organisationen (z.B. Banken, Transportunternehmen und Werbeagenturen), die nützliche und notwendige Dienstleistungen für das internationale Marketing bereitstellen. Diese Institutionen oder Agenturen zählen nicht zum Marketingkanal, sondern sind *Förder- oder Dienstleistungsorganisationen*.

Nun lässt sich der Distributionskanal für das internationale Marketing so definieren:

Ein aus Marketingorganisationen bestehendes System, das den Hersteller mit den Endverbrauchern bzw. Kunden des Unternehmensprodukts im Auslandsmarkt verbindet.

Manchmal sind Kanäle äußerst einfach (kurz) und gehen möglicherweise direkt vom Hersteller zum Endverbraucher bzw. Kunden. Das in den USA beheimatete Unternehmen Dell Computer vertreibt seine Personal Computer in Europa z.B. direkt auf dem Postweg (mittlerweile auch über das Internet). Häufig sind die Kanäle aber komplexer (länger) und nutzen viele vom Hersteller unabhängige Marketingorganisationen.

6.2.2 Bedeutung der Eintrittsentscheidung

Entscheidungen über den Eintrittsmodus oder die internationalen Distributionskanäle sind in vielerlei Hinsicht wichtig für das Management. Das Management muss sich bei der Entscheidung entsprechend stark engagieren und sollte nichts übereilen.

Entscheidungen über internationale Distributionskanäle beeinflussen die Preise für die Endverbraucher bzw. Kunden. Die von unabhängigen Organisationen (z.B. Exportkaufleute oder Großhändler) im Auslandsmarkt verlangten und diesen gewährten Spannen bilden oft einen wesentlichen Teil der Endverbraucherpreise. In einigen Fällen lassen sich Preise senken, wenn sich die Marketingagenturen aus dem Kanal eliminieren lassen. Andererseits sollte man sich darüber im Klaren sein, dass eine Eliminierung dieser Organisationen auch eine Preiserhöhung zur Folge haben kann, weil die übrigen Kanalmitglieder bestimmte Aktivitäten dann einfach nicht mehr so effizient wie die auf derartige Aktivitäten spezialisierten Marketingagenturen durchführen können.

Die bei den Distributionskanälen verfolgte Politik steht im Zusammenhang mit den Produktentscheidungen. Zunächst handelt es sich beim Standort der Produktionsstätte (oder dem Ort der Beschaffung) um die erste Kanalentscheidung, die getroffen werden muss. Dann lassen sich Produktionsschwankungen möglicherweise durch eine sinnvolle Kanalauswahl reduzieren. Konstantere Produktionsmengen eliminieren bzw. reduzieren tendenziell bei allen Kanalmitgliedern die Probleme der Lagerhaltung. Weiterhin sorgen gleich bleibende Produktionsmengen für eine sichere Beschäftigung und diese ist nicht nur für den einzelnen Arbeitnehmer und für Arbeitnehmerverbände, sondern auch sowohl für lokale als auch für ausländische nationale Regierungen zunehmend wichtig.

Ein weiterer Grund für die Wichtigkeit der Wahl des Eintrittsweges ist darin zu sehen, dass die Entwicklung internationaler Kanäle zeitaufwändig und damit kostspielig sein kann. Die für die Entwicklung der Kanäle benötigte Zeit und die damit verbundenen Kosten können Unternehmen behindern, die ihre internationalen Aktivitäten durch Betreten neuer ausländischer Märkte oder Errichtung neuer Industrien ausdehnen wollen. Außerdem müssen zukünftige Änderungen örtlicher Verhaltensweisen und strukturelle Änderungen der Distribution prognostiziert werden, was wegen großer räumlicher Entfernungen und eingeschränkter Verfügbarkeit zuverlässiger Daten schwierig sein kann.

Typische Hersteller können in vielen Ländern Geschäfte machen. Dabei besteht in allen Ländern zu einem beliebigen Zeitpunkt ein „einmaliger Zustand" der allgemeinen Wirtschaftstätigkeit. Zudem weisen die Länder eigene konjunkturelle Muster der Wirtschaftsaktivität auf. Durch derartige Schwankungen und deren Unterschiedlichkeit zwischen den Ländern werden Entscheidungen über die Art des Markteintritts überaus schwer. Wenn z.B. das Angebot im Verhältnis zur Nachfrage knapp ist (Verkäufermarkt), kann eine *selektive Distribution* (nur die profitabelsten Verkaufsstellen werden genutzt und alle anderen ignoriert) besonders attraktiv scheinen. Auf lange Sicht kann es aber gefährlich sein, diesen Ansatz zu verfolgen, weil Verkäufermärkte nicht von Dauer sind. Wenn das Management nicht ständig über die in allen seinen Auslandsmärkten herrschenden Wirtschaftsbedingungen informiert ist, findet es sich möglicherweise schon bald in einem Käufermarkt wieder, ohne überhaupt zu merken, dass sich die Bedingungen geändert haben. Eine Politik der selektiven Distribution stellt dann wahrscheinlich nicht die für den erfolgreichen Wettbewerb in einem solchen Markt erforderlichen Verkaufsstellen zur Verfügung.

Die Art des Marteintritts ist eines der wichtigsten Elemente des internationalen Marketing-Mixes. Entscheidungen über Kanäle können die Alternativen eines Herstellers bei den anderen Aktivitäten des Marketing-Mixes beschränken oder zumindest die taktische Umsetzung der anderen Marketingvariablen behindern. Wenn sich Hersteller beim Exportieren z.B. dafür entscheiden, Dienste eines Exportmanagement-Unternehmens, von Großhändlern und Einzelhändlern in Anspruch zu nehmen, bestimmt dies allgemein die Art der Preissetzung für die Marketingorganisationen. Zudem beschränkt die Wahl bestimmter Distributionskanäle die Werbealternativen. Die Notwendigkeit unterstützender Werbung kann sich auf einzelne Dimensionen des gesamten Werbeprogramms auswirken.

Schließlich können die Beziehungen zwischen Hersteller und Marketingorganisationen und zwischen zwei Marketingorganisationen unterschiedlicher Ebenen (z.B. Groß- und Einzelhändler) jeweils zu schwerwiegenden Problemen führen. Der inhärente Interessenkonflikt ist die grundlegende Problemquelle. Die verkaufende Organisation will der kaufenden Marketingorganisation möglichst viel bei möglichst geringer Spanne verkaufen. Im Gegensatz dazu will das für den Wiederverkauf einkaufende Marketingunternehmen die eigenen Gewinne maximieren. Dieser Konflikt wird durch die komplizierten Beziehungen zwischen Unternehmen aus verschiedenen Kulturen, Gesellschaften, politischen Systemen usw. verschärft. Generell sind jedoch die Bereiche gemeinsamer Interessen weitaus größer als die der Konflikte.

6.2.3 Das Kanalkonzept

Das Management sollte sich immer darum bemühen, den „besten" internationalen Distributionskanal auszuwählen. Nämlich den, der am ehesten geeignet ist, die Zielkunden voll zufrieden zu stellen, der dem gesamten internationalen Marketing-Mix am besten entspricht und der immer noch den Gesamtzielen des Unternehmens gerecht wird. Bei diesen Bemühungen sollte man den Distributionskanal als integriertes System betrachten, bei dem sich der Hersteller am einen und der Endverbraucher bzw. Kunde am anderen Ende befindet. Dies kann man *Kanalkonzept* nennen. Das internationale System des Distributionskanals hat drei grundlegende Bestandteile:

1. Die *Organisation der Hauptniederlassung*, die vom Hersteller zur Umsetzung seiner internationalen Marketingoperationen eingerichtet worden ist.
2. Die zu verfolgenden Methoden bzw. Kanäle, über die Produkte in den Auslandsmarkt gelangen (*Kanäle zwischen den Nationen*).
3. Die Wege, über die diese Produkte ihr Ziel (den Endverbraucher oder Kunden im Auslandsmarkt) erreichen, sofern die Importeure nicht Endverbraucher bzw. Kunden sind (*Kanäle innerhalb von Nationen*).

Die Unternehmensorganisation steht zur Entscheidung über den Eintrittsmodus in einer einzigartigen Beziehung. Zunächst ist es die Organisation der Hauptniederlassung, die die in Anspruch genommenen Kanäle und damit auch die vermittelnden Marketingorganisationen überwacht. In dieser Funktion ist sie selbst ein wesentlicher Teil des Kanals. Dann können die spezifisch eingesetzten Kanalalternativen die Organisationsstruktur der Hauptniederlassung beeinflussen. Unternehmen, die in internationalen Märkten noch relativ unerfahren sind und/oder nur ein Produkt vermarkten, benötigen z.B. eine andere (und einfachere) Organisation als Unternehmen, die bereits in vielen internationalen Märkten aktiv sind, dort ggf. auch eine Vielzahl von Produkten anbieten und etabliert sind. Ähnlich benötigen Unternehmen, die sich nur dem Export widmen, eine andere (und vielleicht einfachere) Organisation als Unternehmen, die auch Auslandsoperationen (z.B. Lizenzierung oder Fertigungsstätten) durchführen. Weiterhin befinden sich Unternehmen mit vergleichsweise starren Organisationsstrukturen in einer Situation, in der die Organisation der Hauptniederlassung die Alternativen der Bedienung der Auslandsmärkte einschränken kann. Bei allen gegebenen Unternehmen hängt die Art der wechselseitigen Abhängigkeit zwischen der Organisation seiner Hauptniederlassung und den internationalen Marketingkanälen von der aktuellen Entwicklungsstufe der Internationalisierung ab, so dass sich das jeweilige Management in unterschiedlichen Entwicklungsstufen befindet.

Um das Kanalkonzept zu betonen, betrachtet man den internationalen Marketingkanal als zweiphasiges System. Das ist besonders wichtig, wenn unabhängige Marketingorganisationen zum Kanal gehören, da viele Exporteure glauben, dass ihre Kanäle mit diesen Organisationen enden. Da die Kanäle nur so gut wie ihr schwächstes Element sind, sollten sich internationale Anbieter mit *allen* Elementen der Kanäle befassen. Ansonsten fordert man den Ärger insbesondere dann geradezu heraus, wenn man einen Auslandsmarkt erstmals in Angriff nimmt. Bestimmte Aktivitäten von Mittlern, speziell von ausländischen „einheimischen“ Groß- und/oder Einzelhändlern, können das langfristige Gewinnpotenzial eines Unternehmens in einem Markt nicht nur behindern, sondern sogar völlig vernichten.

6.3 Eintritt als Strategie

Beim erstmaligen oder laufenden Eintritt in ausländische Absatzmärkte sollte man Ansätze verfolgen, die mit den strategischen Zielen des Unternehmens übereinstimmen. Aus strategischer Perspektive wird der Eintrittsmodus von der internationalen Strategie beeinflusst, die das Unternehmen bei seinen ausländischen Aktivitäten bzw. seiner Marktexpansion verfolgt. Der Hintergrund des Markteintritts verschiedener Unternehmen kann nicht durch dieselbe internationale Strategie begründet sein. Die Wahl des Markteintritts soll die Umsetzung der internationalen Strategie eines Unternehmens beim Eintritt in einen Auslandsmarkt erleichtern. Unternehmen engagieren sich für internationale Märkte (werden zu mehr als Gelegenheitsexporteuren), wenn sie feststellen, dass sie ihre Ziele nicht mehr allein durch den Inlandsverkauf verwirklichen können. Bei einem solchen Engagement befinden sich Unternehmen bereits auf dem Weg zur *Internationalisierung*, selbst wenn sie sich dabei einzig auf Exportaktivitäten beschränken. Es wurde festgestellt, dass Exporte geeignete internationale Lernerfahrungen sein können, durch die Unternehmen oft zunehmend in anspruchsvollere und engagiertere Varianten des internationalen Marketing geführt werden, wie z.B. die Errichtung einer Fertigungsstätte im Ausland (Root, 1994, S. 73–75).

6.3.1 Die Elemente der Eintrittsstrategie

(Diese Abschnitte stützen sich auf Materialien aus Root, 1994, Kap. 2.)

Die Strategie für den Eintritt in Auslandsmärkte (die internationale Marketingkanalstrategie) sollte als umfassender Plan angesehen werden, der die Ziele, Ressourcen und Politiken, die die internationalen Marketingoperationen eines Unternehmens bestimmen, über einen zukünftigen Zeitraum hinweg fortführt und der hinreichend lang ist, um ein anhaltendes Wachstum in Auslandsmärkten erreichen zu können. Bei Unternehmen, die im internationalen Marketing noch unerfahren sind oder die neu in bestimmte Auslandsmärkte eintreten, wurde für die Eintrittsstrategie ein Planungshorizont von fünf Jahren vorgeschlagen.

Man sollte die Strategie nicht als einen einfachen Plan betrachten, da sie praktisch eine Summe individueller Produkt-/Marktpläne darstellt. Alle Zielmärkte sind auf bestimmte Weise einzigartig und alle Produkte besitzen einmalige Markterfordernisse. Daher müssen Manager die Eintrittsstrategie für alle Produkte und die jeweiligen Märkte separat planen. Kurz, Manager müssen in den für die Entscheidungen wichtigen Begriffen *Produkt* und *Markt* denken. Auch wenn das Endergebnis dieses Prozesses Ähnlichkeiten aufweisen kann, darf man nicht davon ausgehen, dass die Marktreaktion auf eine bestimmte Eintrittsstrategie bei verschiedenen Produkten und nationalen Märkten dieselbe ist.

Insbesondere wenn man einen Markt durch den Markteintritt bedienen will und ihn nicht nur als Beschaffungsquelle nutzt, kann es notwendig sein, die Eintrittsstrategie innerhalb des Markts selbst zu variieren oder zumindest eine Variation zu erwägen. Es wurde z.B. vorgeschlagen, dass man bei der Entwicklung von Eintrittsstrategien für China städteweise vorgehen und auch auf dieser Ebene in Vertrieb, Marketing und Distribution investieren sollte (Yan, 1994). Die Zahl der Städte, auf die sich ein Unternehmen konzentrieren kann, hängt von den verfügbaren Ressourcen und Möglichkeiten ab. Die meisten ausländischen Joint Ventures – die vorherrschende Form des Eintrittsmodus in China – nehmen drei bis fünf Schlüsselstädte in Angriff. Wenn man dann die Operationen erweitert, glauben viele, dass sie insgesamt 15 bis 20 Städte bewältigen können.

Weit gefasst, kann man die Eintrittsstrategie in einen Auslandsmarkt als einen Plan für das für ein Produkt bzw. einen Markt einzusetzende Marketingprogramm ansehen. Nach dieser Definition sind dann Entscheidungen über die folgenden Aspekte erforderlich:

- die Ziele im Zielmarkt
- die erforderlichen Politiken und die Mittelzuweisungen
- die Wahl des Eintrittsmodus für den Markteintritt
- das System für die Leistungskontrolle im Markt
- ein Zeitplan.

Die letzten beiden Entscheidungen sind Teil einer weiter gefassten Tätigkeit, nämlich der des Managements des internationalen Distributionskanals. Außerdem sollten internationale Marketingpläne eine Analyse des Zielmarkts und der Marktumgebung, eine Finanzanalyse und eine Einschätzung der Wettbewerbsbedingungen enthalten. Ohne Eintrittsstrategie für ein Produkt bzw. einen Markt hat ein Unternehmen das, was im Wesentlichen einen *Verkaufs*ansatz für Auslandsmärkte ausmacht. Wie Tabelle 6.1 zeigt, fehlt beim Verkaufsansatz der echte Wille, sich dauerhaft für die Bedienung eines Auslandsmarkts zu engagieren. Eine solche Vorgehensweise kann jedoch für „Newcomer" und Unternehmen, die erst noch Exporterfahrungen sammeln müssen, um mehr Vertrauen in ihre eigenen Fähigkeiten zu gewinnen, nützlich sein.

Bei der Planung der internationalen/Exportmarketing-Kanäle ist der nächste Schritt nach der Skizzierung des Zielmarkts die Festlegung der Ziele für den oder die Kanäle, d.h. der Ziele, die sich mit dem Kanal erreichen lassen (vgl. Beispiel 6.1). Nach der Festlegung der Ziele für den Zielmarkt und den Kanal muss das für die Bedienung der Zielmärkte einzusetzende internationale Marketing-Mix umrissen werden. Die Kanäle und das internationale Marketing-Mix sind gegenseitig voneinander abhängig. Idealerweise sollten alle Elemente des Marketing-Mixes gleichzeitig festgelegt werden. Praktisch müssen jedoch einige als Erstes festgelegt werden, die dann die Grundlage bei der Bestimmung der anderen bilden. Bei der Preissetzung für Produkte wird der Hersteller z.B. durch die Auswahl eines Kanals in seinen Preisalternativen beschränkt. Das Gleiche gilt aber auch, wenn zunächst der Preis festgesetzt wird, da dadurch die zur Wahl stehenden verfügbaren alternativen Kanäle stark eingeschränkt werden können.

Tabelle 6.1 Alternative Ansätze für ausländische Märkte.

	Verkaufsansatz	**Strategischer Ansatz**
Zeithorizonte	Kurzfristig	Langfristig (meist 3 bis 5 Jahre)
Zielmärkte	keine systematische Auswahl	Auswahl auf Grundlage von Analysen des Markt-/Umsatzpotenzials
Vorrangiges Ziel	Sofortige Umsätze	Dauerhafte Marktposition erreichen
Ressourcen-einsatz	Nur so viel, wie für sofortige Umsätze erforderlich ist	Was für das Erreichen einer dauerhaften Marktposition erforderlich ist
Eintrittsmodus	Keine systematische Auswahl	Systematische Auswahl des geeignetsten Modus
Produktneuent-wicklungen	Nur für den Heimatmarkt	Für Heimatmarkt und Auslandsmärkte
Produktadaption	Nur erforderliche Anpassungen (Erfüllung juristischer/technischerAnforderungen) der einheimischen Produkte	Anpassung der einheimischen Produkte an die Präferenzen, das Einkommen und die Einsatzbedingungen beim ausländischen Kunden
Kanäle	Kein Streben nach Kontrolle	Streben nach Kontrolle zur Unterstützung der Marktziele
Preis	Bestimmt von den einheimischen Gesamtkosten mit gewissen spontanen Anpassungen an besondere Umsatzsituationen	Neben den Kosten bestimmt durch Nachfrage, Wettbewerb, Ziele und andere Marketingpolitiken
Werbung	Vorwiegend auf den persönlichen Verkauf bzw. Mittler beschränkt	Mix aus Anzeigen, Verkaufsunterstützung und persönlichem Verkauf zur Erreichung der Marktziele

Quelle: Abdruck mit Genehmigung; entnommen aus *Entry Strategies for International Markets* von Franklin R. Root (bearbeitete und erweiterte Aufl., S. 25).

BEISPIEL 6.1

Gesucht: Ein Leiter für den Marketingkanal

Da es sich um ein System handelt, sollte ein internationaler Marketingkanal einheitlich organisiert sein und von einem *Kanalleiter* geführt werden. Ein Kanalleiter leitet die Aktivitäten und legt Politiken des gesamten Kanals fest. Der Hersteller sollte möglichst die Rolle des Leiters des internationalen Marketingkanals übernehmen. Dadurch ist es ihm möglich, die Überseedistribution seiner Produkte bei gegebener Distributionsstruktur und vorhandener Nachfrage (sowohl direkt als auch indirekt) weitestgehend zu kontrollieren. In einige Fällen übernehmen jedoch große oder strategisch positionierte Marketingmittler die Initiative und die Rolle des Kanalleiters. Diese vermittelnden Institutionen können den Bedarf ihrer Kunden feststellen und dann Hersteller ausfindig machen, die Produkte anbieten, die diesen Bedarf befriedigen. In extremen Fällen können starke Mittler wie Hersteller agieren und das gesamte Marketing-Mix für ein Produkt bestimmen, so dass die Produktion letztlich nur noch an eine Fabrik „delegiert“ wird. Davon sind besonders kleinere Hersteller betroffen, obwohl sich auch große Hersteller in einer derartigen Situation wiederfinden können. Der Hersteller hat dann kaum eine Möglichkeit, über diese vermittelnden Organisationen hinaus irgendeine Kontrolle über das Marketing der Produkte in den Auslandsmärkten auszuüben.

Eines der besten Beispiele für starke Mittler ist die dominante Position der riesigen Handelsunternehmen (z.B. Mitsui & Co. Ltd. und C. Itoh) in Japan. Diese Unternehmen sind mittlerweile derart diversifiziert, dass ihre Aktivitäten auch die Gründung von Unternehmen, Konstruktion, regionale Entwicklungen und Investitionen sowohl in in- als auch ausländischen Märkten umfassen können.

In einigen ausländischen Märkten sind auch Einzelhändler oft mächtig genug, um die Rolle des Kanalleiters bei bestimmten Produktkategorien zu übernehmen. In den USA kann z.B. eine Supermarktkette wie Wal-Mart als Kanalleiter für den Import von Bekleidung aus den asiatischen Ländern auftreten.

6.3.2 Alternative Markteintrittsmodi

Ein internationaler Markteintrittsmodus ist ein für den Eintritt des Produkts, der Technologie und des humanen und finanziellen Vermögens in ein fremdes Land bzw. einen ausländischen Markt erforderlicher institutioneller Plan. Hinsichtlich der Kanäle zwischen den Nationen gibt es die in Abbildung 6.1 dargestellten wichtigsten alternativen Strategien für den Eintritt in Auslandsmärkte. Die erste zu treffende Entscheidung bezieht sich auf den Standort der Produktionsbasis im Heimatland, im Ausland oder in einem Freigebiet (Freihafen, Freihandelszone, Freigrenze). Nach dieser Entscheidung muss ein Unternehmen festlegen, ob Gebiete jenseits des Standorts der Fertigungsstätten bedient werden sollen und ggf., welche Kanäle zwischen den Ländern genutzt werden sollen. Wir werden die wichtigsten alternativen Eintrittsmodi kurz besprechen. Ausführlichere Abhandlungen finden Sie in den Kapiteln 7 und 8.

Kanäle zwischen Nationen

Exportieren. Die vielleicht einfachste Möglichkeit, die Bedürfnisse eines Auslandsmarkts zu befriedigen, ist das Exportieren. Dieser Ansatz hat im Allgemeinen nur minimale Auswirkungen auf die gewöhnlichen Operationen eines Unternehmens und die damit verbundenen Risiken sind geringer als bei anderen Alternativen. Gleichzeitig exportieren viele Unternehmen, die bereits seit langem in ausländischen Märkten aktiv sind, immer noch regelmäßig und andauernd. Nike hat z.B. Mitte der 90er Jahre in Mexiko seine Geschäfte mit Exporten von Produkten gemacht, die eigentlich von Vertragsherstellern in Südkorea, Indonesien und Taiwan gefertigt wurden.

Abbildung 6.1 Übersicht über die wichtigsten internationalen Marketingkanäle.

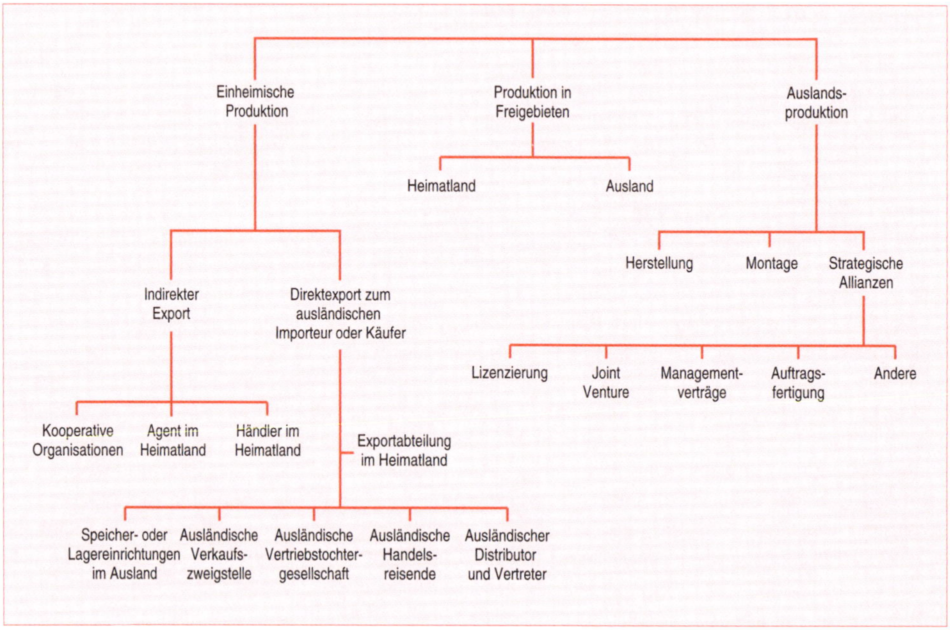

Das Management hat die Wahl zwischen zwei verschiedenen Exportwegen: *indirekte* oder *direkte* Exporte. Diese beiden grundlegenden Varianten des Exportierens werden auf der Grundlage dessen unterschieden, wie das Exportunternehmen den Transaktionsfluss zwischen sich und dem Importeur oder Käufer im Ausland gestaltet. Beim indirekten Export nimmt der Hersteller die Dienstleistungen verschiedener selbstständiger Marketingorganisationen oder kooperativer Operationen in Anspruch, die sich im Heimatland befinden. Wenn ein Hersteller indirekt exportiert, wird die Verantwortung für die Verkäufe im Ausland auf andere Organisationen übertragen. Beim direkten Export liegt andererseits die Verantwortung für die Durchführung der internationalen Verkaufsaktivitäten beim Hersteller selbst. Diese Aktivitäten werden von sog. abhängigen Organisationen ausgeführt und verwaltet, die verwaltungsmäßig ein Teil der Unternehmensorganisation des Herstellers sind. Letztlich stehen Unternehmen damit vor der Entscheidung, ob der Markteintritt und/oder die Expansion über einen integrierten Kanal (übernommen oder im Unternehmensbesitz) oder über einen Kanal erfolgt, zu dem unabhängige Vermittler zählen (Anderson & Coughlan, 1987).

Zunehmend nutzen einige Unternehmen das *Internet* als Mittel für den Export in Auslandsmärkte. Das Internet kann für Unternehmen potenziell nützlich sein, die direkt an den ausländischen Markt oder direkt an Mittler innerhalb des ausländischen Markts verkaufen, die dann die Exporttransaktionen übernehmen. Dieses Medium kann andere Techniken (z.B. Direktversand oder Telemarketing und selbst den persönlichen Verkauf) entweder ersetzen oder begleiten. Wie bei allen neueren Technologien sollte der international tätige Unternehmer aber auch das Internet selektiv und mit Vorsicht nutzen. Es gibt immer noch viele juristische Fragen, die zu lösen sind. Zudem kann diese Methode bereits bestehende Beziehungen beeinträchtigen.

Lizenzierung. Eine der ersten Methoden, die ein Hersteller bei seiner Ausdehnung hin zur internationalen Operation nutzen kann, sind Lizenzvereinbarungen. Die Lizenzierung umfasst Vereinbarungen aufgrund derer der ausländische Lizenznehmer Zahlungen für die Erlaubnis der Herstellung, Verarbeitung, Nutzung des Warenzeichens, des Namens oder von Patenten, für technische Unterstützung, Marketingkenntnisse, Handelsgeheimnisse oder andere Fähigkeiten des Lizenzgebers entrichtet.

Die Lizenzierung oder Konzessionserteilung ist ein geeignetes Mittel zur Entwicklung von Investitionsansatzpunkten in Auslandsmärkten und ergänzt das Exportieren und Direktinvestitionen in Fertigungsstätten. Häufig leitet sie eine langfristigere Kapitalanlage ein.

Vertragsfertigung. Diese Strategie umfasst Verträge über die Herstellung oder den Zusammenbau von Produkten durch im Ausland ansässige Produzenten, bei denen die Verantwortung für das Marketing weiterhin erhalten bleibt. Unter bestimmten Umständen, wie z.B. im Bereich der Buchverleger, vertreibt das Vertragsunternehmen die Produkte über seine eigenen Filialen. Mit dieser Methode kann ein Unternehmen erste Schritte im internationalen Marketing unternehmen, ohne sich selbst so weit engagieren zu müssen, dass es selbst vollständige Fertigungs- und Vertriebsoperationen einrichtet. Die Möglichkeit, zu einem geeigneten Zeitpunkt später eine langfristige Entwicklungspolitik umzusetzen, steht dem Unternehmen dabei weiterhin offen. Häufig wird dieser Ansatz – wegen niedrigerer Produktionskosten – zur Beschaffung von Produkten eingesetzt. Das bereits erwähnte Unternehmen Nike nutzt z.B. asiatische Vertragshersteller.

Managementverträge. Bei Managementverträgen stellt ein lokaler Investor in einem Auslandsmarkt das Kapital für ein Unternehmen zur Verfügung, während ein „fremdes" Unternehmen das erforderliche Know-how für das Unternehmensmanagement liefert. Der Eintritt in internationale Märkte ist auf diesem Weg wenig riskant, wenn er mit einer Art Kaufoption einhergeht. Er ermöglicht einem Unternehmen das Management eines anderen Unternehmens, ohne dessen Kapital zu kontrollorieren oder juristisch für es verantwortlich zu sein.

Fertigung. Unternehmen können durch Wettbewerbsdruck, Marktnachfrage, Importbeschränkungen durch Regierungen oder Regierungsaktionen, die das Importieren nachteilig werden lassen, zur Entscheidung für die Auslandsfertigung gezwungen sein. Die Vollendung des EU-Binnenmarkts führte z.B. bei Nicht-EU-Unternehmen zu größeren Nachteilen als zuvor. Die Entscheidung kann aber auch Teil der langfristigen Unternehmensstrategie zur Stärkung seiner internationalen Operationen sein. Selten sollten Unternehmen im ersten Schritt ihrer internationalen Operationen Fertigungsstätten im Ausland errichten. Aber auch hier gibt es natürlich Ausnahmen, wenn sich z.B. aufgrund der Politik und der Regulierungen der Auslandsregierung der Markteintritt am besten über Direktinvestitionen in Fertigungsstätten erreichen lässt.

Montagebetriebe. Die Errichtung von Montagebetrieben ist ein Mittelding zwischen Exportieren und Auslandsfertigung. Wenn diese Strategie verfolgt wird, exportiert ein Hersteller Komponenten oder Einzelteile. Im ausländischen Montagebetrieb werden diese Teile dann, häufig zusammen mit denen anderer Lieferanten, zum Endprodukt zusammengesetzt. Wenn Produkte auf diese Weise exportiert werden, können sich Frachtkosten, verschiedene ausländische Regierungsgebühren und in einigen Ländern (bei bestimmten Produkten) Zölle senken lassen. Montagebetriebe werden insbesondere von japanischen Unternehmen vielfach in der globalen Automobilindustrie genutzt.

Joint Venture (Gemeinschaftsunternehmen). Diese Strategie wird dann in einem Auslandsmarkt verfolgt, wenn sich ein ausländisches Unternehmen mit nationalen Interessen oder mit einem anderen Unternehmen aus einer anderen ausländischen Nation zusammenschließt, um ein neues Unternehmen zu bilden. Das zentrale Merkmal eines Gemeinschaftsunternehmens sind geteilter Besitz und gemeinsame Kontrolle. Die Politik der lokalen Regierung (z.B. in China), nationalistische Einstellungen oder intensiver Wettbewerbsdruck können Unternehmen zu Joint Ventures zwingen. Einige Unternehmen wählen diesen Ansatz jedoch auch freiwillig, weil er auf lange Sicht rentabler als andere Ansätze ist. Das US-Schuhunternehmen Reebok benutzte (im Unterschied zu Nike, das eine eigene Tochtergesellschaft gründete) z.B. in Mexiko ein Joint Venture, weil man glaubte, dass lokale Partner erfolgreicher als US-Unternehmer sein würden (*Marketing News*, 1994).

Kanäle innerhalb von Nationen

Die Produkte eines Herstellers können Kunden oder Benutzer auf vielen verschiedenen Wegen erreichen, wenn das Produkt erst einmal im Auslandsmarkt verfügbar ist. Einige der wichtigsten alternativen Kanäle innerhalb von Nationen zeigt Abbildung 6.2, die Kanäle aus der Sicht des Exporteurs darstellt. Wenn Produkte im Ausland hergestellt werden, dann handelt es sich bei diesen Kanalentscheidungen um „inländische Entscheidungen“ im jeweiligen Markt. Wie Beispiel 6.2 verdeutlicht, sind Kanäle innerhalb von Nationen häufig lang und komplex.

Abbildung 6.2 Einige alternative Kanäle innerhalb einer Nation.

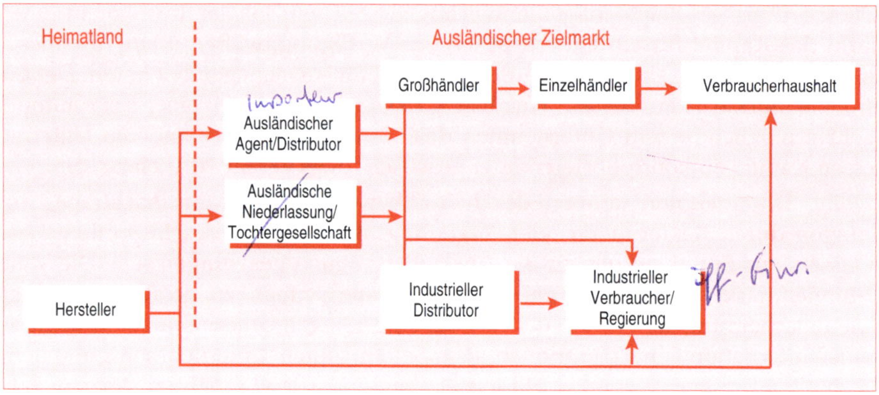

Abdruck mit Genehmigung des Autors von Root, 1982

BEISPIEL 6.2

Ein komplexer Kanal innerhalb einer Nation

Zu den vielen bemerkenswerten Dingen an Japan zählt sein komplexes Distributionssystem. Für viele Produkte gibt es mehrere Ebenen von Großhändlern, mit denen man es zu tun hat, bevor man schließlich bis zu den Einzelhändlern und Endverbrauchern vordringt. Die Abbildung zeigt ein vereinfachtes Beispiel, das den Distributionsweg für medizinische Kräuter darstellt. Importierte Pflanzen gelangen entweder direkt oder über *sogo shosha* (das sind große Handelsgesellschaften) erst zu den „großen Großhändlern“.

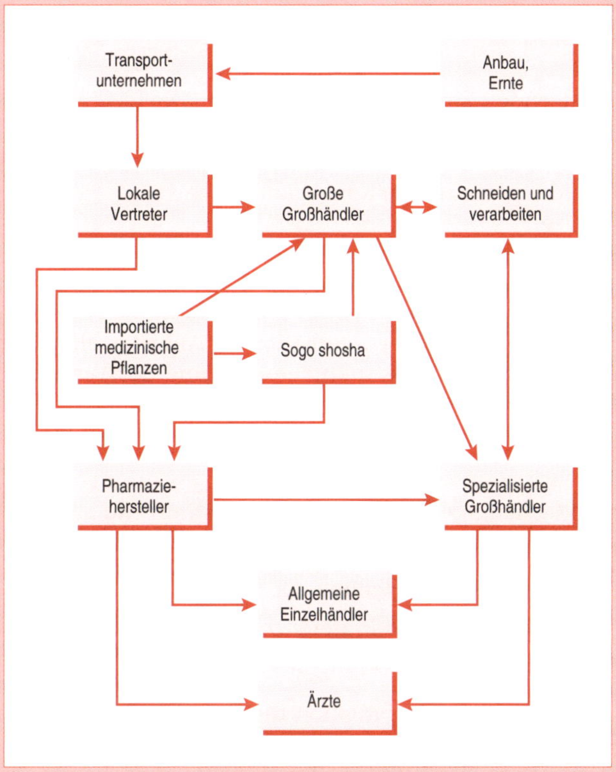

6.4 Faktoren, die die Wahl des Eintrittsmodus beeinflussen

Die Entscheidung über die spezifischen internationalen Distributionskanäle ist für den Hersteller nicht leicht. Die Existenz einer Vielzahl von internationalen Marketingorganisationen, die wiederum auf vielerlei Art untereinander verbunden sein können, haben zu den verschiedenen Arten der alternativen Distributionskanalsysteme geführt, die wir gerade vorgestellt haben.

Allgemein können Erfahrungen und/oder Analysen die Wahl des Eintrittsmodus wesentlich beeinflussen. Unternehmen können auf der Grundlage eigener oder fremder Erfahrungen (von Wettbewerbern oder Dritten) entscheiden, dass sich ein bestimmter Eintrittsmodus für ihr

Produkt empfiehlt. Man kann sich aber im Unterschied dazu auch nach Analysen der Marketingaufgaben, der Bedürfnisse und Kaufgewohnheiten potenzieller Kunden und der Kompetenz von Marketingorganisationen zur Durchführung bestimmter Aktivitäten für denselben oder einen anderen Eintrittsmodus entscheiden. Bei beiden Vorgehensweisen beruht das Endergebnis im Wesentlichen auf den Bedürfnissen und Fähigkeiten. Daher beruht die Entscheidung sowohl auf internen als auch externen Überlegungen.

Unabhängig von der Vorgehensweise bei der Wahl des Eintrittsmodus sollte die Alternative gewählt werden, die zum größten erwarteten Gewinnbeitrag führt. Insbesondere bei Auslandsmärkten, bei denen die für derartige Entscheidungen normalerweise hilfreichen, relevanten Daten fehlen, mag dies wohl leichter gesagt als getan sein. Viele der Auswahlkriterien sind jedoch qualitativer Natur und widersetzen sich häufig allen Versuchen der Quantifizierung. Dennoch sind sie für die zu treffenden Entscheidungen über die Strategie des Eintrittsmodus relevant. Zu diesen Entscheidungen gehört die Formulierung von Politiken für die folgenden Bereiche:

- die Art des zu benutzenden Eintrittsmodus und damit die Länge des Kanals
- die Auswahl der einzelnen Kanalmitglieder
- das Management des Kanals, zu dem die Beziehungen zu Kanalmitgliedern und Vorkehrungen für Rückmeldungen aus dem Kanal zählen.

6.4.1 Art des Eintrittsmodus

Zu den Fragen zur Art des Eintrittsmodus oder Kanals zählt die Art der ggf. zu benutzenden Marketingorganisation. Damit trifft der internationale Anbieter eine Entscheidung darüber, wie weit er seine eigene Organisationsstruktur in Richtung des Verbrauchers oder Benutzers ausdehnt.

Zielmarkt

Es gibt bestimmte marktabhängige Faktoren, die sich bestimmend auf den internationalen Distributionskanal auswirken können. Diese lassen sich in drei Gruppen kategorisieren:

1. die Art, Größe und geografische Verteilung der Kunden
2. die Bedürfnisse, Anforderungen und Präferenzen dieser Kunden
3. der Grad der wirtschaftlichen Entwicklung des Markts.

Zudem kann sich in einer gegebenen Situation die Frage nach dem „Marktzugang" stellen. Inwiefern ein Zugang zum Markt besteht, hängt von anderen Faktoren, wie der örtlichen Verteilung und den Bedürfnissen der Kunden, der Wettbewerbssituation, der Entwicklung der Infrastruktur und der Verfügbarkeit von Mittlern innerhalb des Markts ab. Schließlich können die politische Stabilität und rechtliche Hindernisse wichtigen Einfluss auf die Wahl des Eintrittsmodus haben.

Wenn potenzielle Käufer unterschiedliche Merkmale aufweisen, geografisch weit verteilt sind und wenn sie häufig kleine Mengen kaufen, muss die Verfügbarkeit des Produkts groß sein, so dass Groß- und Einzelhändler im Markt (für Verbrauchsgüter) benutzt werden müssen. Entsprechend wäre natürlich der Direktverkauf an Einzelhändler oder industrielle Nutzer wahrscheinlicher, wenn gegenteilige Umstände vorherrschen. Je stärker der Markt spezialisiert und/oder geografisch konzentriert ist, desto kürzer wird wahrscheinlich der benutzte Kanal sein. Gleichzeitig dürfen die Präferenzen der Kunden nicht ignoriert werden. Wenn Kunden erwarten, Produkte bei bestimmten Arten von Marketingorganisationen zu finden, dann müssen sie dort auch angeboten werden, und zwar unabhängig vom Volumen und Umständen wie der geografischen Konzentration der Kunden.

Der Grad der wirtschaftlichen Entwicklung eines Auslandsmarkts hat insofern einen Einfluss auf die Wahl des Eintrittsmodus, als dass er Auswirkungen auf die Gesamtorganisation der alternativen Kanäle und damit die Vertriebsstruktur hat. Obwohl es sich hier um einen marktabhängigen Faktor handelt, sind seine Auswirkungen doch bei der Verfügbarkeit geeigneter Marketingorganisationen innerhalb des Zielmarkts spürbar.

Schließlich können der Grad der politischen Stabilität und der Umfang der rechtlichen Hindernisse die Wahl des Kanals in einem Zielmarkt beeinflussen. Beide Faktoren leiten sich von der Regierungspolitik und den Marktattributen ab. Ein Markt mit hoher politischer Instabilität führt z.B. zu hohen Risiken bei Unternehmen, die Direktexporte nutzen oder im Ausland produzieren. Die Zahlungen (bzw. der Gewinntransfer) können verzögert oder vollständig verhindert werden. Zudem kann die gewünschte Währung nur beschränkt verfügbar sein. Wenn derartige Situationen bestehen oder zu erwarten sind, wäre für den Hersteller der indirekte Export (wenn sich Käufer finden lassen) besser geeignet.

Produkt

Die Art des Produkts beeinflusst die Kanalwahl, weil sich die Produkte hinsichtlich ihrer Merkmale (z.B. Wert, Gewicht, Menge, technische Komplexität und Verderblichkeit) und ihrer Anwendung unterscheiden und den Verkäufer daher auch vor ganz unterschiedliche Aufgaben stellen. Technische Produkte erfordern z.B. häufig unterstützende Dienstleistungen sowohl vor als auch nach dem Verkauf. In vielen ausländischen Märkten, speziell in den Entwicklungsländern, sind Marketingmittler derartigen Aufgaben nicht gewachsen. Die Größe, das Gewicht und selbst die Temperatur (wie z.B. bei Tiefkühlkost) können ebenfalls eine bestimmte Behandlung erfordern, für die Marketingorganisationen möglicherweise die erforderlichen Voraussetzungen fehlen. In derartigen Situationen ist der Vertrieb über Großhändler wenig wahrscheinlich. Die physisch oder modisch bedingte Verderblichkeit von Produkten macht häufig eine schnelle Distribution sowohl erforderlich als auch wünschenswert. Daher wird das international verkaufende Unternehmen einen vergleichsweise kürzeren Kanal benutzen und möglicherweise Direktexporte bevorzugen.

Das Entwicklungsstadium eines Produkts und seine relative Neuheit für einen ausländischen Markt können Auswirkungen auf die zu benutzenden Kanäle haben. Wenn Unternehmen über ein relativ unbekanntes Produkt verfügen, kann es besser sein, sich auf Großhändler und/oder Vertreter zu verlassen statt direkt zu verkaufen. Eine Ausnahme wären Produkte, die Teil einer größeren Produktlinie sind und die den Kunden bereits bekannt sind.

Verfügbarkeit von Marketingorganisationen

Die Wahl des Eintrittsmodus wird sowohl von den vorhandenen Vertriebsstrukturen im Heimatland als auch im Zielmarkt und von der Verfügbarkeit und Kompetenz vermittelnder Marketingorganisationen innerhalb dieser Strukturen beeinflusst. Wenn es keine „guten" Marketingmittler gibt oder diese bereits Produkte von Wettbewerbern vermarkten, dann muss der Exporteur möglicherweise sowohl zwischen den Ländern als auch innerhalb des Zielmarkts einen direkteren Eintrittsmodus wählen. In einigen Fällen kann die Nichtverfügbarkeit von geeigneten Marketingorganisationen sogar wesentlichen Einfluss auf die Entscheidung eines Unternehmen haben, in einen Auslandsmarkt nicht einzutreten.

Abbildung 6.3 Bei einigen Verbrauchsgütern sind lokale Landmärkte wesentlicher Bestandteil der Vertriebsstruktur. Hier ein Beispiel für einen solchen Markt, der sich in einem Gebirgsdorf in Sabah (Borneo, Malaysia) befindet.

Unternehmensabhängige Faktoren

Es gibt eine Anzahl von Faktoren, die unternehmensspezifisch sind. Die meisten dieser Faktoren beeinflussen die Marketingmacht international tätiger Unternehmen. Dazu zählen:

- Fähigkeiten und Kenntnisse des Marketingmanagements
- Vertrautheit des Unternehmens mit internationalen Marketingaktivitäten
- Größe des Unternehmens und Breite seines Sortiments
- Kapitalkraft und Fähigkeit, bei Bedarf zusätzliches Kapital zu erhalten.

Allgemein ausgedrückt, ist es für einen Hersteller umso einfacher und wahrscheinlicher, dass er direkt verkauft, je größer seine Marketingstärke ist. Ausgleichend wirkt sich hier jedoch der Umstand aus, dass die besten und aggressivsten Marketingorganisationen häufig die Zusammenarbeit mit etablierten Herstellern vorziehen, die selbst über eine starke Marketingmacht verfügen.

Die Vorurteile des Managements sind ein weiterer unternehmensspezifischer Faktor, der die Wahl des Kanals beeinflussen kann. Manchmal bevorzugen einflussreiche Manager einen bestimmten Kanal. Wenn diese Manager wirklich einflussreich sind, wird dann – unabhängig von den Gründen – dieser Kanal in Anspruch genommen, selbst wenn Analysen oder Erfahrungen dafür sprechen, dass andere Alternativen besser geeignet sind. Dieser Fall tritt häufiger bei Entscheidungen über Kanäle zwischen den Ländern als bei Entscheidungen über Kanäle im Ausland selbst auf. Der Hauptgeschäftsführer eines norwegischen Unternehmens kann sich z.B. beim Eintrittsmodus für Spanien für eine Verkaufsniederlassung oder eine Vertriebstochtergesellschaft entscheiden und diese vielleicht sogar an der Costa del Sol gründen. Diese Entscheidung kann vorwiegend vom Wunsch des Managers nach einem angenehmen Ziel für Geschäftsreisen während der Wintermonate beeinflusst worden sein. In einer Studie über die Wahl des Eintrittsmodus US-amerikanischer Dienstleistungsunternehmen stellte sich die Kontrolle (tatsächliche und/oder erwünschte) als sinnvolle Grundlage heraus (Erramilli und Rao, 1993). Eine Schlussfolgerung war die, dass alle Kosten und der gesamte Nutzen des Erreichens und Bewahrens der Kontrolle in der jeweiligen Situation sorgfältig abgewogen werden müssen.

Ein letzter unternehmensspezifischer Faktor ist das Ausmaß der vom international tätigen Unternehmen erwünschten Kontrolle. Dieser Faktor kann sowohl die Wahl der Kanäle zwischen den Nationen als auch innerhalb des Landes beeinflussen. Beim Exporteintrittsmodus führt eine Entscheidung für indirekte Exporte z.B. zu einer schwächeren Kontrolle über Exportumsätze als eine Entscheidung für Direktexporte. Letztlich führen wirklich integrierte bzw. geschlossene Kanäle zur stärksten Kontrolle der Exportoperationen. Bei Nichtexport-Operationen führt die Errichtung von ausländischen Produktionsstätten (oder Dienstleistungsunternehmen), die sich vollständig im Eigenbesitz befinden, zur umfangreichsten Kontrolle (aber auch zum höchsten Risiko).

Regierungspolitik

Viele Aktivitäten nationaler Regierungen können die Auswahl des Kanals und speziell die Auswahl des Kanals zwischen den Ländern beeinflussen. Allgemeine regulierende Aktivitäten können Exporte völlig vereiteln und eine Produktion im Ausland erzwingen, sofern der Markt effektiv bedient werden soll. Einige Regierungen regulieren auch den Währungstausch und Importlizenzen auf eine Weise, dass lokale Importeure nicht über genügend Fremdwährung (oder erforderliche Lizenzen) verfügen, um die gewünschten Waren in verschiedenen Ländern einkaufen zu können. Das kann an der Knappheit bestimmter Währungen liegen oder daran, dass nur geringe Mittel für den Import bestimmter Produkte bereitstehen, von denen man glaubt, dass sie für den Gesamtentwicklungsplan eines Landes nicht wichtig sind.

Ein weiterer regierungsabhängiger Faktor bei der Kanalwahl sind die bestehenden internationalen Geschäftsförderungsprogramme. Obwohl Regierungen meist keine Importe fördern, kann es doch sein, dass derartige Fördermaßnahmen selektiv durchgeführt werden und dass bestimmte Produkte davon ausgenommen sind. Daher kann ein international tätiges Unternehmen zur Wahl eines Kanals zwischen den Nationen gezwungen sein, mit dem sich die Behinderungen der Regierung umgehen bzw. ausgleichen lassen, obwohl es eigentlich keine formalen Handelsbeschränkungen für sein Produkt gibt. Dieselbe Situation kann im Heimatland des international tätigen Unternehmens vorherrschen. Die Regierungspolitik in Hinsicht auf Direktinvestitionen und/oder Außenhandelsförderung kann so aussehen, dass es dazu gezwungen wird, bestimmte Arten des Exports in Anspruch zu nehmen, obwohl man mit anderen Eintrittsmodi eigentlich bessere Ergebnisse erzielen könnte.

Schließlich können auch die Aktivitäten subnationaler Regierungsinstitutionen einen Einfluss ausüben. Exporteure von Scotch-Whiskey in die USA werden z.B. feststellen, dass die Kanäle innerhalb einer Nation vorbestimmt sind. Das Produkt muss über einen staatlichen Distributor und staatliche Einzelhandelsfilialen verkauft werden.

Ein abschließender Kommentar

Die in diesem Abschnitt besprochenen Kriterien für die Auswahl von Distributionskanälen waren zwar nicht umfassend, reichen aber aus, um die Komplexität des Problems zu verdeutlichen. Selten, wenn überhaupt, wird der internationale Anbieter feststellen, das alle Kanaldeterminanten in eine Richtung weisen. Das Management muss die verschiedenen Einflussgrößen gegeneinander abwägen und die Alternativen einschätzen. Eine gute und ausführliche Erörterung finden Sie in Root (1994, S. 28-40).

Um die verschiedenen Kanalalternativen auf einige geeignete einzugrenzen, können qualitative Kriterien eingesetzt werden. Diese Alternativen sollten sich dann auf der Basis quantitativer Kriterien einschätzen lassen. Letztlich müssen jedoch wahrscheinlich Kompromisse gemacht werden. Dies deutet darauf hin, die für die Wahl des Eintrittsmodus ausschlaggebenden Faktoren wechselseitig abhängig sind. Eine Studie von Agarwal und Ramaswami (1992), die auf dem Ansatz von Dunning (1988) basiert, belegt die wechselseitige Beziehung zwischen den Merkmalen *Besitz* (Fähigkeit zur Entwicklung verschiedener Produkte und Größen und multinationale Erfahrungen), *Standort* (Marktpotenzial und Investitionsrisiko) und *Internalisierung* (Vertragsrisiken) bei der Wahl des Eintrittsmodus in einen Auslandsmarkt (Exportieren, Lizenzieren, Gemeinschafts- oder Alleinunternehmen). Kim und Hwang (1992) argumentieren in einer Studie zum internationalen Eintrittsmodus (hier wurden die Alternativen Lizenzierung, Gemeinschaftsunternehmen und eigene Tochtergesellschaften berücksichtigt), dass neben den umweltbedingten (z.B. Länderrisiken, fremde Örtlichkeit usw.) und transaktionsspezifischen (z.B. nichtverbalisierbares Know-how und der Wert geschäftsspezifischer Kenntnisse) Faktoren auch die *globale strategische Einstellung* (Konzentration, Synergien und strategische Motivation) multinationaler Unternehmen bei der Wahl des Eintrittsmodus zu berücksichtigen sind. Die strategischen Auswirkungen, die sich ein Unternehmen aus seinen Operationen über Ländergrenzen hinweg erhofft, sind von Bedeutung. Letztlich ist es die ganzheitliche, gleichzeitige Berücksichtigung aller relevanten Faktoren, die die abschließende Entscheidung bestimmt.

In Kapitel 4 haben wir den Ansatz bzw. das Modell des „Temperaturgradienten" für die internationale Marktexpansion besprochen. Dieses Modell benutzt eine Anzahl von Messzahlen zur Bestimmung der Attraktivität einer Marktumgebung. Es werden vier Umgebungskategorien unterschieden, die zwischen „extrem heiß" und „kalt" liegen, und es existiert eine angenommene Beziehung zwischen Markttemperatur und Eintrittsstrategie. Die Ergebnisse einer Studie über kanadische Unternehmen werden in Tabelle 6.2 dargestellt. Es wird deutlich, dass Unternehmen mit zunehmender Temperatur der Landesumgebung Eintrittsstrategien befolgen, die eine zunehmende Kontrolle und ein größeres Engagement bedeuten. Dies entspricht der Vorhersage des Modells des Temperaturgradienten selbst.

Tabelle 6.2 Verteilung der Markteintrittsstrategien kanadischer Unternehmen nach dem „Marktklima".

	Der Prozentsatz der Unternehmen, die folgende Strategien benutzen			
Markteintrittsstrategie	**Extrem heiß**	**Heiß**	**Moderat**	**Kalt**
Vollständige Eigenoperation	4,2	14,9	6,8	5,5
Exporte zu eigener Zweigniederlassung	16,7	19,0	12,8	4,9
Joint Venture	5,0	4,3	5,7	6,1

Tabelle 6.2 Verteilung der Markteintrittsstrategien kanadischer Unternehmen nach dem „Marktklima". (Forts.)

	Der Prozentsatz der Unternehmen, die folgende Strategien benutzen			
Markteintrittsstrategie	**Extrem heiß**	**Heiß**	**Moderat**	**Kalt**
Vertragsfertigung	0,8	0,5	0	0,6
Lizenzierung/Franchising	1,7	1,0	2,8	4,9
Exporte zu Mittlern/Kunden	35,8	55,2	66,2	71,3
Indirekte Exporte	5,8	5,1	5,7	6,7
Gesamt	100,0	100,0	100,0	100,0

Quelle: Papadopolous und Jansen, 1994, S. 46.

6.4.2 Kanalmitglieder

Zusammen mit der Entscheidung über die Art des Eintrittsmodus muss der internationale Anbieter jene Marketingorganisationen auswählen, die Mitglieder des Kanals werden sollen. Auch wenn unsere Besprechung der Auswahlkriterien dazu verleiten könnte zu glauben, diese Auswahl sei einseitiger Natur, ist dies nicht der Fall. Aus mindestens zwei Gründen können internationale Anbieter nicht notwendigerweise allein über die Auswahl der einzelnen Unternehmen des Kanals entscheiden.

Erstens können insbesondere gute Marketingorganisationen in der realen Wettbewerbssituation des Weltmarkts aus vielen verschiedenen Produkten auswählen. Daher treffen derartige Unternehmen selektive Entscheidungen hinsichtlich der Produkte, die sie unterstützen. Das bedeutet, dass der zu benutzende Kanal von der Stärke des international tätigen Unternehmens, seines Produkts und der Marketingmittler abhängt. Ein bereits erwähntes Beispiel für eine Situation, in der die Marketingorganisation der stärkere Partner sein kann, sind die riesigen japanischen Handelsgesellschaften, die *sogo shosha*.

Ein zweiter Grund dafür, dass internationale Anbieter keine völlige Kontrolle über die Mitglieder des Kanals haben, ist der, dass sie im Allgemeinen nur die Marketingorganisationen einer Ebene auswählen können. Bei der Verteilung von Verbrauchsgütern bleibt die Auswahl der Einzelhandelsfilialen normalerweise den auf der Großhandelsebene ausgewählten Unternehmen überlassen. Die Auswahl der Großhändler bleibt wiederum dem Importeur und/oder der Exportmarketing-Organisation überlassen (wenn indirekt exportiert wird). Der internationale Anbieter kommt jedoch dichter an die Kunden oder industriellen Benutzer heran, wenn er jene Exportorganisationen, Importeure und/oder Großhändler oder Distributoren auswählt, die an Marketingmittler der gewünschten Art und Qualität innerhalb des Zielmarkts verkaufen. Für den Hersteller sind Merkmale wie das abgedeckte Vertriebsgebiet, die Produktlinie des Marketingmittlers, die Vertriebsorganisation, das potenzielle Umsatzvolumen der Produktlinie des Herstellers, die Kapazität für begleitende Dienstleistungen, die Kapitalkraft für Lagerhaltung und Gewährung von Kundenkrediten und die Bereitschaft und Fähigkeit zur Werbung für die Produktlinie des Herstellers von Interesse. Im Extremfall kann der internationale Anbieter direkt mit den Kunden in Kontakt treten, wie es das bereits erwähnte Beispiel Dell Computer und dessen Postversand bzw. Internet-Strategie in Europa zeigt.

6.5 Kanalmanagement

Die Aufgabe jedes Marketingkanals ist die Verschiebung von Produkten von den Quellen der Produktion hin zu den Standorten der Kunden. Daher erleichtert der Kanal die Schließung der zeitlichen und räumlichen Distanzen, die den Kunden/Nutzer vom benötigten Produkt trennen. Dabei sind viele Aufgaben zu bewältigen: Kommunikation, Verhandlung, Finanzierung, Lagerhaltung, Besitztransfer usw. Das alles muss verwaltet werden, und zwar möglicherweise von einem Unternehmen, das die Rolle des bereits weiter oben in Beispiel 6.1 vorgestellten Kanalleiters übernimmt.

Grundsätzlich ist es die Gesamtaufgabe der Verwaltung der internationalen Kanäle, Möglichkeiten zur Leistungsverbesserung zu finden. Ein Kanal wird als Netzwerk betrachtet und besteht aus einer Anzahl von *Anteilseignern* bzw. unabhängigen oder abhängigen Unternehmen, die zueinander in wechselseitigen Beziehungen stehen und alle einen Anteil am Erfolg des Netzwerks haben.

6.5.1 Beziehungen zu Mittlern

Politiken, die sich mit den Beziehungen zwischen dem internationalen Anbieter und jenen Marketingorganisationen befassen, die Mitglieder des Marketingkanals sind, drehen sich um die diesen *angebotene* Art von Unterstützung und die von diesen zu erwartende Kooperation. Dem liegt die Prämisse zu Grunde, dass alle Aktivitäten dem gemeinsamen Nutzen aller beteiligten Parteien dienen sollten. Das ist der Kern des Systemkonzepts.

Ein kritischer Aspekt der Beziehungen zu Mittlern konzentriert sich auf deren internationale Werbemaßnahmen. In dieser Hinsicht lassen sich drei verschiedene Politiken unterscheiden: Gravity, Push und Pull. Bei einer *Gravity*-Politik wirbt der internationale Anbieter nicht, sondern verkauft das Produkt lediglich an einen Mittler und überlässt es dem Produkt selbst, seinen Weg zum Endverbraucher und Benutzer zu finden (passives Nichtstun). Bei einer *Push*-Politik erfolgt die Werbung über den Vertriebskanal. Die Kanalmitglieder müssen das Produkt aggressiv verkaufen und die Werbung für andere Kanalmitglieder auf niedrigeren Ebenen betreiben. Mittlerweile verfolgen und fordern in manchen Fällen Unternehmen aus Westeuropa, den amerikanischen Ländern und Australien diese Politik. Bei einer *Pull*-Politik wird die Distribution durch Schaffung der Verbrauchernachfrage „erkauft". Der internationale Anbieter betreibt aktiv umfangreiche Werbung im Zielmarkt, so dass die Waren den Kunden vorab „verkauft" werden. Dann „ziehen" die Kunden das Produkt durch ihre Nachfrage bei den Mittlern durch den Kanal. Diese Politik eignet sich besser für bestimmte Verbrauchsgüter als für Industriegüter, da es schwierig ist, dem industriellen Nutzer etwas vorab zu „verkaufen".

Die Probleme des internationalen Anbieters bei der Schaffung angemessener Beziehungen zu Mittlern werden möglicherweise durch bestimmte Kommunikationsdefizite verschlimmert. Vier derartige Defizite (Kultur, Staatsangehörigkeit, Umwelt und Entfernung) sind relevant. *Kulturelle* Defizite resultieren aus den Schwierigkeiten der Kommunikation zwischen Menschen aus Gruppen mit unterschiedlichen Werten, gesellschaftlichen Sitten und Einstellungen. Das Defizit der *Staatsangehörigkeit* ist offensichtlicher als kulturelle Differenzen. Obwohl es Menschen mit binationalem oder multinationalem Aussehen gibt, lassen sich die meisten einem bestimmten Land zuordnen, dem sie ihre nationale Loyalität zugesichert haben. Das *Umwelt*-Defizit betrifft insbesondere die Schwierigkeiten, die Leute aus einem Land haben, wenn sie versuchen, Entscheidungen zu treffen, die für ein anderes Land oder andere Leute am besten sind. Das Defizit der *Entfernung* resultiert aus der geografischen Distanz in Verbindung mit Mängeln der existierenden Kommunikationsmedien. Beide führen zu zeitlichen Behinderungen oder sogar zur Blockade des erzeugten Informationsflusses. Diese Defizite bzw. die daraus resultierenden Lücken müssen überwunden bzw. geschlossen werden, wenn der internationale Anbieter über ein effektives, reibungslos funktionierendes Kanalsystem verfügen will. Leider gibt es keine einfachen Richtlinien, die das internationale Management befolgen könnte.

6.5.2 Rückmeldungen der Kanalmitglieder

Der internationale Marketingmanager muss ein effektives Kommunikationssystem entwickeln, in das Rückkopplungen bzw. Rückmeldungen der Kanalmitglieder zurücklaufen. Dies versetzt den Manager in die Lage, die Effektivität des Kanals vernünftig einschätzen zu können. Der Manager muss wissen, wie gut das Kanalsystem funktioniert, und von den Kanalmitgliedern Informationen darüber erhalten, wie die Verkäufe laufen, ob die Zusammenarbeit von angemessener Qualität ist und ob Konflikte innerhalb des Kanals Spannungen verursachen. Gleichzeitig erwarten die Marketingorganisationen möglicherweise ähnliche Rückmeldungen. Es besteht also ein Bedarf an wechselseitiger Kommunikation. Ohne Rückmeldungen wäre die Aufgabe, die Ergebnisse einzuschätzen, unmöglich zu erfüllen.

6.6 Wahl des Eintrittsmodus

Wir haben jetzt die verschieden Eintrittsmodi besprochen, die Firmen zur Verfügung stehen, wenn sie ausländische Marktchancen nutzen wollen. An dieser Stelle benötigen wir eine Antwort auf die Frage, wie ein Entscheidungsträger den Eintrittsmodus in einen ausländischen Markt für ein Produkt- und Landesmarkt wählen sollte. Root (1994) konnte drei verschiedene Entscheidungsregeln für die Wahl des Eintrittsmodus bestimmen, die sich in ihrem Anspruchsniveau unterscheiden: die *naive* Regel (für alle ausländischen Märkte wird der gleiche Eintrittsmodus benutzt), die *pragmatische* Regel (für die jeweiligen Zielmärkte wird ein geeigneter Eintrittsmodus benutzt) und die *strategische* Regel (für jeden Zielmarkt wird der richtige Eintrittsmodus benutzt).

6.6.1 Die naive Regel

Manager folgen der naiven Regel, wenn sie nur einen Weg des Eintritts in ausländische Märkte erwägen. Das ist z.B. dann der Fall, wenn Manager sagen: „Wir exportieren nur über Vertreter im Ausland“ oder „Sofern wir nicht nur exportieren, erteilen wir ausschließlich Konzessionen im Ausland“. Diese Regel ignoriert die Unterschiedlichkeit der Auslandsmärkte und der Eintrittsbedingungen. Manager, die diese Regel benutzen, könnte man „engstirnig“ nennen. Irgendwann werden diese Manager einen von zwei Fehlern machen: Entweder werden viel versprechende Auslandsmärkte aufgegeben, in die sie nicht mit ihrem „einzigen Eintrittsmodus“ eindringen können, oder man versucht mit ungeeigneten Mitteln in Märkte einzudringen. Die fehlende Flexibilität der naiven Regel verhindert die umfassende Ausnutzung ausländischer Marktchancen.

6.6.2 Die pragmatische Regel

Unternehmen, die anfangs gewöhnlich mit einem risikoarmen Eintrittsmodus beginnen, Geschäfte in ausländischen Märkten zu machen, sind Beispiele für die pragmatische Regel. Nur wenn der spezielle anfängliche Modus nicht geeignet ist oder keinen Gewinn verspricht, sucht das Unternehmen weiter nach einem geeigneten Eintrittsmodus.

Die pragmatische Regel hat bestimmte Vorteile. Das Risiko des Eintritts in einen Auslandsmarkt mit einem falschen Modus wird minimiert, da ungeeignete Modi verworfen werden. Auch die durch Informationsbeschaffung und Managementzeit verursachten Kosten werden reduziert, da nicht alle potenziellen Alternativen untersucht werden, wenn erst einmal ein geeigneter Modus gefunden worden ist.

Diese Vorteile sind zwar nicht zu vernachlässigen, aber die Kosten entgangener Gelegenheiten sind auch nicht unerheblich. Die wesentliche Schwäche der pragmatischen Regel liegt darin, dass sie Manager nicht zu einer Entscheidung über den Eintrittsmodus führen kann, der den Fähigkeiten und Ressourcen des Unternehmens in Hinsicht auf die Marktchance am besten gerecht wird. Kurz, der geeignete Eintrittsmodus ist möglicherweise nicht der beste oder der *richtige* Modus.

6.6.3 Die strategische Regel

Diese Entscheidungsregel besagt einfach, dass das Unternehmen den richtigen Eintrittsmodus benutzen sollte. Diese Vorgehensweise erfordert, dass alle in Frage kommenden alternativen Modi systematisch bewertet und verglichen werden.

Wie wir weiter oben in diesem Kapitel bereits festgestellt haben, ist die Wahl des Eintritts in einen Auslandsmarkt für ein bestimmtes Produkt bzw. einen bestimmten Markt durch ein Unternehmen das Ergebnis der Bewertung vieler Einflussgrößen, die einander oft widersprechen. Der Vergleich alternativer Vorgehensweisen beim Eintritt kann durch die vielen Ziele, die ein Unternehmen möglicherweise mit einem Auslandsmarkt verbindet, kompliziert werden, die zudem manchmal inkonsistent erscheinen können. Aufgrund von Wechselwirkungen müssen Kompromisse hinsichtlich der Zielsetzungen gemacht werden. Das Endergebnis der Analyse ist ein Satz in Frage kommender Eintrittsmodi, die dann weiter analysiert werden.

Beim Vergleich der Eintrittsmodi müssen die für einen zukünftigen Zeitraum prognostizierten Kosten und Nutzen verglichen werden. Die *erwarteten* Kosten und der *erwartete* Nutzen sind also zu schätzen und diese Schätzungen sind unterschiedlich unsicher. Verschiedene Eintrittsmodi sind unterschiedlich stark von Markt- und politischen Risiken betroffen.

Eine Anwendung dieser Entscheidungsregel wäre die Wahl des Eintrittsmodus, der den Gewinnbeitrag über eine strategische Planungsperiode hinweg hinsichtlich (1) der Verfügbarkeit der Unternehmensressourcen, (2) der Risiken und (3) der nicht gewinnorientierten Ziele maximiert. Da es kein objektives Verfahren gibt, das zu einer einzelnen Zahl führt, die den Gewinnbeitrag, das Risiko und die nicht gewinnorientierten Ziele beziffert, müssen sich Entscheidungsträger zwangsläufig ihr eigenes Gesamturteil bilden, wenn sie die abschließende Entscheidung fällen.

6.7 Nutzung von Freihandelszonen

Eine dritte bedeutende Option für die „Beschaffung" als Grund des Eintritts in Auslandsmärkte ist die Nutzung von Freizonen. Diese Zonen befinden sich zwar in einem bestimmten Land, liegen aber außerhalb des Zolleinflussgebiets des Landes. Daher kann man Produkte leicht in diese Zonen bringen und aus ihnen exportieren. Zudem sind ggf. weitere Aktivitäten wie Umverpackung, Montage und Herstellung erlaubt. Aus der Perspektive der Eintrittsstrategie und des Eintrittsmodus können bei der Nutzung einer Freizone für eine Fertigungsstätte alle im Heimatland und bei der Auslandsproduktion verfügbaren Optionen zur Verfügung stehen. Dies hängt aber natürlich von der jeweiligen Freizone und den betroffenen Märkten ab. Bei Freizonen kann es sich um einen gesamten Hafen, einen Umkreis oder eine bestimmte Zone handeln. Freizonen werden in Kapitel 13 ausführlicher besprochen.

ZUSAMMENFASSUNG

Unsere Erörterung der Eintrittsstrategie in Auslandsmärkte war einigermaßen ausführlich. Obwohl viele verschiedene Alternativen beschrieben und analysiert worden sind, gibt es noch eine ganze Reihe weiterer Möglichkeiten. In der Form unserer Darstellung des Materials haben wir uns lediglich auf eine Teilmenge der möglichen alternativen Kanäle zwischen Ländern beschränkt, auch wenn es sich dabei um eine Teilmenge gehandelt hat, in der die allgemeinsten und gebräuchlichsten Alternativen enthalten waren.

Es sollte noch einmal betont werden, dass ein bestimmter Hersteller, der sich mit internationalem Marketing befassen will, mehr als eines dieser Verfahren gleichzeitig nutzen kann. Die jeweiligen Produkte der Produktlinie und auch verschiedene Gebiete oder Segmente des Auslandsmarkts können unterschiedliche Eintrittsmodi erfordern. Welche Alternative die beste ist, lässt sich nicht allgemein feststellen. Die Wahl wird von vielen Umständen und Kriterien beeinflusst. Den besten Schluss, den wir an dieser Stelle unserer Erörterung ziehen können, ist der, dass ein internationaler Distributionskanal an die jeweiligen Umstände angepasst sein sollte. Das heißt, er sollte insofern einzigartig und situationsspezifisch sein, als dass er auf den Anforderungen basiert, die sich aus dem Mix des spezifischen beteiligten Produkts, des Markts und des Herstellers ergeben.

FRAGEN ZUR DISKUSSION

6.1 Erklären Sie, wie der Fluss von Transaktionen und des physischen Produkts mit dem Eintrittsmodus in einen Auslandsmarkt in Zusammenhang stehen.

6.2 Warum ist die Entscheidung über den Eintrittsmodus in einen Auslandsmarkt für internationale Marketingmanager von besonderer Wichtigkeit?

6.3 Diskutieren Sie die Bedeutung des „Kanalkonzepts“.

6.4 „Die vorhandene Distributionsstruktur für beliebige ausländische Marktgebiete beschränkt die für den internationalen Anbieter verfügbaren Kanalalternativen. Gleichzeitig können die Aktivitäten des Anbieters hinsichtlich der Kanalwahl das Aussehen der Distributionsstruktur beeinflussen“. Wie lässt sich dieses offensichtliche Paradox auflösen?

6.5 Endet das Problem des internationalen Anbieters hinsichtlich des Distributionskanals mit der Übertragung des Besitztitels an einen Käufer? Erläutern Sie Ihre Antwort.

6.6 Beurteilen Sie den Nutzen des Internets für Export- und andere Markteintrittsmodi im Rahmen des internationalen Marketing.

6.7 In diesem Kapitel wurde eine Reihe verschiedener alternativer Eintrittsmodi vorgestellt. Nennen Sie ein Unternehmen, das exportiert, und eines, das im Ausland produziert oder sich einer strategischen Allianz bedient. Beschreiben Sie deren Markteintrittsstrategien und geben Sie an, warum sich der verwendete Eintrittsmodus bei den beiden Unternehmen unterscheidet.

6.8 Nennen Sie die wesentlichen Faktoren, die Einfluss auf die Wahl der Art des Eintrittsmodus eines international tätigen Unternehmens haben können. Gibt es Faktoren, die wichtiger als andere sind? Erläutern Sie Ihre Antwort ausführlich.

6.9 Warum sollten Unternehmen spezifische Kanalentscheidungen für alle Produkte und jeweiligen Auslandsmärkte treffen?

6.10 Wählen Sie ein industriell entwickeltes Land (z.B. Japan oder ein europäisches Land) und ein weniger entwickeltes Land (z.B. ein lateinamerikanisches oder afrikanisches Land) aus. Stellen Sie die relative Bedeutung der Faktoren einander gegenüber, die von einem im Ausland ansässigen Hersteller bei der Festlegung der Politik hinsichtlich der Auswahl geeigneter Distributionskanäle zu berücksichtigen sind. Gehen Sie dabei davon aus, dass ein verpacktes Produkt mit einem niedrigen Stückpreis zu vermarkten ist, das sich in beiden Märkten gut verkauft. In welchem Fall fällt dem Management die Entscheidung leichter? Erörtern Sie Ihre Antwort.

6.11 Stellen Sie die naiven, pragmatischen und strategischen Ansätze bei der Wahl des Eintrittsmodus in Auslandsmärkte einander gegenüber. Ist einer den anderen überlegen? Erläutern Sie Ihre Antwort.

LITERATURHINWEISE

Agarwal, S., Ramaswami, S. N. (1992). Choice of foreign market entry mode: impact of ownership, location, and internationalization factors. *J. International Business Studies*, 23 (Erstes Quartal), 1–27.

Anderson, E., Coughlan, A. T. (1987). International market entry via independent or integrated channels of distribution. *J. of Marketing*, 51 (Januar), 71–82.

Dunning, J. (1988). The eclectic paradigm of international production: a restatement and some possible extensions. *J. International Business Studies*, 19 (Frühjahr), 1–31.

Erramilli, M. K., Rao, C. P. (1993). Service firms' international entry-mode choice: a modified transaction-cost analysis approach. *J. Marketing*, 57 (Juli), 19–38.

Kim, W. C., Hwang, P. (1992). Global strategy and multinationals' entry choice. *J. International Business Studies*, 23 (Erstes Quartal), 29–53.

Marketing News (1994). Nike chases shoe demand in Mexico, 10. Oktober, 11.

Papadopolous, N., Jansen, D. (1994). Country and method-of-entry selection for international expansion: international distributive arrangements revisited. In: *Dimensions of International Business, No. 11*. Carleton University, International Business Study Group, Frühjahr, 31–52.

Punnett, B. J. (1994). *Experiencing International Business and Management*. 2. Aufl. Belmont, CA: Wadsworth.

Root, F. R. (1982). *Foreign Market Entry Strategies*. New York: AMACOM.

Root, F. R. (1994). *Entry Strategies for International Markets*. Überarb. u. erw. Aufl. Lexington, MA: Lexington Books.

Yan, R. (1994). Entry strategy homework a must. *South China Morning Post, China Business Review*, 14. April, 14.

WEITERFÜHRENDE LITERATUR

Czinkota, M. R., Ronkainen, I.A., Tarrant, J. J. (1995). *The Global Marketing Imperative*. Lincolnwood, IL: NTC Business Books.

Zentes, J. Internationales Marketing. In: *Handwörterbuch des Marketing*. (Hg. v. R. Köhler, B. Tietz, J. Zentes) Stuttgart: Schäffer-Pöschl.

FALLSTUDIE 6.1

Alcas Corporation

Alcas Corporation ist ein Unternehmen mit Sitz in Olean (New York), das seit seiner Gründung im Jahre 1949 qualitativ sehr hochwertige CUTCO-Küchenbestecke hergestellt und vermarktet hat. Nach mehreren Unternehmensumstrukturierungen ist Alcas heute im Wesentlichen eine Dachgesellschaft. Seine zwei wichtigsten Tochtergesellschaften (völlig im Eigenbesitz) sind CUTCO Cutlery Corporation, der Hersteller von CUTCO-Bestecken, und Vector Marketing Corporation, das Direktvertriebsunternehmen von CUTCO für ganz Nordamerika. 1994 gründete das Unternehmen CUTCO International, Inc. als Tochtergesellschaft für die Vermarktung von CUTCO-Bestecken auf internationaler Ebene. Wie Abbildung 6.4 zeigt, wuchs die Alcas Corporation stark und beständig (durchschnittliches Wachstum seit 1985: 22%). Der Umsatz für 1995 wird voraussichtlich knapp über 80 Mio. US-Dollar liegen. Das Unternehmen hat äußerst gesunde Bilanzen, ein sehr niedriges Verhältnis von Schulden zu Aktiva und verfügt über erhebliche Barreserven.

Abbildung 6.4 Umsätze der Alcas Corp. zwischen 1985 und 1995.

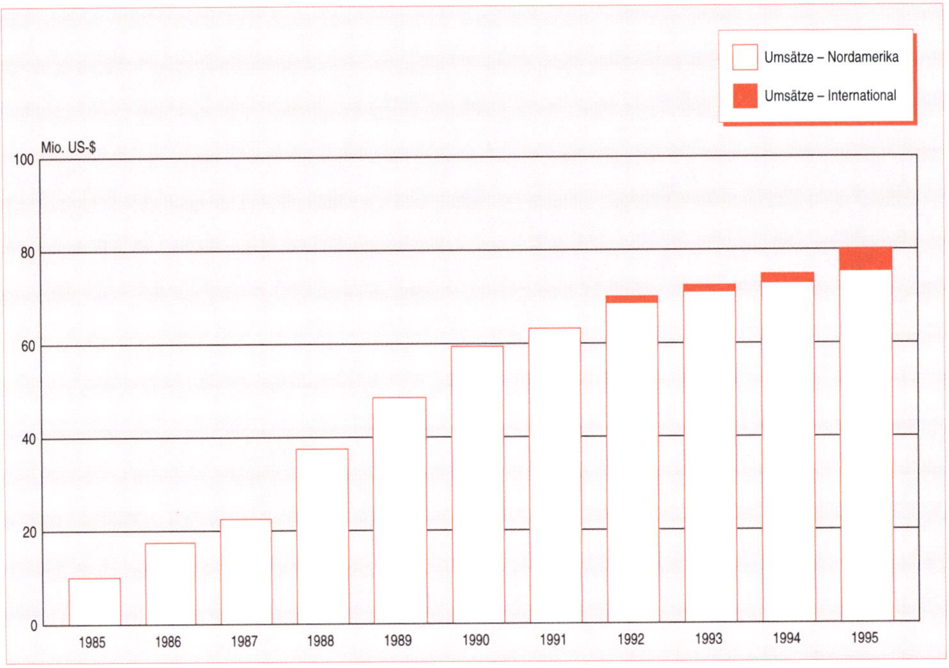

Das Produkt

Zur Produktlinie der CUTCO-Bestecke zählt eine große Palette von Messern zur Essenszubereitung, Tafelmessern sowie Jagd-, Fischer- und Gebrauchsmessern (schätzungsweise 53 verschiedene Artikel mit 110 Artikelnummern, wenn man die Geschenkpackungen und Sets mitzählt). Die Produktlinie lässt sich über „CUTCO – das beste Besteck der Welt" erkennen und weltweite Vergleichstests mit Konkurrenzprodukten bestätigen andauernd diesen Wahlspruch. Der Einzelhandelspreis des Produkts deckt sich mit dem Motto „das beste Besteck der Welt" und liegt daher am oberen Ende des Preisspektrums. Die Preisgestaltung lässt sich sehr gut mit der der Henckels- und Wustof-Messer vergleichen, die beide am oberen Ende des Preisbereichs bei Bestecken liegen, die im gewöhnlichen Einzelhandel erhältlich sind (vgl. Tabellen 6.3 und 6.4). Die Produkte werden einzeln oder in einer Vielzahl von Geschenkverpackungen und Sets sowie in einer Vielzahl von Holzblock-Sets für den Küchentisch verkauft.

Verkaufs- und Marketingansatz in den USA und Kanada

CUTCO wird von der Vector Marketing Corporation über ein Verfahren verkauft, bei dem die Produkte vor Ort von einer Verkaufsmannschaft, die vorwiegend aus College-Studenten besteht, persönlich vorgeführt werden. 1995 warb Vector mehr als 35.000 Verkaufsleute an, von denen 85 bis 90% College-Studenten waren. Der größte Teil der Verkaufsmannschaft wurde während der Monate der Sommerferien angeworben. Einige der Studenten verkaufen auch während des übrigen Jahres. Die Geschäfte werden während des gesamten Jahres abgewickelt, auch wenn die Umsatzmengen zwischen September und April deutlich unter den Spitzenverkäufen im Sommer liegen. Das Anwerben, die Schulung und fortwährende Betreuung der Verkaufsleute (bei denen es sich durchweg um selbständige Vertragspartner handelt) übernehmen in einem völlig dezentralisierten Ansatz die etwa 165

Tabelle 6.3 Preise der Vier-Sterne-Bestecke von Henckels.

Artikel	Einzelhandel	Wiederverkäufer 20% Abschlag
4" Obstmesser	38	29,99
5" Tomatenmesser	46	36,80
5,5" Ausbeinmesser	55	39,99
10" Chefmesser	98	77,99
10" Allzweck-Schnittmesser	80	63,99
10" Hohles Schnittmesser	85	67,99
8" Chef-Tranchiermesser	68	53,99
8" Chefmesser	85	67,99
7" Tranchiergabel	58	45,99
Set mit 8 Steak-Messern	328	262,40
Holzblock	40	31,99
10" stählerner Messerschärfer	31	19,99
GESAMTPREIS	$1.070	$845

Tabelle 6.4 Preise der CUTCO-Bestecke.

Artikel	Einzelhandel
1720 4" Obstmesser	32
1721 5" Garniermesser	35
1722 8" Metzgermesser	64
1723 9" Tranchiermesser	56
1724 10" Schnittmesser	58
1725 9" Französisches Chefmesser	79
1726 Wendegabel	27
1727 Tranchiergabel	29
1729 7" Kleines Tranchiermesser	52
1768 5" Streichmesser	33
1866 Set mit 8 Tafelmessern	168
1748 Holzblock	98
GESAMTPREIS:	$731
1818 „HOMEMAKER + 8"-SET	$683

Gebietsmanager in Gemeinden, die sich über die gesamte USA und Kanada verteilen. Während der Sommermonate eröffnet das Unternehmen zusätzlich etwa 200 „Zweigstellen“, bei denen es sich um vorübergehende Sommerbüros handelt, die von College-Studenten geleitet werden, die bereits in vorherigen Sommern Erfahrungen in Verkauf und Verwaltung gesammelt haben.

Aktuelle internationale Vertriebsaktivitäten

1990 hat das Unternehmen Vector Kanada als eigenständige „internationale“ Marketingeinheit gegründet. Das Unternehmen war erfolgreich (die voraussichtlichen Umsätze für 1995 betrugen 6 Mio. US-Dollar). Es wurde allgemein nach US-Vorbild organisiert und seine Aktivitäten wurden nun, obwohl Vector Canada weiterhin als eigenständiges Unternehmen existiert, im Wesentlichen in das amerikanische Vector integriert. Die beiden Unternehmen firmieren jetzt unter dem Namen Vector North America.

1992 gründete das Unternehmen ein koreanisches Marketingunternehmen, Vector Korea. Wie auch beim kanandischen Unternehmen wurden bei der Gründung amerikanisch geschulte Vector-Manager eingesetzt, die dem US-Vorbild bei der Anwerbung, Schulung und beim Verkauf folgen. Die Entscheidung des Eintritts in den koreanischen Markt wurde deshalb gefällt, weil amerikanisch geschulte gebürtige Koreaner als Manager verfügbar waren.

Während die Übernahme amerikanischer Manager und amerikanischer Vorgehensweisen in Kanada für einen sofortigen und wirksamen Erfolg sorgte, hatte dieses Programm in Korea nur wenig Erfolg. Als Reaktion auf die Notwendigkeit, den Ansatz zu ändern, führte das koreanische Vector-Management im Februar 1995 eine parallele Organisation ein, bei der koreanische Hausfrauen die Rekrutierungsbasis darstellten und bei der als Verkaufsansatz Gruppenverkaufspräsentationen auf einer Art „Party“ zum Einsatz kamen. Dieser Ansatz war sehr erfolgreich. 1995 war der Hausfrauenansatz für mehr als 65% der insgesamt 4 Mio. US-Dollar des koreanischen Umsatzes verantwortlich. 1996 wird der Verkauf in Korea vollständig auf das „Hausfrauenprogramm“ umgestellt.

Obwohl die CUTCO-Verkäufe über Vector NA ständig gestiegen sind, hatte sich die Wachstumsrate in den letzten Jahren stabilisiert und liegt nicht mehr so hoch wie in den späten 80ern und frühen 90ern. Der Grund des größeren Wachstums in den vorausgegangenen Jahren lag in den vielfältigen und verfügbaren Möglichkeiten des „geografischen Wachstums“. Jetzt sieht es so aus, als ob das Ansprechen internationaler Märkte die beste Gelegenheit zur Wiederherstellung ähnlich explosiver Wachstumsraten des Unternehmens bieten würde.

Die Erfahrungen des Unternehmens in Korea waren einerseits ermutigend (die für 1996 erwarteten Umsätze betrugen ca. 7 Mio. US-Dollar). Die koreanische Erfahrung war jedoch auch ernüchternd, weil die Eintrittskosten weit größer als erwartet gewesen sind (die Gesamtkosten beliefen sich, einschließlich der Unternehmensverluste der Jahre 1992 bis 1995, auf einen Betrag von 2,5 Mio. US-Dollar).

Die vom Vorstand und dem Top-Management des Unternehmens im Rahmen der Durchführung des strategischen Fünfjahresplans 1996 gestellten Fragen lauteten wie folgt:

- Sollte das Unternehmen weiterhin CUTCO-Umsätze in internationalen Märkten anstreben?
- Wenn ja, welche Kriterien sollte das Unternehmen bei der Auswahl der zu betretenden Zielmärkte anlegen? Welche Art der Marktforschung ist für eine planvolle Auswahl erforderlich?
- Welche Landesgesetze, Regelungen, Zollfragen usw. sollten bei der Länderauswahl berücksichtigt werden?
- Welche Zielländer gibt es und welche Prioritäten und Zeitpläne sollten für den Eintritt in die jeweiligen Länder entwickelt werden?

- Sollte der Direktverkauf auch bei diesen Märkten weiterhin als grundlegender Ansatz verfolgt werden? Wenn ja, welcher spezifische Direktverkaufsansatz sollte verfolgt werden – das College-Programm von Vector US oder das Hausfrauenverkaufsprogramm? Oder beide? Wenn nicht, welcher Ansatz käme dann in Frage?

Frage

1. Wie sollte die Alcas Corporation die obigen Fragen in ihrem strategischen Fünfjahresplan beantworten?

FALLSTUDIE 6.2

Yang Toyland Pte, Limited

(Diese Fallstudie wurde von Hellmut Schutte, Eurasien-Zentrum, INSEAD, verfasst.)

Für Y.C. Yang war das Jahr praktisch Ende August beendet. Er leitete in Singapur zusammen mit seiner älteren Schwester und seinem jüngeren Bruder Yang Toyland Pte. Limited, einen kleinen Spielzeughersteller, der sich im Familienbesitz befand.

„Der Umsatz wird dieses Jahres ca. 7 Mio. S$ (Singapur-Dollar) erreichen – eine Steigerung gegenüber dem Vorjahr von ca. 20%", dachte er bei sich selbst, „und der Gewinn wird auch gut sein und vielleicht sogar 300.000 S$ erreichen".

Er erwartete keine weiteren bedeutenden Auftragseingänge mehr. Seine Kunden aus den USA und Europa hatten ihre Bestellungen aufgegeben. Ein beträchtlicher Teil davon war bereits ausgeführt und auch schon verschickt worden, um rechtzeitig für Weihnachten am Zielort einzutreffen. In den nächsten Wochen würde es noch ein oder zwei weitere Aufträge geben, aber dann würde das Unternehmen seine Aufmerksamkeit wieder der Entdeckung und Entwicklung von Ideen für neue Produkte zuwenden können.

Unternehmensentwicklung

Als sein Vater vor neun Jahren starb, bestand das Unternehmen nur aus acht Mitarbeitern und hatte gerade sein erstes Spielzeugauto mit elektrischem, batteriebetriebenem Motor auf den Markt gebracht. Das Fahrgestell und der Aufbau bestanden aus Plastik und Metall, das für Teile wie z.B. Achsen, Befestigungen und Radkappen benutzt wurde. Zu dieser Zeit lag der Umsatz von Yang Toyland unter einer halben Million Dollar und seine Rentabilität war sehr gering. Y.C. und sein jüngerer Bruder konnten ihren Vater nur schwer davon überzeugen, einem vorhandenen Modell, das sie bereits seit vielen Jahre produzierten, das aber unattraktiv geworden war, einen Motor hinzuzufügen. Schließlich hatte er nachgegeben, als er sah, dass sich die batteriebetriebenen Autos der Konkurrenz wie warme Semmeln verkauften, während die Yang-Toyland-Produkte nicht von der Stelle kamen.

Seit jener Zeit hatten sie ihre Spielzeugauto-Produktpalette regelmäßig mit weiteren Merkmalen aktualisiert und erweitert und sie mit Lichtern, Sirenen und Lenkungssystemen ausgestattet, die das Auto über ein Kabel mit einem kleinen Lenkrad an einem Kunststoffkästchen verbanden. Das Kind hielt dieses Kästchen in der Hand, während es dem Auto folgte. Die Modelle reichten von schicken Renn- und Luxusautos bis hin zu Lastwagen, offenen Lieferwagen, Polizei- und Feuerwehrautos. Im Augenblick war ihr bestes Produkt ein ferngesteuerter allradgetriebener Jeep, der sich vor- und rückwärts bewegen, anhalten und beschleunigen, nach rechts und links fahren konnte und Hügel mit Steigungen von bis zu 40° erklimmen konnte. Gelenkt wurde er über eine Fernsteuerung, mit der die verschiedenen Befehle zum Auto übertragen wurden. Sowohl der Sender als auch das Auto waren mit Antennen ausgestattet.

Y.C.s Bruder Paul war die treibende Kraft der technologischen Entwicklungen von Yang Toyland. Als Elektroingenieur der polytechnischen Ngee-Ann-Universität in Singapur verbrachte er zwölf bis fünfzehn Stunden täglich im Betrieb, um die Waren zu liefern, die sein Bruder verkaufte, und nach neuen Ideen zu suchen, mit denen sich Produktionsprozess und Produkte verbessern ließen. Einige anspruchsvolle Anlagen und Maschinen waren angeschafft worden, aber in den meisten Fällen waren die Mengen der verschiedenen herzustellenden Teile für die Automatisierung oder auch nur die Teilautomatisierung zu gering, so dass die Fertigungsprozesse immer noch recht arbeitsintensiv waren. Motoren und Lenksysteme wurden extern erworben. Die meisten Produktideen leiteten sich aus ausländischen oder in Katalogen und Fachmagazinen beschriebenen Modellen ab. Pauls derzeitiger Traum war es, mit einigen Innovationen aufzuwarten, bei denen preiswerte Mikroelektronik eingesetzt werden würde und die die Steuerbarkeit der Spielzeugautos verbessern würden.

Die Fabrik beschäftigte etwa 40 Mitarbeiter. Zehn weitere Beschäftigte befassten sich mit der Verwaltung und dem Verkauf. Y.C.s Schwester Rosy war für Einkauf, Personal, Finanzierung und die allgemeine Verwaltung verantwortlich. Anders als ihr Bruder hatte sie anfangs darauf bestanden, in einer Bank selbst Karriere außerhalb des Familienunternehmens zu machen. Später, als die Verkäufe schnell stiegen und Y.C. und Paul Probleme mit der Unternehmensleitung bekamen, gab sie dann der Bitte ihres Bruders nach und schloss sich dem Unternehmen an. Von dem Tag an ließen sich viele administrative Probleme besser bewältigen und die Beziehung zur Bank wurde zusehends besser. Rosy wusste auch, wie sich die Vorteile verschiedener Regierungsprogramme nutzen ließen, die kleinere Unternehmen unterstützen sollten, und konnte von der Regierung langfristiges Kapital zu sehr günstigen Zinssätzen erhalten.

Verkaufsaktivitäten

Y.C. war für den Verkauf verantwortlich. Mit den Jahren hatte er wertvolle Kontakte zu Käufern in den USA, Europa und kürzlich auch in Japan aufgebaut. In Singapur traf er sich mit vielen der Käufer, wenn sie sich – meist im Frühling – auf Einkaufstour in Fernost befanden. Einige der größeren Kunden besaßen Büros in Hong Kong und zwei sogar in Singapur. Die Mehrheit seiner Kunden waren Importgroßhändler. Andere, besonders aus den USA, tätigten Direkteinkäufe für ihre Ketten mit spezialisiertem Spielzeugangebot. Bisher hatte er nur sehr wenige Aufträge von Kaufhäusern und anderen Einzelhandelsgruppen erhalten. Bei der geografischen Verteilung wurden 55% der Umsätze mit den USA und 30% mit Europa getätigt. Die Exporte nach Japan machten nur 3% des Gesamtumsatzes aus. Der Rest (12%) wurde im lokalen Markt abgesetzt. Einige der Produkte fanden den Weg von Singapur nach Malaysia, Indonesien und in andere asiatische Länder.

Seit sich seine Schwester dem Unternehmen angeschlossen hatte, konnte sich Y.C. zweimal jährlich für jeweils ca. zwei Wochen ins Ausland begeben – einmal in die USA und einmal nach Europa. Die Reisen waren zeitlich so geplant, dass er sowohl die wichtigen internationalen Spielzeugmessen als auch seine vorhandenen und potenziellen Kunden besuchen konnte. Er hatte an einigen Messen teilgenommen, auf denen Produkte aus Singapur ausgestellt worden waren, hielt einen Stand von Yang Toyland allein aber für zu teuer und daher nicht realisierbar.

Mindestens zweimal pro Jahr produzierte und verschickte er eine sechsseitige, englische Farbbroschüre, die seine Produkte und deren Preise enthielt. In allen Broschüren befand sich der Hinweis, dass sich die Spezifikationen der verschiedenen Modelle geringfügig an den Bedarf der Kunden anpassen ließen und dass entsprechende Preise auf Anfrage erhältlich waren. Dadurch bekam Yang Toyland die Möglichkeit und Flexibilität, seine Preise an die Verhandlungskraft des potenziellen Kunden und die eigenen Kapazitäten anzupassen. Neben den Broschüren schaltete Yang Toyland einige Anzeigen in Fachblättern in Singapur, den USA, Großbritannien und Deutschland, deren Ergebnisse unterschiedlich waren.

Der Markt

Der Wettbewerb bei Spielzeugautos war sehr hart und rührte sowohl von multinationalen Unternehmen, wie z.B. Fisher-Price und Mattel, als auch von vielen kleineren asiatischen Herstellern her, die insbesondere aus Hong Kong, Taiwan und Korea kamen. Die Industrie war durch die plötzliche Produktion von Verkaufsschlagern charakterisiert. Fernbediente, allradgetriebene Autos hatten z.B.

innerhalb kürzester Zeit die anderen Modelle zu Ladenhütern werden lassen. Daher war es überlebenswichtig, mit dem Markt Schritt zu halten und neue Trends schnell zu übernehmen. Durch die im Vergleich mit anderen asiatischen Herstellern höheren Löhne in Singapur musste man technologisch führend sein, da sich ältere Standardmodelle nur noch über den Preis verkaufen ließen.

Die Tatsache, dass Yang Toyland bisher geschäftlich erfolgreich gewesen war, ließ sich – laut Y.C. – darauf zurückführen, dass man sich zur Konzentration auf eine schmale Produktpalette entschlossen hatte. Gleichzeitig wurde man aber durch die Spezialisierung anfällig für Marktänderungen. Y.C. schätzte dieses Risiko jedoch nicht sehr hoch ein: „Jungen wollen, erst als Kind und dann als Erwachsene, Autos. Spielzeugautos sind ein wesentlicher Teil der Erziehung von Jungen, sie sind ein Grundbedürfnis!"

Im letzten Jahr hatte Yang Toyland 149 Kundenkonten. Zwei Drittel davon hatten Aufträge im Wert von weniger als 50.000 S$ jährlich erteilt. Nur ein Kunde, eine US-amerikanische Ladenkette, hatte im Laufe des Jahres Produkte für mehr als 250.000 S$ bestellt (Einzelheiten finden Sie in Tabelle 6.5). Die diesjährige Situation war kaum anders. Aus Erfahrung wusste Y.C., dass nur 50 bis 60 Prozent seiner Kunden im darauf folgenden Jahr wieder bei ihm einkaufen würde. Der Prozentsatz war bei kleineren Einkäufern geringer, so dass vorwiegend größere Kunden für die Geschäftsstabilität verantwortlich waren. Y.C. war sich nicht klar darüber, ob es sich bei der hohen Fluktuation um ein Problem handelte, das sich auf sein Unternehmen beschränkte oder allgemein für die Industrie galt. Er hatte den Eindruck, dass die Zufriedenheit der Kunden in der Vergangenheit relativ groß gewesen war und dass einige seiner früheren Kunden wieder zu ihm zurückgekehrt waren, nachdem sie für einige Zeit bei der Konkurrenz eingekauft hatten.

Tabelle 6.5

Auftragsvolumen in S$ pro Jahr	Anzahl der Konten
0-5.000	38
5.000-50.000	63
50.000-100.000	35
100.000-250.000	12
250.000-500.000	1
Gesamtzahl der Konten	149

Kontakte mit Versandhändlern

Vor zwei Jahren hatte Y.C. mit der Beschaffung von Aufträgen von Versandhändlern begonnen. Er hatte einige spezielle Muster für sie vorbereitet und verschiedene Bescheinigungen beschafft, um zu belegen, dass seine Waren den Anforderungen und Normen der jeweiligen Käufer entsprachen. Er hatte sich mehrfach mit Repräsentanten in Singapur getroffen und drei wichtige Versandhändler in den USA und jeweils zwei in Großbritannien und Deutschland aufgesucht. Er erinnerte sich daran, wie überrascht er anfänglich von der Professionalität und dem Scharfsinn seiner Kunden und deren tief greifender Marktkenntnis war. Als er sein jüngstes Modell vor einem Jahr bei einem deutschen Versandhändler vorstellte, wusste der Käufer, ein gewisser Herr Clausen, sofort, woher sein Bruder das Design übernommen hatte. Er brauchte nur vier Minuten, um auf die Schwachpunkte der Konstruktion hinzuweisen, und weitere drei Minuten, um ihn davon zu überzeugen, dass der von ihm geforderte Preis tatsächlich zu hoch war. Aber Herr Clausen hatte ihm auch einige Hinweise gegeben, wie sich bestimmte Aspekte des Autos verbessern und wie sich die Kosten senken ließen. „In fünfzehn Minuten hatte ich mehr gelernt, als sonst in einem ganzen Jahr, aber es gab nicht den geringsten Hinweis darauf, dass mit einem Auftrag zu rechnen war“, berichtete Y.C. Seine Erfahrungen in Großbritannien waren auch nicht ermutigender. Beide Unternehmen interessierten sich im Grunde genommen für niedrige Preise, um die Modelle der Konkurrenz ersetzen zu können, die sie für zu teuer hielten.

In den USA schienen die Käufer fest bei den Herstellern aus Taiwan und Hongkong am Haken zu hängen, mit denen sie bereits seit vielen Jahren Geschäfte machten. Bei Sears, dem weltgrößten Versandhändler, durfte er die für den Einkauf von Spielzeug zuständige Person nicht einmal sehen. Ein Assistenzmanager hatte von Mengen gesprochen, die viel zu groß waren, als dass sie Yang Toyland hätte bewältigen können.

Y.C. hatte speziell die Kontakte mit Herrn Clausen vom Groß-Versand und den britischen Händlern weiter entwickelt. Da Groß-Versand eine Einkaufsniederlassung in Singapur hatte, gestaltete sich die Kommunikation mit Deutschland recht einfach. Aber die Verfahren, um Muster bewilligt zu bekommen, waren äußerst zeitaufwändig und mühsam. Insbesondere das Fernsteuerungssystem hatte aufgrund der strengen Frequenzregulierungen in Europa zu Problemen geführt. Obwohl Yang Toyland das System aus Japan importiert hatte, wo es laut Bescheinigung keine Funkwellen störte, hatte Groß-Versand auf speziellen Tests in Deutschland bestanden, deren Kosten der Exporteur aus Singapur zu tragen hatte.

Das Angebot

Am 3. September wurde Y.C. zu einem Treffen mit Frau Petra Müller, der lokalen Repräsentantin von Groß-Versand, in ihr Büro im Shaw Center eingeladen. Er hatte sie bereits einige Male zuvor getroffen und wickelte den größten Teil seiner Kommunikation mit Herrn Clausen über ihr Büro ab. Sie hatte auch seinen Betrieb besucht und mit seinem Bruder und seiner Schwester gesprochen. Y.C. wusste, dass sie Auskünfte über den Ruf von Yang Toyland bei Banken, Lieferanten und Kunden eingezogen hatte.

Frau Müller eröffnete das Treffen mit einigen guten Neuigkeiten für Y.C. Groß-Versand hatte die Muster von Yang Toyland akzeptiert und wollte jetzt zwei Modelle für den Herbst/Winter-Katalog des nächsten Jahres einkaufen. Bei den ausgewählten Modellen handelte es sich um den allradgetriebenen Jeep CXL und einen Porsche 911, der seinem diesjährigen Verkaufsschlager ähnelte. Beide Produkte waren für Groß-Versand speziell entwickelt, lackiert, dekoriert und ausgestattet worden. Wie bereits zuvor besprochen, war Yang Toyland selbst dann nicht berechtigt, diese Modelle an andere Kunden zu verkaufen, wenn sie zu einem herausragenden Markterfolg werden würden.

Groß-Versand schätzte, dass 20.000 CXL und 120.000 Porsches über Tochtergesellschaften in Deutschland, Belgien, den Niederlanden, Österreich und Frankreich entweder direkt oder indirekt verkauft werden würden. Wegen des Vertriebs in ganz Europa wurden ein paar kleine äußerliche Änderungen vorgeschlagen. Diese ließen sich leicht vornehmen.

Groß-Versand wollte ein festes Übereinkommen mit Yang Toyland über die Lieferung von insgesamt 140.000 Exemplaren bis zum 30. Oktober des nächsten Jahres (Anlieferung in Deutschland). Der Käufer selbst würde aber nur 50% der jeweiligen Mengen mit einer Lieferfrist bis zum 31. Juli bestellen. Der Rest konnte später von Groß-Versand bestellt werden und war innerhalb sehr kurzer Zeit – wie vom Käufer angegeben – zu verschicken, wobei die verfügbare Zeitspanne vom Auftragsvolumen abhing. Die von Groß-Versand vorgeschlagenen Preise lagen bei 23,25 S$ für den CXL und 16,30 S$ für den Porsche. Diese Preise lagen ungefähr 25% unter den Angaben für ähnliche Modelle in der Yang-Toyland-Broschüre. Sie ließen sich für die Laufzeit des Vertrags nicht ändern.

Frau Müller erwartete keine sofortige Antwort von Y.C. Stattdessen verkündete sie, dass Herr Clausen in zwei Wochen nach Singapur käme und dass er den Vertrag mit Yang Toyland dann abschließen wolle.

Sie erwähnte auch, dass ihre Rolle auf die der Qualitätskontrolle beschränkt sei, während alle Vertragsverhandlungen in der Verantwortlichkeit des Hauptsitzes lägen. Frau Müller wies Y.C. weiter auf die allgemeinen Kaufbedingungen von Groß-Versand hin, die sie ihm vor einiger Zeit gegeben hatte (vgl. Abbildung 6.5), und auf den großen Wert, den ihr Unternehmen dauerhaften Beziehungen zu zuverlässigen Lieferanten beimaß. Darüber nachdenkend, verließ Y.C. das Büro.

Drei Tage später traf sich Y.C. mit Paul und Rosy, um das „Projekt Groß" zu diskutieren, wie sie es nannten. Y.C. brachte einen ersten auf den bereits eingegangenen und noch zu erwartenden Aufträgen basierenden Produktionsplan für das nächste Jahr mit. Paul hatte alle Kostenstatistiken zur Hand und einige Broschüren neuer Maschinen, die er, wenn der Vertrag erst einmal unterzeichnet war, kaufen und installieren wollte. Rosy hatte einige Kostenberechnungen angestellt und bereitete eine Cashflow-Prognose vor. Nach sechs Stunden hitziger Debatte kamen sie zu den folgenden Schlüssen:

- Der verbindliche Auftrag von 10.000 CXLs und 60.000 Porsches ließ sich ohne größere Investitionen in zusätzliche Kapitalausstattung erfüllen. Zur Bewältigung der Arbeit würden Überstunden nicht ausreichen. Es musste zusätzliches Personal angeworben werden, was in Singapur keine leichte Aufgabe war. Während der letzten beiden Monate vor dem Versand der Produkte konnte man keine Aufträge neben den bereits erhaltenen mehr annehmen. Einige davon würde man zeitlich zu verlagern versuchen, so dass man sie entweder früher oder später als ursprünglich gefordert ausliefern konnte. Unter Berücksichtigung der zusätzlichen Lohnkosten und unter der Annahme stabiler Lieferpreise wurde ein Gewinn von 50.000 S$ erwartet.
- Alle Aufträge über dem 50%-Niveau würden zu ernsten Kapazitätsproblemen bei Yang Toyland führen, wenn wie in diesem Jahr Aufträge von anderen Kunden eingehen würden und termingerecht bewältigt werden sollten. Zusätzliche Maschinen und Ausrüstungen wären notwendig, die 400.000 bis 500.000 S$ kosten würden. Wenn sie noch vor der Hauptverkaufszeit installiert werden sollten, müssten sie schon bald bestellt werden. Diese Investition ließ sich nicht aus laufenden Geldmitteln finanzieren, sondern würde ein Bankdarlehen oder einen Lieferantenkredit erfordern, da die Liquiditätssituation während der Sommermonate sehr angespannt sein würde.
- Nur unter der Annahme einer Steigerung des normalen Unternehmens um jährlich 10% und dem Eingehen von Aufträgen für 15.000 CXLs und 90.000 Porsches würde die Investition in zusätzliche Kapitalausstattung sinnvoll sein. Rosy glaubte, dass der durchschnittliche Gewinn aus Verkäufen leicht steigen müsste und dass das „Projekt Groß" zu einem Gewinn von ca. 75.000 S$ führen würde. Sollte „Groß-Versand" die gesamte Menge von 140.000 Exemplaren in Auftrag geben und/oder das übrige Unternehmen jenseits des Versandhändler-Auftrags um mehr als 10% wachsen, würde die Rentabilität deutlich steigen. Sollte es keine zusätzlichen Aufträge von Groß-Versand geben und/oder das normale Unternehmen nicht wie geschätzt wachsen, würden die Gewinne schnell sinken.

Auf der Grundlage dieser Berechnungen war Rosy nicht besonders interessiert an einem Vertrag mit Groß-Versand. Paul war jedoch begeistert und sah den Auftrag als einen guten Anreiz für die Erweiterung der Produktionskapazitäten. Y.C.s Gefühle waren gemischt. Er wusste, dass sich das Dilemma, in dem sich Yang Toyland befand, auch dann nicht lösen ließ, wenn er von Herrn Clausen etwas bessere Preise erhalten würde. Er wusste auch, dass Herr Clausen in weniger als zwei Wochen eine klare Antwort von ihm erwartete.

Fragen

1. Welche Vor- und Nachteile sehen Sie für Yang Toyland in der Unterzeichnung des vorgeschlagenen Vertrags mit Groß-Versand?
2. Was sollten die Ziele von Y.C. im Gespräch mit Herrn Clausen sein?
3. Welche Themen sollte Y.C. in welcher Reihenfolge mit Herrn Clausen besprechen?

Abbildung 6.5 Allgemeine Kaufbedingungen eines deutschen Versandhauses (gekürzte Fassung)

1. Auftragserteilung
Verträge kommen nur bei Benutzung der verfügbaren Standardauftragsformulare zustande. Mündliche Bestellungen, Ergänzungen, Änderungen und alle anderen Vereinbarungen, die bereits eingegangene Aufträge betreffen, sind nur dann bindend, wenn sie von beiden Parteien schriftlich vereinbart und unterzeichnet werden.
2. Wettbewerbsschutz
Vor Ablauf des Gültigkeitszeitraums der Kataloge, für die die Waren bestellt worden sind, dürfen diese Waren nicht in derselben oder einer ähnlichen Form oder Fabrikation an andere Versandhändler geliefert werden. Artikel mit Warenzeichen sind davon ausgenommen. Groß-Versand ist berechtigt, die Waren an beliebige Unternehmen auszuliefern, mit denen es in Geschäftsbeziehung steht.
3. Qualitätsgarantie
Während der Gültigkeit der Groß-Versand-Kataloge sind die von Groß-Versand bestellten Waren dem Muster entsprechend anzuliefern, d.h., sie müssen mit der Beschreibung bzw. dem Groß-Versand vorgelegten und genehmigten Muster übereinstimmen, aus denselben Materialien gefertigt sein und in Aussehen, Herstellung und Ausstattung und hinsichtlich der zugesagten Merkmale diesen entsprechen. Wenn der Lieferant aus irgendeinem zwingenden Grund die Waren nicht mehr in Übereinstimmung mit dem ursprünglichen Muster liefern kann, bedarf die geänderte Lieferung der vorherigen schriftlichen Zustimmung durch Groß-Versand. Der Lieferant hat die Waren vor der Auslieferung zu kontrollieren.
4. Preise
Der im Auftrag angegebene Preis versteht sich inklusive aller Verpackungskosten von Groß-Versand. Die Preise sind während der Gültigkeit der Groß-Versand-Kataloge, aus denen die Waren bestellt worden sind, bindend.
5. Verpackung und Auszeichnungspflicht
Auszeichnung, Verpackung und Versand der Waren haben immer den Verpackungs- und Versandanweisungen von Groß-Versand zu entsprechen.
6. Lieferung
Alle Lieferungen haben in Übereinstimmung mit den erteilten Aufträgen zu erfolgen. Bei dem im Auftrag angegebenen Lieferdatum handelt es sich immer um das letzte Lieferdatum (spätester Termin). Sollte der Lieferant nicht binnen des festgelegten Zeitraums liefern können, ist Groß-Versand berechtigt, die folgenden Ansprüche zu erheben:
   (a) Zahlung von Schadenersatz für die Nichtlieferung sowie gegebenenfalls daraus entstehende zusätzliche Kosten;
   (b) er darf die bestellten Artikel von Dritten herstellen lassen. In diesem Fall ist der Lieferant für alle Groß-Versand zusätzlich entstehenden Kosten verantwortlich;
   (c) Zahlung von Schadenersatz für verspätete Lieferung sowie gegebenfalls daraus entstehende zusätzliche Kosten, wenn Groß-Versand dem Lieferanten unverzüglich nach Ablauf des festgelegten Ablaufdatums mitgeteilt hat, dass er auf Leistung besteht.

   Das Recht von Groß-Versand auf Einstellung des Auftrags wird davon nicht beeinträchtigt. Alle von Groß-Versand gewährten Nachfristen verstehen sich bindend, so dass keine weiteren Nachfristen mehr eingeräumt werden. Sie beeinträchtigen die Ansprüche auf Schadenersatz für verspätete Lieferung nicht. Bei Erhalt der nicht rechtzeitig gelieferten Waren müssen die Ansprüche, die durch die verspätete Lieferung entstanden sind, nicht sofort geltend gemacht werden.
7. Gütertransportversicherung
Der Lieferant hat nach eigenem Ermessen für die Versicherung der Waren während des Transports zu sorgen, und er ist nur dann berechtigt, die Kosten für eine solche Versicherung zurückzufordern, wenn diese auf besondere Bitte von Groß-Versand abgeschlossen worden ist.
8. Rechnungsstellung
Der Lieferant hat die Rechnungen an Groß-Versand in vierfacher Ausfertigung unter der unten angegebenen Adresse einzureichen, wobei alle Rechnungen die Adresse des Empfängers tragen müssen. Falls Waren an mehr als einen Empfänger geliefert werden, hat der Lieferant getrennte Rechnungen an Groß-Versand zu erstellen.
Die Abtretung der Ansprüche gegen Groß-Versand ist nur zu Gunsten des Lieferanten des Verkäufers erlaubt.
9. Zahlung
Die Zahlung von Groß-Versand hat in Übereinstimmung mit den Vereinbarungen und Bedingungen des Auftrags zu erfolgen. Zahlungspflicht und Zahlungstermin beginnen erst mit Eingang der Waren und der Rechnung. Das Ausstellen eines Schecks oder die Erteilung eines Zahlungsauftrags an eine Bank ist als fällige Zahlung anzusehen.
10. Garantie
Die Bezahlung einer Rechnung ist keine Bestätigung dafür, dass die so bezahlten Waren frei von Schäden sind, mit dem Vertrag übereinstimmen oder dass die Lieferung vollständig erfolgt ist.
Alle Qualitätsmängel, Mengen- und Größenabweichungen werden von der Garantie des Lieferanten abgedeckt. Der vereinbarte Garantiezeitraum beträgt 12 Monate.
Der Lieferant ist nach Maßgabe des Gerätesicherheitsgesetzes und der allgemeinen Produkthaftpflicht für alle vom Endverbraucher erlittenen Schäden verantwortlich. Der Lieferant hat auf Anfrage den Beweis der Übereinstimmung (d.h. eine Bescheinigung oder ein Testzertifikat einer prüfenden Autorität) mit dem Gerätesicherheitsgesetz (Equipment Security Act) zu erbringen und muss in Auftrag gegebene Artikel, die laut Gerätesicherheitsgesetz verboten sind, ungeachtet aller Gewährleistungszeiträume zurücknehmen.
Wenn die gelieferten Waren hinsichtlich Qualität, Verpackung, Versand und Kennzeichnung des Materials nicht mit dem Muster übereinstimmen oder nicht mit der gebotenen Sorgfalt behandelt worden sind, hat der Lieferant Groß-Versand für alle Groß-Versand aus der Kontrolle der Waren, der Feststellung der Qualitätsmängel, der Aussortierung, der Umgestaltung usw. entstehenden Bearbeitungs- und Verwaltungskosten zu entschädigen. Dies gilt auch für alle Inspektionen und Prüfungen, die über die normalen Vorkehrungen von Groß-Versand hinausgehen.
Die Rücksendung mangelhafter Waren an den Lieferanten ist als Benachrichtigung über das Versäumnis zu verstehen, berechtigt den Lieferanten aber nicht, diese durch gleichwertige Waren zu ersetzen. Ohne weitere und insbesondere ohne jene Ansprüche zu beschränken, die aus Drittparteien entstandenen Schäden resultieren, ist Groß-Versand berechtigt, den Wert zuzüglich der mit den Ansprüchen in Verbindung stehenden Kosten von der nächsten zur Zahlung anstehenden Rechnung des Lieferanten abzuziehen. Falls sich derartige Kosten nicht über noch anstehende Rechnungen begleichen lassen, dann wird die Sendung der beanstandeten Mengen innerhalb von zehn Tagen fällig.
Groß-Versand ist berechtigt, einen Nachlass auf die Einkaufspreise geltend zu machen, sofern es die mangelhaften Waren nicht an den Lieferanten zurücksendet.
11. Gewerbliche Schutzrechte
Der Lieferant garantiert, dass das Angebot und der Verkauf der Güter keine Rechte von Dritten (Copyrights, Patente, registrierte Entwürfe oder Gebrauchsmuster, Warenzeichen, Lizenzen, Ansprüche aus dem Wettbewerbsrecht usw.) verletzt und dass er gegen keine gesetzlichen und behördlichen Anordnungen verstößt. Der Lieferant ist damit einverstanden, Groß-Versand und die mit Groß-Versand verbundenen Unternehmen für alle Ansprüche Dritter zu entschädigen und Schäden, die über diese Ansprüche hinausgehen, zu begleichen und verlorene Gewinne auszugleichen. Dasselbe gilt, wenn die Artikel außerhalb der Bundesrepublik Deutschland angeboten und verkauft werden, es sei denn, der Lieferant hat in der Auftragsbestätigung angegeben, dass es nicht gestattet ist, die Waren im Ausland anzubieten und zu verkaufen.
Alle Skizzen, Musterentwürfe, Spezifikationen und Informationen, die von Gross-Versand zur Verfügung gestellt werden oder vom Lieferanten für und auf alleinige Kosten von Groß-Versand angefertigt werden, gehen in den Besitz von Groß-Versand über und sind vertraulich zu behandeln. Nach Erfüllung des Vertrags sind sie Gross-Versand zurückzugeben und der Lieferant ist dafür verantwortlich, dass sie in keiner Weise missbraucht werden.
Bei Aus- oder Ablauf des Vertrags ist es dem Lieferanten ohne schriftliche Genehmigung von Groß-Versand nicht gestattet, Dritte mit Gütern mit Groß-Versand-Warenzeichen zu beliefern.
12. Anwendbares Gesetz und Gerichtsbarkeit
Dieser Vertrag unterliegt den Gesetzen der Bundesrepublik Deutschland und ist in Übereinstimmung mit diesen auszulegen.

KAPITEL 7

Export-Eintrittsmodi

7.1 Einleitung

In Kapitel 6 haben wir den Export-Eintrittsmodus bzw. den Exportmarketing-Kanal ausführlich im Zusammenhange mit alternativen Eintrittsstrategien besprochen. Die dem exportierenden Unternehmen zur Verfügung stehenden alternativen Eintrittsmodi wurden in Abbildung 6.1 aufgeführt und als indirekt oder direkt klassifiziert. Diese beiden grundlegenden Exportvarianten werden danach unterschieden, wie das exportierende Unternehmen den Transaktionsfluss zwischen sich und dem Importeur oder dem ausländischen Käufer gestaltet. In diesem Kapitel werden wir nun diese Eintrittsmodi ausführlich besprechen.

Die Entscheidung zwischen den beiden Varianten umfasst die Bestimmung des Ausmaßes der vom Exporteur gewünschten vertikalen Kontrolle, wobei zwei Kostenarten zu betrachten sind: (1) die Kosten der Durchführung notwendiger Funktionen und (2) die in der Organisation durch Interaktion oder Verträge mit anderen Parteien entstehenden Transaktionskosten (Klein, 1989). Es wurde angeregt, dass diese „optimale" Kontrolle sowohl die Menge der beteiligten Güter als auch die Risiken berücksichtigen sollte, denen sich der Exporteur selbst aussetzt, wenn er sich auf andere Parteien verlässt.

Zur Verdeutlichung der beiden Ansätze skizziert Abbildung 7.1 die Distribution von Mobiliar, das nach Japan exportiert wird, und zeigt sowohl direkte als auch indirekte Exporte der Hersteller. Beispiel 7.1 enthält ein interessantes Beispiel aus Deutschland, das ähnlichen Unternehmen als Vorbild dienen kann.

7.2 Indirekter Export

Wenn exportierende Hersteller unabhängige Organisationen im Land des Produzenten in Anspruch nehmen, handelt es sich um indirekte Exporte. Außerdem kann der Hersteller über eine abhängige Exportorganisation (z.B. eine Exportabteilung) verfügen, die mit der unabhängigen Marketingorganisation zusammenarbeitet und die gesamten Exportanstrengungen koordiniert. In dieser Situation befasst sich die abhängige Organisation nicht aktiv mit irgendwelchen Verkaufsaktivitäten.

Dem Hersteller, der indirekt exportieren will, bieten sich zwei generelle Alternativen: (1) die Nutzung internationaler Marketingorganisationen und (2) der Export durch eine kooperative Organisation.

7.2.1 Marketingorganisationen

Im Exportmarketing gibt es zwei grundlegende Arten unabhängiger Marketingmittler im Großhandelsbereich: *Händler* und *Vertreter*. Der wesentliche Unterschied zwischen diesen beiden ist der, dass Händler eigene Rechte an den Produkten besitzen, während dies bei Vertretern nicht der Fall ist.

Abbildung 7.1 Export von Möbeln nach Japan.

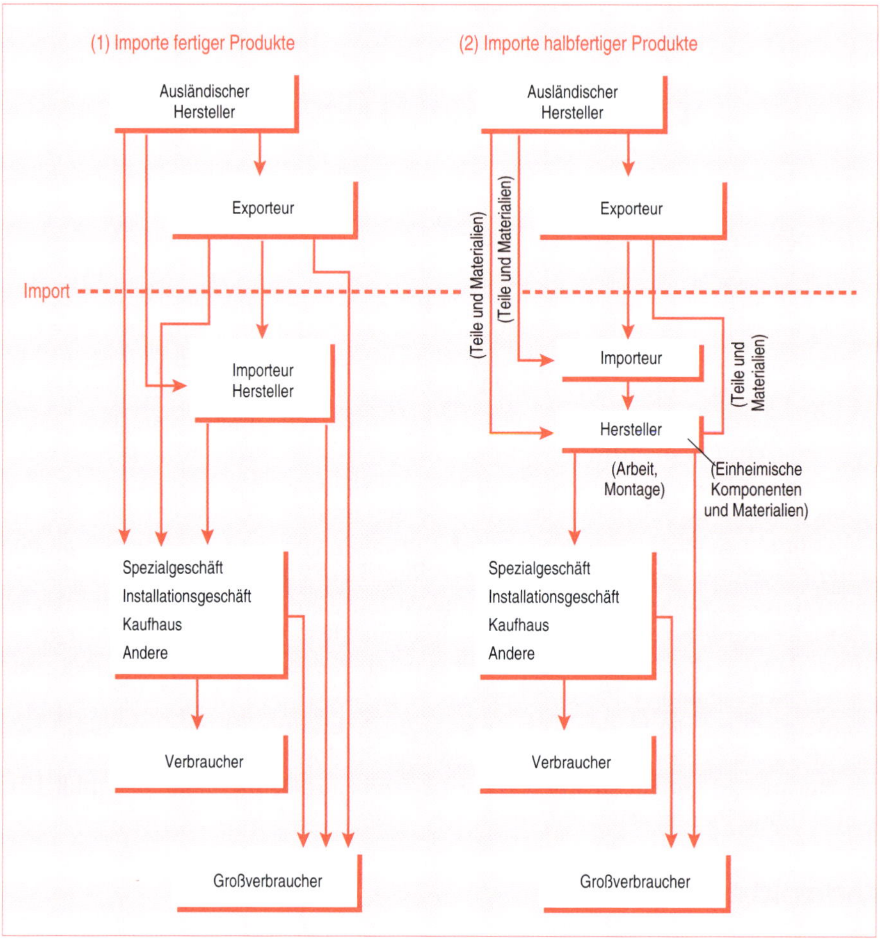

BEISPIEL 7.1

Exportlektionen des deutschen Mittelstands

Um ein gutes Beispiel für die deutsche Exportstärke zu bekommen, muss man nicht lange suchen und kann die Glasbau-Hahn-Fabrik am Stadtrand von Frankfurt betrachten. Obwohl sie nur 12 Mio. $ Umsatz macht, ist Glasbau Hahn führend bei Glasschaukästen. Seine Produkte schützen die wertvollsten Kunstobjekte der Welt. Kunden, wie das Metropolitan Museum of Art in New York und das Britische Museum in London, zahlen bis zu 100.000 $ für die speziell angefertigten großen Wandschaukästen von Hahn, die komplett mit wärmeneutraler Glasfaserbeleuchtung und Präzisionsklimakontrolle ausgestattet sind (*Business Week*, 1991).

Beispiel 7.1 (Forts.)

Laut *Business Week* (1991) und Miller (1995) gibt es ca. 300.000 bis 2,5 Mio. kleine und mittlere Unternehmen wie Hahn, die unter den Sammelbegriff *Mittelstand* fallen. Obwohl Großunternehmen wie Daimler Benz und Siemens im Ausland am bekanntesten sind, sind es diese kleineren Unternehmen mit weniger als 500 Beschäftigten, die zwei Drittel des deutschen Bruttosozialprodukts erzeugen, neun von zehn Lehrlingen ausbilden, vier von fünf Arbeitern im privaten Sektor beschäftigen und für 30% der deutschen Exporte verantwortlich sind. Sie stellen alles von Motoren über Werkzeugmaschinen bis hin zu Verbrauchsgütern her, wie z.B. Campingausrüstung und aktuelle modische Bekleidung.

Die Unternehmen des *Mittelstands* sind bereits wichtige Exporteure, die gewöhnlich mit den erfolgreichsten Unternehmen der Welt konkurrieren. Exporte machen 40% ihrer Umsätze aus. Sie wissen, wie sich Innovationen und angewandte Forschung nutzen lassen, um die Nachteile hoher Löhne und einer starken Währung auszugleichen, die ihre Exporte verteuern.

Anders als die führenden japanischen Exporteure ist der *Mittelstand* gemeinschaftlich dadurch gewachsen, dass er in kleinen Dimensionen gedacht hat. Es werden kleine Fertigungsstätten errichtet, die sich häufig in Städten befinden, die den meisten Menschen unbekannt sind, und sie zielen auf kleine, aber äußerst profitable Nischen in den globalen Märkten ab. Große Teile ihrer Einnahmen werden in Forschung und Entwicklung investiert und die mittelständischen Unternehmen übertreffen die großen Unternehmen regelmäßig bei der Vermarktung neuer Produkte. Ein Grund hierfür ist, dass sie meistens von Managern geleitet werden, die gleichzeitig Besitzer sind. Fast 40% der Unternehmen befinden sich im Familienbesitz. Eine Studie über 500 der erfolgreichsten Mittelstandsfirmen ergab, dass mehr als 75% von ihren eigenen Besitzern geführt werden und dass ihre Umsätze allein ca. 10% der deutschen Gesamtexporte ausmachen (*The Economist*, 1995b).

Es gibt einige mittelständische Unternehmen, die nicht direkt, sondern vorzugsweise über große Unternehmen exportieren. Das entspricht in etwa dem japanischen Modell, bei dem kleinere Unternehmen die großen Exporteure in ihrem *keiretsu* bzw. ihrer Industriegruppe beliefern. Aber im Unterschied zu Japan ist der bei weitem überwiegende Teil der mittelständischen Unternehmen eindeutig selbstständig. Es kommt jedoch zu einem Wandel, wenn die Unternehmen in die Öffentlichkeit gehen, um benötigtes Kapital zu erhalten. Ferner werden professionelle Manager eingestellt.

Teilweise lässt sich der mittelständische Erfolg auf die deutsche Unternehmenskultur selbst zurückführen. Anders als amerikanische Manager orientieren sich die Mitglieder des Mittelstands nicht nur am vierteljährlichen Umsatzwachstum. Stattdessen stehen Qualität, Gewinne und Familienbesitz im Vordergrund. In ihren Begriffen bedeutet Erfolg, dass man der nächsten Generation ein gesundes Unternehmen übergibt.

Abgesehen von der Kultur gibt es in Deutschland eine Exportinfrastruktur, die kleinere Unternehmen unterstützt. Die Auslandsinvestitionen sind gestiegen. Der Kaffeeautomatenhersteller Melitta startete z.B. Anfang 1995 in Portugal mit der Produktion von Haushaltsmaschinen.

Eine Schlüsselrolle beim Erfolg der deutschen Unternehmen spielt deren Bereitschaft, hohe Summen für Forschung und Entwicklung auszugeben. G. W. Barth, das kleinste Unternehmen aus dem Bereich des Baus von Maschinen für das Rösten von Kakaobohnen mit 65 Beschäftigten, riskierte in den 80ern mit komplexen neuen Technologien 1,8 Mio. US-$, während dies bei seinen Wettbewerbern nicht der Fall war. Barth besitzt nun einen Anteil von 70% am globalen Markt (1981 waren es noch 25%). Eine weitere bewährte Strategie des Mittelstands entspricht der Rolle des großen Fischs im kleinen, ertragreichen Teich. Diese Unternehmen machen ihre Ideen häufig derart schnell marktreif, dass sie sich über deren Patentierung keine Gedanken zu machen brauchen.

Schließlich argumentieren Geschäftsführer mittelständischer Unternehmen, dass es ihre eigenen Anstrengungen sind, die den Unterschied zwischen Erfolg und Misserfolg ausmachen. Diese Unternehmen verfügen über gute Arbeitsbedingungen. Die *Mittelstand*-Belegschaft wurde in der Vergangenheit durch Lernprogramme, die zwischen zwei und vier Jahren dauern, sehr gut ausgebildet.

7.2.2 Einheimische Händler

Exporthändler

Die im Inland beheimateten Händler kaufen und verkaufen auf eigene Rechnung. Meist befassen sie sich sowohl mit Ex- als auch Importen und agieren ähnlich wie gewöhnliche einheimische Großhändler. Wenn diese Art von Marketingorganisation in einem Exportmarketing-Kanal genutzt wird, reduziert sich die Marketingaufgabe für den Hersteller im Wesentlichen auf das einheimische Marketing. Alle Aspekte der internationalen Marketingaufgabe übernehmen diese Händler, sofern diese nicht Änderungen des Produkts selbst, dessen Verpackung oder die verfügbaren Mengen je Verpackungseinheit betreffen, die zur Anpassung an einzelne ausländische Märkte erforderlich sind. Dazu zählen auch die Auswahl der Kanäle in den Auslandsmärkten sowie die Aktivitäten im Zusammenhang mit dem Verkauf, dem Marketing, dem Handel, der Werbung, der Lieferung und der Dienstleistungen.

Das Unternehmen des Exporthändlers kann frei darüber entscheiden, welche Produkte es wo und zu welchen Preisen einkauft. Dieselben Freiheiten genießt es beim Verkauf. Diese Art von Unternehmen kann eine weit reichende Organisation besitzen, zu der Zweigniederlassungen, Lager, Zweigstellen, Docks, Transporteinrichtungen, Einzelhandelsunternehmen und sogar Gewerbebetriebe in den bedienten Auslandmärkten zählen können. Infolgedessen handelt es sich beim Exporthändler eher um eine mächtige kommerzielle Organisation, die auch ohne die Kooperation oder die Produkte eines Herstellers oder einer Gruppe von Herstellern überleben kann. In einigen Fällen dominieren derartige Unternehmen den Handel in bestimmten Gebieten oder sogar Nationen.

Für die Nutzung von Exporthändlern kann es Einschränkungen geben. Erstens stehen sie möglicherweise nicht für alle Märkte zur Verfügung. Exporthändler sind prinzipiell an Massenwaren interessiert, bei denen es sich im Allgemeinen um Waren handelt, die sich frei im Markt verkaufen lassen und bei denen es keine starke Identifikation mit dem Hersteller gibt. Sie haben auch kein großes Interesse daran, sich mit Einzelheiten wie der Entwicklung und den Ausgaben für die Einführung und den Verkauf von Artikeln zu befassen, die als Spezialität gelten und beträchtliche Verkaufsanstrengungen erfordern.

Der Exporthändler, der eine derart mächtige Position einnimmt, gesteht dem Hersteller bei den Verkäufen üblicherweise kaum mehr als den Herstellungsgewinn zu. Der Exporthändler erfüllt alle vom Hersteller geforderten Zahlungsbedingungen, übernimmt alle Funktionen im Zusammenhang mit Marketing und Vertrieb und hat schließlich die Auswahl unter allen Herstellern einer bestimmten Produktlinie, da er durch seine Marktbedeutung bei allen Produkten, die er zu unterstützen gedenkt, Einfluss auf die einzelnen Absatzmärkte ausüben kann.

Handelsunternehmen

In vielen Ländern sind Exporthändler bzw. sog. Handelsunternehmen recht verbreitet. Es lassen sich die in Tabelle 7.1 aufgeführten verschiedenen Arten von Handelsunternehmen unterscheiden.

Tabelle 7.1 Typologie der Exporthandelsunternehmen.

Typ	Grund der Gruppierung	Einige Beispiele nach Herkunftsland
(1) Allgemeine Handelsunternehmen	Historische Einbindung in allgemeine Im-/Exportaktivitäten	Mitsui (Japan), East Asiatic (Dänemark), SCOA (Frankreich), Jardine Matheson (Hongkong/Bermuda)
(2) Exporthandelsunternehmen	Spezifische Mission der Wachstumsförderung von Exporteuren	Daewoo (Südkorea), Interbras (Brasilien), Sears World Trade (USA)
(3) Vereinigte Exportmarketinggruppen	Lose Zusammenarbeit zwischen Exportunternehmen, die von einer dritten und üblicherweise marktspezifischen Stelle überwacht werden	Fedec (Großbritannien), SBI Group (Norwegen), IEB Project Group (Marokko)
(4) Handelsableger multinationaler Unternehmen	Import-/Export- und Handelsaktivitäten, die auf die Operationen der Muttergesellschaft beschränkt sind	General Motors (USA), Volvo (Schweden)
(5) Bankenbasierte oder Banken angegliederte Handelsgruppen	Erweiterung der traditionellen Bankaktivitäten in kommerzielle Bereiche	Mitsubishi (Japan), Cobec (Brasilien), A.W. Galadari Holdings (Vereinigte Arabische Emirate)
(6) Warenhandelsunternehmen	Lang andauernde Exporte, Handel in spezifischen Märkten, undurchsichtige, schnelle und risikoreiche Aktivitäten	Metallgesellschaft (Deutschland), Louis Dreyfus (Frankreich)

Quelle: nach Amine (1987), S. 203.

Obwohl die in Brasilien, Südkorea, Taiwan, Thailand, der Türkei und anderen auch europäischen Ländern beheimateten internationalen Handelsunternehmen weltweit aktiv gewesen sind, wurde das Konzept des Handelsunternehmens in Japan am effektivsten und auf wohl einzigartige Weise umgesetzt. In Japan gibt es Tausende von Handelsunternehmen, die sich mit Ex- und Importen befassen. Die größten Unternehmen (von denen es, je nach Quelle der Schätzung, zwischen neun und 17 gibt) werden allgemeine Handelsunternehmen oder *sogo shosha* genannt. Diese Gruppe von Unternehmen, zu der Mitsui & Co., Ltd., Mitsubishi Shoji Kaisha, Ltd. und Marubeni zählen, ist für einen großen Teil der japanischen Ex- und Importe verantwortlich. Während die kleineren Handelsunternehmen ihre Aktivitäten üblicherweise auf den ausländischen Handel beschränken, sind die größeren im Allgemeinen auch stark an der einheimischen Distribution und anderen Aktivitäten beteiligt.

Die japanischen allgemeinen Handelsunternehmen befassen sich mit einem weit größeren Bereich der kommerziellen und finanziellen Aktivitäten als nur dem Handel und dem Vertrieb. Sie spielen auch eine zentrale Rolle in derart unterschiedlichen Bereichen wie dem Versand, der Lagerung, der Finanzierung, dem Technologietransfer, der Planung, der Ressourcenentwicklung, der Konstruktion und regionalen Entwicklung (d.h. schlüsselfertige Projekte), der Versicherung, der Beratung, der Grundstücksmaklerei und allgemeinen Geschäftsabschlüssen (inkl. Investitionserleichterung und Gemeinschaftsunternehmen anderer Unternehmen). In der Tat sind es die angebotenen finanziellen Dienstleistungen, durch die sich die allgemeinen Handelsunternehmen von den anderen unterscheiden. Zu diesen Dienstleistungen zählen Kreditgarantien, die Finanzierung aktiver und passiver Forderungen, die Ausgabe von Schuldscheinen, bedeutende Devisengeschäfte, langfristige Kapitalanlagen und sogar die direkte Kreditvergabe.

Die *sogo shosha* unterscheiden sich hauptsächlich darin von multinationalen Unternehmen, dass sich ihre weit reichenden Investitionen alle direkt auf den Handel beziehen und dem weit gefassten Ziel der Anregung internationaler Geschäfte dienen. Sie unterscheiden sich auch darin von anderen Unternehmen, dass sie nicht notwendig kunden- oder herstellerorientiert sind. Stattdessen sind sie liefer- bzw. nachfrageorientiert und fungieren als Problemlöser. Wenn ein *sogo shosha* eine Nachfrage nach Waren oder Dienstleistungen erkennt, sucht er nach einem Weg, diese zu befriedigen, indem er entweder in Handelsgeschäften zwischen mehreren Parteien die Mittlerrolle übernimmt oder den Handelsfluss selbstständig steuert. In einem gewissen Ausmaß sind diese Aktionen eine Reaktion auf die erhöhten Direktexportaktivitäten der japanischen Hersteller wie Toyota, Hitachi und Sony. Beispiel 7.2 verdeutlicht viele dieser Aktivitäten.

BEISPIEL 7.2

Japans Handelsunternehmen

Heute befindet sich Mitsui Bussan unter den größten japanischen Handelsunternehmen. Es bildet auch das Herz des Mitsui-*keiretsu*, bei dem es sich um einen Zusammenschluss von Unternehmen handelt, die von gegenseitigen Beteiligungen und monatlichen Treffen zusammengehalten werden, die die japanische Geschäftswelt dominieren. Mitsui und fünf andere führende Häuser – Mitsubishi, Sumitomo, Marubeni (das das Fuyo-*keiretsu* bedient), Itochu (Dai-Ichi Kangyo) und Nissho Iwai (Sanwa) – kommen zusammen immer noch auf einen Umsatz von 100 Billionen Yen, was einem Viertel des japanischen BIP entspricht (1994).

Dieser enorme Umsatz führte im letzten Wirtschaftsjahr zu gemeinsamen Erlösen von weniger als 45 Mrd. Yen. Für westliche Augen scheinen die – unter der Bezeichnung *sogo shosha* bekannten – großen Handelsgesellschaften prähistorische Geschöpfe zu sein. Ihre Kerngeschäfte, die Tätigkeit als Mittler, ist jetzt in Gefahr, da die Japaner zunehmend gewillt sind, direkt mit Lieferanten und Kunden umzugehen.

Die *shosha* sind die weltweit stärksten Förderer des Handels, obwohl sie keines der Probleme eigenständig bewältigen können. Zeitweilig fungieren sie als Kommissionär, importieren und exportieren im Namen von Klienten, als Händler, die auf eigene Rechnung handeln, als Mittler bei Transaktionen zwischen Mitgliedern ihres *keiretsu*, als Finanzier, der kleineren *keiretsu*-Mitgliedern Geld leiht, als Fondsmanager, als Risikoinvestor und als Unternehmensberater.

In einer Zeit der „Kernkompetenzen" würden die *shosha*, wenn es sich bei ihnen um westliche Unternehmen handeln würde, wahrscheinlich aufgeteilt werden. Das bedeutet jedoch nicht, dass sie schlecht an das Umfeld angepasst wären, in dem sie operieren, oder nicht in der Lage wären, sich an Änderungen der Umwelt anzupassen. Durch die laufende Metamorphose verlieren sie ihre Rolle als Vertreter mit geringen Spannen und Finanziers kleinen Umfangs und streben nach höheren Spannen. Dabei genießen sie ihre Vielfältigkeit und versuchen zu Ölfirmen, Elektrizitätsunternehmen, Telekommunikationsbetreibern, Fernsehstationen und selbst Satellitenkommunikationsunternehmen zu werden.

Beispiel 7.2 (Forts.)

Um in diese neuen Bereiche eindringen zu können, muss die *shosha* Risiken und Managementherausforderungen annehmen, die selbst die expansivsten westlichen Konglomerate empfindlich stören könnten. Aber die *shosha* blicken auf eine lange Geschichte der Kolonisation neuer Bereiche zurück. Wohl bestand die Kernfähigkeit im Laufe der Jahre darin, dass man seine Kunden (im „Ausland", mit ihren komischen, fremden Verhaltensweisen) ignoriert hat. Wenn Ignoranz aber zur Erleuchtung wird, wie dies in den 70ern bei vielen japanischen Automobil- und Elektronikunternehmen der Fall war, werden diese Unternehmen tendenziell überflüssig, und die *shosha* befassen sich mit neuen Bereichen. Diese Strategie wird jetzt komplett in Frage gestellt.

Einnahmen und Ausgaben

Die *shosha* haben bereits ihre Vertretungsgeschäfte reduziert, bei denen die Rohgewinne selten mehr als 3% betrugen, der Gewinn von 80% im Jahr 1980 auf heute 40% gefallen ist und es zu erwarten ist, dass sie bis 2010 auf 20% fallen werden. Sie übertragen ihre Rolle als „Nichtbanken" auch an die kleineren *keiretsu*-Mitglieder, nur um den internationalen Handel anzukurbeln, von dessen Kommissionen sie abhängig waren. Stattdessen kaufen und verkaufen sie zunehmend auf eigene Rechnung (wobei die Spannen 20% erreichen können) und befassen sich zunehmend direkt mit den zu Grunde liegenden Geschäften, die sie üblicherweise gefördert haben, was manchmal unangenehme Auswirkungen auf ihre *keiretsu*-Verbindungen hat.

Viele *shosha* sind auf dem Weg zum bedeutenden Energieunternehmen und bauen ihre Kenntnisse im Ölhandel aus. Mitsubishis Produktionsstätte für flüssiges Erdgas in Brunei sorgt für ein Drittel der Erlöse des Unternehmens. Gefördert durch eine billige, von der Regierung geförderte Finanzierung folgen andere *shosha* diesem Beispiel. Insgesamt besitzen sie bereits 21 produzierende oder betriebsbereite Öl- und Gaskonzessionen. Weitere 17 Konzessionen werden geprüft. In der besten *shosha*-Tradition sind einige dieser Projekte langfristig angelegt und recht riskant.

Ein anderer Bereich des Wandels der *shosha* vom Händler zum Betreiber ist die Elektrizitätserzeugung. Einmal mehr von der japanischen Regierung unterstützt, haben sie in Kraftwerke in anderen asiatischen Ländern investiert. Trotz des hohen Yenkurses hat Mitsubishi, das 380 Mrd. Yen mit seinen Kraftwerkaktivitäten verdient, beharrlich zu seinem *keiretsu*-Partner, Mitsubishi Heavy Industries, als Hauptlieferanten der Ausrüstung gehalten. Marubeni, das mit seiner Elektrizitätserzeugung 350 Mrd. Yen macht, arbeitet aber häufig vorzugsweise mit ausländischen Unternehmen, wie z.B. Asea Brown Boveri (ein schwedisch-schweizerisches Unternehmen) und GEC-Alsthom (ein anglofranzösisches Konsortium) und nicht mit seinem *keiretsu*-Partner Hitachi zusammen.

Die dramatischste Wandlung der *shosha* ist jedoch deren kollektiver Aufbruch in die Kommunikationsindustrie. Bisher haben diese Anstrengungen bereits einen Erfolg zu verzeichnen. Als Japan Telecom, ein Konkurrent von NTT, im Tokyo Stock Exchange geführt wurde, konnten Mitsubishi, Mitsui und Sumitomo jeweils einen unrealisierten Gewinn von 11 Mrd. Yen aufweisen. Itochu, Mitsui, Nissho Iwai und Sumitomo haben 41,5 Mrd. in das Satellitenunternehmen JSAT gesteckt. Mitsubishi geht ein derartiges Projekt mit SCC (Space Communications Corporation) allein an. Trotz hoher Verluste planen JSAT und SCC, neue Satelliten zu starten. Inzwischen haben Sumitomo (Investitionshöhe 5,9 Mrd. Yen) und Itochu (2 Mrd. Yen) auch Geld in das japanische Kinderfernsehen investiert. Es wurde nicht erwartet, dass derartige Investitionen vor Anfang des neuen Jahrhunderts Gewinne abwerfen würden.

Beispiel 7.2 (Forts.)

Handel mit Unternehmen

Diese Tendenz, neue Unternehmen zu erwerben und zu horten, wird von einer neuen Bereitschaft begleitet, sie nach deren Reifeprozess wieder abzustoßen. Die *shosha* haben schon immer große Aktienanteile anderer Unternehmen gehalten. Bei einigen handelt es sich um Anteile an anderen *keiretsu*-Mitgliedern, die zum Zusammenhalt des Systems beitrugen. Einige sind Tochtergesellschaften (die *shosha* haben es im Allgemeinen vorgezogen, ihre Nicht-Kernaktivitäten auf diese Weise abzuwickeln). Und einige wurden als reine Investition gekauft.

Solange Japan nicht zu einem „westlichen“ Land wird, werden die *shosha* weiterhin das Spiel spielen, das sie schon immer gespielt haben: Sie werden sich so entwickeln, dass sie in die Nische passen, die ihnen das japanische Umfeld überlässt. Dadurch mögen sie wie Dinosaurier erscheinen und wie riesige Reptilien aussehen, die sich an die Zeiten angepasst und die Erde mehr als 125 Millionen Jahre lang beherrscht haben und sich nur durch den Einschlag eines Asteroiden ausrotten ließen.

Quelle: nach *Economist* (1995a). © 1995 The Economist Newspaper Group, Inc. Abdruck mit Genehmigung.

Einige der allgemeinen Handelsunternehmen, einschließlich C. Itoh & Co., Mitsubishi International Corporation und Mitsui & Co., haben globale Vertriebsnetze errichtet, die aus ausländischen Zweigstellen oder Tochtergesellschaften in Eigenbesitz bestehen. In Kanada und den USA wurde der Ansatz der Tochtergesellschaften z.B. häufig benutzt. C. Itoh America hat selbst 24 Tochtergesellschaften und angegliederte Unternehmen in den USA, die Mazda- und Isuzu-Automobile importieren, Beechcraft-Flugzeuge exportieren und Maschendrahtzaun und Rohrleitungen herstellen.

Ein weiteres Beispiel für die weit reichenden Einflüsse der Handelsunternehmen ist Jardine Matheson, das älteste in Hongkong ansässige Handelsunternehmen bzw. *hong* (das aber juristisch in Bermuda beheimatet ist). Die Unternehmensgruppe ist über ganz Asien verstreut und befasst sich mit Aktivitäten wie dem Handel an sich, dem Einzelhandel, dem Errichten und Managen von Hotels, dem Vertrieb von Automobilen, dem Remoursbankgeschäft und gegenseitigem Fondsmanagement. Abbildung 7.2 zeigt eine Übersicht über die Unternehmensgruppe Jardine Matheson. Jetzt, da Hongkong ein spezielles Verwaltungsgebiet von China ist, müssen die in Hongkong ansässigen Handelsunternehmen und insbesondere jene, die sich wie Jardine Matheson im ausländischen Besitz befinden, darauf achten, welche Auswirkungen ihre Entscheidungen auf die Regierung der Volksrepublik China in Beijing haben. Davon können sowohl Operationen in Hongkong als auch in China selbst betroffen sein. China war vor der Übergabe am 30. Juni 1997 über Aktionen wie die Verlagerung des legalen Sitzes von Jardine, die Aufgabe seiner Depots an der Börse von Hongkong und den Umzug nach Singapur „empört“. Eine Folge waren Verzögerungen von Projekten. Die Situation hat sich für Jardine verbessert, seit sich der Hauptgeschäftsführer Anfang 1997 öffentlich für alle durch seine Aktionen in China verursachten Kränkungen entschuldigt hat.

Handelsunternehmen sollten von allen exportierenden Unternehmen berücksichtigt werden, egal ob es sich bei ihnen um die großen japanischen Handelsunternehmen handelt oder um jene, die zunehmend in Ländern wie Südkorea, Brasilien, den europäischen Ländern oder in den USA entstehen. Erstens können sie für den Markteintritt erforderlich sein. Dies schließt sowohl Direktexporte durch das exportierende Unternehmen als auch indirekte Exporte ein. Es kann z.B. sein, dass der Direktexporteur, um in den japanischen Markt einzudringen,

Geschäfte mit einer japanischen Importhandelsgesellschaft machen muss. Zweitens können Handelsunternehmen Konkurrenten des exportierenden Unternehmens sein, da Handelsunternehmen weltweit vertreten sind. Es ist offensichtlich, dass Handelsunternehmen äußerst gefährliche Konkurrenten sein können. Infolgedessen müssen die Strategien für Märkte, in denen Handelsunternehmen wichtige Wettbewerber sind, geändert werden.

Abbildung 7.2 Jardine Matheson Firmen

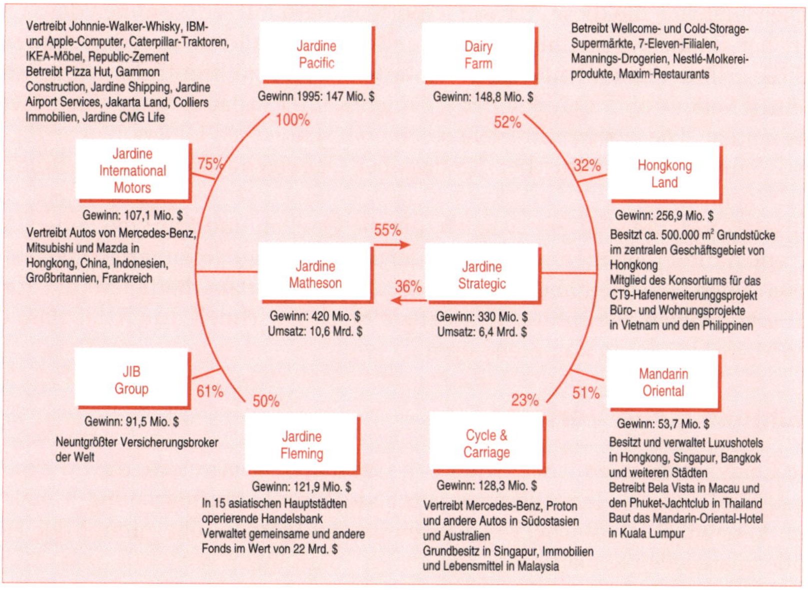

Ein Konzept der allgemeinen Handelsunternehmen als allgemeine Form der Geschäftseinheit wurde von Cho (1987) vorgeschlagen. Ein nützliches Maß für die Leistung ist das Ausmaß der Diversifizierung auf der Grundlage der Expansion der Produkte, der Märkte und der ausgeübten Funktionen. Indizes der Produktdiversifikation (PDI), der Gebietsdiversifikation (ADI) und der funktionellen Diversifikation (FDI) wurden benutzt.

Cho (1987) hat diese Indizes auf Stichproben von Unternehmen angewandt, die für europäische Handelshäuser, japanische *sogo shosha* bzw. koreanische allgemeine Handelsunternehmen repräsentativ sind. Die japanischen *sogo shosha* sind unter den verglichenen Gruppen am stärksten diversifiziert, aber die europäischen (z.B. East Asiatic Company) und koreanischen (z.B. Samsung und Daewoo) Handelsunternehmen weisen ebenfalls mehrere Richtungen der Diversifikation auf, die Synergieeffekte erzeugen. Interessanterweise sind die PDI- und FDI-Werte der europäischen Handelshäuser relativ hoch, während die Gebietsdiversifikation bei ihnen nicht annähernd so ausgeprägt ist wie bei den anderen Gruppen.

Schreibtischexporteur

Eine Art von Exporthändler, der Hersteller häufig unterstützt, verdient besondere Erwähnung. Bei ihm handelt es sich um den Schreibtischhändler, der aufgrund seiner Vorgehensweise auch unter der Bezeichnung *Exportauftragsmakler* bekannt ist und ebenfalls *Telehändler* genannt werden könnte.

Hauptsächlich mit dem internationalen Verkauf von Rohmaterialien befasst, bekommen Schreibtischhändler die von ihnen gekauften oder verkauften Waren physisch nie zu sehen. In jeder anderen Hinsicht entsprechen ihre Aufgaben jedoch denen eines gewöhnlichen Exporthändlers, wenn man davon absieht, dass sich die Waren nur sehr kurzfristig in ihrem Besitz befinden. Die Hersteller, die diese Art von Exporthändlern nutzen, kommen dem Direktexport ein wenig näher, da diese gegenüber ihren Kunden für die physischen Bewegungen der Produkte (und die erforderlichen Unterlagen) verantwortlich sind. Ein Unternehmen in den USA kann z.B. einen Verkauf von Quecksilber an einen Käufer in Japan über einen Lieferanten in Spanien aushandeln. Die Besitzrechte gehen erst vom spanischen Lieferanten an das US-Unternehmen und dann auf den japanischen Käufer über. Der eigentliche Versand erfolgt direkt von Spanien nach Japan.

Schreibtischexporteure sind Spezialisten, die die Quellen und Märkte kennen. Sie nehmen den Produzenten die Probleme und Risiken der Feststellung der Zuverlässigkeit des Käufers ab. Sie können einen Hersteller aber bei der Gestaltung eines dauerhaften Markts für seine Produkte nicht unterstützen. Sie führen Geschäfte einfach zu schnell durch, als dass es zu einer dauerhaften Marktbeziehung kommen könnte.

7.2.3 Einheimische Vertreter

Es gibt eine Reihe unterschiedlicher Arten von Großhandelsvertretern, die im exportierenden Land ansässig sind und die Herstellern als Mitglieder ihrer Exportmarketing-Kanäle zur Verfügung stehen können. Wenn solche Vertreter eingesetzt werden, übernimmt der Hersteller in der Regel alle finanziellen Risiken.

Exportkommissionäre

Das Exportkommissionshaus (Exportmakler) ist ein Repräsentant der ausländischen Käufer, der seinen Sitz im Heimatland des Exporteurs hat. Entsprechend handelt es sich bei dieser Art von Vertretung im Wesentlichen um angestellte Einkaufsvertreter des ausländischen Kunden im Heimatland des Exporteurs, die auf der Basis von Aufträgen oder „Indentgeschäften" (Angebote für den Einkauf unter den vom potenziellen Käufer angegebenen Bedingungen beim angegebenen Preis), die sie von diesen Käufern erhalten, tätig werden. Da das Exportkommissionshaus im Interesse des Käufers handelt, zahlt ihm der Käufer eine Kommission. Der exportierende Hersteller ist nicht direkt an der Festlegung der Kaufbedingungen beteiligt. Diese werden vielmehr zwischen dem Kommissionshaus und dem ausländischen Käufer ausgearbeitet.

Das Exportkommissionshaus wird im Grunde genommen zum ausländischen Käufer. Es sucht den Markt nach den besonderen Waren ab, die es einkaufen soll. Es versendet Spezifikationen an Hersteller und fordert diese zur Abgabe von Angeboten auf. Die anderen Begleitumstände sind identisch. Das preiswerteste Angebot erhält den Zuschlag und es ist kein Platz für Sentimentalitäten, Freundschaft oder Verkaufsgespräche.

Aus der Sicht des Exporteurs stellt der Verkauf an Kommissionshäuser eine einfache Exportmöglichkeit dar. Prompte Zahlungen werden üblicherweise im Heimatland des Exporteurs garantiert und die Probleme des physischen Transports der Waren werden ihm im Allgemeinen vollständig abgenommen. Es gibt nur geringe Kreditrisiken, so dass der Exporteur nur den Auftrag entsprechend den Spezifikationen zu erfüllen hat. Ein wichtiges Problem dabei ist, dass der Exporteur kaum direkte Kontrolle bei der internationalen Vermarktung seiner Produkte ausüben kann.

Bestätigungshäuser

Die grundlegende Funktion eines Bestätigungshauses ist die Unterstützung des ausländischen Käufers durch die Bestätigung von bereits getätigten Aufträgen, so dass der Exporteur die Zahlungen ggf. bei Versand vom Bestätigungshaus erhält. Einige Exporteure könnten meinen, dass Bestätigungshäuser zu den Finanzinstitutionen und nicht zu den Marketingorganisationen gezählt werden sollten. Bestätigungshäuser übernehmen aber einige Funktionen – wenngleich nur teilweise –, die üblicherweise von Kommissionshäusern übernommen werden. Bestätigungshäuser als Exportunternehmen gibt es nicht überall auf der Welt, sie sind aber in Europa und speziell in Großbritannien verbreitet.

Der vom Bestätigungshaus gewährte Kredit bezieht sich auf die Geschäfte zwischen dem Käufer im importierenden Land und dem Exporteur oder Hersteller im exportierenden Land. Er erreicht seinen größten Nutzen in jenen Märkten, in denen Kreditbedingungen unsicher und die Kapitalkosten hoch sind.

Neben den Zahlungsaspekten kann das Bestätigungshaus auch Arrangements für den Versender treffen. In der Regel laufen alle Kontakte zwischen dem Käufer und dem Exporteur über das Bestätigungshaus. Aufgrund der übernommenen Funktionen werden Bestätigungshäuser vorwiegend von kleinen und mittleren Unternehmen genutzt.

Im Ausland ansässige Einkäufer

Die Aktivitäten der im Ausland ansässigen Einkäufer ähneln denen der Kommissionshäuser. Bei ihnen handelt es sich um alle Arten ausländischer Einkäufer, die im Heimatmarkt des Exporteurs ansässig sind. Diese Einkäufer vertreten fremde Belange, wenn enge und dauerhafte Kontakte mit ausländischen Lieferquellen erwünscht sind. Sie übernehmen entweder Marktfunktionen oder werden zu lokalen Repräsentanten. Große Einzelhändler nutzen häufig diese Art von Mittlern. Obwohl der im Ausland ansässige Einkäufer fast genauso wie ein Kommissionshaus handelt (der Käufer erteilt einen Auftrag, nennt die Verkaufsbedingungen, übernimmt alle Transportfragen und andere Einzelheiten des Exportvorgangs und zahlt entweder bar oder ermöglicht dem Hersteller eine risikoarme Finanzierung), gibt es einen wesentlichen Unterschied. Da die im Ausland ansässigen Einkäufer „permanente" Repräsentanten ausländischer Käufer sind, hat der exportierende Hersteller ein gute Chance, dauerhafte und kontinuierliche Geschäfte mit ausländischen Märkten aufzubauen. In den meisten Fällen sind die Existenz eingeführter Marken und Warenzeichen und die Geschichte von Unternehmen und Produkten im Markt weniger ausschlaggebend als konkurrenzfähige Preise.

Broker

Eine andere Art des im Heimatland ansässigen Vertreters ist der Export-/Import-Broker. Die Hauptfunktion eines Brokers oder Maklers ist das Zusammenbringen von Käufer und Verkäufer. So ist der Broker ein Spezialist für den Abschluss von Verträgen, der mit den verkauften oder gekauften Produkten nicht wirklich handelt. Der Broker erhält für seine Dienstleistungen von seinem Auftraggeber eine Kommission. Er spezialisiert sich im Allgemeinen auf bestimmte Produkte der Produktklassen, bei denen es sich gewöhnlich um primäre Basisgüter wie Getreide, Bauholz, Gummi oder Fasern handelt. Als Spezialist für Handelswaren konzentriert er sich meist auf nur ein oder zwei Produkte. Weil der Broker vorwiegend mit Grundstoffen handelt, ist diese Art des Vertreters für die meisten exportierenden Unternehmen kein praktischer alternativer Distributionskanal.

Broker können sowohl als Vertreter von Verkäufern als auch von Käufern auftreten. Ein Exportmakler im Bauholzgeschäft könnte z.B. von einem Sägewerk verständigt und gefragt werden, ob er eine bestimmte Menge von Bauholz mit bestimmten Abmessungen in einer bestimmten Qualität absetzen kann, die lokal aktuell nicht verkäuflich ist. Der Broker tritt dann mit potenziellen ausländischen Abnehmern in Kontakt, die ihm bekannt sind, und bietet ihnen das Bauholz entweder zu einem vorbestimmten Preis an oder fordert sie auf, ihm ein Angebot zu unterbreiten. Wenn mehrere ausländische Angebote eingegangen sind, nimmt der Broker das beste Angebot an oder leitet die Informationen an das Sägewerk weiter, um sich davon zu überzeugen, dass das Preisangebot akzeptabel ist. Wenn die Transaktion einen erfolgreichen Abschluss findet, zahlt das Sägewerk die Maklercourtage. Alternativ kann ein ausländischer Käufer an den Broker herantreten und ihn bitten, die Preise für eine bestimmte Menge Bauholz mit bestimmten Abmessungen und festgelegter Qualität zu ermitteln. Die Preise werden dann von Sägewerken eingeholt, die ihm ebenfalls bekannt sind. Wenn der Broker nicht zur Abgabe eines Angebots an das Sägewerk mit dem besten Preis autorisiert ist, werden die Preise dem ausländischen Käufer übermittelt, damit er feststellen kann, ob sie seinen Vorstellungen entsprechen. Wenn die Transaktion zu einem erfolgreichen Abschluss kommt, zahlt der ausländische Käufer die Maklercourtage.

Exportmanagement-Unternehmen

Einfach definiert, ist ein Exportmanagement-Unternehmen (EMU) ein internationaler Verkaufsspezialist, der als alleinige Exportabteilung für mehrere verbündete, aber nicht untereinander konkurrierende Hersteller tätig wird. Ein EMU kann sozusagen fünf Hersteller von Segelbootteilen vertreten, die sich jeweils voneinander unterscheiden. Für den jeweiligen Hersteller übernimmt das EMU im Export die Aufgaben eines einheimischen Marketingvertreters.

Obwohl EMUs selbstständige Mittlerorganisationen sind, handelt es sich bei ihnen, zumindest soweit es die potenziellen ausländischen Käufer betrifft, um das Herstellerunternehmen selbst. Als „Exportabteilung" mehrerer Hersteller führt das EMU Geschäfte im Namen der jeweils von ihm repräsentierten Hersteller durch. Der gesamte Schriftverkehr und alle Vertragsabschlüsse mit Käufern werden im Namen des Herstellers abgewickelt und alle Preisangebote und Aufträge erfolgen im Auftrag des Herstellers. Mit dem Auftraggeber lassen sich unterschiedliche vertragliche Vereinbarungen treffen (Bello und Williamson, 1985).

In seinem tatsächlichen Handeln ist das EMU in vielen Fällen vielleicht eher Distributor oder Exporthändler als Kommissionsvertreter eines Herstellers, da EMUs häufig auf der Basis von Käufen und Verkäufen und nicht auf der Basis von Kommissionen arbeiten. Viele arbeiten zwar immer noch auf reiner Kommissionsbasis, aber die Mehrheit übernimmt heute selbst die Finanzierung, trägt alle Kreditrisiken im Ausland und zahlt den Hersteller bei allen Aufträgen bar aus. Das EMU übernimmt also häufig alle Risiken und Probleme des Exports und der Hersteller erfüllt lediglich die Aufträge.

Die Nutzung eines Exportmanagement-Unternehmens im Distributionskanal kann für den Hersteller viele Vorteile haben. In erster Linie kommt man zu einer speziell angepassten Exportabteilung, ohne dass zusätzliche Vertriebskosten entstehen. Da diese Exportabteilung bereits von Anfang an voll funktionsfähig ist, ist der Weg über ein EMU für Hersteller eine der schnellsten Möglichkeiten zum Eintritt in ausländische Märkte. Das EMU übernimmt nicht nur die Verkaufsaktivitäten, sondern auch das Erforschen der ausländischen Märkte, wählt für den ausländischen Markt den besten Kanal aus und führt üblicherweise seine eigenen Werbe- und

Anzeigenmaßnahmen durch. Das EMU kann auch die Rolle des Versenders bzw. der Transportvertretung übernehmen und seinen Auftraggeber z.B. bei Patenten und Warenzeichen juristisch beraten. Zweitens erhält der Hersteller finanzielle Unterstützung, wenn das EMU laut Vereinbarung ein- und verkauft. Selbst ohne eine solche Vereinbarung kann das EMU Kreditinformationen über ausländische Kunden sammeln und für seinen Auftraggeber aufbereiten. Drittens stellt das EMU seine Erfahrungen zur Verfügung, was beim Exportmarketing wichtig ist, da sich keine zwei Auslandsmärkte gleichen. Durch seinen täglichen Kontakt mit den sich ändernden Bedingungen in verschiedenen Auslandsmärkten weiß das EMU, welche Märkte sich für die Produkte eines Herstellers eignen und wie sich diese dort verkaufen lassen. Viertens kann die Spezialisierung zu beträchtlichen Vorteilen führen. Eine breite Angebotspalette mit verwandten, aber nicht konkurrierenden Produkten kann den Absatz aller einzelnen Produkte fördern. Wenn ein Käufer am Kauf eines Produkts interessiert ist, kann es auch einen Bedarf für verwandte Produkte geben. Da viele Käufer lieber mit möglichst wenig Lieferanten zusammenarbeiten, kann der Umstand, dass ein Lieferant eine Produktpalette anbietet, ausschlaggebend dafür sein, ob ein Verkauf zustande kommt oder nicht. Bei der Spezialisierung gibt es natürlich Abstufungen. Daher können die Vertriebsanstrengungen notwendigerweise nicht intensiv sein, wenn ein EMU zu viele Hersteller vertritt. Ein weiterer Vorteil kann aus Ersparnissen bei den Versandkosten resultieren. Durch das Zusammenfassen mehrerer Aufträge verschiedener Hersteller zu einem Transport kann das EMU beim ausländischen Käufer für beträchtliche Einsparungen sorgen.

Rückblickend scheint die Nutzung eines Exportmanagment-Unternehmens vielleicht für kleine bis mittlere Unternehmen die größten Vorteile zu bieten. Im Allgemeinen können diese selbstständigen Vertreter jedem Hersteller wertvolle Exportmarketing-Dienstleistungen anbieten, der sich die Einrichtung einer eigenen Exportmarketing-Organisation entweder nicht leisten kann, sich mit den mehr oder weniger „spezifischen“ Problemstellungen des Exportmarketing nicht befassen oder fremde Hilfe beim Aufbau neuer Geschäfte in Anspruch nehmen will. Es gibt Gründe für kleine oder unerfahrene Unternehmen, die spezialisierte oder Markenprodukte herstellen, die Nutzung eines EMU ernsthaft in Erwägung zu ziehen. Die Export-Verkaufsaktivitäten werden von Experten übernommen. Da die Ausgaben der Exportwerbemaßnahmen mit anderen Produzenten geteilt werden, sind sie für das einzelne Unternehmen weniger belastend, was speziell für die Entwicklungsstadien des Exportgeschäfts gilt. Wenn das EMU nur eine beschränkte Zahl von Artikeln vertritt, kann es diese jeweils angemessen betreuen. Dadurch, dass lediglich Artikel von Herstellern mit verwandten Produktarten akzeptiert werden, wird der Gefahr der Förderung von Produkten der Wettbewerber begegnet. Kleine Hersteller gewinnen durch die Assoziation mit verwandten Produkten an Prestige. Durch die Erfahrung und das Wissen des EMU hat der Hersteller unmittelbaren Zugang zu bestehenden Auslandsmärkten.

Das wirklich erfolgreiche EMU erwartet und hofft möglicherweise, soweit es einzelne Hersteller betrifft, sich selbst aus dem Geschäft zurückzuziehen, wenn es die Geschäfte seines Auftraggebers bis zu dem Punkt vorantreibt, dass es für den Hersteller (aus Kosten- oder Gewinngründen) sinnvoller ist, seine eigene Exportabteilung aufzubauen und möglicherweise sogar selbst direkt zu exportieren. Häufig unterstützt das EMU seinen Auftraggeber bei der Errichtung einer solchen Exportabteilung.

Exportvertreter von Herstellern

Im Gegensatz zum EMU behalten Exportvertreter von Herstellern ihre eigene Identität und operieren im eigenen Namen. Weiterhin erhalten Exportvertreter von Herstellern reine Kommissionen und befassen sich nicht mit Kauf- und Verkaufsvereinbarungen, in denen sie den

Hersteller repräsentieren. Wegen dieser grundlegenden Unterschiede bietet der Exportvertreter dem Hersteller nur einen Teil der Dienstleistungen des EMU an. Insbesondere nennenswert ist die fehlende Unterstützung bei Werbemaßnahmen und der Finanzierung. Es gibt jedoch Anlässe, bei denen der Exportvertreter des Herstellers ausländische Kreditrisiken übernimmt und neben der regulären Kommission eine *Delkredere*-Kommission berechnet. Bei einer *Delkredere*-Vereinbarung garantiert der Exportvertreter entweder die Zahlungen für alle dem Hersteller übermittelten Aufträge oder finanziert die Transaktion.

Der Exportvertreter des Herstellers lässt sich vielleicht am effektivsten nutzen, wenn das Unternehmen kleine Aufträge an ausländische Käufer verkaufen, in einen Auslandsmarkt eintreten oder ein Produkt verkaufen will, das für die Verbraucher in Auslandsmärkten relativ neu ist. Diese Art des Exportvertreters behält ihre eigene Identität und ist daher in der Regel daran interessiert, dauerhaft ausländischer Verkaufsrepräsentant zu bleiben. Daher werden Hersteller nur selten zur Einrichtung eigener Außenhandelsabteilungen ermutigt.

7.2.4 Bewertung von Marketingorganisationen

Bei der Bewertung der verschiedenen Arten selbstständiger Marketingorganisationen muss man sich darüber klar sein, dass sich einzelne Unternehmen häufig nur schwer eindeutig einer der besprochenen Arten zuordnen lassen. Häufig übernehmen einzelne Unternehmen im Laufe der Zeit die Funktionen mehrerer Arten. Ein Exporthändler kann z.B. gelegentlich Transaktionen durchführen, bei denen er die Rolle eines Vertreters, z.B. eines Brokers, übernimmt. Auf ähnliche Weise können Exportvertreter von Herstellern bei einzelnen Transaktionen Produkte, die sie zuvor gekauft haben, auf eigene Rechnung verkaufen. Darüber hinaus übernehmen viele Marketingorganisationen einige oder alle für den physischen Transport erforderlichen Dienstleistungen, so dass sie als *Frachtspediteur* operieren. Da selbstständige Marketingorganisationen gewinnorientiert arbeiten, können sie sich mit allen verwandten Funktionen befassen, aus denen sich zukünftige Gewinne erwarten lassen.

Es sollte klar sein, dass die Nutzung irgendeiner Art der selbstständigen Exportmarketing-Organisation im Distributionskanal bestimmte Vorteile für den Hersteller hat. Auf der Seite des Herstellers sind nur minimale finanzielle Auslagen erforderlich, was insbesondere für Unternehmen wünschenswert ist, die nur über beschränkte finanzielle Ressourcen verfügen oder in Auslandsmärkten nur einer kleinen potenziellen Nachfrage gegenüberstehen. Da diese Agenturen Experten im Exportmarketing sind, kennen sie die Auslandmärkte, verfügen über Kontakte im Ausland und können für bestimmte Produkte geeignete Märkte nennen. Auf diese Weise lassen sich innerhalb relativ kurzer Zeit Auslandsverkäufe erzeugen und scheinbar abgelegene Märkte erreichen. Die besten Märkte für bestimmte Produkte befinden sich nicht notwendigerweise in den größten oder wirtschaftlich am weitesten entwickelten Ländern. Schließlich kann der Hersteller das Auslandspotenzial für seine Produkte bei minimalen Risiken ermitteln, was für Unternehmen, die noch neu im Exportgeschäft sind, recht wertvoll ist.

Die Nutzung unabhängiger Marketingorganisationen kann sich auch nachteilig auswirken. Marketingorganisationen können, wegen der vielen verschiedenen betreuten Produkte ggf. nicht in der Lage sein, den Verkauf eines einzelnen, bestimmten Produkts zu fördern. Dies trifft insbesondere auf Exporthändler zu. Weiterhin kümmern sich derartige Agenturen bevorzugt nur um jene Produkte, die die größten Gewinne versprechen, da sie selbst gewinnorientiert arbeiten. Wenn gewinnträchtigere Produkte erscheinen, übernehmen sie deren Betreuung und lassen andere fallen. Daher kann sich ein Hersteller in einer Situation befinden, in der seine Marketingkanäle nicht dauerhaft sind. Oft ist der Hersteller nicht in der Lage, sich selbst um den Vertrieb und die Werbung zu kümmern. Das kann ein schwer wiegender Nachteil sein, wenn ein Produkt umfassende und spezialisierte Betreuung erfordert, da die meisten Marketingorganisationen die erforderlichen Anstrengungen entweder nicht aufbringen können oder wollen. Schließlich besteht, außer beim Exportmanagement-Unternehmen, das Risiko, dass der vom Produkt erzeugte Ruf der vermittelnden Marketingorganisation und nicht dem Hersteller zugute kommt.

Eine gewisse Bedeutung sowohl für den Hersteller als auch die vermittelnden Marketingorganisationen hat der bis zu einem bestimmten Grad unvermeidliche Konflikt. Konflikte können aus vielen Quellen entstehen: (1) Unterschiede bei wesentlichen Faktoren wie Zielen und Absichten, gewünschten Zielkunden, erwünschten Produktlinien und zwischenmenschlichen Beziehungen und (2) Unterschiede in Kanalgestaltung und Kanalpolitik. Wirklich von Bedeutung ist nicht, ob Konflikte existieren, da dies in einem gewissen Maße normalerweise immer der Fall ist, sondern ob sie der Beziehung und dem Kanal schaden und ob sie sich bewältigen lassen (Magrath und Hardy, 1988).

7.2.5 Kooperative Organisationen

Kooperative Exportorganisationen stellen ein Mittelding zwischen indirektem und direktem Export dar. Für Hersteller, die eine solche Organisationsart in einem Exportmarketing-Kanal nutzen, handelt es sich um indirekte Exporte, da die spezifische kooperative Organisation administrativ nicht Teil der Organisation des Herstellers ist. Andererseits liegt in gewissem Sinne ein direkter Export vor, da der Hersteller eine gewisse „administrative" Kontrolle über die operative Politik des kooperativen Unternehmens ausüben kann. Es gibt zwei unterschiedliche Arten kooperativer internationaler Marketingorganisationen: (1) Huckepack-Marketing und (2) Exportzusammenschlüsse.

Huckepack-Marketing

Huckepack-Marketing findet dann statt, wenn ein Hersteller (der „Träger") neben seinen eigenen das oder die Produkte eines anderen Unternehmens (des „Lieferanten") über seine ausländischen Distributionseinrichtungen vertreibt. Wie Abbildung 7.3 (Duerr und Greene, 1969, S. 5) verdeutlicht, lässt sich das auf verschiedene Weise durchführen. Es wurden bereits alle nur denkbaren Produkte, Textilien, industrielle und elektrische Maschinen und Ausrüstungen, Chemikalien, Verbrauchsgüter und Bücher, auf diese Weise exportiert.

Huckepack-Marketing wird für Produkte selbstständiger Unternehmen benutzt, mit denen man nicht im Wettbewerb (aber in Beziehung) steht, die komplementär (ergänzend) oder eigenständig sind. Die jeweilige Beziehung hängt wesentlich von den Motiven des großen, bereits exportierenden Unternehmens ab. Einige Unternehmen, wie z.B. General Electric und Borg-Warner, haben die Huckepack-Vermarktung als eine Möglichkeit der Verbreiterung der von ihnen in ausländischen Märkten angebotenen Produktlinie betrachtet. Sie meinen, dass der Vertrieb ihrer eigenen durch die Vermarktung ergänzender Produkte gefördert wird. Borg-Warner hat z.B. kleine Geräte vertrieben, die von Scovill Manufacturing Company (Hamilton-Beach-Produkte) und McGraw-Edison Company (Toastmaster-Produkte) hergestellt wurden, um die Gerätepalette seiner eigenen Norge Division zu erweitern. Andere Unternehmen befassen sich mit derartigen Operationen, um sinkende Exportumsätze aufzubessern. Pillsbury Company fing z.B. erst mit dem Verkauf von Produkten anderer Unternehmen (verpackte Lebensmittel und landwirtschaftliche Maschinen) an, als die eigenen Exportumsätze zu sinken begannen. Schließlich wählen einige Unternehmen aktiv kleinere Hersteller aus, weil die Huckepack-Vermarktung profitabel sein kann. Im Allgemeinen wird der Träger in Form eines Preisnachlasses auf den Listenpreis des einheimischen Distributors und einer Provision vergütet. Der Preisnachlass variiert stark in Abhängigkeit vom Produkt und den vom Träger erbrachten Dienstleistungen. Obwohl größere Unternehmen üblicherweise die Produkte des kleineren Unternehmens direkt kaufen, können sie es auch vorziehen, als Vertreter des kleineren Unternehmens aufzutreten, so dass ihnen Kommissionen gezahlt werden.

Abbildung 7.3 Ketten der Distribution beim Huckepack-Marketing.

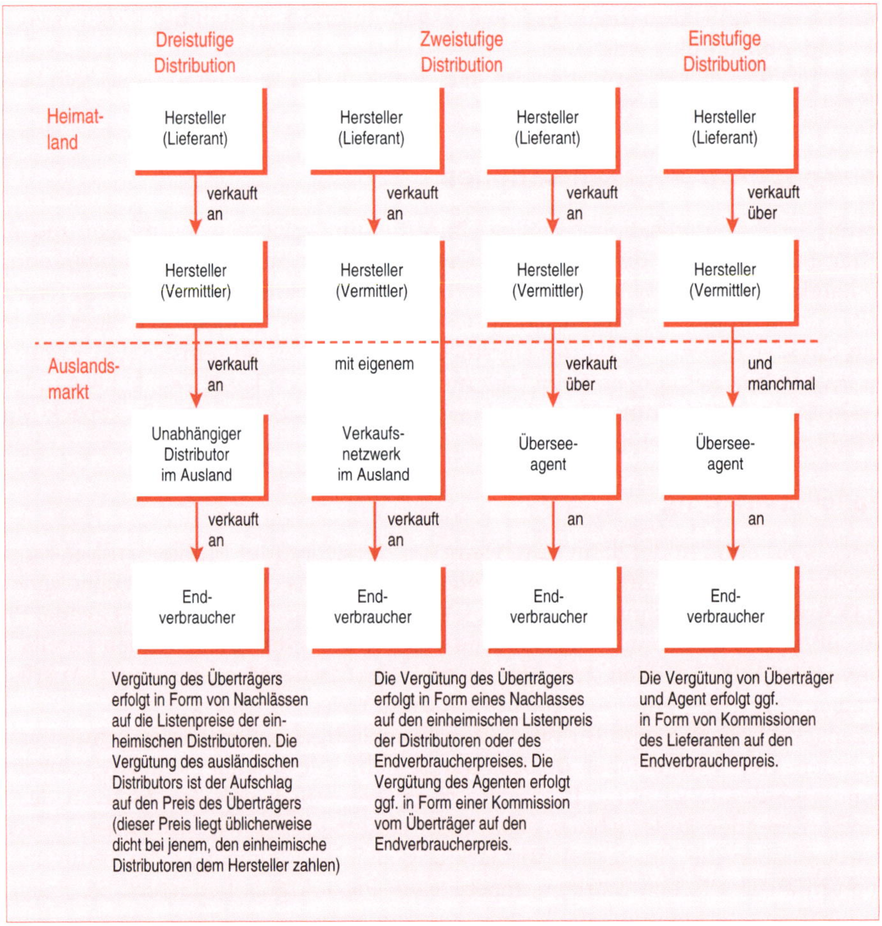

Unter welchem Unternehmensnamen die Produkte verkauft werden, ist je nach Unternehmensziel verschieden. Einige Unternehmen verfolgen die Politik, dass sie entweder den Namen des tatsächlichen Herstellers benutzen oder eine private Kennzeichnung – aber nie den eigenen Namen – benutzen. Andere exportierende Unternehmen benutzen jeweils den am besten bekannten Unternehmensnamen, unabhängig davon, ob es sich nun um den eigenen oder den des Lieferanten handelt.

Huckepack-Marketing ist eine einfache, wenig riskante Möglichkeit für Unternehmen, Exportmarketing-Operationen aufzunehmen. Es eignet sich insbesondere gut für Hersteller, die entweder zu klein sind, um sich direkt mit dem Export zu befassen, oder die nicht stärker ins Auslandsmarketing investieren wollen. Soweit es den kleineren Hersteller betrifft, bleibt die Natur seiner Transaktionen einheimisch. Das größere Unternehmen kann eine gut ausgestattete Exportabteilung und seine Exportmarketing-Kanäle zur Verfügung stellen, die auf die Anforderungen des kleineren Unternehmens zugeschnitten sind. Für das kleinere Unternehmen bedeutet diese Art des Abkommens jedoch, dass es die Kontrolle über das Marketing seiner Produkte aufgibt. Zumindest auf lange Sicht machen das viele Unternehmen nur ungern.

Exportzusammenschlüsse

Hersteller können kooperativ exportieren, indem sie Mitglieder einer bestimmten Art von *Exportzusammenschlüssen* werden, die sich als mehr oder weniger formaler Verbund selbstständiger und konkurrierender Geschäftsunternehmen definieren lassen, bei denen die Mitgliedschaft freiwillig ist und die sich zum Zweck des Verkaufs in ausländische Märkte organisieren. Es gibt zwei wesentliche Formen der Exportzusammenschlüsse:

1. Kooperative Marketingverbände aus Herstellern oder Händlern, die sich mit dem Export der Produkte der Mitglieder befassen
2. Exportkartelle.

Bei der ersten Form des Exportzusammenschlusses handelt es sich um die normale inländische Absatzgenossenschaft, wie sie in den Industrien bestimmter Primärgüter häufig vorkommt, wie z. B. bei Zitrusfrüchten, Nüssen und anderen landwirtschaftlichen Produkten. Da die Exportoperationen derartiger Organisationen im Wesentlichen mit denen von Herstellern und Mittlern identisch sind, brauchen wir sie nicht weiter zu besprechen. Ein Hersteller kann der Kooperative normalerweise nicht einzig mit dem Ziel des Eintritts in Auslandsmärkte beitreten.

Von größerem Interesse für den Hersteller ist die Möglichkeit, sich an einem Exportkartell oder einem kartellartigen Abkommen zu beteiligen. Man sagt, dass ein Kartell existiert, wenn sich zwei oder mehrere selbstständige Geschäftsunternehmen in den gleichen oder benachbarten Feldern der Wirtschaftstätigkeit zu dem Zweck zusammenschließen, Kontrolle über einen Markt auszuüben. Etwas spezifischer ist ein Kartell ein freiwilliger Verband von Produzenten einer Handelsware oder eines Produkts, der sich zum Zweck des koordinierten Marketing organisiert und der die Gewinne der Mitglieder stabilisieren oder erhöhen soll. Ein Kartell kann sich z. B. mit Preisfestlegungen, Produktions- und Versandbeschränkungen, der Aufteilung der Marketingterritorien, der Zentralisierung von Verkäufen oder dem Zusammenlegen der Gewinne befassen. Drei Formen internationaler Kartelle lassen sich unterscheiden:

1. Das traditionelle internationale Kartell bildete sich zum Zweck der tatsächlichen Beherrschung eines Markts für bestimmte Produkte. Das beste Beispiel für diese Art von Kartellen sind vielleicht die Kartelle der Stahl- und Chemieindustrie in Deutschland in der Zeit vor dem Zweiten Weltkrieg und in der heutigen Zeit die Länder der OPEC (Organisation of Petroleum Exporting Countries) sowie die Vermarktung von Diamanten durch die zentrale DeBeers Verkaufsorganisation.
2. Internationale Warenabkommen, wie sie z. B. für Weizen und Zinn existieren. Diese unterscheiden sich vom reinen Kartell darin, dass sowohl verkaufende als auch kaufende Länder Partner des Abkommens sind.
3. Kartellartige Organisationen befassen sich einzig mit dem Exportieren und werden gebildet, damit die einzelnen Mitglieder in Auslandsmärkten konkurrenzfähiger sind. Die

Webb-Pomerene-Verbände in den USA als auch bestimmte Kartelle in Japan entsprechen dieser Form. Auch die US-Exporthandelsunternehmen (ggf. mit Beteiligung kommerzieller Banken) können dieser Form des Kartells entsprechen.

Von vorrangigem Interesse ist hier die Form des Kartells, das einzig zum Zweck des Exports gebildet wird. Das Kartell übernimmt für einen Hersteller die komplette Exportverantwortung. Auch gibt es möglicherweise nur schwache oder gar keine direkte Konkurrenz anderer „inländischer" Hersteller. Es gibt jedoch bestimmte Einschränkungen bei diesem Exportansatz. In erster Linie kann der Verband ineffizient werden, wenn sich die Mitglieder in wesentlichen Fragen nicht einigen können. Es kann also an der Zusammenarbeit mangeln. Zweitens gibt es ein messbares Risiko in dem Sinn, dass die unabhängige Identität der beiden Unternehmen und ihrer Produkte mit der Zeit verloren gehen kann, wenn die Produkte eines Herstellers Marken oder Warenzeichen tragen. Schließlich sind die mit der letzten Beschränkung verwandten inhärenten Schwierigkeiten, die individuellen Interessen geeignet zu repräsentieren, zu nennen. Der einzelne Hersteller hat jedoch keine völlig freie Wahl. Entweder muss ein Zusammenschluss bereits existieren oder der Hersteller muss Partner finden, die einen solchen bilden wollen, was häufig schwierig ist. Andere Ansätze werden kurz in Beispiel 7.3 dargestellt.

BEISPIEL 7.3

Privilegierte Unternehmen

Einige Arten der Kartellvereinbarungen oder Vereinbarungen, bei denen sich eigentliche Konkurrenten zusammentun, können in einigen Ländern juristisch unzulässig sein. Um diese Beschänkung zu umgehen, kann ein Land spezielle gesetzliche Regelungen erlassen, um derartige kooperative Geschäftsunternehmen zu erlauben. Diese Arten der Vereinbarungen unterscheiden sich in den jeweiligen Ländern. In den USA sind sog. Webb-Pomerene-Partnerschaften und Exporthandelsunternehmen, die sich unter dem Exporthandelsunternehmengesetz (Export Trading Company Act) gebildet haben, von den Antitrust-Vorschriften ausgenommen, wenn sie bestimmte Bedingungen erfüllen.

Regelungen wie diese werden von nationalen Regierungen gefördert, die eine Steigerung der Exportgeschäfte anstreben. Ein weiterer entsprechender Ansatz ist die Nutzung von *Steueranreizen* durch Zulassung bestimmter Arten organisatorischer Vereinbarungen. Die USA liefert ein Beispiel mit seiner Förderung ausländischer Vertriebsunternehmen (FSCs – foreign sales corporations und IC-DISCs – interest charge domestic international sales corporations).

Die von den Vereinigten Staaten verfolgte Vorgehensweise könnte als Modell für andere Länder dienen, die Exporte fördern wollen. Man sollte aber bedenken, dass viele dieser speziellen Unternehmensvarianten weit entfernt vom überwältigenden Erfolg geblieben sind.

7.3 Direktexport

Direktexporte finden statt, wenn Hersteller oder Exporteure direkt an einen Importeur oder Käufer im Auslandsmarkt verkaufen. Entsprechend wird der tatsächliche Transaktionsfluss zwischen Nationen direkt von einer abhängigen Organisation des Herstellers oder einer ausländischen Marketingorganisation oder einem Kunden gesteuert. Wie wir in Abbildung 6.1 gezeigt haben, können Hersteller auf unterschiedlichste Weise direkt zu einem im Ausland ansässigen Käufer exportieren.

Obwohl wir diese alternativen Methoden des Direktexports jeweils individuell erörtern und betrachten werden, stellen sie nicht nur Alternativen dar, sondern können sich auch gegenseitig ergänzen. Ein Hersteller kann, spezifisch für den jeweiligen Auslandsmarkt, mehr als ein Verfahren einsetzen. Das vielleicht beste Beispiel dafür ist die Rolle der in der Heimat ansässigen Exportabteilung bzw. des entsprechenden Geschäftsbereichs. Allgemein ausgedrückt, sollte im Inland, unabhängig vom eingesetzten Verfahren, irgendeine entsprechende Abteilung existieren.

Eintrittsmodi sollten nicht unantastbar sein. Wenn sich die Bedingungen ändern, sollte das auch beim Kanal der Fall sein. In den frühen 80ern begann z.B. Perimed (ein schwedischer Hersteller medizinischer Messinstrumente) über einen Distributor mit dem Verkauf seiner Produkte in den USA. Bis 1988 wurde dann deutlich, dass dies nicht ideal war, so dass das Unternehmen sein eigenes Verkaufsbüro eröffnete. Der Manager der Gruppe für internationale Geschäftsentwicklung der Hafenämter von New York und New Jersey hatte beobachtet: „In der Regel kommen diese kleinen, spezialisierten Hersteller in das Gebiet, um Distributions- und Verkaufseinrichtungen einzurichten. Nach ein paar Jahren ergänzen sie ihre Aktivitäten dann durch eine Produktionsstätte“ (*VIA International*, 1992).

Wie wir bereits in Kapitel 2 besprochen haben, stellt der Wechsel der Exportvorgehensweise im weiteren Sinne einen Beweis dafür dar, dass die Exportentwicklung in Phasen abläuft (Beispiel 7.4).

BEISPIEL 7.4

„Phasenmodelle“ der Exportentwicklung

Man kann die Exportentwicklung als einen phasenweisen Prozess sehen. Ein solches Modell besteht mindestens aus diesen sechs Phasen: (1) kein Interesse am Export, (2) Erfüllung freiwilliger Aufträge, (3) Untersuchung der Durchführbarkeit von Exporten, (4) Exporte auf experimenteller Basis in psychologisch ähnliche Länder, (5) erfahrener Exporteur in Länder der Phase 4, (6) Erforschung der Ausführbarkeit von Exporten in andere Länder, ..., (n) usw. (Bilkey und Tesar, 1977).

In Phase 1 würde das Management nicht einmal freiwillige Aufträge erfüllen, während es in der zweiten Phase keinen Versuch des Exportierens auf formellerer Basis unternehmen würde, obwohl es freiwillige Aufträge erfüllen würde. In Phase 3, die übersprungen werden kann, wenn freiwillige Aufträge eingehen und erfüllt werden, wird ein formelles Engagement für Auslandsmärkte tatsächlich erwogen. In Phase 4 postuliert das Modell, dass es anfangs am wünschenswertesten ist, in Länder zu exportieren, die dem eigenen Land des Exporteurs psychologisch nahe stehen. Diese Länder verfügen über dieselbe Kultur und befinden sich in einer ähnlichen Phase der Konjunkturentwicklung usw. wie das Land des Exporteurs. So ist Australien den meisten britischen Unternehmen psychologisch näher als Mexiko, obwohl Letzteres geografisch näher liegt. In Phase 5 hat der Exporteur Erfahrungen in Geschäften mit psychologisch nahen Ländern gesammelt und ist nun bereit, auch in psychologisch entferntere Ländern zu expandieren (Phase 6). Das Modell würde dann fortgesetzt und vermutlich bei einem Unternehmen enden, das nicht mehr ausschließlich exportiert. Ausländische Produktionsstätten wären dann in irgendeiner Form in die internationalen Operationen integriert.

Beschränkte empirische Prüfungen dieses Modells deuten darauf hin, dass der Exportentwicklungsprozess tatsächlich tendenziell in Phasen abläuft. Überlegungen, die den Übergang des Unternehmens von einer in eine andere Phase beeinflussen, unterscheiden sich in den verschiedenen Phasen, und Qualität und Dynamik des Managements machen die Unternehmensgröße tendenziell relativ unwichtig. Ähnliche Ansätze wurden von Cavusgil (1980), Czinkota (1982) und Reid (1981) vorgeschlagen. Diese werden nachfolgend dargestellt:

Beispiel 7.4 (Forts.)

Cavusgil	Czinkota	Reid
Phase 1 Inlandsmarketing: Das Unternehmen verkauft nur im Inlandsmarkt	Phase 1 Das vollkommen uninteressierte Unternehmen	Phase 1 Exportbewusstsein: Problem der Chancenerkennung, entstehendes Bedürfnis
Phase 2 Vorexport-Phase: Das Unternehmen sucht nach Informationen und bewertet die Durchführbarkeit der Unternehmungen	Phase 2 Das teilweise interessierte Unternehmen	Phase 2 Exportabsicht: Motivation, Einstellung, Glauben und Erwartungshaltung hinsichtlich des Exportierens
Phase 3 Experimentelle Beteiligung: Das Unternehmen beginnt mit Exporten auf beschränkter Basis in irgendein psychologisch nahes Land	Phase 3 Das forschende Unternehmen	Phase 3 Exportversuch: persönliche Erfahrungen aus beschränkten Exporten
Phase 4 Aktive Beteiligung: Exporte in mehrere neue Länder, Direktexporte, Steigerung des Umsatzvolumens	Phase 4 Das experimentierende Unternehmen	Phase 4 Exportbewertung: Ergebnisse der Beschäftigung mit Exporten
Phase 5 Engagierte Beteiligung: Das Management entscheidet ständig, wie es beschränkte Ressourcen zwischen in- und ausländischen Märkten aufteilt	Phase 5 Der erfahrene kleine Exporteur	Phase 5 Exportannahme: Übernahme/Ablehnung des Exportierens
	Phase 6 Der erfahrene große Exportkaufmann	

Auch wenn diese Phasenmodelle bereits ein wenig älter sind, haben sie bis heute nichts an Aktualität verloren.

7.3.1 Inländische Abteilung

Hersteller, die sich mit Direktexporten befassen wollen, müssen in der Heimat sehr wahrscheinlich irgendeine Form von Außenhandelsabteilung oder einen entsprechenden Geschäftsbereich einrichten. Diese abhängige Organisation kann sich entweder direkt mit dem Exportverkauf befassen oder als inländische Exportmarketing-Abteilung dienen, die Aktivitäten anderer abhängiger Organisationen in den ausländischen Absatzmärkten koordiniert und kontrolliert.

Im Grunde gibt es drei verschiedene Formen der im Inland ansässigen Exportorganisationen:

1. Integrierte Exportabteilung
2. Getrennte oder selbstständige Exportabteilung
3. Export-Vertriebstochtergesellschaft.

Welche Variante sich zu einem bestimmten Zeitpunkt am besten für einen Hersteller eignet, hängt von etlichen Faktoren ab. Dazu zählen die Art des Produkts, die Unternehmensgröße, die Exporterfahrungen des Unternehmens, das erwartete Gesamtvolumen der Auslandsverkäufe, die zu Grunde liegende Managementphilosophie im Hinblick auf internationale Geschäfte, die Organisationsstruktur des Unternehmens und das Ausmaß, in dem sich entweder vorhandene Unternehmensressourcen Exportaktivitäten zuteilen lassen oder zusätzlich erforderliche Ressourcen erwerben lassen.

Integrierte Abteilung

Die unternehmensinterne Form der Exportorganisation ist am einfachsten strukturiert und daher auch am leichtesten einzurichten. In seiner einfachsten Form besteht diese Organisation aus einem Exportverkaufsmanager mit einer Bürohilfe. Die vorrangige Aufgabe des Verkaufsmanagers ist die Durchführung des eigentlichen Verkaufs oder dessen Leitung. Die meisten anderen Exportmarketing-Aktivitäten, d.h. Werbung, Logistik, Kredite, werden von den regulären inländischen marktorientierten Unternehmensabteilungen übernommen.

Obwohl diese unternehmensinterne Variante einfach strukturiert, flexibel und wirtschaftlich anwendbar ist, sind diese Merkmale eher Schein als Sein. Viele Komplikationen können auftreten, wenn der Exportmanager die Aktivitäten der organisatorischen Einheiten zu koordinieren versucht, die nicht seiner Leitungsbefugnis unterliegen. Da die anderen Abteilungen üblicherweise auf die inländischen Marketingaktivitäten ausgerichtet sind, besteht die Gefahr, dass sie die Aktivitäten im Zusammenhang mit dem Exportmarketing als etwas betrachten, was sie nur erledigen, wenn sie Zeit haben. Darüber hinaus fehlen diesen Abteilungen möglicherweise die Kenntnisse der speziellen, komplizierten Einzelheiten im Exportzusammenhang und sie müssen nicht nur dazu bereit, sondern auch in der Lage sein, diese zu lernen. Derartige Bedingungen können zu unnötigen Verzögerungen und einem desorganisierten und alles andere als optimalen Exportmarketing-Programm führen. Zu viel hängt davon ab, in welchem Ausmaß sich diese inlandsorientierten Abteilungen permanent mit den Geschäftsbelangen des einheimischen Markts befassen bzw. welche „Kapazitäten" für Exportmarketing-Aufgaben zur Verfügung stehen. Der Erfolg dieser Form der Exportorganisation hängt zum großen Teil von den individuellen Fähigkeiten des Managers selbst und dessen Fähigkeit ab, die anderen Abteilungsmanager zur Zusammenarbeit zu bewegen.

Unter den richtigen Bedingungen lassen sich Auslandsverkäufe beträchtlichen Umfangs mit dieser Unternehmensform durchaus bewältigen. Trotzdem eignet sich die integrierte Form im Vergleich mit anderen Arten von Abteilungen am besten für Direktexporte, wenn eine der folgenden Bedingungen für den Hersteller gegeben ist:

- kleine Unternehmensgröße
- neu oder relativ unerfahren im Exportmarketing
- die erwarteten ausländischen Verkaufsmengen (Umsatz) sind mäßig bis gering
- die Managementphilosophie zielt nicht auf ein Wachstum der Auslandsgeschäfte ab
- die Kapazität der vorhandenen Marketingressourcen wird vom Inlandsmarkt nicht voll beansprucht
- das Unternehmen ist entweder nicht in der Lage, zusätzliche Ressourcen zu beschaffen, oder – falls doch – *Schlüssel*ressourcen sind nicht verfügbar.

Darüber hinaus ist diese Art der Anordnung potenziell sehr nützlich zur Koordination der indirekten Exportaktivitäten eines Herstellers, der diese Methode zur Bedienung von Auslandsmärkten nutzt.

Eigenständige Exportabteilung

Auch wenn die integrierte Form der Organisation in den frühen Phasen der Entwicklung von Exportmärkten angemessen sein kann, erreicht man bei steigenden Verkäufen einen Punkt, an dem eine stärker integrierte Organisation erforderlich wird. Eine Möglichkeit ist dann die Einrichtung einer eigenständigen Exportabteilung.

Im Unterschied zur integrierten Variante handelt es sich bei der eigenständigen Exportabteilung um eine in sich abgeschlossene und weitgehend selbstständige Einheit, die die meisten Exportaktivitäten in der Abteilung selbst abwickeln kann, so dass sie eine relativ umfassende Exportmarketing-Abteilung bildet. Die eigenständige Exportabteilung kann intern funktional, geografisch nach Regionen, Produkten, Kunden oder irgendwelchen kombinierten Kriterien organisiert sein. Dies hängt weitgehend davon ab, in welchen Bereichen die Exportmarketing-Aufgaben am stärksten variieren.

Die meisten Umstände, die zu Schwierigkeiten bei der integrierten Variante führen können, werden durch Einrichtung einer eigenständigen Abteilung ausgeschaltet. In erster Linie gibt es keine inhärenten Möglichkeiten zum Streit zwischen den internationalen und heimischen Unternehmensbereichen hinsichtlich der Zeit, die das inländische Marketingpersonal für ausländische Geschäftsbelange aufwendet. Es besteht jedoch die Möglichkeit von Konflikten hinsichtlich der Zuteilung der Ressourcen auf die beiden Geschäftsbereiche. Zweitens lassen sich die Exportoperationen von Personal, das über entsprechende Kenntnisse verfügt und sich speziell dem Export widmet, auf Vollzeitbasis durchführen. Schließlich ist die eigenständige Exportabteilung in Bezug auf die Standortwahl recht flexibel. Eine integrierte Exportabteilung muss sich schon aufgrund ihrer Natur an demselben Ort wie die Inlandsabteilungen befinden, mit denen sie zusammenarbeitet. Es kann jedoch Gründe dafür geben, dass sich die Exportorganisation nicht am selben Ort wie der Hauptsitz des Unternehmens, sondern zentral in einem der wesentlichen Gebiete des internationalen Geschäfts befinden sollte. Ein niederländischer Hersteller kann z.B. in Maastricht an der Grenze zu Deutschland angesiedelt sein, seine Exportabteilung aber in Rotterdam haben, weil diese im engen Kontakt mit den vielen spezialisierten unterstützenden Agenturen (Banken, Spediteure, Konsulate usw.) stehen muss, mit denen sie zusammenarbeitet.

Export-Vertriebstochtergesellschaft

Beim Versuch, Exportmarketing-Aktivitäten von inländischen Operationen völlig zu trennen, haben einige Unternehmen Export-Vertriebstochtergesellschaften als getrenntes Unternehmen gegründet. Obwohl sich eine Export-Vertriebstochtergesellschaft komplett im Eigenbesitz befindet und von der Dachgesellschaft kontrolliert wird, handelt es sich im Wesentlichen um ein quasi-unabhängiges Unternehmen.

Die gesamte Autorität und Verantwortlichkeit im Zusammenhang mit den Exportoperationen, inklusive der Gewinnverantwortlichkeit, kann auf eine Untereinheit des Mutterunternehmens übertragen werden. Daher kann ein Hersteller mit dieser Form der Exportorganisation besser die Rentabilität seiner Auslandsgeschäfte sicherstellen. Darüber hinaus wird das von den Inlandsabteilungen ausgehende Konfliktpotenzial minimiert.

In Hinsicht auf ihre interne Organisation und die spezifischen durchgeführten Aktivitäten unterscheidet sich die Verkaufstochtergesellschaft kaum von der eigenständigen Außenhandelsabteilung. Es gibt jedoch einen bedeutenden Unterschied, der für das Top-Management problematisch sein kann. Da es sich um ein eigenständiges Unternehmen handelt, muss die Export-Vertriebstochtergesellschaft die im Ausland zu verkaufenden Produkte beim Mutterunternehmen einkaufen. Das bedeutet, dass der Hersteller ein System interner Transferpreise entwickeln muss. Die Festlegung von Transferpreisen bringt jedoch zahlreiche Schwierigkeiten und Managementprobleme mit sich. Diese werden in Kapitel 10 besprochen.

Weil die Export-Vertriebstochtergesellschaft in vielerlei Hinsicht einer Außenhandelsabteilung ähnelt, kann man sich fragen, warum sie dann überhaupt gegründet wird. Einige der wichtigeren Gründe scheinen die folgenden zu sein:

- *Zentralisierte Kontrolle.* Die gesamte Autorität hinsichtlich der Exporte wird in einer Organisation zentralisiert, die nicht dem Konfliktdruck der verschiedenen Inlandsabteilungen ausgesetzt ist.
- *Kosten- und Gewinnkontrolle.* Da alle Einnahmen und Ausgaben von der Inlandsorganisation getrennt werden, lassen sich die Exportkosten und -gewinne leicht erkennen.
- *Zuweisung von Aufträgen an mehrere Produktionsunternehmen.* Das Tochterunternehmen kann schneller den geeignetsten Betrieben Aufträge erteilen und die Verantwortung für das Verkehrsmanagement effektiver überwachen.
- *Leichtere Finanzierungsmöglichkeiten.* Da es sich beim Tochterunternehmen um ein eigenständiges Unternehmen handelt, lässt sich dessen finanzielle Situation leichter feststellen. Infolgedessen können Geldinstitute eher bereit sein, Geldmittel für Exportzwecke bereitzustellen.
- *Vollständigere Produktlinie.* Das eigenständige Unternehmen kann Produkte bei externen Anbietern einkaufen, um ausländischen Käufern eine vollständigere Produktlinie anzubieten.
- *Steuervorteile.* Die Unternehmensteuergesetze einiger Länder können zu gewissen Einsparungen bei den Gesamtunternehmenssteuern führen.

Die Export-Tochtergesellschaft kann vielen nützlichen Zwecken dienen, die vorwiegend unternehmerischen Charakter haben und vergleichsweise wenig mit tatsächlichen Exporten zu tun haben.

7.3.2 Ausländische Verkaufsniederlassung

Hersteller, die über eine im Inland ansässige Abteilung und möglicherweise sogar in Verbindung mit im Ausland ansässigen Distributoren oder Vertretern direkt exportiert haben, können den Punkt erreichen, an dem eine stärkere Überwachung der Verkäufe in bestimmten Marktgebieten notwendig erscheint. In einer derartigen Situation können Unternehmen ausländische Verkaufsniederlassungen gründen.

Ausländische Verkaufsniederlassungen übernehmen alle Distributions- und Werbeaktivitäten für die Verkäufe in einem festgelegten Marktgebiet und verkaufen vorwiegend an Marketingorganisationen (Groß- oder Einzelhändler) oder unter bestimmten Bedingungen auch an industrielle Nutzer. Daher stellt die ausländische Verkaufsniederlassung im Marketingkanal die erste Verbindung mit einem Auslandsmarkt dar. Häufig stehen Lager- und Speichereinrichtungen zur Verfügung, so dass die Niederlassung einen gewissen Bestand des Produkts selbst, Ersatzteile, Wartungsmaterial oder Betriebsmittel verwalten kann. Auch wenn Lagereinrichtungen nicht genutzt werden, erfolgt der Versand der Waren häufig und speziell bei größeren Abnahmemengen mit hohem Wert direkt von der Fabrik des Herstellers zum Erstkäufer. Daher entsprechen die Operationsmerkmale einer ausländischen Verkaufsniederlassung weitgehend denen eines ausländischen Distributors. Lediglich beim leitenden Manager handelt es sich um einen Angestellten des Unternehmens, der gegenüber der Muttergesellschaft direkt verantwortlich ist. Tatsächlich werden ausländische Verkaufsniederlassungen häufig dann errichtet, nachdem das Marktgebiet von lokalen Distributoren und Vertretern erschlossen worden ist. Der Zeitpunkt für diese Umstellung ist dann gekommen, wenn die Höhe der Verkaufsmengen (Umsatz) die mit der Errichtung und dem Betrieb der Zweigniederlassung verbundenen Kosten rechtfertigt und man glaubt, dass dieses Umsatzniveau gehalten werden kann oder mit der Zeit noch steigt.

Eine ausländische Verkaufsniederlassung kann noch weitere nützliche Vorteile haben. Wenn der Hersteller seine Produktlinie teilweise oder vollständig ausstellen will, kann die Zweigniederlassung erstens Anlagen für diesen Zweck bereitstellen. Der Wert dieser Werbemaßnahme für das Marketing und den Verkauf ist offensichtlich. Zweitens kann für viele Hersteller die Nutzung der Zweigniederlassung als Wartungszentrum wichtiger sein. Aus verschiedenen Gründen sind viele ausländische Geschäftsunternehmen und insbesondere unabhängige Marketingorganisationen nicht gewillt oder in der Lage, die ggf. für die Produkte erforderlichen Dienstleistungen anzubieten. Wenn diese nicht vom Hersteller verfügbar gemacht werden, muss sie der Käufer selbst übernehmen. Während es einige Käufer und insbesondere jene von Industrieausrüstung vorziehen, die Wartung selbst zu übernehmen, so dass nur die erforderlichen Teile und Materialien kurzfristig verfügbar sein müssen, sind andere Käufer der Meinung, dass Wartungsarbeiten vom Verkäufer übernommen werden müssen.

Auch die ausländische Regierungspolitik kann Einfluss auf die tatsächlichen Operationen einer Verkaufsniederlassung und auf die Entscheidung der Errichtung einer solchen haben. Es kann z.B. nachteilige Steuergesetze und Schwierigkeiten bei der Zurückübertragung von Gewinnen geben. Das ist besonders dann von Bedeutung, wenn es sich bei der Verkaufsniederlassung organisatorisch um eine Tochtergesellschaft handelt. Ähnlich problematisch kann auch die Frage der personellen Besetzung der Verkaufsniederlassung sein. Im Allgemeinen ist es möglicherweise am vorteilhaftesten, wenn man – speziell auf der Managementebene – Angestellte hat, die tatsächlich in der Stammorganisation gearbeitet haben oder dort ausgebildet worden sind. Idealerweise sollte es sich bei diesen Leuten um Angehörige der Nation handeln, in der sich die Zweigniederlassung befindet. In einigen Ländern fordert die Regierung, dass ein gewisser Mindestanteil der Angestellten der Zweigniederlassung Einheimische sind. Als Letztes soll noch angemerkt werden, dass der Betrieb einer ausländischen Verkaufsniederlassung sehr kostenintensiv ist. Entsprechend eignet sich diese Variante des Auslandsgeschäfts üblicherweise am besten für größere und finanziell etablierte Hersteller. Es gibt aber auch zahlreiche Beispiele für kleinere Unternehmen, wie z.B. das bereits erwähnte Perimed, die erfolgreich Verkaufsniederlassungen unterhalten.

7.3.3 Speicher- oder Lagereinrichtungen

Wenn es für einen Hersteller notwendig und einträglich ist, einen Warenbestand im Auslandsmarkt zu unterhalten, dann sollten Speicher oder Lager als Zweigniederlassung errichtet werden. Derartige Einrichtungen können Teil einer Verkaufsniederlassung sein. Eine derartige Kombination hat einen praktischen Nutzen für den Käufer. Zudem wird ein mächtiges Marketingwerkzeug erzeugt, da sich dann potenziell Geschäfte größeren Umfangs als bei Abwesenheit von Lagereinrichtungen generieren lassen. Dieselbe Situation entsteht, wenn es sich bei der Lagerzweigniederlassung um eine eigenständige Einheit handelt, die eingerichtet wurde, um Aufträge ausländischer Distributoren oder Vertreter zu erfüllen.

Ausländische Speicher- oder Lagerzweigniederlassungen müssen nicht notwendigerweise nur Waren für ein einzelnes Marktgebiet zur Verfügung stellen. Tatsächlich errichten viele Hersteller derartige Zweigniederlassungen als zentrale Distributionsstellen zur Versorgung großer Gebiete, wenn sie das Gesamtkostenkonzept zunehmend auf ihre Probleme der physischen Distribution bzw. Logistik anwenden. Wenn mehrere Marktgebiete von einer einzelnen Speicher- oder Lagerzweigniederlassung versorgt werden sollen, kann es am günstigsten sein, wenn sich diese in einem Freihafen oder einer Handelszone wie Hongkong, New York, Rotterdam oder Colon (Panama) befindet. Durch den Standort im Freigebiet können Hersteller relativ leicht viele Märkte bedienen, da die üblichen Zollverfahren und -regulierungen des Landes, in dem sich das Freigebiet physisch befindet, keine Anwendung finden.

7.3.4 Ausländische Verkaufstochtergesellschaften

Die im Ausland ansässige Verkaufstochtergesellschaft ist eine Variation der im Inland ansässigen Export-Verkaufstochtergesellschaft. Als solche sind ihre Operationen weitgehend identisch. Ihre Aktivitäten ähneln aber auch denen einer ausländischen Zweigniederlassung. Ein wesentlicher Unterschied ist die etwas größere Autonomie der im Ausland ansässigen Tochtergesellschaft, die aus der Eintragung und dem Sitz im Ausland resultiert. Zudem verfügt die im Ausland ansässige Tochtergesellschaft über größere Verantwortlichkeit und führt auch viele Aktivitäten durch, die über die einer ausländischen Verkaufsniederlassung hinausgehen. Bei der im Ausland ansässigen Tochtergesellschaft handelt es sich um einen flexiblen Organisationstyp. In Hinsicht auf ihre physischen Einrichtungen und ihre Aktivitäten kann es sich um alles zwischen einer vollständig operationalen Einheit bis hinab zu einem kleinen Büro handeln, das lediglich die Standortanforderungen der Unternehmensgesetze des Landes erfüllt, in dem es angesiedelt ist.

Die Organisationsform der Tochtergesellschaft lässt sich für viele verschiedene Funktionen (Geschäftsaktivitäten) in Auslandsmärkten nutzen. Wenn sie als *Verkaufstochtergesellschaft* organisiert ist (oder wenn Verkaufsaufgaben übernommen werden), werden alle Auslandsaufträge über die Tochtergesellschaft geleitet, die dann an ausländische Käufer zu normalen Großhandels- oder Einzelhandelspreisen verkauft. Die ausländische Verkaufstochtergesellschaft kauft die zu verkaufenden Produkte beim Mutterunternehmen entweder zum Selbstkostenpreis oder zu einem anderen Preis ein. Dies führt natürlich zum Problem der Transferpreise zwischen diesen Unternehmen.

Die Gründe für die Einrichtung von im Ausland ansässigen Verkaufstochtergesellschaften und die Wahl eines bestimmten Landes als Standort für die Tochtergesellschaften haben im Wesentlichen zwei Quellen: Steuern und Geschäftspraktiken. Einen wesentlichen Einfluss auf die Beliebtheit der im Ausland ansässigen Tochtergesellschaften sind die potenziellen Steuervorteile gewesen, die Unternehmen genießen können, wenn sie diese Organisationsform im Rahmen ihrer internationalen Operationen nutzen. Dies war insbesondere für Unternehmen wichtig, deren Stammsitz sich in Ländern mit hohen Steuern befand. Bei ordentlicher Planung konnten Unternehmen Tochtergesellschaften in Ländern mit niedriger Versteuerung der Unternehmensgewinne errichten und einen Vorteil daraus ziehen, dass sie im Stammland für das im Ausland angefallene Einkommen solange keine Steuern zu bezahlen hatten, bis dieses tatsächlich zurück ins Stammland überwiesen wurde. Natürlich hängen die konkreten, mit derartigen Tochtergesellschaften tatsächlich realisierbaren Steuervorteile von den Steuergesetzen des Heimatlandes des Mutterunternehmens ab. Über den Steueraufschub hinaus gibt es weitere potenzielle Steuervorteile. Diese resultieren aus der Praktik des Mutterunternehmens, die dafür sorgt, dass Tochtergesellschaften Großteile ihrer Gewinne im Land behalten und diese dann entweder im Land des Gewinns oder in anderen Ländern als Geldmittel für eine weitere Auslandsexpansion eingesetzt werden. Dies kann in Gebieten wie der EU recht vorteilhaft sein.

Steuern waren in vielen Fällen weder der einzige noch der wesentliche Grund für die Errichtung von Tochtergesellschaften im Ausland. Mit der Wahl eines ausländischen Stützpunkts streben Unternehmen gute Bankverbindungen, gute Betriebsbedingungen, eine politisch stabile Situation, eine klare Gesetzgebung und Nähe zu den Märkten an. Weitere Einflussgrößen auf die Wahl des Standorts für eine ausländische Tochtergesellschaft sind z.B. die einfache Eintragung, Beschränkungen hinsichtlich des Unternehmensbesitzes und der Geschäftsaktivitäten und die Verfügbarkeit von geeignetem lokalen Personal und Bürokräften. Geschäftliche Motive vermischen sich hier also mit Steuermotiven.

7.3.5 Handelsreisende

Ein reisender Exportverkäufer bzw. Handelsreisender ist jemand, der in einem Land wohnt (häufig im Land des Arbeitgebers) und das Ausland bereist, um dort Verkaufspflichten zu erfüllen. Im Unterschied dazu werden entsandte Verkäufer aus ihrem Heimatland ins Ausland geschickt, um dort zu leben und im ausländischen Markt zu arbeiten. Im Wesentlichen entspricht der entsandte Verkäufer einer ausländischen Zweigniederlassung des Unternehmens. Natürlich kann das Unternehmen formal eine Zweigniederlassung einrichten, dem der entsandte Verkäufer zugeteilt wird. Zweigniederlassungen beschäftigen jedoch häufig auch Verkäufer aus dem Land, in dem sie sich befinden.

Bei der Entscheidung über den Einsatz von Handelsreisenden in bestimmten Auslandsmärkten sollte das Unternehmen einfach überlegen, welche Aufgaben der Verkäufer wahrnehmen soll. Es gibt vielfältige Verkaufsaufgaben, die vom Hereinholen von Aufträgen bis zur reinen Auftragsannahme reichen. Wenn Unternehmen feststellen, dass es sich bei den wahrzunehmenden Verkaufsaufgaben tendenziell vorwiegend um die Auftragsannahme handelt, ist der Einsatz von Handelsreisenden in den meisten Fällen wahrscheinlich nicht wirtschaftlich. Wenn andererseits die Verkaufsaufgaben vorwiegend im Hereinholen von Aufträgen bestehen, kann sich der Einsatz eines kompetenten und gut geschulten Verkäufers als die beste Methode erweisen. Vieles hängt dabei von den relativen Kosten und den durch Verkäufe erzielten Gewinnen ab.

Drei grundlegende Funktionen muss das in Auslandsmärkten tätige Verkaufspersonal immer erfüllen, auch wenn die jeweilige relative Wichtigkeit von solchen Dingen wie der Art des zu verkaufenden Produkts und der Natur des Markts abhängt. In erster Linie ist die eigentliche Verkaufsaufgabe zu erfüllen, zu der die Übermittlung von Produktinformationen an Kunden und der Erhalt von Aufträgen zählen. Zweitens steht der Verkäufer immer in einem engen Kontakt zu den Kunden. Das Verkaufspersonal muss immer danach trachten, die Position des Unternehmens gegenüber dem Kunden und der allgemeinen Öffentlichkeit zu erhalten und zu verbessern. Das ist nicht immer einfach und das ist auch einer der Gründe dafür, dass so viele Unternehmen Einheimische als Verkaufspersonal in spezifischen Märkten einsetzen. Wenn Kundenbeziehungen von entscheidender Bedeutung sind, ist es weniger wahrscheinlich, dass der Einsatz eines Handelsreisenden die beste Methode des Direktexports darstellt. Der Grund dafür ist einfach der, dass es allgemein nicht zu ausreichend vielen Kundenkontakten kommt. Es gibt jedoch Handelsreisende, deren vorwiegende Aufgabe im allgemeinen Bereich der Kundenbeziehungen liegt. Dieser manchmal *Vorführer* oder *Tutor* genannte Typ des Handelsreisenden arbeitet eng mit im Ausland ansässigen Vertretern oder Distributoren zusammen, die dort bereits das Unternehmen repräsentieren. Da die Verkaufsaufgabe vorwiegend in der Unterstützung der Vertreter und Distributoren besteht und diesen zur besseren Aufgabenerfüllung verhelfen soll, agiert der Tutor mehr oder weniger wie ein Problemlöser.

Die dritte vom externen Verkaufspersonal durchzuführende Aufgabe, die häufig vernachlässigt wird, ist die des Sammelns von Informationen und der Kommunikation. Der Verkäufer ist ein an der Front operierender Geheimdienstler des Managements und daher z.B. in der Lage, Informationen über Aktivitäten der Konkurrenz, die Meinung der Kunden, die Leistung der Produkte und Zukunftsaussichten bestimmter Märkte zu liefern. Weiterhin kann der Verkäufer häufig neben Informationen über bestimmte Kunden möglicherweise weitere Informationen zur Verfügung stellen, die der Planung von Werbe- und Handelsförderprogrammen dienen könnten. Wenn es wichtig ist, dass ein Verkäufer Unternehmen regelmäßig mit Informationen versorgt, sollten besser entsandte Verkäufer als Handelsreisende beschäftigt werden.

Offensichtlich sollten nicht alle Firmen Handelsreisende einsetzen. Es gibt zwar keine fertige Antwort dazu, wann sie eingesetzt werden sollten, aber doch allgemeine Kriterien, die sich bewerten lassen, und Umstände, die ihren Einsatz allgemein stark begünstigen.

In gewisser Weise hat die Art des Produkts einen Einfluss. Wenn es sich um ein relativ technisches Produkt handelt und Kaufinteressenten detaillierte Erklärungen und Vorführungen benötigen, könnten Handelsreisende die Aufgabe übernehmen. Tatsächlich beschäftigen einige Unternehmen in bestimmten Auslandsmärkten allein zu diesem Zweck technische Experten. Wenn jedoch Wartung, Ersatzteile usw. erforderlich sind, dann ist der Handelsreisende weniger effektiv und effizient wie die Errichtung irgendeiner Form der permanenten Auslandsbasis.

Ein weiteres Kriterium bezieht sich auf das potenzielle Umsatzvolumen eines Markts. Da Handelsreisen recht teuer sein können, ist für den profitablen Einsatz von Handelsreisenden ein Mindestumsatzvolumen erforderlich. Ebenfalls von Bedeutung ist, ob sich die Umsätze über das gesamte Jahr verteilen oder saisonal anfallen. Wenn sie saisonal anfallen, kann der Einsatz eines Handelsreisenden die einträglichere Alternative sein, da dann in schwachen Perioden keine Fixkosten anfallen, die man berücksichtigen muss.

7.3.6 Bewertung abhängiger Organisationen

Produzenten, die eigene und erfolgreiche Organisationen eingerichtet haben, nennen dafür unter anderem folgende Gründe:

- *Voller Rücklauf der Exportumsätze.* Wenn sich das Geschäft entwickelt, muss man die Gewinne nicht mit anderen Organisationen teilen.
- *Schutz vor Vernachlässigung der aktiven Ausübung der Verkaufsfunktion.* Man hat die vollständige Kontrolle über Marketingmethoden und die Verkaufsförderung. Zudem besteht keine Gefahr, dass konkurrierende Produktlinien zu Lasten des eigenen Umsatzvolumens verstärkt gefördert werden.
- *Gründliche Kenntnisse des Auslandsmarkts.* Der Hersteller kann schnell feststellen, welche Anpassungen seines Produkts erforderlich sind, um die Bedürfnisse und Wünsche der ausländischen Käufer zu erfüllen.
- *Permanente Exportverkaufskanäle.* Der Hersteller braucht keine Angst zu haben, dass eine Marketingorganisation plötzlich seine Produktlinie zu Gunsten der eines Wettbewerbers fallen lässt.
- *Der Ruf des Produkts kommt dem Hersteller und nicht einer Marketingorganisation zu Gute.* Dies kann sich als recht vorteilhaft erweisen, wenn neue oder unterschiedliche Produkte in Auslandsmärkten eingefüht werden sollen.
- *Sinkende Stückkosten bei steigender Verkaufsmenge.* Die Fixkosten verteilen sich auf steigende Verkaufsmengen statt in einem konstanten Verhältnis zu bleiben.

Der Einsatz abhängiger Organisationen kann auch Nachteile haben. Anfängliche hohe Kosten sind für die Schaffung von Exportmärkten erforderlich und können in Relation zum Umsatzvolumen zu hoch sein. Sie schließen Provisionen für Büroniederlassungen und Ausrüstung, die Gehälter des Personals, die Kosten des Unterhalts eines größeren, zum Auffüllen ausländischer Vertriebswege erforderlichen Lagervorrats, und, was am wichtigsten ist, die Kosten der Verkaufsanstrengungen mit ein, die nur unbedeutende Gewinne hervorbringen.

Der Hersteller muss bereit sein, größere Risiken einzugehen. Es besteht immer die Möglichkeit, dass das Produkt vom ausländischen Markt nicht akzeptiert wird oder dass sich die ausländischen Präferenzen plötzlich ändern. Noch wichtiger ist jedoch, dass der Hersteller möglicherweise Kredite aufnehmen und finanzielle Risiken eingehen muss.

Erfolgreiches Auslandsmarketing setzt spezialisiertes Wissen voraus, das möglicherweise in der Organisation des Herstellers nicht zur Verfügung steht oder sich nur unter sehr hohen Kosten beschaffen lässt. Die Marketingtechniken für erfolgreiche Auslandsverkäufe unterscheiden sich häufig wesentlich vom einheimischen Verkauf, und die Techniken des Exportverkehrs und des Finanzmanagements unterscheiden sich ebenfalls erheblich.

Es wird möglicherweise ein übermäßig langer Zeitraum bis zum Aufbau befriedigender Umsatzvolumen benötigt. Möglicherweise wird ein solches auch nie erreicht. Unabhängige Organisationen verfügen über die Kontakte, das Wissen und die für die Entwicklung von Exportpotenzial erforderlichen Erfahrungen.

Generell ist der Einsatz abhängiger Organisationen vorzuziehen, wenn folgende Bedingungen gegeben sind:

- Das Produkt ist differenziert, spezialisiert oder besitzt Markenattraktivität und erfordert spezifische Verkaufsanstrengungen.
- Es gibt ein hohes und konstantes Exportumsatzvolumen oder dieses konzentriert sich auf eine relativ kleine Anzahl von Märkten, so dass die verfügbaren Verkaufsanstrengungen nicht zu dünn verteilt werden müssen.
- Das zukünftige Verkaufspotenzial wächst und ist insgesamt offensichtlich groß.
- Exportkosten lassen sich über steigende Mengen verteilen, so dass die Kosten pro Einheit mit steigenden Mengen sinken.

Obwohl die Darstellung aus der Sicht der Hersteller erfolgt ist, sollte man sich darüber im Klaren sein, dass Marketingorganisationen, wie z.B. Einzelhändler, ihr Konzept oder ihre Operationen auch ins Ausland exportiert haben (Beispiel 7.5). Tatsächlich verwenden einige Einzelhändler wie Benetton (Italien) oder IKEA (Schweden) die Expansion ihrer Einzelhandelsoperationen als Mittel zum Export der von ihnen hergestellten Produkte und verkaufen sie in eigenen, eigenständigen Filialen.

BEISPIEL 7.5

Exportieren eines Einzelhandelskonzepts

Nur weil ein Einzelhandelskonzept im Heimatgebiet eines Unternehmens funktioniert, bedeutet das nicht, dass es auch jenseits der Landesgrenzen Erfolg haben muss. Damit ein Einzelhändler im Ausland erfolgreich sein kann, müssen einige Bedingungen erfüllt sein:

- Es muss einen hinreichend großen Zielmarkt geben, der dem in der Heimat ähnelt.
- Es muss möglich sein, die Einmaligkeit des Ladens zu reproduzieren.
- Das Markenimage des Ladens muss bei allen Aspekten seiner Positionierung kraftvoll präsentiert werden.

Beispiel 7.5 (Forts.)

Ausländische Einzelhandelsmärkte stellen eine Herausforderung für Einzelhändler dar, die mit einer ähnlichen Kettenpositionierung versuchen, das erfolgreiche Eindringen in einen Markt zu wiederholen. Kulturelle, wirtschaftliche, regulatorische und soziale Faktoren in fremden Nationen können den wiederholten Erfolg des einheimischen Konzepts möglicherweise verhindern. Menschen aus anderen Nationen verfolgen möglicherweise andere Einkaufspraktiken als im Inlandsmarkt. Zum Beispiel kann ihnen das Selbstbedienungskonzept seltsam und unannehmbar erscheinen oder es werden bestimmte Einzelhandelsvarianten, wie tägliche Öffnungszeiten oder 24-Stunden-Betrieb, durch das Gesetz oder die herrschenden Sitten verhindert.

Große internationale Einzelhandelsgruppen wollten in Asien das große Geschäft machen. Einigen wird dies vielleicht auch noch gelingen. Mittlerweile ist aber klar, dass es viele Fehlschläge geben wird. Einige der großen Namen sind gescheitert. Lane Crawford, ein bedeutender, in Hongkong beheimateter Einzelhändler, hat sein Kaufhaus in Singapur geschlossen, nachdem erhebliche Verluste aufgelaufen waren. Zuvor hatten 1996 bereits K-mart (eine amerikanische Supermarktkette) und Galeries Lafayette (eine französische Gruppe) in Singapur aufgegeben und ihre Tore geschlossen. Alle drei Unternehmen sind zu optimistisch gewesen.

In Hongkong unternimmt Wal-Mart, Amerikas führender Einzelhändler, einen zweiten Anlauf, den Markt zu knacken. Im Januar 1996 löste er eine 18-monatige Partnerschaft mit Charoen Pokphand, einem Thai-Konglomerat mit guten Verbindungen, bei dem es sich wahrscheinlich um den größten Investor in China handelt, auf. Aber die beiden Unternehmen schieden schon bald aus, nachdem zwei gemeinsam in Hongkong eröffnete Supermärkte keinen Erfolg hatten.

Was ist falsch gelaufen? Die Wal-Mart-Manager, die es gewohnt waren, alles, was sich ihnen in den Weg stellte, einfach umzurennen, sind wohl in die Falle gelaufen und haben geglaubt, dass ein in einem Land erfolgreiches Konzept automatisch auch in anderen Ländern funktioniert. Insbesondere haben sie wohl geglaubt, dass sich in Kowloon und Arkansas, nur weil dort jeweils 2,5 Mio. Menschen wohnen, dieselben Produkte ähnlich gut verkaufen würden. Basketballsets und Gartenspiele nützen aber Menschen, die im am dichtesten besiedelten Fleck der Welt in Hochhaustürmen wohnen, recht wenig.

Wal-Mart dachte, es könne „einfach etwas aus den Staaten hinüberbringen und dort hinpflanzen", gab einer seiner Manager zu. Unterstützt von einigen Unternehmen vom chinesischen Festland eröffnete der amerikanische Gigant letzten Monat zwei Supermärkte jenseits der Grenze in der Wachstumsstadt Shenzhen.

Es bleibt jedoch eine Illusion, wenn man von „1,2 Mrd. chinesischen Kunden" träumt. Jedes Wochenende strömen mehrere hunderttausend Menschen durch Shanghai Nextage, einen riesigen zehnstöckigen Einkaufskomplex im Wert von 230 Mio. $, der vom japanischen Yaohan im neuen Pudong-Distrikt in Schanghai erbaut worden ist. Leider geben dort nur derart wenige Leute überhaupt Geld aus, dass sich Analytiker fragen, ob sich dort jemals eine Rendite erwirtschaften lässt.

Nicht alle Einzelhändler stehen dort vor harten Zeiten. Das britische Unternehmen Marks and Spencer (M&S) hat sich bis zum Jahr 2000 eine Verdreifachung seiner Einzelhandelsverkaufsfläche zum Ziel gesetzt und will dort Gewinne machen. Seine acht Läden in Hongkong, die sich völlig im Eigenbesitz befinden, konnten 1995 ein Umsatzsteigerungen von fast 30% bei einer Betriebsspanne von 17% verzeichnen. Ähnliche Zahlen sollen für die 25 Franchising-Läden gelten, die das Unternehmen bereits in Singapur, den Philippinen, Indonesien, Thailand und Malaysia hat.

M&S will auch ein Geschäft in Schanghai eröffnen, macht sich aber keine Illusionen in Bezug auf die Schwierigkeiten und insbesondere die beschränkte Kaufkraft der chinesischen Kunden. Das Resultat hängt von zwei Faktoren ab: Wenigstens einige der 13 Mio. Einwohner von Schanghai müssen eine stärkere Neigung für zwanglose Ausgaben zeigen und davon müssen sich viele dazu entschließen, dies bei M&S zu tun.

Beispiel 7.5 (Forts.)

Obwohl es keine Garantie dafür gibt, dass das der Fall sein wird, scheint M&S (dessen nordamerikanische Expansion ein Reinfall war) diesmal seine Hausaufgaben gemacht zu haben. Es bietet den Asiaten etwas anderes an: Waren der eigenen Marke. Und es hat seine Produktpalette auf die lokalen Marktbedingungen abgestimmt. Anders als in Großbritannien verlassen sich die Läden in Hongkong aufgrund der Schwierigkeit, leichtverderbliche Posten guter Qualität von lokalen Lieferanten zu beziehen, viel weniger auf Lebensmittelprodukte.

Das Zurückdrängen der Eindringlinge

Dass viele lokale Einzelhändler schnell gelernt haben, zurückzuschlagen, stellt Wal-Mart und M&S vor eine Prüfung. Giordano, ein schnell wachsender, in Hongkong beheimateter Einzelhändler für Freizeitkleidung, entlohnt sein Personal ebenfalls gut und setzt eine Politik des Warenumtauschs im M&S-Stil ein, was in Asien zuvor selten war. Viele thailändische Unternehmen kopieren Makro, ein holländisches Unternehmen, das Pionierarbeit für Supermärkte in Asien geleistet hat. In Indonesien hat die große Matahari-Kaufhauskette Makro durch Errichtung einer eigenen Hypermarktkette ins Visier genommen.

Auf den Philippinen hat das lokale Unternehmen Jollibee Amerikas McDonald's im Fast-Food-Geschäft (einem Bereich, der sich ähnlichen Herausforderungen wie der Einzelhandel stellen muss) auf den zweiten Platz verwiesen. Jollibee besitzt 200 Filialen, mehr als doppelt so viele wie McDonald's. Das lokale Unternehmen expandiert nun auch im Ausland. Es startete mit Gebieten, in denen es bereits einen vorhandenen Markt mit vielen ausländischen Filipino-Arbeitern (wie z.B. aus Indonesien, Hongkong und mehreren Ländern des Mittelostens) vorfand und dringt nun auch in andere Länder vor: Im September 1996 eröffnete es eines der ersten Fast-Food-Restaurants in Vietnam und war damit in diesem Land sowohl vor McDonald's als auch vor Kentucky Fried Chicken vertreten.

Quelle: Gekürzt und übernommen aus: *The Economist* (1996) © 1996 The Economist Newspaper Group, Inc. Abdruck mit Genehmigung.

7.3.7 Im Ausland ansässige Distributoren und Vertreter/ Repräsentanten

Bis jetzt hat sich unsere Erörterung der verschiedenen Methoden des Direktexports auf die Nutzung abhängiger Organisationen beschränkt. Nun wenden wir uns einer Form des Direktexports zu, bei der unabhängige Marketingorganisationen, Distributoren und Vertreter zum Einsatz kommen. Diese Methode des Exports unterscheidet sich von der Methode des indirekten Exports über Mittler ähnlichen Typs (in Hinsicht auf die Operationsmerkmale) darin, dass der Distributor oder Vertreter bei der Durchführung von Direktexporten im Ausland ansässig ist. Die Begriffe „Distributor“ und „Vertreter“ (bzw. „Auslandsvertretung“) werden häufig synonym benutzt. Das ist ein wenig unglücklich, weil es bestimmte Unterschiede gibt. Ein Distributor ist z.B. ein Händler und als solcher ein Kunde des Exporteurs. Ein Vertreter ist jedoch ein Repräsentant (und wird häufig auch so genannt), der im Auftrag des Exporteurs handelt und kein Kunde ist. Die Besitzrechte an den Waren des Exporteurs gehen an den Distributor über, während das beim Vertreter nicht der Fall ist. Kurz, der Distributor importiert die betreffenden Produkte, während der Vertreter den Import den Käufern überlässt, deren Aufträge an den Auftraggeber weitergeleitet worden sind. Ein zweiter wesentlicher Unterschied ergibt sich aus der Methode der Zahlung von Vergütungen. Der Vertreter wird üblicherweise auf der Grundlage einer Kommission bezahlt, während das Einkommen des Distributors aus der Spanne des vom Exporteur gewährten Lieferantenskontos stammt. Ein dritter Unterschied ist der, dass ein Distributor üblicherweise einen Lagervorrat unterhält, während dies beim Vertreter, außer vielleicht für Ausstellungszwecke, nicht der Fall ist. Root (1994, S. 85–92) hat einen vierstufigen Prozess für die Auswahl eines ausländischen Distributors oder Vertreters vorgeschlagen:

1. Skizzieren eines Profils (vgl. Tabelle 7.2)
2. Ermitteln der Möglichkeiten
3. Bewertung der Möglichkeiten
4. Auswahl eines Distributors oder Vertreters.

Tabelle 7.2 Elemente im Profil des potenziellen Distributors oder Vertreters.
Gesamterfahrung im Markt
Abgedeckte Marktgebiete
Vertretene Produkte
Größe des Unternehmens
Erfahrung mit der Produktlinie des Exporteurs
Vertriebsorganisation und Qualität der Verkaufsmannschaft
Bereitschaft und Fähigkeit, Lagervorräte zu halten (falls erforderlich)
Fähigkeit, Nachkauf-Dienstleistungen anzubieten (falls erforderlich)
Erfahrungen mit und Kenntnisse der Werbetechniken
Reputation bei den Kunden
Finanzkraft und Kreditwürdigkeit
Beziehungen zur lokalen Regierung
Sprachkenntnisse
Bereitschaft zur Kooperation mit dem Exporteur

Es wurde angeregt, dass es mindestens sechs wichtige und für die Auswahl ausländischer Distributoren relevante Auswahlkriterien geben sollte:

- Die Stärke des Engagements des Distributors sowohl für das Produkt als auch den Markt
- Die Finanzkraft des Distributors
- Die Marketingfähigkeiten inklusive der Marktkenntnisse
- Produktbezogene Faktoren, wie z.B. die Produktlinie des Distributors und deren Verträglichkeit (z.B. Ergänzung der Produkte des Exporteurs und Qualität)
- Planungsfähigkeiten
- Unterstützende Faktoren, wie z.B. die politischen Verbindungen eines Distributors, dessen Sprachkenntnisse usw.

Forschungen weisen darauf hin, dass Engagement und Finanzkraft die beiden wichtigsten Kriterien im Auswahlprozess des ausländischen Distributors sind (Yeoh und Calantone, 1995).

Wenn Distributoren und Vertreter vom exportierenden Hersteller ausgewählt werden, sollte ein formeller Vertrag oder eine Vereinbarung zwischen den Parteien geschlossen werden (siehe Abschnitt 7.3.8). In den meisten Fällen ist der Vertreter oder der Distributor der alleinige Repräsentant eines Herstellers für ein bestimmtes ausländisches Absatzmarktgebiet und Alleinimporteur. In dieser Funktion werden dem Vertreter oder Distributor die alleinigen Rechte zum Verkauf der Produkte des Herstellers für die von der Vereinbarung abgedeckten Gebiete garantiert. Es gibt jedoch auch Fälle, in denen keine exklusiven Vertriebsrechte eingeräumt werden. Verkäufe an ausländische Regierungsvertretungen beschränken z.B. häufig den Hersteller selbst, der in der einen oder anderen Form direkt über abhängige Organisationen exportiert. In einer derartigen Situation erhält der Vertreter oder Distributor keine Vergütung. Eine zweite mögliche Modifikation tritt dann auf, wenn ein Vertreter zum Generalagenten ernannt wird. In diesem Fall kann der Hersteller andere Vertreter im Gebiet des Generalagenten ernennen. Der Generalagent erhält jedoch eine (niedrigere als sonst übliche) Kommission auf alle Verkäufe der anderen Vertreter.

Die von Distributoren und Vertretern übernommenen Funktionen sind im Grunde genommen dieselben wie die der im Inland ansässigen Marketingagentur desselben Typs oder der herstellereigenen und im Ausland ansässigen Organisationen. Einige grundlegende Unterschiede sollten jedoch erwähnt werden. Erstens lässt sich aus guten Gründen erwarten, dass stärkere Bemühungen zur Förderung des Verkaufs der Produkte des Herstellers unternommen werden, da diesen ausländischen Einrichtungen Exklusivrechte eingeräumt werden. Alle Vergütungen für diese zusätzlichen Anstrengungen kommen ihnen selbst zu und müssen nicht mit anderen Vertretern geteilt werden. Ein zweiter grundlegender Unterschied betrifft die Dienstleistungen für die Produkte des Herstellers. Wenn eine Produktart Serviceleistungen erfordert, steht der Distributor mit geeigneten Einrichtungen, gut geschultem Personal und einem vollständigen Lager der erforderlichen Teile und Materialien bereit und kann diese anbieten.

Im Allgemeinen kann daher ein Hersteller üblicherweise bessere Verkäufe und damit verwandte Dienstleistungen von den im Ausland ansässigen Einrichtungen mit exklusiven Marktgebieten erwarten, als wenn diese die Märkte untereinander teilen müssten. Die von den im Ausland ansässigen Distributoren und Vertretern durchgeführten Aktivitäten und deren Operationsmerkmale sind höchst unterschiedlich und hängen von solchen Aspekten wie der Art der Produkte, den Merkmalen des Marktgebiets, dem jeweils gewählten Typ der ausländischen Einrichtung, ihrer Betriebsphilosophie und der allgemeinen Geschäftssituation des Herstellers ab. Weiterhin beruht die Stärke des Erfolgs beim Vertreteransatz mehr als bei allen anderen Methoden auf Persönlichkeit und persönlichen Beziehungen. Exporteure und ihre ausländischen Distributoren oder Vertreter sind zwar voneinander abhängig, werden aber auch durch Besitz, Geographie, Kultur und Recht voneinander getrennt.

Die allgemeinen Vor- und Nachteile des Einsatzes dieser Marketingorganisationen unterscheiden sich kaum von denen ihrer Gegenstücke im Heimatland. Wenn Hersteller direkt exportieren, stellt der Einsatz exklusiver Vertreter oder Distributoren die einfachste und am wenigsten kostenintensive Möglichkeit dar. Diese Methode scheint auch am entwicklungsfähigsten zu sein. Aus diesen Gründen entscheiden sich erstmals exportierende Hersteller insbesondere dann häufig für diese Variante, wenn für ein Marktgebiet nur moderate Umsätze erwartet werden. Viele Vertreter und Distributoren sind derart erfolgreich, dass sie sich letztlich selbst aus dem Distributionskanal eines Herstellers eliminieren. Wenn die Verkäufe in einem Auslandsmarkt ein gewisses Niveau übersteigen, kann der Hersteller die Einrichtung einer Verkaufszweigniederlassung oder einer Tochtergesellschaft für effektiver und profitabler halten. Aber selbst wenn hohe Umsätze erzielt werden, gibt es immer noch gute Gründe dafür, Vertreter oder Distributoren nicht aus dem Kanal des Herstellers zu verdrängen. Seine intimen Kenntnisse des Markts und der Händler und sein Zugang zu verschiedenen Quellen lassen sich möglicherweise nicht von im Ausland ansässigen abhängigen Organisationen des Herstellers kompensieren. Weiterhin kann der Vertreter oder Distributor über politischen Einfluss verfügen, der für den Hersteller von Vorteil ist.

Andererseits wollen Hersteller in bestimmten Auslandsmarktgebieten möglicherweise keine unabhängige Marketingorganisation als Exklusivdistributor benutzen. Dafür kann es viele verschiedene Gründe geben, zu denen der Wunsch nach vollständiger Kontrolle über den Marketingkanal zwischen den Nationen und das Fehlen eines Unternehmens, das alle Pflichten eines exklusiven Distributors übernehmen könnte, zählen können. Weiterhin kann es für einen Exporteur wegen der anderen vom Vertreter bzw. Distibutor vertriebenen Produktlinien anderer Hersteller schwer sein, neue Produkte im Auslandsmarkt einzuführen. Viel hängt davon ab, ob die neuen mit den bereits von Mittlern vertretenen Produkten konkurrenzfähig sind. In Fällen wie diesen können Hersteller Tochtergesellschaften gründen, die als alleinige Importdistributoren in bestimmten Auslandsmärkten fungieren, statt vertragliche Vereinbarungen einzugehen. Diese Tochtergesellschaften können sich komplett oder auch teilweise (gemeinsam mit Einwohnern des beteiligten Landes) im Besitz des Herstellers befinden.

Eine nähere und engere Form der Beziehung zwischen Herstellern und ihren ausländischen Repräsentanten als zu exklusiven Distributoren oder Vertretern lässt sich durch Abschluss von *Franchise*verträgen erreichen. Die unterscheidenden Merkmale des Franchising sind die, dass der Franchisenehmer das Recht zur Durchführung bestimmter Fertigungsprozesse besitzt, mit denen sich das Produkt für den Markt vorbereiten lässt, dass dem Franchisenehmer das Recht der Nutzung der Markennamen und Warenzeichen des Produkts des Herstellers für einen unbeschränkten Zeitraum und unter bestimmten Bedingungen eingeräumt wird und dass es sich dabei um langfristige Vereinbarungen handelt. Diese Vorrechte erfordern einen äußerst sorgfältigen Schutz der Gewinne, des Eigentums und der Rechte des Herstellers.

Das Geschäft des Franchisenehmers wird durch ein relativ kleines, aber exklusives Gebiet charakterisiert. Die besten Beispiele für diese Art der Präsenz in Auslandsmärkten findet man im Bereich alkoholfreier Erfrischungsgetränke. Zu ihnen zählen Unternehmen wie Coca-Cola und Pepsi, bei denen wesentliche Produktbestandteile vom Hersteller zum Franchisenehmer exportiert werden.

7.3.8 Beziehungen zu ausländischen Distributoren und Vertretern

Die Bedeutung der sorgfältigen Auswahl der im Ausland ansässigen Distributoren und Vertreter kann nicht genug betont werden. Es sind nicht nur die üblichen geschäftlichen Belange, sondern auch einige juristische Fragen zu berücksichtigen, nämlich jene, die Auflösung und Abfindung betreffen. Daher ist die Entwicklung eines guten Vertrags von entscheidender Bedeutung, der eindeutig alle relevanten Aspekte der Beziehung abdeckt und die verpflichtenden Erwartungen der beiden Parteien nennt.

Wesentliche Bestandteile von Vereinbarungen mit ausländischen Repräsentanten

Die Vereinbarung bzw. der Vertrag mit einem ausländischen Repräsentanten ist die grundlegende Basis der Beziehung zwischen dem Exporteur und seinem ausländischen Repräsentanten. Der Zweck der Vereinbarung ist die eindeutige Festlegung der Bedingungen, auf denen die Beziehung beruht. *Die beiderseitigen Rechte und Pflichten sollten definiert werden.* Die Vereinbarung muss im beiderseitigen Interesse liegen. Mit diesem Gedanken im Hinterkopf sollte die Vereinbarung schriftlich niedergelegt werden und die folgenden Bestimmungen enthalten:

1. *Grundlegende Bestimmungen*
   (a) Name des Exporteurs und des Repräsentanten.
   (b) Die von der Vereinbarung betroffenen Produkte oder Produktlinien. Wenn nicht alle Produkte oder Produktlinien eingeschlossen sind, sollte dies eindeutig festgelegt werden. Wenn im Vertrag eine umfassende Zusammenarbeit vereinbart wird, kann festgelegt werden, dass dieser nur die Produkte und Produktlinien abdeckt, die *ausdrücklich* in der aktuellen Vereinbarung angeboten werden oder später hinzukommen.
   (c) Zuständigkeitsgebiete sollten eindeutig definiert werden. Wenn es entweder räumliche oder kundenspezifische Ausnahmen gibt oder geben könnte, sollten diese definitiv genannt werden bzw. Vereinbarungen getroffen werden, unter welchen Bedingungen derartige Ausnahmen zulässig sind.
   (d) Es sollte eindeutig festgelegt werden, ob die Vereinbarung hinsichtlich des Verkaufs der Produkte und der zugeteilten Gebiete beiderseitig exklusiv ist.
   (e) Die den Kunden (vom Vertreter) genannten Preise müssen den Festlegungen des Exporteurs entsprechen. Preisnachlässe dürfen nicht ohne vorherige Zustimmung des Exporteurs gewährt werden, es sei denn, der Exporteur legt in der Vereinbarung die Spannen derartiger Preisnachlässe und die spezifischen Bedingungen für deren Gewährung fest.
   (f) Bestimmungen hinsichtlich der Bezahlung von Mustern und diesbezügliche Preisnachlässe.
2. *Verkaufsbedingungen*
   (a) Die Verkaufsbedingungen sollten festgelegt werden und es sollte angegeben werden, ob das Angebot für einen Repräsentanten, der Käufer auf eigene Rechnung ist, oder für einen Verkäufer auf Kommissionsbasis bestimmt ist.
   (b) Die Zahlungsbedingungen sollten ebenfalls einbezogen werden und Folgendes abdecken:
      I) Die Politik des Exporteurs hinsichtlich der Zahlungsbedingungen unter Nennung der Zahlungsfristen (Zeitpunkt der Fälligkeit der Zahlungen).
      II) Einräumung des Rechts zur Genehmigung von Zahlungsbedingungen bei Aufträgen, die der Repräsentant einholt.
      III) Erforderliche Referenzen oder andere hinreichende Beweise für die Kreditwürdigkeit bei allen Erstaufträgen neuer Kunden.
      IV) Die Bedingungen oder Einschränkungen, unter denen der Repräsentant selbst das Recht hat, die Zahlungsbedingungen der Kunden festzusetzen. Alternativ kann sich der Exporteur auch das alleinige Recht zur Festlegung von Zahlungsbedingungen bei Auftragseingängen einräumen lassen.
      V) Ob und unter welchen Bedingungen der Repräsentant für Forderungen an Kunden zu haften hat (*Delkredere*).
   (c) Angabe der Art und der Raten der Vergütung des Repräsentanten (Preisnachlässe des Distributors oder Kommission des Vertreters) sowie Termin und Form der Zahlung.
   (d) Der Exporteur behält sich das Recht vor, alle Aufträge von Kunden abzulehnen, die nicht den Angaben des Exporteurs entsprechen, deren Auftraggeber nicht kreditwürdig sind oder die sich aus Gründen nicht erfüllen lassen, die nicht der Kontrolle des Exporteurs unterliegen.
3. *Allgemeine Bestimmungen*
   (a) Angaben darüber, wann und wie der Vertrag wirksam wird. Gemäß internationalem Recht wird der Vertrag nach den Gesetzen des Landes ausgelegt, in dem er endgültig

abgeschlossen worden ist. Wenn der Vertrag, nachdem er vom Repräsentanten akzeptiert und unterschrieben worden ist, wirksam wird, tritt er nach Maßgabe der Gesetze des Landes des Repräsentanten in Kraft.

(b) Wenn der Vertrag bei Eingang des ersten Auftrags wirksam wird, sollte angegeben werden, wie lange das Angebot gilt und wie lange der Exporteur anderen Repräsentanten im Gebiet kein anderes Repräsentationsangebot für die genannten Produkte unterbreiten darf.

(c) Wie Streitigkeiten abzuwickeln sind. Wenn eine Arbitrage-Klausel aufgenommen wird, dann müssen die genauen Einzelheiten hinsichtlich der Wahl des Schiedsgerichts und des Orts der Arbitrage-Anhörung festgelegt werden.

(d) Hier handelt es sich im Allgemeinen um Bestimmungen über die Kündigung durch eine der beiden Parteien und die Angabe einer bestimmten Kündigungsfrist, die dann gelten, wenn alle Pflichten und Bestimmungen des Vertrags eingehalten worden sind.

Für die meisten Exporteure sind die drei wichtigsten Aspekte ihrer Vereinbarungen mit ausländischen Repräsentanten die alleinigen bzw. exklusiven Rechte, konkurrierende Produktlinien und die Vertragskündigung. Hinsichtlich der exklusiven Distributionsrechte und der konkurrierenden Produktlinien können in einigen Ländern rechtliche Aspekte zu berücksichtigen sein. In der EU verhindern im Allgemeinen Antitrustgesetze exklusive Vereinbarungen, durch die Verkäufe von einem in ein anderes Mitgliedsland beschränkt werden. Ähnlich ist es in einigen Ländern illegal, wenn es dem Distributor oder Vertreter vertraglich untersagt wird, andere konkurrierende Produkte neben denen des Herstellers zu vertreten.

Der Exporteur sollte dafür sorgen, dass er die relevanten nationalen und supranationalen Gesetze kennt, die die Beziehungen zu Distributoren und Vertretern regeln. Rechtliche Fragen entstehen auch bei der Kündigung von Repräsentantenverträgen, die zur Beendigung der Beziehung zwischen einem Exporteur und seinen ausländischen Distributoren und Vertretern führt. Die Kündigungsgesetze der einzelnen Länder sind verschieden. Einige gewähren übermäßigen Schutz und sind äußerst undifferenziert. In Honduras kann der Schadenersatz z.B. den fünffachen jährlichen Bruttogewinn zuzüglich des Werts der Investitionen des Vertreters sowie der sonstigen Ausgaben betragen. In Dänemark ist es üblich, dem Vertreter die Kommissionen eines Jahres zuzusprechen. Das protektivste Gesetz in Europa ist das französische. Die Kommissionen von bis zu einem Jahr müssen ggf. gezahlt werden und dies allein aufgrund der Tatsache, dass ein Vertreter das Recht verloren hat, den Exporteur zu repräsentieren. Der Vertreter muss nicht beweisen, dass er für den Exporteur Klienten gewonnen hat und nicht einmal, dass es überhaupt einen Klienten gegeben hat. Die Gesetze innerhalb der EU sollen mit der Verwirklichung des Binnenmarkts zunehmend harmonisiert werden.

Auswahl ausländischer Repräsentanten

Der Exporteur wünscht sich im Allgemeinen einen Vertrag, der sich für den Fall, dass der ausländische Repräsentant seine Aufgaben schlecht erfüllt, leicht kündigen lässt. Darüber hinaus kann die leichte Kündigungsmöglichkeit dem Exporteur zu einer größeren Kontrolle des Marketingprogramms verhelfen. Es liegt aber auch im besonderen Interesse des Exporteurs, dass der Repräsentant mit der Beziehung so zufrieden ist, dass er sich stark für die Produkte des Exporteurs engagiert. Die Gefahr unbefriedigender Beziehungen zu Repräsentanten lässt sich durch deren richtige Auswahl verringern. Positive Antworten auf Fragen wie die folgenden können weitgehend sicherstellen, dass der Exporteur letztlich den bestmöglichen Repräsentanten für einen Auslandsmarkt auswählt:

1. Sind Charakter, moralischer Ruf und Integrität des Repräsentanten zufrieden stellend? Ist es wahrscheinlich, dass er das Vertretungsabkommen erfüllen wird?
2. Kann er die Verkäufe wirksam fördern? Hat er die passenden Einrichtungen für Lager, Distribution und Dienstleistungen? Ein wie großes Gebiet kann er erfolgreich bearbeiten?
3. Im Fall eines Kommissionsvertreters: Hat er ein gutes Gespür für Kreditwürdigkeit? Reicht er nur Aufträge von zuverlässigen Unternehmen ein, bei denen man sich darauf verlassen kann, dass sie die Zahlungen entsprechend den Verkaufsbedingungen leisten? Passt er die Verkaufsbedingungen an die Kreditwürdigkeit der Kunden an?
4. Im Fall eines Großhandelsdistributors: Reichen seine Finanzmittel sowohl für normale Zeiten als auch für Perioden der Depression aus?
5. Hat er seine Auftraggeber über hinreichende Zeiträume hinweg betreut, die darauf hinweisen, dass sie mit seinen Leistungen zufrieden sind?
6. Betreut er konkurrierende Produkte? Sind seine vertretenen Produktlinien zu vielfältig oder hat er sich auf einige wenige verwandte Linien spezialisiert, so dass er die von ihm jeweils vertretenen Linien effektiver repräsentieren kann?
7. Ist er progressiv oder konservativ? Glaubt er an und nutzt er aktuelle Werbemittel?
8. Gibt es an seinem Standort adäquate Transportverbindungen zum Rest des Gebiets?
9. Welche Staatsangehörigkeit hat der Vertreter, wie heißen und woher kommen seine anderen Auftraggeber und inwieweit hat seine Staatsangehörigkeit Einfluss auf seine Einstellungen zum Hersteller?
10. Welche Position nimmt er im Handel ein und welche Einstellung hat der Handel zum Vertreter? Wird der Handel mit ihm Geschäfte machen?
11. Weisen seine Qualifikationen in Hinsicht auf die genannten Merkmale darauf hin, dass er an Bedeutung in seinem eigenen Markt gewinnt?

7.4 Graumarktexport

*Graumarkt*exporte sind eine Art von Kanalkonflikt, die bei Exporten entstehen können. Auch als Parallelimporte bekannt, handelt es sich bei Kanälen des grauen Markts um solche, die für einen bestimmten Markt nicht vom Exporteur „autorisiert" worden sind (siehe Abbildung 7.4). Etwas formaler lässt sich „graues Marketing" definieren als der legale Import echter Waren in ein Land durch andere Mittler als die autorisierten Distributoren. Distributoren, Großhändler und Einzelhändler beziehen das Produkt eines Exporteurs von irgendwelchen anderen Geschäftseinheiten in einem anderen Land. Auf diese Weise stehen die „legitimen" Distributoren und Händler im Wettbewerb mit anderen, die die Produkte des Herstellers zu reduzierten Preisen verkaufen. Sa Sa, ein Discount-Kosmetikeinzelhändler, der in Hongkong der größte Kosmetikeinzelhändler ist, bezieht ca. 10% seiner Make-up-, Parfüm-, Haut- und Haarpflegeprodukte bei unabhängigen Händlern im Ausland und 90% bei autorisierten Distributoren in Hongkong. Auch wenn dies im juristischen Sinne legal ist, haben autorisierte Distributoren gemäß der Gesetzgebung in Hongkong das Recht, Zivilklage gegen Unternehmen einzureichen, die Parallelimporte nutzen.

Teure Markenverbrauchsgüter (z.B. Schmuck, Kameras, Uhren, Skiausrüstung), die im Prinzip in einem einzigen Land hergestellt werden, sind besonders anfällig für Graumarktaktivitäten. Das Markenansehen ist ein entscheidender Aspekt des Marketing-Mixes und die Distribution erfolgt in der Regel über exklusive Großhändler und ausgewählte Einzelhändler. Zu Beginn der 70er Jahre sahen sich autorisierte Händler der Minolta Camera Company in

Deutschland dem Wettbewerb anderer Händler ausgesetzt, die Minolta-Produkte über Graumarktkanäle bezogen haben, an denen Großhändler aus Hongkong beteiligt waren. Aufgrund europäischer Preisunterschiede kauften sog. Reimporteure Autos (insbesondere von Volkswagen und Peugeot) in Spanien und Italien, wo die Preise niedrig waren und transportierten sie nach Deutschland und Frankreich. Obwohl dies völlig legal war, hatten diese Transaktionen negative Folgen für die lokalen, „autorisierten" Händler in Deutschland und Frankreich.

Abbildung 7.4 Der internationale graue Markt.

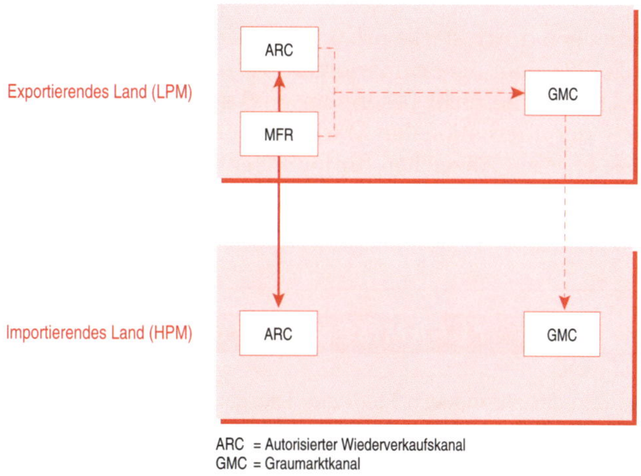

Quelle: Bucklin (1990), S. 5

Laut Bucklin (1990, S. 2) fördern dieselben Umstände, die auch globale Strategien begünstigen, die Gelegenheiten des Graumarkts. Wenn zunehmend ähnliche Produkte mit demselben Markennamen über nationale Grenzen hinweg verkauft werden, wächst das Potenzial für Graumarktarbitragen. Der Exporteur von Markenprodukten muss sich die Schlüsselfrage stellen, ob globale Strategien durch Graumärkte weniger attraktiv werden.

Cavusgil und Sikora (1987) zufolge können Importe von Graumarktwaren für Hersteller mindestens vier negative Folgen haben:

1. Das Image des Warenzeichens kann Schaden nehmen.
2. Die Beziehungen zwischen Herstellern und Händlern können unter Spannungen leiden.
3. Der Hersteller kann speziell, wenn Produkte die Sicherheitsanforderungen in dem Land nicht erfüllen, in dem sie über den Graumarkt verkauft werden, unerwartet haftpflichtig werden.
4. Die globale Marketingstrategie des Herstellers kann gestört werden.

   Einige der möglichen reaktiven Maßnahmen, die sich ergreifen lassen, sind diese:
   - *Teilnahme*, wenn von Herstellern unterstützte Händler Waren tatsächlich auf dem Graumarkt einkaufen.
   - *Unterbieten der Preise.*

– *Lieferstörung*. Wenn Händler oder Hersteller herausfinden, wo die Waren herstammen und dort selbst einkaufen, schneiden Sie dem Graumarkthändler seine Quelle ab.
– *Übernahme*, wenn ein Händler den Grauhändler übernimmt.

Zu den potenziellen proaktiven Ansätzen zählen:

- Angebot einzigartiger Merkmale oder Vorteile, die das Graumarktprodukt nicht bieten kann
- strategische Preissetzung, um Graumarktaktivitäten zu fördern oder zu behindern
- Händlerentwicklung
- Schaffung gesetzlicher Präzedenzfälle
- langfristige Image-Förderung, um Kunden an vorhandene Händler zu binden.

Offensichtlich ist Vorbeugen durch starke proaktive Maßnahmen die bessere Lösung.

Bucklin (1990, S. 26–28) zieht die Schlussfolgerung, dass die von den Betreibern des Graumarkts gehaltenen Marktanteile nicht besonders groß sein müssten und dass sie sich durch eine bessere Steuerung der internationalen Marketingentscheidungen auf ein Niveau reduzieren lassen, auf dem sie eher ein Anzeichen für ineffizientes globales Marketing als ein Hindernis für eine solche Strategie darstellen. Ein Schlüssel ist das bessere Management der globalen Marketingpolitiken. Der wesentliche Anreiz sind niedrigere Preise.

ZUSAMMENFASSUNG

In diesem Kapitel wurden die alternativen Modi des Exports einigermaßen ausführlich besprochen. Indirekter Export wurde durch die Nutzung unabhängiger Marketingorganisationen definiert, die sich im Heimatland des Exporteurs befinden. Im Gegensatz dazu handelt es sich um Direktexporte, wenn der Exporteur entweder über eigene abhängige Einrichtungen oder eine im Ausland ansässige Marketingorganisation direkt an Käufer in ausländischen Märkten verkauft. Es gibt viele verschiedene Wege, denen der Exporteur bei den jeweiligen Ansätzen folgen kann, und alle münden in einen Distributionskanal. Überlegungen sowohl zum Marketing als auch zur Rechtssituation machen es zwingend erforderlich, dass der Exporteur seine Entscheidungen mit äußerster Sorgfalt trifft, insbesondere wenn es um die Auswahl vermittelnder Marketingorganisationen geht. Im abschließenden Abschnitt wurde das Problem der Graumarkt-Exportaktivitäten besprochen.

FRAGEN ZUR DISKUSSION

7.1 Ist es beim indirekten Export besser, einen Händler oder einen Vertreter im Exportmarketing-Kanal zu benutzen? Erläutern Sie Ihre Antwort.

7.2 Unter welchen Umständen ist es am besten, wenn ein Exporteur ein Exportmanagement-Unternehmen benutzt, und wann ist der Exportvertreter des Herstellers die bessere Alternative?

7.3 Ist es für einen kleinen Hersteller besser, sich für Huckepack-Marketing oder für den Beitritt zu einem Exportverband zu entscheiden? Warum ist das so?

7.4 „Kooperative Exportorganisationen eignen sich am besten für kleine und mittlere Unternehmen.“ Erörtern Sie diese Aussage.

7.5 Welche Art von Kanalkonflikten können beim indirekten Export entstehen? Ist es vor dem Hintergrund dieser Konflikte nicht besser, direkt zu exportieren?

7.6 Welchen Einfluss hat die Natur des zu bedienenden ausländischen Marktgebiets auf die Wahl der Form des Kanals durch den Exporteur?

7.7 Unterscheiden Sie die integrierte und die eigenständige Abteilung sowie die Verkaufstochtergesellschaft als Formen der Exportabteilung.

7.8 „Die Entscheidung, der ein exportierendes Unternehmen bei der Errichtung einer im Ausland ansässigen Verkaufstochtergesellschaft gegenübersteht, ist schwierig und und komplex." Erörtern Sie diese Aussage.7.9Gibt es ein „bestes" Verfahren des Direktexports? Begründen Sie Ihre Antwort.

7.9 Gibt es ein „bestes" Verfahren des Direktexports? Begründen Sie Ihre Antwort.

7.10 Warum ist es wichtig, dass der Exporteur bei der Auswahl seiner im Ausland ansässigen Distributoren und Vertreter sorgfältig vorgeht?

7.11 Warum sollte sich ein Exporteur um die Distribution seiner Produkte auf dem grauen Markt im Ausland sorgen? Was lässt sich als Schutz gegen diese Praktik unternehmen?

LITERATURHINWEISE

Amine, L. (1987). Toward a conceptualization of export trading companies in world markets. *Advances in International Marketing*. Bd. 2. Greenwich, CT: JAI Press, 199–238.

Bello, D. C., Williamson, N. C. (1985). Contractual arrangement and marketing practices in the indirect export channel. *J. International Business Studies*, 16(2), 65–82.

Bilkey, W. J., Tesar, G. (1977). The export behavior of smaller-sized Wisconsin manufacturing companies. *J. International Business Studies*, 8 (Frühjahr/Sommer), 93–98.

Bucklin, L.P. (1990). *The Gray Market Threat to International Marketing Strategies*. Cambridge, MA: Marketing Science Institute, Report No. 90–116.

Business Week (1991). Think small: the export lessons to be learned from Germany's midsize companies. 3238 (4. November), 58–65.

Cavusgil, S. T. (1980). On the internationalization process of firms. *European Research*, 8 (November), 273–281.

Cavusgil, S. T., Sikora, E. (1987). *How Multinationals Can Cope with Gray Market Imports*. Cambridge, MA: Marketing Science Institute, Report No. 87–109.

Cho, Dong-Sung (1987). *The General Trading Company*. Lexington, MA: Lexington Books.

Czinkota, M. (1982). *Export Development Strategies: US Promotion Policies*. New York: Praeger.

Duerr, M. G., Greene, J. (1969). *Policies and Problems in Piggyback Marketing*. New York: The Conference Board, Managing International Business No. 3.

Fletcher, M. (1996). Courting China: Hong Kong's oldest trading house rethinks its strategy. *Asiaweek*, 14. Juni, 54–58.

Klein, S. (1989). A transaction cost explanation of vertical control in international markets. *J. the Academy of Marketing Science*, 17(3), 253–260.

Magrath, A. J., Hardy, K. G. (1988). A strategic framework for diagnosing manufacturer-reseller conflict. REPORT 88–01. Marketing Science Institute, Cambridge, MA.

Miller, K. L. (1995). The *Mittelstand* takes a stand. *Business Week*, 10. April, 54–55.

Reid, S. D. (1981). The decision-maker and export entry and expansion. *J. International Business Studies*, 12 (Herbst), 101–112.

Root, F. R. (1994). *Entry Strategies for International Markets*. Überarb. und erw. Aufl. Lexington, MA: Lexington Books.

The Economist (1995a). Japan's trading companies: sprightly dinosaurs? 11. Februar, 55–57.

The Economist (1995b). The *Mittelstand* meets the grim reaper. 16. Dezember, 57–68.

The Economist (1996). The lesson the locals learnt a little too quickly. 28. September, 71–72.

VIA International (1992). A rosy future for Olimex. 44(3), 14.

Yeoh, P. L., Calantone, R. J. (1995). An application of the analytical hierarchy process to international marketing: selection of a foreign distributor. *J. Global Marketing*, 8(3/4), 39–65.

WEITERFÜHRENDE LITERATUR

Andersen, O. (1993). On the internationalization process of firms: a critical analysis. *J. International Business Studies*, 24(2), 209–231.

Altmann, J. (1993). *Außenwirtschaft für Unternehmen*. Stuttgart: Gustav Fischer Verlag.

Branch, A. E. (1990). *Elements of Export Marketing and Management*. 2. Aufl. London: Chapman & Hall.

Jahrmann, F.-U. (1995). Außenhandel, 8. Aufl., Ludwigshafen: Friedrich Kiehl Verlag.

Jausàs, A., Hrsg. (1994). *Agency Distribution Agreements: An International Survey.* London: Kluwer Law International Ltd.

Wells, L. F., Dulat, K. B. (1996). *Exporting from Start to Finance.* 3. Aufl. New York: McGraw-Hill.

FALLSTUDIE 7.1

HV Industri A/S

HV Industri A/S ist ein mittleres Unternehmen, das Fisch mit Vakuumtechnologie verarbeitet. Sein Hauptsitz befindet sich in Koge (Dänemark), einige Kilometer südlich von Kopenhagen. Der Gesamtumsatz des Unternehmens betrug 1996 ca. 50 Mio. DKr. Das jährliche Umsatzwachstum betrug während der 90er Jahre durchschnittlich 5%.

Innerhalb der Fischereiindustrie werden Vakuumtechnologien eingesetzt, um gefrorenen Fisch, Fertiggerichte, Schalentiere und Sardinen luftdicht zu verpacken und einzuschließen. Zur Industrie des Dosenfischs und der Schalentiere zählen laut Definition der Weltwirtschaftsorganisation (WTO) Fische, Krustentiere und Weichtiere, die vorbereitet oder konserviert und in luftdichte Behälter eingeschlossen werden, ohne dass sie eingefroren, gesalzen, getrocknet oder geräuchert werden. Kaviar und Kaviarersatz, vorbereitete oder konservierte Fischleber, Fischmarinaden, Fisch- und Garnelenpaste und vorbereitete Schnecken in luftdichten Behältern zählen ebenfalls dazu.

Das Unternehmen stellt ein Produkt hoher Qualität her. Nur die besten Frischfische werden verarbeitet. Der Verarbeitungsbetrieb von HV ist modern und die Qualität seiner Dosenprodukte ist sehr hoch. Das Unternehmen versiegelt sowohl Konserven als auch Kunststoffbeutel hermetisch.

Das Unternehmen setzt seine Produkte vorwiegend in Dänemark ab. Es verfügt über Exporterfahrungen, die sich überwiegend auf Deutschland und Österreich beschränken. Anfang 1997 bat Harald Vester, der leitende Direktor und Gründer des Unternehmens, den Marketingmanager Oli Viberg, die Möglichkeiten des Eintritts in den britischen Markt für HV Industri zu erforschen. Es folgt eine Beschreibung der Beobachtungen der britischen Situation durch Oli Viberg.

Der Markt

Generell ist der britische Fischverbrauch seit einiger Zeit rückläufig. Da sich der Verbrauch zunehmend gegen gefrorene und anderweitig vorbereitete Fischprodukte richtet, sollten aber allein aus dem Gesamtverbrauch von Frischfisch noch keine Schlussfolgerungen gezogen werden. Ein flüchtiger Blick auf die Entwicklung des Verbrauchs in der ersten Hälfte der 90er Jahre bestätigte die Beobachtung. Doch die Verringerung von ca. 6% (gemessen als Anteil des gesamten Verbrauchs von Nahrungsmitteln und Nichtnahrungsmitteln während dieses Zeitraums) entsprach etwa dem zurückgegangenen Verbrauch bei Fleisch- und Schinkenprodukten und sagt nichts Genaues über die Art der verbrauchten Produkte aus. Die Signifikanz dieses Trends wird von Retail Trade International bestätigt, das nicht nur eindeutig angibt, dass die Zahl der Verkäufe von Frischfisch dramatisch gesunken ist, sondern auch, dass sich der Handel von frischen hin zu gefrorenen Nahrungsmitteln verlagert hat.

In den 80ern hat das internationale Handelszentrum der GATT eine Studie mit Daten zur Entwicklung des Markts von Dosenfisch und Schalentieren veröffentlicht. Es sieht so aus, als ob diese Organisation die Entwicklungsländer zum Export von Dosenfisch nach Großbritannien ermutigen wollte. Während des in dieser Studie berücksichtigten Zeitraums stieg der Gesamtimport von Dosenfisch und Schaltentieren um 177 bzw. 243%. Die allgemeinen Ausgaben für Fisch stiegen jedoch während desselben Zeitraums nur um 173%.

Das persönliche Einkommen und auch die Verbraucherausgaben sind in Großbritannien geografisch ungleichmäßig verteilt. Das durchschnittliche verfügbare Pro-Kopf- und Haushaltseinkommen und die Ausgaben sind im Gebiet südöstlich von London am höchsten, wobei Groß-London unbestritten die Spitzenpostition einnimmt. Oli Viberg schlug den Südosten von London als Zielmarktgebiet vor. Die relevanten Daten über die Verbraucherausgaben der Jahre 1994/95 zeigt Tabelle 7.3.

Tabelle 7.3 Verbraucherausgaben 1994/95 (£ je Woche).

	Haushalt		
Gebiet	**Gesamtausgaben**	**Nahrungsmittel**	**Pro-Kopf-Ausgaben**
Norden	239,6	46,7	99,2
Yorkshire & Humberside	274,2	49,6	110,7
East Midlands	296,1	51,1	120,0
East Anglia	257,1	48,3	110,9
Südosten	319,4	54,5	133,4
Großraum London	316,2	56,1	135,4
Übriger Südosten	321,0	53,6	132,4
Südwesten	276,8	48,3	112,5
West Midlands	259,9	48,0	108,0
Nordwesten	271,9	48,1	113,4
Wales	230,7	44,3	96,4
Schottland	280,5	49,6	116,3
Nordirland	280,4	57,9	101,6

Distribution

Die prinzipiellen Handelskanäle für den Import von Dosenfisch und Schalentieren nach Großbritannien zeigt Abbildung 7.5. Normalerweise hängen die Importkanäle von der Größe der erforderlichen Lieferung ab. Große Abnehmer, wie die wichtigen Einzelhandelsketten, decken ihren Bedarf jeweils möglichst direkt beim jeweiligen ausländischen Lieferanten ab, um Kosten für Zwischenhändler zu vermeiden. Mittlere und kleine Einzelhändler schließen sich bevorzugt zu zentralen Einkaufsgruppen zusammen, die es ihren Mitgliedern ermöglichen, größere Mengen direkt bei den ausländischen Lieferanten zu bestellen, um in den Genuss von Mengenrabatten zu kommen. In Großbritannien sind die meisten dieser Gruppen freiwillige oder kooperative Organisationen.

Eine neue Distributionsvariante, nämlich der „reisende Transporter“, scheint an Bedeutung gewonnen zu haben. Der reisende Transporter verkauft Frischfisch mit höheren Spannen als den gefrorenen Fisch in den Supermärkten. Der Transporter könnte sich auch sehr gut für die Distribution luftdicht verpackter Fischprodukte eignen, die keinen Frischfisch ersetzen.

Abbildung 7.5 Handelskanäle.

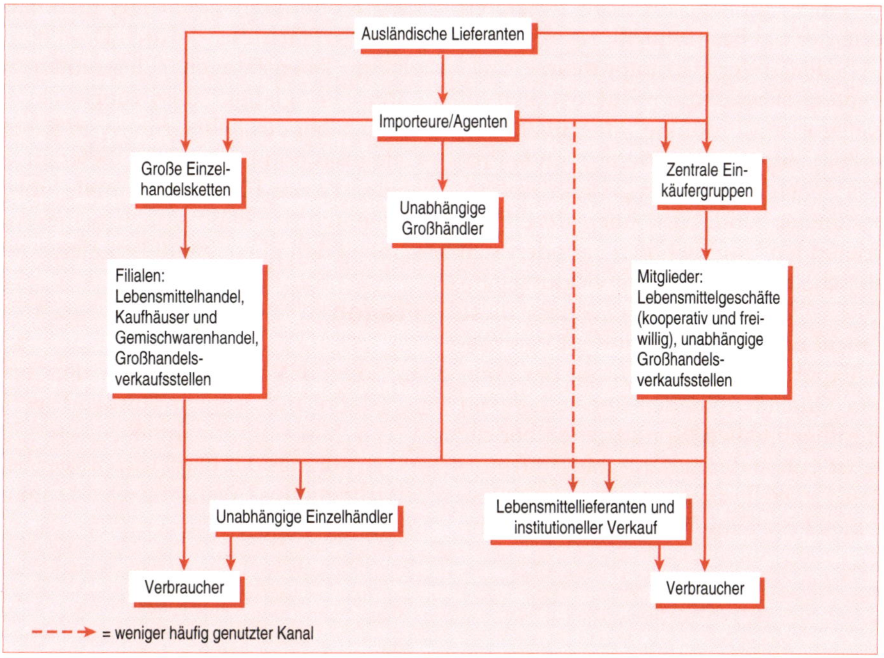

Was jedoch institutionelle Verkaufsstellen anging, musste Oli Viberg schnell erkennen, dass kaum entsprechende Informationen verfügbar waren. Hotels, Restaurants, Cafeterias und Lebensmittellieferanten, Ketten und unabhängige Läden lassen sich über britische Großhandelsorganisationen oder vielleicht auch eine Tochtergesellschaft von HV Industri beliefern. Der Vorteil der Vermeidung von Marketingmittlern liegt für HV in der persönlicheren Kommunikation mit den Institutionen und den daraus resultierenden besseren Ergebnissen. Nachteilig ist natürlich der größere Ressorcenbedarf.

Marken sind von Bedeutung. Studien scheinen darauf hinzudeuten, dass es sich bei den meisten Produkten im Einzelhandel um Markenprodukte handelt, bei denen es sich bei einer beträchtlichen Anzahl um private Marken des Distributors handelt. Die britische Öffentlichkeit hält private Marken nicht für billig oder qualitativ minderwertig. Infolgedessen müssen, auch wenn der Hersteller seine Produkte eigentlich unter einem eigenen Markennamen verkaufen will, um dadurch Markentreue zu erzeugen, attraktive Angebote von Unternehmen von Einkaufsketten, die möglicherweise auf eine „eigene Marke" bestehen, positiv bewertet werden, da sich dies auf die Preispolitik und das Produktimage nicht notwendigerweise negativ auswirkt.

Die Konkurrenz

Viele Länder exportieren Fisch und Fischprodukte nach Großbritannien. In dieser Hinsicht sind zwei Ländergruppen von besonderem Interesse, nämlich die Länder innerhalb des Commonwealth und die der EU, während die Entwicklungsländer und die unterentwickelten Länder im Lomé-Abkommen und die anderen Gebiete wie Norwegen und Griechenland über verschiedene gegenseitige

Vereinbarungen zusammengeschlossen sind. EU-Mitglieder wie Portugal und Spanien nehmen eine besondere Stellung ein. Obwohl Spanien einen großen Teil der gesamten Fischflotte der EU besitzen soll, ist es immer noch ein bedeutender Fischimporteur.

Die interessierenden Produkte fallen in zwei Kategorien: Produkte, die über den Preis miteinander konkurrieren, und Produkte, bei denen niedrige Preise kein Wettbewerbsparameter sind. Die über den Preis konkurrierenden Unternehmen befinden sich am wahrscheinlichsten in Entwicklungsländern. Es ist jedoch zu erwarten, dass diese Länder nicht nur Probleme mit der Organisation der Exporte, sondern auch mit der Wahrung von Qualität und der Regelmäßigkeit der Lieferungen haben. Konkurrenz über die Qualität ist von anderen dänischen und norwegischen Herstellern zu erwarten. Im Allgemeinen bietet die aktuelle EU-Marktsituation eine gute Grundlage für die Befolgung einer Wettbewerbspolitik, die die Qualität betont.

Auf der Grundlage des für Großbritannien bestimmten Potenzials glaubt Oli Viberg, dass HV Industri durch Direktexporte zu einem lebensfähigen Lieferanten werden kann. Er glaubt, dass der Schwerpunkt anfangs bei der Belieferung von Restaurants, Cafeterias und Lebensmittellieferanten liegen sollte. Wenn HV erst einmal Fuß gefasst haben würde, könnte man seine Aufmerksamkeit den Einzelhandelsfilialen zuwenden.

Fragen

1. Sollte HV Industri A/S den britischen Markt mit seinem luftdicht verpackten Fisch in Angriff nehmen?
2. Ist anfangs der Direktexport der beste Eintrittsmodus? Warum bzw. warum nicht?

FALLSTUDIE 7.2

Proust Winery

(Diese Fallstudie wurde von Prof. Dr Alfred Joepen, Fachhochschule Aachen, und Associate Professor Neil Evans, San Francisco State University, verfasst. Der Name des Unternehmens wurde geändert.)

Die Weinkellerei Proust ist ein unabhängiger Produzent erstklassiger Qualitätsweine. Sie befindet sich in Deutschland in einem malerischen Dorf im Moseltal. Am Fluss befinden sich eine Reihe von Schleusen mit kleinerem Hub. Sie sorgen für eine breite, glatte Oberfläche, von der die Sommersonne auf die schieferne Erde der steilen Talhänge geworfen wird. Sowohl der Schiefer als auch das Wasser speichern die Wärme des Tages und geben sie nachts langsam wieder ab. Dadurch hat das Tal ein Mikroklima, das ideal für den Anbau einer Vielzahl qualitativ hochwertiger Weintrauben geeignet ist. Diese spezielle Eigenart des Gebiets haben bereits die Römer erkannt und die Weinkultur dort ursprünglich eingeführt. Seither ist sie die Spezialität des Flusstals.

Die Steilheit der Talhänge erfordert an einigen Stellen den Einsatz von Winden und Kabeln, mit denen Plattformen bewegt werden, von denen aus die Kultivierung und die Ernte erfolgen. Dies und der Umstand, dass sich das Klima oberhalb des Tals nicht zum Anbau von Weintrauben eignet, führte zu kleinen Weingärten mit unterschiedlichen, unabhängigen Eigentümern. Proust Winery ist, wie die meisten Winzereien, ein Familienbetrieb. Um den klein angelegten Betrieb wirtschaftlich betreiben zu können, bauen sie ihre eigenen Weintrauben an, stellen die Weine her, füllen sie ab und vermarkten sie eigenständig. Wie die anderen Winzer im Gebiet haben sie sich auf die Weißweinproduktion spezialisiert.

Bis in die 90er Jahre hinein hatte ein vor Jahrhunderten von einem Erzbischof erlassenes Gesetz in dieser Region die Herstellung von Rotweinen verboten. Mit dem Wegfall dieser Beschränkung begann Proust Winery neben ihren traditionellen Weißweinen mit der Herstellung verschiedener Rotweine. Durch ein neues Abkommen wird nun auch in Zusammenarbeit mit einem kleineren Subunternehmer im Dorf Schaumwein produziert.

Viele deutsche Weinkellereien dieser Größe vermarkten ihre Weine direkt an Endverbraucher. Eines der wichtigsten Werkzeuge, um Kunden zu werben, sind „Weinproben", die in einer traditionellen Kellerbar in der Nähe der Winzerei abgehalten werden. Für einen geringen Pauschalpreis erhalten die Teilnehmer die Gelegenheit, eine Vielzahl der Produkte der Winzerei bei einem Steakessen zu kosten. Der Besitzer der Winzerei bietet zusätzlich eine Tour zum Weingarten und zur Weinkellerei selbst an. Die Teilnehmer an diesen Weinproben kaufen häufig gleich Flaschen oder Kisten mit Wein, werden manchmal Stammkunden und empfehlen die Veranstaltung teilweise ihren Freunden weiter. Diese Art von Marketingansatz hat in der Vergangenheit bei kleinen Winzereien mit sehr beschränktem Werbebudget gut funktioniert.

Durch die europäische Integration und die Entwicklung hin zum gemeinsamen Binnenmarkt hat sich der Wettbewerb verschärft. Infolgedessen gibt es, selbst wenn die Weine einzigartig und von hoher Qualität sind, Grenzen für die von der Winzerei verlangten Preise. Die gelagerten Mengen der Vorjahresweine wurden größer als gewünscht und wiesen darauf hin, dass zusätzliche Marketinganstrengungen erforderlich sind.

Eine japanische Besucherin, die von ihren deutschen Freunden zur Weinprobe mitgebracht worden war, lobte die außerordentliche Qualität der Weine. Sie deutete an, dass sie sich möglicherweise in Japan verkaufen lassen würden. Wenn man sie richtig vermarkten würde, sollte dies sowohl zu größeren Verkaufsmengen als auch größeren

Gewinnspannen führen. Für den ersten Schritt empfahl sie, dass der Besitzer Kontakt zur japanischen Außenhandelszentrale JETRO (Japan External Trade Office) in Düsseldorf aufnehmen solle.

Die JETRO konnte umfangreiche Informationen zur Verfügung stellen. Mit der zunehmenden Öffnung des japanischen Markts Mitte der 90er Jahre stiegen die Lebensmittelimporte, zu denen auch die Weine zählen, schnell an. Die Menge der Weinimporte hatte 1995 ein Rekordhoch erreicht und war seit 1991 um 41% gestiegen. Deutsche Produzenten belieferten den Markt mit 16 Mio. Liter, die einen Wert von ca. 57 Mio. US-$ hatten. Deutschland lag damit an zweiter Stelle hinter Frankreich und vor Italien und den USA (JETRO, 1996, S. 2). Vom Gesamtweinverbrauch entfielen 56% auf Weißwein, 29% auf Rosé und 15% auf Rotwein. Der Preis ist der wichtigste Faktor beim Weinkauf, gefolgt von Geschmack, Farbe und Marke. Die Verbraucher haben aber nur wenig Interesse für Weine geringerer Qualität (JETRO, 1995, S. 15-16).

> *Für Importweine steht eine Vielzahl von Kanälen zur Verfügung, zu denen Direktimporte durch Kaufhäuser oder Großhändler, Handelsunternehmen, Projekte von Gemeinschaftsunternehmen und Importe japanischer Weinhersteller zählen. In den letzten Jahren haben einige Importeure damit begonnen, sich auf Weine zu spezialisieren. Zudem importieren nun auch einige Großhändler und Discounter Wein direkt aus dem Ausland, um ihn über ihre eigenen Netze zu verteilen und andere Importeure völlig zu umgehen (JETRO, 1996, S. 6).*

Neue kleine Handelsunternehmen, die sich auf Weine spezialisiert haben oder diese vorrangig führen, wurden gegründet. Diese kleinen Handelsunternehmen beliefern Filialen oder Restaurants, die nicht direkt importieren oder ihre eigenen Importe durch kleine Mengen anderer Produzenten ergänzen wollen. Alles in allem haben diese Änderungen die Chancen für kleine, ausländische Exporteure deutlich verbessert.

Die JETRO wies auch darauf hin, dass die japanische Regierung verschiedene Unterstützungsmaßnahmen für künftige Exporteure anbietet. Sie kann die Teilnahme an staatlich geförderten Konsumgüter-Fachmessen vermitteln. Auf diesen können potenzielle ausländische Exporteure ihre Produkte einer breiten Palette japanischer Verbraucher und Unternehmen vorstellen. Die ausländischen JETRO-Büros stellen Informationen über Märkte und Markteintrittsverfahren zur Verfügung. Die Business Support Center der JETRO in Japan stellen Geschäftsleuten, die nach Japan exportieren oder dort investieren wollen, kostenlos Büroräume für maximal zwei Monate zur Verfügung.

Der Besitzer der Proust Winery erkannte, dass der Verkauf an ein kleines japanisches Handelsunternehmen oder direkt an eine japanische Ladenkette zwei Vorteile bieten könnte: Erstens könnte er ein Absatzmarkt für die aktuelle Überproduktion sein. Zweitens könnte Proust Winery in Abwesenheit der Konkurrenz des einheimischen Markts möglicherweise höhere Preise für seine Produkte verlangen. Es sieht jedoch nicht so aus, als ob Proust Winery selbst oder durch einen kleineren Sammeleinkauf eine komplette Containerladung des diesjährigen Spitzenweins liefern könne. Der Besitzer der Winzerei fragt sich, was er nun als Nächstes tun soll.

Quellenhinweise

JETRO (1996). *Marketing Guidebook for Major Imported Products*

JETRO (1995). Your market in Japan. *Wine*, 39 (März)

Fragen

1. Bietet der japanische Markt genügend Potenzial, um dorthin zu exportieren? Erläutern Sie, warum bzw. warum nicht.
2. Wie kann Proust Winery potenzielle japanische Kunden ermitteln?

3. Sollte der Winzereibesitzer Japan aufsuchen oder sollte er versuchen, Unternehmensrepräsentanten zu einem Besuch seiner Weinkellerei zu bewegen? Wird Ihre Antwort von den spezifischen Aspekten der japanischen Kultur beeinflusst? Erläutern Sie Ihre Antwort.
4. Sollte die Winzerei den Export nach Japan allein in Angriff nehmen oder sollte sie versuchen, mit anderen lokalen Weinkellereien in einer Art kooperativem Exportunternehmen zusammenzuarbeiten?
5. Welche Art der Marketingforschung sollte in Bezug auf die potenziellen japanischen Kunden durchgeführt werden?
6. Welche anderen Fragen sollte der Eigentümer stellen? Welche Probleme hat er voraussichtlich zu erwarten?

KAPITEL 8

Eintrittsmodi ohne direkten Exportcharakter

8.1 Einleitung

Viele Hersteller haben ihre internationalen Marketingoperationen dahingehend erweitert, Produktionsaktivitäten verschiedenster Form in ausländischen Märkten zu platzieren. Bei einer solchen Expansion kann es sich entweder um eine defensive oder eine offensive Maßnahme handeln, und sie kann aus Gründen des Markteintritts und / oder des Erschließens von Quellen erfolgen. Wenn die Expansion *defensiver* Natur ist, erfolgt sie in der Regel, um einen lukrativen Markt zu schützen oder eine Anlaufstelle in einem potenziell einträglichen Markt zu erhalten. In diesem Fall geht die Aktion des Herstellers nicht von ihm selbst aus, sondern stellt eine Reaktion auf äußeren Druck dar, wie z.B. den einer fremden Regierung, der Konkurrenz oder national gesinnter Käufer.

Regierungszölle und andere Importhindernisse (inklusive des Verbots von Importen), Währungsbeschränkungen und allgemeine nationale Gesinnungen können sich so auswirken, dass ein Unternehmen seine Produktion entweder teilweise oder auch völlig in eine Fertigungsstätte im Auslandsmarkt verlagern muss, wenn es dort Geschäfte treiben will. Die Maßnahme kann natürlich auch direkte Investitionen von Kapital oder anderer Aktiva des Unternehmens (z.B. Know-how) bedeuten. Diese Reaktion wurde von vielen „außenstehenden“ Unternehmen auf die 1993 beginnende Entwicklung des Binnenmarkts in der EU ergriffen, die letztendlich nach Maßgabe des Binnenmarktgesetzes (SEA – Single European Act) von 1987 zur vollständigen Errichtung eines europäischen Binnenmarkts führt.

Der Einfluss des Wettbewerbs führt dazu, dass Hersteller, die sich auf den Export verlassen, preislich in ausländischen Märkten nicht konkurrieren können. In einigen Fällen werden die Exporte eines Herstellers durch die für Importprodukte zu zahlenden Zölle über den Preis aus dem Markt gedrängt. Auch wenn Zölle eine wesentliche Rolle spielen, sind sie nicht immer für Preisunterschiede verantwortlich. Hersteller können in einem bestimmten Markt sowohl der Konkurrenz einheimischer als auch ausländischer Wettbewerber unterliegen, weil deren Produktionskosten niedriger liegen. In der Folge muss ein exportierender Hersteller häufig feststellen, dass er konkurrenzfähig bleiben kann, wenn er Direktinvestitionen in Produktionsaktivitäten vornimmt oder eine strategische Allianz im ausländischen Markt eingeht, durch die er in den Genuss niedriger Kosten kommt.

Schließlich können auch die Käufer einen Einfluss ausüben, wenn sie dazu neigen, Produkte von Unternehmen zu kaufen, die sie für einheimisch halten. In einigen Ländern kann eine Direktinvestition oder eine strategische Allianz erforderlich sein, um für einen „lokalen“, nationalen Hersteller gehalten zu werden.

Als *offensive* Maßnahme kann die Expansion in ausländische Produktionsaktivitäten ebenfalls aus vielen der bereits skizzierten Gründe erfolgen. Der Unterschied liegt natürlich in der Einstellung des Managements und der Tatsache, dass eine solche Expansion freiwillig und in der Regel planmäßig erfolgt. Ein Hersteller, der in die Offensive geht, erkennt, dass er in bestimmte Auslandsmärkte eindringen und seine dort beheimatete Konkurrenz mit seiner größeren Erfahrung, seinem Know-how, seinen Methoden und Marketingfähigkeiten und -kapazitäten schlagen kann. Darüber hinaus kann bereits ein scheinbar hohes Marktpotenzial allein der Grund für die Produktion im Ausland sein. Ein Hersteller kann argumentieren, dass ihm möglicherweise ein anderes Unternehmen zuvorkommen könnte, wenn er diese Maßnahme nicht ergreift. Und man hat immer einige Vorteile, wenn man als erstes Unternehmen (Erstanbietervorteile) präsent ist, und einige dieser Vorteile gehen auch dann nie wirklich verloren, wenn andere Unternehmen ebenfalls auf den Plan treten.

8.2 Alternative Eintrittsmodi

In Kapitel 6 haben wir einen internationalen Markteintritttsmodus als eine für den Eintritt von Produkten, Technologien und humanem und finanziellem Kapital in einen Auslandsmarkt erforderliche institutionelle Anordnung definiert. Der Standort der Produktionsbasis wurde als erste zu treffende Entscheidung identifiziert und die auslandsbasierte Produktion war eine grundlegende Alternative. Unsere Erörterung der Produktion an einem ausländischen Standort führt zu einer weiten Auffassung der Bedeutung der Produktion. Es gibt drei grundlegende alternative Möglichkeiten für das Engagement eines Herstellers in der Auslandsproduktion:

1. Es lässt sich eine Fertigungsstätte einrichten.
2. Es lassen sich Montagearbeiten durchführen.
3. Es lässt sich eine strategische Allianz mit einem oder mehreren Unternehmen bilden.

Obwohl alle Formen nichtexportierender Markteintrittsmodi gewisse Investitionen des in den Auslandsmarkt eintretenden Unternehmens erfordern, sind für die Optionen der Fertigungsstätte und des Montagebetriebs normalerweise Kapitalinvestitionen erforderlich, während dies bei strategischen Allianzen nicht unbedingt der Fall ist.

Wenn der Modus, mit dem ein Unternehmen in einen Auslandsmarkt eintritt, geändert wird, verschiebt sich die strategische Ausrichtung sowohl beim entwicklungsbedingten als auch beim bewusst geplanten Wandel in mehrerlei Hinsicht vom Herkunftsland zum Gastland (Meissner, 1990, S. 46-48). Abbildung 8.1 verdeutlicht die Beziehungen zwischen der Beteiligung des Managements, dem Einsatz von Kapital in Auslandsaktivitäten, dem Modus des Markteintritts und dem Umfang der Ressourceninvestitionen entweder im Herkunfts- oder im Gastland.

Auch die *strategischen Schwerpunkte* von Unternehmen mit nichtexportierenden, auslandsmarktbasierten Operationen verändern sich und zwar insbesondere, wenn es Verschiebungen in der Einstellung zur Rentabilität gibt. Zwei unterschiedliche Ansätze zur Gewinnsteigerung, die in Abbildung 8.2 dargestellt werden, sind steigende Umsatzmengen und steigende Produktivität. In einer Studie über 90 bedeutende US-amerikanische, japanische und britische Unternehmen, die im britischen Markt konkurrieren, gab es bei der Beschreibung ihrer strategischen Schwerpunkte gewisse Unterschiede zwischen den Unternehmen (Doyle, Saunders und Wong, 1992). Japanische Manager glaubten daran, dass sich die langfristige Gewinnsituation verbessern lässt, wenn man sein Hauptaugenmerk auf die Umsatzmengen, die Erschließung neuer Marktsegmente oder auf eine aggressive Marktpenetration legt.

Abbildung 8.1 Grad der Internationalisierung in Beziehung zum Einsatz von Kapital- und Managementressourcen im Herkunfts- und im Gastland.

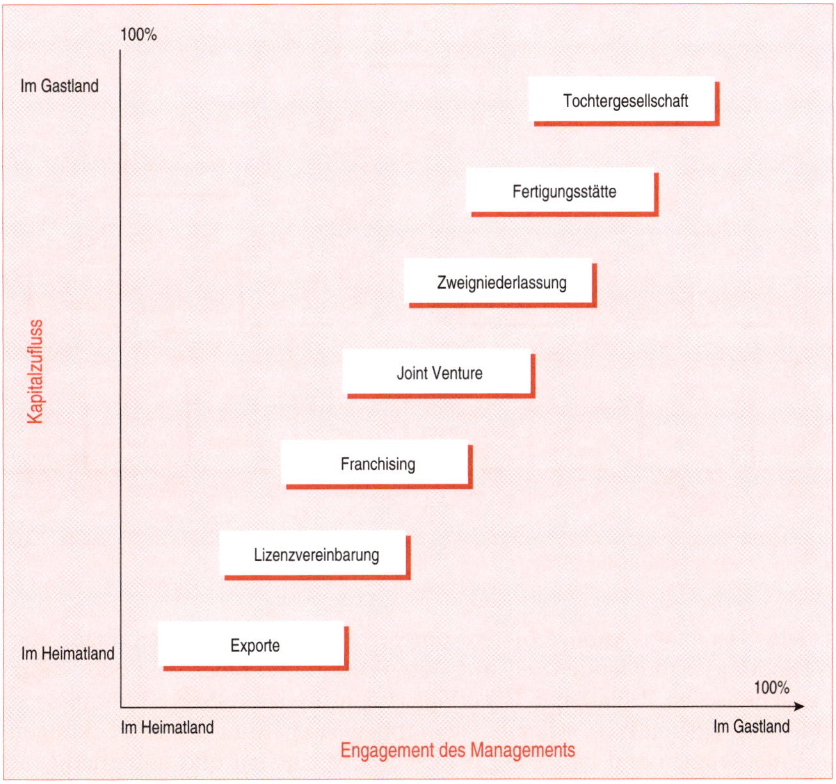

Quelle: Meissner (1990), S. 47.

Mit dem erhöhten Umsatzvolumen wären die japanischen Unternehmen dann in der Lage, für wettbewerbsfähige Kostenstrukturen zu sorgen, die für kontinuierliche Produktentwicklungen erforderlichen Ressourcen zu generieren und die Distributionskanäle zukünftig besser zu steuern. Die US-amerikanischen und britischen Unternehmen glaubten im Gegensatz dazu, dass sich die Gewinne am besten steigern ließen, wenn man sich auf die Kostensenkung und eine Verbesserung der Produktivität konzentriert. Ein Vorteil der Konzentration auf die Produktivität statt auf das Volumen ist darin zu sehen, dass sie recht schnell zu steigenden Gewinnen führen kann. Gleichzeitig kann sie aber auf längere Sicht häufig auch zu einem Verlust der Marktposition führen, da mit der Kostensenkung reduzierte Ausgaben für die Entwicklung neuer Produkte und für den Aufbau von Markenansehen und Marktunterstützung einhergehen. Wird diese Politik lange genug verfolgt, führt sie zu sinkenden Marktanteilen und einer schwächeren Distribution.

Abbildung 8.2 Optionen für den strategischen Schwerpunkt.

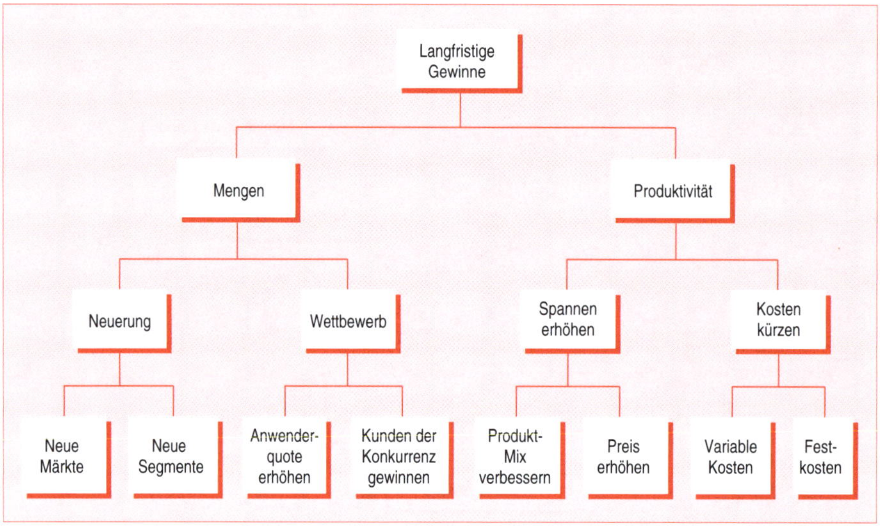

Quelle: Doyle, Saunders und Wong (1992), S. 428.

Während viele Gastländer Anreize bieten, um private Direktinvestoren anzuziehen, gibt es auch viele Hindernisse, die tendenziell Investoren stören und blockieren oder zumindest den Fluss des ausländischen Privatkapitals verlangsamen. Einige dieser Hindernisse haben ihre Ursache in Regierungspolitiken, wie z.B. Devisenbewirtschaftung, Einschränkungen von ausländischen Unternehmen und Personen, politische Unsicherheit und unbefriedigende Steuerbedingungen. Andere resultieren aus dem Wesen des Wirtschaftens selbst, wie z.B. Beschäftigungsprobleme, Inflation und Umweltbewusstsein. Ende 1995 geriet z.B. Freeport-McMoRan Copper and Gold, die indonesische Tochtergesellschaft des US-amerikanischen Freeport McMoRan (teilweise im Besitz der indonesischen Regierung), durch Umweltschützer unter Druck. Es wurde behauptet, dass die Abfälle der Bergbaubetriebe in Irian Jaya giftig seien. Obwohl das Unternehmen diese Anschuldigungen bestritt, kündigte die US Overseas Private Investment Corporation eine Versicherung gegen politische Risiken wegen des angeblichen Bruchs eines Vertrags, der die zu verarbeitenden Erzmengen begrenzte (*Business Week*, 1995b).

Die Situation in China hinsichtlich des dortigen Managements der Arbeitskräfte ist ein Beispiel für ein anderes potenzielles Investitionshindernis. In westlichen Ländern betrachtet man Arbeit als variable Kosten und man kann Arbeiter – häufig unter zusätzlichen Kosten für das Unternehmen – vorübergehend oder endgültig entlassen, wenn die Nachfrage nach Produkten sinkt. In China betrachtet man Geschäftsunternehmen jedoch als Haupteinheiten eines gigantischen sozialen Wohlfahrtssystems, in dem die Arbeitgeber eine verpflichtende Verantwortung für das Wohlergehen des Arbeiters haben (Holton, 1989, S. 236–237). Dies gilt insbesondere für Gemeinschaftsunternehmen, die alle Dienstleistungen zur Verfügung stellen müssen, die von den Beschäftigten des Unternehmens benötigt werden (Wohnungen, Geschäfte und Schulen). Das Gemeinschaftsunternehmen ist ein *danwei*, wie die grundlegende Arbeitseinheit in China heißt (Pearson, 1991). Unter diesen Bedingungen handelt es sich bei der Arbeit letztlich um

Fertigungsgemeinkosten, die unabhängig von den Schwankungen der Nachfrage gedeckt werden müssen. In einigen Fällen werden ausländische Investitionen auch durch die Regierung des Landes des potenziellen Investors behindert. Im Allgemeinen beschränkt sich dies auf Politiken, die die Währungsverwendung bzw. Steuern betreffen, obwohl es auch Fälle gegeben hat, in denen die absolute Investitionshöhe beschränkt worden ist.

Nun wenden wir uns der Besprechung der einzelnen alternativen, nichtexportierenden Modi des Eintritts in Auslandsmärkte zu. Bevor wir dies jedoch tun, müssen wir den Unterschied zwischen Gemeinschaftsunternehmen (Joint Ventures) und anderen Investitionsarten klären, bei denen das Unternehmen nicht der alleinige Eigentümer ist. Hier reicht es, wenn ein Joint Venture als eine Art der strategischen Allianz definiert wird, bei der Unternehmen aus mindestens zwei verschiedenen Ländern, von denen eines im Allgemeinen im Land des Marktes beheimatet ist, ein *neues Unternehmen* bilden, das auf gemeinsamer Basis Produkte herstellt oder Dienstleistungen anbietet. Dies bringt eine so genannte *Investition auf der grünen Wiese* (Greenfield-Investment) mit sich. Diese Art Wirtschaftseinheit unterscheidet sich nicht unerheblich vom einfachen gemeinsamen Besitz eines Unternehmens, bei dem es üblicherweise zu einer Übernahme durch einen der beiden Partner kommt, obwohl es auch viele überschneidende Merkmale gibt.

Darüber hinaus muss klar sein, dass Unternehmen auch mehr als einen Ansatz benutzen können. Während des Zeitraums von 12 Monaten zwischen Mitte 1994 und Mitte 1995 hat das südkoreanische Unternehmen Samsung Electronics Company z.B. acht strategische Allianzen gegründet und sechs (vorwiegend US-amerikanische und japanische) Unternehmen übernommen oder Eigenkapitalanteile an diesen erworben. Dies geschah, um Zugang zu den für Erreichung der selbst gesetzten Ziele erforderlichen Technologien zu erhalten. Ähnlich unterhält das US-amerikanische Unternehmen Johnson & Johnson in China erfolgreiche pharmazeutische strategische Allianzen in Form von Eigenkapitalgemeinschaftsunternehmen (EKGUs) und ein erfolgreiches Unternehmen, das sich komplett im Auslandsbesitz befindet und Mundpflege-, Baby- und Monatshygieneprodukte herstellt. Johnson & Johnson hat angegeben, dass alle zukünftigen Investitionen Unternehmen im Eigenbesitz und keine Gemeinschaftsunternehmen betreffen werden, es sei denn, ein chinesischer Partner würde einen sehr wichtigen Beitrag anbieten (Vanhonacker, 1997).

8.3 Fertigungsstätten

8.3.1 Allgemeine Betrachtungen

Nur selten errichten Unternehmen im ersten Schritt ihrer internationalen Geschäftsoperationen Fertigungsstätten. Meist werden Fabriken in ausländischen Marktgebieten nicht errichtet, sofern der Markt nicht bereits über Exportkanäle bedient worden ist, es sei denn, die Fabrik soll lediglich als Quelle für andere Märkte dienen. Es kann jedoch Ausnahmen geben, wenn Unternehmen neu in einem Gebiet sind und die Politiken und Regulierungen der ausländischen Regierung so aussehen, dass der Eintritt in den Markt am besten durch eine Direktinvestition in eine Fertigungsstätte zu bewerkstelligen ist. Wünschenswert kann dann auch die Bildung einer strategischen Allianz entweder über ein Lizenzabkommen oder ein Gemeinschaftsunternehmen sein. In derartigen Fällen ist es wünschenswert, wenn der betreffende Markt über ein großes Umsatzpotenzial verfügt. In einigen Fällen ist es jedoch sinnvoll, wenn das betreffende Land so gelegen ist, dass es auch einen guten Stützpunkt für die Bedienung umgebender Auslandsmärkte bilden kann. Die japanischen Automobilhersteller benutzen z.B. ihre Fertigungsstätten in Großbritannien als Basis zur Bedienung des übrigen Europa. Nissan war das erste japanische Unternehmen, das 1986 eine Fabrik in Großbritannien eröffnete. Honda begann 1989 mit der Produktion von Motoren und eröffnete 1992 eine Fabrik. Toyota hat eine Motorenfabrik und eine Fertigungsstätte für Automobile. Zu den Gründen für die Auswahl von Großbritannien zählen die folgenden:

1. Die Fertigungslöhne zählen (bzw. zählten) zu den niedrigsten in Westeuropa.
2. Es gab Angestellte, die unbedingt die „sparsamen" Produktionsmethoden der Japaner kennen lernen wollten.
3. Eine freundlich gestimmte Regierung.
4. Exporte aus Großbritannien werden für britisch gehalten, so dass sie nicht Gegenstand der Quotenbeschränkungen der EU sind.

Viele der möglichen Gründe dafür, warum Unternehmen Operationen im Fertigungsbereich im Ausland starten, wurden in Kapitel 2 im umfassenderen Zusammenhang des internationalen Marketing besprochen. Gleichzeitig sollte man sich dessen bewusst sein, dass Direktinvestitionen in die Herstellung eine bedeutende Kapitalinvestition bedeuten. Über die beteiligten Geschäftsrisiken hinaus gibt es Personal- und andere Probleme. Zum Beispiel muss man sich möglicherweise mit örtlichen Arbeitsgesetzen befassen und häufig ist die Rücküberweisung von Gewinnen und Kapital in die Heimat problematisch. Diese Probleme bestehen zwar wirklich, sie können aber im Vergleich mit den mit einer ausländischen Fertigungsstätte möglicherweise verbundenen Vorteilen gering sein. Die folgende, von Charles P. Baswell, dem damaligen Präsidenten der Motorola Overseas Corporation, stammende Aussage über derartige Vorteile hat heute noch dieselbe Gültigkeit wie vor 30 Jahren, als sie gemacht wurde (Baswell, 1966):

> *Die Vorteile sind derart zahlreich, dass wir nicht alle behandeln können. Einige der wichtigsten sind jedoch: Man erhält eine Kontrolle der Verkaufspolitik und eine Flexibilität, die mit Lizenzen nie möglich wären, man bekommt eine Produktkontrolle der Märkte auch in Drittländern, man nutzt die von ausländischen Regierungen angebotenen Vorteile, wie z.B. Investitionsanreize und alle damit verbundenen Vorteile, der Schutz von Warenzeichen wird erleichtert, man sorgt im Gastland für ein besseres Image und für ein bleibendes Interesse an ausländischen Absatzmärkten, es ist viel leichter, die produzierten Einzelteile in einem weltweit integrierten Produktionsprogramm zu benutzen, man erhält die Kontrolle über Dividenden und Finanzierungspolitiken, Kostensenkungen, Expansionsprogramme, Produktionspolitiken und Qualitätskontrollen, und man erleichtert sich die lokale Finanzierung und gewinnt Flexibilität bei Währungsabkommen usw.*

Wenn die Entscheidung zu Gunsten der Fertigung im Auslandsmarkt erst einmal getroffen wurde, dann hat ein Unternehmen drei grundlegende Fragen zu beantworten. Die erste betrifft den Standort der Fertigungsstätte. Oft ist diese Frage direkt mit der Entscheidung über die Auslandsfertigung selbst verknüpft. Das heißt, man hat bei der Entscheidung bereits ein bestimmtes Land im Kopf. Zweitens muss die Frage nach dem Ausmaß der Eigentumsbeteiligung beantwortet werden. Das betrifft die Entscheidung, ob sich die Fertigungsstätte komplett oder nur teilweise im Eigenbesitz befinden soll. Schließlich müssen Unternehmen bestimmen, wie die Entscheidung am besten implementiert wird: Soll man ganz neu beginnen oder ein im ausgewählten Markt bestehendes Unternehmen erwerben? Diese drei Fragen hängen in der Tat derart zusammen, dass einzelne Antworten die anderen beeinflussen. Alle Unternehmen müssen eine Priorität schaffen, bei der es sich nicht notwendigerweise um die von uns vorgestellte Reihenfolge handeln muss. Daher wird bei einigen Unternehmen das Ausmaß des gewünschten Eigenbesitzes der ausschlaggebende Faktor sein, während bei anderen der gewünschte Standort von primärer Bedeutung ist.

8.3.2 Standort

Die Bevorzugung eines Landes vor einem anderen erfordert die sorgfältige Analyse einer Fülle wichtiger Faktoren. Diese Faktoren lassen sich einigen weit gefassten Bereichen zuordnen:

1. *Das Klima für Auslandskapital*
   a) Politische Betrachtungen
   b) Wirtschaftliche und industrielle Dynamik der Bevölkerung
   c) Marktgröße und Wachstumspotenzial
   d) Geografische und klimatische Bedingungen
   e) Finanzielle Betrachtungen, Besteuerung
2. *Produktionsaspekte*
   a) Verfügbarkeit und Kosten von Personal und Arbeitskraft (gelernt und ungelernt)
   b) Verfügbarkeit und Kosten von Personal für Managementaufgaben
   c) Einrichtungen
   d) Verfügbarkeit und Kosten von Wasser, Strom, Transport, Grundstücken usw.
   e) Verfügbarkeit und Kosten von Rohmaterialien, Kapitalausstattung usw.
3. *Besondere Bedingungen* in Hinsicht auf die Industriebedingungen und insbesondere auf die eigene Produktlinie, wie z.B. die Wettbewerbssituation.

Dies sind allgemeine Kategorien. Benötigt wird aber eine führende Persönlichkeit, so dass sich detailliertere Untersuchungen des Potenzials eines bestimmten Landes anstellen lassen. Für diesen Zweck sind viele Checklisten verfügbar.

Die Aufgabe der Beurteilung eines Landes ist nicht einfach. Sie führt für viele Mitarbeiter des Unternehmens, insbesondere für jene, die sich mit der internationalen Marketingforschung befassen, zu erheblichen Belastungen. Viele der bereits oben in Kapitel 5 besprochenen Datenquellen lassen sich nutzen. Grundlegende Industriedaten sind z.B. für viele Bereiche veröffentlicht worden und häufig stehen Marktberichte und vorläufige Eignungsstudien sowie Unterstützung beim Ermitteln passender Partner für mögliche Joint Ventures zur Verfügung. Weiterhin gibt es ständig gewartete Sites für den industriellen Einsatz. Schließlich sollte das Land zwar nicht zu Beginn, aber im Laufe des Bewertungsprozesses irgendwann besucht werden.

Es sollte klar sein, dass eine solche Bewertung sowohl Zeit als auch Geld kostet. Es ist jedoch besser, die erforderliche Zeit und das Geld für eine sorgfältige Studie und Analyse auszugeben, als in eine Fertigungsstätte an einem ungeeigneten Standort zu investieren.

Häufig wird die Entscheidung für den Standort einer Fertigungsstätte auf Kostenbasis getroffen. Laut Aliber bedeutet dies (1993, S. 127-128):

> *Betrachten Sie ein Unternehmen mit Märkten in 15 oder 20 Ländern. Der Kernaspekt der Beschaffungsentscheidung für seine Manager ist die Frage, wo sich die jeweiligen Stufen der wertschöpfenden Kette befinden sollten, so dass sich der Markt im jeweiligen Land bei minimalen Einheitspreisen befriedigen lässt.*
>
> *Betrachten Sie zwei extreme Ansätze für die Beschaffungsentscheidung im internationalen Kontext. Bei dem einen handelt es sich um die Dezentralisierungsoption: Alle im jeweiligen nationalen Markt zu verkaufenden Produkte würden dabei ausschließlich in diesem Land beschafft werden, so dass es keine grenzüberschreitenden Flüsse von Rohmaterialien, Vor- oder Endprodukten zwischen dem Mutterunternehmen und seinen ausländischen Tochterniederlassungen oder zwischen den ausländischen Niederlassungen gibt.*

Beim alternativen Ansatz, der Option der Zentralisierung, werden alle vom Unternehmen und seinen Niederlassungen in den verschiedenen nationalen Märkten verkauften Produkte über einen Standort bezogen, der sich sowohl in einem der Länder befinden kann, in dem das Unternehmen verkauft, als auch in irgendeinem anderen Land.

Die Entscheidung des Managers zwischen diesen beiden Ansätzen basiert wahrscheinlich auf einer Menge von Berechnungen darüber, wie sich die Unternehmenskosten am besten minimieren lassen. Das Ergebnis liegt wahrscheinlich irgendwo zwischen den beiden vorgestellten extremen Ansätzen.

Das südkoreanische Unternehmen Goldstar kann als Beispiel für die Kostenorientierung dienen. Es hat die Herstellung seiner unteren und mittleren Produktkategorien so weit wie möglich in Länder mit niedrigen Kosten, wie z.B. China und Vietnam, verlagert.

Bei technologisch anspruchsvolleren Produkten sind andere Aspekte, wie z.B. die Fähigkeiten und die Ausbildung der Arbeitskräfte von Bedeutung. Computerunternehmen wie Intel Corp. (USA), NEC Corp. (Japan), Acer Inc. (Taiwan) und Cypress Semiconductor Corp. (USA) haben z.B. Mitte der 90er Jahre Aktivitäten auf den Philippinen aufgenommen. Außer den niedrigen Löhnen sind die Philippinen für solche Hochtechnologie-Unternehmen deshalb attraktiv, weil die Arbeitskräfte gut ausgebildet und geschult sind (DiCicco, 1996).

Im Bewertungsprozess sollten die *politischen Risiken* besonders berücksichtigt werden. Diese lassen sich als „die Anwendung von Politiken der Regierung des Gastlandes, die die Geschäftsoperationen einer gegebenen Auslandsinvestition behindern" definieren (Schmidt, 1986, S. 45). Politische Risiken sind multidimensional. Zu ihnen zählen die folgenden (Root, 1994, S. 150-157):

- *Transferrisiko.* Aus Regierungspolitiken entstehendes Risiko, das die Übertragung von Kapital, Zahlungen, Produkten, Technologien und Personal in oder aus dem Gastland beschränkt.
- *Operationsrisiko.* Risiko aufgrund von Politiken, Regulierungen und administrativen Verfahrensweisen der Gastregierung, die das Management und den Erfolg der lokalen Operationen der Produktion, des Marketing, der Finanzierung und anderer Geschäftsfunktionen direkt beschränken.
- *Risiko der Besitzkontrolle.* Risiken, die das Ergebnis von Politiken oder Aktionen der Gastregierung sind und die den Besitz und/oder die Kontrolle der lokalen Operationen eines internationalen Unternehmens behindern.
- *Allgemeine Instabilitätsrisiken.* Risiken, die sich auf die zukünftige Durchführbarkeit des politischen Systems des Gastlands beziehen.

Derartige Risiken können entweder Makrorisiken sein, von denen alle ausländischen Unternehmen mehr oder weniger gleichermaßen betroffen sind, oder Mikrorisiken, wenn nur bestimmte Industrien, Unternehmen oder Projekte betroffen sind.

Wichtige Aspekte der Einschätzung einer beabsichtigten Auslandsinvestition umfassen Antworten zu vielen möglichen Fragen:

- Wie groß ist die Wahrscheinlichkeit für allgemeine politische Instabilitäten im untersuchten Land während der relevanten Investitionsplanungsperiode?
- Wie lange wird die aktuelle Regierung voraussichtlich an der Macht bleiben?
- Wie stark ist das Engagement der aktuellen Regierung bei ihren Abkommen mit Investoren in Anbetracht ihrer Einstellungen hinsichtlich Auslandsinvestoren und deren Machtposition?

- Wird eine neue Regierung, wenn sie die Macht übernimmt, bestehende Abkommen und Regulierungen respektieren oder Änderungen vornehmen?
- Welche Auswirkungen auf die Gewinne des Unternehmens und die Sicherheit eines Projekts wird es geben, wenn Änderungen in der Regierungspolitik vorgenommen werden?

Antworten auf Fragen wie diese lassen sich insbesondere dann nicht leicht finden, wenn eine beabsichtigte Investition in einem Entwicklungsland vorgenommen werden soll. In dieser Situation müssen sowohl die politische Reife als auch die politische Stabilität bestimmt werden.

Abbildung 8.3 Bewertung des politischen Risikos.

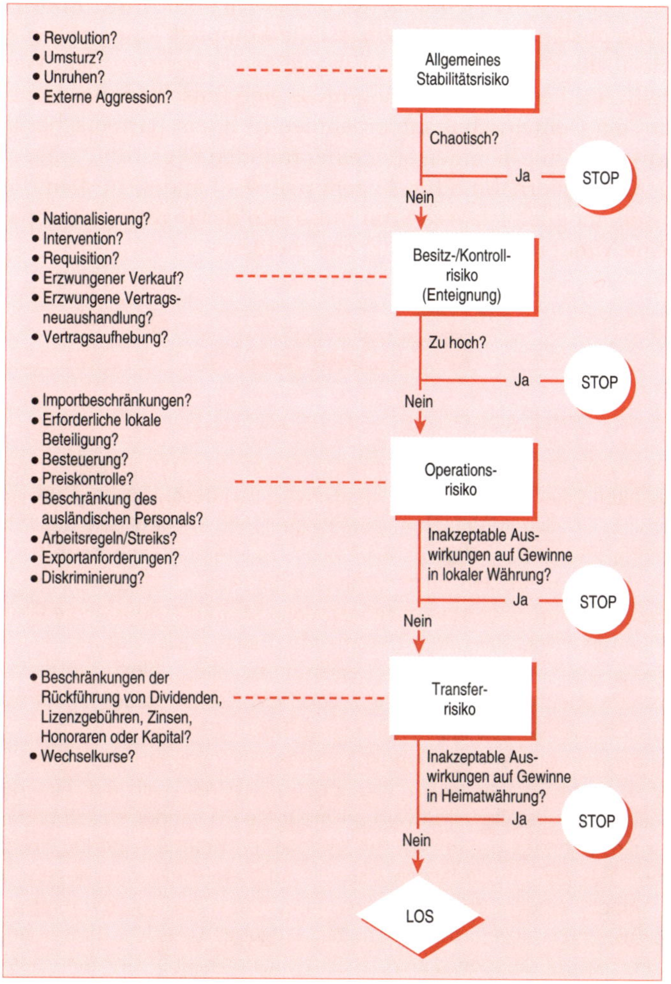

Quelle: Root (1994), S. 155.

Um die politischen Risiken einer beabsichtigten Auslandsinvestition zu bewerten, benötigen Manager relevante Informationen zur Situation und ein Analysesystem. Ein derartiger Ansatz, der auf den oben definierten vier Dimensionen beruht, wird in Abbildung 8.3 dargestellt. Dieses System betrachtet die jeweiligen Dimensionen als zu überwindende Hürden, wobei das allgemeine Instabilitätsrisiko an erster und das Transferrisiko an letzer Stelle steht. Damit das Topmanagement die Investition genehmigen kann, muss es alle vier politischen Hürden überwinden und offensichtlich die gewünschte Gewinnrate erreichen. Ein weiterer Ansatz ist der Einsatz eines kombinierten Dienstemaßstabs wie der in Beispiel 8.1 diskutierte BERI-Index (Business Environment Risk Index – Index für die Risiken des Geschäftsumfelds).

8.3.3 Eigenbesitz

Die Frage nach dem gewünschten Umfang des Eigenbesitzes ist im Grunde eine Entscheidung darüber, ob man die ausländische Fertigungsstätte komplett (entweder als Zweigniederlassung oder separate Tochtergesellschaft) oder nur teilweise besitzen will. Wenn man die Fertigungsstätte nur teilweise besitzen will, dann muss eine Entscheidung darüber getroffen werden, ob es sich um ein Gemeinschaftsunternehmen (d.h. ein partnerschaftliches Abkommen mit einem ausländischen Unternehmen oder einer fremden Regierung) oder einen Erwerb handelt oder ob eine Aktienübernahme für Angehörige des Landes, in dem die Tätigkeit aufgenommen werden soll, möglich ist. Weiterhin muss sich der Investor beim partiellen Besitz für eine Mehr- oder eine Minderheitsbeteiligung entscheiden.

BEISPIEL 8.1

Wie lassen sich politische Risiken bewerten?

Politische Risiken wurden als die Anwendung von Politiken der Gastregierung definiert, die die Geschäftsmöglichkeiten einer gegebenen Auslandsinvestition beschränken. Dies lässt sich weiterhin als Wahrscheinlichkeit für die Verursachung drastischer Änderungen des Geschäftsumfelds eines Landes, die Gewinne und andere Ziele eines Geschäftsunternehmens betreffen, durch politische Kräfte sehen. Derartige Risiken sind auch für international tätige Unternehmen, insbesondere für jene, die in Fertigungsstätten oder Marketingoperationen im Ausland investiert haben, von Bedeutung. Exporteure und international tätige Unternehmen sind auch vom Aspekt des *Transferrisikos* betroffen, das Risiken umfasst, die sich aus Regierungspolitiken ableiten, die die Übertragung von Kapital, Zahlungen, Produkte usw. beschränken. Das heißt, Zölle, Steuern, Zollfreigrenzen und Zahlungen für exportierte Güter spielen hier eine wichtige Rolle.

Der BERI (Business Environment Risk Index), der seit 1972 verfügbar ist, misst sowohl die Diskriminierung von Ausländern im Vergleich mit Einheimischen als auch die allgemeine Qualität des Geschäftsklimas eines Landes. Der BERI wird für mehr als 40 Länder angegeben und vierteljährlich veröffentlicht. Der Gesamtindex basiert auf 15 gewichteten Kriterien und liegt zwischen 0 und 100 (vgl. Tabelle unten). Die Ergebnisse lassen sich wie folgt interpretieren: ungewöhnlich stabil (86–100), typisches Umfeld einer industrialisierten Wirtschaft (71–85), moderates Risiko (56–70), hohes Risiko (41–55) und inakzeptable Geschäftsbedingungen (0–40). Es werden auch vier Subindizes abgeleitet: Politik, Operationen, Finanzen und Nationalismus. Der Sinn des Einsatzes dieses Index bei Analysen des Geschäftsumfelds wurde aus allgemeinen Gründen in Frage gestellt, die die Risikoindikatoren an sich und die geringen empirischen Beweise für die Anwendung eines der Subindizes betreffen (Juhl, 1978). Wenn Risikoindikatoren benutzt werden, sollten sie durch spezielle Informationsdienste und eingehende Länderberichte ergänzt werden.

Beispiel 8.1 (Forts.)

Andere Konzepte für Länderrisiken sind von verschiedenen Marktforschungsinstituten und Wirtschaftszeitschriften entwickelt worden. Diese werden kurz von Backhaus und Meyer (1986) beschrieben, die darüber hinaus ihren eigenen Ansatz zur Bestimmung des Risikos erörtern, der auf einer Faktorenanalyse und einer Gruppierung der Länder (Clustering) hinsichtlich ihrer Risikoausprägung beruht.

Tabelle der Kriterien, die in den BERI-Gesamtindex und dessen Subindizes einbezogen werden

	Gewichtung				
Kriterien	**Gesamtindex**	**Politik**	**Operationen**	**Finanzen**	**Nationalismus**
Politische Stabilität	3	6			
Wirtschaftswachstum	2,5		5		
Währungskonvertibilität	2,5		5	5	5
Arbeitskosten/Produktivität	2		3		
Langfristige Löhne/Wagniskapital	2		5		
Kurzfristige Kredite	2		5		
Einstellungen zu ausländischen Investoren und deren Gewinne	1,5	5			8
Nationalisierung	1,5	5			8
Währungsinflation	1,5	3		3	
Gleichgewicht der Zahlungsbilanz	1,5	3		3	
Vollstreckbarkeit von Verträgen	1,5		4	2	
Bürokratische Verzögerungen	1	3		2	4
Kommunikationsmittel: Telex, Telefon	1		3		
Lokales Management und Partner	1		2		
Professionelle Dienstleistungen und Vertragspartner	0,5		3		
	25	25	25	25	25

*Bewertungsstufen: überlegen = 4, überdurchschnittlich = 3, akzeptabel = 2, schlecht = 1, inakzeptabel = 0

Es gibt keine fertige Antwort auf die Frage nach dem Ausmaß des Besitzes. Viel hängt dabei von Faktoren wie den Einstellungen des Managements, den verfügbaren Ressourcen, der Art des Markts, der Verfügbarkeit und der Fähigkeit potenzieller Partner und den Politiken der ausländischen Regierungen ab. Einige Unternehmen bestehen auf einem 100%igen Besitz, der gewisse Vorteile mit sich bringt, wie insbesondere die Wahrung der vollen Kontrolle über die Operation. Wenn ein Unternehmen jedoch seine Entscheidung der Fertigung im Ausland durch den Kauf eines bestehenden Unternehmens umsetzen will, lässt sich der Komplettbesitz oft nicht verwirklichen. Wenn dies das Hauptkriterium darstellt, lässt sich die operationale Kontrolle über ein Unternehmen weiterhin auch erreichen, wenn man eine Mehrheitsbeteiligung und manchmal sogar eine Minderheitsbeteiligung hält. Im letzteren Fall lässt sich dies dadurch erreichen, dass man den Besitz breit in der Öffentlichkeit verteilt. In Fällen, in denen die politische Stabilität ein Thema ist, kann der gemeinsame Besitz – selbst als Minderheitsbesitzer – eine umsichtige Entscheidung sein, wenn die Investition noch vorgenommen werden soll. Es gibt Fälle, in denen die Antwort auf die Frage nach dem Besitz gewissermaßen automatisch beschränkt wird. Wenn Unternehmen über beschränkte Ressourcen (Geld, Arbeit und Know-how) verfügen, müssen sie nach einem ausländischen Partner suchen. Und auch die Regierungspolitik kann die Wahlmöglichkeiten beschränken. In der Vergangenheit war z.B. in China normalerweise der geteilte Besitz an dortigen Unternehmen erforderlich. Die neuseeländische Brauerei Lion Nathan besitzt 80% der Brauerei Wuxi Lion Nathan Taihushui Brewery außerhalb von Schanghai. Mitte 1996 berichtete Lion Nathan jedoch, dass man eine komplett eigene Brauerei in Suzhou bauen werde, und dass es sich dabei nicht um ein gemeinschaftliches Vorhaben mit einem staatlichen Unternehmen vom Festland handeln werde. Außer in einigen industriellen Sektoren, in denen sie nicht erlaubt sind (wie z.B. die Montage von Automobilen und Aluminumbergbau), hat China zunehmend Unternehmen erlaubt, die sich komplett im Auslandsbesitz befinden. Immer mehr Unternehmen wählen den Weg des Eigenbesitzes statt den der Eigenkapitalgemeinschaftsunternehmens, weil gute Partner nur schwer zu finden sind, sich eigene Unternehmen schneller errichten lassen und die für die beiden verschiedenen Unternehmensarten geltenden Regulierungen weitgehend dieselben sind (Vanhonacker, 1997; Johnstone, 1997).

Manchmal ändern Regierungen nach einer Investition ihre Eigentumspolitik. In Indien hätten Coca-Cola und IBM z.B. in den späten 70ern 60% ihres Eigenkapitals an indische Unternehmen übertragen müssen. Statt sich danach zu richten, zogen sich beide Unternehmen zurück. Als die Wirtschaft Indiens für ausländische Unternehmen weiter geöffnet wurde, kehrten Unternehmen, die das Land zuvor verlassen hatten, wieder zurück. 1993 kehrte Coca-Cola zurück, indem es eine strategische Allianz mit Parle Exports Ltd., dem größten Erfrischungsgetränkehersteller Indiens, einging. Durch das Abkommen konnte Coca-Cola das landesweite Produktions- und Distributionsnetzwerk von Parle benutzen.

8.3.4 Umsetzung der Entscheidung

Wie bereits erwähnt, kennt diese Frage nur zwei grundlegende alternative Antworten: (1) neu zu beginnen und eine sog. Investition im Grünen vornehmen oder (2) den Weg des Erwerbs gehen. Aus der Perspektive des Markteintritts ist ein Neubeginn zumindest zeitaufwändig. Zu diesem Ansatz zählen Aktivitäten wie die Errichtung von Fertigungseinrichtungen, das Anwerben und Ausbilden der Angestellten, die Organisation eines Managementteams usw. Kurz, man begegnet allen wesentlichen internen Managementproblemen des internationalen Geschäfts. Weiterhin sind erhebliche Auslagen von Geldmitteln erforderlich.

Heute wenden sich immer mehr Unternehmen dem vollständigen oder teilweisen Erwerb etablierter ausländischer Unternehmen zu, weil dies der schnellste und wirtschaftlichste Weg für den Eintritt in einen Auslandsmarkt ist. Es gibt viele Beispiele für den Erwerb von Minderheitsbesitz, Mehrheitsbesitz und komplette Übernahmen. In den frühen 90ern besaß Eastman Kodak in Japan einen Anteil von 20% an Chinon Industries (ein Lieferant von Kameras), einen Anteil von 51% an Kodak Imagica (ein Unternehmen aus dem Bereich der Fotoentwicklung) und es besaß Kodak Information Systems, das Teil eines Lieferanten namens Kusada gewesen war, komplett. Ein weiteres Beispiel stammt aus der Brauindustrie in Ungarn, wo das holländische Unternehmen Heineken NV 51% des Unternehmens Komaron und die österreichische Brauerei Brau-Union einen 70%-Anteil an Martfu und einen 51%-Anteil an Sopron erwarben. Ähnlich übernahm die größte US-Brauerei Anheuser-Busch einen 17,7%-Anteil der mexikanischen Brauerei von Corona, Grupo Modelo, und einen 5%-Anteil der chinesischen Tsingtao-Brauerei. Schließlich hat Heineken noch Anteile an kleineren Brauereien in Polen und der Schweiz erworben.

Wenn man den Erwerbsansatz verfolgt, bedeutet das nicht, dass keine internen Managementprobleme existieren, denn mit größter Wahrscheinlichkeit ist das doch der Fall. Der Erwerb eines etablierten Unternehmens hat möglicherweise größere Vorteile als der Neubeginn und bietet beiden beteiligten Parteien Vorteile. Vom Standpunkt des Unternehmens, das die Übernahme durchführt, kann eine derartige Aktion auf lange Sicht niedrigere Kosten bedeuten, auch wenn die anfänglichen Auslagen an Geldmitteln möglicherweise höher sind, als es bei Errichtung einer neuen Operation der Fall wäre. Der Grund ist einfach der, dass der Erwerb bei sauberer Planung und Durchführung viel mehr als nur Fabriken und Produktionseinrichtungen zur Verfügung stellt. Eine etablierte und effektive Marketingorganisation, Marktkenntnisse, Fähigkeiten des Auslandsmanagements und gute Regierungs- und Kundenbeziehungen sind nur einige der möglichen Extras. Ein Hauptgrund für die Erhöhung seiner Besitzanteile an Mazda Japan auf 33,4% (von 24,5%) durch Ford Motor Company Mitte 1996 waren die erwarteten großen Ersparnisse bei den Entwicklungskosten und die Ausdehnung seines Gebiets auf Japan und Südostasien. Weiterhin erfordern viele Übernahmen relativ wenig und manche gar keine Barmittel. Im letzteren Fall benutzt der Investor eigene Aktien zur Zahlung. Man kann sofort einen Marktanteil gewinnen und den Wettbewerb reduzieren, wie es beim Erwerb des tschechischen Unternehmens Rakona durch MNC Procter & Gamble der Fall war.

Vielen Fusionen und Anschaffungen liegt der Wunsch zu Grunde, einen ausreichend großen Marktanteil in einem Kerngeschäftsbereich oder in einer kleineren Reihe von verwandten Geschäftsbereichen zu schaffen, um in einem Marktbereich eine bedeutende Rolle zu spielen. Um sich dies zu verdeutlichen, können Sie die Situation des britischen Unternehmens Thorn EMI betrachten. Durch etliche Übernahmen wurde Thorn zum Marktführer im fragmentierten westeuropäischen Markt für kommerzielle und industrielle Lichtanlagen. Mehr als 50% seiner Verkäufe in diesen Geschäftsbereichen stammten von außerhalb seines britischen Heimatmarkts.

Die Vorteile für das übernommene Unternehmen sind genauso real. Es steht möglicherweise eine dringende benötigte Geldmittelspritze an, die sich zur Finanzierung von Forschung und Entwicklung, zur Marktentwicklung und für ähnliche Zwecke nutzen lässt. Benötigtes Fachwissen kann ebenfalls hinzugewonnen werden. Das übernommene Unternehmen kann zudem Zugang zu einem weit reichenden Vertriebsnetzwerk erhalten.

Es gibt jedoch einige potenzielle Beschränkungen für den Ansatz der Übernahme. Zunächst ist es nicht immer einfach, verfügbare Unternehmen zu ermitteln. Viele der potenziell guten Kandidaten sind schwer davon zu überzeugen, dass der Verkauf für sie von Vorteil wäre, während sich jene, die zum Verkauf bereit sind, recht wahrscheinlich in irgendeiner angespannten

Situation befinden. Daher müssen häufig erst einmal umfassende Untersuchungen der Möglichkeiten durchgeführt werden und, wenn ein Kandidat erst einmal ausgewählt worden ist, Verhandlungen stattfinden. Es kann Situationen geben, in denen es einfach gar keine Übernahmekandidaten gibt oder in denen Regierungspolitiken eine Übernahme schwer, wenn nicht gar unmöglich machen.

Laut *Business Week* (1995a) gibt es neben den üblichen Herausforderungen der Übernahme eines Unternehmens (Zahlung eines fairen Preises, Verschmelzen der beiden Managementteams und Erreichen der nur schwer fassbaren „Synergie", die den Gewinn steigern sollte) spezielle Risiken und Kosten, die mit sog. grenzüberschreitenden Fusionen einhergehen:

- Ausländische Käufer zahlen, häufig mit der unrealistischen Erwartung zukünftiger Synergien, üblicherweise mehr, als einheimische Käufer auszugeben bereit wären.
- Unterschiede der Sprache und Kultur erschweren die Integration der Managementteams.
- Die falsche Wahrnehmung des Heimatmarkts des übernommenen Unternehmens kann zu Marketingfehlern führen.
- Die vertikale Integration ist bei grenzüberschreitenden Käufen viel schwieriger als bei Inlandskäufen.
- Die Angestellten neigen zu einer noch größeren Furcht vor dem neuen Management, wenn die Chefs aus einem anderen Land stammen.

Diese Herausforderungen bringen häufig große Differenzen hinsichtlich der Entfernung, der Sprache und der Kultur mit sich, die zu Missverständnissen und Konflikten führen können.

Es gibt zwei wichtige potenzielle Probleme, die entstehen können. Erstens gibt es oft große Probleme mit der Integration der Praktiken und der Betriebsmethoden des übernommenen Unternehmens in die Gesamtunternehmensstruktur und -philosophie. Dies schließt häufig die Notwendigkeit der Integration der in den jeweiligen Unternehmen vorhandenen *Managementstile* oder Muster der Entscheidungsfindung mit ein. In ihren Studien britischer Unternehmen und Tochtergesellschaften in Großbritannien, die sich in japanischem und amerikanischem Besitz befanden, berichteten Doyle, Saunders und Wong (1986, 1992), dass die Zwanglosigkeit im Teamwork und sowohl die Kommunikation von oben nach unten als auch von unten nach oben bei japanischen Unternehmen stärker als bei britischen und amerikanischen ausgeprägt waren und Briten und Amerikaner scheinbar strenge hierarchische Unterschiede und bürokratische Strukturen stärker betonen. Albaum und Herche (1992) benutzten sieben Dimensionen der Entscheidungsfindung und kamen zu dem Schluss, dass es Unterschiede im Managementstil dänischer, spanischer, deutscher und finnischer Entscheidungsträger gibt.

Zweitens kann das Problem entstehen, die bisherigen Besitzer elegant und diplomatisch entfernen zu müssen, die möglicherweise die Entwicklung des neuen Unternehmens behindern, die aber immer noch einen wichtigen Anteil an oder irgendeine Art von Vertrag mit dem übernommenen Unternehmen haben. Diese letzten beiden Probleme lassen sich durch einen Neubeginn vermeiden. Weiterhin ist eine Übernahme nur selten der beste Weg, wenn ein Unternehmen seine Auslandsoperationen nach dem Muster seiner Heimatoperationen aufbauen will. Unternehmen müssen in dieser Hinsicht jedoch vorsichtig sein, da die Übertragung eines Ansatzes aus der Heimat auf auslandsbasierte Operationen nicht immer wünschenswert ist.

Unabhängig vom Weg, den das Unternehmen allgemein bevorzugt, ist es recht wichtig, dass die Einstellungen und Politiken des Managements flexibel sind. Jedes ausländische Marktgebiet und jedes potenzielle Projekt ist einmalig und das Management muss seine Entscheidungen mit einer offenen Gesinnung in Angriff nehmen.

8.4 Montageoperationen

Hersteller, die viele der mit ausländischen Fertigungseinrichtungen verbundenen Vorteile nutzen, sich aber nicht zu stark engagieren wollen, können ausländische Montageeinrichtungen in ausgewählten Märkten errichten. Häufig lassen sich Montageeinrichtungen nur schwer von reinen Herstellungsbetrieben unterscheiden, was speziell für Industrien wie die Automobilproduktion zutrifft.

Wenn sich ein herstellendes Unternehmen im eigentlichen Sinne mit Montageoperationen im Auslandsmarkt befasst, dann exportiert es alle oder die meisten seiner Produkte in „zerlegtem" Zustand. Im ausländischen Montagebetrieb werden diese Teile dann zum Fertigprodukt zusammengesetzt.

Wenn Produkte auf diese Weise in großen Mengen exportiert werden, lassen sich möglicherweise einige potenzielle Kosten einsparen (relativ zu den Kosten, die beim Export des vollständigen Produkts anfallen würden). Häufig sind die Frachtgebühren und verschiedene Steuern der Auslandsregierung niedriger, und in einigen Ländern sind die Zölle für Komponenten bzw. Einzelteile häufig niedriger als für das Komplettprodukt. Es kommt zu Kosteneinsparungen in der Herstellung im einheimischen Betrieb, die insbesondere Automatisierungseinsparungen oder Skaleneffekte betreffen. Andererseits kann die Montageoperation arbeitsintensiv sein, so dass niedrigere Auslandslöhne Kostensenkungen ermöglichen. Neben der kostengünstigeren Produktion könnten Unternehmen die Montage bevorzugen, weil dadurch der größte Teil der Produktion im Inland bleibt, wo sie sich besser steuern bzw. kontrollieren lässt.

Natürlich werden nicht die gesamten Kosteneinsparungen in Form größerer Gewinne realisiert. Die beim Zusammenbau des Produkts im ausländischen Betrieb anfallenden Kosten können einige, die gesamten oder auch mehr als die gesamten Einsparungen dieser Art des Exports ausgleichen. Außerdem erfordern ausländische Montageoperationen eine Kapitalinvestition, die allerdings im Allgemeinen weitaus niedriger als beim Betrieb einer produzierenden Zweigniederlassung ausfällt. Aus verschiedenen Gründen können einige der Einzelteile entweder im Land der Montageoperation oder in einem anderen fremden Land beschafft werden müssen.

Die Montage im Ausland bietet eine gewisse Flexibilität, die sich in Kosteneinsparungen umwandeln lässt. Durch den Zusammenbau der Produkte im Ausland befindet sich der Hersteller in einer Position, in der er einige der von ihm hergestellten Komponenten bei preiswerten Lieferquellen vor Ort einkaufen kann. Tatsächlich kann er auch zur Nutzung dieser Quellen gezwungen sein. Dies ist z.B. dann der Fall, wenn die Art des Auslandsmarkts eine gewisse Modifikation seiner Produkte erfordert, so dass die Schlüsselkomponenten mit den erforderlichen Eigenschaften normalerweise nicht im Heimatland verfügbar sind. Aus der Kostenperspektive kann es daher für den Hersteller besser sein, seine Produkte (entweder als Komponenten oder als Halbfertigprodukt) zu exportieren und sie im Auslandsmarkt unter Nutzung von Teilen aus lokalen Quellen zusammenzubauen, als wenn er versuchen würde, ein komplettes Produkt (entweder durch Import der erforderlichen Teile, deren Herstellung oder eine Vereinbarung über deren Fertigung mit einem anderen inländischen Unternehmen) zu exportieren. Ein deutscher Hersteller kleiner Elektrogeräte muss seine Produkte z.B. modifizieren, wenn im ausländischen Markt eine Netzspannung von 110 Volt benutzt wird. Dies kann Auswirkungen auf andere Einzelteile haben, die in seinen Geräten verwendet werden. Unter bestimmten Bedingungen wird es ein solcher Hersteller vorteilhaft finden, das Produkt im Ausland zusammenzubauen, und dabei wird er Komponenten einsetzen, die im Land mit der 110-Volt-Netzspannung hergestellt werden.

Der Zusammenbau von Produkten im Ausland lässt sich unter geeigneten Umständen in ein nützliches Marketingwerkzeug umwandeln. Viel hängt dabei davon ab, ob die Montagestätte von den potenziellen Kunden als einheimisches Unternehmen des Landes akzeptiert wird, in dem sie sich befindet. Dies kann in jenen Ländern mit ausgeprägten nationalbewussten Einstellungen, die zu einer Bevorzugung von nationalen vor ausländischen Unternehmen sorgen, enorm wichtig sein.

Das Nationalbewusstsein kann seinen Einfluss auch über die Einstellungen und Politiken ausländischer Regierungen ausüben. Der lokale Zusammenbau kann die Regierung so lange zufrieden stellen, wie er für gewisse lokale Beschäftigungseffekte sorgt oder ein bestimmter Anteil der Komponenten des Fertigprodukts lokaler Herkunft ist. Dies kann jedoch auf die Notwendigkeit der letztlichen Komplettproduktion im Ausland hindeuten, wie einige Unternehmen feststellen mussten!

Ob freiwillig oder auf äußeren Druck, der Zusammenbau im Ausland kann ein Stadium im evolutionären Prozess des Wandels eines Herstellers von einem inlandsorientierten zu einem wirklich multinationalen Unternehmen darstellen.

Schließlich können ausländische Montageeinrichtungen ein integraler Bestandteil der weltweiten Marketingorganisation eines multinationalen oder globalen Unternehmens sein und lassen sich direkt mit Fertigungsstätten verbinden, egal wo sich diese auch befinden. Obwohl die Kosten bei der Montage im Ausland weit niedriger als bei Errichtung kompletter Fertigungsstätten sind, eignen sich Montagestätten nicht für alle Hersteller oder Produkte. Selbst wenn diese Art der Operation keine Vorteile bei den Produktionskosten bietet, kann die Notwendigkeit der Produktvariation für den örtlichen Markt einen lokalen Zusammenbau wünschenswert machen. Außerdem kann eine Montagestätte viele nahe gelegene Märkte bedienen. Wenn das der Fall ist, kann der Hersteller feststellen, dass es von Vorteil ist, wenn er seine ausländische Montagestätte in einem Freigebiet errichtet. Ob dies praktisch durchführbar ist, hängt natürlich von den relativen Zollraten der von dieser Einrichtung zu bedienenden Märkte ab.

Ein anderer Ansatz der Montage wird in Beispiel 8.2 dargestellt.

BEISPIEL 8.2

Ein „neuer“ Weg des Zusammenbaus

Am 1. November 1996 rollte der erste glänzende neue Lastwagen aus der einzigartigen Volkswagen-Fabrik in Resende, einer ländlichen Stadt im Staat Rio de Janeiro in Brasilien. Wenn die Fabrik ein Erfolg wird, bildet VW die Vorhut eines radikalen Wandels in der Automobilindustrie. Von Stuttgart bis Detroit befinden sich die Automobilhersteller mit dem Ziel in einem Wettrennen, durch noch engere Partnerschaften mit den Herstellern von Schlüsselkomponenten die Kosten der Produktion möglichst weit zu senken. Mit der 250-Mio.-Dollar-Fabrik (in Resende) ist der bisher größte Sprung gelungen. Sieben Hauptlieferanten stellen in der Fabrik mit ihren eigenen Anlagen Komponenten her, die dann von den eigenen Arbeitern tatsächlich zu fertigen Lastwagen und Bussen montiert werden. Der Ansatz kann zu einem Vorbild für neue Automobilfabriken werden, die überall in den Entwicklungsländern hervorsprießen.

Seit den späten 80ern haben Automobilhersteller wie Ford Motor Co. und Chrysler Corp. ihren Lieferanten die Verantwortung für komplette Module oder Komponenten, wie z. B. Bremsen oder Federung, übertragen. Aber in der Fabrik von Resende werden Hunderte von Lieferanten auf die in der folgenden Tabelle angegebenen letztlich nur sieben verbleibenden Montageunternehmen reduziert. Jedes ist für ein einzelnes Modul verantwortlich.

Beispiel 8.2 (Forts.)

Der deutsche Instrumentenhersteller VDO Kienzle beginnt z. B. mit der Stahlhülle der Fahrerkabine. In einem Teil der Resende-Fabrik, der vom Arbeitsgebiet der anderen Lieferanten abgeteilt ist, installieren bis zu 200 VDO-Arbeiter alles von den Sitzen bis hin zu den Armaturenbrettern. Dann befestigen sie die fertig gestellte Kabine auf einem Fahrgestell, das auf dem Fließband durch die Bereiche der verschiedenen Lieferanten befördert wird. In einer traditionellen Fabrik liefern die Lieferanten Teile an der Ladestelle oder gelegentlich beim Fließband ab, die abschließende Montage übernehmen aber die eigenen Arbeiter des Automobilherstellers. In Resende haben Verbesserungen im Montageprozess durch die Lieferanten die Arbeitsstunden verglichen mit einer typischen Fabrik um 12% verkürzt, sagt Roberto Barretti, der dortige VW-Betriebsleiter.

Die Kapitalanlage von VW verringert sich bei diesem Ansatz. Während VW das Gebäude und die Fließbänder bereitstellt, setzen die Lieferanten ihr eigenes Werkzeug und Sacheigentum ein.

VW experimentiert bereits mit modularen Montagetechniken in existierenden Fabriken. Andere Automobilhersteller, wie z. B. Mercedes-Benz, gehen in dieselbe Richtung. Anders als VW übernimmt Mercedes die abschließende Montage bei seinem Stadtauto Smart, das in einer neuen Fabrik in Westfrankreich gebaut wird.

Sehr wahrscheinlich wird jedoch eine Variation des Resende-Ansatzes zum neuen Vorbild für die Neuwagenfabriken auf der ganzen Welt. In Westeuropa und den USA, wo die Industrie Überkapazitäten gegenübersteht, wird der Wandel langsam vollzogen, weil kein Bedarf für neue Fabriken besteht und weil sich die Gewerkschaften dagegen wehren, Lieferanten in Montagestätten zuzulassen. Aber in Entwicklungsmärkten, wie z. B. China und Südamerika, könnte diese radikal neue Methode der Herstellung von Fahrzeugen schnell zur Norm werden.

Tabelle „Wer VW-Lastwagen in Brasilien baut."

Lieferant	**Was er installiert**
Iochpe-Maxion (Brasilien)	Fahrgestell
Rockwell (US)	Achsen, Bremsen, Federung
Iochpe-Maxion (Brasilien), Bridgestone (Japan), Borlen (Brasilien)	Felgen & Reifen
Motoren-Werke Mannheim (Deutschland), Cummins (USA)	Motor & Getriebe
Tamet (Brasilien)	Fahrerkabine
VDO Kienzle (Deutschland)	Lenkung & Instrumente
Eisenmann (Deutschland)	Lackierung

Quelle: Angepasste Kürzung von Business Week, 1996.

8.5 Strategische Allianzen

8.5.1 Formen strategischer Allianzen

Lizenzierung, Vertragsfertigung und Gemeinschaftsunternehmen sind drei Arten von Aktivitäten zwischen Unternehmen aus zwei oder mehr Ländern, die unter der Bezeichnung *strategische Allianzen* bekannt geworden sind. Andere Varianten sind Konsortien und Partnerschaften in Forschung und Entwicklung sowie marketing-, fertigungs- und distributionsübergreifende Abkommen. Sie lassen sich alle als strategische Marketingallianzen betrachten, da sie den Einfluss auf den Markt verbessern. Derartige Allianzen werden zunehmend häufiger und waren in den 90ern als eine Möglichkeit zur Operation in globalen Märkten beliebt. Ein Beispiel ist Boeing, das sich mit den japanischen Unternehmen Mitsubishi, Fuji und Kawasaki Heavy Industries zusammengetan hat, um einen kleinen Flugzeugjet zu entwickeln, herzustellen und zu vermarkten. AT&T, KDD Japan, Singapore Telecom und andere asiatische Telefonbetreiber bildeten World Partners, British Telecom und MCI Communications bildeten Concert, das wiederum über Distributionsabkommen mit Norwegian Telecom, Tele Danmark, Telecom Finland und Nippon Information & Communication verfügt. Samsung Korea kauft Technologien bei japanischen Unternehmen wie Fujitsu, Toshiba und NEC ein. IBM und Siemens Deutschland teilen bei ihrer Entwicklung einer neuen fortschrittlichen Halbleitergeneration, die in einer neuen Fabrik im Wert von 1 Mrd. US-$ in Japan gefertigt werden soll, Technologien mit Toshiba. Diese Technologie wird zurück an ein Gemeinschaftsunternehmen von IBM und Toshiba in den USA übertragen, das LCD-Anzeigen (Liquid-Crystal Display – Flüssigkristallanzeigen) für Laptop-Rechner herstellt. Wie diese Beispiele zeigen, werden Allianzen sowohl zwischen Unternehmen, die sich gegenseitig ergänzen, als auch zwischen Unternehmen gebildet, die bei bestimmten Produkten und/oder in bestimmten Märkten miteinander konkurrieren. Strategische Allianzen sind kein Phänomen der 90er Jahre. Ein Vizepräsident von Arthur D. Little stellte in den späten 80ern den Bedarf für Allianzen fest (Wasserman, 1988, S. 9):

> *In dieser Ära der lokalen Märkte sind strategische Allianzen zwischen Unternehmen kein Luxus mehr. Sie sind eine Notwendigkeit geworden. Es gibt derart viele verschiedene Technologien, die auf den Wettbewerb einwirken und dessen Grundlage in zahlreichen Industrien verändern, dass kein Land und viel weniger einzelne Unternehmen noch autark sind. Der internationale Handel wird zunehmend komplex und Unternehmen können nicht mehr ausschließlich in Inlandsmärkten gedeihen. Daher wird erkannt, dass die Teilung der Kosten und die gemeinsame Nutzung von Ressourcen zur Notwendigkeit geworden sind und dass Marketing- und Distributionspartnerschaften unter den richtigen Bedingungen äußerst attraktiv sein können.*

Tatsächlich gibt es Lizenzabkommen und Gemeinschaftsunternehmen bereits seit langer Zeit. Es ist das Etikett „strategische Allianz", das relativ neu ist.

Es gibt viele Definitionen für die strategische Allianz. Dies sind einige Beispiele:

- Eine formelle und gegenseitige kommerzielle Zusammenarbeit zwischen Unternehmen. Die Partner legen spezifizierte Unternehmensressourcen zusammen, tauschen sie aus oder integrieren sie mit dem Ziel, gemeinsame Gewinne zu machen. Die Partner bleiben jedoch getrennte Unternehmen (Business International, 1990, S. 27).
- Langfristige vertragliche Vereinbarungen zwischen Unternehmen verschiedener Länder, durch die Aspekte ihrer Aktivitäten in einer solchen Weise verbunden werden, dass eine gegenseitige Abhängigkeit geschaffen wird, die zur Erreichung eines strategischen Ziels genutzt wird (Almor-Ellemers, 1992, S. 8).

- Eine Form zwischen-organisatorischer Beziehungen, in der die Partner beträchtlich in die Entwicklung einer langfristigen Zusammenarbeit und die gemeinsame Ausrichtung auf gemeinsame und individuelle Ziele investieren (personelles, finanzielles und/oder technologisches Kapital) (Spekman und Sawhney, 1990).

Ein wesentliches Ziel einer internationalen oder globalen strategischen Allianz ist die Verbesserung der langfristigen Wettbewerbsfähigkeit der strategischen Partner. Ein derartiges Bündnis gründet sich auf den Glauben, dass alle Parteien etwas Einmaliges beizutragen haben, wie z.B. Technologie, Managementwissen, führendes Know-how oder Marktzugang. Dies erfordert, dass Macht und Kontrolle im Interesse des beiderseitigen Vorteils geteilt werden. Tabelle 8.1 zeigt einige Merkmale verschiedener Arten von Allianzen.

Ganz allgemein konnte Gugler (1992, S. 91) die folgenden Vorteile von Abkommen wie strategischen Allianzen zwischen Unternehmen identifizieren:

- Verteilung großer erforderlicher Investitionen bei bestimmten Aktivitäten, wie z.B. Forschung und Entwicklung
- Gegenseitiger Zugang zu Ressourcen, wie z.B. Technologien
- Beschleunigte Rentabilität der Investitionen durch schnellere Umsätze beim Einsatz von Unternehmensaktiva
- Verteilte Risiken
- Schaffung von Effizienz durch Skaleneffekte, Spezialisierung und/oder Rationalisierung
- Gemeinsame Entscheidungen im Wettbewerb

Jedes strategisches Bündnis hat bestimmte Schlüsseldimensionen. Wenn eines dieser Ziele fehlt, können Probleme entstehen und es kann zum Konflikt zwischen den einzelnen Zielen des Unternehmens und des Bündnisses kommen. Diese voneinander abhängigen Schlüsseldimensionen sind die folgenden (Spekman und Sawhney, 1990, S. 6-9):

- *Zielkompatibilität:* Die Ziele der beteiligten Parteien müssen so weit vereinbar sein, dass sich sowohl die Ziele der Allianz als auch der einzelnen Parteien erreichen lassen.
- *Strategischer Vorteil:* Es muss einen wahrgenommenen Vorteil geben.
- *Wechselseitige Abhängigkeit:* Jeder Partner wird von den anderen abhängig und die Beziehung muss geleitet werden, so dass sich Konflikte auf ein Minimum beschränken und eine erfolgreiche Zusammenarbeit entsteht.
- *Engagement*: Das Vertrauen ist für die langfristige Durchführbarkeit einer Allianz entscheidend und für die versprochene Fortsetzung der Beziehung zwischen den Partnern auf der Basis gegenseitigen Engagements lebenswichtig.
- *Kommunikation und Konfliktlösung*: Die Partner müssen miteinander kommunizieren und es muss ein anderes als ein juristisches Verfahren geben, mit dessen Hilfe sich unvermeidlich entstehende Konflikte lösen lassen.
- *Koordination der Arbeit*: Es ist klar, dass die Arbeit der Partner ohne Bürokratie und Besitzkosten koordiniert werden muss.
- *Planung*: Die ersten zu planenden Dinge sind Struktur und Verfahren des Austauschs. Dann lässt sich die Substanz des Austauschs in Angriff nehmen.

Andere Erfolgsprinzipien werden von Beispiel 8.3 verdeutlicht, das sich mit der Automobilindustrie in Asien befasst.

Tabelle 8.1 Merkmale strategischer Allianzen.

Strategie	Organisationsgestaltung	Vorteile	Kosten	Kritische Erfolgsfaktoren	Management strategischer humaner Ressourcen
Lizenzierung: herstellende Industrien	Technologien	• Frühe Standardisierung des Designs	• Es entstehen neue Wettbewerber	• Auswahl eines Lizenznehmers, der kaum zu einem Wettbewerber werden kann	• Technisches Wissen
		• Mögliches Profitieren von Innovationen	• Möglicher, letztendlicher Abschied von der Industrie		
		• Zugang zu neuen Technologien	• Mögliche Abhängigkeit vom Lizenznehmer	• Durchsetzung von Patenten und Lizenzabkommen	• Schulung lokaler Manager vor Ort
		• Möglichkeit, mit der schnellen industriellen Evolotution mitzuhalten			
Lizenzierung: Dienstleistungen und Franchising	Geografie	• Schneller Markteintritt	• Qualitätskontrolle	• Philosophien und Werte der Partner müssen zueinander passen	• Sozialisation der Franchise- und Lizenznehmer mit den Schlüsselwerten
		• Niedrige Kapitalkosten	• Warenzeichenschutz	• Strenge Leistungsstandards	
Joint Venture: Spezialisierung der Partner	Funktion	• Kennenlernen der Fähigkeiten des Partners	• Übermäßige Abhängigkeit von den Fähigkeiten des Partners	• Strenge und spezifische Leistungskriterien	• Managemententwicklung und -schulung

Tabelle 8.1 Merkmale strategischer Allianzen. (Forts.)

Strategie	Organisationsgestaltung	Vorteile	Kosten	Kritische Erfolgsfaktoren	Management strategischer humaner Ressourcen
		• Skaleneffekte		• Beteiligung an einem Unternehmen als „Schüler“ statt als „Lehrer“, um Fähigkeiten vom Partner zu lernen	• Verhandlungsfähigkeiten
		• Quasivertikale Integration	• Unterbindet interne Investitionen	• Erkenntnis, dass Zusammenarbeit eine weitere Form des Wettbewerbs ist, bei der man neue Fähigkeiten erwirbt	• Rotation der Manager
		• Schnelleres Lernen			
Joint Venture: gemeinsamer Wertzuwachs	Produkt oder Branche	• Stärkung der beiden zusammengelegten Partner	• Hohe Übergangskosten	• Dezentralisierung und Autonomie von Mutterunternehmen	• Teambildung
		• Schnelleres Lernen an Wertketten	• Keine Möglichkeit der Beschränkung des Zugangs des Partners auf Informationen	• Lange Genehmigungsfristen	• Kulturanpassung
		• Schnelle Verbesserung technologischer Fähigkeiten		• Harmonisierung der Managementstile	• Flexible Fähigkeiten zur impliziten Kommunikation

Tabelle 8.1 Merkmale strategischer Allianzen. (Forts.)

Strategie	Organisationsgestaltung	Vorteile	Kosten	Kritische Erfolgsfaktoren	Management strategischer humaner Ressourcen
Konsortium, Keiretsu (Japan) und Chaebol (Korea)	Unternehmen und Industrie	• Gemeinsame Risiken und Kosten	• Fähigkeiten und Technologien, die keinen Marktwert besitzen	• Regierungsunterstützung	• „Clan-Kulturen“
		• Aufbau einer kritischen Masse der Verfahrenstechnologien	• Bürokratie	• Gemeinsame Werte der Manager	• Brüderliche Beziehungen
		• Schneller Ressourcenfluss und schnelle Übertragung von Fähigkeiten	• Hierarchie	• Persönliche Beziehungen, um Koordination und Prioritäten zu gewährleisten	• Starke Überwachung, um den Mitgliedsunternehmen eine gemeinsame Vision und Mission zu bieten
				• Genaue Überwachung der Leistung des Mitgliedsunternehmens	

Quelle: Lei und Slocum, 1991, S. 48.

BEISPIEL 8.3

Wie ein Joint Venture/strategisches Bündnis erfolgreich sein kann

In der Automobilindustrie hat es viele internationale Gemeinschaftsunternehmen gegeben. Häufig haben sie kaum zu Gewinnen geführt. Aus diesem und anderen Gründen kam es zu Auflösungen des Unternehmens.

Es gibt eine bedeutende Ausnahme: Ford-Mazda. Deren ca. 30-jährige Zusammenarbeit hat Uneinigkeiten über bestimmte Projekte, Handelsdispute zwischen Japan und den USA und Behauptungen, dass sich Mazda und andere japanische Unternehmen an Dumping-Praktiken bei in die USA exportierten Minivans beteiligt haben, überstanden.

Ford und Mazda kooperieren bei neuen Fahrzeugen und tauschen wertvolles Expertenwissen aus (Ford im internationalen Marketing und Finanzwesen, Mazda in der Produktion und der Produktentwicklung). Für Ford hat sich die Zusammenarbeit teilweise in Form von Verkäufen ausgezahlt. Aber Ford konnte aus der Allianz auch einige praktische Lehren ziehen, die es in anderen Bereichen seines Geschäfts anwendet. Als Ford Mitte der 80er Jahre seine Fertigungsstätte in Hermosillo (Mexiko) errichtete, benutzte es dafür den überaus effizienten Hofu (Vorlage für eine japanische Fabrik) von Mazda. Ford und Mazda haben Anfang 1990 gemeinsam an zehn aktuellen Automodellen gearbeitet, wobei Ford normalerweise den größten Teil des Designs und Mazda wesentliche Ingenieurbeiträge leistete. Bei Ford zählen zu diesen Autos der stark verbesserte Ford Escort und die Mercury-Tracer-Modelle, der Kleinwagen Festiva, der sportliche Ford Probe, der Mercury Capri und der Geländewagen Explorer. Die von Ford unterstützten Mazdas sind der MX-6, der Protegé und der Navajo.

Eine wesentliche Frage lautet, warum diese Allianz zu einem solchen Erfolg geworden ist. Den Präsidenten der beiden Unternehmen zufolge gibt es sieben Prinzipien, die man befolgt hat:

1. *Das Topmanagement muss laufend eingebunden sein:* Das Topmanagement muss das Klima der Beziehung gestalten. Wenn das nicht der Fall ist, sträuben sich die Manager auf den niedrigeren Ebenen, Projekte mit einem Partner gemeinsam zu kontrollieren.
2. *Häufige und vielfach informelle Treffen:* Treffen sollten auf allen Ebenen stattfinden und Zeit für eine Sozialisierung lassen. Dies ist für den Aufbau von Vertrauen ausschlaggebend.
3. *Einsatz eines Schiedsrichters:* Eine dritte Partei kann bei Streit vermitteln, für das Herangehen an den Partner neue Wege vorschlagen und ein unabhängiger „Zuhörer" sein.
4. *Wahrung der Unabhängigkeit:* Die Unabhängigkeit hilft beiden Partnern, jene Gebiete des Expertenwissens zu stärken, durch die sie in erster Linie zum Wunschpartner geworden sind.
5. *Keinen „Opferhandel" zulassen:* Jedes Projekt muss den Partnern Vorteile bringen. Es liegt in der Verantwortung des Topmanagements, dass insgesamt für ein bleibendes Gleichgewicht gesorgt wird.
6. *Einen „Wachhabenden" ernennen:* Eine Person muss die primäre Verantwortung für die Überwachung aller Aspekte der Allianz tragen.
7. *Kulturelle Unterschiede erwarten:* Deren Ursache können sowohl im Unternehmen als auch in der Nationalität liegen. Alle Parteien sollten flexibel sein und versuchen, für kulturelle Unterschiede empfängliche Manager in Schlüsselpositionen einzusetzen.

Diese Prinzipien sind wirklich recht einfach!

Quelle: Dieses Beispiel beruht auf Materialien aus *Business Week,* 1992a.

Ford expandiert in asiatische Märkte, indem es Joint-Venture-Allianzen in Vietnam, Thailand und China bildet. Insbesondere in China geht Ford traditionelle Joint Ventures mit bedeutenden chinesischen Unternehmen ein, die es ihm erlauben, *guanxi* bzw. Verbindungen zu knüpfen. Andere Automobil-Joint-Ventures in China bestehen zwischen Shanghai Auto und Volkswagen, bei dem es sich um das profitabelste Joint Venture in ganz China handeln soll, und zwischen Shanghai Auto und General Motors (als Shanghai General Motors bekannt), das spätestens Anfang 1999 die Produktion von Buicks aufnehmen sollte. Shanghai General Motors startet mit 40%iger lokaler Beteiligung. Außerdem soll ein Zentrum für Ingenieurwesen und Design errichtet werden.

Interessanterweise haben auch Automobilhersteller in Europa Allianzen gebildet und arbeiten zusammen. Ein Beispiel dafür ist Saab / Lancia / Alfa Romeo / Peugeot / Citroen.

Die Palette hinsichtlich der Komplexität der Beziehungen in strategischen Allianzen ist breit. Auf der einen Seite gibt es sehr „einfache" Bündnisstrukturen, für die die Allianz von 1996 zwischen Air China und Northwest Airlines ein Beispiel ist, bei der diese in gemeinsame Flugpläne (inklusive gemeinsamer Flugkennziffern), Marketingaktivitäten und Einrichtungen einwilligten. Etwas komplexer ist die 1991 gebildete Allianz zwischen dem amerikanischen Pharmaunternehmen Sterling Winthrop und dem französischen Unternehmen Samofe. In der Allianz führen beide Unternehmen weiterhin Forschungs- und Entwicklungsoperationen durch. Dann entwickeln, produzieren und vermarkten sie alle viel versprechenden pharmazeutischen Zusammensetzungen, die aus diesen Forschungsanstrengungen hervorgegangen sind. Das andere Extrem bilden sehr komplexe Netzwerke, denen viele Partner angehören, wie dies z.B. bei dem großen holländischen Elektro- und Elektronikunternehmen Philips der Fall ist (vgl. Abbildung 8.4). Ganze Industrien können von strategischen Allianzen wie dem in der Halbleiter- (siehe Gugler, 1992) und der Telefonindustrie betroffen sein. Die zwei Telefongiganten AT&T und British Telecom versuchen jeweils die globale Telekommunikation zu dominieren, indem sie bedeutende strategische Allianzen bilden (siehe Abbildung 8.5).

Strategische Allianzen sind nicht statisch. Sie können sich jederzeit ändern. Das in den 80ern von Ford und Volkswagen zur Bedienung der brasilianischen und argentinischen Märkte gebildete Gemeinschaftsunternehmen wurde z.B. Mitte der 90er Jahre aufgelöst. Ein weiteres Beispiel stammt aus der globalen Telekommunikationsindustrie.

Telefonica de España, der größte Kommunikationsanbieter in Lateinamerika, hat sein unter dem Namen Unisource bekanntes Bündnis mit AT&T und anderen kleineren europäischen Telekommunikationsunternehmen verlassen, um sich mit der Gruppe Concert der MCI-British Telecom zu verbinden. Manchmal ändern sich Allianzen durch Einflussnahme der Anteilseigner, Druck von Kunden, der Regierungspolitik und andere „äußere" Zwänge. 1996 trennte PepsiCo alle Verbindungen mit seinem Abfüller in Birma (Myanmar) und stellte die Produktion und Distribution seiner Produkte dort völlig ein. Das Unternehmen gab an, dass es diese Maßnahme in Anerkennung der US-Politik gegenüber Birma und aufgrund der Wünsche vieler Aktionäre und Kunden ergriffen hat.

Abbildung 8.4 Philips' Allianzen-Netzwerk.

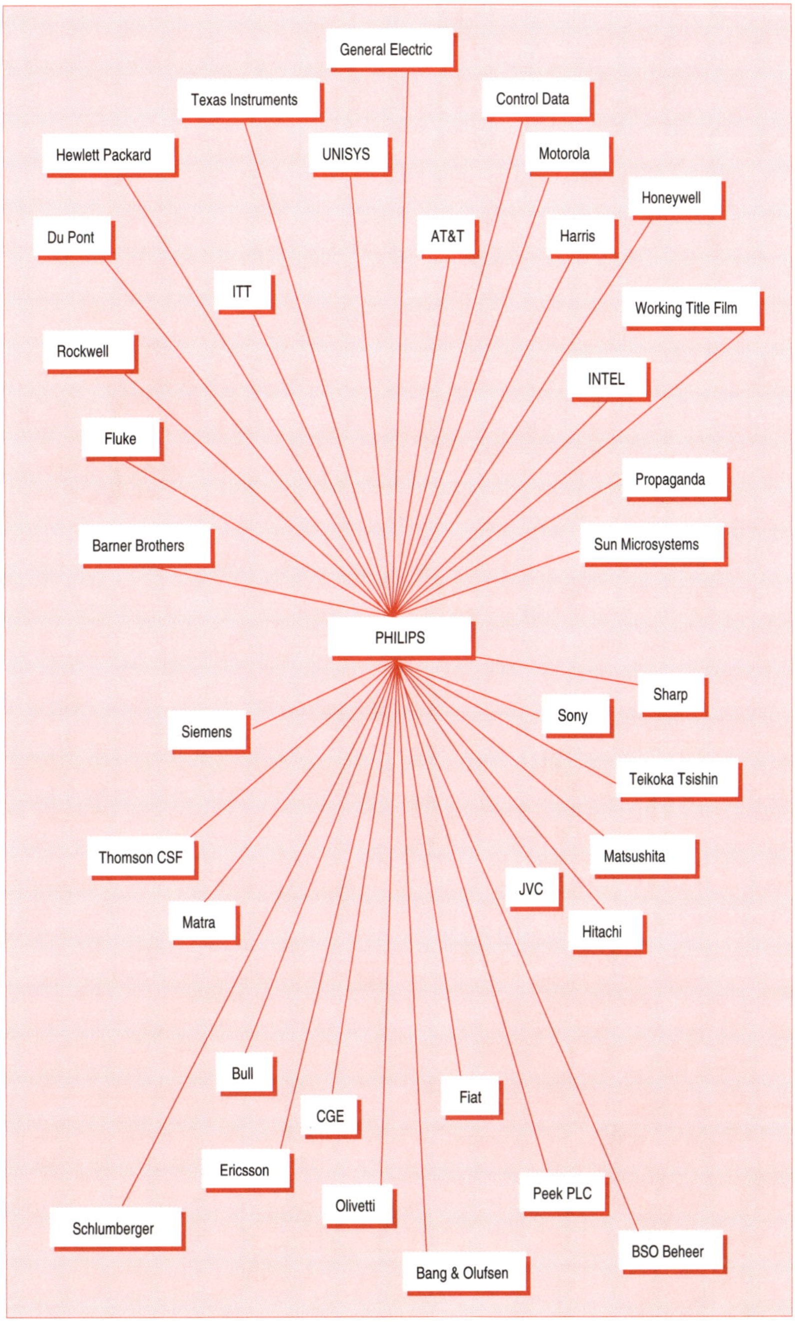

Quelle: Gugler, 1992, S. 97.

Abbildung 8.5 Allianzen von AT&T und British Telecom.

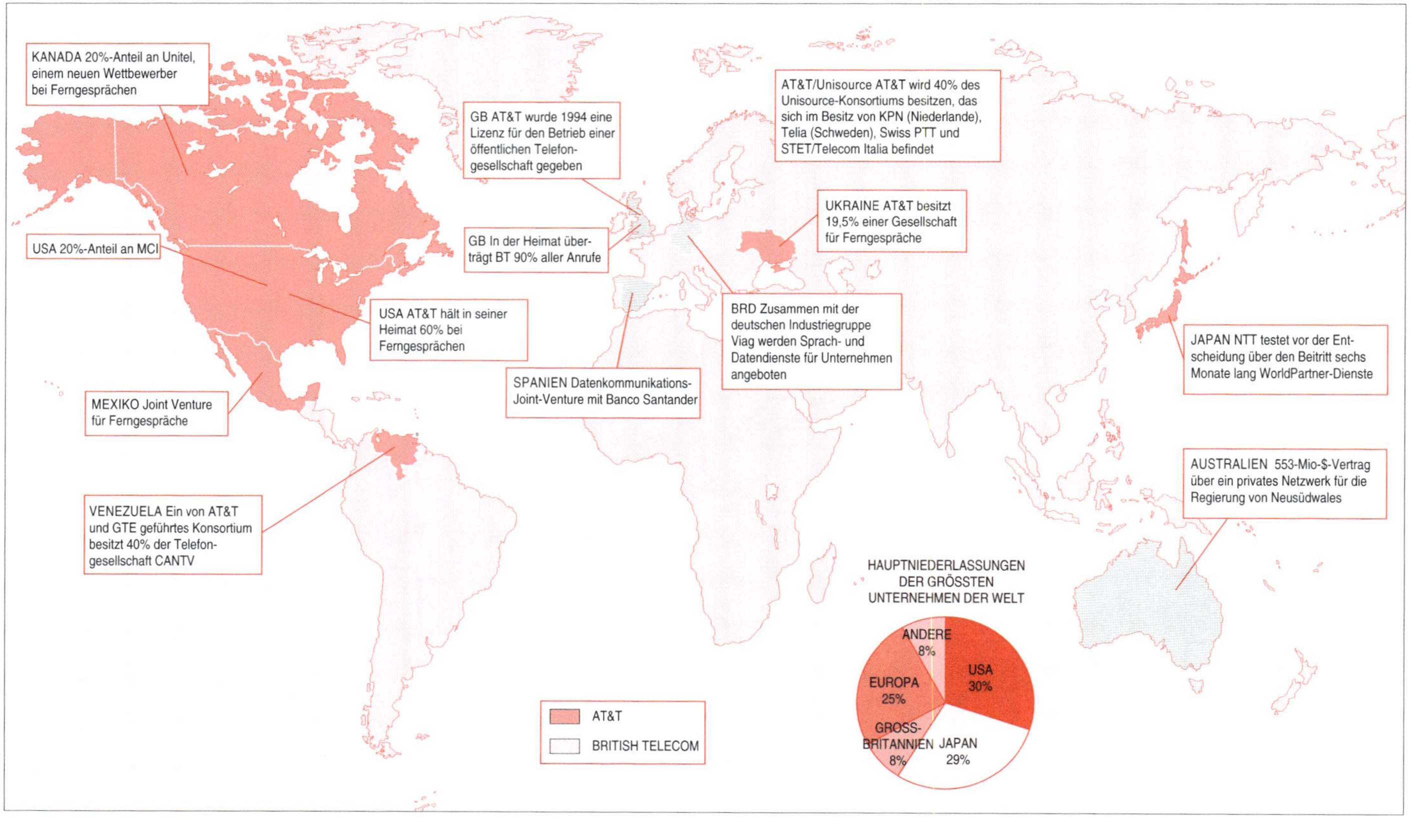

Quelle: nach Business Week, 1995c, S. 176-177.

8.5.2 Lizenzierung

Im weitesten Sinne ist die Lizenzierung bzw. Vergabe von Konzessionen eine Methode der Operation im Auslandsmarkt, bei der ein Unternehmen in einem Land (der Lizenzgeber) eine vertragliche Vereinbarung mit einem Unternehmen oder einer Person in einem anderen Land (dem Lizenznehmer bzw. Konzessionär) eingeht, durch die dem Lizenznehmer das Recht eingeräumt wird, etwas zu benutzen, was dem Lizenzgeber gehört. Eine Lizenz umfasst üblicherweise mindestens eines der folgenden Dinge:

- Technologie, Know-how, Herstellungsprozesse (patentiert und nichtpatentiert)
- Warenzeichen, Markennamen, Logos
- Gestaltung von Produkten und / oder Anlagen bzw. Einrichtungen
- Marketingwissen und -prozesse
- andere Arten des Wissens und der Handelsgeheimnisse.

In seiner Forschungsmonografie empfiehlt Contractor (1985) Unternehmensplanern und -strategen, dass sie eine Lizenz als einen strategischen Eckpfeiler betrachten sollten, wobei die Technologie im Mittelpunkt stehen kann, um den herum sich andere Eintrittsmodi aufbauen lassen. Er schlägt vor, dass ein umfassenderes Paket neben der Lizenzierung einer Technologie ein oder mehrere der folgenden Elemente umfassen sollte: schlüsselfertige Betriebe, Belieferung des Lizenznehmers mit Komponenten, Auftragsmontage oder Produktion für Drittländer, garantierten „Rückkauf" anstelle von Bargeld, Managementdienstleistungen usw.

Wenn ein Produkt oder eine Dienstleistung mit Marke oder Namen beteiligt ist, ist der Lizenznehmer für die Vermarktung in einem definierten Marktgebiet verantwortlich. Neben seiner Verantwortlichkeit hat er Anspruch auf alle Gewinne und muss alle mit dem Unternehmen verbundenen Risiken tragen. Im Gegenzug zahlt der Lizenznehmer dem Lizenzgeber Tantiemen oder Lizenzgebühren, bei denen es sich um die Haupteinkommensquelle aus seinen Lizenzierungsoperationen handelt und die üblicherweise Folgendes umfassen:

- *Anfangszahlung:* Ein Betrag, der zu Beginn des Abkommens für den anfänglichen Transfer von Maschinen, Teilen, Plänen, Wissen usw. gezahlt wird.
- *Jährlicher Minimalbetrag:* Der Betrag, den der Lizenznehmer bzw. Konzessionär jährlich als garantiertes Minimum zahlen muss.
- *Jährliche prozentuale Gebühren:* Die eigentlichen Lizenzgebühren, die der Konzessionär dem Lizenzgeber jährlich laut Übereinkunft zahlt.
- *Zusätzliche Gebühren:* Zur Deckung der Ausgaben wird in jenen Ländern, in denen Anfangszahlungen untersagt sind, eine Gebühr in Form einer vorausbezahlten Lizenzgebühr benutzt. Außerdem werden für neue Pläne, Skizzen usw. Gebühren bezahlt.

Lizenzabkommen können auch gegenseitiger Natur sein, wenn beide Parteien untereinander Kenntnisse und / oder Patente austauschen. Bei gegenseitigen Lizenzabkommen kann es sein, dass keine Zahlungen erfolgen.

Lizenzierung ist ein Mittelding zwischen Export und Direktinvestition und umfasst von beidem ein wenig. Der Lizenzierende exportiert die laut Abkommen vereinbarten Dinge, aber dieser Export ist letztlich eine Investition.

Man sollte eine spezielle Art der Lizenzierung unterscheiden: *Franchising*. Franchising ist tatsächlich eine unvollständige Lizenzierung. Bei der Lizenzierung erlaubt der Lizenzgeber einem ausländischen Unternehmen die Herstellung vollständiger Produkte, während der Franchisenehmer bei einem Franchiseabkommen üblicherweise wichtige „Zutaten" (Teile, Materialien usw.) für das Fertigprodukt liefert. Franchiseabkommen sind möglicherweise im nichtalkoholischen Getränkebereich und im Einzelhandel der Fast-Food-Industrie am bekanntesten. Coca-Cola verfügt z.B. über ein weltweites Netzwerk von Franchise-Abfüllern und versorgt diese mit dem für die Herstellung seiner Produkte erforderlichen Sirup. Im Fast-Food-Bereich begegnet man dem goldenen „M" von McDonald's auf der ganzen Welt und sogar in Russland und China. Ähnlich ist auch Kentucky Fried Chicken weltweit aktiv. In vielen Ländern wird Franchising mit einem Joint Venture kombiniert.

Ziele und Bewertung

Die meisten Unternehmen verfolgen mindestens eins der folgenden grundlegenden Ziele, wenn sie ein Lizenzabkommen aushandeln und die Lizenzierung als Methode zum Eindringen in ausländische Märkte einsetzen:

- Einnahmen aus unternehmenseigenen Patenten, Warenzeichen und gesammeltem Know-how generieren.
- Hinzugewinn taktischer oder strategischer Marketingvorteile in Auslandsmärkten.
- Erwerb gegenseitigen Know-hows und von Forschungsentwicklungen ausländischer Unternehmen.
- Erreichen einer Marktbasis, die später zur Verlagerung auf andere Arten der auslandsmarktbasierten Marketingaktivitäten genutzt werden kann.
- Eintritt in einen Markt an sich oder Verbleib im Markt, wenn durch die Bedingungen (inklusive der Regierungsaktionen) Exporte unerwünscht oder unmöglich werden.
- Das Unternehmen will über eine produzierende Präsenz im Auslandsmarkt verfügen, will aber keine Kapitalinvestitionen vornehmen (oder ist dazu nicht in der Lage).
- Falls Bedarf besteht: Beitrag zur wirtschaftlichen Entwicklung.

Die Lizenzierung bietet dem Lizenzgeber viele Vorteile, verfügt gleichzeitig aber auch über bedeutende potenzielle Nachteile. Die wohl wesentlichen Vorteile der Lizenzierung im Gegensatz zu anderen Ansätzen sind die Leichtigkeit und die niedrigen Kosten des Eintritts in einen Auslandsmarkt. Es werden nicht nur große Kapitalausgaben, sondern auch die Kosten vermieden, die aus der Bindung von Personal und Produktion in der Heimat zur Befriedigung instabiler ausländischer Märkte resultieren. Der Lizenzgeber benutzt letztlich das Management des Lizenznehmers und dessen Kenntnisse (des Markts und der Arbeitsumgebung) zur Ausbeutung der vom Lizenznehmer bedienten Märkte. Das Einkommen aus Lizenzgebühren lässt sich praktisch als Erlös der Technologie allein ansehen (Holton, 1989, S. 227). Daher eignet sich dieses Verfahren besonders für kleine Hersteller und andere Unternehmen mit beschränkten Finanz- und Arbeitsressourcen. Einer der Gründe, warum Gerber Products Company, ein Hersteller von Babynahrung, durch Lizenzierung in den japanischen Markt eintrat, ist z.B. der, dass das Unternehmen zum betreffenden Zeitpunkt Personalprobleme hatte. Es verfügte nicht über genügend zweisprachige Leute, um eine ausländische Tochtergesellschaft betreiben zu können. Lizenzierung ist auch in der Hinsicht vorteilhaft, dass sie sich für Tests von Auslandsmärkten eignet, ohne dass man sich dem Risiko des Kapitalverlusts aussetzen muss, wenn der Markt für die Produkte des Herstellers nicht empfänglich ist.

Andererseits bestehen die größten Nachteile für den Lizenzgeber darin, dass man unter Umständen potenzielle Wettbewerber auf den Plan ruft, dass ihm die Kontrolle über die Produktion und das Marketing fehlt, dass der Markt nur unvollständig erforscht wird und dass man an Flexibilität verlieren kann, da es häufig schwer ist, Lizenznehmer in weltweiten Marketingplänen zu koordinieren. Es gibt natürlich Methoden, die Lizenzgeber einsetzen können, um die Wahrscheinlichkeit zu minimieren, dass Lizenznehmer zu potenziellen Wettbewerbern werden. Erstens, wenn das Arrangement für den Lizenznehmer sehr profitabel ist, wird er die Dinge in erster Linie so lassen wollen, wie sie sind. Zweitens kann eine Option zur Übernahme des Unternehmens des Lizenznehmers vorteilhaft sein und sie wird zudem häufig belohnt, wenn die Operation sehr erfolgreich ist. Dadurch kann der Lizenzgeber zum Partner werden und es ist weniger wahrscheinlich, dass der Lizenznehmer das Abkommen auflöst. Der beste Weg, die Kontrolle zu behalten und das Abkommen intakt zu halten, stellen wahrscheinlich das Marketing und insbesondere Innovationen und neue Produktentwicklungen dar. Das heißt, man kann Lizenznehmer am besten dadurch bei Laune und unter Kontrolle halten, dass man sie kontinuierlich mit Innovationen und Produktmerkmalen oder Know-how versorgt, die ihre eigenen Möglichkeiten übertreffen. Auf diese Weise erhält der Lizenznehmer als Gegenleistung für die von ihm zu zahlenden Lizenzgebühren anhaltend etwas Wertvolles.

Politische Entscheidungen

Jedes Unternehmen, das ein neues ausländisches Lizenzprogramm eingehen oder erweitern will, ist gut beraten, seine Interessen und Möglichkeiten als Lizenzgeber zu prüfen und bestimmte grundlegende Politiken zu formulieren, bevor es überhaupt ein Abkommen eingeht. Zu den das Unternehmen selbst betreffenden Faktoren zählen die vorhandenen Anteile und sein Status in ausländischen Märkten, seine Ziele und Zukunftspläne für diese Märkte, Alternativen für die Erreichung der Ziele, die Eignung der Produkte für die Lizenzierung, die Eignung der vorhandenen Organisation und des Personals für den Umgang mit der Lizenzierung, mögliche Rückwirkungen auf die internationalen und einheimischen Operationen und die erwarteten Gewinne im Verhältnis zu den beteiligten Anstrengungen, Ressourcen und Risiken. All diese und weitere Faktoren müssen abgewogen werden, wenn man die Ausführbarkeit eines Lizenzierungsprogramms bestimmt. Weiterhin sollte für die zukünftigen ausländischen Lizenznehmer eine systematische und gründliche Bewertungstechnik eingesetzt werden.

Wenn die gerade genannten Faktoren allgemein geprüft werden, können Unternehmen bestimmte grundlegende politische Entscheidungen treffen. Derartige Entscheidungen dürfen nicht automatisch oder unflexibel auf bestimmte vorgeschlagene Projekte angewandt werden, bieten aber einen allgemeinen Bezugsrahmen und sorgen für ein allgemeines Muster für Programme, die mit den Zielen des Unternehmens und anderen Operationen übereinstimmen. Politische Entscheidungen müssen hinsichtlich der folgenden Themen getroffen werden:

- Sind Lizenzierungsaktivitäten in irgendeiner Form durchführbar und erwägenswert?
- Zweck und Hauptziele einer Lizenzierungsaktivität
- Ort der Lizenzierung in den aktuellen und langfristigen Plänen
- Relatives Gewicht, das der Lizenzierungsaktivität zukommen soll
- Die für die Lizenzierung verfügbaren Produkte, Rechte und Dienstleistungen
- Die für Lizenzierungsaktivitäten offenen Marktgebiete
- Allgemeine Art des mit dem Lizenznehmer anzustrebenden Abkommens und der Beziehung zu ihm
- Einstellung zur Kapitalbeteiligung
- Managementausrichtung und Verantwortlichkeit für die Lizenzierung
- Finanzielle Kontrolle und Disposition des Lizenzeinkommens.

Eine letzte Anmerkung. Die Bedeutung der Betrachtung eines Lizenzabkommens im Lichte seiner kurz- und langfristigen Auswirkungen auf ein Unternehmen sowohl in der Heimat als auch im Ausland lässt sich nicht genug betonen. Um dies zu verdeutlichen, betrachten Sie die Erfahrungen eines amerikanischen Unternehmens, das anfangs in Auslandsmärkte exportiert hat. Als die Märkte wuchsen, traten lokale Wettbewerber auf den Plan. Um diese Konkurrenz zu bekämpfen, ging das amerikanische Unternehmen ein Lizenzabkommen mit einem führenden europäischen Hersteller ein. In dem Abkommen wurden umfangreiche Vorkehrungen für die Übertragung von Know-how getroffen. Als die Auslandsmärkte für das Produkt größer als die einheimischen Märkte wurden, musste das amerikanische Unternehmen feststellen, dass es in der Planung seiner Auslandsexpansion blockiert war, da es im Abkommen die gemeinsame Entwicklung und Gestaltung des Produkts mit seinem zukünftigen europäischen Konkurrenten vereinbart hatte. Außerdem lagen die Produktionskosten des europäischen Lizenznehmers niedriger als die des Lizenzgebers. Der letzte Schlag kam, als der Lizenznehmer eigene Marketingniederlassungen in den USA gründete und im Heimatland des Unternehmens, das ihn in erster Linie mit Know-how versorgt hatte, zu konkurrieren begann.

Warum befassen sich Lizenznehmer selbst mit der interen Lizenzierung? Einige Hinweise lassen sich einer Studie australischer lizenznehmender und nichtlizenznehmender Unternehmen aus den Bereichen des Ingenieurwesen, der Pharma- und der Chemieindustrie entnehmen (Atuahene-Gima, 1993). Im Vergleich mit nichtlizenznehmenden Unternehmen glaubten jene mit Lizenzabkommen, dass wesentliche Vorteile der inneren Lizenzierung der Gewinn von Wettbewerbsvorteilen und steigende Umsätze bzw. Marktexpansion sind. Zu den weiteren, von den Lizenznehmern wahrgenommenen Vorteilen zählen der schnellere Markteintritt, die Verringerung des Risikos der Neuproduktentwicklung und die Einsparung von Ressourcen für den internen Einsatz.

8.5.3 Vertragsabschlüsse

Über Lizenzierungs- und Franchisingabkommen hinaus gibt es noch die vertraglichen Eintrittsmodi der *Vertrags- bzw. Auftragsfertigung* und *Managementverträge*.

Vertragsfertigung

Dieser Ansatz des Auslandsmarkteintritts ist eine Kombination von Lizenzierung und Direktinvestition. Ein Unternehmen schließt mit Herstellern, die in Auslandsmärkten etabliert sind, einen Vertrag über die Herstellung oder den Zusammenbau seiner Produkte ab, entweder um diese dort oder an einem anderen Ort zu verkaufen, bleibt dabei aber für die Vermarktung und die Distribution seiner Produkte verantwortlich. Häufig sind ein Technologietransfer und die technische Unterstützung des ausländischen Herstellers für das Zustandekommen des Vertrags erforderlich. Trotz des Transfers ist dieses Verfahren des Eintritts in Auslandsmärkte eine reine Beschaffungsmaßnahme. Mitte 1996 hat in der PC-Industrie z.B. das taiwanesische Acer große Mengen seiner Produkte an andere Computerhersteller, wie z.B. Apple, geliefert, die dann unter dem Markennamen des Käufers angeboten wurden. Ähnlich werden auch Markennamen wie IBM, Hewlett-Packard und Digital Equipment eigentlich von Vertragsherstellern, wie z.B. SCI Systems, Solectron und Merix, gefertigt.

Wie alle Verfahren der Bedienung von Auslandsmärkten hat auch die Vertragsfertigung ihre Vor- und Nachteile. Obwohl die Nachteile recht umfangreich zu sein scheinen, werden sie bei vielen Unternehmen von den Vorteilen mehr als aufgewogen. Einige der wesentlichen Vorteile der Vertragsfertigung sind diese:

- Sie erfordert minimale Investitionen von Bargeld, Zeit und Talenten der Geschäftsführung, was insbesondere bei riskanten Märkten erwünscht ist, und erlaubt den schnellen Eintritt in neue Märkte.
- Sie sorgt für eine Kontrolle über das Marketing und die Nachkauf-Dienstleistungen und schützt Warenzeichen.
- Sie vermeidet Währungsrisiken und Finanzierungsprobleme.

- Sie ist besonders wünschenswert, wenn eine Produktionsbasis vor Ort benötigt wird (dann, wenn strenge Kontrollen oder hohe Steuerbarrieren existieren oder wenn die Regierung die lokale Fertigung fordert), aber die Größe des Markts keine Investition rechtfertigt.
- Sie erlaubt die Etikettierung der Produkte als „lokal hergestellt“, was bei starken „nationalistischen“ Tendenzen von Vorteil ist.
- Sie vermeidet die Probleme der Preisfestlegung zwischen den Unternehmen, die bei Tochtergesellschaften, ausländischen Zweigniederlassungen oder Joint Ventures entstehen können.

Es gibt einige potenzielle Nachteile, derer man sich bewusst sein muss. Erstens entfallen die Gewinne aus der Herstellung auf den Vertragshersteller. Zweitens wird, wie bei der Lizenzierung, ein potenzieller Wettbewerber ausgebildet, der über das Know-how zur Fertigung eines qualitativ hochwertigen Produkts verfügt. Dies gilt besonders dann, wenn das Abkommen den Austausch von Forschung und Know-how erfordert (was manchmal für beide Unternehmen ein Vorteil sein kann). Eine mögliche Reaktion ist die andauernde Entwicklung besserer Produkte, so dass der Vertragshersteller nicht nur mit den alten Produkten konkurrieren will und die Beziehung verlängern möchte. Drittens ist es häufig schwierig, zufrieden stellende Hersteller zu finden, und selbst dann können immer noch Technologietransfers erforderlich sein. Viertens hat man, wieder wie bei der Lizenzierung, abgesehen von der Zurückweisung von Produkten, die den Spezifikationen nicht entsprechen, nur wenig Kontrolle über die Qualität der Herstellung. Schließlich behaupten Kritiker, dass die Arbeitskräfte bei niedrigen Löhnen und schlechten Arbeitsbedingungen ausgebeutet werden und dass sie keine Vorteile von der Beschäftigung hätten, da viele Vertragsoperationen in Entwicklungsländern stattfinden. Kurz, es wird behauptet, dass sog. „süße Geschäfte“ gemacht werden. Häufig werden derartige Behauptungen von Leuten aufgestellt, die sich eigentlich auf ihre eigenen Aktivitäten beziehen und die die Beschäftigungssituation in ihrem eigenen, üblicherweise industrialisierten Land als Richtlinie verwenden. In den späten 90ern wurde Nike von seinen eigenen Vertragsoperationen in Asien und insbesondere Indonesien bedroht. Andere Unternehmen waren ebenfalls betroffen. Während derartige Behauptungen in einigen Fällen richtig sein mögen, hat sich in anderen Fällen gezeigt, dass die Arbeiter mehr Vorteile genießen, als wenn sie für einheimische Arbeitgeber tätig wären, die keine Vertragshersteller sind.

Diese Methode ermöglicht einem Unternehmen die Beschaffung im Ausland, ohne dass es sich endgültig dafür entscheiden muss, sowohl vollständige Fertigungs- als auch Vertriebsoperationen einzurichten. Dennoch bleibt der Weg zur rechtzeitigen Implementierung einer langfristigen Entwicklungspolitik nicht versperrt. Diese Überlegungen sind vielleicht für Unternehmen mit beschränkten Ressourcen oder für Unternehmen, die das langfristige Gewinnpotenzial verschiedener Auslandsmärkte genauer ermitteln wollen, am wichtigsten. Die Vertragsfertigung erlaubt Unternehmen bei gründlicherer Einschätzung der Auslandsmärkte zumindest die Schaffung von Ansatzpunkten bei minimalem Risiko. Wenn sie sich dann für den permanenten Eintritt in einen Markt entscheiden, in dem sie zuvor die Vertragsfertigung genutzt haben, können Unternehmen dies unter geringeren Schwierigkeiten und Kosten tun, da Konkurrenzprodukte nicht so stark etabliert sind, wie sie es bei Abwesenheit eines derartigen Abkommens über die Vertragsfertigung wären.

Managementverträge

Bei Managementverträgen betreibt das international tätige Unternehmen für einen lokalen Investor aus dem jeweiligen Land ein Unternehmen in einem Auslandsmarkt. Der lokale Investor stellt das Kapital für das Unternehmen zur Verfügung, während das international tätige Unternehmen das für die Führung des Unternehmens erforderliche Know-how bietet. Das Abkommen zwischen den zwei Parteien kann dem international tätigen Unternehmen eine Option zum kompletten oder teilweisen Erwerb des neu gegründeten Unternehmens einräumen. Ein gutes Beispiel für diese Art des Abkommens ist das Hotelsystem Hilton. Hilton betreibt Hotels auf der ganzen Welt. Ein weiteres Beispiel ist der Betrieb des Nahverkehrsnetzes im Südosten Londons (England) durch eine Geschäftseinheit des französischen Unternehmens Générale des Eaux.

Eine spezielle Form des Managementvertrags sind *schlüsselfertige Operationen*. Derartige Operationen erfordern normalerweise die Konstruktion einer Fabrik, die Schulung von Personal und den anfänglichen Betrieb der Fabrik für einen lokalen Investor. Der Kunde erwirbt im Wesentlichen ein komplett funktionsfähiges System zusammen mit den Kenntnissen und Fähigkeiten, die für den Betrieb der Fabrik nach deren Fertigstellung und deren anfänglicher Betriebsaufnahme erforderlich sind.

Für das ausländische Unternehmen stellt die Nutzung von Managementverträgen als Eintrittsmodus in Auslandsmärkte eine wenig riskante Möglichkeit dar, wenn sie mit einer Kaufoption in irgendeiner Form einhergeht. Sie erlaubt es einem Unternehmen, ein anderes Unternehmen ohne Eigenkapitalkontrolle oder gesetzliche Verantwortung zu leiten und in vielerlei Hinsicht zu kontrollieren (im funktionellen Sinne). Es gibt ein „garantiertes" Minimaleinkommen aus der gemeinsamen Operation und – anders als bei anderen gemeinsamen Auslandsoperationen – erfolgt der Rücklauf schnell. Häufig werden auch Währungstausch- oder andere Arten von Überweisungskontrollen vermieden. Schließlich sorgen Managementverträge für Klarheit in der Verwaltung und der Entscheidungsfindung. Dadurch minimieren sie tendenziell die Streitigkeiten, die zwischen den Partnern einer gemeinsamen Operation entstehen können, die bei anderen Formen der gemeinsamen Auslandsoperationen zu einem bedeutenden Problem werden können. Daher wird der Bedarf für Arbitrage verringert, was ein echter Vorteil ist, da die Arbitrierung für alle Beteiligten üblicherweise kostspielig ist, für unangenehme Gefühle bei den beteiligten Parteien sorgt und nur selten eine Seite zufrieden stellt.

Aus der Sicht des international tätigen Unternehmens hat die Nutzung von Managementverträgen einige wichtige Nachteile. Erstens ist der Vertrag selbst ein komplexes, teures juristisches Dokument, das jeweils an die Situation angepasst werden muss. Aufgrund der Komplexität lassen sich viele potenzielle Problembereiche wohl nicht vorhersehen, die später möglicherweise zu Disputen und offenen Rechtsfragen führen. Noch wichtiger ist, dass Managementvertragsabkommen zukünftige Management- und Investitionsentscheidungen in Abhängigkeit von den Vertragsbestimmungen und möglicherweise entstehenden Interessenkonflikten beschränken können. Das international tätige Unternehmen ist vertraglich gebunden, so dass es möglicherweise für eine gewisse Zeitspanne keine eigenen Maßnahmen ergreifen kann. Schließlich muss das international tätige Unternehmen Personal für den Betrieb des lokalen Unternehmens bereitstellen, was die anderen Operationen des Unternehmens behindern kann, wenn das verfügbare, qualifizierte Managementpersonal knapp ist.

Ob Unternehmen Managementverträge im Ausland eingehen sollten, lässt sich nicht allgemein beantworten. Da alle Fälle in vielerlei Hinsicht einmalig sind, müssen sie jeweils für sich bewertet werden, wobei man die langfristigen Unternehmensziele berücksichtigen sollte. Es gibt jedoch eine potenzielle Gefahr, derer man sich bewusst sein sollte. Unternehmen können dazu neigen, diese Methode zu wählen, um Geschäfte geringen Umfangs zu machen. Daher kann argumentiert werden, dass dieser Schritt wegen des damit verbundenen geringen Risikos und der nicht erforderlichen Kapitalinvestitionen gemacht werden sollte. Diese Sichtweise ist jedoch gefährlich, weil eine Ressourceninvestition (Zeit, Personal und Management-Know-how) beteiligt ist. All diese Ressourcen sind knapp. Folglich müssen Vorschläge für Managementverträge unter Berücksichtigung der langfristigen Gesamtziele des Unternehmens bewertet werden. Dies ist besonders wichtig für international tätige Unternehmen mit einem langfristigen Interesse an bestimmten Auslandsmärkten. Wenn keine Kaufoption zur Verfügung steht oder wenn es so scheint, als ob das Unternehmen eine solche vorhandene Option nicht in Anspruch nehmen sollte, dann baut man einen potenziell gefährlichen Konkurrenten auf. Wenn sich das Unternehmen letztlich dazu entschließt, selbst in den Markt einzutreten, können die damit verbundenen Schwierigkeiten und Kosten daher deutlich größer ausfallen.

8.5.4 Joint Venture

Joint Ventures (Gemeinschaftsunternehmen) sind recht populär, wenn es um Möglichkeiten der Produktion im Ausland im Rahmen des internationalen Marketing geht. In einigen Auslandsmärkten, wie z.B. China, kann dies – außer unter ganz besonderen Umständen – die einzige Möglichkeit des Eintritts sein. Joint Ventures werden allgemein von Entwicklungsländern favorisiert, werden aber auch in Industrieländern vielfach genutzt.

Zu definieren, was genau mit „Joint Venture" gemeint ist, ist problematisch. Sicherlich ist das Grundkonzept des Joint Ventures die Partnerschaft mit ihren *technischen* und *emotionalen* Aspekten. Auf der technischen Seite kommt es zu einer Vereinigung der Beiträge und auf der emotionalen Seite zu einem Gefühl der kooperativen Anstrengung.

Im weitesten Sinne sind Joint Ventures alle Formen der Partnerschaft, die eine Zusammenarbeit oder Kooperation für mehr als einen äußerst vergänglichen Zeitraum bedingen. Für die Zwecke dieses Buches schließen wir hier nur diejenigen Unternehmungen ein, bei denen es zum gemeinsamen Besitz und zur gemeinsamen Kontrolle eines Wirtschaftsunternehmens kommt. Weiterhin soll daran erinnert werden, dass es sich laut Definition weiter oben in diesem Kapitel nur dann um ein Joint Venture handelt, wenn daran Unternehmen aus mindestens zwei Ländern beteiligt sind, von denen eines aus dem lokalen Markt stammt und die auf gemeinsamer Basis ein *neues Unternehmen* zur Fertigung/Herstellung von Produkten oder dem Angebot von Dienstleistungen bilden. Ausgeschlossen werden damit andere Formen des gemeinsamen Besitzes und speziell jene, bei denen es sich um die weitgehende oder teilweise Übernahme eines Unternehmens durch ein anderes handelt. Die meisten Aussagen zum gemeinsamen Besitz treffen auch auf Joint Ventures zu. Weiterhin sind auch viele der Vor- und Nachteile der anderen Formen strategischer Allianzen zutreffend.

Bei Joint Ventures kann es sich entweder um spezialisierte oder gemeinsame Mehrwert erzeugende Unternehmen handeln. Spezialisierte Unternehmen werden oftmals um Funktionen, wie z.B. Marketing oder Produktion, herumorganisiert. Jeder Partner trägt etwas Einmaliges bei, das für einen Wertzuwachs sorgt. Zum Beispiel werden die Produkte von dem einen Partner entwickelt und vom anderen hergestellt. Bei gemeinschaftlichen Unternehmungen tragen die Partner gleichermaßen zu den wertschaffenden Aktivitäten bei, so dass z.B. ein Designer-Team geschaffen wird (Gilroy, 1993, S. 156).

Jedes potenzielle Joint Venture muss für sich selbst bewertet werden. Allgemeine Aussagen darüber, ob ein international tätiges Unternehmen an einer Politik des Engagements in Joint Ventures festhalten sollte, lassen sich nicht treffen. Ein paar allgemeine Aussagen, die auf bestimmte mögliche Bedingungen hinweisen können, die von einem Unternehmen bei der Bewertung möglicher zukünftiger Projekte berücksichtigt werden sollten, lassen sich jedoch treffen.

Joint Ventures sind manchmal die beste Alternative für den Eintritt in Auslandsmärkte. Unternehmen mit beschränkten finanziellen und personellen Ressourcen können auf diesem Wege mehr Auslandsmärkte erschließen, als wenn sie Tochtergesellschaften gründen würden. Wegen der Schonung der Ressourcen und der potenziellen Möglichkeit, eine größere Zahl von Märkten zu erschließen, lassen sich Geschäftsrisiken minimieren. Die Risiken werden zudem dadurch minimiert, dass man sich bei Nutzung der Managementfähigkeiten und -erfahrungen eines lokalen Partners leichter auf die besonderen Gefahren des unbekannten Markts einstellen kann. Darüber hinaus werden die Risiken reduziert, weil das Projekt üblicherweise weniger durch feindliche Aktionen der Regierungen des Gastlandes gefährdet wird. Verkäufe und Gewinne können beim Joint Venture höher als bei einer Tochtergesellschaft ausfallen, weil die Operation von nationalbewussten Konsumenten besser aufgenommen wird, als es bei Aktivitäten von „ausländischen" Unternehmen der Fall wäre.

Mit Joint Ventures gehen wichtige potenzielle Vorteile einher, aber es gibt auch einige potenzielle Einschränkungen. Das Gewinnpotenzial kann z.B. niedriger sein, da alle Gewinne geteilt werden müssen. Auch gibt es viele Dinge, die zur Uneinigkeit zwischen den Partnern führen können, wie z.B. Streit über die Dividendenpolitik oder unterschiedliche Managementphilosophien. Derartige Streitigkeiten lassen sich jedoch lösen, wenn die Partner zusammenarbeiten können. Oberflächlich betrachtet könnte man z.B. zur Schlussfolgerung kommen, dass das Joint Venture von 1984 zwischen Toyota und General Motors in den USA, das zur Bildung von New United Motor Manufacturing, Inc. geführt hat, nicht erfolgreich sein würde, weil es offensichtliche Differenzen hinsichtlich der Behandlung der Gewinne und im Stil der Entscheidungsfindung des Managements gab. Aber das Joint Venture wurde zum Erfolg, weil beide Parteien durch die Partnerschaft das gewonnen haben, was sie von der Allianz erhofft hatten.

Die Beteiligung an einem Joint Venture kann auch Auswirkungen auf die Operationen in anderen Märkten haben. Zum Beispiel können Probleme entstehen, wenn das international tätige Unternehmen ein neues Gemeinschaftsunternehmen in einem dritten Markt gründen will, in den bisher das Joint Venture verkauft hat. Durch die Gründung eines solchen Unternehmens wird das international tätige Unternehmen zu einem Konkurrenten, obwohl es immer noch Partner ist. Die Politik des Wettbewerbs mit sich selbst haben viele Unternehmen im Ausland bisher noch nicht angenommen.

Unabhängig von den Politiken, den Vereinbarungen usw. hängt der wirkliche Erfolg jedes Joint Ventures von der Kooperation zwischen den Partnern ab. Das Ausmaß, in dem eine solche Kooperation den jeweiligen lokalen Partnern bevorsteht, hängt von den Charakteristiken der jeweiligen Partner ab. Daher ist die Auswahl eines lokalen Partners vielleicht diejenige Aktivität, die bei der Gründung eines Joint Ventures am wichtigsten ist. Da es extrem schwierig ist, passende Partner zu finden, lässt sich die Situation dadurch etwas mildern, wenn die Partner alle möglichen Bereiche der Uneinigkeit vorherzusehen versuchen und bestimmte Aussagen in das Joint-Venture-Abkommen einbeziehen, die sich damit befassen. Anders ausgedrückt sollte das Abkommen die Partner dabei unterstützen, zu zueinander passenden Partnern zu werden und dies auch zu bleiben.

Der Prozess der Gestaltung und Umsetzung internationaler Joint Ventures kann komplex und zeitraubend sein. Jede der vier Phasen in Abbildung 8.6 kann z.B. ein oder mehrere Jahre dauern. Woodside, Kandiko und Vyslozil (1991) haben diesen Prozess als Modell eingesetzt, um Einzelhandels-Joint-Ventures in Ungarn zu analysieren. Der Entscheidungsprozess, der mit der Babolna Agricultural Cooperative zum ersten Fast-Food-Restaurant von McDonald's in Ungarn führte, benötigte fünf Jahre Zeit. Ähnlich benötigte auch der Prozess, in dem das schwedische Unternehmen IKEA seine Kräfte mit dem ungarischen Unternehmen Butarker vereinte, fünf Jahre vom Erstkontakt bis hin zur Eröffnung eines Ladens in Budapest.

Abbildung 8.6 Entscheidungsphasen und Schlüsselfragen beim Entwurf und der Implementierung internationaler Gemeinschaftsunternehmen.

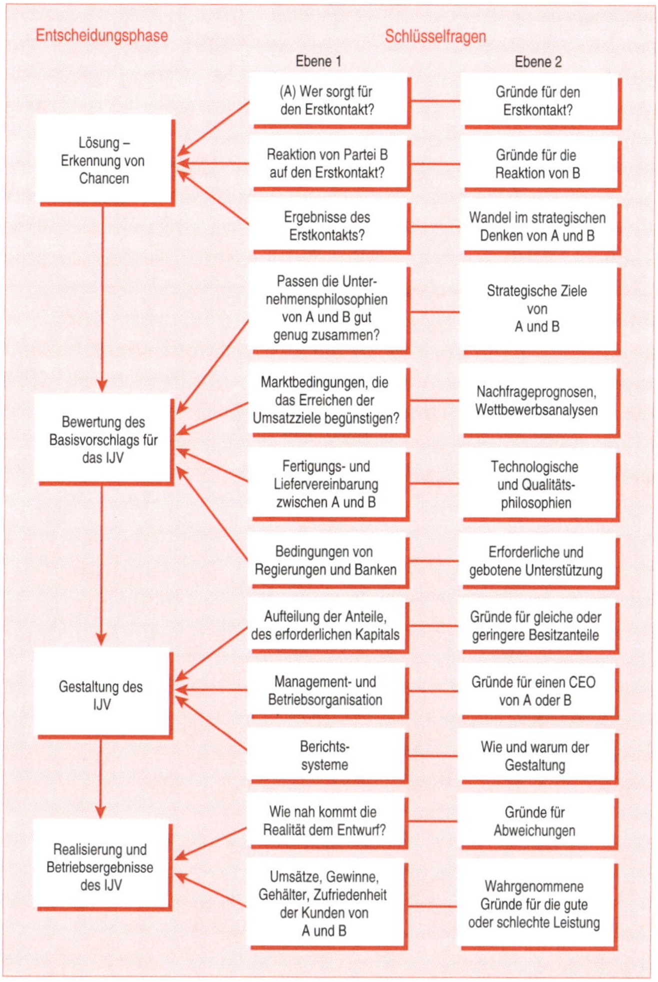

Quelle: Woodside, Kandikó und Vyslozil, 1991, S. 19.

8.5.5 Andere Formen der strategischen Zusammenarbeit

Neben Lizenzierung bzw. Konzessionierung, Vertragsfertigung und Gemeinschaftsunternehmen gibt es andere Formen von Abkommen über strategische Allianzen. Dazu zählen Distributionsvereinbarungen im Marketing. Marketingabkommen lassen sich am besten am Beispiel der internationalen Fluggesellschaften illustrieren. Unter den vielen Abkommen (die teilweise Eigenkapitalanteile umfassen) befinden sich jene zwischen Northwest und KLM, Delta und Virgin Atlantic, Air Canada und Air France und die sog. „Star Alliance" zwischen Lufthansa, United Airlines, Air Canada, Scandinavian Airlines (SAS), Thai Airways und Varig Brazilian Airlines.

Allianzen in Verbindung mit Forschung/Entwicklung und Technologie werden durch die gemeinsam von Mitsubishi Japan und Daimler-Benz Deutschland genutzten Ingenieure verdeutlicht. Boeing und drei japanische Partner schufen beim 777-Flugzeugprojekt ein transpazifisches Telekommunikationssystem, um ihre Design-Operationen zu verbinden.

Eine Distributionsvereinbarung besteht zwischen Laura Ashley und Business Logistics Services (BLS), einer Tochtergesellschaft von Federal Express. BLS hat die globalen Distributionsoperationen von Laura Ashley komplett übernommen. Es wird alle Aspekte des Waren- und Informationsflusses innerhalb der Laura-Ashley-Versorgungskette neu strukturieren, verbessern und leiten.

Ein *Konsortium*, dem Asea Brown Boveri (ABB) und Daimler-Benz-Transporte angehören, erhielt 1996 einen Vertrag zur Errichtung des ersten Schienennahverkehrsnetzes in Singapur. In größerem Ausmaß wurden Konsortien von europäischen Unternehmen als Mittel zur Reaktion auf den internationalen Wettbewerb im Allgemeinen und die Konkurrenz der japanischen *keiretsus* und der südkoreanischen *chaebols* gebildet.

Wieder eine andere Form der Allianz ist die *vertikale Allianz* bzw. die Versorgungskettenallianz. Die Unternehmen, die sie bilden, suchen nach einer langfristigen Beziehung zu passenden Partnern. Volkswagens Montageoperation in Brasilien, die in Beispiel 8.2 besprochen wurde, besitzt viele der Merkmale dieser Form der Allianz.

8.6 Auswahl der Alternativen

Wie wir in Kapitel 6 festgestellt haben, ist die Entscheidung hinsichtlich der jeweils zu nutzenden spezifischen internationalen Marketingkanäle, zu denen auch die Phase des Eintritts in Auslandsmärkte (oder die Kanäle zwischen den Nationen) zählt, für das international tätige Unternehmen nicht einfach. Es gibt viele Faktoren, die einen Einfluss darauf haben, welches für ein Unternehmen zu einem bestimmten Zeitpunkt die beste Alternative in einem Auslandsmarkt ist. Diese Faktoren betreffen auch die Auswahl eines nichtexportierenden Eintrittsmodus aus den Optionen Produktion, Montage und strategische Allianz. Es ist klar, dass Unternehmen, die in denselben Auslandsmärkten direkt miteinander konkurrieren, nicht dieselbe Wahl treffen. Wie Beispiel 8.4 zeigt, kann dies sogar bei Wettbewerbern aus demselben Herkunftsland der Fall sein.

BEISPIEL 8.4

Wettbewerber desselben Landes gehen Europa unterschiedlich an

Oft wird angenommen, dass Unternehmen aus demselben Land, die dieselben Arten von Produkten herstellen und verkaufen, dasselbe machen, wenn sie ausländische Märkte betreten. Man hört Aussagen wie „Japaner machen dies", „Deutsche machen das" usw. Ein derartiges Verhalten trifft aber in Wirklichkeit nicht immer zu. Als Beispiel können wir die drei größten südkoreanischen Unternehmen aus dem Bereich der Verbraucherelektronik und deren Erfahrungen in Europa betrachten. Die Unternehmen (Daewoo, Goldstar und Samsung) benutzten alle Montagefabriken für den Zusammenbau von Fernsehern, Videorekordern und Mikrowellenöfen, um auf diese Weise die ausländischen Marktbarrieren zu überwinden. Selbst dann stiegen die Marktanteile nur bis auf ca. 5%.

Beispiel 8.4 (Forts.)

Jetzt glauben die koreanischen Firmen, dass sie die Antwort gefunden haben. *Business Week* (1992b) berichtet, dass sie eine umfassende Anstrengung starten, um zum „local player" (einheimischen Mitspieler) zu werden, und Direktinvestitionen tätigen bzw. Joint Ventures eingehen. Die lokalen Niederlassungen bilden ihren Ansatz zur Senkung der Kosten und zur Anpassung an die europäischen Qualitätsstandards. Dadurch werden auch Dumping-Anschuldigungen vermieden.

Angesichts der hohen Lohnkosten, steigender Zinsraten und der preisgünstigen Konkurrenz aus südasiatischen Ländern mussten koreanische Unternehmen zusehen, wie ihre Exporte nach Europa abflachten. Es schien, dass ein minimaler Anteil in den jeweiligen Ländern erforderlich ist, um eine Marktmacht bleiben zu können. Den koreanischen Produkten fehlte eine deutliche Markenidentität und zudem war „das Image von Korea das billiger, qualitativ schlechter Produkte", wie ein koreanischer Regierungsoffizieller feststellte.

Der neue Ansatz für Europa zwingt koreanische Unternehmen dazu, ihren nationalbezogenen Ansatz bei Auslandsverkäufen fallen zu lassen. „Auf nach Europa" ist das Thema für Daewoo Electronics Co. Das Unternehmen baut eine Fabrik im Wert von 150 Mio. $ für integrierte Farbfernseher in Frankreich. Die Fernseher werden in Frankreich entworfen und die meisten Komponenten werden aus Europa kommen.

Mitte 1992 kündigte Samsung eine wichtige Maßnahme an, in der es ein Werk für Fernseheelektronik, einen ehemaligen ostdeutschen Hersteller von Bildröhren, kaufen würde. Samsung gab 120 Mio. $ für die Modernisierung der Fabrik aus, in der sich jährlich etwa 1,2 Millionen Fernseher herstellen lassen. Das Unternehmen verhandelt auch über den Kauf des noch größeren deutschen Fernsehherstellers RFT. Um eine größere Effizienz zu erzielen, hat Samsung seine portugiesischen und spanischen Fernsehfabriken nach Billingham (England) und seine Videorekorderfabrik von England nach Spanien verlagert. Das Unternehmen wird die portugiesische Fabrik zur Herstellung von Teilen für seine anderen europäischen Fabriken nutzen.

Goldstar konzentriert sich auf Allianzen zur Vergrößerung seiner Marktanteile. Sein italienisches Gemeinschaftsunternehmen (Goldstar-Iberna Italy) ist ein gutes Beispiel. Goldstar, Italiens Iberna und das deutsche Unternehmen Gepi arbeiteten zwecks Herstellung eines Kühlschranks zusammen, der in einer Goldstar-Einrichtung in Irland entwickelt worden war und in Italien mit von Gepi gelieferten Teilen und Komponenten gefertigt wurde. Und die italienische Fernsehfabrik von Goldstar benutzt Bildröhren, die vom finnischen Unternehmen Nokia hergestellt werden.

Die drei Unternehmen benutzen also unterschiedliche Ansätze, um sich von der Produktion in Korea und von Exporten zu lösen. Ein Unternehmen hat eine Investition im Grünen getätigt, ein anderes wählte den Weg der Übernahme, während das dritte die Betonung auf strategische Allianzen legt.

ZUSAMMENFASSUNG

In diesem Kapitel haben wir die nichtexportierenden Modi des Eintritts in Auslandsmärkte untersucht. Der Einsatz von Direktinvestitionen, insbesondere in Operationen zur Fertigung und Montage, und strategische Allianzen wurden ausreichend ausführlich untersucht, um zu zeigen, dass diese durchführbare Alternativen für das international tätige Unternehmen darstellen. Eines ist klar: Es gibt keine einfache Antwort auf die Frage, welcher Eintrittsmodus der „beste" ist, wenn erst einmal die Entscheidung gefallen ist, produzierend in einem ausländischen Marktgebiet präsent sein zu wollen.

FRAGEN ZUR DISKUSSION

8.1 Welches sind die wesentlichen nichtexportierenden Eintrittsmodi in Auslandsmärkte? Worauf konzentriert sich das strategische Schwergewicht bei derartigen Markteintrittsmodi?

8.2 Welche wesentlichen Dinge muss ein international tätiges Unternehmen bei einer Entscheidung darüber berücksichtigen, ob es in irgendeiner Form die Produktion in einem ausländischen Gebiet aufnehmen will?

8.3 Warum könnten sich Unternehmen, die die Einrichtung einer Fertigungsstätte in einem Auslandsmarkt in Erwägung ziehen, für eine komplette Eigenoperation und gegen den anteiligen Besitz entscheiden? Warum könnten sie in einem solchen Fall den anteiligen Besitz vorziehen?

8.4 Ist es für das international tätige Unternehmen, wenn es herstellende Operationen in Auslandsmärkten entwickelt, besser, nach Möglichkeiten der Fusion/Akquisition Ausschau zu halten oder neu zu beginnen (Investition im Grünen)? Erläutern Sie Ihre Antwort.

8.5 Warum könnte ein international tätiges Unternehmen, das im Ausland produziert, immer noch Probleme mit der Kontrolle der Kanäle und der Kooperation haben? Würden derartige Unternehmen anders als international exportierende Unternehmen mit Kanalkonflikten umgehen?

8.6 Was ist eine strategische Allianz? Warum sind diese Bündnisse so beliebt und wer profitiert von ihnen?

8.7 Was sind die wesentlichen Voraussetzungen für den Erfolg strategischer Allianzen?

8.8 „Lizenzierung scheint eine recht sichere Möglichkeit für einen Hersteller zu sein, erstmals in einem Auslandsmarkt zu produzieren." Kommentieren Sie diese Aussage.

8.9 Auch wenn Lizenzierung und Vertragsfertigung wünschenswert zu sein scheinen, haben sie dennoch Nachteile. Welches sind die Nachteile?

8.10 Warum könnte ein international tätiges Unternehmen ein Joint Venture einem Lizenzabkommen vorziehen?

8.11 „Beim Betrieb einer Einrichtung in einem ausländischen Markt, die sich im gemeinsamen Besitz befindet (inklusive Joint Venture), ist es nicht notwendig, mehr als 50% zu besitzen, um die Kontrolle über die Operationen und das Management zu behalten." Erörtern Sie diese Aussage.

8.12 Wählen Sie ein Unternehmen, das sich zu Direktinvestitionen in einem Auslandsmarkt entschlossen hat, und ein Unternehmen, das eine strategische Allianz im Ausland eingegangen ist, und analysieren Sie, warum das jeweilige Unternehmen seine Entscheidung getroffen hat. Erläutern Sie, warum Sie mit dieser Entscheidung einverstanden bzw. nicht einverstanden sind.

8.13 Wählen Sie ein Unternehmen, das in demselben oder einem anderen Land sowohl eine Direktinvestition vorgenommen hat und sich auch an einer strategischen Allianz beteiligt hat, und analysieren Sie, warum das Unternehmen diese besonderen Eintrittsmodi gewählt hat.

LITERATURHINWEISE

Albaum, G., Herche, J. (1992). Management style and information valuation in marketing decision-making: are there differences within the European Community? *Working Paper WP 19–92*, Business and Economic Studies on European Integration, Institute of International Economics and Management, Copenhagen Business School, Dänemark.

Aliber, R. Z. (1993). *The Multinational Paradigm*. Cambridge, MA: MIT Press.

Almor-Ellemers, T. (1992). International strategic alliances, a means to cope with a changing environment: the case of 1992 – Israel and a Single European Market. Am Danish Summer Research Institute, Gillelje, Dänemark präsentierte Materialien.

Atuahene-Gima, K. (1993). International licensing of technology: an empirical study of the differences between licensee and non-licensee firms. *J. International Marketing*, 1(2), 71–87.

Backhaus, K., Meyer, M. (1986). Country risk assessment in international industrial marketing. In: *Contemporary Research in Marketing*. Bd. 1 (Hrsg. K. Möller and M. Poltschuk). *Proceedings of the 15th Annual Conference of the European Marketing Academy*, Helsinki, Juni.

Baswell, Charles P. (1966). Overseas links weighed. *International Commerce*, 72(15) (11 April), 27.

Business International (1990). *Making Alliances Work: Lessons from Companies' Successes and Mistakes*. London: Business International, A Member of the Economist Group.

Business Week (1992a). The partners. 10. Februar, 102–107.

Business Week (1992b). Daewoo, Samsung, and Goldstar: made in Europe? 43 (24. August).

Business Week (1995a). The world is not always your oyster. 30 October, 132–134.

Business Week (1995b). Gold rush in New Guinea. 20. November, 66–68.

Business Week (1995c). Who'll be the first global phone company? 27. März, 176–180.

Business Week (1996). VW's factory of the future. 7. Oktober, 52 und 56.

Contractor, F.J. (1985). *Licensing in International Strategy: A Guide for Planning and Negotiations*. Westport, CT: Quorum.

DiCicco, M. (1996). Hi-tech hits the Philippines. *South China Morning Post*, 28. Mai, Business 5.

Doyle, P., Saunders, J., Wong, V. (1986). Japanese marketing strategies in the UK: a comparative study. *J. International Business Studies*, 17 (Frühjahr), 27–46.

Doyle, P., Saunders, J., Wong, V. (1992). Competition in global markets: a case study of American and Japanese competition in the British market. *J. International Business Studies*, 23 (3. Quartal), 419–442.

Gilroy, B.M. (1993). *Networking in Multinational Enterprises: The Importance of Strategic Alliances*. Columbia, SC: University of South Carolina Press.

Gugler, P. (1992). Building transnational alliances to create competitive advantage. *Long Range Planning*, 25(1) (Februar), 90–99.

Holton, R.H. (1989). Foreign investment and joint ventures: an American perspective. In: *U.S.-China Economic Relations: Present and Future* (Hrsg. R. H. Holton und W. Xi). Berkeley, CA: University of California at Berkeley, Institute of East Asian Studies, 224–242.

Johnstone, H. (1997). Foreign firms go it alone on the mainland. *South China Morning Post*, 13. Juli, Money, 3.

Juhl, P. (1978). Investment climate indicators: are they useful devices for foreign investors? *Management International Review*, 18(2), 45–50.

Lei, D., Slocum, J.W., Jr. (1991). Global strategic alliances: payoffs and pitfalls. *Organizational Dynamics* (Winter), 44–63.

Meissner, H. G. (1990). *Strategic International Marketing*. Berlin: Springer-Verlag.

Pearson, M. P. (1991). *Joint Ventures in the People's Republic of China*. Princeton, NJ: Princeton University Press.

Root, F. R. (1994). *Entry Strategies for International Markets*. Überarb. u. erw. Aufl. New York: Lexington Books.

Schmidt, D. A. (1986). Analyzing political risk. *Business Horizons*, 29 (Juli-August), 43–50.

Spekman, R. E., Sawhney, K. (1990). Toward a conceptual understanding of the antecedents of strategic alliances. *Working Paper 90-114*. Cambridge, MA: Marketing Science Institute.

Vanhonacker, W. (1997). Entering China: an unconventional approach. *Harvard Business Review*, 75 (März-April), 2–7.

Wasserman, J. (1988). Building alliance to enter Japan's technology. *Venture Japan*, 1(2).

Woodside, A. G., Kandikó, J., Vyslozil, W. (1991). Designing and implementing international joint marketing ventures: case research studies on new retail enterprises in Hungary. Tulane University, *A.B. Freeman School of Business Working Paper 91-MKTG-03.*

WEITERFÜHRENDE LITERATUR

Büchel, B. S. T., Prange, C., Probst, G. J. B. (1997). *Joint-Venture-Management – Aus Kooperationen lernen*. Bern: Haupt Verlag.

Dunning, J. H. (1993). *Multinational Enterprises and the Global Economy.* Wokingham, UK: Addison-Wesley.

Erramilli, M. K. (1996). Nationality and subsidiary ownership patterns in multinational corporations. *J. International Business Studies*, 27(2), 225–48.

Gibson, D. V., Smilor, R. W., Hrsg., (1992). *Technology Transfer in Consortia and Strategic Alliances*. Lanham, MD: Rowman & Littlefield.

Kabst, R. (2000). *Steuerung und Kontrolle internationaler Joint Venture*, Mering: Hamp Verlag.

Schaumburg, H. (1999). *Internationale Joint Ventures*. Stuttgart: Schäffer-Pöschl.

United Nations (1989). *Joint Ventures as a Form of International Economic Cooperation*. New York: Taylor & Francis.

Woodside, A. G., Pitts, R. E., Hrsg., (1996). *Creating and Managing International Joint Ventures*, Westport, CT: Quorum.

FALLSTUDIE 8.1

World Wide Pharmaceutical

(Diese Fallstudie wurde von Dr. Michael P. Ryan, Georgetown University School of Foreign Service, verfasst. Es handelt sich um eine gekürzte Fassung seiner ursprünglichen Fallstudie World Wide Pharmaceutical in China: Investing and Bargaining with a Socialist State in Transition, Pew Case Study in International Business Strategy, 709. Washington, DC: Institute for the Study of Diplomacy, 1995.)

World Wide Pharmaceutical Incorporated (WWP) ist ein forschungsbasierter Hersteller von Pharmazeutika, d.h., sein Wettbewerbsvorteil leitet sich aus der Erfindung neuer Arzneimittel ab. WWP, dessen Hauptsitz sich in den USA befindet, besaß Forschungs- und Herstellungseinrichtungen in der ganzen Welt, produzierte aber nicht in China. Außerordentlich hohe Forschungskosten (durchschnittlich wurden 350 Mio. $ je vermarktetem Produkt für Forschung und Entwicklung ausgegeben, so dass man im Verhältnis zum Umsatz die höchsten Forschungs- und Entwicklungskosten in der Industrie hatte) führen bei Herstellern von Pharmazeutika dazu, dass sie global aggressiv vorgehen, da sie weltweite Umsätze benötigen. In China sahen die Unternehmensleiter ein enormes Marktpotenzial. Für den Markteintritt in China stellte sich das Unternehmen seit langem nur noch die Frage „Wann" und nicht „Ob".

Das Potenzial des Pharmamarkts in China ist enorm. 1992 belief sich der Wert der Pharmaimporte auf 319 Mio. $, der rezeptpflichtigen Medikamente auf ca. 128 Mio. $. Die chinesische Regierung hat 4,5 Mrd. $ für den Zeitraum von 1991 bis 2000 für Investitionen in Großprojekte und die Renovierung vorhandener Fabriken zugeteilt. Der Altersdurchschnitt der chinesischen Bevölkerung steigt und die primäre Todesursache in den chinesischen Stadtgebieten ähnelt denen im Westen: Krebs, Herzkrankheiten und Herzschlag. Weiterhin sind die chinesischen Ärzte mittlerweile gut ausgebildet. Sie sind keine „barfüßigen Ärzte" der Kulturrevolution mehr. Sie ziehen nicht nur Arzneien westlichen Stils den traditionellen chinesischen vor, sondern oft auch Markenarzneien aus dem Westen lokalen Erzeugnissen. Sie glauben, dass die Qualität der lokalen markenlosen Produkte nicht den Standards entsprechen. Die Konkurrenz stammt daher von örtlichen Produzenten, Gemeinschaftsunternehmen und Importen. Die Präsenz der US-Industrie ist in China schwächer als die der Pharmahersteller aus Deutschland, Japan, Italien und der Schweiz, weil die Unternehmen aus diesen Ländern Marketingbeziehungen mit chinesischen Krankenhäusern über den größten Teil des Jahrhunderts hinweg aufrecht erhalten haben.

Das Pharmageschäft ist riskant: Die Kapitalkosten für Forschung, Produktentwicklung, die chemische Produktion und Verarbeitung und die Verpackung sind hoch. Die Entwicklung von Produkten ist weder berechen- noch vorhersagbar und die Regulierungen der Regierungen sind streng und umfassend. Als Folge davon wollte WWP möglichst große Gewissheit haben, dass die Risiken aus der Natur des Pharmageschäfts und nicht aus dem chinesischen Wirtschaftsklima resultieren. WWP strebte eine langfristige, anhaltende Präsenz in China an und wollte auf die richtige Gelegenheit warten, um den großen Schritt zu machen.

WWP hatte von seinem vor dem Festland gelegenen Distributionszentrum aus nach China exportiert, aber umfassende chinesische Importrestriktionen hatten die WWP-Umsätze auf ein unbedeutendes Niveau beschränkt. 1986 kündigte die chinesische Regierung jedoch ein revidiertes Joint-Venture-Gesetz an. Das neue Joint-Venture-Gesetz war der Katalysator, der bei WWP dazu führte, die Expansion seiner Präsenz in China, auf die er so lange gewartet hatte, aktiv zu verfolgen. 1987 äußerte WWP gegenüber dem chinesischen Ministerium für

Außenhandelsbeziehungen und wirtschaftliche Zusammenarbeit (MOFTEC – Ministry of Foreign Trade and Economic Cooperation) sein Interesse an Kapitalinvestitionen in China zur Herstellung von Pharmaprodukten.

Chinas offene Tür

Bis 1978 entsprach die chinesische Wirtschaftsstrategie der klassischen Importsubstitution: Importbarrieren, Devisenkontrollen und Beschränkung ausländischer Direktinvestitionen. Die wirtschaftspolitische Strategie der „Selbstständigkeit" isolierte China weitgehend von der Weltwirtschaft und führte zu chronischer Armut, einer schlechten Infrastruktur, einer sich vergrößernden technologischen Lücke zwischen dem Weltstandard und den chinesischen Fähigkeiten und einer sichtbaren Lücke im Lebensstil zwischen China und seinen sich schnell industrialisierenden ostasiatischen Nachbarn. Die wirtschaftspolitische Strategie, in Kombination mit Maoismus und kommunistischer Ideologiepolitik, hatte um 1960 zu einer Hungersnot mit 20 bis 30 Millionen Toten und in den späten 60ern und 70ern zu wirtschaftlichem, politischen und sozialem Chaos geführt. Die Befürworter des Wandels innerhalb von China argumentierten, dass „Sozialismus" nicht „Egalitarismus auf der Basis universeller Armut" bedeuten muss.

Nach der Wiedergewinnung und Konsolidierung der Macht durch Deng Xiaoping verkündete die chinesische Regierung im Dezember 1978 die neue wirtschaftspolitische Strategie der „offenen Tür". Die Politik der offenen Tür sollte Chinas Modernisierung in Wissenschaft und Technik anregen. Der Denkhaltung der Politik entsprachen jedoch keine freien Märkte und Importliberalisierung, sondern die Adoption westlicher Technologien und der Export produzierter Waren. Daher würden Importbarrieren nur beseitigt und die hinsichtlich des Handels und der Investitionen entscheindungstreffenden Institutionen nur dezentralisiert, wenn dies für den Erfolg der Strategie erforderlich war.

1980 wurden vier „spezielle Wirtschaftszonen" (die den exportverarbeitenden Zonen in anderen Teilen Asiens ähnelten) in den Küstenstädten Shenzhen, Zhuhai, Shantou and Xiamen und 1984 in 14 weiteren Küstenstädten für den Handel und Investitionen geöffnet. Insbesondere Guangzhou (in der Provinz Guangdong) wurde zum Erfolg. Die Schlüssel zu seinem Erfolg waren (1) seine Nähe zu Hongkong, (2) die besonderen Änderungen der Politik der Wirtschaftszonen, (3) der relative Mangel an großen, staatlich betriebenen Unternehmen, (4) die liberale Steuerpolitik der lokalen Regierung, (5) das von der chinesischen Regierung bereitgestellte Milliarden-Dollar-Kapital und die Aggressivität der CITIC (China International Trade and Investment Corp.), die von Beijings bekanntestem Kapitalisten Rong Yiren geleitet wurde und (6) die große geografische Entfernung von Beijing. Guangzhou wurde während der 80er Jahre zu dem Modell, dem viele Stadtgemeinden nachzueifern versuchten.

Reformen der chinesischen Politik hinsichtlich ausländischer Direktinvestitionen

Während der 80er Jahre wurden viele ausländische Unternehmen von der billigen Arbeitskraft und/oder dem riesigen Marktpotenzial angezogen und sie investierten in China. Die Investitionen stiegen, als Investoren optimistisch nach China gingen, fielen aber wieder, als sich praktische Probleme herumsprachen. Das ursprüngliche Joint-Venture-Gesetz von 1979 war hinsichtlich einiger entscheidender Fragen – Technologietransfer, Gewinnentschädigung und Devisentausch – zweideutig und das chinesische Engagement für Investitionen schien anfangs nur lau zu sein. Daher sorgte die chinesische Regierung 1983 für Klarheit im Joint-Venture-Gesetz, indem sie die „Joint Venture Implementing Regulations", das „Foreign-Economic Contract Law" und wiederum 1986 die „Provisions for the Encouragement of Foreign Investment" veranlasste.

Das Joint-Venture-Gesetz von 1983 reformierte die Gewinnentschädigung, den Technologietransfer und die Politik des Devisentauschs. Viele anhängige Geschäfte wurden in den Monaten nach dem Gesetz von 1983 abgeschlossen, aber die Anzahl neuer Verträge ging zurück. Viele ausländische Investoren waren sehr besorgt wegen der Beschränkung des Währungstauschs, durch die der Import der für Investitionen notwendigen Materialien und die Rücküberführung von Gewinnen schwer wurden. Die Reformen, die nach umfassender Einflussnahme ausländischer Geschäftsunternehmen verfasst wurden, boten den Joint-Venture-Unternehmen auch eine größere Managementautonomie, beseitigten viele lokale Kosten, die sich auf die Besteuerung der Produktion bezogen, und sorgten für eine günstigere steuerliche und zollrechtliche Behandlung. Im Ergebnis konnte die chinesische Politik hinsichtlich ausländischer Direktinvestitionen mit der anderer asiatischer Länder recht gut konkurrieren.

Einige der Beschwerden der Investoren konnten jedoch nicht von den geänderten chinesischen Gesetzen beseitigt werden. Investoren klagten über die geringe Motivation der Arbeiter (deren „eiserne Reisschüssel" nur wenig Grund zur Arbeit bot), die mangelnden Fähigkeiten der Arbeiter, die unzulängliche Infrastruktur und den Mangel an organisatorischen Fähigkeiten bei den Managern. Diese Probleme ließen sich nicht durch die Verabschiedung neuer Gesetze beseitigen. Die Lösungen kamen langsam, als die Unternehmen autonomer wurden, für Gewinne und Verluste verantwortlich gemacht wurden und Gewinnüberschüsse behalten durften. Die Geschäftspraktiken änderten sich und das Verhalten der Arbeiter verbesserte sich, als die Reformen schrittweise griffen.

So waren bis 1988 16.000 Projekte mit ausländischen Direktinvestitionen in China begründet worden. 43% waren vertragliche Gemeinschaftsunternehmen, bei denen der ausländische Investor Materialien und einfache Verarbeitungsmaschinen lieferte und die Chinesen die Arbeit übernahmen. Beide Seiten hatten nur beschränkte Erwartungen (und die ausländischen Unternehmen brachten nur ein paar Millionen Dollar je Investition ein). Nur 4% der Investitionen befanden sich komplett im Eigentum ausländischer Unternehmen. Das Investitiongleichgewicht beruhte vorwiegend auf Eigenkapitalgemeinschaftsunternehmen, zu denen beide Seiten Geld beisteuerten. Die Chinesen trugen Arbeit, Ausrüstung und Gebäude und die ausländischen Unternehmen Ausrüstung, Technologie und Managementpraktiken bei. Investoren aus Hongkong und Japan waren für die meisten Investitionen in China verantwortlich, aber ihre Investitionen waren meist gering, und es handelte sich um vertragliche Joint Ventures ohne langfristiges Engagement. Die größeren, technologieintensiveren Gemeinschaftsunternehmen hatten vorwiegend einen amerikanischen oder europäischen Ursprung.

Die WWP-Repräsentanten nahmen daher ihre Verhandlungen mit Autoritäten der chinesischen Regierung während einer Periode des schnellen Wandels auf und WWP begab sich mit seinem ersten großen Schritt in Treibsand. Ausländische Investoren hatten jedoch durch ihre Technologie, ihre Managementfähigkeiten und die Schaffung von Distributionskanälen zu internationalen Märkten tatkräftig Einfluss genommen. Andererseits kontrollierte die chinesische Regierung den Zugang zu einer Milliarde Kunden, zu einer riesigen Zahl schlecht bezahlter Arbeitskräfte und zu einem beträchtlichen Reichtum an Rohstoffen und hatte die zentrale Kontrolle über die Wirtschaft. So hingen Investitionsvereinbarungen zwischen Chinesen und Ausländern tendenziell von der relativen politischen Einheit auf der chinesischen Seite und der Struktur der fraglichen globalen Industrie ab. (Wie viele Unternehmen? Wie weit verbreitet ist die Technologie? Wie groß ist die strategische Bedeutung der Technologie?)

Mit wem würden die WWP-Repräsentanten verhandeln?

Verteilte Autorität und *guanxi* in China

China lässt sich unterschiedlich beschreiben: kommunistisch, sozialistisch, zentrale Planwirtschaft, keine Marktwirtschaft, dirigistisch, bürokratisch, starker Staat, autoritär, statisch. All diese Merkmale sind zumindest teilweise richtig und können die Beziehungen zwischen Unternehmen und der Regierung in China erklären. Aber all diese Eigenarten sind zu schablonenhaft und verdecken die Nuancen. Eine eingehendere Analyse des chinesischen Wirtschaftsumfelds hängt vom Verständnis der verteilten Autorität und dem Gedanken des *guanxi* in China ab.

Die Volksrepublik China wurde als ein bürokratisches Gemeinwesen mit einer Partei, hierarchischen Strukturen und Hauptsitz in Beijing organisiert. Das ursprüngliche Vorbild war (grob) die stalinistische Sowjetunion und das bedeutete für die Wirtschaft zentrale Planung und keine freien Märkte. Die chinesische Zentralregierung (verwaltungstechnisch die staatliche Planungskommission) legte spezifische Produktivitätsziele für die einzelnen Industrien fest. Die zentralen Planer sorgten für ein Gleichgewicht von Angebot und Nachfrage der einfließenden Produktionsfaktoren und der Produktivität. Die Zentralregierung in Beijing plante die Produktion in der Schwerindustrie. Die regionalen und lokalen Regierungsautoritäten planten die Produktion in der „leichten" Industrie. Produktionsmengen, Vielfalt und Qualitätsziele, Ausrüstungsnutzung, Wartung und Reparaturtermine, Lieferquellen und Verbrauchsraten der Rohstoffe und des Faktors Arbeit, die Distribution des Produkts, die gesamte Arbeitskraft, Arbeitsstunden, Löhne und noch vieles mehr wurden durchweg festgelegt. Die Pläne wurden sowohl vertikal als auch horizontal koordiniert. Die chinesischen Regierungsreformer sorgten allmählich und sektorenweise für eine Liberalisierung. Erst waren die Landwirtschaft, dann die „leichte" Herstellung und schließlich die Schwerindustrie und die Energieversorgung betroffen.

So würde WWP mit Autoritäten der Zentralregierung in Beijing verhandeln müssen, wenn es ein Abkommen über ein Gemeinschaftsunternehmen unterzeichnen wollte. Die Zentralregierung in Beijing ist die Nabe für die provinziellen und lokalen Speichen. Daher würde WWP mit den entsprechenden provinziellen und lokalen Offiziellen sprechen müssen. Die Zentralregierung besteht aus funktional spezialisierten Institutionen (Ministerien, Kommissionen und Büros). Jede dieser Institutionen reicht über die provinzielle bis hinab zur lokalen Ebene, macht in ihrem Bereich der funktionellen Kontrolle Politik und setzt diese um. Daher würde WWP mit Repräsentanten verschiedener Institutionen mit funktionellen Interessen verhandeln müssen: MOFTEC (Investitionen und Handel), Bank von China (Kapital und Devisentausch), Gesundheitsministerium (Gesundheitsfragen) und staatliche pharmazeutische Verwaltungskommission (Arzneimittel – SPAC: State Pharmaceutical Administration Commisson). Ein bedeutendes Investitionsprojekt, wie das von WWP vorgeschlagene, würde zentrale, provinzielle und örtliche Büros, zwei Ministerien und eine Kommission betreffen. Die Struktur ist horizontal und vertikal komplex. Wichtige „Fehlerquellen" bestehen in dieser verteilten Struktur durch die Autorität zwischen zentralen und lokalen Stellen und zwischen den Ministerien für die verschiedenen Funktionen. Da alle ihre eigenen Ziele und Interessen und genügend Autonomie über einen wichtigen Teil des vorgeschlagenen Handels haben, um ihn verlangsamen oder verhindern zu können, muss man die Zusammenarbeit aller erreichen. Daher müssen alle beteiligten Parteien auf der chinesischen Seite zum Handeln bewegt werden. Der chinesische Handlungsprozess benötigt Zeit, kann langsam sein oder auch nie zum Abschluss kommen.

Die Kooperation kann (und wird häufig) aus den Konfliktstrukturen entstehen, weil der ganze Prozess von den traditionellen chinesischen Mustern der sozialen Beziehungen abhängt, die *guanxi* genannt werden. *Guanxi*-Beziehungen sind Strukturen persönlicher

„Kontakte", über die alle Individuen im System verfügen. *Guanxi* ist dyadisch, entweder vertikal oder horizontal. Zwei Personen haben eine Beziehung, die auf gegenseitigem Vertrauen und Verpflichtungen basiert. Die Beziehungen können zwischen Vorgesetzten und Untergebenen, wie z.B. Patron und Kunde, oder Gleichen bestehen. Immer jedoch werden *guanxi*-Beziehungen zu mehreren Personen unterhalten, so dass individuelle Interessen und die besonderen Merkmale der Beziehung das Verhalten erklären.

Der potenzielle ausländische Investor muss daher einen chinesischen Verbündeten, einen Sieger finden, der sich stark genug für das Projekt interessiert bzw. engagiert, um das *guanxi*-Netzwerk zu bemühen, der den Handel vermittelt und Konflikte in der Zusammenarbeit verhindert.

Aushandlung des Gemeinschaftsunternehmens

Die frühen Verhandlungen zwischen WWP und den chinesischen Autoritäten betrafen Forderungen der chinesischen Autoritäten, Fragen des Devisentauschs und den Vorrang der Entwicklung der Küstengebiete. Die Strategie der Zentralregierung betonte die Beschaffung von Auslandswährung und wollte diese auch im Lande behalten: Die Devisen sollten durch die Investition ins Land kommen und dort auch durch Exporte laufend weiter eintreffen. Die Politik der Zentralregierung förderte die Entwicklung des Küstengebiets eher als die von Beijing. Daher mussten in den Verhandlungen ein passender Standort für die Investition gefunden werden. WWP verfolgte mit seiner Pharmainvestition nicht den Zweck des Exports, sondern wollte den chinesischen Inlandsmarkt bedienen. Daher würde WWP diese Forderung der chinesischen Zentralregierung nicht erfüllen. Weiterhin forderte das chinesische Joint-Venture-Gesetz, dass das Gemeinschaftsunternehmen ausländische Mittel für den Import der benötigten Ausrüstung und Vorprodukte einzusetzen hatte. Die Bank von China würde die Geldmittel nicht durch Kredite zur Verfügung stellen. Dadurch wurden die Verhandlungen verhindert.

Man fand eine Lösung, die man den gestreuten WWP-Geschäftsaktivitäten zu verdanken hatte. WWP verarbeitete auch nichtpharmazeutische Chemikalien, so dass man den pharmazeutischen Handel mit der chemischen Produktion verknüpfen konnte. Ein passender Standort für die chemische Verarbeitung wurde in einer Küstenprovinz gefunden. WWP würde Chemikalien verarbeiten und exportieren. Die Exporte würden für Auslandsdevisen sorgen und diese würden der pharmazeutischen Operation von WWP in China übergeben.

Da die Regierungsregulierungen forderten, dass derartige Transfers ausländischer Devisen nur innerhalb einer Provinz stattfinden durften, begannen die Verhandlungspartner mit der Suche nach einem Joint-Venture-Partner für WWP in dieser Provinz. In einer Stadt an der Küste wurde ein Partner gefunden, der für seine lange industrielle Geschichte, seine relativ milde Gesinnung und seinen sich entwickelnden Ruf bekannt war und der für ausländische Investoren besonders interessant war, weil er über ein lockeres Netzwerk von Verbindungen zu Wissenschaftlern, Managern und Wirtschaftswissenschaftlern verfügte, die im Ausland ausgebildet worden waren. Andererseits war die Stadt selbst nach chinesischen Maßstäben arm und besaß eine schlechte Infrastruktur. Mit diesen Empfehlungen und Nachteilen wurden die Beamten der Provinz und der Stadt zu aktiven Teilnehmern an den Verhandlungen.

Die Höhe des Gesamtkapitaleinsatzes wurde zur entscheidenden Frage der Investition. Durch die chinesischen Regulierungen durfte das lokale MOFTEC-Komitee kein Joint-Venture-Abkommen über 30 Mio. $ genehmigen. Die lokalen Beamten unternahmen alle Anstrengungen, damit die Kapitalinvestition nicht die 30-Mio.-$-Grenze überschritt, aus Furcht davor, dass die zentralen MOFTEC-Beamten wieder aktiv an den Verhandlungen teilnehmen und den Geschäftsabschluss genehmigen müssten. Das 30-Millionen-Limit wurde zu einem Problem, als sich herauszustellen schien, dass der anfänglich insgesamt erwartete Kapitaleinsatz von 29 Mio. $ für das Joint Venture für zu gering gehalten wurde. Es wurde klar, dass 38 Mio. $ benötigt werden würden, um die Investitionen in die Errichtung der Fabrik und die Ausrüstung zu decken. Die örtlichen und WWP-Offiziellen fanden eine Lösung, indem sie beide pharmazeutischen WWP-Projekte (eine Fabrik für die pharmazeutische Verarbeitung und Verpackung und eine Produktionsstätte für Chemikalien) trennten. Dadurch blieben die lokalen Offiziellen auf der chinesischen Seite verantwortlich.

Tatsächlich hatte sich das WWP-Projekt zu dieser Zeit beträchtlich gewandelt. Die Pläne für die Investition in die chemische Verarbeitung (die für Exporte und Auslandsdevisen sorgen sollte) waren durchgefallen, so dass das gesamte Abkommen in Gefahr geraten konnte. Aber die lokalen Offiziellen engagierten sich für das Projekt und trieben es voran. Das Interesse der kleineren Städte war auch in der Guangdong-Provinz bemerkt worden, wo Investoren aus Hongkong häufig Investitionen im inneren Delta kleiner Städte außerhalb der Metropole von Guangzhou bevorzugten.

1990 stellte sich den Verhandlungspartnern ein neues Problem. Das vorläufige Joint-Venture-Abkommen erforderte eine 55%ige Beteiligung von WWP und eine 45%ige Beteiligung der lokalen Partner. Es war aber nicht nur der Gesamtkapitalbedarf des Projekts gestiegen. Die chinesische Regierung hatte 1990 ihre Währung auch zweimal abgewertet. Daher benötigten die lokalen Partner viel mehr Geld, als sie an Bankdarlehen erbeten hatten. Die Bank lehnte es sogar wiederholt ab, das Darlehen der lokalen Partner zu erhöhen. Die Verhandlungen befanden sich in einer ausweglosen Situation, bis sich die lokalen Partner und die lokalen Offiziellen (widerwillig) mit der Erhöhung des Eigenkapitalanteils von WWP auf 69% einverstanden erklärten, womit den lokalen Partnern 31% verblieben. So konnte das Joint-Venture-Abkommen abgeschlossen werden. 1990 wurde der Grundstein auf der Baustelle gelegt.

Das Joint-Venture-Abkommen bestellte die WWP-Vertreter zu Geschäftsleitern und Vertreter der chinesischen Joint-Venture-Partner zu Aufsichtsratsvorsitzenden und stellvertretenden Geschäftsleitern. WWP-Vertreter leiten das Pharmamarketing, die Produktion und die Finanzen. WWP stellte einen Chinesen für die Personalleitung ein. So würde WWP mehr operationalen Einfluss im Joint Venture haben, während der chinesische Partner mehr Einfluss im Personalbereich hatte. Das WWP-Abkommen ist für die meisten Joint Ventures in China typisch, bei denen es die Chinesen vorziehen, den Ausländern das Einbringen ihrer „magischen Einflüsse" zu gestatten.

Formal wird häufig festgelegt, dass die Ausschüsse wählen, dabei handelt es sich bei den Abstimmungen aber lediglich um die Formalisierung von Entscheidungen, die bereits im Vorfeld feststehen. Bei WWP werden Entscheidungen immer im Konsens getroffen. Viele ausländische Investoren waren in der Vergangenheit hinsichtlich der schwachen juristischen Institutionen in China und daher auch um Entscheidungen im Streitfall während der Dauer des Joint Ventures besorgt. Das WWP-Abkommen legt fest, dass Streitfälle von einem Vermittler in Stockholm geschlichtet werden. Neben Vermittlern in Stockholm oder Hongkong geben einige Joint-Venture-Abkommen in China nun das CIETAC (China International Economic and Trade Arbitration Commission) mit Sitz in Beijing an. CIETAC, bei dem sowohl Anwälte aus Hongkong als auch aus Beijing als Vermittler angestellt sind, hat sich einen guten Ruf als faires Forum zur Schlichtung von Streitigkeiten erworben. Die beste Streitschlichtung ist aber immer noch keine Streitschlichtung: Man trifft die Entscheidungen gemeinsam und lässt Meinungsverschiedenheiten gar nicht erst zum Streit eskalieren.

Bis Ende 1992 hatten das Büro (des Ministeriums für öffentliche Gesundheit) für öffentliche Gesundheit der Provinz und das pharmazeutische Büro (der SPAC) der Provinz die Pharma- und Verpackungsfabrik inspiziert. Bis dahin hatte das lokale Komitee der MOFTEC die Anhebung des formalen Kapitaleinsatzes auf 50 Mio. $ genehmigt. WWP-China beschäftigt mehrere hundert Angestellte, von denen die meisten in der Produktionseinrichtung und etwa hundert im Vertrieb in 30 chinesischen Städten arbeiten.

Das *danwei*-Phänomen

Ein Gemeinschaftsunternehmen ist ein *danwei*, die grundlegende Arbeitseinheit in China. Es ist das Produkt des maoistischen sozialistischen Ziels des Ersatzes kapitalistischer Institutionen wie dem privaten Besitz von Wohnungen und Geschäften durch Arbeitseinheiten, die nicht nur die Produktion, sondern auch das soziale, wirtschaftliche und politische Leben der Bürger organisieren. Das *danwei* stellt alle von den Beschäftigten des Geschäftsunternehmens benötigten Dienstleistungen zur Verfügung (Wohnungen, Einkaufsmöglichkeiten, Schulen usw.). Daher entdeckte WWP, wie viele ausländische Investoren, dass von WWP-China erwartet wurde, dass es diese vielen Rollen übernehmen würde, da es sich bei dem Joint Venture gemäß Definition um ein *danwei* handelte. Das *danwei*-Phänomen trifft viele ausländische Investoren wie ein Schock, da es bei den Verhandlungen über das Joint-Venture-Abkommen möglicherweise gar nicht zur Sprache kommt. (Für die Chinesen ist es selbstverständlich und die Ausländer wissen keine entsprechenden Fragen zu stellen.) Es steigert die Kosten des Geschäftsbetriebs in China beträchtlich, aber gute Beziehungen zu den Beschäftigten, den Joint-Venture-Partnern und der Regierung erfordern es, dass das Gemeinschaftsunternehmen zu einem *danwei* wird. Davon kann es abhängen, ob man Beschäftigte einstellen und halten kann.

WWP-China sorgt für Wohnungen, die täglichen Transportmittel, Kindertagesstätten, medizinische Versicherung und eine Vielzahl kleiner, aber lebenswichtiger Dienstleistungen für seine Beschäftigten. Mehrere WWP-Wohnhäuser mit Apartments befinden sich im Bau. Traditionell hat die chinesische Regierung für die Gesundheitsfürsorge aller Bürger gesorgt. Die Regierung überträgt diese Last jedoch schrittweise auf die Arbeitgeber. WWP bewertet die von mehreren Versorgern bereitgestellten medizinischen Versicherungspläne und wird im Laufe des Jahres 1993 einen Versicherungsplan auswählen. Die Beschäftigten werden mit Dienstleistungen versorgt, die WWP nicht viel kosten, für die Beschäftigte aber wichtig sind. Zum Beispiel unterstützen die Angestellten der WWP-Personalabteilung Beschäftigte bei Eheschließungen (und auch bei Scheidungen in weniger guten Zeiten).

Die traditionellen Funktionen der Personalabteilungen (Einstellungen, Abfindungen, Berufsklassifizierung) werden von WWP China auf konventionelle Weise durchgeführt. Wenn Jobs entstehen und besetzt werden müssen, veröffentlicht WWP diese beim „Arbeitsmarkt“ der Stadt (Regierungsbüro), die potenziellen Angestellten füllen Bewerbungen aus, und WWP interviewt die Kandidaten, die in die engere Auswahl gekommen sind. WWP wählt üblicherweise bei jeder zu besetzenden Stelle unter 40 bis 50 Kandidaten aus. Die Beschäftigten verdienen monatlich ca. 600 Yuan (ca. 250 DM). WWP-China kann Beschäftigte entlassen, versucht aber, diese ihm verliehene Autorität nicht zu nutzen. Das Einstellungsverfahren ist daher wichtig, da es als verantwortliches *danwei* agiert.

Fragen

1. Warum investierte WWP in China? Wäre eine Exportstrategie besser gewesen? Was spricht dafür und was dagegen?
2. Wie ging WWP seine Entscheidung zur Investition in China anfangs an?
3. Welche Quellen der Einflussnahme auf das Handeln stehen der chinesischen Regierung zur Verfügung? Welche stehen ausländischen Investoren im Allgemeinen zur Verfügung? Welche Möglichkeiten hat WWP in diesem Fall?

4. Wie ging WWP mit der verteilten Autorität in China um? Wer war auf der chinesischen Seite beteiligt?
5. Welche Bedeutung hat der Tausch ausländischer Devisen auf den Prozess und das Ergebnis der Verhandlungen?
6. Welche Bedeutung hat das *danwei*? Wie sollten potenzielle Investoren damit umgehen?

FALLSTUDIE 8.2

Curtis Automotive Hoist

(Diese Fallstudie wurde von Professor Gordon H. G. McDougall an der School of Business and Economics der Wilfrid Laurier University in Kanada aufbereitet. Abdruck mit Genehmigung.)

Im September 1990 hatte Mark Curtis, Präsident von Curtis Automotive Hoist (CAH), gerade einen Bericht über die Durchführbarkeit des Eintritts in den europäischen Markt im Jahr 1991 zu Ende gelesen. CAH stellt Hebebühnen für Automobile her, ein Produkt, das Garagen, Tankstellen und andere Reparaturwerkstätten zum Anheben von Autos bei der Wartung einsetzen. Der Bericht, der von CAHs Marketingmanager Pierre Gagnon vorbereitet worden war, skizzierte die Möglichkeiten in der EU und die verfügbaren Eintrittsoptionen.

Curtis war sich nicht sicher, ob CAH auf diesen Schritt vorbereitet war. Obwohl das Unternehmen seine Verkäufe in den US-Markt erfolgreich hatte steigern können, fragte sich Curtis, ob sich der Erfolg in Europa wiederholen ließe. Er glaubte, dass sich die Verkäufe in die USA bei größerer Anstrengung noch steigern ließen. Andererseits wies die europäische Idee einige positive Aspekte auf. Er sah die Informationen zur Vorbereitung auf das morgige Treffen mit Gagnon noch einmal durch.

Curtis Lift

Curtis, ein Bauingenieur, hatte acht Jahre lang für die kanadische Tochtergesellschaft eines US-amerikanischen Hebebühnenherstellers gearbeitet. Während dieser Jahre hatte er beträchtliche Zeit mit dem Entwurf einer überirdischen Autohebebühne (Oberflächenlift) verbracht. Obwohl Curtis äußerst begeistert von den einzigartigen Merkmalen der Hebebühne war, zu denen ein Scherenlift und Ausrichtungsblöcke für die Räder gehörten, zeigte das Seniormanagement kein Interesse an seiner Idee. 1980 verließ Curtis das Unternehmen, um seinen eigenen Geschäften nachzugehen, deren erster Zweck die Entwicklung und Herstellung der Hebebühne war. Er wurde von den besten Wünschen seines Ex-Arbeitgebers begleitet, der keine Einwände gegen seine Pläne hatte, ein neues Unternehmen zu gründen.

Während der nächsten drei Jahre wurde Curtis von einem Risikokapitalunternehmen finanziert, eröffnete eine Fertigungsstätte in Lachine (Quebec) und begann mit der Herstellung und dem Vermarkten der Hebebühne, die er „Curtis Lift" nannte.

Von Anfang an war Curtis recht stolz auf die Entwicklung und das Marketing des Curtis Lift. Der ursprüngliche Entwurf umfasste einen Scherenlift und einen Sicherheitsverschlussmechanismus, der es ermöglichte, dass die Hebebühne auf ein beliebiges Niveau angehoben und dort arretiert werden konnte. Darüber hinaus wurde das angehobene Fahrzeug durch den Scherenlift leicht zugänglich für die arbeitenden Mechaniker. Da die Hebebühne voll hydraulisch ist und keine Ketten und Rollen besitzt, erfordert sie nur wenig Wartung. Ein weiteres Schlüsselmerkmal sind die Ausrichtungsdrehteller, die ein wesentlicher Teil des Lifts sind. Durch die Drehteller können Mechaniker die Aufgabe der Radausrichtung (Korrektur der Spur) genau und einfach erledigen. Da es sich um einen Oberflächenlift handelt, lässt er sich in weniger als einem Tag in einer Werkstatt installieren.

Curtis entwickelte sein Produkt ständig weiter und ergänzte weitere Sicherheitsmerkmale. Tatsächlich hält man den Curtis Lift in Hinsicht auf seinen Sicherheitsstandard für führend. Sicherheit ist ein wichtiger Faktor im Markt für Automobilhebebühnen. Auch wenn Hebebühnen nur selten zur Fehlfunktion neigen, kommt es oft zu schweren Unfällen, wenn es doch einmal geschieht.

Der Curtis Lift konnte in der Industrie den Ruf eines „Cadillac" der Hebebühnen erwerben. Viele meinen, dass das Gerät wegen seines Designs, seiner Fertigungsqualität, seinen Sicherheitsmerkmalen, seiner einfachen Installation und der Fünfjahresgarantie den Konkurrenzangeboten überlegen ist. Curtis besitzt vier Patente für den Curtis Lift, die den Hebemechanismus, das Scherendesign und einen Sicherheitsverschlussmechanismus betreffen. Mehrere Produktversionen wurden entwickelt, durch die sich der Curtis Lift (je nach Modell) für eine Vielzahl von Aufgaben, wie z.B. Rostprüfung, Auspuffreparatur und allgemeine mechanische Arbeiten eignet.

1981 verkaufte CAH 23 Hebebühnen und hatte Verkäufe in Höhe von 172.500 $. Während der ersten Jahre betrafen die meisten Verkäufe unabhängige Servicestationen und Werkstätten, die sich im Markt Quebec und Ontario auf das Ausrichten von Rädern spezialisiert hatten. Die meisten Geräte wurden von Pierre Gagnon verkauft, der 1982 eingestellt worden war, um die Marketingangelegenheiten des Unternehmens zu übernehmen. 1984 setzte Gagnon erstmals Distributoren ein, um die Hebebühne in einem gegrafisch größeren Markt in Kanada zu verkaufen. 1986 unterschrieb er eine Vereinbarung mit einem großen Kfz-Großhändler, der CAH im US-Markt repräsentieren sollte. 1989 verkaufte das Unternehmen 1.054 Hebebühnen und brachte es auf eine Umsatzhöhe von 9.708.000 $ (Tabelle 8.2). Ca. 60% dieser Umsätze entfielen auf die USA und die übrigen 40% auf den kanadischen Markt.

Tabelle 8.2 Ausgewählte Finanzstatistiken für Curtis Automotive Hoist (1987-1989).

	1987	1988	1989
Umsatz ($)	6.218.000	7.545.000	9.708.000
Vertriebskosten	4.540.000	5.541.000	6.990.000
Beitrag	1.678.000	1.913.000	2.718.000
Zurechenbare Marketingausgaben*	507.000	510.000	530.000
Verwaltungsaufwand	810.000	820.000	840.000
Gewinn vor Steuern ($)	361.000	583.000	1.348.000
Verkaufte Einheiten	723	847	1.054

*Die Marketingausgaben von 1989 enthielten Anzeigen (70.000 $), vier Verkaufsleute (240.000 $), den Marketingmanager und drei den Vertrieb unterstützende Mitarbeiter (220.000 $). Quelle: Unternehmensaufzeichnungen.

Ausgewählte Finanzstatistiken für Curtis Automotive Hoist (1987-1989).

Die Industrie

In Nordamerika werden jährlich ca. 49.000 Hebebühnen abgesetzt. Die typischen Hebebühnen werden von Kfz-Händlern gekauft, die Autos warten oder reparieren. Dazu zählen Neuwagenhändler, Gebrauchtwagenhändler, spezialisierte Werkstätten (z.B. Reparaturwerkstätten für Auspuff, Getriebe oder Radausrichtung), Ketten (z.B. Firestone, Goodyear, Canadian Tire) und unabhängige Werkstätten. Es wird geschätzt, dass Neuwagenhändler 30% aller Einheiten eines jeweiligen Jahres kaufen. Im Allgemeinen konzentrieren sich die spezialisierten Werkstätten auf eine Art der Reparatur, wie z.B. Auspuff oder Rostprüfungen, während „nichtspezialisierte“ Werkstätten eine Vielzahl von Reparaturen durchführen. Obwohl es auch einige Überschneidungen gibt, konkurriert CAH in der Regel im Segment des spezialisierten Werkstättengeschäfts und insbesondere in dem Bereich, der sich mit der Radausrichtung befasst. Zu diesem Segment gehören neben Ketten wie Firestone und Canadian auch Händler (z.B. Ford), die einen gewissen Anteil ihrer Lifte für die Radausrichtung reservieren, und unabhängige Werkstätten, die sich auf die Radausrichtung spezialisiert haben.

Die Aufgabe einer Hebebühne ist das Anheben eines Kraftfahrzeugs in eine Position, in der ein Mechaniker oder eine Wartungsperson leicht am Auto arbeiten kann. Da für unterschiedliche Reparaturen auch unterschiedliche Positionen erforderlich sind, sind viele verschiedene Hebebühnen für unterschiedliche Anforderungen entwickelt worden. Eine Auspuffreparaturwerkstätte braucht z.B. eine Hebebühne, bei der Mechaniker leicht an den Boden des Fahrzeugs herankommen. Ähnlich benötigt man für die Ausrichtung der Räder eine Hebebühne mit einer ebenen Plattform, so dass sich die Räder einstellen lassen und für Mechaniker leicht zugänglich sind. Pierre Gagnon hat geschätzt, dass 85% der Verkäufe von CAH an den Markt der Radausrichtung gehen, der Werkstattzentren wie z.B. Firestone, Goodyear und Canadian Tire und unabhängige Werkstätten umfasst, die sich auf die Radausrichtung spezialisiert haben. Etwa 15% der Verkäufe gehen an Kunden, die die Hebebühne für allgemeine mechanische Reparaturen nutzen.

Die Unternehmen, die Hebebühnen kaufen, gehören dem sog. Industriezweig des Automobil-After-Sales-Markt an. Dieser Industriezweig stellt Teile und Dienstleistungen für Neu- und Gebrauchtfahrzeuge zur Verfügung, hatte 1989 ein Umsatzvolumen von mehr als 5,4 Mrd. $ und wartete in Kanada ca. 11 Mio. benutzte Fahrzeuge. Der Industriezweig ist groß und recht unterschiedlich. 1989 gab es in Kanada mehr als 4.000 Neuwagenhändler, mehr als 400 Canadian-Tire-Filialen, jeweils mehr als 100 Filialen der Firestone- und Goodyear-Ketten und mehr als 200 Filialen im Bereich der Rostprüfung.

Der Kauf einer Kfz-Hebebühne ist für den Besitzer einer Servicestation oder den Händler häufig eine wichtige Entscheidung. Da der Preis der Hebebühnen zwischen 3.000 und 15.000 $ liegt, handelt es sich für die meisten Unternehmen um eine Kapitalanlage.

Der Besitzer/Betreiber eines neuen Servicezentrums oder Kfz-Handels muss entscheiden, welche Art von Hebebühne benötigt wird und welches Fabrikat sich für das Unternehmen am besten eignet. Die meisten neuen Servicezentren oder Kfz-Händler haben mehrere Stellplätze für die Wartung von Fahrzeugen. In diesen Fällen gehört die Art der benötigten Hebebühne (z.B. Grube oder Oberflächenlift) mit zur Entscheidung. Häufig wird, je nachdem, welchen Bedarf das Servicezentrum bzw. der Händler hat, mehr als eine Hebebühne gekauft.

Erfahrene Werkstattbesitzer suchen nach Ersatzhebebühnen (die typische Hebebühne hat eine Lebensdauer von 10 bis 13 Jahren), informieren sich üblicherweise über die verfügbaren Produkte und treffen dann ihre Entscheidung. Wenn die Werkstattbesitzer auch Mechaniker sind, dann kennen sie wahrscheinlich bereits zwei oder drei Arten von Hebebühnen, wissen aber meist nicht besonders viel über die aktuell verfügbaren Produktmarken. Werkstattbesitzer oder Händler, die keine Mechaniker sind, wissen wahrscheinlich nur sehr wenig über Hebebühnen. Die Besitzer von Kfz- oder Servicevertretungen kaufen häufig das Produkt, das ihnen vom Mutterunternehmen empfohlen bzw. von diesem genehmigt worden ist.

Die Konkurrenz

In Nordamerika konkurrieren 16 Unternehmen im Markt der Kfz-Lifts. Vier sind kanadische, zwölf US-amerikanische Unternehmen. Hebebühnen unterliegen Importzöllen. Die Zölle auf Hebebühnen, die den US-Markt von Kanada aus erreichen, betragen 2,4% des Verkaufspreises, während es bei US-amerikanischen Hebebühnen, die von Kanada aus importiert werden, 7,9% sind. Das 1989 unterzeichnete Freihandelsabkommen hat festgelegt, dass die Zölle zwischen den beiden Ländern innerhalb eines Zeitraums von zehn

Jahren abgeschafft werden sollen. Für Curtis haben die Importzölle bei Entscheidungen nie eine Rolle gespielt, da die schwankenden Wechselkurse zwischen den beiden Ländern einen weit größeren Einfluss auf die Verkaufspreise hatten.

Die Industrie fertigt Hebebühnen in großer Vielfalt. Die beiden grundlegenden Hebebühnenvarianten sind Gruben- und Oberflächenhebebühnen. Wie der Name bereits andeutet, muss bei den Grubenhebebühnen eine Grube in den Boden gegraben werden, in der die Säule, über die die Hebebühne angehoben wird, installiert wird. Grubenhebebühnen werden von einer oder mehreren Säulen getragen, werden fest installiert und lassen sich offensichtlich nicht bewegen. Grubenhebebühnen waren 1989 für ca. 21% der gesamten Liftverkäufe verantwortlich (Tabelle 8.3). Oberflächenlifte werden auf einer ebenen Oberfläche – normalerweise Beton – installiert. Oberflächenlifts gibt es in zwei grundlegenden Varianten: Säulen- und Scherenhebebühnen. Oberflächenlifts lassen sich im Unterschied zu Grubenlifts vergleichsweise einfach installieren und bei Bedarf bewegen. Oberflächenlifts waren 1989 für 79% der gesamten Liftumsätze verantwortlich. Innerhalb der beiden grundlegenden Hebebühnenvarianten (z.B. Säulen-Oberflächen-Hebebühnen) gibt es zahlreiche Variationen hinsichtlich Größe, Form und Hubkraft.

Tabelle 8.3 Umsatzmengen von Kfz-Hebebühnen in Nordamerika nach Typ (1987-1989).

	1987	1988	1989
Grube			
Eine Säule	5,885	5,772	5,518
Mehrere Säulen	4,812	6,625	5,075
Oberfläche			
Zwei Säulen	27,019	28,757	28,757
Vier Säulen	3,862	3,162	3,745
Scheren	2,170	2,258	2,316
Andere	4,486	3,613	3,613
Gesamt	48,234	50,187	49,272

Quelle: Unternehmensaufzeichnungen.

Die Industrie wird von zwei großen US-Unternehmen dominiert. AHV Lifts und Berne Manufacturing halten zusammen einen Marktanteil von ca. 60%. AHV Lifts, das größte Unternehmen mit ca. 40% Marktanteil und einem jährlichen Umsatz von ca. 60 Mio. $, bietet eine vollständige Hebebühnenpalette (sowohl Gruben- als auch Oberflächenlifts) an, konzentriert sich aber vorwiegend auf den Gruben- und den Zweisäulen-Oberflächenmarkt. AHV Lifts ist das einzige Unternehmen, das über eine eigene Direktverkaufsmannschaft verfügt. Alle anderen Unternehmen benutzen entweder (1) nur Großhändler oder (2) eine Kombination von Großhändlern und unternehmenseigener Verkaufsmannschaft. AHV Lifts bietet Standardhebebühnen mit wenigen besonderen Merkmalen an und konkurriert vorwiegend über den Preis. Berne Manufacturing, mit einem Marktanteil von ca. 20%, konkurriert ebenfalls in den Gruben- und Zweisäulen-Märkten. Es benutzt eine Kombination von Großhändlern und unternehmenseigenen Verkaufsleuten und konkurriert – wie AHV Lifts – vorwiegend über den Preis.

Die meisten übrigen Firmen der Industrie sind Unternehmen, die in regionalen Märkten operieren (z.B. Kalifornien oder Britisch Kolumbien) und/oder bieten nur eine beschränkte Produktlinie an (z.B. Oberflächenhebebühnen mit vier Säulen).

Curtis hat zwei Konkurrenten, die Scherenlifts herstellen. AHV Lifts bietet eine Scherenhebebühne an, die einen anderen Hebemechanismus benutzt und nicht über den Sicherheitsverschlussmechanichmus des Curtis Lift verfügt. Durchschnittlich liegen die Verkäufe des AHV-Scherenlifts um ca. 20% unter denen des Curtis Lift. Beim zweiten Konkurrenten, Mete Lift, handelt es sich um ein kleines regionales Unternehmen mit Umsätzen in Kalifornien und Oregon. Das Design ähnelt stark dem des Curtis Lift, es fehlen aber dessen Sicherheitsmerkmale. Der Mete Lift hat einen Ruf als gut gefertigtes Produkt und die Verkäufe liegen um ca. 5% unter denen des Curtis Lift.

Marketingstrategie

Anfang 1990 hatte sich CAH im Markt der Hebebühnen und insbesondere im Segment der Radausrichtung einen guten Ruf aufgrund der Qualität seiner Produkte und der diesbezüglichen guten technischen Unterstützung erworben.

Das von CAH in den 80ern eingerichtete Distributionssystem spiegelte die Notwendigkeit des weitgehend persönlichen Verkaufs wider. Drei Arten von Distributoren wurden eingesetzt: eine unternehmenseigene Verkaufsmannschaft, kanadische Distributoren und ein US-amerikanischer Kfz-Großhändler. Die Verkaufsmannschaft des Unternehmens bestand aus vier Verkäufern und Pierre Gagnon. Ihre Hauptaufgabe bestand in der Betreuung großer Direktkunden. Im ersten Schritt versuchte man, die Genehmigung großer Ketten und Hersteller für den Curtis Lift zu erhalten, um ihn anschließend an einzelne Händler oder Betreiber zu verkaufen. Wenn General Motors z.B. die Hebebühne angenommen hatte, dann konnte CAH sie an einzelne General-Motors-Händler verkaufen. CAH verkaufte direkt an die einzelnen Händler einer Reihe großer Kunden, zu denen General Motors, Ford, Chrysler, Petro-Canada, Firestone und Goodyear gehörten. CAH konnte erfolgreich die Genehmigung von drei großen Kfz-Herstellern sowohl in Kanada als auch in den USA erhalten. Darüber hinaus hatte CAH die Genehmigung von Serviceunternehmen, wie z.B. Canadian Tire und Goodyear, erhalten. Dafür hatte CAH mehr als vier Jahre gebraucht.

Insgesamt war die Verkaufsmannschaft des Unternehmens für ca. 25% der jährlichen Umsatzmengen verantwortlich. Verkäufe an große Direktkunden in den USA liefen über die CAH-Großhändler in den USA.

Die kanadischen Distributoren verkauften, installierten und warteten die Geräte in ganz Kanada. Diese Distributoren boten neben dem Curtis Lift eine Reihe nichtkonkurrierender Kfz-Ausrüstungsgegenstände (z.B. Motordiagnosegeräte, Auswuchtgeräte) und nichtkonkurrierende Hebebühnen an. Diese Distributoren konzentrierten sich auf die kleineren Ketten und die unabhängigen Servicestationen und Werkstätten.

Der US-Großhändler verkaufte nicht nur eine komplette Produktlinie an Servicestationen, sondern stellte auch Zubehör her. Der Curtis Lift war einer von fünf verschiedenen Lifttypen, die der Großhändler verkaufte. Obwohl der Großhändler CAH eine umfassende Distribution in den USA anbot, war der Curtis Lift nur ein weniger bedeutendes Produkt in dessen Gesamtproduktpalette. Obwohl Gagnon keine realen Zahlen hatte, glaubte er, dass der Curtis Lift wahrscheinlich für weniger als 20% der gesamten Hebebühnenverkäufe des US-Großhändlers verantwortlich war.

Sowohl Curtis als auch Gagnon waren der Überzeugung, dass der US-Markt noch ein ungenutztes Potenzial besaß. Bei einer Bevölkerung von 248 Mio. und über 140 Mio. registrierten Fahrzeugen war der US-Markt mehr als zehnmal so groß wie der kanadische (Bevölkerung 26 Mio. und ca. 11 Mio. Fahrzeuge). Gagnon bemerkte, dass sich die sechs Staaten in Neuengland (Bevölkerung: über 13 Mio.), die drei größten mittelatlantischen Staaten (Bevölkerung: über 38 Mio.) und die drei größten Staaten im Mittelosten (Bevölkerung: über 32 Mio.) alle mit einer knappen Tagesfahrt vom Werk in Lachine aus erreichen ließen. Curtis und Gagnon hatten die Errichtung eines Verkaufsbüros in New York zur Bedienung dieser Staaten in Betracht gezogen, waren aber darüber besorgt, dass der US-Großhändler keine Teile seines Gebiets würde aufgeben wollen. Sie hatten also eine engere Zusammenarbeit mit dem Großhändler in Erwägung gezogen, um ihn zu einer stärkeren Förderung des Curtis Lift zu motivieren. Es schien, dass das vorrangige Interesse des Großhändlers im Verkauf von Hebebühnen und nicht notwendigerweise des Curtis Lift bestand.

CAH verteilte sowohl für Distributoren als auch Nutzer ein katalogartiges Paket mit Produkten, Einsatzgebieten, Preisen und anderen erforderlichen Informationen. Darüber hinaus warb CAH in Handelspublikationen (z.B. *Service Station & Garage Management*) und Gagnon besuchte Gewerbeausstellungen in Kanada und den USA, um den Curtis Lift zu fördern.

1989 wurden die Curtis Lifts zu einem durchschnittlichen Einzelhandelspreis von 10.990 $ verkauft und CAH erhielt durchschnittlich 9.210 $ für jede verkaufte Einheit. Dieser Durchschnitt gab die Zusammensetzung der Verkäufe über die drei Distributionskanäle wieder: (1) direkt (CAH erhielt 100% des Verkaufspreises), (2) kanadische Distributoren (CAH erhielt 80% des Verkaufspreises) und (3) der US-Großhändler (CAH erhielt 78% des Verkaufspreises).

Sowohl Curtis als auch Gagnon glaubten, dass der bisherige Erfolg des Unternehmens auf einer Strategie beruhte, bei der man ein überlegenes Produkt anbot, das vorrangig auf die Bedürfnisse bestimmter Kunden abzielte. Die Strategie betonte die laufenden Produktverbesserungen, die Qualitätsfertigung und den Service. Der persönliche Verkauf war ein Schlüsselaspekt der Strategie. Die Verkäufer konnten den Kunden die Vorteile des Curtis Lift im Vergleich zu konkurrierenden Produkten demonstrieren.

Der europäische Markt

Vor diesem Hintergrund dachte Mark Curtis über Wege nach, auf denen sich das schnelle Wachstum des Unternehmens fortsetzen ließ. Eine Möglichkeit, die sich fortwährend anbot, waren die Aussichten und Potenziale des europäischen Markts. Der Umstand, dass Europa 1992 zu einem Gemeinschaftsmarkt werden würde, schien darauf hinzudeuten, dass es sich um eine Chance handelte, die man zumindest untersuchen sollte. Daran denkend bat Curtis Gagnon um die Vorbereitung eines Berichts über die Möglichkeiten von CAH, in den europäischen Markt einzutreten. Die wesentlichen Punkte aus Gagnons Bericht werden nachfolgend dargestellt.

In den fünf Jahren vor 1991 ließen sich viele nordamerikanische und japanische Unternehmen in der EU nieder. Dafür gab es zwei logische Gründe. Erstens hielten diese Unternehmen die Gemeinschaft für eine Gelegenheit, ihre globalen Marktanteile und Gewinne zu steigern. Der Markt war wegen seiner reinen Größe und fehlender interner Hindernisse attraktiv. Zweitens waren Unternehmen, die sich vor 1992 in der Gemeinschaft niedergelassen hatten, durch EU-Schutzzölle, lokale Konkurrenz und Gegenseitigkeitsanforderungen vor externer Konkurrenz geschützt. Die EU-Schutzzölle waren nur vorübergehend und sollten später wieder aufgehoben werden. Es wäre Unternehmen auch nach 1992 noch möglich, sich in der Gemeinschaft niederzulassen, aber damit waren einige Risiken verbunden.

Marktpotenzial

Der Hauptindikator des potenziellen Markts für die Curtis-Lift-Hebebühne war die Zahl der in einem bestimmten Land benutzten Pkws und Nutzfahrzeuge. In vier europäischen Ländern befanden sich mehr als 20 Mio. Fahrzeuge im Gebrauch. Westdeutschland besaß mit 30 Mio. Fahrzeugen den größten einheimischen „Fuhrpark“, gefolgt von Frankreich, Italien und Großbritannien (Tabelle 8.4). Die Zahl der Fahrzeuge war ein wichtiger Indikator, weil mit steigender Zahl der Kraftfahrzeuge mehr Service- und Reparatureinrichtungen mit Fahrzeughebebühnen und damit potenziell mehr Curtis Lifts erforderlich waren.

Tabelle 8.4 Zahl der Kraftfahrzeuge (1988) und Größe der Bevölkerung (1989).

	Benutzte Kraftfahrzeuge (in Tausend)			
Land	**Personenwagen**	**gewerblich**	**Neuwagenanmeldungen (in Tausend)**	**Bevölkerung (in Tausend)**
Westdeutschland	28.304	1.814	2.960	60.900
Frankreich	29.970	4.223	2.635	56.000
Italien	22.500	1.897	2.308	57.400
Großbritannien	20.605	2.915	2.531	57.500
Spanien	9.750	1.750	1.172	39.400

Ein Indikator für den zukünftigen Fahrzeugreparatur- und Servicemarkt war die Anzahl der Neuwagenregistrierungen. Die Registrierung neuer Fahrzeuge war wichtig, weil diese die Zahl der im Gebrauch befindlichen Fahrzeuge aufrecht erhielt, da durch sie Autos ersetzt wurden, die stillgelegt worden waren. Wieder wurden 1988 in Westdeutschland die meisten Neuwagen, gefolgt von Frankreich, Großbritannien und Italien, registriert.

Primär auf Grundlage der Tatsache, dass ein großer Inlandsmarkt für das Anfangswachstum wichtig war, sollte sich die Selektion auf die „großen vier“ europäischen Länder beschränken: Westdeutschland, Frankreich, Großbritannien und Italien. In einer internationalen Umfrage hatten Unternehmen aus Nordamerika und Europa europäische Länder auf einer Skala von 1 bis 100 nach ihrem Marktpotenzial und örtlichen Investitionspotenzial eingeordnet. Das Ergebnis zeigte, dass Westdeutschland sowohl in Hinsicht auf das Marktpotenzial als auch auf die örtlichen Investitionsmöglichkeiten die Favoritenstellung einnahm. Es folgten Frankreich, Großbritannien und Spanien auf dem zweiten, dritten bzw. vierten Platz. Italien konnte sich weder beim Markt noch beim örtlichen Investitionpotenzial unter den ersten vier platzieren. In Italien gab es jedoch viele benutzte Kraftfahrzeuge, es hatte die zweitgrößte Bevölkerung in Europa und war anerkanntermaßen führend in Technologie und Herstellung von Kraftfahrzeugen.

Über die Wettbewerbssituation in Europa gab es nur wenig verfügbare Informationen. Dort gab es bis dahin – anders als in Nordamerika – keinen dominierenden Hersteller. Es gab ein deutsches Unternehmen, das einen Scherenlift produzierte. Das Unternehmen verkaufte die meisten seiner Einheiten im deutschen Markt. Die einzige weitere Information war die, dass es in Italien 22 Unternehmen gab, die Kraftfahrzeughebebühnen herstellten.

Investitionsoptionen

Gagnon meinte, dass es für CAH drei Optionen für die Expansion in den europäischen Markt gab: Lizenzierung, Joint Venture oder Direktinvestitionen. Die Lizenzierungsoption war eine reelle Möglichkeit, da ein französisches Unternehmen sein Interesse an der Herstellung des Curtis Lift bekundet hatte.

Im Juni 1990 hatte Gagnon eine Gewerbeausstellung in Detroit besucht, um den Curtis Lift zu fördern. Auf der Ausstellung traf er Phillipe Beaupre, den Marketingmanager von Bar Maisse, einem französischen Hersteller von Radausrichtungsausrüstung. Das Unternehmen war in Chelles (Frankreich) beheimatet und verkaufte ein Sortiment von Geräten zur Radausrichtung in ganz Europa. Das bestverkaufte Produkt war ein elektronischer, modularer Ausrichter, bei dem der Mechaniker ein anspruchsvolles Computersystem zur Ausrichtung der Fahrzeugräder nutzen konnte. Beaupre suchte nach einem nordamerikanischen Distributor für den modularen Ausrichter und andere, von Bar Maisse hergestellte Produkte.

Auf der Ausstellung konnten sich Gagnon und Beaupre ungezwungen unterhalten. Dabei konnten sie sich gegenseitig die Produkte ihrer Unternehmen erklären. Sie tauschten Unternehmensbroschüren und Visitenkarten aus und informierten sich anschließend über andere Ausstellungsstücke. Am nächsten Tag suchte Beaupre Gagnon auf und fragte ihn, ob er ein Interesse daran hätte, dass Bar Maisse den Curtis Lift in Europa herstellen und vermarkten würde. Beaupre glaubte, dass der Lift die Produktlinie von Bar Maisse ergänzen könnte und die Lizenzierung für beide Parteien von gegenseitigem Vorteil wäre. Sie verständigten sich darauf, diese Idee weiter zu verfolgen. Nach seiner Rückkehr nach Lachine erzählte Gagnon Curtis von diesen Gesprächen und beide wollten diese Möglichkeit weiter untersuchen.

Gagnon rief einige Kollegen aus der Industrie an und fragte, was sie von Bar Maisse wussten. Etwa die Hälfte kannte das Unternehmen nicht, aber diejenigen, die bereits von ihm gehört hatten, äußerten sich positiv zur Qualität seiner Produkte. Ein Kollege mit Europaerfahrung kannte das Unternehmen gut und sagte, dass das Management von Bar Maisse Integrität besitzen würde und dass das Unternehmen ein guter Partner wäre. Im Juli schickte Gagnon Beaupre einen Brief, in dem er feststellte, dass CAH an weiteren Gesprächen interessiert sei, und dem er verschiedene Unternehmensbroschüren mit Preislisten und technischen Informationen über den Curtis Lift beifügte. Ende August antwortete Beaupre und führte an, dass Bar Maisse ein dreijähriges Lizenzabkommen mit CAH über die Herstellung des Curtis Lifts in Europa zu treffen wünsche. Als Vergütung für die Herstellungsrechte war Bar Maisse bereit, eine Lizenzgebühr von 5% des Bruttoerlöses zu zahlen. Gagnon hatte diesen Vorschlag bisher noch nicht beantwortet.

Die zweite Möglichkeit war ein Gemeinschaftsunternehmen. Gagnon hatte sich gefragt, ob es nicht besser für CAH wäre, wenn er Bar Maisse einen Gegenvorschlag für ein Joint Venture anbieten würde. Er hatte zwar noch keine Einzelheiten ausgearbeitet, war aber der Meinung, dass CAH mehr über den europäischen Markt erfahren und wahrscheinlich höhere Gewinne einfahren würde, wenn es als aktiver Partner in Europa auftreten würde. Gagnon dachte an eine Fünfzig-Fünfzig-Vereinbarung, bei der sich die beiden Parteien die Investitionen und die Gewinne teilen würden. Er stellte sich eine Situation vor, in der Bar Maisse den Curtis Lift in seinem Betrieb mit technischer Unterstützung von CAH herstellen würde. Gagnon dachte auch daran, dass sich CAH am Marketing des Lifts über das Distributionssystem von Bar Maisse beteiligen könne. Weiterhin glaubte er, dass der Curtis Lift bei entsprechendem Marketing einen erheblichen Anteil am europäischen Markt gewinnen könne. Wenn das geschehen sollte, glaubte Gagnon, dass CAH mit einem Joint Venture wahrscheinlich zu höheren Profiten kommen würde.

Die dritte Option war die Direktinvestition. In diesem Fall würde CAH eine Fertigungsstätte errichten und eine Managementgruppe zur Vermarktung des Lifts einsetzen. Gagnon hatte Kontakt zu einem ihm bekannten Geschäftsmann aufgenommen, der kürzlich an der Herstellung von Stahlschuppen in Deutschland beteiligt gewesen war. Auf der Grundlage seines Gesprächs mit seinem Bekannten schätzte Gagnon die bei der Errichtung einer Fertigungsstätte anfallenden Kosten auf (1) 250.000 $ für Kapitalausstattung (Schweißgeräte, Kräne und andere Ausrüstung), (2) 200.000 $ an inkrementellen Kosten bei der Errichtung der Fertigungsstätte und (3) laufende Kosten von 1 Mio $ zur Deckung der ausstehenden Vorräte und Rechnungen. Obwohl die tatsächlichen Kosten des Anmietens eines Gebäudes für die Fabrik vom Standort abhängen würden, schätzte er die jährliche Gebäudemiete inklusive Heizung, Licht und Versicherung auf ca. 80.000 $. Gagnon wusste, dass es sich bei den Schätzungen nur um Richtwerte handelte, glaubte aber, dass die tatsächlichen Kosten wahrscheinlich um nicht mehr als 20% abweichen würden.

Die Entscheidung

Als Mark Curtis über den Inhalt des Berichts nachdachte, gingen ihm etliche Gedanken durch den Kopf. Er fing an, sich Notizen in Bezug auf die europäischen Möglichkeiten und die Zukunft des Unternehmens zu machen.

- Wenn sich CAH zum Eintritt in Europa entschließen würde, würde die Wahl für den Leiter der Optionen Direktinvestition oder Gemeinschaftsunternehmen Pierre Gagnon treffen. Curtis wusste, dass Gagnon bisher seinen Teil zum Erfolg des Unternehmens beigetragen hatte.
- Obwohl CAH die finanziellen Mittel zur Durchführung der Direktinvestitionsoption zur Verfügung standen, würde das Gemeinschaftsunternehmen die Risiken (und die Gewinne) auf die zwei Unternehmen verteilen.
- CAH hatte sich den Ruf aufgebaut, Qualitätsprodukte zu entwickeln und zu produzieren. Unabhängig von der gewählten Option wollte Curtis, dass der Ruf des Unternehmens gewahrt blieb.
- Sowohl das Lizenzierungsabkommen als auch das Joint Venture schienen auf den Stärken der beiden Unternehmen aufzubauen. Bar Maisse kannte den Markt und CAH besaß das Produkt. Was Curtis Sorgen bereitete, war die Frage, ob diese offensichtliche Synergie funktionieren würde oder ob Bar Maisse versuchen würde, die Kontrolle der Operationen an sich zu ziehen.
- Für alle Optionen waren die Umsätze nur schwer abzuschätzen. Bei den ersten beiden (Lizenzierung und Gemeinschaftsunternehmen) wären sie von den Anstrengungen und Kenntnissen von Bar Maisse abhängig, während sie sich bei der dritten Option auf Gagnon verlassen mussten.
- Die Umsätze von CAH im US-Markt könnten höher ausfallen, wenn der US-Großhändler den Curtis Lift stärker fördern würde. Alternativ konnte auch die Errichtung eines Vertriebsbüros in New York, das für die östlichen Staaten zuständig wäre, die Umsätze erhöhen.

Als Curtis über die Situation nachdachte, wusste er eins sicher: Er wollte sein Unternehmen auf schnellem Wachstumskurs halten und das morgige Treffen mit Gagnon würde für die weitere Vorgehensweise entscheidend sein.

Fragen

1. Bewerten Sie die verschiedenen Markteintrittsmodi hinsichtlich ihrer Eignung für den Eintritt in die EU-Märkte durch Curtis Automotive Hoist.
2. Welche Entscheidung sollte hinsichtlich des Modus für den Ersteintritt in die EU getroffen werden?
3. Spielt es eine Rolle, welches Land der EU für den Eintritt benutzt wird? Erläutern Sie Ihre Antwort.

FALLSTUDIE 8.3

BMWs Übernahme der Rover-Honda-Gruppe

(Aufbereitet von Sunanda Sangwan, Aston University Birmingham, Großbritannien, und Harmut Wächter, Universität Trier, Deutschland. Aktualisierung durch Dr. Barbara Kreis-Engelhardt, Ludwig-Maximilian-Universität München, Deutschland)

In der Hauptniederlassung in Tokyo dachte Nobuniko Kawamoto, Präsident von Honda, zweifelnd über sein Geschäftsbündnis mit Rover nach, das nun 15 Jahre andauerte und Rover wieder zur Rentabilität verholfen hatte. Durch diese Allianz erhielt Rover Zugang zu Design, Konstruktion und Technologie von Honda, während Honda Zugang zum europäischen Markt erhielt. Im Zeitraum der Zusammenarbeit konnten beide Unternehmen ihre Ziele besser verwirklichen, wobei Rover einen hohen Qualitätsstandard erreichen konnte. Er erwartete ein noch engeres Bündnis zwischen den beiden Unternehmen, so dass ihn das Angebot von BMW (Bayerische Motorenwerke), einen 80%-Anteil von Rover zu übernehmen, genauso wie die Autoindustrie überraschte. Am 31. Januar 1994 gab British Aerospace bekannt, dass es seine Anteile an Rover für 800 Mio. Pfund an BMW verkaufen würde. Dieser Abschluss war ein Schock für Honda, das den verbleibenden 20%-Anteil an Rover besaß und offensichtlich erst wenige Tage vor der abschließenden Ankündigung über die andauernden Verhandlungen informiert worden war.

British Aerospace hatte seinen Anteil an Rover 1998 für 150 Mio. Pfund erworben, als das Unternehmen privatisiert wurde. Es wurde behauptet, dass es von der britischen Regierung zu einem niedrigen Preis verkauft wurde. Der anschließende 800-Mio.-Pfund-Abschluss von British Aerospace wurde von einigen als Verkauf des Familiensilbers angesehen.

Dieser Abschluss hatte für die Automobilindustrie mehrere Auswirkungen, wie z.B. auf die Zukunft des Honda-Unternehmens in der europäischen Automobilindustrie, den Übergang von Britanniens letztem Autohersteller in ausländische Kontrolle und vor allem die Wettbewerbsposition von BMW in der globalen Autoindustrie. Er machte auch die unterschiedlichen Unternehmensführungsstile der Briten, Deutschen und Japaner deutlich.

Entscheidungsprozess für die Übernahme

Honda war nicht geneigt, seine Beteiligung an Rover zu erhöhen, weil es der prinzipiellen Überzeugung war, dass es wegen des großen Einflusses auf die britische Gesellschaft wenigstens einen britischen Autohersteller geben sollte. Trotzdem hatte Honda eingewilligt, seine Beteiligung an dem auf 600 Mio. Pfund geschätzten Rover von 20% auf 47,5% zu erhöhen. British Aerospace verkaufte es jedoch an BMW, das das Unternehmen mit 1 Mrd. Pfund bewertete.

Hondas Europastrategie unterschied sich von der seiner einheimischen Konkurrenten Toyota und Nissan. Wie Herr Kawamoto sagte: „Weil Rover das letzte und einzige britische Automobilunternehmen war, waren wir der Meinung, es solle britisch bleiben.“[1] Die japanische Industrie reagierte ungläubig darauf, wie unzuverlässig ein westlicher Verbündeter sein kann! Das heißt nicht, dass japanische Unternehmen davon ausgehen, dass Bündnisse ewig andauern, aber Kooperationen werden in Japan nicht auf die leichte Schulter genommen. Wenn sich zwei Unternehmen zu einem Handel entschließen, wird häufig erwartet, dass es zu einer langfristigen Zusammenarbeit kommt, die über kaltblütige wirtschaftliche Entscheidungen hinausgeht. Einige britische MPs waren ebenfalls wütend und behaupteten, dass der Verkauf eine Beleidigung für die Japaner wäre, die dem britischen Unternehmen in dessen schlimmster

Zeit geholfen hatten.[2] Doch, wie ein Kenner der Automobilbranche feststellte, „dürften die meisten gerecht denkenden Japaner der Meinung sein, dass Honda sich einen Dreck darum gekümmert hätte. Mit ihren Starallüren haben sie einfach nur dagesessen und zugesehen, wie es ihnen von so einem Fräulein weggeschnappt wurde."

Übernahme: Riskanterer, aber schnellerer Weg zur internationalen Expansion

Anders als beim ähnlichen, aber erfolglosen Übernahmeversuch zwischen den französischen und schwedischen Automobilherstellern Renault und Volvo, hat dieser Handel scheinbar sowohl für BMW als auch für Rover offensichtlich Vorteile. Aus der BMW-Perspektive heraus besteht der Sinn des Abschlusses mit der Übernahme von 17 neuen Modellen wohl vorwiegend in der Möglichkeit zum Eindringen in neue Marktsegmente der Automobilindustrie. Damit übernimmt BMW auch die Markennamen MG, Austin und Riley, die es wiederzubeleben gedenkt. BMW erhielt damit einen schnellen und relativ preiswerten Zugang auf die Märkte der kleineren Fahrzeuge, ohne dabei den Ruf seiner eigenen hochpreisigen Marken zu gefährden. Mit steigendem globalen Wettbewerb und der zunehmenden Fragmentierung des Automobilmarkts musste es in neue Segmente eindringen und sein Produktportfolio diversifizieren. BMW besaß bereits hochrangige Produkte in den oberen Nischen des Markts mit hohen Gewinnspannen. Durch das Produktionsniveau von einer Mio. Einheiten kam es zwar in den oberen Nischen in den Bereich degressiver Kosten, aber die Wachstumschancen waren beschränkt. Der zunehmende Wettbewerb führte zu nachlassendem Absatz im größten Markt, nämlich dem der USA. Angesichts der beschränkten Möglichkeiten in den entstehenden Märkten bestand die Notwendigkeit des Eindringens in die unteren Marktsegmente, für die ein Wachstum allgemein prognostiziert wurde. Das Unternehmen hatte bereits die Rolle eines globalen Spielers inne und wurde – durch die Übernahme der Land-Rover-Produktpalette, der Mini- und Metro-Modelle von Rover – definitiv zu einem der führenden Spieler der globalen Automobilindustrie.

Zudem würde die innerbetriebliche Entwicklung eines kleinen Automotors und eines geländegängigen Vierradantriebs mehrere Jahre und erhebliche Investitionen in Forschung und Entwicklung erfordern. Anders als sein Konkurrent Mercedes-Benz konnte BMW diesen Prozess durch die Übernahme vermeiden. Es wird geschätzt, dass Land Rover und die kleinen Autos wahrscheinlich mehr als den gezahlten Preis wert sind. Rover besaß einen Anteil von 13,4% am britischen Automarkt und der Anteil in Europa sollte laut Prognose steigen. Zusammen werden BMW und Rover über einen Anteil von 7% am europäischen Markt und über eine Produktpalette verfügen, die nur wenige Mitbewerber zu bieten haben. 1993 konnten die beiden Unternehmen auch Gewinn machen, während die meisten anderen Konkurrenten, einschließlich des Marktführers Volkswagen, in die Verlustzone gerieten.

Weiterhin hatte Rover während der Jahre der Zusammenarbeit japanische Produktions-, Konstruktions- und Managementverfahren kennen gelernt. Durch die Übernahme erhält BMW direkten Zugriff auf dieses Wissen und erhält zudem eine preisgünstige Produktionsbasis in Großbritannien, die sich zukünftig nutzen lässt. Es deutet jedoch nichts darauf hin, dass BMW-Automobile in Großbritannien bei niedrigen Lohnkosten produziert werden. Der BMW-Vorsitzende Berend Pietchetrieder sagte dazu: „Wenn wir Autos allein auf der Grundlage billigerer Arbeit produzieren wollten, würden wir einen Betrieb in der Ukraine errichten. Unsere Investitionen sind marktbezogen und werden nicht von den Arbeitskosten bestimmt".[5] Diese Aussage vereinfacht den Sachverhalt zu sehr, denn ein deutscher Investitionsbanker sagte auch,[6] dass BMW den Wettbewerb zwischen seinen Arbeitern und den Angestellten von

Rover hinsichtlich der Produktivitäts- und Qualitätsnormen nicht effizient wahren könne und dass die Vorteile niedrigerer Löhne für qualifizierte Arbeit nicht unterschätzt werden dürften.

Die Übernahme ist auch für Rover von Vorteil, das Zugang auf das Vertriebsnetz von BMW erhält und dadurch jährlich geschätzte 100.000 Einheiten mehr verkaufen kann. Weiterhin würde die Übernahme Rover nicht nur technische und fertigungstechnische Unterstützung von BMW einbringen, sondern es auch bei Neuinvestitionen in Produktentwicklung, Forschung und Entwicklung unterstützen. BMW hat bereits Investitionen von 1 Mrd. Pfund in den nächsten fünf Jahren zugesagt. Das BMW-Rover-Unternehmen würde die Kosten durch die gemeinsame Distribution, den gemeinsamen Einkauf von Einzelteilen, die gemeinsamen Dienstleistungs-, Forschungs- und Entwicklungsaktivitäten senken können. Es wird geschätzt, dass BMW kurzfristig 5% der Kosten durch den gemeinsamen Einkauf von Einzelteilen, die nicht modellgebunden sind (z.B. Batterien und Reifen), würde einsparen können.[7]

Auch bei den Produkten selbst gilt es einige wichtige Dinge zu berücksichtigen. Es wird erwartet, dass die Modellpaletten der Rover-Serien 600 und 800 und der BMW-Serien 3 und 5 auch weiterhin miteinander konkurrieren werden, aber Berend Pietchetrieder behauptete, dass „das unabhängige Management der beiden Marken die wichtigste Vorbedingung für den Erfolg dieses neuen Abschlusses sei. Sie werden keine 3er-Serie neben einem Rover 600 in demselben Verkaufsraum sehen. Ich will sicherstellen, dass es eine klare Positionierung der Rover- und BMW-Produkte geben wird."[8] Kenner der Automobilbranche unterstützen die Strategie, die Marken Rover und BMW auch weiterhin voneinander zu trennen, „insbesondere, wenn sie so stark wie Rover und BMW sind".[9] In der Vergangenheit hat es Beispiele wie Citröen und Peugeot oder Volkswagen und Audi gegeben, bei denen erfolglos versucht worden war, die Marken zusammenzuführen. Der BMW-Vorsitzende bestand darauf, dass „sich die Produktpaletten von Rover und BMW ergänzen und unsere unterschiedlichen regionalen Stärken eine mächtige Synergie bieten."[10] Zweifellos würde Rovers Erfolg in den in Ostasien und Lateinamerika entstehenden Märkten BMW einen Zugang zu diesen Märkten verschaffen, in denen die eigene hochpreisige Produktpalette nur beschränkten Erfolg hatte.

Managementfragen bei der Übernahme

BMW war zwar hinsichtlich seines Absatzes ein globales Unternehmen, ist aber bei Produktion und Marketing im Wesentlichen heimatgebunden vorgegangen. Die Internationalisierung der Produktion außerhalb Deutschlands blieb recht beschränkt. BMW besaß lediglich Fertigungsstätten in Österreich und den USA und ein Montagewerk in Südafrika. BMW drang vorwiegend über Exporte in andere Märkte ein, so dass es die Qualität seiner Produkte und die Kontrolle über die Herstellung bewahren konnte. Vorwiegend aufgrund der starken Importbeschränkungen ließ sich das Unternehmen zur Montage völlig in Einzelteile zerlegter Einheiten auf Joint Ventures mit lokalen Montagestätten in Ostasien und Lateinamerika ein. Daher sind die Erfahrungen des Unternehmens im Umgang mit anderen Kulturen und der Beschaffung im Ausland beschränkt. Dies kann im Zeitraum nach der Übernahme zu Problemen führen. Der deutsche Führungsstil erfordert ein hohes Maß an Qualitäts- und Managementkontrolle, und einige interne Konflikte wurden bereits ausgelöst. Ungeachtet der früheren Versprechungen von BMW, sich nicht in das Rover-Management einzumischen, wurde der britische Rover-Direktor durch einen Deutschen ersetzt.

Zudem steht die Beziehung zu Honda ebenfalls unter Druck. Honda entschloss sich, seinen Eigenkapitalanteil von 20% an Rover zurückzuziehen. Diese Entscheidung würde in Großbritannien kurz- bis mittelfristig zu einem Verlust von mehreren tausend Arbeitsplätzen führen. Selbst wenn Honda seine Beteiligung an aktuellen Projekten fortsetzen würde, wären in naher Zukunft Arbeitsplatzwechsel erforderlich.

Auswirkungen auf Honda

BMW scheint nicht Hondas Europastrategie zu folgen, die für eine 15-jährige andauernde Zusammenarbeit gesorgt hatte. Seit 1979 hatte Honda den größten Teil der Technologien zur Verfügung gestellt, mit denen die Produktpalette von Rover und dessen Werke wiederbelebt werden konnten. Der Managementstil änderte sich mit der Übernahme und es war unvermeidlich, dass Hondas 20%-Beteiligung schon bald der Vergangenheit angehören würde. Honda zog nicht nur seine Eigenkapitalbeteiligung zurück, sondern kündigte auch seine finanziellen Verbindungen mit Rover auf und bewertet die erteilten Konzessionen und Handelsvereinbarungen neu. Durch die Übernahme muss Honda eine neue Strategie für Europa verfolgen. Nobuniko Kawamoto kündigte an, dass „unsere Europastrategie bisher die Zusammenarbeit mit Rover einschloss. Für die Zukunft planen wir für Europa eine unabhängigeres Vorgehen, bei dem wir eigene Ressourcen nutzen werden.“[11] Honda könnte weitere Einnahmen verlieren, da es Motoren und andere Komponenten im Wert von ca. 400 Pfund an Rover liefert. Honda ist mit seiner Gesamtproduktion und seinem Marktanteil in der Heimat viel kleiner als Toyota oder die Nissan-Gruppe, so dass es wesentlich von der Strategie der Auslandsinvestition und -produktion abhängig ist. Diese muss nun geändert werden, insbesondere, da Hondas Absatz auch von der Rezession betroffen ist. Es wurde kritisiert, dass BMW Honda nicht zum Verbleib im Abkommen überredet hat, weil Rover ohne Hondas Technologie keine günstige Übernahme wäre. Kurzfristig scheinen aus dieser Übernahme für Honda die größten Probleme zu entstehen.

Zukünftige Strategien

Aufgrund des Preiswettbewerbs und der Rezession ist der Absatz von Automobilen in Westeuropa mengenmäßig zurückgegangen. Die Automobilindustrie hat sich selbst umstrukturiert, um dem Wettbewerb und anderen Marktentwicklungen gerecht zu werden. Rover war bei Forschung und Entwicklung und bei den Motoren stark von Honda abhängig, und BMW muss jetzt in Forschung, Entwicklung und den Entwurf neuer Modelle investieren, wenn der Zyklus der aktuellen Modelle Neuerungen erforderlich macht. Es ist nach wie vor der Wunsch von BMW, so schnell wie möglich Marktanteile zu gewinnen. Es gibt aber Anzeichen dafür, dass Forschung und Entwicklung in Deutschland verbleiben könnten, um die Qualitätskontrolle weiterhin zu gewährleisten. Es gibt Hinweise darauf, dass BMW mit dem Ziel, die größte Automobilgruppe der Welt mit Produkten in allen Marktsegmenten zu werden, die Übernahme der Rolls-Royce-Gruppe plant und sich so zu einem wirklich globalen Unternehmen weiterentwickelt. Es ist wohlbekannt, dass BMW bereits vor Rover-Honda auf Rolls Royce zugegangen ist, diese Übernahme aber gescheitert ist. Der Kauf von Rover hat BMW sicherlich nicht davon abgehalten, einen neuen Anlauf bei Rolls Royce zu nehmen. Aktuell steht BMW jedoch in den nächsten Jahren vor der schwierigen Aufgabe der Verhandlung mit Honda, um sich von dieser Beziehung zu befreien und die vollständige Kontrolle über das Unternehmen zu erhalten. Ferner ist bekannt, dass der Kauf von Rover negative Konsequenzen für BMW zur Folge hatte und weitere notwendige Schritte nach sich zog.

Anmerkungen

1. *Financial Times*, 11. Februar 1994.
2. *The Times*, 22. Februar 1994
3. *The Independent*, 22. Februar 1994.
4. *Economist*, 5. Februar 1994.
5. *Automotive News*, 28. Februar 1994.
6. *Financial Times*, 1. Februar 1994.

7. *Automotive News*, 28. Februar 1994.
8. *Marketing Week*, 4. Februar 1994.
9. *Marketing Week*, 4. Februar 1994.
10. *Frankfurter Allgemeine Zeitung*, 10. Februar 1994.
11. *The Guardian*, 23. Februar 1994.

Fragen

1. Warum zog es British Aerospace vor, seine Beteiligung an Rover an BMW zu verkaufen, statt seine Zusammenarbeit mit Honda weiterzuentwickeln? Ist es angemessen, vom „Verkauf des Familiensilbers" und „einer Schädigung der Beziehungen zu Japan" zu sprechen?
2. Warum soll der Verkauf von Rover an BMW ein derartiger Schock für Honda gewesen sein? Handelte es sich wirklich um einen „Vertrauensverrat"? Welche Lehren sollte Honda aus dieser Erfahrung ziehen? Könnte sie Auswirkungen auf zukünftige britisch-japanische Joint Ventures haben?
3. Wie sehen Hondas zukünftige Strategien für Europa und weltweit aus, nachdem diese Zusammenarbeit gescheitert ist?
4. Was hat BMW zur Übernahme von Rover motiviert? Welche Fragen müssen nach der Übernahme geklärt werden, wenn die Übernahme erfolgreich sein soll?
   Welche Unterschiede gibt es zwischen den westeuropäischen (britischen und deutschen) und japanischen Einstellungen und Managementstilen?
5. Was hat BMW im Nachhinein zum Verkauf von Rover motiviert? Was ist bei der Übernahme schief gegangen? Welche Faktoren wurden nicht berücksichtigt?

KAPITEL 9

Produktentscheidungen

9.1 Einleitung

Bei allen Unternehmen, vom größten multinationalen bis hin zum kleinsten Exporteur, spielen Produktentscheidungen auf allen Managementebenen eine Rolle. Das Topmanagement ist aber, obwohl es letztlich die Entscheidungsprozesse über Produkte leiten und kontrollieren muss, teilweise von den Informationen (z.B. Marktanalysen) und der Planung und Umsetzung der Entscheidungen hinsichtlich der Merkmale der angebotenen Produkte, Produktlinien, Markennamen und Verpackung vom Marketingpersonal abhängig.

Die Aufgaben sind für Unternehmen, die in mehreren ausländischen Absatzmärkten operieren, äußerst komplex. Kunden verschiedener Länder stellen unterschiedliche Anforderungen, so dass multinationale Entscheidungen über Produktmerkmale und Produktverpackungen äußerst schwierig sind. Zur Verdeutlichung betrachten wir den Fall vollautomatischer Waschmaschinen in Westeuropa zu der Zeit, als nur wenige Haushalte halbautomatische und viele sogar manuelle Maschinen hatten. Hoover Limited, die englische Tochtergesellschaft eines amerikanischen Unternehmens, führte damals Studien über die Präferenzen von Verbrauchern in westeuropäischen Ländern durch.

9.2 Produktpolitik

Die Produktpolitik besitzt im internationalen bzw. Exportmarketing zwei wesentliche, voneinander abhängige Dimensionen: (1) Produktplanung und -entwicklung und (2)Produktstrategie. Diese betreffen sowohl einzelne Produkte selbst als auch das gesamte Produktsortiment. Das Produktsortiment bezieht sich auf die Menge (oder Auswahl) der Produkte, die Unternehmen den Kunden anbieten. Diese Auswahl kann sowohl aus einer oder mehreren Produktlinien als auch aus einzelnen Produkten bestehen, die außerhalb der Produktlinien stehen. Produktlinien sind Gruppen von Produkten, die sich ähneln oder gemeinsame Merkmale besitzen. Zum Beispiel werden sie an dieselbe Kundengruppe verkauft, über dieselben Distributionskanäle vertrieben oder es handelt sich einfach um verschiedene Versionen (Modelle) desselben Produkts. Dies sind die wichtigen Fragen der Produktpolitik, mit denen sich Exportunternehmen befassen müssen:

- Soll sich das Unternehmen weiter für sein bestehendes Produktsortiment engagieren, wenn die Produkte das Reifestadium erreicht haben?
- Wie intensiv sollte das Unternehmen Strategien zur Beschaffung/Neueinführung neuer Produkte verfolgen?
- Welche organisatorischen Anforderungen sind für das Verfolgen der letzen beiden Ansätze erforderlich?

Beim Exportmarketing wird die Produktstrategie in Politiken übersetzt, die die Produktadaption oder Standardisierung (Globalisierung) betreffen. Diese befassen sich mit dem Ausmaß, in dem das Exportunternehmen seine Produkte an ausländische Märkte anpasst (adaptiert). Die Produktstrategie definiert zusammen mit der Marktselektion die Exportmarketing-Strategie des Unternehmens. Sie lässt sich im Rahmen einer Produkt/Markt-Matrix darstellen. Ein Ansatz für Produktentscheidungen wird in Beispiel 9.1 dargestellt.

BEISPIEL 9.1

Ein Ansatz für Produktentscheidungen

Anfang der 80er Jahre hatten japanische Unternehmen in vielen Industriesparten die globale Marktführung übernommen. Was lässt sich aus den Erfolgen lernen, die sich auf die Produktplanung und -entwicklung und Produktstrategien als Elemente der internationalen Marketingaktivitäten beziehen (Kotler und Fahey, 1982)?

Ein Schlüssel zum Erfolg scheint die kontrollierte Entwicklung eines Produktmarkts zu sein. Dies bedeutet, dass Unternehmen nicht nur den Produktlebenszyklus der individuellen Produkte, sondern auch die Entwicklung komplexer Sortimente und Märkte kontrollieren und steuern sollten. Ferner ist es entscheidend, die Reihenfolge des Markteintritts, die herzustellenden Produkte und die einzusetzenden Marketingtaktiken sorgfältig festzulegen.

Ein weiterer Schlüssel liegt in der Erforschung der Industrieentwicklung, insbesondere der Übereinstimmung zwischen Produkten und Märkten. Unternehmen können speziell nach Marktsegmenten mit starker Kostendegression und starken Lernkurveneffekten Ausschau halten. Eine mögliche Strategie wäre der Markteintritt mit einem niedrigpreisigen *verbesserten* Produkt, um große Marktanteile zu gewinnen. Kostendreggressions- und Lernkurveneffekte gewinnen durch die Entwicklung neuer Produktkonzepte und Modifikationen existierender Produkte, die auf große Sektoren mit unbefriedigter Nachfrage abzielen, an Bedeutung. Der Ansatz besteht darin, Produktmarktsegmente auszuwählen, die die Entwicklung der Produktmärkte vereinfachen, und nicht nur einfach bestehende Märkte zu erobern. Ein wesentliches Ziel sollte im Angriff verwandter Marktsektoren bestehen. Häufig ist hier die Einführung „abgespeckter" Versionen der Standardprodukte eine geeignete Strategie.

Ein weiterer Ansatz ist der Eintritt in neue Märkte durch das Anbieten neuer Produktmerkmale. Als Beispiel kann hier die Entwicklung der digitalen Quartzuhren durch Seiko als Alternative zu mechanischen Uhren dienen. Auf der anderen Seite können Unternehmen Produkte anbieten, die weniger anspruchsvoll als existierende sind. Es gibt möglicherweise Segmente, in denen Sonderfunktionen und Extras nicht erwünscht sind.

Unabhängig von der verfolgten Strategie gibt es zwei weitere, äußerst wichtige Variablen. Erstens sollten Unternehmen, um letztlich Zuverlässigkeit zu erreichen, Produkte höchster Qualität entwickeln und herstellen. In der heutigen Zeit des totalen Qualitätsmanagements und der ISO-9000-Standards wird dies entscheidend für den Erfolg. Zweitens muss es Vorkehrungen für Dienstleistungen geben, so dass Kunden mit Serviceproblemen leicht geholfen werden kann.

Wurde erst einmal eine gewisse Marktposition erreicht, können Unternehmen auf die Beherrschung des Produktmarkts hinarbeiten. Dies kann auf Grundlage zwei verschiedener Aktionen geschehen:

1. Fortlaufende Produktentwicklung zwecks Verbesserung, Aktualisierung und größerer Verbreitung der Produkte. Die letztere Aktivität kann die Herstellung vieler Produktversionen bedeuten, die sich für verschiedene Endkunden- und Einkommensgruppen eignen.
2. Strategien zur Entwicklung der Märkte, zu denen Segmentierung, Produktabfolge und Flexibilität zählen.

Wir definieren ein Produkt als all das, was der Verbraucher oder industrielle Käufer/Anwender erhält, wenn er den Kauf tätigt oder das Produkt benutzt. Formaler definiert ist ein Produkt (oder eine Dienstleistung)

> *die Summe aller physischen und psychologischen Befriedigungen von Bedürfnissen, die der Käufer (oder Benutzer) als Ergebnis des Kaufs und/oder der Verwendung eines Produktes erhält.*

Da das Produkt alles einschließt, was der Käufer oder Benutzer als Bestandteil des Produkts wahrnimmt, kann man sagen, dass es aus diesen drei wesentlichen Komponenten besteht:

1. physisches Kernprodukt.
2. Produktverpackung.
3. begleitende Dienstleistungen.

Spezifische Dimensionen jeder dieser Komponenten werden in Abbildung 9.1 dargestellt. Außerdem lässt sich der Preis auch als Teil eines Produktes sehen, weil Käufer ein Produkt mit einem Preis von 10 DM von demselben Produkt (Kernprodukt, Verpackung und Dienstleistungen) mit einem Preis von 17 DM unterscheiden. Der Preis ist jedoch für sich selbst genommen ein Element des Exportmarketing-Mixes und wird daher separat (in Kapitel 10) besprochen.

Abbildung 9.1 Dimensionen eines Produkts.

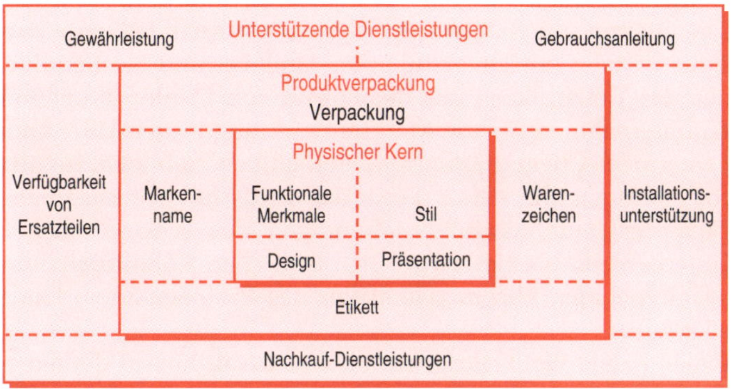

9.3 Produktplanung und -entwicklung

Im internationalen/Exportmarketing gibt es vier bedeutende Formen der Produktentwicklung:

1. Neuproduktentwicklung oder Erweiterung.
2. Änderung bestehender Produkte.
3. Aufspüren neuer Einsatzgebiete für existierende Produkte.
4. Produkteliminierung.

All diese Entscheidungsbereiche sind für den Erfolg der Zusammensetzung des Produktsortiments wichtig, auch wenn die größte Aufmerksamkeit häufig auf das Problem der Entwicklung, dem Hinzufügen von Merkmalen und der Modifikation neuer Produkte gelegt wird. Da sich alle Produkte in den verschiedenen nationalen Märkten in unterschiedlichen Stadien ihres Lebenszyklus befinden können, sind Überlegungen hinsichtlich potenzieller neuer Einsatzmöglichkeiten und der Produkteliminierung genauso notwendig wie die über andere Facetten der Produktentwicklung, wenn ein Unternehmen effektiv in Auslandsmärkten operieren will.

9.3.1 Neue Produkte

Unternehmen können ihr Produktsortiment auf vielerlei Art und Weise durch Produkte zur Vermarktung im Ausland durch Exporte erweitern. Das unmittelbarste Verfahren ist der *Export einheimischer Produkte*. Diese Strategie lässt sich zumindest anfangs leicht umsetzen und verursacht relativ geringe Kosten.

Eine weitere relativ einfache Möglichkeit, die aber sicherlich nicht die wirtschaftlichste darstellt, ist die *Übernahme eines Unternehmens* oder von Unternehmenszweigen eines Unternehmens, das Produkte hat, für die es potenzielle oder existierende ausländische Märkte gibt. Beim übernommenen Unternehmen kann es sich um eine ausländische Firma handeln, deren Produkte auf den eigenen Inlandsmarkt und vielleicht auch auf Drittmärkte zugeschnitten sind (z.B. die Übernahme des Fernsehbereichs von Motorola in den USA durch das in Japan ansässige Matsushita Electrical), oder es kann sich um ein Unternehmen im Inland des Käufers handeln. In den 70ern und in einem gewissen Ausmaß auch in den späten 80ern wurden die Fusionen und Übernahmen in ganz Europa fast zu einer „Bewegung", durch die Unternehmen gebildet werden sollten, die unter anderem für die Durchführung teurer Produktentwicklungsprogramme groß genug sein sollten. Derartige Fusionen führten teilweise zur größeren Marktmacht in einer Industrie oder zur Diversifikation. Unilever und Nestlé bildeten z.B. ein Joint Venture im Bereich der Tiefkühlkost, aus der Fusion von Dunlop und Pirelli ergab sich ein mächtigeres Reifenunternehmen für die Marktentwicklung in den USA und Ciba und Geigy fusionierten, um ein großes Chemie-/Pharmaunternehmen zu bilden. In jüngerer Zeit erwarb der amerikanische Automobilhersteller Ford das britische Unternehmen Jaguar, General Motors kaufte 50% der Automobilunternehmungen des schwedischen Saab-Scania, das schweizerische Unternehmen Nestlé erwarb den britischen Konditoreibetrieb Rowntree und das malaysische Unternehmen Hicom (Hersteller des Protonenautos) kaufte den britischen Automobilhersteller Lotus.

Viele Übernahmen haben viel Geld gekostet, was daraufhin zu deuten scheint, dass man die teure Übernahme von Unternehmen mit etablierten Marken langfristig für günstiger als die Investition in den Aufbau neuer Unternehmen (und Marken) hält. Obwohl es sich um Beispiele sehr großer Unternehmen handelt, kommen Übernahmen für alle Unternehmen in Frage, die über die dafür erforderlichen Mittel verfügen.

Unternehmen können ihre Angebotspalette auch dadurch erweitern, dass sie von anderen entwickelte, erfolgreiche *Produkte kopieren*. Viele Unternehmen scheinen diesen Ansatz mit unterschiedlich starkem Erfolg zu verfolgen, obwohl es sich dabei sicherlich nicht um die Vorgehensweise des Marktführers handelt.

Verwandt damit ist die internationale Vermarktung von Produkten, die von anderen Unternehmen erfolgreich entwickelt und national eingeführt worden sind. In der Vergangenheit verkaufte Colgate z.B. Rasierklingen für das britische Unternehmen Wilkinson und Pritt-Klebestifte für Henkel Deutschland in vielen Märkten der Welt. Diese Vorgehensweise entspricht im Grunde genommen dem in Kapitel 7 besprochenen Huckepack-Marketing.

Abbildung 9.2 Entscheidungsprozess bei neuen Produkten.

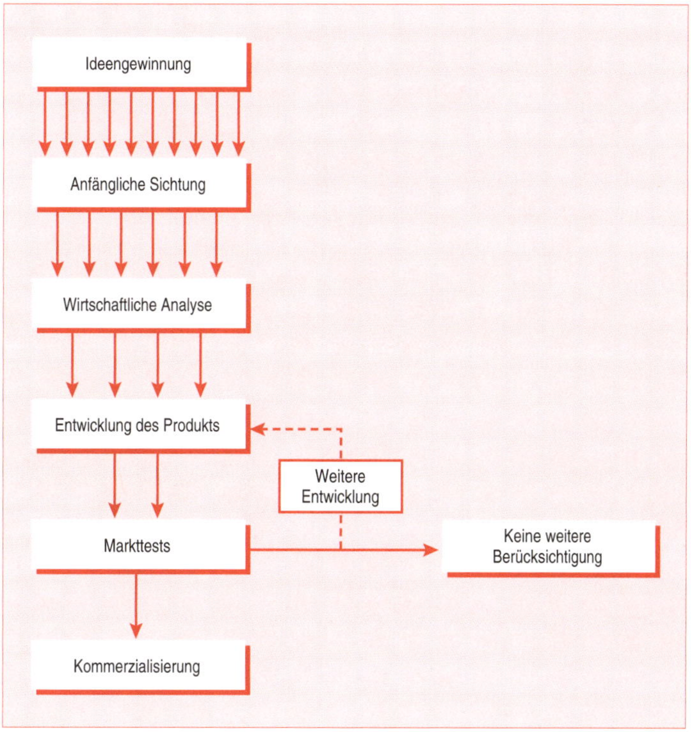

Schließlich können Unternehmen ihre neuen Produkte durch *interne Produktentwicklungen* gewinnen. Im Unterschied zu dem von Ford und General Motors ergriffenen Übernahmeansatz entwickelten Toyota und Nissan ihre Luxuswagen Lexus bzw. Infiniti selbst neu. Den Prozess der internen Produktentwicklung kann man als evolutionären, aus mehreren Phasen bestehenden Prozess sehen. Dieser wird in Abbildung 9.2 dargestellt. Mit dem Fortschreiten des Prozesses von der Ideenentwicklung über die Bewertung, die Entwicklung bis zur Kommerzialisierung bzw. Einführung werden die jeweiligen Phasen sowohl hinsichtlich der eingesetzten Zeit als auch der benötigten Geldmittel zunehmend teurer. Dies gilt insbesondere für die Entwicklung von Arzneimitteln, bei denen die Zeitspanne zwischen der Entdeckungsphase und realisierten Umsätzen häufig 10 bis 15 Jahre beträgt. Die Kosten einer falschen Entscheidung erhöhen sich zunehmend von Phase zu Phase. Ein Merkmal des Prozesses ist die Existenz einer sog. Verfallskurve neuer Produktideen, durch die es in den einzelnen Phasen zu einer zunehmenden Ablehnung von Ideen oder Projekten kommt. Die Entwicklung eines neuen Arzneimittels durch das schwedische Unternehmen Pharma Swede wird z.B. in Abbildung 9.3 dargestellt. Nur ein Arzneimittel blieb von den anfänglich 10.000 Möglichkeiten übrig. Ähnlich nimmt in Abbildung 9.2. die Zahl der Pfeile, die von der jeweiligen Phase ausgehen, von Phase zu Phase ab. Den in neu industrialisierten Ländern eingesetzten Prozess und deren Vorgehensweise verdeutlicht Beispiel 9.2.

Abbildung 9.3 Pharma Swede: Die Entwicklung eines neuen Arzneimittels.

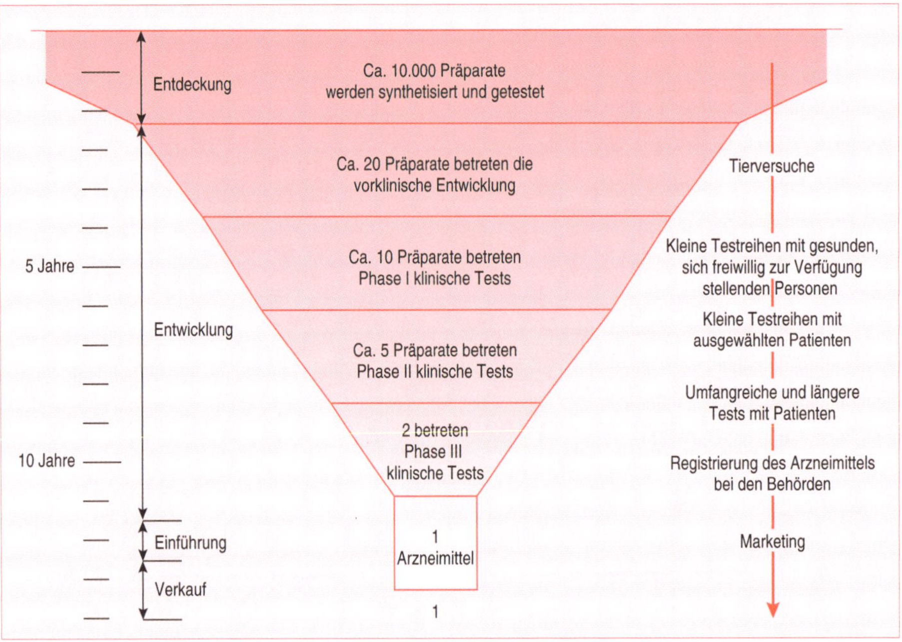

Quelle: Quelch, Kashani und Vandermerwe, 1994, S. 173.

BEISPIEL 9.2

Produktentwicklung in Unternehmen neu industrialisierter Länder (NICs)

Multinationale Unternehmen aus neu industrialisierten Ländern (den sog. NICs – Newly Industrializing Countries), wie z.B. Korea, Taiwan, Singapur und Hongkong, erhöhen ihre Präsenz in den Weltmärkten. Einer der wesentlichen Gründe für den Erfolg derartiger Unternehmen war das Eindringen in Märkte mit einer Exportstrategie, die auf preiswert angebotenen Konkurrenzprodukten basierte. Unternehmen aus neu industrialisierten Ländern sind mit der Imitation und Herstellung standardisierter, reifer Produkte sehr erfolgreich gewesen. Diese Unternehmen stellen jedoch zunehmend fest, dass es notwendig ist, innovativere Produktziele und -politiken zu entwickeln.

Wie die folgende Abbildung zeigt, gibt es ein Kontinuum von Produktinnovationen, das aus vier wesentlichen identifizierbaren Phasen besteht. Unternehmen mit mehreren Produkten und einer einzelnen Produktlinie können jederzeit mehr als eine Position entlang des Kontinuums einnehmen. Die meisten Hersteller aus neu industrialisierten Ländern haben als Marktfolger angefangen und Imitationen produziert. Mit zunehmender Dynamik der Auslandsmärkte fand eine Aufwärtsbewegung im Spektrum statt. Tatsächlich versuchten viele der multinationalen Unternehmen aus neu industrialisierten Ländern die japanischen Handels-/Produktions-/Bankkonglomerate nachzubilden.

Beispiel 9.2 (Forts.)

Vorhandene Produkte	Modifizierte Produkte	Verbesserte Produkte	Neue Produkte	
(Imitator)	(Modifizierer)	(Verbesserer)	(Innovator)	
Marktfolger		Marktführer		
Unternehmens-ziele	Kurzfristig	Kurzfristige Gewinne	Marktentwick-lung	Marktpene-tration
	Gewinn	Marktpräsenz	Umsatzsteige-rung	Umsatzmaxi-mierung
			Mittelfristige Gewinne	Langfristige Gewinne
Markenpolitik	Wichtige fremde Marke (z. B. Sears, J.C. Pen-ney)	Mehrere fremde Marken	Fremde und eigene Marken	Nur eigene Marken

Abbildung 1 Produktinnovationskontinuum

Hersteller aus neu industrialisierten Ländern sind recht talentiert bei der Herstellung verbesserter Versionen der ursprünglich imitierten Produkte. Es hat selektive Modifikationen bei Produkten wie Fernsehern, Kugelschreibern und Feuerzeugen gegeben. Die Elektronikexporte nach Europa und in weniger entwickelte Länder umfassen auch Produktmodifikationen. Im Allgemeinen werden im Zuge der Modifikation das Aussehen und die Merkmale der Produkte geändert. Die Produktgestaltung lässt sich durch das Aufrüsten (es werden weitere oder komplexere bzw. anspruchsvollere Merkmale hinzugefügt) oder Abspecken (es werden Merkmale entfernt oder vereinfacht) erreichen.

Da Ressourcen und technologische Fähigkeiten hemmende Faktoren sind, bleiben die meisten Unternehmen aus neu industrialisierten Ländern Imitatoren und Modifizierer. Wie die folgende Tabelle zeigt, waren jedoch einige Unternehmen in der Lage, zu Marktführern bei Produkten wie z. B. Ventilatoren, elektrischen Kochherden und Rechenmaschinen zu werden. Mit der Modifikation hat man eine Möglichkeit, die sich technologisch umsetzen lässt und mit der man marktorientiert sein kann, ohne dass man umfangreiche Kapital-, Forschungs- und Entwicklungsressourcen einsetzen muss.

Ausgewählte Produkte von Unternehmen aus neu industrialisierten Ländern im Innovationskontinuum

Produkte	**Position im Kontinuum**	**Quelle der Innovation**
Avionik (Radio- und Radaranla-gen)	Imitator	USA
Hi-fi-Stereo	Imitator	Japan
Fernsehen	Imitator/Modifizierer	USA, Japan, Europa
Kühlschrank	Modifizierer	USA, Japan

Beispiel 9.2 (Forts.)

Ausgewählte Produkte von Unternehmen aus neu industrialisierten Ländern im Innovationskontinuum (Forts.)		
Produkte	**Position im Kontinuum**	**Quelle der Innovation**
Waschmaschinen	Modifizierer	Japan
Elektrischer Ventilator	Produktführer/Innovator	Inland
Kochgeräte (elektrische Kochherde)	Produktführer/Innovator	Inland
Rechenmaschinen	Produktführer/Innovator	Inland

Quelle: nach Ting, 1992.

Ferner ist es wichtig, sich mit den vier folgenden Aspekten auseinanderzusetzen:

1. Standort der Forschungs- und Entwicklungseinrichtungen der Unternehmen.
2. Der Prozess der Sichtung neuer Produktideen.
3. Die Diffusion neuer innovativer Produkte.
4. Qualitätsmanagement.

Standort von Forschung und Entwicklung (F&E)

Forschung und Entwicklung sind wesentliche Elemente des Produktentwicklungsprozesses. Allgemein muss sich das international tätige Unternehmen eine wichtige Frage stellen, nämlich ob es die Forschungs- und Entwicklungseinrichtungen ins Ausland verlagert oder nicht. In Tabelle 9.1 finden Sie wichtige Kriterien, die den Standort von Forschung und Entwicklung im Ausland betreffen. Ein wichtiges Kriterium im Entscheidungsprozess ist die Marktorientierung des internationalen Unternehmens. Drei mögliche „Marktorientierungen" werden betrachtet: Inlandsmarkt, Auslandsmarkt und Weltmarkt. Unternehmen im „Inlandsmarkt" befassen sich in erster Linie mit ausländischen Investitionen, um ihren einheimischen Markt zu bedienen, während sich die ausländischen Zweigstellen im Auslandsmarkt auf die Märkte des Gastlandes, in dem sie sich befinden, ausrichten. Unternehmen im „Weltmarkt" sind jene ausländischen Zweigstellen, die eingebunden werden, um einen standardisierten internationalen Markt zu bedienen. Diese Unternehmen sind in der Regel so organisiert, dass sie auf der Grundlage von Hochtechnologien und hochgradiger, weltweiter Produktstandardisierung Skaleneffekte realisieren.

Tabelle 9.1 Wichtige Kriterien für die Verlagerung von Forschung und Entwicklung ins Ausland.

	Unternehmen im Inlandsmarkt	Unternehmen im Auslandsmarkt	Unternehmen im Weltmarkt
Wichtige Kriterien, die für eine Verlagerung des Standorts von Forschung und Entwicklung ins Ausland sprechen	1. Nähe zu den Operationen/Tätigkeitsgebieten	1. Nähe zu den Märkten	1. Verfügbarkeit ausreichender Fähigkeiten in bestimmten Bereichen

Tabelle 9.1 Wichtige Kriterien für die Verlagerung von Forschung und Entwicklung ins Ausland. (Forts.)

	Unternehmen im Inlandsmarkt	Unternehmen im Auslandsmarkt	Unternehmen im Weltmarkt
	2. Verfügbarkeit von Universitäten	2. Konzept der Auslandsoperationen als umfassende Geschäftseinheiten	2. Zugang zu ausländischen wissenschaftlichen und technischen Gemeinschaften
			3. Verfügbarkeit einer angemessenen Infrastruktur und von Universitäten
Wichtige Kriterien, die gegen eine Verlagerung des Standorts von Forschung und Entwicklung ins Ausland sprechen	1. Die in den Entwicklungsländern verkauften Produkte sind wenig anspruchsvoll	1. Steigende Kosten durch ausländische Forschung und Entwicklung	1. Wirtschaftlichkeit zentralisierter Forschung und Entwicklung
	2. Mangel an qualifizierten Wissenschaftlern und Ingenieuren	2. Wirtschaftlichkeit zentralisierter Forschung und Entwicklung	2. Schwierigkeiten bei der Zusammenstellung von Forschungs- und Entwicklungsmannschaften
	3. Wirtschaftlichkeit zentralisierter Forschung und Entwicklung		

Quelle: Behrman und Fisher, 1980

Die „kritische Masse" der Forschungs- und Entwicklungsressourcen scheint ein wichtiges Kriterium dieser Entscheidung zu sein. Eine „kritische Masse" ist die Größe, die erforderlich ist, um sowohl innerhalb der Gruppe als auch zwischen der Gruppe und ihrer Umwelt für eine starke Kommunikation zu sorgen, und die das notwendige Maß der wissenschaftlichen und technischen Wechselwirkungen unter dem Personal der Gruppe zulässt.

Es scheint beträchtliche Unterschiede bei der Einschätzung der „kritischen Masse" in bestimmten Situationen zu geben, aber im Allgemeinen benötigen Forschungs- und Entwicklungslabors in Industrien, die Verbrauchermärkte bedienen (d.h. Unternehmen im „Auslandsmarkt"), eine kleinere Forschungs- und Entwicklungsmannschaft zum Erreichen der „kritischen Masse" als Labors in wissenschaftsbasierten Industrien. Weiterhin erfordern Forschungs- und Entwicklungsgruppen in verbraucherorientierten Industrien weniger qualifiziertes Personal und weniger umfassend spezialisiertes Personal als Forschungs- und Entwicklungsgruppen in wissenschaftsbasierten Industrien.

Insbesondere bei größeren multinationalen Unternehmen muss für die Frage nach dem Standort der Forschungs- und Entwicklungseinrichtungen die Frage der Zentralisierung/Dezentralisierung beantwortet werden. Natürlich ist diese Frage beim kleineren Exporteur keine Thema, da es wahrscheinlicher ist, dass das Unternehmen selbst einen zentralisierten Ansatz bei seinen Exportoperationen verwendet. Sowohl für die Zentralisierung als auch für die Dezentralisierung gibt es starke Argumente (Terpstra, 1977, S. 26-29).

Terpstra (1988, S. 98) führt aus, dass jene Unternehmen, die im internationalen Marketing aktiv sind, oftmals Forschung und Entwicklung in einigen ihrer Auslandsmärkte betreiben. Weiterhin scheint es Beweise dafür zu geben, dass der Anteil der gesamten Forschung und Entwicklung in Auslandsmärkten mit der internationalen Erfahrung der Unternehmen zunimmt. Zu den dafür sprechenden Gründen zählen der Druck durch Regierungen und bestimmte Marktfaktoren. Multinationale Unternehmen verfügen häufig über Forschungs- und Entwicklungseinrichtungen in Verbindung mit einer oder mehreren Fabriken im Ausland, während Unternehmen, die von einem einzelnen Land aus exportieren oder die über Lizenzierungsoperationen verfügen, Forschung und Entwicklung im Ausland für nicht durchführbar halten.

Die Beweise scheinen darauf hinzuweisen, dass es eine Tendenz bei multinationalen Unternehmen gibt, Forschung und Entwicklung nicht auf ihre einheimischen Operationen zu beschränken. Der Rasierer Trac-II, der in seinem amerikanischen Heimatmarkt überaus erfolgreich war, wurde z.B. von einer britischen Tochtergesellschaft von Gillette entwickelt. Und auch das Cricket-Feuerzeug wurde von einem Unternehmen in Frankreich entwickelt, bevor dieses von Gillette aufgekauft wurde.

Wie soll mit Technologien in Hinsicht auf Produkte und Verfahren umgegangen werden? Die zwei Extreme scheinen „schrittweise Verbesserungen" und „Durchbrüche" zu sein. Viele europäische und amerikanische Unternehmen scheinen die letzere Variante zu favorisieren und suchen laufend nach dem technologischen Durchbruch, der die Dinge revolutioniert. Im Gegensatz dazu haben japanische Unternehmen die Betonung auf schrittweise Verbesserungen gelegt. Japanische Unternehmen scheinen von der Voraussetzung auszugehen, dass technologische Führung graduelle, (von Verbrauchern) wahrnehmbare Verbesserungen während der Zeit des gesamten Produktlebenszyklus bedeutet, in der die Produktionsprozesse kontinuierlich verfeinert werden. Offensichtlich gibt es Ausnahmen. Sony ist z.B. mit dem Walkman sein bahnbrechender Durchbruch gelungen. Aber Sony konnte das ursprüngliche Produkt auch wiederholt verfeinern und dadurch viele Nachahmer abwehren. Ein weiteres Beispiel wäre Intel mit der schrittweisen Weiterentwicklung seines Prozessors vom 8086 zum Pentium und darüber hinaus.

Anfang 2000 ist die Zusammenarbeit von Forschungs- und Entwicklungspersonal im Team noch wichtiger. Durch Übernahme eines Teamansatzes bei der Neuproduktentwicklung (inklusive Design und Fertigung) konnten Unternehmen, wie z.B. General Motors und NCR, laut eigenen Angaben Entwicklungszeiten dramatisch verkürzen. Einige Unternehmen binden selbst Marketing- und Vertriebspersonal in die Teams für Neuprodukte ein. Ein verwandtes Konzept verdeutlicht Beispiel 9.3, aber nicht alle Unternehmen konnten den Teamansatz effektiv einsetzen (*The Economist*, 1992, S. 69).

Ideensichtung

Da die Kosten der Durchführung mit den einzelnen Phasen des Produktentwicklungsprozesses von der Idee bis zum Produkt steigen, muss der Sichtung von Ideen sorgfältige Aufmerksamkeit gewidmet werden. In dieser Phase sollte das Unternehmen ein System entwickeln, mit dem sich entweder die Wahrscheinlichkeit der weiteren Verfolgung einer „schlechten" Idee oder die Wahrscheinlichkeit des Verwerfens einer „guten" Idee minimieren lässt.

BEISPIEL 9.3

„Centers of excellence“ bei der Ford Motor Company

In den späten 80ern befasste sich Ford mit der globalen Integration um sog. „centers of excellence“ herum. Unter diesem System zentralisierte Ford die Entwicklung bestimmter Autos oder bestimmter Komponenten weltweit im jeweiligen technischen Ford-Zentrum mit der größten Sachkenntnis für das entsprechende Produkt. Das Ziel bestand darin, alle Projekte nur einmal für alle Märkte durchzuführen. Durch die Einrichtung von Expertenzentren hoffte man, dass die Ingenieure Fähigkeiten und Kontinuität für ein gegebenes Produkt entwickeln würden.

Das erste offiziell ernannte Zentrum von Ford war Ford Europa in Brentwood (England). Dieses Zentrum entwickelte eine einzige, gemeinsame Federung und andere Unterbodenteile bzw. eine „Plattform“ für den europäischen Kompaktwagen Sierra und die amerikanischen Modelle Tempo und Mercury Topaz.

Mazda Motor Corporation, das sich seit 1979 zu 25% im Besitz von Ford befindet, ist tatsächlich das „center of excellence“ für kleinere Autos. Mazda entwarf und entwickelte den Mercury Tracer in der Subkompaktklasse („Kleinwagen“ gibt es in Nordamerika im Prinzip nicht, dafür aber mehrere verschiedene „Kompaktklassen“), der in Taiwan für den kanadischen und in Mexiko für den US-Markt gebaut wurde. Mazda entwickelte das Nachfolgemodell des Escorts, des weltweit meistverkauften Autos. Das neue Auto wird von Mazda und Ford gebaut. Ähnlich wird in den USA an einer gemeinsamen Plattform für Autos gearbeitet, die den amerikanischen Taurus/Sable und den europäischen Scorpio (den Mondeo, der Anfang 1993 angekündigt wurde) ersetzen sollten.

Bevor überhaupt eine Sichtung der Ideen stattfinden kann, muss das Management eine Reihe von Kriterien, anhand derer die Ideen bewertet werden können, festlegen und ein Modell zur Anwendung der Kriterien auswählen. In dieser Phase des Produktentwicklungsprozesses sind Modelle zur Bestimmung einer relativen Rangfolge oder einer Bewertung (hier wird geprüft, ob Mindestwerte erreicht bzw. übertroffen werden) der Ideen sehr nützlich. Andere Modelle, wie z.B. Rentabilitätsindizes oder Optimierungsmodelle, eignen sich besser für die Phase der Geschäftsanalyse.

Das Management muss bei der Auswahl der Sichtungskriterien sehr sorgfältig vorgehen. Man sollte nicht alle Produktarten mit denselben Kriterien bewerten. Für Unternehmen, die Produkte in verschiedene Industrien exportieren, bedeutet dies, dass mehrere Sätze von Kriterien entwickelt werden müssen. Es kann aber auch ein einzelner Hauptsatz von Kriterien entwickelt werden, so dass nur ausgewählte Kriterien je nach Produktart unterschiedlich eingesetzt und/oder abgewandelt werden. Zu den alternativen Modellansätzen zählen diese:

- *Konjunktives Modell.* Es nutzt alle Bewertungskriterien. Das Produkt muss bei allen eingesetzten Kriterien einen Minimalwert erreichen oder übertreffen, um weiter berücksichtigt zu werden.
- *Disjunktives Modell.* Es basiert darauf, dass Produkte, die bestimmte Werte bei einem oder mehreren Hauptkriterien übertreffen, unabhängig von ihren anderen Werten angenommen werden.
- *Lexikografisches Modell.* Es basiert auf einer Rangordnung der Bewertungskriterien hinsichtlich ihrer wahrgenommenen Bedeutung. Neue Produktideen werden Kriterium für Kriterium untereinander verglichen, bis eine überlegene Idee übrig bleibt.

- *Linear kompensatorisches Modell.* Hier wird den Kriterien eine unterschiedliche Gewichtung gegeben, so dass für alle Produkte Gesamtwerte ermittelt werden können. Entweder werden dann alle Produkte weiter analysiert, die einen Minimalwert übertreffen, oder nur das Produkt, das den höchsten Wert erreicht hat. Dies ist wahrscheinlich der verbreitetste Ansatz.

Tabelle 9.2 zeigt einen Satz von Bewertungskriterien, der für vielfältige Produktarten eingesetzt worden ist. Die Sichtung lässt sich wahrscheinlich am besten dazu nutzen, um offensichtlich minderwertige Ideen von der weiteren Untersuchung auszuschließen und nicht, um eine überlegene Idee als solche zu erkennen.

Tabelle 9.2 Bewertungskriterien für die Sichtung neuer Produktideen.

1. *Gesellschaftlicher Faktor*
   (a) Legalität: Produkthaftpflicht
   (b) Sicherheit: Anwendungsrisiken
   (c) Umweltauswirkungen: Umweltverschmutzungspotenzial
   (d) Gesellschaftliche Auswirkungen: Nutzen für die Gesellschaft
2. *Geschäftsrisikofaktor*
   (a) Funktionelle Eignung: beabsichtigte Funktionsweise
   (b) Produzierbarkeit: technische Realisierbarkeit
   (c) Phase der Entwicklung: Prototypentwicklung
   (d) Investitionskosten: Entwicklungskosten
   (e) Rückzahlungsperiode: Zeitspanne für den Rückgewinn der Investition
   (f) Rentabilität: Gewinnpotenzial
   (g) Marketingforschung: erforderliche Marktinformationen
   (h) Forschung und Entwicklung: Produktionsentwicklung
3. *Analyse der Nachfrage*
   (a) Potenzieller Markt: Größe des Gesamtmarkts
   (b) Potenzielle Umsätze: Skaleneffekte
   (c) Nachfragetrends: Wachstum der Nachfrage
   (d) Stabilität der Nachfrage: Nachfrageschwankungen
   (e) Produktlebenszyklus: erwartete Länge des Zyklus
   (f) Produktlinienpotenzial: Potenzial für weitere Produkte, mehrere Varianten usw.
4. *Marktakzeptanzfaktor*
   (a) Kompatibilität: Verträglichkeit mit vorhandenen Einstellungen
   (b) Lernen: Ausmaß des für den richtigen Einsatz erforderlichen Lernens
   (c) Bedarf: Grad des Bedarfs bzw. des gebotenen Nutzens
   (d) Abhängigkeit: Abhängigkeit von anderen Produkten
   (e) Visualisierbarkeit: Schwierigkeiten der Übermittlung der Vorteile
   (f) Werbung: Kosten der Übermittlung der Vorteile
   (g) Distribution: Kosten der Distributionskanäle
   (h) Dienstleistungen: Kosten für das Anbieten von Nachkauf-Serviceleistungen
5. *Wettbewerbsfaktoren*
   (a) Aufmachung: wahrgenommene Überlegenheit im Wettbewerb
   (b) Funktion: wahrgenommene Funktionalität im Vergleich zur Konkurrenz
   (c) Haltbarkeit: wahrgenommene Haltbarkeit im Vergleich zur Konkurrenz
   (d) Preis: relativer Verkaufspreis im Vergleich zur Konkurrenz
   (e) Vorhandener Wettbewerb: Stärke der vorhandenen Konkurrenz
   (f) Neue Wettbewerber: potenzielle Stärke neuer Konkurrenten
   (g) Produktion: Patentierbarkeit oder Möglichkeit des Schutzes von Geheimnissen

Produktdiffusion

Einige und insbesondere multinationale Unternehmen entwickeln ihre Produkte häufig nicht für den Heimatmarkt, sondern als Reaktion auf Chancen in Weltmärkten. Entsprechend muss das Unternehmen eine Strategie für die Diffusion des Produkts vom Ort der Entwicklung in die Märkte wählen. Leroy (1976) hat eine Typologie für derartige multinationale Produktstrategien auf der Basis dreier Dimensionen entwickelt: (1) Standort des Markts, (2) Standort der Technologie und (3) Standort der Produktion. Unter Einsatz der drei grundlegenden Dimensionen werden acht grundlegende Produktstadien entwickelt (jeweils mit zwei Optionen: Mutterland und Gastland). Berücksichtigt man den *Marktrückstand* (die Zeitspanne zwischen der ursprünglichen Nachfrage im ersten Land und im zweiten Land) und den *Produktionsrückstand* (die Zeitspanne zwischen der Produktion in den zwei Ländern), werden diese Grundzustände in verschiedener Anzahl und auf unterschiedliche Weise kombiniert, um 58 unterschiedliche multinationale Produktstrategien zu erzeugen, die nicht durchweg Exporte mit sich bringen. Die Untersuchungen von Leroy (1976) sind zwar bereits ein wenig älter, verdeutlichen aber, dass es große Unterschiede bei den durchschnittlichen Markt- und Produktionsrückständen geben kann.

Der Marktrückstand lag für 52 Produkte fünf unterschiedlicher Unternehmen zwischen weniger als fünf (Elektronikunternehmen) und mehr als 55 Monaten (Aluminiumhersteller) und der Produktionsrückstand lag zwischen 6 (visuelle Kommunikationsausrüstung) und 64 Monaten (Landwirtschaftsmaschinen). Betrachtet man nur die Marktrückstände, kann es für einzelne Unternehmen auch große Unterschiede zwischen den Ländern geben. Die Erfahrungen dieser fünf Unternehmen haben zu einer Vielfalt der eingesetzten Produktstrategien geführt. Häufig wurden Technologien in die Produkte integriert, die ihren Ursprung in einem Gastland hatten. Mit zunehmender internationaler Erfahrung setzten die Unternehmen eine größere Vielzahl multinationaler Produktstrategien um, wobei ein größerer Anteil von Produkten herrührte, die in einem Gastland entwickelt wurden.

Einige in einem Markt entwickelte Produktkompetenzen lassen sich nicht einfach auf andere Märkte übertragen. Ein Beispiel ist Nestlé mit seiner Kernkompetenz in der Zusammensetzung von Babynahrung. Nestlés Versuch, dieses Produkt in weniger entwickelten Ländern zu verbreiten, war eine Katastrophe, da der Markt „Systemtransaktionen" erforderte, wie z.B. Unterstützung hinsichtlich der Hygieneanforderungen, der Verfügbarkeit von Wasser, der Brennstoffe für das Kochen von Wasser und der Informationen für die Zubereitung des Produkts. Außerdem bekam Nestlé Probleme aufgrund kultureller Einflüsse, die das natürliche Stillen durch die Mütter begünstigten.

In einem gewissen Maß wird der Erfolg der Verbreitung eines neuen Produkts im Exportmarkt von der dort verfolgten *Produktpositionierungsstrategie* beeinflusst. Die Positionierung ist eine Kommunikationsstrategie, die auf der Idee einer mentalen „Landkarte" basiert. Positionierung bezieht sich auf die Einordnung einer Marke in den Köpfen der Verbraucher im Vergleich mit anderen Produkten hinsichtlich der gebotenen oder nicht gebotenen Merkmale oder des Nutzens der Marke.

Das begriffliche Fundament der internationalen Positionierung besteht darin, dass man sich eine Reihe von Produkten als unterschiedliche Kombinationen von Merkmalen vorstellen kann, die für den Käufer/Anwender von Nutzen sind. Wenn ein Unternehmen auf bestimmte Marktsegmente abzielt, versucht es jene Produktmerkmale bzw. -attribute zu entwickeln, die den dem Zielsegment entsprechenden Nutzen erzeugen. Dabei handelt es sich um eine Frage der Produktgestaltung, die das Kernprodukt, die Verpackung und die unterstützenden Dienstleistungen betrifft, und damit um eine Aufgabe der Produktpositionierung. Da die Wahrnehmung der nutzbringenden Attribute ausschlaggebend ist, handelt es sich bei der Produktpositionierung um eine Aktivität, die in den Köpfen der Käufer/Anwender eine gewünschte Position des Produkts erzeugt. Ob Unternehmen Exportprodukte so effektiv wie gewünscht positionieren können, hängt stark davon ab, in welchem Ausmaß beliebige vorhandene Stereotype des Herkunftslands in den Bewertungsprozess des Käufers im importierenden Land einfließen. („Stereotype" sind Vorurteile und lassen sich wohl am besten als „Schubladen in unseren Köpfen" beschreiben.

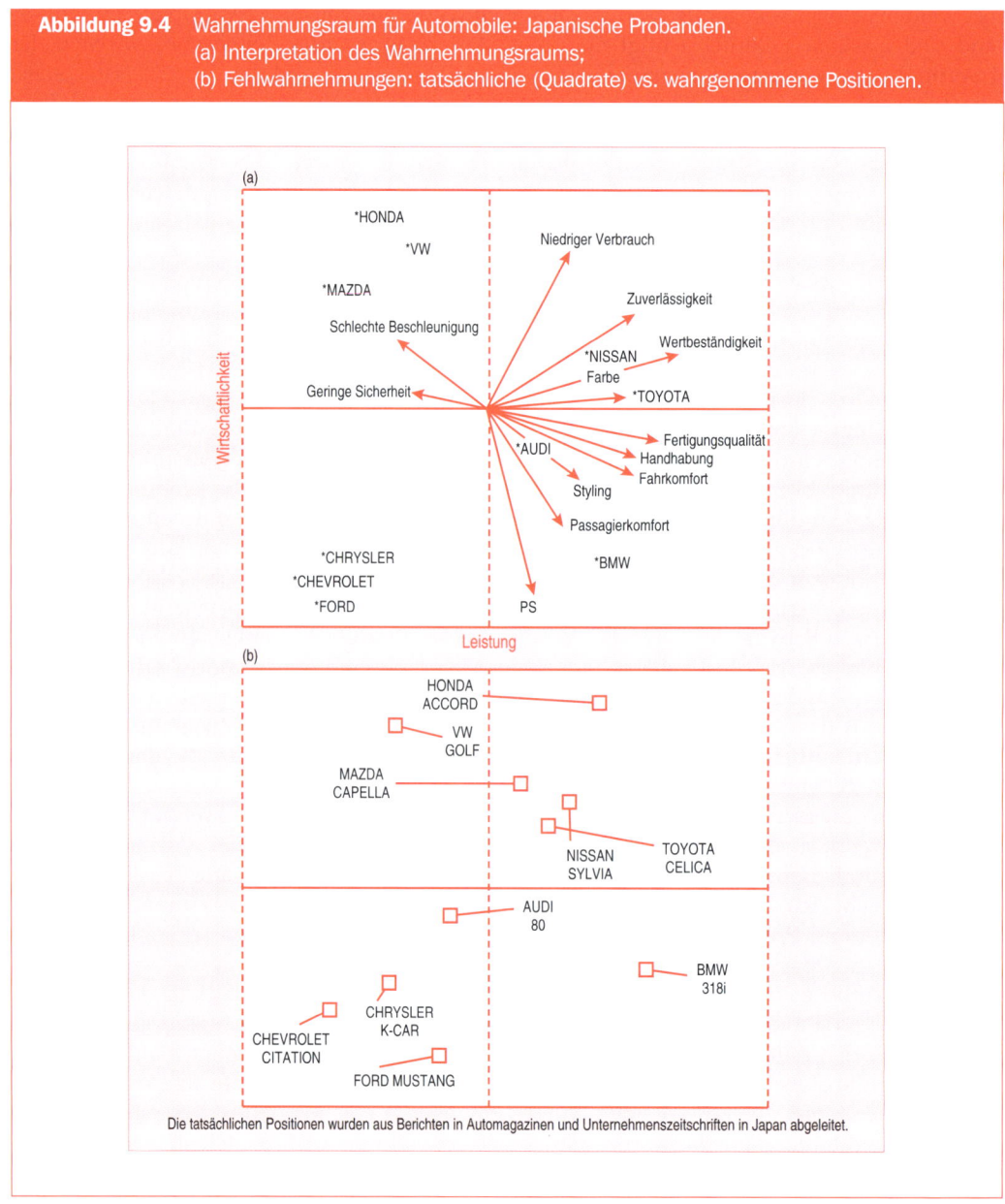

Abbildung 9.4 Wahrnehmungsraum für Automobile: Japanische Probanden.
(a) Interpretation des Wahrnehmungsraums;
(b) Fehlwahrnehmungen: tatsächliche (Quadrate) vs. wahrgenommene Positionen.

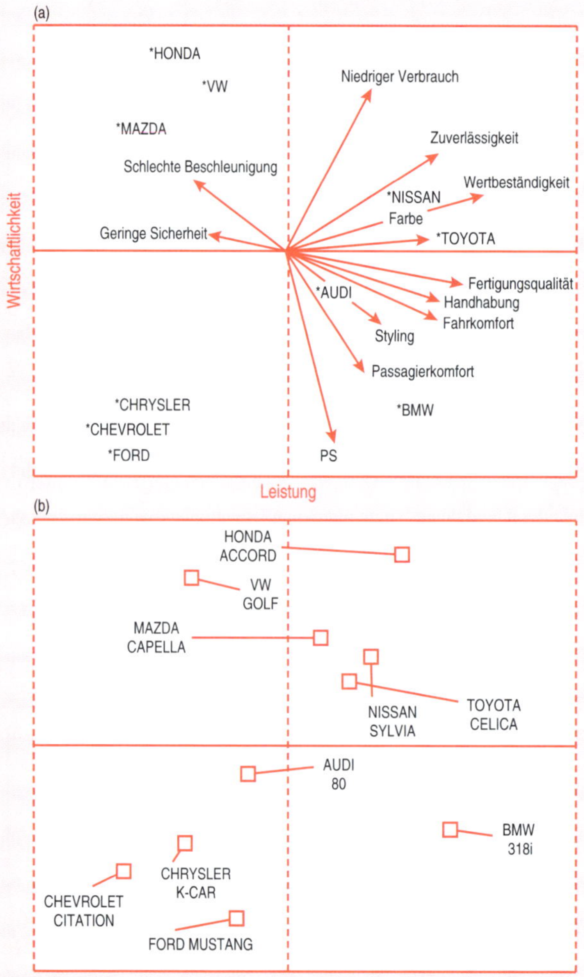

Die tatsächlichen Positionen wurden aus Berichten in Automagazinen und Unternehmenszeitschriften in Japan abgeleitet.

Quelle: Johansson und Thorelli, 1985, S. 66-67.

Als solche sind sie meist unspezifisch, schwer greifbar, dem Menschen kaum oder gar nicht bewusst und im griechischen Wortsinne „unveränderlich“ bzw. nur schwer – wenn überhaupt – zu beseitigen. Anm. d. Übers.) Forschungsergebnisse haben gezeigt, dass sich Länderstereotype derart auswirken, dass sie die Positionierung eines Produkts im Wahrnehmungsraum der Käufer verschieben, so dass sie die Beurteilung seiner Vorteile beeinflussen (Johansson und Thorelli, 1985). Abbildung 9.4 verdeutlicht dies für die Antworten bei einer japanischen Umfrage zur Bewertung von Automobilherstellern. Abbildung 9.4(a) zeigt Projektionen der Attribute, die den Bewertungen zu Grunde liegen. In Abbildung 9.4(a) gibt die Länge des Vektors für ein Attribut dessen Bedeutung für die Festlegung des Wahrnehmungsraums an. Die Farbe wird im Gegensatz zur Haltbarkeit für unwichtig gehalten. Wenn wir die horizontale Achse „Leistung“ und die vertikale „Wirtschaftlichkeit“ nennen, lässt sich erkennen, dass Japaner amerikanische Autos hinsichtlich dieser beiden Dimensionen relativ niedrig einordnen. Abbildung 9.4(b) verdeutlicht die Fehlwahrnehmung (Stereotypisierung) durch Gegenüberstellung der tatsächlichen und der wahrgenommenen Positionen im Wahrnehmungsraum.

Qualitätsmanagement

Das „Total Quality Management“ (TQM) hat in den 90ern vorrangige Bedeutung erlangt und wird diese auch im beginnenden 21. Jahrhundert behalten. Nach und nach stellen die Unternehmen fest, dass Qualitätsmanagement mehr als nur eine Feinabstimmung der Produktion bedeutet. Das TQM wird als strategisches Werkzeug eingesetzt, so dass Unternehmen Produkte hoher Qualität zu niedrigeren Kosten als ihre Konkurrenten herstellen wollen. Japanische Unternehmen neigen beispielsweise zum Einsatz vorbeugender TQM-Maßnahmen, die Vorrang vor allen Funktionen von der Forschung und Entwicklung bis hin zum Marketing und den Dienstleistungen haben, um Fehler zu vermeiden und gleichzeitig Kosten um 10 bis 50% zu senken. Dahinter steht die Idee, Produkte schneller, mit weniger Fehlern und zu niedrigeren Kosten auf den Markt zu bringen. Unternehmen, die das TQM übernehmen, können häufig dramatische Ergebnisse feststellen. In den frühen 80er Jahren konnte der schwedische Gerätehersteller Electrolux z.B. infolge von Änderungen bei Entwicklungsverfahren und anderen Arbeitsprozessen die Reparaturen vor Ort um 40% reduzieren.

Um auf den internationalen Märkten und insbesondere in der EU erfolgreich zu sein, wird es notwendig sein, dass Unternehmen die von der ISO (International Standards Organization) festgelegten Minimalstandards, die als ISO 9000 ff. bekannt sind, übernehmen. Die ISO 9000 legt Kontrollmöglichkeiten für die Gestaltung, die Herstellung und die Logistik an, die mit der Herstellung von Qualitätsprodukten und Dienstleistungen in Verbindung stehen. Wie Beispiel 9.4 zeigt, glaubt man nicht immer an die Notwendigkeit der ISO 9000. Das europäische Standardisierungskomitee hat sie jedoch als Mittel zur Harmonisierung der verschiedenen technischen Normen der 15 Mitgliedsstaaten übernommen.

BEISPIEL 9.4

Ist die ISO-9000-ff.-Registrierung notwendig?

Folgt man einigen Experten, wird die Reihe der ISO-9000-Qualitätsnormen schnell für den Erfolg in internationalen Märkten notwendig werden. Die ISO-9000-Normen wurden von der Internationalen Standardisierungsorganisation in den späten 80ern erstellt. Die fünf technischen Standards, die gemeinschaftlich unter der Bezeichnung ISO 9000 bekannt sind, sollten eine einheitliche Möglichkeit zur Beurteilung bieten, ob Fertigungsstätten und Dienstleistungsorganisationen eine gesunde Qualität gewährleisten und auch gut dokumentiert sind.

Beispiel 9.4 (Forts.)

Für die Registrierung muss sich ein Unternehmen einer Revision seiner Fertigungs- und Dienstleistungseinrichtungen durch eine dritte Partei unterziehen, die alle Bereiche von der Entwicklung, der Herstellung und der Installation seiner Waren bis hin zu deren Prüfung, Verpackung und Vermarktung umfasst. Es sollte erwähnt werden, dass die Registrierung auf Ebene der einzelnen Fabriken erfolgt.

Mehr als 50 Länder, einschließlich der USA und der EU-Länder, haben die Standards unterschrieben. Joseph DeCarlo, der Gebietsbereichsmanager für die Dienstleistungen zur Qualitätssicherung des TÜV Rheinland in Nordamerika, glaubt, dass die ISO 9000 mit dem gemeinschaftlichen Markt der EU nicht mehr länger nur ein zusätzliches Siegel im Qualitätssystem eines Unternehmens bleiben wird. Vielmehr wird es direkte Auswirkungen auf Marktanteile haben.

Es besteht keine gesetzliche Notwendigkeit dafür, dass Unternehmen diese Standards übernehmen, aber es wird spekuliert, dass die Richtlinien schließlich wesentlichen Einfluss darauf haben werden, was sich in die und innerhalb der EU verkaufen lässt. Einige EU-Industrien (Spielzeugwaren, Bauprodukte, Gasgeräte, Maschinen, einige medizinische Geräte) haben bereite Zeitpläne für die Übernahme der ISO-Standards angekündigt. Die Regulierungen würden sowohl für EU-Unternehmen gelten, die diese Produkte herstellen, als auch für die Hersteller, die diese Unternehmen mit Teilen oder Materialien beliefern.

Schätzungen deuten darauf hin, dass mehr als 20.000 Unternehmen aus den EU-Ländern unter der ISO 9000 registriert sind. Im Unterschied dazu waren Ende 1992 nur weniger als 1.000 amerikanische Unternehmen registriert.

Für Unternehmen, die sich registrieren lassen wollen, kann es ein Problem geben. Es gibt nur eine beschränkte Anzahl von Personen, die die Registrierungen durchführen, und diese sind beschäftigt. Bis man einen zu sehen bekommt, vergehen mittlerweile drei bis vier Monate. Weiter komplizierend wirkt sich die Tatsache aus, dass zwei Drittel der Bewerber beim ersten Termin durchfallen.

Zwei Gründe dafür, dass vorwiegend große, multinationale Unternehmen ihre Fabriken registrieren lassen, sind die für die Registrierung benötigte Zeit und der damit verbundene Aufwand. Die Vorbereitung der Registrierung kann bis zu zwei Jahre in Anspruch nehmen, und die Kosten des Prozesses können je nach Größe des Unternehmens, der Produktlinien, dem Standort des Unternehmens im Qualitätsraum und der Notwendigkeit des Einsatzes von Unternehmensberatern in die Hunderttausende gehen.

Das Unternehmen DuPont, das mehr als 100 seiner Betriebsstätten und Fabriken in Europa und mehr als ein Dutzend in seinem Heimatland registrieren ließ, verdeutlicht dies. Das Unternehmen, das seine gut entwickelten Qualitätssysteme zertifizieren lassen wollte, schätzt, dass die Registrierung einer europäischen Betriebsstätte mit 300 Beschäftigten ca. 500.000 DM kostet und neun Monate dauert. Aber das Unternehmen sagt auch, dass es sich ausgezahlt hat. Bei einer Fabrik konnte die pünktliche Auslieferung von 70 auf 90% gesteigert werden und bei einer anderen ließ sich die Taktzeit von 15 Tagen auf 1,5 Tage verkürzen. Die Registrierung führte auch zu regeren Geschäften. DuPont sagt, dass regelmäßig Anfragen seiner europäischen Kunden in Bezug auf seinen ISO-Status eintreffen.

Viele andere Unternehmen scheint aber die fehlende ISO-9000-Registrierung nicht weiter zu stören. Das wird sich aber ändern, wenn ihnen Geschäfte verloren gehen. Wenn ein Unternehmen erst wartet, bis die Registrierung erforderlich ist, können die Vorbereitungen und die Registrierung sechs Monate bis zwei Jahre dauern.

Nicht alle glauben, dass der Mangel an ISO-registrierten Unternehmen von Bedeutung ist. In den USA glaubt die Unternehmensberaterin Beth Summers, dass es nicht schwierig ist, sich registrieren zu lassen. Wenn Unternehmen ein TQM (Total Quality Management) einsetzen, haben sie das Ziel bereits zu mehr als zur Hälfte erreicht. Sie glaubt, dass die ISO-Registrierung viel einfacher als einige der technischen Aspekte des Gesamtqualitätsmanagements ist.

Beispiel 9.4 (Forts.)

Obwohl die ISO-9000-Standards ein Versuch zur Rationalisierung der Qualitätskontrolle sind, die für eine gemeinsame Sprache sorgen, neigen viele immer noch dazu, sie für ein Handelshindernis oder für eine von Europäern erdachte, unnötige Bürokratie zu halten.

Quelle: nach Miller (1993).

9.3.2 Produktmodifikation

Häufig lässt sich die Lebensdauer eines Produktes, das sich in Schwierigkeiten oder im Reife- oder Verfallsstadium seines Lebenszyklus befindet (in Abschnitt 9.4.3 erörtert), verlängern, wenn man Änderungen vornimmt. Derartige Modifikationen können das physische Produkt selbst, dessen Verpackung und/oder unterstützende Dienstleistungen betreffen. In gewisser Weise kann dies eine Entscheidung mit sich bringen, die die allgemeinere Frage der Standardisierung oder Adaption betrifft, die wir weiter unten in diesem Kapitel besprechen werden. Die Notwendigkeit, eine Produktmodifikation in Betracht zu ziehen, kann auch unabhängig von dieser weit gefassten Frage entstehen.

Produktmodifikationen betreffen, insbesondere beim anfänglichen Export in Auslandsmärkte, Abänderungen des Inlandsprodukts. Leider werden diese nicht allzu oft vorgenommen, obwohl sich die Bedingungen seit dem Zweiten Weltkrieg geändert haben, als sich die exportierenden Unternehmen in einem internationalen Verkäufermarkt befanden. Heute können Käufer im Ausland jedoch aus einer breiten Produktpalette von Anbietern aus vielen Ländern auswählen. Entsprechend brauchen sie keine Produkte zu akzeptieren, die möglicherweise aus Überkapazitäten von Unternehmen im einheimischen Markt stammen. Für das exportierende Unternehmen bedeutet dies, dass Produkte sowohl spezifisch als auch wirtschaftlich für die Rahmenbedingungen der jeweiligen Auslandsmärkte entwickelt werden müssen. Amerikanische, schwedische und deutsche Automobile, die nach Großbritannien exportiert werden, sollten z.B. auch dann über Rechtslenkung verfügen, wenn die Autos in der Heimat und anderen Exportländern links gelenkt werden. Ähnlich müssen japanische Automobile, die nach Westeuropa (außer Großbritannien) und in die USA exportiert werden, eine Linkssteuerung besitzen.

Häufig müssen Unternehmen ihre Produkte laufend ändern und verbessern, um ihre Marktanteile bzw. ihre Marktposition relativ zu ihren Wettbewerbern wahren oder steigern zu können. Diesen Ansatz benutzt Sony bei seinem Walkman-Stereogerät. Sony konnte aufgrund einer Reihe neuer und besserer Modelle Marktanteile zurückgewinnen, die es an andere japanische Unternehmen mit ähnlichen Produkten verloren hatte. Sony führt zunehmend neue Merkmale ein, um dem Wandel der Präferenzen gerecht zu werden.

9.3.3 Neue Einsatzgebiete für existierende Produkte

Neue Einsatzgebiete für vorhandene Produkte zu finden, kann ein wichtiges Verfahren zur Verlängerung des Lebenszyklus eines Produktes sein. In industrialisierten Ländern wie den USA vermarktete Gartentraktoren lassen sich z.B. in weniger entwickelten Ländern nutzen, in denen die landwirtschaftlichen Betriebe kleiner und die Einkommen niedriger sind.

Das Aufspüren neuer Einsatzgebiete für Produkte kann wegen der Entfernungen zwischen den Märkten und den Produktplanungs- und Entwicklungsaktivitäten eines Unternehmens in Auslandsmärkten schwierig sein. Derartige Entfernungen können für kleinere Unternehmen und für Unternehmen, die sich vorwiegend oder auch einzig auf Exporte stützen, groß sein.

Zudem können neue Einsatzgebiete auch gewisse Produktmodifikationen erfordern. Neue Einsatzgebiete können sich aus der Produkt-, der Verbraucherforschung oder zufällig ergeben. Unabhängig vom Verfahren, durch das sich das neue Einsatzgebiet ergibt, lassen sich bestimmte Richtlinien angeben:

- Gibt es ein verwandtes Einsatzgebiet (Insektizide gegen Ameisen lassen sich z.B. in Lateinamerika gegen Killerbienen einsetzen)?
- Produkte für Frauen können an Männer verkauft werden (und umgekehrt, wie z.B. bei Deodorants).
- Lässt sich das Produkt in Verbindung mit anderen Produkten unterschiedlich verwenden (eine After-Shave-Lotion lässt sich z.B. beim elektrischen Rasieren als Pre-Shave-Lotion einsetzen)?
- Für Endverbraucherprodukte kann es industrielle Märkte geben (und umgekehrt, wie z.B. bei Gartentraktoren).
- Deuten die Attribute und / oder Bestandteile auf neue Einsatzgebiete hin (z.B. beim geringen Gewicht und der Stabilität von Balsaholz)?

Auch wenn der Zufall häufig eine gewichtige Rolle beim Erfolg spielt, muss man erkennen, dass Produkte in ausländischen Märkten nicht immer ihrem ursprünglichen Zweck entsprechend eingesetzt werden.

9.3.4 Produkteliminierung

Während anderen Formen der Produktplanung und -entwicklung häufig Vorrang eingeräumt wird, wird das Eliminieren „alter" oder schwacher Produkte nur beiläufig behandelt. Diese Vorgehensweise ist ein wenig unglücklich, da das Festhalten an schwachen Produkten die Gemeinkosten erheblich erhöhen kann. Außerdem wird häufig der einträglichere Einsatz von Unternehmensressourcen verhindert. Das Weiterführen schwacher Produkte in der Produktlinie manifestiert sich im *Disproportionalitätsphänomen*, bei dem ein bestimmter Prozentsatz der Produkte des Produktsortiments und der Produktlinien einen disproportional größeren oder kleineren Prozentsatz der Umsätze und Gewinne einbringt. Dieses Phänomen ist als das 80-20-Prinzip bekannter, obwohl die von der Forschung gelieferten Beweise darauf hindeuten, dass die empirischen Verhältnisse anders lauten. In einer Studie hat sich herausgestellt, dass ein Drittel der Produkte für etwa drei Viertel der Umsätze und Gewinne verantwortlich waren. Wenn dieses Phänomen existiert, bedeutet dies nicht notwendigerweise, dass irgendwelche Produkte eliminiert werden sollten. Es kann triftige Gründe dafür geben, dass Produkte aktuell nicht die erwünschten Beiträge leisten, und zudem könnten sie zukünftig bedeutende Beiträge leisten.

Die vorhandene Zusammensetzung der Produktpalette sollte kontinuierlich bewertet bzw. überwacht werden. Bei einigen Exportoperationen kann dies die Kommunikations- und Informationssysteme des Unternehmens gewaltig belasten. Trotzdem sollten die Produkte überwacht werden, um deren Relevanz und Beiträge hinsichtlich der sich wandelnden Bedürfnisse der Verbraucher, der konkurrierenden Produkte und der Umweltbedingungen zu untersuchen. Dies ist insbesondere für Unternehmen wichtig, die in internationalen Märkten tätig sind, weil die Breite und Tiefe der weltweiten Produktlinie häufig größer als im einheimischen Markt ist und der Wandel in internationalen Märkten schneller erfolgen kann. Bis 1989 konnte der japanische Automobilhersteller Nissan die Zahl der zur Bedienung der globalen Märkte erforderlichen Modelle um 50% verringern und gleichzeitig 80% der Umsätze mit Autos erzielen, die für bestimmte nationale Märkte entwickelt worden waren. Nissan entwickelte Modelle für „führende Länder" – Produkte, die auf die dominanten und charakteristischen Bedürfnisse einzelner Märkte zugeschnitten waren (Ohmae, 1989).

Es besteht daher ein Bedarf für ein Verfahren zur systematischen Prüfung von Produkten. Wie bei der Sichtung neuer Produktideen müssen Kriterien und ein Modell zur Anwendung der Kriterien entwickelt werden. Die normale Umsatz- und Kostenanalyse kann z.B. die Hintergrunddaten liefern, die über ein Produkt erforderlich sind. Dann kann es mit Hilfe von Dimensionen wie seinem zukünftigen Marktpotenzial, möglichen Gewinnen durch Änderung des Produkts und/oder der Marketingstrategie, alternativ verfügbaren Möglichkeiten für das Unternehmen, seinen Einfluss auf den Umsatz anderer Produkte usw. bewertet werden. Eine gewichtete oder ungewichtete Bewertung lässt sich dann einsetzen, um die Entscheidung über die Eliminierung zu erleichtern.

Wenn ein Produkt erst einmal schwach bewertet wurde und für die Eliminierung in Frage kommt, muss entschieden werden, *wann* es aus ausländischen Märkten zurückgezogen wird und wann es darüber hinaus aus der Produktlinie des Unternehmens eliminiert werden soll. Damit stellt sich wieder eine Reihe von Fragen, die die Einheitlichkeit der weltweiten Produktlinie betreffen. Eine Möglichkeit besteht darin, Produkte aus potenziell schwachen Märkten zurückzuziehen und sie in profitablen Märkten zu halten. Alternativ kann man das Produkt gleichzeitig aus allen Märkten zurückziehen. Der geeignete Ansatz hängt von Opportunitätskosten und anderen Kosten ab, die mit dem Halten des Produkts in einer beschränkten Zahl von Ländern und der Unabhängigkeit der Entscheidungen des Produktmanagements von anderen Exportmarketing-Entscheidungen zusammenhängen.

Manchmal wird ein exportierendes Unternehmen zurückgezogene Produkte durch neue ersetzen wollen. Die Strategien für die Synchronisierung der Altprodukteliminierung mit der Neuprodukteinführung sind als *Produktphasen* bekannt. Wenn ein neues Produkt ein altes ersetzt, stellt sich die Frage, welche Elemente des Produkt-/Marketing-Mixes fortgesetzt bzw. eingestellt werden sollen. In Abbildung 9.5 steigt die Diskontinuität vom Feld „Keine Änderung“ (oben links) bis zum Feld „Innovation“ (unten rechts) an.

Es gibt viele Phasenstrategien, mit deren Hilfe sich alte Produkte ersetzen lassen. Zu ihnen zählen die einfache Folgestrategie, bei der das Ersatzprodukt direkt nach der Elimination des alten Produkts verfügbar gemacht wird, der *Niedrigsaisonwechsel*, bei dem der Ersatz bei schwacher Nachfrage erfolgt, der *Hochsaisonwechsel* und das *Ausweichen*, bei dem Überlappungen stattfinden, um die Diskontinuität zu verringern, und bei dem es keine speziellen Marktankündigungen zur Ablösung und zur Einführung neuer Produkte gibt.

9.4 Entscheidungen über das Produktsortiment

Die Festlegung der Zusammensetzung des Export-Produktsortiments (Produkt-Mix) erfordert Entscheidungen hinsichtlich der *Breite* und *Tiefe* des in ausländischen Marktbereichen verkauften Produktsortiments. Unser wesentliches Anliegen gilt in diesem Abschnitt jenen Faktoren, die die Breite und Tiefe des Sortiments beeinflussen. Wenn diese Faktoren bei der Bestimmung des Produkt-Mixes eingesetzt werden, sollte sich die Analyse auf die jeweilige Produkt-/Marktsituation beziehen. Das heißt, sie bilden häufig Grenzen für die Erweiterung einer Produktlinie oder des gesamten Sortiments in einem oder mehreren Auslandsmärkten. Man muss daran denken, dass diese Faktoren die Beantwortung der Frage erleichtern, ob sich Produkte auf eine Weise verkaufen lassen, dass Ziele erfüllt werden. Beispiel 9.5 erörtert einige wesentliche Fragen hinsichtlich des Managements von Verbrauchsgütern in internationalen Märkten.

Wir erörtern nun einen analytischen Ansatz zur Festlegung der Produktlinie und anschließend spezifische Fragen, die in die Festlegung des Produktsortiments einfließen.

Abbildung 9.5 Die Phasen-Kontinuitäts-Matrix.

Marketing \ Produkt	Keine Änderung	Modifiziert	Technologieänderung
Keine Änderung	Keine Änderung - Keine Änderung	Face lift - Aussehen - Kosten	Unauffällige Substitution - Technologie - Materialien - Fertigung
Neues Mix	Neue Verkaufspolitik - Name - Werbung - Preis - Distribution	Neustart - Kosten - Werbung - Preis - Distribution	Auffällige Substitution - Technologie - Materialien - Fertigung - Name - Aussehen - Werbung - Preis - Distribution
Neuer Markt	Markenneupositionierung - Name - Werbung - Preis - Distribution - Ziel - Wettbewerber	Produktneupositionierung - Name - Aussehen - Kosten - Werbung - Preis - Distribution - Ziel - Wetbewerb	Innovation - Technologie - Materialien - Fertigung - Werbung - Preis - Zielmärkte - Wettbewerb

Quelle: nach Saunders (o. J.), S. 25.

BEISPIEL 9.5

Management einer Verbraucher-Produktlinie

Der Preis, den man zahlen muss, wenn man im Weltmarkt der Verbrauchsgüter mitspielen will, ist stark gestiegen und zunehmend viele Spieler (Unternehmen) wollen nicht mehr länger mitspielen. Der Preis geht nun weit über die Werbebudgets hinaus. Er umfasst Untersuchungen, um Verschiebungen der Verbrauchereinstellungen zu verstehen, untereinander verflochtene Fertigungs- und Logistiknetzwerke, die für überlegene Einzelhandelsbelieferung bei niedrigeren Kosten sorgen, die Wahrung von Informationsverarbeitungsfähigkeiten und das beschleunigte Auffinden und Entwickeln von Produkten.

Die Giganten dieser Kategorie, die sich der Herausforderung stellen, erringen entscheidende Siege. Diese Sieger amortisieren Möglichkeiten in verwandten Geschäftsbereichen und versuchen laufend, die Definition ihrer Kategorien zu erweitern. Die Sieger wenden eine Reihe von Prinzipien konsistent an:

- *Konzentration* der Ressourcen auf eine weit definierte Kategorie in allen Hauptmärkten Nordamerikas, Europas und Asiens.
- *Einkauf* von Produkten zum Auffüllen der Produktlinie.
- *Anpassung* der Weltmarke an den lokalen Geschmack.

Beispiel 9.5 (Forts.)

- *Durchführung* umfangreicher und umfassender Verbraucheruntersuchungen, um alle möglichen Segmentierungsdimensionen zu verstehen und die vielversprechendsten Ziele mit Produkten zu versorgen.
- *Kontrolle* der Regale und Werbeprogramme des Einzelhandels durch ein wertsteigerndes Management der Kategorie.
- *Anerkennung* einträglicher Anteilsgewinne als kritisches Leistungsmaß.
- *Verhalten*, als ob ihnen die Kategorie „gehören“ würde.

Nur wenige Unternehmen haben diese Prinzipien rücksichtslos angewendet. Viele sind dabei, diese Mission zu erfüllen, und zu ihnen zählen Procter & Gamble bei Wasch-, Reinigungsmitteln und Toilettenartikeln, Unilever bei Margarine, Philip Morris bei Tabak, Coca-Cola bei alkoholfreien Getränken in einigen geografischen Gebieten und Kanälen, Pepsi-Cola in den übrigen Segmenten, Toyota und möglicherweise Nissan bei Pkws und leichten Lkws und Sony bei Verbraucherelektronik.

Bei destillierten Spirituosen hat Grand Metropolitan (Grand Met) dieses Spiel besser als alle anderen gespielt. Grand Met besitzt nun Heublein (den Erfinder von Smirnoff- und Popov-Vodka), Jose Cuervo (Tequila), Carillon (Anbieter von Absolut), Paddington (J&B und Bailey's) und Palace Brand (Anbieter von Finlandia). Das „unheimliche“ Auge von Grand Met für die Verbraucher und für unerbittliche Investitionen in Marken zur Bedienung entstehender Segmente sorgt für Wachstum und sich selbst erneuernde Spannen für Neuinvestitionen. In fast allen beteiligten Kategorien und Subkategorien verfügt Grand Met über führende Anteile in den Segmenten mit hohen Preisen, starken Marken, hohen Spannen und hoher Markentreue.

Ähnlich konnte Kellogg's Mitte der 80er Jahre seine Macht bei Zerealien (Getreide) dadurch erneuern, dass es eine Reihe von Produkten neu gestartet hat, die sich an Erwachsene richten und zu denen gesunde Zerealien und Frühstücksprodukte, wie z.B. Crispix, Just Right, Mueslix, Nutri-Grain und Common Sense, zählen. Ein anhaltender Strom neuer Produkte, neuer Verkaufsaktivitäten und gesteigerte Werbung treiben die Bemühungen von Kellogg's an.

Con Agra, gut bekannt für sein Health Choice und ein Gigant im Bereich der Tiefkühlkost, konnte viel unauffälliger die Bedeutung seiner Marke Banquet mit tiefgefrorenem Geflügel, mexikanischen Gerichten und hochwertigen Produkten für die Zielgruppe der Kinder dramatisch steigern.

Die Schlagkraft resultiert aus der Konzentration auf erfolgreiche Kategorien, aus deren Gewinnspannen Investitionen in Verhaltensforschung, Vor-Ort-Aktivitäten in den Läden, Neuprodukteinführungen, neue Werbeaktionen, Verfahrensweisen und Aufkäufe finanziert werden, die der weiteren Konsolidierung dienen.

Grand Met ist ein Beispiel für ein Unternehmen, das hohe, feste Investitionen auf die verschiedenen Geschäftssysteme verteilt, um die Startposition seiner Produkte zu erleichtern. Diese systematisch vorgehenden Wettbewerber verschaffen sich Vorteile bei der Entwicklung, der Distribution, dem Einzelhandelsabsatz und der Kundenbekanntheit ihrer Produkte.

Die neue Generation der Wettbewerber schreibt die Erfolgsregeln neu. Die Gewinner werden ihre Mengen stetig durch Markenentwicklung, raffinierte Verbraucherwerbung, eine Fülle neuer Produkte als Reaktion auf neue Kundenbedürfnisse und Produkte mit überlegener Leistung steigern.

Quelle: nach Silverstein (1992).

9.4.1 Analytische Ansätze

Produktportfolio

Ein Verfahren, das vorgeschlagen wurde, um sowohl innerhalb eines Landes als auch über Ländergrenzen hinweg zu einem optimalen Export-Produktsortiment zu kommen, ist das *Produktportfolio* (Wind, 1977; Kotler, 1994, S. 70–76). Die wichtigsten Annahmen dieses Ansatzes lauten:

- Die zwei wichtigsten Merkmale eines Produktportfolios sind dessen erwarteter Gewinn und die mit ihm verbunden Risiken.
- Manager werden effiziente Portfolios halten, die laut Definition entweder die erwarteten Gewinne bei gegebenem Risiko maximieren oder die Risiken bei gegebenem erwarteten Gewinn minimieren.
- Theroretisch und praktisch ist es möglich, effiziente Portfolios durch eine systematische Analyse für eine beliebige Anzahl von Produkten zu ermitteln.

Die bei der Portfolioanalyse angewendeten analytischen Prozeduren können von einfachen grafischen Verfahren bis hin zur Differenzialrechnung oder komplexer mathematischer Programmierung reichen. Bei gegebenen Präferenzen des internationalen Managements hinsichtlich der Wechselwirkungen zwischen erwarteten Gewinnen und Risiken könnte es sich beim Endergebnis der Analyse um eine Empfehlung über Teile des gesamten Produkt-Mixes handeln, die den jeweiligen Produkten und Märkten zur Erreichung der Effektivität zugeordnet werden sollen.

In Kapitel 4 haben wir den Einsatz von Produktportfolio-Ansätzen bei der Marktselektion erörtert. Speziell erwähnt wurde der Ansatz der Boston Consulting Group (BCG), bei dem Produkte auf der Basis relativer Marktanteile und Marktwachstumsraten als Sterne (stars), Fragezeichen (question marks), Milchkühe (cash cows) oder „arme Hunde" (dogs) klassifiziert werden (vgl. Abbildung 9.6). Die relativen Marktanteile, die ein Ersatzmaßstab für die Wettbewerbsstärke innerhalb einer Industrie sind, werden berechnet, indem man die absoluten Marktanteile eines Unternehmens (oder einer Geschäftseinheit oder Marke) durch die des führenden Wettbewerbers der Industrie teilt. Gewinne werden durch Marktanteile erzeugt und sie werden für Reaktionen auf das Marktwachstum eingesetzt. Damit ein Unternehmen langfristig überleben kann, benötigt es ein ausgewogenes Portfolio, bei dem die Milchkühe ausreichende Mittel zur Unterstützung der Fragezeichen und Sterne erzeugen, die dann später hoffentlich selbst wieder Geldmittel abwerfen.

Das BCG-Portfolioverfahren ist heftig kritisiert worden, weil es nicht in allen Situationen gleichermaßen nützlich ist. Insbesondere bei kleinen und mittleren Unternehmen, die sich mit Exporten befassen (die größte Gruppe hinsichtlich der Anzahl der Unternehmen), führt der BCG-Ansatz häufig zu einer ungeeigneten und irreführenden Anwendung. Erstens werden die grundlegenden Annahmen in Bezug auf die Mechanismen der Erfahrungskurve (und damit die Zusammenhänge zwischen Marktanteilen und Rentabilität) und der Produktlebenszyklus als treibende Kräfte der Markteinschätzung verletzt. Zweitens sind die Messgrößen fraglich. In welchem Ausmaß sind die Märkte segmentiert? Welche geografischen Bereiche sollen berücksichtigt werden? Sollte der Produktmarkt weit oder eng definiert werden? Diese Fragen sind für die Bestimmung des relativen Marktanteils und der Marktwachstumsrate und damit auch für die Interpretation der strategischen Basis der Ressourcenallokation wichtig.

Abbildung 9.6 BCG-Portfoliomatrix.

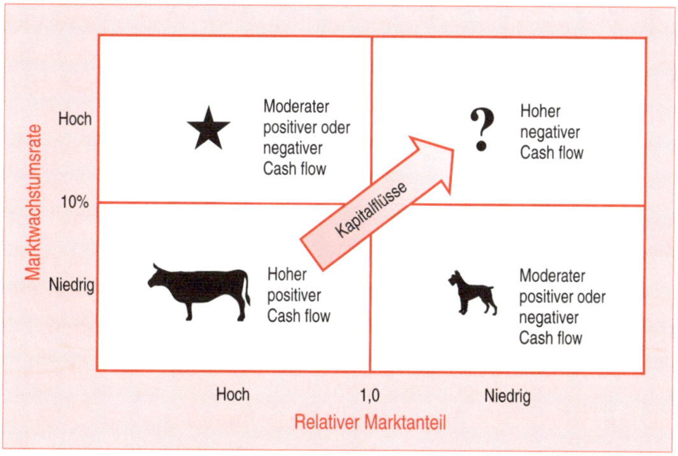

Zu den weiteren Fragen, die für den Einsatz der Portfolioanalyse durch kleine und mittlere Exporteure wichtig sind, zählen diese:

- Verfügen derartige Unternehmen überhaupt über ein Portfolio strategischer Produkt-/Markt-Kombinationen?
- Verfügen diese Exporteure über die für die Anwendung des Verfahrens erforderlichen Umweltinformationen, zu denen strategisch relevante Informationen in Bezug auf das aktuelle und zukünftige Marktwachstum, die Marktgröße und die Marktanteile zählen?
- Die den Erfolg dieser Art der Exporteure bestimmenden Hauptfaktoren basieren nicht notwendigerweise auf Kosten, Preisen und Marktanteilen (und damit auf Skalen- und Lernkurveneffekten), sondern sehr oft auf anderen Aspekten, wie z.B. Qualität, Dienstleistungen, Innovationsfähigkeit und einer bestimmten Technologie.

Da die Anwendung des Produktportfolioverfahrens sehr schwierig ist, scheint sein unmittelbarer Nutzen darin zu bestehen, dass es einen Rahmen zur Einschätzung alternativer Produkt- und/oder Marktkombinationen zur Verfügung stellt.

Entscheidungstheorie

Ein weiteres Verfahren bringt den Einsatz der *statistischen Entscheidungstheorie* mit sich. Es bietet einen Rahmen, durch den nicht nur die in das analytische Verfahren einfließenden Ideen klarer werden, sondern es ist auch ein Mittel zur Quantifizierung bestimmter Aspekte des Prozesses (Wright, 1984; Moore und Thomas, 1976). Auch wenn dieses Verfahren üblicherweise den Einsatz von Wahrscheinlichkeiten und Erlösen mit sich bringt und schlechte Einschätzungen sehr wahrscheinlich zu unpassenden Entscheidungen führen, lässt sich argumentieren, dass dieses Verfahren einige Vorteile bietet:

- Es fördert die Konzentration auf kritische Fragen.
- Es erzwingt die ausdrückliche Nennung alternativer Aktionsmöglichkeiten und deren Folgen.

- Es stellt ein systematisches Verfahren zur Quantifizierung und Bewertung der Folgen alternativer Aktionsmöglichkeiten zur Verfügung.

Das wirklich unterscheidende Merkmal des obigen Verfahrens sind die persönliche Interpretation und der Einsatz von geschätzten Wahrscheinlichkeiten. Leider ist es viel schwieriger, die statistische Entscheidungstheorie bei internationalen/Export-Produktentscheidungen als bei Inlandsentscheidungen zu nutzen. Wegen des stärkeren Kenntnismangels hinsichtlich der erforderlichen Wahrscheinlichkeiten gewinnen subjektive Aspekte an Einfluss. Das Denkgerüst (falls keine Analyse erfolgt) ist jedoch bei Exportentscheidungen gleichermaßen von Bedeutung.

9.4.2 Interne Einflussfaktoren

Bei den internen Determinanten für die Breite und Tiefe des Exportprodukt-Mixes handelt es sich um jene Faktoren, die ihren Ursprung im Unternehmen selbst haben. Diese befassen sich kollektiv mit den Zielen und Ressourcen des Unternehmens und dem Gewinnpotenzial. Antworten auf Fragen wie die folgenden sind von Belang: Wie lauten die Ziele des Unternehmens beim Exportmarketing: Wachstum, Marktanteil, Risikominderung, Export von Produkten mit Überkapazitäten usw.? Werden die Unternehmensressourcen und unterscheidenden Vorteile (z.B. überlegene Technologie oder Management- und Marketingfähigkeiten) in der Produktlinie optimal genutzt? Damit verwandt ist die Managementphilosophie in Bezug auf die Ernsthaftigkeit des Engagements im internationalen/Exportmarketing. Gehört die Konstanz zu den Anliegen des Managements? Diese Frage und die Entscheidung über die Abgrenzung von Verkauf und Marketing sind analog. Ein Verkaufsansatz würde den Absatz überschüssiger Produkte umfassen, wobei man darauf hofft, dass er sich im Ausland als nützlich erweist. Im Gegensatz dazu schreibt der Marketingansatz vor, dass Unternehmen die Bedürfnisse eines Auslandsmarkts ermitteln, um dann nach einem Produkt zu suchen, das diese Bedürfnisse am besten befriedigt.

Die anderen Elemente des Exportmarketing-Mixes können Auswirkungen auf Entscheidungen zum Produktsortiment haben und selbst davon beeinflusst werden. Zur Verdeutlichung kann das Modell des Exporteintritts im Ausland dienen. Wenn indirekte Exportkanäle benutzt werden sollen, kann sich ein Unternehmen möglicherweise auf eine beschränkte Zahl der einträglichsten Produkte beschränken. Andererseits kann eine breite Produktangebotspalette für die rentable Nutzung von Direktexporten (z.B. eine ausländische Verkaufsniederlassung) erforderlich sein. Ähnliche Probleme entstehen bei nichtexportierenden Markteintrittsmodi. Von der Lizenzierung sind z.B. nur ausgewählte und meist auch nur wenige Produkte der gesamten Produktpalette betroffen.

9.4.3 Externe Einflussfaktoren

Externe Faktoren, die Entscheidungen über Produktlinien beeinflussen, haben ihren Ursprung außerhalb des Unternehmens. Im Folgenden werden wir einige dieser Faktoren betrachten.

Kundeneinflüsse

Die Art der Kundenbedürfnisse und -wünsche in den jeweils relevanten Märkten beeinflusst die Effektivität aller Marketinganstrengungen. Natürlich bilden diese zusammen mit den Verbrauchermerkmalen und -interessen die Basis für die Entscheidung, welche Produkte zunächst berücksichtigt werden und welche schließlich das Produktsortiment bilden sollten. In verschiedenen Ländern können aber unterschiedliche Zusammenstellungen und Mengen der Produkte nachgefragt und gekauft werden. Eine häufige Ursache für derartige Unterschiede sind Anwendungsmuster, die zwischen den Märkten variieren können. In den USA werden Fahrräder z.B. vorwiegend als Sportgerät benutzt, während sie in verschiedenen Teilen Europas und Asiens in erster Linie Fortbewegungsmittel sind.

Die dem Markt zu Grunde liegenden kulturellen und sozialen Werte können erklären, warum sich einige Produkte in bestimmten Auslandsmärkten einträglich vermarkten lassen, während das in anderen nicht der Fall ist. Werte beeinflussen weite Bereiche des Verhaltens, zu denen auch der Kauf von Produkten und deren Einsatz zählen, da diese eine zentrale Rolle im Leben der Menschen spielen. Ein Verfahren zur Untersuchung von Werten, das wir bereits in Kapitel 4 besprochen haben, benutzt z.B. eine Werteliste (List of Value, LOV), zu der die folgenden neun Werte zählen: Selbstachtung, Zusammengehörigkeitsgefühl, Respektiertwerden, Sicherheit, Beziehungswärme, Spaß und Vergnügen, Selbstverwirklichung und Aufregung. LOV kann sowohl bei der Entwicklung neuer Produkte als auch bei der Segmentierung internationaler Märkte unter Umständen nützlich sein (Kahle, Albaum und Utsey, 1987).

Weiter oben in diesem Kapitel haben wir im Zusammenhang mit der Positionierung kurz Länderstereotypen besprochen. Nun wenden wir uns sog. „inneren" Bildern zu, die die Tendenz von Menschen widerspiegeln, bestimmte Qualitäten und Produkte mit bestimmten Ländern zu assoziieren (z.B. schwedischer Stahl, französische Weine, deutsches und dänisches Bier, amerikanische Flugzeuge, englische Textilien und japanische Verbraucherelektronik). Untersuchungen haben gezeigt, dass Verbraucher das Herkunftsland genauso wie spezifische andere Merkmale des Produkts als Produktattribut wahrnehmen, das wahrscheinlich eine unabhängige Auswirkung auf die Produktbewertung hat (Hong und Wyer, 1989; Shimp, Samiee und Madden, 1993).

Bilder, die auf Wahrnehmungen von „Hergestellt im Land X" beruhen, können zu Verzerrungen führen, da sie sich auf die nationale Herkunft der Produkte beziehen und daher das von einem Unternehmen erwünschte angebotene Produktsortiment beeinflussen können. Zumindest können diese Bilder beträchtliche Hemmnisse sein, die eine Markenimage-Strategie sogar bis zu einem Punkt beeinträchtigen können, an dem die Hersteller die Herkunft der ausländischen Produkte nicht betonen sollten. Die Wahrnehmungen der Verbraucher werden von der Bekanntheit und der Verfügbarkeit von Produkten sowie von Länderstereotypen beeinflusst. Das Image „Made in Japan" wurde z.B. stark von Sony, Toyota und Nikon beeinflusst. In einer Untersuchung dieser Frage in osteuropäischen Ländern stellte sich heraus, dass das Herkunftsland zwar eine dominierende Rolle im Entscheidungsprozess russischer und polnischer Verbraucher spielte, bei ungarischen Verbrauchern aber nur einen relativ geringen Einfluss hatte (Ettenson, 1992). Eine Studie unter kanadischen, britischen und französischen Verbrauchern über Produkte aus den USA, Kanada, Schweden, Japan und ihren eigenen Heimatländern führte zu den folgenden Ergebnissen hinsichtlich der Exportmarketing-Strategie (Papadopoulos u.a., 1987):

- Einstellungen haben drei Dimensionen (kognitiv, affektiv und konativ) und Produkte eines Landes können, wenn sie auf einer Dimension positiv bewertet werden, auf den anderen durchaus anders bewertet werden.
- In verschiedenen Ländern kann die Leichtigkeit des Markteintritts unterschiedlich stark von der Reaktion der Verbraucher des Landes auf die Produktherkunft beeinflusst werden.
- Verbraucher halten ihre einheimischen Produkte nicht immer in allen Bewertungsdimensionen für die besten.
- Exportmarketing-Strategien, die das Herkunftsland betonen, können in verschiedenen Ländern unterschiedlich erfolgreich sein.

- Für neue Exporteure kann es angesichts der aktuellen Dominanz einer kleinen Gruppe bedeutender Hauptexporteure in Auslandsmärkten schwer sein, ihre internationale Präsenz zu erhöhen.

Diese Ergebnisse repräsentieren eine Vielzahl der durchgeführten Studien. Ein komplizierender Faktor resultiert aus der zunehmenden Komplexität, mit der nicht nur multinationale (oder globale oder transnationale) Unternehmen ihre internationalen Operationen erweitern. Viele Unternehmen nutzen nun bei der Gestaltung, der Beschaffung und der Herstellung einzelner Produkte Quellen aus mehreren Ländern. Es wird schwierig zu bestimmen, welche Bedeutung das Herkunftsland bei bestimmten Produkten überhaupt hat. Wie lautet z.B. das Herkunftsland, wenn ein Produkt in Japan finanziert, in Italien entworfen und in den USA, Mexiko und Frankreich zusammengesetzt wird und dabei Einzelteile benutzt werden, die in den USA erfunden und in Japan hergestellt wurden? Viele Unternehmen vermarkten Produkte mit einem derartigen Hintergrund.

Das sog. „globale Outsourcing“, der Einkauf von Produkten, Komponenten, Materialien usw. im Ausland, ist auch eine Ursache für das Dilemma des Herkunftslands. Wichtige Gründe dafür, dass Unternehmen zunehmend bei ausländischen Quellen einkaufen, sind u.a. niedrigere Preise, bessere Qualität, fortschrittlichere Technologie, dauerhaftere Einstellungen und kooperativere Belieferung als bei einheimischen Quellen. In einigen Fällen handelt es sich bei der ausländischen Quelle um die einzig verfügbare Quelle, oder sie wird deshalb genutzt, weil ein gegenseitiges Handelsabkommen zu erfüllen ist (Davis, 1992). Durch die Praktik der „externen Verarbeitung“ wird die Sache noch komplizierter. Diese findet dann statt, wenn Unternehmen Komponenten oder Teile für den Zusammenbau exportieren, um dann das fertig montierte Produkt zur Endbearbeitung zu reimportieren.

Ein verwandter Effekt leitet sich aus Eigentumsänderungen ab. Viele Unternehmen und deren Produkte werden auch dann noch gemäß ihrem „Geburtsland“ wahrgenommen, wenn sie sich im ausländischen Besitz befinden. Einige Beispiele sind:

- Haagen-Dazs-Eiskrem (amerikanisch) befindet sich im britischen Besitz.
- Arrow-Hemden (amerikanisch) befindet sich im französischen Besitz.
- Godiva-Schokolade (belgisch) ist nun ein amerikanisches Unternehmen.

Was kann ein international tätiges Unternehmen bzw. ein Exporteur machen, um beliebige derartige verzerrte Wahrnehmungen oder Prädispositionen aufgrund von „inneren“ Bildern zu überwinden? Durch Werbung lassen sich zwar gewisse Verzerrungen überwinden, Prädispositionen (Vorurteile) lassen sind aber durch den Einsatz derartiger Mittel allenfalls schwer ändern. Ein anderes Mittel zur Überwindung von Einstellungen wären Preise. Die Folgen der vom Herkunftsland des Produkts verursachten Verzerrungen bei der Auswahl ähnlicher Waren aus unterschiedlichen Ländern lassen sich möglicherweise durch Änderungen der Preisunterschiede beheben. Der Exporteur muss dabei jedoch aufpassen, dass er nicht zu weit geht, da eine derartige Strategie zu einem Eigentor werden kann, wenn der Exporteur die Einstellungen der Verbraucher hinsichtlich Preis und Qualität falsch interpretiert.

Wettbewerb

Von Bedeutung sind Antworten auf Fragen wie die folgenden: Welche Produktarten und -sortimente bieten die Wettbewerber in den Zielmarktländern an? Wurde die Nachfrage nach einem gegebenen Produkt bereits von Wettbewerbern befriedigt? Wenn der Wettbewerb intensiv ist, können die Kosten der Marktpenetration für ein gegebenes Produkt sehr hoch sein und möglicherweise so hoch liegen, dass sich Anstrengungen, in den Markt einzudringen, nicht lohnen. Ein amerikanisches Unternehmen verkauft z.B. keine Margarine in Europa, obwohl es sich dabei um eines seiner wichtigsten Produkte im einheimischen Markt handelt, weil die Position von Unilever bei Margarineverkäufen in Europa überaus stark ist. Ein Pharmaunternehmen aus der Schweiz betrat das südostasiatische Gebiet durch den Bau einer Fabrik. Von dieser Fabrik aus wollte das Unternehmen in andere Länder dieses Gebiets exportieren. Die Umsätze blieben jedoch weit unter den Erwartungen (und führten zu verringerter Kapazität), weil ein wichtiger Aspekt des Wettbewerbs übersehen worden war, nämlich der Umstand, dass der lokale Schwarzhandel von Regierungsoffiziellen kontrolliert wurde (Ricks, 1983, S. 135).

In großem Umfang lässt sich die Konkurrenz durch Anbieten bestimmter Produkte für ausgewählte Marktsegmente überwinden. Die Erfolge von VW und Toyota sind Beispiele dafür. Aber auch hier können die Marktsegmente nicht groß genug sein oder nicht genügend wachsen, um einen neuen Markteindringling am Leben zu halten, der einen Markt betritt, der bereits von anderen konkurrierenden Unternehmen dominiert wird. CPC musste diese Lektion auf die harte Tour lernen, als es ein erfolgreiches europäisches Produkt, Knorr Trockensuppen, in den USA vermarkten wollte. Nicht nur, dass Campbell das dominierende Unternehmen war (Heinz war mit Abstand zweiter), auch das erwartete Wachstum im Segment der Benutzer dehydrierter, trocken verpackter Suppen blieb aus.

Die Phase des Produkts im Lebenszyklus

In Kapitel 2 haben wir den Produktlebenszyklus (Product Life Cycle, PLC) als eine Theorie vorgestellt, mit der sich Exporthandel erklären und vorhersagen lässt. Nun betrachten wir das Konzept mehr auf der Mikroebene, um festzustellen, wie es das Exportproduktsortiment eines Unternehmens beeinflussen kann.

Der Produktlebenszyklus dient als Leitfaden für die Entwicklung von Produktprogrammen. Er lässt sich sowohl innerhalb der Strategie vorhandener als auch neuer Produkte einsetzen und lässt sich sowohl in Entscheidungen zur Neueinführung als auch zur Eliminierung von Produkten einbinden. Der Lebenszyklus kann ein nützliches Planungsinstrument sein und ist ein wesentliches methodologisches Element des strategischen internationalen Marketing (siehe Meissner, 1990, S. 107-110). Die Entwicklung von Produkten in verschiedenen Ländern lässt sich anhand der Phasen des Produktlebenszyklus und des Wachstums der Nachfrage abbilden. Wie Abbildung 9.7 zeigt, lassen sich vier unterschiedliche Phasen des Zyklus unterscheiden. In Auslandsmärkten können die Zeitspannen, die ein Produkt in einer Phase verbringt, unterschiedlich lang ausfallen und länger als im Ursprungsland sein. Außerdem können sich Produkte in verschiedenen Ländern in unterschiedlichen Phasen befinden. Dies wird in Abbildung 9.7 durch das Produkt verdeutlicht, dass sich im Heimatmarkt in der Reifephase des Markts, im Land A in der Einführungsphase und im Land B in der Wachstumsphase befindet.

Ein nützliches Merkmal des Lebenszykluskonzepts ist dessen Betonung des zukünftigen *Wandels*. Der PLC weist deutlich darauf hin, dass sich die Zukunft von der Vergangenheit und der Gegenwart unterscheiden wird, auch wenn es einige Ähnlichkeiten geben kann. Ein weiteres Merkmal besteht darin, dass der PLC das Management auf die strategische Bedeutung der zeitlichen Planung hinweist, da sich die für eine Phase richtige Strategie für eine andere möglicherweise nicht eignet. Der Produktlebenszyklus lässt sich auch marktübergreifend einsetzen. Dabei kann man z.B. ein Land als Führer und die anderen als Nachfolger sehen. Abbildung 9.8 zeigt, wie sich die Strategien des Führers und der Nachfolger mit den Phasen des PLC ändern. Interessant ist, dass ein gewisser Druck zur Errichtung von Produktionsstätten im Ausland besteht, wenn das Produkt die Phasen 3 und 4 erreicht, obwohl die Merkmale der Länder bei den beiden Strategien unterschiedlich sind.

Abbildung 9.7 Produktlebenszyklus.

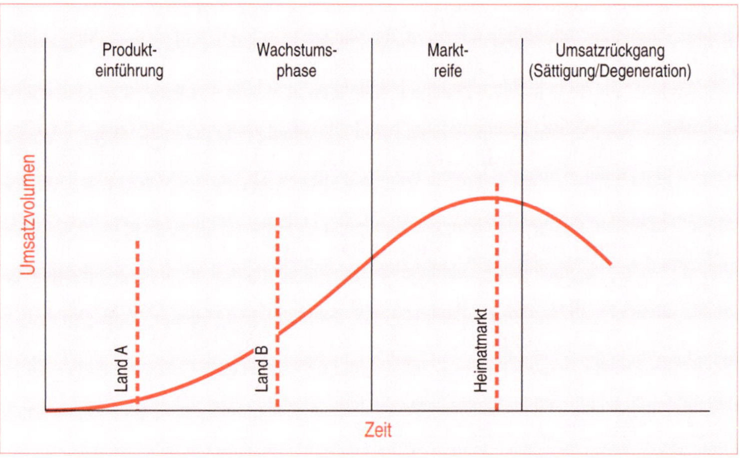

Abbildung 9.8 Die Strategien des Marktführers und der Nachfolger im Verlaufe des Produktlebenszyklus.

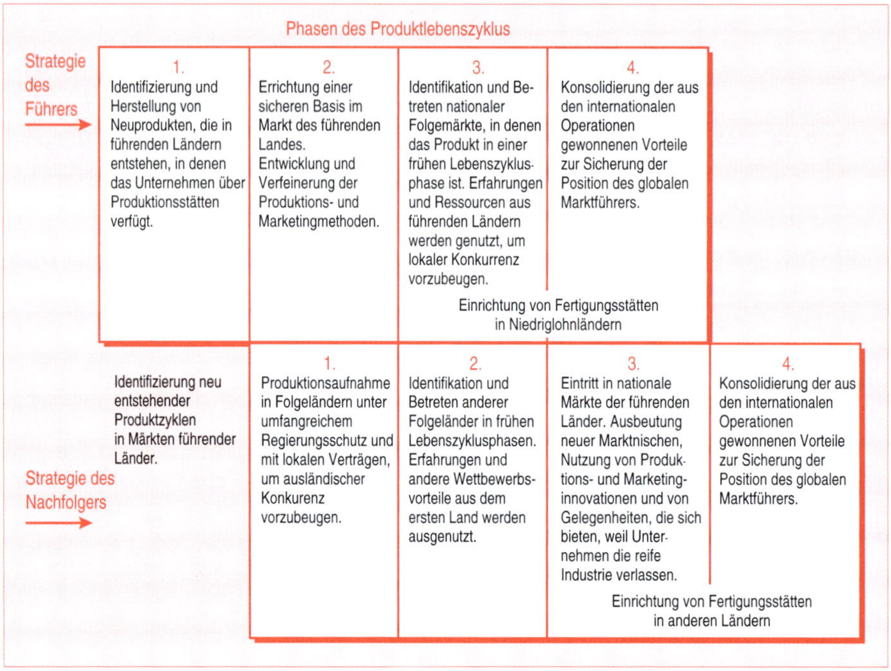
Phasen des Produktlebenszyklus
Strategie des Führers
1. Identifizierung und Herstellung von Neuprodukten, die in führenden Ländern entstehen, in denen das Unternehmen über Produktionsstätten verfügt.
2. Errichtung einer sicheren Basis im Markt des führenden Landes. Entwicklung und Verfeinerung der Produktions- und Marketingmethoden.
3. Identifikation und Betreten nationaler Folgemärkte, in denen das Produkt in einer frühen Lebenszyklusphase ist. Erfahrungen und Ressourcen aus führenden Ländern werden genutzt, um lokaler Konkurrenz vorzubeugen.
4. Konsolidierung der aus den internationalen Operationen gewonnenen Vorteile zur Sicherung der Position des globalen Marktführers.
Einrichtung von Fertigungsstätten in Niedriglohnländern
Strategie des Nachfolgers
Identifizierung neu entstehender Produktzyklen in Märkten führender Länder.
1. Produktionsaufnahme in Folgeländern unter umfangreichem Regierungsschutz und mit lokalen Verträgen, um ausländischer Konkurrenz vorzubeugen.
2. Identifikation und Betreten anderer Folgeländer in frühen Lebenszyklusphasen. Erfahrungen und andere Wettbewerbsvorteile aus dem ersten Land werden ausgenutzt.
3. Eintritt in nationale Märkte der führenden Länder. Ausbeutung neuer Marktnischen, Nutzung von Produktions- und Marketinginnovationen und von Gelegenheiten, die sich bieten, weil Unternehmen die reife Industrie verlassen.
4. Konsolidierung der aus den internationalen Operationen gewonnenen Vorteile zur Sicherung der Position des globalen Marktführers.
Einrichtung von Fertigungsstätten in anderen Ländern

Bei beiden Strategien ist der Standort des Unternehmens wichtig. Es gibt zwar eine Tendenz bei Unternehmen, neue Produkte zunächst im Heimatland einzuführen, aber das muss nicht immer so sein. Die japanischen Hersteller von Farbfernsehern haben diese z.B. erst in die USA exportiert, bevor sie in Japan angeboten wurden. Ähnlich exportierte Hitachi die Videodisc erst in die USA, um sie danach in der Heimat anzubieten.

Abhängig von seiner Organisation kann es für Unternehmen bei einem beliebigen Produkt schwierig sein, in mehr als einer oder zwei Phasen des Lebenszyklus gleichzeitig zu operieren. Daher kann die Phase, in der sich ein Produkt in seinem Lebenszyklus in einem Auslandsmarkt befindet, Einfluss auf dessen Einbezug in die in diesem Markt angebotene Produktlinie haben. Die unterschiedlichen Merkmale der Phasen des Produktlebenszyklus (z.B. erforderliche Werbung, Wettbewerb, Preisverhalten) verdeutlichen, warum es schwierig wäre, zeitgleich in mehr als zwei Phasen zu operieren.

Vorausschauende Planung sollte sich mit der Verlängerung des Produktlebens befassen. Dies bedeutet, dass das Exportmanagement bereits über ggf. später im Zyklus erforderliche Aktionen nachdenken sollte, bevor das Produkt in einem Auslandsmarkt eingeführt wird. Eine oder mehrere der folgenden Maßnahmen lassen sich zur Steigerung der Umsätze einsetzen:

- Förderung des häufigeren Einsatzes bei aktuellen Anwendern bzw. Kunden.
- Entwicklung verschiedenartiger Einsatzvarianten bei aktuellen Anwendern.
- Gewinnung neuer Anwender.
- Aufspüren neuer Einsatzmöglichkeiten für das Produkt.
- Änderungen am Produkt vornehmen.

Andere externe Faktoren

Eine Vielzahl anderer externer Faktoren können die Breite und Tiefe des internationalen Produktsortiments beeinflussen. Zu ihnen zählen die folgenden:

- Die vorhandene Marketingstruktur der Distribution, inklusive der unterstützenden Agenturen.
- Regierungsregulierungen hinsichtlich der Art des Produkts oder der Verpackung.
- Importregulierungen, wie z.B. Zölle und Zollfreigrenzen.
- Klimatische und andere physikalische Bedingungen.
- Das Niveau der wirtschaftlichen Entwicklung der Märkte.

9.5 Standardisierung vs. Adaption

Eng verwandt mit Entscheidungen über das Produktsortiment ist die Frage nach der Standardisierung oder Adaption der einzelnen Produkte, aus denen das Sortiment besteht. Einen Überblick über das umfassende Thema der Standardisierung von Marketingprogrammen, inklusive der Produktdimension, geben Walters (1986) und Walters und Toyne (1989). Die Standardisierung oder Adaption kann das physische Kernprodukt (z.B. Größe, Funktion, Farbe), die Verpackung und unterstützende Dienstleistungen betreffen. Ein Extrem stellt das Unternehmen dar, das so weit standardisiert, dass es nur eine Version eines Produkts anbietet, bei dem es sich im Wesentlichen um dasselbe Produkt handelt, das auch im Heimatmarkt vermarktet wird. Bei diesem Ansatz handelt es sich im Wesentlichen um eine sog. *globale* Produktstrategie.

Ein sog. globales Produkt ist derart gestaltet, dass es einem von zwei Standards gerecht wird: (1) den Präferenzen des einheimischen Markts oder (2) dem kleinsten gemeinsamen Nenner der Exportmärkte (Rosen, 1986, S. 8). Das andere Extrem bildet eine Adaption, die bis zu dem Punkt der Individualisierung vorangetrieben wird, dass Unternehmen ihre Produkte oder Dienstleistungen an die einzigartigen Bedürfnisse einzelner Käufer oder Käufergruppen in Auslandsmärkten anpassen. Von japanischer Seite aus wurde z. B. vorgeschlagen, dass Unternehmen Produkte verkaufen sollten, die speziell auf die japanischen Anforderungen zurechtgeschnitten sind, um diesen Markt richtig zu erschließen. Zu den Beispielen für Unternehmen, die diesem Vorschlag gefolgt sind, zählen BMW mit einer Rechtslenkung, Ore-Ida mit gefrorenen Kartoffeln in kleineren Packungen und geringem Salzgehalt und Triumph International, das für japanische Frauen, die kleiner als europäische sind, passende Unterwäsche hergestellt hat.

Üblicherweise führt diese Frage weder zum einen noch zum anderen Extrem. Natürlich ist die Standardisierung bei bestimmten Landwirtschaftsprodukten, Rohmaterialien und bearbeiteten Waren, die an die Industrie verkauft werden, verbreitet. Ähnlich ist die Individualisierung von Produkten bei bestimmten Gebäuden, Fabriken und Ausrüstungen oder auch gewissen Dienstleistungen üblich. Aber auch wenn Politiken vorwiegend der Standardisierung oder Individualisierung dienen, sind Exportproduktentscheidungen üblicherweise Kompromisse zwischen diesen beiden Extremen. Die Adaption kann *zwingend erforderlich* sein oder auch *freiwillig* erfolgen. Adaption kann z. B. aufgrund von Sprachunterschieden, unterschiedlichen elektrischen Systemen, verschiedenen Maßsystemen und Produktspezifikationen und Regierungsanforderungen notwendig sein. Vanport Manufacturing, eine Sägemühle in den USA, produziert nur Bauholz für den Export nach Japan und schneidet es exakt in den in Japan üblichen metrischen Maßen zurecht. Freiwillige Adaption findet dann statt, wenn der Exporteur sich selbst zur Modifikation eines oder mehrerer Produkte entschließt.

Sollte ein Exporteur versuchen, seine Produkte zu globalisieren bzw. zu standardisieren? Es ist nicht klar, ob es überhaupt eine eindeutige Antwort auf diese Frage gibt, und auch nicht, ob eine völlige Standardisierung möglich ist. Sicherlich ist es möglich, ein Produktkonzept, wie z. B. Fast-Food, Benutzerfreundlichkeit, modernste Elektronik usw. zu standardisieren. Im Allgemeinen ist jedoch entweder eine gewisse Adaption erforderlich oder eine freiwillige Änderung (unwesentlich oder wesentlich) von Vorteil. Levitt (1986) führt z. B. die globalen Produkte Coca-Cola, Sony-Fernseher, McDonald's-Restaurants und Levi-Jeans als Beispiel auf. Tatsächlich waren aber bei allen gewisse Anpassungen an ausländische Marktbedingungen erforderlich (Rosen, 1986, S. 7).

Produkt	*Adaption*
Sony-Fernseher	Spannung, Übertragungsstandard
McDonald's	Speisekarte, Innenausstattung der Restaurants
Levi-Jeans	Größen, Stoff, Schnitt
Coca-Cola	Markenname (China), Verpackung

In den frühen 80ern erweiterte McDonald's z. B. in Japan seine Speisekarte um Rindfleisch und Chicken-Curry mit Reis und unternahm Experimente mit japanischen Fast-Food-Produkten, wie z. B. Reisbällchen in Meeresalgen mit Miso-Suppe. In Frankreich serviert McDonald's Wein und in Deutschland Bier. 1992 begann Kentucky Fried Chicken in Japan mit dem Verkauf gebackener Reisbällchen.

Aus der Sicht des Käufers sollten Produkte nicht nur fast, sondern exakt seinen Wünschen entsprechen. Dies weist auf eine Politik der Produktindividualisierung hin. Aus der Sicht des Verkäufers lassen sich jedoch durch Standardisierung häufig Kosten senken. Damit kommt man zur Kernfrage: In welchem Umfang lassen sich die Interessen der Hersteller, Kosten einzusparen, mit dem Interesse der Käufer an individuellen Produkten vereinen? Die Kosten lassen sich durch die Produktgestaltung deutlich senken, wenn man dasselbe Basisprodukt in mehreren Märkten anbietet. Das führt natürlich zu den Mengeneffekten der Massenfertigung, für die der große Erfolg italienischer Gerätehersteller in Europa während der 60er Jahre ein Beispiel darstellt. Diese Unternehmen produzierten relativ einfache, standardisierte Kühlschränke und Waschmaschinen und konnten bedeutende Marktanteile in Frankreich, Belgien, Luxemburg und Deutschland erringen. Die Ford Motor Company hat erneut versucht, ein „Weltauto" zu entwickeln, das jedem Geschmack zwischen Detroit, Hongkong und Amsterdam gerecht wird. Anfang der 80er Jahre stellte Ford den Escort vor diesem Hintergrund vor, war damit aber nicht erfolgreich. 1993 stellte Ford in Europa den Mondeo als Ersatz für die Sierra-Produktlinie und die Tempo/Topez-Linie in den USA vor. Bei den amerikanischen und europäischen Versionen werden 75% der Teile gemeinsam benutzt.

Kosten lassen sich auch über die Verpackung einsparen. Dies verdeutlicht ein Nahrungsmittel verarbeitendes Unternehmen, das vorbereitete Suppen in ganz Europa verkauft und dabei eine standardisierte Verpackung anstelle der zuvor benutzten elf Verpackungen verwendet. Ein weiteres Beispiel, das ebenfalls aus der Nahrungsmittelindustrie stammt, ist Kellogg's, das die Verpackungskosten durch Verwendung mehrsprachiger Verpackungen für seine individuell portionierten Zerealien in Europa senkt.

Während sich durch Standardisierung definitiv Produktionskosten einsparen lassen, lässt sich darüber diskutieren, ob man dies als Beweis für das letztendliche Entstehen globaler Märkte sehen soll, in denen globale Produkte verbraucht und benutzt werden. Wind und Douglas (1985) haben argumentiert, dass die Produktionskosten nur einen (und häufig nicht den wesentlichen) Bestandteil der Gesamtkosten bilden. Außerdem weisen sie darauf hin, dass es keine Beweise gibt, die die beiden anderen kritischen Annahmen stützen, die dem zunehmenden Auftreten einer Standardisierungsstrategie zu Grunde liegen:

1. Homogenität der Weltbedürfnisse und eine zunehmende Anzahl globaler Marktsegmente.
2. Bereitschaft der Menschen, spezifische Präferenzen hinsichtlich der Merkmale, der Funktion und des Aussehens von Produkten usw. für niedrigere Preise bei höherer Qualität aufzugeben.

Trotzdem standardisieren einige Unternehmen in größerem oder kleinerem Umfang. Zur Verdeutlichung wurden die Ergebnisse einer Untersuchung von Adaptionen bei 143 nicht dauerhaften Verbrauchsgütern von den einheimischen Märkten in den USA und Großbritannien auf vier Metamärkte (z.B. Gruppen national unterschiedlicher Ländermärkte, die über einen gemeinsamen kulturellen, wirtschaftlichen oder politischen Hintergrund verfügen) übertragen. Sie deuten darauf hin, dass es ein signifikant unterschiedliches Adaptionsverhalten bei den verschiedenen Produktdimensionen und einige Unterschiede zwischen den Regionen gibt (Still und Hill, 1985). Insgesamt wurden die folgenden Prozentsätze für die Adaption verschiedener Produktaspekte ermittelt:

Markenname	25
Verpackungsästhetik	55
Produktbestandteile	63
Produktmerkmale	35
Etikettierung	71
Verpackungsgrößen	55
Gebrauchsanleitung	23

Das Ausmaß, in dem Märkte eine Standardisierung akzeptieren (oder in dem eine Individualisierung erforderlich ist), hängt teilweise von der Art des beteiligten Produkts ab. Abbildung 9.9 ordnet einige Produktbeispiele in zwei Dimensionen ein. Die horizontale Dimension, das bevorzugte Produkt des Verbrauchers, klassifiziert Produkte in einem Kontinuum zwischen standardisiert und angepasst. Die vertikale Dimension, die Änderungsrate des Produkts, umfasst das Spektrum von langsam bis schnell.

Abbildung 9.9 Marktanforderungen und Produktmerkmale.

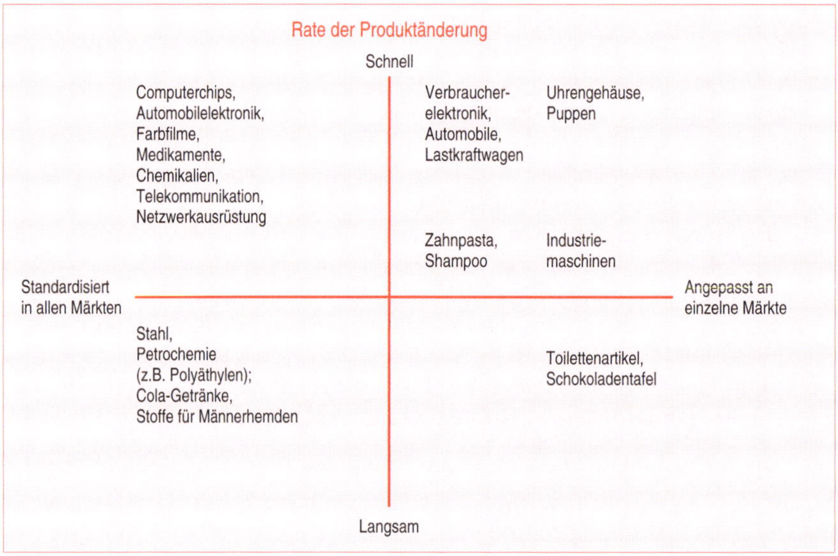

Industrielle Waren, wie z.B. Stahl oder petrochemische Produkte, können weltweit homogen sein. Bestimmte dauerhafte Konsumgüter lassen sich mit Ausnahme bestimmter technischer Merkmale (z.B. elektrische Stecker oder interne Komponenten zur Anpassung an unterschiedliche Spannungen) ebenfalls recht gut standardisieren. Nichtdauerhafte Konsumgüter erfordern aufgrund unterschiedlicher Geschmäcker, Gewohnheiten, Einstellungen oder unterschiedlichen Kaufverhaltens häufig eine stärkere Individualisierung.

Eine Art von Produkten, die sich am schlechtesten standardisieren lassen, sind Nahrungsmittel. Meist ändern sie sich auch nur langsam. Betty-Crocker-Kuchenmischungen wurden z.B. in England erfolglos eingeführt. Campbells Suppen sollen in Deutschland bei dem Versuch, die Gewohnheiten bei Dosensuppen zu ändern, zu Verlusten von 10 Mio. $ geführt haben. Sara Lee, ein großes amerikanisches Unternehmen für verpackte Nahrungsmittel (inklusive gefrorener Torten und Kuchen), soll in London mit seinen in Amerika entwickelten Produkten nur wenig Erfolg gehabt haben. General Foods versuchte Jell-O (eine Gelatine-Marke) in England in Pulverform (der amerikanischen Version) statt als „Gelee" (landestypisch) zu verkaufen und scheiterte in seinem Testmarkt. Nahrungsmittel sind eine problematische Produktkategorie, weil Ernährungsgewohnheiten tief und emotional in der jeweiligen Kultur verwurzelt sind. Und es gibt nicht nur regional und international, sondern sogar zwischen benachbarten Gemeinden bedeutende Unterschiede. Häufig wird von der Nahrungsmittel verarbeitenden und verpackenden Industrie auch übersehen, dass Rituale eine wesentliche Zutat beim Kochen sein können. Deshalb werden bequeme Nahrungsmittel nicht unbedingt schnell akzeptiert.

Andererseits lassen sich Produktpolitiken für bestimmte dauerhafte Güter oder industrielle Produkte relativ leicht formulieren. Die möglicherweise einzige Änderung, die am einheimischen Modell vorgenommen werden muss, ist die Anpassung der Verkabelung (Netzteile) bei unterschiedlichen elektrischen Netzspannungen oder der Abmessungen des Produkts. Automobile können in einem Land entwickelt und exportiert werden und entsprechen recht gut den Bedürfnissen der Fahrer in anderen Ländern. Unterschiedliche Vorlieben in Bezug auf das Aussehen der Fahrzeuge, Verkehrsbedingungen (Links- oder Rechtsverkehr) sowie Straßen- und klimatische Verhältnisse erfordern jedoch zunehmend gewisse Anpassungen.

Gebrauchsgüter erfordern manchmal technische Änderungen. Mitte der 60er Jahre versuchte ein amerikanischer Gerätehersteller z.B. seine Waschmaschinen nach Frankreich zu exportieren. Die Marketingforschungen deuteten auf einen guten Markt hin, versäumten es aber, darauf hinzuweisen, dass Französinnen Wäsche normalerweise in siedend heißem Wasser waschen. Schließlich änderte das Unternehmen die Verkleidung im Maschineninnern, so dass sie sich nicht mehr nach ein paar Waschvorgängen ablöste. Ähnlich exportierte General Motors Kanada Chevrolet-Malibu-Fahrzeuge in großer Stückzahl in den Irak, um festzustellen, dass sie für das dortige heiße und staubige Klima mechanisch nicht geeignet waren (Ricks, 1983, S. 26–27).

Produkte, die künstlerische oder kreative Tätigkeiten erfordern, sind gewöhnlich gute Kandidaten für die Standardisierung. Einige Kunst- und Stilarten (z.B. bei Mobiliar, Silberbesteck oder chinesischem Porzellan) sind fast universell und verfügen über Marktsegmente in zahlreichen Ländern. Die Rosenthal-Porzellan AG, der große deutsche Hersteller von chinesischem Porzellan und Glas, konnte z.B. ihre Position als Marktführer über die Produktgestaltung verstärken. Das Unternehmen beschäftigt Künstler und Designer aus einigen Dutzend Ländern und lässt ihnen weitgehend freie Hand, so dass sie beste „Werke" produzieren. Sie stellen Produkte her, die sowohl dem hohen internationalen Geschmacksniveau als auch allen Geschmacksrichtungen auf diesem Niveau gerecht werden.

Bei vielen Produkten segmentiert sich die Welt nicht in nationale oder regionale Märkte. Stattdessen ist sie in Segmente unterteilt, die die politischen oder geografischen Grenzen vieler Länder überschreiten. Daher ist es manchmal nicht erforderlich, Produkte an nationale Märkte anzupassen. Ein gutes Beispiel bietet die Musikbranche. Der Musikgeschmack der Teenager in Tokio entspricht viel eher dem der Teenager in London oder Rom als dem ihrer Eltern. Es gibt Produkte, die nur über kleine Anteile in den verschiedenen nationalen Märkten verfügen, aber auf den Weltmärkten erfolgreich sind. Beispiele sind schottischer Whiskey und Qualitätskameras. In derartigen Bereichen werden Nischen-Unternehmen aktiv (vgl. Beispiel 9.6).

BEISPIEL 9.6

Megaunternehmen, Inc. vs. Nischen GmbH

Wenn wir die 90er Jahre Revue passieren lassen, scheinen zwei nicht scharf voneinander abzugrenzende Kategorien von marktorientierten Unternehmen aus den Schlachten der 80er hervorgegangen zu sein: „Megaunternehmen, Inc." und „Nischen GmbH".

Megaunternehmen versucht, eine Vielzahl von Marken auf der ganzen Welt zu verkaufen, und befasst sich mit den *globalen* Aspekten des Marketing. Für Megaunternehmen hat die weltweite Herstellung deselben Produkts und dessen anschließende identische Vermarktung in allen Ländern offensichtliche wirtschaftliche Anreize. Es hat aber entdeckt, dass seine Markenwaren (mit Ausnahme einiger häufig zitierter Beispiele, wie z.B. Coca-Cola und Marlboro) auf die lokalen Märkte zugeschnitten werden müssen, da sie sich ansonsten nicht verkaufen.

Beispiel 9.6 (Forts.)

Entsprechend verbringen die Marketingmanager von Megaunternehmen viel Zeit mit dem Versuch, *global zu denken, aber lokal zu handeln*. Manchmal erfordert das eine Änderung des Images: Schweppes Tonic Water wird in Großbritannien als Zutat zu alkoholischen Getränken beworben, während es in Frankreich ein alkoholfreies Getränk ist. Manchmal wird auch das Produkt selbst geändert: Timotei (ein Shampoo von Unilever) wird zwar weltweit mit demselben Gesundheitsimage vermarket, aber das Produkt wird dabei geändert, um es an die unterschiedliche Weise anzupassen, in der sich die verschiedenen Nationen ihre Haare waschen. Ähnlich versucht Procter & Gamble Produkte (die das Unternehmen Big-edge-Produkte nennt) mit einer Technologie zu entwickeln, die sich überall auf der Welt einsetzen lässt, sich aber auf die lokalen Bedürfnisse zuschneiden lässt. Seine japanische Monatshygienebinde, Whisper, ist z. B. kleiner und dünner als ihr US-Gegenstück Always.

Megaunternehmen hat auch ein organisatorisches Problem. Es wünscht sich eine Struktur, bei der brillante Produktideen von Markenmanagern draußen im „Land" in seinen Zentrallaboratorien einfließen. Das altmodische „nationale" System, bei dem Ländermanager jeweils ihre eigenen Lehen befehligten, machten dies schwer. Die Alternative, eine „produktorientierte" Organisation, bei der alle Verkäufe von der Hauptniederlassung kontrolliert werden, erlaubt den Ländermanagern, aus den Erfahrungen anderer Länder zu lernen, um ihre eigenen Umsätze zu steigern. Produktorientierte Systeme können aber auch dazu führen, dass die Hauptniederlassung den lokalen Niederlassungen unpopuläre Marketingkampagnen zuschiebt.

Während der 80er Jahre sind die meisten Megaunternehmen-ähnlichen Gesellschaften vom nationalen System zum produktorientierten hinübergeschlingert, um sich dann wieder ein wenig zurückzuziehen. Die neue Mode ist die der „transnationalen" Unternehmen, die beide Ansätze verbinden ... Erstens müssen Manager gleichzeitig zwei Hüte tragen ... Zweitens funktioniert das System nur dann gut, wenn sich zwischen dem Markenmanager in einem bestimmten Land und seinem Chef in der Hauptniederlassung nur möglichst wenige Ebenen befinden und wenn die Laboratorien nahe genug an der Front liegen, um jene Produkte herstellen zu können, die sich die Märkte wünschen ...

Nischen GmbH und die anderen Vertreter dieser Gattung müssen sich einer weit einfacheren Herausforderung stellen: Überleben. Diese kleinen, flexiblen Unternehmen leben in den Randbezirken von Megaunternehmen. Einige spezialisieren sich auf Luxusmärkte, die derart preisunempfindlich sind, dass die Skaleneffekte von Megaunternehmen keine Rolle spielen. Andere verstecken sich in spezialisierten Industrien, in denen die Markteintrittsbarrieren so hoch sind, dass die Megaunternehmen es nicht für lohnend halten, sich ihren Weg darin zu bahnen. Fast die gesamte Energie von Nische GmbH wird für die Verteidigung seines Markt benötigt. Diese Art von Unternehmen fürchtet sich vor der Übernahme, dem Verfall seiner Märkte oder zufälligen Entdeckungen in den Laboratorien von Megaunternehmen, durch die Nischen-Produkte veraltern.

Quelle: nach *The Economist*, 1989. ©1989 The Economist Newspaper Group, Inc. Abdruck mit Genehmigung.

Regierungsregulierungen, Steuern und die politischen Bedingungen können ebenfalls ein Faktor sein. Als Fanta Orange weltweit vorgestellt wurde, musste man feststellen, dass es viele verschiedene gesetzliche Anforderungen hinsichtlich des Anteils echten Orangensafts gab, den Nahrungsmittelprodukte enthalten mussten, um die Bezeichnung „Orange" verwenden zu dürfen. Die unterschiedlichen Regulierungen der jeweiligen Gesundheitsministerien erforderten, dass für Fanta Orange entweder die Produktzusammensetzung, der Name des Produkts oder die Werbebotschaft geändert werden musste. Ähnlich ist die Pferdestärke der Automotoren in Ländern, in denen Kraftfahrzeuge entsprechend besteuert werden, tendenziell niedriger. Und auch Pharmaunternehmen haben häufig mit unterschiedlichen rechtlichen Anforderungen hinsichtlich der Reinheit der Produkte oder der für den Nachweis der Wirksamkeit erforderlichen Tests zu kämpfen, bevor ein Produkt in einem Markt eingeführt werden darf.

Es scheint zahlreiche Umstände zu geben, unter denen entweder eine Politik der Standardisierung oder der Individualisierung wünschenswert ist (vgl. Tabelle 9.3). Aber es scheint keine Möglichkeit zur Generalisierung dieser Frage zu geben, wenn man einmal davon absieht, dass die wünschenswerte Politik von der Analyse des Markts, dem Käuferverhalten, dem Wettbewerb, den Regulierungen der Regierungen und gesetzlichen Vorschriften und den zahlreichen anderen Faktoren im betreffenden ökonomischen, sozialen und politischen Umfeld abhängig ist. Seit die Vorlieben der Menschen anderer Gebiete jedoch durch moderne Transport- und Kommunikationsmittel auch Personen in verschiedenen anderen Ländern bewusster werden, entwickeln sich tendenziell mehr Marktsegmente mit ähnlichen Bedürfnissen und Wünschen. Diese Begleitumstände begünstigen eine Politik der Standardisierung. Gleichzeitig wird die Streuung der Nachfrage größer, wenn die nationale Wirtschaft eines Landes und die darin lebenden Menschen wohlhabender werden. Daher scheint sich das Problem der Befriedigung unterschiedlicher Bedürfnisse etwas zu verstärken. Diese Trends und Gegentrends und die dahinter stehenden Kräfte deuten darauf hin, dass es zunehmend schwieriger wird, gute Export-Produktentscheidungen zu treffen.

Tabelle 9.3 Bei globaler Produktstrategie zu berücksichtigende Faktoren.

	Globalisieren, wenn:	**Adaptieren, wenn:**
Wettbewerbsfaktoren		
Stärke des Wettbewerbs	Schwach	Stark
Marktposition	Dominant	Nichtdominant
Marktfaktoren		
Homogenität der Verbraucherpräferenzen	Homogen	Heterogen
Wachstumspotenzial aktuell kleiner Segmente	Niedrig	Hoch
Kaufkraft der Verbraucher	Einheitlich	Unterschiedlich
Bereitschaft der Verbraucher, für differenzierte Produkte zu zahlen	Niedrig	Hoch
Von Produkten in den bedienten Märkten befriedigte Bedürfnisse	Gleich	Individuell
Einsatzbedingungen	Einheitlich	Unterschiedlich
Produktfaktoren		
Bedeutung von Skaleneffekten bei der Herstellung	Hoch	Niedrig
Möglichkeiten des Lernens aus der geringfügigen Produktion innovativer Produkte	Niedrig	Hoch
Art des Produkts	Industriell	Verbraucher
Regeln und Beschränkungen	Einheitlich	Unterschiedlich

Tabelle 9.3 Bei globaler Produktstrategie zu berücksichtigende Faktoren. (Forts.)

	Globalisieren, wenn:	**Adaptieren, wenn:**
Unternehmensfaktoren		
Umfang des internationalen Engagements	Viele oder große Märkte	Beschränkt
Unternehmensressourcen (Finanzen, Personal, Produktion)	Wenige oder kleine Märkte	Umfangreich

Quelle: Rosen, 1989

Für einzelne Unternehmen ist es möglich, die Produkte für Auslandsmärkte sowohl stärker zu standardisieren als auch zu individualisieren. Dieser scheinbare Widerspruch lässt sich folgendermaßen erklären:

1. Zur Bedienung der in vielen Nationen ähnlichen Marktsegmente, die gleichzeitig zahlreich genug sind, um eine simultane Politik der Standardisierung in derartigen Marktsegmenten zuzulassen, lässt sich eine Politik der Marktsegmentierung befolgen.
2. Hersteller aus vielen Ländern besitzen zunehmend die Fähigkeit, kurze Produktionszyklen wirtschaftlich zu bewältigen und „speziell gefertigte" Waren herzustellen, um die zunehmend individuelle Nachfrage der wohlhabender werdenden Märkte zu befriedigen.

Trotz des potenziellen Nutzens der Standardisierung gibt es weiterhin einige wichtige Hindernisse, die aus Quellen wie der physischen und physikalischen Umwelt (z.B. das Klima), dem Stadium der wirtschaftlichen Entwicklung (z.B. das Einkommensniveau), der Kultur, dem Wettbewerb, der Phase des Produktlebenszyklus, der Verfügbarkeit von Verteilermärkten und rechtlichen Beschränkungen herrühren.

9.5.1 Ein Ansatz zur Bestimmung der Standardisierung

Wie soll ein Exporteur das Ausmaß der Standardisierung eines Produkts über Auslandsmärkte hinweg festlegen? Ein Verfahren, das ein gewisses Maß der subjektiven Beurteilung seitens des Entscheidenden erfordert, besteht in der Auswahl eines Landes oder Markts als Maßstab, zu dem alle anderen Märkte in Beziehung gesetzt werden. Üblicherweise dient das Heimatland des Exporteurs als Maßstab, aber es kann sehr wohl auch das Land benutzt werden, in dem der Erfolg am größten gewesen ist. Dabei lässt sich eine numerische 10-Punkte-Bewertungsskala einsetzen, in der 0 „keine Aussicht auf Standardisierung" und 10 „gut durchführbare Standardisierung" bedeutet. Dem Land, das als Maßstab dient, wird der Wert 10 zugeordnet. Wenn ein Manager entschieden hat, dass alle Punktzahlen auf der Skala, die über 6 liegen, darauf hindeuten, dass eine Standardisierung ernsthaft in Erwägung gezogen werden sollte, dann können derartige Profile schnell enthüllen, welche Märkte eingehendere Untersuchungen rechtfertigen.

Nehmen Sie zur Verdeutlichung an, dass ein kanadisches Unternehmen eine Reihe von Märkten untersucht. Es entschließt sich dazu, sein Heimatland als Maßstab zu benutzen. Die folgenden Bewertungen werden vergeben: Großbritannien (8), Frankreich (9), Brasilien (5), USA (10), Belgien (7) und Mexiko (3). Bei einem Grenzwert von 6 deutet dieses Beispiel darauf hin, dass sich ein ähnliches Produkt für Großbritannien, Frankreich, Belgien und die USA eignen könnte. Dieser allgemeine Ansatz lässt sich auch für andere Marketingelemente einsetzen. Daher kann sich dieser Ansatz zur Formulierung von Marktsegmentierungsstrategien eignen.

9.5.2 Auswirkungen anderer Marketingvariablen

Die Frage nach Standardisierung oder Adaption lässt sich häufig nicht isoliert beantworten. Vielmehr werden derartige Produktentscheidungen oft mit Entscheidungen über andere Exportmarketing-Variablen verbunden. Um dies zu verdeutlichen, betrachten wir Produkt- und Werbepolitiken. Die in Tabelle 9.4 zusammengefassten fünf alternativen Strategien lassen sich unterscheiden (Keegan, 1995, S. 489-498).

Tabelle 9.4 Alternativen der Produkt-Kommunikations-Strategie.

Strategie	Erfüllte(s) Produktfunktion/ Bedürfnis	Bedingungen des Produkteinsatzes	Fähigkeit, das Produkt zu kaufen	Empfohlene Produktstrategie	Empfohlene Kommunikationsstrategie	Relative Kosten der Anpassung	Produktbeispiele
1	Identisch	Identisch	Ja	Erweitern	Erweitern	Niedrig	Alkoholfreie Getränke
2	Verschieden	Identisch	Ja	Erweitern	Adaption	Mittel	Fahrräder
3	Identisch	Verschieden	Ja	Adaption	Erweitern	Niedrig	Benzin
4	Verschieden	Verschieden	Ja	Adaption	Adaption	Mittel	Karten
5	Identisch	–	Nein	Erfindung	Neue Kommunikation	Hoch	Handbetriebene Waschmaschine

Quelle: Keegan, 1995, S. 498.

9.6 Verpackung

Über die Verpackung lassen sich Produkte wahrscheinlich am billigsten, schnellsten und einfachsten anpassen, um deren Eignung für ausländische Absatzmärkte zu verbessern. Derartige Anpassungen gehen über sprachliche Fragen hinaus und umfassen Fragen der Änderung von Botschaften. Die für das Marketing relevanten Themen drehen sich um die relative Bedeutung der doppelten Rolle der Verpackung als *Schutz* und *Werbung*. Zwar ist der Schutz wichtig, aber auch die Werbewirkung der Verpackung darf nicht ignoriert werden. Da sich dasselbe Produkt in verschiedenen Ländern häufig aus verschiedenen Gründen unterschiedlich verkauft, kann die Gestaltung der Verpackung viel dazu beitragen, dass Produkte so präsentiert werden, dass sie von den Kunden in den jeweiligen Märkten bevorzugt werden. Die Verpackung muss zweckentsprechend und für den Käufer leicht handhabbar sein. Zudem sollte sie zum Verkauf des Produkts beitragen und die Aufmerksamkeit der Käufer auf sich ziehen, das Produkt kennzeichnen und einen Kaufgrund liefern. Eine Möglichkeit zur Betrachtung dieses Themas ist die Anwendung des so genannten VIEW-Tests in den jeweiligen Märkten:

- *Sichtbarkeit (V – Visibility).* Die Verpackung muss sich durch ihr Aussehen leicht von der der Konkurrenz unterscheiden.
- *Information (I).* Die Verpackung muss schnell über ihren Inhalt Auskunft geben.
- *Emotionale Wirkung (E – Emotional impact).* Die Gestaltung muss im Kopf der Kunden positive Eindrücke erzeugen.
- *Praxistauglichkeit (W – Workability).* Die Verpackung muss Schutz bieten und sich zudem effizient benutzen lassen.

Eine gewisse Standardisierung ist insbesondere bei Verbrauchsgütern, die sich in Selbstbedienungsgeschäften verkaufen lassen, wünschenswert. Die verwendete Sprache kann problematisch sein. In verschiedenen Teilen Europas (z.B. Dänemark) sind Produkte aus englischsprachigen Ländern und entsprechende Verpackungen keineswegs ungewöhnlich. In einigen Ländern (z.B. Deutschland und USA) muss man jedoch die Landessprache benutzen, wenn man wirklich das volle Marktpotenzial ausschöpfen will. Im kanadischen Markt sind zweisprachige Verpackungen (englisch und französisch) erforderlich. In den südlichen Staaten der USA sprechen bis zu ca. 50% der Bevölkerung vorwiegend spanisch, so dass auch hier zweisprachige Verpackungen (englisch und spanisch) von Vorteil sein können. In wieder anderen Gebieten können Unternehmen unter Verwendung ihrer eigenen Landessprache selektive Märkte bedienen, weil diese der Landessprache des Markts ähnelt. Dänische, schwedische und norwegische Unternehmen können z.B. in den anderen beiden Märkten ihre eigene Landessprache benutzen.

Bei Konsumgütern überwiegen zunehmend mehrsprachige Verpackungen. Auf den kleinen Portionspackungen der bereits erwähnten Kellogg's Corn Flakes, die in Deutschland hergestellt und in ganz Europa vertrieben werden, wurden 1990 für Angaben über den Inhalt und Serviervorschläge zehn Sprachen benutzt. Auf der Verpackung der 3,5-Zoll-Disketten von 3M findet man Gebrauchsanweisungen in fünf Sprachen. Ein dänisches Unternehmen, Scandinavian Marzipan Factory A/S, benutzt für seine dänische Keksmarke und selbst auf den in Dänemark angebotenen Verpackungen Französisch, Englisch und Deutsch.

Der Einsatz standardisierter Verpackungsabmessungen führt zu geringeren Kosten und bietet einige Vorteile, wie z.B. die folgenden:

- Reduktion der Verpackungsabmessungen auf ein paar standardisierte Größen erleichtert die maschinelle Verpackung der Waren.
- Standardisierte Verpackungsabmessungen verringern Investitionen in Verpackungsmaterialien und erleichtern die Massenfertigung der geringeren Zahl von Verpackungen und Versandkisten.
- Standardisierung erlaubt die volle Nutzung des Lagerraums in der Fabrik und auf allen Ebenen der Distribution.
- Einheitliche Verpackungsabmessungen ermöglichen ein ausgewogenes Format bei Displays und im Selbstbedienungsangebot.
- Standardisierte Größen vereinfachen, beschleunigen und senken die Kosten von Verpackung und Versand.

Die Standardisierung hat Vorteile, wenn dem Kunden der Einkauf erleichtert werden soll, und möglicherweise Nachteile hinsichtlich der Fähigkeit von Kunden, die Merkmale von Produkten verschiedener Hersteller zu bewerten, wenn diese über identische Verpackungsabmessungen verfügen. Während sich Produkte, wie z.B. Textilien, recht gut für die Standardisierung eignen, können andere Produkte Probleme verursachen. Wenn sich wirklich Kostenvorteile realisieren lassen, können Exporteure die Preise der exportierten Produkte senken, so dass sie wettbewerbsfähiger und für Kunden attraktiver werden. Das Unternehmen Konica, ein japanischer Hersteller von Filmen, benutzt z. B. dasselbe blaue Verpackungsdesign in den USA, Europa und im Fernen Osten. Das Ziel ist eine mehrsprachige Kommunikation und die eigene Positionierung gegen Kodak und Fuji mit deren Identität der „gelben" bzw. „grünen Schachtel".

Dass sich Länder hinsichtlich ihrer Vorlieben für bestimmte Verpackungsmaterialien unterscheiden können, kann ein Problem darstellen. Die relative Rolle von Papier, Plastik, Glas, Holz und Metall kann in den Auslandsmärkten verschieden sein. Die Verpackungsgrößen und die interne Verpackung können ebenfalls unterschiedlich sein. Der Verkauf von Golfbällen in der üblichen Vier-Stück-Dose kann problematisch sein, da das japanische Wort für „vier" wie das Wort für „Tod" klingt. In den USA werden Nahrungsmittel wie Cracker in mehrfach von Papier umhüllten Päckchen in einer Schachtel verkauft, während in anderen Teilen der Welt meist Verpackungen, in denen der gesamte Inhalt nur einfach verpackt ist, bevorzugt werden.

Eine weitere Frage hinsichtlich der Verpackung stellt sich vor dem Hintergrund ökologischer Probleme. Diese haben Auswirkungen darauf, welche Materialien wie eingesetzt werden können. Die Umweltpolitik hat in der EU und in anderen Ländern, wie z. B. den USA, eine vorrangige Bedeutung. In der EU gibt es Richtlinien zur Verpackung und dem damit einhergehenden Müll. Diese Richtlinien sollen nationale Maßnahmen zum Umgang mit Verpackungen und Verpackungsmüll harmonisieren, um die Auswirkungen auf die Umwelt zu verringern. Innerhalb weniger Jahre nach dem Erlass der Richtlinie in den Mitgliedstaaten müssen die EU-Länder Verpackungen verbieten, die sich weder wiederverwenden noch recyceln lassen und sich nicht über etablierte Wege rückführen lassen. Zu den Verpackungen im gemeinschaftlichen Markt zählen Verkaufsverpackungen (primär), Mengenverpackungen (sekundär) und Transportverpackungen (tertiär). Alle wiederverwendbaren und wiederverwertbaren Verpackungen müssen entweder auf der Verpackung selbst oder auf dem Etikett entsprechende Kennzeichnungen aufweisen (vgl. Abbildung 9.10).

In Deutschland ist ein Gesetz, das sich diesem Problem widmet, bereits seit etlichen Jahren wirksam. Das Ziel dieses Gesetzes, das im April 1991 verabschiedet (und 1998 novelliert) wurde, ist die Verringerung der Verschwendung, die Erhöhung der Wiederverwendung und der Wiederverwertung von Materialien sowie die Senkung der Abfallmenge in den Mülldeponien. Diese Ziele sollen durch Änderung der grundlegenden Struktur des deutschen Abfallbeseitigungssystems erreicht werden.

Die Kernbestimmungen des Gesetzes verpflichten alle Glieder der Distributionskette dazu, gebrauchte Transport-, Verkaufs- und Sekundärverpackungen zurückzunehmen und deren Mengen zu reduzieren bzw. sie wiederzuverwerten. Da sich alle Verpackungsmaterialien wiederverwerten lassen müssen, sind nur die folgenden Materialien erlaubt: Papier, Pappe, Holz, Folien, Verpackungsbänder, Styropor, Glas, Weißblech, Verbundstoffe und Aluminium.

Ein privates Unternehmen, Duales System Deutschland AG (DSD; die Website des Unternehmens, auf der Sie auch die Verpackungsverordnung einsehen können, finden Sie im Internet unter http://www.gruener-punkt.de), wurde als Dachorganisation für das Recycling von Verkaufsverpackungen gegründet und übernimmt die Last der schweren Aufgabe, die Sammlung und Sortierung von Verpackungsmaterialien zu organisieren. Gegen eine Gebühr vergibt das DSD Lizenzen für den Einsatz des DSD-Warenzeichens „Der Grüne Punkt" auf Verpackungen und erklärt sich bereit, sich um die entsprechenden Verpackungen zu kümmern und damit alle Unternehmen der Distributionskette von der Rücknahmeverpflichtung der Verpackungsverordnung bei Abfällen mit dem grünen Punkt zu befreien. Der Grüne Punkt wird in Abbildung 9.11 gezeigt und ist für Verkaufsverpackungen bestimmt. Verpackungen auf kommerzieller Ebene (Transport-, Präsentations- und Verkaufsverpackungen, deren Endkunden Unternehmen sind) müssen entweder von den Gliedern der Distributionskette oder den für sie tätigen Personen (in einigen Fällen ggf. das DSD) zurückgenommen und wiederverwendet oder wiederverwertet werden.

Abbildung 9.10 Verpackungskennzeichnungen in der EU.

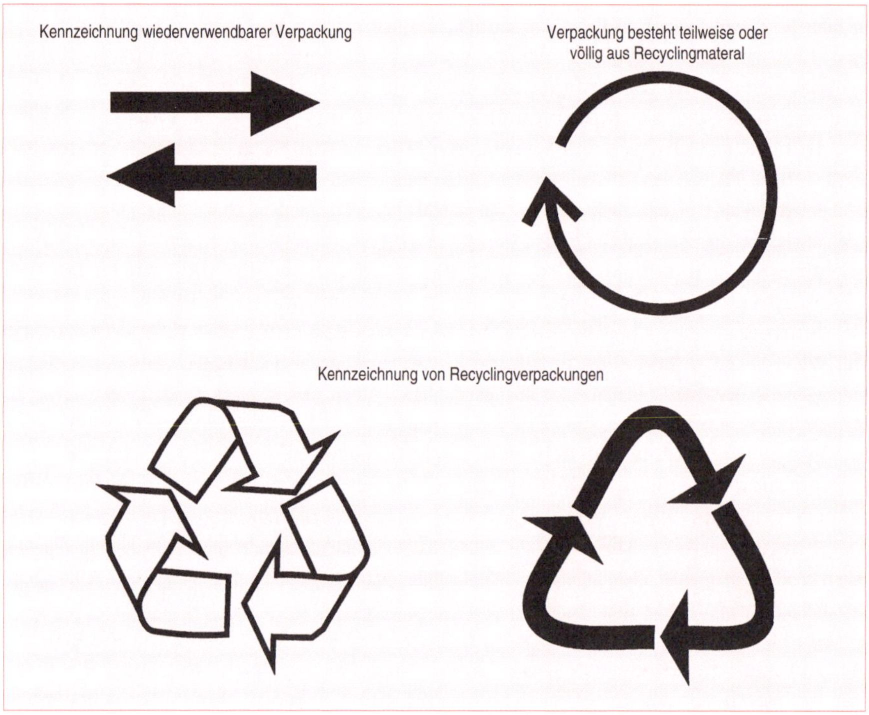

Quelle: Official J. European Union, 1992. Abdruck mit Genehmigung des Herausgebers, des Office for Official Publications of the European Communities, 2 rue Mercier, L-2985 Luxemburg.

Die Bestimmungen des Gesetzes sind nur innerhalb Deutschlands anwendbar. Entsprechend können ausländische Distributoren oder Hersteller mit rechtlichen Mitteln nicht gezwungen werden, Verpackungen von ihren deutschen Einzelhändlern zurückzunehmen. Letztlich muss sich der Importeur um die „Rücknahme" und die Wiederverwertung der Verpackungen kümmern. Aus diesem Grund steht zu erwarten, dass die deutschen Einzelhändler bei allen Distributoren unabhängig davon, ob sie sich innerhalb des Geltungsbereichs des Gesetzes befinden, darauf dringen werden, dass diese ein funktionierendes System zur Sammlung von Verpackungen organisieren oder zumindest ein solches finanziell unterstützen, das den Bestimmungen des Gesetzes entspricht. Auch wenn es dem ausländischen Hersteller freisteht, am Grünen Punkt teilzunehmen, liegt der Besitz einer entsprechenden Lizenz in seinem eigenen Interesse, da die deutschen Verbraucher darüber informiert sind. Wahrscheinlich werden Einzelhändler, Großhändler und Importeure keine verpackten Waren ohne den Grünen Punkt mehr akzeptieren, selbst wenn diese über wiederverwertbare Verpackungen verfügen. Der Grüne Punkt dient bei ausländischen Produkten in Deutschland definitiv als „Marketingwerkzeug".

Dass wir dem Grünen Punkt mehr als nur eine beiläufige Bemerkung widmen, hat seinen Grund darin, dass wir der Meinung sind, dass er sehr gut als Modell für andere Länder dienen kann (und als solches teilweise auch schon übernommen wurde).

Abbildung 9.11 Der Grüne Punkt für Verpackungen in Deutschland.

9.7 Markenfragen

Eine Marke ist alles, was die Waren oder Dienstleistungen eines Verkäufers kennzeichnet und sie von anderen unterscheidet. Eine Marke kann ein Wort, ein Buchstabe, eine Wortkombination, ein Symbol, ein Design oder eine entsprechende Kombination sein. Bei einem Markennamen handelt es sich um die ausgesprochene Marke. Ein Warenzeichen (trademark) ist eine Marke oder ein Teil einer Marke, die gesetzlich geschützt ist (und von anderen nicht benutzt werden darf). Millionen von Namen sind bereits in den Ländern der ganzen Welt als Warenzeichen registriert und deren Anzahl nimmt weiter zu.

Viele Unternehmen besitzen mehr als ein Warenzeichen für ihre Produkte und häufig auch mehrere Warenzeichen für dasselbe Produkt.

Die primäre Funktion einer Marke ist die Kennzeichnung der Produktion des Markeneigentümers (ein Hersteller, Exporteur, Vertreter, Groß- oder Einzelhändler), so dass Verbraucher sie von anderen vergleichbaren Waren unterscheiden können. Eine Marke weist auf die Herkunft des Produkts hin, sie dient als Qualitätssiegel, als Garantie und sie ermöglicht es Verbrauchern, jene Produkte zu kaufen, die ihre Bedürfnisse gut befriedigen, und andere zu meiden. Durch

Marken können Hersteller oder Verkäufer mit dem Markt über das Produkt kommunizieren und sie unterstützen Käufer dabei, die gewünschten Waren zu erhalten. Kurz gesagt, Marken sind sowohl aus der Sicht der Verkäufer als auch der Käufer notwendig.

Abbildung 9.12 LEGO Dänemark benutzt viele Warenzeichen für seine Produkte.

Abdruck mit Genehmigung der LEGO-Gruppe.

Marken sind für andere Elemente des Marketing-Mixes wichtig. Importeure, Groß- und Einzelhändler im importierenden Land bestellen Marken und fördern diese in Verbindung mit ihren Werbe- und Verkaufsaktivitäten. Marken tragen wesentlich dazu bei, dass umfangreiche Werbung und Umsätze nicht nur wünschenswert, sondern auch förderlich sind. Ohne Marken würden Hersteller und Exporteure weit weniger Möglichkeiten für vorteilhafte Werbung haben. Ohne derartige Möglichkeiten wären einige Produkte zweifellos nie auf den Markt gekommen. Hersteller stellen fest, dass Marken Preispolitiken ermöglichen, die sowohl den Preissetzenden als auch den Verbraucher bei der Bestimmung des angemessenen Preis-/Leistungsverhältnisses unterstützen. Auch wenn die Erörterung hier im Kontext der Verbrauchsgüter erfolgt ist, können Marken gleichfalls für den Export von Industrieprodukten wichtig sein.

9.7.1 Markenschutz

Markenschutz wird erstens auf nationaler, zweitens auf regionaler und drittens auf internationaler Ebene geboten. Praktisch alle Länder, und selbst jene in den Entwicklungsländern von Afrika, Asien und Lateinamerika, verfügen über ein irgendwie geartetes System der Registrierung und des Schutzes von Warenzeichen für Ausländer und Einheimische. In der EU gibt es eine Direktive, die Warenzeichen für die Europäische Gemeinschaft ermöglicht.

Die Art des Schutzes von Warenzeichen hängt von der nationalen Gesetzgebung der jeweiligen Länder ab. Die meisten Länder verfügen über ein „geschriebenes Gesetz" und räumen der Registrierung Priorität ein. In derartigen Ländern bestimmt das Datum der Registrierung und nicht die vorherige Verwendung (mit gewissen Ausnahmen), wer das Recht zur Benutzung einer Marke besitzt. Zunehmend ist in Ländern mit derartigen Gesetzen aber auch die fortgesetzte Verwendung des Warenzeichens erforderlich, um den Schutz aufrechtzuerhalten. Zu den Ländern, die dieser Regel folgen, gehören Bolivien, Frankreich und Deutschland.

Einige Länder schützen Marken jedoch auch dann, wenn sie nicht als Warenzeichen registriert sind. Diese Länder verfügen möglicherweise auch über ein geschriebenes Warenzeichengesetz, räumen aber entsprechend der englischen Rechtstradition der Verwendung Vorrang ein. Daher hängen die Rechte für ein Warenzeichen (mit gewissen Ausnahmen) von der Erstverwendung ab. Diesem Verfahren begegnet man in Kanada, Taiwan, den Philippinen, in den USA und anderen Ländern. In einigen Ländern kann auch ein Kompromissansatz verwendet werden. In Israel ist z.B. entweder der erste Bewerber oder der Erstverwender zur Registrierung berechtigt, je nachdem, welches Ereignis eher eintritt. In Japan ist zwar der erste Bewerber zur Registrierung berechtigt, Unternehmen, die die Marke vor der Registrierung verbreitet eingesetzt haben, dürfen sie aber auch weiterhin benutzen. Und auch in Frankreich und Deutschland, die eigentlich dem ersten Bewerber die Rechte einräumen, werden bei Marken, die bekanntermaßen anderen „gehören", Ausnahmen gemacht.

Es gibt eine Reihe sowohl internationaler als auch bilateraler Vereinbarungen, die die nationale Gesetzgebung verstärken und erweitern, um Ausländern Schutz zu bieten. Das wichtigste Abkommen ist die *Pariser Verbandsübereinkunft zum Schutz des gewerblichen Eigentums* (international als „International Convention for the Protection of Industrial Property" bzw. „Pariser Union" bekannt), dem sich mehr als 70 Länder (u.a. alle wichtigen europäischen Länder und die USA) angeschlossen haben. Gemäß dieser Übereinkunft müssen alle Länder die nationalen Bestimmungen auch auf Unternehmen der anderen Mitgliedsländer anwenden. Eine weitere Vereinbarung ist das *Madrider Abkommen über die internationale Registrierung von Fabrik- und Handelsmarken*. Gemäß diesem Abkommen kann der Besitzer eines registrierten Warenzeichens in einem Land dieses auch in einem der Unterzeichnerländer eintragen und registrieren lassen. Über 20 Länder, die bis auf vier aus Europa stammen, haben sich diesem Abkommen angeschlossen. Es gibt auch regionale Abkommen, wie z.B. zwischen amerikanischen Ländern.

Informationen über die meisten Warenzeichengesetze der Welt können Unternehmen – insbesondere in den Industrieländern – in der Regel von ihren nationalen Regierungen erhalten. Aufgrund der hohen Komplexität des internationalen Warenzeichenschutzes empfiehlt es sich jedoch, dass Exportunternehmen bereits in einem frühen Stadium der Planung juristische Beratung in Anspruch nehmen sollten. Tatsächlich ist es bei vielen großen Konzernen zur Routine geworden, Warenzeichen gleichzeitig mit der Registrierung im Inland auch im Ausland eintragen zu lassen. Kleinere Unternehmen könnten eine derartige Praktik ebenfalls erwägen. Wenn ein Unternehmen ein Warenzeichen im Ausland registriert, darf es aber nicht vergessen, dass die Registrierung hinfällig wird, wenn die Marke nicht innerhalb eines bestimmten Zeitraums (der in den verschiedenen Ländern unterschiedlich lang ist) verwendet wird. Und die Verwendung muss ununterbrochen stattfinden.

Besitzer von Warenzeichen müssen laufend nach Imitationen oder direkter Piraterie von Marken, die ins Ausland exportiert werden, Ausschau halten. Hier handelt es sich um das wachsende Problem des *Handels mit Fälschungen*, einer Vorgehensweise, bei der Markennamen oder Warenzeichen „falschen" Produkten oder Dienstleistungen „aufgeklebt" werden, so dass Kunden betrügerisch in den Glauben gesetzt werden, dass sie den legitimen Markennamen oder das Produkt des Warenzeicheninhabers erwerben. Die Spanne der betroffenen Produkte ist ebenso groß wie die der Länder, aus denen derartige Produkte exportiert werden. Nationale Regierungen befassen sich mit diesem Problem, das aber nur schwer zu lösen ist. Der Exporteur selbst muss sich weitgehend um die Überwachung seiner ausländischen Märkte kümmern, um Fälschungen seiner Produkte aufzuspüren. Dann kann die Regierung eingreifen.

Bei der Markenpiraterie handelt es sich um eine Verletzung geistiger Eigentumsrechte. Besonders verwundbar sind Industrien wie z.B. Verlagswesen und Computersoftware. Verschiedene Länder in Asien sind als Zentren dieser illegalen Aktivitäten bekannt. Häufig beeinträchtigen derartige Aktivitäten die Beziehungen zwischen den Nationen. Die Piraterie von Computersoftware (insbesondere CD-ROMs) wurde z.B. in der Vergangenheit zu einem Thema bei der Bewerbung Chinas bei den USA um den MFN-Status (Most Favored Nation – meistbegünstigte Nation). China unternimmt keine gemeinsamen Anstrengungen zur Bekämpfung dieses Problems, das allerdings auch nicht so einfach zu lösen ist.

9.7.2 Entscheidungen zum Markennamen

Probleme in Bezug auf Marken und Warenzeichen lassen sich im Wesentlichen in zwei Kategorien einteilen: (1) Wahl eines guten Markennamens und (2) Festlegung, wie viele Marken es in der Produktlinie des Unternehmens geben soll. Markenpolitiken sind wichtig, da sich durch sie viele wichtige Ziele erreichen lassen. Zum Beispiel:

1. Eine einzelne Marke oder eine Markenfamilie kann dabei hilfreich sein, Verbraucher davon zu überzeugen, dass alle Produkte über eine einheitliche Qualität verfügen oder bestimmte Standards erfüllt. Eine einzige Marke kann aber auch die Werbung effizienter machen, wenn die Sprache zweier oder mehrerer Länder dieselbe ist. Die Verwendung einer einzelnen Marke kann z.B. – speziell bei grenzüberschreitender Werbung – in Österreich und Deutschland nützlich sein.
2. Individuelle (lokale) Marken können in verschiedenen nationalen Märkten eingesetzt werden, um spezielle, einzigartige Marktbedürfnisse zu befriedigen. Das neuseeländische Dairy Board, ein großer Exporteur von Molkereiprodukten, benutzt z.B. diese Namen für sein Milchpulver: Anchor und Fernleaf (Malaysia), Fernleaf (das karibische Gebiet), Magnolia (Singapur und Philippinen) und Mainland (Australien). Ähnlich benutzt Dairy Board in Malaysia den Markennamen Fern für seine Butter, obwohl der Name Anchor die Hauptmarke (das „Flaggschiff") des Unternehmens ist. Der Grund dafür, dass Anchor nicht für die Butter verwendet wird und auch nicht in der Werbung für Milchpulver in Malaysia eingesetzt wird, besteht darin, dass es von einem umfassend beworbenen lokalen Bier benutzt wird. Hausfrauen in diesem mohammedanisch dominierten Land lassen sich nicht dazu bewegen, Molkereiprodukte für ihre Kinder zu kaufen, die sie unterbewusst mit alkoholischen Getränken in Verbindung bringen.

Abbildung 9.13 Produktfälschungen erreichen häufig nicht die Qualität oder die Sicherheitsstandards des Originalprodukts – das kann bei Kunden zu Irritationen und Unzufriedenheit führen. Diese Beispiele stammen vom dänischen Unternehmen LEGO. Im unteren Bild befindet sich die Produktfälschung vorn.

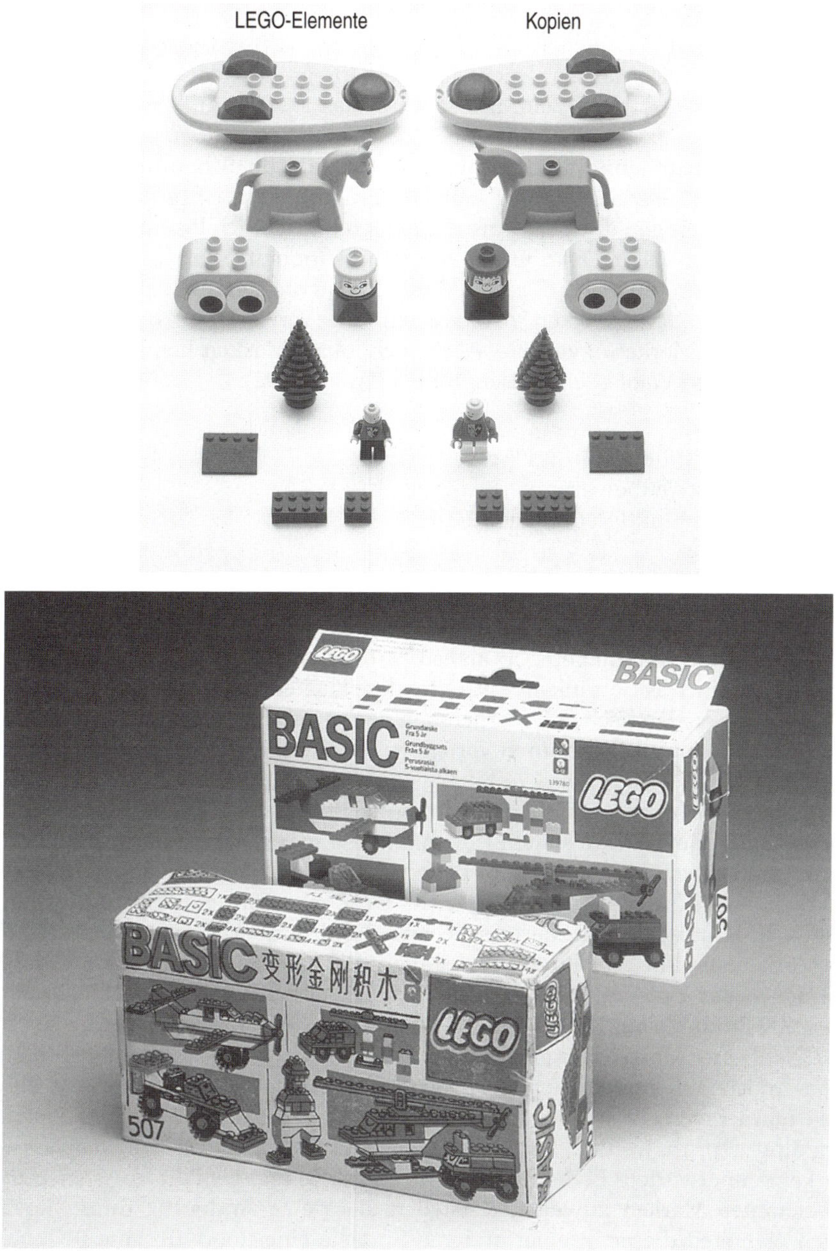

3. Mehrere Marken können als Teil einer Politik der Marktsegmentierung eingesetzt werden, um ein im wesentlichen identisches Produkt an unterschiedliche Marktsegmente innerhalb eines nationalen Markts zu verkaufen. Wenn wir uns wieder Dairy Board in Neuseeland zuwenden, können wir feststellen, dass in Taiwan mehrere Namen für das Milchpulver verwendet werden, um den Anforderungen eines stark segmentierten Markts mit mehr als 30 konkurrierenden Marken gerecht zu werden.
4. Mehrere Marken können zur Differenzierung von Produkten unterschiedlicher Qualität oder mit unterschiedlichen Merkmalen eingesetzt werden.

Kurz gesagt, die Wahl des Markennamens kann ein integraler Aspekt der Entscheidung über Standardisierung oder Adaption sein. Selbst wenn das Kernprodukt nicht standardisiert ist, kann die Marke eingesetzt werden, um das Streben des Exportmanagements nach Übereinstimmung mit den Kundenwünschen zu unterstützen. Die Schaffung einer einheitlichen Marke über nationale Grenzen hinweg kann zu umfangreichen Kostenersparnissen führen. Derartige Marken beseitigen doppelte Anstrengungen hinsichtlich Produktgestaltung, künstlerischer Entwürfe, Produktion, Distribution, Kommunikation und verwandter Themen.

Unternehmen haben die Wahl, dieselbe Marke in den meisten bzw. allen Auslandsmärkten oder individuelle, „lokale" Marken zu benutzen. Die Verwendung derselben Marke bietet gewisse Kosten- und Marketingvorteile. Aber auch lokale Marken können Vorteile bieten. Zu den Faktoren, die diese Wahl beeinflussen, zählen (Wolfe, 1992):

- Kundenbedürfnisse.
- Einzusetzende Distributions- und Werbeverfahren.
- Marktstruktur des Wettbewerbs.
- Skaleneffekte in Produktion und Distribution.
- Rechtliche Zwänge.
- Operationale Strukturen.

Rechtliche Zwänge können so aussehen, dass es illegal ist, dieselbe Marke überall zu verkaufen. Eine andere Auswirkung betraf PepsiCo, als es 1990 die Genehmigung erhielt, sein Cola-Getränk in Indien einzuführen. Das Getränk musste unter dem Namen Lehar angeboten werden, weil die indische Regierung ausländischen Unternehmen davon „abriet", ihre internationalen Markennamen zu verwenden, weil sie dadurch Vorteile vor ihren indischen Konkurrenten haben würden.

Trotz all dieser Probleme gefällt Unternehmen weiterhin der Gedanke der globalen Marke. Die Produkte und/oder Märkte sollten jedoch, um die maximale Effektivität zu erzielen, verwandt sein. Sara Lee, ein breit angelegtes Unternehmen für Verbrauchsgüter, überträgt erfolgreiche Markennamen auf verwandte Produkte. Dim, eine führende Strumpfwarenmarke in Frankreich, wurde auf Männerunterwäsche und T-Shirts übertragen. Bei Gerber-Produkten wird der Markenname in drei Produktkategorien eingesetzt: Nahrungsmittel und Babynahrung (mit denen das Unternehmen startete), Babypflegeprodukte und Bekleidung. Das liegt daran, dass alle Produkte auf Kinder im Alter von unter vier Jahren abzielen.

Bei der Wahl einer Marke oder eines Warenzeichens zur Verwendung in mehreren Ländern sind im Wesentlichen dieselben Dinge wie bei der Markenwahl für das Inland zu berücksichtigen. Viele Unternehmen wählen heute ihre Marken unter globalen Gesichtspunkten aus. Dabei muss sorgfältig geprüft werden, ob die Namen oder Bezeichnungen in den verschiedenen Sprachen keine unerwartete Bedeutung haben. In der Vergangenheit mussten Unternehmen mit gut bekannten Marken zuweilen feststellen, dass eine Änderung ihres Markennamens erforderlich war, weil dieser in einer anderen Sprache eine unerwünschte Bedeutung hatte. Vick's Chemical Company wurde in Deutschland z.B. zu Wick's, weil der Name des Unternehmens einem obzönen Wort der deutschen Sprache zu sehr ähnelt. Chinesische Exporteure versuchten z.B. Produkte wie Fang Fang (Lippenstift; „fang“ bedeutet im Englischen „Gift-“ oder auch „Reißzahn“), weiße Elefanten (Batterien) und Pansy (Unterwäsche für Männer; „Bubis“ oder „Stiefmütterchen“ als Unterwäsche zu tragen, dürfte für wenig Begeisterung sorgen) zu vermarkten. Situationen wie diese treten auf, wenn Exporteure ihre einheimischen Markennamen verwenden wollen. Wenn Unternehmen Namen besitzen, die in gewisser Weise das Produkt beschreiben, kann es immer noch Übersetzungsprobleme geben. Ein Unternehmen vertrieb ein Gerät unter dem Namen „Grab Bucket“. In Deutschland wurde aus dem „Abfalleimer mit Griff“ ein „Grab-Bukett“ bzw. Totenkranz.

Die sog. „globale Marke“ wird in der Regel in allen Märkten auf gleiche Weise positioniert. Heineken-Bier wird z.B. weltweit als Qualitätsbier positioniert. Gucci-Handtaschen werden auf ähnliche Weise als hochpreisige Handtaschen positioniert. Benetton positioniert seine Produkte auf ähnliche Weise, geht aber mit der Segmentierung nach Altersklassen weiter. Innerhalb der Segmente der verschiedenen Altersklassen positioniert sich Benetton so überall gleich. Eine globale Marke wird auch in allen Märkten auf die gleiche Weise vermarktet, wobei u.a. dieselben strategischen Prinzipien verfolgt werden, obwohl das spezifische Marketing-Mix geändert und an die lokalen Bedingungen (sowohl Kunden als auch Wettbewerber) angepasst werden kann.

Eine globale Marke taucht nicht einfach auf. Sie wird von internationalen Unternehmen geschaffen. Sie sollte aber von Verbraucherbelangen und nicht aus unternehmerischer Bequemlichkeit „Vorangetrieben“ werden. Alles in allem ist es leichter und vielleicht auch sicherer, eine globale Marke ganz neu zu schaffen, als eine bestehende zu repositionieren oder eine vorhandene nationale Marke umzubenennen.

Die Wahl eines Markennamens wirft sowohl gesetzliche als auch kreative Fragen auf. In vielen Ländern gibt es spezialisierte Unternehmen, die sich diesen Aspekten widmen können, wie z.B. Werbeagenturen, und die an der Schöpfung von Namen arbeiten können.

ZUSAMMENFASSUNG

In diesem Kapitel haben wir das umfassende Gebiet der Produktentscheidungen behandelt. Für den internationalen Exporteur sind die Planung und Entwicklung von Produkten für Auslandsmärkte und die dabei zu befolgenden Strategien von Bedeutung. Die Produktstrategie konzentriert sich auf Politiken, die die Standardisierung oder Adaption betreffen.

Die Definition eines Produkts umfasst alles, was der Verbraucher oder industrielle Käufer/Anwender beim Kauf oder Einsatz des Produkts wahrnimmt. Als für die Produktentwicklung relevante Entscheidungsbereiche wurden neue Produkte, Änderungen bestehender Produkte, neue Einsatzgebiete für bestehende Produkte und die Eliminierung von Produkten herausgestellt. All diese Bereiche wurden besprochen, wobei Neuprodukte vorrangig berücksichtigt wurden.

Anschließend haben wir uns Entscheidungen über das Produktsortiment zugewandt, wobei wir uns mit jenen externen und internen Determinanten befasst haben, die die Breite und Tiefe des Export-Produktsortiments eines Unternehmens beeinflussen. Ein Teil der Erörterungen beschäftigte sich mit Analysetechniken und insbesondere der Produktportfolioanalyse.

Eine zentrale Frage, der sich alle Unternehmen stellen müssen, die in mehrere Auslandsmärkte exportieren, ist die nach der Standardisierung oder Adaption eines Produkts. Diese Frage lässt sich nicht abschließend beantworten. In der Praxis müssen Unternehmen einen Kompromiss zwischen diesen beiden Extremen finden. Manchmal ist eine Adaption zwingend erforderlich, manchmal erfolgt sie freiwillig. Dabei stellt sich die Schlüsselfrage, in welchem Umfang sich die Interessen der Hersteller und der Exporteure hinsichtlich der Kostensenkung (durch Standardisierung oder Globalisierung) mit der Nachfrage der Käufer nach individualisierten Produkten vereinen lassen. Auf gewisse Weise können Unternehmen durch Marktsegmentierung beides erreichen. Zu guter Letzt ist zu berücksichtigen, dass sich die Frage häufig nicht isoliert beantworten lässt, da sich andere Exportmarketing-Variablen und das Produkt gegenseitig beeinflussen.

Die letzten Abschnitte des Kapitels beschäftigten sich mit Verpackungs- und Markenfragen. Auch für diese beiden Entscheidungsbereiche ist die Frage nach Standardisierung oder Adaptation relevant. Hinsichtlich der Verpackung stellt sich auch die Frage nach Umweltauswirkungen und diese wurde kurz im Kontext der Ereignisse in Europa erörtert.

FRAGEN ZUR DISKUSSION

9.1 Erläutern Sie die wesentlichen Fragen der Produktpolitik, denen sich das exportierende Unternehmen stellen muss. In welcher Weise hat die Unternehmensgröße – wenn überhaupt – Einfluss auf die relative Bedeutung der Frage?

9.2 Erörtern Sie das Ihrer Meinung nach beste Verfahren für ein Unternehmen, neue Produkte für sein Export-Produktsortiment zu gewinnen.

9.3 Welche Beziehungen bestehen zwischen den Produktentwicklungspolitiken eines Unternehmens und dessen Umsetzung einer Produktpositionierungsstrategie?

9.4 Können Exporteure wirklich die Produktphasen-Strategie beim Ersatz eines Produkts in einem in einen Auslandsmarkt exportierten Produktsortiment verfolgen? Erläutern Sie Ihre Antwort.

9.5 Bewerten Sie den Einsatz des Produktportfolioverfahrens bei Entscheidungen eines Exporteurs über sein Produktsortiment.

9.6 Ist die Standardisierung oder die Adaption einzelner Produkte die wünschenswerteste Politik eines Exporteurs? Warum und/oder warum nicht?

9.7 Erläutern Sie kurz die einem Exporteur zur Verfügung stehenden alternativen Produkt- und Kommunikationsstrategien.

9.8 Erörtern Sie, inwiefern die Sprache insbesondere für den Exporteur mit breit gestreuten Absatzmärkten bei Fragen hinsichtlich der Exportverpackung und der Markennamen von Bedeutung sein kann.

9.9 Erörtern Sie die Bedeutung der Verwendung „ökologisch korrekter“ Verpackungsmaterialien und die wichtigsten Auswirkungen der Verpackungspolitik.

9.10 Was können einzelne Exporteure gegen gefälschte Produkte unternehmen, die als ihre eigenen verkauft werden?

9.11 Machen Sie ein Unternehmen ausfindig, das sein Produkt unter demselben Markennamen in alle (oder die meisten) Länder exportiert, und ein Unternehmen, das eine Vielzahl von Markennamen nutzt. Wie unterscheiden sich diese Unternehmen, und bilden diese Unterschiede den Grund für die unterschiedliche Markenpolitik? Erläutern Sie Ihre Antwort.

9.12 Sind globale Marken auf bestimmte Produkte, Produktkategorien und/oder Unternehmen beschränkt oder können beliebige Unternehmen bei beliebigen Produkten das Ziel der globalen Marke verfolgen? Erläutern Sie Ihre Antwort.

LITERATURHINWEISE

Behrman J. N., Fisher W. A. (1980). Transnational corporations: market orientations and R&D abroad. *Columbia J. World Business*, 15(4), 55–60.

Davis, E. W. (1992). Global outsourcing: have U.S. managers thrown the baby out with the bath water? *Business Horizons*, 35(4), 58–65.

Ettenson, R. (1992). Brand name and country of origin effects in the emerging economies of Russia, Poland, and Hungary. In: *Proc. Int. Conf. Assoc. Consumer Research*, Amsterdam, Juni.

Hong, S.-T., Wyer, R. S. Jr. (1989). Effects of country-or-origin and product-attribute information on product evaluation: an information processing perspective. *J. Consumer Research*, 16 (September), 175–187.

Johansson, J. K., Thorelli, H. B. (1985). International product positioning. *J. Int. Business Studies*, 16(3), 57–75.

Kahle, L. R., Albaum, G., Utsey, M. (1987). The list of values (LOV) as a segmentation tool in international marketing research and product introduction. In: *Proc. 14th Int. Research Sem. Marketing*, Aix-en-Provence, Frankreich.

Keegan, W. J. (1995). *Global Marketing Management*. 5. Aufl. Englewood Cliffs, NJ: Prentice-Hall.

Kotler, P. (1994). *Marketing Management: Analysis, Planning, Implementation and Control*. 8. Aufl. Englewood Cliffs, NJ: Prentice Hall.

Kotler, P., Fahey, L. (1982). The world's champion marketers: the Japanese. *J. Business Strategy*, 3(1), 3–13.

Leroy, G. (1976). *Multinational Product Strategy: A Typology of Worldwide Product Innovation and Diffusion*. New York: Praeger.

Levitt, T. (1983). The globalization of markets. *Harvard Business Review*, Mai/Juni.

Levitt, T. (1986). *The Marketing Imagination*. New York: The Free Press.

Meissner, H. G. (1990). *Strategic International Marketing*. Berlin: Springer-Verlag.

Miller, C. (1993). U.S. firms lag in meeting global quality standards. *Marketing News*, 27(4), 15. Februar, 1 ff.

Moore, P. G., Thomas, H. (1976). *The Anatomy of Decisions*. London: Penguin.

Official J. European Union (1992). Markings for packaging in the European Union, 12. Oktober, C263/1.

Ohmae, K. (1989). Managing in a borderless world. *Harvard Business Review*, 67 (Mai-Juni), 152–161.

Papadopoulos, N. G., Heslop, L. A., Graby, F., Avlonitis, G. (1987). Does „country-of-origin' matter? Some findings from a cross-cultural study of consumer views about foreign products. Report 87–104, Marketing Science Institute, Cambridge, MA.

Quelch, J., Kashani, K., Vandermerwe, S. (1994). *European Cases in Marketing Management*. Burr Ridge, IL: Irwin.

Ricks, D. A. (1983). *Big Business Blunders: Mistakes in Multinational Marketing*. Homewood, IL: Richard D. Irwin.

Rosen, B. N. (1986). Global products: when do they make sense? In *Proc. Academy Int. Business*, London.

Saunders, J. (o. J.). Product position phasing: the synchronous deletion and replacement of products. Arbeitsunterlagen.

Shimp, T. A., Samiee, S., Madden, T. J. (1993). Countries and their products: a cognitive structure perspective. *J. Acad. Marketing Science*, 21(4), 323–330.

Silverstein, M. J. (1992). Companies that meet higher ante will win global marketing pot. *Marketing News*, 26(7), 30. März, 13.

Still, R. R., Hill, J. S. (1985). Multinational product planning: a meta-market analysis. *Int. Marketing Review*, 3 (Frühjahr).

Terpstra, V. (1977). International product policy: the role of foreign R&D. *Columbia J. World Business*, 12(4), 24–32.

Terpstra, V. (1988). *International Dimensions of Marketing.* 2. Aufl. Boston, MA: PWS-Kent.

The Economist (1989). Still trying. 7. Oktober, 92–93.

The Economist (1992). The team dream. 5. September, 69.

Ting, W. (1992). The product development process in NIC multinationals. *Columbia J. World Business*, 27(2).

Walters, P. G. P. (1986). International marketing policy: a discussion of the standardization construct and its relevance for corporate policy. *J. Int. Business Studies*, 17 (Sommer), 55–69.

Walters, P. G. P., Toyne, B. (1989). Product modification and standardization in international markets: strategic options and facilitating policies. *Columbia J. World Business*, 24(4), 37–44.

Wind, Y. (1977). Research for multinational product policy. In: *Multinational Product Management* (Hrsg. Warren J. Keegan und Charles S. Mayer), S. 165–184. Chicago, IL: American Marketing Association.

Wind, Y., Douglas, S. (1985). The Myth of Globalization. Working Paper, New York University Graduate School of Business Administration.

Wolfe, A. (1992). The single European market: national or euro-brands? *Int. J. Advertising*, 10, 49–58.

Wright, G. (1984). *Behavioral Decision Theory.* Beverly Hills, CA: Sage.

WEITERFÜHRENDE LITERATUR

Curry, J. E. (2000). *Internationales Marketing – Neue Märkte erschließen. Expansion im Zeichen der Globalisierung*. Köln: Deutscher Wirtschaftsdienst.

Czinkota, M. R., Ronkainen, I. A., Tarrant, J. J. (1995). *The Global Marketing Imperative*. Lincolnwood, IL: NTC Business Books, Kap. 7.

Elliott, G. R., Cameron, R. C. (1994). Consumer perception of product quality and the country-of-origin effect. *J. International Marketing*, 2(2), 49–62.

Herrmann, A., Hertel, G., Virt, W. (2000). *Kundenorientierte Produktgestaltung*. Vahlen, 2000.

Paliwoda, S. (1994). *The Essence of International Marketing*. Hemel Hempstead: Prentice Hall, Kap. 4.

Pepels, W. (2000). *Produktmanagement, Produktinnovation, Markenpolitik, Programmplanung, Prozessorganisation*. München: Oldenbourg.

Sattler, H. (erscheint 2001). *Marktpolitik*. Stuttgart: Kohlhammer.

FALLSTUDIE 9.1

Daewoo Corporation

(Diese Fallstudie wurde von Mitsuko Saito Duerr, San Francisco State University, verfasst.)

Anfang 1989 bewertete die Daewoo Corporation ihre Gesamt-Marketingstrategie neu. Dieser riesige koreanische Industriekonzern, der allein für 16% des Bruttosozialprodukts des Landes verantwortlich war, hing stark von Exportverkäufen ab. Es wurden jedoch nur vergleichsweise geringe Teile der Produktion unter eigenen Markennamen abgesetzt.

Bei den meisten der Produkte handelte es sich um Komponenten, die an OEMs (Original Equipment Manufacturers) verkauft wurden, oder um Waren, die unter anderen Markennamen vertrieben wurden. Ein Besucher des Warenversands des Computerbetriebs würde dort viele Pakete mit deutschen und anderen europäischen Markennamen und viele amerikanische Aufkleber entdecken, aber nur wenige mit dem Daewoo-Logo. Die Daewoo-Automobile wurden in den USA von General Motors als „LeMans“ vertrieben. Der Konzern stellt auch Gabelstapler in einem Joint Venture mit Caterpillar her, die dann auch einen Großteil des Marketing übernahmen. Die Fernseher des Konzerns wurden unter anderem in Europa, Amerika und Japan von einheimischen Unternehmen unter deren Markennamen vertrieben. Daewoo verkaufte in denselben Märkten große Mengen speziell für Einzelhändler unter deren Namen gefertigte Textilien.

Diese Marketingstrategie hatte sich für Daewoo während der Periode des sehr schnellen Wachstums seit der Gründung im Jahre 1967 bis heute sehr gut geeignet. Ursprünglich exportierte Daewoo Stoffe, stellte dann Bekleidung mit denselben modernen Maschinen und Qualitätskontrollen her, die auch Sears einsetzte. Das Unternehmen eröffnete Verkaufsbüros in London, New York und Singapur und konnte Aufträge großer Kaufhausketten gewinnen.

Der Gründer und Vorsitzende Woo-Choong Kim sah darin, dass die USA zum Schutz der einheimischen amerikanischen Industrie Einfuhrkontingente für Textilien zu erwägen begannen, eher eine Chance als eine Bedrohung. Er nahm an, dass die Kontingente auf vergangenen Leistungen beruhen würden und unternahm in dem Zeitraum, der der eigentlichen Quotenbeschränkung vorausging, ohne Rücksicht auf den Gewinn alle Anstrengungen, möglichst viel in die USA zu exportieren. Schließlich entfiel, als 1971 die Einfuhrkontingente der USA wirksam wurden, 30% des gesamten US-Einfuhrkontingentes für Textilprodukte auf Daewoo.

Wegen der Einfuhrkontingente verdoppelten sich die Preise der Textilien, die sich für den Export in die USA eigneten, in den nächsten sechs Monaten, um anschließend weiter zu steigen. Daewoo wurde zu einem der profitabelsten Unternehmen Koreas. Durch die erwirtschafteten Gewinne konnte das Unternehmen 14 andere Firmen erwerben und Teilhaber bei weiteren werden. Mit der wachsenden Managementreputation des Vorsitzenden Kim wurde dieser von der koreanischen Regierung gebeten, andere kränkelnde Unternehmen zu übernehmen. Es wurden Joint Ventures mit ausländischen Unternehmen gegründet, die Technologien und/oder Marketingkanäle zur Verfügung stellen konnten. Daewoo gab beträchtliche Summen für Forschung und Entwicklung aus, stellte hoch qualifizierte Ingenieure ein und konzentrierte sich auf das Wachstum, das sich dadurch erzielen ließ, dass Daewoo ein weltführender, preiswerter Hersteller qualitativ hochwertiger Waren war.

Die aktuelle Strategie, bei der andere Unternehmen Großteile des Marketing unter privaten Marken übernahmen, wird jetzt überprüft. Das internationale Marketing einer ganzen Reihe von Produktlinien wird immer noch für teuer und riskant gehalten und erfordert Fähigkeiten, die Daewoo bisher nicht hinreichend entwickelt hat. Aber die Abhängigkeit von anderen beim Marketing der eigenen Produkte wird ebenfalls für potenziell wachstumsbeschränkend gehalten.

Daewoo will seine Produkte bis hin zum Endverbraucher kontrollieren. Es will insbesondere keine Gelegenheiten im erweiterten europäischen Markt des Jahres 1992 verpassen. Man hält es für sehr wünschenswert, mehr Produkte unter den eigenen Markennamen und über eigene Händler zu verkaufen.

Fragen

1. Welche Vor- und Nachteile hat die aktuelle Marketingstrategie von Daewoo?
2. Was muss das Unternehmen machen, um seine eigenen Marken in Europa und der übrigen Welt zu verkaufen?
3. Welchen Problemen wird das Unternehmen wahrscheinlich begegnen, wenn es seine eigenen Marken aktiv bewirbt, und was kann Daewoo in dieser Hinsicht tun?

FALLSTUDIE 9.2

Supreme Foods, Frankreich

(Diese Fallstudie wurde von Professor Roger A. Kerin, Edwin L. Cox School of Business, Southern Methodist University, USA, verfasst. Alle Unternehmensdaten wurden geändert. Abdruck mit Genehmigung des Autors.)

Spät im April 1993 musste Andre Belq ein Budget für Spurt vorbereiten, einem Konzentrat mit Fruchtgeschmack, das zur Zubereitung eines Fruchtgetränks mit Wasser gemischt wurde. Das Budget für die zwölf Monate ab dem 1. Juni 1993 sollte die prognostizierten Kosten und Einnahmen für Spurt beinhalten und musste bis zum 15. Mai fertig werden. Das Budget konnte (1) Kosten für weitere Verbraucheruntersuchungen, (2) Ausgaben für einen Testmarkt auf der Basis eines vorläufigen Plans, den Herr Belq von der Werbeagentur seines Unternehmens erhalten hatte, oder (3) prognostizierte Einnahmen und Kosten für eine nationale Einführung in den USA umfassen.

Das Unternehmen

Supreme Foods Frankreich (SFF) ist ein vertikal integriertes multinationales Unternehmen, das in Westeuropa eine Vielfalt von Nahrungsmitteln produziert und vermarktet, die einem das Leben erleichtern können und auch industriell genutzt werden. Außerdem verkauft das Unternehmen vielfältige Spezialitäten in die USA. Diese Produkte werden üblicherweise in den Feinkostabteilungen der Supermärkte angeboten.

SFF konnte im vergangenen Jahrzehnt ein kontinuierliches Wachstum verzeichnen. Das Unternehmen brachte es 1992 auf Umsätze in Höhe von 700 Mio. US-$. Der größte Teil der Unternehmensumsätze stammte zwar aus den europäischen Operationen, aber die Umsätze in den USA waren ziemlich gestiegen. Das Wachstum der US-Umsätze wurde auf die wachsende Beliebtheit von Nahrungsmitteln für Feinschmecker, die Popularität französischer Lebensmittel und die erweiterte Distribution in den Supermärkten der USA zurückgeführt. 1992 verkaufte SFF seine Produktlinie der Nahrungsmittelspezialitäten an über 50.000 US-Supermärkte und Lebensmittelspezialgeschäfte über ein Netzwerk von Nahrungsmittelmaklern.

SFF war in drei Geschäftsbereiche organisiert: eine Abteilung für industrielle Nahrungsmittel, eine für Nahrungsmittel für Endverbraucher und eine internationale Abteilung. Jeder Bereich wurde von einem Direktor geleitet, dem mehrere Produktmanager und Marketing-Support-Manager berichteten. Außerdem operierte eine Abteilung für neue Unternehmungen auf der Unternehmensebene, die dafür verantwortlich war, für das Unternehmen neue Möglichkeiten zum Starten neuer Produkte mit hohem Wachstums- und Gewinnpotenzial zu erkennen. Die vorrangige Aufgabe der Abteilung für neue Unternehmungen bestand in der Erforschung neuer Märkte und der Vorbereitung von Marktstudien für das Unternehmen. Diese Studien gaben auch über die möglichen Wege des Eintritts und denkbare Positionierungen neuer Produkte in bestimmten Märkten Auskunft.

Geschichte der Entwicklung von Spurt

Die Entwicklung von Spurt begann Ende 1991, als sich der Leiter der internationalen Abteilung mit den Managern der Abteilung für Innovationen traf, um die Möglichkeiten im 46-Mrd.-$-Getränkemarkt in den USA zu erörtern. Im Verlaufe der Diskussion wurde häufig auf den offensichtlichen Erfolg innovativer Verpackungsentwürfe beim Start neuer Produkte in reifen Märkten verwiesen. Der Leiter der internationalen Abteilung bemerkte z.B., dass die Zahnpastamarke Check-Up, die in einem einzigartigen Pumpenspender verkauft wurde, wegen ihrer Verpackung einen ziemlich hohen Prozentsatz des Zahnpastamarkts erobert hatte. Gillette hatte erfolgreich Brush Plus, ein Gerät, das Rasiercreme durch einen Pinsel aufträgt, gestartet und konnte einen beträchtlichen Marktanteil erreichen. In beiden Fällen wurde die einzigartige Verpackung zumindest teilweise für den Erfolg des Produkts verantwortlich gemacht.

Das Treffen endete mit der übereinstimmenden Meinung, dass eine neuartige Verpackung in Form eines Getränkespenders Chancen haben würde. Entsprechend machte sich die Abteilung für Innovationen auf die Suche nach einem derartigen Behälter.

Produktentwicklung

Anfang 1992 machte die Abteilung für Innovationen einen scheinbar viel versprechenden Behälter ausfindig. Der Behälter, den es in Frankreich bereits seit fünf Jahren gab, wurde als Spender für eine Vielzahl von Konzentraten mit Fruchtgeschmack genutzt. Der Behälter konnte ca. 450 ml Konzentrat aufnehmen und daraus knapp 6 Liter Getränke erzeugen, wenn man es mit Wasser mischte. Ein Dosierventil auf dem Behälter sorgte dafür, dass bei jedem Drücken auf das Ventil genügend Konzentrat für ein 240-ml-Getränk (einschließlich Leitungswasser) gespendet wurde. Es standen sechs Fruchtgeschmacksrichtungen zur Verfügung: Orange, Weintraube, Kirsche, Erdbeere, Himbeere und Fruchtpunsch. Das Konzentrat enthielt zudem einen Vitamin-C-Zusatz.

Weitere Untersuchungen ergaben, dass der Behälter und das Konzentrat im Allgemeinen gut aufgenommen wurden. Das Produkt ließ sich lange lagern und eignete sich ausgezeichnet für die Aufbewahrung, da ein Behälter 24 240-ml-Getränken entsprach und nicht gekühlt werden musste. Beide Merkmale wurden von französischen Haushalten begrüßt. Weiterhin schienen sowohl Kinder als auch Erwachsene die Geschmacksrichtungen zu mögen. Obwohl keine aktuellen Umsatzstatistiken erhältlich waren, war das Produkt in wichtigen Großstadtgebieten weit verbreitet.

Formlose Gespräche mit dem Hersteller des Behälters deuteten darauf hin, dass ein Lizenzierungsabkommen möglich war, durch das SFF die exklusiven Vermarktungsrechte für das Produkt in den USA erhalten würde. SFF würde das Produkt von dem Hersteller des Behälters erhalten und keine eigenen Produktionsstätten errichten müssen, da die Fabrik des Herstellers über eine Produktionskapazität von 1,5 Millionen Kisten (24 Behälter pro Kiste) verfügte. SSF bat um die Erlaubnis, Verbraucherforschung für das Produkt in den USA betreiben zu dürfen, und erhielt diese auch. Dem Produkt wurde der vorläufige Name „Spurt" gegeben.

Verbraucherforschung

Ende Juni 1992 gab die Abteilung für Innovationen eine Reihe von Zielgruppenbefragungen über Spurt unter der Leitung von Todd Anthony, einem unabhängigen Unternehmensberater in den USA, in Auftrag. Das vorrangige Ziel dieser Befragungen war es, qualitative Informationen über die Reaktion der Verbraucher auf Spurt zu erhalten und in Erfahrung zu bringen, wie dieses Getränk verglichen mit Fruchtsaftgetränken in Dosen, wie z.B. Hi-C, kohlensäurehaltigen Erfrischungsgetränken und Getränkepulvern bewertet wurde. Anthonys Bericht über die Ergebnisse sah so aus:

1. Man stellt sich Spurt als ein Getränk vor, das sich wegen seiner hervorragenden Qualität für Kinder, aber auch als Getränk für die ganze Familie eignet.

2. Nach dem Mixen ihrer Getränke, aber noch vor dem Probieren, würde etwa die Hälfte der Befragten Spurt kaufen. Jene, die sagten, dass sie das Produkt kaufen würden, beurteilten Spurt, nachdem sie das Produkt probiert hatten, noch besser als zuvor.

3. Man scheint Spurt für ein hochwertiges Erfrischungsgetränk für die tägliche Verwendung speziell im Sommer und nicht für ein alkoholfreies Getränk oder Dosenfruchtsaft zu halten.

4. Die Verbraucher glauben, dass der Behälter allgemein viele Probleme bereiten kann: Er kann verstopfen, die Kinder können Unsinn damit anstellen und die Mütter wissen nicht, wie viel noch im Behälter übrig ist.

5. Die vorhandenen Geschmacksrichtungen sind von hervorragender Qualität und haben einen kaum spürbaren Nachgeschmack. Weitere Geschmacksproben würden jedoch erforderlich sein, um die Qualität der Getränke zu optimieren.

6. Die Notwendigkeit eines Vitamin-C-Zusatzes in fruchtbasierten Getränken wird von allen Verbrauchern erkannt.

7. Verbraucher und speziell Kinder scheinen Spaß daran zu haben, Spurt in ein Glas Wasser zu spritzen.

8. Obwohl 99 Cent für 24 Portionen als reeller Preis angesehen wird, besteht ein gewisser Zweifel, ob der Behälter wirklich für 24 Portionen ausreicht.

Zusammenfassend meinte Anthony: „Wir scheinen ein überlegenes Produkt im Erfrischungsbereich zu haben, das sich in erster Linie – aber nicht nur – für den Verbrauch durch Kinder zu eignen scheint und das einen angemessen Preis hat. Der Behälter scheint bei einigen Müttern Bedenken auszulösen."

Ende August 1992 befragte Todd Anthony vier Zielgruppen mit weiblichen Haushaltsvorständen und mindestens einem Kind im Alter zwischen 3 und 14 Jahren. Nach einer allgemeinen Diskussion von Fruchtgetränken wurden alle Gruppen gebeten, eine Kurzbeschreibung der Merkmale des Produkts zu lesen, in der der Preis, die Geschmacksrichtungen und die Kosten pro Portion enthalten waren. Anthony fasste seine aus den Zielgruppen abgeleiteten Schlussfolgerungen in vier Punkten zusammen:

1. Zwei Gruppen reagierten negativ auf Spurt, zwei Gruppen positiv. Die letzteren beiden sagten, dass sie es für ihre Kinder und besondere Gelegenheiten kaufen würden. Sie sagten nicht, dass das Produkt notwendigerweise regelmäßig benutzt werden würde.

2. Die Benutzung des Dosierventils war für die Befragten eine recht angenehme Überraschung. Viele hatten daran Vergnügen. Die fortgesetzte Anwendung wies jedoch darauf hin, dass Spurt ein Produkt für Kinder war, das wahrscheinlich nur gekauft werden würde, wenn man dabei an Kinder dachte.

3. Beim ersten Test des Produkts würde es gewaltige Unterschiede hinsichtlich der Menge des verwendeten Konzentrats, des Einsatzes von Eis und der Notwendigkeit des Umrührens geben. Die große Auswahl an Farben, die es letztlich beim Getränk gab, weist darauf hin, dass die Verbraucher – in Abhängigkeit von der Verwendung des Konzentrats – höchst unterschiedliche Getränke zu sich nehmen. Auch Eis wurde teilweise benutzt und teilweise nicht. Wenn das Eis vor dem Beimengen des Konzentrats zum Wasser hinzugefügt wird, muss das Getränk umgerührt werden. Viele Frauen rührten selbst dann um, wenn kein Eis verwendet wurde.

4. Aus den Studien ergaben sich vier offensichtliche Getränkekategorien: Säfte, nahrhafte Fruchtgetränke, kohlensäurehaltige alkoholfreie Getränke und Pulver/Tabletten. Spurt fällt in die letzte Kategorie. Im Vergleich mit Pulvern/Tabletten gewinnt Spurt in zweierlei Hinsicht: Die Benutzung bringt mehr Spaß und man erhält ein besseres Getränk. Es ist aber

auch in zweierlei Hinsicht der Verlierer: Es ist teuer (die Angabe von 24 Portionen ist nicht glaubwürdig) und sorgt für Unordnung.

In seiner Zusammenfassung wies Anthony darauf hin, dass das Projekt angesichts dieser Ergebnisse langsam weiter vorangetrieben werden sollte, da Spurt potenziell eine Neuheit für den einmaligen Gebrauch sein könnte, für deren dauerhaften Einsatz möglicherweise selbst Kinder nicht würden sorgen können. Kurz nachdem diese Ergebnisse vorgelegt worden waren, wurde Herr Andre Belq in der internationalen Abteilung zum Produktmanager für das Produkt ernannt.

Zur Ergänzung der von Anthony durchgeführten Untersuchungen beauftragte Herr Belq die Werbeagentur von SFF in den USA damit, die Beziehung zwischen Spurt und Getränkepulvern und die Daten hinsichtlich des Verbraucherverhaltens und des Kaufverhaltens zu studieren. Die von der Agentur durchgeführten Haushaltstests wiesen darauf hin, dass Spurt wegen seiner Fruchtgeschmacksrichtungen Getränkepulvern klar vorgezogen wurde. Wenn jedoch der Fruchtpunschgeschmack allein mit Hawaii-Punsch, einem Dosenfruchtsaftgetränk, verglichen wurde, war Spurt bei Eigenschaften wie Geschmack, Farbe und Nachgeschmack unterlegen. Weitere Verbrauchertests der Agentur zur Produktpositionierung enthüllten, dass sich Spurt am ehesten mit kohlensäurehaltigen Getränken, nicht mit Dosenfruchtsäften oder Getränkepulvern vergleichen ließ. Weiterhin erwarteten die Verbraucher, Spurt im Supermarkt in den Abteilungen mit kohlensäurehaltigen Getränken zu finden (vgl. Tabelle 9.6). Die Forscher der Agentur hielten diese Ergebnisse für wichtig, da die Verbraucherdaten für Getränke darauf hinwiesen, dass sich Fruchtgetränkepulver am besten im April und Mai, kohlensäurehaltige alkoholfreie Getränke am besten im Juni und Juli verkauften. Darüber hinaus schätzte die Agentur, dass kohlensäurehaltige Getränke für 65%, Getränkepulver für 12% und Dosenfruchtsaftgetränke für 23% des 46-Mrd.-$-Getränkemarkts verantwortlich waren. Auf der Grundlage der Muster des Kaufverhaltens, der Regalpositionierung, des Präferenztests der Verbraucher und einer Höhe der Medienausgaben von 5,5 Mio. $ schätzten die Forscher der Agentur, dass die Umsätze im Einführungsjahr von Spurt bei 1,048 Mio. Kisten (mit jeweils 24 Dosen) liegen könnten.

Tabelle 9.5 Produktpositionierung und Platzierung im Laden.

	%
„Spurt ähnelt am stärksten ...“	
Kohlensäurehaltigen Getränken	60
Dosenfruchtsaftgetränken	21
Getränkepulvern	19

Gesamt	100
Erwartete Platzierung im Laden:	
Bei kohlensäurehaltigen Getränken	64
Bei Dosenfruchtsaftgetränken	20
Bei Getränkepulvern	16

Gesamt	100

Herrn Belqs Lektüre des Verbrauchertests führte dazu, dass er eine andere unabhängige Forschungsagentur mit Spurt-Studien beauftragte. Die Forschungsagentur sollte die Rate der Test- und Wiederholungskäufe von Spurt bei einem Endverbraucherpreis von 99 Cent und zwei Werbebudgets in Höhe von 5,5 bzw. 7,9 Mio. $ ermitteln. 15% der 58 Millionen Haushalte mit Kindern würden Spurt ausprobieren. Die Rate der Testkäufer würde sich bei Werbeausgaben von 7,9 Mio. $ auf 20% erhöhen. Die Rate der Wiederholungskäufe würde bei 35 bzw. 40% der Haushalte der Testkäufer des Produkts liegen. Der Bericht bemerkte auch, dass die Haushalte der Testkäufer durchschnittlich eine Dose kaufen würden. Die durchschnittlichen weiteren Verkäufe je Wiederholungskäufer würden bei jährlich drei Dosen liegen.[1]

Herr Belq wurde weiter von der Frage der Positionierung von Spurt geplagt. Sollte er das Getränk gegen Getränkepulver, Dosenfruchtsaftgetränke oder kohlensäurehaltige Getränke positionieren? Weiterhin war er nicht sicher, ob er ein Produkt mit langfristigem Reiz oder eine Neuheit, die nur einmal probiert wurde, hatte. Die Ergebnisse der Verbraucherstudien widersprachen sich und er war sich nicht sicher, ob die vorhergesagten Mengen für eine gewinnbringende Produkteinführung ausreichen würden. In einem von Herrn Belq vorbereiteten Preis-/Kosten-Plan wurde der Endverbraucherpreis von Spurt auf 99 Cent für die Dose festgelegt. Der Dosenpreis für Supermärkte betrug 72 Cent bzw. 17,28 $ je Kiste mit 24 Dosen. Diese Kosten- und Preisangaben zuzüglich der Transportkosten, Vermittlerprovisionen und Lizenzgebühren wiesen darauf hin, dass SFF einen Rohgewinn von 6,50 $ je Kiste erreichen konnte. Die einzigen relevanten Fixkosten, die sich Spurt zuordnen ließen, waren die Werbeausgaben.

Optionen im April 1993

Ende April 1993 wurde Herr Belq darüber benachrichtigt, dass er ein Budget für Spurt für zwölf Monate ab dem 1. Juni 1993 vorbereiten sollte. Dieses Budget würde sich auf einen Marketingplan stützen, der einen Testmarkt, weitere Verbraucheruntersuchungen, eine umfassende Einführung von Spurt in den USA oder eine Kombination dieser Aktivitäten umfassen konnte.

Die Manager der Werbeagentur von SFF befürworteten einen Testmarkt für Spurt. Der Testmarkt würde sich in zwei Städten befinden und ab dem 1. Juli 1993 für zehn Monate betrieben werden. Die Agentur empfahl den Einsatz von Testmärkten für Spurt, um die Daten der Märkte mit zwei Strategien zu prüfen, denen die Annahme zu Grunde lag, dass es möglicherweise eine beträchtliche Anzahl von Verbrauchern über 12 Jahren geben könne, obwohl es sich bei Spurt in erster Linie um ein Produkt für Kinder handelte. In einer Stadt würden die geringeren Werbeausgaben (die einem jährlichen, landesweiten Budget von 5,5 Mio. $ entsprachen) für Botschaften genutzt, die sich an Kinder richteten, wobei die Produktvorteile für die übrige Familie nur minimal verstärkt werden sollten. Entsprechend sollte die Werbung während der Zeit der Zeichentrickfilme am Samstag- und Sonntagmorgen gesendet werden. Die Agentur schlug für die zweite Teststadt ein höheres Ausgabenniveau vor (das einem jährlichen, landesweiten Budget von 7,9 Mio. $ entsprach). In diesem Testmarkt würde ein exakt identisches Duplikat des Werbeprogramms der ersten Stadt laufen, das durch Botschaften an die komplette Familie ergänzt werden würde, die in der abendlichen Spitzenzeit gesendet werden würden. In beiden Städten sollten abtrennbare Kupons, die sich auf den Kauf von Spurt bezogen, den sonntäglichen Comic-Strips und der Briefwerbung beigefügt werden. Verbraucherdaten würden in beiden Städten erhoben werden, mit denen die Werbewirkung, die Test- und Wiederholungskaufraten ermittelt werden sollten, die dann zur Entwicklung eines nationalen Einführungsprogramms genutzt werden sollten. Die Kosten des Testmarkts würden sich auf 537.000 $ belaufen.

Todd Anthony befürwortete weitere Verbraucheruntersuchungen. Er glaubte, dass eine Wiederholung seiner Studien und der Studien der Werbeagentur notwendig war, da die Ergebnisse der Agentur seinen Beobachtungen widersprachen. Er glaubte, dass die Positionierungsfrage noch nicht beantwortet war und dass eine falsche Positionierung zum Misserfolg von Spurt führen könnte. Die ergänzenden Verbraucheruntersuchungen würden am 1. Juni beginnen, am 1. August 1993 beendet sein und 15.000 $ kosten.

Die leitenden Manager der Abteilung für Innovationen befürworteten eine nationale Einführung. Sie argumentierten, dass bereits hinreichende Untersuchungen stattgefunden hätten und dass sich der Testmarktplan der Werbeagentur leicht zu einem nationalen Programm erweitern ließe. Darüber hinaus wiesen sie darauf hin, dass der Hersteller der Behälter mit einem in den USA ansässigen Nahrungsmittelunternehmen Verhandlungen über die Möglichkeit des Einsatzes des Behälters für ein ähnliches Produkt führte. Würde man es versäumen, schnell zu handeln, könnte die sich mit Spurt bietende Chance für immer vorbei sein.

Anmerkung

1. Die Schätzungen der Werbeagentur und des unabhängigen Forschungsunternehmens basieren auf sog. Vorab-Markttest-Computermodellen. Diese Mo-delle berücksichtigen zur Schätzung der Rate der Test- und Wiederholungskäufe und zur Vorhersage der Absatzmengen in einer Reihe von Gleichungen Variablen, wie z.B. Werbeausgaben, Werbeprogramme und Marktdeckung der Distribution. Laut Angaben der Unternehmen, die die Modelle entwickelt haben, können diese die Misserfolgsquote in Testmärkten um bis zu 50% verringern. Eine nichttechnische Beschreibung der Anwendung, der Vorteile und der Beschränkungen dieser Computermodelle finden Sie in R. Goydon, Easy numbers, *Forbes*, 23 September 1985, 180-181, und A. Stern, Test marketing enters a new era, *Dun's Business Month*, October 1985, 86-90.

Fragen

1. Welche Aktion(en) sollte Herr Belq in seinem Marketingplan empfehlen? Warum sollte er diese Aktion(en) für die einzuschlagende Richtung empfehlen?
2. Diskutieren Sie andere Alternativen, die Supreme Foods als mögliche Aktionen ergreifen könnte.

KAPITEL 10

Preisentscheidungen

10.1 Einleitung

Die Preisgestaltung im internationalen Marketing umfasst (1) Exportpreise und, wenn eine Form des nichtexportierenden Markteintritts gewählt wurde wie z.B. Investition oder Montage, (2) die Preise innerhalb der nationalen Märkte. Die Exporteure sind häufig selbst in die Preisgestaltung innerhalb der nationalen Märkte eingebunden. Wenn für den Eintritt in einen Auslandsmarkt Direktexporte benutzt werden, muss der Exporteur unter Umständen zusätzlich Preise für die anderen Ebenen des Distributionskanals festlegen. Der Export eines Verbrauchsguts kann z.B. eine Großhandelstransaktion zu der vom Exporteur „abhängigen" Großhandelsorganisation innerhalb des Auslandsmarkt umfassen. Wenn das Produkt dann weiter an eine Einzelhandelsorganisation verkauft wird, müssen dafür Preise innerhalb eines Markts festgelegt werden. Allgemein sollte sich der Exporteur immer für die für das Produkt auf seinem Weg zum Endverbraucher oder industriellen Anwender relevanten Preispraktiken und -strategien interessieren. Bei der Preisgestaltung innerhalb eines nationalen Markts handelt es sich um Inlandspreise. Rein technisch gesehen spielt es keine Rolle, welcher nationale Markt Gegenstand des Interesses ist.

Das Preismanagement und die Preispolitiken im Exportmarketing sind etwas komplexer als im Inlandsmarketing. Für den Exportmarketing-Manager sind diese Fragen von Belang:

- Preisentscheidungen für Produkte, die vollständig oder teilweise in einem Land produziert und in einem anderen vertrieben werden (Exporte)
- Preisentscheidungen für Produkte, die lokal hergestellt oder vermarktet werden, aber einem gewissen zentralisierten Einfluss von außerhalb des Landes unterliegen, in dem sie hergestellt oder vermarktet werden
- Die Auswirkungen von Preisentscheidungen in einem Markt auf Unternehmensoperationen in anderen Ländern.

Die Philosophie und Praxis der Festlegung von Exportpreisen unterscheiden sich im Grunde genommen nicht von der Preisfestlegung für den Inlandsmarkt. Der Verbraucher muss das Gefühl haben, dass der Wert des Produkts dem gezahlten Preis entspricht. Gleichzeitig muss der Exportmarketing-Manager in Abhängigkeit von den Gesamtzielen des Unternehmens und der spezifischen, vorliegenden Entscheidungssituation entweder kurz- oder langfristige Gewinne anstreben.

Allgemein ausgedrückt umfassen Preisentscheidungen die Festlegung des anfänglichen Preises sowie von Zeit zu Zeit die Anpassung der bestehenden Preise der Produkte. Zu den Preisänderungen können Preisnachlässe und alle Maßnahmen zählen, durch die man vom sog. Basispreis abweicht. Preisentscheidungen müssen für verschiedene Käufergruppen getroffen werden. Es müssen also Preise für die folgenden Gruppen festgelegt werden:

- Verbraucher oder industrielle Abnehmer
- Großhändler, Distributoren oder andere Importagenturen
- Partner in strategischen Allianzen
- Lizenznehmer (wenn Teile oder Komponenten exportiert werden)
- die eigenen Tochtergesellschaften oder Joint Ventures, egal ob es sich um Minder- oder Mehrheitsbeteiligungen oder Tochtergesellschaften im Eigenbesitz handelt.

Bei Preisentscheidungen für die letzte Käufergruppe kommen Transferpreise zum Einsatz. Bei Preisentscheidungen sind weiterhin folgende Faktoren zu berücksichtigen:

- Bestimmung des Verhältnisses zwischen Preisen einzelner Produkte einer Produktlinie und zwischen Produkten im Produktsortiment
- Angebot mit Preisen für mehrere (gebündelte) Produkte oder einzelne Produkte oder Einzel- bzw. Bestandteile
- in größeren Unternehmen kommen Entscheidungen über die Art und das Ausmaß der zentralen Kontrolle hinzu, die ausgeübt werden soll, um zu gewährleisten, dass Preise für Endverbraucher und Anwender auf einem bestimmten Niveau gehalten werden
- Begründung einer geografischen Preispolitik, z.B. ob es einheitliche Lieferpreise geben soll oder ob FOB Fabrikabgabepreise angegeben werden.

Die Frage unterschiedlicher Preisfestlegungen und insbesondere die Differenz zwischen Export- und einheimischen Preisen ist für die meisten dieser Entscheidungen wichtig. Es müssen Entscheidungen über die Preisbeziehungen zwischen Produkten, die in mehreren nationalen Märkten verkauft werden, getroffen werden. Das heißt, es muss festgelegt werden, ob der Preis für die Kunden in einem Markt mit dem in einem anderen Auslandsmarkt oder im Markt des Heimatlandes übereinstimmt, niedriger oder höher liegen soll.

Der Exportmanager steht fünf verschiedenen Facetten des Preisproblems gegenüber, von denen mindestens drei nur Exporte betreffen. Bei diesen fünf Facetten, die auf den folgenden Seiten besprochen werden, handelt es sich um die folgenden:

- Grundlegende Preisstrategie
- Beziehung zwischen der Preispolitik im In- und Ausland
- Währungsfragen
- Elemente der Preisangabe
- Transferpreise

Als Erstes werden wir die Determinanten von Preisen als Möglichkeit zur Überbrückung der Lücke zwischen Fragen der einheimischen und der Exportpreise besprechen, um schließlich zu dem zu gelangen, was wir Preisanatomie nennen.

10.2 Determinanten der Exportpreise

Um die Struktur von Preisen zu verstehen, müssen wir zunächst jene grundlegenden Einflussgrößen untersuchen, die Exportpreis-Festlegung beeinflussen. Zu diesen Faktoren zählen:

- Kosten
- Marktbedingungen und Verbraucherverhalten (Nachfrage oder Wert)
- Wettbewerb
- Legale und politische Fragestellungen

- Allgemeine Unternehmenspolitiken, zu denen Politiken in Hinsicht auf Finanzfragen, Produktion, Organisationsstruktur und in Hinsicht auf Marketingaktivitäten, wie z. B. die Planung und Entwicklung von Produkten, das Produktsortiment, Distributionskanäle, Vertriebsunterstützung, Werbung und Verkauf, zählen.

10.2.1 Kosten

Kosten spielen bei der Preisfestlegung häufig eine bedeutende Rolle. Die Preisfestlegung auf Grundlage der Kosten stellt nicht nur (insbesondere bei fehlenden Informationen über die Zahlungsbereitschaft der Kunden) ein relativ einfaches Verfahren dar, sondern suggeriert auch Fairness und Vernunft, da man nur die Kosten geleisteter Dienste berechnet, bei denen es sich um den „Wert" handelt, den der Verkäufer dem Produkt hinzugefügt hat. Jene, die der Überzeugung sind, dass „faire" Preise notwendigerweise auf Kosten basieren, glauben offensichtlich, dass der Wert eines Produkts durch dessen Kosten definiert wird und nicht durch den Nutzen oder die Befriedigung, die der Benutzer aus dem Produkt zieht.

Kosten sind auch in weiterem Sinne von Bedeutung. Selbst wenn die Preise nicht direkt an den Kosten festgemacht werden, sprechen eine Reihe von Gründen dafür, dass man detaillierte Informationen über Kosten benötigt. Kosten sind für die Festlegung einer *Preisuntergrenze* nützlich. Kurzfristig kann es sich, wenn ein Unternehmen Überkapazitäten hat, bei der Preisuntergrenze um die reinen Direktkosten handeln, wie z. B. Arbeit, Rohmaterialien und Versand. Langfristig müssen aber die *Vollkosten* aller Produkte wiedererlangt werden, auch wenn dies nicht notwendigerweise die Vollkosten aller Einzelprodukte betrifft. Die tatsächliche Untergrenze liegt daher häufig irgendwo *zwischen* den Direkt- und den Vollkosten.

Vor einigen Jahren verkaufte ein großes Chemieunternehmen oft, wenn es im Heimatland zu Überkapazitäten kam, seine Produkte im Ausland auf Kosten-Plus-Basis. Dieses Unternehmen verdeutlicht eine Technik, bei der die Preise entsprechend den Grenzkosten festgesetzt werden und die auf dem buchführerischen Konzept der beitragenden marginalen Kosten beruht. Bei den *Direktkosten* handelt es sich um jene Kosten, die durch die getroffene Entscheidung anfallen. Wenn diese Technik zur Festlegung von Exportpreisen benutzt wird, hält man bei diesem Verfahren nur jene Kosten für relevant, die für die Erzeugung von Exporteinnahmen notwendig sind. Und auch nur diese Kosten sollten bei der Ermittlung des Gewinns mit den Exporteinnahmen verglichen werden. Außer bei Überkapazitäten können Grenzpreise oder inkrementelle Preise zu Zwecken des Eintritts in Exportmärkte auf einem konkurrenzfähigen Preisniveau oder zur Verteidigung einer vorhandenen Wettbewerbsposition genutzt werden. Zu den weiteren Gründen für die Festlegung von Exportpreisen unterhalb der Vollkosten zählen: Unterstützung des Wachstums der Händlerorganisation, Aufrechterhaltung der Zusammenarbeit einer Gruppe von Angestellten, der Verkauf eines speziellen Produkts jenseits der üblichen Exportproduktlinie, Lieferung eines Fertigungsprototyps an eine Tochtergesellschaft oder einen Lizenznehmer, Bestellungen über große Mengen, Anbieten des Produkts auch im einheimischen Markt unterhalb der Vollkosten, Bereitstellung eigener Einrichtungen und Dienstleistungen durch den Exportkunden und mögliche Umsatzsteigerungen erheblichen Umfangs.

Wenn man davon ausgeht, dass die Kenntnis der eigenen Kosten dazu beitragen kann, die Reaktionen der Wettbewerber zu bestimmen, dann können Kosten auch die Einschätzung der Reaktionen der Konkurrenz auf die Festlegung bestimmter Preise erleichtern. Kosten können auch der Schätzung eines Preises, bei dem neue Wettbewerber vom Eintritt in eine Industrie abgehalten oder entmutigt werden, dienen. International sind Kosten für diesen Zweck jedoch auf gewisse Weise weniger hilfreich als im einheimischen Markt, da sie in den verschiedenen Ländern höchst unterschiedlich ausfallen können.

Die grundlegenden Kostenarten, die bei der Bedienung inländischer und ausländischer Kunden anfallen, sind dieselben, wie z.B. Arbeit, Rohmaterialien, Einzelteile, Verkauf, Versand, allgemeine Geschäftsunkosten. Deren relative Bedeutung als Preisdeterminante kann aber höchst verschieden sein. Die Kosten der Vermarktung eines Produkts in einem kleinen Markt, der Tausende Kilometer von der Fertigungsstätte entfernt liegt, können z.B. relativ hoch sein. Die Kosten der Verkaufsleute, Seefracht, Seeassekuranz, modifizierte Verpackung, speziell angepasste Werbung usw. können die Preisuntergrenze anheben. Zudem wirkt sich der Ort, an dem sich die ausländischen Kunden befinden, entweder auf die für den Versand bzw. das Verschiffen der Produkte benötigte Zeit oder die Notwendigkeit, lokale Lagerbestände zu warten, aus. Daher beeinflusst er entweder die Transportkosten (z.B. beim relativ teuren Transport als Luftfracht) oder die laufenden Kosten und die Finanzierung lokaler Lagerbestände. Besondere rechtliche Anforderungen können die Produktionskosten beeinflussen, wie z.B. bei Sicherheitsvorschriften für Kraftfahrzeuge oder bei Regelungen, die Nahrungsmittel und Arzneimittel betreffen. 1995 waren beim rechtsgelenkten Modell des Cherokee-Jeeps, der in den USA hergestellt wurde und für den japanischen Markt bestimmt war, z.B. Änderungen erforderlich, um ihn an die japanischen Regulierungen anzupassen. Chrysler, der Hersteller, musste nachweisen, dass 238 Bestimmungen eingehalten wurden. Es ist also kein Wunder, wenn die Kosten dann steigen.

Bei allen Betrachtungen der Kosten muss man die Mengen kennen. Die zuzuordnenden und unvermeidlichen Stückkosten variieren mit den umgesetzten Stückzahlen. Daher sinkt die Kostenuntergrenze relativ schnell, wenn das Volumen in einer Situation gesteigert wird, in der die unvermeidlichen Kosten einen wesentlichen Teil der Gesamtkosten ausmachen. Andererseits sind erhebliche Volumensteigerungen erforderlich, bevor die unvermeidlichen zuzuordnenden Stückkosten nennenswert sinken, wenn die direkten Kosten hoch sind und beispielsweise 80 oder 85% der Gesamtkosten (ein realistischer Wert für viele Produkte) ausmachen. Da große Teile der Kosten bei den meisten Produkten direkt sind, wird die Kostenuntergrenze häufig in erster Linie von den direkten Kosten beeinflusst.

10.2.2 Marktbedingungen (Nachfrage)

Die Eigenschaften des Markts bestimmen die Preisobergrenze. Der Nutzen bzw. *Wert*, den Käufergruppen dem Produkt beimessen, setzt die *Preisobergrenze*. Wenn Manager den Wert eines Produkts in einem Exportmarkt zu etablieren versuchen, versuchen sie im Wesentlichen einen Nachfrageplan für das Produkt zu schaffen. Der Wert sollte über den Produktnutzen gemessen werden, der in Geldmaßstäbe übersetzt wird. Auf diese Weise kann man den Preis als kontinuierlichen Prozess der Anpassung des Preises eines Exportprodukts an den variablen Nutzen des letzten Kaufinteressenten sehen, der zum Käufer werden soll. Im Juni 1988 erhöhte Isuzu Motors Limited of Japan in den USA den Basispreis seiner Sport-/Nutzfahrzeuge und Kleinlastwagen (pickup trucks). Obwohl das Unternehmen behauptete, dass die Preiserhöhung durch die Währungssituation begründet war, durch die der japanische Yen den US-Dollar fortwährend unter Druck setzte, war es tatsächlich so, dass die Wechselkursrate zwischen Dollar und Yen mit der vor sechs Monaten identisch war und dass der Trend dafür sprach, dass der Dollar den Yen unter Druck setzen würde. Die Umsätze von Isuzu-Kraftfahrzeugen lagen mehr als 6% über denen des Vorjahres, während die Umsätze konkurrierender Produkte japanischer Herkunft zurückgingen. Da die amerikanischen Verbraucher Isuzu den Wettbewerbern vorzuziehen schienen, lässt sich argumentieren, dass die Preiserhöhung eine gute Entscheidung des Unternehmens war, mit der es diese Präferenz ausnutzte. Letztlich handelte es sich um eine Schätzung der Preissensitivität bzw. Preiselastizität der Kunden. Obwohl Techniken wie Verbundanalysen zur Schätzung der Elastizitäten eingesetzt werden können, empfiehlt

Dolan (1995) eine Untersuchung der wichtigen, die Sensitivität beeinflussenden Faktoren (vgl. Tabelle 10.1) als einfachen Ausgangspunkt.

Tabelle 10.1 Faktoren, die die Preissensitivität beeinflussen.

Wirtschaftliche Faktoren, die die Kunden betreffen:
Ist der Entscheidungsträger bereit, für das Produkt zu zahlen?
Machen die Kosten des Gegenstands einen beträchtlichen Teil der Gesamtausgaben aus?
Handelt es sich bei dem Käufer um den Endanwender? Wenn nicht, wird der Käufer im Endverbrauchermarkt über den Preis konkurrieren?
Deutet ein höherer Preis in diesem Markt auf eine bessere Qualität hin?
Auswahlprozess und Engagement des Kunden:
Ist es für den Käufer kostspielig, sich umzusehen?
Ist der Zeitpunkt des Kaufs oder der Lieferung für den Kunden wichtig?
Kann der Käufer den Preis und die Leistung der Alternativen vergleichen?
Kann der Käufer den Lieferanten frei und ohne beträchtliche Kosten wählen?
Wettbewerb:
Wie unterscheidet sich das Angebot von dem des Wettbewerbers?
Ist der Ruf des Unternehmens von Bedeutung? Gibt es andere immaterielle Faktoren, die die Entscheidung des Käufers beeinflussen?

Quelle: nach Dolan, 1995, S. 178.

Bei der vorläufigen Festlegung des Nachfrageplans lässt sich der Markt in Schichten einteilen, so dass die Anzahl der Kunden geschätzt wird, die das Produkt bei verschiedenen Preisniveaus kaufen werden. Der Exporteur kann dann die interessierende Schicht auswählen, die beim letzten Kaufinteressenten für einen Nutzen sorgt, der dem verlangten Preis entspricht. Alle anderen Käufer haben dann einen Zusatznutzen, so dass sie eigentlich bereit wären, einen höheren Preis für das Produkt zu zahlen. Der Wert lässt sich durch *Personenbefragungen*, durch *Tauschhandelsexperimente*, durch *Testmarktpreise*, durch *Vergleiche mit Ersatzprodukten* (Substitute) oder durch *statistische Analysen* der Preis-/Mengenverhältnisse der Vergangenheit ermitteln.

Zu den Faktoren, auf deren Grundlage ausländische Märkte Produkte bewerten, zählen demographische Faktoren, Sitten und Traditionen sowie wirtschaftliche Überlegungen, die sich auf Gebräuche, die Akzeptanz und die Anwendung eines Produkts durch die Kunden beziehen. Die Eigenschaften der Nachfrage hinsichtlich Preiselastizität usw. variieren stark in den verschiedenen Ländern. Unterschiedliche Religionen, Kosten der Kreditaufnahme, Einstellungen zur Familiengründung und Lebensgewohnheiten, um nur einige Faktoren zu nennen, sorgen für große Variationen bei der Bereitschaft und Fähigkeit von Verbrauchern zur Zahlung eines bestimmten Preises.

Häufig ist die Verfügbarkeit von Informationen ein wesentlicher Faktor bei der Schätzung der Nachfrage. Derartige Informationen können in einigen Ländern (insbesondere den Entwicklungsländern) nur schwer und unter hohen Kosten erhältlich sein. Fehlende statistische Veröffentlichungen und kompetente lokale Marketingforschungsagenturen in einigen Ländern können neben den Kosten der Durchführung von Marketingforschung in entfernten Märkten dazu führen, dass der Faktor der Marktbedingungen als Determinante der Exportpreise relativ bedeutend wird.

10.2.3 Wettbewerb

Während Kosten- und Nachfragebedingungen die unteren und oberen Preisgrenzen beschreiben, sind die Wettbewerbsbedingungen wichtig, wenn es um die Festlegung des tatsächlichen Preises innerhalb dieser beiden Extreme geht. Die Reaktionen der Wettbewerber sind häufig entscheidend, da sie praktische Grenzen für die Exportpreisalternativen bilden. Die Preise der Konkurrenzprodukte („Substitute") haben Auswirkungen auf das vom Exporteur erreichbare Umsatzvolumen. Es muss entschieden werden, ob der Preis oberhalb, auf gleicher Höhe oder unterhalb der Preise der Wettbewerber liegen soll.

Neben aktuellen Wettbewerbern müssen auch potenzielle Konkurrenten berücksichtigt werden. Die Höhe und Bedeutung der Eintrittsbarrieren und der Wettbewerb sind relevant, da sie bestimmen, wie leicht und preiswert man ins Geschäft kommt und wettbewerbsfähig werden kann. Zu den Hindernissen, die Exporteure zum „Schutz" gegen Wettbewerber einsetzen können, zählen *Produktunterschiedlichkeit, Markenbekanntheit mit hohem Markenansehen* und *etablierte Distributionskanäle* sowohl zwischen als auch innerhalb von Ländern, die für starke Händler sorgen können. Offensichtlich sind die Preisspielräume umso größer, je bedeutender die Hindernisse sind.

Unter Bedingungen, die in etwa einem reinen Wettbewerb entsprechen, setzt der Markt den Preis. Der Preis liegt tendenziell knapp oberhalb der Kosten, so dass Unternehmen an der Grenze der Rentabilität im Wettbewerb bleiben können. Daher bilden die Kosten aus der Sicht des Preissetzenden die wichtigste Einflussgröße. Wenn die Kostenuntergrenze eines Herstellers unter dem vorherrschenden Marktpreis liegt, wird das Produkt hergestellt und verkauft. Da Preise in einem solchen Markt kaum im Ermessen des Exporteurs liegen, besteht das Problem der Preisfestlegung im Wesentlichen in der Entscheidung, ob zum Marktpreis verkauft werden soll oder nicht.

Unter den Bedingungen des monopolistischen oder unvollständigen Wettbewerbs kann der Verkäufer in gewissem Umfang die Produktqualität, die Werbeanstrengungen und die Kanalpolitiken variieren, um den Preis an das „Gesamtprodukt" anzupassen und bestimmte Marktsegmente zu bedienen. Bei den meisten Markenprodukten und selbst bei einigen Handelswaren (bei denen der Exporteur und sein Ruf hinsichtlich Dienstleistung, Zuverlässigkeit und Auslieferung bekannt ist) verfügen Exporteure über gewisse Preisspielräume. Trotzdem werden sie immer noch von den Preisen der Wettbewerber beschränkt. Alle Preisunterschiede zur Konkurrenz müssen in den Köpfen der Verbraucher auf der Grundlage unterschiedlichen Nutzens bzw. des wahrgenommenen Wertes gerechtfertigt werden. Je eher sich Produkte substituieren lassen, desto dichter müssen die Preise beieinander liegen und desto größer ist der Einfluss der Kosten bei der Preisfestlegung (wenn es genügend viele Käufer- und Verkäufer gibt, so dass keine Oligopolbedingungen herrschen).

Zuweilen ignorieren Exporteure bei derartigen Wettbewerbsstrukturen die Konkurrenzpreise. Vor einigen Jahren bot ein Hersteller von Investitionsgütern für Bergbau und Erdbewegung z.B. seine Produkte vorwiegend auf einer Kosten-Plus-Basis mit „gerechtem" Gewinn an. Das Unternehmen bot seine Produkte in Auslandsmärkten zu einheimischen Fabriklistenpreisen an und schlug einfach die Exportkosten auf. Das Unternehmen widmete dem Nutzwert der Ausrüstung und den Preisen der Wettbewerber kaum Aufmerksamkeit, weil deren Produkte kein guter Ersatz waren. Aber auch für viele Markenindustriegüter müssen wettbewerbsfähige Preise festgelegt werden (z.B. EDV-Ausrüstung, Werkzeugmaschinen und Straßenbauausrüstung), da die Käufer sich der komparativen Kosten/Werte der in Frage kommenden Produktalternativen sehr deutlich bewusst sind.

Unter Oligopolbedingungen hängt die Höhe des zwischen der Kostenuntergrenze und der Preisobergrenze festgelegten Produktpreises von der Einschätzung des jeweiligen Oligopolisten und den Reaktionen der anderen auf seine Entscheidungen ab, wenn die Produkte nicht ausreichend differenziert sind, um den Verkäufer in eine Monopolsituation zu versetzen. Wenn es einen Preisführer, bewusst parallele Aktionen oder ein geheimes Einverständnis gibt, wird der Preis wahrscheinlich geringfügig oberhalb der Kostenuntergrenze liegen, und der Wettbewerb stützt sich wahrscheinlich weitgehend auf Produktvariationen, Qualität, Dienstleistungen und Werbeaktivitäten.

Ein gutes Beispiel für die Auswirkungen des Wettbewerbs auf die Preise ist die Reaktion von Eastman Kodak auf die japanische Konkurrenz von Fuji im amerikanischen Filmmarkt. 1994 lagen die Fuji-Preise auf einem Niveau, bei dem der Preis des Kodak-Hauptprodukts 17% über dem von Fuji lag. Da Fuji leicht jede Preissenkung mitmachen konnte und auch mitmachen würde, entschloss sich Kodak dazu, ein neues Niedrigpreisprodukt (Funtime film) in größeren Verpackungseinheiten und in beschränkten Mengen anzubieten. Die Kodak-Preise je Film lagen unter denen von Fuji. Fuji nutzte den Preis weiterhin als Mittel des Wettbewerbs, senkte 1997 aber seine Preise in den USA um bis zu 50% bei Schachteln mit mehreren Farbfilmen (*Business Week*, 1997, S. 30).

10.2.4 Rechtliche und politische Einflüsse

Der mit der Preisfestlegung betraute Manager muss die vorhandenen rechtlichen und politischen Situationen und deren Unterschiedlichkeit zwischen den Ländern berücksichtigen. Rechtliche und politische Faktoren beschränken in erster Linie die bestehenden Möglichkeiten des Unternehmens, Preise streng auf der Basis wirtschaftlicher Überlegungen festzusetzen.

Heute wurde das Recht und die Pflicht souveräner Nationen, Maßnahmen zum Schutz und zur Förderung des Besitzes und des Wohlstands seiner Bürger zu ergreifen, weitgehend anerkannt. Auch wenn es häufig unterschiedliche Meinungen hinsichtlich der Berechtigung bestimmter Arten von Regierungsaktionen gibt (ob sie die langfristigen Interessen der Bürger fördern), müssen die für die Preisfestlegung verantwortlichen Manager die vorhandene Situation üblicherweise dennoch akzeptieren und Antidumping-Gesetze, Zölle, Importbeschränkungen usw. berücksichtigen. Mitte der 70er Jahre zwang die Monopolies & Mergers Commission in Großbritannien das in der Schweiz beheimatete Arzneimittelunternehmen F. Hoffmann-LaRoche mit der Begründung, dass es für seine Produkte überhöhte Preise forderte, zur Senkung der Preise für Librium um 60% und Valium um 75% (*Business Week*, 1975). Die sich daraus ergebenden Großhandelspreise für 100 Valium-Tabletten betrugen in Westdeutschland 5,35 US-$, in der Schweiz 5,44 US-$, in den USA 6,89 US-$ und in Großbritannien 0,11 US-$.

Die Beamten einiger Länder erteilen keine Importerlaubnis, wenn sie der Meinung sind, dass die Preise zu hoch oder zu niedrig sind. Ein Unternehmen in Brasilien benötigte ein Produkt, das brasilianische Hersteller aufgrund von Kapazitätsengpässen nicht liefern konnten. Vermutlich, um die örtliche Produktion zu fördern, untersagten die brasilianischen Behörden den Import des Produkts aus Japan oder den USA, weil es in diesen Ländern zu einem Preis zu beziehen war, der niedriger als jener war, der üblicherweise von brasilianischen Herstellern verlangt wurde.

Manchmal benutzen ausländische Beamte Preisrichtlinien als Kriterium der Währungszuteilung für Käufer ausländischer Waren. In einigen Ländern achtet die Regierung auf das Verhältnis zwischen dem bezahlten Betrag und dem sozialen Nutzen des Kaufs. Selbst wenn der Käufer möglicherweise zur Zahlung eines hohen Preises bereit ist, kann die Regierung die Zuteilung ausländischer Währung in angemessener Höhe verweigern, wenn sie der Meinung ist, dass es sich um verzichtbare Importe handelt.

In den meisten Industrieländern gibt es eine Antidumping-Gesetzgebung. *Dumping* ist die Praktik, in Auslandsmärkten Waren zu Preisen zu verkaufen, die unterhalb derer des einheimischen Markts liegen. Antidumping-Gesetze werden üblicherweise in Nationen erlassen, die bestimmte Industrien vor vorübergehenden oder unnatürlichen Preisschwankungen schützen wollen, die die lokale Produktion stören würden. Daher setzen Antidumping-Gesetze eine Preisuntergrenze. Der Umstand, dass für Exportwaren niedrigere Preise verlangt werden, bedeutet nicht, dass dadurch Antidumping-Aktionen im Auslandsmarkt ausgelöst werden. Gemäß den Gesetzen der meisten Länder liegt selbst dann, wenn der Preis des Exporteurs unter dem in seiner Heimat liegt, kein Dumping vor, wenn dieser Preis über dem aktuellen Marktpreis im Ausland liegt.

Ein weiterer, potenziell problematischer Bereich ist die Handhabung von Rabatten, Preisnachlässen, Zuschlägen und selbst Preiseskalationen oder vertraglichen Klauseln gegen den Preisverfall. Importeure können nach diesen Preiszugeständnissen fragen und Importeure können sie gewähren. An sich sind derartige Zugeständnisse nicht illegal, sie können es aber im Land des Exporteurs und / oder des Importeurs werden, wenn sie nicht der entsprechenden Regierungsstelle mitgeteilt werden (Johnson, 1994, S. 82).

Da sich die Zolltarife der Länder unterscheiden, gibt es einen gewissen Anreiz für Exporteure, den Preis in den einzelnen Ländern ein wenig zu variieren. Der Anreiz schwankt mit der Art der Nachfrage in den jeweiligen Märkten und der Zahlungsbereitschaft der Kunden (der Preiselastizität der Nachfrage). Daher muss der Basispreis in einigen Ländern mit hohen Zöllen und hoher Preiselastizität ggf. niedriger als in anderen Ländern liegen, wenn in diesen Märkten befriedigende Mengen erreicht werden sollen. Infolgedessen sinkt die Rentabilität des Produkts. Andererseits kann der Preis ohne größere Mengenrückgänge auf hohem Niveau festgelegt werden, wenn die Nachfrage recht unelastisch ist, sofern die Konkurrenz keine niedrigeren Preise verlangt.

Importzölle können Beschaffungsentscheidungen und dadurch Kosten und Preise beeinflussen. Wenn in einem Land die Importzölle auf Fertigprodukte im Vergleich mit den Zöllen auf Materialien und Einzelteile hoch sind, kann es hinsichtlich der Gesamtkosten sinnvoll sein, Materialien oder Komponenten für die lokale Produktion oder Montage zu importieren.

Die Wettbewerbssituation kann sich ändern, wenn Regierungen in Währungsmärkte eingreifen. Wenn eine Regierung ihre Währung abwertet, müssen Exporteure ihre Preise im entsprechenden Markt möglicherweise senken, um mit den einheimischen Herstellern weiter konkurrieren zu können. Gleichzeitig können die Exporteure dieses Landes ihre Wettbewerbssituation bzw. -position in Auslandsmärkten verbessern, da ihre Preise sinken. Währungsfragen werden ausführlicher in Abschnitt 10.5 behandelt.

10.2.5 Unternehmenspolitiken und Marketing-Mix

Die Exportpreise werden von der bisherigen und der aktuellen Unternehmensphilosophie, der Organisation und von Managementpolitiken beeinflusst. Idealerweise sollte man alle lang- und kurzfristigen Entscheidungen zusammenhängend und in Abhängigkeit voneinander betrachten. Aus praktischen Gründen müssen einige Entscheidungen aber als Erstes getroffen werden und sie bilden dann die Grundlage nachfolgender Entscheidungen. Die Organisationsstrukturen des Unternehmens müssen z.B. bereits eingerichtet worden sein und seit einiger Zeit bestehen. Während dieses Zeitraums müssen andere Aktivitäten innerhalb der Grenzen dieser Struktur durchgeführt werden.

Die Preisfestlegung lässt sich nicht von Produktüberlegungen trennen. Das Management muss sich in die Perspektive des Kunden hineinversetzen und ein Produkt hinsichtlich seiner Qualität und anderer Merkmale relativ zum Preis bewerten. Entscheidungen über die Art des Produkts, die Verpackung, die Qualität, die verfügbaren Varianten oder Versionen usw. beeinflussen nicht nur die Kosten, sondern auch die Zahlungsbereitschaft der Kunden und das Ausmaß, in dem Produkte der Wettbewerber für Substitute gehalten werden. Es gibt z.B. zahlreiche Hersteller von Produkten wie Industrieanlagen, Werkzeugen und Ausrüstungen, die aufgrund von Designvorteilen zu höheren Preisen als ausländische Wettbewerber exportieren können.

Sog. nationale Stereotypen und Käufereinstellungen gegenüber bestimmten Herkunftsländern (vgl. Kapitel 9) können die Art und Weise beeinflussen, in der Exportpreise in Auslandsmärkten interpretiert werden. Verbraucherreaktionen auf Preise und die Beurteilung durch die Verbraucher werden von deren Wahrnehmungen und Einstellungen gegenüber dem Herkunftsland der importierten Waren bestimmt. Wenn z.B. das Image des exportierenden Landes bei den Käufern positiv und der Preis eines Produkts aus diesem Land niedrig ist, wird es als „gute Leistung für das Geld" gesehen. Wenn der Preis hoch wäre, würde ein Produkt aus diesem Land für „qualitativ hochwertig" gehalten. Bei einem negativen Länderimage wäre die Wahrnehmung „niedrige Qualität" bzw. „schlechte Gegenleistung für das Geld". Derartige Wahrnehmungen werden umso wichtiger, je weniger der Markt über die Produkte und die Lieferanten selbst weiß. Dieser Situation müssen sich also in erster Linie Erstexporteure und kleinere Unternehmen mit beschränkter Marktbekanntheit stellen.

Beispielhaft für die vielen Studien zum Länderimage und Aspekten des wahrgenommen Preises sind jene von Khanna (1986) und Papadopoulos (1987). In der ersten sollten Importeure in Thailand, Singapur, den Philippinen und Japan Produkte aus Indien, Japan, Taiwan und Südkorea hinsichtlich bestimmter Preisfaktoren eingeschätzt werden. Produkte aus Indien wurden zwar für die relativ preiswertesten gehalten, aber man hielt die Preise auch beim gegebenen Wert für unzumutbar. Im Gegensatz dazu hielt man die japanischen Produkte zwar für die teuersten, aber auch für diejenigen mit dem besten Preis-/Leistungsverhältnis. In der Studie von Papadopoulos (1987) wurden kanadische, französische und britische Verbraucher zu japanischen, amerikanischen, schwedischen, kanadischen und britischen Produkten befragt. In allen Stichproben hielt man die Preise der japanischen Waren für die unangemessensten. Interessanterweise wurden die kanadischen und britischen Waren hinsichtlich der Angemessenheit des Preises neutral beurteilt. Derartige Ergebnisse sollten vorsichtig interpretiert werden. Obwohl die Preise schwedischer Waren z.B. für die relativ unangemessensten gehalten werden, kann dies auch darauf zurückzuführen sein, dass man die schwedischen Produkte für Luxuswaren hält.

Auch der benutzte Distributionskanal hat einen Einfluss auf den Preis. Bestimmte Kanäle wie z.B. Exporthändler können höhere Spannen als Exportvertreter des Herstellers erfordern. Dies hängt natürlich von der Art des Produkts, den bedienten Märkten und den Kosten der Durchführung der erforderlichen Funktionen ab. Daraus resultieren wahrscheinlich unterschiedliche Preise für die Endverbraucher, wenn zwei Kanäle benutzt werden und die Preise für die Marketingmittler einheitlich sind. Wenn die Preise für die Mittler jedoch ungefähr proportional zu ihren unterschiedlichen Betriebskosten (oder deren Bruttoverdienstspanne) variiert werden, lassen sich wahrscheinlich annähernd einheitliche Preise für Endverbraucher und -kunden erreichen. Eine derartige Preisstruktur wäre aber komplex und schwer umzusetzen und zu warten.

Der Nutzen von Produkten hängt nicht nur von ihren physischen Merkmalen, sondern auch vom Verkauf und den angebotenen Dienstleistungen ab. Ein Hersteller von verschiedenen Produkten zur elektrischen Steuerung und anderer elektrischer Geräte fand z.B. einmal heraus, dass sich Preisnachteile (gegenüber ausländischen Wettbewerbern) häufig durch diese Maßnahmen ausgleichen lassen:

- Sorgfältige Auswahl und Schulung des technischen Personals.
- Laufende Analysen und Vergleiche der Produktmerkmale mit denen der Konkurrenzprodukte und Nutzung von Designvorteilen durch Vorführung der überlegenen Leistungsmerkmale, der Anwenderfreundlichkeit, der niedrigen Wartungskosten, der Langlebigkeit und der einfachen Einrichtung beim Kunden.
- Schnelle Lieferung, die sich manchmal durch die Lagerung von Inventar im Ausland fördern lässt.

Faktoren wie die Art der benutzten Kanäle, die Beziehungen zu Vertretern oder Händlern im Ausland, die Unterschiedlichkeit des Produkts und die angebotenen Dienstleistungen bestimmen also die Zahlungsbereitschaft der Kunden.

Und auch die Werbepolitiken hängen mit dem Preis zusammen. Kommunikationsaktivitäten (z.B. Werbung, persönlicher Verkauf und Verkaufsförderung) sollten so gestaltet werden, dass Verbraucher angemessene Informationen und überzeugende Botschaften erhalten. Die Kosten der Vorbereitung und Durchführung internationaler Werbeaktivitäten tragen zur Festlegung der Preisuntergrenze bei. Derartige Kosten beeinflussen auch den wahrgenommenen Nutzen des Produkts und damit auch die Preisobergrenze.

10.2.6 Zwischenfazit

Der Wert eines Produkts für den letzten zukünftigen Kunden bestimmt die Preisobergrenze, die Kosten bestimmen die Preisuntergrenze. Es gibt jedoch zwei Kostenuntergrenzen: Eine wird von den direkten oder relevanten Kosten (die niedrigste Untergrenze) und eine von den Vollkosten bestimmt. Bei allen Export-Preisentscheidungen hängt die geeignete Kostenuntergrenze von den Unternehmens- oder Preiszielen ab. Zwischen der Kostenuntergrenze und der Preisobergrenze der Nachfrage gibt es eine Differenz. Wo der Preis innerhalb dieser Spanne gesetzt wird, hängt von Faktoren wie der Art und der Form des Wettbewerbs, der legalen/ politischen Situation und dem Gesamtprogramm des Exportmarketing ab.

10.3 Grundlegende Export-Preisstrategien

Allzu häufig verlassen sich Exportmarketing-Manager allein auf die Kosten als Grundlage der Preispolitik im Auslandsmarkt. In einigen Fällen versuchen sie, die Vollkosten jederzeit zu decken, auch wenn eine solche Politik zu Umsätzen führen kann, die deutlich unter dem Optimum liegen oder Wettbewerber zum Eintritt und zur Eroberung des Markts ermutigen. In anderen Fällen wird eine grober Näherungswert der Grenzkosten als Preis verwendet. In dieser Situation basiert der Preis vorwiegend auf den variablen (direkten) Produktionskosten und enthält zusätzlich nur minimale Anteile der Fixkosten. Ein derartiges Verfahren geht davon aus, dass die Gewinne aus Verkäufen in der Heimat resultieren und dass diese aufgrund der Nutzung der Anlagen und der Arbeit für größere Mengen höher ausfallen, so dass die Fixkosten pro Stück sinken. Auslandsmärkte können die Überproduktion (oder die Überkapazität) aufnehmen, deren Preis nicht über den direkten Kosten angesetzt wird. Leider kann sich eine derartige Strategie als kurzsichtig erweisen, da sie zu häufigen internationalen Dumping-Beschwerden Anlass gibt, die dazu führen können, dass ausländische Regierungen den Import von Handelswaren willkürlich beschränken. Außerdem besteht die Möglichkeit, dass man die Strategie für räuberisch hält, so dass sie möglicherweise die Antritrust-Gesetze des Auslands verletzt.

Die Beziehung zwischen Kosten und Mengen ist für die Preise beim Ansatz der sog. *Erfahrungskurve* ausschlaggebend (Leontiades, 1985, S. 90-92). Auf der Grundlage der Arbeiten der Boston Consulting Group kann man erwarten, dass die Stückkosten mit steigenden kumulierten Mengen (der insgesamt hergestellten Stückzahl eines Produkts) sinken. Die sinkenden Kosten werden auf Veränderungen der Produktionseffizienz zurückgeführt. Anfangs werden Preise unterhalb der Stückkosten festgelegt, um einen Preisvorteil gegenüber den Wettbewerbern zu erhalten. Durch steigende Marktanteile nimmt die Effizienz zu, führt zu sinkenden Kosten und damit beim Unterschreiten des ursprünglichen Preises letztlich zu Preissenkungen. Die wesentlichen Elemente der zyklischen Preissetzung auf der Grundlage der Erfahrungskurve verdeutlicht Abbildung 10.1.

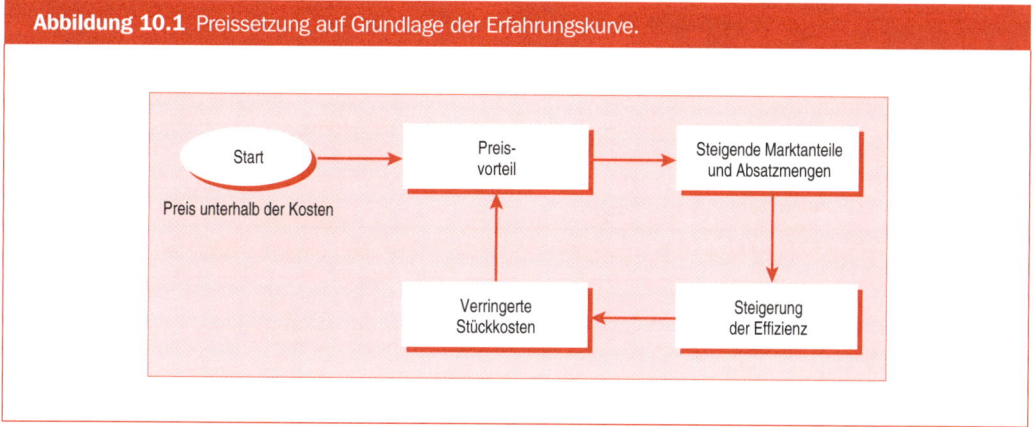

Abbildung 10.1 Preissetzung auf Grundlage der Erfahrungskurve.

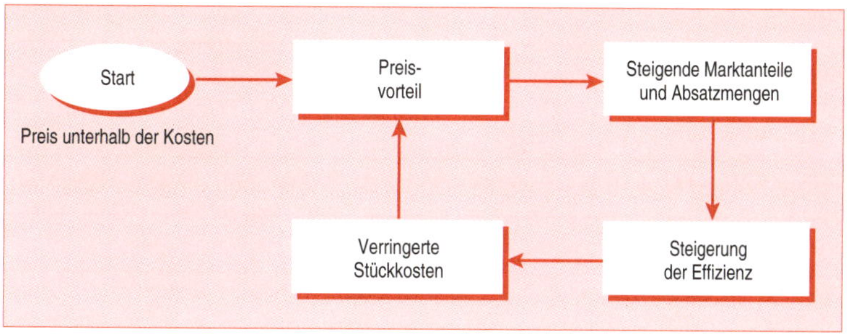

Obwohl das Konzept einfach und die Umsetzung mit verbreiteten Tabellenkalkulationsprogrammen scheinbar einfach ist, wird die „Break-even"-Preisstrategie in internationalen Unternehmen nicht verbreitet eingesetzt. Die für eine solche Analyse erforderlichen Daten stehen nicht immer zur Verfügung, sind ungenau und/oder nicht aktuell. Die benötigten Daten müssen häufig erst durch Marketingforschung gewonnen werden, und dieses ist international in vielen Ländern immer noch kaum durchführbar. Eine gute Erörterung dieses Verfahrens finden Sie in Conlan (1994, Kap. 12).

Strategien, bei denen die Preise auf den Kosten (Voll- oder Grenzkosten) basieren, vereinfachen den Prozess der Preissetzung im Exportmarketing zu sehr. Es gibt eine Reihe von Preisstrategien, die sich effektiv in Exportmärkten einsetzen lassen. Bei der Preissetzung handelt es sich nicht um ein einfaches Problem der Festlegung eines Verkaufspreises irgendwo zwischen den Kosten und dem Maximum, den der Verkehr (Märkte, Kunden oder Verbraucher) zulässt. Es handelt sich auch nicht um ein mathematisch exaktes Problem, sondern um eines der statistischen Wahrscheinlichkeiten. Das Problem des Managers, der die Preise festsetzt, ähnelt stark dem eines Kartenspielers. Sein Spiel wird von den Zügen und Gegenzügen der Mitspieler bzw. Gegner bestimmt. Dieses Antizipieren und Reagieren auf die Gegner oder Wettbewerber ist als Strategie bekannt und ist bei der Preisfestlegung genauso wichtig wie beim Kartenspiel.

Die Differenz zwischen den Kosten und dem Wert eines Produkts macht Preisstrategien möglich. Welche Strategie sich für ein Unternehmen eignet, hängt vom Ziel ab, das der Wahl der Strategie zu Grunde liegt. Was will das Exportmanagement also genau mit dem Einsatz des Preises als Marketingwerkzeug erreichen? Mit der Preisfestsetzung können viele Ziele (vgl. Tabelle 10.2) und genauso viele Strategien verbunden sein. Im Folgenden werden einige der bedeutenderen Strategien besprochen, die sich effektiv in Exportmärkten einsetzen lassen.

Tabelle 10.2 Alternative Preisziele.
Zufrieden stellende Kapitalverzinsung
Halten von Marktanteilen
Erfüllung eines festgelegten Gewinnziels
Größtmöglicher Marktanteil
Erfüllung eines festgelegten Umsatzziels
Gewinnmaximierung
Hochpreispolitik
Größtmögliche Kapitalverzinsung
Preisfestlegung auf hohem Niveau bei anschließender Senkung nach einer bestimmten Zeitspanne
Entsprechend dem Wettbewerb

10.3.1 Abschöpfen des Markts

Ein einfaches und etwas ungewöhnliches Ziel ist die Mitnahme des größtmöglichen kurzfristigen Gewinns und der anschließende Rückzug aus dem Geschäft. Dies bringt eine Strategie mit sich, bei der man kurzfristig den höchstmöglichen Preis für ein einzigartiges Produkt verlangt, ohne sich um die langfristige Position des Unternehmens im Auslandsmarkt zu kümmern. Der hohe Preis wird so lange verlangt, bis der kleine Markt bei diesem Preis erschöpft ist. Dann kann der Preis gesenkt werden, um anschließend einen zweiten Markt oder ein zweites Einkommensniveau auszubeuten. Der langfristigen Position des Unternehmens wird jedoch nur wenig Aufmerksamkeit gewidmet. Diese Strategie kann eingesetzt werden, wenn das Unternehmen entweder der Meinung ist, dass ein Produkt in bestimmten Auslandsmärkten keine dauerhafte Zukunft hat, oder wenn dessen Herstellung mit hohen Kosten verbunden ist und Wettbewerber in den Markt eintreten und diesen erobern könnten.

10.3.2 Die Nachfragekurve „hinabrutschen“

Diese Strategie ähnelt der letzten, nur dass das Unternehmen hier in Erwartung des Eintretens eines Wettbewerbers die Preise schneller und weiter als erforderlich senkt. Unternehmen, die diese Strategie verfolgen, haben das Ziel, sich als effizienter Produzent bei optimaler Absatzmenge in Auslandsmärkten zu etablieren, bevor sich ausländische oder einheimische Wettbewerber festsetzen können. Diese Strategie wird in erster Linie von Unternehmen benutzt, die Produktinnovationen einführen. Bei dieser Strategie liegt die Betonung anfangs fast ausschließlich auf dem Preis, der zunächst auf der Grundlage dessen festgelegt wird, was der Markt hergibt, um dann von diesem Punkt aus in angemessenem Tempo gesenkt zu werden, bis er sich auf dem Kostenniveau befindet. Das Tempo der Preissenkungen muss einerseits niedrig genug sein, um Gewinne mitnehmen zu können, andererseits aber auch schnell genug sein, um Wettbewerber vom Eintritt in den Markt abzuhalten. Unternehmen, die diese Strategie verfolgen, streben eine Rückzahlung der Entwicklungskosten an und wollen sich gleichzeitig im Markt etablieren.

10.3.3 Penetrationspreise

Bei dieser Strategie wird ein Preis festgesetzt, der niedrig genug ist, um schnell zu einem Massenmarkt zu führen. Die Betonung liegt bei der Preisfestlegung auf dem Wert und nicht auf den Kosten des Produkts. Penetrationspreise gehen von der Annahme aus, dass sich bei Preisen, die zu Massenmärkten führen, die Kosten über die Menge weit genug senken lassen, um Gewinne bei diesem Preis erwirtschaften zu können. In einer Industrie schnell sinkender Kosten lässt sich dieser Prozess durch Penetrationspreise beschleunigen. Die Strategie geht auch von einer hochelastischen Nachfrage bzw. dem Umstand aus, dass ausländische Käufer vorwiegend auf Preise achten. Diese Strategie kann sich für multinationale Unternehmen, die den Nachfragebedingungen weniger entwickelter Länder gegenüberstehen, besser als das Abschöpfen eignen.

Eine extreme Variante der Penetrationspreise sind Expansionspreise. Bei dieser Strategie werden die Preise lediglich weit niedriger angesetzt, um einen größeren Anteil der Verbraucher zu erreichen, bei denen es sich um potenzielle Käufer bei sehr niedrigen Preisen handelt. Diese Strategie geht von (1) einer sehr hohen Preiselastizität der Nachfrage und (2) stark sinkenden Kosten bei größeren Produktionsmengen aus. Dieser Effekt kann auf Erfahrungskurveneffekten beruhen.

10.3.4 Vorausschauende Preissetzung

Die Preise derart niedrig anzusetzen, dass Wettbewerber entmutigt werden, ist das Ziel der vorausschauenden Preissetzung. Der Preis wird daher nahe bei den Gesamtkosten pro Einheit liegen. Wenn sich aus steigenden Mengen geringere Kosten ergeben, werden die Preise für die Kunden weiter gesenkt. Die Preise können vorübergehend sogar unter die Gesamtkosten sinken, wenn dies der Abschreckung potenzieller Wettbewerber dient. Dieses Verhalten stützt sich auf die Annahme, dass sich langfristige Gewinne durch Marktdominanz erzielen lassen. Bei diesem Ansatz können sich ebenfalls Erfahrungskurveneffekte ausnutzen lassen.

10.3.5 Vernichtungspreise

Der Zweck von Vernichtungspreisen ist das Verdrängen vorhandener Wettbewerber aus internationalen Märkten. Sie können von großen Niedrigpreisproduzenten bewusst als Mittel eingesetzt werden, um schwächere, unbedeutende Produzenten aus der Industrie zu drängen. Da diese Strategie insbesondere für kleine Unternehmen und Unternehmen aus Entwicklungsländern äußerst demoralisierend sein kann, kann sie den wirtschaftlichen Fortschritt verlangsamen und so die Entwicklung ansonsten potenziell bedeutender Märkte verhindern.

Vorausschauende Preise und Vernichtungspreise sind zwei Strategien, die eng mit dem „Dumping" in internationalen Märkten verwandt sind. Eigentlich handelt es sich in Abhängigkeit von den Marktpreisen im Ausland und in der „Heimat" lediglich um Varianten des Dumpings. Auch wenn man durch diese Strategien anfangs einen Auslandsmarkt erobern und

Wettbewerber aus dem Markt heraushalten oder aus diesem verdrängen kann, sollten sie nur extrem vorsichtig eingesetzt werden. Es besteht die allgegenwärtige Gefahr, dass ausländische Regierungen den Import und den Verkauf des Produkts willkürlich beschränken, so dass der Markt für den Hersteller letztlich unzugänglich gemacht wird. Wichtiger ist aber möglicherweise, dass sich nachfolgende Preissteigerungen auf ein gewinnbringendes Niveau nur schwer (wenn überhaupt) durchsetzen lassen, wenn sich die Kunden erst einmal an die niedrigen Preise gewöhnt haben.

10.3.6 Zusammenfassung

Diese Preisstrategien lassen sich entweder als Hoch- oder Niedrigpreisstrategie klassifizieren. Hohe Preise bei beschränkten internationalen Marktzielen haben unter den folgenden Bedingungen Vorteile:

- Der Produktcharakter ist einmalig und sowohl im In- als auch im Ausland rechtlich gut geschützt, so dass kein direkter oder indirekter Wettbewerb erwartet werden kann.
- Die Akzeptanz des neuen Produkts im Auslandsmarkt setzt Schulung, Informationen oder Werbeanstrengungen in beträchtlichem Ausmaß voraus und lässt sich bestenfalls langsam erreichen.
- Es wird erwartet, dass der Auslandsmarkt nur klein ist und dass seine Größe nicht ausreicht, um Wettbewerber anzuziehen oder umfangreiche Marktwerbung zu rechtfertigen.
- Der Hersteller verfügt über beschränkte finanzielle Ressourcen und ist daher nicht in der Lage, schnell in internationalen Märkten zu expandieren.
- Die Produktion lässt sich aufgrund technischer Probleme kurzfristig nicht so erweitern, dass sich die Auslandsnachfrage befriedigen lässt.

Die obigen Bedingungen lassen sich zwar gelegentlich beobachten, sie sind aber im Exportmarketing weit seltener als jene, bei denen niedrige Preise mit dem Ziel der Marktentwicklung angeraten sind. Bei den Bedingungen, unter denen eine Niedrigpreispolitik angeraten ist, handelt es sich natürlich um das Gegenteil derjenigen, die eine Hochpreispolitik fördern. Durch niedrige Preise können sich insbesondere bei potenziellen Massenverbrauchsgütern bisher unangetastete Märkte erschließen lassen, und sie können zu einer ausreichenden Marktgröße führen, durch die wiederum umfangreiche Werbeanstrengungen möglich werden und durch die Unternehmensmanager den Auslandsumsätzen eine angemessene Aufmerksamkeit entgegenbringen.

Für die abschließende Analyse der Preisstrategie stehen verschiedene Alternativen zur Verfügung. Auch hier gibt es keine Politik und kein Verfahren, dass unbedingt oder für alle Auslandsmärkte eingesetzt werden sollte. Die Wahl der Preisstrategie hängt von der Verfügbarkeit möglichst umfassender Informationen über die Kosten und den Wert des Produkts für die verschiedenen Kundenschichten in den jeweiligen Märkten ab. Wenn man diese Informationen besitzt und sie intelligent nutzt, lässt sich die Gefahr für ein Exportunternehmen, sich selbst über den Preis aus einem potenziell einträglichen Markt auszuschließen, beträchtlich senken.

10.4 Beziehungen zwischen Exportpreisen und heimischer Preispolitik

Den zweite Aspekt der Preispolitik für den Exportmarketing-Manager bildet die Beziehung zwischen der Export-Preispolitik und der einheimischen Preispolitik des Unternehmens. Der Manager muss entscheiden, ob die Preise höher, auf dem gleichen Niveau oder niedriger als in der Heimat liegen sollen. Es gibt Argumente für und gegen die jeweiligen Alternativen.

10.4.1 Niedrigere Export- als Inlandspreise

Ein Argument für niedrigere Preise in Export- als in Heimatmärkten ist die wahrscheinlich geringere Bekanntheit der Produkte des Herstellers im Aus- als im Inland. Um für eine Marktakzeptanz und Anfangskäufe zu sorgen, sollte ein möglichst niedriger Preis gewählt werden. Weiterhin sollte der Hersteller, um für Marktakzeptanz zu sorgen, dazu bereit sein, alle zusätzlichen Ausgaben, wie z.B. für Transport, Seeassekuranz und gelegentlich selbst ausländische Importzölle, zu tragen.

Andere glauben, dass die Exportpreise niedriger sein sollten, weil ausländische Wettbewerber wegen niedrigerer Lohnkosten, staatlicher Zuschüsse oder anderer angeblicher Vorteile billiger produzieren können. Ein weiteres Argument zu Gunsten niedrigerer Exportpreise ist der Reiz steigender Umsätze, auf die sich Produktions- und Gemeinkosten verteilen lassen. Ein weiteres Argument besteht darin, dass beim Hersteller bestimmte erforderliche und unvermeidliche Ausgaben zum Aufbau des Geschäfts angefallen sind. Daher ist jedes Auslandsgeschäft gewissermaßen ein Zusatzgeschäft, dem diese Bürde nicht auferlegt werden sollte.

Bei Befolgen dieser Strategie kann potenziell das Problem entstehen, dass man den Exporteur des Dumpings bezichtigt. Entsprechend sollte der Exporteur auf Reaktionen der „lokalen" Regierungen in Auslandsmärkten achten.

10.4.2 Höhere Export- als Inlandspreise

Eines der häufigsten Argumente zu Gunsten höherer Exportpreise sind die beträchtlich höheren Rüstkosten bei exportierenden Unternehmen. Wahrscheinlich sind die Vertriebsausgaben bei Exporten aufgrund von komplizierteren Vorgängen, Sprachproblemen, abweichenden Kaufgewohnheiten, unterschiedlichen rechtlichen Anforderungen und anderen Vorlieben der Kunden in Auslandsmärkten höher (Beispiel 10.1). Häufig sind zusätzliche Investitionen und Ausgaben zur Vorbereitung spezieller Dokumente und Verpackungen, der Produkte und Produktänderungen notwendig. Teilweise wird geglaubt, dass die Kosten längerer Kreditfristen und der Finanzierung von Auslandskonten für einen langsameren Rücklauf des investierten Kapitals und für höhere Ausgaben sorgen. Einige Hersteller meinen, dass Geschäfte im Ausland wegen unklarer wirtschaftlicher und politischer Bedingungen mit größeren Risiken verbunden sind und dass man dafür über einen höheren Preis entschädigt werden müsse.

BEISPIEL 10.1

Preiseskalation

Die Preiseskalation bei Exporten ist ein Phänomen, das allzu häufig in Erscheinung tritt. Wenn das exportierende Unternehmen den Bedingungen, die zu einer Preiseskalation führen können, keine bewusste Aufmerksamkeit widmet, kann es sich in einer Situation wiederfinden, in der es sich selbst über den Preis aus dem Markt drängt. In der Regel sind es die physischen und wirtschaftlichen Entfernungen zwischen den ursprünglichen Herstellern und dem Verbraucher (oder Benutzer bei Industriegütern), die für ein Umfeld sorgen, in dem es zu Preiseskalationen kommen kann. Diese Entfernungen können bedeuten, dass ein längerer Distributionskanal mit mehr Mittlern als im Heimatmarkt erforderlich ist. Außerdem sind daran zusätzliche Kosten beteiligt, wie z.B. für Dokumente und Importzölle.

Beispiel 10.1 (Forts.)

Zur Exportpreis-Eskalation kommt es dann, wenn der Preis eines Produkts auf dem Weg vom exportierenden Hersteller zum industriellen Anwender oder Endkunden deutlich steigt. Da das Exportieren üblicherweise komplizierter (hinsichtlich der Anzahl der beteiligten Ebenen) als das Inlandsmarketing ist und es auf jeder Ebene Fixkosten gibt, kann der Endpreis in Exportmärkten viel höher als im Inlandsmarkt des Exporteurs liegen. 1995 hatte der in den USA produzierte Cherokee-Jeep bei einem Fabrikpreis von 19.100 US-$ z.B. in Japan einen Einzelhandelspreis von 31.372 US-$. Ein vergleichbares Modell kostete in den USA 20.698 US-$ (WuDunn, 1995).

Ein kurzes Beispiel soll diesen Punkt verdeutlichen. Die Tabelle unten enthält relativ illustrative Kostenangaben für den Inlands- und den Exportverkauf eines Verbraucherprodukts. Die verschiedenen Aufschläge usw. sind keineswegs ungewöhnlich. Es wird recht deutlich, dass es zu einer Eskalation der Exportpreise kommen kann, so dass diese letztlich um mehr als 50% über vergleichbaren Preisen im Inlandsmarkt liegen. Offensichtlich gibt es Situationen, in denen die Eskalation geringfügiger als im Beispiel ist. Es kann aber auch Situationen geben, in denen sie noch bedeutender ist.

Immer wenn es zu Eskalationen wie im Beispiel kommt, ist der Exporteur fast zwangsläufig an Preise gebunden, die über denen des Inlandsmarkts liegen. Zur Überwindung der im Zusammenhang mit diesem Phänomen entstehenden Probleme hat Terpstra (1988, S. 138) zumindest die folgenden vier möglichen Strategien für den Exporteur vorgeschlagen:

1. Versand modifizierter Produkte oder Einzelteile, durch den sich Transportkosten und Zölle möglicherweise senken lassen.
2. Senkung des Exportpreises ab Werk, um die Multiplikatoreffekte bei den verschiedenen Aufschlägen zu reduzieren.
3. Änderung der Fracht- und/oder Zollklassifizierung, um diese Kosten möglichst zu senken.
4. Produktion innerhalb des Exportmarkts, um die zusätzlichen Ebenen zu eliminieren.

Bei der letzten Option findet die Beschaffung für den Auslandsmarkt innerhalb des Markts selbst statt. Es wird direkt in Fertigungsstätten investiert oder es wird eine strategische Allianz durch Lizenzierung, Joint Ventures oder Vertragsfertigung gebildet.

Tabelle 1

	Inlandsmarkt	**Exportmarkt**
Fabrikpreis	10,00 $	10,00 $
Inlandsfracht	1,00 $	1,00 $
	11,00 $	11,00 $
Exportdokumente		0,75 $
		11,75 $
Seefracht und Versicherung		2,25 $
		14,00 $
Importzölle (10% der Einstandskosten)		1,40 $
		15,40 $
Großhändleraufschlag (15% der Kosten)	1,65 $	
	12,65 $	

Beispiel 10.1 (Forts.)

Tabelle 1 (Forts.)

Aufschlag des Importeurs/Distributors (25% der Kosten)		3,85 $
		19,25 $
Einzelhandelsaufschlag	6,32 $	9,62 $
Endverbraucherpreis	18,97 $	28,87 $

10.4.3 Exportpreise auf Inlandsniveau

Die Politik der Übertragung von Inlandspreisen auf Exportmärkte empfiehlt sich in vielerlei Hinsicht und insbesondere für den Hersteller, der erstmals exportiert und bisher noch nicht alle verschiedenen Bedingungen kennen gelernt hat, die später in Auslandsmärkten anzutreffen sind. Etliche Argumente sprechen für diese Politik. Sie ermöglicht es dem Hersteller, die Preise auf einem fairen Niveau festzulegen, das aufgrund der Kosten und Erfahrungen im Inlandsmarkt angemessen erscheint. Sie gibt dem Hersteller das Gefühl der Sicherheit beim Eintritt in den Exportmarkt, wenn Möglichkeiten zur Marktforschung, Kenntnisse der Wettbewerbssituation und vorherige Erfahrungen noch fehlen. Sie zerstreut alle Ängste, die der Hersteller hinsichtlich der in vielen Ländern bestehenden Antidumping-Bestimmungen haben kann. Es handelt sich um eine Politik, die sich leicht ändern lässt, wenn der Hersteller Erfahrungen gewonnen hat und die Exportmärkte besser versteht.

Dieser Ansatz lässt sich zwar leicht umsetzen, könnte aber ungeeignet sein, wenn der Preis im Inland aufgrund ungewöhnlicher Umstände (z. B. intensiver Wettbewerb) niedrig ist. Bevor man diesen Ansatz verfolgt oder auch Preise unterhalb derer im Inland festlegt, sollte der Exportmanager sich davon überzeugen, dass es sich beim Inlandspreis tatsächlich um den üblichen und „normalen" Preis handelt. Bei Exportpreisen, die mit den Inlandspreisen identisch sind, nimmt man an, dass die Ziele ähnlich aussehen. Es sollte jedoch daran gedacht werden, dass Unternehmensziele und Bedingungen in verschiedenen Märkten unterschiedlich sein können.

10.4.4 Unterschiedliche Preisfestlegung

Da sich die Markt- und die Wettbewerbssituation und andere Umweltfaktoren der einzelnen Märkte unterscheiden, kann es Gründe für die Festlegung unterschiedliche Exportpreise für die einzelnen Märkte geben. Über die Bedingungen, unter denen Preisunterschiede zwischen den einzelnen Märkten entstehen können, ist in konventionellen internationalen Wirtschaftslehrbüchern bereits viel geschrieben worden. Die wichtigsten Bedingungen sind: (1) unterschiedliche Elastizitäten der Nachfrage und (2) effektive Trennung der Märkte.

Unterschiedliche Elastizitäten der Nachfrage sind notwendig, wenn es einen Gewinnanreiz für den Exporteur geben soll, so dass er höhere Preise in einem Markt festlegt. Hohe Preiselastizitäten deuten auf niedrige Preise, fehlende Preiselastizität auf hohe Preise hin.

Eine weitere notwendige Bedingung für unterschiedliche Preise ist eine wirksame Trennung der Märkte. Wenn Zölle, Transportkosten oder die Kosten des Wiederexports höher als der Preisunterschied sind oder andere Beschränkungen des freien Warentransports über politische Grenzen hinweg existieren, können Produkte, die in einem Niedrigpreismarkt verkauft werden, ihren Weg in Hochpreismärkte finden. Falls die Exportpreise höher als die Inlandspreise sind, muss der Exporteur darauf achten, dass die Unterschiede nicht so groß sind, dass es sich für ausländische Kunden oder deren Vertreter lohnt, auf dem Inlandsmarkt aktiv zu werden und die Exportfunktion selbst zu übernehmen. In dieser Situation befand sich die Minolta Camera Company Limited, ein führender japanischer Hersteller von Fotoapparaten, in den frühen 70ern (Keegan, 1989, S. 422-432). Beim Umladen in Hongkong (ein äußerst wettbewerbsintensiver Markt) wurden Kameras über einen nicht autorisierten Kanal, der Großhändler und Einzelhändler umfasste, an westdeutsche Verbraucher zu einem Preis verkauft, der unter dem des regulären Kanals lag. Offensichtlich hatten einige der Großhändler in Hongkong weitere Produkte direkt aus Japan bezogen, um sie nach Westdeutschland zu exportieren.

Hier handelt es sich um die Frage der Preise von Waren, die durch Parallelimporte bezogen werden, bzw. um den sog. *grauen Markt*, der bereits in Kapitel 7 besprochen wurde. Wenn Käufer in einem Land günstiger als in einem anderen Land einkaufen können, besteht für Verbraucher im Markt mit dem niedrigeren Preis ein Anreiz, die Waren in den Markt mit dem höheren Preis umzuleiten, um Gewinne zu machen. Natürlich werden sich die Distributoren und Händler des Exporteurs in dem Land mit dem höheren Preis über derartige nicht autorisierte Importe beschweren, da sie für sie einen Umsatzverlust bedeuten. Laut Johnson (1994, S. 83) *ermutigen* die Gesetze vieler Länder, zu denen die Länder der EU und Japan zählen, derartige Parallelimporte als Mittel zur Anregung des Wettbewerbs und um den autorisierten Distributor zu Preissenkungen zu zwingen. In der EU können alle Versuche, einen Distributor dazu zu bringen, Verkäufe außerhalb seines Landes zu unterlassen, aber innerhalb der EU zu tätigen, rechtswidrig sein. Hermann Simon, der Geschäftsführer von Prof. Simon & Partner in Bonn (Deutschland), glaubt, dass Preisunterschiede wohl nicht so schnell verschwinden werden, selbst wenn Exporteure gemeinsame Anstrengungen unternehmen würden, die darauf hinausliefen, dass Parallelimporte weiterhin existieren und dass Parallelimporte geringen Umfangs vielleicht gar nicht schlecht wären, wenn sie zu höheren Gewinnen in den einzelnen Ländern führen würden (Simon, 1995).

Exporteure, die über eine unterschiedliche Preissetzung nachdenken, müssen auch andere Faktoren berücksichtigen, zu denen der lokale Wettbewerb in den jeweiligen Märkten, das Verhältnis zwischen festen und variablen Kosten des Unternehmens, die Stabilität der Nachfrage im Inlandsmarkt und die verfolgte Gesamtmarketingstrategie zählen.

Gründe für den Einsatz einer Politik der unterschiedlichen Preise entstehen häufig, weil die Marketingstrategien in den jeweiligen Märkten unterschiedlich sind. In einem Land wird z.B. eine Politik der umfassenden Distribution in Verbindung mit intensiver Werbung eingesetzt, die zur Bedienung eines Massenmarkts mit einem niedrigen Preis einhergehen kann. In einem anderen Land kann ein Direktmarketingkanal mit wenig Werbung einem hohen Stückpreis erfordern, um einen kleinen Kundenkreis von Personen mit hohem Einkommen zu bedienen.

Überlegungen zur Produktlinie können ebenfalls dazu führen, dass unterschiedliche Preise wünschenswert sind. Zum Beispiel können Überlegungen zum sog. Komplettsortiment wichtig sein. Wenn Kunden erwarten, dass sie bestimmte Produkte aus einer einheitlichen Quelle beziehen können, dann bekommen Exporteure, die nicht alle erwarteten Artikel in ihrem Produktsortiment führen, wahrscheinlich Probleme, überhaupt Produkte aus ihrem Sortiment zu verkaufen. Der Käufer könnte sich fragen: „Warum soll ich meine Bestellungen bei zwei Lieferanten aufgeben, wenn ich meinen kompletten Bedarf über eine einzige Bestellung bei einem Lieferanten decken kann und damit Zeit und Geld spare?“ Unter diesen Bedingungen kann es für Verkäufer erforderlich sein, Artikel in das Produktsortiment aufzunehmen, für die nur niedrigere Preise als in anderen Märkten verlangt werden können, so dass die Preise der Artikel in den jeweiligen Ländern unterschiedlich sein müssen.

Die Preise von Produktlinien können auch auf andere Weise zum Wunsch unterschiedlicher Preise bei bestimmten Artikeln der Linie beitragen. Die Preise der Produkte einer Linie müssen häufig so festgesetzt werden, dass sie in einem angemessenen Verhältnis zueinander stehen. Traktoren unterschiedlicher Größe und Leistung lassen sich bis zu einem gewissen Grad untereinander substituieren. Das Ausmaß, in dem sie keine Substitute sind bzw. die Einschätzung der Kunden hinsichtlich Qualität und Eignung der Produkte sollte annähernd dem Preisunterschied entsprechen. Da Kundengruppen in verschiedenen Märkten Produkte unterschiedlich bewerten können, schwanken die entsprechenden Preisunterschiede der Artikel der Linie, so dass es wünschenswert sein kann, dass die Preise identischer Produkte in den jeweiligen Ländern unterschiedlich sind.

Unterschiedliche Preise können auch zeitweise bzw. gelegentlich wünschenswert sein. In Industrien, in denen hohe feste Investitionen erforderlich sind, kann es zeitweise zu Überkapazitäten aufgrund kurzfristiger Schwankungen der Nachfrage kommen, durch die es zweckmäßig sein kann, den Preis im Auslandsmarkt zu senken, wenn derartige Verkäufe einen Beitrag zu den Fixkosten leisten.

Obwohl die Selektion und die Erforschung nichthomogener Marketingziele verschiedene Marketingstrategien erfordern, können Unternehmen ähnliche Marktziele innerhalb der verschiedenen Segmente der jeweiligen Länder auszuwählen versuchen. Ein Unternehmen kann z.B. ein Produkt herstellen, das Personen mit einer bestimmten wirtschaftlichen oder sozialen Position unabhängig von ihrer Nationalität anspricht. Nationale Märkte lassen sich auf der Basis von Einkommen, Bildung, Familiengröße, Freizeit usw. unterteilen, und derartige Segmente der Märkte in Kanada, Dänemark, Frankreich, Deutschland, Australien, Japan und anderen Nationen können ähnlich motiviert sein oder ähnliche Bedürfnisse haben, die sich durch standardisierte Produkte und Marketingstrategien befriedigen lassen. Die Wünsche der Kunden in bestimmten Marktsegmenten bei Produkten wie z.B. Hausmöbeln, Luftverkehr oder Autos können in vielerlei Hinsicht recht ähnlich sein. Dasselbe gilt für die Marketingstrategie und damit auch die Preise.

Andererseits bieten sich die besten Wachstumschancen häufig in neuen oder sich entwickelnden Marktsegmenten, die bisher noch nicht erreicht oder angemessen bedient worden sind. In der Tat ist eines der am häufigsten genannten Ziele unterschiedlicher Preise der Eintritt in „neue Märkte" oder das Ansprechen neuer Käuferschichten. Dieses Ziel lässt sich manchmal durch Auswahl eines zusätzlichen Marketingkanals erreichen, der eine andere Kombination von Funktionen bietet und weitere Marktsegmente erreicht. Ein derartiger Kanal verfügt wahrscheinlich über eine andere Kostenstruktur als andere Kanäle und erfordert daher andere Betriebsspannen. Die erforderlichen Betriebsspannen der Marketingkanäle können sich aus vielen Gründen unterscheiden, zu denen die Kosten der Marktentwicklung (z.B. sind in einigen Gebieten umfassende, in anderen schwache Werbemaßnahmen erforderlich), Arbeitskosten oder die den Marketingagenturen von Wettbewerbern angebotenen Spannen zählen. Entweder der Herstellerpreis und/oder der Preis des Marketingmittlers sollte sich von dem für den normalen Kanal zuvor etablierten Preis unterscheiden. Angesichts der großen Unterschiedlichkeit der Auslandsmärkte und der Marketingkanäle ist daher eine Politik der unterschiedlichen Preissetzung häufig nur die logische Konsequenz.

In Hinsicht auf Investitionsgüter und Ausrüstung, die häufig an die unterschiedlichen Anforderungen der Kunden angepasst und modifiziert werden müssen, ist es häufig unrealistisch, an einheitlichen Exportpreisen festzuhalten, insbesondere dann, wenn der Preis unterschiedlich umfassende Dienstleistungen vor, während oder nach dem Verkauf erfordert. Ein Beispiel liefert die Preissetzung von Boeing und Airbus in der Flugzeugindustrie in verschiedenen Ländern. Nicht nur die unterschiedlichen Kosten rechtfertigen variable Preisuntergrenzen. Die Kunden sind zudem kaum in der Lage, die Kosten genau zu vergleichen, so dass der

Verkäufer die Gewinnspanne anpassen kann, um erfolgreich zu konkurrieren und die Produktion auf einem hohen Niveau zu halten, durch das er die Gesamtkosten wiederum möglichst niedrig halten kann. Er kann z.B. bei einem Projekt mit einer relativ niedrigen Gewinnspanne arbeiten und sich dadurch auf Folgeaufträge oder andere Kunden vorbereiten.

Die Größe eines Exporteurs und seiner Marktanteile hat ebenfalls Auswirkungen auf die Erwünschtheit einer Strategie unterschiedlicher Preise. Ein kleiner Exporteur ist in dieser Hinsicht wahrscheinlich flexibler, da das Unternehmen relativ kleine Anteile am Weltmarkt haben kann. Wenn es nur wenige Kunden gibt, die zudem noch weit verstreut sind, kann der von den Kunden ausgehende Druck hinsichtlich einheitlicher Preise minimal sein.

Große Exporteure, die bei bedeutenden Mengenanteilen von Großkunden abhängig sind, können jedoch feststellen, dass durch den von Kunden ausgehenden Druck einheitliche Preise erforderlich sind, wenn eine Unzufriedenheit bei den Kunden vermieden werden soll. Wenn Märkte nicht effektiv durch Transportkosten, Zölle oder andere Handelsbarrieren getrennt sind, kaufen Großkunden wahrscheinlich auch in Niedrigpreisländern ein. Wenn es sich um ein bedeutendes Produkt in einem Markt handelt, wird das Produkt – unter dem Schutz der von einem Hersteller verlangten ungerechtfertigt hohen Preisunterschiede – möglicherweise auch von Marketingmittlern in Niedrigpreismärkten eingekauft und in Hochpreismärkten verkauft. Vielleicht befand sich Minolta ja in den 70er Jahren in einer solchen Situation.

Unterschiedliche Preisfestlegungen können auch saisonal oder konjunkturell angebracht sein. Wenn Produkte z.B. in der nördlichen Hemisphäre einem saisonalen Umsatzmuster folgen, kann dieses Muster in der südlichen Hemisphäre entgegengesetzt verlaufen. Daher kann ein Hersteller im Norden für die umsatzschwachen Jahreszeiten südamerikanische Märkte finden. Es ist auch denkbar, dass saisonale Preisvariationen zur angemessenen Ausbeutung der beiden Märkte beitragen können.

10.5 Währungsfragen

Einer der schwierigsten Aspekte im Zusammenhang mit Exportpreisen kann die Entscheidung über die zu verwendende Währung sein. Der Exporteur kann sich für die eigene Währung, die des Käufers oder die eines Drittlandes entscheiden. Diese Wahl hängt weitgehend von einer Reihe von Faktoren ab, zu denen die Käuferpräferenzen, die Wechselkurse (als solche, und ob sie frei oder fest sind), der freie Währungstausch, die Verfügbarkeit der Währungen im Land des Importeurs und Regierungspolitiken zählen. Bei freien Devisenkursen ist deren Stabilität von Bedeutung. Beispiel 10.2 verdeutlicht die potenziellen Folgen von Währungsabwertungen. Eine weitere Überlegung gilt der Frage, ob der Exporteur eine bestimmte Währung benötigt. Exporteure in Entwicklungsländern benötigen z.B. in erster Linie Auslandsdevisen, um Investitionsgüter erwerben und geschäftsfähig bleiben zu können.

BEISPIEL 10.2

Folgen von Währungsabwertungen

Ende 1992 fiel der Wert der italienischen Lira um fast 20% gegenüber der Deutschen Mark und wurde vom europäischen Währungssystem abgekoppelt. Bei italienischen Unternehmen, wie z.B. Fiat, die mit sinkender Nachfrage zu kämpfen hatten, führte dies zu einem Wiederaufleben. Da die Hauptkonkurrenten von Fiat aus Gebieten mit härterer Währung kamen, waren sie gezwungen, ihre Listenpreise zu erhöhen.

Beispiel 10.2 (Forts.)

Laut Rossant (1992) erwies sich die sog. Währungskrise, die Europa im September 1992 traf, für viele Unternehmen in Großbritannien, Finnland und Spanien als nützlich. Bei Abwertungen von bis zu 20% wurden dies Länder bei Produkten, wie z.B. Autos, Textilien und elektronischen Haushaltsgeräten, schnell zu preisgünstigen Produzenten. Die japanischen Automobilfabriken in Großbritannien konnten davon stark profitieren.

Bei Abwertungen gibt es auch Verlierer. Der fallende Wert des Pfundes und der Lire war für deutsche Exporteure von Nachteil. Volkswagen erhöhte seine Listenpreise in Italien um 55% und musste zeitweilig Mitarbeiter beurlauben. BASF plante eine Schließung seiner Audio- und Videokassettenfabrik. Zudem richteten die Franzosen weiteren Schaden an, als sie es ablehnten, den Franc gegenüber der DM abzuwerten. Viele Unternehmen, vom Chemieunternehmen Rhône-Poulenc bis hin zum Automobilproduzenten Peugeot, befanden sich in einem Preisdilemma. Wenn sie ihre Preise erhöhen würden, konnten sie Marktanteile verlieren. Wenn sie dies nicht taten, würden die Gewinne sinken.

Eine wichtige Frage ist, wie lange Unternehmen in solchen neu geschaffenen preisgünstigen Ländern ihren Wettbewerbsvorteil halten können, bis es zur Inflation kommt. Mit Abwertungen ist unvermeidlich eine Inflation verbunden. Der britische Schuhhersteller und -einzelhändler Church & Company, der 70% seiner hochpreisigen Männerschuhe exportiert, hatte z.B. zwar steigende Umsätze in Frankreich und Deutschland zu verzeichnen, musste aber gleichzeitig auch feststellen, dass die Lederlieferanten in Frankreich, Deutschland und Österreich ihre Preise um 14% anhoben.

Um seine Gewinnspannen vor einem Währungsverfall zu schützen, ging das Chemieunternehmen Dow Europa bei all seinen Produkten in Europa zu Preisangaben in DM über. Dies bedeutete Preissteigerungen in Gebieten mit schwächeren Währungen, die bei Dow für Nachteile sorgen konnten. Dow hoffte jedoch (wie viele andere Unternehmen), dass sich die unvermeidliche Inflation bei seinen italienischen und britischen Konkurrenten nachteilig auswirken würde.

Diese Bespiele verdeutlichen recht gut, wie die Währung, in der die Preisangaben erfolgen, einen Einfluss auf die Unternehmensergebnisse in Auslandsmärkten haben kann. Natürlich ist dies umso weniger ein Thema, je mehr sich starke Währungen gegenüberstehen. Die ganze Zeit über haben wir angenommen, dass ein freier Währungsumtausch gegeben war und dass auch die Verfügbarkeit von Devisen keine Rolle gespielt hat.

Es sollte angemerkt werden, dass sich eine Währungskrise in einem Land leicht auf andere ausdehnen kann (*The Economist*, 1996). Der Handel ist ein möglicher Kanal, über den sich eine derartige Krise ausbreiten kann. Wenn ein Land zu einer Abwertung seiner Währung gezwungen ist, erhalten seine Exporteure vorübergehend einen Vorteil vor Wettbewerbern aus anderen Ländern. Umgekehrt werden die Exporteure anderer Länder schlechter gestellt. Möglicherweise kann dies allein bereits zu einem Angriff auf die Währungen dieser Länder führen. Ein weiterer möglicher Grund für die Ausbreitung können makroökonomische Ähnlichkeiten sein. Länder, die dem krisenbefallenen Land ähneln, können so ebenfalls einer Krise gegenüberstehen, die weitgehend von Erwartungen und keinen konkreten Phänomenen verursacht wird. Noch eine weitere Möglichkeit ist die unabsichtliche Verbreitung der Krise durch „gute Geschäftspraktiken" in den Finanzmärkten. Wenn Investoren in einem bestimmten Land viel Geld verlieren, können sie z.B. dazu gezwungen sein, Aktiva in anderen Ländern zu verkaufen, was in denjenigen Ländern, in denen der Verkauf erfolgt, zu Problemen führen kann.

Wenn die Vermeidung von Währungsrisiken von auschlaggebender Bedeutung wäre, dann würden es Exporteure vorziehen, Zahlungen in ihrer eigenen Währung zu erhalten, und Importeure würden Zahlungen in ihrer Währung vorziehen. Wenn jedoch die beiden Parteien die Währung der anderen (oder die eines Drittlandes) akzeptieren müssen, können sie sich selbst gegen Wechselrisiken schützen, indem sie den ausländischen Devisenmarkt nutzen, um ihre offene Position zu schützen (siehe Branch, 1990, S. 144–147). Eine weitere Möglichkeit zur Verringerung der Risiken stellt bei der Gewährung von Krediten eine Verkürzung der Rückzahlungszeiträume dar.

Es lässt sich nicht allgemein sagen, welche Währung unter den jeweiligen Umständen die „beste" ist. Es sollte jedoch erwähnt werden, dass sich potenzielle Wechselkursverluste in einem gewissen Ausmaß über die Preise kompensieren lassen. Hier handelt es sich um eine Situation, in der Vorkehrungen gegen Preiseskalationen getroffen werden können. Eine gute Abhandlung der Währungsfragen finden Sie in Piercy (1982, S. 176–185).

10.6 Preisangaben

Eine dritte Phase der Exportpreisfestlegung sollte sich auf gewisse Untersuchungen der Elemente von Preisangaben stützen. Derartige Entscheidungen sollten vom Exporteur zusammen mit seinen Kunden im Ausland getroffen werden.

Für die Angabe von Exportpreisen gibt es verschiedene Möglichkeiten. Die beiden wichtigsten verfügbaren Systeme zur Preisangabe werden *Handelsklauseln* genannt. Der Einsatz von Klauseln wie z.B. FOB, FAS, C&F und CIF ist wichtig, da diese nicht nur bestimmen, wann die Verantwortung und Leistungspflicht des Exporteurs endet (und die Verantwortung und Haftung auf den Käufer übergeht), sondern auch, welche Kosten der Exporteur zu tragen hat. Daher ist es üblich, die entsprechenden Kosten bei der Kalkulation der Preisangaben auf den Basispreis aufzuschlagen.

Es gibt zwei definierte Systeme, die weltweit von Exporteuren benutzt werden: INCOTERMS 1990 (die von der Internationalen Handelskammer entwickelten internationalen Regeln für die Auslegung bestimmter im internationalen Handel gebräuchlichen Vertragsformeln – INternational COmmercial TERMS) und die ursprünglich aus dem Jahre 1941 stammenden revidierten amerikanischen Außenhandelsklauseln (die von der Handelskammer der USA und zwei anderen Handelsorganisationen entwickelt worden sind).

Die Definitionen der Handelsklauseln besitzen in der Regel keinen rechtlichen Status, sofern es keine entsprechenden, spezifischen rechtlichen Grundlagen gibt oder sie von Gerichtsentscheidungen bestätigt wurden. Wenn Verkäufer und Käufer die Klauseln als Teil des Kaufvertrags akzeptieren, werden die Klauseln für die Parteien des Kaufvertrags rechtlich bindend. In Europa werden die INCOTERMS zwar freiwillig eingesetzt, sie werden aber von Gerichten und Arbitragekörperschaften selbst dann meist angewendet, wenn sie nicht ausdrücklich vereinbart worden sind.

10.6.1 Vergleich der Klauseln

Tabelle 10.3 führt die revidierten amerikanischen Außenhandelsklauseln von 1941 und die INCOTERMS auf. Abbildung 10.2 dient der Verdeutlichung der verschiedenen Regelungen und Klauseln und zeigt für jede Klausel den Punkt, an dem die Haftung, die Kosten und die Verantwortung für den Exporteur aufhören. Detailliertere Aufschlüsselungen der Verantwortung und der mit den Aktivitäten verbundenen Risiken finden Sie in anderen Quellen (Hall, 1983, S. 46-49; International Chamber of Commerce, 1990).

Tabelle 10.3 Vergleich der Handelsklauseln.

INCOTERMS 1990	**Revidierte amerikanische Außenhandelsdefinitionen (1941)**
EXW (ex works; ab Werk)	Ex (Ursprungsort) oder ex mill (ab Fabrik)
FCA (free carrier), benannter Ort	FOB (benannter inländischer Frachtführer) an benanntem Ausgangspunkt FOB (benannter inländischer Frachtführer – Fracht vorausbezahlt) FOB (benannter inländischer Frachtführer – Fracht erlaubt) FOB (benannter inländischer Frachtführer am benannten Ort des Exports)
FAS* (free alongside ship; frei Längsseite Schiff)	FAS vessel (Schiff)
FOB* (free on board; frei an Bord)	FOB vessel (Schiff)
CFR (cost and freight; Kosten und Fracht)*	C&F
CIF* (cost, insurance, freight; Kosten, Versicherung, Fracht)	CIF
CPT (carriage paid to; Transport bezahlt an)	
CIP (carriage and insurance paid to; Transport und Versicherung bezahlt an)	
DAF (delivered at frontier; Anlieferung ab Grenze)	
DES (delivered ex ship; Anlieferung ab Schiff)*	
DEQ (delivered ex quay; Anlieferung ab Kai/Dock)*	Ex dock
DDU (delivered duty unpaid; Anlieferung unverzollt)	
DDP (delivered duty paid; Anlieferung verzollt)	FOB (benannter Ort im importierenden Land)

*Nur See- und Binnengewässertransporte

Alle Handelsklauseln ausführlich zu erklären, würde den Rahmen dieses Buches sprengen. Entsprechend beschreiben wir hier nur kurz die wichtigsten allgemeinen Klauseln.

1. Ex (Ursprungsort). Diese Klausel ist ab Fabrik (ex factory, ex mill), ab Mine (ex mine), ab Werk (ex works), ab Lager (ex warehouse) usw. zu verstehen, wobei jeweils der Ursprungsort bzw. die Herkunft der Ware angegeben wird. Die Verantwortung und die Kosten des Verkäufers enden an diesem Ort in seinem Heimatland.

Abbildung 10.2 Ort des Ablaufs der Haftung, der Kosten und der Verantwortung des Exporteurs.

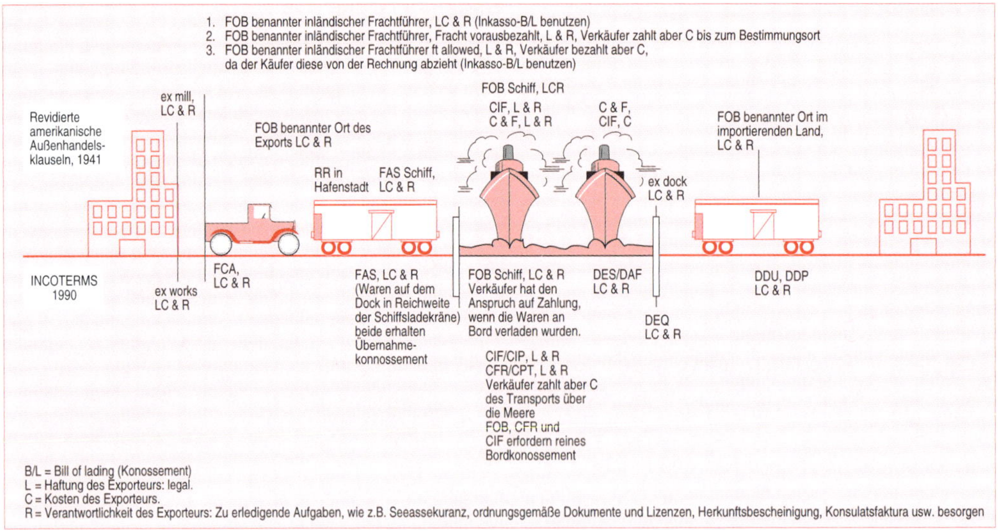

2. FOB (frei an Bord). Generell bedeutet FOB frei an Bord des für den Transport zuständigen Frachtführers an einem benannten Ort. Es gibt eine Vielzahl von FOB-Klauseln, bei denen durchweg, aber mit einer Ausnahme, ein benannter Ort im Land des Exporteurs angegeben wird. Die vergleichbare INCOTERM-Bezeichnung, die für Schienen- oder Lufttransporte eingesetzt wird, lautet FCA (frei Frachtführer). Die Verantwortung und die Kosten des Verkäufers enden in den meisten Fällen mit der Verladung beim entsprechenden Frachtführer und nach der Ausstellung einer ordnungsgemäßen Frachtrechnung (bill of lading). Eine/ein ordnungsgemäße/es Frachtrechnung/Versanddokument enthält keine zusätzlichen Klauseln bzw. keinen Vermerk bzw. ausdrücklichen Hinweis auf einen defekten Zustand der Waren und/oder der Verpackung. Die einzige Ausnahme davon ist dann gegeben, wenn sich der benannte Ort im Innern des importierenden Landes befindet. In diesem Fall ist der Verkäufer so lange verantwortlich, bis die Waren einem Frachtführer am entsprechenden Ort im Auslandsmarkt übergeben worden sind. Bei den INCOTERMS würden in diesem Fall die Klauseln DDU oder DDP verwendet werden.
3. FAS (frei Längsseite Schiff). Bei dieser Klausel muss der Verkäufer für die freie Lieferung der Waren bis längsseits (aber nicht an Bord) des transportierenden Frachtführers (üblicherweise ein Ozeanschiff) im Hafen der Verschiffung und des Exports sorgen. Also unterscheidet sich diese Klausel von FOB vessel, da die FAS-Klausel Zeit und Kosten des Verladens nicht enthält.
4. C&F (Kosten und Fracht). Die Klausel C&F (oder CFR bzw. CPT) besagt, dass sich die Lieferkosten über das exportierende Land hinaus erstrecken. Auch wenn die Verantwortung des Verkäufers endet, wenn die Waren an Bord eines Frachtführers verladen worden sind oder sich in der treuhänderischen Verwahrung des Frachtführers am Ort des Exports befinden, muss er dennoch für den Transport bis zum Entladehafen im Ausland sorgen und diesen bezahlen. Der Käufer muss jedoch immer noch für die notwendige Versicherung sorgen.

5. CIF (Kosten, Versicherung und Fracht). Diese Handelsklausel entspricht C&F, nur dass der Verkäufer auch für die notwendige Versicherung sorgen und für diese aufkommen muss.
6. Ex dock. Die Klausel „ex dock" (und DEQ) geht noch einen Schritt über CIF hinaus und fordert, dass der Verkäufer für den Wert der Waren und alle anderen erforderlichen Kosten zuständig ist, die anfallen, um die Waren am Dock des benannten Überseehafens bereitzustellen, wobei auch die anfallenden Importzölle vom Verkäufer zu bezahlen sind.

10.6.2 Wahl der Handelsklausel

Bei Entscheidungen über den Einsatz der jeweiligen Klauseln sollten Exporteure folgende Faktoren berücksichtigen:

- Versand auf in- oder ausländischen Frachtführern.
- Verfügbarkeit des Versicherungsschutzes.
- Verfügbarkeit von Informationen über Kosten.
- Bargeldbedarf des Exporteurs (dieser Grund spricht gegen C&F und CFR/CPT).
- Notwendigkeit von Preisangaben von mehreren Lieferanten durch den Importeur, die leicht vergleichbar sind (dieser Grund spricht für CIF und CIP)?
- Devisenwechselprobleme. „FOB vessel" ist häufig wünschenswert, damit der Käufer die Fracht in seiner eigenen Währung bezahlen kann. Natürlich hat der Frachtführer weiterhin ein Umtauschproblem, sofern er nicht aus dem Land des Käufers kommt.
- Anforderungen der Regierung der importierenden Nation. Bei einigen Entwicklungsländern muss z.B. FOB unter Nennung des Orts des Exports verwendet werden, damit man eine Einfuhrerlaubis erhält. Dadurch können sie ihre eigene im Aufbau befindliche Handelsmarine und ihre eigenen Versicherungsunternehmen fördern, da der Importeur für die Versicherung und den Transport sorgen muss, und dieser hält die Nutzung bestimmter Einrichtungen eventuell für praktisch (oder erforderlich). Viele Importeure erbitten die Klauseln CIF (oder CIP), so dass sie alternative Preise vergleichen können, um dann den Auftrag mit der Klausel „FOB Ort des Exports" angeben zu können.

Preisangaben können ein bedeutsamer Teil der Exportmarketing-Strategie sein. Idealerweise sollten Preisangaben in einer Form erfolgen, die die Käufer für angemessen halten, und dabei für die Kunden mindestens so praktisch wie die Preisangaben der Wettbewerber sein. Häufig erfordert dies eine CIF- oder CIP-Preisangabe, da dies die einzigen Klauseln (unter den verbreiteten) sind, bei denen der Käufer die Preise von alternativen Anbietern mit unterschiedlichen Standorten leicht vergleichen kann.

10.6.3 CIF-Preisangaben

Nur eine dieser Angaben bereitet beträchtliche Schwierigkeiten, wenn man zu einem genauen Wert kommen muss: CIF. Dabei handelt es sich um eine der verbreitetsten Klauseln im Exporthandel. Sie weist darauf hin, dass die Preisangaben die Kosten der Lieferung der Waren an Bord des Schiffs, die Versicherungskosten und die Frachtgebühren bis zum benannten Zielort umfassen. Bei CIF-Preisangaben entstehen für den Käufer keine weiteren Kosten, bevor der Transport am Zielort angekommen ist. Die INCOTERM-Klausel CIP beschreibt denselben allgemeinen Vorgang.

Der Grund dafür, dass CIF-Preisangaben schwieriger exakt zu berechnen sind, liegt darin, dass es bei Exportgeschäften üblich ist, einen festen Prozentsatz (meist 10%) auf den zu versichernden Wert aufzuschlagen, um auch zusätzliche Ausgaben und Verluste zu erfassen, die nicht vom einfachen CIF-Wert erfasst werden. Daher handelt es sich bei dem versicherten CIF-

Wert um die Summe der Kosten, der Frachtkosten zum Zielort und der Versicherungskosten für 110% des CIF-Werts. Sofern der Aufschlag für den gesamten CIF-Wert berechnet wird, besteht die Schwierigkeit selbst in der Berechnung des „I" bzw. der Versicherungskosten.

Es gibt zwei Verfahren zur Feststellung des Versicherungswertes, wenn der C&F-Gesamtwert in einer CIF-Kalkulation bestimmt worden ist. Ein weit verbreitetes Verfahren ist das Näherungs- oder Schätzverfahren. Daneben gibt es noch das Formelverfahren.

Das Schätzverfahren

Der Exporteur, der das Schätzverfahren einsetzt, addiert einfach 10% (oder einen anderen Prozentsatz) zum C&F-Wert hinzu. Wenn der Versicherungstarif dann X% beträgt, ermittelt er X% des C&F-Werts und addiert diesen Betrag zu den 10% hinzu. Der sich ergebende Betrag wird dann zum C&F-Wert hinzuaddiert.

Das Formelverfahren

Die genaueste Methode zur Berechnung einer CIF-Preisangabe erfordert die Anwendung einer Formel. Die Formel, die in diesem Fall zur Berechnung des CIF-Preises benutzt wird, wenn dem C&F-Wert 10% hinzuaddiert werden, lautet wie folgt:

$$\text{CIF} = \frac{\text{C\&F}}{(N(1\text{-}0{,}011R))}$$

mit

C = FAS-Wert

F = Summe der gesamten Frachtgebühren

N = zu verschiffendes Gesamtgewicht (oder andere Maßeinheiten, wie z.B. Volumen oder Stückzahlen)

R = Versicherungstarif (je 100 Dollar, DM, Euro usw.).

Um auf den versicherten Wert zu kommen, wird die folgende Formel angewendet (unter der Annahme der Addition von 10%):

$$\text{Versicherter Wert} = \frac{110(\text{C\&F})}{(100\text{-}1{,}1R)}$$

Es gibt keinen Grund dafür, dass nur 10% zu Versicherungszwecken aufgeschlagen werden, außer der allgemeinen Gewohnheit. Viele Unternehmen schlagen 15% auf, so dass dann diese 15% in der obigen Formel die 10% ersetzen können. Tatsächlich lässt sich jeder beliebige Prozentsatz vom Exporteur aufschlagen, wenn die Formel entsprechend geändert wird. Ein Muster einer CIF-Kalkulation finden Sie in Beispiel 10.3.

BEISPIEL 10.3

CIF-Berechnung

Ein Unternehmen, das Äpfel verpackt und das im Okanagan-Valley in Britisch Kolumbien (Kanada) ansässig ist, erhielt eine Anfrage von einem potenziellen Käufer in Frankreich über 4.000 Kisten Äpfel, fünflagig, 175/215s in gemischter Qualität. Es wurde um einen festen CIF-Preis für Le Havre in Frankreich gebeten.

Beispiel 10.3 (Forts.)

Das Apfelunternehmen bestimmte daraufhin die relevanten Kosten (in kanadischer Währung) wie folgt:

	9999	\$
Tagespreis FOB, Penticton		7,50 je Kiste
Schienenfracht bis Vancouver		1,00 je Kiste
Kaigebühr und Verladung		0,25 je Kiste
Seefracht (von Vancouver nach Le Havre)		4,80 je Kiste
Seeassekuranz (Deckung der Ladung im Kühlraum)		0,20 je 100,00 \$
Gebühr für französische Konsulatsfaktura		10,00 je Rechnung

Zur Bestimmung des CIF-Preises will das Apfelunternehmen die Sendung bei einem Wert versichern, der dem CIF-Preis plus 10% entspricht.

Die Formel zur Berechnung des CIF-Preises lautet so:

$$\mathrm{CIF} = \frac{\mathrm{C\&F}}{(N(1\text{-}0{,}011R))}$$

mit C = FAS-Wert, der sich so berechnet

		\$
FOB	=	30.000,00
Schienenfracht	=	4.000,00
Kaigebühr usw.	=	1.000,00
Konsulatsgebühren	=	10,00
FAS	=	35.010,00 \$
F = Seefracht	=	19.200,00 \$
R = Versicherungsbetrag	=	0,20 (je 100 \$)
N = Gesamtanzahl der Kisten	=	4.000

Nun berechnen wir den CIF-Preis für Le Havre pro Kiste mit:

$$\mathrm{CIF} = \frac{(35.010{,}00+19.200{,}00)}{(4.000(1\text{-}0{,}011\mathrm{x}0{,}20))} = 13{,}58\$ \text{ je Kiste}$$

Berechnung der Seefracht

In der Regel wird die Seefracht je nach Wahl des Frachtführers entweder auf der Basis des Gewichts oder der Abmessungen der transportierten Güter berechnet. Die übliche Einheit ist die „long ton“, die 1016,05 kg wiegt und 1,132741 m^3 (40 Kubikfuß) misst. Bei Preisangaben sollte man sorgfältig auf die Unterscheidung von Begriffen achten, die gleichbedeutend zu sein scheinen, aber etwas anderes bedeuten können. Bei einer Tonne kann es sich z.B. um eine (amerikanische) „short ton“ (907,185 kg), eine (britische) „long ton“ (1016,05 kg) oder eine (hier zu Lande übliche) „metrische“ Tonne (1.000 kg) handeln. Bei einer Gallone kann es sich um eine amerikanische Gallone (3,7853 l) oder eine britische Gallone (4,5459 l) handeln. Und auch darauf, dass ein Pfund 500 Gramm wiegt, darf man sich keinesfalls verlassen, denn das „pound" bzw. „lb" wiegt als Handelsgewicht nur 453,59 g (und entspricht damit dem amerikanischen Pfund als Gewichtseinheit). 20 britische *hundredweights* ergeben eine „britische" Tonne (long ton), 20 „amerikanische" *hundredweights* ergeben eine „amerikanische" Tonne (short ton) und ein „amerikanisches" *hundredweight* wiegt 100 „amerikanische" *pounds* (45,359 kg), während ein „britisches" *hundredweight* 112 „britische" *pounds* (50,802 kg) wiegt. (Das *hundredweight* entspricht damit einem „leichten" bzw. „schweren" Zentner.)

10.7 Transferpreise

Preise müssen nicht nur für Produkte festgesetzt werden, die an unabhängige Kunden verkauft werden, sondern auch für Produkte, die an ausländische Tochtergesellschaften oder ausländische Unternehmen geliefert werden, die sich teilweise im Eigentum des Verkäufers befinden. Für unsere Zwecke definieren wir Transferpreise als Preise für Unternehmen, die sich ganz oder teilweise im Besitz des Verkäufers befinden.

Das Problem bei der Festlegung internationaler Transferpreispolitiken ist im Grunde genommen dasselbe wie das Problem der Festlegung inländischer Transferpreispolitiken. Bei näherer Betrachtung lässt sich jedoch beobachten, dass nicht nur die Einzelheiten der internationalen Transferpreise komplizierter als die der inländischen sind, sondern dass darüber hinaus weitere Faktoren den Entscheidungsprozess beeinflussen (Arpan, 1972; Burns, 1980; Reid und McGoldrick, 1982).

10.7.1 Dezentralisierung und Gewinnzentren

Zu Beginn muss klargestellt werden, dass Transferpreise nur dann erforderlich sind, wenn Unternehmen die Autorität und Verantwortlichkeit des Managements dezentralisieren, so dass die jeweiligen Geschäftseinheiten für ihre Betriebsgewinne verantwortlich sind. Eine derartige Dezentralisierung kann sowohl rechtliche als auch verwaltungstechnische Gründe haben. Durch Gesetze, die sich auf die Unternehmensorganisation, die Besteuerung und andere Dinge beziehen, kann es bei bestimmten Geschäftseinheiten eines Unternehmens erwünscht sein, dass es sich bei ihnen um getrennte Unternehmen handelt. Unter derartigen Bedingungen müssen die finanziellen Aufzeichnungen der Geschäftseinheit so gestaltet werden, dass das Unternehmen scheinbar als Gewinnzentrum operiert, auch wenn dies möglicherweise nur dem Zweck dient, die Steuerbehörden im In- und Ausland zufrieden zu stellen.

Tatsächlich werden Transferpreise vielfach vorwiegend als Mittel zur Kontrolle der Leistung von Geschäftsbereichen und zur Koordination der Bargeld- und Einkommensflüsse der ausländischen Tochtergesellschaften gesehen. Es gibt jedoch deutliche Beweise dafür, dass sich Transferpreise und Exporttransferpreise für Marketingentscheidungen einsetzen lassen. Transferpreise verfügen über ein großes Potenzial, wenn es um die Unterstützung der Marketingmanager beim Erreichen strategischer Ziele im sich wandelnden internationalen Umfeld geht.

10.7.2 Transferpreise für 100%ige ausländische Tochtergesellschaften

Bei Unternehmen mit 100%igen ausländischen Tochtergesellschaften komplizieren Faktoren wie Entfernung, Kommunikationskosten und Dezentralisierung der Autorität auf der lokalen Ebene den Prozess der Festlegung von Exporttransferpreisen. Zudem wird die Entscheidung durch eine Reihe komplexer Faktoren wie Steuern, Zölle und Regierungsbestimmungen beeinflusst. Da sich die Wettbewerbs- und Marktsituationen zwischen den Ländern unterscheiden, ist es schwierig, eine Politik zu entwickeln, die sich einheitlich einsetzen lässt.

Im Falle des 100%igen Eigenbesitzes können Unternehmen völlig frei darüber entscheiden, wer die Festlegung der Transferpreise kontrollieren soll. Diese Aufgabe kann z.B. dem Unternehmensmanagement, den Vertriebseinheiten, den Wettbewerbern (auf dem Umweg über den Marktpreis), der für die Beschaffung zuständigen Geschäftseinheit oder diesen gemeinsam übertragen werden. Die Entscheidung darüber, wer die Transferpreise setzen sollte, und welche Verfahren dabei eingesetzt werden sollen, hängt teilweise vom Bedarf des Unternehmens hinsichtlich Kosten- und Gewinninformationen ab. In der Regel werden diese Informationen für Entscheidungen über „Herstellung oder Einkauf", die Festlegung des Endproduktpreises, das Aufnehmen und Fallenlassen von Produkten und die Ermittlung von Budgets für Kapitalausgaben benutzt.

Das Problem der Transferpreise besitzt zwei Dimensionen: (1) wie (mit welchem Verfahren) sollten Transferpreise festgelegt werden und (2) wer sollte Transferpreispolitiken und die spezifischen Transferpreise festlegen? Diese Fragen hängen miteinander zusammen, da derjenige, der die Preise festlegt, einen gewissen Einfluss auf die zu berücksichtigenden Faktoren und deren relative Gewichtung hat.

Wie sollten Transferpreise festgelegt werden?

Eine Reihe von Verfahren zur Festlegung von Transferpreisen wurden von Unternehmen mit unterschiedlicher Größe und unterschiedlichen Produktlinien ausprobiert und getestet. Aus diesen Erfahrungen leiten sich eine Reihe von Richtlinien ab. Trotzdem gibt es bisher keine einheitliche Meinung darüber, welches Verfahren der Festlegung von Transferpreisen die meisten Vorteile bietet. Kein Verfahren empfiehlt sich für alle Umstände gleichermaßen, da das „beste" Verfahren für ein Unternehmen von dessen Merkmalen und dem Zweck der Transferpreise abhängt.

Die Faktoren, die Transferpreise beeinflussen, lassen sich in drei Kategorien einordnen:

1. Marktpreise der Wettbewerber, zu denen deren Listen- oder Angebotspreise zählen.
2. Kosten, inklusive der Produktionskosten, der Kosten der physischen Distribution, Zölle im In- und Ausland und Einkommenssteuern des Unternehmens.
3. Gesetzliche Beschränkungen, wie z.B. politische Politiken, Regierungskontrollen und ausländische Gesetze gegen Praktiken wie Preisdiskriminierung und Dumping.

Wenn der Zweck der Transferpreise in der Bereitstellung von Rentabilitätsdaten besteht, dann müssen diese gewonnen werden. Derartige Entscheidungen müssen auf der Basis alternativer Raten des Ertrags des investierten Kapitals sowohl kurzfristig als auch langfristig bestimmt werden, wobei auch Opportunitätskosten berücksichtigt werden müssen. Daher kann es wünschenswert erscheinen, Transferpreise auf der Grundlage der Marktpreise des Wettbewerbs oder auf der Basis möglichst genauer Schätzungen des Marktpreises festzulegen und von der einkaufenden Geschäftseinheit den internen Einkauf zu verlangen. Wenn die verkaufende Einheit übermäßig hohe Kosten hat, leiden deren Gewinne bei dieser Politik, so dass der Geschäftsbereichsmanager die Situation schon bald korrigieren oder dem Unternehmensmanagement ungünstige Gewinnaufzeichnungen vorlegen muss.

Wenn die Transferpreise das Management bei der Festlegung einer Kostenuntergrenze für die Preise der Endprodukte unterstützen oder Gewinne auf die ausländische Operation verlagern sollen, ist der Einsatz der Kosten als Mittel zur Bestimmung der Transferpreise wünschenswert. Es sind unterschiedliche, relevante Kostenkonzepte zu berücksichtigen. Kurzfristig kann es sich bei den Grenzkosten um das relevante Minimum handeln, da alle Beträge, die über derartige Kosten hinausgehen, einen direkten Beitrag zum Nettogewinn leisten würden. Langfristig können Voll- oder Normalkosten näher beim idealen Minimum liegen und das

Management dabei unterstützen, festzustellen, ob die Ressourcen des Unternehmens zur Maximierung der Gewinne eingesetzt werden und wie sich die Situation korrigieren lässt, wenn das nicht der Fall ist.

Die Ansichten der ausländischen Zollinspektoren (hinsichtlich der Bewertung der Waren und der Zollveranlagung) sind ebenfalls wichtig. Um die Zölle zu minimieren, ist es häufig sinnvoll, die Preise so nahe wie möglich bei den Kosten anzusetzen. Einige Länder verlangen jedoch, dass „faire Marktwerte" zur Veranlagung der Zölle herangezogen werden, oder setzen Konzepte ein, bei denen der Wert der Waren zu deren Marktpreis im Exportland in einem gewissen Verhältnis stehen muss.

In- und ausländische Steuerbestimmungen und deren Durchsetzung haben ebenfalls einen Einfluss darauf, ob sich die Kosten als Grundlage für die Preise einsetzen lassen. Die Steuersätze variieren in den verschiedenen Ländern. Wenn die Einkommenssteuer des Unternehmens im Heimatland höher als in dem Land sind, in dem sich die Tochtergesellschaft befindet, dann empfiehlt sich ein Verfahren, bei dem die Transferpreise so nahe bei den Kosten liegen, wie es zulässig ist. Einkommensteuerbehörden können jedoch etwas dagegen haben, wenn man die Steuern als Kriterium für die Festlegung der Transferpreise benutzt. Mitte 1994 verfolgte die US-Regierung z.B. japanische Unternehmen (Hitachi, Yamaha und Nissan) wegen der aufgrund hoher Transferpreise zu wenig gezahlten Steuern und die japanische Regierung verfuhr mit amerikanischen Unternehmen ähnlich (Coca-Cola und eine Tochtergesellschaft von American International Group). Darüber hinaus schränken Antidumping-Gesetze die Freiheiten des Verkäufers, Preise auf Grundlage der Kosten festzusetzen, effektiv ein.

Kosten-Plus-Transferpreise haben nicht nur den Nachteil, dass sich mit ihnen keine Preise festlegen lassen, die eine Maximierung der Gewinne sicherstellen, wenn dies das Ziel ist. Preise, die auf diese Weise festgelegt werden, können der produzierenden Geschäftseinheit nicht genügend Anreize zur Senkung der Kosten auf das absolute Minimum bieten. Normalkosten können jedoch eine zufrieden stellende Basis für Kosten-Plus-Transferpreise bilden, wenn die eingesetzten Standards korrekt sind.

Transferpreisverfahren, die sowohl die Kosten als auch die Marktpreise des Wettbewerbs berücksichtigen, können möglicherweise zum Erreichen der gesetzten Ziele führen, ohne dass die Nachteile eines der beiden allein eingesetzten Verfahren auftreten. Beispielsweise lässt sich ein System einrichten, bei dem die Transferpreise in Höhe der Kosten festgelegt werden, die verkaufende Geschäftseinheit aber durch einen gewissen Prozentsatz des Nettogewinns entlohnt wird, der durch die Weiterbearbeitung und den abschließenden Verkauf erzielt wird. Ein derartiges System kann zur Minimierung von Steuern und Zöllen benutzt werden und gleichzeitig Rentabilitätsdaten liefern.

Es ist wünschenswert, dass im Prozess der Festlegung der Transferpreise eine gewisse Flexibilität gewahrt bleibt. Wenn Flexibilität erhalten werden soll und wenn sowohl die Interessen der kaufenden, der verkaufenden Geschäftseinheiten als auch des gesamten Unternehmens berücksichtigt werden sollen, dann ist ein System zur Verhandlung bzw. *Aushandlung* der Transferpreise erforderlich.

Auch derartige Verhandlungen haben einige Nachteile. Die Verhandlungen können langwierig und mühsam sein und zum Ausbruch von Streitigkeiten zwischen Geschäftsbereichen führen. Auch wenn die Verhandlungen und Vereinbarungen periodisch geprüft werden müssen, lässt sich die dafür erforderliche Zeit in akzeptablen Grenzen halten. Der vielleicht größte Nachteil der Verhandlungen ist andererseits das Auftreten von Disputen. Wenn der Disput auf der Basis der Persönlichkeitsstärke oder der Machtposition innerhalb des Unternehmens beseitigt wird, können gesunde Beziehungen innerhalb des Unternehmens zerstört werden. Wenn Transferpreise Managern auferlegt werden, können sie ebenfalls die Moral und die Gewinnanreize senken.

Welche der verschiedenen Transferpreissysteme erwünscht sind, steht im Zusammenhang mit den Merkmalen eines Unternehmens und der verkauften Produkte. Ein relativ kleines Unternehmen mit nur wenigen Geschäftseinheiten, das mit Managern besetzt ist, die sich untereinander gut kennen, kann häufig auf einer etwas flexibleren Basis operieren als ein großes Unternehmen. Die Größe des Unternehmens steht auch im Zusammenhang mit der Anzahl und der Art der Produkte im Produktsortiment. Da die Transferpreise verschiedener Produkte manchmal über verschiedene Verfahren festgelegt werden sollten, stehen große Unternehmen einer komplexen Situation gegenüber.

Ein Autor, der diese Situation erkannt hat, schlug bereits vor langer Zeit vor, dass Produkte innerhalb von Verfahren zur Festlegung von Transferpreisen in drei Kategorien eingeordnet werden sollten (Dearden, 1960):

1. *Klasse A.* Artikel, die wahrscheinlich niemals von externen Lieferanten produziert werden, da das Produkt nicht erhältlich ist. Geheimhaltung ist erforderlich oder die Qualität lässt sich nur bei interner Produktion wahren.
2. *Klasse B.* Artikel, bei denen die eingekaufte Ware auf langfristiger Basis eine Bearbeitung für das Endprodukt erfordert, für die z.B. erhebliche Investitionen notwendig sind.
3. *Klasse C.* Artikel, bei denen sich die Quelle kurzfristig ändern lässt.

Ferner ist Folgendes wichtig:

1. Die Transferpreise für Produkte der Klasse A sollten langfristig auf Wettbewerbsniveau angesetzt werden, selbst wenn sich ein solcher Preis nur ungefähr schätzen lässt.
2. Die Transferpreise für Produkte der Klasse B sollten langfristig auf Wettbewerbsniveau angesetzt werden und bei Anomalien kurzfristig angepasst werden.
3. Die Transferpreise für Produkte der Klasse C sollten auf dem aktuellen Niveau des Wettbewerbs angesetzt werden.

Oft sind die meisten Fachleute auf dem Gebiet der Festlegung von Transferpreisen der Meinung, dass die Preispolitik auf eine Festlegung „wettbewerbsfähiger" Transferpreise hinauslaufen muss, wenn die Rentabilitätsdaten der Gewinnzentren Managementzwecken dienen sollen. Einen weiteren Grund für den Einsatz wettbewerbsfähiger Transferpreise liefern die Steuergesetze, die häufig eine willkürliche Verlagerung des Einkommens zwischen steuerpflichtigen Unternehmenseinheiten zwecks Vermeidung von Steuern verhindern sollen. Ein Schlüsseltest scheint in der Prüfung zu bestehen, ob Transferpreise *angemessen* oder beliebig sind. Einer der aussagekräftigsten Beweise dafür, dass ein Preis fair und angemessen ist, liegt dann vor, wenn er sich nicht nur auf Marktniveau befindet, sondern eine „Armlänge" davon entfernt festgesetzt wurde. Die Armlängen-Anforderung ist auch ein starkes Argument zu Gunsten einer Aushandlung der Preise zwischen den verkaufenden und kaufenden Geschäftseinheiten, wenn es der einkaufenden Einheit frei steht, Produkte bei Bedarf extern zu beziehen.

Da sich die Preise des Wettbewerbs zwischen den Märkten unterscheiden können, müssen Unternehmen, deren Transferpreise sich auf die Wettbewerbsbedingungen in den jeweiligen Märkten stützen, möglicherweise entsprechend unterschiedliche Preise festlegen. Ein derartiger Preisplan wäre nicht nur komplex und kostspielig zu verwalten, er könnte auch zu Uneinigkeiten zwischen den Unternehmenseinheiten führen. Außerdem könnten Zollbehörden protestieren, wenn sie der Meinung sind, dass sich die Bewertung auf die Preise im Heimatmarkt des Verkäufers stützen sollte. Zu guter Letzt können auch die Steuerbehörden protestieren, wenn sie zu der Ansicht gelangen, dass unterschiedliche Transferpreise der Verlagerung von Gewinnen von einem Land in ein anderes dienen sollen und daher das steuerpflichtige Einkommen beeinflussen.

Der sog. Test des *Geschäftszwecks* verlangt, dass es einen demonstrierbaren Managementzweck für die Übernahme eines bestimmten Verfahrens der Festlegung von Transferpreisen geben muss. Wenn unterschiedliche, aber gleichermaßen zufrieden stellende Verfahren zur Festlegung von Transferpreisen verfügbar sind, kann einer Geschäftseinheit die Auswahl des für sie steuerlich günstigeren Verfahrens nicht untersagt werden. Im Allgemeinen muss der Geschäftszweck aber übergeordnet sein. Daher scheint es so zu sein, dass Verfahren zur Festlegung von Transferpreisen für Regierungen akzeptabel sind, wenn sie entweder das Kriterium der „Armlänge" erfüllen oder den Test des Geschäftszwecks bestehen und nicht dem Zweck der Vermeidung von Steuerzahlungen dienen.

Wer sollte die Transferpreise festlegen?

Die Macht der Festlegung von Transferpreisen kann dem Unternehmensmanagement vorbehalten bleiben oder der verkaufenden oder kaufenden Einheit übertragen werden. Ein Kompromiss kann so aussehen, dass man der verkaufenden Geschäftseinheit die Festlegung der Preise zwar überlässt, der kaufenden Einheit aber den externen Bezug auf Wunsch erlaubt. Das Management kann es aber vorziehen, dass die kaufenden und verkaufenden Geschäftseinheiten die Transferpreise aushandeln. Bei dieser Politik greift das Unternehmensmanagement nur dann in Verhandlungen ein, wenn es zu Disputen kommt.

10.7.3 Transferpreise für ausländische Unternehmen bei teilweisem Eigentum

Es ist nicht ungewöhnlich, dass Unternehmen bei Partnerschaften mit ausländischen Konzernen oder einem anderen Unternehmen mit Sitz in demselben Heimatland nur ein partielles Interesse an Auslandsoperationen haben. Bei nur teilweise bestehenden Interessen oder in Joint Ventures kann der Verkäufer die Preise nicht im gleichen Ausmaß wie bei internen Transfers diktieren. Die unabhängige Natur des Käufers verlangt, dass der Preis so festgelegt wird, dass die Interessen der anderen Eigentümer oder Partner des Joint Ventures berücksichtigt werden.

Bei der Festlegung von Transferpreisen für ausländische Operationen, die sich nicht im 100%igen Eigenbesitz befinden, sind einige Überlegungen erforderlich, die über die bei der Preisfestlegung für 100%ige Tochtergesellschaften hinausgehen. Es gibt kaum einen Grund, die Transferpreise so nahe wie möglich bei den Kosten zu halten, da „Verlagerungen" von Gewinnen ins Ausland dazu führen würden, dass sie mit dem ausländischen Partner geteilt werden müssten. Ähnlich wäre es wenig sinnvoll, wenn Transferpreise über dem Wettbewerbsniveau des Markts liegen würden. Tatsächlich kann der ausländische Partner darauf drängen, Transferpreise unter die „externen" Preise abzusenken. Der Prozess der Festlegung der Transferpreise ähnelt unter derartigen Umständen der Festlegung von Preisen für Dritte. Das normale Verfahren sieht wahrscheinlich so aus, dass die Preise auf „Armeslänge" ausgehandelt werden und der Käufer die Freiheit des externen Einkaufs genießt.

Wenn Joint Ventures jedoch zu einem speziellen Zweck gebildet worden sind und möglicherweise Artikel herstellen, die ansonsten nicht erhältlich sind, dann müssen sich Transferpreise auf weitere Faktoren stützen, die zu den bereits besprochenen hinzukommen. Nehmen Sie z.B. an, dass zwei miteinander nicht im Wettbewerb stehende deutsche Unternehmen ein Joint Venture eingehen, um eine Komponente im Ausland zu produzieren, die beide für ihre ausländischen Produkte benötigen. Dabei können beide Parteien gleiche Kapitalmittel zur Errichtung der Fabrik im Ausland beitragen. Entsprechend würden alle Gewinne des Unternehmens entweder zu gleichen Teilen ausgezahlt oder wieder in das Unternehmen zurückgeführt werden. Solange beide Partner auch genau 50% der Produktion des Joint Ventures abnehmen, profitieren beide Unternehmen im gleichen Umfang. Unter derartigen Bedingungen wäre es gut, wenn die Fabrik auf einer Break-even-Basis operieren würde, wenn die Einkommenssteuern auf alle Gewinne des Joint Ventures minimiert werden sollen. Die vom Joint Venture von seinen beiden Kunden verlangten Preise können gerade kostendeckend angesetzt werden. Wenn aber einer der Partner einen disproportionalen Anteil der Produktion des Joint Ventures abnimmt, profitiert einer der Partner stärker vom Joint Venture als der andere.

Wenn das Produkt des Joint Ventures Komponenten benötigt, die von einem der Partner hergestellt werden, wird die Situation noch komplizierter. In der Regel wird der Partner, der die Komponente an das Joint Venture verkauft, einen hohen Preis dafür festsetzen wollen. Der andere Partner würde einen niedrigen Preis vorziehen.

In einer derartigen Situation gibt es keine allgemeinen Richtlinien, die die Parteien bei der Festsetzung der Transferpreis verfolgen könnten. Die übliche Praxis für zukünftige Beteiligte an derartigen Joint Ventures sieht so aus:

- Schätzung der Mengen der Komponenten, die von einem oder beiden Parteien geliefert werden sollen.
- Schätzung des Anteils der Produktion des Joint Ventures, der von den jeweiligen Parteien abgenommen werden soll.
- Berücksichtigung von Steuer- und Zollfaktoren.
- Aushandlung eines Vertrags, der ein spezifisches Verfahren zur Berechnung der Transferpreise enthält.

ZUSAMMENFASSUNG

In diesem Kapitel wurde die Festlegung von Exportpreisen untersucht. Zu den wichtigsten behandelten Fragen zählten die Determinanten der Preise, die Preisstrategie, das Verhältnis zwischen Auslands- und Inlandspreisen, die Elemente von Preisangaben und Transferpreise. Obwohl die Fragen bei Exportpreisen in vielerlei Hinsicht denen bei Inlandspreisen entsprechen, gibt es Elemente, die dem Exportmarketing vorbehalten bleiben. Die Fragen, denen sich Exporteure stellen müssen, werden komplexer, wenn eine Reihe recht unterschiedlicher Exportmärkte zu bedienen sind.

FRAGEN ZUR DISKUSSION

10.1 Was ist die Bedeutung der „Preisanatomie“ in Bezug auf Exportpreise?

10.2 Erklären Sie, warum Exportpreise mit denselben Verfahren und denselben Kriterien wie im Inlandsmarkt festgelegt werden sollten bzw. warum dies nicht der Fall sein sollte.

10.3 Erörtern Sie die Beziehung zwischen Zielen und Strategien der Preisfestlegung.

10.4 Welche alternativen Preisstrategien stehen dem Exporteur zur Verfügung und welche Ziele werden dabei jeweils verfolgt? Hat irgendeine größere Vorteile als die anderen? Erläutern Sie Ihre Antwort.

10.5 Können kleine Exporteure das Konzept der Erfahrungskurve zur Festlegung ihrer Preise einsetzen? Wenn ja, wie? Wenn nein, warum nicht?

10.6 Unter welchen Bedingungen könnte ein Exporteur eine Politik der unterschiedlichen Preise für Auslandsmärkte verfolgen?

10.7 „Da alle Handelsklauseln im Wesentlichen identisch sind, besteht kein Bedarf für deren Einsatz in Exportkaufverträgen.“ Diskutieren Sie diese Aussage.

10.8 Unter welchen Umständen könnte es ein Exporteur vorziehen, die INCOTERMS für Preisangaben zu benutzen, und unter welchen Umständen könnte es dieser Exporteur vorziehen, die revidierten amerikanischen Außenhandelsdefinitionen von 1941 zu benutzen? Können Exporteure das Schema der einzusetzenden Handelsklauseln immer frei wählen?

10.9 Welche Faktoren muss ein Exporteur bei Entscheidungen über Preisangaben berücksichtigen?

10.10 Ist es aus der Sicht der Muttergesellschaft besser, niedrige oder hohe Transferpreise zu benutzen? Welche Auswirkungen hat das Ausmaß des Besitzes an der importierenden Geschäftseinheit auf Ihre Antwort? Erläutern Sie Ihre Antwort ausführlich.

10.11 Wie beeinflusst die Art des betroffenen Produkts die erwünschte Transferpreispolitik?

10.12 Erörtern Sie, welches Verfahren sich Ihrer Meinung nach am besten für die Festlegung von Exporttransferpreisen eignet.

10.13 Erläutern Sie, wann sich das exportierende Unternehmen nicht mehr weiter um die Preise seiner Produkte kümmern sollte.

LITERATURHINWEISE

Arpan, J. S. (1972). International intracorporate pricing: non-American systems and views. *J. Int. Business Studies*, 3 (Frühjahr), 1–18.

Branch, A. E. (1990). *Elements of Export Marketing and Management*. 2. Aufl. London: Chapman & Hall.

Burns, J. O. (1980). Transfer pricing decisions in U.S. multinational corporations. *J. Int. Business Studies*, 11 (Herbst), 23–39.

Business Week (1975). A drug giant's pricing under international attack. 16. Juni, 50–56.

Business Week (1997). A dark Kodak moment. 4 August, 30–31.

Conlan, J. (1994). *Principles of Management in Export*. Oxford: Blackwell.

Dearden, J. (1960). Interdivisional pricing. *Harvard Business Review*, 38(1), 117–125.

Dolan, R. J. (1995). How do you know when the price is right? *Harvard Business Review*, September-Oktober, 174–183.

Hall, R. D. (1983). *International Trade Operations: A Managerial Approach*. Jersey City, NJ: Unz & Company.

International Chamber of Commerce (1990). *INCOTERMS 1990*. Paris: ICC.

Johnson, T. E. (1994). *Export/Import Procedures and Documentation*. 2. Aufl. New York: AMACOM.

Keegan, W. J. (1989). *Global Marketing Management*. 4. Aufl. Englewood Cliffs, NJ: Prentice Hall.

Khanna, S. R. (1986). Asian companies and the country stereotype paradox: an empirical study. *Columbia J. World Business*, 21 (Sommer), 29–38.

Leontiades, J. C. (1985). *Multinational Corporate Strategy: Planning for World Markets*. Lexington, MA: Lexington Books.

Papadopoulos, N. G., Heslop, L. A., Graby, F., Avlonitis, G. (1987). *Does „Country-of-Origin“ Matter? Some Findings from a Cross-Cultural Study of Consumer Views about Foreign Products*. Report 87–104. Marketing Science Institute, Cambridge, MA.

Piercy, N. (1982). *Export Strategy: Markets and Competition*. London: George Allen & Unwin.

Reid, S., McGoldrick, J. (1982). Managing the international environment: a transfer pricing perspective. Paper presented at the annual conference of the European International Business Association.

Rossant, J. (1992). One day panic: next day sales. *Business Week*, 3290, 26. Oktober, 49–50.

Simon, H. (1995). Pricing problems in a global setting. *Marketing News*, 29(21), 9. Oktober, 4 ff.

Terpstra, V. (1988). *International Dimensions of Marketing*. 2. Aufl. Boston, MA: PWS-Kent.

The Economist (1996). Are crashes catching? 31. August, 64.

WuDunn, S. (1995). Cost of Jeep driven skywards when it leaves US shores. *Sydney Herald*, 18. Mai.

WEITERFÜHRENDE LITERATUR

Czinkota, M. R., Ronkainen, I.A., Tarrant, J. J. (1995). *The Global Marketing Imperative*. Lincolnwood, IL: NTC Business Books, Kap. 8–9.

Lynch, R. (1994). *European Marketing: A Strategic Guide to the New Opportunities*. Burr Ridge, IL: Irwin Professional Publishing, Kap. 10.

Nagle, T. T., Holden, L. K., Larsen, G. M. (1998). *Pricing – Praxis der optimalen Preisfindung*. Heidelberg, New York: Springer-Verlag.

Sander, M. (1997). *Internationales Preismanagement – Eine Analyse preispolitischer Handlungsalternativen im internationalen Marketing unter besonderer Berücksichtigung der Preisfindung bei Marktinterdependenzen*. Heidelberg: Physica-Verlag.

Simon, H., Dolan, R. J. (1997). *Profit durch Power Pricing*. Frankfurt am Main: Campus Verlag.

Usunier, J.-C. (1996). *Marketing Across Cultures*. Hemel Hempstead: Prentice Hall, Kap. 10.

FALLSTUDIE 10.1

RAP Engineering and Equipment Company

Dieses Unternehmen befindet sich in Seattle (Washington, USA) und ist ein Distributor von Maschinenbauausrüstung und maschinellen Werkzeugen. RAP erhält von Matens in Portugal einen Auftrag über zehn leichte Planierraupen. Da das Unternehmen normalerweise keine zehn Maschinen auf Vorrat hat, fragt der Exportmanager Herr Green bei der CPPC Manufacturing Company in Akron (Ohio) nach einer Option auf zehn Maschinen und bittet um die Nennung eines Festpreises, der für 90 Tage gilt. CPPC stimmt zu und nennt einen Preis von 4.500 US-$ pro Stück ab Lagerhaus in Akron (Ohio).

Herr Green informiert sich bei seinem Betriebsdezernenten und erhält die Auskunft, dass die Eisenbahnfracht von Akron nach Seattle bei derartigen Maschinen durchschnittlich ca. 750 US-$ pro Stück kostet. Weitere Kosten sind:

	US-$
Lastwagentransporte und Verladung	5,00 je Tonne
Exportverpackung	70,00 je Maschine
Einschiffen am Pier	4,20 je Tonne
Kaigebühr und Umschlag	3,30 je 40 Kubikfuß (1 cf = 0,02832 m^3)
Hebegebühren für schwere Lasten (bei Gegenständen, die mehr als 5.000 lb wiegen):	17,00 je 2.000 lb (1 lb = 453,59 g; amerikanisches Pfund
Seefracht:	
Seattle – Lissabon	142,50 je 2000 lb oder 40 cf Gewicht/Volumen
Seeassekuranz:	
Verschiffung unter Deck	1,70 je 100 $
Verschiffung über Deck	2,50 je 100 $
Gebühr für portugiesische Konsulatsfaktura	20,00 $ je Rechnung
RAP-Preisaufschlag	20% der Kosten je Maschine
Gewichte und Abmessungen	
10 Kisten mit den Fahrgestellen	jeweils 6.400 lb, 180 cf
10 Kartons mit Schienen, Ketten und Teilen	jeweils 6.000 lb, 50 cf
10 Bündel mit Rädern und Reifen	jeweils 240 lb, 20 cf

Fragen

1. Berechnen Sie den C&F- und den CIF-Preis je Maschine nach Lissabon.
2. Zu welchem Zeitpunkt bzw. an welchem Ort endet die Verantwortung von RAP bei den verschiedenen Verschiffungsverfahren? Wann endet die gesetzliche Haftpflicht von RAP und ab wann hat das Unternehmen Anspruch auf Zahlung?
3. Wie würde sich die Antwort auf Frage 2 ändern, wenn die Handelsklauseln des Verkaufs FOB (free on board) oder DEQ (delivered ex quay) lauten würden?

FALLSTUDIE 10.2

Das Unternehmen Capitool

(Dies ist eine gekürzte Version der Capitool-Fallstudie, die ursprünglich von Gordon E. Miracle, Michigan State University, USA, verfasst wurde. Alle finanziellen Angaben wurden geändert, um die tatsächlichen Werte zu tarnen. Das Verhältnis der Zahlen untereinander wurde jedoch weitgehend beibehalten.)

Das Unternehmen Capitool, mit Hauptsitz und Hauptfabrik in Racine (Wisconsin, USA), fertigt eine Linie mit Investitionsgütern für den Einsatz in einer Vielzahl von Industrien und insbesondere für Autos, Lastwagen, landwirtschaftliche und Baugeräte. Das Unternehmen wurde vor über 70 Jahren gegründet. Die Verkäufe (Umsätze) sind langsam bis zum Ende des Zweiten Weltkriegs auf ca. 60 Mio. US-$ gestiegen. Danach hat sich das Wachstum beschleunigt, so dass die Umsätze Mitte der 90er Jahre mehr als 3 Mrd. US-$ betrugen. Die Gewinne nach Steuer sind entsprechend gestiegen und betragen üblicherweise ca. 3 bis 4% vom Umsatz.

Capitool ist mit seinem Angebot einer fortschrittlichen Produktlinie Marktführer gewesen. Durch intensive Forschung und hohe Ausgaben für die Produktentwicklung in Verbindung mit Kundenorientierung konnte das Unternehmen eine dominante Position im US-Markt erreichen.

Um weiterhin schnell und einträglich zu wachsen, entschloss sich Capitool Mitte der 50er Jahre zum Schritt in Auslandsmärkte. Das Unternehmen hat über Jahre hinweg eine Reihe von Produkten exportiert. Wegen steigender Auslandsnachfrage war es nicht nur möglich, sondern auch erwünscht, Fertigungsstätten im Ausland zu errichten. Binnen 10 Jahren besaß Capitool Fertigungsstätten in Neuseeland, England und Deutschland, Joint Ventures in Westdeutschland und Italien sowie Konzessionsinhaber in England, Argentinien und der Türkei.

Neben Fertigungsstätten besaß Capitool Verkaufsniederlassungen in England, Argentinien und der Türkei, die das Marketing der Produkte der Konzessionsinhaber in diesen Ländern übernahmen. Da die Konzessionsinhaber nur einen Teil ihrer Produktion der lizenzierten Produkte für ihre eigenen Endprodukte benutzen, wird der Rest von den Capitool-Verkaufsniederlassungen an Dritte vermarktet.

In den Gebieten der Welt, die nicht von Capitool-Fertigungsstätten oder Konzessionsinhabern bedient werden, fungiert Capitool Exports Ltd., eine komplett eigene, in Bermuda ansässige Tochtergesellschaft, als Vertriebsunternehmen. Capitool Exports Ltd. besitzt 20 regionale Filialen an strategisch wichtigen Orten und versorgt ca. 100 unabhängige Distributoren, die als Verkaufs- und Dienstleistungsstellen in mehr als 100 Ländern tätig sind.

Die deutsche Tochtergesellschaft

Die Capitool Company GmbH, eine produzierende Tochtergesellschaft in Deutschland, die sich komplett im Eigenbesitz befindet, ist für die Operationen der beiden deutschen Betriebe in Duisburg bzw. Düsseldorf verantwortlich.

Der Düsseldorfer Betrieb stellt Komponenten für verschiedene Investitionsgüter her und hat Kunden in ganz Europa. Die Verkäufe konzentrieren sich auf Deutschland, wobei große Teile auf ein Joint Venture mit einem großen US-Automobilhersteller entfallen, das unter dem Namen Genforsler-Capitool GmbH gegründet wurde.

Der Betrieb in Duisburg stellt einen Ausrüstungsgegenstand her, der in den USA und weltweit ein Hauptpfeiler der Capitool-Produktlinie ist. Die Preise für diesen Ausrüstungsgegenstand liegen je nach Größe und Leistungsmerkmal zwischen 90 und 700 US-$. Die Duisburger Fabrik und die drei wichtigsten deutschen Wettbewerber sind für mehr als 95% der Verkäufe dieses Ausrüstungsgegenstands in Deutschland verantwortlich.

Der Umstand, dass die Fabriken in Duisburg und Düsseldorf zu demselben Unternehmen gehören, ermöglicht einen „Steuerverlustübertrag" von der Fabrik in Duisburg, der sich nutzen lässt, um die Gesamtsteuerverpflichtung in Deutschland zu minimieren. Für sich allein ist die Fabrik in Düsseldorf recht profitabel. Kürzlich konnte auch die Fabrik in Duisburg erstmals Gewinne verzeichnen. Es wird erwartet, dass der „Steuerverlustübertrag" in den nächsten drei oder vier Jahren entfällt.

Die Capitool-Investitionen in die Duisburger Fabrik seit Mitte der 50er Jahre betrugen insgesamt 10,5 Mio. US-$. Die Fabrik hat eine Fläche von mehr als 20.000 m^2 und beschäftigt aktuell mehr als 1.100 Angestellte. Die Produktionskapazität übersteigt die Nachfrage um etwa 20%. Es wird erwartet, dass die Nachfrage in drei Jahren die Kapazität übersteigen wird, so dass eine Erweiterung erforderlich wird.

Die Produkte der Fabrik in Duisburg werden auf dem ganzen europäischen Kontinent, in England, Kanada und Mexiko verkauft. Die jährlichen Umsätze der Duisburger Fabrik übersteigen 10 Mio. US-$.

Obwohl es sich beim Duisburger Betrieb um eine Fertigungsstätte handelt, werden nur 35% der Komponenten des Produkts wirklich in den Fabriken in Duisburg oder Düsseldorf hergestellt. Lokale deutsche Lieferanten steuern ca. 30% der Fertigkomponenten bei und die übrigen 35% werden von einer der Capitool-Niederlassungen in den USA beigesteuert, wenn mindestens eine der folgenden Bedingungen auf die jeweilige Komponente zutrifft:

- technisch geeignete Komponenten aus deutscher Produktion sind nicht erhältlich
- die Summe aus dem US-Transferpreis (wie nachfolgend definiert) plus Fracht, Versicherung und Zoll ist kleiner als der Einkaufspreis in Deutschland
- die Lieferung erfolgt aus den USA schneller als durch den deutschen Lieferanten, und der Bedarf rechtfertigt die Nutzung der schnellsten Quelle.

Transferpreispolitik

Die Transferpreispolitik des Unternehmens sieht so aus:

- Wenn es für den Gegenstand einen Marktpreis gibt, bildet dieser die Grundlage für den Transferpreis.
- Wenn das Produkt zwar anderweitig verfügbar ist, es aber keinen Marktpreis gibt, dann bilden Verhandlungen zwischen dem verkaufenden und dem kaufenden Geschäftsbereich die Grundlage. Die Verhandlungen werden von (a) den Kosten und (b) Angeboten externer Konkurrenz (sofern solche tatsächlich vorhanden sind) bestimmt. Wenn keine solchen Angebote verfügbar sind, werden externe Angebote realistisch geschätzt.
- Wenn das Produkt nicht anderweitig erhältlich ist, wenn es sich also um ein spezielles Teil handelt, das nur von Capitool hergestellt wird, bilden Verhandlungen auf der Grundlage der (a) Kosten, (b) voraussichtlichen Mengen und (c) eines „angemessenen" Aufschlags die Basis der Transferpreise.

Die Politik hinsichtlich der „internationalen" Transferpreise ist zwar im Wesentlichen dieselbe, aber etwas komplizierter. Ein wichtiger zusätzlicher Aspekt ist die Minimierung unnötiger Steuern und Zölle. Außerdem hängt die Politik teilweise von der Art der Auslandsoperation ab. Zum Beispiel:

1. Wenn es sich um einen Transferpreis für eine 100%ige Tochtergesellschaft handelt, setzt man eine Politik ein, bei der der Preis möglichst dicht bei den Kosten liegt. Die Politik soll zwei Ziele erfüllen: (a) Minimierung der Zölle und (b) um die Steuern zu minimieren, soll ein möglichst großer

Teil der Gewinne auf die Tochtergesellschaft entfallen, während gleichzeitig die amerikanischen Finanzbehörden (IRS – Internal Revenue Service) davon überzeugt werden müssen, dass keine Absicht vorliegt, rechtmäßige Steuern dadurch zu vermeiden, dass Gewinne ins Ausland verlagert werden.

2. Falls Produkte an 50-50-Joint-Ventures verkauft werden, sollen die Preise zwar möglichst hoch angesetzt werden, aber wettbewerbsfähig bleiben (das Joint Venture könnte auch extern einkaufen). Bei dieser Politik entfallen die Gewinne auf die Capitool Company und werden nicht auf das Joint Venture und damit teilweise auch auf die ausländischen Partner übertragen. Das Joint Venture beschränkt sich auf diese Weise auf Gewinne, die wirklich ein Resultat seiner Operationen und seiner Effizienz sind.

Ein beschränkender Faktor sind die Wechselwirkungen zwischen Steuern und Zöllen. Wenn die Steuern z.B. übermäßig hoch sind, dann kann der Anteil der Capitool Company an den Gewinnen des Joint Ventures so hoch sein, dass niedrige Transferpreise zu einem höheren Gewinn als hohe Transferpreise führen.

In einigen Fällen werden die Transferpreise durch den Joint-Venture-Vertrag bestimmt, so dass es festgelegte Preisobergrenzen geben kann. Wenn bestimmte Preisobergrenzen festgelegt worden sind, müssen diese regelmäßig neu verhandelt werden.

Im besonderen Fall des Genforsler-Capitool-Joint-Ventures (besonders deshalb, weil Genforsler-Capitool Maschinen herstellt, die nur an Genforsler und Capitool verkauft werden) sieht die Philosophie so aus, dass Genforsler-Capitool dadurch, dass es gerade oberhalb des Break-even-Punkts operiert, mit möglichst hohen Mengen arbeiten soll und dass sowohl von Genforsler als auch von Capitool möglichst niedrige Preise verlangt werden, wobei die Gewinne aber ausreichend sein sollen, um die deutschen Steuerbehörden zufrieden zu stellen.

Im Falle von Joint Ventures, bei denen keine Transferpreise festgelegt worden sind, sieht die Politik so aus, dass man mit den Transferpreisen möglichst hohe Gewinne anstrebt.

Da gemäß der Zielsetzung des Unternehmens die Unternehmensgewinne und nicht die Gewinne der verschiedenen Niederlassungen maximiert werden sollen, entstehen unvermeidlich Situationen, in denen eine inländische Niederlassung reduzierte Gewinne (durch Senkung der Transferpreise) akzeptieren muss, damit der internationale Geschäftsbereich von einer günstigen Steuer oder Zolltarifsituation profitieren kann (und umgekehrt). Normalerweise erkennt der Geschäftsbereich klar die Gründe für die erforderliche Aufgabe der Gewinne, so dass es zu keinerlei Reibungen kommt. In komplexen Situationen können die Verhandlungen über den Transferpreis zwischen den Geschäftsbereichen jedoch zum Streit führen. Wenn sich der Streit nicht zufrieden stellend lösen lässt, werden derartige Angelegenheiten an den Kontrollausschuss weitergeleitet. Dieser Ausschuss besteht aus dem Vizepräsidenten für Finanzen des Unternehmens (der Vorsitzende des Ausschusses), dem Unternehmensleiter, dem mit einbezogenen Leiter des beteiligten inländischen Geschäftsbereichs und dem Leiter des internationalen Geschäftsbereichs.

Die Offiziellen des Unternehmens überprüfen ihre Transferpreispolitik für Komponenten, die an die Fabrik in Duisburg versandt werden. Bei der Festlegung der ursprünglichen Politik wurden die folgenden Überlegungen bei der Bestimmung der Transferpreise angestellt:

- Bei welchem Preis sind die Unternehmensgewinne am höchsten? Die Capitool GmbH befindet sich in einer Situation des „Steuerverlustübertrags".
- Welcher Preis hätte die größten Vorteile bei der Berechnung von Transportversicherung, Frachtkosten, Zöllen und Steuern? Diese Kosten betragen schätzungsweise 40% des amerikanischen FOB-Preises.

- Welche Transferpreise würden die amerikanischen Finanzbehörden (IRS) bei der Bestimmung des zu versteuernden Einkommens der Capitool Company für angemessen halten?
- Welche Transferpreise würden die deutschen Behörden bei der Bestimmung des zu versteuernden Einkommens der Capitool GmbH für angemessen halten?
- Welche Transferpreise würden die deutschen Behörden bei der Bestimmung der Steuergrundlage für angemessen halten?
- Sollte das Unternehmen die Capitool GmbH durch hohe Transferpreise dazu ermutigen, maximale inländische Beiträge anzustreben?
- Wie ist es um die relative Qualität der in Deutschland beschafften Komponenten im Vergleich mit amerikanischen bestellt?
- Welcher Transferpreis ist notwendig, um die Einstandspreise der Komponenten auf einem Niveau zu halten, das es der Capitool GmbH ermöglicht, die Preise ihrer Maschinen wettbewerbsfähig festzulegen und einen befriedigenden Rohgewinn zu erzielen?

Aktuell setzt sich der amerikanische FOB-Transferpreis bei Komponenten, die von der amerikanischen zur Duisburger Fabrik verschifft werden, aus den folgenden Bestandteilen zusammen:

- aktuelle, direkte Materialkosten
- aktuelle, direkte Arbeitskosten
- volle Herstellungskosten
- 14,2% Aufschlag auf die Kosten.

Diese Formel wurde von den amerikanischen Finanzbehörden (IRS) und den deutschen Einkommensteuer- und Zollbehörden als niedrigste akzeptable Basis zur Bestimmung der (a) steuerpflichtigen Gewinne für die jeweiligen Standorte und (b) der Höhe der Zollpflicht geprüft und gebilligt.

Die Offiziellen des Unternehmens waren hinsichtlich Bedeutung und Nutzen der Transferpreise besorgt. In der Vergangenheit wurde eine Politik verfolgt, bei der die Autorität auf die leitenden Manager der Gewinnzentren dezentral verteilt wurde. Gewinnzentren waren sowohl als Anreiz für das Management (Manager können die Gewinne erkennen, für die sie verantwortlich sind) als auch als Verfahren zur Messung der Leistung des Managements eingesetzt worden. Für ein solches System müssen „Transferpreise" immer dann festgelegt werden, wenn innerhalb des Unternehmens Produkte übertragen werden. Die Funktionäre des Unternehmens befürchten Ungerechtigkeiten innerhalb des Systems, da sich die maximalen Unternehmensgewinne nicht einfach dadurch erreichen lassen, dass man die einzelnen Geschäftsbereiche ihre Gewinne maximieren lässt.

Ein Unternehmensfunktionär ging so weit, dass er vorschlug, es sei vielleicht besser, alle Transferpreise im Hauptsitz festzulegen und die „Gewinn-" in „Kostenzentren" umzuwandeln. Der Leiter des jeweiligen Kostenzentrums würde keine Kontrolle über die zentral verwalteten Transferpreise haben, sondern wäre einfach gezwungen, sie so zu akzeptieren, wie sie vom Hauptsitz festgelegt worden waren. Bei diesem Verfahren würden Manager nicht nach erzielten Gewinnen, sondern nach anderen Maßstäben (z. B. Marktanteile, Umsatzsteigerung, Kostensenkung usw.) beurteilt werden. Der Steuerberater des Unternehmens wies darauf hin, dass diese Politik zu Schwierigkeiten mit Steuer- und Zollbehörden führen würde.

Ein anderer Unternehmensfunktionär brachte die Ansicht zum Ausdruck, dass es den Managern von Kostenzentren (oder Gewinnzentren), sofern es nicht dem Unternehmensinteresse dient, intern „einzukaufen", erlaubt sein sollte, dort einzukaufen, wo die Einstandskosten am niedrigsten sind. Unternehmensinteressen können z.B. dann vorliegen, wenn es (1) Überkapazitäten gibt (wahrscheinlich würde es in dieser Hinsicht keine Schwierigkeiten geben, wenn der „verkaufende" Geschäftsbereich dazu bereit wäre, den Preis in der Nähe der Grenzkosten festzulegen, wenn dies für die Wettbewerbsfähigkeit erforderlich ist) oder (2) es durch

Steuer- oder Zollfaktoren wünschenswert ist, Transferpreise zu zahlen, die über dem „Niveau des Wettbewerbs“ liegen.

Fragen

1. Wie sollte die allgemeine Politik von Capitool bei der Festlegung internationaler Transferpreise aussehen?
2. Welche Verfahren sollte Capitool bei der Festlegung der Transferpreise einsetzen und wer sollte an dem Prozess beteiligt werden?
3. Sollte Capitool ein System multipler Transferpreise für (a) unterschiedliche Produkte, (b) verschiedene Länder oder (c) unterschiedliche Käuferklassen benutzen?

FALLSTUDIE 10.3

Strato Designs

Devisenkursschwankungen zwischen dem japanischen Yen und dem amerikanischen Dollar stellten Strato Designs (der Name des Unternehmens wurde geändert) während des Zeitraums zwischen 1994 und 1997 vor ernste Probleme. Das kalifornische Unternehmen produziert Grafikkomponenten für neun der bedeutendsten zehn PC-Hersteller sowie andere spezielle Logikchips für PC und Modems. Ungefähr 35% seiner Verkäufe gehen an japanische und ungefähr 10% an europäische Unternehmen.

Die japanischen Kunden verlangen Preisangaben in Yen. Natürlich konnte man die in Yen eingegangenen Zahlungen zu Kassadevisenkursen (aktueller Wechselkurs) in Dollar umwandeln. Wenn jedoch der Wert des Yen zwischen dem Zeitpunkt der Preisangabe und dem Eingang der Zahlung gestiegen ist, bedeutete dies einen unerwarteten Gewinn für Strato Designs. Ein sinkender Wert des Yen bedeutet andererseits Wechselkursverluste, die die Gewinnspannen der Verkäufe übersteigen können, so dass es zu Verlusten kommt.

Die Schwankungen der Wechselkurse waren während dieses Zeitraums sehr hoch. 1 US-$ war Anfang 1994 108 Yen, 1995 irgendwann weniger als 80 Yen und Anfang 1996 107 Yen wert und stieg dann im März 1997 auf 125 Yen. Die Gesamtspannen in dieser Industriesparte sind nicht hoch genug, als dass es sich Strato Designs erlauben könnte, die Preise so festzulegen, dass sie alle durch einen schwächeren Yen verursachten möglichen Verluste auffangen könnten. Und selbst mögliche unerwartete Gewinne durch einem Anstieg des Yen könnten für das Unternehmen zu einem Problem werden. Kunden, die bei einem schwachen Yen Verträge über Produkte abschließen und anschließend, bei eigener starker Währung, in Yen bezahlen, verstehen, dass sie relativ hohe Preise in Dollar bezahlen. Sie könnten nach Rabatten fragen, wenn Konkurrenten von Strato Designs ihre Produkte auf der Grundlage der geänderten Wechselkurse zu niedrigeren Preisen anbieten.

Unternehmensfunktionäre besprachen das Problem mit ihrer Bank und mit anderen Unternehmen, die mit ähnlichen Problemen konfrontiert waren. Es kamen mindestens sechs Strategien zur Auswahl:

1. Das Unternehmen kann einen Termindevisenvertrag eingehen und sich verpflichten, die Yen zu einem bestimmten zukünftigen Termin und zu einen bestimmten Preis gegen Dollar zu verkaufen. Das Datum für den Verkauf der Yen (Kauf von Dollars) würde für den Zeitpunkt angesetzt, an dem die Yen vom japanischen Importeur der Waren gezahlt werden. Derartige Verträge lassen sich relativ günstig und üblicherweise bei einem Kurs, der dicht beim aktuellen Wechselkurs liegt, abschließen und würden die Gewinne festschreiben. Sie würden aber auch unerwartete Gewinne von Strato Design verhindern. Zudem wäre damit nicht das potenzielle Problem der unzufriedenen Kunden gelöst, wenn der Kurs des Yen im Zeitraum zwischen dem Verkaufsabschluss und dem Zahlungstermin steigt.

2. Das Unternehmen kann eine Option für den Verkauf des Yen (Kauf von Dollars) zu einem bestimmten Kurs für das Datum der Fälligkeit des Yen erwerben. Bei einer solchen Option muss Strato Designs den Yen nicht an den Anbieter der Option verkaufen. Es kann dies machen, wenn der Yen schwächer geworden ist, oder die Option einfach nicht nutzen und den Yen zum Kassakurs (Tageskurs) verkaufen, wenn der Yen stärker geworden ist. Der Nachteil dieser Methode ist der relativ hohe Preis derartiger Optionen.

3. Strato Designs könnte in der Lage sein, einen Währungstausch bei festem Kurs mit einem amerikanischen Exporteur zu vereinbaren, der zu dem Zeitpunkt mit Yen bezahlen muss, wenn Strato Designs Yen erhält.

4. Je nach benötigten Teilen oder anderen Waren könnte Strato Designs anstehende potenzielle Wechselkursverluste/-gewinne aus Exportverkäufen durch Gewinne/Verluste aus gleichzeitigen Importkäufen teilweise oder komplett ausgleichen.

5. Strato Designs kann Verträge oder Kaufoptionen nur dann abschließen, wenn es glaubt, dass der Yen schwächer wird. Wenn es glaubt, dass der Yen stärker wird, könnte man einfach warten, den Yen bei Empfang verkaufen und auf diesem Weg zusätzliche Gewinne machen.

6. Strato Designs kann gar keine vorausschauenden Maßnahmen ergreifen und muss ggf. auftretende Wechselkurgewinne/-verluste in Kauf nehmen.

Strato Designs muss aus diesen möglichen Modellen ein bestimmtes einzusetzendes Verfahren auswählen.

Fragen

1. Werden die japanischen Kunden von Strato Designs bereitwillig Preisangaben in Dollar akzeptieren? Erörtern Sie diese Frage.
2. Wie sollte das Ziel des Unternehmens bei der Bewältigung der Wechselkurssituation aussehen?
3. Welches Modell oder Verfahren sollte Strato Designs Ihrer Meinung nach nutzen? Verteidigen Sie Ihre Ansicht!
4. Sollte das Unternehmen bei allen Auslandswährungen, mit denen es zu tun hat, oder nur beim japanischen Yen entsprechend Ihrer Wahl in Frage 3 vorgehen? Erläutern Sie Ihre Antwort.

KAPITEL 11

Finanzierung und Zahlungsmethoden

11.1 Einleitung

Finanzierung und Zahlungen hängen direkt mit der Festlegung der Exportpreise zusammen. Exportpreise werden nicht isoliert festgesetzt. Vielmehr ist zu berücksichtigen, wie Zahlungen erfolgen sollen. Die entwickelten Finanzierungsverfahren sind zwar recht kompliziert, stellen dem exportierenden Unternehmen aber die für die Kontrolle der Zahlungen für international gehandelte Waren wesentlichen Dienste und Hilfsmittel zur Verfügung. Obwohl sich Banken mit der internationalen Finanzierung befassen, um Gewinne zu machen, sind die von ihnen angebotenen Dienstleistungen dem Exportmanager unentbehrliche Hilfen. Auf den folgenden Seiten werden die Methoden, Vorgehensweisen und Hilfsmittel der Exportfinanzierung und der Zahlungsmethoden sowie einige der von Banken angebotenen Dienstleistungen beschrieben. Darüber hinaus werden verschiedene Arten gegenseitiger Geschäftsbeziehungen besprochen, die monetäre Zahlungen umfassen können, aber nicht müssen. Notwendigerweise müssen wir die Beschreibungen jedoch kurz halten. Ausführliche Einzelheiten können Sie den Veröffentlichungen der Bank von Amerika (1994) oder ähnlichen Publikationen (von Banken mit Abteilungen für das internationale Bankwesen) entnehmen.

11.2 Export-Finanzierungsmethoden und Zahlungsbedingungen

Finanzierungsmethoden werden zum großen Teil vom Umfang der Kontrolle, die der Exporteur über die Waren behalten will, und dem Zeitlimit des Zahlungsaufschubs bestimmt.

Beim Exportieren gibt es sieben verschiedene Möglichkeiten zur Erweiterung von Krediten und Zahlungen. Diese werden in mehr oder weniger aufsteigender Reihenfolge besprochen. Dabei beginnen wir mit der aus der Sicht des Verkäufers/Exporteurs hinsichtlich der Risiken der Nichtzahlung unsichersten Möglichkeit und schreiten dann bis zur sichersten Variante voran. Diese Reihenfolge entspricht auch der aufsteigenden Reihenfolge der Kosten für den Importeur. Generell würden Exporteure die sicherste und Importeure die preisgünstigste Methode vorziehen. Da sich die Extreme am entgegengesetzten Ende der Reihenfolge befinden, müssen die Beteiligten offensichtlich Kompromisse finden.

11.2.1 Kommission

Wenn diese Methode eingesetzt wird, erfolgt die Zahlung üblicherweise durch eine Tratte (gezogener Wechsel), bei der es sich um eine Art Wechsel handelt (vgl. Abschnitt 11.3.3), der sich auf den Warenempfänger (vom Exporteur) bezieht und mit keinen Dokumenten versehen ist. Die Zahlung erfolgt, wenn die Produkte vom Käufer/Importeur weiterverkauft worden sind. Hier handelt es sich um eine für den Käufer praktische Zahlungsweise.

Der Zeitpunkt und die Methode der Zahlung hängen von den vorherigen Vereinbarungen zwischen dem Käufer und dem Verkäufer ab. Der Verkäufer kann einen Wechsel über den Wert einer bestimmten Sendung oder bestimmter Sendungen auf den Käufer ziehen (nicht mit Dokumenten versehen). Alternativ kann der Käufer, mit oder ohne Erhalt einer Tratte, einfach periodische Zahlungen (z.B. monatlich) zur Begleichung der Schuld vornehmen. Die realen Überweisungen (Zahlungen) erfolgen per Scheck, Banktratte oder telegrafischer Anweisung. Kommissionsgeschäfte können in vielen Ländern aus drei Gründen gefährlich sein: Erstens sind die Gesetze hinsichtlich des Eigentums an den übergebenen Waren nicht immer eindeutig, zweitens ist es für den Verkäufer schwierig, ein wachsames Auge auf die übergebenen Waren zu halten, wenn sich die übergebenen Waren in einem geografisch weit entfernten Land befinden, und drittens können Devisenbewirtschaftungen Zahlungen des Empfängers verhindern.

11.2.2 Offene Forderung

Im Exporthandel finden Geschäfte mit offenen Forderungen mit denselben Verfahren und Methoden wie im inländischen Handel statt. Exporteure werden diese Methode normalerweise nur dann einsetzen, wenn sie Vertrauen in die Kreditwürdigkeit des Käufers haben. Beispiel 11.1 verdeutlicht, wie sich dieses Verfahren möglicherweise verbessern lässt.

BEISPIEL 11.1

Factoring ist eine Alternative

Die Möglichkeiten eines Exporteurs, offene Forderungen zu nutzen, lassen sich durch den Einsatz von *Factoring* erweitern. Factoring ist der Kauf der offenen aktiven Forderungen eines Unternehmens durch eine Finanzinstitution, bei der es sich um eine Bank oder eine spezialisierte Institution handeln kann. Idealerweise sollte der Exporteur vor der Unterzeichnung von Verträgen und dem Versand der Ware zum Factor gehen und sich davon überzeugen, dass dieser bereit ist, die offenen Forderungen zu kaufen. Der Factor wird (in der Regel über einen Geschäftsfreund im Land des Importeurs) u.a. eine Bonitätsprüfung des künftigen Käufers vornehmen. Der Factor agiert also als eine Art Kreditgewährungsagentur, der die Zahlung vereinfacht und diese „garantiert".

Laut dem Manager von Faktofins Company, einem Zweig der Iktisat Bank of Turkey (der Pionierinstitution für Factoring in der Türkei), eignet sich alles, was sich herstellen, verkaufen und vergessen lässt, für das Factoring. Alle Verbrauchsgüter, die innerhalb von 90 Tagen zahlbar sind und keine Garantie hinsichtlich Nachkauf-Dienstleistungen umfassen, eignen sich für das Factoring. Güter mit Gewährleistungspflicht, deren Mängel nicht direkt zu erkennen sind, erschweren Streitigkeiten über die gehandelten Güter. Iktisat Bank ist, wie viele andere Factoring-Organisationen, ein Mitglied der Factor Chains International (FCI), einer der bedeutenden internationalen Factoring-Organisationen. FCI verfügt über eine Reihe von Regeln der Arbitrage, um festzustellen, ob ein Streit gerechtfertigt ist, und um diesen effizient zu lösen. Sobald der Versand erfolgt ist, bringt der Exporteur die erforderlichen Dokumente zwecks Zahlung zum Factor. Der Geschäftsfreund erhält die Zahlung(en) vom Importeur und transferiert die Geldmittel über den Factor zurück zum Exporteur. Dieses Verfahren verdeutlicht die nachfolgende Abbildung. Einem Experten zufolge kann ein Factor einem Exporteur drei wichtige Dienstleistungen anbieten (Batchelor, 1990):

1. Die sofortige Barauszahlung (bis zu 85% des Rechnungswertes) des Exporteurs kann erfolgen. Die verbleibenden Geldbeträge werden abzüglich Dienstleistungsgebühren und Zinsen bei erfolgter Zahlung des Kunden ausgezahlt.

Beispiel 11.1 (Forts.)

2. Der Faktor kann, wenn es gewünscht wird, die Verwaltung der Verkaufsregister des Klienten übernehmen, Rechnungen versenden und sicherstellen, dass dieser die Zahlungen erhält.
3. Der Factor kann Kreditrisiken bestimmen und Klienten gegen mögliche zweifelhafte Außenstände versichern.

Die Nutzung von Factoring durch einen Exporteur.

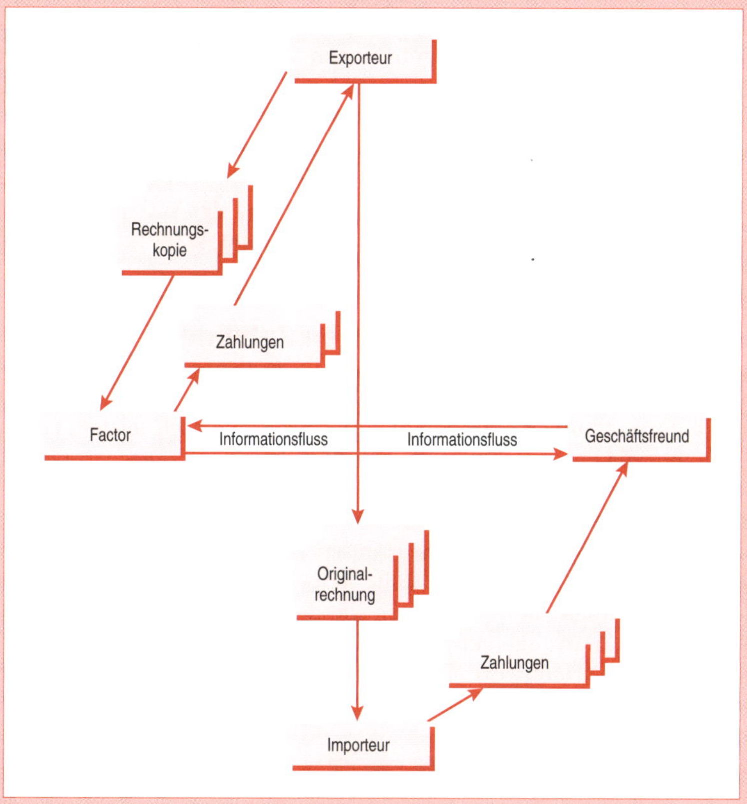

Eine verwandte Praktik ist die *Forfaitfinanzierung*. Forfaitierung ist die Übertragung einer terminierten Schuldenobligation aus einem Exportverkauf, bei der der Exporteur die Schulden, üblicherweise ohne Rückgriff auf den Exporteur, an eine dritte Partei verkauft. Die Garantie für diese Schulden übernehmen in der Regel ausländische Banken und/oder Regierungen. Der Exporteur erhält sofort den größten Teil des Geldes. In einigen Fällen wandelt das Forfait-Haus die gekauften Forderungen in veräußerliche Geschäftspapiere um.

11.2.3 Dokumente gegen Akzept (D/A – documents against acceptance)

Wenn Wechsel *Dokumente gegen Akzept* gezogen werden, wird der Kredit des Käufers auf der Grundlage seiner Annahme eines Wechsels, der eine Zahlung innerhalb eines bestimmten Zeitraums und üblicherweise an einem bestimmten Ort fordert, erweitert. Die Annahme (Akzept) des Wechsels bedeutet, dass der Käufer formell einwilligt, den im Wechsel angegebenen Betrag zum Fälligkeitstermin zu zahlen. Der Zeitpunkt lässt sich als bestimmte Anzahl von Tagen nach Sicht (*Nachsichtwechsel*) und damit nach dem Tag, an dem der Wechsel dem Adressaten erstmals vorgelegt wird, ausdrücken. Der Zeitpunkt lässt sich als bestimmte Anzahl von Tagen nach einem Datum (*Tagwechsel*) ausdrücken, so dass das Datum, an dem der Wechsel gezogen wurde, als Beginn der Laufzeit (d.h. dem Zeitraum, nach dem die Zahlung fällig ist) des Wechsels dient. Tagwechsel sind Nachsichtwechseln vorzuziehen, weil sie das genaue Datum der Fälligkeit des Wechsels angeben. Je nach getroffenen Vereinbarungen kann es dem Bezogenen des Wechsels gestattet sein, die Waren zu untersuchen, bevor er den Wechsel annimmt.

Wenn ein Verkäufer einen Wechsel benutzt, der nicht unter einem Akkreditiv ausgestellt wurde, sei es nun D/A oder D/P, trägt er das Risiko, dass der Käufer den Wechsel nicht annimmt. Zwar würde der Verkäufer dabei die Besitzrechte an den Waren behalten, diese befänden sich aber bereits im Ausland. Der Rückerhalt oder der Verkauf der Waren kann dann schwierig und/oder kostspielig sein. Zudem sind juristische Aktivitäten über nationale Grenzen hinweg häufig ebenfalls schwierig und/oder teuer.

11.2.4 Sichtwechsel, Dokumente gegen Zahlung (D/P – documents against payment)

Hier muss der Käufer Zahlungen über den Nennwert des Wechsels leisten, bevor er die Dokumente erhält, die ihm die Besitzrechte an den Waren übertragen. Dies ist dann der Fall, wenn der Käufer erst den Wechsel zu sehen bekommt. Manchmal wird dem Käufer unter Anweisungen des Ausstellers ein bestimmter Zeitraum für die Zahlungen eingeräumt. Zwischenzeitlich verbleiben die Waren im Besitz und in den Händen der kassierenden Agentur, bei der es sich üblicherweise um eine Bank handelt. Es sollte jedoch nicht angenommen werden, dass der Bezogene sofort zahlen muss. In den meisten Ländern ist es üblich, dass der Bezogene des Wechsels am Zielort Kreditarrangements mit seiner eigenen Bank trifft, um die Geldmittel zu überweisen, mit denen der Nennwert oder Teile des Wechsels bei Eingang der Lieferung beim Käufer für einen Teil der Warenmenge beglichen werden.

11.2.5 Akkreditiv (L/C – letter of credit)

Bei einem Akkreditiv nimmt der Käufer einen Warenkredit bei seiner Bank auf und legt die Bedingungen fest, unter denen die Zahlung an den benannten Verkäufer (den Exporteur bzw. den sog. „Begünstigten") erfolgen kann. Sobald der Kredit entweder auf dem Postweg oder elektronisch bestätigt worden ist, benachrichtigt die Bank des Exporteurs diesen davon und gibt über die Bedingungen Auskunft. Um die Zahlung zu erhalten, legt der Verkäufer der verhandelnden oder zahlenden Bank die angegebenen, erforderlichen Versanddokumente vor. In der Anlage der Dokumente befindet sich ein Wechsel, der auf eine Bank gezogen ist. Bei diesem Wechsel kann es sich entweder um einen Sicht-, Nachsicht- oder Tagwechsel handeln. Wenn die Dokumente in Ordnung sind und vor oder am Tag des Ablaufs vorgelegt wurden, werden sie von der Bank akzeptiert und der Exporteur wird vollständig bezahlt. Damit ist die Transaktion, soweit sie den Exporteur betrifft, beendet. Es sollte jedoch angemerkt werden, dass alle im Akkreditiv angegebenen Bedingungen vom Begünstigten sorgfältig zu erfüllen sind. Selbst bei erfahrenen Exporteuren ist es nicht ungewöhnlich, dass sie gelegentlich Probleme bekommen, weil sie kleine, aber wichtige Bedingungen im Akkreditiv übersehen haben.

11.2.6 Nachnahme (COD – cash on delivery)

Nachnahmetransaktionen kommen im Exporthandel außer bei Lufttransporten nicht häufig vor. Zahlreiche Fluggesellschaften verfügen an ihren Terminals über Einrichtungen für die Warenauslieferung gegen Zahlung durch den Empfänger. Wenn derartige Einrichtungen verfügbar sind, stellen sie für den Absender ein praktisches Verfahren zum Kassieren der Zahlung dar. Es sollte jedoch angemerkt werden, dass es sich beim Sichtwechsel (D/P) seinen Absichten und Zwecken entsprechend um eine Nachnahmezahlung handelt.

11.2.7 Zahlung bei Auftragserteilung

Verkäufer verlangen manchmal Zahlung oder Teilzahlung bei Auftragserteilung. Häufig ist dies wegen potenzieller Risiken hinsichtlich des Erhalts der Zahlung oder ausländischer Währungsmittel notwendig. Wenn diese Methode eingesetzt wird, erfolgt normalerweise eine Teilzahlung, deren Betrag ausreicht, um die Transportkosten zum Ort des Imports und zurück zum Ort des Exports zu decken.

Eine Zusammenfassung der Hauptaspekte dieser Verfahren finden Sie in Tabelle 11.1. Von den sieben im Exportmarketing verwendeten Zahlungsverfahren bringen Kommissionierung, offene Forderung und Dokumente gegen Akzept eine Erweiterung des vom Verkäufer an den Käufer gewährten Kredits mit sich. Bei diesen drei Verfahren verliert der Verkäufer durchweg die Kontrolle über die Ware und übergibt sie in die treuhänderische Verwahrung des Käufers.

Tabelle 11.1 Hauptmerkmale der Export-Zahlungsmethoden.

Zahlungsmethode	Zeitpunkt der Zahlung an den Verkäufer	Verfügbarkeit der Waren für den Käufer	Risiken des Verkäufers	Risiken des Käufers
1. Kommission	Bei Vorlage des Wechsels, üblicherweise nach dem Verkauf (eines Teils) der Waren durch den Importeur	Bei Lieferung	Volles Vertrauen in den Käufer, dass dieser den Wechsel zahlt	Keine
2. Offene Forderung	Bei erfolgter Zahlung der Rechnung	Bei Lieferung	Volles Vertrauen in den Käufer, dass dieser den Wechsel bei Fälligkeit zahlt	Keine
3. Nachsichtwechsel zum Einzug • Dokumente gegen Akzept (D/A)	Bei Fälligkeit des Nachsichtwechsels oder Handelsakzepts	Bei Annahme des Nachsichtwechsels	Wie oben, aber der Käufer ist der Eigentümer der Waren	Wie bei Akkreditiv

Tabelle 11.1 Hauptmerkmale der Export-Zahlungsmethoden. (Forts.)

Zahlungsmethode	Zeitpunkt der Zahlung an den Verkäufer	Verfügbarkeit der Waren für den Käufer	Risiken des Verkäufers	Risiken des Käufers
4. Sichtwechsel zum Einzug • Dokumente gegen Zahlung (D/P) • Bargeld gegen Dokumente	Bei Vorlage des zu kassierenden Wechsels	Nach Zahlung	Mögliche Nichtzahlung des Wechsels aufgrund wirtschaftlicher oder politischer Risiken	Wie bei Sichtakkreditiv
5. Akkreditiv (L/C)	Bei Fälligkeit des Nachsichtwechsels oder bei Diskontierung des Bankakzepts	Bei Annahme des Nachsichtwechsels, der unter dem Akkreditiv durch seine Bank gezogen wurde	Wie oben	Die eigentliche Zahlung ist nach dem Besitz der Ware fällig, hat aber unabhängig von der Produktqualität zu erfolgen
6. Sichtakkreditiv (L/C)	Wenn der verhandelnden oder zahlenden Bank übereinstimmende Dokumente vorgelegt werden	Bei Bezahlung	Geringe oder keine, je nach Bedingungen im Akkreditiv	Zusicherung der Sendung liegt vor, der Käufer muss hinsichtlich des Versands der beschriebenen Waren aber dem Verkäufer vertrauen
7. Bargeld im Voraus	Vor Versand	Nach Zahlung	Keine	Volles Vertrauen auf den Exporteur, dass dieser die Waren wie bestellt versendet

Beim Akkreditiv, bei der Nachnahme oder der Zahlung bei Auftragserteilung gewährt der Verkäufer dem Käufer keinen Kredit. Tatsächlich erhält der Verkäufer die Zahlung vor der Auslieferung oder sogar noch vor dem Versand der Ware. Beim Sichtwechsel (D/P) behält der Verkäufer das Eigentum an und die Kontrolle über die Ware, weil der Käufer diese bezahlen muss, bevor sie in seinen Besitz übergeht. Bei diesem Verfahren handelt es sich mit anderen Worten um eine Nachnahmelieferung.

11.2.8 Langfristige Finanzierung

Bedeutende Projekte, große Kapitalausstattungsverkäufe und spezielle Exporte, wie z.B. Transporte landwirtschaftlicher Erzeugnisse unter Regierungsprogrammen, können langfristige Finanzierungen erfordern. Eine Reihe von Regierungs-, Bank- und Privatorganisationen haben Programme, die derartige Transaktionen erleichtern. Bei diesen erhalten Hersteller im Allgemeinen in naher Zukunft Geldmittel, während Käufer ihre Zahlungen über mehrere Jahre streuen können. Neben direkten Krediten, wie sie z.B. von der Export-Import-Bank der USA gewährt werden, bieten Regierungsagenturen, wie z.B. das Export Credits Guarantee Department in Großbritannien, die Foreign Credit Insurance Association in den USA und COFACE (Compagnie Française d'Assurance pour le Commerce Extérieur) in Frankreich ihren Exporteuren Versicherungsschutz gegen Kredit- und politische Risiken. Ähnliche Organisationen existieren sowohl in Entwicklungsländern als auch in Industrieländern (siehe Fitzgerald und Monson, 1987). Exportkredit- und Investitionsversicherungsunternehmen aus mehr als 30 Ländern sind Mitglied der Berner Union (International Union of Credit and Investment Insurers). Eine Liste der Mitglieder der Berner Union finden Sie im Internet auf den Seiten dieser Organisation unter http://www.berneunion.org.uk. Die Berner Union fungiert als globaler Koordinator der nationalen Kreditversicherer und unterhält eine umfangreiche internationale Datenbank der Kreditrisiken für Käufer aus dem privaten und öffentlichen Sektor. Eine derartige Quelle mit Daten zu Kreditrisiken kann für den Exporteur, der vor einer Entscheidung über die Bereitstellung einer langfristigen Finanzierung steht, sehr hilfreich sein.

11.3 Zahlungs-/Finanzierungsverfahren

Es ist klar, dass dem exportierenden Unternehmen eine große Reihe von Zahlungsverfahren zur Verfügung stehen, aus denen er auswählen kann. Nach den üblichen Verwendungszwecken lassen sich die Verfahren jedoch in zwei allgemeine Kategorien einordnen: (1) *Akkreditive* und (2) *Wechsel* oder *Tratte*.

Es gibt viele Varianten von Akkreditiven, die von den darin dargelegten Bestimmungen selbst abhängen. Aber sie haben alle ein gemeinsames Ziel: die Bereitstellung des Kredits einer oder mehrerer Banken anstelle des Kredits oder Risikos des Im- oder Exporteurs.

Mehrere Arten von Wechseln werden, je nach den Anforderungen an Dokumente und Zahlungsbedingungen, ebenfalls allgemein genutzt. Tatsächlich werden selbst bei der Akkreditiv-Finanzierung Wechsel ständig benutzt. Wechsel haben ebenfalls ein gemeinsames Ziel, das darin besteht, spezifische Aufzeichnungen der finanziellen Aspekte der Transaktion in einer Form anzufertigen, die sich dazu nutzen lässt, eine Finanzierung vom Banksystem zu erhalten.

11.3.1 Akkreditiv

Ein Warenakkreditiv lässt sich so definieren:

> *eine Urkunde, die üblicherweise von einer Bank auf Bitte und Rechnung ihres Kunden ausgestellt wird, mit der sich die Bank bei Vorlage der im Akkreditiv bezeichneten Dokumente oder schriftlicher Entsprechungen zur Zahlung eines Geldbetrags an den benannten Begünstigten verpflichtet.*

Wenn ein Akkreditiv von einer Bank im Namen eines ihrer Kunden ausgestellt wird, wird der Name des Kunden durch den Namen der Bank, deren Integrität und Renommee ergänzt.

Die Verwendung von Akkreditiven zur Finanzierung von Exportsendungen ist bei Exporteuren seit langem beliebt. Sie haben erkannt, dass dieses Mittel der Zahlungsvereinbarung einen großen Schutz gegen die bei Exportgeschäften unvermeidlich entstehenden Risiken bietet. Dies gilt insbesondere dann, wenn das Akkreditiv in unwiderruflicher Form ausgestellt wird und durch eine Bank mit unbestrittenem Ansehen im Land des Exporteurs weiter bestätigt wird. *Ein Akkreditiv ist nur so gut, wie die Bank, die es ausgestellt hat,* und ggf. nur so gut, wie die Bank, die es bestätigt hat.

Außer in ihrer allgemeinen Form und Sprache sind Akkreditive höchst verschieden, weil sie jeweils gezogen werden, um die Anforderungen einer individuellen Transaktion zu decken. Derartige Kredite haben jedoch gewisse gemeinsame Merkmale. Sie enthalten alle die Berechtigung des Verkäufers von Waren, Wechsel auf eine Bank zu ziehen, die deren Einlösung zusagt, auch wenn diese Zusage im Falle widerruflicher Kredite nur dann gilt, wenn das Akkreditiv nicht annulliert worden ist. Die Bank setzt so die Sicherheit ihres Namens hinter die des Käufers, und im Falle unwiderruflicher Kredite lassen sich diese nur mit Zustimmung des Begünstigten aufheben. Darin liegt aus der Sicht des Verkäufers der wesentliche Grund für die Attraktivität von Akkreditiven. Der Exporteur kann sich sicher sein, dass seine Waren bezahlt werden, sofern die im Akkreditiv angegebenen Bestimmungen erfüllt werden.

Abbildung 11.1 Die Funktionsweise eines Akkreditivs.

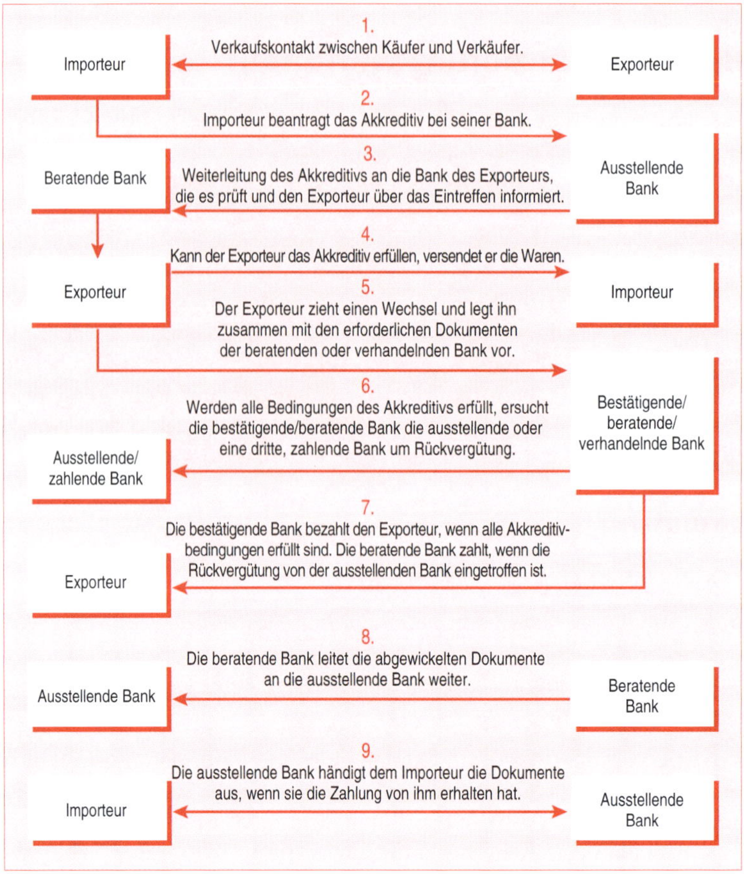

Quelle: nach Seafirst Bank, 1988, S. 10.

Die „beratende" Bank, die den Exporteur davon benachrichtigt, dass ein Akkreditiv für den Kredit des Verkäufers genehmigt worden ist, trägt kein Risiko bei der Transaktion, außer wenn er „bestätigt" ist. Normalerweise besitzt die ausgebende oder öffnende Bank (die Bank des Käufers, die das Akkreditiv ausstellt) Geldmitteldepots bei einer Bank im Land des Exporteurs. Das Akkreditiv schützt daher den Exporteur, weil es die Zahlung garantiert. Es dient den Interessen des Käufers, weil sein Geld nicht ausgezahlt wird, bis der verhandelnden oder zahlenden Bank ein ordnungsgemäßes Konnossement über die Verladung als Beweis des Versands zusammen mit allen im Akkreditiv angegebenen erforderlichen Dokumente vorgelegt wird. Weiterhin ist die benachrichtigende Bank geschützt, weil sie ein Geldmitteldepot über das Geld bzw. den gewährten Kredit besitzt. Abbildung 11.1 verdeutlicht die Funktionsweise eines Akkreditivs und die Rollen der beteiligten Parteien. Eine entsprechende Bankbenachrichtigung und Bestätigung der Gewährung eines Akkreditivs finden Sie in Abbildung 11.2.

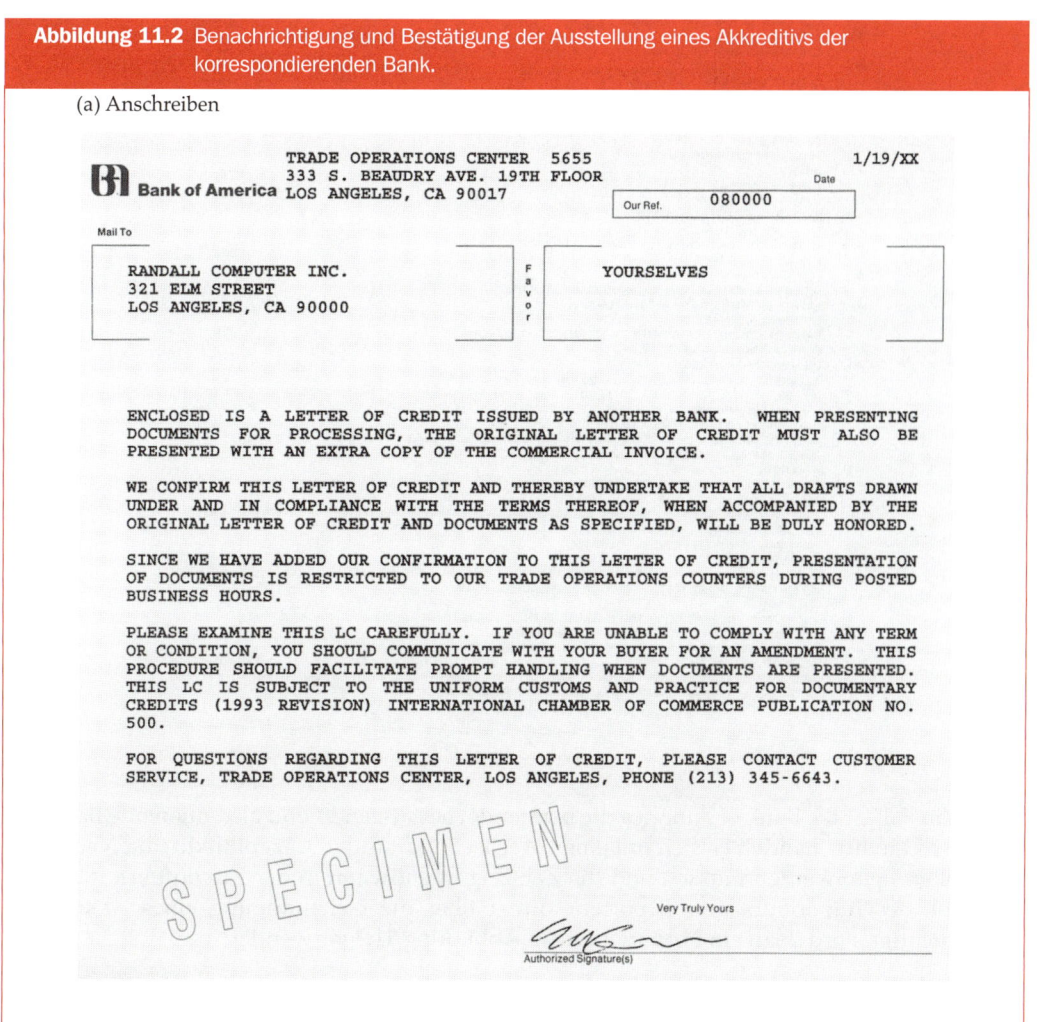

Abbildung 11.2 Benachrichtigung und Bestätigung der Ausstellung eines Akkreditivs der korrespondierenden Bank.

(a) Anschreiben

Bank of America
TRADE OPERATIONS CENTER 5655
333 S. BEAUDRY AVE. 19TH FLOOR
LOS ANGELES, CA 90017

Date 1/19/XX

Our Ref. 080000

Mail To

RANDALL COMPUTER INC.
321 ELM STREET
LOS ANGELES, CA 90000

Favor YOURSELVES

ENCLOSED IS A LETTER OF CREDIT ISSUED BY ANOTHER BANK. WHEN PRESENTING DOCUMENTS FOR PROCESSING, THE ORIGINAL LETTER OF CREDIT MUST ALSO BE PRESENTED WITH AN EXTRA COPY OF THE COMMERCIAL INVOICE.

WE CONFIRM THIS LETTER OF CREDIT AND THEREBY UNDERTAKE THAT ALL DRAFTS DRAWN UNDER AND IN COMPLIANCE WITH THE TERMS THEREOF, WHEN ACCOMPANIED BY THE ORIGINAL LETTER OF CREDIT AND DOCUMENTS AS SPECIFIED, WILL BE DULY HONORED.

SINCE WE HAVE ADDED OUR CONFIRMATION TO THIS LETTER OF CREDIT, PRESENTATION OF DOCUMENTS IS RESTRICTED TO OUR TRADE OPERATIONS COUNTERS DURING POSTED BUSINESS HOURS.

PLEASE EXAMINE THIS LC CAREFULLY. IF YOU ARE UNABLE TO COMPLY WITH ANY TERM OR CONDITION, YOU SHOULD COMMUNICATE WITH YOUR BUYER FOR AN AMENDMENT. THIS PROCEDURE SHOULD FACILITATE PROMPT HANDLING WHEN DOCUMENTS ARE PRESENTED. THIS LC IS SUBJECT TO THE UNIFORM CUSTOMS AND PRACTICE FOR DOCUMENTARY CREDITS (1993 REVISION) INTERNATIONAL CHAMBER OF COMMERCE PUBLICATION NO. 500.

FOR QUESTIONS REGARDING THIS LETTER OF CREDIT, PLEASE CONTACT CUSTOMER SERVICE, TRADE OPERATIONS CENTER, LOS ANGELES, PHONE (213) 345-6643.

SPECIMEN

Very Truly Yours

Authorized Signature(s)

Quelle: Bank of America, 1994, S. 18, 20.

(b) Akkreditiv

FROM: BANQUE EMETTRICE INTERNATIONALE
PARIS, FRANCE
TO: BANK OF AMERICA
TRADE OPERATIONS CENTER 5655
333 S. BEAUDRY AVENUE
LOS ANGELES, CALIFORNIA 90017
DATE: XX0118

BANK OF AMERICA NT & SA
TRADE OPERATIONS CENTER 5655
EXPORT LETTERS OF CREDIT
LOS ANGELES, CALIFORNIA

This Letter of Credit has been recorded under our Reference No.

080000

Our Advice must be kept attached to the Letter of Credit.

Authorized Signature

SPECIMEN

:700 ISSUE OF DOC CREDIT

:27 PAGE NUMBER: 1 OF 1
:40A FORM OF DOC CREDIT: IRREVOCABLE
:20 DOC CREDIT NUMBER: 123456
:31C ISSUE DATE: XX0118 18JANXX
:31D EXPIRY DATE/LOCATION:
XX0520 20MAYXX
LOS ANGELES, CALIFORNIA
:50 APPLICANT/ACCOUNT PARTY:
PRODUITS ELECTRONIQUES S.A.
15 RUE GEORGES DUMAS
75009 PARIS, FRANCE
:59 BENEFICIARY:
RANDALL COMPUTER INC.
321 ELM STREET
LOS ANGELES, CALIFORNIA 90000
:32B AMOUNT:
USD 134,000.00 US DOLLARS
:41D AVAILABLE WITH/BY:
BANK OF AMERICA
LOS ANGELES, CALIFORNIA
BY ACCEPTANCE
:42C DRAFTS AT:
90 DAYS SIGHT
FOR 100 PCT INVOICE VALUE
:42D DRAWEE:
BANK OF AMERICA
LOS ANGELES, CALIFORNIA
:43P PARTIAL SHIPMENTS: ALLOWED
:43T TRANSSHIPMENT: ALLOWED
:44A LOADING ON BOARD/DISPATCH/TAKING IN CHARGE AT/FROM:
LOS ANGELES AIRPORT
:44B FOR TRANSPORTATION TO:
CHARLES DE GAULLE INTERNATIONAL AIRPORT, PARIS
:44C LATEST SHIPMENT DATE: xx0510 10MAYxx
:45 COVERING SHIPMENT OF:
RANDALL COMPUTER EQUIPMENT ACCORDING TO P.O. 87654
FCA LOS ANGELES AIRPORT
:46 DOCUMENTS REQUIRED:
1. SIGNED COMMERCIAL INVOICE, ORIGINAL AND TWO COPIES.
2. AIR WAYBILL CONSIGNED TO BANQUE EMETTRICE INTERNATIONALE, PARIS, FRANCE MARKED FREIGHT COLLECT AND NOTIFY PRODUITS ELECTRONIQUES S.A., 15 RUE GEORGES DUMAS, 75009 PARIS, FRANCE.
3. PACKING LIST, ORIGINAL AND ONE COPY.
4. BENEFICIARY'S SIGNED STATEMENT THAT ONE SET OF DOCUMENTS ACCOMPANY SHIPMENT.
INSURANCE TO BE EFFECTED BY BUYER.
:47 ADDITIONAL CONDITIONS:
THE NUMBER AND DATE OF THIS CREDIT AND THE NAME OF OUR BANK MUST BE QUOTED ON ALL DRAFTS.
:48 PERIOD FOR PRESENTATION OF DOCUMENTS:
DOCUMENTS MUST BE PRESENTED TO THE ACCEPTING BANK WITHIN 10 DAYS FROM THE AIR WAYBILL DATE BUT NOT LATER THAN L/C EXPIRATION DATE.
:49 CONFIRMATION INSTRUCTIONS: CONFIRM
:53D REIMBURSEMENT:
WE AUTHORIZE YOU TO REIMBURSE YOURSELVES BY DEBITING OUR ACCOUNT WITH YOUR SAN FRANCISCO OFFICE AT MATURITY UNDER TESTED TELEX OR SWIFT ADVICE TO US.
:71B CHARGES:
ALL BANKING COMMISSIONS AND CHARGES IN THE U.S. ARE FOR ACCOUNT OF APPLICANT.
:78 INSTRUCTIONS TO PAY/ACCEPT/NEGOTIATING BANK:
ALL DOCUMENTS MUST BE SENT TO US IN ONE COVER BY EXPRESS MAIL SERVICE.
:72 RECEIVER INFORMATION: THIS LETTER OF CREDIT IS SUBJECT TO THE UNIFORM CUSTOMS AND PRACTICE FOR DOCUMENTARY CREDITS, 1993 REVISION, INTERNATIONAL CHAMBER OF COMMERCE PUBLICATION NO. 500. THIS IS THE OPERATIVE INSTRUMENT, NO MAIL CONFIRMATION WILL FOLLOW.

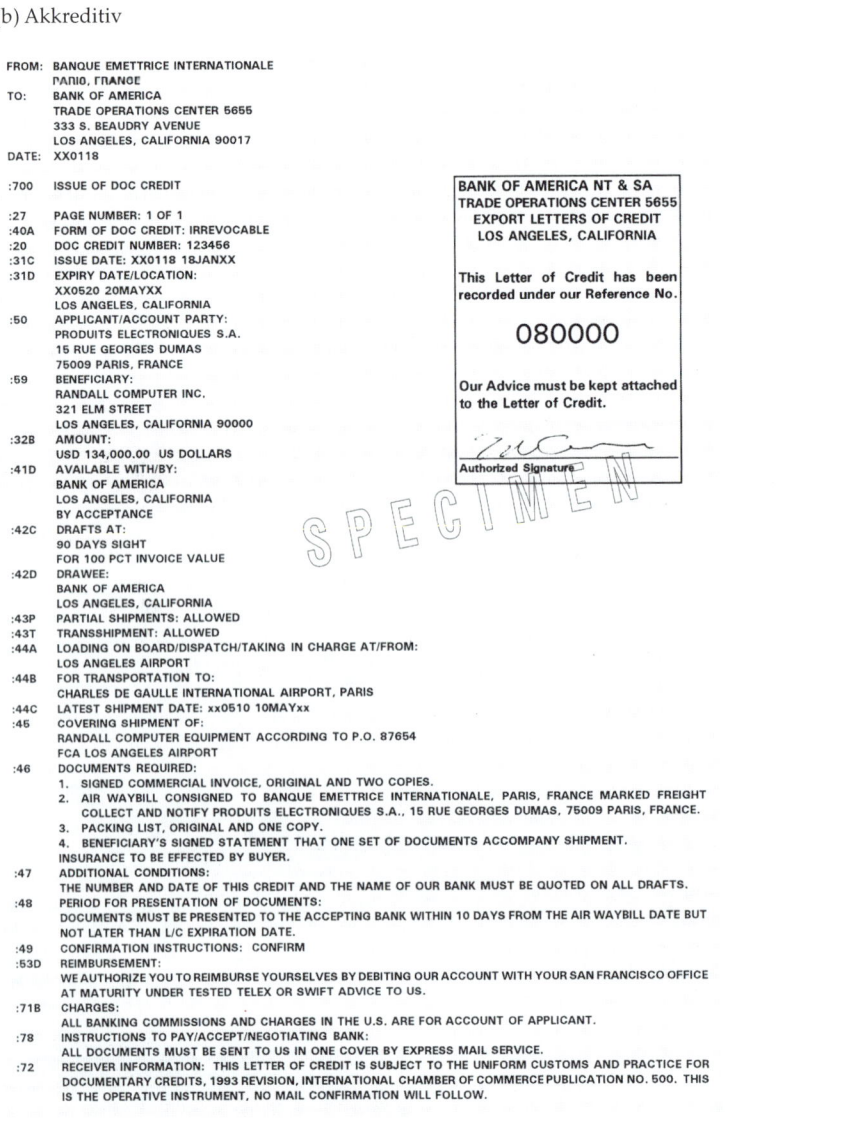

In diesem Fall ist die Bank of America die beratende, bestätigende und akzeptierende Bank. Bei diesem Akkreditiv handelt es sich um einen Wechselkredit (oder Akzeptkredit), da Nachsichtwechsel gezogen werden müssen und die Zahlung irgendwann in der Zukunft erfolgt. Wenn die Bank des Importeurs den Exporteur direkt über die Genehmigung eines Akkreditivs benachrichtigt, wird dazu ein Formular wie in Abbildung 11.3 verwendet.

Abbildung 11.3 Anzeige der Eröffnung eines Bank-Akkreditivs.

Bank of America

TRADE OPERATIONS CENTER #5655
333 SOUTH BEAUDRY AVE., 19TH FLOOR Place: Cable Address: BankAmerica
LOS ANGELES, CA 90017

7

☐ This refers to our preliminary teletransmission advice of this credit.

IRREVOCABLE DOCUMENTARY LETTER OF CREDIT NO. 000000 DATE OF ISSUE: JANUARY 6, XXXX	APPLICANT ABC TOYS IMPORT, INC. 300 MAIN STREET SAN FRANCISCO, CALIFORNIA 94000
ADVISING BANK REFERENCE NO. BANK OF AMERICA G. P. O. BOX 472 HONG KONG, HONG KONG	BENEFICIARY XYZ TOYS EXPORT LTD. 8TH FLOOR, STONE BLDG. 45 KOHAN ROAD KOWLOON, HONG KONG
DATE AND PLACE OF EXPIRY AUGUST 15, XXXX HONG KONG	AMOUNT US$85,350.00 (U.S. DOLLARS EIGHTY FIVE THOUSAND THREE HUNDRED FIFTY AND 00/100)

Covering: 100 % invoice value

Credit available with ANY BANK
by ☐ sight payment ☐ deferred payment ☐ acceptance ☒ negotiation
against presentation of the documents detailed below and your draft(s) at SIGHT
drawn on BANK OF AMERICA, LOS ANGELES

Partial shipments: ☒ allowed ☐ not allowed | Transhipments: ☐ allowed ☒ not allowed

Shipments/dispatch/taking in charge from/at HONG KONG PORT SHIPMENT LATEST: 08/10/XX
for transportation to SAN FRANCISCO/BAY AREA, CALIFORNIA, USA

MERCHANDISE DESCRIPTION:

INFLATABLE TOYS
P.O. NO. 1234 25000 PCS @ US$3.00 EACH.
P.O. NO. 6789 10000 PCS @ US$1.035 EACH
CIF SAN FRANCISCO/BAY AREA, CALIFORNIA, USA.

DOCUMENTS REQUIRED:
1. SIGNED COMMERICAL INVOICE IN TRIPLICATE.
2. MARINE AND WAR INSURANCE POLICY OR CERTIFICATE FOR 110 PERCENT OF INVOICE VALUE IN DUPLICATE.
3. CERTIFICATE OF ORIGIN FORM 'A' WHERE APPLICAPBLE, OR BENEFICIARY'S SIGNED CERTIFICATE THAT NONE IS REQUIRED.
4. PACKING LIST.
5. FULL SET ORIGINAL CLEAN ON BOARD VESSEL MARINE BILLS OF LADING, TO ORDER OF SHIPPER, BLANK ENDORSED, MARKED FREIGHT PREPAID AND NOTIFY CLEARING AGENT, 100 MAIN STREET, SAN FRANCISCO, CALIFORNIA 94000.

SPECIAL INSTRUCTIONS:

1. WE WILL DEDUCT US$XX FROM PROCEEDS ON EACH SET OF DOCUMENTS CONTAINING DISCREPANCIES.
2. ALL BANKING CHARGES OTHER THAN OURS ARE FOR BENEFICIARY'S ACCOUNT.
3. ALL DOCUMENTS MUST BEAR OUR LETTER OF CREDIT NUMBER.®

SPECIMEN

Documents to be presented within 5 days after the date of issuance of the shipping document(s) but within the validity of the credit.

We hereby issue this Documentary Credit in your favour. It is subject to the Uniform Customs and Practice for Documentary Credits, 1993 revision, ICC Publication No. 500, and engages us in accordance with the terms thereof. The number and the date of the credit and the name of our bank must be quoted on all drafts required. If the credit is available by negotiation, each presentation must be noted on the reverse of this advice by the bank where the credit is available.

All documents to be forwarded in one cover, by airmail, unless otherwise stated above. Negotiating bank charges, if any, are for account of beneficiary. The advising bank is requested to notify the credit to the beneficiary without adding their confirmation.

This document consists of 1 signed page(s)

Mary Smith AUTHORIZED COUNTERSIGNATURE   John Doe AUTHORIZED SIGNATURE

Please examine this instrument carefully. If you are unable to comply with the terms or conditions, please communicate with your buyer to arrange for an amendment. This procedure will facilitate prompt handling when documents are presented.

FX-1310 3-94

Quelle: Bank of America, 1994, S. 16

11.3.2 Arten von Akkreditiven

Akkreditive können viele verschiedene Formen annehmen. Einige der wichtigsten unterscheidenden Merkmale werden in diesem Abschnitt beschrieben.

Widerruflich und unwiderruflich

Der Unterschied zwischen widerruflichen und unwiderruflichen Akkreditiven beruht auf dem Recht der ausstellenden Bank, das Akkreditiv vor dem Verfallsdatum aufzuheben. Der weit überwiegende Teil der Akkreditive ist unwiderruflich, da sie nicht einseitig von der Importfirma oder der ausstellenden Bank aufgehoben werden können. Im Gegensatz dazu kann ein widerrufliches Akkreditiv jederzeit und ohne Benachrichtigung des Begünstigten geändert oder zurückgezogen werden. Wenn jedoch die Rechnungspartei (d.h. der Klient der ausstellenden Bank) den Kredit aufheben will, muss er die Bank rechtzeitig darüber informieren. Wenn eine Zahlung an den Begünstigten erfolgt ist, bevor eine Benachrichtigung über die Aufhebung empfangen wurde, werden die Geldmittel nicht zurückgerufen. Offensichtlich kann das Recht zur Aufhebung eines Akkreditivs skrupellose Käufer bei fallenden Preisen in Versuchung führen.

Widerrufliche Akkreditive müssen nicht notwendigerweise wertlos sein. Sie lassen sich zwar jederzeit vom Veranlasser oder der ausstellenden Bank widerrufen, sofern noch keine Zahlung erfolgt ist. Andererseits muss der Veranlasser teilweise beträchtliche Gebühren für die Ausstellung eines widerruflichen Akkreditivs entrichten. Daher hat er dem Verkäufer in Form des widerruflichen Akkreditivs seine Zusicherung gegeben, dass er die Zahlung beabsichtigt. Weiterhin kann das widerrufliche Akkreditiv in Ländern mit Devisenbewirtschaftung eine Möglichkeit sein, um den Exporteur davon zu benachrichtigen, dass der Veranlassende die für die Zahlung erforderlichen ausländischen Devisen erhalten kann.

Gemäß der Revision von 1993 der Publikation 500 der Internationalen Handelskammer (International Chamber of Commerce, 1993) sind alle Akkreditive unwiderruflich, sofern nichts anderes angegeben ist.

Dem Exporteur, der um die Zahlung für die verkaufte Ware besorgt ist, bietet das bestätigte unwiderrufliche Akkreditiv (abgesehen von echtem Bargeld) die größtmögliche Sicherheit, dass die Zahlung erfolgen wird.

Bestätigt und unbestätigt

Wenn die Bank im Land des Exporteurs ihre Bestätigung erteilt, sollte man sinngemäß etwa die folgenden Aussagen im Akkreditiv vorfinden: „Wir bestätigen diesen Kredit und verpflichten uns damit, alle gezogenen Wechsel, die uns wie oben angegeben vorgelegt werden, ordnungsgemäß anzuerkennen."

Es muss nicht angenommen werden, dass unbestätigten Akkreditiven notwendigerweise mit Verdacht begegnet werden sollte. Bei Akkreditiven, denen die Bestätigung einer örtlichen Bank fehlt, war der Veranlassende vielleicht einfach nicht bereit, die zusätzliche Gebühr für die Bestätigung zu zahlen. Unwiderrufliche, aber unbestätigte Akkreditive sind so gut wie der Kreditstatus der ausstellenden Bank und die Bereitschaft des Landes des Käufers, den Einsatz des erforderlichen Währungsbetrags zuzulassen. Es gibt jedoch viele Banken und sog. Banken, deren unwiderrufliche Akkreditive nicht mehr wert sind als der Auftrag der Importfirma. Widerrufliche Akkreditive werden von Banken nicht bestätigt, weil bei einer Aufhebung die volle Verantwortung der Zahlung bei der bestätigenden Bank läge. Andererseits ist die Bestätigung eines unwiderruflichen Akkreditivs durch eine Bank für den Absender die beste Zusicherung dafür, dass die letztendliche Bezahlung der Sendung erfolgen wird. Es sollte in diesem

Zusammenhang angemerkt werden, dass die Bestätigung eines Akkreditivs nicht nur eine Garantie der bestätigenden Bank, sondern primär auch deren Verpflichtung ist. Dies verleiht dem bestätigten Akkreditiv besonderes Gewicht. Es bedeutet, dass der Exportkaufmann nicht unter allen Umständen auf die Zahlung durch die ausstellende Bank (die sich immer irgendwo im Ausland befindet) angewiesen ist, sondern auch einen direkten Anspruch gegenüber der bestätigenden Bank in seinem Heimatland hat. Daher muss sich der Exportkaufmann um die Zahlungsfähigkeit oder -bereitschaft der Auslandsbank keine Sorgen zu machen.

Ordnungsgemäß und dokumentiert

Ein Akkreditiv ist ordnungsgemäß, wenn in ihm die Zahlung an einen Begünstigten gegen eine Tratte ohne Dokumente oder gegen eine Quittung über einen Geldbetrag festgelegt wird. Die meisten Warenakkreditive müssen jedoch von Dokumenten begleitet sein, so dass in diesen Fällen die Zahlung der benachrichtigenden Bank bei Vorlage der Tratte zusammen mit den vollständigen Dokumenten erfolgt, die gemäß den Bestimmungen des Akkreditivs erforderlich sind.

Übertragbar und nicht übertragbar

Ersteres wird normalerweise zu Gunsten eines Absenders ausgestellt, der zur Zeit der Anforderung des Akkreditivs nicht weiß, wer letztlich der Exporteur oder Lieferant der Waren sein wird. Damit ein Akkreditiv übertragbar wird, muss der Begünstigte mit dem Käufer vereinbaren, dass ein Akkreditiv auszustellen ist, in dem dessen Übertragbarkeit ausdrücklich festgelegt ist. Das übertragbare Akkreditiv ist insbesondere für kleine Exporteure besonders vorteilhaft, für die es schwierig ist, Warenkäufe bei Lieferanten zu finanzieren. Im Fall eines übertragbaren Akkreditivs kann ein exportierendes Unternehmen dieses auf seinen Lieferanten übertragen, so dass es ihm möglich sein kann, Käufe zu tätigen, die weit über seine normale Kreditwürdigkeit hinausgehen. Wenn ein übertragbares Akkreditiv erbeten wird, ist dies aber für einen Käufer im Ausland häufig ein Anzeichen dafür, dass er möglicherweise mit einem finanzschwachen Exporteur, einem Makler (Broker) bzw. Mittler verhandelt. Dies kann für den Käufer unter Umständen nicht akzeptabel sein.

Erfolgt eine Übertragung, hat der zweite Begünstigte alle Ansprüche auf seinen Teil des Akkreditivs.

Abtretung der Erlöse

Je nach Politik der beratenden Bank können Begünstigte unter Umständen den ihnen zustehenden Erlös auf eine andere Partei übertragen. Hier handelt es sich um einen juristischen Vorgang, der einer Rechtsabtretung bei anderen Verträgen ähnelt. Der ursprüngliche Begünstigte bleibt für die Erbringung der im Akkreditiv vereinbarten Leistungen verantwortlich. Wenn der ursprüngliche Begünstigte diese nicht leisten kann oder will, erhält der Rechtsnachfolger keine Erlöse, auch wenn er möglicherweise Waren geliefert oder Dienste geleistet hat.

Wiederholungsakkreditive

Das wiederholende Akkreditiv wurde für Unternehmen erdacht, deren Geschäftstransaktionen mehr oder weniger regelmäßig und fortlaufend sind. Es sorgt bei aufeinander folgenden Geschäftstransaktionen für eine gewisse Regelmäßigkeit. Wenn z.B. ein Unternehmen in Mexiko voraussichtlich über einen Zeitraum von vier, sechs oder mehr Monaten hinweg eine beträchtliche Menge Dünger in den USA einkaufen wird, kann der Einsatz eines wiederholenden Akkreditivs praktisch sein, das dem amerikanischen Lieferanten erlaubt, alle ein oder zwei

Monate (bzw. in anderen regelmäßigen Zeitintervallen) bestimmte Mengen zu versenden. Die beiden gebräuchlichsten Arten wiederholender Akkreditive sind die folgenden:

1. Ein Akkreditiv, das den maximal gezeichneten Betrag angibt, der zu einem beliebigen Zeitpunkt ausstehen kann. Wenn dieses Maximum erreicht ist, kann die zahlende Bank neue Rechnungen nur in der Höhe einlösen, in der die zuvor eingelösten Rechnungen bereits bezahlt wurden.
2. Ein Akkreditiv, das in allen einzelnen Monaten (oder anderen Zeiträumen) für eine bestimmte maximale Zahlung sorgt. Der Einsatz derartiger Akkreditive ist eine übliche Vorkehrung, um dafür zu sorgen, dass Beträge, die in irgendwelchen Zeiträumen nicht ausgeglichen wurden, in nachfolgenden Perioden nicht ausgezahlt werden können. Dieses Verfahren ist als *nichtkumulatives* Wiederholungsakkreditiv bekannt. Im Gegensatz dazu ist es bei *kumulativen* Akkreditiven möglich, dass sich nicht genutzte Sendungen/Kreditbeträge in aufeinander folgenden Zeitabschnitten summieren.

Verschobene Zahlungskredite

Ein verschobener Zahlungskredit ist eine Form des Akkreditivs, bei dem der Exporteur die Zahlung zu bestimmten Zeitpunkten nach erfolgtem Versand erhält. Diese Art des Kredits lässt sich am besten einsetzen, wenn eine einzelne Sendung in einer zuvor bestimmten Anzahl von Raten bezahlt werden soll oder wenn es sich um Sendungen handelt, für die bei Banken keine Akzeptanz zu finden ist (d.h.: wenn die Zahlung mehr als 180 Tage nach Sicht oder Datum erfolgen soll). Ansonsten ist der verschobene Kredit identisch mit einem gewöhnlichen Akkreditiv. Er kann den Einsatz eines Nachsicht- oder Tagwechsels erfordern oder auch ohne einen Wechsel eingesetzt werden.

Abruf-Akkreditiv

Abruf-Akkreditive unterscheiden sich von regulären Warenakkreditiven hinsichtlich ihrer Funktion und nicht hinsichtlich der Form (siehe Abbildung 11.4). Ein Warenakkreditiv wird zur Finanzierung von Warenbewegungen genutzt, während ein Abruf-Akkreditiv den Kredit der ausstellenden Bank für *andere* Arten von Transaktionen zusagt, die üblicherweise Leistungen der erklärenden Partei garantieren. Einmal ausgestellt, ist diese Art des Akkreditivs unwiderruflich. Ein Abruf-Akkreditiv ist eine ausdrückliche Verpflichtung der ausstellenden Bank an den Begünstigten,

- von der erklärenden Partei geliehenes oder für diese ausgelegtes Geld zurückzuzahlen oder
- Zahlungen bei irgendwelchen Beweisen der Verschuldung der erklärenden Partei zu leisten oder
- Zahlungen bei irgendwelchen Versäumnissen der erklärenden Partei bei der Leistung einer vertraglichen Verpflichtung (Leistungs- oder Angebotsbindung) zu leisten.

In gewissem Sinne ähneln Abruf-Akkreditive zwar Bankgarantien, sind aber juristisch nicht gleichbedeutend. Hier handelt es sich um flexible Akkreditive, die in vielen Situationen -einschließlich der Leistungs- und/oder Angebotsbindung – nützlich sind. Für Importeure können sie nützlich sein, wenn sie der Unterstützung von Einkäufen bei Exporteuren in Verbindung mit offenen Forderungen dienen. Importeure können andererseits von Exporteuren die Ausstellung derartiger Akkreditive verlangen, da sie vertraglich vereinbarte Leistungen garantieren (Seafirst Bank, 1988, S. 21). Diese Art des Akkreditivs lässt sich ohne das Einverständnis aller beteiligten Parteien (Auftraggeber, ausstellende Bank und Begünstigter) weder ändern noch widerrufen.

Abbildung 11.4 Unwiderrufliches Abruf-Akkreditiv.

Bank of America

7

TRADE OPERATIONS CENTER
333 SOUTH BEAUDRY AVENUE, 19TH FLOOR
LOS ANGELES, CALIFORNIA 90017

January 10, XXXX

IRREVOCABLE LETTER OF CREDIT NO. LASB XXXXX

ADVISING BANK:
Bank of America
Hong Kong, Hong Kong

EXPIRATION:
June 30, XXXX
At This Office

BENEFICIARY:
Hong Kong Water & Power Authority
GPO Box 333
Hong Kong, Hong Kong

AMOUNT:
$3,500,000.00 (Three Million Five Hundred Thousand and no/100 U.S. Dollars)

Gentlemen:

At the request of Polyester Piping Corporation, 35 Main Street, San Francisco, California 94116 we hereby establish our Irrevocable Letter of Credit in your favor up to an aggregate amount of Three Million Five Hundred Thousand and no/100 U.S. DOLLARS ($3,500,000.00), to expire at our counters on June 30, XXXX. This Letter of Credit is available for payment against presentation of your draft(s) at sight drawn on Bank of America, Los Angeles accompanied by this original Standby Letter of Credit and the following document:

A letter from Hong Kong Water & Power Authority certifying that Polyester Piping Corporation has failed to perform as required under paragraph 15 of contract #78910 entered into between Hong Kong Water & Power Authority and Polyester Piping Corporation for the supply of Reinforced Polyester Pipe couplings and that the amount drawn covers 50% of the contract price.

We hereby agree with you that all drafts(s) drawn under and in compliance with the terms of this letter of credit will be honored upon presentation to us as specified herein.

* * * * * * * * * * * * * * * * * * * *

SPECIMEN

Mary Smith AUTHORIZED COUNTERSIGNATURE

John Doe AUTHORIZED SIGNATURE

PROVISIONS APPLICABLE TO THIS CREDIT: This credit is subject to the Uniform Customs and Practice for Documentary Credits, 1993 revision, International Chamber of Commerce Publication No. 500.

Please examine this instrument carefully. If you are unable to comply with the terms or conditions, please communicate with your buyer to arrange for an amendment. This procedure will facilitate prompt handling when documents are presented.

FX-1313 11-85 (Reprint 7-90)

Quelle: Bank of America, 1994, S. 30.

11.3.3 Wechsel

Ein Wechsel ist ein unbedingter schriftlicher Auftrag, der von einer Partei (Zeichner) vorbereitet wird und an eine andere adressiert ist (Bezogener) und der den Bezogenen zur Zahlung bzw. Anweisung einer bestimmten Summe Geldes an eine dritte Person (den Zahlungsempfänger) oder den Inhaber des Wechsels auf Verlangen oder zu einem festen und bestimmbaren künftigen Zeitpunkt auffordert.

Abbildung 11.5 Das Verfahren des Auslandsinkassos.

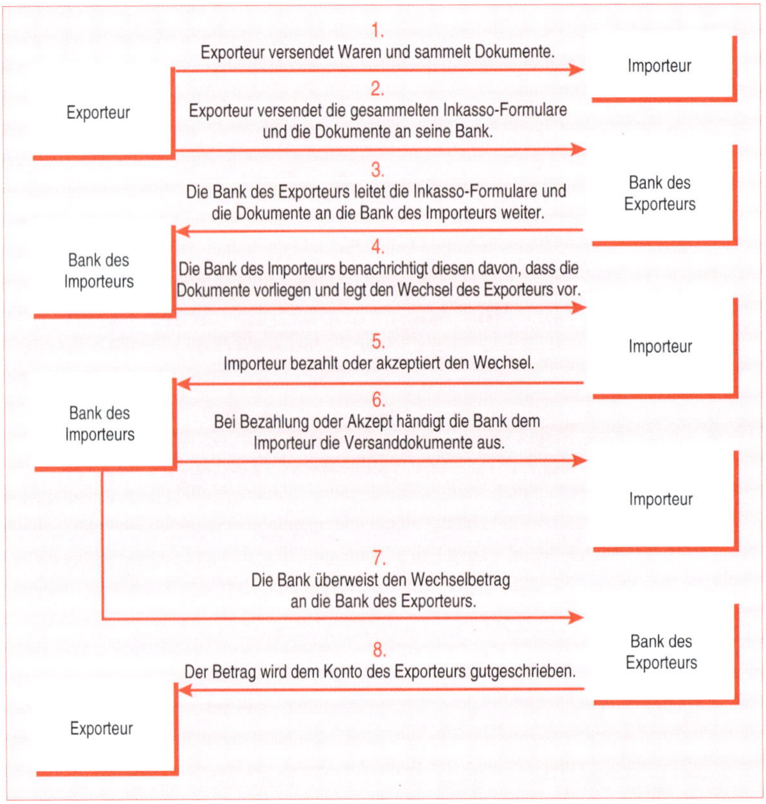

In Exporttransaktionen werden Wechsel im Allgemeinen auf einer von zwei Grundlagen gezeichnet. Beim Einsatz der Akkreditiv-Finanzierung wird der Wechsel vom Begünstigten gegen die zahlende oder verhandelnde Bank laut den Bestimmungen der Autorisierung im Akkreditiv und in genauer Übereinstimmung mit den dort angegebenen Bedingungen gezogen. Im Grunde ist das Akkreditiv bloß eine formelle Berechtigung für den Begünstigten, einen (oder mehrere) Wechsel in der angegebenen Höhe zu ziehen, und eine Garantie, dass dieser bei der Vorlage zur Zahlung oder Annahme anerkannt wird. Das Akkreditiv gibt auch an, wer der Bezogene ist. Dabei kann es sich, je nach Art des verwendeten Akkreditivs, um die ausstellende, bestätigende oder beratende Bank handeln.

Abbildung 11.6 Internationale Inkassoanweisungen und -quittungen.

Bank of America
National Trust and Savings Association

International Collection; Instructions and Receipt (Must be completed by customer)

TO: Trade Operations Center
Collections Department #4992
333 S. Beaudry Avenue
Los Angeles, CA 90017

DATE: March 4, XXXX

WE ENCLOSE THE DESCRIBED ITEM(S) FOR COLLECTION *(Check boxes where appropriate)*:

DRAFT/CHECK NUMBER: 1250

DRAWN ON:
East Africa Suppliers, Ltd
P.O. Box 60032
Nairobi, Kenya

TENOR: Sight — AMOUNT: USD $7,600.00

	PAYABLE AT SIGHT
	PAYABLE ON — DATE
	OTHER

INSTRUCT YOUR COLLECTING BANK TO

ADVISE NONACCEPTANCE AND/OR NONPAYMENT BY		ADVISE PAYMENT BY		REMIT FUNDS BY	
X	CABLE	X	CABLE	X	CABLE TRANSFER
	AIRMAIL		AIRMAIL		AIRMAIL

DISPOSITION OF FUNDS

	CREDIT OUR (MY) COMMERCIAL ACCOUNT AT — OFFICE
	CHECKING / SAVINGS — ACCOUNT NUMBER
X	MAIL YOUR CHECK TO US (ME)
	OTHER

FURTHER INSTRUCTIONS

X	FORWARD TO YOUR CORRESPONDENT
	FORWARD TO
X	DELIVER DOCUMENTS AGAINST PAYMENT
	DELIVER DOCUMENTS AGAINST ACCEPTANCE
X	DO NOT PROTEST
	PROTEST FOR — NONPAYMENT / NONACCEPTANCE
	COLLECT INTEREST FROM DRAWEE(S) AT % P.A.
	TERMS
X	YOUR CORRESPONDENT'S CHARGES ARE TO BE PAID BY DRAWEE(S)
X	YOUR CHARGES ARE TO BE PAID BY DRAWEE(S)
	ALL CHARGES ARE TO BE PAID BY US
X	WAIVE ALL CHARGES IF REFUSED BY THE DRAWEE(S) AND CHARGE THEM TO US
	DO NOT WAIVE CHARGES
	IF NECESSARY CONTACT

SPECIAL INSTRUCTIONS

SPECIMEN

DOCUMENT	BILL OF LADING	INSURANCE	CONSULAR INVOICE	CERTIFICATE OF ORIGIN	INVOICE	INSPECTION CERTIFICATE	QUALITY CERTIFICATE	WEIGHT CERTIFICATE	SANITARY CERTIFICATE	PARCEL POST	OTHER DOCUMENTS
ORIGINALS	3/3	3			4						Draft – 1
DUPLICATES											

COVERING SHIPMENT OF: Agricultural Tools — VIA: S.S. Eventide — B/L NO.: 3767

If required by exchange regulations, release documents against provisional payment in local currency and drawee's written undertaking to remain responsible for any exchange fluctuation. Surrender draft when dollar remittance effected.
If immediate credit has been given for the drafts described hereon, it is understood that such credit is conditional and is subject to collection and receipt by you of the requisite number of dollars; in the absence of such receipt and collection by you, the undersigned will, upon your demand, reimburse you for the amount so advanced plus the agreed rate of interest for the time outstanding.
If the collection is returned unpaid, documents are to be returned by regular mail to the address below.
In receiving items for collection, the Bank acts only as depositor's collection agent and assumes no responsibility beyond the exercise of due care. All items are credited subject to final payment in cash or solvent credits. This Bank will not be liable for default or negligence of its duly selected correspondents nor for losses in transit, and each correspondent so selected shall not be liable except for its own negligence. This Bank or its correspondents may send items directly or indirectly to any Bank, including the payor, and accept its draft or credit as conditional payment in lieu of cash; it may charge back any item at any time before final payment, whether returned or not, also any item drawn on this Bank not good at close of business on day deposited. Unless otherwise specified, this collection is subject to the Uniform Rules for the Collection of Commercial Paper, International Chamber of Commerce, Brochure Number 322.
I (we) agree to pay for all out of pocket charges for phone and/or cable tracers requested by me (us). I (we) also agree to wait at least thirty days from today before requesting you to trace

BANK USE ONLY

TO BRANCH SUPPORT CENTER NO.	COLLECTION REFERENCE NUMBER	
TELLER'S INITIALS	BRANCH NAME	NUMBER
AUTHORIZED OFFICER'S SIGNATURE		
OFFICER'S NAME *(Printed or Typed)*	PHONE NUMBER	

CUSTOMER'S SIGNATURE: David Michaels
CUSTOMER'S NAME *(Printed or Typed)*: Transglobe Mfg. Company Inc.
STREET ADDRESS: 333 Van Ness Avenue
CITY, STATE, AND ZIP CODE: San Francisco, CA 94127

C-162 10-87 (Reprint 5-88)

ORIGINAL

Quelle: Bank of America, 1994, S. 34.

Wenn durch Akkreditive berechtigte Wechsel gezogen werden, wird über den Namen der ausstellenden Bank und die Kreditnummer immer deutlich auf die Berechtigung hingewiesen.

Alternativ kann der Verkäufer (Aussteller) den Wechsel gemäß den Bestimmungen des Verkaufsvertrags veranlassen. In derartigen Fällen ist der Bezogene der Käufer oder eine andere Person oder ein Vertreter, der in beiderseitiger Übereinkunft bestimmt wurde. Wenn dieses Verfahren der Handelsfinanzierung eingesetzt wird, ist sie unter der Bezeichnung Inkassowechselfinanzierung bekannt und die Zahlung hängt letztlich von der Zahlungsfähigkeit und der Zuverlässigkeit des Bezogenen statt von einer Bank ab. Damit die Zahlung erfolgt, reicht der Exporteur den Wechsel und alle anderen Dokumente bei seiner Bank zwecks Inkasso ein. Die Abbildungen 11.5 und 11.6 verdeutlichen dieses Verfahren.

Abbildung 11.7 Gemäß einem Akkreditiv gezogener Wechsel.

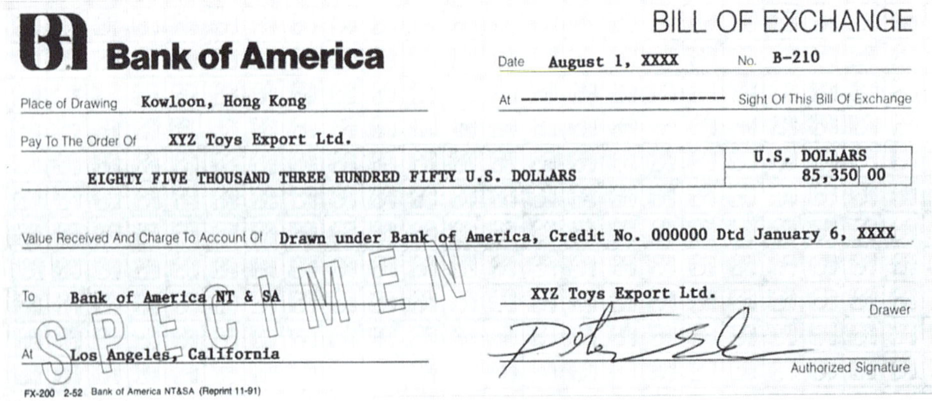
BILL OF EXCHANGE
Bank of America
Date August 1, XXXX No. B-210
Place of Drawing Kowloon, Hong Kong
At ---------------------- Sight Of This Bill Of Exchange
Pay To The Order Of XYZ Toys Export Ltd.
U.S. DOLLARS
EIGHTY FIVE THOUSAND THREE HUNDRED FIFTY U.S. DOLLARS 85,350 00
Value Received And Charge To Account Of Drawn under Bank of America, Credit No. 000000 Dtd January 6, XXXX
To Bank of America NT & SA
XYZ Toys Export Ltd.
Drawer
At Los Angeles, California
Authorized Signature
SPECIMEN
FX-200 2-52 Bank of America NT&SA (Reprint 11-91)

(a) Sichtwechsel

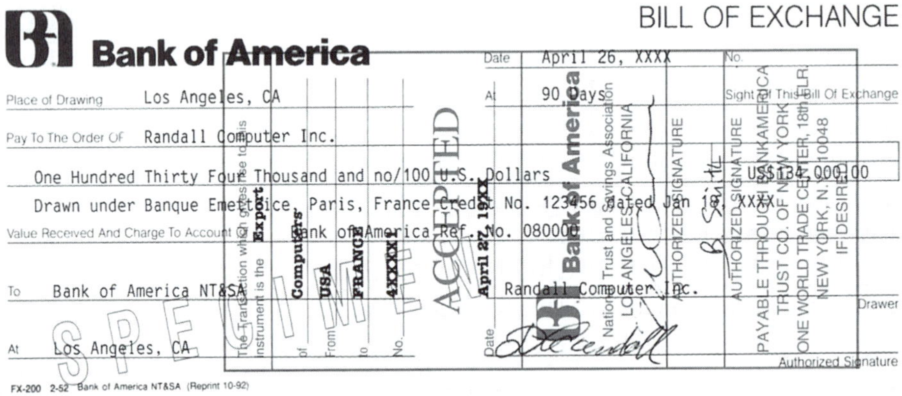
BILL OF EXCHANGE
Bank of America
Date April 26, XXXX No.
Place of Drawing Los Angeles, CA
At 90 Days Sight Of This Bill Of Exchange
Pay To The Order Of Randall Computer Inc.
One Hundred Thirty Four Thousand and no/100 U.S. Dollars US$134,000.00
Drawn under Banque Emettrice, Paris, France Credit No. 123456 dated Jan 18, XXXX
Value Received And Charge To Account Of Bank of America Ref. No. 080000
To Bank of America NT&SA
Randall Computer Inc.
Drawer
At Los Angeles, CA
Authorized Signature
The Transaction which gives rise to this instrument is the Export of Computers from USA to FRANCE No. 4XXXXX
ACCEPTED April 27, 19XX
Bank of America National Trust and Savings Association LOS ANGELES, CALIFORNIA
AUTHORIZED SIGNATURE
AUTHORIZED SIGNATURE
PAYABLE THROUGH BANKAMERICA TRUST CO. OF NEW YORK ONE WORLD TRADE CENTER, 18th FLR. NEW YORK, N.Y. 10048 IF DESIRED
SPECIMEN
FX-200 2-52 Bank of America NT&SA (Reprint 10-92)

(b) Zur Zahlung akzeptierter Nachsichtwechsel (wird zum Akzept des Bankiers)

Quelle: Bank of America, 1994, S. 24.

Abbildung 11.8 Sicht- und Nachsichtwechsel. (a) Sichtwechsel. (b) Nachsichtwechsel gegen Zahlung (wird zum Handelsakzept).

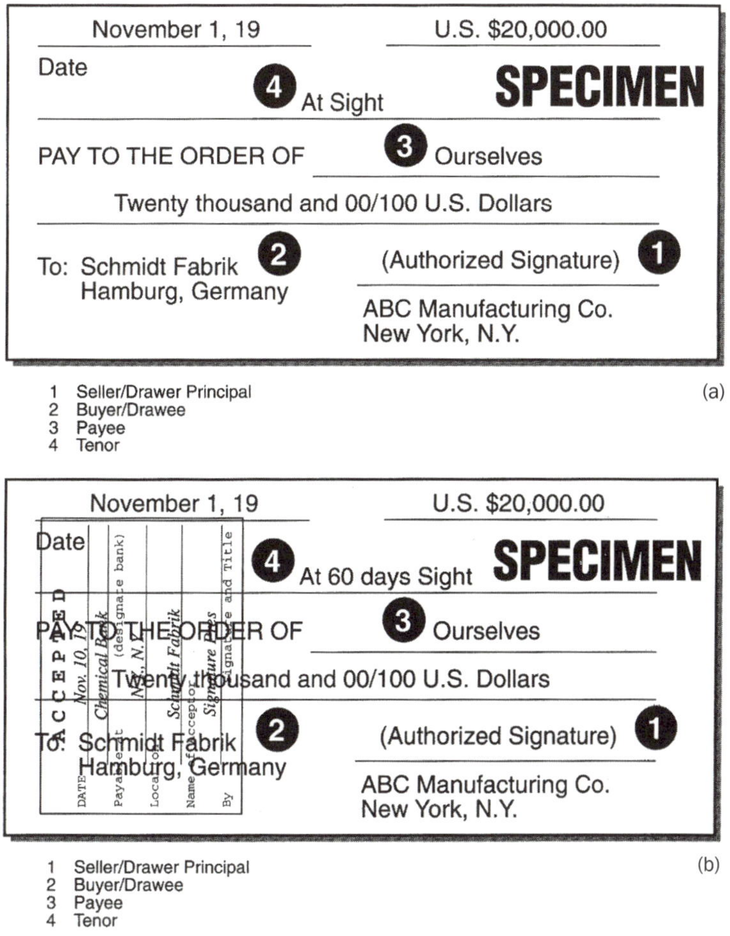

Quelle: Chemical Bank, 1987, S. 48.

Die übliche Form der bei Akkreditiv-Finanzierung eingesetzten Wechsel zeigt Abbildung 11.7, während die bei der verbreiteten Wechsel-Finanzierung benutzte Form in Abbildung 11.8 gezeigt wird. Es fällt auf, dass sich der Wechsel bei der Akkreditiv-Finanzierung auf eine Bank, bei der Wechsel-Finanzierung jedoch auf einen Käufer bezieht. In einigen Ländern heißt es, dass sich der Wechsel auf das Konto der Bank oder des Käufers bezieht.

Annahme (Akzept)

Die Bezeichnung „akzeptiert" wird häufig in Verbindung mit Wechseln (Tratte, bill of exchange oder draft, wie Wechsel auch genannt werden) verwendet. Ein akzeptierter (angenommener) Nachsichtwechsel wird Akzept genannt. Dies bedeutet, dass die Person, an die der Wechsel adressiert ist (der Adressat oder der Bezogene), ihre Billigung der Anweisung in vorgeschriebener Form ausdrückt und dann Akzeptant genannt wird. Diese Billigung bzw. Anerkennung durch den Akzeptanten erfolgt üblicherweise durch einen (links quer) auf dem Wechsel aufgebrachten schriftlichen Vermerk oder Stempel mit dem Datum und den Worten „angenommen, zahlbar am _____" und seine nachfolgende Unterschrift.

Der Exporteur kann der Importfirma Kredit gewähren, ohne den Schutz eines Akkreditivs zu verlieren. Dies lässt sich erreichen, wenn der Importeur ein Akkreditiv erhält, in dem angegeben wird, dass die *Wechsel* innerhalb von 30 (60 oder 90 Tagen) nach Sicht bezahlt werden. Um die Versanddokumente von der Bank zu erhalten, muss der Importeur den Wechsel „annehmen". Wenn diese von der Bank gegengezeichnet worden sind, werden sie zu *Akzepten der Bank*, bei denen es sich um Effekten handelt (siehe Abbildung 11.7).

Ein Wechsel ist an den Überbringer zahlbar, wenn er auf ihn ausgestellt ist oder wenn der Indossant oder das letzte Indossament nicht angegeben ist (Blankoakzept). Dieses Indossament ist dann nicht ausgefüllt, wenn nur der Name des Adressaten zusammen mit dem Namen des Unterzeichnenden und dessen Titel angegeben sind.

Aushändigung von Dokumenten

Neben dem zu kassierenden Betrag ist die Angabe, ob die Dokumente gegen Akzept des Wechsels (D/A – documents against accept) oder gegen Zahlung des Wechsels (D/P – documents against payment) auszuhändigen sind, der wichtigste Bestandteil. Dies wird üblicherweise in den Inkassoanweisungen für die Bank angegeben, wie Abbildung 11.6 zeigt.

Wenn ein Wechsel „Dokumente gegen Akzept" gezogen wird, kann der Bezogene die Dokumente, die die Rechte an den Waren beweisen, von der kassierenden Bank erhalten, wenn er den Wechsel akzeptiert. Der akzeptierte Wechsel, der nun den Vermerk „angenommen" trägt und vom Käufer (Bezogener, Akzeptant) unterzeichnet wurde, wird *Handelsakzept* genannt. Wenn die Bank ihre Zahlungszusicherung hinzufügt und auf dem Wechsel den Vermerk „angenommen" anbringt und diesen unterschreibt, wird der Wechsel zum *Bankakzept*.

Wenn der Käufer diesen Wechsel angenommen hat, werden ihm die Versanddokumente ausgehändigt, so dass er in den Besitz der Waren gelangen kann. In diesem Fall gewährt der Versender oder der Aussteller des Wechsels dem Bezogenen (üblicherweise dem Empfänger) Kredit für die im Wechsel angegebene Anzahl von Tagen.

Wenn ein Wechsel „Dokumente gegen Zahlung" (D/P – documents against payment) gezogen wird, kann der Bezogene die Dokumente, die ihm die Eigentumsrechte geben, nur dann ausgehändigt bekommen, wenn der im Wechsel ausgewiesene Betrag bezahlt worden ist. In diesem Fall gewährt der Exporteur dem Empfänger oder dem Zahlungsempfänger keinen Zahlungsaufschub. Wenn der Wechsel eine Laufzeit von mehreren Tagen hat, behält die kassierende Bank die Kontrolle über die Waren, lagert sie üblicherweise auf Kosten des Empfängers und akzeptiert die Zahlung zuzüglich der aufgelaufenen Gebühren, wenn der Empfänger den ausgewiesenen Wert des Wechsels bezahlt.

Die Anforderungen sind für den Zahlungsempfänger jedoch nicht ganz so schwer wiegend, wie es scheinen mag. Es ist üblich, dass lokale Finanzinstitute bei Verwendung von Wechseln mit der Klausel Dokumente gegen Zahlung dem Bezogenen den erforderlichen Geldbetrag vorschießen. Die Transaktion wird dann zu einer Frage der Kreditgewährung zwischen der örtlichen Bank und dem Bezogenen. In diesem Fall ist der Aussteller des Wechsels völlig geschützt, weil die kassierende Bank, die ihn vertritt, im Besitz der Ware verbleibt, bis die Zahlung in vollem Umfang erfolgt ist. Andererseits kann der Bezogene des Wechsels über die Waren verfügen, und er muss erst am Ende der Laufzeit des Wechsels zahlen. Bei derartigen Wechseln ist es ebenfalls allgemein üblich, dass der Bezogene nur eine Teilzahlung leistet und nur Teile der Waren abzieht. In derartigen Fällen gibt der Aussteller des Wechsels der kassierenden Bank üblicherweise Anweisungen, die dem Bezogenen Teilzahlungen erlauben und die teilweise Übergabe der Waren betreffen.

11.3.4 Arten von Wechseln

Wechsel lassen sich ihrer Art entsprechend in *Wechsel mit* oder *ohne Dokumente*, *Sicht-* oder *Nachsichtwechsel*, *Datums-* oder *Tagwechsel* und *Wechsel mit* oder *ohne Rückgriff* klassifizieren.

Wechsel mit oder ohne Dokumente

Ein Wechsel mit Dokumenten wird von den Dokumenten begleitet, die für den Abschluss der Exporttransaktion erforderlich sind. Diese werden in Kapitel 13 besprochen.

Einem Wechsel ohne Dokumente liegen keine Dokumente bei, und er wird üblicherweise einer Bank im Ausland zum Inkasso übergeben. Derartige Wechsel können aus vielen Gründen gezeichnet werden. Zu diesen Gründen zählen unter anderen der Einzug einer offenen Forderung, der Verkauf von Aktien und Obligationen, Zahlungen für Dienstleistungen und andere Transaktionen, die im internationalen Handel entstehen können und für die keine Versanddokumente existieren. Banktratten sind üblicherweise Wechsel ohne Dokumente.

Sicht- oder Nachsichtwechsel

Wechsel können entweder bei Sicht oder eine bestimmte Anzahl von Tagen nach Sicht gezogen werden. Der Zeitpunkt, zu dem die Zahlung zu erfolgen hat, wird Laufzeit oder Wechselfrist genannt. Wie der Name bereits andeutet, sollten Sichtwechsel bezahlt werden, wenn sie der Bezogene erstmals zu sehen bekommt. In einigen Ländern ist jedoch eine Stundungsfrist von einer bestimmten Anzahl von Tagen erlaubt. Nachsichtwechsel legen eine Zahlung nach einer bestimmten Anzahl von Tagen nach Sicht fest.

In einigen Ländern ist der Aufschub der Bezahlung eines Sichtwechsels bis zum Eintreffen der Waren üblich. Aus diesem Grund sollte der Exporteur immer eine Vereinbarung mit dem Kunden treffen, ob dieser einen Sichtwechsel sofort akzeptiert oder bezahlt oder ob die Zahlung bis zum Eintreffen der Waren aufgeschoben werden kann.

Datums- oder Tagwechsel

Der einzige Unterschied zwischen einem Nachsichtwechsel und einem Tagwechsel besteht darin, dass der Nachsichtwechsel eine Zahlung festlegt, die nach einer bestimmten Anzahl von Tagen nach Sicht erfolgen soll, während der Tagwechsel nach einer bestimmten Anzahl von Tagen nach dem Datum seiner Zeichnung zu bezahlen ist. Der Tagwechsel wird eingesetzt, wenn der Aussteller dem Bezogenen einen gewissen Kredit einräumen will. Der große Vorteil für den Aussteller eines Tagwechsels ist der, dass das Datum, an dem der Wechsel bezahlt werden sollte, bekannt ist.

Mit oder ohne Rückgriff

Wenn eine Finanzierung *ohne Rückgriff* erfolgt, bedeutet dies, dass der Kauf durch eine Bank oder eine andere Finanzinstitution für Wechsel in dem Sinne erfolgt, dass die Bank nicht auf den Aussteller der Wechsel zurückgreifen kann, wenn derartige Wechsel nicht anerkannt werden. Wenn die Bank also mit anderen Worten diese Wechsel oder Tratten kauft, übernimmt sie die volle Verantwortung für die Zahlung, befreit den Exporteur von seine Verpflichtungen als Garant und verlässt sich darauf, dass der Empfänger den Wechsel akzeptiert und bei Fälligkeit zahlt.

Die Klausel *mit Rückgriff* bedeutet das genaue Gegenteil. Das heißt, die Bank kauft oder verkauft den Wechsel oder die Tratte nicht im üblichen Sinne des Wortes. Die Transaktion besteht einfach darin, dass die Bank dem Exporteur einen bestimmten Geldbetrag gegen einen Wechsel mit/ohne Dokumente leiht. Wenn der Empfänger aus irgendwelchen Gründen dem Wechsel bei Fälligkeit nicht entspricht, kann die Bank sofort auf den ursprünglichen Aussteller des Wechsels Rückgriff nehmen. Wenn der Wechsel oder die Tratte nicht eingelöst oder mit Rückgriff verkauft wird, übernimmt der Aussteller die volle Verantwortung für die Zahlung der Wechsel.

11.4 Exportkreditversicherung

Die Exportkreditversicherung steht den meisten Exporteuren über Exportkreditagenturen der Regierung oder private Versicherer zur Verfügung. Derartige Versicherungen sind üblicherweise erhältlich, um politische Risiken und die Nichtkonvertierbarkeit von Währungen zu decken. Sie können sogar zur Deckung kommerzieller Risiken, die mit der Nichtzahlung von Käufern zusammenhängen, zur Verfügung stehen. Exportkreditversicherungen basieren auf drei grundlegenden Prinzipien (Ghose, 1993):

1. *Gemeinsam getragene Risiken:* Der Versicherer bietet etwa 80 bis 95% Deckung bei kommerziellen und politischen Risiken, während der Exporteur den Rest tragen muss.
2. *Streuung des Risikos:* Wie alle anderen Versicherungen stützt sich die Exportkreditversicherung auf statistische Durchschnittswerte, so dass das Risiko weit gestreut wird. Daher müssen Exporteure üblicherweise ihr gesamtes Exportportfolio und nicht nur die riskanteren Sendungen versichern. Diese Art von Deckung ist als „Gesamtumsatz-“ oder „umfassende“ Police bekannt. Die Versicherer können jedoch nach eigenem Ermessen bestimmte Käufer oder Länder ausschließen. Die Risikostreuung ist auch notwendig, um eine Deckung bei angemessenen Kosten bieten zu können.
3. *Verringerung des Risikos:* Wenn man laufend ein aktuelles Bonitätsprüfungsportfolio der ausländischen Käufer unterhält, lässt sich das Kreditrisiko erheblich reduzieren. Wenn dieses Ziel erreicht werden soll, sprengt es jedoch die Kapazitäten einzelner Exporteure und selbst die von Finanzinstitutionen. Andererseits befinden sich Exportkreditversicherungsagenturen in einer weit besseren Position, wenn es um die Sammlung und den Austausch aktualisierter Kreditinformationen über die zentrale „Verrechnungsstelle“ der Berner Union (International Union of Credit and Investment Insurers – Internationaler Verband der Kredit- und Investmentversicherer) geht.

Exporteure können Delkredereversicherungen nutzen, um großzügigere Kreditbedingungen gewähren zu können oder ihre Banken dazu zu ermutigen, ihnen eine Finanzierung ihrer Exportforderungen zu gewähren. Tatsächlich besteht der Hauptvorteil dieser Art von Versicherungen darin, dass sie Exporteure zu einer unterschiedlichen Gestaltung und Ausdehnung der Kreditbedingungen bei minimalen kommerziellen und politischen Risiken motiviert.

Die Kosten solcher Versicherungen sind in vielen Märkten meist recht gering und liegen im Bereich zwischen 0,5 und weniger als 2% des Transaktionswerts. Spezialisierte Makler kümmern sich um derartige Versicherungen.

Mit Delkredereversicherungen sind einige Nachteile verbunden. Exporteure müssen weiterhin einen Teil der Kredit- und politischen Risiken tragen. Es kann lange dauern, Ansprüche geltend zu machen. Es gibt Beschränkungen, die mit der Deckung verbunden sind. Zum Beispiel bezieht sich die Deckung bei mittel- bis langfristigem Engagement häufig auf die gesamten Warenlieferungen in bestimmte Importländer. Die Deckung kann in bestimmten Situationen, wie z.B. dem Golfkrieg oder der Bosnienkrise, ausgesetzt werden.

11.5 Gegenseitige Handelsbeziehungen

Der Einsatz von Techniken der gegenseitigen Handelsbeziehungen als Mittel der Exportfinanzierung nimmt sowohl in den Industrie- als auch in den Entwicklungsländern der Welt zu. „Gegenseitige Handelsbeziehungen" ist ein allgemeiner Begriff, der zur Beschreibung einer Vielzahl von Handelsvereinbarungen verwendet wird, bei denen ein Verkäufer einen Käufer mit Produkten versorgt (Handelswaren, Güter, Dienstleistungen, Technologie) und in eine gegenseitige Kaufverpflichtung mit dem Käufer hinsichtlich eines vereinbarten Prozentsatzes (voll oder teilweise) des ursprünglichen Verkaufswerts einwilligt. Es handelt sich kurz gesagt um parallele Geschäftstransaktionen, die einen Verkaufsvertrag mit einem Kaufvertrag verbinden, der finanzielle Regulierungen ersetzt oder ergänzt. Dies bedeutet, dass die jeweiligen Parteien gleichzeitig sowohl Käufer als auch Verkäufer sind. Derartige Techniken sagen besonders Käufern in Ländern zu, in denen ein Mangel an harter Auslandswährung für die direkte Bezahlung von Exporten besteht. Wie Tabelle 11.2 zeigt, gibt es aber viele andere Ziele, die Käufer erreichen wollen (neben dem Sparen harter Währung), und es gibt Ziele, die Verkäufer beim Engagement in gegenseitige Handelsbeziehungen verfolgen. Häufig werden derartige Vereinbarungen von Regierungen statt von Privatunternehmen getroffen. In einigen Situationen können Regierungen „verfügen", dass gegenseitige Handelsbeziehungen Teil der Transaktion sein sollen, sie können aber auch seitens der Vertragsparteien „freiwillig" erfolgen.

Tabelle 11.2 Ziele von Verkäufern und Käufern in gegenseitigen internationalen Handelsbeziehungen.

Ziel des Verkäufers	Ziel des Käufers
Gewinnsteigerung	Steigerung des Unternehmenswerts
Profitieren von starker Geschäftsmacht	Erwerb dringend benötigter Produkte und Technologien
Geschäftspartner beim Verbergen von Preissenkungen unterstützen	Unterstützung beim Verbergen von Preissenkungen
Signalisieren eines qualitativ hochwertigen Produkts	Sicherung des Zugangs zu entscheidenden Lieferquellen
Steigerung von Umsatzmengen und Marktanteilen	Blockierte Geldmittel freisetzen
Begründung langfristiger Beziehungen zu neuen Handelspartnern	Einkauf ohne Verschlechterung der Handelsbilanz
Sicherung von Regierungsaufträgen	Einsparen harter Währungen

Tabelle 11.2 Ziele von Verkäufern und Käufern in gegenseitigen internationalen Handelsbeziehungen. (Forts.)

Ziel des Verkäufers	Ziel des Käufers
Zugang zu neuen oder schwierigen Märkten	Reduzierung erheblicher Schuldenbelastungen
Höhere Ausnutzung der Produktionskapazitäten	Umgehung von Handelsbeschränkungen
Erzeugung von Wohlwollen beim Kunden	Aufbau langfristiger Beziehungen zu neuen Handelspartnern
Absatz überschüssiger, veralteter oder leicht verderblicher Produkte	Umgehung einer überbewerteten Währung
Zugang zu Marketingnetzwerken und Kenntnissen gewinnen	Sicherung preiswerter Quellen von Produkten oder Rohmaterialien
	Eintreiben vorhandener Forderungen

Quelle: nach Paun und Albaum, 1993.

Einige sog. freiwillige gegenseitige Handelsbeziehungen sind z.B. das Ergebnis von Bedingungen, die von Regierungen geschaffen wurden (z.B. Beschränkung von Devisen oder der Rückführung von Geldmitteln) und die die Unternehmen zur Nutzung gegenseitiger Handelsbeziehungen anregen. Im Gegensatz dazu können andere Unternehmen aus kommerziellen Gründen (z.B. Vermeidung von Steuern, Entwicklung von Beziehungen, Abbau übermäßiger Lagerbestände usw.) freiwillig gegenseitige Handelsbeziehungen eingehen.

Aufgrund fehlender oder inkonsistenter Berichtssysteme ist es zwar schwierig, das tatsächliche Ausmaß der gegenseitigen Handelsbeziehungen im gesamten Welthandel genau zu ermitteln, Schätzungen sprechen jedoch von 5 bis 40%. Die wachsende Bedeutung des Welthandels, der zunehmende globale Wettbewerb und die noch relativ junge Öffnung der russischen und osteuropäischen Märkte deuten darauf hin, dass die Nutzung gegenseitiger Handelsbeziehungen zunehmen wird. In den frühen 90ern gab es tatsächlich in vielen Ländern der Welt eine Knappheit des Geldes (und der Währungen). Dies führte zur verstärkten Nutzung von Techniken der gegenseitigen Handelsbeziehungen (Miller, 1992).

Die bedeutendsten Arten der gegenseitigen Handelsbeziehungen werden nachfolgend kurz beschrieben. Ausführlichere Besprechungen finden Sie in den Arbeiten von Hammond (1990), Francis (1987), Korth (1987) und Fletcher (1996).

11.5.1 Reiner Tauschhandel

Hier findet insofern ein direkter Tausch statt, als sich der Exporteur bereit erklärt, Produkte des Importeurs als Bezahlung der ursprünglichen Exporttransaktion zu akzeptieren. PepsiCo hatte z.B. mit der ehemaligen Sowjetunion eine Vereinbarung über die Lieferung von Pepsi-Cola-Sirup durch seine britische Tochtergesellschaft zur Abfüllung und zum Verkauf in der UdSSR. Für den Sirup, die Schulung und die Beaufsichtigung der Sowjetarbeiter und die Nutzung seiner Warenzeichen akzeptierte PepsiCo Stolichnaya-Wodka als Zahlung. Bei anderen Transaktionen willigte General Motors in die Lieferung von Ausrüstung zur Erdbewegung im Wert von 100 Mio. US$ im Tausch gegen Holz ein.

Manchmal kann der Tauschprozess kompliziert werden. In den frühen 90ern belieferte SGD International, ein amerikanisches Tauschhandelsunternehmen, ein tschechisches Unternehmen im Tausch gegen 10.000 Yard fertiger Teppichböden mit Latexgummi. SGD tauschte dann die Teppichböden mit einem Hotel gegen Zimmerkredite. Die Zimmer wurden dann mit einem japanischen Unternehmen gegen elektronische Ausrüstung getauscht, die dann gegen Tagungsräume eingetauscht wurde. Der „Zyklus" war beendet, als SGD die Tagungsräume gegen Anzeigenplatz eintauschte. Ähnlich tauschte Mitte der 90er Jahre die Pariser BIG (Barter International Group) in Frankreich Maschinen gegen Anzeigenplatz, schickte die Maschinen dann nach Osteuropa, erhielt dafür Autos und tauschte diese in Afrika gegen Baumwolle und Zucker ein.

Eine Reihe sog. Tauschhandelsunternehmen operiert auf weltweiter Basis, um Unternehmen zu unterstützen, die keine Verwendung für die von potenziellen Käufern in einem Tauschhandel angebotenen Produkte haben. Diese Unternehmen kaufen die unerwünschten Produkte (d.h., sie übernehmen das Eigentum der Ware) und stellen im Austausch derartige Dinge wie Anzeigenraum und Werbezeit, Flugreisen, Hotelzimmer, Verkäuferversammlungen, Luftfracht, Mietwagen und ähnliche Dienste zur Verfügung. Durch diese Vorgehensweise unterstützen Tauschhandelsunternehmen Hersteller dabei, Waren und Dienstleistungen in Auslandsmärkten zu verkaufen, selbst wenn das Land nicht über die zur Bezahlung erforderlichen Mittel in harter Währung verfügt (Lund, 1997).

11.5.2 Verrechnungsverkehrsvereinbarungen

Dieses System des Tauschhandels liegt dann vor, wenn zwei Länder einwilligen, eine Reihe von Produkten innerhalb eines festgelegten Zeitraums zu tauschen, die sich im Allgemeinen teilweise nicht leicht auf dem freien Markt absetzen lassen. Die Parteien einigen sich auf die zu tauschenden Mengen, Werte und ein Datum, an dem alle Überschüsse entweder durch Annahme weiterer Güter oder die Bezahlung einer Strafe bereinigt werden müssen. Wenn die Transaktionen zwischen Regierungen stattfinden, sind alle Bilanzen als „Verrechnungskonten" bekannt, während sie bei Transaktionen zwischen Organisationen „Beweiskonten" genannt werden. 1974 vereinbarten Russland und Marokko ein Abkommen, in dem Russland einwilligte, ein Phosphatwerk als Gegenleistung für langfristige Phosphatlieferungen zu bauen. Mit diesem Abkommen war eine Verpflichtung von Marokko zum Import von Petroleumprodukten, Zinn und industrieller Ausrüstung verbunden, während Russland im Gegenzug Zitrusfrüchte erhielt.

11.5.3 Gegenseitige Käufe

Dieser Ansatz umfasst zwei eigenständige Tauschaktionen: (1) ein Exporteur verkauft seine Produkte gegen Geld oder auf Kredit an einen Importeur und (2) der Exporteur willigt ein, Produkte des Importeurs oder anderer Unternehmen aus dem Land des Importeurs (mit Geld oder auf Kredit) zu kaufen. Häufig stehen die „gekauften" Produkte in keiner Beziehung zu der Produktlinie des ursprünglichen Exporteurs. In den späten 70ern willigte Volkswagen z.B. ein, im Gegenzug für den Verkauf von 10.000 Automobilen nach Ostdeutschland Kohle, Öl und Maschinen zu erhalten.

Ein amerikanischer Produzent von Sicherheitsausrüstung für den Bergbau willigte in den Verkauf einiger kompakter Atemgeräte an einen polnischen Hersteller und Distributor ein, für die er im Tausch Metallkomponenten erhielt, die er in seinen amerikanischen Montagebetrieben einsetzen konnte (Reade, 1990). Das polnische Unternehmen erhielt Geräte, für die es nicht in harter Währung zahlen konnte, und das amerikanische Unternehmen erhielt Teile zu einem niedrigen Preis und betrat dabei gleichzeitig einen neuen Markt. 1990 stiegen die Umsätze des amerikanischen Unternehmens schnell, als das polnische Unternehmen mit der Distribution des Produkts in anderen Ländern Osteuropas und der Dritten Welt begann.

11.5.4 Erweiterter Tauschhandel

Häufig verfügt eine an einem Tauschhandel oder einer gegenseitigen Kaufvereinbarung beteiligte Partei nicht über Güter, die die andere Partei haben will. Wenn das der Fall ist, dann lässt sich – häufig mit Unterstützung eines Tauschhandelsspezialisten – ein erweiterter Tauschhandel nutzen. Die ursprüngliche Transaktion lässt sich abschließen und Unternehmen akzeptieren die Zahlung in Form von Verrechnungswährungseinheiten. Diese Verrechnungswährung ist eine buchhalterische Einheit, die universell für die Buchführung im Handel zwischen Ländern und Parteien akzeptiert wird, deren kommerzielle Beziehung auf bilateralen Abkommen basiert. Wenn die unerwünschten Güter vom Tauschhändler verkauft werden, erhält das Unternehmen mit Verrechnungswährungseinheiten die Zahlung in harter Währung. Es ist auch möglich, dass der Tauschhandelsspezialist die Verrechnungseinheiten mit einem Abschlag vor dem Weiterverkauf der Güter kauft. Zur Verdeutlichung dieses Systems betrachten Sie das folgende hypothetische Beispiel.

Ein deutsches Unternehmen willigt in den Tausch von Werkzeugmaschinen im Wert von 1 Mio. DM mit Brasilien ein und erhält im Gegenzug Kaffee mit einem entsprechenden Preis auf dem freien Markt. Die Maschinen werden nach São Paulo verschickt und der Kaffee steht zum Versand nach Hamburg bereit. Aber das deutsche Unternehmen will den Kaffee nicht wirklich. Daher wird der Kaffee mit Unterstützung eines Tauschhandelsspezialisten für 925.000 DM an ein kanadisches Unternehmen verkauft. Das deutsche Unternehmen erhält seine harte Währung abzüglich der an den Tauschhandelsspezialisten gezahlten Kommission. Da das deutsche Unternehmen nun weiß, dass der Kaffe mit einem Nachlass verkauft werden muss, kann es diese Differenz in die Preise für seine Ausrüstung einrechnen.

11.5.5 Rückkauf

In einer Rückkauf- oder *Kompensationsvereinbarung* willigt ein Unternehmen ein, technisches Wissen für den Bau einer Fabrik zur Verfügung zu stellen, baut die Fabrik selbst oder lizenziert die Nutzung eines Warenzeichens – im Tausch gegen den Produktionsausstoß der Fabrik. Levi Strauss hatte z.B. eine derartige Vereinbarung mit Ungarn. Levi übernahm einen Teil der in Ungarn produzierten Hosen und exportierte sie nach Westeuropa. Ein anderes Beispiel dieser Art der gegenseitigen Handelsbeziehungen liefern drei europäische Unternehmen, die einverstanden waren, gemeinsam zwei petrochemische Werke in der ehemaligen Sowjetunion zu bauen. Ihre Bezahlung erfolgte in petrochemischen Stoffen, die dann auf dem Weltmarkt verkauft werden sollten. In den späten 80ern übernahm ein australisches Unternehmen den Wiederaufbau veralteter Kohlewäschereien in Vietnam. Die Zahlung der Vietnam's National Coal Export-Import & Material Supply Corporation erfolgte in Anthrazitkohle.

11.5.6 Ausgleich

Hier handelt es sich um eine Vereinbarung, bei der der Verkäufer entweder das Marketing von Produkten des Käufers unterstützt oder übernimmt. Wenn Regierungen große Käufe bei ausländischen Unternehmen tätigen, können sie darauf bestehen, dass der Kauf auf irgendeine Weise vom Verkäufer ausgeglichen wird. Vom Verkäufer wird erwartet, dass er einen Teil der Produktion über lokale Quellen bezieht, seine Importe aus diesem Land steigert und/oder

Technologie transferiert. Dieses Verfahren wird vorwiegend im Zusammenhang mit der Verteidigung und dem Verkauf kommerzieller Flugzeuge eingesetzt. McDonnell Douglas willigte z.B. ein, Flugzeugteile und andere Güter von kanadischen Unternehmen als Gegenleistung für eine 2,4-Mrd.-US$-Verpflichtung zum Kauf von Kampfdüsenjägern aus Kanada zu kaufen.

Obwohl einige Ausgleichstransaktionen gegenseitigen Verkäufen ähneln, betrachtet man sie wegen der beteiligten Industrien und Parteien als Ausgleichsgeschäfte. Weiterhin gehören zu Ausgleichstransaktionen häufig Käufe von Komponenten des „Verkäufers" beim „Käufer", die zur Herstellung der Produkte des Verkäufers verwendet werden.

Neben formellen Ausgleichsvereinbarungen, die mit spezifischen Käufen verbunden sind, können Unternehmen Beschaffungsvereinbarungen eingehen, die die Umsätze in einem potenziellen Markt beeinflussen sollen. Japan Airlines, die sich teilweise im Besitz der japanischen Regierung befinden, sind einer der Hauptabnehmer von Flugzeugen der Boeing Company gewesen. Als Boeing mit der Entwicklungsarbeit am B747-Superjumbo-Jet einer neuen Generation begann, sorgte sie für die Beteiligung dreier großer japanischer Unternehmen an diesem Projekt. Diese Unternehmen sollten voraussichtlich Komponenten im Wert von 15 bis 20% des Jets beisteuern, und das Projekt wurde von der japanischen Presse als eine Art „nationaler Anstrengung" auf dem Gebiet der zivilen Luftfahrt gesehen. Als Boeing 1997 die Entwicklungsarbeit am Projekt einstellte, sagte Airbus Industrie, dass es eine japanische Beteiligung an der Entwicklung seines eigenen A3XX-Projekts zur Entwicklung eines neuen Jumbo-Jets begrüßen würde. Dies scheint Auswirkungen auf zukünftige Käufe von Japan Airlines zu haben.

11.5.7 Abschließender Kommentar

Vereinbarungen über gegenseitige Handelsbeziehungen werden zu zwei allgemeinen Zwecken eingesetzt. Tauschhandelsverträge werden benutzt, um Geld oder die Festlegung monetärer Preise zu vermeiden. Ausgleich, Rückkauf und gegenseitige Kaufvereinbarungen werden benutzt, um ein gegenseitiges Engagement zu erzwingen.

Es ist unnötig zu sagen, dass Tauschhandel und gegenseitige Handelsbeziehungen recht komplex werden können. Größere Unternehmen können derartige Transaktionen häufig durch Einrichtung hausinterner organisatorischer Einheiten zu diesem Zweck handhaben. Der kleinere gelegentliche Exporteur wird es sehr wahrscheinlich wirtschaftlich für sinnvoller halten, unabhängige Tauschhandels-/Tauschunternehmen in Anspruch zu nehmen. Derartige Unternehmen fungieren sehr ähnlich wie bei regulären Exporten als stellvertretende Mittler.

ZUSAMMENFASSUNG

Dieses Kapitel befasste sich mit der Exportfinanzierung und Zahlungsmethoden. Im Allgemeinen ging es dabei um die Beschreibung von Methoden, um die benutzten Mittel und die verfügbaren Alternativen. Das Hauptgewicht wurde dabei auf Akkreditive (die keine Finanzierung durch den Exporteur mit sich bringen) und Wechsel oder Tratten (die häufig eine Finanzierung durch den Exporteur mit sich bringen) gelegt. Eine Zusammenfassung finden Sie in Tabelle 11.3. Das Kapitel schloss mit einer kurzen Erörterung der wesentlichen Techniken internationaler gegenseitiger Handelsbeziehungen.

Tabelle 11.3 Übersicht über Finanzierungsverfahren.

- I Akkreditiv
  - (A) Reguläres oder gewöhnliches Akkreditiv
    - (1) Widerruflich, übertragbar, nicht übertragbar
    - (2) Unwiderruflich
      - (a) bestätigt und übertragbar
      - (b) unbestätigt und nicht übertragbar
  - (B) Wiederholende Akkreditive
    - (1) Widerruflich
      - (a) übertragbar
      - (b) nicht übertragbar
    - (2) Unwiderruflich
      - (a) bestätigt und übertragbar
      - (b) unbestätigt und nicht übertragbar
    - (3) Kumulativ, nicht kumulativ
- II Wechsel (Tratte)
  - (A) Bezahler des Wechsels
    - (1) Banktratte, zahlbar bei Vorlage in einer Filiale oder dem Korrespondenten der ausstellenden Bank (ähnelt einem von der Bank garantierten Barscheck)
    - (2) Akkreditivwechsel, gezogen mit der Autorität des Wechsels der ausstellenden Bank und als solcher auf dem Wechsel selbst ausgegeben
    - (3) Warenakkreditiv (Handelspapier)
  - (B) Wechsel mit Dokumenten
    - (1) Dokumente gegen Akzept
      - (a) Nachsichtwechsel, zahlbar nach einer bestimmten Zeit nach Sicht
      - (b) Nachsichtwechsel, zahlbar nach einer angegebenen Zahl von Tagen (auch Tagwechsel genannt)
    - (2) Dokumente gegen Zahlung
      - (a) Sichtwechsel, Zahlung bei Vorlage
      - (b) Nachsichtwechsel, Zahlung fällig an einem bestimmten Datum
  - (C) Wechsel ohne Dokumente
    - (1) Sichtwechsel
    - (2) Nachsichtwechsel

Zwar befasst sich dieses Kapitel vorwiegend mit der Exportfinanzierung von Produkten und Dienstleistungen, aber auch Einzelpersonen können von gewissen tieferen Kenntnissen in Bezug auf den Transfer und den Umtausch von Währungsbeträgen im Ausland profitieren, wie Beispiel 11.2 verdeutlicht.

BEISPIEL 11.2

Geldtransfer und Wechselkurse für Einzelpersonen

Die Zahl der Geschäftsleute, Studenten und Touristen, die im Ausland reisen oder dort leben, steigt jährlich. Bei ihren Reisen und ihrem vorübergehenden Aufenthalt im Ausland stellten sich für viele Menschen zwei Probleme. Erstens können Überweisungen kleiner Geldbeträge, je nach benutztem Verfahren, prozentual hohe Gebühren und längere Verzögerungen mit sich bringen. Ein kleiner, in ausländischer Währung ausgestellter Scheck kann Bearbeitungsgebühren bei der Bank verursachen, die den Wert des Schecks selbst übersteigen. Regierungsregulierungen können die Überweisung von Geldmitteln beschränken. Zweitens können die Wechselkurse bei Bargeld oder Reiseschecks in den verschiedenen Ländern je nach benutztem Kanal stark schwanken. Die Wechselkurse der Banken, Geldwechsler und Einzelhandelseinrichtungen sind häufig recht unterschiedlich.

Durch die Verbreitung internationaler Bankeinrichtungen mit Kredit- und ATM-Karten (automatic teller machine) lassen sich bei vielen Tauschtransaktionen hohe Kosten vermeiden. Dazu erleichtern sie den Transfer von Geldmitteln. Die Wechselkurse bei Kreditkarten sind üblicherweise sehr günstig. Wenn man örtliche Währung benötigt, kann man mit ATM-Karten die örtliche Währung direkt vom eigenen Bankkonto im jeweiligen Heimatland abheben. Auch in diesem Fall benutzt die Bank üblicherweise einen sehr günstigen Wechselkurs zwischen den beiden Währungen bei der Berechnung des Betrags, mit dem das Bankkonto des Anwenders in der Heimat belastet wird. In vielen Ländern lassen sich bei ausländischen Zweigstellen der Heimatbank Konten einrichten und Beträge deponieren, die sich später im Heimatland in der dortigen Währung abheben lassen. Natürlich muss man dabei die lokalen Bankgesetze und Regulierungen prüfen.

Während einer der Autoren dieses Buchs, der ein Konto bei der Citibank in den USA besitzt, in Deutschland unterrichtete, legte er z. B. ein Konto bei einer örtlichen Filiale der Citibank an. Dadurch konnte er DM in Deutschland einzahlen, Bargeld in Deutschland in DM und wieder zurück in den USA in US-Dollar abheben. Er konnte bei Reisen durch Länder in Ost- und Westeuropa mit seiner ATM-Karte meist ebenfalls Bargeld in lokaler Währung erhalten und konnte sie auch in vielen anderen Gebieten der Welt nutzen. Beim Einsatz der ATM-Karte aus den USA wurde der Betrag vom dortigen Depot abgezogen, beim Einsatz der deutschen ATM-Karte wurde das deutsche Depot belastet. Dadurch konnte er an den verschiedenen Orten Geld vom jeweils bevorzugten Konto zu möglichst günstigen Wechselkursen erhalten.

FRAGEN ZUR DISKUSSION

11.1 Vergleichen Sie die in diesem Kapitel vorgestellten sieben Methoden der Exportfinanzierung und stellen Sie sie einander gegenüber.

11.2 Erklären Sie, wie Factoring dem Exporteur die Nutzung offener Forderungen beim Treffen von Zahlungvereinbarungen mit Käufern ermöglicht.

11.3 Welches sind die wesentlichen Unterschiede zwischen dem Einsatz von Akkreditiv und Tratte (Wechsel) als Verfahren zur Finanzierung von Exporten und dem Empfang von Zahlungen?

11.4 „Ein Exporteur genießt beim Einsatz einer Tratte denselben Schutz wie bei der Nutzung eines Akkreditivs." Erörtern Sie diese Aussage.

11.5 Gibt es eine „ideale" Form des Akkreditivs? Erläutern Sie Ihre Antwort.

11.6 Ist beim Einsatz von Wechsel- oder Tratte-Verfahren die Klausel „Dokumente gegen Akzept" oder „Dokumente gegen Zahlung" besser? Verteidigen Sie Ihre Ansicht.

11.7 „Mit Exportkreditversicherungen kann der Exporteur alle Risiken der Nichtzahlung durch ausländische Käufer eliminieren." Erörtern Sie diese Aussage.

11.8 Vergleichen Sie die alternativen Techniken des gegenseitigen Handels und stellen Sie sie gegenüber. Gibt es eine beste Form für Verkäufer und eine beste für Käufer? Erläutern Sie Ihre Antwort.

11.9 In welchem Umfang befinden sich die Ziele von Verkäufern und Käufern bei gegenseitigen Transaktionen im Konflikt und in welchem Umfang harmonieren sie miteinander?

LITERATURHINWEISE

Bank of America (1994). *Trade Banking Services*. San Francisco: Bank von Amerika.

Batchelor, C. (1990). Exporters see the light. *Financial Times*, 4. Juni, Abschnitt III–3.

Chemical Bank (1987). *International Trade Guide: Financial Services for Importers and Exporters*. New York: Chemical Bank.

Fitzgerald, B., Monson, T. (1987). *The efficiency and effectiveness of export credit and export credit insurance programs. Internal Discussion Paper 4*, Latin American and the Caribbean Region Series, Die Weltbank.

Fletcher, R. (1996). *Countertrade and the internationalisation of the Australian firm*. Unpublished PhD thesis, Technische Universität, Sydney.

Francis, D. (1987). *The Countertrade Handbook*. New York: Quorum.

Ghose, T. K. (1993). *Export Credit Insurance: A Hong Kong Perspective*. Hong Kong: City Polytechnic of Hong Kong, Monograph 93301.

Hammond, G. T. (1990). *Countertrade Offsets and Barter in International Political Economy*. New York: St Martin's Press.

Internationale Handelskammer (1993). *Uniform Customs and Practices for Documentary Credits*, ICC Publication Nr. 500.

Korth, C. M. (Hrsg.) (1987). *International Countertrade*. New York: Quorum.

Lund, B. B. (1997). Corporate barter as a marketing strategy. *Marketing News*, 31 (3. März), 8.

Miller, C. (1992). Worldwide money crunch fuels more international barter. *Marketing News*, 26 (2. März), 5.

Paun, D., Albaum, C. (1993). A conceptual model of seller and buyer's pricing strategies in international countertrade. *J. Global Marketing*, 7(2), 75–95.

Reade, M. (1990). For barter or worse. *North American International Business*, Juni, 16.

Seafirst Bank (1988). *International Banking Services*. Seattle, WA: Seafirst Bank.

WEITERFÜHRENDE LITERATUR

Blomeyer, K. (1986). *Exportfinanzierungen*. Wiesbaden: Gabler Verlag.

Branch, A. E. (1990). *Import/Export Documentation*. London: Chapman & Hall.

Hennart, J-F. (1990). Some empirical dimensions of countertrade. *J. Int. Business Studies*, 21(2) (zweites Quartal), 243–270.

Hermes Kreditversicherungs-AG (Hrsg.) (o.J.). *Allgemeine Bedingungen für die Übernahme von Bürgschaften und Ausfuhrgarantien.*

Huber, E., Schäfer, H. (1995). *Dokumentengeschäft und Zahlungsverkehr im Außenhandel*. Frankfurt: Knapp.

Jahrmann, F.-U. (1995). *Außenhandel*. Ludwigshafen: Friedrich Kiehl Verlag.

Oehlmann, A. W. (1995). *Praxis der Auslandsgarantien*. Wiesbaden: Economica Verlag.

Schütze, R. A. (1996). *Das Dokumentenakkreditiv im internationalen Handelsverkehr.* Heidelberg: Recht und Wirtschaft.

Schweizerische Kreditanstalt (Hrsg.) (o.J.). *Handbuch der Exportfinanzierung.*

Verzariu, P., Mitchell, P. (1992). *International Countertrade: Individual Country Practices*. Washington, DC: US Department of Commerce, International Trade Administration.

Wells, L. F., Dulat, K. P. (1996). *Exporting: From Start to Finance*. 3. Aufl. New York: McGraw-Hill, Kapitel 19–29, 35–38.

FALLSTUDIE 11.1

Tainan Glass Manufacturing Company

(Diese Fallstudie wurde von Mitsuko Saito Duerr, San Francisco State University, verfasst.)

Die Tainan Glass Manufacturing Company in Taiwan (der Name des Unternehmens wurde geändert) stellt große Glasscheiben für Fenster, Schaukästen und den industriellen Einsatz her. Sie ist einer von zwei Herstellern in Taiwan.

Aus Stücken mit ungewöhnlichen Abmessungen, die beim Zuschneiden von Scheiben übrig bleiben, werden Lamellen für Jalousien hergestellt. Jalousien sind Fenster oder Türen, die aus Lamellen bestehen, die sich drehen lassen, so dass bei geöffneten Lamellen Luft durchfließen kann oder bei geschlossenen Lamellen Wind und Regen abgehalten werden können. Sie sind in einer Reihe von Ländern mit heißem Klima sehr beliebt. (In anderen Ländern mit heißem Klima ist die Verwendung von Fensterscheiben keineswegs allgemein gebräuchlich. Ein Drahtgeflecht, das Fluginsekten abhält, vor dem sich eine Jalousie befindet, die je nach Bedarf geöffnet oder geschlossen werden kann, ist zudem in solchen Ländern häufig in vielerlei Hinsicht wesentlich praktischer. Anm. des Übs.)

Sofern sich aus den Stücken mit ungewöhnlichen Abmessungen keine Lamellen herstellen lassen, handelt es sich bei ihnen um wertlosen Ausschuss. Tatsächlich ist das Rohmaterial dadurch kostenlos. Die einzigen zusätzlichen Kosten der Herstellung der Lamellen sind die Kosten für den Zuschnitt auf die richtigen Abmessungen und das Polieren der Kanten. Wenn die Nachfrage nach Lamellen außerordentlich hoch ist, werden jedoch manchmal auch komplette Scheiben zu Lamellen verarbeitet. Dann fließen Rohmaterialien bei vollen Kosten und Arbeitskosten in die Produkte ein. Der Verkaufspreis der Lamellen spiegelt normalerweise die Gesamtkosten für Glas und Arbeit wider.

Mehrere Jahre lang waren die Hauptkunden der Glaslamellen von Tainan einige Importeure aus Nigeria. Aufgrund wirtschaftlicher Probleme in diesem afrikanischen Land wurde es den Importeuren jedoch vor drei Jahren unmöglich, die für die Bezahlung der Glasimporte erforderlichen ausländischen Währungsmittel zu beschaffen, sofern die Importeure keine Sonderregelungen mit der nigerianischen Regierung getroffen hatten. Keiner der Glasimporteure hatte Erfolg mit derartigen Vereinbarungen, so dass Tainan seine Exporte nach Nigeria einstellen musste. Leider ließen sich außer einigen kleinen Käufern in Hawaii (USA) keine weiteren potenziellen Kunden finden. Tainan stellte weiterhin Lamellen aus dem Ausschuss her, statt die ungewöhnlich großen Glasstücke dem Abfall zu überantworten. So sammelte sich ein großer Lagerbestand an Glaslamellen an.

Vor kurzem erhielt Tainan von einem Handelsunternehmen in Nigeria einen Auftrag über 200 Containerladungen Lamellen. (Tainan verschifft das Glas in hochseetüchtigen, 20 Fuß langen Containern. Die Verwendung größerer Container ist nicht wirtschaftlich, da das Gewicht des Glases und nicht dessen Volumen bestimmt, wie viel in einem Container transportiert werden kann. Selbst bei einem 20-Fuß-Container lässt sich nicht die volle Raumkapazität nutzen.) Der Auftrag war so groß, dass nicht nur die Lagerbestände aufgezehrt würden, sondern darüber hinaus weitere Lamellen aus kompletten Scheiben hergestellt werden müssten.

Längere Verhandlungen folgten, bei denen das nigerianische Unternehmen darauf hinwies, dass es wegen Regierungsregulierungen kein Akkreditiv zur Verfügung stellen konnte. Tainan argumentierte, dass das Risiko, keine Zahlung in US-Dollar zu erhalten, ohne Akkreditiv zu hoch wäre. Tainan war wegen seiner großen Lagerbestände sehr am Zustandekommen des Verkaufs interessiert, ließ dies aber das nigerianische Unternehmen nicht wissen. Die Verhandlungsposition von Tainan besserte sich, als Repräsentanten einiger anderer nigerianischer Handelsunternehmen eintrafen und Kaufangebote über kleinere Mengen (zwei oder drei Containerladungen) gegen Bargeld abgaben, bei denen US-Dollar in Taiwan im Voraus bezahlt werden sollten. Dadurch glaubte Tainan, dass es eine starke Nachfrage nach den Lamellen in Nigeria gab.

Der große nigerianische Kunde willigte schließlich ein, ein über US-Dollar auf eine Bank in Hongkong gezogenes Akkreditiv zur Verfügung zu stellen. Wegen der, wie sie sagten, sehr hohen Zölle in Nigeria verlangten die Käufer, dass die Rechnung unterbewertet werden sollte. Da die nigerianische Regierung eine Bestätigung eines unabhängigen Unternehmens über den Wert der Sendung verlangte, musste Tainan diesem eine zusätzliche Gebühr zahlen, damit es den vom nigerianischen Importeur gewünschten Wert bestätigen würde.

Das Akkreditiv traf bis zwei Tage vor dem Versandtermin nicht ein. Kurze Zeit später traf es aber doch noch ein, der Verkauf wurde abgeschlossen und die Zahlung wurde erhalten.

Fragen

1. Warum arrangierte das nigerianische Unternehmen die Zahlung über eine Bank in Hongkong statt in Nigeria?
2. Auf welche Weise könnte das nigerianische Unternehmen in den Besitz harter Währung gekommen sein?

FALLSTUDIE 11.2

Arion Exports

Arion Exports, ein südkoreanisches, auf die Produktion von Autoersatzteilen spezialisiertes Unternehmen, hatte sich entschlossen, den kanadischen Markt zu betreten. Der Geschäftsführer Raymond Lee widmete seine Aufmerksamkeit anfangs den besonderen Verfahren der Finanzierung und der Verschiffung.

Ursprünglich war es die Absicht von Arion, die Kunden seines kanadischen Vertreters, Peterson Trading Company, die Sendungen per Akkreditiv finanzieren zu lassen. Bei dem ersten von Peterson erhaltenen Auftrag verzögerte sich das Akkreditiv. Lee wollte sofort ausliefern, um der Peterson-Organisation und deren Kunden die schnelle Dienstleistung und Lieferung zu demonstrieren, die sie von Arion erwarten konnten. Daher wartete man nicht die mit der Akkreditiv-Verzögerung verbundenen technischen Details ab, sondern fuhr mit der Verschiffung fort und benutzte ein Orderkonnossement, um das Eigentum und die Kontrolle über die Waren zu behalten.

Wie sich herausstellte, traf die Sendung in Kanada ein, bevor das Akkreditiv in Südkorea empfangen wurde. Als es eintraf, wurde es von Arion zusammen mit den Versanddokumenten der beteiligten südkoreanischen Bank vorgelegt. Die Bank zahlte sofort in Won und schickte die Dokumente und die Zolldeklaration per Luftpost an die Partnerbank in Kanada, von der sie an den Kunden weitergeleitet wurden.

Lee hatte auf dem Auftrag die niedrigstmöglichen Exportpreise angegeben und die Peterson Trading Company über deren Kommissionsprozente als Vertreter und die Verkaufsbedingungen informiert: Akkreditiv vom örtlichen Kunden. Da Lee wusste, dass die Peterson-Kunden auf Lieferpreisbasis kaufen würden, musste Arion seinem neuen Vertreter eine recht genaue Grundlage zur Schätzung der CIF-Gebühren der jeweiligen Linien geben. Auf einigen der frühen Preisangaben nach dem ersten Auftrag lagen die CIF-Schätzungen von Peterson zu niedrig, so dass das Akkreditiv seiner Kunden nicht alle Kosten abdeckte und die Differenz zu Lasten der Peterson-Konten ging. Umgekehrt wurden die Differenzen den Konten der Peterson Company gutgeschrieben, wenn die Schätzungen der CIF-Gebühren zu großzügig waren. Durch Versuch und Irrtum verbesserte Peterson seine CIF-Angaben, so dass sie nach einigen Sendungen ziemlich genau den wirklichen Speditionsgebühren entsprachen.

Nachdem man eine Reihe von Aufträgen von der Peterson Company erhalten hatte, zeigten die finanziellen Verzögerungen deutlich, dass Großhändler in Kanada Akkreditive nur unter erheblichen Schwierigkeiten bekamen. Das lag daran, dass die Importeure die Beträge in voller Höhe bei den lokalen Banken hinterlegen mussten, bevor Akkreditive ausgestellt wurden. Da nach der Gewährung des Kredits und der Erteilung des Auftrags ein Zeitraum von ca. 90 Tagen erforderlich war, bevor die Waren in Kanada eintrafen, führte das bei den Importeuren von Autoteilen zu einer schweren Belastung des Betriebskapitals.

Angesichts dieser Umstände glaubte Lee, dass andere finanzielle Vereinbarungen getroffen werden müssten, die das bisherige Akkreditiv-Verfahren ersetzen sollten, sofern dies praktikabel war. Die Verzögerungen bei der Ausstellung von Akkreditiven könnte man aber bei Geschäften mit Kanada auch als notwendiges Übel in Kauf nehmen. Andererseits könnte es aber auch möglich sein, andere Zahlungsbedingungen zu erwirken.

Fragen

1. Welche anderen Finanzierungs- und Zahlungsmethoden könnte Arion bei Exporten in den kanadischen Markt nutzen?
2. Welche würden Sie Arion zur Nutzung empfehlen? Erläutern Sie Ihre Antwort.
3. Sollte Lee wirklich das Akkreditiv-Verfahren fallen lassen? Warum bzw. warum nicht?

KAPITEL 12

Werbung und Marketingkommunikation

12.1 Einführung

Kommunikation ist ein wesentlicher Bestandteil internationaler Marketingaktivitäten. Es reicht nicht, nur zu produzieren und Produkte oder Dienstleistungen zur Verfügung zu stellen, man muss auch jene Informationen bereitstellen, die Käufer für ihre Kaufentscheidungen benötigen. Dies geschieht aber nicht immer. Als z.B. die Nissan Motor Company ihren neuen Luxuswagen Infiniti Ende 1989 in den USA einführte, zeigte die Werbekampagne im Wind schwankende Bäume, brandende Wellen, und regengesprenkelte Seen, die Wunschbilder wecken sollten. Die Kampagne war zwar in der Hinsicht ein Erfolg, dass viele Leute in die Ausstellungsräume gezogen wurden, die Infiniti- bzw. Nissan-Händler merkten jedoch, dass sie kaum geeignet war, ernsthafte Käufer über das Auto zu informieren. Nissan änderte seine Werbung und stellte Lenkung und Komfort statt Bäume und Felsen in den Vordergrund. Es fand eine Verlagerung von der Erzeugung von Wunschbildern hin zur produktspezifischen Werbung statt. Auch wenn Werbebotschaften für Kunden interessante Informationen transportieren, sollen sie letztlich doch aktuelle oder zukünftige Kunden zu einer bestimmten Aktion bewegen, nämlich dem Kauf des Produkts.

Ende 1992 verfolgte Mercedes-Benz einen noch indirekteren Ansatz, als man das 18 Jahre alte USA-Werbethema von „konstruiert wie kein anderes Auto der Welt" in „Sie brauchen auf nichts zu verzichten" abänderte. Planmäßig sollte die neue Kampagne bis ins Jahr 1993 hinein laufen. Durch die Kombination rationaler und emotionaler Reize konzentrierte sich Mercedes auf Familien und deren „Beziehung" zum Hersteller. Die Idee hinter dem Werbespruch „Sie brauchen auf nichts zu verzichten" war, dass der Mercedes als ein Auto positioniert werden sollte, bei dem man auf keine wesentlichen automobilen Werte (z.B. Sicherheit und Wertbeständigkeit) verzichten musste. Dem Unternehmen zufolge handelte es sich nicht um einen strategiebedingten Wandel, sondern lediglich um eine Verlagerung des Schwerpunkts von Informationen zum Unternehmen hin zu Informationen über Kundenwünsche. Die folgenden drei Fernsehspots mit einer Länge von jeweils 60 Sekunden sollen dies verdeutlichen:

- Ein Mann mittleren Alters schwelgt in Erinnerungen darüber, wie er als kleiner Junge das erste Mal einen Mercedes gesehen hat.
- Beim Hochzeitsempfang schenkt ein Vater dem glücklichen Ehepaar einen neuen Mercedes und sagt, er hoffe, die Verbindung würde so lange halten wie das Auto.
- Eine Frau erinnert sich an einen schweren Autounfall, den sie als Kind beobachtet hat. Während sie ihre Tochter von der Schule abholt, teilt sie dem Publikum mit: „Nein, ich fahre meinen Mercedes nicht, um meine Freunde zu beeindrucken."

Laut unserer Definition handelt es sich bei der internationalen/Exportmarketing-Kommunikation um eine kulturübergreifende Kommunikation, d.h. um die Kommunikation zwischen einer Person aus einer Kultur und einer oder mehreren Personen einer anderen Kultur. Darüber hinaus ist es möglich, dass die Werbung innerhalb einer Nation insofern unterschiedlich stark kulturübergreifend sein kann, als es kulturelle Unterschiede innerhalb einzelner Nationen geben kann. In Indien werden z.B. viele verschiedene Muttersprachen gesprochen. So kann es zur kulturübergreifenden Kommunikation innerhalb der politischen Grenzen einer einzelnen Nation kommen, da die Sprache ein wichtiger Bestandteil der Kultur ist.

Es können sich aber auch bestimmte Marktsegmente in verschiedenen Nationen kulturell ähneln. Bestimmte sozioökonomisch ähnliche Marktsegmente in Europa können so z.B. über sehr ähnliche persönliche Merkmale und Gewohnheiten verfügen, so dass sie vom Werbenden im Wesentlichen wie ein homogener Markt behandelt werden können. Junge Motorradfahrer können sich z.B. in mehreren verschiedenen europäischen Kulturen durch im Wesentlichen identische Werbebotschaften, Motive, Vorbilder und Layouts zum Kauf von Motorradzubehör bewegen lassen. Möglicherweise lassen sich auch Landwirte, die Traktoren für dieselben Zwecke und unter denselben Bedingungen benutzen, in mehreren europäischen Ländern durch nahezu identische Werbung beeinflussen.

Abbildung 12.1 verdeutlicht die Natur der Kommunikationsaufgabe und einige potenzielle Probleme, mit denen exportierende Unternehmen bei der Werbung konfrontiert werden. Auch wenn diese Hindernisse im Laufe dieses Kapitels mehr oder weniger ausführlich besprochen werden, sind hier bereits einige Anmerkungen angebracht.

Abbildung 12.1 Einige Hindernisse für Exportmarketing-Werbung.

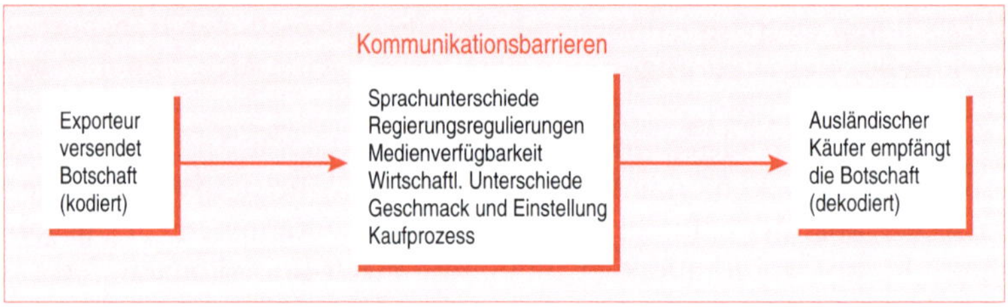

Diese Hindernisse (Probleme) können sowohl untereinander abhängige als auch unabhängige Wirkungen haben. Es gibt z.B. einige Länder, in denen Regierungsregulierungen die Benutzung von Fremdsprachen bei Werbeaktivitäten verbieten. In einer Studie über 46 Länder verboten 9% Fremdsprachen in gedruckten Anzeigen, 9% in Direktwerbung auf dem Postwege, 15% in Freiluftreklame, 16% in Verkaufsfördermaterialien, 28% in Kinowerbung, 28% im Radio und 28% im Fernsehen (Boddewyn und Mohr, 1987). Es mag Ausnahmen geben. In Deutschland dürften z.B. zwar Werbemaßnahmen in Englisch für in Großbritannien hergestellte Regenmäntel laufen, nicht aber für in Deutschland produzierte. Andere Regulierungen können die Produktion von Werbematerialien betreffen. International Playtex, Inc. wandte sich einem globalen Werbeansatz (weiter unten in diesem Kapitel erläutert) zu, um seinen Wow-BH in zwölf Ländern zu verkaufen. Der einzige Spot wurde in einem der Märkte, Australien, produziert, weil es dort eine Regelung gab, dass importierte Filmwerbung nur dann gezeigt werden durfte, wenn das produzierende Filmteam ausschließlich aus Australiern besteht. Kurz, das australische Fernsehen zeigt nur Werbespots, die dort produziert werden (*Business Week*, 1985). Ähnlich musste in Großbritannien ein lokales Team bei den Filmaufnahmen anwesend sein (und bezahlt werden), brauchte aber an den Aufnahmen selbst nicht beteiligt zu sein. Andere Regulierungen können die mögliche Art der Werbung einschränken. In Südkorea ist z.B. der Vergleich zweier Produkte in der Werbung illegal. (Vergleichende Werbung war auch in Deutschland lange Zeit verboten.) Weiterhin ist in immer mehr Ländern die Werbung für Tabakprodukte bei Sportveranstaltungen verboten.

Die Werbung und Kommunikation der Exporteure stehen in einer engen Beziehung mit dem Verbraucher- und Käuferverhalten. Nicht alle Kulturen reagieren jedoch auf Marketingwerbung in derselben Weise. Es gibt unterschiedliche Abfolgen in der Hierarchie der Effekte hinsichtlich der Dimensionen der Einstellungen und des Verhaltens: kognitiv (*Lernen*), affektiv (*Fühlen*), konativ (*Verhalten*). Vier Basisabfolgen für den Einfluss von Werbung auf Verbraucher sehen so aus:

Hierarchie	*Abfolge*
Traditionelles Lernen	Lernen – Fühlen – Verhalten
Geringe Teilnahme	Lernen – Verhalten – Fühlen
Dissonanzempfinden	Verhalten – Fühlen – Lernen
Abhängigkeit	Fühlen – Verhalten – Lernen

Die ersten drei scheinen größtenteils für westliche Kulturen charakteristisch zu sein. Im Gegensatz dazu behauptet Miracle (1987), dass die Abfolge *Fühlen – Verhalten – Lernen* für Japan angemessen zu sein scheint und dort in der Tat für Fernsehspots charakteristisch ist. Japanische Verbraucher wollen wissen, dass sie sich auf die Marke oder den Werbetreibenden *verlassen* können. In einer anderen Studie behaupten Cohen und Otani (1987), dass gebürtige Japaner weniger von der linken Gehirnhälfte (Logik) dominiert werden als gebürtige Amerikaner. Derartige Unterschiede in der relativen Bedeutung der Dominanz der linken bzw. rechten (Emotion) Gehirnhälfte scheinen zu erklären, warum erfolgreiche japanische Werbekampagnen üblicherweise auf „subtilem" und nicht auf „aggressivem" Verkauf basieren.

12.2 Entscheidungen über Exportmarketing-Werbung und Kommunikation

Die Werbeentscheidungen, denen das Exportmarketing-Management gegenübersteht, lassen sich auf Folgendes reduzieren:

- Welche Botschaften?
- Welche Kommunikationsmittel (Medien)?
- Wie groß sollen die Anstrengungen ausfallen bzw. wie viel Geld soll ausgegeben werden?

Diese Entscheidungsbereiche sind voneinander abhängig. Exportmarketing-Kommunikation nimmt verschiedene Formen an:

- *Persönlicher Verkauf*: Verkäufer werden eingesetzt, um vorwiegend direkt mit künftigen Kunden zu kommunizieren.
- *Werbung*: Unpersönliche Präsentationen von Werbebotschaften in verschiedenen (Massen-) Medien, die vom Werbenden bezahlt werden.
- *Verkaufsförderung*: Alle Verkaufsaktivitäten, die den persönlichen Verkauf und die Werbung ergänzen und unterstützen. Die Aktivitäten finden üblicherweise nicht wiederholt statt und sind relativ kurzlebig.

- *Öffentlichkeitsarbeit*: Alle Nachrichten über Unternehmen, die von Medien oder vom Unternehmen selbst verbreitet werden.

Obwohl sich viele der Erörterungen in diesem Kapitel und viele der vorgestellten Beispiele direkt auf die Werbung beziehen, sollte der Leser zwei Dinge berücksichtigen: (1) Die allgemeinen Prinzipien lassen sich auf alle Kommunikationsaktivitäten (persönlicher Verkauf, Werbung, Verkaufsförderung, Öffentlichkeitsarbeit) anwenden. (2) Die Werbung ist dabei im weiter gefassten Kommunikations- Mix nur als eine von mehreren Komponenten anzusehen.

Obwohl die Erörterung hier im Kontext des Exportmarketing stattfindet, gelten die allgemeinen Prinzipien, Konzepte und Praktiken schließlich ggf. auch für andere internationale Markteintrittsmodi (wie z.B. strategische Allianzen oder direkte Auslandsinvestitionen) bzw. auch generell.

Wir müssen auch daran denken, dass die Frage, welche Zusammensetzung (Mix) der Werbeaktivitäten eingesetzt wird, von der Frage abhängig ist, ob das Schwergewicht auf einer „Push"- oder „Pull"-Strategie liegen soll. Bei einer *Pull*-Strategie wird das Produkt laut Definition zunächst angeboten, so dass es der Käufer am Ort des Verkaufs aussuchen oder danach fragen kann. Bei einer *Push*-Strategie arbeitet man laut Definition mit den Wiederverkäufern zusammen oder unterstützt sie beim Verkauf des Produkts am Ort des Verkaufs. Wenn eine Push-Strategie erforderlich ist, besitzen die Kunden vorab keine Informationen über das Produkt, sondern verlassen sich auf den Rat oder die Vorschläge des Verkäufers.

Im Extremfall einer Pull-Strategie besitzt der Käufer bereits alle erforderlichen Informationen, bevor er den Ort des Verkaufs erreicht. Im Extremfall der Push-Strategie hat der Käufer keinerlei vorherige Kenntnis vom Produkt und trifft seine Entscheidung allein am Ort des Verkaufs. Offensichtlich fallen die meisten Situationen irgendwo zwischen diese beiden Extreme. Ob ein Exporteur eine Push- oder Pull-Strategie betonen will, beeinflusst die relative Wichtigkeit und Vorteilhaftigkeit der verschiedenen Methoden der Übermittlung von Marketinginformationen zum Zielmarkt.

Der Exporteur/internationale Anbieter benötigt Richtlinien für die Auswahl der einzusetzenden Werbemaßnahmen und deren Kombination. Es gibt eine Reihe von Faktoren, die die Entscheidung über die Zusammensetzung der Werbeaktivitäten beeinflussen. Diese werden in Tabelle 12.1 dargestellt.

Tabelle 12.1 Faktoren, die die Zusammensetzung der Werbung beeinflussen.

1.	Verfügbarkeit von Geldmitteln für die Werbung. Verschiedene Aktivitäten kosten unterschiedlich viel je Einheit der Aktivität.
2.	Kosten der Werbeaktivitäten.
3.	Die sowohl kurz- als auch langfristige Stärke des Wettbewerbs. Je stärker der Wettbewerb, desto höher ist üblicherweise die Budgetzuteilung je vorhergesagtem Produktverkauf.
4.	Die Art des beteiligten Produkts, seine Saisonabhängigkeit und sein Preis.
5.	Markteintrittsmodus. Wenn Distributoren, Vertreter und Partner von Allianzen beim Eintritt genutzt werden, tragen sie die Werbekosten möglicherweise gemeinsam mit dem Exporteur.
6.	Die Art des Markts. In einem hoch industrialisierten Land lassen sich im Vergleich zu Ländern mit einem niedrigeren Bildungsstandard, in denen man sich stärker auf die Radiokommunikation und Bildtafeln verlassen muss, anspruchsvollere Werbetechniken einsetzen. Demographische Merkmale sind relevant.

Tabelle 12.1 Faktoren, die die Zusammensetzung der Werbung beeinflussen. (Forts.)
7. Die innerhalb des Unternehmens verfügbaren nichtmonetären Ressourcen für die Abwicklung der Werbung, deren Angemessenheit und deren Kosten.
8. Die Marktgröße und die Größen der verschiedenen Marktschichten.
9. Medienverfügbarkeit.

Quelle: nach Branch, 1990, S. 68-70.

12.2.1 Exportmarketing-Werbung als Kommunikation

Weiter oben in diesem Kapitel wurde die Exportmarketing-Werbung im Kontext der Kommunikation erörtert, bei der der Exporteur Botschaften an den Zielmarkt überträgt, um potenzielle Käufer (inklusive Mittler) über ein Produkt zu *informieren*, die Menschen zum Kauf zu *überreden*, *positive Einstellungen* zu entwickeln und andere *Änderungen* im Denken und Verhalten der Menschen herbeizuführen, die dem Exporteur nutzen. Abbildung 12.1 weist darauf hin, dass es für effektive Werbung Hindernisse gibt, die schreckliche Auswirkungen haben können, wenn man mit Menschen in anderen Ländern zu kommunizieren versucht, deren Werte, Einstellungen und Verhaltensmuster sich vor einem anderen kulturellen Hintergrund entwickelt haben.

Kommunikationsprobleme beschränken sich nicht auf die *verbale* (gesprochene oder geschriebene) Werbung. Es können auch *nonverbale* Kommunikationsprobleme entstehen. Wie wir in Kapitel 3 erwähnt haben, existiert nonverbale Kommunikation in vielen Formen. Einige Formen ergänzen die verbale Kommunikation, während andere eingesetzt werden, wenn keine verbale Kommunikation möglich ist (vgl. Tabelle 12.2). Alle diese Formen der nonverbalen Kommunikation können in verschiedenen Kulturen zu unterschiedlichen Interpretationen und Reaktionen führen. Dies führt dazu, dass verschiedene Botschaften empfangen werden. Zum Beispiel ist schlampige Kleidung (Aussehen) in einigen Ländern anstosserregender als in anderen. Franzosen und Italiener reden mehr mit ihren Händen (Kinesik) als Amerikaner. Südamerikaner und Griechen fühlen sich wohler, wenn sie näher bei anderen stehen oder sitzen (Proxemik), als Menschen aus anderen Kulturen und Nationen.

Tabelle 12.2 Nonverbale Kommunikation.
Erscheinungsbild: Umfasst die Bekleidung und deren Gepflegtheit
Chronemik: Die zeitliche Abstimmung des verbalen Austauschs
Haptik: Der Einsatz von Berührungen während der Kommunikation
Kinesik: Die Bewegung von Körperteilen bei der Kommunikation (Gebärdensprache bzw. Gestik und Mimik)
Okulesik: Der Einsatz (oder die Vermeidung) von Augenkontakten
Olfaktion: Die Aktion des Riechens
Orientierung: Die Winkel, in denen sich Personen im Raum relativ zueinander positionieren

Tabelle 12.2 Nonverbale Kommunikation. (Forts.)
Paralinguistik: Die nonverbalen Aspekte der Sprache (z.B. der Akzent)
Körperhaltung: Die verschiedenen stehenden, sitzenden, liegenden usw. Positionen des Körpers
Proxemik: Der Einsatz des Raums bei der Kommunikation

Quelle: nach Ricks, 1983, S. 15-19.

Im Exportmarketing und der Werbung muss der Kommunikator das Publikum kennen, den Markt möglichst präzise definieren und motivationale und Hintergrundeinflüsse studieren, bevor er mit der Vorbereitung einer Werbestrategie bzw. -kampagne beginnt. Viele Menschen glauben, dass Reize, Bilder und andere Merkmale von Anzeigen und anderen Werbeformen für die einzelnen Märkte nicht angepasst werden müssen. Sie haben beobachtet, dass sich die Verbraucher in verschiedenartigen Märkten in vielerlei Hinsicht ähneln und dass das menschliche Wesen in den meisten Gesellschaften im Grunde genommen dasselbe ist. Alle Menschen wollen physiologische und psychologische Bedürfnisse befriedigen.

Es lässt sich jedoch argumentieren, dass ein Kommunikator die Unterschiede zwischen den Verbrauchern in seinem eigenen Land und denen anderer Länder zur Kenntnis nehmen sollte. Sie sprechen nicht nur eine andere Sprache, sondern folgen auch anderen Religionen, Philosophien und Traditionen. Sie unterscheiden sich in Hinsicht auf Familienverhalten, Kindheitserfahrungen und die Rolle der Familienmitglieder. Die Berufshierarchie unterscheidet sich zwischen den Ländern, das Klima und die Geografie und andere Aspekte der physischen Umwelt des Verbrauchers sind verschiedenartig, Verbraucher betreiben eine Vielzahl von Sportarten und Hobbys und vergnügen und unterhalten sich auf unterschiedliche Weise. Diese Umweltunterschiede spielen eine wichtige Rolle bei der Bildung der Nachfrage nach bestimmten Arten von Waren und Dienstleistungen und bei der Festlegung der geeignetsten Werbeappelle.

Ein weiteres Kommunikationshindernis sind soziale oder Klassenstrukturen. In Gesellschaften, in denen soziale Statuseinstellungen recht starr sind, sind Verkäufer aus der Mittelklasse üblicherweise wenig erfolgreich bei Aufgaben, bei denen es um den Verkauf an Unternehmenseigentümer der Oberklasse geht, da sie nicht wissen, wie sie sich in dem für sie neuen sozialen Umfeld verhalten müssen.

Man kann aus dieser Diskussion folgern, dass sich Reize, Bilder und andere Anzeigen- und Werbemerkmale zwischen den Märkten häufig unterscheiden müssen. Diese Frage werden wir später in diesem Kapitel im Kontext der Entscheidung zwischen Standardisierung und Adaptation (Globalisierung) der Exportmarketing-Werbung diskutieren.

Ein weiterer Aspekt der Kommunikation/Werbung betrifft den Einsatz ausländischer Schauplätze, Darsteller/Charaktere und der geschriebenen Sprache in der Werbung für spezifische Märkte. Das Ausmaß, in dem ausländische Elemente zum Einsatz kommen, variiert zwischen den Ländern. In Japan werden sie weit verbreitet eingesetzt. Im Gegensatz dazu findet man in der US-Werbung nur relativ wenige ausländische Elemente, während deren Einsatz in Südkorea im Zusammenhang mit Merkmalen wie Geschichte, Kultur und der wirtschaftlichen Entwicklung des Landes zu stehen scheint (Taylor und Miracle, 1996). Es wurde vermutet, dass es in China mehr Käufer und in der Verbraucherwerbung mehr ausländische Bilder geben wird. Aber der international Werbetreibende sollte keine „Gesichter“ in seinen Anzeigen benutzen, die in der Wahrnehmung inkompatibel mit den kulturellen Werten und Regierungspolitiken in China sind (Zhou und Meng, 1997). Die Nutzbarkeit ausländischer Elemente in der Werbung in einem Land hat direkte Auswirkungen auf die Standardisierung und/oder den Transfer von Anzeigenkampagnen oder Teilen derselben.

Wenn Exporteur A effektiv mit Käufer B kommunizieren will, müssen sie sich irgendwie in den jeweils anderen hineinversetzen. Daran ist der Prozess der *Empathie* beteiligt. Effektive Kommunikation setzt voraus, dass man über eine gemeinsame Menge von Bedeutungen und Definitionen verfügt. Eine derartige gemeinsame Menge von Bedeutungen leitet sich nicht nur aus der Sprache ab, sondern bezieht sich weiter gefasst auf Glaubensmodelle, Ehrenkodexe und Gefühle, auf deren Basis Menschen in ihrer Umwelt zu leben lernen.

12.2.2 Symbole

Der erfolgreiche Kommunikator verlässt sich auf Symbole als ein Mittel zur Erzeugung von Empathie mit einer anderen Person. Daher muss das exportierende Unternehmen die in der Werbung für einen ausländischen Markt eingesetzten Symbole sorgfältig auswählen. Farben sind eine Form visueller Symbole. Es ist wichtig, dass sich der Exporteur daran erinnert, dass bestimmte Farben in verschiedenen Kulturen nicht unbedingt dieselbe Bedeutung und Wichtigkeit haben. In China wählen junge Leute z.B. helle und leuchtende Farben, während ältere reinere und tiefere Farben bevorzugen. Gelb ist immer eine kaiserliche Farbe gewesen, die ursprünglich für die Masse verboten war und die – außer für religiöse Zwecke – immer noch wenig benutzt wird. Sie deutet auf Vornehmheit hin und wirkt geheimnisvoll. Purpur ist eine noble Farbe in Japan, repräsentiert aber in Myanmar (Birma) und einigen lateinamerikanischen Ländern den Tod. Weiß ist in Japan und Blau im Iran die Farbe der Trauer. Daher werden diese Farben in diesen Ländern wahrscheinlich nicht positiv wahrgenommen, wenn sie in der Marketingwerbung eingesetzt werden. Grün symbolisiert in Ägypten Nationalismus, so dass diese Farbe von Exporteuren in diesen Ländern nur mit größter Vorsicht eingesetzt werden sollte.

Wegen dieser Unterschiede in den Traditionen, Sitten, Religionen und damit verwandten kulturellen Merkmalen einer Gesellschaft muss man bei der Auswahl von Symbolen, die die beabsichtigte Botschaft vermitteln können und keine Empfindungen des Werbepublikums verletzen, extrem vorsichtig vorgehen. Menschen mit Tieren zu vergleichen oder der Einsatz von Tieren, die im Zeichentrickfilm Menschen repräsentieren, kann für Buddhisten, die an eine Wiedergeburt glauben, inakzeptabel sein. Anzeigen, in denen Menschen mit Tieren verglichen werden, können auch bei Arabern Anstoß erregen. („Ein Tier ist ein Tier und ein Mensch ist ein Mensch, hat Allah gesagt.") Daher kann der Einsatz von Tieren zur Darstellung menschlichen Verhaltens selbst dann wenig attraktiv sein, wenn er verständlich ist.

Ähnlich vorsichtig muss der Werbetreibende beim Einsatz von Tiersymbolen und Unternehmenslogos in Anzeigenillustrationen sein (Ricks, 1983, S. 54-55). Auch diese können fehlinterpretiert und „falsch übersetzt" werden. In Brasilien benutzte ein US-Unternehmen z.B. einen großen Hirsch als Symbol für Männlichkeit. Es stellte sich heraus, dass das Wort „Hirsch" (deer) in Brasilien eine umgangssprachliche Bezeichnung für einen Homosexuellen ist. Ein anderes Unternehmen benutzte in Indien in seiner Werbung eine Eule. Für Inder ist die Eule ein Symbol des Unglücks bzw. Pechs. Das Unternehmen hatte keinen Erfolg.

Bei der Anzeigengestaltung ist es offensichtlich, dass sie dem Lesemuster des Zielmarkts entsprechen sollte. Ein Unternehmen, das Waschmittel im Mittleren Osten vermarktete, hatte alle seine Anzeigen so aufgeteilt, dass sich auf der linken Seite Bilder schmutziger Wäsche, Seife in der Mitte und saubere Wäsche rechts befand. Da die Menschen in diesem Teil der Welt von rechts nach links lesen, interpretierten viele der potenziellen Kunden die Botschaft tatsächlich so, dass die Seife die Wäsche verschmutzen würde.

Der Exporteur sollte auch sicherstellen, dass die zu benutzenden Symbole zutreffend und aktuell sind. Vor einigen Jahren erfuhr die McDonnell Douglas Corporation eine unerwartete Reaktion auf eine Broschüre, die an potenzielle Flugzeugabnehmer in Indien verschickt werden sollte. Es war ein altes Foto verwendet worden, das Turbanträger darstellte, bei denen es sich, wie sich herausstellte, um Pakistani und nicht um Inder handelte.

Wenn ein Objekt (eine Person) als eine Art Symbol eingesetzt wird, dann muss der werbende Exporteur sicher sein, dass das Symbol für das Zielpublikum etwas bedeutet. Ricks (1983, S. 51-52) liefert dafür zwei hervorragende Beispiele.

In Japan versuchte ein Kosmetikunternehmen, seinen Lippenstift mit einem Fernsehspot zu verkaufen, in dem Nero wieder lebendig wird, wenn eine schöne Frau vorbeigeht, die diesen Lippenstift trägt. Zum Leidwesen des Werbers wussten viele japanische Frauen gar nicht, wer Nero eigentlich war.

Die Marlboro-Zigarettenwerbung, in der der Marlboro-Mann ein starkes maskulines Image erzeugt, war in den USA und Europa populär und erfolgreich. In Hongkong blieb dieser Ansatz erfolglos, da sich die Städter hier nicht mit dem Bild des Reiters in der Landschaft identifizieren konnten. Die Werbung wurde geändert, um einen Marlboro-Mann im Hongkong-Stil zu zeigen. Sie zeigte anschließend einen jüngeren und besser gekleideten Cowboy, der den Lastwagen und das Land besitzt, auf dem er sich befindet.

Diese Beispiele illustrieren die Notwendigkeit einer „lokaleren“ Orientierung beim Einsatz von Symbolen und bekannten historischen Figuren. Weitere Beispiele finden Sie in Beispiel 12.1.

BEISPIEL 12.1

Werbeschnitzer sind kein Witz

Unternehmen, die Geschäfte in ausländischen Märkten machen, können leicht Fehler in der Werbung bzw. in Anzeigen für ihre Produkte unterlaufen. Manchmal resultieren diese Fehler aus der Umsetzung von Konzepten, die im Heimatmarkt erfolgreich waren. Auch wenn derartige Fehler gemacht werden, müssen sie nicht notwendigerweise dazu führen, dass das Unternehmen damit zum Misserfolg verurteilt ist. Um die Analogie zum Pferderennen zu bemühen, kann das Unternehmen auch dann noch das Rennen gewinnen, wenn es schlecht „aus den Startlöchern kommt“.

Ein Beispiel in dieser Hinsicht ist Nike, der große amerikanische Hersteller von Sportschuhen (Cone, 1990). Nike jagt den Langzeitmarktführer Adidas im sehr einträglichen europäischen Sportschuhmarkt.

Nikes Schnitzer war seine europäische 21-Millonen-Dollar-Anzeigenkampagne, die sich auf den unverwüstlichen amerikanischen Football- und Baseballstar Bo Jackson konzentrierte. Die Werbespots haben in den USA, wo Jackson ein Superstar ist und die Schlagzeile „Bo knows“ aus einer früheren Werbemaßnahme stammt, in der Popkultur Kultstatus erlangt, scheinen aber nach ihrem Einsatz in Europa eher für die „Hall of Shame“ (Halle der Schande im Gegensatz zur „Ruhmeshalle“ – Hall of Fame) der internationalen Werbung bestimmt zu sein.

Das Problem ist einfach: Ein Witz mit einer erklärungsbedürftigen Schlagzeile ist niemals witzig und Jackson war in Europa relativ unbekannt. 1990 lachte an einem Nachmittag in einem überfüllten Pariser Kino nur ein einziger Mann – offensichtlich der einzige Amerikaner im Gebäude –, als dem unbewegten französischen Publikum einer der gekonnt produzierten Jackson-Werbespots gezeigt wurde. Gedruckte Anzeigen präsentieren den muskulösen Athleten mit einem Hinweis, der den Lesern genau erklärt, um wen es sich handelt.

Wie die früheren Beispiele von Konzepten, die in der Heimat erfolgreich waren, aber nach der Übertragung in andere Länder ein Flop waren (wie z.B. Chevrolets Einsatz des Wortes „Nova“ in Mexiko, wo *„no va“* „es geht nicht“ bedeutet), hat sich Nikes Fehler nicht als schwer wiegend erwiesen. Nike hat tatsächlich in Europa weiter Marktanteile hinzugewonnen.

Beispiel 12.1 (Forts.)

Eine Vielzahl von Unternehmen hat in vielen verschiedenen Ländern aus vielen unterschiedlichen Gründen Fehler in Werbeanzeigen gemacht. Die folgende Tabelle zeigt einige der bekannteren Fehler, über die in den 80ern berichtet wurde (Ricks und Mahajan, 1984). Wie die Tabelle zeigt, wurden die vorgestellten und begangenen Fehler vom Unternehmen nicht immer erkannt. Zudem betrachtete man die begangenen Fehler nicht immer als Schnitzer. Ob Fehler geschehen und ob Unternehmen diese eingestehen, ist hier kein Thema. Derartige Ereignisse können eintreten und sie können unbeabsichtigte und nachteilige Auswirkungen auf den Unternehmenserfolg in Auslandsmärkten haben.

Tabelle 1

			Unternehmensreaktion	
Unternehmen (Produkt)	**Ort**	**Berichteter Schnitzer**	**Ist er vorgefallen?**	**Kommentare**
Otis Engineering (Ölquellenausrüstung)	UdSSR	Das Werbesymbol sagte fälschlicherweise aus, dass das Produkt gut für den Geschlechtsverkehr sei	Keine Reaktion	
Parker Pen (Tinte)	Lateinamerika	Die Werbung erzeugte den falschen Eindruck, dass sich das Produkt zur Verhütung von Schwangerschaften eignen würde	Ja	Fehler wegen schlechter Übersetzung
Pepsi Cola (Getränk)	Deutschland	Werbung wurde von „Werde lebendig mit Pepsi" in „Steige aus dem Grab mit Pepsi" übersetzt	Keine Reaktion	
Exxon (Benzin)	Thailand	Einsatz des (lokal) bedeutungslosen Symbols des Tigers in der Werbung	Nein	An der Verwendung des Tigers als Symbol in Thailand war gar nichts falsch.
General Mills (Frühstückszerealien)	England	Die Werbung richtete sich in einem Land an Kinder, in dem diese Art der Produktwerbung für unlauter gehalten wird	Nein	Nicht im englischen Markt für verzehrbereite Zerealien aktiv
General Motors (Autos)	Belgien	Übersetzungsfehler machte aus „Karosserie von Fischer" „Leiche von Fischer"	Vage	Bedenkt man die Zahl der täglichen Entscheidungen, sind Fehler bei uns selten

Tabelle 1 (Forts.)

			Unternehmensreaktion	
Unternehmen (Produkt)	**Ort**	**Berichteter Schnitzer**	**Ist er vorgefallen?**	**Kommentare**
Goodyear Tyre & Rubber Co.	Deutschland	Illegale Behauptung der Überlegenheit	Ja	Die Probleme entstanden, weil sich Wettbewerber auf das Gesetz beriefen, das vergleichende Werbung beschränkte. Wir konnten unsere Behauptungen zwar beweisen, mussten unsere Werbung aber dennoch ändern.
McDonald Douglas (Flugzeuge)	Indien	Die Anzeigen zeigten versehentlich Pakistani statt Inder	Keine Reaktion	
Warner-Lampert (Mundwasser)	Thailand	Die Werbung zeigte Liebe und verletzte damit die lokal verbreiteten Sitten	Problem: Ja Schnitzer: Nein	Die Werbung bewies guten Geschmack, aber die Gesetze hatten sich geändert. Der Werbespot wurde an das neue Gesetz angepasst.
Unilever (Waschmittel)	Deutschland und Österreich	Das Unternehmen hatte seine Produktwerbung nicht koordiniert und sorgte so für Irritationen	Ja (irgendwie)	Der Bericht war nicht ganz richtig. Nur geringe Überschneidungen. Die Werbung führte nur zu geringfügiger Irritation

Quelle: nach Ricks und Mahajan (1984) und Cove (1990).

Featherstone (1995, S. 117–118) geht noch einen Schritt weiter und erläutert, dass transnationale (oder globale bzw. multinationale usw.) Unternehmen ihre Werbung zunehmend an verschiedene Teile der Welt richten und diese immer stärker auf die spezifischen Unterschiede des Publikums und der Märkte zuschneiden. Er meint, dass sich global und lokal nicht sauber trennen lassen, und er scheint eine Coca-Cola-Aussage von 1990 zu bevorzugen: „Wir sind nicht multinational, wir sind multilokal." Er prägt den begriff „glokal", der „global" und „lokal" verbindet. Das stimmt natürlich mit einer Philosophie überein, an die zunehmend viele Unternehmen zu glauben scheinen: „Global denken, lokal handeln". In der ersten Hälfte von 1997 startete Scandinavian Airlines eine neunmonatige 50-Millionen-Dollar-Werbekampagne mit einem lokalisierten Teil, der sich speziell an den asiatischen Markt richtete. Die Fluggesellschaft gab 7 Mio. $ in asiatischen Märkten für ihre Kampagne („Wir sind rein skandinavisch") aus, die sowohl im Radio als auch in gedruckten Medien lief.

Wie Symbole eingesetzt werden (der Kontext, in dem sie gezeigt werden) kann in den verschiedenen Ländern unterschiedlich sein. Amerikaner neigen z.B. dazu, Produkte möglichst im Einsatz zu zeigen. Im Gegensatz dazu suchen Franzosen mit höherer Wahrscheinlichkeit nach Ideen oder Symbolen *als solchen*.

Kulturelle Unterschiede können auch über kurze Entfernungen hinweg beträchtlich variieren. Zum Beispiel könnte man in Deutschland eine Homogenität der Sprache, der Traditionen und Sitten annehmen. Es gibt aber in Deutschland deutliche Unterschiede zwischen den verschiedenen Regionen. Die Dorfbewohner aus Schleswig-Holstein und Bayern können sich kaum in ihren jeweiligen einheimischen Dialekten untereinander verständigen, obwohl sie jeweils Deutsche sind. Selbst in kleinen Ländern wie Dänemark und Norwegen mit ihren ca. 5 Mio. Einwohnern treten kulturelle Unterschiede auf. Dänen aus Jütland, dem westlichen Teil des Landes, haben z.B. häufig Probleme, wenn sie mit Leuten aus Kopenhagen und Umgebung kommunizieren.

12.2.3 Ein abschließender Kommentar/Zwischenfazit

Die Kommunikation mit Käufern in Exportmärkten kann aus etlichen verschiedenen Gründen ineffektiv sein. Besonders bedeutend in der Exportmarketing-Kommunikation sind folgende Gründe:

- *Die Botschaft dringt möglicherweise nicht bis zum beabsichtigten Empfänger vor.* Entweder erreicht das Medium den Empfänger nicht oder die Botschaft wird aus irgendwelchen Gründen nicht wahrgenommen, vielleicht weil sich die Person im Augenblick nicht für sie interessiert oder andere Dinge die Aufmerksamkeit des Empfängers von der Botschaft ablenken. Derartige Schwierigkeiten können aufgrund dessen auftreten, dass man nicht weiß, welche Medien sich zum Erreichen des Zielpublikums eignen, und einem das Wissen darüber fehlt, wann man es am besten erreichen kann (z.B. Terminierungsprobleme).
- *Die Botschaft wird vom Empfänger nicht in der vom Sender beabsichtigten Weise verstanden.* Wegen der fehlenden Kenntnisse der Faktoren, die bestimmen, wie Personen aus unterschiedlichen Kulturen Botschaften interpretieren, ist es möglich, dass Botschaften falsch wahrgenommen und interpretiert werden.
- *Die Botschaft veranlasst den Empfänger möglicherweise nicht dazu, die vom Absender erwünschte Aktion zu ergreifen.* Obwohl die Botschaft korrekt wahrgenommen wird, kann die Kommunikation nicht die gewünschte Wirkung haben, weil man zu wenig über die ausländischen kulturellen Faktoren weiß, welche die Bildung von Einstellungen, das Kaufverhalten usw. beeinflussen. Derartige Misserfolge können auf fehlendes Wissen über Aspekte wie Verbrauchermotive, Bezugsgruppeneinflüsse oder die wirtschaftliche Situation des Verbrauchers zurückzuführen sein.

12.3 Alternative Möglichkeiten der Kommunikationspolitik

Weiter oben in diesem Kapitel haben wir die verschiedenen Hauptformen der Exportwerbung kurz definiert (persönlicher Verkauf, Werbung, Verkaufsförderung und Öffentlichkeitsarbeit). In diesem Abschnitt werden wir diese Aktivitäten eingehender erörtern.

12.3.1 Persönlicher Verkauf

Das Ziel aller Exportmarketing-Operationen lässt sich letztlich nur durch Menschen erreichen. Es ist der *persönliche Aspekt des Marketing*, der sich von der Konkurrenz am schlechtesten schnell reproduzieren lässt. Ein Unternehmen muss sich hinsichtlich seines Überlebens und seines Fortschritts auf die persönliche Qualifikation derer verlassen, die das Personal ausmachen und sein Schicksal leiten.

Der persönliche Verkauf ist die persönliche Kommunikation zwischen einem Repräsentanten des Unternehmens und einem potenziellen Käufer. Die Kommunikationsanstrengungen des Verkäufers konzentrieren sich auf die Vermittlung von Informationen mit dem Ziel, den Interessenten zum Kauf zu überreden. Die Aufgabe des Verkäufers ist es, die Bedürfnisse des Käufers richtig zu verstehen, diese mit dem Produkt des Unternehmens zu verbinden und den Kunden dann zum Kauf zu bewegen.

Gut ausgewählte, gut geschulte, gut entlohnte und gut unterstützte Verkäufer können und werden in den meisten Fällen den Unterschied zwischen einem erfolgreichen und einem erfolglosen ausländischen Umsatzvolumen ausmachen. Ein Schlüsselaspekt beim japanischen Ansatz des Produktverkaufs ist z.B. das Vertrauen der Japaner in unterstützende Materialien und Daten. Verkaufsrepräsentanten verfügen über gut entworfene Broschüren, große Notebook-Rechner mit Daten, Mikrofotos und andere Materialien. Dadurch können sie Fragen schnell und kompetent beantworten (Leslie, 1990). Die Verkaufsunterstützung, die auch Anzeigen umfasst, wird das Interesse am Unternehmen oder am Produkt wecken. Aber der Verkauf kommt erst dann zum Abschluss, wenn die eigentliche Kauentscheidung getroffen wird, und dafür ist der persönliche Kontakt normalerweise notwendig.

Hinsichtlich der Leitung von Marketingpersonal im Export- oder einheimischen Bereich gibt es nur wenige Unterschiede: Sie müssen angeworben, eingestellt, geschult, organisiert, ersetzt, überwacht, motiviert und kontrolliert werden (siehe Terpstra, 1988, S. 168–172). Im Rahmen des globalen Verkaufs ist es absolut notwendig, dass Verkäufer die kulturellen Normen und die passenden Umgangsformen kennen. Daher ist die Idee vom aktiven Zuhören oft ein Thema in Verkäuferschulungen. Natürlich können beim globalen Verkauf verbale und nonverbale Kommunikationshindernisse der in Tabelle 12.2 vorgestellten Art entstehen. Wie wir in Kapitel 7 erörtert haben, gibt es drei grundlegende Aufgaben, die alle Verkäufer in ausländischen Märkten erfüllen müssen:

1. *Die eigentliche Verkaufsaktivität.* Die Vermittlung von Produktinformationen an den Verbraucher und das Einholen von Aufträgen.
2. *Kundenbeziehungen.* Der Verkäufer muss immer darum bemüht sein, die Position des Unternehmens beim Kunden und in der allgemeinen Öffentlichkeit zu erhalten und zu verbessern.
3. *Informationssammlung und Übermittlung.* Der Verkäufer ist häufig in der Lage, Informationen zur Verfügung zu stellen, die bei der Planung von Werbemaßnahmen und Absatzförderprogrammen nützlich sein können.

Der Prozess des persönlichen Verkaufs wird in der Regel in mehrere Phasen untergliedert: Suche, vorläufige Annäherung, Problemlösung, Annäherung, Präsentation, Umgang mit Einwänden, Verkaufsabschluss und Betreuung nach dem Kauf. Es ist wichtig zu erkennen, dass die relative Bedeutung der einzelnen Phasen in den einzelnen Ländern oder Regionen unterschiedlich sein kann.

Zum Beispiel weiß ein erfahrenes dänisches Unternehmen, das mit seiner eigenen Verkaufsmannschaft in den USA operiert, dass dort die Beharrlichkeit im persönlichen Verkauf im Unterschied zum Heimatmarkt häufig sehr wichtig ist. Daher gilt für den US-Markt „Akzeptiere kein Nein als Antwort", während für Dänemark gilt: „Ein Nein bedeutet meist auch Nein."

Geduld ist ebenfalls gefragt, wenn Anstrengungen im globalen industriellen Marketing Erfolg haben sollen. In einigen Ländern bedeutet dies, dass man bereitwillig und geduldig Monate oder gar Jahre investieren muss, bevor die Bemühungen zu tatsächlichen Umsätzen führen. Ein Unternehmen, das den japanischen Markt betreten will, muss z.B. auf mehrere Jahre andauernde Verhandlungen vorbereitet sein.

Der persönliche Verkauf ist in Ländern mit Beschränkungen bei der Werbung und in Ländern, in denen niedrige Löhne das Anheuern lokaler Teams zulassen, ein beliebtes Kommunikationswerkzeug (Burnett, 1993, S. 710).

12.3.2 Verkaufsförderung

Weiter oben haben wir die Verkaufsförderung so definiert, dass sie alle Verkaufsaktivitäten umfasst, die den persönlichen Verkauf und die Werbung begleiten und verstärken. Meist sind Fördermaßnahmen nur von relativ kurzer Dauer und sie verleihen dem Produkt oder der Marke einen greifbaren zusätzlichen Wert. Der greifbare Wert der Fördermaßnahme kann verschiedene Formen annehmen, wie z.B. Preissenkungen oder Angebote der Art „Kaufe eins, bekomme ein Zweites umsonst". Der Zweck der Verkaufsförderung kann darin liegen, Nichtanwender zum Testkauf zu stimulieren oder die Gesamtnachfrage der Verbraucher zu steigern. Auch gibt es Verkaufsfördermaßnahmen, die die Verfügbarkeit der Produkte in den Distributionskanälen erhöhen sollen.

Aus der großen Vielzahl der Aktivitäten, die sich als Verkaufsfördermaßnahmen klassifizieren lassen, muss der Exporteur jene auswählen, die sich am besten für das Produkt des Unternehmens, die zu entwickelnden Märkte und die verfügbaren Mittel des Unternehmens eignen. Einige Mittel, die im Heimatmarkt oder einigen Auslandsmärkten ihre Zugkraft verloren und sich abgenutzt haben, können sich für andere Auslandsmärkte durchaus eignen. Die Verkaufsförderung in Europa ist jedoch stark reguliert, auch wenn sie in einigen Ländern, wie z.B. den nordischen Ländern, am beliebtesten ist. Fördermaßnahmen, wie z.B. „Bargeld zurück", kostenlose Aufkleber, Lotterien und Beipackgeschenke, sind in einigen Ländern verboten und in anderen nicht.

Es kann beträchtliche Unterschiede der Förderpakete im europäischen Umfeld geben. Selbst in Fällen, in denen es keine Sprachprobleme gibt, können unterschiedliche Förderpakete nützlich sein, um regionale Verbraucher zu starken Reaktionen zu bewegen. Wenn derartige Regulierungen, wie es zu erwarten ist, mit der Entwicklung des EU-Binnenmarkts gelockert bzw. harmonisiert werden, können Unternehmen möglicherweise paneuropäische Werbeprogramme starten.

In Schottland unterscheiden sich Werbekampagnen z.B. häufig von denen im übrigen Großbritannien. Dies lässt sich am Beispiel der Teewerbepolitik von Brooke Bond verdeutlichen. Im übrigen Großbritannien wird Brooke Bond PG Tips vermarktet, während dieses Produkt in Schottland Scottish Blend genannt wird. Auch wenn ähnliche Werbetaktiken eingesetzt werden, gibt es doch deutliche Unterschiede, zu denen ein auffälliges, schottisch orientiertes Werbepaket zählt.

Aus der riesigen Anzahl der Möglichkeiten sollen nachfolgend sechs erörtert werden, weil hier spezielle Faktoren für die Entwicklung von Auslandsmärkten wichtig sind. Bei ihnen handelt es sich um Kataloge für das Ausland, Warenproben, die Firmenbroschüre des Exporteurs, Werbespots/Videoclips oder Diashows, Handelsmessen und Ausstellungen und Materialien am Ort des Kaufs (POP-Werbung – Point-Of-Purchase). Diese Aktivitäten betreffen vorwiegend den Export an Geschäftsunternehmen und nicht den Endverbraucher. Es gibt jedoch Arten verkaufsfördernder Materialien, die für Endverbraucher gestaltet werden, um die sich das internationale Exportunternehmen kümmern muss, wie z.B. Materialien am Ort des Verkaufs, Warenproben und vergleichsweise neue Direktwerbungstechniken wie Kupons, Preisausschreiben usw.

Kataloge für das Ausland

Der Katalog für das Ausland ist das immer präsente, stille, genaue, allwissende Verkaufsmittel. Der Kunde in einem ausländischen Markt kann sich recht weit entfernt von der nächsten Verkaufsstelle befinden. Wenn man darauf vorbereitet ist und daran denkt, kann der ausländische Katalog extrem effizient sein. Er muss die Lücke zwischen Käufer und Verkäufer schließen. Unabhängig vom persönlichen Verkauf muss er die Aufmerksamkeit auf sich ziehen, Interesse wecken, Aktionen auslösen und diese dadurch erleichtern, dass er alle benötigten Informationen von Größen, Farben und Mengen bis hin zur Verpackung, dem ungefähren Liefertermin, Zahlungsbedingungen und -möglichkeiten und ggf. Steuern angibt. Auch die Preise müssen deutlich angegeben werden, und es muss daraus hervorgehen, ob sie sich als FOB (Free On Board – Lieferung frei Schiff im angegebenen Hafen), FAS (Free Alongside Ship – Lieferung Längsseite benanntes Schiff im angegebenen Hafen) oder CIF (Cost, Insurance, Freight – Kosten, Versicherung und Fracht bis zum und Ausladen am angegebenen Bestimmungsort) verstehen.

Als Aufgaben des Auslandskatalogs sind daher zu sehen:

- *Interesse wecken und Leserschaft anziehen.* Ein buntes Deckblatt, ein möglichst farbenfrohes Kataloginneres, ein guter Druck und gut lesbare Texte sind ein Muss.
- *Wiedergabe der Persönlichkeit des Herstellers oder Exporteurs.* Eine Vorstellung, die über die Anzahl der Geschäftsjahre, die Produktpalette, die Anzahl der Betriebe und deren Standort, den Status des Unternehmens in der Industrie und ähnliche für den Käufer unbezahlbare Informationen liefert. Zur Stützung dieses Eindrucks muss der Katalog auch gut gebunden, logisch strukturiert und attraktiv sein.
- *Den Ruf des Herstellers oder Exporteurs in die Weltmärkte tragen.* Häufig zählen hierzu Angaben über Warenzeichen, da der exportierende Hersteller erkennen muss, dass die einheimischen Produktnamen im Ausland oft unbekannt sind.
- *Einkauf erleichtern.* Der Auslandskatalog muss alle Fragen beantworten, die ein Käufer über das Produkt, Bedingungen usw. stellen könnte. Er sollte dem Händler im Ausland die Bestellung erleichtern.
- *Das Verlangen nach Besitz erzeugen.* Dies lässt sich durch aktionsgeladene Abbildungen oder „ultrascharfe" Fotos des Produkts im Einsatz erreichen.
- *Alle Fakten liefern, die ein Verkäufer persönlich präsentieren würde.* Dazu zählen die Merkmale des Produkts, die es für den Verbraucher attraktiv machen, die Argumente des Verkäufers sowie die Behandlung späterer Beschwerden und Fragen.

Auslandskataloge besitzen ein Potenzial, das überzeugender als ein Verkäufer sein kann. Nichts spricht deutlicher als das gedruckte Wort, denn Händler in anderen Ländern wissen, dass die gedruckten Angaben verlässlicher Unternehmen wahrscheinlich wahr und vielfach zuverlässiger als die Behauptungen von Verkäufern sind.

Die Vorbereitung derartiger Kataloge ist natürlich keine einfache Aufgabe. Ein Auslandskatalog kann nicht nur ein in eine fremde Sprache übersetzter einheimischer Katalog sein. Der Text muss für die Weltmärkte komplett bearbeitet werden und alle benutzten Redewendungen, umgangssprachlichen Ausdrücke und Handelsbezeichnungen müssen im Zielmarkt zu verstehen sein. Die Qualitäten und Merkmale der Produkte müssen eindeutig angegeben und die besten Verkaufsargumente präsentiert werden.

Neben Katalogen können auch andere gedruckte Materialien gute Verkaufsmittel sein (Wiklund, 1986, S. 103-105). *Broschüren* verschiedener Art unterstützen insbesondere Verkäufer, Distributoren, Händler und Vertreter. Da der Versand gedruckter Verkaufshilfen sehr kostspielig sein kann, sollte der Exporteur sorgfältig den Bedarf der Marketingmittler ermitteln, *bevor* er derartige Materialien in großen Mengen verschickt. Die Sprache hängt von den Produkten und den Zielmärkten ab. Übersetzungen (aus der Sprache des einheimischen Markts) sollten in Zusammenarbeit mit den ausländischen Vertretern und/oder Distributoren erfolgen. Am effektivsten sind jene Broschüren, die informativ sind und sich an Leser richten, die nichts von den Produkten des Exporteurs wissen.

Warenmuster bzw. Proben

Ein Muster kann dem potenziellen ausländischen Käufer eine Vorstellung von der Form und Qualität geben, die sich selbst mit den anschaulichsten Abbildungen nicht erreichen lässt. Ausländische Verbraucher befinden sich häufig weit entfernt vom Herstellungsort des Produkts, so dass Fehler bei der Bestellung oder Missverständnisse über die Form, die Größe, das Modell usw. ernste Folgen haben können. Wie viele erfolgreiche Verkäufer erfahren haben, sind Muster das geeignete Mittel zur Vermeidung derartiger Probleme.

Die Möglichkeit, Muster einzusetzen, hängt natürlich vom Produkt und den betroffenen Märkten ab. Am verbreitetsten sind *direkte Warenproben*, die per Post, Express oder Kurier versandt werden und mit denen das exportierende Unternehmen ein Exemplar seines Produkts an den einzelnen, entfernten Käufer oder selbst den Endverbraucher schickt. Weiterhin nimmt die Bedeutung von Mustern bei Vertretern vor Ort, Managern von Zweigstellen und reisenden Vertretern stetig zu. Dann werden Muster noch auf Ausstellungen, Importmessen und ähnlichen Demo- und Werbeveranstaltungen für Käufer eingesetzt. An einigen Stellen nehmen Warenproben die Form ständiger Displays der Hersteller für Käufer an, die sich über die verfügbaren Angebote informieren wollen.

Der vorzugsweise auf dem Postweg erfolgende Direktversand von Mustern lässt sich üblicherweise nur bei kleinen und relativ preiswerten Artikeln durchführen (z.B. bei Nahrungsmitteln, medizinischen Artikeln, Toilettenartikeln usw.), bei denen sich nicht nur deren Größe, sondern auch die damit verbundenen Kosten in Grenzen halten lassen und bei denen sich die Muster vom Empfänger unter normalen Gebrauchsbedingungen ausprobieren lassen. In Fällen von Artikeln, bei denen sich der Wert erst in Verbindung mit geleisteten Dienstleistungen und nicht aus ihrer Erscheinung ergibt (z.B. verschiedene mechanische Geräte), stellen Muster keine befriedigende Lösung dar. Hersteller von sperrigen Gegenständen, wie z.B. Möbeln, Kochherden und Kühlschränken, können jedoch Muster einsetzen, um sie dauerhaft in kommerziellen Zentren im Handel auszustellen.

Wenn der Einsatz von Mustern oder beliebigen anderen, direkt an den Verbraucher versandten Werbematerialien geplant ist, sollte sich das international tätige Unternehmen mit den nationalen Regulierungen befassen. Die Gesetze für verkaufsfördernde Maßnahmen unterscheiden sich stark zwischen den Ländern. Diese Gesetze regeln sowohl die Art der erlaubten Werbemaßnahmen als auch die Art ihrer Präsentation. In Malaysia dürfen z.B. Wettbewerbe benutzt werden, bei denen der Gewinn vom Können, aber nicht vom Glück abhängt. In Deutschland dürfen in der Verbraucherwerbung nur Kupons für vollwertige Produkte eingesetzt werden. In den Niederlanden und der Schweiz sind diese zwar legal, sie werden aber von bedeutenden Einzelhändlern nicht angenommen. Innerhalb der EU stellt das EC92-Programm keine Forderungen, die eine Harmonisierung der länderspezifischen Regelungen für Werbemaßnahmen betreffen. Mit Ende 1996 waren lediglich *kostenlose Muster, Vorführungen in Geschäften* und *wiederverwendbare Verpackungen* in allen 15 EU-Ländern zulässig.

Firmenbroschüren und von Unternehmen veröffentlichte Zeitschriften

Im Rahmen der Verkaufsförderung sind auch Firmenbroschüren von Bedeutung. Derartige Veröffentlichungen können als effektives Mittel dienen, wenn Angestellte des Unternehmens, Distributoren oder Vertreter über den Erfolg anderer Distributoren oder Vertreter informiert werden sollen. Über Firmenbroschüren lassen sich Werbeideen, Unternehmensnachrichten, Ergebnisse von Wettbewerben oder Preisausschreiben, Angestelltenlob usw. verbreiten und sie können ein wichtiges Medium zur Förderung des Engagements und der effektiven Verkaufstätigkeit im Ausland sein. Anders als Kataloge beschränkt sich diese Art der Publikation nicht auf genaue Beschreibungen des Produkts, kann aber in fast allen Phasen der Geschäftsentwicklung eingesetzt werden. Die Beiträge können so verfasst werden, dass sie Kunden im Ausland Informationen vermitteln. Die Firmenbroschüre eines Exporteurs eignet sich insbesondere gut für den Aufbau von Vertrauen und für institutionelle Anzeigen. Er sollte darum bemüht sein, die gesamte Organisation und auch seine Waren zu „verkaufen".

Die meisten Unternehmen erstellen, bearbeiten und produzieren Firmenbroschüren für das Heimatland, aber einige Unternehmen mit gut etablierten Exportoperationen verfügen auch über eigenständige Auslandsausgaben, die lokal vorbereitet und produziert werden und die nur einer minimalen zentralen Leitung und Inhaltskontrolle unterliegen. Dabei sind wahrscheinlich jene am erfolgreichsten, bei denen Informationen oder Ideen systematisch oder geplant von den verschiedenen Auslandsausgaben gemeinsam genutzt oder zwischen diesen ausgetauscht werden.

Filme, Dias und Personal Computer

Eine der potenziell besten Verkaufshilfen in Auslandsmärkten sind Filme und Videobänder. Insbesondere Filme sind zwar teuer, erfüllen aber die wesentliche Aufgabe, dem ausländischen Kunden, der die Produkte oder die Fabrik und möglicherweise auch das Land des Herstellers noch nie gesehen hat, die gesamte Verkaufsgeschichte zu erzählen. Filme / Videos kombinieren Bilder mit gesprochen Worten, ihre Effizienz hängt jedoch von dem Können der Filmproduzenten und ihrem Einsatz und vom Ausmaß ihrer Anpassung an den vom Unternehmen verfolgten Zweck ab. Filme können einem ausgewählten Publikum potenzieller Kunden eine umfassende Geschichte vom Produkt und der Organisation des Exporteurs und selbst vom Fertigungsprozess erzählen.

Filme / Videos haben viele Vorteile. Diese Art der Präsentation ist in vielen Märkten, von denen einige bedeutend sind, immer noch recht neu und ungewöhnlich. Käufer nehmen sich zudem oft bereitwillig die Zeit, sie zu betrachten, wenn sie nicht bereit sind, genauso lange konventionellen Verkaufsgesprächen zuzuhören. Die Präsentation der Unternehmensbotschaft wird um den Aspekt der Neuartigkeit erweitert. Die Verkaufsbotschaft wird in genau der Sprache erzählt, die der Exporteur benutzen will, und sie betont genau diejenigen Punkte, die sie betonen soll. Die Geschichte wird vollständig erzählt und es werden keine wichtigen Punkte versehentlich ausgelassen. Filme/Videos können das Gedächtnis des Distributors und/oder Vertreters auffrischen und dabei helfen, dass der Mittler die wichtigsten Dinge über den Hersteller behält. Sie versorgen den Marketingmittler mit einem Verkaufsmedium, durch das er Energie für den entscheidenden Abschluss des Geschäfts aufsparen kann, ziehen die Aufmerksamkeit seiner Klientel auf sich und fördern stark das Verlangen nach dem Besitz des Produkts.

Diashows lassen sich zwar mit weit geringerem Aufwand produzieren, sind aber auch vergleichsweise beschränkt. Wenn die Kosten eine wesentliche Rolle spielen, stellen sie eine Lösung dar, weil sie sich kostengünstiger herstellen, leicht präsentieren und gut transportieren lassen. Ihre Einsatzmöglichkeiten und die mit ihnen verbundenen Probleme ähneln aber denen von Filmen und Videobändern.

Aufgrund der technologischen Revolution lassen sich Personal Computer ähnlich wie Filme und Diashows einsetzen. Vertreter und Distributoren können Laptop- und Notebook-Rechner leicht mitführen und Unternehmen können die entsprechenden Programme für die Präsentation ihrer Werbe- und Verkaufsbotschaft entwickeln. Das Internet hat den potenziellen Nutzen des Einsatzes von Personal Computern noch erweitert und wird zunehmend zu einem grundlegenden Anzeigenmedium. Ähnlich kommen auch Faxgeräte zu Werbezwecken zum Einsatz.

Handelsmessen und Ausstellungen

Handelsmessen und Ausstellungen sind ein anderes Mittel, das für einige Industrien und einige Länder äußerst wichtig ist. Oft ist eine Handelsmesse der erste kommunikative Schritt im Prozess der Exportentwicklung kleiner und mittlerer Unternehmen. Eine Handelsmesse ist eine konzentrierte Ausstellung der Produkte vieler Hersteller/Exporteure. Es gibt allgemein zwei Arten: (1) die breite, allgemeine Variante der gut etablierten jährlichen Messen und (2) die spezialisierte Variante für Produkte spezialisierter Gruppen oder Industrien. Ein Beispiel für eine allgemeine Ausstellung ist die jährliche Hannover Messe in Deutschland, die größte ihrer Art, die Tausende von Ausstellern aus 20 bedeutenden Industriesparten anzieht. Ähnlich hat Kolumbien seine halbjährliche Bogotá International Trade Fair, an der sich mehr als 25 Nationen aus der westlichen Hemisphäre, Europa und Asien beteiligen. Ein Beispiel für eine spezialisiertere Ausstellung ist die jährliche Air Show in Paris.

Handelsmessen werden genutzt, um Produkte zu kaufen und zu verkaufen, um Verträge zu unterzeichnen und um internationale Distributor- und Vertreterkontakte zu knüpfen. Handelsmessen können nicht nur für bereits etablierte Unternehmen (aus Gründen des Prestiges, des Öffentlichkeitsbilds, der Einführung neuer Produkte usw.) wertvoll sein, sondern auch für neue Unternehmen, denen sich kein anderer, einfach begehbarer Weg bietet, um ihre Produkte vor dem richtigen Publikum unter niedrigen Kosten auszustellen. Patricia Von Muselin, eine amerikanische Designerin von Schmuck und Accessoires, nahm z.B. 1992 an den Handelsmessen Kobe Fashionmarkt und Nagoya Import Fair in Japan teil. Eines der Ziele dieser Teilnahme war es, japanische Spitzenkaufhäuser ausfindig zu machen, die sich dafür interessieren würden, die Linie ihrer Designer-Produkte zu übernehmen.

Gewerbeausstellungen und Messen sind in Europa sehr wichtig, wo Unternehmen annehmen, dass sie eine bedeutende Rolle innerhalb der Marketingstrategie spielen. Während des Zeitraums von Oktober 1995 bis November 1996 gab es über 200 wichtige Gewerbeausstellungen in Westeuropa, bei denen es sich vorwiegend um internationale Messen handelte. Es wurde berichtet, dass allein in Deutschland jährlich ca. 100 bedeutende internationale Ausstellungen stattfinden, an denen ca. 90.000 Unternehmen teilnehmen. Ungefähr 40% der an den deutschen Messen teilnehmenden Unternehmen stammen aus dem Ausland und sie repräsentieren etwa 150 Länder aus dem übrigen Europa, Nord- und Südamerika, Asien, Afrika und Australien.

Manchmal kann man an Handelsmessen nur auf Einladung teilnehmen. Das ist z.B. bei der in China stattfindenden halbjährlichen Guangzhou Fair der Fall. Wenn man an einer solchen Messe teilnimmt, sind die vorherigen Vorbereitungen von entscheidender Bedeutung, zu denen die Anbahnung von Kontakten und die Übersetzung der Materialien in die Sprache des Gastlandes zählen. Die Planung von Teilnahmen an Handelsmessen und mögliche Aktivitäten während der Messe werden von Wells und Dulat (1996, S. 143-150) und Branch (1990, S. 217-222) erörtert.

Materialien für den Einzelhandel

Hersteller und Exporteure verpackter Verbrauchsgüter (z.B. Kosmetika, Zellstoffprodukte oder spezielle Arzneimittel) finden es manchmal nützlich, Literatur und Displays vor Ort in Verkaufstochtergesellschaften, bei Vertretern, Distributoren und im Einzelhandel zur Verfügung zu stellen. Dann ist von sog. POP-Materialien (Point-Of-Purchase – Ort des Kaufs) die Rede. Die in einem Land im Handel erfolgreichen POP-Ideen lassen sich oft auch in anderen Ländern – direkt oder modifiziert – einsetzen. Lokale POP-Materialien lassen sich manchmal auch mit Werbemaßnahmen verbinden, die in lokalen Medien geschaltet werden. Derartige Materialien können auch zu einem einheitlichen weltweiten Bild eines Unternehmens beitragen oder mit dem Ziel übereinstimmen, das ein Hersteller/Exporteur zu erreichen versucht. Einige Unternehmen bereiten POP-Materialien im Heimatland in Rohform für den Versand ins Ausland vor. Ortsansässige ausländische Repräsentanten kümmern sich üblicherweise um die Herstellung und den Druck. In dem seltenen Fall, dass die POP-Materialien im Heimatland produziert werden, bleiben die Kopien meist ohne Beschriftung, so dass sich diese nachträglich vom lokalen Distributor oder Vertreter (im Siebdruckverfahren) in der lokalen Sprache bedrucken lassen.

Werbematerialien für Verbraucher

Weltweit nutzen internationale Anbieter von Verbrauchsgütern, entweder über ihre Tochtergesellschaften, Partner, Distributoren oder über ihre Händler, zunehmend verschiedene Formen der Verkaufsförderung zur Stimulation der Nachfrage. Dies gilt insbesondere für Unternehmen aus den Bereichen der verpackten Verbrauchsgüter, wie z.B. Unilever, Procter & Gamble und Nestlé. Größtenteils haben die größeren Unternehmen die Absatzförderung in die Hände lokaler Manager gelegt, da es darum geht, die lokalen Verbraucher und die Mitglieder des Handels zur Handlung zu motivieren (das Produkt auszuprobieren, wieder zu kaufen, mehr zu kaufen, Marken zu wechseln usw.). Es gibt jedoch Unterschiede zwischen den Ländern, die sich auf das unterschiedliche Niveau der wirtschaftlichen Entwicklung und der Reife der Märkte, die kulturell bedingte Wahrnehmung der Werbeanreize durch Verbraucher und Handel und die Regulierungen und Handelsstrukturen zurückführen lassen (Kashani und Quelch, 1990).

Jüngste Studien in den Entwicklungsländern haben gezeigt, dass kostenlose Muster und Vorführungen die bei weitem am stärksten eingesetzte Werbemaßnahme für den Verbraucher sind. Im Gegensatz dazu werden Kupons, die in den Industrieländern weit verbreitet sind, nur selten benutzt. Selbst in Japan finden Kupons keinen verbreiteten Einsatz. Kupons sind in den verschiedenen Ländern unterschiedlich verbreitet. In den USA sind freistehende Abschnitte für den größten Teil der Kuponverbreitung verantwortlich, während in Kanada Kupons innerhalb von Anzeigen (z.B. Kupons in einer Anzeige eines Lebensmitteleinzelhändlers) am beliebtesten sind. Zeitungen und Zeitschriften sind in Großbritannien das populärste Mittel, während in Spanien und Italien Kupons in oder auf der Verpackung am meisten genutzt werden. In einigen europäischen Märkten werden Kupons an der Haustür verteilt.

Das internationale/exportierende Unternehmen muss viele Fragen im Rahmen seiner Beziehungen zum lokalen Management und dessen Werbeaktivitäten berücksichtigen. Der Hauptsitz sollte darum bemüht sein, die lokalen Praktiken und die lokale Leistung hinsichtlich ihrer Gesamtwirkung und Produktivität und – falls nötig – ihres Beitrags zum Aufbau eines internationalen Markenansehens zu verbessern. Was dazu erforderlich ist, hängt davon ab, ob die betroffenen Marken lokal sind und keiner internationalen Koordination bedürfen (z.B. der Kaffee Nestlé Excella in Japan) oder ob sie global sind und über eine verbreitete internationale Präsenz und eine hochgradige Vereinheitlichung der Markenwerbung verfügen (z.B. Swatch, Benetton und Coca-Cola) oder ob sie regional sind und eine regional einheitliche Werbung zum Einsatz kommt (z.B. das Polaroid-Kamerasystem in Europa). Offensichtlich ist die Koordinationsaufgabe bei regionalen und globalen Marken am ausgeprägtesten.

12.3.3 Öffentlichkeitsarbeit

Die Öffentlichkeitsarbeit umfasst alle Formen nicht bezahlter wichtiger Nachrichten oder redaktioneller Beiträge über die Praktiken, das Personal oder die Produkte eines Unternehmens und ist eine wesentliche Komponente der so genannten PR-Aktivitäten (*Public Relations*) eines Unternehmens. Public Relations ist die Marketingkommunikationsfunktion, die Programme mit dem Ziel ausführt, öffentliches Verständnis und Akzeptanz zu erzeugen. Sie sollte als integraler Bestandteil der Exportmarketing-Anstrengungen angesehen werden. Es gibt natürlich einige Ausnahmen, aber es gibt einen Trend hin zur besseren Koordination von PR-Aktivitäten, die so gestaltet werden, dass sie der Erreichung von Marketingzielen dienen.

Der Marketingzweck der PR-Aktivitäten ist das Erreichen von Zielen, die sich mit anderen Mitteln nicht oder nicht so kostengünstig realisieren lassen. Wenn ein Unternehmen z.B. für sein soziales Verantwortungsbewusstsein im Ausland anerkannt werden will, lässt sich dieses Ziel häufig viel effektiver über eine sorgfältig geplante Kampagne, durch die man in redaktionellen Beiträgen positiv erwähnt wird, als über bezahlte Werbemaßnahmen erreichen. Der Kontext und die Quelle der Botschaft können eine wichtige Rolle spielen, wenn es darum geht, wie sie wahrgenommen und interpretiert wird und ob sie die gewünschte Wirkung auf die Einstellungen der Verbraucher, der Regierungsoffiziellen und anderer Personen hat, bei denen das Unternehmen in einem günstigen Ruf stehen will.

Zu den verbreitetsten PR-Mitteln zählen Presseveröffentlichungen und vorbereitete redaktionelle Materialien. Derartige Materialien werden für neue Produkte, die Eröffnung neuer Fabriken, Unternehmenserfolge, öffentliche Teilnahme des Unternehmenspersonals an Veranstaltungen oder Regierungsaktivitäten mit lokalen Vorteilen, den positiven Einfluss des Unternehmens auf die lokale Wirtschaft, die Rolle des Unternehmens als lokalem Arbeitgeber oder den Beitrag eines Unternehmens zum Land erstellt.

In vielen Unternehmen stammen PR-Materialien für den internationalen Einsatz aus dem einheimischen Betrieb. Einige versuchen jedoch Ideen und Materialien aus ausländischen Operationen einzubringen. Zum Beispiel kann man Ausschnitte sammeln, um Erfolge der lokalen PR-Aktivitäten vorzuweisen. Oder ein ausländischer Kunde kann eine Geschichte über den erfolgreichen Einsatz des Unternehmensprodukts schreiben. In derartigen Fällen kann man Fotos machen und die Materialien entsprechenden Handelszeitschriften als redaktionellen Beitrag zur Verfügung stellen. Der Wiederabdruck derartiger Materialien kann dann von Verkäufern in anderen Exportmärkten genutzt werden.

Man sollte daran denken, dass sich die Öffentlichkeitsarbeit von den anderen Exportwerbeaktivitäten unterscheidet. Auch wenn ein Exporteur versuchen kann, Einfluss auf die Nachrichtenberichte über sich und seine Aktivitäten zu nehmen, liegt die Entscheidung über die Veröffentlichung dieser Berichte nicht in der Hand des Exporteurs. Wenn Unternehmen sich stärker im globalen Marketing engagieren und sich die Globalisierung der Industrien fortsetzt, ist es wichtig, dass Unternehmen den Wert internationaler Öffentlichkeitsarbeit erkennen. Eine aktuelle Studie fand heraus, dass die internationalen PR-Ausgaben jährlich um durchschnittlich 20% steigen.

Die PR-Praktiken in bestimmten Ländern können von kulturellen Normen und dem sozialen, politischen und wirtschaftlichen Umfeld beeinflusst werden. Häufig bestehen große Unterschiede in derartigen Praktiken. In den Entwicklungsländern kann die Kommunikation auf dem Marktplatz oder am obersten Gerichtshof das beste Mittel darstellen. In den meisten Industrienationen sind lokale, regionale und nationale Zeitungen, das Fernsehen usw. die traditionellen Massenmedien für PR-Zwecke. Durch die technologiegetriebene Kommunikationsrevolution, in die uns das Informationszeitalter hineingeführt hat, wird PR jedoch in Zukunft zu einem Beruf mit wirklich globaler Reichweite. Faxgeräte, Satelliten, Hochgeschwindigkeitsmodems und das Internet ermöglichen PR-Profis einen praktisch weltweiten Kontakt zu den Medien.

12.3.4 Werbung

Werbung lässt sich als bezahlte Botschaft definieren, die in einem Medium platziert wird, um den Käufer bei seiner Kaufentscheidung zu beeinflussen. Internationale oder globale Werbung nutzt dieselben Werbeappelle, Botschaften, Kunstmotive, Geschichten usw. in mehreren Ländermärkten.

Es scheint einige Gründe für die steigende Beliebtheit internationaler Werbung zu geben. Internationale Kampagnen bestätigen die Überzeugung des Managements, dass einheitliche Themen nicht nur die kurzfristigen Verkäufe anspornen, sondern auch dazu beitragen, langfristige Produktidentitäten aufzubauen. Daneben bieten sie deutliche Ersparnisse bei den Produktionskosten der Kampagnen. In regionalen Handelsgebieten wie der EU lässt sich ein Zustrom internationaler Marken feststellen. Weiterhin steigt das Potenzial für effektive globale Werbung auch, wenn Unternehmen erkennen, dass sich einige Marktsegmente auf der Basis globaler demographischer Daten (z.B. Jugendkultur, Lebensstile usw.) statt auf ethnischen oder nationalen Kulturen definieren lassen. Durch globale Werbung können Unternehmen auch Skaleneffekte in der Werbung nutzen und sie erhalten einen besseren Zugriff auf Distributionskanäle.

Es gibt nur wenige Exporteure, die nicht Werbung in irgendeiner Form betreiben, selbst wenn es sich dabei um nicht mehr als einen Eintrag in einem Verzeichnis der Exporteure handelt. In verschiedenen Ländern können Regierungsregulierungen die Art der Werbung und die nutzbaren Medien einschränken. Aber die meisten Auslandsmärkte sind für Werbung in irgendeiner Form offen. Selbst in der Volksrepublik China öffnen sich die Türen zunehmend für die Werbung der Exporteure. Aber die Werbung muss dort tief in den kulturellen chinesischen Werten und sozialen und wirtschaftlichen Praktiken verwurzelt sein, damit sie von der Regierung für ungefährlich gehalten wird. Die Verbraucherwerbung konzentriert sich z.B. auf die jüngeren Bevölkerungssegmente mit größerer Kaufkraft (Zhou und Meng, 1997).

Das Klima für die Werbung

Die potenzielle Durchführbarkeit und Effektivität der Exportwerbung hängt zum großen Teil vom *Klima* für die Werbung in den betreffenden ausländischen Märkten ab. Das Werbeklima ist das Ergebnis einer Reihe von Faktoren, die mit dem sozioökonomischen und kulturellen System zusammenspielen und die bestimmen, ob das System Werbung für eine wünschenswerte Aktivität hält und entsprechend darauf reagiert oder ob es Werbung für eine Gefahr oder Verschwendung hält und negativ darauf reagiert (Beispiel 12.2). Die Öffnung von China in den späten 70ern ist ein Beispiel dafür, wie sich das Klima für Werbung – zumindest soweit es die Regierung betrifft – manchmal schnell ändern kann.

BEISPIEL 12.2

Dimensionen des Werbeklimas

Das Werbeklima lässt sich am besten ermitteln, wenn man die zugrunde liegenden wirtschaftlichen, sozialen und kulturellen Bedingungen, verbreitete Einstellungen und die Gesetzgebung in Bezug auf die Werbung betrachtet.

Die zugrunde liegenden wirtschaftlichen, sozialen und kulturellen Faktoren

- *Wirtschaftssystem.* Ein liberales Wirtschaftssystem, das auf einer Marktwirtschaft basiert, ist Werbung gegenüber günstiger eingestellt als ein System der zentralen Planwirtschaft. Selbst ein zentral geplantes System kann jedoch zuweilen Werbung einsetzen, um die Nachfrage an die geplante Produktion anzupassen.
- *Sozialstruktur.* Moderne Sozialstrukturen neigen dazu, Werbung zu akzeptieren, weil sie in ihre dynamischen Zukunftsaussichten passt. Traditionell orientierte Gesellschaften akzeptieren Werbung nicht so schnell, weil sie für einen Wandel steht, der den Status quo in Frage stellt.
- *Kultureller Hintergrund.* In den modernen Gesellschaften ist die Akzeptanz der Werbung nicht überall dieselbe. Einige Länder verfügen über einen kulturellen Hintergrund, der den Individualismus fördert, während andere eher den Herdentrieb fördern. Es gibt keinen Beweis dafür, dass Werbung in einem bestimmten Umfeld erfolgreicher als in einem anderen ist, aber es scheint so zu sein, dass Menschen in relativ individualistischen Gesellschaften Werbung eher für ein Eindringen in die Privatsphäre halten und dazu neigen, Kritik an der Werbung eher zu verbalisieren.
- *Religiöses Klima.* Länder, die von sehr dogmatischen religiösen Gruppen dominiert werden (und aus diesem Grunde von dogmatischen Gruppen jeder Art), neigen zu einer negativeren Einstellung zur Werbung als jene, in denen ein Klima freundlicher Toleranz existiert (dogmatische Gruppen findet man eher in traditionell orientierten Gesellschaften).

Die zugrunde liegenden rechtlichen und politischen Faktoren

- *Staatsmonopol.* Bestimmte Länder besitzen und betreiben die Massenmedien – insbesondere die Rundfunkmedien – teilweise oder komplett.
- *Zensur.* Die Praktik der Kontrolle des Inhalts der Massenmedien ist – insbesondere in sozialistischen Ländern, Diktaturen und in den meisten Entwicklungsländern – weit verbreitet. Die Zensur betrifft die Medien hinsichtlich ihrer Reichweite, ihrer Programminhalte und ihrer Kostenstruktur.
- *Beschränkungen der Werbung.* Beschränkungen können total oder partiell sein und alle oder nur bestimmte Massenmedien betreffen. Beschränkungen können bestimmte Produktkategorien betreffen und andere nicht. In den frühen 90ern wurde z. B. die gesamte Tabakwerbung (inklusive des Sponsoring von Sportveranstaltungen) und die meiste Alkoholwerbung (mit Ausnahme der meisten Weine) in Frankreich verboten. Ähnliche Gesetze existieren in Australien, Neuseeland, Kanada und Vietnam und teilweise in den USA. Vor seiner Unabhängigkeit erließ Hongkong Gesetze, die eine Tabakwerbung bei Sportereignissen verbot. Seit Anfang 1999 lässt sich keine gedruckte und Display-Werbung mehr benutzen.

Beispiel 12.2 (Forts.)

- Praktisch würde dieses Verbot dort das Sponsoring bedeutender Sportereignisse durch Tabakunternehmen verhindern. Einige Länder erlauben Radio-, beschränken aber Fernsehwerbung. Andere Länder beschränken die Werbung für bestimmte Produkte, wie z.B. alkoholische Getränke und Zigaretten, im Fernsehen. Weiterhin beschränken einige Länder die Werbung dadurch, dass sie sie besteuern oder Höchstgrenzen für steuerlich absetzbare Werbeaufwendungen setzen. Noch eine andere Form der Werbebeschränkung ist die Praktik der Limitierung der Anzahl der täglichen Werbeübertragungen in bestimmten Medien, wie z.B. dem Fernsehen. Einige lateinamerikanische Länder haben eine Gesetzgebung, die nach der Herkunft der Werbekopie diskriminierend ist. Andere Länder schränken die in der Werbung einsetzbaren Techniken (z.B. Superlative oder Vergleiche) stark ein. (Vergleichende Werbung war z.B. in Deutschland lange verboten.) In fast allen Ländern gibt es Gesetze, die sich auf die Wahrheit der Werbeaussagen beziehen. Schließlich haben in Saudi-Arabien Führungskräfte einer Regulierung der Werbung zugestimmt, die auf Kinder abzielt oder sich mit Produkten befasst, die für die Öffentlichkeit potenziell schädlich sein können, während in Singapur die Regierung Mitte der 90er Jahre jegliche Werbung verbot, die Geschenke, spezielle Preisnachlässe und Anreize für Kreditkartenbesitzer enthielt. Mitte 1997 verbot Vietnam die Werbekampagne von Coca-Cola aus dem Grund, dass sie die Teenager von ihren Studien ablenke.

Internationale Medien

Die Zahl, die Art und die Merkmale der Medien unterscheiden sich in den Ländern beträchtlich. Für das exportierende Unternehmen sind zwei weit gefasste Medienkategorien von Interesse: (1) *internationale* Medien, die in zwei oder mehr Ländern zirkulieren, gehört oder gesehen werden und (2) *ausländische Medien*, die lokal im Ausland verbreitet werden. In angrenzenden Ländern, wie z.B. Deutschland / Österreich oder Kanada / USA, können die lokalen Medien des einen Landes auch im anderen gehört oder gesehen werden.

Der Begriff „internationale Medien" wird häufig benutzt, um Geschäfts-, Verbraucherzeitschriften und Zeitungen zu bezeichnen, die in vielen Ländern zirkulieren. Auf internationale Medien entfällt nur ein relativ kleiner Anteil der Werbeausgaben der Exporteure. Der größte Teil wird in lokalen, ausländischen Medien ausgegeben. Trotzdem sind internationale Medien für einige Unternehmen wichtig.

Internationale Printmedien stammen aus Ländern, die sich vorwiegend in Europa und Nordamerika befinden. Die Zeitschriften *Time* und *National Geographic* und die Zeitung *Wall Street Journal* haben ihre Heimat z.B. in den USA, während der *International Herald Tribune* zwar in Europa und an anderen Orten veröffentlicht wird, sich aber im Besitz von US-Unternehmen befindet. Vom *Wall Street Journal* gibt es auch eine regionale Version, *The Asian Wall Street Journal*, die in Hongkong veröffentlicht wird. Die *Financial Times* und *The Economist* stammen im Gegensatz dazu aus Großbritannien. 1997 schaltete Scandinavian Airlines z.B. gedruckte Anzeigen für asiatische Märkte in *Business Week*, *The Economist*, *Far Eastern Economic Review*, *Newsweek*, *Fortune*, *Time* und *Asiaweek* sowie in vier Publikationen des Reisehandels.

Technische Geschäftsveröffentlichungen sind in bestimmten Industrien, wie z.B. in der Landwirtschaft, der Automobilindustrie, im Baugewerbe, bei Landwirtschaftsmaschinen, Elektronik, Tiefkühlkost, medizinischen und pharmazeutischen Produkten, Metallverarbeitung, Petroleum, Papier- und Zellstoff, Kunststoff, Transportwesen und vielen anderen ebenfalls wichtig. Technische Publikationen richten sich an Ingenieure und Wissenschaftler, die sich manchmal über etliche Industrien verteilen.

Internationale Printmedien werden oft in mehreren Sprachen veröffentlicht. So sind häufig eine Regional- und eine Länderversion erhältlich. Manchmal verfügen sie über erstaunlich hohe Leserzahlen und auch über einen ausgezeichneten Ruf als Informationsquelle für ausländische Produkte.

Internationale Rundfunkmedien sind in einigen Gebieten der Welt und speziell in Europa wichtig. Radio Luxembourg verfügt über weit gestreute kommerzielle Operationen. Seine einzigartige Einrichtung, die abgedeckten Gebiete und seine mehrsprachigen Sendungen tragen durchweg zum bedeutenden internationalen Medium bei. Eine weitere bedeutende internationale Radiostation ist Radio Monte Carlo, dessen Zuhörerschaft bis nach Saudi-Arabien reicht.

Auch das Fernsehen ist heute kein lokales Medium mehr, wie es es in den 80ern noch gewesen ist, weil die Technologie und die Satellitenübertragung das Potenzial für eine erweiterte Nutzung des Fernsehens als internationales Medium geschaffen haben. In Europa gibt es beinahe überall paneuropäische Fernsehstationen (z.B. in Großbritannien, Deutschland, Frankreich, Italien und den Niederlanden). Ihre Reichweite geht über die EU hinaus und umfasst die nordischen Länder, Osteuropa und selbst den westlichen Teil Russlands. Der Empfang erfolgt über Kabel, entweder über CATV (kommerzielle Unternehmen, die Teile oder die gesamte Gemeinde versorgen) oder MATV (lokales Kabel in Wohnhäusern oder Hotels). Offensichtlich hat das Satellitenfernsehen zu vielen Veränderungen hinsichtlich des Empfangs von Fernsehsendern in Ländern geführt, die die Nutzung dieses Mediums für Werbung verboten oder die Sendezeiten, Sendetage oder Sendefrequenzen eingeschränkt haben. Scandinavian Airlines hat für seine asiatische Kampagne, die sich 1997 an Geschäftsreisende richtete, auch Rundfunkmedien eingesetzt. Dabei wurden die Satellitenfernsehstationen STAR TV, ABN, CNBC und CNNI benutzt.

Ausländische Medien

Die Verfügbarkeit und Eignung lokaler Werbemedien unterscheidet sich beträchtlich zwischen den Ländern. Aber mit Ausnahme der Rundfunkmedien gibt es die wesentlichen Typen in allen Märkten. In einigen der Entwicklungsländer gibt es gar kein Fernsehen, und in einigen der Industrienationen stehen Fernsehen und Radio nicht für kommerzielle Werbung für Markenprodukte zur Verfügung. Diese Situation ändert sich jedoch schnell mit der – speziell in Europa erfolgenden – Liberalisierung der Regulierungen.

Die Medienzusammensetzung ist in den verschiedenen Ländern aufgrund kultureller, soziologischer, wirtschaftlicher und selbst psychologischer Unterschiede eine andere. Wir werden hier kurz und allgemein die verschiedenen wesentlichen Medienkategorien besprechen. Es sollte erkannt werden, dass es in einem Land immer gewisse Überschneidungen bei den Nutzern der verfügbaren Medien gibt.

Bei den Arten der *Zeitungen* und den Lesegewohnheiten der Menschen gibt es zwischen den Ländern erhebliche Unterschiede. In Ländern wie Kanada, den USA und den Industrienationen Europas, in denen die Lesefähigkeit hoch ist, liest die große Mehrheit der Bevölkerung eine Tageszeitung. In anderen Ländern, die durch ein niedriges Bildungsniveau, eine niedrige Rate der Lesefähigkeit und niedriges Verbrauchereinkommen gekennzeichnet sind, ist die Abdeckung der Verbrauchermärkte durch die Presse äußerst niedrig. Die Leserschaft der Presse kann auf kleine Teile des Markts in den mittleren und oberen sozioökonomischen Gruppen beschränkt sein. In einigen Ländern gibt es nationale Tageszeitungen, während sie in anderen lokal sind.

Mitte 1992 verabschiedete sich General Motors von seinem „weichen" Verkaufsansatz in Japan und schaltete ganzseitige Anzeigen in bedeutenden japanischen Tageszeitungen, die die Aussage „Bitte vergleichen Sie die Benzinkosten des Cadillac Seville mit denen des Infiniti

Q-45" enthielten. Mit einer kumulierten landesweiten Zirkulation von über 20 Mio. Exemplaren war es klar, dass ein großer Teil des Zielmarkts für ein Auto mit einem Preis von 57.600 US-$ erreicht werden würde.

Bei der Nutzung von Zeitungen oder irgendeinem anderen gedruckten Medium im Ausland sollte der Werbende sicherstellen, dass die Klasse der Leserschaft mit dem entsprechenden Zielmarkt übereinstimmt. Vor einiger Zeit benutzte ein neuseeländisches Unternehmen eine nationale Tageszeitung in Großbritannien (den *Daily Telegraph*), um eine Briefbestellkampagne zu schalten, die einer Aktion im Heimatmarkt ähnelte. Die Kampagne war nicht erfolgreich, weil sie sich an Leser des *Daily Mirror* und der *Sun* hätte wenden müssen.

Ausländische *Zeitschriften* bzw. *Magazine* sind für den Exportwerbetreibenden ein häufig problematisches Medium. In Europa gibt es z.B. wirklich tausende Verbraucherzeitschriften, die verglichen mit den nationalen Magazinen in den USA jeweils nur über eine sehr beschränkte Reichweite verfügen. Technische Zeitschriften und Wirtschaftsmagazine, die bei der industriellen Werbung in Ländern wie Kanada, Großbritannien, Deutschland und den USA oft für ein wesentliches Element des Medienmix gehalten werden, existieren in vielen Märkten nicht. Häufig zwingen entweder fehlende regelmäßig erscheinende Zeitschriften oder deren überaus große Zahl mit kleiner Reichweite den Exportwerbenden dazu, sich weniger stark auf diese Medien zu stützen, als es ihnen ansonsten lieb wäre. Es gibt jedoch auch Ausnahmen. Mercedes-Benz benutzte Ende 1992 in seiner „Beziehungskampagne" im US-Markt eine bedeutende Wirtschaftszeitschrift und die Nischenmagazine *Sotheby's* und *Polo*.

Poster, Werbetafeln und *Autoaufkleber* (Formen der Außen- und Transportmedien) werden in Ländern mit niedrigem Einkommen, wie z.B. Lateinamerika, recht häufig eingesetzt. In europäischen Ländern sind Poster speziell am Kiosk oder auf Gebäudewänden recht populär. Große Reklameflächen, die sich insbesondere für „motorisierte" Nationen eignen, sind in den meisten Ländern wenig gebräuchlich, wenn man einmal von der Nähe von Hauptverkehrswegen in bedeutenden Großstadtgebieten absieht. Die meiste Außenwerbung wird für Fußgänger oder die Benutzer öffentlicher Verkehrsmittel gestaltet. Busse und Straßenbahnen sind wesentliche Transportmittel und erreichen ein großes und wichtiges Publikum. Poster sollen üblicherweise von Leuten gelesen werden, die irgendwohin gehen und mit anderen Dingen beschäftigt sind, und sie sollen die Aufmerksamkeit auf sich ziehen oder als Gedächtnisstütze für die Produkte dienen.

Dandy, ein großes dänisches Süßwarenunternehmen, das sich auf Kaugummi spezialisiert hat, konzentriert sich in Russland auf Außenwerbung und setzt dabei vorwiegend großflächige Plakate seiner Kaugummimarke Stimorol ein. In Russland ist Dandy einer der dominierenden Wettbewerber im Süßwarenbereich und verfügt über einen hohen Marktanteil. Colgate Palmolive startete andererseits seine Zahnpastawerbung in der ehemaligen Sowjetunion mit Anzeigen auf Bussen. Die Colgate-Anzeigen waren Teil einer Strategie, die für eine zunehmende Bekanntheit seiner Produkte unter Verbrauchern und Zahnärzten sorgen sollte. Schließlich benutzte Philip Morris Straßenbahnen, um für seine Marlboro-Zigaretten in der Slowakei zu werben (vgl. Abb. 12.2).

Das *Kino* ist in vielen Ländern und insbesondere in jenen ohne hochwertige Presse oder Werbemöglichkeiten im Radio ein wichtiger Werbeträger (z.B. Italien und Dänemark). Die Bedeutung dieses Mediums sinkt jedoch. Viele Kinos, besonders in kleinen Ländern, verkaufen Werbezeiten. Da die Anzahl der Anwesenden selbst in armen Ländern oft sehr groß ist, lässt sich Kinowerbung nutzen, um einen großen Prozentsatz des Stadtpublikums zu erreichen. Ein attraktives Merkmal der Kinowerbung ist, dass sich üblicherweise genaue Schätzungen der Größe des Publikums, das der Werbung ausgesetzt wurde (Anwesenheit), entweder aus den Steuerunterlagen der Regierung oder den Aufzeichnungen der Kinofilmdistributoren entnehmen lassen. Kinowerbung kann die Einführung neuer Produkte, die der Vorführung bedürfen, unterstützen oder kann dann eingesetzt werden, wenn Farben eine wichtige Rolle spielen. Sie nimmt das Publikum gefangen und dieses wird nicht von konkurrierenden Botschaften oder anderen laufenden Aktivitäten abgelenkt. Generell lässt sich die Wirkung hoch einschätzen.

Abbildung 12.2 Straßenbahnwerbung in der Slowakei.

Quelle: Marketing News, 1992.

Das *Radio* kann ein wichtiger Werbeträger für Produkte mit breiten Märkten sein. Das Radio wird in Lateinamerika stärker als in Europa genutzt, was teilweise an Beschränkungen (oder dem Verbot) von Radiowerbung in Europa liegt. In Europa scheint das Medium Radio von größerem Interesse für lokale und/oder regionale Märkte zu sein. Das Medium besitzt auch einen besonderen Wert, wenn die Lesefähigkeit gering ist. Es dringt auch bis in die sozioökonomischen Schichten mit niedrigsten Einkommen vor und erreicht unter angemessenen Kosten potenzielle Marktsegmente, die anderweitig nicht zugänglich wären. Wenn die Beschränkungen aufgehoben werden, kann man einen stärkeren Einsatz des Mediums Radio in Europa erwarten.

Das *Fernsehen* ist als Werbeträger in einer zunehmenden Zahl von Ländern gut entwickelt. Der größte Fortschritt ließ sich in den relativ wohlhabenden Ländern verzeichnen, in denen kommerzielle Fernsehwerbung nur minimalen Beschränkungen unterliegt. Einige Länder, in denen sich das Fernsehen im Regierungsbesitz befindet, lassen zwar Fernsehwerbung zu, schränken diese aber üblicherweise stark ein und sorgen so für begrenzte Effektivität. In einigen Ländern werden Werbespots z.B. gebündelt und nur zu bestimmten Zeiten ausgestrahlt. In anderen Ländern darf nach einer bestimmten Uhrzeit abends und an bestimmten Tagen oder in der Ferienzeit Werbung nicht gesendet werden. In wieder anderen Ländern dürfen einige Produkte, wie z.B. alkoholische Getränke, Tabak und Arzneimittel, nicht über dieses Medium beworben werden.

In vielen Ländern sind die vom Fernsehen erreichten Märkte relativ klein und umfassen in erster Linie nur die wenigen Privilegierten. Fernsehreklame ist besonders nützlich bei verpackten Konsumgütern und weit verbreiteten, dauerhaften Gebrauchsgegenständen, bei denen schnelle technologische Entwicklungen und Änderungen der Mode oder des Geschmacks für das erfolgreiche Marketing eine wichtige Rolle spielen. Fernsehen ist besonders bei der Vorstellung des Produktnutzens oder des eingesetzten Produkts von Nutzen. Mitte der 90er Jahre gab es in Europa 56 wichtige kommerzielle Fernsehkänale. Bis 1997 sollte es laut einigen Schätzungen mehr als 200 wichtige Kanäle geben.

Das Wachstum bzw. die steigende Verbreitung neuer Formen der Massenkommunikation durch Satellitenfernsehen oder die Integration von Telekommunikations- und Computersystemen wird zukünftig nicht nur für neue „Einkaufssysteme" sorgen, sondern auch das Potenzial zur Förderung neuer kultureller Einstellungen steigern und so den Einsatz des Mediums Fernsehen durch das Unternehmen neu festlegen.

Direktmarketing kann oft ein nützlicher Teil des Vertriebs- und Werbeprogramms sein. Es eignet sich für direkte Aktionen, das Einholen von Aufträgen oder als unterstützende Maßnahme, es kann für Mitglieder des Exportmarketingkanals nützlich sein, Händler oder Vertreter stimulieren oder unterstützen oder sich schließlich auch an den Endverbraucher richten. Direktmarketing kann viele Formen annehmen (Wurfsendungen, Briefe, Kataloge, technische Literatur, Telefon, Fax und Internet) und als Mittel zur Verteilung von Mustern oder Geschenken dienen. Ein bedeutendes Problem beim effektiven Einsatz des Direktmarketing ist die Vorbereitung einer geeigneten Liste bzw. Datenbank mit Kontaktadressen. Auf der Ebene der Haushalte sollte man sich z.B. darüber klar sein, dass es zwischen den verschiedenen Ländern und selbst innerhalb eines so entwickelten Gebiets wie der EU große Unterschiede hinsichtlich des Niveaus bzw. der Menge der Direktmarketing-Kontakte gibt. Entsprechend unterschiedlich sind die Antwortquoten und die Effektivität der Direktmarketing-Kampagnen in den Ländern.

Die Benutzer direkter Anschreiben in einer Direktmarketing-Kampagne, die sich an die Haushalte richtet, müssen sich mit den Regulierungen hinsichtlich der Beschaffung und Nutzung von Informationen über Menschen und Haushalte arrangieren. Diese betreffen den Erwerb und den Verkauf von „Adresslisten". Regierungen sind zunehmend um die Wahrung der Privatsphäre der Bürger besorgt. Die europäische Kommission versucht z.B. allgemeine Richtlinien für den Einsatz und den Schutz von Daten in den 15 EU-Ländern festzulegen. Hier gilt die Richtlinie, dass Verbraucher bei der Erhebung oder bei der nächsten Gelegenheit danach über alle möglichen Verwendungszwecke der persönlichen Daten informiert werden sollten. Die Verwendung dieser Daten muss dem Zweck der Datensammlung entsprechen. Außerdem muss der Verbraucher eine bestimmte Möglichkeit haben, sich aus solchen Listen streichen zu lassen.

Gewöhnlich lassen sich Direktanschreiben und Telefon- bzw. Telemarketing am besten von lokalen Distributoren oder Vertretern durchführen. Die Ziele derartiger Kampagnen sind üblicherweise ortsbezogen, um z.B. Warenproben anzubieten, Kunden Bezugsquellen der Produkte zu nennen oder spezielle Verkaufsaktionen anzukündigen. Gleichzeitig können Direktanschreiben und Telemarketing aber auch ein bedeutendes Werkzeug des Exporteurs sein, wenn es um die Ansprache potenzieller Auslandskunden und Distributoren mit Hilfe des Faxes oder des Internets geht.

Medienmix

Hinsichtlich der allgemeinen Effektivität bei der Erreichung von Werbezielen (Beispiel 12.3) ähneln sich die Fähigkeiten der Medien in den verschiedenen Ländern. Tageszeitungen eignen sich gut, wenn mitgeteilt werden soll, wo und zu welchem Preis Produkte verfügbar sind. Zeitschriften eignen sich zum Erreichen eines spezialisierten Publikums oder Anzeigen für Produkte, die eine gewisse Erklärung oder möglicherweise eine farbige Darstellung erfordern. Außen- oder Transportmittelwerbung eignet sich gut für kurze, visuelle Botschaften. Fernsehen und Kino eignen sich besonders für die Demonstration des Einsatzes von Produkten, wenn diese mechanisch sind oder eine Vorführung wünschenswert ist.

BEISPIEL 12.3

Medienziele

Medien werden häufig mit Hilfe der folgenden Begriffe bewertet:

- *Reichweite* (die Anzahl der erreichten Einzelpersonen oder Haushalte)
- *Frequenz* (die Häufigkeit, mit der eine Botschaft das Zielpublikum erreicht)
- *Kontinuität* (das Muster der Übermittlung der Botschaft)
- *Größe* (die belegte Raum- oder Zeiteinheit)
- *Verfügbarkeit* (das Ausmaß, in dem sich ein Medium nutzen lässt und wie es eingesetzt werden kann).

Bei der Auswahl der Medien im Hinblick darauf, ob sie die Ziele hinsichtlich der gewünschten Reichweite, der Frequenz, der Größe oder Verfügbarkeit erfüllen, handelt es sich um einen etwas mechanischen Ansatz. Gesucht werden auch Maßstäbe für die qualitativen Merkmale, wie z. B. die Glaubwürdigkeit und den Ruf des Mediums, und die allgemeine Wirkung von Botschaften, die von diesem Medium übertragen werden. Einige Medien eignen sich besser für die Vorführung eines Produkts im Einsatz, während andere Farben oder andere physische Attribute eines Produkts wiedergeben. Schließlich stellt sich auch noch die Frage nach den Kosten. Der Medienplan muss innerhalb der vom Budget auferlegten Grenzen durchführbar sein.

Internationale Druck- oder Übertragungsmedien sind häufig nützlich, wenn sie Teil eines Unternehmens-Werbeprogramms sind, das im Wesentlichen breit angelegte Ziele hinsichtlich des Rufs und des Wesens des Unternehmens verwirklichen soll, wenn also z. B. dargestellt werden soll, dass es sich bei dem Unternehmen um einen bekannten, verantwortungsbewussten Hersteller bestimmter Produkte oder ein respektiertes Mitglied der Geschäftswelt handelt, das die Bedürfnisse der Gesellschaft und der Wirtschaft befriedigt. Das internationale Medienpublikum ist oft relativ einflussreich, entweder als Mitglied der mittleren und oberen sozioökonomischen Gruppen oder als spezialisierte Profis in einer gegebenen Industrie. Deshalb können internationale Medien benutzt werden, um den Ruf oder das Prestige eines Unternehmens zu verbessern oder um Meinungsführer, höhere Regierungsbeamte, ausländische Unternehmensmanager, Wissenschaftler und andere zu erreichen, die sich vielleicht in einer Position befinden, durch die sie das Klima für die Produkte oder Dienstleistungen des Unternehmens beeinflussen können.

Internationale Medien können auch nützlich sein, wenn es darum geht, Märkte zu erreichen, in denen keine lokalen Auslandsmedien verfügbar sind, oder wenn diese zwar verfügbar, aber nicht ausreichend entwickelt oder ungeeignet sind, um die relevanten Personen im Markt zu erreichen und zu beeinflussen. Hersteller von Landwirtschaftsmaschinen können z. B. in internationalen Druckmedien werben, die von den Händlern der entsprechenden Ausrüstung gelesen werden.

Internationale Medien können die Entwicklung eines einheitlichen oder zumindest harmonischen Images in mehreren Auslandsmärkten unterstützen. Ein Automobilhersteller, eine Fluggesellschaft, ein Ölunternehmen oder ein Reifenhersteller können z.B. – angesichts der Tatsache, dass bedeutende Segmente ihrer Märkte häufig von Land zu Land „reisen" – in internationalen Medien werben, um einen einheitlichen Ruf in allen Auslandsmärkten zu entwickeln.

Obwohl internationale Medien eingesetzt werden können, um spezifische Werbeziele zu erreichen, folgt daraus nicht, dass sich durch ihre Nutzung der Einsatz ausländischer Medien häufig vermeiden lässt. Tatsächlich werden Unternehmen zunehmend von Auslandsmedien abhängig, während sie weiterhin ihre Kenntnisse über die besondere Rolle verfeinern, die internationale Medien als Teil des Gesamtwerbeprogramms spielen können.

12.3.5 Zwischenfazit

Alle der in diesem Abschnitt vorgestellten Formen der Exportwerbung haben spezielle Stärken, aber auch bedeutende Schwächen. Größtenteils sollte man diese Merkmale für *relativ* und nicht notwendigerweise für absolut halten.

Der persönliche Verkauf kann vor dem Hintergrund, dass das Verhältnis der Verkäufe zur Anzahl der Kontakte üblicherweise höher als bei der unpersönlichen Werbung ist, häufig als die effektivste Form der Exportwerbung angesehen werden. Im Gegensatz dazu sind die hohen Kosten je Kontakt im Vergleich mit den anderen Formen der Exportwerbung ein wesentlicher Nachteil des persönlichen Verkaufs. Exportverkäufer müssen häufig weite Strecken zurücklegen und viel Zeit entfernt von ihrem Wohnsitz verbringen. Die Ausgaben beim Einsatz „vor Ort" sind recht hoch.

Es ist schwierig, verkaufsfördernde Maßnahmen allgemein zu beurteilen, weil diese so viele Formen annehmen können. Viele Techniken (Verkaufshilfsmitel, Displays, Schulung usw.) werden eingesetzt, um die Leistung der Kanalmitglieder oder der persönlichen Verkäufer zu verbessern. Die Teilnahme an Handelsmessen und Ausstellungen ist für exportierende Unternehmen häufig erfolgreich, weil bei ihnen persönliche Kontakte von Unternehmensrepräsentanten mit einer großen Zahl potenzieller Käufer an einem Ort und innerhalb eines kurzen Zeitraums stattfinden. Verkaufsfördernde Aktivitäten können auch Werbung und persönlichen Verkauf koordinieren und damit sowohl die Unternehmensumsätze als auch die Kanalmitglieder (z.B. Distributoren und Vertreter) fördern.

Ein großer Vorteil der Öffentlichkeitsarbeit ist ihre Glaubwürdigkeit. Personen, die Werbeaussagen zu Produkten oder Unternehmen nicht glauben, vertrauen häufig denselben Behauptungen, wenn diese als „Nachricht" präsentiert werden.

Im Unterschied zum persönlichen Verkauf hat Werbung den Vorteil, viele Kaufinteressenten bei relativ niedrigen Kosten je Kontakt zu erreichen. Sie ist die Werbeform, die sich für die Massenwerbung am besten eignet. Mit dem *Sponsoring von Ereignissen* z.B. im sportlichen oder kulturellen Bereich hatten viele Unternehmen Erfolg. Es ist schwierig, ein bedeutendes internationales sportliches oder kulturelles Ereignis in Asien zu besuchen, ohne die Gegenwart von großen Tabakfirmen wie Philip Morris (Motorsport und Künste), RJR (Tennis und Rockkonzerte) und BAT (Sport und Künste) zur Kenntnis zu nehmen. Wegen der zunehmenden Regierungsregulierungen befindet sich das Tabak-Sponsoring auf dem Rückzug. Eine wesentliche Beschränkung der Werbung ist ihr allzu häufiges Versagen, wenn es darum geht, einen bedeutenden Teil der ihr ausgesetzten Personen zum Kauf des beworbenen Produkts zu bewegen. Bei aller Fairness gegenüber der Werbung sollte man sich darüber bewusst sein, dass bestimmte Ansätze von ihrem Entwurf her langfristigere Auswirkungen haben sollen, und daher kann die Wirkung der Werbung kumulativ sein. Auch kann das Ziel der Werbung manchmal ausschließlich in der Kommunikation bestehen, so dass sie lediglich ein gewisses

Bewusstsein schaffen soll. Schließlich lässt sich der wirkliche Einfluss der Werbung auf den Umsatz nur schwer messen, weil sich die einzelnen Haupteffekte aller Marketingvariablen nicht voneinander trennen lassen.

Anzeigen als Massenwerbung werden beim Export von Verbrauchsgütern meist dazu benutzt, um eine breite Marken-/Produktakzeptanz im Zielmarkt zu schaffen. Bei der Industriewerbung werden spezialisierte Medien eingesetzt, um Kontakt zu einer relativ kleineren Anzahl potenzieller Kunden aufzunehmen. Häufig besteht der Hauptzweck einfach darin, „die Tür für den persönlichen Verkauf aufzustoßen".

12.3.6 Kommunikationspolitik durch Online-Medien

(Die folgenden Abschnitte 12.3.6 und 12.3.7 wurden von der Akademischen Rätin, Dr. Barbara Kreis-Engelhardt, Department of Economics, Ludwig-Maximilians-Universität München erarbeitet).

Auch im internationalen Marketing müssen die Möglichkeiten durch Online-Medien (Internet) in der Kommunikationspolitik berücksichtigt werden.

Werbung über Online-Medien

Werbung über Online-Medien ist auf vielfältige Weise im In- und Ausland möglich, beginnend bei an den herkömmlichen Methoden angelehnten Werbemaßnahmen, wie dem Schalten von Online-Anzeigen, bis zu Formen der Werbung, die kein Äquivalent in den herkömmlichen Medien besitzen.

Bei der Anzeigenwerbung dominieren Banner und Buttons, Animation, Rotation, Interaktive Banner, Pop-Up-Advertisements, Interstitials. Als sonstige Online-Werbemaßnahmen stehen Advertorials, Werbung via E-Mail und Produkt-Placement zur Verfügung.

Die Möglichkeiten der Online-Werbung gehen über die der Anzeigenschaltung in herkömmlichen Medien hinaus, müssen jedoch genau wie traditionelle Instrumente auf die interkulturellen inter- und intrapersonellen Eigenschaften der Empfänger im Kommunikationsprozess abgestimmt werden:

- *Kostenaspekt:* Will man Interessenten auf herkömmlichem Weg Informationsmaterial zukommen lassen, so entstehen verschiedenste Kosten, die durch den Ersatz der gedruckten Broschüre durch eine Online-Präsenz vermieden werden können: Es entstehen keine Druckkosten, Portokosten und eine Aktualisierung des Informationsangebots erfordert nicht das Verwerfen und die Entsorgung unbrauchbar gewordenen Papiermaterials.
- *Flexibilitätsaspekt:* Im Gegensatz zur Werbung in Printmedien lässt sich das Design der Anzeigen in Online-Medien jederzeit ändern. Beratungsunternehmen für Werbung im Internet schalten mindestens drei verschiedene Banner pro Website und halten weitere Designs bereit, um diejenigen Banner, die am wenigsten Resonanz erzeugen, gegen andere auszutauschen. Abgesehen davon ist die Vorlaufzeit – die Zeitspanne zwischen Auftragserteilung und Erscheinen der Anzeige – gegenüber Printmedien deutlich geringer: Monatlich erscheinende Zeitschriften haben eine Vorlaufzeit von vier bis sechs Wochen, Banner im Internet können innerhalb weniger Stunden geschaltet werden. Solche kurzen Vorlaufzeiten erlauben es, eine Kampagne mit sofortiger Wirkung sowohl zu starten als auch zu verändern oder zu beenden. Dies ist vor allem bei fehlschlagenden Kampagnen sehr hilfreich und unterstützt Mass Customization.
- *Genaue Dosierbarkeit:* Bei allen gebräuchlichen Massenmedien, sei es Fernsehen, Radio oder Printmedien, lässt sich zwar die Dauer bzw. Größe einer Werbeschaltung genau festlegen, die Reichweite ist jedoch vorgegeben oder nur in sehr groben Schritten variierbar. Online-

Werbung geht hier einen entscheidenden Schritt weiter, da sie eine genaue Dosierbarkeit der Werbung erlaubt, indem sich die Anzahl der Einblendungen stufenlos festlegen lässt.

- *Zielgruppengenauigkeit:* Wenn der Besucher einer Website identifizierbar ist, da er sich z.B. per Passwort einloggt oder durch ein Cookie erkannt wird, können bereits gespeicherte Informationen über seine Interessen, sein Kaufverhalten oder sein Einkommen dazu verwendet werden, die Werbeeinblendung speziell auf ihn zuzuschneiden. Das erhöht den Nutzen sowohl für den Betrachter als auch für den Schalter der Anzeige. Auch anonyme Besucher offenbaren durch ihr Verhalten einiges an nützlichen Informationen.
- *Erfolgsmessung:* Letztendlich sind die Kontrollmöglichkeiten größer als bei allen anderen Medien, die Werbung zulassen, da z.B. jede Sichtung eines Banners sowie jeder Klick darauf mitprotokolliert werden kann. Aus den Protokollen läßt sich die Click-Through-Rate (CTR) errechnen. Sie gibt an, welcher Anteil der Anzeigenschichtungen tatsächlich zu einem Mausklick des Benutzers auf die Anzeige und damit zu seiner Weiterleitung auf die Seite des Schalters der Anzeige führt. Anhand der Click-Through-Rate kann man die Wirksamkeit der Werbeschaltungen untereinander vergleichen. Die Veränderung der Click-Through-Rate im Laufe der Zeit lässt erkennen, wann die Wirksamkeit der Werbemaßnahme abnimmt. Nach Studien einer Internet-Agentur nimmt die CTR nach der vierten Sichtung eines Banners durch denselben Besucher deutlich ab. Auch bei Online-Broschüren ergeben sie Vorteile gegenüber anderen Medien, da hier genau nachvollziehbar ist, welche Seiten der Betrachter tatsächlich wahrnimmt und wie lange er durchschnittlich auf der jeweiligen Seite verweilt.

Sponsoring mit Online-Medien

Der resultierende Nutzen für den Sponsor auch beim Sponsoring mit Online-Medien ist die Assoziation des Markennamens mit dem guten Image des Sponsoring-Empfängers. Auch hier gilt es, die Gesetzmäßigkeiten des Kontakts mit den Auslandspartnern zu berücksichtigen. Ähnlich einer Anzeigenwerbung wird dem Sponsor Werbefläche zugestanden, auf der jedoch im Gegensatz zur Anzeigenwerbung keine Werbebotschaft, sondern lediglich das Logo des Sponsors bzw. seiner Marke dargestellt ist. Beim Sponsoring mit Online-Medien kann zwischen E-Mail und Event-Sponsoring unterschieden werden.

E-Mail-Sponsoring: Eine Form des Sponsoring, die noch innovativer ist als das Content Sponsoring, ist die kostenlose Bereitstellung von E-Mail-Adressen, wie es z.B. Yahoo oder Imagein Media betreibt. Benutzer können hier eine kostenlose E-Mail beantragen und müssen dafür in Kauf nehmen, dass am Ende ihrer E-Mails ein kurzer Werbeslogan angehängt wird. Dadurch vermeiden diese Unternehmen geschickt die Probleme, die mit ungefragt per E-Mail versendeter Werbung einhergehen, da erstens die E-Mails nicht von ihnen selbst, sondern von ihren Kunden versendet werden und zweitens der Umfang der Werbebotschaft im Vergleich zum restlichen Inhalt der Nachricht so gering ist, dass er von den Empfängern gern in Kauf genommen wird.

Event-Sponsoring: Schließlich existiert auch das Event-Sponsoring in einer eigenen Ausprägung in Online-Medien: Durch das Sponsoring von Turnieren, bei denen die Teilnehmer online z.B. gegeneinander spielen, stellen viele Computerspielehersteller ihr Spiel in den Mittelpunkt des Interesses der Nutzer von Online-Medien und profitieren ergänzend von dem Medieninteresse, das solche Ereignisse hervorrufen. Beim Spiel „Wähle den Internet-Bundeskanzler" von dol2day.de (www.dol2day.de) wird beispielsweise auf den politischen Content-Anbieter e-politik.de (www.e-politik.de) verwiesen, der als Plattform für politisches und gesellschaftliches Wissen qualifizierte und individualisierte Politik-Hintergrundinformationen anbietet.

Verkaufsförderung mit Online-Medien

Über Online-Medien lassen sich auch international Produktproben für immaterielle Güter verbreiten. Der Internet-Versand CD-Now! bietet seinen Kunden kurze Ausschnitte seiner CDs als Hörprobe an, während der Buchversand Amazon.com erste Kapitel der Bücher seinen Kunden weltweit als kostenlose Leseprobe anbietet. Vor dem rapiden Wachstum des Internets wurden Proben von immateriellen Gütern (z.B. Software) über Sammeldisketten oder Sammel-CDs verbreitet. Durch Online-Distribution kann heute allerdings eine viel größere Zahl an Nutzern in wesentlich kürzerer Zeit erreicht werden.

Direkt-Marketing mit Online-Medien

Online-Werbung durch Banner kann gewissermaßen mit Direktmarketing verglichen werden. Die Online-Publikation, in der die Werbung geschaltet wird, entspricht der Adressenliste des Direktmarketers, umso mehr, je spezialisierter die Online-Publikation bestimmte Interessenten auch im Ausland anspricht. Das Werbebanner verkörpert den Umschlag. Dieser ist wie bei der Werbesendung per Post deutlich als Werbung zu erkennen und muss so ansprechend gestaltet werden, dass ihn der Empfänger öffnet bzw. das Banner anklickt. Die Webpräsenz des Unternehmens, auf die das Banner den Betrachter weiterleitet, ist vergleichbar mit dem Dirketmarketing-Anschreiben. Schließlich kann man die Reaktion auf Online-Werbung wegen der Automatisierungsmöglichkeiten sogar noch besser verfolgen als die Reaktion auf eine Direktmarketingaktion.

Neben diesen Möglichkeiten und Auswirkungen der Kommunikationspolitik hinaus sind im internationalen Marketing auch Auswirkungen auf das gesamte Marketing-Mix, wie z.B. auf die Preispolitik, zu berücksichtigen.

Konsequenzen für die Preispolitik durch Online-Medien

Verkauft man über Online-Medien direkt an den Kunden, was für die Betreiber einer Online-Shopping-Mail oder aber auch für Softwarehäuser relevant ist, die Direkt-Distribution betreiben, so kann man die Möglichkeit der individuellen Ansprache des Kunden über Online-Medien zur Preisbestimmung nutzen.

Da die Zwänge einer einheitlichen Preisfestsetzung zum Großteil durch die Charakteristika bisheriger Vertriebsstrukturen geprägt sind, zu denen z.B. die hohen Kosten, die eine regelmäßige Neuinformation des Vertriebsnetzes verursacht (z.B. Druckkosten für Kataloge und entstehender Verwaltungsaufwand), gehören, ergeben sich durch den Einsatz von Online-Medien ganz neue Möglichkeiten der Preisgestaltung.

Denkbar sind kurzfristig durchführbare Verkaufsförderaktionen und ausgeklügelte Treue-Rabattsysteme, die den Preis individuell anhand der bisherigen Bestellungen des Kunden festlegen oder gar Strategien wie „follow the free", damit schnell eine hohe Marktpenetration erreicht wird.

Eine neue Renaissance erleben derzeit Online-Auktionen. Durch elektronische Handelssysteme können die Auktionsregeln automatisiert werden und zu einer individuellen Preisfindung zwischen zwei Parteien beitragen. Lufthansa nutzt beispielsweise Online-Auktionen mit großem Erfolg, um überzählige nicht belegte Sitzplätze meistbietend zu versteigern, und profitiert zudem von dem Medieninteresse, das dieser innovative Einsatz von Online-Medien weckt.

12.3.7 Ein abschließender Kommentar

Tatsächlich verschwimmen die Grenzen zwischen den kommunikationspolitischen Marketinginstrumenten bei einem Einsatz von Online-Medien auch im internationalen Marketing. Die Flexibilität der Online-Medien erlaubt eine Annäherung der Werbung an das Direktmarketing im Exportmarketing. Über eine eigene Webpräsenz können Werbung, Verkaufsförderung und sogar persönlicher Verkauf integriert werden und dadurch den Grad der Internationalisierung eines Unternehmens sowie dessen Bekanntheitsgrad steigern.

Um seine Kunden besser einschätzen zu können, kann der Betreiber eines virtuellen Geschäfts, ähnlich einer Kundenlaufstudie, bei der der Weg des Kunden durch ein Geschäft auf dessen Grundriß festgehalten wird, um die Aufstellung von Displays zu optimieren, durch Click-Stream Tracking den Weg des Besuchers durch die Website aufzeichnen. So können verschiedene detaillierte Daten auch internationaler Kunden gewonnen werden, die Rückschlüsse auf die Interessen des Besuchers und sein Verhalten, wie z.B. Seitenbetrachtungsdauer, erlauben. Durch kontinuierlichen Einsatz des Click-Stream-Tracking, das im Gegensatz zu einer Kundenlaufstudie in einem nicht virtuellen Geschäft unauffällig bzw. im internationalen Marketing erst möglich und ohne exorbitante Zusatzkosten erfolgen kann, lassen sich Schwachstellen im Web-Angebot identifizieren und beseitigen. Zudem sind diese Informationen sofort für eine Anpassung des Angebots an die Interessen des Kunden möglich. In Verbindung mit einer Software, die als Entscheidungsgrundlage über eine Sammlung von Verhaltensprofilen früherer Besucher, oder besser noch vorangegangener Besuche desselben Kunden verfügt, ist ein System realisierbar, bei dem der Kunde nicht mehr einem statischen Angebot, sondern einem seine Bedürfnisse adaptierenden System gegenübersteht. Eine Ausformung dieser Idee ist z.B. ein Empfehlungssystem, das zu bestimmten betrachteten Produkten und Dienstleistungen diejenigen dazu empfiehlt, deren Verkäufe besonders stark mit denen des betrachteten Produkts korrelieren (Cross Selling).

Konsequenzen der Online-Distribution für die internationale Wirtschaft

Eine Folge der internationalen Online-Distribution ist das wachsende Angebot an Software-Agenten, die dem Benutzer aus einer Vielzahl von internationalen Online-Shops denjenigen heraussucht, der das gesuchte Produkt zu den z.B. günstigsten Konditionen anbietet.

Die folgende Abbildung gibt einen Überblick über mögliche international einsetzbare Software-Agenten.

Sind alle Anbieter eines internationalen Marktes im Internet vertreten, so stehen den Kunden theoretisch alle relevanten Informationen für eine rationale Kaufentscheidung zur Verfügung. Wegen der beschränkten Informationsverarbeitungskapazität des Menschen kann allerdings den Nachfragern kein vollkommen rationales Verhalten unterstellt werden, so dass Kunden auch weiterhin Angebote annehmen werden, die nicht die optimale Wahl darstellen.

Kommen nun allerdings Software-Agenten hinzu, die den Nachfragern die Informationsverarbeitung abnehmen, so entstehen beinahe perfekte Märkte, aus denen ein harter Preiswettbewerb resultiert. Mitunter besteht bei Online-Angeboten also die Gefahr, dass die sonst überdurchschnittlichen ökonomischen Renten der Innovatoren schnell durch den Wettbewerb aufgezehrt werden. Ein weiteres Problem, das durch die teilweise noch nach wie vor notwendige physische Online-Distribution begleitet wird, ist der Schutz der Rechte an den zu verteilenden Gütern.

Einsatz intelligenter Softwareagenten im Electronic Commerce Einfache Kaufagenten	Komplexe Kaufagenten	Agentenbasierte Marktplätze
Informationsagenten	Informationsagenten	Theoretische Konstrukte des elektronischen Marktes
können Aufgaben wie die gezielte Suche nach Produkten und Services ausführen	können Aufgaben wie die gezielte Suche nach Produkten und Services ausführen	Teilnehmer werden von Softwareagenten auf dem elektronischen Markt vertreten
erfüllen Informations- und Selektionsfunktion für den Benutzer	erfüllen Informations- und Selektionsfunktion für den Benutzer	Neben Information, Selektion, Bestellung und Abwicklung werden auch weiterführende Aktivitäten wie „Kommunikation untereinander" und „Verhandlung von Preisen, Service und anderen Zusatzleistungen" übernommen
stellen eine Art Informations-Broker dar	unterstützen die Online-Bestellung und den Zahlungstransfer	
greifen z.B. auf DB von Händlern zu (Händler müssen hierfür die Voraussetzung schaffen)	auch weiterreichende Informationen über Produkte und Leistungen werden zur Verfügung gestellt	
z.B. „Bargain Finder" von Andersen Consulting, „Firefly" und „Bargain Bot"	z.B. „Jango"	z.B. „Kasbah" von MIT Media Lab
Nachteil: nach Recherche-Ergebnis muss der Kunde über die Internet-Präsenz des jew. Anbieters selbst bestellen und die gesamte Abwicklung des Kaufvorganges alleine vornehmen	Vorteil: andere Faktoren können beim Kaufentscheidungsprozeß mit berücksichtigt werden	

Quelle: Dr. Barbara Kreis-Engelhardt, Ludwig-Maximilians-Universität München

12.4 Werbeprogramme und -strategien

Obwohl das Exportwerbeprogramm ein integraler Bestandteil des Exportmarketing-Mixes ist, lässt es sich grafisch separat als Subsystem (eine Reihe untereinander abhängiger Aktivitäten) darstellen, das wir Werbemix bzw. Werbeprogramm nennen werden. Ein Werbeprogramm ist eine Reihe geplanter, koordinierter Anstrengungen, die um ein einzelnes zentrales Thema oder eine Idee herum aufgebaut werden, um vorher festgelegte Kommunikationsziele zu erreichen. Werbeprogramme können Produktwerbung für Verbraucher, Unternehmenswerbung, den persönlichen Verkauf, Verkaufshilfen und eine breite Palette verkaufsunterstützender Aktivitäten umfassen. Werbeprogramme können entweder auf eine *Prototypstandardisierung*, bei der eine bestimmte Basisstrategie nur geringfügig abgewandelt wird, oder eine *Musterstandardisierung* abzielen, bei der eine Strategie von Anfang an so entwickelt wird, dass sie zwar lokalen Bedingungen entspricht, aber immer noch genügend gemeinsame Elemente enthält, um eine unnötige Verschwendung von Ressourcen und Managementzeit zu vermeiden (Colvin, Heeler und Thorpe, 1980).

1996 hatte Procter & Gamble z.B. eine äußerst erfolgreiche Werbekampagne für Pringles-Kartoffelchips, die auf der ganzen Welt eingesetzt wurde. Vom Rap-Musikthema über die tanzenden jungen Leute bis hin zur Schlagzeile („Einmal gepoppt – nie mehr gestoppt.") war fast alles in der Kampagne in Deutschland und den USA identisch (*Business Week*, 1996). Die Kampagne war so erfolgreich, dass das Unternehmen die Produktion steigern musste, um die gestiegene globale Nachfrage nach dem Produkt befriedigen zu können.

Manchmal halten es Unternehmen, deren Identität zwar in der Heimat stark, aber in Auslandsmärkten relativ unbekannt ist, für vorteilhaft, wenn sie ihre Unternehmensidentität mit einer in ihren Auslandsmärkten bekannten und respektierten Wirtschaftseinheit verbinden. Dann kommt es zur sog. kooperativen Werbung. Als z.B. das in der USA beheimatete FedEx seine Bekanntheit in Europa verbessern wollte, schloss man sich mit Benetton zusammen, dessen Name dort etabliert war. FedEx sponsorte einen der Formel-1-Rennwagen in Europa. Laut dem Hauptgeschäftsführer des Hauptkundenmarketing bei FedEx „müssen sich Unternehmen in gegenseitigem Sponsoring selbst an einen äusländischen Partner mit gemeinsamen Zielen angleichen. Wir identifizieren uns mit dem Rennteam von Benetton, weil dessen Image dem unserer Marken entspricht, das Geschwindigkeit und High-Tech suggeriert" (Del Prete, 1997, S. 2).

Abbildung 12.3 Kooperierende Werbung ist von Vorteil, wenn beide Parteien meinen, dass ihre Produkte oder Dienstleistungen zueinander passen, wie es in diesen Beispielen von LEGO der Fall ist, das mit Kellogg's und McDonald's zusammengearbeitet hat.

Abdruck mit freundlicher Genehmigung der LEGO-Gruppe.

Die Planung von Exportwerbestrategien umfasst Folgendes:

- Setzen von Werbezielen
- Entscheidungen über die Formen der Anzeigen und der Werbebotschaften
- Auswahl der Medien
- Festlegung, wie viel Zeit, Anstrengungen und Geld investiert werden sollen.

Die möglichen Ziele der Werbeanstrengungen sind wirklich zahlreich. Sie können z.B. nicht nur die Schaffung eines Bewusstseins und eines Interesses an den Unternehmensprodukten, sondern auch die Erzeugung eines guten Rufs in den Köpfen der Kunden, Lieferanten oder selbst ausländischer Regierungsoffizieller oder regulatorischer Agenturen umfassen. Üblicherweise ist es am besten, wenn man bestimmte erreichbare Ziele festlegt. Es hört sich zwar gut an, wenn man das weltweite Marketing eines Produkts unterstützen will, es ist jedoch viel besser, wenn man bestimmte Ziele wie z.B. die folgenden zu erreichen versucht:

- Käufer von der Haltbarkeit eines Produkts zu überzeugen,
- die Effektivität des Produkts zur Befriedigung eines bestimmten Bedürfnisses zu verdeutlichen,
- ein Image des Unternehmens als verlässlicher Lieferant zu schaffen.

Die vorbereitenden Schritte bei der Planung eines Exportwerbeprogramms umfasst die Bestimmung der Größe und des Ausmaßes der Märkte, des Verbraucherverhaltens und der Kaufgewohnheiten sowie der Wettbewerbssituation. Berücksichtigt werden müssen auch die vom Unternehmen benutzten Distributionskanäle (inklusive der ursprünglichen Eintrittsstrategie) sowohl zwischen den Nationen als auch innerhalb der jeweiligen Auslandsmärkte. Werbeprogramme können sich je nachdem, ob ein Unternehmen direkt oder über Großhändler verkauft, unterscheiden. Sie können insbesondere hinsichtlich der zu erwartenden Kooperation der Kanäle auch mit der Art der benutzten Einzelhandelskanäle variieren. Die Art der Produktlinie, die Markenpolitiken, der Preis des Produkts und andere Aspekte der gesamten Marketinganstrengungen müssen ebenfalls berücksichtigt werden.

Wenn die entsprechenden Informationen über die Märkte, die Konkurrenz, die Kanäle, die Produktmerkmale und den Preis vorliegen, kann ein Unternehmen seine allgemeine Werbestrategie formulieren. Das Unternehmen kann z.B. entscheiden, ob es sich vorwiegend auf Verbraucherwerbung zum Vorabverkauf des Produkts stützen will, so dass es durch den Distributionskanal „gezogen" wird (Pull-Strategie), oder ob es sich hauptsächlich auf seine Distributoren, Vertreter oder Händler verlässt, um dem Produkt den erforderlichen Nachdruck zu verleihen, so dass sich die Kunden vor Ort beim Kauf für dieses entscheiden. Dann kann sich das Unternehmen für eine Werbeplattform entscheiden, den Zeitplan für die verschiedenen Stadien der Kampagne festlegen und Entscheidungen über einzelne Anzeigen und Medien treffen. Schließlich kann das Unternehmen die voraussichtlichen Kosten berechnen, um die Gesamtkosten des Programms bzw. das vorläufige Budget zu ermitteln. Dann kann das Budget untersucht werden, um sicherzustellen, dass es den allgemeinen Vorgaben des Unternehmens entspricht. Falls dies nicht der Fall ist, muss es zur Zufriedenheit des Managements angepasst oder die Werbekampagne revidiert werden.

Als Beispiel für den Prozess der Entwicklung einer Werbestrategie kann der von Ford Europa vor vielen Jahren benutzte Ansatz zur Implementierung einer „Musterstandardisierung" bei der Neuwagenwerbung in Europa dienen (Colvin, Heeler und Thorpe, 1980). Die Ziele lauteten: (1) ein Produktbewusstsein erreichen und (2) dem jeweiligen Segment jene Produktattribute übermitteln, die deren Bedürfnisse befriedigen. Der Exporteur sollte beachten, dass die Bedeutung bestimmter Produktmerkmale innerhalb der Länder unterschiedlich ist, so dass multinationale Exporteure verschiedene Werbetaktiken erwägen müssen. Volvo hat dieses Konzept erfolgreich angewandt. Das Unternehmen hat Wirtschaftlichkeit, Haltbarkeit und Sicherheit in den USA, Status und Freizeitwert in Frankreich, Leistung in Deutschland und Sicherheit in der Schweiz in den Vordergrund gestellt (Ricks, 1983, S. 60).

Der in der Vergangenheit von Ford Europa benutzte Prozess brachte die Entwicklung eines Präferenzmodells mit sich, das auf den Wahrnehmungen der Käufer von einem neuen Auto und den wahrgenommenen Bedürfnissen basierte. Dann wurde das Potenzial verschiedener Kommunikationsstrategien geprüft. Außerdem wurden bestimmte Taktiken hinsichtlich ihrer Auswirkungen auf die Kaufabsichten und die Wahrnehmung des Autos geprüft, die angesichts der strategischen Ziele für wichtig gehalten wurden. Dieses System stellte ein gutes Mittel zur Segmentierung von Werbestrategien für Exportmärkte bereit, da es Unterschiede zwischen Nationen in der Produktwahrnehmung und den Attributpräferenzen zuließ.

Weil Anzeigen bzw. allgemein die Werbung die dominante Form der Verkaufsförderung ist, werden wir im Rest dieses Kapitels zwei wesentliche Fragen erörtern, denen sich das exportierende Unternehmen im Rahmen der Planung seiner Werbestrategien und -taktiken stellen muss: (1) ob eine marktübergreifende Standardisierung stattfinden soll und (2) ob eine erfolgreiche Kampagne von einem Markt auf einen anderen übertragen werden kann.

12.5 Standardisierung oder Adaption?

Eine vorrangige Frage, der sich ein exportierendes Unternehmen stellen muss, ist die, ob sich standardisierte Werbung über Ländergrenzen hinweg benutzen lässt oder ob die einzelnen Märkte so einzigartig sind, dass man die Werbung für sie allein entwickeln muss (individuelle Marktadaption). Über dieses Thema wurde ziemlich viel diskutiert und geforscht, bei der Antwort gibt es aber keine übereinstimmenden Meinungen.

Es gibt verschiedene Lehrmeinungen hinsichtlich der Frage Standardisierung oder Adaption. Das eine Extrem bildet der Glaube, dass die grundlegenden menschlichen Bedürfnisse, Wünsche und Erwartungen heute geografische, nationale und kulturelle Grenzen überschreiten. Folglich werden alle Unterschiede zwischen Ländern für graduell und nicht für grundsätzlich gehalten. Die Werte und der Lebensstil der Menschen in verschiedenen Ländern können ähnlich sein. Ein Ansatz zur Messung dieses Sachverhalts ist die von Mitchell (1983) entwickelte VALS-Methode (Values and Life Styles – Werte und Lebensstile). Neun verschiedene VALS-Kategorien der Menschen sind identifiziert worden und diese repräsentieren Marktsegmente auf der Grundlage der in Tabelle 12.3 dargestellten Variablen des Lebensstils, der Werte und demographischer Daten. In einer kulturübergreifenden Studie von Norwegern und Amerikanern wurde gefolgert, dass es große Übereinstimmungen zwischen den VALS-Typen in den USA und in Norwegen gab, was darauf hindeutet, dass sich standardisierte Werbeprogramme, die auf bestimmte VALS-Typen oder Wertegruppen abzielen, erfolgreich für diese unterschiedlichen Kulturen entwickeln lassen (Beatty u.a., 1986). Die vielleicht mächtigste Unterstützung für diese Sichtweise war der große weltweite Erfolg der Esso-Kampagne „Tiger im Tank“.

Tabelle 12.3 VALS-Kategorien.

Bedürfnisgetriebene Gruppen (materiell bedürftige Menschen ohne echtes Einkommen, die mit dem Leben unzufrieden sind)
1. Überlebende: neigen dazu, niedergeschlagen zu bleiben
2. Aushaltende: bemühen sich weiter voranzukommen
Außengeleitete Gruppen (richten sich nach anderen und dem Umfeld)
3. Zugehörige: konservativ, traditionell, familienorientiert und zufrieden mit dem Leben
4. „Sieger“: erfolgreich, selbstständig und glücklich; sie haben ihre Ziele erreicht!
5. Nacheiferer: streben nach dem Erfolg der „Sieger“, haben aber Schwierigkeiten, dieses Ziel zu erreichen, sind wenig selbstbewusst und mit dem Leben unzufrieden
Innengeleitete Gruppen (von innen motiviert)
6. „Ich-bin-ich“: im Wandel, tendenziell jung, aktiv und innovativ

Tabelle 12.3 VALS-Kategorien. (Forts.)
7. Experimentierer: suchen direkte, lebhafte Erfahrungen, neigen zu Experimenten, selbstständig und glücklich
8. Gesellschaftsbewusste: sind um soziale Fragen besorgt und leben in Harmonie mit der Natur
Kombiniert innen-/außengeleitete Gruppe
9. Die Integrierten: psychologisch reif und tolerant

Das andere Extrem bildet die Ansicht, dass ein Däne immer ein Däne und ein Australier immer ein Australier bleiben wird, auch wenn die menschliche Natur überall gleich ist. Nach Ansicht dieser Gruppe erzeugen verschiedene Kulturen unterschiedliche Bedürfnisse, auch wenn es immer noch ähnliche *Grundbedürfnisse* geben kann. Dies bedeutet, dass sich Leute nicht mit ähnlichen Produkten und Kommunikationsappellen und -ansätzen zufrieden stellen lassen. Polen sagt man z.B. nach, sie seien irrational, sensitiv und emotional, so dass in den für sie bestimmten Anzeigen an diese Eigenarten appelliert werden muss. Asiatische Länder wurden ähnlich als „individuelle Minenfelder sozialer Faktoren" charakterisiert. Für Indonesien geeignete Strategien werden in Südkorea nicht funktionieren. Eine Reihe von Erfolgen, die Unternehmen, die diese beiden Extremansätze verfolgt haben, weisen darauf hin, dass der einzusetzende Ansatz weitgehend von der jeweiligen Situation und insbesondere dem Produkttyp abhängig ist. In gewisser Weise sind zwar alle Menschen der Welt gleich, aber es gibt keine zwei Personen, die genau gleich sind.

Daher ist jede Person sowohl ein kultureller *Kommunikator* als auch ein kultureller *Empfänger.* Wenn Exportwerbung betrieben wird, beeinflusst der kulturelle Hintergrund des Werbetreibenden die Form der Botschaft, während der kulturelle Hintergrund des Empfängers die Wahrnehmung der Botschaft bestimmt (Hornik, 1980). Eine weitere verwirrende Frage kann sein, ob sich die jeweiligen Kulturen in ihrem Kontext unterscheiden. Unterschiede zwischen Kulturen mit schwacher und starker Kontextabhängigheit haben bedeutende Auswirkungen auf den Exportwerbetreibenden.

In Kulturen mit starkem Kontext (z.B. Großteile des Mittleren Ostens, Asiens und Afrikas) kann die Bedeutung einer Botschaft nicht ohne ihren Kontext verstanden werden. Im Unterschied dazu lässt sich die Bedeutung einer Botschaft in Kulturen mit schwacher Kontextabhängigkeit (Nordamerika und der größte Teil Westeuropas) vom Kontext loslösen und wird an sich verstanden. Derartige Unterschiede deuten darauf hin, dass Werbebotschaften, die für Kulturen mit schwacher Kontextabhängigkeit entworfen werden, in Kulturen mit starker Kontextabhängigkeit nicht effektiv sein können (und umgekehrt).

Der Reiz standardisierter Exportwerbung besteht darin, dass sie dem werbenden Unternehmen eine Reihe von Möglichkeiten bietet:

- *Präsentation eines weltweiten Unternehmens-/Produkt-/Markenimages.* In den frühen 90ern schuf das italienische Bekleidungsunternehmen Benetton eine äußerst kontroverse weltweite Werbekampagne. Diese Kampagne ersetzte die 50 verschiedenen Kampagnen des Unternehmens in 50 verschiedenen Ländern. Die Werbung sollte eine Botschaft des Unternehmens direkt übermitteln, ohne ein Produkt zu zeigen. Diese Kampagne umfasste Anzeigen, die lachende, sich umarmende und küssende Menschen verschiedener Rassen, Bilder eines ölverschmierten Vogels, ein neugeborenes, noch an der Nabelschnur hängendes Kind und einen an AIDS sterbenden Mann zeigten. Laut Luciano Benetton, dem Vorsitzenden des Unternehmens, waren diese Anzeigen eine Konsequenz daraus, dass das Unternehmen die Welt als Ganzes sieht. Sie wollten Themen ansprechen, die weltweit alle Länder berührten. Diese Werbung gewann Auszeichnungen, wurde aber gleichzeitig auch verbannt (Lynch, 1993).

- *Geringere Kosten der Vorbereitung von Anzeigen und der Umsetzung des Werbeprogramms.* Mitte der 90er Jahre sparte Colgate Palmolive, ein großes US-Unternehmen, das verpackte Verbrauchsgüter vermarktet, eine Menge Geld dadurch, dass es 20 eigenständige lokale Werbekampagnen für Waschmittel durch eine Reihe erfolgreicher Werbespots ersetzte, die in Frankreich entwickelt worden waren. Diese einzelne Kampagne lief in 30 Ländern (*Business Week*, 1996).
- *Verringerung von Irritationen bei Botschaften in Gebieten, in denen sich die Medien überschneiden* (z.B. Kanada/USA, Deutschland/Österreich, Dänemark/Deutschland) *oder eine Verbrauchermobilität zwischen den Ländern besteht* (z.B. in Westeuropa).

Diese Möglichkeiten lassen sich vielleicht auch noch nutzen, wenn man den Begriff der standardisierten Werbung nicht allzu streng auslegt.

Ein und möglicherweise der wesentliche Grund dafür, dass es hinsichtlich der Standardisierung eine derartige Kontroverse gibt und kein Konsens angesichts der Forschungsergebnisse in Sicht ist, ist der, dass das Konzept der standardisierten Werbung zu vereinfacht angewandt wurde. Es wurde vorgeschlagen, dass ein realistischerer Ansatz zur Definition der Standardisierung deren zwei Varianten, die bereits kurz in diesem Kapitel erwähnt wurden, berücksichtigen sollte (Peebles, Ryans und Vernon, 1977). Eine Variante ist die *Prototypstandardisierung*, bei der dieselben Anzeigen oder Kampagnen (abgesehen von der sprachlichen Übersetzung und vielleicht ein paar idiomatischen Änderungen) in mehreren Exportmärkten unverändert eingesetzt werden (vgl. Beispiel 12.4). Selbst wenn die Prototypstandardisierung das Ziel des Managements darstellt, können Unterschiede der Produktlinie, der Marktgröße und der Verfügbarkeit der Medien noch das tatsächliche Ausmaß der Standardisierung beeinflussen. Ein Beispiel für die Prototypstandardisierung ist die Einführung des Werbeslogans von Coca-Cola im Jahr 1993 (vgl. Beispiel 12.5). Eine Reihe spezifischer Anzeigen wurde vorbereitet und es wurden lokale Märkte ausgewählt, von denen man glaubte, dass sie dem Markt am besten entsprachen.

BEISPIEL 12.4

Wow wird global

Grey Advertising, Inc., eine große amerikanische Werbeagentur, war an der Entwicklung einer Werbekampagne zur Vermarktung des Wow-BHs in 12 Ländern beteiligt. Wow war ein Produkt der International Playtex, Inc. Der Gedanke war die Erstellung einer standardisierten Kampagne, die sich für alle Länder eignete. Das heißt, Grey wollte eine globale Werbekampagne auf der Basis eines einzigen Spots entwickeln, der sich mit geringfügigen Änderungen überall dort einsetzen ließ, wo das Produkt verkauft werden sollte. Durch eine derartige Kampagne kann der Werbende bei der Produktion eine Menge Geld sparen. Vor einiger Zeit benutzte Playtex in einem Fall weltweit 43 verschiedene Werbeversionen.

Zu den bedeutenden Problemen beim Erstellen globaler Werbespots zählen logistische Probleme und die Verstimmung des Managements. Die für die Unternehmen in den einzelnen Ländern verantwortlichen Manager könnten es übel nehmen, wenn ihnen ein Werbeplan und eine Kampagne aufgezwungen werden. Außerdem wird ein gesundes Logistikmanagement durch Regierungsregulierungen und unterschiedliche Industriestandards in verschiedenen Ländern problematisch. Das alles sorgt dafür, dass es in vielerlei Hinsicht komplizierter ist, eine globale Anzeige als Anzeigen in verschiedenen Sprachen zu entwickeln.

Beispiel 12.4 (Forts.)

Es ist entscheidend, dass die Werbung auf dem Gedanken aufbaut, dass bestimmte Produktversionen verschiedene Botschaften erfordern. Spitzen-BHs werden z.B. von französischen Frauen bevorzugt, während Amerikanerinnen schlichtere, undurchsichtige Modelle bevorzugen. Die entsprechende Produktversion lässt sich dann in die Werbung für den jeweiligen Markt einfügen. Trotz unterschiedlicher Produktmodelle für die jeweiligen Märkte war die Werbebotschaft dieselbe. Ein einzelnes Produktmerkmal wurde hervorgehoben, von dem man glaubte, dass es universell ansprechend war: die besondere Unterstützung und Formung ohne eingearbeitete Verstärkungen.

Zu den wichtigen Änderungen für einzelne Märkte zählte, dass das Produkt in einigen Ländern (z.B. den USA und Südafrika) von vollständig bekleideten Frauen und nicht direkt vorgeführt wurde. Einige der Fernsehspots waren auch 20 und andere 30 Sekunden lang.

Durch diese globale Kampagne konnte Playtex eine einheitliche Botschaft in den betreffenden Märkten übermitteln. Gleichzeitig konnte das Unternehmen Geld sparen. Die Gesamtkosten der einzelnen globalen Werbemaßnahmen beliefen sich auf 250.000 US-$. In der Vergangenheit hatten die Kosten für eine einzige Anzeige für den US-Markt 100.000 US-$ betragen.

Beispiele der in Großbritannien (a), Deutschland (b) und Spanien (c) geschalteten Startversionen werden nachfolgend gezeigt. Es wurden nur geringfügige Änderungen vorgenommen. Interessanterweise gibt es feine Unterschiede in der nonverbalen Kommunikation (der Stellung) der drei Modelle in den einzelnen Versionen. Alle Versionen deckten jedoch die drei Grundhaarfarben (rot, blond, brünett) ab und die Modelle trugen passend zur Haarfarbe dieselben Kleider.

Versionen der Playtex-Anzeige, wie sie in Großbritannien (a), Deutschland (b) und Spanien (c) geschaltet wurde.

(a)

(b)

(c)

Quelle: Abdruck mit Genehmigung von Playtex Apparel, Inc.

BEISPIEL 12.5

Ein Wandel bei Coca-Cola

Mitte 1993 startete Coca-Cola einen neuen weltweiten Werbeslogan: „Always Coca-Cola". Dieser Slogan wurde bei der Entwicklung von 27 neuen Werbespots benutzt, die für den Einsatz in Auslandsmärkten zur Verfügung standen. Normalerweise produziert Coca-Cola ca. 15 neue Spots, wenn es einen neuen Slogan startet. Die diesmalige Steigerung auf 27 spiegelte die zunehmende Fragmentierung der Medienwerbung wieder. Dies gilt sowohl in Hinsicht auf die bessere Versorgung mit Satelliten und Kabelfernsehen als auch in Hinsicht auf die größere Differenzierung innerhalb von Haushalten mit mehreren Fernsehern. In Hongkong besitzen z.B. 97,5% der Haushalte einen und über 25% mindestens zwei Fernseher.

Swire Bottlers, der Franchiseinhaber in Hongkong, wählte 12 Werbespots zur Ergänzung seiner Kampagne in Hongkong aus. Die Werbespots unterschieden sich zwar in ihrer Länge, ihrem Stil und ihren Appellen an die verschiedenen Gruppen, betonten aber durchweg die Allgegenwart von Coca-Cola. Als Teil der integrierten Gesamtkampagne trug die Unternehmensbelegschaft T-Shirts mit der Aufschrift „Always", es wurden alle Lieferfahrzeuge entsprechend dekoriert, die gesamte Außenwerbung wurde neu beschriftet und umfangreiche Materialien wurden an die Einzelhändler für den Einsatz vor Ort versandt.

Der herausragende Werbespot der Hongkong-Kampagne präsentierte eine Gruppe Polarbären, die ehrfürchtig das Nordlicht anstarren und dabei eine eiskalte Coke genießen. Ein weiterer Werbespot zeigte auf Eisblöcken tanzende Menschen.

Beispiel 12.5 (Forts.)

Quelle: Bericht in Frank-Keyes, 1993. Abdruck mit Genehmigung des Verlags und der Coca-Cola-Company.

Im Gegensatz zur Prototypstandardisierung steht die *Musterstandardisierung*, die geplanter und flexibler ist. Bei der Musterstandardisierung wird die Exportwerbung so entwickelt, dass ihr Gesamtthema und die einzelnen Bestandteile einheitlich sind, so dass sie sich in mehreren Märkten einsetzen lässt und eine einheitliche Richtung vorgibt. Diese Einheitlichkeit muss aber nicht bei spezifischen Details gelten. Daher braucht sich die Musterstandardisierung nicht deutlich von einer Politik der individuellen Marktadaption zu unterscheiden. 1992 war Colgate Palmolive mit der Adaption eines globalen Fernsehspots für den Ajax-Allzweckreiniger zum Einsatz in Polen während des dortigen ursprünglichen Produktstarts extrem erfolgreich (das Produkt war dort nach zwei Wochen ausverkauft).

Eine Reihe verschiedener Aspekte der Export-/internationalen Marketingwerbung unterliegt der Frage nach Standardisierung oder Adaption. Ryans und Ratz (1987) haben die folgenden Komponenten identifiziert:

- Zielmärkte
- Produktpositionierung
- Ziele und Themen der Kampagne
- Medienziele
- Grundlegender Medienmix, Medienterminpläne
- Kreative Ausführung (die visuelle und die der Kopien).

12.5.1 Appelle

Die Appelle der Exportwerbung müssen mit den Geschmäckern, Bedürfnissen, Werten und Einstellungen übereinstimmen, also kurz mit der vorherrschenden Geisteshaltung des Markts harmonieren.

Die Effektivität eines Appells an die Gesundheit ist zwischen den Ländern unterschiedlich. Belgier arbeiten schwer, verdienen sich einen guten Lebensunterhalt und sind großzügig beim Ausgeben. Sie schätzen die guten Dinge im Leben. Sie wünschen sich bequeme Kleidung, Wärme und Wohnungseinrichtungen. Sie lieben es, Spaß zu haben, schätzen Radio, Fernsehen, Bier, Wein und andere Produkte, die zum Vergnügen im Leben beitragen. Für einen Belgier bedeutet „gut für dich" Vergnügen. Er oder sie wird selbst dann das kaufen, was dem Geschmack entspricht, wenn es der Gesundheit schadet. Ähnlich ist der Hinweis darauf, dass eine bestimmte Zahnpasta dabei hilft, Zahnkaries zu vermeiden, in Frankreich wahrscheinlich weniger effektiv als in den USA, da die Franzosen weniger besorgt als die Amerikaner um die Zahl der Löcher in ihren Zähnen sind.

In den Niederlanden ist die Einstellung zur Gesundheit recht unterschiedlich. Die Holländer sind um ihre Gesundheit stärker besorgt als die Franzosen. Für den Holländer sind Vitamingehalt und Brennwert einiger Speisen wichtiger als deren Geschmack. Gleichzeitig suggerieren Vitamingehalt und Brennwert jedoch eine gesunde Nahrung, wie z.B. bei Sprösslingen, Luzernen und Müsli. Die Holländer sind sehr phlegmatische Esser und mögen frische, traditionelle Nahrungsmittel, wie z.B. landwirtschaftliche Produkte (z.B. bereits geschälte neue Kartoffeln), bei denen Frische und Präsentation sehr wichtig sind. Einige werden sich vielleicht fragen, ob starker Kaffee, Spirituosen, fettreiches Fleisch, Käse und Kartoffeln (alles bevorzugte Nahrungsmittel der Holländer) eine sehr gesunde Nahrung bilden. Es weist aber jedenfalls darauf hin, dass die Effektivität eines Appells in einem Auslandsmarkt innerhalb des Landes und der Produktklasse unterschiedlich sein kann.

Bei Produkten, die zwar physisch identisch sind, aber in den verschiedenen Märkten unterschiedlich benutzt werden (z.B. Maisstärke, Kuchenmischungen, Instant-Kaffee, Margarine und viele andere Nahrungsmittelprodukte), muss die Werbebotschaft möglicherweise an die jeweiligen Marktsegmente angepasst werden. Vor einer Reihe von Jahren gab Campbell Soup jedoch, um aktive Menschen auf der Reise um die Welt zu zeigen und gleichzeitig den universellen Reiz der Campbell-Suppe zu betonen, die Aufnahme eines 60-Sekunden-Spots in Auftrag, der einen Hochgeschwindigkeitszug in Japan, eine Marktszene in Singapur und einen Kinderspielplatz in Puerto Rico zeigte. Er wurde für die Kinopräsentation in 20 Ländern in einer Reihe von Sprachen synchronisiert, zu denen Kantonesisch, Spanisch und Kreolisch zählten (*Advertising Age*, 1966).

Wie wir bereits gesagt haben, ist das Exxon/Esso-Thema „Pack den Tiger in den Tank" („Put a tiger in your tank") eines der am weitesten verbreiteten gewesen. Nach beträchtlichem Erfolg in den USA entschied sich das Unternehmen dafür, den Slogan in Europa und Asien zu testen. Geringfügige Modifikationen in der Formulierung mussten vorgenommen werden. In Frankeich ließ sich das Wort „tank" im Satzzusammenhang z.B. mit *risqué* (Risiko) statt *reservoir* (das gewünschte Wort) übersetzen, so dass es gegen das Wort *moteur* (Motor) ausgetauscht wurde. Verbraucherbefragungen zeigten, dass die Kampagne in den europäischen Ländern sehr erfolgreich war. Das Thema war für einige Länder in Südostasien, in denen der Tiger ein Symbol für Kraft und Glück ist, besonders gut geeignet. Es wurde jedoch vielfach berichtet, dass der Tiger in Thailand kein Sinnbild für Kraft ist und die Kampagne daher nicht verstanden wurde. Exxon bestreitet diese Behauptung und berichtet, dass die Mehrzahl der Fahrer dort den Esso-Tiger mit Kraft, Stärke und Geschwindigkeit assoziiert haben (Ricks und Mahajan, 1984, S. 82).

12.5.2 Abbildungen und Layout

Die Abbildungen und das Layout sind möglicherweise universeller als alle anderen Merkmale von Anzeigen. Bestimmte Arten der Illustration lassen sich in mehreren Nationen einsetzen. Vor vielen Jahren erschienen die in Mexiko City erstellten Anzeigen für Canadian Pacific Airlines (heute als Canadian Airlines International bekannt) nicht nur in Publikationen in den USA und Kanada, sondern auch in Tageszeitungen für Orte wie Tokyo und Hongkong. Die Anzeigen waren ursprünglich für Leute in Städten entlang der lateinamerikanischen Routen des Unternehmens geplant, aber das Unternehmen stellte fest, dass sich große Teile auch ebenso gut für den weltweiten Einsatz eigneten. Ein Sprecher des Unternehmens sagte: „Es handelt sich um eine unserer besten laufenden Kampagnen. Sie ist zu gut, um sie nur auf Lateinamerika zu beschränken. Eine kleine Änderung an der Kopie und schon erledigt sie ihre Aufgabe für uns auch in Vancouver oder Hongkong."

Die Kampagne, auf die sich der Sprecher der Canadian Pacific Airline bezog, wies einige Merkmale auf, die zumindest teilweise ihre breite Eignung erklären könnten. Die Anzeigen zeigten große, die Aufmerksamkeit auf sich ziehende Fotos, bei denen üblicherweise nicht mehr als 20% des beanspruchten Platzes für Werbetexte verwendet wurden. Zum Beispiel wurde ein Bild einer kanadischen Gans, einem Symbol der Fluggesellschaft, aufgenommen und mit dem Text versehen „Sie kennt die besten Routen in den Süden und Canadian Pacific auch". Kurze und einfache Werbetexte mit denselben Botschaften lassen sich natürlich auch für andere Strecken verfassen. In jüngerer Zeit wurde ein Drei-Minuten-Fernsehspot von einer Werbeagentur in Thailand für Chivas-Regal-Whiskey erstellt und an westlichen Schauplätzen aufgenommen, wie z.B. in Jazzclubs. Die Darsteller waren Eurasier, die westlich und daher reizvoll aussahen, aber auch östlich und daher vertraut wirkten. Da sich die Eurasier nicht wirklich als Thailänder, Chinesen oder Malayen identifizieren ließen, wurde ein überregionaler Ansatz benutzt, als die Anzeige in Thailand, Hongkong, Taiwan und Singapur lief. In der bereits erwähnten Kampagne von Benetton in den frühen 90ern wurden dieselben kontroversen Bilder auf der ganzen Welt benutzt.

Vielleicht sind einige Formen der Kunst universell verständlich, so dass sich manchmal dieselben Abbildungen für verschiedene Märkte eignen können. Playtex hat anfangs dasselbe Bild der drei Modelle in seinen Anzeigen für Großbritannien, Deutschland und Spanien benutzt und nur den im Hintergrund gezeigten Markennamen Wow geändert, um der jeweiligen Sprache zu entsprechen.

Andererseits können kulturelle Einflüsse auch dafür sorgen, dass sich die Abbildungen für dasselbe Produkt in den verschiedenen Ländern unterscheiden müssen. In deutschen und dänischen Zeitschriften könnte eine Anzeige für Käse ein großes Glas schäumenden Biers zusammen mit Käse zeigen, was den Appetit von Bayern und Dänen anregen würde. Für Frankreich würde sich die Käseanzeige aber besser eignen, wenn man das Glas Bier durch ein Glas Rotwein ersetzen würde.

12.5.3 Werbetexte

Es gibt sehr unterschiedliche Meinungen hinsichtlich der Übersetzung eines Werbetextes aus einer Sprache in eine andere. Auf der einen Seite stehen jene, die vor Übersetzungen warnen. Sie weisen darauf hin, dass Fehler zwar in allen Sprachen und selbst von lokalen Textern gemacht werden können, dass ihr Auftreten aber wahrscheinlicher ist, wenn Anzeigen in einem Land vorbereitet, übersetzt und ohne Prüfung durch kompetente lokale Linguisten in internationale oder ausländische Medien eingefügt werden. Procter & Gamble versuchte seine Wegwerf-Windeln (nappies) Pampers in Thailand durch Betonung ihrer Bequemlichkeit zu vermarkten. Dabei handelte es sich um eine direkte Übersetzung der in den USA entwickelten

Kampagne. Durch Nachforschungen fand man heraus, dass thailändische Frauen sich darüber Sorgen machten, dass man sie bei Verwendung des Produkts für schlechte Mütter halten würde, die sich mehr um ihre eigene Bequemlichkeit als die ihrer Babys kümmern würden. Die Kampagne wurde geändert, so dass der Nachteinsatz der Pampers und der Umstand betont wurde, dass die Wegwerf-Nappies trockener als Stoffwindeln bleiben würden, so dass sich die Babys nachts wohler fühlen würden. Dieser Ansatz war erfolgreich und brachte die thailändischen Frauen dazu, Pampers zu kaufen.

Hinsichtlich der Frage, ob für einen Auslandsmarkt ein neuer Werbetext erstellt werden oder der einheimische Text übersetzt werden soll, scheint es vernünftig zu folgern, dass der Werbetreibende berücksichtigen muss, ob die übersetzte Botschaft vom ausländischen Publikum, an die sie sich richtet, empfangen und verstanden werden kann. Jeder mit Fremdsprachenkenntnissen weiß, dass es üblicherweise erforderlich ist, dass man in dieser Sprache denken können muss, um sich angemessen verständigen zu können. Man muss nicht nur die Bedeutung von Wörtern, Phrasen und Satzstrukturen verstehen, sondern auch deren übersetzte Bedeutung, um sich vollständig darüber klar sein zu können, ob die Botschaft empfangen und wie sie verstanden wird. Für die Werbung gilt dasselbe Prinzip, möglicherweise in einem noch größeren Ausmaß. Die Probleme der Werbekommunikation werden noch verschlimmert, weil es sich im Wesentlichen um eine Einwegkommunikation ohne Vorkehrungen für sofortige Rückkopplungen handelt. Die effektivsten Appelle, die beste Organisation der Gedanken und die spezifischste Sprache, insbesondere in Hinsicht auf umgangssprachliche Ausdrücke und Redewendungen, werden von Textern entwickelt, die in der Sprache denken und die Verbraucher verstehen, für die die Werbung bestimmt ist. Das Denken in einer Fremdsprache umfasst das Denken in den Gewohnheiten, Geschmäckern, Fähigkeiten und Vorurteilen des Ausländers. Man muss nicht nur die Worte, sondern auch die Gebräuche und den Glauben assimilieren.

Das exportierende Unternehmen kann einige Dinge zur Vermeidung von Übersetzungsfehlern unternehmen (Ricks, 1983, S. 89-95). Erstens ist es selbst dann, wenn das Unternehmen über einen guten Übersetzer in der Nähe verfügt, wünschenswert, dass eine ortsansässige Person zusätzlich als Übersetzer eingestellt wird, die mit der örtlichen Umgangssprache und ungewöhnlichen Redewendungen vertraut ist. Zweitens sollte man die Technik der Rückübersetzung bei der Entwicklung von Werbebotschaften einsetzen. Deren Wert wird durch die Situation verdeutlicht, der sich ein australisches Getränkeunternehmen beim Eintritt in den Markt von Hongkong ausgesetzt sah. Das Unternehmen hatte seinen erfolgreichen Slogan „Baby, it's cold inside“ (Schatz, hier drinnen ist's kalt) ins Chinesische übertragen. Nach der Rückübersetzung ins Englische wurde daraus „Small mosquito, on the inside it is very cold“ (Kleine Stechmücke, an der Innenseite ist es sehr kalt). Bei „Small mosquito“ handelt es sich um den lokalen umgangssprachlichen Ausdruck für ein kleines Kind, der aber nicht dem beabsichtigten Bezug des englischen umgangssprachlichen Ausdrucks „Baby“ auf eine „Frau“ entsprach. Drittens ist es unter bestimmten Bedingungen möglich, die Sprache des Exporteurs zu benutzen. In Dänemark kann man z.B. feststellen, dass ein großer Teil der Kinowerbung in Englisch präsentiert wird. Offensichtlich versteht ein bedeutender Teil des Zielmarkts die Sprache des Exporteurs.

12.5.4 Einige Verallgemeinerungen

Allgemein würden die meisten Werbeleute beipflichten, wenn man sagt dass es kaum wahrscheinlich ist, dass eine Standardisierung bei allen Produkten, in allen Ländern und in allen Exportmärkten erfolgreich sein kann. Daher lautet die kritische Frage: Wann ist dieser Ansatz erfolgreich und wann nicht, und welche Kriterien lassen sich einsetzen, um diese Frage entscheiden zu können?

Zu den Faktoren, die die Eignung der standardisierten Werbung für verschiedene Exportmärkte und Marktsegmente beeinflussen, zählen die folgenden:

- *Die Art des Produkts.* Es gibt für einige Produkte (z. B. Rasierklingen, elektrische Bügeleisen, Autoreifen, Kugelschreiber) bestimmte universell zugkräftige Verkaufsargumente, die sie vorwiegend auf der Basis objektiver physischer Merkmale verkaufen.
- *Die Homogenität oder Heterogenität der Märkte.* Wenn sich Gesamtmerkmale wie Einkommen, Bildung und Beschäftigung ähneln, können auch die individuellen Kundenmerkmale (Bedürfnisse, Einstellungen, Gewohnheiten usw.) vergleichbar sein und damit darauf hinweisen, dass der Werbetreibende dieselben Verkaufsargumente einsetzen kann.
- *Die Merkmale und die Verfügbarkeit der Medien.* Wenn bestimmte Medien z. B. in einem Land zur Verfügung stehen, in einem anderen aber nicht, können sich bestimmte Botschaften und Materialien nicht einsetzen lassen.
- *Die Art der in den jeweiligen Marktsegmenten verfügbaren Dienstleistungen der Werbeagenturen.* Wenn in einigen Märkten nur schlechte Dienstleistungen verfügbar sind, kann ein Unternehmen gezwungen sein, sich auf die zentrale Kontrolle der Werbung zu verlassen.
- *Regierungsbeschränkungen hinsichtlich der Art der Werbung.* Einige Regierungen verbieten z. B. bestimmte Botschaftsarten.
- *Steuern der Regierung auf Kunst- oder Druckwerke,* die den Kostenvorteil der Zentralisierung aufheben können.
- *Unternehmensorganisation.* Wenn Unternehmen so organisiert sind, dass sie das Geschäft auf einer multinationalen Basis leiten, und wenn das erforderliche Personal verfügbar ist, kann der standardisierte Ansatz geeignet sein. Wenn ein Unternehmen z. B. Tochtergesellschaften besitzt, kann es die Werbung häufig besser kontrollieren, als wenn es sich auf unabhängige Lizenzinhaber verlässt.

Die Menschen auf der ganzen Welt haben dieselben Bedürfnisse, wie z. B. Nahrung, Sicherheit und Liebe. Aber sie unterscheiden sich manchmal in der Art ihrer Bedürfnisbefriedigung. Genauso wichtig wie das Angebot physischer Produktvariationen zur Anpassung an die unterschiedliche Nachfrage verschiedener Marktsegmente ist der Zuschnitt der Werbung auf die Anforderungen der jeweiligen Marktsegmente. Es ist aber die Nachfrage der Marktsegmente, die unterschiedlich ist, nicht der Ansatz der Planung und Vorbereitung der Marketingprogramme. Es sind nur die spezifischen Methoden, Techniken und Symbole, die manchmal variiert werden müssen, um den verschiedenen Umweltbedingungen zu entsprechen. Daher sind international Werbetreibende gut beraten, wenn sie ihren Ansatz der Planung und Vorbereitung der Exportwerbung exportieren. Bevor sie aber endgültige Entscheidungen über Werbetexte oder Medien treffen, sollten sie Personen konsultieren, die intime Kenntnisse des Auslandsmarkts besitzen.

12.6 Übertragung von Werbung

Eng verwandt mit der Frage der Standardisierung ist die der *Übertragbarkeit* einer erfolgreichen Kampagne von einem Markt (einheimisch oder Export) auf einen anderen Markt. Während eine Standardisierung stattfindet, wenn eine Marketingaktivität in allen (oder einer Reihe von) Märkten auf dieselbe Weise durchgeführt wird oder die Marketingstrategie dieselbe ist, sagt dies nichts darüber aus, *wie* diese Gemeinsamkeiten erreicht wurden. Ein Transfer oder eine Übertragung, die sich darauf bezieht, wie eine Marketingaktivität oder -strategie in einen Auslandmarkt gelangt, lässt sich als das Ausmaß definieren, in dem eine Marketingaktivität oder -strategie auf dieselbe Weise in einem Auslandsmarkt verglichen mit dem Markt, aus dem sie stammt (üblicherweise der Heimatmarkt), durchgeführt wird. Die drei folgenden Faktoren wurden identifiziert, die Auswirkungen darauf haben, ob der Transfer durchführbar ist (Sheth, 1978):

1. Die Erwartungen und Kriterien, mit denen die Menschen eine Produktklasse in verschiedenen Ländern bewerten. Anders gesagt, welchen Nutzen erwarten die Leute vom Kauf und dem Verbrauch einer Produktklasse? Dieser Faktor beeinflusst den *Reiz* eines Produkts.
2. Die Mechanismen der Kodierung und Dekodierung symbolischer Kommunikation. Diese repräsentieren sowohl die Produktion als auch die Nutzung der Werbung und spiegeln sich wider in (a) Unterschieden der Medienverfügbarkeit, (b) unterschiedlichen Gesetzen und Regulierungen der Werbung und (c) grenzüberschreitenden Unterschieden in der Aufnahmefähigkeit und Akzeptanz der Werbung.
3. Die „stille Sprache" der jeweiligen Länder. Diese beeinflusst den Hintergrundrahmen der zu vermittelnden Botschaft.

Ein einfaches Transfermodell nimmt an, dass zwei Länder in Bezug auf all diese Faktoren entweder gleich oder unterschiedlich sind, und führt damit zu acht verschiedenen Arten bzw. Kombinationen der Ausdehnung/Anpassung. Diese Strategien sind wie folgt definiert:

- *Komplette Ausdehnung.* Bei dieser Strategie wird ein erfolgreicher Werbeansatz ohne jede Modifikation hinsichtlich des Inhalts oder der Medienwahl in andere Länder übertragen. Wir können feststellen, dass diese Strategie der kompletten Ausdehnung in Länderclustern funktioniert, wie z.B. in den skandinavischen und den nordamerikanischen Ländern.
- *Symbolische Ausdehnung.* Erfolgreiche Werbung wird auf andere Länder ausgedehnt, wobei lediglich die Hintergrundsituation geändert wird. Nur geringfügige Änderungen müssen vorgenommen werden, da sowohl der Appell als auch das Medium dieselben bleiben. Ein gutes Beispiel für die symbolische Ausdehnung ist der Ersatz eines Mädchens durch einen Jungen in den Wick-VapoRub-Werbespots bei deren Ausdehnung auf die arabischen Länder, in denen Jungen stärker Gegenstand der elterlichen Zuneigung sind.
- *Literale Ausdehnung.* Diese Strategie ist am gebräuchlichsten, wenn die Erwartungen und die stille Sprache der Käufer zwar identisch, die Prozesse der Kodierung/Dekodierung jedoch verschieden sind. Bei dieser Strategie können im Ausland unterschiedliche Medien oder dieselben Medien auf unterschiedliche Weise eingesetzt werden. Diese Strategie wird üblicherweise als Reaktion auf unterschiedliche rechtliche Einschränkungen entwickelt. Kinos sind z.B. in Skandinavien ein gebräuchliches Medium, werden aber in den USA selten genutzt.
- *Symbolische und literale Ausdehnung.* Es ist wahrscheinlich üblicher, dass sowohl eine symbolische als auch eine literale Ausdehnung stattfindet, als dass nur eine dieser beiden Varianten allein eingesetzt wird, wenn ein Unternehmen ein universelles Produkt in den Entwicklungsländern vermarktet. Unternehmen wie Coca-Cola, IBM oder Unilever können bei Einsatz dieser Strategie unter Umständen eine weltweite Werbeanstrengung schaffen.
- *Einfache Anpassung.* Bei dieser Strategie bleiben das Medium und der Hintergrund der Werbung dieselben, während das Produkt mit einer anderen Ansprache beworben wird. Es gibt eine Reihe von Fällen im Exportmarketing, bei denen dasselbe Produkt mit weitgehend unterschiedlichen Appellen beworben wird. Das Fahrrad wird z.B. in Entwicklungsländern und Skandinavien als Fahrzeug zur Überwindung kurzer Entfernungen, in den USA jedoch als Freizeit- und Sportgerät beworben.
- *Symbolische Anpassung.* Bei dieser Strategie werden beide inhaltlichen Elemente, Appelle und Hintergrund, modifiziert. Für diese Art des Werbetransfers lassen sich zahlreiche Beispiele in den meisten Entwicklungsländern finden. Eine Reihe vorbereiteter oder bearbeite-

ter Nahrungsmittel (z.B. Instant-Kaffee) werden z.B. unter dem Gesichtspunkt der Modernität und nicht der Bequemlichkeit beworben.

- *Literale Anpassung.* Der Name dieser Strategie ruft bereits selbst nach einer Anpassung der Appelle und der Wahl anderer Medien zu ihrer Übermittlung. Als Beispiel sollen die von Gillette in Schweden in der Vergangenheit eingesetzten Werbeappelle dienen, die sich gegen die Konkurrenz der Trockenrasierer richteten, während sie in Griechenland zum Selbstrasieren ermutigen sollten und in den USA die Überlegenheit von Gillette im Vergleich mit anderen Klingen hervorgehoben wurde.
- *Komplette Anpassung.* Diese Strategie deutet auf einen völlig neuen Ansatz im Ausland hin. Blue Diamond Growers hatte die Angewohnheit, seine Mandeln selbst dann in keinem anderen Land mit denselben Werbespots oder Werbekampagnen zu vermarkten, wenn diese im Heimatmarkt (den USA) ein riesiger Erfolg waren. Die Botschaften wurden auf alle 94 Auslandsmärkte zugeschnitten, in die das Unternehmen verkauft, und es wurden lokale Personen mit der Leitung der Werbung betraut.

12.7 Managementfragen

Die Kontrolle über die Planung der Werbestrategie und die Auswahl der Werbemedien hängt von solchen Fragen wie den Zielen des Werbeprogramms, der Verfügbarkeit von Informationen über die relevanten möglichen Werbeformen inklusive der Medienauswahl, der Kenntnisse und Erfahrungen des Unternehmenspersonals und dem Ausmaß, in dem Werbung und insbesondere Anzeigen lokal überwacht werden müssen, um den gewünschten Erfolg zu haben, ab.

Ziele, die zum Beispiel auf Basis des Unternehmens und nicht lokal festgelegt werden, deuten darauf hin, dass die Kontrolle wahrscheinlich auf der Unternehmensebene zentralisiert wird. Wenn aber relevante Detailinformationen über bestimmte Medien nur auf lokaler Ebene verfügbar sind, werden Entscheidungen eher auf dieser Ebene getroffen. Ähnlich werden Unternehmensrepräsentanten und kooperierende Organisationen (z.B. eine Werbeagentur) auf lokaler Ebene eher sowohl in die Planung als auch in die Kontrolle der Medienstrategie einbezogen, wenn die lokalen Medien zwecks Erfolgskontrolle genau überwacht werden müssen.

Die oben beschriebenen Situationen sind häufig in den verschiedenen Teilen der Welt unterschiedlich, zeit-, unternehmens- und produktabhängig. Daher ist es nur vernünftig, wenn man erwartet, dass Verallgemeinerungen der passenden Kontrollpolitiken entsprechend variieren sollten. Und für die Frage nach einer zentralisierten oder dezentralisierten Kontrolle gibt es keine universell anwendbare Lösung. Hinsichtlich der Medien können wir aber Typen identifizieren, für die bestimmte Arten der Kontrolle häufig wünschenswert sind. Internationale Medien werden häufig für Unternehmenswerbung eingesetzt. Sie können aber auch für Produktwerbung genutzt werden, wenn Märkte erreicht werden sollen, die von lokalen Medien nicht angemessen versorgt werden, oder wenn es um Märkte geht, in denen der Exporteur keine Repräsentanten hat, die die lokale Medienwerbung übernehmen. Aus diesen Gründen werden Programme, die internationale Medien nutzen, häufig auf Unternehmensebene und nicht lokal geplant und kontrolliert. Außerdem stellen internationale Medien ausführliche Informationen über ihre Publikationen, die von ihnen erreichten Märkte, Übersichtsdaten zur Auflage usw. zur Verfügung. Daher kann das Personal an zentraler Stelle nicht nur eingehende Kenntnisse erwerben, sondern diese auch bewahren.

Im Gegensatz dazu wird die ursprüngliche Auswahl der Auslandsmedien üblicherweise dem lokalen Personal überlassen. Da sich die Medienbedingungen zwischen den Ländern stark unterscheiden, konzentriert sich die zentrale Leitung auf politische Richtlinien zum Einsatz und auf Kriterien zur Bewertung ausländischer Medien.

Die maßgebenden Gründe dafür, warum sich die Aufgabe der Medienauswahl besser auf lokaler Ebene bzw. durch Personen vor Ort erfüllen lässt, sind diese:

- Sie kennen den Markt besser und wissen, welche Medien ihn effektiv beeinflussen können.
- Sie kennen die wahren Kosten, die für lokal Werbetreibende geltenden Gebührenstrukturen und die anfallenden lokalen Steuern.
- Sie wissen sofort, ob eine Anzeige zur richtigen Zeit und am richtigen Ort läuft und können ohne kostspielige Verzögerung notwendige Änderungen vornehmen.
- Sie können eine Anzeige bei beschränkter Zeit oder beschränktem Platz in die Medien bringen, was von enormer Bedeutung sein kann. Im Fall des Fernsehens werden die Sendezeiten in einigen Ländern stark beschränkt.

Andererseits erleichtert die zentrale Medienauswahl den Einsatz der aktuellsten und anspruchsvollsten Mediaselektionstechniken (wenn sie sich mit den beschränkt verfügbaren Daten nutzen lassen), die Koordination regionaler oder weltweiter Kampagnen und den effektiven Einsatz von Informationen über die weltweiten Aktivitäten der Wettbewerber für angemessene Gegenstrategien. Das Unternehmens-, Produkt- und Markenimage in Bezug auf das Ursprungsland sind von zunehmendem Interesse.

Die Verfügbarkeit von Ressourcen und besonders die Verfügbarkeit technisch kompetenten Personals für die Marketingwerbung macht eine Zentralisierung in einem gewissen Maß wünschenswert, wenn man in der Lage sein will, die wesentlichen Elemente der Werbeprogramme für das Exportmarketing zu integrieren und zu koordinieren. Das Auftauchen großer internationaler Werbeagenturen, wie z.B. Saatchi & Saatchi, mit Büros rund um den Globus hat die Zentralisierung vereinfacht. Die Grundsätze, denen ein Unternehmen, das in viele Märkte exportiert, vielleicht folgen sollte, sind diese:

1. Zentralisierte strategische Planung und Entwicklung der Politik auf Grundlage der vom ausländischen Personal zur Verfügung gestellten Informationen und Kenntnis der Unternehmensziele.
2. Dezentralisierte Planung und Ausführung der Werbung und Werbekampagnen unter Leitung und mit Unterstützung des zentralen Personals oder erfolgreiche Erfahrungen und Ideen aus anderen Ländern.

ZUSAMMENFASSUNG

In diesem Kapitel haben wir Kommunikation und Werbung als wesentliche Aktivitäten im Rahmen des Exportmarketing betrachtet. Wir begannen mit allgemeinen Anmerkungen zur Kommunikation an sich und haben dann die Exportwerbung als eine Form der Kommunikation erörtert.

Danach haben wir uns die für die Exportwerbung verfügbaren alternativen Techniken angesehen. Ausdrücklich haben wir den persönlichen Verkauf, Techniken der Verkaufsförderung (Kataloge, Handelsmessen usw.), Öffentlichkeitsarbeit und Anzeigen behandelt. Den größten Teil unserer Aufmerksamkeit haben wir der Werbung gewidmet, da es sich bei ihr um die Form der Exportförderung handelt, die von allen Exporteuren auf die eine oder andere Weise eingesetzt wird. Das Klima für Anzeigen und die verschiedenen Arten der Medien wurden recht ausführlich erörtert, ebenso die Rolle der Online-Medien im internationalen Marketing.

Wir haben kurz die Werbestrategien allgemein diskutiert, was uns zur Untersuchung der Frage geführt hat, der sich alle Unternehmen stellen müssen, die in zwei oder mehr Märkte exportieren – Standardisierung oder Adaption. Dann haben wir ein Modell des Werbetransferproblems vorgestellt. Das Kapitel schloss mit einer kurzen Untersuchung einiger Managementfragen, die sich auf die Zentralisation oder Dezentralisation der Werbeplanung und -kontrolle bezogen.

FRAGEN ZUR DISKUSSION

12.1 Wie lautet Ihre Interpretation des Begriffs „Werbeklima“? Welche Faktoren sorgen für ein unterschiedliches Werbeklima in verschiedenen Ländern? Wählen Sie ein Land aus und erläutern Sie, in welcher Hinsicht das Werbeklima dieses Landes für den Exporteur wichtig ist.

12.2 Welche Art von Zielen sollten Werbebotschaften vom Standpunkt des Exporteurs aus erfüllen?

12.3 Es lässt sich argumentieren, dass sich Werbeaktivitäten im Exportmarketing manchmal nicht nur für ein Land, sondern auch für weitere Auslandsmärkte eignen. Stimmen Sie mit dieser Aussage überein? Erläutern Sie Ihre Antwort.

12.4 Welche Medien sind am effektivsten: internationale oder ausländische? Erläutern Sie Ihre Antwort.

12.5 Erklären Sie, warum Aktivitäten der individuellen Verkaufsförderung in einigen Ländern effektiver als in anderen sind.

12.6 In welcher Weise beeinflusst Kultur die Werbung und Kommunikation im Exportmarketing?

12.7 Wenn ein exportierendes Unternehmen mehr oder weniger „permanent“ Geschäfte in mehreren Auslandsmärkten betreibt, muss es sich fast unvermeidlich der Frage der Standardisierung oder Adaption seiner Werbeprogramme stellen. Erörtern Sie, welcher Ansatz Ihnen für einen Exporteur am geeignetsten erscheint.

12.8 Erörtern Sie die wesentlichen Fragen, die an der Entscheidung über die Zentralisierung oder Dezentralisierung der Planung, Entwicklung und Kontrolle der Strategien und Taktiken der Exportwerbung beteiligt sind.

12.9 Gehen Sie in die Bibliothek und durchsuchen Sie Printmedien (Zeitschriften und Tageszeitungen) nach Anzeigen für Unternehmen oder eines ihrer Produkte oder Marken in verschiedenen Ländern. Benutzt dieses Unternehmen standardisierte oder individuelle Anzeigen? Erläutern Sie Ihre Antwort.

12.10 Welche „Zukunft“ sehen Sie für das Internet als wesentlichem Anzeigenmedium und/oder Mittel zur Implementierung von verkaufsfördernden Maßnahmen für Auslandsmärkte?

LITERATURHINWEISE

Advertising Age (1966). Soup around the globe. 28. November, 56.

Beatty, S. E., Kahle, L. R., Homer, P., Giltveldt, A. (1986). A cross-cultural exploration of the VALS typology. In: *Cultural and Subcultural Influences in Consumer Behavior Conf.* Chicago, IL, Dezember.

Boddewyn, J. J., Mohr, I. (1987). International advertisers face government hurdles. *Marketing News*, 21 (8. Mai), 20–21.

Branch, A. E. (1990). *Elements of Export Marketing and Management*. 2. Aufl. London: Chapman & Hall.

Burnett, John J. (1993). *Promotion Management*. Boston: Houghton Mifflin.

Business Week (1985). Playtex kick-off a one-ad-fits-all campaign. 16. Dezember, 48–49.

Business Week (1996). Make it simple. 9. September, 97–100.

Cohen, W., Otani, C. (1987). Selling to a different brain dominant customer. In: *Marketing Education: Issues and Applications* (Hrsg. F. Palubinskas und B. Stern). In: *Proc. Annual Conf. Western Marketing Assn.*

Colvin, M., Heeler, R., Thorpe, J. (1980). Developing international advertising strategy. *J. Marketing*, 44(4), 73–79.

Cone, P. (1990). How to shoot yourself in the foot and still win the sales race. *The European*, 9.–11. November, 22.

Del Prete (1997). Winning strategies lead to global marketing success. *Marketing News*, 31 (18. August), 1–2.

Featherstone, M. (1995). *Undoing Culture: Globalization, Postmodernism and Identity*. London: Sage.

Frank-Keyes, J. (1993). Coke in $10m shake-up. *South China Morning Post*, 5. Mai, 5.

Hornik, J. (1980). Comparative evaluation of international vs. national advertising strategies. *Columbia J. World Business*, Frühjahr, 36–44.

Kashani, K., Quelch, J. A. (1990). Can sales promotion go global? *Business Horizons*, Mai-Juni, 37–43.

Leslie, G. (1990). U.S. reps should learn to sell Japanese style. *Marketing News*, 24 (29. Oktober), 6.

Lynch, C. (1993). The new colors of advertising: an interview with Luciano Benetton. *Hemispheres*, September, 23–26.

Marketing News (1992). 26 (12. Oktober), 1.

Miracle, G. E. (1987). Feel – do – learn: an alternative sequence underlying Japanese consumer response to television commercials. In: *Proc. 1987 Conf. American Academy of Advertising* (Hrsg. F. G. Feasley). R73–R78.

Mitchell, A. (1983). *The Nine American Life Styles*. New York: Warner.

Peebles, D. M., Ryans, J. K. Jr., Vernon, I. R. (1977). A new perspective on advertising standardization. *European J. Marketing*, 11(8), 569–576.

Ricks, D. A. (1983). *Big Business Blunders: Mistakes in Multinational Marketing.* Homewood, IL: Dow Jones-Irwin.

Ricks, D. A., Mahajan, V. (1984). Blunders in international marketing: fact or fiction. *Long Range Planning*, 17(1), 78–82.

Ryans, J. K. Jr., Ratz, D. G. (1987). Advertising standardization: a re-examination. *Int. J. Advertising*, 6(2), 145–158.

Sheth, J. N. (1978). Strategies of advertising transferability in multinational marketing. In: *Current Issues and Research in Advertising* (Hrsg. J. Leigh und C. R. Martin Jr.), S. 131–141. Ann Arbor, MI: University of Michigan.

Taylor, C. R., Miracle, G. E. (1996). Foreign elements in Korean and US television advertising. *Advances in International Marketing*, 7, 175–195.

Terpstra, V. (1988). *International Dimensions of Marketing*. 2. Aufl. Boston, MA: PWS-Kent.

Wells, L. F., Dulat, K. B. (1996). *Exporting: From Start to Finance*. 3. Aufl. New York: McGraw-Hill.

Wiklund, E. (1986). *International Marketing: Making Exports Pay Off.* New York: McGraw-Hill.

Zhou, N., Meng, L. (1997). *Marketing in an Emerging Consumer Society: Character Images in China's Consumer Magazine Advertising*. Chinese Management Center, Faculty of Business, City University of Hongkong, Working Paper No. RCCM97-07-0.

WEITERFÜHRENDE LITERATUR

Barowski, M., Müller, A. (2000). *Online-Marketing*. Düsseldorf: Cornelsen.

de Mooij, M. K. (1994). *Advertising Worldwide: Concepts, Theories, and Practice of International, Multinational and Global Advertising*. 2. Aufl. Englewood Cliffs, NJ: Prentice Hall.

Griffin, T. (1993). *International Marketing Communications*. Oxford, UK: Butterworth-Heinemann.

Krause, J. (2000). *E-Commerce und Online-Marketing-Chancen, Risiken und Strategien*. 2., aktualisierte und erweiterte Aufl. München: Hanser.

Terpstra, V., David, K. (1991). *The Cultural Environment of International Business*. 3. Aufl. Cincinnati, OH: South-Western.

Walter, V. (2000). Die Zukunft des Online-Marketing – Eine explorative Studie über zukünftige Marktkommunikation im Internet. Mering: Hamp Verlag.

FALLSTUDIE 12.1

Adidas AG

(Dieser Fall ist eine Bearbeitung von Sharen Kindel, 1996, Making a run for the money: Adidas AG, Hemispheres, Februar, S. 47–50. Abdruck mit Genehmigung des Autors.)

1993 erwarb Robert Louis-Dreyfus, ehemaliger Kopf der britischen Werbegruppe Saatchi & Saatchi plc, zusammen mit einer Gruppe von Investoren die Adidas AG, das deutsche Schuhunternehmen mit Hauptsitz in Herzogenaurach in der Nähe von Nürnberg. Im folgenden Jahr vereinten Louis-Dreyfus und seine Geschäftspartner alle Operationen dadurch, dass sie die Kontrolle über die Adidas International Holding GmbH gewannen, die 96% der Adidas AG besitzt. Zur Zeit der Übernahme operierte die Adidas AG aufgrund fehlender Kontinuität im Management wie ein ruderloses Schiff. Das ehemalige Management hatte die Marketingausgaben auf einen Prozentsatz der Umsätze gekürzt, um einen Gewinn aufzuweisen. Das hatte für das Markenimage negative Folgen.

Kurze Firmengeschichte

In den 20ern entschloss sich ein deutscher Schuhmacher, Adolf Dassler, spezielle Schuhe für Läufer und Fußballspieler herzustellen. Bereits 1928 gewannen die ersten olympischen Athleten Medaillen in Dasslers Schuhen. Dies führte zu einem geheimnisvollen Nimbus, der zur Legende wurde und dabei half, sein Unternehmen zum größten Sportartikelhersteller der Welt zu machen.

Und dann starb eines Tages die Legende zusammen mit Dassler. Erst versuchte seine Frau Käthe und dann sein Sohn Horst den Namen des Unternehmen weiter zu tragen, dessen Warenzeichen Adidas (die Anfangsbuchstaben von Adi Dasslers Vor- und Nachnamen) seit 1948 bestand, aber Horst starb unerwartet im Alter von 51 Jahren. Und während der Zeit, in der Horst noch um den Fortbestand des Unternehmens als Hersteller hervorragender Schuhe für echte Sportler kämpfte, entstand der Trend, mit dem Sportschuhe zur Modeaussage bei athletischen Wochenend-Möchtegernsportlern wurden, und Adidas fand sich im Marketingstaub neuer Unternehmen namens Nike und Reebok wieder.

Alle 700 Patente von Dassler für Schuhtechnologien waren angesichts von Nikes Marketingkönnen und der Fähigkeit, schnell neue Produkte auf den Markt zu bringen und die Produktion von den USA in den Fernen Osten zu verlagern, im Wesentlichen wertlos. Ruderlos setzte Adidas seinen Weg auf den alten Routen fort, bis schließlich 1990 die verbleibenden Dassler-Erben das Unternehmen mit einem Notverkauf dem französischen Unternehmensaufkäufer Bernard Tapie übertrugen.

Aber selbst, als das Unternehmen schwankte, machte das Management noch einige kluge Züge, die es schließlich retteten. Zunächst kaufte man sich aus Verträgen mit vier einander bekämpfenden Distributoren in den USA heraus und gründete eine einzelne Marketingeinheit namens Adidas USA. Obwohl Adidas in den internationalen Märkten relativ stark geblieben war, wurden mehr als die Hälfte aller Umsätze bei Turnschuhen in den USA gemacht, so dass jede Unternehmensstrategie darauf basieren musste, das Schreiben roter Zahlen im entscheidenden US-Markt zu stoppen.

Der zweite kluge Zug von Adidas war die Einstellung von Robert Strasser und Peter Moore als Unternehmensberater. Strasser und Moore waren bei Nike hoch gestellte Manager gewesen, bis sie das Unternehmen verließen, um 1987 Sports Inc. zu bilden. Als Berater stellten Strasser und Moore eine neue Schuhreihe namens Equipment für Adidas vor. Deren Erfolg überzeugte Adidas davon, Sports Inc. zu kaufen und Strasser im Februar 1993 zum Geschäftsführer eines neuen Unternehmens namens Adidas America zu ernennen. Für eine kurze Zeit schienen die Dinge besser zu laufen. Dann starb Strasser plötzlich und das Unternehmen kam einmal mehr ins Schwimmen.

Die Kehrtwende

Als Louis-Dreyfus das Unternehmen übernahm, erkannte er, dass er nur ein paar Dinge machen musste, um es wieder auf den richtigen Kurs zu bringen: (1) Die Adidas-Schuhfabriken in Europa verkaufen, (2) die Produktion in den Fernen Osten verlagern und (3) die Marketingausgaben erhöhen.

Tatsächlich begab sich Louis-Dreyfus als Erstes in den Fernen Osten, um sich dort mit den Unternehmern zu treffen, die die meisten Sportschuhe der Welt herstellten, bevor er sich im Adidas-Hauptsitz in Deutschland niederließ. Das Ergebnis dieser Treffen war das Outsourcen der gesamten Produktion und eine stark verbesserte Logistikeinheit bei Adidas, die diese neuen Beziehungen leiten sollte. Louis-Dreyfus rationalisierte auch die Produktion, reduzierte die Zahl der Artikel der Adidas-Produktlinie und sorgte so für eine gesteigerte Gesamtrentabilität des Unternehmens. In den späten 80ern stellte Adidas sämtliche Artikel, die für die verschiedenen Sportarten benötigt wurden, in kleinen Mengen her. Durch das Eliminieren einiger Artikel und die Steigerung der Produktivität bei anderen stiegen die Spannen des Unternehmens.

Da die Adidas-Produkte in den meisten seiner Märkte von Fabriken in Lagerhäuser verschifft worden waren, bevor sie an die lokalen Wiederverkäufer weitergeschickt wurden, führte die Umstrukturierung der Beschaffung bei Adidas auch zu einer verbesserten Pünktlichkeit der Lieferungen, die über viele Jahre hinweg schlecht gewesen war. „Das Lieferproblem ließ sich dadurch beheben, dass der gesamte Logistikprozess korrigiert wurde: bessere Beziehungen zur Fabrik, bessere Qualitätskontrollen, bessere Lieferung von der Fabrik zum Lager," erläutert Thomas Harrington, der leitende Vizepräsident der Marketingkommunikation bei der Adidas AG.

Danach musste die Marketingeinstellung des Unternehmens geändert werden, um das Markenimage zu verbessern.

Werbemaßnahmen

Der Verkauf seiner Fabriken, das Outsourcen der Produktion und der Wandel hin zur Marketingorganisation nach dem Vorbild von Nike und Reebok war nur der leichte Teil der Aufgabe. Die Wiederherstellung des Markenimages und des Erbes erwies sich als schwieriger, was teilweise daran lag, dass das Adidas-Erbe der Austattung professioneller Athleten mittlerweile und speziell im US-Markt von Nike an sich gerissen worden war. Das Management glaubt fest daran, dass die Erzeugung des Images, dass die Schuhe zuverlässig sind und von wichtigen Athleten getragen werden, für das Wachstum und den Erfolg des Unternehmens ausschlaggebend ist. Man braucht sich nur anzusehen, was Nike mit Michael Jordan gemacht hat, um diese Überzeugung zu bestätigen.

Ein ehemaliger Werbeprofi am Ruder war genau das, was Adidas gebraucht hat, um wieder ins Marketingrennen zurückzukehren. Eine Taktik, die sich weltweit auszahlt, ist der Einsatz „bodenständiger" Aktivitäten, ein Euphemismus für Guerrilla-Marketing, das beschränkte Werbebudgets erweitert. Harrington sagt dazu: „Adidas strebt nicht nach der Spitze, den hochpreisigen Artikeln, sondern startet viele Aktivitäten auf den niedrigeren Ebenen des Sports."

Ein Ereignis, das außerhalb der USA viel Aufmerksamkeit erregt hat, ist die Austragung eines 3-gegen-3-Freiluft-Basketballturniers, das Kindern weltweit eine Möglichkeit geben soll, sich untereinander im Wettkampf zu messen. Die ersten Weltmeisterschaften wurden im September 1995 auf den Stufen des Palastes im Zentrum von Barcelona ausgetragen. Über 200.000 Menschen sahen zu, wie Mannschaften aus 51 Ländern zwei Tage lang gegeneinander antraten. „Es sind Aktionen wie diese, die die Marke wirklich voranbringen," sagt Harrington. Und „Street ball" sowie das Sponsoring des größten Highschool-Basketballcamps in den USA tragen dazu bei, dass Adidas Nike in jener Sportart, in der es am stärksten ist, ein Schnippchen schlägt.

Adidas hat sich auch in den Bereich des Product Placements in Unterhaltungssendungen begeben. Seine in Los Angeles beheimatete Unterhaltungsabteilung hat Adidas-Produkte in Spitzenfernsehserien wie *Baywatch* und *Beverly Hills 90210* platziert und sie in Filme eingeschleust, deren Zielgruppe Teenager sind (z.B. *The Big Green*). Adidas hat die Rap-Gruppen *Run DMC* und *Naughty by Nature* ausgestattet. Und Adidas-Schuhe tauchen sogar an den Füßen von Prominenten wie Madonna und Elle Macpherson auf.

Die Werbeabteilung muss aber auch härter arbeiten. Da das deutsche Unternehmen beim Niveau der Werbeausgaben nicht mit seinen US-Konkurrenten mithalten kann, hat es einen nichttraditionellen Weg eingeschlagen, um die jungen, städtischen Verbraucher zu erreichen und sie zum Kauf der Produkte mit den bekannten drei Streifen zu bewegen. In den USA zielt Adidas auf Schlüsselgebiete in Großstädten wie New York und Miami ab, indem es U-Bahn-Fahrscheine und im Graffitistil bemalte Wände zum Aufbau seines Images nutzt. Adidas hat auch seinen Ansatz bei seiner europäischen Werbung geändert. 1993 konsolidierte das Unternehmen seine Werbung, die zuvor auf Landesbasis stattfand, bei der Agentur Leagas Delaney. Seither hat das britische Unternehmen gesamteuropäische imagebildende Anzeigen über europäische Satellitenfernsehstationen (z.B. MTV Europe) ausgestrahlt.

Durch diese innovativen Taktiken hat man die Leute dazu gebracht, wieder über die Marke zu reden – und die Umsätze steigen. „Die Basis unseres Geschäfts ist die Förderung des Sports," sagt Harrington. „Man muss mit wirklichen Sportlern zu sehen sein, um wirklich glaubwürdig zu sein." Aber das Unternehmen erkennt auch, dass sich die Wahrnehmung des Sports und der Athleten in den verschiedenen Ländern unterscheidet. Aus diesem Grund variieren die zur Erreichung dieses Ziels eingesetzten Marketingtaktiken mit den geografischen Märkten.

Die aktuelle Situation

Auch wenn Adidas bisher seinen Platz als älteste, meist respektierte und kontinuierlichste Marke bei der athletischen Fußbekleidung noch nicht zurückgewinnen konnte, befindet es sich doch wieder im Rennen und gewinnt an Boden. Harrington erläutert: „Es gab eine Zeit, als wir Angst hatten, über unser Erbe zu sprechen. Als die Marke in Schwierigkeiten war, hätten wir dadurch alt und langweilig gewirkt. Aber jetzt, da wir wieder erfolgreich sind, verleiht uns dieses Erbe Authentizität."

Und es hat sich auch in echtem Umsatzwachstum ausgezahlt. Adidas gelang in den letzten Jahren in den USA ein dramatisches Comeback – man brachte es von kaum 2% Marktanteil 1991 bis 1994 auf 5%. Das sieht zwar nicht nach viel aus, aber 1994 war der athletische Schuhmarkt in den USA bei einem Großhandelsumsatz von 8 Mrd. $ für mehr als die Hälfte des 14-Mrd.-$-Weltmarkts verantwortlich, so dass eine Änderung von drei Prozent eine Umsatzsteigerung von fast einer Viertelmilliarde Dollar bedeutet.

Das Unternehmen erwartet für die 90er Jahre zweistellige Wachstumsraten und will 1998 in den USA einen Marktanteil von 8% erreichen. Zu guter Letzt konnte Adidas seine marktführende Position in vielen anderen Märkten der Welt (insbesondere Deutschland, Japan und Argentinien) erhalten, während es die schnell wachsenden Märkte in Osteuropa und dem Fernen Osten dominiert.

Adidas ist durch dieses Vorgehen Nummer drei hinter Nike und Reebok und hat den langen Marsch zurück an die Spitze begonnen.

Fragen

1. Bewerten Sie die Adidas-Entscheidung, seine Produkte in Auftragsfertigung im Fernen Osten herstellen zu lassen. Entsteht kein Interessenkonflikt, wenn man Unternehmen nutzt, die auch für die direkte Konkurrenz fertigen? Welche anderen Beschaffungsalternativen wären ebenfalls in Frage gekommen?
2. Sollte Adidas seine sog. Guerrilla-Marketingaktivitäten (Werbung) weltweit fortsetzen? Welche anderen Alternativen kann das Unternehmen nutzen?
3. Lassen sich die Anzeigen und Werbeaktivitäten standardisieren? Wenn ja, erläutern Sie, warum Sie Prototyp- oder Musterstandardisierung bevorzugen würden. Wenn nein, warum müssen die entsprechenden Aktivitäten marktspezifisch bzw. individuell sein?

FALLSTUDIE 12.2

LEGO A/S

(Dieser Fall ist eine Bearbeitung der ursprünglich von Svend Hollensen und Marcus J. Schmidt verfassten Studie Scener fra dansk erhvervsliv, Copenhagen Business School Press, Handelshojskolens Forlag, 1993. Abdruck mit Genehmigung der Autoren und des Verlags.)

1932 begann das Unternehmen LEGO in Dänemark mit der Herstellung qualitativ hochwertigen Holzspielzeugs, das sich stapeln und bausteinartig zusammensetzen ließ. 1947 erweiterte das Unternehmen seine Produktlinie durch Herstellung von Plastikspielzeugen, zu denen auch Bausteine zählten. Das heutige Konzept wurde 1949 entwickelt, als die Bausteine oben mit Zapfen versehen wurden. 1958 wurde ein Patent für Bausteine mit darin enthaltenen Röhrchen vergeben, die für stabile Verbindungen sorgten. Dabei handelt es sich im Wesentlichen um die heutigen Bausteine.

Heute wird das LEGO-Produkt in ca. 60.000 Geschäften in mehr als 130 Ländern verkauft. Über die letzten 30 Jahre hinweg konnte Lego sich selbst als einer der führenden Namen im Spielzeuggeschäft etablieren. Zwischen 200 und 300 Mio. Kinder und Erwachsene spielen oder haben mit LEGO-Bausteinen gespielt. 1995 bestand das Sortiment aus 378 Sätzen mit nicht weniger als 1.720 verschiedenen Elementen, von denen 481 DUPLO-Elemente, 968 LEGO-SYSTEM-Elemente, 174 LEGO-TECHNIK-Elemente und 97 LEGO-DACTA-Elemente waren. Die LEGO-Gruppe vermarktet weiterhin neue Ideen: neue Sätze, neue Komponenten, neue Bauweisen, neue Spielarten. Aber alles wird an die grundlegenden Bedürfnisse der Kinder angepasst. Der technischen Qualität, der Produktsicherheit, dem Spielwert und dem Bildungswert werden hohe Priorität eingeräumt.

Werbung und Lizenzierung

In den 90ern besaß LEGO einen wohl bekannten Markennamen. Dadurch konnte es einen jährlichen Umsatz von über 10 Mrd. DKr erreichen. Seine Warenzeichen sind für das Unternehmen schon immer sehr wichtig gewesen. Seine bekanntesten Warenzeichen sind: DUPLO, LEGO, LEGO SYSTEM, LEGO TECHNIK und LEGO DACTA. Diese Marken werden in normaler Druckschrift und in spezieller stilisierter Form benutzt. Das Unternehmen ist auch sehr protektiv hinsichtlich seines eigenen Namens und dessen Verwendung.

In den frühen 90ern erhielt der Unternehmensvorstand die Ergebnisse von Verbraucheranalysen, die er beauftragt hatte. Die Umfrage zur „Image-Stärke" von Landor Associates repräsentierte 10.000 Erwachsene im Alter zwischen 18 und 65 Jahren und war in den USA, Japan und vielen Teilen Europas (Belgien, Frankreich, Italien, Holland, Spanien, Großbritannien und Schweden) durchgeführt worden.

Die Image-Stärke wurde als ein Maß für die Stärke oder Wirkung einer Marke definiert, wobei die Bekanntheit der führenden (globalen) Marken beim Verbraucher mit der Wahrnehmnung der Qualität der Marken kombiniert wurde. Als die Umfrageergebnisse verglichen wurden, stellte es sich heraus, dass sich die Marke LEGO in den USA und Japan nicht unter den ersten zehn platzieren konnte, die europäischen Ergebnisse aber ermutigend waren. LEGO rangierte an fünfter Stelle hinter vier Automobilmarken (Mercedes-Benz, Rolls-Royce, Porsche und BMW) und vor Marken wie Nestlé, Rolex, Jaguar und Ferrari.

In den USA waren die ersten fünf Marken IBM, Disney, Coca-Cola, Duracell und Levis. In Japan waren es Sony, Panasonic, Seiko, Canon und Honda. Außerdem zeigte eine in Europa, den USA und Japan durchgeführte amerikanische Umfrage, dass LEGO ingesamt den dreizehnten Platz belegte, während eine ähnliche Umfrage eines deutschen Marktanalyseunternehmens zeigte, dass LEGO mit einem Ergebnis von 67% die am besten bekannte Spielzeugmarke in den neuen deutschen Ländern war. Matchbox befand sich mit einem Wert von 41% an zweiter Stelle.

Der Vorstand von LEGO hatte entschieden, die starke Marke zum Vorteil zu nutzen, und stellte einen Vizepräsidenten für den neuen Geschäftsbereich LEGO Licensing A/S ein. Der Zweck dieses Unternehmens war die Generierung von Tantiemen über geeignete Geschäftspartner, die den LEGO-Markennamen bei der Vermarktung ihrer eigenen Produkte nutzen wollten. Der Vorstand hatte erfahren, dass z.B. Coca-Cola jährlich über 3 Mrd. DKr an Tantiemen mit einer die Marke „melkenden" Strategie verdiente, bei der der Markenname in bestimmten Produktbereichen an den Höchstbietenden verkauft wurde.

Neben der Lizenzierung der Verwendung des eigenen Namens glaubt LEGO im Rahmen gemeinsamer Werbemaßnahmen an den Anschluss an andere Unternehmen, die bekannte und anerkannte Führer in ihrem Geschäftsbereich sind. Um Irritationen bei den Verbrauchern zu vermeiden, besteht das Unternehmen auf deutlichen Unterschieden zwischen seinen Produkten bzw. Warenzeichen und denen seiner Werbepartner.

Fragen

1. Bewerten Sie die Anstrengungen von LEGO, seinen Markennamen an andere Unternehmen außerhalb von Dänemark zu lizenzieren. Welche Arten von Produkten waren geeignet?
2. Welche Bedingungen sollten bei der Auswahl geeigneter lizenznehmender Unternehmen erfüllt sein?
3. Welchen Nutzen könnte LEGO davon haben, dass es sich an gemeinsamen Werbeaktivitäten in anderen Märkten außerhalb von Dänemark beteiligt?
4. Welche Arten von Produkten würden sich am besten für gemeinsame Werbeaktivitäten in ausländischen Märkten eignen?
5. Welche Arten von Werbeaktivitäten kann LEGO für derartige gemeinsame Werbeaktivitäten benutzen?

FALLSTUDIE 12.3

Nove Ltd.

Nove Ltd. ist ein großer Konzern, der in Hongkong beheimatet ist und eine Linie von Haushaltsgeräten herstellt, bei denen die Umsätze in den letzten Jahren sehr schnell gestiegen sind. Die eigentliche Produktion findet auf dem Festland in China statt. Da Hongkong ein spezielles Verwaltungsgebiet von China ist, wird von Hongkong aus exportiert, während das Herkunftsland der exportierten Produkte China ist. Bei bestimmten neuen Produkten stiegen die Umsatzzahlen derart schnell, dass die Produktionskapazität nicht mit der Nachfrage mithalten konnte. Bei einem der neuen Produkte – elektrische (Trocken)Rasierer – hatte das Management die Entwicklung vorhergesehen und Vorkehrungen für den außergewöhnlichen kommerziellen Erfolg getroffen. Die Produktionskapazität dieser Artikel wurde so weit erweitert, dass sich selbst bei dem schnellen Umsatzwachstum noch Trockenrasierer in ausreichender Zahl herstellen ließen. Angesichts der vergrößerten Produktionsstätten wurden effektivere Verkaufsanstrengungen notwendig. 1997 wurden insgesamt 6 Mio. Rasierer abgesetzt. Das Verkaufsziel für 1998 wurde mit 6,5 Mio. Stück festgelegt.

Um die obigen Planzahlen zu verwirklichen, wurde eine intensivere Marketingkommunikationskampagne für wünschenswert gehalten. In den Ländern A, B und C (die Länder wurden aus Gründen der Tarnung bewusst so genannt) wurden besonders günstige Ergebnisse von einer abgestuften Werbekampagne erwartet. Das genehmigte Werbebudget für diese Länder wurde deshalb vom normalen Vertriebsbudget getrennt und separat festgelegt. Der Werbemanager des Unternehmens fand, dass das Werbebudget für möglichst effektive Ergebnisse mindestens verdoppelt werden sollte. Angesichts der enormen, für die Werbung eingeplanten Beträge schlug das Management eine Vorabuntersuchung in den betreffenden Ländern vor, um festzustellen, warum Trockenrasierer im Allgemeinen und insbesondere die Unternehmensmarke „Nover“ gekauft wurden. Nove wollte Argumente finden, die sich am besten in seiner Werbung einsetzen ließen, und hoffte auf einige Tipps für verkaufsfördernde Maßnahmen.

Verbraucheruntersuchung

Vor der Untersuchung genoss Nover in drei Ländern eine starke Marktposition. Otex war sein größter Konkurrent, während Porde nur unbedeutende Marktanteile verzeichnen konnte.

Rasiergewohnheiten

Die Antworten zu den Rasiergewohnheiten besagten, dass sich in Land A fast 100% der Männer selbst reasierten, während sich in Land C eine bedeutende Zahl der Männer (23%) im Friseursalon rasieren ließen. Der Anteil der Männer, die sich selbst täglich rasierten, lag zwischen 13% in Land C und 77% in Land A. Die Mehrheit der Trockenrasierer wurde von Männern benutzt, die sich täglich rasierten. Um die Verkäufe anzuregen, konnte es daher nützlich sein, die Angewohnheit des täglichen Rasierens zu fördern.

In einer Umfrage über die Vorteile des Trockenrasierens lauteten die häufigsten Antworten: Einfachheit, Schnelligkeit und ausbleibende Hautirritationen. Alle Männer, die sich nass rasierten, wurden gefragt, warum sie bisher noch nicht zum Trockenrasieren übergegangen waren. Zwischen 40% und 50% antworteten, dass Trockenrasierer zu teuer seinen.

Merkmale des Trockenrasierers

Tabelle 12.4 gibt die Antworten auf die Frage „Warum rasieren Sie sich elektrisch?“ in Prozenten der Gesamtzahl der sich trocken Rasierenden an.

Tabelle 12.4

Argumente	Land A	Land B	Land C
Einfachheit	52	84	80
Schnelligkeit	38	52	50
Keine Hautirritationen	24	52	30
Andere Argumente	76	64	30
Gesamt	190	252	190

Wie bekommen die Anwender ihre Trockenrasierer?

Es schien laut Marktuntersuchung so, als ob ein bedeutender Teil der Besitzer von Trockenrasierern diese als Geschenk erhalten hatten: in Land A 52%, in Land B 40% und in Land C 40%.

Der größere Teil jener, die diese geschenkt erhalten hatten (ca. 65%), hatte den Wunsch nach einem Rasierer selbst geäußert. Üblicherweise handelte es sich um ein Geschenk der Ehefrau oder Verlobten (in ca. 60% der Fälle). Es war auch wichtig, den Ort des Kaufs festzustellen. Die meisten Trockenrasierer (75% bis 80%) wurden in Geschäften für Radio- oder Elektrogeräte gekauft. Eine völlig andere Situation schien jedoch in Land A zu bestehen. Dort waren die Radio- und Elektrogerätegeschäfte nur für ca. 30% der Verkäufe verantwortlich. Die meisten Trockenrasierer wurden in diesem Land beim Herrenfriseur oder in Kaufhäusern erworben.

Die Wahl der Marke

Beim Kaufprozess ist es wichtig zu wissen, welcher Anteil der zukünftigen Käufer bereits zuvor über die verschiedenen Marken informiert war. Es scheint, dass sich über 50% der Käufer tatsächlich bereits vorher eine Meinung über die zu wählende Marke gebildet hatten und nach weiteren Informationen fragen wollten. Die Faktoren, die den Kauf einer bestimmten Marke fördern, werden in Tabelle 12.5 im Prozentsatz der insgesamt verzeichneten Antworten angegeben.

Tabelle 12.5

Motive	Land A	Land B	Land C
Im Laden/in der Werbung gesehen	28	22	18
Rat von Bekannten	23	26	20
Preis des Rasierers	13	12	10
Rat vom Ladeninhaber	10	11	10
Andere Gründe	25	29	42
Gesamt	100	100	100

Weitere Untersuchungen der Markenwahl beruhten auf der Verbreitung der Marken bei den eingesetzten Rasierern. Die in den jeweiligen Ländern benutzten Marken zeigt Tabelle 12.6.

Tabelle 12.6

Eingesetzte Marke	Land A	Land B	Land C
Nover	24	64	50
Otex	33	8	30
Porde	1	1	2
Verschiedene	42	27	18

Die Bekanntheit der drei Marken wird in Tabelle 12.7 wiedergegeben.

Tabelle 12.7

Eingesetzte Marke	Land A	Land B	Land C
Nover	67	88	79
Otex	80	33	60
Porde	4	2	15

Bei der Frage nach der besten Marke wurde im Allgemeinen Otex und nicht Nover bevorzugt genannt.

Die Ergebnisse wiesen darauf hin, dass die Markentreue sehr wichtig ist. Im Fall von Otex schien diese Treue etwas ausgeprägter als bei Nover zu sein. In Land C schien jedoch ein deutlich größerer Prozentsatz der Nover- als der Otex-Anwender zu einem Markenwechsel bereit zu sein. Setzt man die Ergebnisse zum Markenwechsel mit denen zur besten Marke (laut Aussage der sich nass und trocken rasierenden Personen) in Beziehung, lässt sich folgern, dass es unter den sich nass Rasierenden eine größere Präferenz für Otex als für Nover gibt. Diese letzte Beobachtung könnte ein wichtiger Aspekt beim Angriff des potenziellen Markts sein. Anschließend wurde die Frage gestellt: „Welche Marke werden Sie wahrscheinlich kaufen?" Die Antworten finden Sie in Tabelle 12.8 als Prozentzahl derjenigen Personen, die den Kauf beabsichtigen und gleichzeitig einen Markennamen genannt haben.

Tabelle 12.8

Marke	Land A	Land B	Land C
Nover	14	55	44
Otex	57	22	34
Porde	1	1	11

Faktoren, die den Kauf einer bestimmten Marke fördern

Im Geschäft oder in der Werbung gesehen

Es ist bekannt, dass Werbung und verkaufsfördernde Maßnahmen wichtige Einflussfaktoren sind. Inwiefern diese sich trocken Rasierende beeinflusst haben, war bisher aber noch nicht festgestellt worden. Die Anzahl der Männer (sowohl sich nass als auch sich trocken Rasierende), denen Werbung für Trockenrasierer aufgefallen ist, wird in Tabelle 12.9 im Prozentsatz der Gruppe angegeben.

Tabelle 12.9

Werbung bemerkt von	Land A	Land B	Land C
Sich nass Rasierende	60	48	28
Sich trocken Rasierende	67	58	39
Beide Gruppen	62	51	30

Es scheint so, dass Personen, die sich trocken rasieren, die Werbung für Trockenrasierer eher wahrnehmen als Personen, die sich nass rasieren. Dies könnte sich mit der Konzentration der Rasiererbesitzer auf die höheren Einkommensklassen erklären lassen. Diese Gruppe liest mehr und ist entsprechend stärker Anzeigen und Werbethemen ausgesetzt als die niedrigeren Einkommensklassen. Angesichts des hohen Prozentsatzes der Rasiererbesitzer, die sich an Anzeigen erinnern, ist es wahrscheinlich, dass diese generell ein aktives Interesse an Anzeigen für Trockenrasiergeräte haben. Die Anzahl der Antworten auf die Frage „Wo bzw. in welchem Medium sind Ihnen Anzeigen für Trockenrasierer aufgefallen?" der Rasiererbenutzer, die Nover favorisierten, wird von Tabelle 12.10 wiedergegeben.

Tabelle 12.10

Öffentliches Medium	Land A	Land B	Land C
Zeitung	62	67	29
Wochenzeit-schrift	44	39	54
Geschäft	26	39	46
Poster	3	25	8
Film	-	8	8
Faltblätter usw.	3	6	3

Preis des Rasierers

Sich nass Rasierende betrachten den Preis generell als Grund gegen den Kauf eines Trockenrasierers. Der Einfluss des Preises auf die Markenwahl war jedoch für Nover im Vergleich mit anderen Marken nicht ungünstig. Unter den gesamten Nover-Rasiererbesitzern war der Preis bei ihrer Entscheidung für Nover bei 12% in Land A, 17% in Land B und 12% in Land C wichtig. Dieser Faktor spielt eine wichtige Rolle im Geschenkemarkt, in dem traditionell preiswertere Marken bevorzugt werden.

Fragen

1. Erläutern Sie, warum Nove Ltd. seine Werbung in den Ländern A, B und C standardisieren kann bzw. nicht.
2. Wie würde das Werbeprogramm aussehen, wenn sich die Werbemaßnahmen standardisieren lassen?
3. Welche Werbeprogramme sollten für die jeweiligen Länder entwickelt werden, wenn sich die Werbung nicht standardisieren lässt?

FALLSTUDIE 12.4

Werbung und Marketingkommunikation im internationalen Marketing: Adtranz – DaimlerChrysler Rail Systems GmbH

(Die folgende Fallstudie wurde von der Akademischen Rätin, Dr. Barbara Kreis-Engelhardt, Department of Economics, Ludwig-Maximilians-Universität München erarbeitet und basiert auf realitätsnahen Annahmen.)

Firmengeschichte – Ausgangssituation

Am Ende einer langen Kette von Firmenfusionen entstand am 1. Januar 1996 die „ABB Daimler Benz Transportation Adtranz" durch den Zusammenschluss der „ABB Henschel" und „AEG – Daimler-Benz". Adtranz ist damit neben der „Siemens Transportation" der zweite große deutsche Systemanbieter im Schienenfahrzeugbau. Im Januar 1999 wurde vereinbart, dass DaimlerChrysler den 50 %-Anteil von ABB übernimmt. Durch diese Übernahme will man die Restrukturierung von Adtranz noch schneller vorantreiben. Die Übernahme des Anteils ist noch abhängig von den üblichen Zustimmungen. Das Unternehmen wurde zwischenzeitlich in DaimlerChrysler Rail Systems (Deutschland) GmbH umbenannt. Adtranz gliedert sich in die folgenden deutschen Unternehmen bzw. Werke:

- ehem. ABB Henschel, (Thyssen-Henschel, Kassel/Waggon Union, Berlin (ehemals Deutsche Waggon- und Maschinenfabrik DWM)/Waggon Union, Siegen-Dreis=Tiefenbach (ehemals Siegener Eisenbahn Bedarf AG)/BBC – Brown Boveri & Cie., Mannheim
- ehem. AEG – Daimler-Benz (LEW, Hennigsdorf bzw. AEG Hennigsdorf GmbH/ MAN, Nürnberg/MBB, Donauwörth (ehemals Waggon- und Maschinenbau GmbH, Donauwörth)

Der Sitz des Unternehmens Adtranz ist Berlin.

Zu Adtranz gehören auch Werke im Ausland, wie z.B. SLM in der Schweiz, Sorefame in Portugal, ELTA in Polen, Garret in den USA. Dabei handelt es sich bei dem Werk Adtranz Pafawag in Wroclaw um die früheren Linke-Hoffmann-Busch Werke in Breslau.

Am 11. April 1997 eröffnete man ein neues Werk in Berlin-Pankow. Da jedoch Aufträge ausblieben und das Werk nach dem Ende der staatlichen Fördermaßnahmen nicht mehr wirtschaftlich zu betreiben war, war die Schließung bereits für Ende 1999 vorgesehen. Am 28. Oktober 1999 unterzeichneten die Stadler-Fahrzeug AG und DaimlerChrysler Rail Systems ein Joint Venture zur Gründung der Stadler Pankow GmbH. Dieses Unternehmen wird den Betrieb im Pankower Werk weiterführen.

Das Unternehmen Adtranz (Deutschland) schrieb in den ersten beiden Jahren rote Zahlen, trotz der 1998 reichlich vorhandenen Aufträge aus dem In- und Ausland. Mit einer weiteren notwendigen Straffung der Standorte will man wieder gewinnbringend arbeiten. Deshalb sollen nach 1100 Arbeitsplätzen in den letzten Jahren weitere 1400 Arbeitsplätze „abgebaut" werden und damit wird Adtranz (Deutschland) nur noch 6000 Mitarbeiter umfassen – offiziell wird das mit dem positiv belegten Begriff „Neustrukturierung" ausgedrückt. Mitte 2000 wurde bekannt gegeben, dass der Bereich Schienenfahrzeuge von dem Kanadischen Unternehmen Bombardier übernommen werden soll. Allerdings wird es zu dieser Übernahme frühestens Anfang 2001 kommen, da die Fusion u.a. auch von einer EU-Kommission geprüft werden muss.

Quellen

„Neustrukturierung von Adtranz (Deutschland)“, Eisenbahn-Revue International 9/ 1998.

Bernd Neddermeyer: „Fünf Werke bleiben“, LOK MAGAZIN Nr. 212.

Auskunft von Adtanz per E-Mail vom 08.09.1998.

Jens Merte: ABB Daimler Benz Transportation. (www.merte.de/eisenbahn/lokbau/adtranz.htm) [Stand: 12. Februar 2001].

Annahme zur Bearbeitung der Fallstudie

Um diese Neustrukturierung zu vermeiden, plant die Adtranz ihr Schicksal in die eigene Hand zu nehmen und den Export von Elektro-Triebwagen selbst zu steigern. Hierfür will das Unternehmen an Ausschreibungen der Europäischen Union selbst teilnehmen und auch verstärkt selbst international in Übersee, insbesondere in British Columbia (Kanada) tätig werden, da in Deutschland, Österreich und der Schweiz, den bisherigen Geschäftsgebieten, aufgrund der sich verändernden Klimabedingungen (das Skifahren wird nach wissenschaftlichen Prognosen in Zukunft in Skigebieten nur noch über 1500 Metern möglich sein) kaum mehr neue Absatzchancen zu erwarten sind.

Um diesen Plan in die Realität umzusetzen, ist es u.a. unbedingt notwendig, eine effektive nationale und internationale Marketingkommunikation durchzuführen.

Fragen

1. Welche Möglichkeiten hat die Adtranz, den Absatz innerhalb Deutschlands generell zu forcieren? Wie müsste hier eine erfolgreiche Kommunikationspolitik in Deutschland aussehen?
2. Diskutieren Sie Chancen und Risiken (Möglichkeiten und Grenzen) der Adtranz, die sich durch die geplante Expansion national (Europäische Union) und international (in Übersee) möglicherweise ergeben.
3. Erarbeiten Sie ein Konzept für die notwendige internationale und nationale Kommunikationspolitik der Adtranz. Worin bestehen Unterschiede zwischen der internationalen und nationalen, aber auch im Vergleich zur inländischen (Frage 1) Kommunikationspolitik. Berücksichtigen Sie hierbei auch die wachsende Bedeutung der Online-Kommunikation!

ANHANG KAPITEL 12

Regelungen zur Zigarettenwerbung in Deutschland

(Diese Verbraucherinformationen stammen von der deutschen Website von British American Tobacco, die unter http://www.bat.de zu erreichen ist.)

Die Werbung für Zigaretten ist in Deutschland gesetzlich und durch Selbstbeschränkungsvereinbarungen der Wirtschaft geregelt. Die gesetzlichen Beschränkungen stehen vor allem in § 22 des Lebensmittel- und Bedarfsgegenständegesetzes (LMBG) vom 15.08.1974 (BGBI. I, Seite 1946).

Die Selbstbeschränkung der Wirtschaft findet sich in umfangreichen Vereinbarungen der Zigarettenhersteller, die seit 1966 beschlossen und weiterentwickelt worden sind.

Verstöße gegen die gesetzlichen Regelungen sind mit Geldbußen bis zu 50.000 DM bedroht und werden von den Lebensmittelüberwachungsbehörden kontrolliert. Über die Einhaltung der Selbstbeschränkungsvereinbarungen der Wirtschaft wacht ein Schiedsgericht aus Berufsrichtern, das Geldbußen bis zu 300.000 DM verhängen kann. Für die Einhaltung der allgemeinen Werberegeln ist außerdem der beim Zentralverband der Werbewirtschaft eingerichtete Deutsche Werberat zuständig.

Gesetzliche Vorschriften

Die gesetzlichen Vorschriften enthalten vor allem:

- Verbot der Radio- und Fernsehwerbung.
- Verbot jeglicher Werbung, die das Rauchen als unschädlich, gesund oder als ein Mittel zur Anregung des körperlichen Wohlbefindens oder der Leistungsfähigkeit darstellt.
- Verbot jeglicher Werbung, die das Inhalieren als nachahmenswert darstellt.
- Verbot von Werbung, die ihrer Art nach besonders geeignet ist, Jugendliche oder Heranwachsende zum Rauchen zu veranlassen.

Selbstbeschränkungs-Vereinbarungen der Zigarettenindustrie

Die Selbstbeschränkungsvereinbarungen der Zigarettenindustrie sind quantitativer und qualitativer Art.

Bei den quantitativen Beschränkungen geht es vor allem um:

- Begrenzung der Größe und der Dichte von Ganzstellen in der Plakatwerbung.
- Beschränkungen in der Anzeigengröße und der Häufigkeit in Magazinen und Zeitschriften.

Die qualitativen Beschränkungen beziehen sich auf:

- keine gesundheitsbezogene Werbung,
- keine Werbung, die sich an Jugendliche richtet,
- keine Werbung mit Elementen, die typisch für die Welt der Jugendlichen sind,
- keine Werbung mit Prominenten oder Leistungssportlern,
- keine Werbung in Verbindung mit Leistungssport,
- keine Werbung mit Modellen unter 30 Jahren,
- Einschränkung der Werbebegriffe „leicht“ und „mild“,
- Verzicht auf bestimmte Werbemedien,
- keine Werbung in Jugendzeitschriften,
- keine Werbung in Sportstätten,
- keine Werbung auf öffentlichen Verkehrsmitteln,
- keine Werbung mittels Luftfahrzeugen,
- keine Leuchtmittelwerbung,
- Verzicht der Industrie, öffentlich Gratispackungen zu verteilen (sog. Sampling),
- Verzicht der Industrie auf gemeinschaftliche Werbung für das Rauchen,

- Verzicht der Plakatwerbung an Straßen und Haltestellen um Schulen und Jugendzentren sowie in dem vom Haupteingang von Schulen und Jugendzentren aus einsehbaren Bereich bis zu einhundert Meter Entfernung,
- keine Kinowerbung vor 18 Uhr.

Verbraucher-Informationen

Hinzu kommen Verbraucherinformationen (Absender: Bundesregierung von Deutschland) in der Werbung:

Gesundheitsbezogene Warnhinweise

a) Allgemeiner Warnhinweis auf der Vorderseite der Zigarettenpackung:
„Die EG-Gesundheitsminister: Rauchen gefährdet Ihre Gesundheit."

b) Spezielle Warnhinweise auf der Rückseite der Zigarettenpackung:
„Rauchen verursacht Krebs."
„Rauchen verursacht Herz- und Gefäßkrankheiten."
„Rauchen gefährdet die Gesundheit Ihres Kindes bereits in der Schwangerschaft."
„Wer das Rauchen aufgibt, verringert das Risiko schwerer Erkrankungen."

Bekanntgabe des Kondensat- und Nikotingehaltes von Zigaretten
- auf der Packung (4 Prozent der Fläche) und
- auf Plakat- und Anzeigenmotiven (10 Prozent der Fläche).

KAPITEL 13

Exportaufträge und physische Distribution

13.1 Einleitung

Erfolg oder Misserfolg der Exportgeschäfte eines Unternehmens hängen vollständig von der Beschaffung von Aufträgen von Käufern, der Auslieferung der Produkte im guten Zustand und zur richtigen Zeit und, was am wichtigsten ist, vom Erhalt der Zahlungen ab. Dies wiederum setzt eine korrekte Abwicklung der Exportprozeduren voraus. Alle Dokumente und Prozeduren müssen sorgfältig erstellt bzw. befolgt werden, damit die Gesetze der beteiligten Länder nicht verletzt werden und/oder Finanzorganisationen Zahlungsaufforderungen nicht ablehnen. Fehler im Schriftverkehr (z.B. bei den Dokumenten) bei Exporttransaktionen können bedeutende Verzögerungen oder Verluste zur Folge haben.

13.1.1 Unterschiedliche Zölle und Praktiken

Es sollte erwähnt werden, dass sich die Zölle und Verfahrensweisen zwischen den Ländern und in gewissem Ausmaß sogar in verschiedenen Teilen desselben Lands unterscheiden. Eine Konsulatsfaktura (vgl. unten) ist in einigen Ländern erforderlich und in anderen nicht. Kaiablieferungsbescheinigungen (vgl. unten) werden in Großbritannien und an der Ostküste der USA, aber nicht an der Westküste der USA benutzt. Versandkonferenzen, die die Preise und Fahrpläne auf bestimmten Handelsrouten kontrollieren sollen, werden organisiert, werden bedeutender oder unbedeutender und lösen sich in bestimmten Gebieten oder zu bestimmten Zeiten auf. Ein- und ausgehende Frachten derselben Klassifizierungsart oder Warenklassifizierung zwischen denselben zwei Häfen können recht unterschiedliche Kosten verursachen.

Änderungen der Regulierungsbehörden können beträchtliche Auswirkungen auf Distributionsvorgänge und -kosten haben. 1995 beseitigte die EU die zollamtliche Abfertigung an den Grenzen zwischen den Mitgliedstaaten. Dadurch verringerten sich sowohl der Zeitbedarf als auch die Kosten des Versands innerhalb der EU. 1996 waren die USA die einzige Nation, die von internationalen Seefrachtführern immer noch die Abgabe eines Tarifplans (Plan der Gebührensätze und Klauseln) bei der Regierung verlangten, der für alle Kunden gelten musste. Vorgeschlagene Gesetze zur Beseitigung dieser Anforderung würden Versendern und Frachtführern viel mehr Flexibilität bei der Vereinbarung und der Ausführung von Dienstverträgen geben.

13.1.2 Zweck und Aufbau

Der Zweck dieses Kapitels besteht darin, die aufeinander folgenden Schritte und Dokumente zu besprechen, die im Laufe des Exportprozesses benötigt werden. In den folgenden Abschnitten werden diese Schritte der Reihe nach besprochen. Für einige der wesentlichen Dokumente (z.B. Auftragsbestätigung, Versand und Zahlung) werden Beispiele vorgestellt und die wichtigeren Aspekte ihrer Verwendung und Vorbereitung werden besprochen. Der gesamte Vorgang wird in Abbildung 13.1 verdeutlicht.

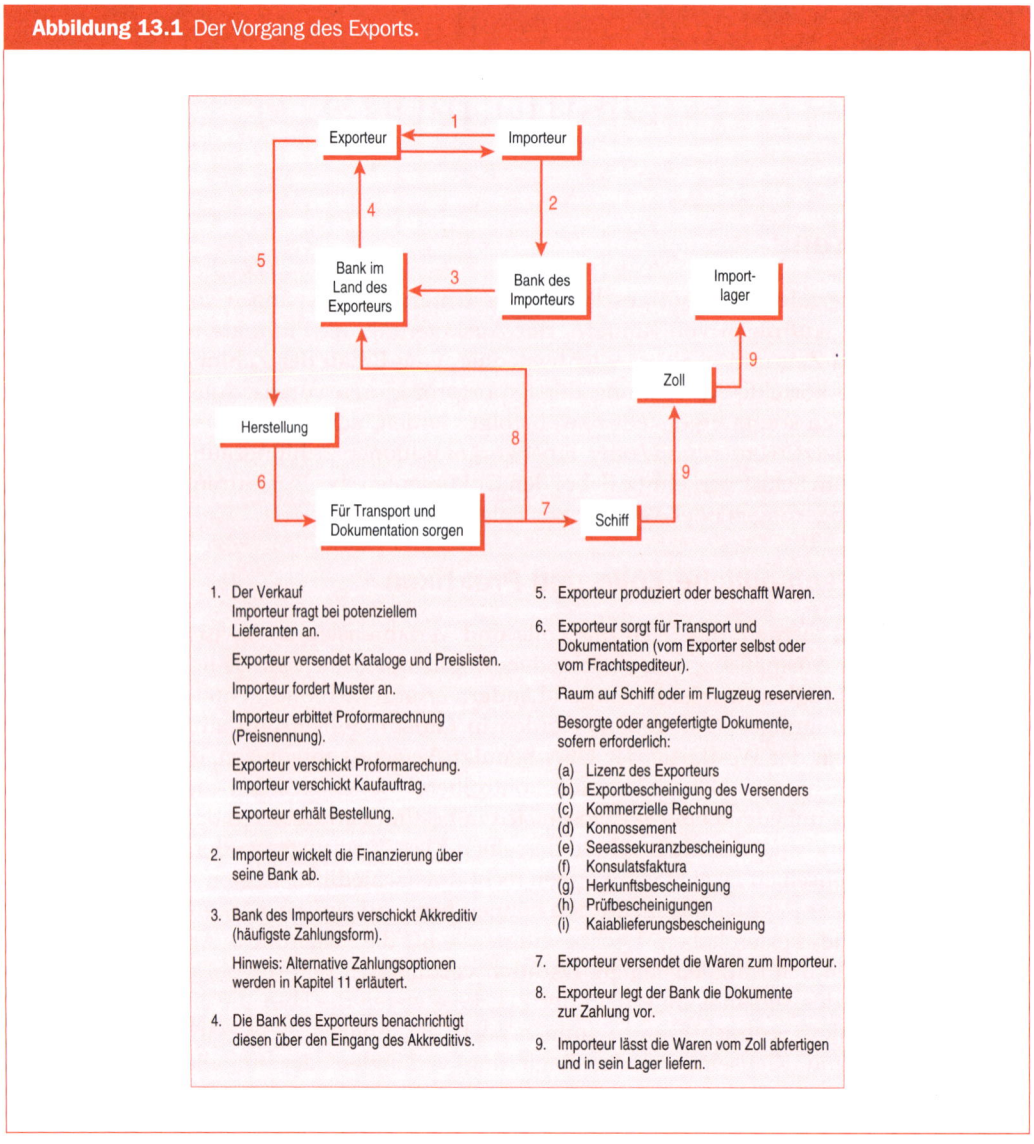

Abbildung 13.1 Der Vorgang des Exports.

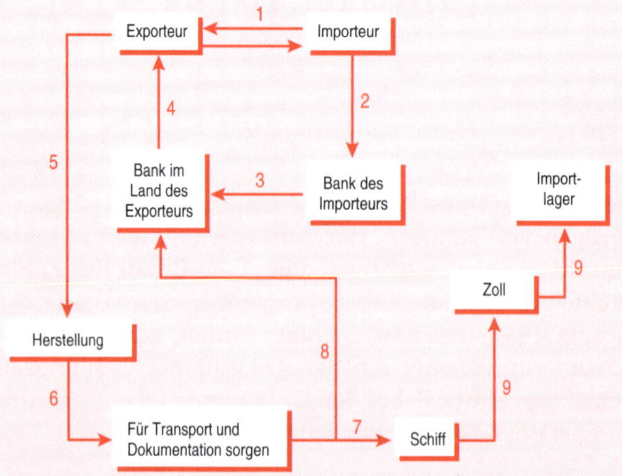

1. Der Verkauf
   Importeur fragt bei potenziellem Lieferanten an.

   Exporteur versendet Kataloge und Preislisten.

   Importeur fordert Muster an.

   Importeur erbittet Proformarechnung (Preisnennung).

   Exporteur verschickt Proformarechung.
   Importeur verschickt Kaufauftrag.

   Exporteur erhält Bestellung.

2. Importeur wickelt die Finanzierung über seine Bank ab.

3. Bank des Importeurs verschickt Akkreditiv (häufigste Zahlungsform).

   Hinweis: Alternative Zahlungsoptionen werden in Kapitel 11 erläutert.

4. Die Bank des Exporteurs benachrichtigt diesen über den Eingang des Akkreditivs.

5. Exporteur produziert oder beschafft Waren.

6. Exporteur sorgt für Transport und Dokumentation (vom Exporter selbst oder vom Frachtspediteur).

   Raum auf Schiff oder im Flugzeug reservieren.

   Besorgte oder angefertigte Dokumente, sofern erforderlich:

   (a) Lizenz des Exporteurs
   (b) Exportbescheinigung des Versenders
   (c) Kommerzielle Rechnung
   (d) Konnossement
   (e) Seeassekuranzbescheinigung
   (f) Konsulatsfaktura
   (g) Herkunftsbescheinigung
   (h) Prüfbescheinigungen
   (i) Kaiablieferungsbescheinigung

7. Exporteur versendet die Waren zum Importeur.

8. Exporteur legt der Bank die Dokumente zur Zahlung vor.

9. Importeur lässt die Waren vom Zoll abfertigen und in sein Lager liefern.

Der erste Teil des Kapitels behandelt die Schritte des Empfangs und der Bestätigung von Aufträgen. Der zweite Teil des Kapitels behandelt die Aspekte der physischen Distribution (d.h. die Optionen, Anforderungen, Vorgänge und Dokumente beim Versand der Waren). Beispiel 13.1 beschreibt kurz die alternativen Mittel zur internationalen Kommunikation.

BEISPIEL 13.1

Internationale Kommunikation

Der schnelle Wandel der Kommunikationstechnologien hat die verfügbaren Möglichkeiten zur Übermittlung von Informationen vermehrt und kann die Kosten wesentlich reduzieren. Das Internet und die mit ihm verbundenen Systeme werden für eine Reihe von Zwecken eingesetzt. Faxübertragungen, internationale Kurierdienste, Telefon- und Postsysteme stellen weiterhin lebenswichtige Dienstleistungen für Unternehmen zur Verfügung. Die Nutzung internationaler Telegraphen ist stark zurückgegangen und das Telex-System gibt es praktisch nicht mehr.

Das Internet

Das Internet besteht aus untereinander verbundenen Hochgeschwindigkeits-Kommunikationsnetzwerken. Diese Netzwerke, die mittlerweile in den meisten Ländern anzutreffen und international verbunden sind, haben die Infrastruktur für die Kommunikation zwischen Computern zur Verfügung gestellt. Lokale Verbindungen können über Telefonleitungen oder auch kabellos über Funkmodems/Satelliten hergestellt werden.

Kommerzielle Internet-Dienstanbieter sorgen für die Verbindung zwischen dem Rechner des Anwenders und dem Internet. Der Anbieter stellt üblicherweise eine monatliche Pauschalgebühr für die Verbindung in Rechnung. Bei der Übertragung von Daten bezahlt der Anwender auch die Gebühren für die Übertragung von seinem Rechner zur Internet-Anbindung. Die damit verbundenen Kosten sind jedoch als gering einzustufen.

Sowohl die Verbindungs- als auch die Telefongebühren sind in den jeweiligen Ländern recht unterschiedlich. Tendenziell sinken jedoch die Preise für die Nutzung weltweit.

Elektronische Post

E-Mail oder elektronische Post sind Informationen in Form von Computerdateien, die von einer Adresse (Computer) zu anderen Adressen (Computer) über das Internet übertragen werden. Auf diese Weise kann ein Anwender mit einem Computer, einem Modem und den richtigen Programmen mit Hilfe von elektronischen Briefen mit beliebigen anderen E-mail-Anwendern Kontakt aufnehmen, und das üblicherweise zu einem Bruchteil der Kosten eines internationalen Telefonanrufs. Das Einbinden von Grafiken in eine E-mail ist nur unter bestimmten Voraussetzungen möglich, aber zum einen lassen sich Abbildungen (und Audio- und/oder Videodaten) als separate Dateien in der Anlage von E-mails verschicken und zudem werden die Möglichkeiten der Übertragung schnell weiter entwickelt.

World Wide Web

Das World Wide Web (WWW) ermöglicht Organisationen und Individuen die Erstellung von Websites und Webseiten. Die Informationen auf diesen Sites können Interessierten rund um die Uhr verfügbar gemacht werden. Die Sites lassen sich interaktiv gestalten, so dass der verbundene Teilnehmer Informationen sowohl senden als auch empfangen kann. Einige Schifffahrtslinien haben Websites eingerichtet, auf denen der Versender die Gewichtsklassifizierung einer Fracht, Quelle und Bestimmungsort eingeben kann. Die Website gibt dann eine aktuelle Frachtgebühr und das nächstmögliche Verschiffungsdatum an.

Beispiel 13.1 (Forts.)

Angesichts der Anzahl der Sites und der Komplexität des mehrschichtigen WWW kann es sehr schwierig sein, die gewünschten Informationen zu finden, wenn die Adresse der Quelle nicht bekannt ist. Eine Reihe von Unternehmen stellen Browsersoftware zur Verfügung, die die Suche nach bestimmten Sites unterstützt. 1997 wurden Programme vorgestellt, bei deren Einsatz laufend Informationen bestimmter Websites zum Browser zurückgeliefert werden.

Laufend werden neue Programme und Systeme entwickelt. Die Sorge um die Datensicherheit ist jedoch teilweise immer noch ein Hindernis für den umfassenden Einsatz elektronischer Kommunikationsformen.

Fax

Faxgeräte, die mit einer Telefonleitung verbunden sind, lassen sich, so weit das Telefonnetz reicht, zur schnellen und genauen Übertragung von Briefen und Bildern an andere irgendwo an das Telefonnetz angeschlossene Faxgeräte nutzen. Briefe werden gut leserlich reproduziert. Bilder lassen sich in unterschiedlichen Qualitätsstufen im Halbtonverfahren übertragen. Die Kosten der Übertragung belaufen sich nur auf die Dauer der Verbindung über die Telefonleitung sowie die Menge des Papiers, auf das die Mitteilung auf der anderen Seite gedruckt wird. Sowohl Sender als auch Empfänger besitzen anschließend eine Kopie der übertragenen Dokumente und mögliche Missverständnisse lassen sich vermeiden.

Eine Beschränkung des Faxeinsatzes besteht darin, dass viele Dokumente in der ursprünglich unterzeichneten Form vorliegen und möglicherweise mit einem Siegel versehen sein müssen, damit sie den Anforderungen der Banken, der Zollbehörden, des Rechtssystems usw. genügen. Fax ist aber auch dann noch nützlich, wenn das Original per Kurier oder Postdienst versendet werden muss, weil sich auf diesem Weg Vorabinformationen übertragen lassen.

Internationale Kurierdienste

Die Nutzung internationaler Kurierdienste nimmt beständig zu. Diese Dienste liefern von Haustür zu Haustür, sind sehr schnell, äußerst zuverlässig und können für den Versand sperriger Unterlagen benutzt werden. Akkreditive, die eine Weiterleitung der Dokumente durch den Käufer über einen Kurierdienst verlangen, sind zunehmend üblich. Die Kosten liegen üblicherweise im Bereich zwischen ca. 30 und 80 DM.

Telefon

Telefonanrufe lassen sich aufgrund der Mobilfunktechnik beinahe mit jedem Ort der Welt führen. Obwohl bei internationalen Verbindungen mit bestimmten Orten die Anrufe immer noch durch eine Telefonzentrale vermittelt werden müssen, sind Direktwahlverbindungen mit den meisten Städten im Ausland möglich.

Mit den über die Jahre gesunkenen Telefongebühren ist der Einsatz telefonischer Anrufe enorm gestiegen. Alle Einzelheiten einer Transaktion lassen sich besprechen und innerhalb weniger Minuten vereinbaren, und alle entstehenden Fragen lassen sich sofort beantworten. Weiterhin sorgt der persönliche Kontakt für einen Vertrauensvorteil. Zwar liegen die Übertragungskosten meist etwas höher als beim Austausch von Briefen, doch durch seine Vorteile wird das Telefon häufig zum bevorzugten Kommunikationsmittel. Natürlich müssen beide Parteien eine gemeinsame Sprache beherrschen.

Die abgesprochenen Einzelheiten lassen sich sofort per Fax bestätigen, sobald sie in einen Brief eingetippt oder in eine andere angemessene Form gebracht worden sind.

Beispiel 13.1 (Forts.)

Postdienste

Trotz des Wachstums der Fax- und der Kurierdienste werden Postdienste immer noch verbreitet für internationale Korrespondenz genutzt. Außer in Westeuropa wird Bodenpost nur noch recht wenig genutzt, da Luftpost einfach schneller ist und vergleichsweise nur wenig mehr kostet. Bei Luftpostbriefen oder Funknachrichten handelt es sich um die preiswertere Form der Luftpost, da bei ihnen ein einzelnes vorgestanztes und frankiertes Formular eingesetzt wird, so dass sie sich nach dem Ausfüllen zu einem Umschlag falten lassen.

Mangelnde Zuverlässigkeit und Geschwindigkeit der Postsysteme in einigen Ländern können ein Problem darstellen und den Einsatz von Kurierdiensten, Faxgeräten oder auch E-mail erzwingen.

13.2 Bearbeitung von Exportaufträgen

13.2.1 Die Anfrage und deren Beantwortung

Die anfängliche Anfrage oder Bestellung von Waren durch einen künftigen ausländischen Käufer kann freiwillig erfolgen oder aus den Bemühungen eines Exportmanagement-Unternehmens, der Vertreter oder des Unternehmens selbst resultieren. Jede Anfrage sollte sorgfältig und in der Erwartung, dass sie zu einem einträglichen Verkauf führen kann, bearbeitet werden, egal in welcher Form sie empfangen wird. Eine Führungskraft in einem der größten südamerikanischen Länder machte sich regelmäßige Reisen zur Inspektion ihrer verschiedenen Aktivitäten zur Gewohnheit. Wenn ihr der Bedarf für Maschinen, zusätzliche Rohmaterialien oder andere Gegenständen mitgeteilt wurde, schrieb Sie schnell eine Anfrage auf einen Papierblock, den sie mit sich führte, steckte sie in einen Umschlag und schickte sie ab. Es gab weder einen Briefkopf noch andere Kennzeichnungen außer der Absenderangabe auf dem Umschlag. Etliche Exporteure, die derartige in der Sprache des Schreibers verfassten, eilig geschriebenen Briefe erhielten, die teilweise sogar mit schmutzigen Fingerabdrücken versehen waren, haben diese sofort und ohne sie einer Antwort zu würdigen weggeworfen und angenommen, dass sie von einer Person ohne Verantwortung verfasst worden waren. Jene Unternehmen, die die grundlegende Regel, dass alle Anfragen ernsthaft beantwortet werden sollten, berücksichtigten, konnten hingegen recht profitable Verkäufe abschließen.

Die Antwort auf eine Anfrage sollte normalerweise in höflicher Form und in einem geschäftsüblichen Briefformat erfolgen. Wenn um allgemeine Informationen gebeten wird, sollte die Antwort Kataloge und Preislisten und/oder das Angebot, einen Verkäufer oder Repräsentanten anzurufen, enthalten. Wenn der potenzielle Auftrag sehr groß ist, kann die Anfrage in erster Linie zur Einleitung von Verhandlungen dienen. Größere Transaktionen erfordern häufig eine gewisse persönliche Kommunikation, und Geschäftsleute in einer Reihe von Ländern legen weniger Wert auf Verträge als auf persönliche Beziehungen.

13.2.2 Der Auftrag

Direktauftrag vom künftigen Importeur

Es gibt kein standardisiertes Bestellformular. Einige Unternehmen benutzen lediglich einen Briefkopf, andere benutzen einheitliche, gedruckte Formulare mit Freiräumen für alle notwendigen Informationen. Solange der Auftrag alle wesentlichen Fakten hinsichtlich der gewünschten Ware und deren Versand enthält, ist keine besondere Form und kein besonderes Verfahren erforderlich.

Wenn der eigentliche Auftrag eintrifft, wird der Exporteur normalerweise eine *Empfangsbestätigung* verschicken, in der er sich anschließend verpflichtet, den Auftrag zu erfüllen, sofern alle Bestimmungen und Zahlungsvereinbarungen akzeptabel sind. Wenn es Probleme gibt, sollte der Exporteur nicht in den Verkauf einwilligen, bevor diese gelöst werden konnten.

Es sollte erwähnt werden, dass die Annahme eines Auftrages ohne Änderungen einen Vertrag entstehen lässt, der beide Parteien bindet. Wenn jedoch der Hersteller oder Exporteur (oder in diesem Zusammenhang auch ein beliebiger Verkäufer) gegenüber dem Kaufinteressenten andeutet, dass er an den Bedingungen des Auftrags gewisse Änderungen vorzunehmen wünscht, kommt kein Vertrag zu Stande. Wenn der Kaufinteressent dann die vorgeschlagenen Änderungen bestätigt und annimmt, kommt ein Vertrag zu Stande.

Eine *Proformarechnung* (vgl. Abbildung 13.2) kann vom Exporteur vorbereitet werden, um auf die getroffenen (oder vorgeschlagenen) Vereinbarungen hinzuweisen. Die Proformarechnung enthält normalerweise Art und Menge der Ware, Einzelpreise und Ergänzungen, erwartetes Gewicht und voraussichtliche Abmessungen und darüber hinaus häufig weitere Bestimmungen (inklusive Zahlungsbedingungen). Wenn sie vom potenziellen Käufer akzeptiert wird, kann sie als Vertrag dienen.

Auftrag von ausländischen Zweigniederlassungen oder Repräsentanten

Wenn der Exporteur einen Repräsentanten im Ausland besitzt, der den künftigen Käufer besucht, kann der Repräsentant eine Kombination von Auftragsformular und Verkaufsvertrag verwenden. Wenn der Verkaufsrepräsentant vom Exporteur die Genehmigung zur Annahme des Auftrags erhalten hat, wird das Formular ausgefüllt und sowohl vom Verkäufer als auch vom Käufer unterschrieben. Alle Bestimmungen des Vertrags werden auf die Rückseite des Formulars gedruckt und können rechtsverbindlich sein, wenn sie nicht zuvor geändert wurden.

Ein Auftrag, den ein Exporteur auf der Grundlage eines zwischen dem Käufer und einer ausländischen Zweigstelle oder einem Distributor ausgehandelten Verkaufsvertrag eingeht, wird im internationalen Handel *Auslandsauftrag* (*indent order*) genannt. (Der Begriff „Indentgeschäfte" hat eine etwas andere Bedeutung, da diese für den Exporteur zunächst nicht bindend sind. Der Exporteur tritt dabei erst dann in den Vertrag ein, wenn es ihm gelungen ist, die gewünschten Waren zu beschaffen, so dass solche Verträge zunächst nur für den Käufer verpflichtend sind. Anm. des Übs.)

Ausführung eines Vertrags

Bei Exportgeschäften ist es allgemein schwierig, Vertragsleistungen durchzusetzen bzw. zu erzwingen. Zumindest sind Prozesse zwischen Angehörigen zweier Länder derart kostspielig, dass sie sich praktisch verbieten. Sowohl Käufer als auch Verkäufer werden Vertragsbrüche daher wahrscheinlich ignorieren, wenn keine monetären Verpflichtungen entstanden und keine beträchtlichen Schäden verursacht oder zugefügt worden sind. Dies ist eine bedenkliche Folge des Exporthandels: Wenn ein Vertrag zwischen Verkäufer und Käufer entstanden ist, müssen sich beide Parteien auf die Leistungen der anderen verlassen können.

Kommerzieller Streit lässt sich im Export häufig nur schwer vermeiden. Wenn es zu einem derartigen Streit kommt, wird seine Schlichtung häufig durch die große Entfernung zwischen dem Exporteur und dem Käufer und die bestehenden unterschiedlichen Geschäftssitten und Gesetze in den jeweiligen Ländern erschwert.

Abbildung 13.2 Beispiel einer Proformarechnung.

XYZ Manufacturing
22 Canton Road
Hong Kong

ABC Importers
San Jose, CA
USA

Purchase Order Date:
Invoice Date:
Invoice Ref. No.: PRO FORMA 0001

Terms of Payment: Confirmed
Irrevocable Letter of Credit
Payable in U.S. dollars

Invoice To:
Ship To:
Forwarding Agent:

Via: Country of Origin: China

QUANTITY	DESCRIPTION	PRICE EACH	TOTAL PRICE
1000	Male Shirts	$15.00	US$15,000.00
	Inland freight, export packing & forwarding fees		$ 300.00
	Free alongside (F.A.S.) Hong Kong		$15,300.00
	Estimated ocean freight		$ 1,000.00
	Estimated marine insurance		$ 150.00
	C.I.F. San Francisco		US$16,450.00

Packed in 5 boxes, 100 cubic feet
Gross weight 1000 lbs.
Net weight 900 lbs.
Payment terms: Irrevocable letter of credit confirmed by a Hong Kong bank.
Shipment to be made two (2) weeks after receipt of firm order.
We certify this pro forma invoice is true and correct.
Woo Yuk Shee
President

Ein Ansatz zur Schlichtung von Disputen ist die kommerzielle *Arbitrage* (Keegan, 1995, S. 155–160). Beim üblichen Arbitrageverfahren bestimmen die beteiligten Parteien eine oder mehrere unabhängige und informierte Personen zu einer Art Schiedsrichter, der die Sachlage des Falls beurteilt und dann eine Entscheidung fällt, die von beiden Parteien laut Vereinbarung anerkannt wird. Es ist wünschenswert, dass Verträge *Arbitrageklauseln* enthalten und somit festlegen, dass bei Disputen zwischen Exporteur und Käufer Arbitrage eingesetzt werden soll.

Meist erfolgt die internationale Arbitrage unter der Schirmherrschaft einer formellen Arbitrageorganisation. In der westlichen Hemisphäre gibt es z.B. die Inter-American Commercial Arbitration Commission (die sich um Geschäftsdispute zwischen mehr als 20 nord- und südamerikanischen Republiken kümmert) und die Canadian-American Arbitration Commission für Geschäfte zwischen Kanada und den USA. In Großbritannien bleibt der London Court of Arbitration auf Situationen beschränkt, die sich rechtlich innerhalb Großbritanniens schlichten lassen. Für den Umgang mit Disputen auf weltweiter Basis sind schließlich die American Arbitration Association und die Internationale Handelskammer (International Chamber of Commerce) zuständig.

Manchmal entsteht die Frage, ob sich Schiedssprüche, die in einem Land gefällt wurden, in andern Ländern vollstrecken lassen. Mehr als 60 Länder haben die Konvention der Vereinten Nationen unterschrieben. Dieses Abkommen sorgt dafür, dass private Arbitrageschiedssprüche aus einem Unterzeichnerland in den anderen Mitgliedsländern des Abkommens rechtlich vollstreckbar sind. Einige „wichtige" Länder haben diese Konvention jedoch immer noch nicht unterzeichnet.

13.2.3 Exportlizenzen

Ein Vertrag zur Lieferung von Waren oder Dienstleistungen sollte erst akzeptiert werden, wenn sich der potenzielle Exporteur davon überzeugt hat, dass die Materialien aufgrund der Rechtslage exportiert werden dürfen. Exportregulierungen befinden sich zurzeit im stetigen Wandel und werden häufig geändert. Die einzelnen Länder haben eigene Exportgesetze und können den Export von Produkten in bestimmte Länder aus Gründen der nationalen Sicherheit, der Auslandspolitik, wegen bestehender Versorgungslücken, der Wahrung kulturellen Eigentums, der Unterstützung von Industrien, der Inlandserzeugnisse und zum Zweck der Sicherung von Einnahmen kontrollieren.

Der potenzielle Exporteur muss sich, bevor er Aufträge akzeptiert, mit den entsprechenden Regierungsstellen in Verbindung setzen, um sich davon zu überzeugen, dass sich die Waren exportieren lassen. Dann müssen die richtigen Lizenzen besorgt werden, bevor die Ware versendet wird. Ausländische Frachtspediteure (die weiter unten in diesem Kapitel besprochen werden) können in diesem Bereich wertvolle Informationen und Unterstützung zur Verfügung stellen.

13.2.4 Finanzierung/Zahlung und andere Verkaufsbestimmungen

Ein wesentlicher Aspekt für den Exporteur bei allen Transaktionen ist die Sicherstellung der Zahlung des Importeurs. Angesichts der Schwierigkeiten internationaler Prozesse kann der Einzug fälliger internationaler Rechnungen einfach unmöglich werden. In Kapitel 11 haben wir die Möglichkeiten besprochen, wie man seine Zahlungen erhalten kann.

Importeur und Exporteur müssen sich auf die Termine des Versands der Güter einigen und festlegen, ob alle Waren in einer Sendung verschickt werden, ob Teillieferungen zulässig sind usw. Diese Bestimmungen werden üblicherweise im Akkreditiv festgelegt, wenn dieses Zahlungsverfahren eingesetzt wird.

Der Importeur (in einigen Fällen auch der Exporteur) wird normalerweise auch festlegen, welche der Parteien für die folgenden Aktivitäten verantwortlich ist:

1. Transport der Waren von der Fabrik des Exporteurs zum Hafen
2. Die Abwicklung der Formalitäten bei der Zollausfuhr der Waren
3. Die Verfrachtung der Waren an Bord des Schiffes (oder anderer Transportmittel)
4. Die Bezahlung der Frachtgebühren
5. Die Bezahlung der Versicherung.

Dies sind Aspekte der bereits in Kapitel 10 besprochenen Handelsbestimmungen (Incoterms). Denken Sie daran, dass die vereinbarten Handelsbestimmungen auch angeben, ab wann und wo sich der Eigentumstitel an den Waren ändert.

13.3 Physische Distribution/Logistik

Wenn der Auftrag eingegangen ist, für befriedigende Verkaufs- und Zahlungsbedingungen gesorgt wurde und der Auftrag akzeptiert worden ist, dann müssen Versand, Versicherung und die vielfältigen erforderlichen Dokumente vorbereitet werden. Kurz gesagt, ist nun die physische Distribution (d.h. die Logistik) des Produkts zu bewältigen. Vom Standpunkt des einzelnen exportierenden Unternehmens aus umfasst die physische Distribution (und deren Management) die Beförderung der Produkte zum Punkt des Verbrauchs oder Einsatzes und die dazu erforderliche Vorgehensweise. Die Aktivitäten der physischen Distribution bei Sendungen in ausländische Märkte entsprechen weitgehend denen des Versands im Inland (Stern, El-Ansery und Coughlan, 1996, Kap. 4). Die für Exportsendungen erforderlichen Verfahren, Vorgänge und die Dokumente sind jedoch aus drei Gründen relativ komplex:

1. Waren überschreiten nationale Grenzen mit entsprechenden gesetzlichen Anforderungen.
2. Der Transport mit hochseetüchtigen Schiffen oder internationalen Fluggesellschaften bringt begleitende Sicherheitsbedürfnisse und spezifische, erforderliche Dokumente mit sich.
3. Die für den Abschluss der Transaktion benötigte Zeit und die Entfernung erfordern die begleitende Sicherung der Zahlung.

13.3.1 Bedeutung für das Management

Es gibt viele Gründe dafür, warum sich Exportmarketing-Manager mit der physischen Distribution der Produkte ihres Unternehmens befassen sollten.

Der Preis, den der Endverbraucher in ausländischen Märkten zahlen muss, wird stark von der Art des physischen Transports des Produkts durch den Hersteller/Exporteur beeinflusst. Bei der Beförderung des Produkts an den vom Kunden gewünschten Ort entstehen Kosten, die letztlich von diesem getragen werden müssen. Dazu zählen Lagerbestandskosten, Lagerhaltungskosten, Transport-, Abfertigungs- und Auftragsbearbeitungskosten. Daher *können die Kosten der physischen Distribution einen bedeutenden Anteil des Verkaufspreises darstellen*. Bei Exportsendungen können z.B. neben den im Inland verwendeten Standardverpackungen zusätzliche Verpackungen oder Transportbehälter erforderlich sein. Darüber hinaus können weitere Kosten entstehen, weil es notwendig ist, die Dienste von Frachtspediteuren oder anderen spezialisierten Organisationen in Anspruch zu nehmen, um spezielle, komplexe Exportprobleme (z.B. hinsichtlich der erforderlichen Dokumente) zu vermeiden. Spezielle, für umfassenden Schutz erforderliche Transportversicherungen sind ein weiteres Beispiel für Mehrkosten bei Exportgeschäften.

Ein weiterer Grund dafür, dass die physische Distribution die Aufmerksamkeit der Exportmarketing-Manager erfordert, besteht darin, dass sich *höhere Gewinne direkt* (entweder über niedrigerer Kosten oder steigende Verkäufe) *erzielen lassen*. Technologie und Automatisierung hatten hier große Auswirkungen auf die Kosten. Die Auftragsbearbeitung und die Lagerbestandskontrolle ist z.B. durch den Einsatz von EDV-Systemen (siehe Beispiel 13.2) effizienter geworden, Transportkosten lassen sich durch technologische Verbesserungen (z.B. den Einsatz von Containern) senken und die Lagerhaltung und der Umgang mit den Materialien ist durch die für diesen Zweck entwickelten automatisierten Systeme effizienter geworden.

BEISPIEL 13.2

Technologie erleichtert die physische Distribution

Ende 1992 haben die Häfen von New York/New Jersey in den USA und Bremen/Bremerhaven in Deutschland ein elektronisches Datenaustauschsystem (EDI – Electronic Data Interchange) eingeführt. Der Austausch umfasst das ACES-System (Automated Cargo Expediting System) des Hafens von New York/New Jersey und das TELEPORT-System in Bremen/Bremerhaven, das für Beck & Co. bzw. den Hauptsitz der Bremer Brauerei von Beck's-Bier eingerichtet wurde. Die Art der Verbindung verdeutlicht die nachfolgende Abbildung.

EDI-Link Bremen – New York for Beck & Co.

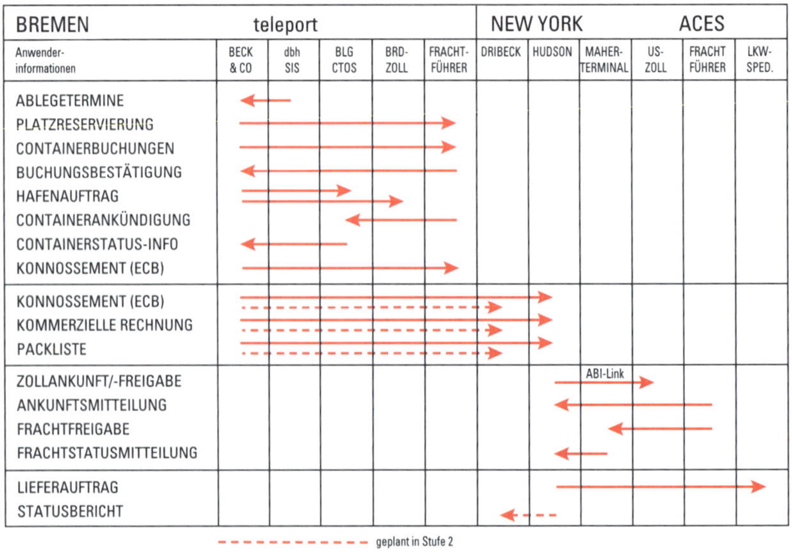

Leg.: **TELEPORT-ACES**-Flussdiagramm verbindet Bremen und den zweistaatlichen Hafen. Zu den Anwendern in den Überschriften zählen:

dbh SIS: Deutscher Informationsdienstleister, der das EDI-System für den Hafen Bremen/Bremerhaven entwickelt hat.

BLG CTOS: Bremer Lagerhaus Gesellschaft, der Betreiber des Hafens Bremen/Bremerhaven.

DRIBECK: US-Importeur von Beck's-Bier.

HUDSON: Hudson Shipping, Zoll-Broker.

Bei diesem System sind Beck und die für den Transport des Biers in die USA verantwortlichen Unternehmen in einem Informationssystem miteinander verbunden. Die Beck-Büros in Bremen schicken Rechnungen, Packlisten und Konnossements über diese Verbindung an Hudson Shipping, den Makler von Dribeck, dem Importeur des Unternehmens in den USA. Teleport und ACES dienen als Kommunikationsschnittstellen zu Hapaq-Lloyd, dem Container-Terminal in Bremerhaven, und den Maher-Terminals im Hafen von New York/New Jersey, die jeweils in das Netzwerk integriert sind. Da Aufträge nur ein einziges Mal eingegeben werden müssen, wird die Bearbeitung beschleunigt und Fehler werden reduziert. Die Informationen über eine Sendung werden von EDI verschickt, sobald das Schiff in Deutschland ablegt und nicht erst einige Tage später, wie es bei der Nutzung eines Kuriers der Fall wäre.

Beispiel 13.2 (Forts.)

EDI-Netzwerke beschränken sich nicht nur auf diese beiden Häfen. Das ACES-Netzwerksystem wird nicht nur in New York eingesetzt. Weltweit werden ACES-Dienstleistungen abonniert. Zudem haben die wichtigsten Hafenbetreiber in Hamburg (Deutschland) mitgeteilt, dass sie an der Einführung eines standardisierten, papierlosen Container-Datensichtsystem für den gesamten Hamburger Hafen arbeiten. Das abschließende Ziel ist es, den „papierlosen Hafen" auf alle Kunden (inklusive Schifffahrtsgesellschaften, Vertreter, Spediteure, Versender und Eisenbahnen und auch andere Häfen, Behörden und Institutionen) auszudehnen.

EDI-Netzwerke beschränken sich nicht auf die Seefracht. Die skandinavische Fluggesellschaft SAS setzt EDI z.B. im Umgang mit Vertretern und Spediteuren ein.

Quelle: Bearbeitung von „ACES update", *Via International*, 44(11) (November 1992), 4-5 und „Moving into the 21st century", *Via International*, 44(11) (November 1992), 18-19.

Die physische Distribution kann über die gebotenen Dienstleistungen positive Auswirkungen auf die Verkaufsmengen haben. Die Dienste können viele Aktivitäten wie die folgenden umfassen:

- die Geschwindigkeit, mit der Produkte Kunden zur Verfügung gestellt werden können,
- die Zuverlässigkeit, mit der sich die durchschnittliche Dauer der Dienste erreichen lässt,
- das Ausmaß der sofortigen Verfügbarkeit des Produkts.

Exporteure können so bestimmte Verkäufe möglicherweise nur deshalb abschließen, weil das zur Beförderung des Produkts zum Käufer eingesetzte physische Distributionsverfahren die Güter entsprechend den Wünschen des Käufers unter relativ (zu anderen Alternativen des Käufers) angemessenen Kosten zur bestimmten Zeit an einen bestimmten Ort bringt.

Wie Unternehmen ihr physisches Distributionssystem strukturieren, kann Anfang des 21sten Jahrhunderts eine Frage des Erfolgs oder sogar des Überlebens sein. Bei Unternehmen, die in Europa operieren, haben z.B. die Protokolle oder Direktiven des EC-1992-Programms für Änderungen der „Grundregeln" des Transports, der Lagerung und der Produktion gesorgt, durch die die Rolle der Logistik noch mehr Gewicht hinsichtlich des Erfolgs erhält (Down und Anderson, 1990, S. 23).

Ein letzter wichtiger Grund dafür, dass Exportmarketing-Manager der physischen Distribution besondere Aufmerksamkeit widmen sollten, ist der, dass *nationale Regierungen Druck ausüben, der die Art der Ausführung bestimmter Aktivitäten im Rahmen der physischen Distribution betrifft*. Dieser Druck geht von der Umsetzung von Politiken nationaler Regierungen aus, die die nationale Industrieentwicklung fördern und für eine volle oder stabile Beschäftigung sorgen sollen oder ihre Ursache in politischen Beziehungen zwischen Regierungen haben. Das Ergebnis sieht so aus, dass sich Unternehmen im Exportmarketing eingeschränkt fühlen und bei ihren Versuchen, die Verfügbarkeit und den Fluss von Materialien, Produkten, Dienstleistungen, Einrichtungen und anderer Ressourcen zu koordinieren, behindert werden. Nationale Regierungskontrollen der Ex- und Importe durch die Nutzung von Lizenzen, Quoten, Zöllen usw. können z.B. die Planung und Kontrolle der Bestände eines Herstellers beeinflussen. Weiterhin können nationale Regierungen Bestände und Warenbewegungen innerhalb von und zwischen Nationen durch ihre Einkaufspraktiken beeinflussen, da sie in vielen Märkten bedeutende (wenn nicht die größten) Kunden sind. Nationale Regierungspolitiken können die Mittel des Transports der Produkte vom Verkäufer zum Käufer beeinflussen, wenn sie verlangen, dass Importunternehmen Boden-, See- oder Lufttransportunternehmen, die sich im Besitz „lokaler" Unternehmen befinden, oder auch Hafeneinrichtungen, die sich im Besitz der Regierung des Importeurs befinden, benutzen müssen. Schließlich können die politischen Beziehungen zwischen den Ländern des Ex- und des Importeurs Auswirkungen haben. Zieht man das Jahr 1996 als Beispiel heran, dann gab es einen umfangreichen indirekten Handel zwischen Unternehmen aus China und Taiwan. Die taiwanesiche Regierung verwehrte jedoch Containern der COSCO (Chinese Ocean Shipping Company) den Zugang zur Insel (Engbarth, 1996). Im Endeffekt mussten Waren, die für Taiwan bestimmt waren, in Hongkong aus ihren chinesischen Containern entfernt und in Container umgeladen werden, die nichtchinesischen Spediteuren gehörten, bevor sie wieder nach Taiwan exportiert werden konnten. Eine Schätzung der zusätzlich je Container entstandenen Kosten belief sich auf 4.650 Hongkong-Dollar (600 US-$). Dies betrifft nicht mehr alle Sendungen zwischen China und Taiwan, da in beschränktem Umfang Direktdienste zwischen Xiamen in der chinesischen Fujian-Provinz und Kaohsiung in Taiwan zur Verfügung stehen.

13.3.2 Entscheidungsbereiche

Wie oben vorgeschlagen wurde, umfasst die physische Distribution viele spezifische Aktivitäten im Zusammenhang mit der Produktbewegung, der Lagerung und damit verwandten Aufgaben. Die wesentlichen Aktivitäten sollen im Folgenden kurz besprochen werden.

Art des Versands

Entscheidungen müssen über Aspekte wie die minimale Größe der Verpackungseinheit, die zu versendenden Mengen, die zu verwendende Art und Weise der zum Schutz der Produkte vor Transitschäden einzusetzenden Verpackung (d.h. seiner Schutzpackung und nicht die direkte Verpackung, in der das Produkt verkauft wird), die Markierungskennzeichen auf dem Verpackungscontainer usw. getroffen werden.

Transport

Die grundlegende Aufmerksamkeit gilt der externen Bewegung des Produkts, zu der üblicherweise die Auswahl eines Transportwegs (einer Route) für die Sendung, die Auswahl eines Transportmittels und ein angemessener Versicherungsschutz während des Transports der Sendung (insbesondere See- oder Luftfrachtversicherungen für Produkte auf dem Transit zwischen Ländern) zählen.

Lagerung

Diese Aktivität umfasst mehr als die reine Lagerung. Neben der Lagerung von Produkten für die künftige Verbrauchernachfrage umfasst die Lagerung eine Vielzahl anderer Aktivitäten, wie z.B. die Montage, die Umverpackung von Mengenlieferungen in kleinere Mengeneinheiten entsprechend der Kundenansprüche und die Vorbereitung von Produkten für die Wiederversendung. Für das Exportmarketing-Management ist es wichtig, (1) die Anzahl und die Art der zu nutzenden Lagereinrichtungen und (2) deren räumliche bzw. geografische Verteilung zu bestimmen.

Materialbehandlung

Für die interne Bewegung von Produkten innerhalb von Fabriken oder Lagereinrichtungen müssen Vorkehrungen getroffen werden.

Lagerbestände

An der Verwaltung von Lagerbeständen sind viele verschiedene Kostenbestandteile beteiligt (Lagerung, Verzinsung des gebundenen Kapitals, Steuern, entgangene Umsätze usw.). Da diese Kosten manchmal recht hoch sein können, muss sich das Management mit der Lagerbestandskontrolle befassen. Dazu zählt die richtige Höhe der Lagerbestände, so dass ein Gleichgewicht zwischen Kundendienst und Lagerbestandskosten gewahrt bleibt.

Auftragsbearbeitung und Dokumentation

Es müssen Verfahren für die Bearbeitung von Aufträgen entwickelt werden, mit denen sie sich möglichst routinemäßig bearbeiten lassen. Ordnungsgemäße Dokumente sind für die erfolgreiche physische Bewegung von Sendungen ausschlaggebend. Viele Auslandssendungen wurden durch Fehler in Dokumenten verzögert. Davies (1984, S. 66) hat das sog. „Problem der Dokumentation" so zusammengefasst, dass es aus fünf Komponenten besteht:

1. *Komplexität*: Anzahl der Dokumente und Korrespondenten
2. *Kultur*: Sprache, Währung, Gesetz
3. *Änderungen*: Änderungen der Anforderungen
4. *Kosten*: Kosten der Vorbereitung
5. *Fehler*: Folgekosten von Fehlern und Korrekturkosten.

Neben den in Geschäftstransaktionen üblichen Dokumenten, wie z.B. kommerzielle Rechnungen und Konnossemente, gibt es andere spezielle Dokumente (z.B. Konsulatsfaktura, Herkunftsbescheinigung, Exportbescheinigung und Zollerklärung), die bei Verkäufen im Ausland erforderlich sein können. Die komplexe und recht technische Art der Dokumentationsanforderungen und der Verfahren, die für die Genehmigung von Sendungen über nationale Grenzen hinweg erforderlich sind, haben die Entstehung und das Wachstum zweier spezieller Arten von internationalen Marketingmittlern gefördert: des Auslandsfrachtspediteurs (für den Exporteur) und des speziellen Importmaklers (für den Importeur).

Innerhalb der EU wurden die Dokumentationsanforderungen bei Sendungen zwischen den Mitgliedsländern stark vereinfacht. Gemäß dem EC92-Programm sind die Grenzstationen zu schließen und letztlich müssen alle Länder dasselbe einzelne Dokument für Sendungen benutzen, die nationale Grenzen passieren.

13.3.3 Logistik und das Systemkonzept

Die Komplexität der physischen Distribution und die oben besprochenen Hauptentscheidungsbereiche weisen auf einen der Gründe hin, aus denen Exportmarketing-Manager ihre Aufgaben umfassend sehen müssen. Die wachsende Internationalisierung der Geschäfte und der zunehmende Wettbewerb haben bei Exportmarketing-Managern auch zu der Notwendigkeit geführt, ihre Funktion als einen wesentlichen Teil eines Gesamtproduktions-/Lagerungs-/Distributions*systems* zu sehen.

Bei *Logistik* handelt es sich um die Untersuchung des Managements von Beziehungen, Entscheidungen und Aktivitäten zwischen der Produktion, der Lagerhaltung und der Distribution zwecks Minimierung der sich ergebenden Gesamtkosten beim Anwender. Viele Jahre lang haben Produktions- und Distributionsmanager wirtschaftliche Auftragsmengen und Stückzahlen bei ihrem gegebenen Produktionssystem benutzt, um die optimal herzustellenden, zu kaufenden und zu lagernden Mengen zu ermitteln. In den letzen Jahren haben die von japanischen Unternehmen praktizierten Just-in-time-Operationen (JIT) die Vorteile demonstriert, die größere Flexibilität, kleinere Stückzahlen, verringerte Lagerbestandsmengen und häufigere Sendungen innerhalb von Fertigungssystemen mit sich bringen. Zumindest setzt JIT voraus, dass Unternehmen die Wechselwirkungen zwischen Lagerbestand, Transport und Zeit untersuchen.

Implizit enthält das Systemkonzept die Forderung, dass es sich bei den vom Exportmarketing-Manager erwogenen physischen Distributionsalternativen um alternative Systeme handeln muss. Bei der Auswahl zwischen den Alternativen lässt sich das *Gesamtkostenkonzept* einsetzen. Dies heißt, wenn man die Gesamtkosten der physischen Distribution betrachtet hat, muss man versuchen, die Kosten-Gewinn-Beziehungen der verschiedenen Alternativen zu optimieren, statt nur die Kosten einzelner Aktivitäten zu betrachten. Ein Manager eines Unternehmens in Kanada, das seine Produkte auf dem Luftfrachtweg nach Spanien transportiert, kann z.B. die Transportausgaben durch einen Umstieg auf Seetransporte zu senken wünschen. Dieser Manager muss jedoch erkennen, dass derartige Kostensenkungsmaßnahmen zu steigenden Lagerbeständen, Lager- und Verpackungsausgaben führen können, die die Ersparnisse bei den Frachtkosten mehr als aufwiegen. Daher können die Gesamtkosten des Systems steigen.

Neben den *direkten* Kosten der physischen Distribution (wie z.B. den Transport-, Lagerhaltungs-, Lagerbestands-, Verpackungs- und Versicherungskosten) gibt es eine andere Kostengruppe, die bedeutende Auswirkungen auf Gewinne haben kann. Sie umfasst *versteckte* oder *vertriebsbedingte* Kosten und Kostenkategorien wie entgangene Verkäufe, Unzufriedenheit in der Beziehung zwischen Distributoren und Kunden, Zeitkosten im Transit, Lagerbestandsverluste, ausländische Lager und Verluste durch Unterversicherung. Auch wenn sich das Gesamtkostenkonzept im Prinzip einfach anhört und scheinbar leicht zu implementieren ist, muss das nicht notwendigerweise der Fall sein. Die Art der verschiedenen, identifizierten Kostenelemente deutet darauf hin, dass bereits relativ einfache Probleme bei der Entwicklung eines physischen Distributionssystems zu einem Bedarf großer Informationsmengen führen kann, die auf vielfältige Weise voneinander abhängig sein können. Glücklicherweise stehen analytische Verfahren, wie z.B. die mathematische Programmierung und Simulation zur Verfügung, mit denen sich diese Informationen und derart komplexe Wechselbeziehungen untersuchen lassen.

Es gibt viele Fälle, in denen relativ einfache analytische Techniken betriebliche Lösungen für Probleme der Analyse der physischen Distribution bereitstellen können. Eine derartige Technik ist die Break-even-Analyse. Für den Einsatz der Break-even-Analyse (bei der es sich um ein Modell der geringsten Kosten handelt) muss man nur die gesamten Fixkosten und die durchschnittlichen variablen Kosten der jeweiligen alternativen Systeme kennen. Bei allen Alternativen wird angenommen, dass diese Kosten im Bereich der möglichen, in einen Auslandsmarkt transportierten Mengen konstant sind. Besitzt man diese Informationen, lässt sich die Menge relativ leicht ermitteln, bei der man hinsichtlich der zu nutzenden Alternative indifferent ist. Bei allen Mengen unterhalb des Punkts der Indifferenz weist ein System die niedrigeren Gesamtkosten auf, während ab diesem Punkt das andere System zu den niedrigeren Kosten führt. Die Analyse lässt sich leicht auf beliebig viele alternative Systeme der physischen Distribution für spezifische Auslandsmärkte erweitern. Ein alternatives System muss nicht höhere Fixkosten *und* höhere durchschnittliche variable Kosten als die anderen Alternativen aufweisen. In einer solchen Situation kann es keinen Punkt der Indifferenz geben. Ein zusammenfassendes Beispiel für den Einsatz dieses Konzepts finden Sie in Abbildung 13.3, die eine grafische Analyse vier alternativer Systeme darstellt. Bei der dicken Linie handelt es sich um die Minimalkostenkurve bei beliebigen Mengen. Wegen seiner Einfachheit lässt sich dieses Konzept leicht einsetzen. Es ermöglicht auch eine Vorausplanung bei möglichen Systemänderungen. Das heißt, der Exporteur weiß, dass eine Änderung des eingesetzten Systems erwogen werden sollte, wenn sich die Menge für einen bestimmten Markt einem bestimmten Punkt nähert und die Minimierung der Kosten das Ziel ist. Im Beispiel in Abbildung 13.3 sollte sich der Exporteur auf einen Umstieg vom Distributionssystem I auf das System II vorbereiten, wenn sich die Menge 2.500 Einheiten nähert.

Abbildung 13.3 Gesamtkostenanalyse für mehrere Distributionsalternativen.

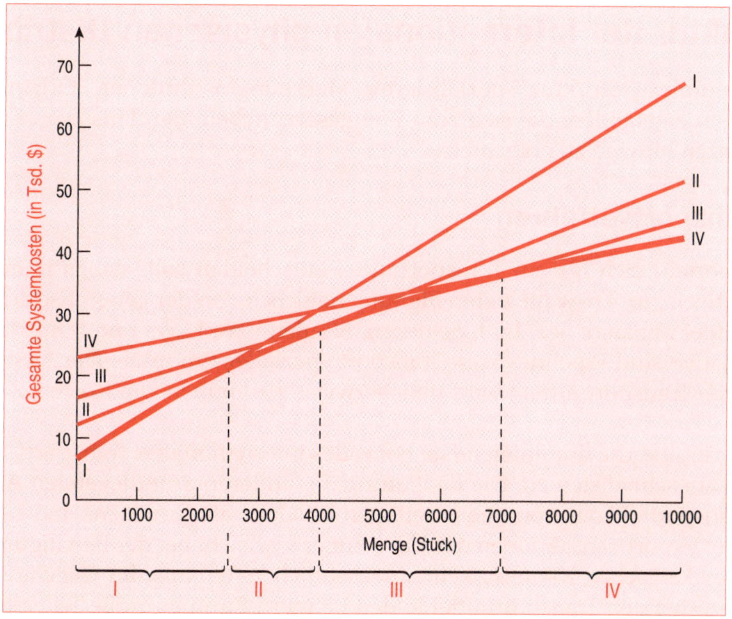

Das Gesamtkostenkonzept eignet sich nicht nur für die Kostenminimierung. Qualität oder Kundendienst müssen ebenfalls berücksichtigt werden. Die *Maximierung der Dienste* in einem ausländischen Marktgebiet kann ein Ziel sein. Dieses lässt sich möglicherweise durch Minimierung der für die Bearbeitung und Auslieferung benötigten Zeit erreichen. Obwohl umfassendere Dienstleistungssysteme gewisse positive Auswirkungen auf den Gewinn haben, sind sie auch mit zusätzlichen Kosten verbunden. Dienstleistungen spielen in der physischen Distributionsstrategie von Unternehmen eine wesentliche Rolle, da sie dem geänderten Umfeld der 90er und frühen 2000er Jahre gerecht werden. General Electric hält seine Operationen der physischen Distribution (Logistik) z.B. für wesentlich für die Erreichung seiner globalen Expansionsstrategie und die führende Rolle seiner Produkte (Down und Anderson, 1990, S. 24). Das Unternehmen verlagert seinen logistischen Schwerpunkt vom Preis zur Dienstleistung, benutzt einen einzelnen Logistikvertreter statt mehrerer verschiedener Spediteure und aktuelle Informationen anstelle von historischen Daten als Grundlage bei Logistikentscheidungen.

Schließlich kann das System versuchen, *kompetitive Vorteile zu maximieren*. Bei dieser Politik strebt das Management nach der Erzeugung kompetitiver Kostenvorteile, die die Einnahmen positiv beeinflussen.

Es sollte klar sein, dass die oben genannten Ziele nicht miteinander verträglich sind. Wie lassen sich z.B. Dienstleistungen maximieren und gleichzeitig Kosten minimieren? Wie lassen sich Kosten senken, wenn das System gleichzeitig weiterhin für maximale Rückkopplungen sorgen soll? Die Antwort besteht darin zu erkennen, dass es immer noch ein anderes mögliches Ziel, nämlich das der *Gewinnmaximierung* gibt. Bei dieser Politik werden Dienstleistungen und Kosten mit dem Ziel des bestmöglichen Gleichgewichts zwischen ihnen optimiert. Kurz, man hat es mit einem Prozess mit Wechselwirkungen zwischen Kosten und Dienstleistungen zu tun.

13.4 Struktur der internationalen physischen Distribution

Es ist eine komplexe Struktur spezialisierter Marketinginstitutionen, Organisationen und Dienstleistungen entstanden, die sich zum Ziel gesetzt haben, den Fluss von Produkten über nationale Grenzen hinweg zu erleichtern.

13.4.1 Transportverfahren

Wenn der Exporteur sich für ein Transportmittel entscheiden soll, stehen ihm fünf grundlegende Alternativen zur Auswahl, deren Eignung natürlich von der geografischen Nähe der Ex- und Importländer abhängt: See, Luft, Schienen, Straßen bzw. Lkws und Binnengewässer. Eine sechste Alternative sind Pipelines zum Transport spezieller Produkte. Die Auswahl zwischen den verfügbaren Transportmitteln wird üblicherweise zusammen von Kosten, Zeit und Sicherheit bestimmt.

Seetransporte sind die dominierendste Form des internationalen Transports und Lufttransporte nehmen am schnellsten zu. Die Bedeutung der anderen grundlegenden Arten des internationalen Transports hängt von den beteiligten Ländern ab. Schienen- und Lkw-Transporte machen z.B. bei Exporttransaktionen der USA, außer vielleicht bei der Beteiligung von kanadischen oder mexikanischen Käufern, keinen wesentlichen Teil aus. Im Gegensatz dazu befördern die entsprechenden Transportmittel in den Ländern Europas große Teile der Exportgüter. Ähnlich spielen Binnengewässer beim Transport von Gütern zwischen Ländern üblicherweise keine bedeutende Rolle, wenn man einmal von Europa absieht, wo über Wasserwege, wie Rhein oder Donau, große Warenmengen zwischen den Ländern, durch die diese Flüsse fließen, transportiert werden. Häufig hängt die Nutzung dieser relativ unbedeutenden Transportmöglichkeiten in besonderen geografischen Situationen von der Art des spezifischen Produkts ab. Die Nutzung von Lastwagen zur Beförderung frischer Produkte von Nordmexiko in die USA verdeutlicht diesen Umstand.

Seetransporte werden verbreitet genutzt, weil es sich hier um eine relativ preiswerte Möglichkeit des Warentransports handelt und weil sie leicht große Warenmengen bewältigen. Außerdem können bestimmte geografische Bedingungen die Nutzung von Bodentransporten in einigen Auslandsmärkten verhindern und dafür sorgen, dass sie in anderen Märkten nicht durchführbar sind.

Viele verschiedene Produkte werden in großen Mengen auf dem Luftweg in Auslandsmärkte transportiert: Computer, Büromaschinen, elektrische und elektronische Ausrüstung, Automobilteile, Fernseher, Arzneimittel, bestimmte Metallprodukte und Kleidung, um nur einige zu nennen. Bereits bei der bestehenden Technologie ist damit offensichtlich, dass sich Luftfrachttransporte nicht mehr nur auf schnelle Sendungen oder Notfalllieferungen, hochwertige Waren (z.B. Schmuck) und leicht verderbliche Güter beschränken, auch wenn sie für derartige Produkte verbreitet genutzt werden.

Bei der Transitzeit, also der Zeit, während der die Waren unterwegs sind, handelt es sich um sog. *versteckte Kosten*, die von Bedeutung sein können. Seagate Technology benutzt angesichts einer unvorhersehbaren Nachfrage z.B. Lufttransporte, um seine Computerfestplatten von seinen Fabriken in Singapur und Thailand weltweit und innerhalb kürzester Zeit an Kunden zu verschicken. Dadurch werden Lagerbestandskosten verringert und das Unternehmen kann besser und mit größerer Sicherheit vorhersagen, wann Kundenaufträge eintreffen.

Exporteure können kleine Sendungen mit internationalen Paketdiensten, Luftpaketpost oder Luftkurierdiensten versenden und müssen so die höheren Mindestkonnossementgebühren für See- oder Luftfrachtsendungen nicht bezahlen. Während größere Sendungen auf der Grundlage von Gewicht oder Abmessungen berechnet werden, wird für sehr kleine Sendungen wegen der erforderlichen Dokumente und Bearbeitung nur eine Pauschalgebühr berechnet.

Zuweilen werden die Transportverfahren kombiniert verwendet. Eine häufige Variante sind Luft-Seetransporte, bei denen die Ladung zwischen Luft- und Seetransportern umgefrachtet wird, üblicherweise ohne dabei dieselben Transportcontainer zu verwenden. Die Merkmale der von den jeweiligen Frachttransportern verwendeten Container sind nicht miteinander verträglich. Die Absicht beim Einsatz einer solchen Kombination ist die Nutzung der Geschwindigkeit und der Kosteneffizienz der jeweiligen Verfahren. Diese Kombination kommt auf verschiedenen Strecken zum Einsatz, wobei sie bei Transporten in den Fernen Osten (das pazifische Asien) besonders bedeutend ist. Beispielsweise erfolgt der Transport von Südostasien nach Singapur und den Persischen Golf auf dem Seeweg. Von dort aus wird der Luftweg nach Europa genutzt. Produkte, die sich besonders gut für die Luft-See-Kombination eignen, besitzen einen höheren Wert, wie z.B. größere Verbraucherelektronik, Ausrüstung zur Büroautomatisation und Hightech-Komponenten, die weniger zeitkritisch als andere Produkte sind, die auf dem Luftfrachtweg befördert werden.

Das Transportmittel wird üblicherweise vom Importeur ausgewählt. Die von der Exportsendung benutzte Strecke kann entweder vom Ex- als auch vom Importeur festgelegt werden.

13.4.2 Unterstützende Organisationen und Dienstleistungen

Neben den Frachttransportern stellen andere Arten von Organisationen dem Exporteur Dienstleistungen zur Verfügung, wie z.B. Frachtspediteure und öffentliche Lagerhäuser. Die meisten Unternehmen können zeitweilig von den Diensten unterstützender Organisationen profitieren. Dies gilt insbesondere für Unternehmen mit geringfügigen oder unregelmäßigen Exportmarketing-Aktivitäten und Unternehmen, deren Standort sich (weit) entfernt von den Hauptausgangs- oder Eintrittspunkten seines Landes befindet. Diese „Hilfsorganisationen“ fungieren als integraler Teil des physischen Distributionssystems des Exporteurs und können häufig mächtige Marketingwerkzeuge sein, da ihre Existenz in einem System Ausschlag darüber geben kann, ob sich bestimmte Transaktionen abschließen lassen.

Frachtspediteure

Exportfrachtspediteure übernehmen zwei Klassen von Funktionen. Eine befasst sich mit der Weiterleitung einer Exportsendung vom Herkunftsort zum endgültigen Bestimmungsort im Auslandsmarkt, die andere befasst sich mit der Beschaffung von Raum bei transportierenden Frachtführern.

Die von ausländischen Frachtspediteuren bei der Ausführung dieser grundlegenden Funktionen geleisteten Dienste sind vielfältig. Auch wenn Spediteure üblicherweise alle für die physische Distribution erforderlichen Dienstleistungen vom Zeitpunkt der Auftragserteilung bis hin zur Auslieferung der Sendung am ausländischen Bestimmungsort erbringen können, besteht der wesentliche Beitrag eines Spediteurs bei internationalen Frachtbewegungen wahrscheinlich in der Abwicklung des Transports (Verschiffung zum Hafen, Buchen von Platz auf dem Transportmittel und Abschluss der Versicherungen) und der Dokumentation. Außerdem kann der Spediteur kleinere Sendungen in größeren zusammenfassen und aufgrund seiner Position niedrigere Transportgebühren als einzelne Versender beim Frachtführer aushandeln. Derartige Ersparnisse bei Frachtgebühren können an den Versender weitergegeben werden. Einige Frachtspediteure können über Märkte, Regierungsregulierungen und potenzielle Probleme Auskunft geben. Der Spediteur kann die Warenbewegung und Lagerhausbestände nachverfolgen und die Zolldokumentation elektronisch bearbeiten.

In jüngerer Zeit haben Spediteure ihre Aktivitäten erweitert, so dass sie nun auch Produktionsplanung, Lagerbestandsverwaltung, Montage, Distributionslager, Echtzeitnachverfolgung, Zollabfertigung direkt an Bord und elektronische Berichte umfassen. Bei AEI (Air Express International) übernehmen die Angestellten in der niederländischen Zentrale z.B. Aufgaben von einfacheren Reparaturen bis hin zur elektronischen Montage. AEI sieht dies nicht als Zugeständnis an die Kunden, sondern als logische Erweiterung der Aufgaben eines Spediteurs. In Malaysia verwaltet AEI die kompletten Lagerbestände und die Distribution der Intel-Fabrik, so dass Intel Millionen spart und die Lieferzeiten der Mikrochips halbieren konnte.

Ein Spediteur kann allgemein operierender nichtverschiffender Transporteur genannt werden (NVOCC – nonvessel operating common carrier). Für den Exporteur ist ein NVOCC ein Transportspediteur und für den Frachtführer entspricht er dem Absender. Der NVOCC stellt ein Konnossement an den Exporteur aus und ist dann gegenüber dem Exporteur verantwortlich. Der Frachtführer stellt andererseits ein Konnossement für den NVOCC aus. Luftfrachtspediteure arbeiten auf eine Weise, die dem NVOCC bei Seefrachten ähnelt.

Mit den Daten aus einer Untersuchung von Handelsunternehmen in Europa konnte Davies (1984) drei unterschiedliche Muster in der Beziehung zwischen Exporteur, Spediteur und Frachtführer identifizieren. Diese werden in Abbildung 13.4 dargestellt (Davies, 1984, S. 38). Beim traditionellen Ansatz (Typ 1) benutzt der Exporteur den Spediteur zur Abwicklung der physischen Distributionsfunktion. Beim Typ-2-Ansatz übernimmt der Exporteur selbst teilweise oder komplett die Aufgaben des Spediteurs, was insbesondere die Dokumentation betrifft. Im Gegensatz dazu befindet sich der integrierte Exporteur (Typ 3) in einer Situation, in der die Rolle des traditionellen Spediteurs so erweitert wird, dass er eher wie ein Exporteur arbeitet. Natürlich variiert das Ausmaß der Zentralisierung der Aktivitäten des Spediteurs bei verschiedenen Organisationen und sie scheint häufig mit einer Abkehr vom Typ-1-Ansatz verbunden zu sein. Die verschiedenen Phasen des Prozesses werden durch ein Lebenszyklusmodell erklärt, wobei der Übergang von einer in eine andere Phase mit den Exportanstrengungen eines Unternehmens in Verbindung steht.

Das für die Exportanstrengungen relevante Maß ist eher die Anzahl der Aufträge oder Sendungen als das Volumen oder der Wert des Exports.

Außer den Exporteuren selbst haben sich auch Transportunternehmen Beförderungsaktivitäten zugewandt. DFDS, ein dänisches Seetransportunternehmen, sieht sich selbst z.B. als ein umfassendes Transportunternehmen, das multimodale Transporte anbietet und sich mit dem Logistikmanagement befasst. Es hat die komplette physische Distribution für eine Reihe kleiner, mittlerer und großer Unternehmen übernommen. Auf diese Weise konnte DFDS Frachttransportaktivitäten an sich ziehen. Das Unternehmen hat in Europa ein Netzwerk geschaffen, das sich auf strategische Allianzen stützt, die in Deutschland und Frankreich gebildet wurden. Das Unternehmen hat Europa für sich und seine zwei Partnern wie folgt aufgeteilt:

- DFDS Home (Skandinavien, Benelux, Großbritannien, Portugal).
- DFDS/THL Deutschland (Deutschland, Schweiz, Spanien).
- Französische Partner (Frankreich, Österreich, Italien, Griechenland).

Abbildung 13.4 Die drei Typen von Beziehungen zwischen Exporteur und Spediteur.

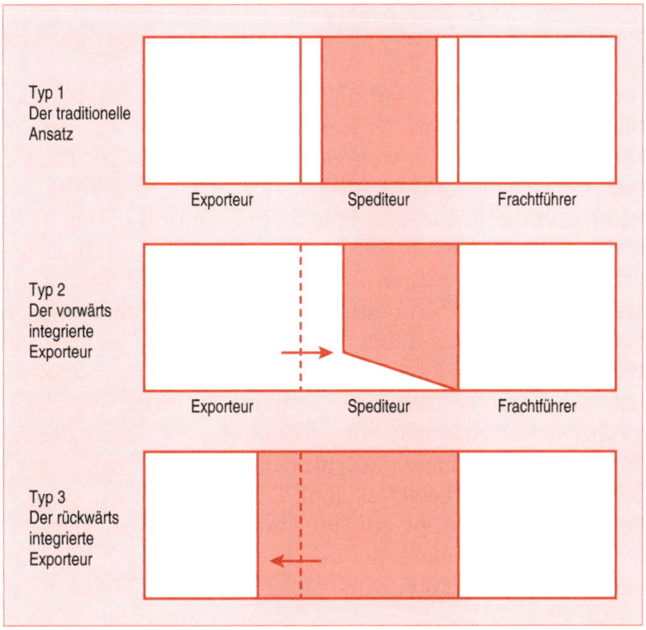

Obwohl alle ausländischen Frachtspediteure Lufttransportsendungen als routinemäßige Dienstleistung anbieten, spezialisieren sich einige auf Luftfrachten. Auf dieselbe Weise wie reguläre Spediteure stellen diese spezialisierten Luftfrachtspediteure komplette Dienstleistungen vom Ursprungs- bis zum Bestimmungsort bereit.

Eine spezielle Art des Spediteurs ist der *Versandvertreter*. Diese Art der unterstützenden Organisation befasst sich mit dem inländischen Transport internationaler Frachten. Als zwischengeschaltete Experten können sie Ex- und Importeuren, Seetransportunternehmen, Eisenbahngesellschaften und Lkw-Transportunternehmen wertvolle Unterstützung bieten. Ihr Ziel ist es, ein kosteneffizientes (durch niedrigere Inlandsgebühren), hochwertiges Transportpaket zusammenzustellen (Ambrosino, 1994).

Lagerung

Wenn es für einen Exporteur notwendig und profitabel ist, in ausländischen Absatzmärkten einen Warenbestand zu halten, können Speicher- oder Lagerzweigniederlassungen errichtet werden. Derartige Einrichtungen können Teil ausländischer Verkaufsniederlassungen sein. Wenn sie derart angebunden sind, lassen sie sich vom Käufer besser nutzen und es wird ein potenziell mächtiges Marketingwerkzeug geschaffen, da sich durch sie möglicherweise größere Umsatzvolumen erzeugen lassen. Dieselbe Situation entsteht, wenn es sich bei einer Lagerzweigniederlassung um eine eigenständige Wirtschaftseinheit handelt, die errichtet wird, um Aufträge ausländischer Distributoren oder Vertreter zu erfüllen.

Alternativ zur Errichtung von Lagerzweigniederlassungen in ausländischen Absatzmärkten kann der Exporteur die Dienste öffentlicher Lagerhäuser nutzen. Eine Lagerzweigniederlassung ist wegen des unregelmäßigen Lagerbedarfs möglicherweise unpraktisch oder bei regulärer Nachfrage vielleicht auch nicht groß genug, um die erforderliche Investition und die damit verbundenen Betriebskosten zu rechtfertigen. Viele öffentliche Lagerhäuser werden in den verschiedenen Freigebieten der Welt errichtet.

Internationale öffentliche Lagerhäuser stellen alle üblichen Dienste der Lagerung bereit: Entladung, Lagerung, Verpackung usw. In vielen ausländischen Absatzmärkten bieten derartige Lagerhäuser möglicherweise auch weitere Dienstleistungen an. Ein Beispiel dafür bietet ein niederländisches Unternehmen, das seinen Kunden Dienste der Frachtweiterleitung, Verpackung, Versicherung und des Transports in ganz Europa und in den Mittleren Osten anbietet. Für mindestens einen Kunden hat es die Werbematerialien koordiniert. Außerdem werden viele derartige Lagerhäuser *kundengebundene Lagerhäuser* genannt, was bedeutet, dass sich hier Güter aus dem Ausland lagern und auf bestimmte Weise bearbeiten lassen, ohne dass Zollzahlungen fällig werden, bevor die Waren das Lager verlassen und an den Käufer geliefert werden. Zu den Bearbeitungen können auch Fertigungsaktivitäten zählen, obwohl derartige Aktivitäten nur erlaubt sein können, wenn die fertigen Produkte exportiert werden. Die in Zolllagern durchgeführten Aktivitäten stehen unter strenger Aufsicht der Zollbehörden.

Ausländische Speicher- oder Lagereinrichtungen müssen nicht notwendigerweise nur Bestände für ein einzelnes Marktgebiet bieten. Tatsächlich errichten viele Exporteure, die zunehmend das Gesamtkostenkonzept auf ihre Probleme der physischen Distribution oder Logistik anwenden, derartige Zweigniederlassungen als zentrale Distributionszentren zur Bedienung umfassender Gebiete. In den frühen 90ern fasste ein Haushaltswarenunternehmen aus den USA z.B. seine sieben europäischen Lagerhäuser zu zweien zusammen, während ein Computerhersteller mit einer Fabrik in Irland die Lagerhaltung komplett einstellte und auf Direktauslieferungen umstieg. Frachtspediteure übernahmen die lokale Distribution. Wenn mehrere Marktgebiete von einer einzelnen Speicher- oder Lagerniederlassung bedient werden sollen, kann es am günstigsten sein, wenn sich diese in einem Freihafen oder einer Freihandelszone, wie z.B. Hongkong, New York oder Colon befindet. Durch den Standort in einem Freigebiet ist es für einen Hersteller relativ leicht, viele Märkte zu bedienen, da die üblichen Zollprozeduren und -regulierungen des Landes, in dem sich das Freigebiet physisch befindet, nicht angewendet werden. Neben Freigebieten können Exporteure, die Geschäfte in Europa machen, über ein oder mehrere Lagerhäuser zur Bedienung der gesamten EU verfügen. Diese können sich in beliebigen Mitgliedsländern befinden.

Freigebiete

Zwei verschiedene Arten von Freigebieten findet man überall auf der Welt. Sie ähneln sich darin, dass sie sich außerhalb des Zolleinflussgebiets eines Landes befinden. Produkte lassen sich einfach und ohne Formalitäten in diese Gebiete bringen und exportieren. Außerdem können weitere Aktivitäten erlaubt sein, wie z.B. das Umpacken und die Herstellung.

Wie bereits in Kapitel 3 erwähnt wurde, ist eine *Freihandelszone* im Grunde genommen ein abgeschlossenes, überwachtes Gebiet ohne Wohnbevölkerung, das sich in der Nähe eines Einfuhrhafens befindet, in das sich ausländische Güter, die nicht anderweitig verboten sind, ohne Zollformalitäten bringen lassen. Die Barrenquilla-Freizone in Kolumbien, Shannon in Irland und Honolulu in den USA sind Beispiele. Manchmal kann es sich bei der Zone auch nur um die Fabrik oder das Lager eines Unternehmens handeln. E. R. Squibb & Sons, ein globaler Hersteller von Arzneimitteln und Produkten der Gesundheitspflege, produziert in 29 Fabriken in 27 Ländern und besitzt eine Fabrik in New Brunswick (New Jerey, USA), die zur Freihandelszone erklärt worden ist. Mit einem derartigen Status kann Squibb seine Kosten deutlich senken, da er von der Zollzahlung entlastet wird, keine Verpflichtungen bei Abfallprodukten und Wiederexporten hat und niedrigere Zölle für die Fertigprodukte als für die ansonsten zu importierenden Rohstoffe bezahlt. Ähnlich gibt es in Dänemark „freie Lagerhäuser", die von der dänischen Regierung in Kopenhagen und anderen Städten betrieben werden und wie Freihandelszonen fungieren. Bei ihnen handelt es sich um Variationen der kundengebundenen Lagerhäuser, die in europäischen Städten wie Antwerpen und Rotterdam anzutreffen sind. Beispiel 13.3 verdeutlicht potenzielle Vorteile der Nutzung von Freizonen.

BEISPIEL 13.3

Wie Unternehmen von Freihandelszonen profitieren können

Ein Grund dafür, dass viele Unternehmen Freihandelszonen nutzen, sind die reduzierten Geldmittelflüsse. Einsparungen lassen sich sowohl bei preiswerten Artikeln als auch bei teuren Produkten erreichen. Um zu zeigen, dass die Einsparungen erheblich sein können, verdeutlicht die nachfolgende Tabelle eine hypothetische Situation.

Aktivitäten in der Freihandelszone	Beispiele für Einsparungen	
Zölle werden bei den importierten Gütern, die in der Zone zugelassen sind, nicht erhoben	*Laufende Lagerbestandseinsparungen*	
Für Speicherung, Vorgänge wie Verpackung, Kennzeichnung, Etikettierung, Umverpackung usw. oder für Montage/Fertigung. Der Cash flow wird verbessert.	Wert des durchschnittlichen dauerhaften Bestands	$40.000.000
	Durchschnittliche Zollgebühr	10%
Der Nutzer der Zone zahlt nur dann Zölle, wenn die Güter die Zone verlassen und in den Markt gelangen.	Dauerhaft entfallende Zölle	$ 4.000.000
	Geldkosten (geschätzt)	13%
Der Nutzer der Zone verbessert seine Cashflow-Position durch Verkürzung der Zeit zwischen Zollzahlungen und Einnahmen aus dem Verkauf der Güter.	Jährliche Einsparungen (geschätzt)	$ 520.000
Der Nutzer der Zone erreicht eine bedeutende Senkung seines Kapitalbedarfs bei der Finanzierung.		

Beispiel 13.3 (Forts.)

Bei Wiederausfuhr aus der Zone werden keine Zölle erhoben	*Exporteinsparungen*	
Die in die Zone zollfrei importierten Güter können auf verschiedene Weise bearbeitet werden: Prüfung, Montage zu Fertigprodukten, Umverpackung oder Lagerung. Dann lassen sie sich in Märkte exportieren, die außerhalb des Landes liegen, das keine Zölle erhoben hat.	Wert der Importe, die jährlich aus der Zone exportiert werden	$20.000.000
	Durchschnittliche Zollgebühr (geschätzt)	6%
	Jährliche Einsparungen (geschätzt)	$ 1.200.000
Die Verarbeitung der Güter innerhalb der Zone kann Zölle eliminieren oder verringern	*Einsparungen duch Fertigung/Montage/Verarbeitung*	
Unternehmen, die Teile in die Zone importieren und sie zu Fertigprodukten zusammenbauen, können Zölle verringern oder eliminieren, indem sie Fertigprodukte aus der Zone versenden.	Jährliche Zölle, die bei importierten Komponenten/Materialien usw. fällig gewesen wären	$ 750.000
	Zölle auf Fertigprodukte (niedrigere entsprechende Gebühren)	450.000
	Jährliche Einsparungen (geschätzt)	$ 300.000
Zölle für defekte oder beschädigte Güter lassen sich durch Kontrollen und Prüfungen der in die Zone importierten Güter vermeiden	*Einsparungen durch defekte, beschädigte, überflüssige oder veraltete Produkte*	
Trennung von mangelhaften Gütern, die an den Absender zurückgehen oder anderweitig zollfrei zur Disposition stehen	Gesamtmenge der zu verzollenden Güter	$20.000.000
	Prozentsatz der defekten Materialien	15%
Für feststellbare Verluste, wie z.B. Verdampfen, Versickern, Verunreinigungen, Beschädigungen, Defekte oder Veralterung sind keine Zölle zu entrichten	Wert der zu verzollenden Güter, die Defekte usw. erlitten haben	$ 3.000.000
	Durchschnittliche Zollgebühr (geschätzt)	8%
	Jährliche Einsparungen (geschätzt)	$ 240.000
Einsparungen von 10 bis 25% ließen sich ingesamt bei der Transportversicherung von der Fabrik des Absenders im Ausland zum Importeur in einer Zone im Vergleich zu einem Importeur außerhalb einer Zone erreichen	*Feuer- und Diebstahlversicherung*	
	Durchschnittlicher jährlicher Wert der verzollten Bestände	$44.000.000
Über die Einsparungen bei Feuer- und Diebstahlversicherungen hinaus ließen sich in Abhängigkeit von der Versandmethode (Luft/See, Container/Kisten, Art der Waren usw.) weitere Einsparungen erreichen	Feuer- und Diebstahlversicherung (7 Cent je 100 $)	$ 30.800

Quelle: Bearbeitung von (1991) Foreign trade advantage: an innovative way to trim costs, *Via Port of NY-NJ*, 43(1), S. 12-15.

Sowohl BMW Nordamerika als auch Mazda nutzen eine Freihandelszone in den USA, um von der Aufhebung der Zollpflicht bei den in dieser Zone erlaubten Autoimporten zu profitieren. Diese Unternehmen nutzen die Zone, um ihre Autos mit Zubehör zu versehen, das aus dem Inland stammt, und können sie auch innerhalb der Zone lagern. Ein weiteres Beispiel stellt Magnavox dar, das eine Freihandelszone in den USA zur Lagerung eines Seenavigationssystems nutzt, das in Dänemark hergestellt wird. Diese Zone dient als Lagerzentrale für Verkäufe in die USA und andere Länder.

Ein *Freihafen* umfasst einen Hafen oder eine komplette Stadt, die zu Zollzwecken vom Rest des Landes isoliert wurde. Wichtige Freihäfen befinden sich z.B. in Hongkong und Singapur. Diese Gebiete existieren vorwiegend zur Erleichterung von Wiederexporten und können daher als zentrale Distributionszentren dienen. Eine Variation sind die *Freizonen,* die sich im Allgemeinen auf entfernte, unterentwickelte Regionen eines Landes beschränken. Mexiko hat z.B. an vielen Stellen an seiner Grenze zu den USA derartige Zonen geschaffen.

Damit verwandt ist die *produzierende Exportzone* (export processing zone), bei der es sich um ein Gebiet handelt, in dem ausländische Hersteller eine begünstigte Behandlung beim Import von Zwischenprodukten, bei Steuern, Infrastrukturbedingungen und eine Befreiung von industriellen Regulierungen genießen, die ansonsten im entsprechenden Land gelten. Entwicklungsländer benutzen diese Gebiete zur Anregung von Exporten als eine Möglichkeit der industriellen Entwicklung. Um erfolgreich zu sein, müssen derartige Zonen über angemessene physische Infrastrukturen und über eine gewisse Nähe zu guten Transport- und kommerziellen Hilfsdienstleistungen verfügen. Seit Mitte der 60er Jahre haben sich produzierende Exportzonen schnell im gesamten Ost- und Südasien, der Karibik und Mittelamerika verbreitet. Einige westeuropäische Länder (z.B. Frankreich und Großbritannien) haben diese Idee ebenfalls übernommen (UNIDO, 1995).

Transportversicherung

Zu den erheblicheren, bei Exportgeschäften entstehenden Risiken gehören der Verlust oder Beschädigungen von Gütern beim physischen Transport vom Verkäufer zum Käufer. Meist lässt sich eine volle Deckung des Risikos durch spezielle Transportversicherungen, wie z.B. *Seeassekuranzen*, erreichen. Der Schutz kann sich auf alle Transportrisiken vom Zeitpunkt des Verlassens des Lagers oder der Fabrik des Herstellers (im Inland oder am Ausgangshafen im Land des Exporteurs) bis zum Erreichen des endgültigen, vom ausländischen Käufer angegebenen, Bestimmungsorts erstrecken. In ihrer einfachsten Form sind derartige Versicherungen für den Eigentümer der in ausländische Märkte transportierten Waren ein Mittel zur Rückvergütung eintretender Verluste oder Beschädigungen, bei denen die Frachtführer rechtlich nicht zur Zahlung herangezogen werden können. Neben den gesetzlichen Eigentümern haben auch die Nichteigentümer häufig ein Interesse daran, dass Sendungen angemessen versichert sind.

Aus der Sicht der an internationalen Marketingtransaktionen beteiligten Parteien (Verkäufer und Käufer) spielen die *versicherbaren Interessen* eine entscheidende Rolle bei den Fragen, wer die Transportversicherung benötigt und wann versichert werden soll. Allgemein hängt das versicherbare Interesse davon ab, ob Unternehmen vom sicheren Eintreffen des Frachtführers und seiner Fracht profitieren oder ob das Unternehmen durch deren Verlust, Beschädigung oder Verzögerung Schaden erleidet. Dies umfasst eine Vielzahl von Situationen, in denen nicht nur der Eigentümer des Transportmittels und der Fracht, sondern auch bestimmte Nichteigentümer derartige Interessen haben. In einigen Situationen kann der Verkäufer z.B. auch dann als Nichteigentümer noch ein versicherbares Interesse haben, wenn die Güter bereits legal in den Besitz des Käufers übergegangen sind.

Die Haftung des transportierenden Frachtführers ist im internationalen Handel äußerst beschränkt. Zudem ist der Besitzer der Fracht an Bord eines Schiffes ein Beteiligter an einem „Joint Venture" bzw. an einer gemeinsamen Unternehmung und kann Gegenstand allgemeiner

Ansprüche werden, bei denen es um die Haftung für den Verlust oder die Zerstörung von Waren anderer Personen geht, die von Personen verursacht werden, die für die Sicherheit des Schiffs verantwortlich sind (siehe Beispiel 13.4). Daher sind Sendungen auf hochseetüchtigen Schiffen ständig von der Seeassekuranz gedeckt. Meist sorgt der Absender oder Exporteur für die Deckung. Importeure sorgen jedoch üblicherweise ebenfalls für eine Deckung, um Vorkehrungen zu treffen, die einen Schutz bei Vorfällen bieten, für die der Exporteur aus irgendwelchen Gründen keine Vorsorge getroffen hat. Die Seeassekuranz ist derart weitläufig erforderlich, dass die meisten mit regelmäßigen Exportgeschäften befassten Unternehmen über eine offene Police bei einem zuverlässigen Seeassekuranzunternehmen verfügen.

BEISPIEL 13.4

Deckung der Seeassekuranz

Wenn ein Exporteur eine Seeassekuranz abschließt, gibt es eine Reihe von Risiken, gegen die er sich versichern will. Zu den bedeutenden Gefahren zählen Feuer, Meeresrisiken (Wetter, Wellen, Beschädigungen durch Meerwasser usw.), Havarie (Gegenstände, die über Bord gehen), Seeräuber (gewaltsame Übernahme) und Baratterie (absichtliches unzumutbares Verhalten des Kapitäns oder der Mannschaft, inklusive Diebstahl). Zudem kann der Exporteur Versicherungsdeckung für andere Gefahren und Risiken (z.B. Diebstahl durch Personen, die nicht der Mannschaft angehören) erhalten.

Die genannten Gefahren bestimmen die Art des Verlusts und der Beschädigungen, die von der Versicherung gedeckt sind. Die *Havariebestimmungen* bestimmen das Ausmaß der Deckung. „Havarie“ bezieht sich in Versicherungen auf „Verluste in weniger als dem vollen Umfang“. *Einfache Havarieverluste* betreffen nur bestimmte Interessen, während *allgemeine Havarieverluste* alle Frachtinteressen auf einem bestimmten Schiff sowie das Schiff selbst betreffen.

Die eingeschränkteste Form von Deckung ist „frei von einfacher Havarie“ (FPA – free of particular average), was bedeutet, dass außer Totalverlusten nur Teilverluste durch Gefahren der See gedeckt sind, aber nur, wenn das befördernde Schiff gestrandet, gesunken, verbrannt ist, gebrannt hat oder in eine Kollision verwickelt war. Bei den englischen Bestimmungen (FPA-EC) muss zwar eine dieser Bedingungen eingetreten sein, es ist aber kein Nachweis erforderlich, dass diese tatsächlich den Verlust verursacht haben. Im Gegensatz dazu muss das Ereignis unter den amerikanischen Bedingungen (FPA-AC) den Verlust verursacht haben.

Eine umfassendere Deckung bietet „mit Havarie“. Teilschäden sind dabei gedeckt, wobei manchmal, je nach eingetretenem Ereignis, ein gewisser Abzug vorgenommen wird. „Alle Risiken“ bietet die umfassendste Deckung. Manchmal können aber auch hier bestimmte Schadensarten bei bestimmten Produkten ausgeschlossen sein.

Wenn einem Käufer ein CIF-Preis genannt wird, muss der Exporteur für die Seeassekuranz sorgen. Wenn vom Käufer keine bestimmte Deckung gefordert wird, sorgt der Exporteur für die „übliche“ Deckung, die sich bei der besonderen Art von Sendung als erforderlich oder wünschenswert erwiesen hat.

Erfolgt der Versand auf dem Luftweg, kann der Absender seine Sendungen bei der anfänglichen Luftfrachtgesellschaft oder seinem Versicherungsmakler versichern. Fluggesellschaften bieten eine beschränkte Versicherungsdeckung bei Sendungen ausgewählter Produkte an. Wenn die betreffende Fluggesellschaft für Versicherungsdeckung sorgt, bleibt anzumerken, dass das Versicherungsunternehmen üblicherweise eine Maximalgrenze für den Wert der mit einem beliebigen Flug beförderten Waren setzt. Dieser Umstand ist dafür verantwortlich, dass Fluggesellschaften manchmal die Beförderung physisch kleiner, aber äußerst wertvoller Sendungen ablehnen.

Versicherungsschutz kann auch der Luftfrachtspediteur gewähren. Waren können daher vom Zeitpunkt der Übernahme bis zur Auslieferung am Flughafen gedeckt sein.

Die übliche Form der für die Seeassekuranz eingesetzten offenen oder gleitenden Police wird auch für die Versicherung von Luftfrachten benutzt, die Luftfrachtversicherung erfordert aber einen besonderen Zusatz, der der offenen Police hinzugefügt werden muss. Wenn Exporteure regelmäßig Luftfracht versenden, dienen offene Policen, die alle Sendungen decken, ihrem eigenen Vorteil. Derartige Policen lassen sich so vereinbaren, dass sie den kompletten Transportweg vom Exporteur zum Importeur umfassen.

Eine umfassende Erörterung dieses Themas bietet z.B. Rodda (1970).

Exportverladung

Die Aktivität des Verladens unterscheidet sich von der des Verpackens. Bei der sorgfältigen Exportverladung handelt es sich nicht nur um eine Operation, bei der die Waren einfach in einen Container gepackt werden, so dass sie in gutem Zustand am Bestimmungsort eintreffen. Weitere Ziele sind die möglichst wirtschaftliche Nutzung des Transportraums, Einsparungen durch Verwendung möglichst ökonomischer Verpackungsmaterialien, die Verhinderung von Diebstahl und die Sorge für eine möglichst niedrige Zollpflicht.

Die Art der Verpackung, mit der sich die Waren in gutem Zustand zum ausländischen Kunden befördern lässt, hängt vom jeweiligen Produkt, dem Hafen am Bestimmungsort, der Länge der Reise, dem Klima am Lieferort und den Temperatur- und Feuchtigkeitsbedingungen ab, denen die Waren während des Transports ausgesetzt sein können. Nur durch Erfahrung und Versuche lässt sich die Art des Containers oder der Verpackung herausfinden, die sich für die bestimmten Bedingungen einer gegebenen Sendung am besten eignet. Ekkwill Tropical Fish Farm, ein amerikanisches Unternehmen, exportiert jährlich einige Millionen lebendiger Fische. Für Kanada, Mexiko und die Märkte in Europa, Asien, Südamerika und die westindischen Länder werden Lufttransporte benutzt. Spezielle Versand- und Verpackungsvorkehrungen sind bei einer derart „leichtverderblichen" Ware erforderlich. Daher setzt das Unternehmen die aktuellste Technologie in Verbindung mit Beruhigungsmitteln und hervorragender Wasserqualität ein. Die richtige Verpackung für den Export hat große Auswirkungen auf den Ruf dieses Unternehmens in den verschiedenen Märkten der Welt.

Transportraum ist teuer und sofern dieser Platz nicht möglichst effizient genutzt wird, können die Kosten für den Exporteur schnell steigen. Zu den ordnungsgemäßen Verpackungsmethoden zählt auch die Verwendung wirtschaftlicher Verpackungsmaterialien. Dies ist nicht gleichbedeutend mit dem Einsatz schwerer oder erstklassiger Verpackungsmaterialien. Ein Exporteur benutzte schwere Pappkartons zur Versendung emaillierter elektrischer Kühlschränke zur Westküste von Südamerika. Dies wiederspricht praktisch allen Regeln der ordnungsgemäßen Verpackung, war aber erfolgreich, weil die Einsparungen bei den Verpackungsmaterialien und beim Transportraum die durch die unzureichende Stabilität der Verpackung verursachten Verluste bei weitem übertrafen.

Weitere Überlegungen betreffen die Umwelt. In allen Märkten der Welt besteht zunehmendes Interesse an der Verwendung wiederverwertbarer Verpackungen und Verpackungsmaterialien. In Kapitel 9 haben wir kurz den in Deutschland eingesetzten Grünen Punkt besprochen und dabei auch einige Spekulationen darüber angestellt, ob dieses Programm oder etwas Vergleichbares in der EU zur Norm werden wird. Dieses Programm umfasst auch die zur Verpackung von Exportsendungen verwendeten Materialien.

Eng verwandt mit der Verpackung ist die Kennzeichnung und Beschriftung von Exportsendungen. Daran sind drei Parteien interessiert: Transportunternehmen, Zollbehörden und Importeure. Die Anforderungen dieser drei Parteien sind unterschiedlich. Folglich sollte sich der Hersteller/Exporteur der besonderen Anforderungen bei den jeweiligen Exportsendungen bewusst sein. Nachlässige Kennzeichnung und Beschriftung bzw. Etikettierung kann ein großer Anreiz für Diebstähle sein. Die richtige Kennzeichnung verbirgt den Inhalt der Sendung vor Dritten und sorgt gleichzeitig dafür, dass sich der Inhalt von den Zuständigen identifizieren lässt. Die Kennzeichnungen bzw. Aufkleber sollten auch über das Herkunftsland, die Anzahl der Pakete in den einzelnen Behältern und den Bestimmungsort Aufschluss geben und spezielle Behandlungsanweisungen umfassen.

13.4.3 Erforderliche Dokumente

Tabelle 13.1 beschreibt kurz acht der üblichsten Dokumente, die bei Exportsendungen benutzt werden. Beim *Konnossement* (*bill of lading* – B/L), das im nächsten Abschnitt behandelt wird, handelt es sich um eines der wichtigsten erforderlichen Dokumente. Die anderen wichtigen Dokumente werden nun besprochen. Zurzeit ist für den Abschluss von Exporttransaktionen eine Menge Papierarbeit erforderlich. Abbildung 13.5 verdeutlicht die Komplexität der Dokumentation, da sie die Hauptkommunikationslinien im internationalen Handel darstellt. Jeder Kontakt zwischen Exporteur und Spediteur erfordert ein oder mehrere Dokumente. Es wurden große Anstrengungen unternommen, um die Dokumentation zu standardisieren und zu vereinfachen, zu denen auch die Entwicklung von Systemen und Netzwerken für den elektronischen Datenaustausch zählen.

Tabelle 13.1 Übliche Exportdokumente.

Transportdokumente:

Konnossement (Bill of lading). Eine Quittung über die Frachtgüter und ein Transportvertrag zwischen einem Versender und einem Frachtführer. Er kann auch als Eigentumsnachweis dienen.

Kaiablieferungsbescheinigung. Dieses Dokument bestätigt den Eingang der Fracht bei einem Seefrachtführer.

Versicherungsschein. Nachweis, dass die Fracht während des Transits gegen Verlust oder Beschädigung versichert ist.

Bankdokumente:

Akkreditiv. Ein von einer Bank auf Bitte des Importeurs ausgestelltes Finanzdokument, das die Bezahlung des Exporteurs garantiert, wenn bestimmte Bestimmungen und Bedingungen im Zusammenhang mit der Transaktion erfüllt sind.

Kommerzielle Dokumente:

Kommerzielle Rechnung. Hier handelt es sich um eine Rechnung des Exporteurs an den Käufer über die Produkte.

Regierungsdokumente:

Exporterklärung. Enthält vollständige Informationen über die Sendung.

Konsulatsrechnung. Dies ist ein von einem Konsul des importierenden Landes unterzeichnetes Dokument, das der Kontrolle und Identifikation der dorthin verschifften Waren dient.

Herkunftsbescheinigung. Ein Dokument, das die Herkunft der zu exportierenden Produkte bestätigt, so dass das kaufende Land weiß, in welchem Land die Produkte hergestellt worden sind.

Abbildung 13.5 Kommunikationsverbindungsen im Handel.

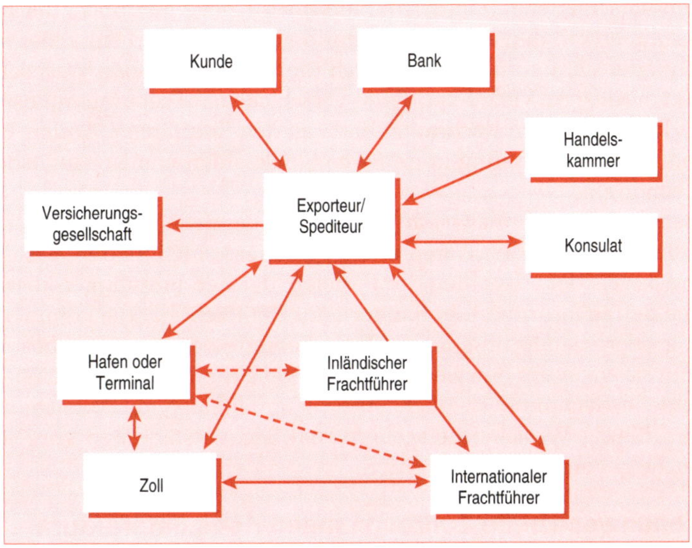

Quelle: Davies 1984, S.67

Exportgenehmigung und Exporterklärung

Neben den benötigten Exportgenehmigungen kann es erforderlich sein, dass der Versender eine *Exporterklärung des Absenders* ausfüllen muss. Die meisten Länder verlangen, dass Sendungen aus dem Ausland von einer solchen Genehmigung begleitet werden. Dieses Dokument wird vom Exporteur vorbereitet, der Transportgesellschaft übergeben und dann bei den Zollinspektoren am Exporthafen eingereicht. In einigen Ländern, wie z.B. in den USA, lässt sich das Dokument vom Exporteur oder Spediteur auf elektronischem Wege bei der entsprechenden Regierungsstelle einreichen. Die Exporterklärung führt die Beschreibungen, Mengen und Werte der verschiedenartigen Waren der Sendung auf. Sie enthält auch den Namen des Versenders, den Namen des Vertreters des Absenders und den Bestimmungsort und Empfänger. Es handelt sich um ein einfaches Dokument, das zur Sammlung statistischer Daten über Exporte benutzt wird und von Regierungen auch zur Kontrolle von Exporten eingesetzt wird.

Kommerzielle Rechnung

Im Zusammenhang mit Exporten wird die Rechnung, die der Exporteur oder Absender dem Importeur oder Empfänger zukommen lässt, *kommerzielle Rechnung* genannt. Diese Rechnung enthält alle Einzelheiten der Sendung. Die Kennzeichnung, die Anzahl der Pakete, eine genaue Packliste und eine vollständige Beschreibung der Waren sollten in der kommerziellen Rechnung enthalten sein. Sie sollte (bei Seetransporten) den Namen des Schiffs, den Namen und die Adresse des Empfängers, die Vertragsnummer, ggf. das Schlüsselwort für den Vertrag, die Stückpreise der Waren und den Gesamtpreis der Sendung enthalten. Die kommerzielle Rechnung sollte auch über die Form der Preisangabe (ob die Waren FOB Fabrik, FAS Schiff oder CIF Bestimmungshafen versendet werden) und die Art der Bezahlung (d.h. Akkreditiv, Sichtwechsel, 60 oder 120 Tage nach Sicht, Dokumente gegen Akzept oder Dokumente gegen Zahlung usw.) Aufschluss geben.

Die Anzahl der erforderlichen Kopien der kommerziellen Rechnung bei den jeweiligen Sendungen ist in den verschiedenen Ländern unterschiedlich. Es ist üblich, der Bank mindestens zwei Kopien zusammen mit den anderen Versanddokumenten und entweder mit dem Wechsel gegen Akkreditiv oder dem zum Inkasso durch die Bank gezogenen Wechsel (direkt auf den Käufer bezogen) vorzulegen. Viele Exporteure verschicken auf separatem Postweg mindestens zwei Kopien der kommerziellen Rechnung direkt an den Empfänger. Andere Kopien der kommerziellen Rechnung werden häufig in größeren Stückzahlen von Konsulatsbeamten im Land des Importeurs benötigt.

In den Ländern mit Gewohnheitsrecht haben kommerzielle Rechnungen keine Bedeutung hinsichtlich des Besitztitels an den Waren und sind daher keine Effekten. Bestenfalls handelt es sich um einen Nachweis der Absichten der Parteien, der den Empfänger über alle Fakten und den zu zahlenden Betrag informiert. In Ländern mit Zivilrecht hat die kommerzielle Rechnung jedoch eine viel größere Bedeutung, da sie den Übergang der Besitztitel bestimmt. In derartigen Ländern kann sie sogar ein Beweis für die Übergabe des Besitztitels sein.

Die kommerzielle Rechnung ist auch im Zusammenhang mit Versicherungsansprüchen wichtig und wird häufig Versicherungsgebern und Sachverständigen vorgelegt, wenn Schadenersatzansprüche geltend gemacht werden.

Konsulatsrechnung/spezielle Zollrechnungen/Konsulatsfaktura

Ein weiteres wichtiges Versanddokument ist bei Sendungen in einige Länder die Konsulatsrechnung, „spezielle Zollrechnung" oder *Faktura* (wie sie in einigen spanischsprachigen Ländern genannt wird). Dieses Dokument erhält der Exporteur in seinem Land vom Regierungsrepräsentanten des importierenden Landes. Der Exporteur muss es also dem ausländischen Konsul oder dessen Repräsentanten vorlegen und bestätigen lassen und es enthält alle wichtigen Details des Verkaufs. Nach der Bestätigung wird das Dokument an den Käufer weitergeleitet, der es dem Zoll zusammen mit der Zollerklärung vorlegen kann. Angeblich soll die Konsulatsfaktura der Bestimmung der Höhe der zu erhebenden Zölle dienen.

Die Gebühren, die bei der Bestätigung des Dokuments vom Konsulat der ausländischen Regierung erhoben werden, sind landesspezifisch höchst unterschiedlich. Teilweise handelt es sich um feste Gebührenbeträge, einige Länder (insbesondere weniger entwickelte) haben aber herausgefunden, dass Konsulatsfakturen gute Einnahmequellen sein können.

Wenn sie erforderlich sind, müssen Konsulatsfakturen mit äußerster Sorgfalt ausgefüllt werden. Einige Länder akzeptieren keine Formulare mit Ausradierungen oder Fehlerkorrekturen. Wenn Zollinspektoren Fehler auffallen, kann eine beträchtliche Geldstrafe anfallen und die Sendung könnte im Extremfall sogar beschlagnahmt werden.

Pack- oder Versandliste

Die Versandliste befindet sich manchmal in der kommerziellen Rechnung, kann aber – je nach Anzahl der Pakete und der Komplexität der Liste – auch ein eigenständiges Dokument sein. Sie sollte, Stück für Stück, den Inhalt der Behälter oder Container einer Sendung angeben. Die einzelnen Behälter sollten getrennt zusammen mit ihrem Gewicht und einer fortlaufenden Beschreibung aufgeführt werden, so dass eine komplette Prüfung der einzelnen Pakete bei der Ankunft am Hafen des Bestimmungsorts oder dem Zollamt möglich ist. Diese Informationen sind auch für den Empfänger nützlich. Jede Abweichung der Beschreibung von der kommerziellen Rechnung oder der Konsulatsfaktura können beim Empfänger üblicherweise zu hohen Geldstrafen führen, die dann an den Exporteur weitergegeben werden.

Bestätigungen und andere Unterlagen

Es gibt eine Reihe anderer Dokumente, die zur Vervollständigung eines Satzes von Versandpapieren erforderlich sein können. Zu den wichtigsten zählen Herkunftsbescheinigungen und spezielle Bescheinigungen.

Herkunftsbescheinigungen sind Dokumente, die den Ursprungsort der Waren bestätigen. Abbildung 13.6 ist ein Beispiel einer allgemeinen Herkunftsbescheinigung für die USA. Auch wenn das spezielle Format abweichen kann, ist diese Bescheinigung doch für die von den meisten anderen Ländern verwendeten Bescheinigungen repräsentativ. Alle enthalten im Wesentlichen dieselben Arten von Informationen. Herkunftsbescheinigungen sind in einigen Ländern für alle, in anderen nur für bestimmte Produkte oder nur für Produkte aus bestimmten Ländern erforderlich. Neben derartigen allgemeinen Bescheinigungen können bei Sendungen zwischen Ländern mit besonderen Vereinbarungen spezielle Bescheinigungen verlangt werden. Es gibt z.B. eine spezielle Bescheinigung für amerikanische Sendungen nach Israel, die dem amerikanisch-israelischen Freihandelsabkommen unterliegen.

In einigen Ländern ist die Herkunftsbescheinigung das einzige erforderliche spezielle Dokument. In anderen Ländern wird eine kombinierte Konsulatsfaktura und Herkunftsbescheinigung verlangt. In wieder anderen ist neben der Konsulatsfaktura eine eigenständige Herkunftsbescheinigung erforderlich.

Die Herkunftsbescheinigung wird im Allgemeinen nicht annähernd so formal gehandhabt wie die Konsulatsfaktura. Das Formular wird meist vom Absender oder seinem Vertreter ausgefüllt und wird dann von dem Angestellten einer lokalen kommerziellen Organisation und nicht von Konsulatsbeamten bestätigt. In einigen Fällen muss ein Konsulatsbeamter die Unterschrift des Angestellten der örtlichen kommerziellen Organisation autorisieren.

Spezielle Bescheinigungen umfassen eine große Vielfalt besonderer Prüfungsbescheinigungen, die von verschiedenen Autoritäten ausgestellt werden und die vom Importeur verlangt werden, um die Anforderungen seiner eigenen Regierung zu erfüllen. Derartige Dokumente bestätigen z.B. die Reinheit oder Gesundheit und werden für Nahrungsmittel, Pflanzen, Samen und lebende Tiere ausgestellt. Häufig müssen sie dem Konsulatsrepräsentanten des importierenden Landes vorgelegt oder von diesem bestätigt werden. Bei Nahrungsmitteln werden Reinheits- bzw. Hygienebescheinigungen am häufigsten verlangt.

Spezielle Bescheinigungen werden auch für bestimmte Arten von Waren ausgestellt und bestätigen bestimmte Zusammensetzungen oder die Existenz bestimmter Bestandteile. Einige Stahlsorten werden z.B. entsprechend derartiger Analysen verkauft. Bestimmte chemische Mischungen müssen hinsichtlich ihrer vorhandenen bzw. erwünschten Bestandteile analysiert und bescheinigt werden.

Vom Importeur kann erwartet werden, dass er angibt, welche speziellen Bescheinigungen verlangt werden können, und der Exporteur muss diese zur Verfügung stellen. Alle erforderlichen Bescheinigungen sollten der kommerziellen Rechnung beigefügt werden und an den Importeur zusammen mit den anderen Versanddokumenten weitergeleitet werden.

Abbildung 13.6 Herkunftsbescheinigung der USA.

CERTIFICATE OF ORIGIN

The undersigned . . . .
(Owner or Agent, &c)

for . . . . declares
(Name and Address of Shipper)

that the following mentioned goods shipped on S/S . . . .
(Name of Ship)

on the date of . . . . consigned to . . . .

. . . . are the product of the United States of America.

MARKS AND NUMBERS	NO. OF PKGS., BOXES OR CASES	WEIGHT IN KILOS GROSS	NET	DESCRIPTION

Sworn to before me

Dated at . . . . on the . . . . day of . . . . 19 . . . .

this . . . . day of . . . . 19 . . . .

. . . .
Signature of Owner or Agent

The . . . . , a recognized Chamber of Commerce under the laws of the State of . . . . , has examined the manufacturer's invoice or shipper's affidavit concerning the origin of the merchandise and, according to the best of its knowledge and belief, finds that the products named originated in the United States of North America.

Secretary . . . .

Quelle: Form 10-900P Certificate of Origin. Abdruck mit Genehmigung von Unz & New Providence, NJ 07974.

13.4.4 Seetransport und Konnossemente

Das Seekonnossement

Das Konnossement (bill of lading) dient als Dokument im Seetransport drei verschiedenen Zwecken:

1. Es ist ein Speditionsvertrag zwischen dem Versender und dem Transportunternehmen.
2. Es ist eine von der Schifffahrtgesellschaft ausgestellte Quittung über die Übergabe der Güter.
3. Es ist ein Beweis für den Besitztitel an den Waren.

   Die verschiedenen Arten des Konnossements werden in Beispiel 13.5 etwas ausführlicher beschrieben. Ein Beispiel wird in Abbildung 13.7 dargestellt.

BEISPIEL 13.5

Arten von Konnossementen

Konnossemente (bills of lading – B/L) lassen sich nach verschiedenen Kriterien klassifizieren, die sich auf den Besitztitel an den Waren und die Art des Empfangs beziehen.

Unterschriebene und nichtunterschriebene Konnossemente

Konnossemente werden häufig in 25 Kopien vorbereitet. Manchmal sind sogar noch mehr Kopien erforderlich. Nur diejenigen, die vom Schiffskapitän oder seinem autorisierten Vertreter unterzeichnet worden sind, sind legal verbindliche Dokumente. Im Fall eines Abrufkonnossements (nachfolgend beschrieben) bringt jede der unterzeichneten Kopien den Besitztitel an der Sendung mit sich. Beliebige Personen können vom Absender, vom Empfänger oder seinem Vertreter oder von anderen Personen, denen die Waren zugestellt worden sind, beauftragt werden, um den Besitz zu beanspruchen und die Lieferung zu übernehmen.
Wenn jedoch eine der unterschriebenen Kopien vorgelegt wird, werden die anderen automatisch ungültig (nur eine Kopie kann dem Frachtführer zwecks Beanspruchung der Sendung vorgelegt werden). Unterschriebene, nichtübertragbare Kopien, die im Fall direkter Konnossemente (nachfolgend beschrieben) ausgestellt werden, dienen als Nachweis einer Sendung.

Nichtunterschriebene Kopien des Konnossements sind nicht rechtsfähig, aber dennoch wichtig. Mehrere werden für die Akten des Absenders und des Empfängers benötigt, einige braucht das Schifffahrtsunternehmen für seine Aufzeichnungen und das Ausstellen von Rechnungen und weitere können für Zwecke wie die Vorbereitung und die Geltendmachung von Versicherungsansprüchen erforderlich sein oder von den Banken benötigt werden, die an der Finanzierung oder am Inkasso beteiligt sind.

Direktes oder Abrufkonnossement und Frachtquittungen

Seekonossemente können entweder *direkt* oder *auf Abruf* ausgestellt sein. Ein direktes Konnossement wird auf einen eigens benannten Empfänger am Bestimmungsort ausgestellt, bei dem es sich um die einzige Person handelt, die die Lieferung übernehmen kann. Ein Konnossement kann auf Abruf des Absenders, einer Bank, eines Vertreters oder einfach nur „auf Abruf" ausgestellt werden. Wer sich auch legal im Besitz des Dokuments befinden mag, kann die Übergabe der Sendung verlangen.

Beispiel 13.5 (Forts.)

Das direkte Konnossement ist nicht übertragbar. Durch seine Bestimmungen übernimmt das Transportunternehmen die Fracht und schließt einen Vertrag ab, mit dem es sich dazu verpflichtet, sie vom Versandort zum Bestimmungsort zu befördern. Jeder, der sich im Besitz der Frachtbenachrichtigung einer Sendung befindet und nachweisen kann, dass er der Empfänger ist oder diesen vertritt, kann in den Besitz der Waren gelangen. Dabei kann es sich um eine Bank, einen speziellen Makler oder einen Vertreter handeln.

Ein auf Abruf ausgestelltes Konnossement ist ein Wertpapier, und die Übergabe des ordnungsgemäß unterschriebenen Originals ist für die Auslieferung der Waren erforderlich. Der Besitztitel verbleibt bei der Person, auf deren Abruf es ausgestellt worden ist (wenn es „auf Abruf" ausgestellt wurde, verbleiben die Besitzrechte beim Absender), bis es unterschrieben wird. Beim letztendlichen Empfänger handelt es sich um die vom Frachtführer über die Ankunft zu benachrichtigende Person oder Organisation.

Frachtquittungen werden häufig anstelle direkter Konnossemente verwendet. Bei diesem Verfahren werden keine Originalkonnossemente ausgestellt. Die Information über das Eintreffen der Fracht wird einfach an den Vertreter des Frachtführers im Entladehafen weitergeleitet.

Übernahme- und Bordkonnossement

Sofern im Konnossement nicht speziell angegeben wird, dass die Fracht an Bord des Schiff geladen wurde, handelt es sich um nicht mehr als ein *Übernahmekonnossement*. Es wird ausgestellt, wenn der Platz auf dem Schiff nicht im Voraus reserviert worden ist und der Frachtführer damit einverstanden ist, die Fracht nur zu laden, wenn der benötigte Platz verfügbar sein sollte. Übernahmekonnossemente werden nur benutzt, wenn die Auslieferung der Sendung am Bestimmungsort nicht eilt und wenn die Finanzierung nicht über Akkreditive oder Wechsel erfolgt.

Bordkonnossemente umfassen die legale Bestätigung des Schiffskapitäns, der als Vertreter des Frachtführers fungiert, dass die Fracht tatsächlich an Bord des Schiffs abgeladen worden sind.

Reines oder unreines Konnossement

Frachtinspektoren prüfen Sendungen sorgfältig, wenn sie am Pier abgeliefert und an Bord des Schiffs geladen werden. Wenn Beschädigungen entdeckt werden oder wenn die Menge unterhalb der Angaben bei Anlieferung am Pier liegt, wird eine entsprechende Notiz auf die Kaiablieferungsbescheinigung gemacht und der Absender erhält üblicherweise Gelegenheit, Beschädigungen zu beseitigen oder Mengen aufzufüllen. Wenn beim Verladen an Bord des Schiffs auffällt, dass die Fracht nicht unbeschädigt und vollständig ist, wird eine entsprechende Notiz auf dem Konnossement gemacht, das dann zu einem *unreinen Konnossement* wird. Wenn sich die Waren jedoch in einem offensichtlich guten Zustand befinden und deshalb keine Notizen bzw. Klauseln erforderlich sind, spricht man von einem *reinen Konnossement*.

Spezielle Arten von Konnossementen

Eine spezielle Art von Konnossement, die häufiger als allgemein angenommen verwendet wird, ist das *Gefälligkeitskonnossement*. Wenn der Absender der Schifffahrtsgesellschaft gut (und positiv) bekannt ist und ein Konnossement für einen bestimmten Tag benötigt und die Waren noch nicht am Pier abgeliefert worden sind, kann dem Versender ein vom Unternehmen unterschriebenes Konnossement in der üblichen Form ausgestellt werden. Dabei handelt es sich um ein Gefälligkeitskonnossement. Auf ihm befinden sich jedoch keine Angaben, die über seine Merkmale Aufschluss geben. Der Versender kann das Konnossement benötigen, um das Ablaufdatum eines Akkreditivs zu erfüllen und kann dem Schifffahrtsunternehmen bei Bedarf entsprechende Garantien geben.

Beispiel 13.5 (Forts.)

Spediteur- und NVOCC-Konnossemente

Eine weitere Variante des Konnossements, die manchmal verwendet wird, ist das *Spediteurkonnossement*. Der Grund für die Verwendung dieser besonderen Variante ist der Umstand, dass die meisten Schifffahrtsunternehmen eine minimale Konnossementsgebühr verlangen. Diese belastet Versender übermäßig, die nur eine einzelne Kiste, einen Karton oder geringe Warenmengen versenden. Der Exportfrachtspediteur kann mehrere kleine Sendungen einzelner Versender zusammenfassen und diese mit einem Konnossement an einen Bestimmungsort bringen. Am Bestimmungsort teilt die Zweigstelle des Spediteurs oder dessen Vertreter die Sendung wieder auf und liefert die Einzelstücke an mehrere Empfänger aus. Zum Zeitpunkt der Versendung schickt der Auslandsfrachtspediteur jedem der ursprünglichen Exporteure ein Spediteurkonnossement.

Diese Konsolidierungsfunktion wird nun häufig von Rechtseinheiten übernommen, die als NVOCC (non-vessel ocean carrier company) bekannt sind, bei denen es sich also um „Frachtführer" ohne eigene Schiffe handelt, die aber zur Ausstellung regulärer Konnossemente autorisiert sind. NVOCCs sind vorwiegend deshalb entstanden, weil eine Verschiebung hin zu Containern stattgefunden hat, die aus Gründen der Kosten, der leichteren Abwicklung und der Sicherheit eine Zusammenfassung in viel größerem Umfang wünschenswert machen.

Einheitlichkeit durch Exportkonnossemente

Der Einsatz dieser speziellen Form des Konnossements vereinfacht das Verfahren für inländische Hersteller und Exporteure. Diese Art von Konnossement ersetzt zwei Dokumente: das Schienen- (oder Lkw-)Konnossement und das Schiffskonnossement.

Die Bedingungen, unter denen der Seefrachtführer Güter zur Überführung annimmt, werden auf dem Seekonnossement angegeben. Obwohl der Vertrag zwischen dem Seefrachtführer und dem Absender der Waren sehr detailliert ausgeführt wird, ist es selten, dass der Absender alle Bestimmungen liest. Jeder Satz wurde bereits vor Gerichten ausgelegt, so dass er nun rechtlich abgesichert und ausführlich ausgelegt worden ist. Die Rechte des Absenders sind vollständig geschützt.

Als Ergebnis dieser Prozessjahre sind Seefrachtführer fast völlig von der Verantwortlichkeit hinsichtlich des Verlusts einer Sendung durch Diebstahl, Beschädigungen, Wasser oder Feuer befreit. Die einzige Verantwortung, die Seefrachtführer gewöhnlich tragen, betrifft Schäden, die aus der Nachlässigkeit von Angestellten und nicht gegebener Seetüchtigkeit des Schiffs vor dem Verlassen des Hafens resultieren.

Auswahl der Strecke und Beförderung der Waren zum Hafen

Der Exporteur sollte bei der Auswahl einer Route für eine Seesendung zwei Alternativen abwägen: (1) die Strecke, über die die Sendung in kürzester Zeit an den Hafen des Bestimmungsortes gelangt und (2) die wirtschaftlichste Strecke. Häufig ist die schnellste Strecke nicht die wirtschaftlichste.

Die Ablegehäufigkeit eines bestimmten Hafens ist wichtiger als die Dauer der Reise. Wenn eine Sendung gerade einen Ablegetermin verpasst und in den nächsten Tagen oder Wochen fällig ist, können sich Liegegelder (Gebühren für die Nutzung des Transportfahrzeugs oder des Containers) und Speichergebühren summieren. Dies ist einer der Gründe dafür, dass sich bedeutende Häfen üblicherweise trotz höherer Kosten für einzelne Sendungen besser für den Versand eignen.

Abbildung 13.7 Konnossement für See- und kombinierte Transporte.

MAERSK LINE

COMBINED TRANSPORT BILL OF LADING

B/L No.: SFOL22983

Shipper/Exporter (complete name and address):
NAF INTERNATIONAL INC.
ONE WATERS PARK DR., STE 120
SAN MATEO, CA 94403

Booking No.: SFO953929

Export references:
1071010

NKL-859

Consignee (complete name and address):
NKL FRESH FRUIT DEPT.
POSTBOKS 21 HAUGENSTUA
0915 OSLO 9
NORWAY

Forwarding agent - references: FMC 0087 CHB 5118
J E LOWDEN & CO
ONE EMBARCADERO CTR SUITE 1950
SAN FRANCISCO, CA 94111-3701

Shipper Reference not part of Bill of Lading

Point and Country of Origin: CALIFORNIA USA

Notify Party (complete name and address):
NKL FRESH FRUIT DEPT.
POSTBOKS 21 HAUGENSTUA
0915 OSLO 9
NORWAY

Domestic routing/export instructions:

*Precarriage by:

*Place of Receipt: NEW YORK

Vessel: MAREN MAERSK — Voy No.: 9212

Port of Loading: NEW YORK

Onward inland routing:

Port of Discharge: ROTTERDAM

*Place of Delivery: OSLO

CARRIER'S RECEIPT — **PARTICULARS FURNISHED BY SHIPPER - CARRIER NOT RESPONSIBLE**

Container No./Seal No. Marks and Numbers	No. of Containers or pkgs.	Kind of packages; description of goods	Gross Weight	Measurement
NKL-829 MAEU5504758 ML-US0346891 6451630	1	40'CNTR SAID TO CONTAIN 1540 PACKAGES FRESH GRAPES 38500# 1445' "NO SED REQUIRED, SECTION 30.39 FTSR, C.A.S. - JL." SHIPPERS LOAD, STOW AND COUNT FREIGHT COLLECT CY / CY STOWED IN A REEFER CONTAINER SET AT SHIPPERS REQUESTED CARRIAGE TEMPERATURE OF 34 TO 34 DEGREES FAHRENHEIT COMM CODE: AN10 0800000271	KGS 17463	CBM 40.894

NON NEGOTIABLE COPY

These commodities licensed by the United States for ultimate destination NORWAY Diversion contrary to US law prohibited

Freight & Charges	Rate		Unit	Prepaid	Collect
BASIC FREIGHT	208.00	USD	MTON		3632.30
ARBITRARY CHARGE	200.00	USD	HIGHCUBE		200.00
CURRENCY ADJ. FACTOR	22.00	USD	SS		843.11
BUNKER ADJ. FACTOR	80.00	USD	HIGHCUBE		80.00
TERMINAL HANDLING CH	500.00	USD	HIGHCUBE		500.00
CONT SERVICE CHARGE	780.00	NOK	HIGHCUBE		780.00

Declared Value Charges (see clause 6) for Declared Value of US $

Total Prepaid

Number of Original B(s)/L: 3/THREE

Total Collect

Place of Issue: SAN FRANCISCO

Date: NOV 17 92

Shipped in apparent good order and condition, unless otherwise stated herein, for transportation onboard the ocean vessel mentioned herein or any substituted vessel or on board the feeder vessel or other means of transportation (rail or truck) if place of receipt is named in this Bill of Lading the goods or packages or containers said to contain goods, hereinafter called "the Goods", specified herein for carriage from the port of loading named herein or place of receipt if mentioned herein, on a voyage as described and agreed by this Bill of Lading and discharge at the port of discharge named herein or deliver at the place of delivery if mentioned herein; such carriage, discharge or delivery being always subject to the exceptions, limitations, conditions and liberties hereinafter agreed in like order and condition at the port of discharge or place of delivery if named as the case may be, for delivery unto the Consignee mentioned herein or to his or their assigns where the Carrier's responsibilities shall in all cases and in all circumstances whatsoever finally cease. It is further agreed that Containers may be stowed on deck without notice pursuant to Clause 16 on the reverse side of this Bill of Lading. IN WITNESS whereof the number of original Bills of Lading stated on this side have been signed, one of which being accomplished the others to stand void.

LADEN ON BOARD NOV 16 1992

MAERSK INC.

By ______________________
As Agents for the Carrier

*Applicable only when document used as a Combined Transport Bill of Lading

MAERSK LINE U.S. CUSTOMS CONTAINER BOND NO. 1065-20591

M-1000 1/92 BLANKBL/1MM/2408/1-92/DR

Quelle: Abdruck mit Genehmigung von Maersk Line und J. E. Lowden & Co.

Wenn die zu exportierenden Produkte an einem Ort im Inland der Eisenbahn (oder einem Transportunternehmen) übergeben werden, wird entweder ein Schienen-/Lkw-Konnossement oder ein durchgehendes Konnossement (Durchfracht- bzw. Durchkonnossement) ausgestellt. Wenn ein Schienen-/Lkw-Konnossement ausgestellt wird, muss am Hafen ein zweites Konnossement für den Seetransport der Sendung ausgestellt werden. Bei Ankunft der Waren am Hafen wird von der Eisenbahngesellschaft eine Notiz, die *Frachtbenachrichtigung* genannt wird, an den örtlichen Empfänger im Zielhafen der Sendung verschickt. Der Repräsentant des Exporteurs nimmt dann die Waren von der Eisenbahn (dem Lkw) in Empfang und übergibt sie dem Seefrachtführer. Der Repräsentant des Versenders ist dann für alle Einzelheiten verantwortlich, die mit dem Beginn der Seereise der Waren zusammenhängen.

Frachtgebühren und Platzreservierungen

Seefrachtgebührensätze sind direkt bei den Schifffahrtslinien oder dem Auslandsfrachtspediteur erhältlich. In einigen Ländern hat der Versender die Wahl, ob er unabhängige Frachtführer oder Seefrachtführer benutzt, die einem Verband angehören. Schifffahrtskonferenzen sind Verbände von Seetransportunternehmen. Sie werden durch formelle Abkommen und mit Regierungssanktion in erster Linie gebildet, um Frachtraten und Ablegetermine für bestimmte Routen festlegen zu können. Ein Versender kann einen Jahresvertrag mit der Konferenz abschließen, so dass alle Frachten des Unternehmens mit Schiffen, die von den Konferenzunternehmen betrieben werden, an die angesteuerten Orte befördert werden. Wenn ein derartiger Vertrag unterzeichnet wird, werden dem Versender verringerte Frachtgebühren berechnet. Unabhängige Frachtführer können Versendern, die bereit sind, Jahresverträge abzuschließen, ebenfalls Nachlässe gewähren. Zwar haben sowohl Konferenzfrachtführer als auch unabhängige Frachtführer Gebührenpläne (Tarife), die von der Regierung genehmigt worden sind und an die sie sich halten müssen, doch sind die Gebühren unabhängiger Frachtführer häufig niedriger. Die niedrigeren Gebühren müssen mit den möglicherweise weniger häufigen Ablegeterminen der unabhängigen Frachtführer abgewogen werden. Eine dritte Art von Frachtführern, die häufig die niedrigsten Gebühren anbieten, sind die sog. *Tramp- oder Charterschiffe*. Sie werden häufig beim Versenden von Waggonladungen eingesetzt und folgen keinem festen Fahrplan. Wie eine der beiden Bezeichnungen bereits besagt, werden sie bei Bedarf gechartert.
Sowohl bei Frachtführern, die Konferenzen angehören, als auch bei unabhängigen Frachtführern sind die Gebühren für eingehende und ausgehende Sendungen desselben Produkts zwischen denselben zwei Orten häufig nicht identisch. Zur Verdeutlichung: 1993 betrugen die Gebühren für Sportartikel in Stützpunkthäfen im kontinentalen Europa 85 $ je Tonne bei eingehenden und 145 $ bei ausgehenden Frachten.

Sobald eine Entscheidung hinsichtlich des zu benutzenden Seetransportunternehmens gefallen ist, besteht die nächste Aufgabe darin, Frachträume auf einem bestimmten Schiff zu reservieren. Inländische Versender können sich Platz sichern, indem Sie mit der Schifffahrtslinie oder deren Vertreter Kontakt aufnehmen. Da der Versender aber üblicherweise nicht die Ablegetermine zum Bestimmungsort kennt, kann es sich als besser erweisen, wenn man sich mit einem Auslandsfrachtspediteur in Verbindung setzt, der die Platzreservierung ohne Zusatzkosten für den Exporteur übernimmt.

Containersendung

Vor einigen Jahren wurden viele Handelswaren in „zerstückelten, großen Mengen" und damit in einzelnen Paketen verschifft, die einzeln gehandhabt werden mussten. Heute werden die meisten Waren, die nicht in großen Mengen (wie z.B. Petroleum oder Weizen) abgewickelt werden, in große Container mit Standardabmessungen verladen. Container können auf dem Dock vor dem Verladen auf das Schiff oder in der Fabrik des Exporteurs beladen werden. Einige Seetransportunternehmen stellen Produzenten innerhalb angemessener Entfernungen Container unter Gebühren zur Verfügung, die unterhalb der üblichen Inlandsfrachtraten liegen (Hall, 1983, S. 215-221).

Kaiablieferungsbescheinigung

An einigen Orten unterzeichnet der Kontrolleur, wenn die Sendung am Pier abgeliefert worden ist, eine Kaiablieferungsbescheinigung. Bei der Prüfung der Sendung am Pier werden die Pakete auf ihren ordnungsgemäßen Zustand hin untersucht. Werden Mängel festgestellt, wird dies auf der Kaiablieferungsbescheinigung vermerkt. Erscheinen derartige Vermerke auf der Kaiablieferungsbescheinigung, nennt man diese „unreine Kaiablieferungsbescheinigung“ und die Vermerke werden später, sofern die Mängel nicht beseitigt werden, auf dem Konnossement erscheinen. Kaiablieferungsbescheinigungen für komplette Container geben lediglich Auskunft über den Zustand des Containers, da dieser nicht zur Prüfung seines Inhalts geöffnet wird.

13.4.5 Luftfrachtsendungen und Luftfrachtbriefe

Mit der schnellen Zunahme der internationalen Luftfracht nutzen Versender zunehmend dieses Mittel. Zudem müssen einige Versender feststellen, dass Luftfracht eigentlich preiswerter als Seefracht ist, wenn man die Ersparnisse bei der Inlandsfracht, der Verpackung, den Lagerbeständen und dem gebundenen Arbeitskapital berücksichtigt, auch wenn die Frachtgebühren etwas höher sind. Kurz gesagt, kann der Einsatz des Gesamtkostenkonzepts in der physischen Distribution dazu führen, dass Exporteure Lufttransporte nutzen.

Bis hin zum Überseetransport ähneln sich die Verfahren bei See- und Lufttransporten üblicherweise. Ein möglicherweise bedeutender Unterschied ist der Umstand, dass einige internationale Luftfrachtführer, wie z.B. Lufthansa und KLM, auch Orte im Inland bedienen, so dass keine Zwischentransporte zum Exportort erforderlich sind.

Der wesentliche Unterschied der beiden Verfahren kommt zum Tragen, wenn die Sendung dem internationalen Luftfrachtführer übergeben wird. Internationale Fluggesellschaften konnten einige der für Seefrachtführer erforderlichen routinemäßigen Exportprozeduren eliminieren. Zunächst einmal wird ein *Luftfrachtbrief* anstelle des sonst üblichen Konnossements verwendet (siehe Abbildung 13.8). In einigen Fällen kann der Luftfrachtbrief auch die kommerzielle Rechnung, die Konsulatsfaktura, die Herkunftsbescheinigung und den Versicherungsschein ersetzen. Diese vereinfachten Verfahren sind von der IATA (International Air Transport Association) eingeführt und gefördert worden, so dass der internationale Einsatz von Luftfrachtbriefen stark vereinheitlicht werden konnte.

Der Einsatz des Luftfrachtbriefs ist in den verschiedenen Ländern unterschiedlich. Üblicherweise betrifft das verkürzte Verfahren nur Sendungen mit geringem Wert. In einigen Ländern werden Konsulatsfakturen und Herkunftsbescheinigungen immer noch verlangt, während dies in anderen nicht der Fall ist. In bestimmten Fällen kann der Versender die Deckung seiner regulären Seeassekuranz nutzen, insbesondere wenn ein Schutz des kompletten Transports von einem Lager zu einem anderen erwünscht ist, in anderen Fällen reicht die von den Fluggesellschaften gebotene Versicherung aus.

Wenn Auslandsfrachtspediteure den Luftfrachtbrief für den Versender mit den ihnen zur Verfügung gestellten Informationen vorbereiten, enthält dieser üblicherweise eine Beschreibung der Waren, die der Exporterklärung und anderen Versanddokumenten entspricht, und Angaben darüber, ob eine Versicherung erwünscht ist. Für Transport- und Zollzwecke muss der Versender auch einen Wert für die Waren angeben.

Abbildung 13.8 Luftfrachtbrief.

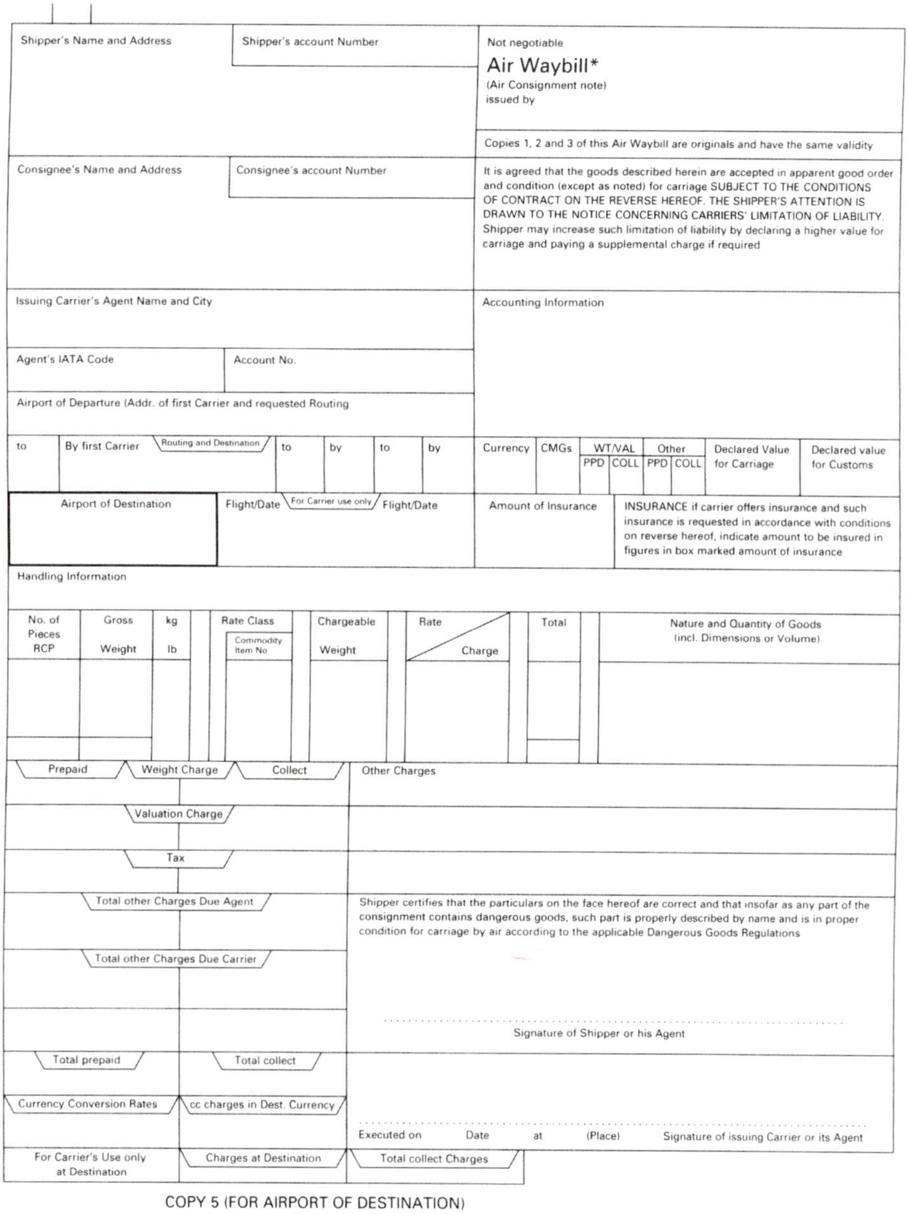

Shipper's Name and Address

Shipper's account Number

Not negotiable

Air Waybill*

(Air Consignment note)
issued by

Copies 1, 2 and 3 of this Air Waybill are originals and have the same validity

Consignee's Name and Address

Consignee's account Number

It is agreed that the goods described herein are accepted in apparent good order and condition (except as noted) for carriage SUBJECT TO THE CONDITIONS OF CONTRACT ON THE REVERSE HEREOF. THE SHIPPER'S ATTENTION IS DRAWN TO THE NOTICE CONCERNING CARRIERS' LIMITATION OF LIABILITY. Shipper may increase such limitation of liability by declaring a higher value for carriage and paying a supplemental charge if required

Issuing Carrier's Agent Name and City

Accounting Information

Agent's IATA Code | Account No.

Airport of Departure (Addr. of first Carrier and requested Routing

to | By first Carrier | Routing and Destination | to | by | to | by

Currency | CMGs | WT/VAL PPD COLL | Other PPD COLL | Declared Value for Carriage | Declared value for Customs

Airport of Destination | Flight/Date | For Carrier use only | Flight/Date

Amount of Insurance

INSURANCE if carrier offers insurance and such insurance is requested in accordance with conditions on reverse hereof, indicate amount to be insured in figures in box marked amount of insurance

Handling Information

No. of Pieces RCP | Gross Weight | kg lb | Rate Class | Commodity Item No | Chargeable Weight | Rate Charge | Total | Nature and Quantity of Goods (incl. Dimensions or Volume)

Prepaid | Weight Charge | Collect

Other Charges

Valuation Charge

Tax

Total other Charges Due Agent

Shipper certifies that the particulars on the face hereof are correct and that insofar as any part of the consignment contains dangerous goods, such part is properly described by name and is in proper condition for carriage by air according to the applicable Dangerous Goods Regulations

Total other Charges Due Carrier

Signature of Shipper or his Agent

Total prepaid | Total collect

Currency Conversion Rates | cc charges in Dest. Currency

Executed on Date at (Place) Signature of issuing Carrier or its Agent

For Carrier's Use only at Destination | Charges at Destination | Total collect Charges

COPY 5 (FOR AIRPORT OF DESTINATION)

Der Transportwert erfüllt drei Aufgaben:

1. Er kann für die Berechnung der Frachtgebühren erforderlich sein, wenn besonders ermäßigte Gebühren wertabhängig berechnet werden.
2. Er begrenzt die Haftung des Frachtführers bei Verlust oder Beschädigung der Sendung.
3. Es handelt sich um den Betrag, für den die Wertzuschläge und Versicherungsaufschläge berechnet werden.

Als allgemeine Regel benutzt der Versender für den Transportwert den Wert für den Zoll plus Transportgebühren plus 10%. Auch wenn der Versender einen beliebigen Betrag angibt, kann die maximale Haftung des Frachtführers auf den wirklichen Wert plus 10% beschränkt sein.

Der Luftfrachtbrief ist nicht veräußerlich. Er ersetzt daher das Seekonnossement nicht vollständig. Der Luftfrachtbrief dient als Transportvertrag und Empfangsbestätigung für den Versender, beweist, dass die Fluggesellschaft die aufgeführten Güter entgegengenommen hat und bestätigt, dass sie den Transport zum Flughafen des Bestimmungsorts übernimmt. Internationale Sendungen auf dem Luftweg lassen sich nicht auf genau die gleiche Weise wie die Mehrzahl der Bodensendungen finanzieren. Es sind einige Änderungen erforderlich. Der Zeitraum zwischen Versand und Auslieferung ist derart kurz, dass eine Finanzierung des Transportzeitraums normalerweise unnötig ist. Im Allgemeinen werden Fluggesellschaften Sendungen ohne das Original oder eine vom Versender angefertigte Kopie des Luftfrachtbriefes nicht ausliefern oder ändern. Schließlich haben Empfänger immer das Recht anzugeben, dass der Luftfrachtbrief als Dokument anerkannt wird, gegen das die Zahlung zu erfolgen hat.

Da die meisten Fluggesellschaften Versendern Nachnahmedienste (COD – cash on delivery) anbieten, lässt sich diese Möglichkeit nutzen, wenn der Versender eine schnelle Rückvergütung wünscht. Außerdem lassen sich üblicherweise Vereinbarungen treffen, so dass das inländische Büro der Fluggesellschaft telegrafisch über den Eingang des Rechnungsbetrags benachrichtigt wird und dem Versender sofort einen Scheck ausstellen kann.

Wenn der Importeur einen guten Ruf besitzt und ihm Kredit eingeräumt werden soll, lassen sich Wechsel mit oder ohne Dokumente benutzen. Dann wird der Wechsel auf die übliche Weise zum Einzug weitergeleitet.
Diese Verfahren lassen sich jedoch nur bei Verkäufen in Länder einsetzen, in denen es keine Devisenbeschränkungen gibt. Für Länder, in denen es immer noch Devisenkontrollen gibt, muss das Akkreditiv immer noch mit den erforderlichen Änderungen der Angaben in den Dokumenten eingesetzt werden, damit der nicht übertragbare Luftfrachtbrief eingesetzt werden kann.

Wenn der Versender glaubt, dass eine Kreditabsicherung erforderlich ist, können die Waren einer Bank, einem Vertreter oder einem Auslandsfrachtspediteur zusammen mit Anweisungen übergeben werden, die die Bestimmungen der Auslieferung an den Käufer enthalten. Dieses Verfahren ähnelt dem bei Bodensendungen in jene Länder, in denen sich das Orderkonnossement nicht einsetzen lässt.

ZUSAMMENFASSUNG

Die in den vorherigen Kapiteln beschriebenen Aspekte des internationalen Marketing, die in diesem Kapitel beschriebenen Exportverfahren und die physische Distribution/Logistik können Geschäftsunternehmen, die Auslandsverkäufe erwägen, recht umfassend und kompliziert erscheinen. Tatsächlich ist das Exportmarketing-Management aber nicht deutlich mühsamer als das gute einheimische Geschäftsmanagement, und jede einzelne Funktion und Institution dient einem verbreitet anerkannten Bedürfnis. Jedes der einzelnen Dokumente erfüllt spezifische Funktionen im seit langem etablierten Exportverfahren. Wenn man ihre Aufgaben und ihren Zweck erst einmal kennt, werden sie einfach und zur Routine.

Trotzdem können Versäumnisse bei Managementfunktionen oder Dokumenten im Exportverfahren beim Verkäufer und/oder Käufer zu Problemen führen. Weise Geschäftsleute prüfen häufig sowohl die Managementverantwortung als auch die eingesetzten Verfahren und sie bleiben, was noch wichtiger ist, bei Änderungen der heutigen dynamischen internationalen Geschäftswelt auf dem Laufenden.

FRAGEN ZUR DISKUSSION

13.1 Welche wesentlichen Fragen sind für den Exporteur bei Anfragen und Aufträgen von Bedeutung?

13.2 Warum könnte die billigste Form des Transports nicht die wirtschaftlichste sein?

13.3 Erörtern Sie die verschiedenen Möglichkeiten, mit denen Unternehmen ihre Exportmarketing-Kosten dadurch minimieren können, dass sie Fragen der physischen Distribution angemessene Aufmerksamkeit widmen.

13.4 Erläutern Sie die Bedeutung des „Gesamtkostenkonzepts" und verdeutlichen Sie, wie sich die Break-even-Analyse zur Lösung eines Problems der physischen Distributionsanalyse im Export einsetzen lässt.

13.5 Warum benötigen Exporteure häufig die Dienstleistungen eines ausländischen Frachtspediteurs?

13.6 Eine typische Exportsendung erfordert viele Dokumente. Nennen Sie jene, die im Allgemeinen bei allen Sendungen erforderlich sind und jene, die nur für spezielle Sendungen benötigt werden.

13.7 Warum ist ein Konnossement ein wichtiges Dokument in einer Exporttransaktion?

13.8 Erklären Sie die Unterschiede zwischen den verschiedenen Arten von Freigebieten, die dem Ex- und/oder Importeur potenziell zur Verfügung stehen. Ist eine Variante besser als die anderen? Begründen Sie Ihre Antwort.

LITERATURHINWEISE

Ambrosino, L. (1994). Facilitators par excellence. *Via International*, März, 4–5.

Davies, G. (1984). *Managing Export Distribution*. London: William Heinemann.

Down, J. W., Anderson, D. L. (1990). Logistics strategies for the New Europe. *Europa 1992*, 2(6), 23–26.

Engbarth, D. (1996). Move to lift ban on mainland containers. *South China Morning Post*, 18. April, 14.

Hall, R. D. (1983). *International Trade Operations: A Managerial Approach*. Jersey City, NJ: Unz.

Keegan, W. J. (1995). *Global Marketing Management.* 5. Aufl. Englewood Cliffs, NJ: Prentice Hall.

Rodda, W. H. (1970). *Marine Insurance: Ocean and Inland.* 3. Aufl. Englewood Cliffs, NJ: Prentice Hall.

Stern, L. W., El-Ansery, A. I., Coughlan, A. T. (1996). *Marketing Channels*. 5. Aufl. Upper Saddle River, NJ: Prentice Hall.

UNIDO (1995). *Export Processing Zones: Principles and Practices*. Wien: United Nations Industrial Development Organization.

WEITERFÜHRENDE LITERATUR

Bjorn-Andersen, N., Kremar, H., O'Callaghan, R. (Hrsg.) (1995). *EDI in Europe – How it works in practise*. New York: Wiley&Sons.

Branch, A. E. (1990). *Import/Export Documentation*. London: Chapman & Hall.

Buxmann, P., Harder, T., Weitzel, T. (erscheint 2001). *Electronic Business und EDI mit XML*. Heidelberg: dpunkt.

Huber, E., Schäfer, H. (1995). Dokumentengeschäft und Zahlungsverkehr im Außenhandel. 3. überarbeitete Aufl. Frankfurt: Knapp.

Jahrmann, F.-U. (1998). *Außenhandel*. Ludwigshafen: Kiehl.

Johnson, T. E. (1994). *Export/Import Procedures and Documentation.* 2. Aufl. New York: AMACOM.

Walldorf, E. G. (2000). *Gabler Lexikon Auslandsgeschäfte – Erfolgreich auf internationalen Märkten: Außenhandel und Kooperation, Marktforschung und Marketing, Finanzierung und Sicherung*. Wiesbaden: Gabler.

Wells, L. F., Dulat, K. B. (1996). *Exporting: From Start to Finance.* 3. Aufl. New York: McGraw-Hill.

FALLSTUDIE 13.1

Southern Electronics, Inc.

(Diese Fallstudie wurde von Frank C. Burinsky und Michael A. McGinnis, Shippensburg University, verfasst.)

Southern Electronics, Inc. (SEI) ist ein spezialisiertes Elektronikunternehmen mit Sitz in Charleston (South Carolina, USA). Das Unternehmen wurde 1963 gegründet und genoss Erfolg und bescheidenes Wachstum als Lieferant von Komponenten an große Hersteller von elektronischen Spezialgeräten. Kürzlich entschloss sich das Unternehmensmanagement zur Herstellung und Vermarktung eines Produkts, das wir einfach L-Ektro nennen werden. Ein L-Ektro wird durch Montage zweier Komponenten hergestellt: B-Komps, die sich bei einem Unternehmen in Belgien beziehen lassen, und C-Komps, die SEI in seiner Fabrik in Charleston produziert.

Seit 1970 hat SEI C-Komps für mehrere nationale L-Ektro-Hersteller produziert und an diese geliefert. Der größte Teil der Verbrauchernachfrage nach L-Ektros stammt aus Gebieten mit relativ warmem Klima während des gesamten Jahres. Entsprechend konnten die L-Ektro-Hersteller ihr Produkt mit großem Erfolg im Süden und Südwesten der USA verkaufen. Die 70er Jahre erwiesen sich für L-Ektro-Hersteller als besonders lohnend, da die Ausdehnung des Sonnengürtels stark zum Erfolg der L-Ektros als Konsumprodukt beitrug.

Für die geplante Fertigung von L-Ektros ist vorwiegend der SEI-Geschäftsführer Thornton W. Butler verantwortlich. Während seiner gesamten Laufbahn war Butler im Elektronikbereich tätig und seine Tätigkeit als SEI-Geschäftsführer verlief sehr erfolgreich. 1963 schloss er sich SEI an und stieg 1972 zum Geschäftsführer auf. Butler hatte den beeindruckenden Verkaufserfolg von L-Ektros mit gewissen gemischten Gefühlen zur Kenntnis genommen. Als Lieferant von C-Komps gedieh SEI infolge des L-Ektro-Booms. Obwohl Butler mit den C-Komp-Verkäufen von SEI zufrieden war, vertrat er immer die Meinung, dass sein Unternehmen nicht alle sich bietenden Vorteile im Elektronikmarkt nutzte. Butler wollte in den Markt der Konsumelektronik (speziell der L-Ektros) eintreten, glaubte aber, dass SEI nicht über die notwendigen Ressourcen verfügte, um mit den großen Unternehmen konkurrieren zu können, die den US-Markt dominierten.

Butler heuerte einen Unternehmensberater an, der ermitteln sollte, wo die Verbrauchernachfrage nach L-Ektros annähernd der im Süden und Südwesten der USA entsprechen würde.

Als er die Empfehlungen des Unternehmensberaters gelesen hatte, entschied Butler, dass SEI seine Marketinganstrengungen auf die europäische Mittelmeerküste und speziell die Städte Marseille und Barcelona konzentrieren sollte. Dieses Gebiet besaß aufgrund seines gemäßigten Klimas und der dichten Bevölkerung das Potenzial eines lukrativen Markts für SEI-L-Ektros. Der Unternehmensberater empfahl auch drei Optionen, die SEI bei der Herstellung und Distribution der L-Ektros für den europäischen Markt zur Auswahl standen.

1. Montage der L-Ektros in Charleston und Distribution von diesem Ort aus.
2. Montage der L-Ektros in einer Freihandelszone in Bordeaux (Frankreich) und deren Distribution von diesem Ort aus.
3. Montage der L-Ektros in einer Freihandelszone in Neapel (Italien) und deren Distribution von diesem Ort aus.

Butler hielt eine Versammlung ab, um seinen Produktionsmanager, Daphne R. Feldblum, und seinen Distributionsmanager, Karl Q. Winklepleck, über das L-Ektro-Projekt und die Empfehlungen des Unternehmensberaters zu informieren. Frau Feldblum war seit neun Jahren bei SEI und Herr Winklepleck war seit 18 Jahren in der Distributionsabteilung von SEI.

Nachdem er die beiden Manager informiert hatte, fragte Butler: „Welche der Alternativen würden Sie für uns vorschlagen?" Feldblum antwortete: „Wahrscheinlich ist es am besten, die L-Ektros am Ort mit den geringsten Kosten zu produzieren." „Entschuldigen Sie bitte meine Unterbrechung, Frau Feldblum," warf ein ungeduldiger Winklepleck ein, „aber es gibt noch viele andere Aspekte, die dort untersucht werden müssten. Transport- und Versicherungsgebühren, Importzölle und Freihandelszonen müssen auch berücksichtigt werden." „Herr Winklepleck," sagte Frau Feldblum, „Sie haben mich darauf aufmerksam gemacht, dass es kurzsichtig wäre, das Schwergewicht auf die Produktionskosten zu legen. Distributionskosten spielen bei derartigen Entscheidungen eine wesentliche Rolle, speziell wenn große Entfernungen zu überbrücken sind."

„Es scheint mir, dass Sie und Frau Feldblum beide über die für den Erfolg dieses Projekts erforderlichen Vorstellungen verfügen," stellte Herr Butler fest. „Ich möchte, dass Sie beide zusammen die von uns für die bestmögliche Entscheidung benötigten Informationen sammeln."

Nach zwei Wochen waren die erforderlichen Informationen zusammengetragen. Diese werden in den Tabellen 13.2 und 13.3 zusammengefasst.

Thornton, Daphne, Karl und einer der Anwälte aus dem juristischen Stab des Unternehmens trafen sich, um die in den Tabellen 13.2 und 13.3 zusammengefassten Informationen zu besprechen. Das Treffen lief von Anfang an schlecht. Daphne bestand darauf, dass die offensichtliche Lösung, die L-Ektros in Neapel zu montieren, recht klar sei, da die Arbeitskosten dort niedriger lagen. Herr Morley Beagle (aus dem juristischen Stab von SEI) sagte dann, dass die italienischen Importzölle doppelt so hoch wie in Frankreich und viermal so hoch wie in Spanien lägen.

Tabelle 13.2 Kosten-, Nachfrage-, Gewichts- und Zolldaten.

Jährliche Nachfrage nach L-Ektros in Marseille (Frankreich)	20.000 Stück
Jährliche Nachfrage nach L-Ektros in Barcelona (Spanien)	40.000 Stück
Arbeitskosten der Montage	
in Charleston	$5,00/Stück
in Bordeaux (Frankreich)	$4,50/Stück
in Neapel (Italien)	$4,25/Stück
Produktgewicht je Stück	
montierte L-Ektros	100 Pfund
B-Komps	60 Pfund
C-Komps	40 Pfund
Produktverkaufspreis	
B-Komps FOB Brüssel (Belgien)	$25/Stück
C-Komps FOB Charleston	$30/Stück
Importzölle als Prozentsatz des Transaktionswerts. Einmal war der „Produktwert" als „Kosten plus Versicherung plus Fracht (CIF) am Hafen der Übergabe" definiert. Laut GATT (General Agreement on Tariffs and Trade) werden Zölle jedoch üblicherweise auf den „Transaktionswert" oder den „tatsächlich gezahlten Preis" erhoben. Für die Zwecke dieser Fallstudie wäre der „Produktverkaufspreis" die entsprechende Transaktionsbewertung von B-Komps and C-Komps.	
Italien	20%
Spanien	5%
Frankreich	10%
USA	15%

Tabelle 13.3 Kombinierte Transport- und Versicherungsraten zwischen den jeweiligen Orten.

Von	Nach	Rate, $/ Zentner
Brüssel	Charleston	1,65
Charleston	Bordeaux	2,20
Charleston	Barcelona	2,50
Charleston	Marseille	2,60
Charleston	Neapel	2,75
Bordeaux	Barcelona	0,60
Brüssel	Neapel	1,95
Brüssel	Bordeaux	1,35
Neapel	Marseille	0,85
Neapel	Barcelona	0,55
Bordeaux	Marseille	0,30

Karl griff schließlich mit seiner Analyse in die Diskussion ein, aus der sich ergeben hatte, dass bei der niedrigsten Transportkostenalternative die Montage der L-Ektros in Bordeaux erfolgen würde, auch wenn die Arbeitskosten in Neapel höher wären, und dass die Importzölle in Italien keine Rolle spielen würden, da die Montage der L-Ektros in der Freihandelszone von Neapel erfolgen würde. Er sagte, dass sie sowohl die Zölle von Spanien als auch von Frankreich in die Analyse einbeziehen müssten. An dieser Stelle führte Thornton aus, dass die italienischen Zölle bei der Analyse vernachlässigt werden konnten, da unabhängig von der gewählten Strategie keine fertigen L-Ektros in Italien importiert werden würden.

Fragen

1. Berechnen Sie die Gesamtkosten für Herstellung und Distribution, wenn die Montage der Geräte in den folgenden Orten erfolgt:
   (a) Charleston
   (b) Neapel
   (c) Bordeaux.
2. Sollten vor der Entscheidung andere Fragen berücksichtigt werden?
3. Welche Alternative würden Sie empfehlen? Warum?
4. In welchem Umfang erhöhen sich die Kosten, wenn sich die Preisangaben in Tabelle 13.3 auf ein amerikanisches *hundredweight*, die in Tabelle 13.2 aber auf das metrische Pfund beziehen?

FALLSTUDIE 13.2

Megabox, Inc.

(Diese Fallstudie wurde von David Ronen, Naval Postgraduate School, USA, verfasst.)

Megabox ist ein bedeutender Hersteller von Farbfernsehern und Videokassettenrekordern (VCR). Die Hauptfertigungsstätte und das Montagewerk befinden sich im Westen von Pennsylvania in den USA. Konkurrenz von Herstellern aus dem Fernen Osten hat das Unternehmen dazu gezwungen, seine Produktlinie auf eine beschränkte Anzahl von Qualitätsprodukten zu reduzieren und sich auf die Bedürfnisse spezialisierter Marktsegmente zu konzentrieren.

Durch den Sprung der Öl produzierenden Länder im Mittleren Osten in die zeitgenössische Verbrauchergesellschaft wurden diese zu wichtigen Märkten für die Megabox-Produkte. Während der letzten zwei Jahrzehnte gingen in diesen Ländern Fernsehsender auf Sendung, aber Videorekorder sind in diesen Märkten immer noch neu und deren Umsatzmengen sind in den letzten Jahren schnell gestiegen.

Als Joe Perez, der Distributionsmanager von Megabox, die Absatzprognosen für das nächste Jahr sichtete, war er um den Transport der Produkte nach Zumburu, einen der größeren Märkte im Mittleren Osten, besorgt. Die Regierung von Zumburu schien bisher eine Wirtschaftspolitik nie für nötig gehalten zu haben, und angesichts des kürzlichen Versiegens der Öleinnahmen war Perez besorgt, dass die Regierung plötzlich höhere Zölle erheben oder Importe auf verschiedene Weise beschränken würde, um den Abfluss ausländischer Währungen zu kontrollieren. Da ihm in den Frachtfluglinien nach Zumburu zu wenig Platz zur Verfügung stand, überlegte er, ob er einen 12-Monats-Vertrag mit einem Spediteur eingehen sollte, der ihm mehr Platz bieten würde. Er musste sich aber dazu verpflichten, während der Vertragslaufzeit wöchentlich mindestens 4000 ft^3 zu versenden und machte sich Sorgen wegen möglicher unberechenbarer Schwankungen der Nachfrage aufgrund denkbarer Regierungsaktionen.

Zum Zweck der Distributionsplanung waren die Megabox-Produktlinien, wie Tabelle 13.4 verdeutlicht, in vier charakteristische Produktlinien unterteilt: drei für Fernsehapparate und eine für VCR.

Tabelle 13.4 Distributionsmerkmale des Produkts.

Produktlinie	Versandmenge (ft^3/Gerät)	Versandgewicht (kg/Gerät)	Verkaufspreis (FOB ab Fabrik $/Gerät)
TV1	16	18	360
TV2	10	15	230
TV3	2	4	120
VCR	3	7	300

Die Absatzprognose (Tabelle 13.5) war von der Marketingabteilung vorbereitet worden und Joe zog von den Werten gewöhnlich 10% ab, da er aus früheren Erfahrungen wusste, dass es sich bei ihnen eigentlich um Marketingzielsetzungen handelte, die nur selten erreicht werden konnten. Die Absätze sollten im zweiten Quartal (der Kamelrennsaison) einen Spitzenwert erreichen und im dritten Quartal etwas unterhalb des Quartalsdurchschnitts liegen.

Tabelle 13.5 Absatzprognose für Zumburu (Geräte).

Produktlinie	**Quartal**				**Gesamt**
	I	**II**	**III**	**IV**	
TV1	3.000	5.200	2.200	2.800	13.200
TV2	2.200	3.200	1.800	2.000	9.200
TV3	1.200	2.400	1.400	1.200	6.200
VCR	6.300	11.100	6.500	7.200	31.100

Frachtdienste nach Zumburu standen auf dem Luft- und auf dem Seeweg zur Verfügung. Planmäßige Luftfrachtflüge verließen den JFK-Flughafen in New York dreimal wöchentlich und Joe konnte auf diesen Flügen wöchentlich mindestens 3000 ft^3 buchen (mehr Platz ließ sich nutzen, wenn das Flugzeug nicht voll ausgelastet war). Falls erforderlich, konnte Joe auch Frachtflüge chartern, die 20% teurer als die planmäßigen Dienste waren. (Bei voller Beladung, mindestens 4000 ft^3 je Transport, gab es bei diesen Flügen keine Rückfracht.)

Seedienste bietet ein wöchentlich verkehrendes Verbands-Containerschiff, auf dem Joe so viel Platz wie nötig bekommen konnte. Dabei war er aber auf volle 40-Fuß-Containerladungen (CL) oder kleinere Mengen (LCL) beschränkt. Wegen der hohen Anfälligkeit der Produkte gegen Diebstahl, Verlust und Beschädigung kamen für Joe keine allgemeinen Frachtschiffe in Frage (die zudem 40 bis 50% langsamer als Containerschiffe waren). Kürzlich waren Außenstehende an ihn herangetreten (Schifffahrer, die keine Verbandsmitglieder waren), die ihm ihren halbmonatlichen Containerdienst nach Zumburu in 20-Fuß-Containern bei einem Nachlass von 15% im Vergleich mit den Frachttarifen des Verbands angeboten hatten.

Auf Joes Bitte hatte sein Assistent nach Rücksprache mit ihrem Frachtspediteur einige Tabellen mit entsprechenden Daten zusammengestellt. Schätzungen der Transitzeit bei den verschiedenen Verfahren finden Sie in Tabelle 13.6. (Joe hielt einige dieser Schätzungen, insbesondere die für arbeitsintensive Aktivitäten, für etwas optimistisch.) Informationen hinsichtlich der Größe der Seecontainer liefert Tabelle 13.7.

Tabelle 13.6 Transitzeit (Tage).

	Luft (planmäßig)	**See (Verband) CL**	**See (Verband) LCL**
Fabrik	1 –	1 1	1 1
↓ Exportverfrachter/ Containerbefrachtung	– 1	4 1	7 1
↓ Verladung Hafen/ Flughafen	1	4	4
↓ Schiff/Flughafen	1	18	18
↓ Entladung Hafen	1 –	3 –	2 1
↓ Auspacken/Entladen	1 1	– 1	5 1
↓ Empfänger	2	3	2
Gesamt	9	36	43

Tabelle 13.7 Abmessungen von Seecontainern.

Nominelle Länge	Außenabmessungen	Innenvolumen*
20'	8' x 8' x 20'	1100 ft^3
40'	8' x 8' x 40'	2000 ft^3

*Aufgrund der nicht kompatiblen Größen der Verpackung lässt sich nur etwa 90% des Innenvolumens für Fracht nutzen.

Luftfrachtsendungen werden per Lkw vom Montagewerk zum Terminal des Spediteurs gebracht, von dem sie in Luftfrachtcontainer verladen werden. Der Spediteur entlädt die Container am Ziel der Reise und die Produkte werden bei einem Luftfrachtterminal gelagert, bis sie vom Zoll abgefertigt worden sind. Anschließend werden sie zum lokalen Distributor transportiert.

Seefrachtsendungen müssen in Containern (CL-Sendungen) oder Kisten (LCL-Sendungen) verfrachtet werden. Diese Operationen finden in den Einrichtungen eines Verfrachters in der Nähe des Verladehafens statt. Joe fragte sich, ob er diese Aktivitäten nicht in das Monatgewerk verlagern sollte, um bei der Handhabung und dem Transport zu sparen. Durch Inkompatibilitäten der Transportmittel (Lkw-Anhänger mit Aufbauten sind 40 bis 50 Fuß, Seecontainer 20 oder 40 Fuß lang) wurden derartige Analysen kompliziert, aber bei möglicher Nutzung von Schienendiensten zum Transport voller Seecontainer zum Verladehafen konnten derartige Alternativen attraktiv werden.

Nach dem Verladen in Container/Kisten wurde die Fracht zum Verladehafen transportiert, wo sie auf das nächste Schiff wartete. Obwohl das durchschnittliche Intervall zwischen zwei Ablegeterminen der Verbandsschiffe eine Woche betrug, kam es häufig zu Verzögerungen, so dass das Intervall zwischen drei und zehn Tagen lag. Am Ziel wurden, nach dem Entladen der Fracht, komplette Containerfrachten mit Lkws zum Distributor gebracht (nach der Zollabfertigung). LCL-Sendungen wurden im Hafen entladen und dann, nach der Zollabfertigung, zum Distributor transportiert.

Zwar waren CL-Sendungen preiswerter, aber nicht alle Sendungen konnten einen Container komplett füllen. Im vergangenen Jahr handelte es sich bei 70% der Seefracht um CL- und beim Rest um LCL-Sendungen. Joe schätzte, dass sich dieses Verhältnis beim Einsatz von 20-Fuß-Containern auf 90% CL-Sendungen verschieben würde.

Megabox verkaufte seine Produkte an seinen örtlichen Distributor in Zumburu mit CIF-Preisen (Kosten, Versicherung, Fracht) und daher war Joe um die Verringerung aller Kosten im Zusammenhang mit dem Transport und der Kosten der Bestände im Transit bemüht. (Megabox benutzte 28% für die Kosten beförderter Bestände, von denen 15% Kapitalkosten waren.) Megabox bezahlte alle Ausgaben bis zum Lager im Hafen des Bestimmungsorts, wo der Besitztitel der Waren übertragen wurde und der lokale Distributor die Sendung innerhalb von 30 Tagen nach Erhalt der Frachtdokumente bezahlte.

Ein Teil der Versandkosten lässt sich den Versandmengen zuordnen und diese werden in Tabelle 13.8 wiedergegeben (in Dollar je verschifftem Kubikfuß).

Tabelle 13.8 Aufschlüsselung der Distributionskosten (in \$/verschiffte ft^3).

	Luft (planmäßig)	See (Verband) CL*	See (Verband) LCL
Transport zum Verlader	–	0,50	0,50
Verpacken/Containerfüllung	–	1,80	2,40
Transport zum Hafen	0,50	0,20	0,20
Fracht**	9,60	2,00	2,80
Auspacken/Entladen	–	–	0,70
Transport zum Empfänger	0,40	0,40	0,40

* In 40-Fuß-Containern.
** Frachtraten fallen je „Linienschiff" an und umfassen den Umgang mit den Waren in den Häfen an beiden Enden.

Andere verbundene Kosten sind folgende:

1. Konsulatsgebühr (1% des FOB-Fabrikpreises). Für Zumburu-Importlizenz (für die Finanzierung der Operationen ihrer Botschaft in den USA).

2. Frachtversicherung. 1% von (CIF-Wert + 10%) bei Luftfrachtsendungen, 1,4% für CL und 1,6% für LCL (wegen größerer Verluste und häufigerer Beschädigungen).

3. Dokumente. Der Spediteur erhält 220 $ je Sendung für die Vorbereitung der US-Exportunterlagen und der Importdokumente von Zumburu.
4. Kaigebühr. Wird vom entladenden Seehafen mit 2% des Werts der gelandeten Ware (CIF-Wert) berechnet.

5. Zölle. 40% des Werts am Ausgangstor des Hafens (ohne Lagergebühren im Hafen, aber inklusive Kaigebühr).

6. Lagergebühren im Hafen des Bestimmungsorts. 0,24 $/kg pro Tag bei Luftfracht und 0,02 $/kg pro Tag bei Seefracht.

Der Distributor, der die Güter erhält, ist daran interessiert, häufig kleine Sendungen zu erhalten, um seine durchschnittlichen Lagermengen zu reduzieren (d.h. er zieht Luftfrachtsendungen vor). Darüber hinaus zahlt er bei Luftfrachtsendungen geringere Zölle (in der Berechnung des Zollwerts sind keine Kaigebühren enthalten), so dass Megabox dem Distributor bei Seefrachtsendungen einen Nachlass von 2% gewährt (auf die CIF-Preise, die wie folgt lauten: TV1 – 496 $, TV2 – 317 $, TV3 – 165 $, VCR – 432 $).

All diese Tatsachen bedenkend, überlegte Joe, ob er den 12-Monats-Vertrag mit dem Luftfrachtspediteur (der um 10% niedrigere Frachtraten als die planmäßigen Spediteure verlangte) abschließen sollte. Weiterhin hielt er eine vergleichende Analyse der Kosten der verschiedenen Versandalternativen für sinnvoll, in die die Bestände im Transit neben den direkten Versandkosten einfließen sollten.

Fragen

1. Beurteilen Sie die Megabox zur Verfügung stehenden alternativen physischen Distributionssysteme nach Zumburu.
2. Welches System sollte Perez wählen? Warum?

KAPITEL 14

Organisation internationaler Marketingaktivitäten

14.1 Einleitung

Wie sollte ein Unternehmen seine internationalen Operationen koordinieren, um ein einheitliches globales Unternehmenssystem zu strukturieren? Wie sollte es seine Exportoperationen und internationalen Aktivitäten organisieren, um die sich weltweit bietenden Marktchancen bestmöglich zu nutzen? Wie sollte das Unternehmen seine verschiedenartigen Aktivitäten gruppieren? Wie sollte es diese koordinieren und kontrollieren?

Die Art der Strukturierung einer internationalen Marketingorganisation hat bedeutenden Einfluss darauf, in welchem Ausmaß sich bietende Gelegenheiten effizient und effektiv nutzen lassen. Die Strukturierung bestimmt auch die für Reaktionen auf Probleme und Herausforderungen verfügbaren Ressourcen. Zu den wesentlichen Komponenten der Organisationsstruktur zählen die Zuordnung und Gruppierung von Funktionen und anderen Geschäftsaktivitäten, die Autorität und Verantwortlichkeit von Einzelnen und Gruppen, der Ort der Entscheidung und die Wege der Kommunikation und Kontrolle.

In den frühen Stadien der internationalen Marketingaktivitäten, bei denen es sich in der Regel um Exportaktivitäten handelt, benutzt das Unternehmen möglicherweise einfach Vermittler oder richtet eine kleine Exportabteilung ein, die sich um den Auslandsabsatz der Standardprodukte kümmert. Mit zunehmenden Auslandsaktivitäten und steigendem internationalen Wettbewerb wird die Notwendigkeit einer besseren Wahrnehmung der Bedürfnisse der ausländischen Kunden größer. Man muss sich auch um die Koordination und Kontrolle der Auslandsmarktaktivitäten kümmern. Es werden neuartige Managementfähigkeiten und eine entsprechende Sensibilität benötigt. Es wird nach neuen Möglichkeiten für den Standort der Schlüsselfunktionen und die Entscheidungsstruktur gesucht, um die Verantwortlichkeit für lokale Bedürfnisse mit der notwendigen zentralisierten und einheitlichen Leitung auszubalancieren. Es müssen Entscheidungen getroffen werden, beispielsweise ob man sich primär funktional, produktorientiert, geografisch oder vielleicht sogar nach Kundengruppen organisiert.

Das Ziel dieses Kapitels ist die Erörterung dieser Fragen, denen das Top-Management bei der Entwicklung einer Organisationsstruktur gegenübersteht, die ihren Anforderungen und Möglichkeiten entspricht. Die Möglichkeiten und Gefahren für ein Unternehmen ändern sich mit der Zeit und ähnlich muss sich auch die Organsisationsstruktur eines Unternehmens im Laufe der Zeit ändern, wenn es wettbewerbsfähig bleiben will.

14.2 Wesentliche Aspekte der internationalen Organisation

Es gibt nicht *die* richtige Organisationsstruktur für das internationale Marketing. Geografische Unterschiede sind Folge einer Strategie der internationalen Expansion. Die Folgen der Operationen in verschiedenen Ländern und Gebieten schaffen für die Organisation eine wesentlich neue Dimension der erforderlichen Reaktion. Ein geografisch verteiltes Unternehmen muss über seine Kenntnisse der Produkte, der Funktionen und des Heimatgebiets hinaus Wissen über die komplexe Menge der in den jeweiligen internationalen Märkten existierenden sozialen, politischen, wirtschaftlichen und institutionellen Bedingungen erwerben.

Grundsätzlich lässt sich das Problem des Organisationsentwurfs auf drei eng verwandte Aspekte reduzieren. Der erste umfasst die Definition organisatorischer Subeinheiten, die auf den Schlüsselfunktionen und Dimensionen der Unternehmensoperationen basieren. Damit eng verwandt ist der zweite Aspekt, der die Wahl zwischen Zentralisation und Dezentralisation einzelner Aufgaben und Funktionen betrifft. Schließlich gibt es die Frage der Zuordnung der Berichts- und Kontrollsysteme. Das Ergebnis dieser Überlegungen bestimmt die Gesamtstruktur einer Organisation.

14.2.1 Definition organisatorischer Subeinheiten

Die grundlegendste Frage ist das relative Ausmaß der Betonung des Produkts, des Gebiets und der funktionalen Dimensionen der Organisation. Um effektiv zu sein, muss eine internationale Organisation Managern zur richtigen Zeit und am richtigen Ort für das Treffen von Entscheidungen drei fundamentale Kompetenzen einräumen: *funktional* (Marketing, Produktion, Finanzierung usw.), *produktbezogen* (inklusive verbundener Technologien) und *geografisch*. Die wichtige Frage beim Organisationsentwurf ist daher, wie Linienoperationen entsprechend dieser drei grundlegenden Dimensionen unterteilt werden sollen. Diese Entscheidung wird von vielen internen und externen Variablen beeinflusst. Interne Variablen resultieren aus Unternehmensmerkmalen, wie z.B. Unternehmensstrategie, Ziele, Schlüsselfunktionen, Vielfalt und Größe. Externe Variablen stehen meist mit dem allgemeinen Umfeld und der Industrie im Zusammenhang und umfassen Technologiewandel, Wettbewerb, Kunden usw. Sie werden auch abhängige Faktoren genannt. Die Festlegung von Prioritäten für produkt-, gebietsbezogene und funktionale Elemente der Organisation erfordert eine sorgfältige Analyse der Merkmale all dieser Elemente.

Die Berücksichtigung von Umweltfaktoren in Bezug auf den Organisationsentwurf wurde ausführlich diskutiert. Das Ausmaß des Wandels und der Differenzierung der Umwelt beeinflusst die strukturellen Anforderungen und die Effektivität der verschiedenen Arten der Organisationsstrukturen. Dies hat insbesondere für Unternehmen, die über mehrere verschiedene nationale und kulturelle Umfelder hinweg operieren, die von verschiedenen Nachfragestrukturen (inklusive Wachstumsraten, Kundenverhalten und Wettbewerbssituation) gekennzeichnet sind, wichtige Auswirkungen. Je komplexer das Umfeld, desto komplizierter das Organisationsdesign. Das ist deshalb so, weil die Reaktion des Unternehmens auf unterschiedliche nationale und kulturelle Umfelder nicht nur strukturell, sondern auch funktionell eine größere Vielfalt bedeuten kann.

Erstens werden viele der aus der Analyse des internationalen Umfelds abgeleiteten strukturellen Merkmale zunächst in strategische Imperative übersetzt. Wenn die Unternehmensstrategie den Umweltrealitäten Rechnung trägt, lässt sich die Organisationsstruktur weitgehend der Strategie anpassen. „Die Struktur folgt der Strategie." Aber die Wechselwirkungen zwischen

Struktur und Strategie lassen sich nicht von anderen Einflüssen isolieren, zu denen z.B. Geschichte und Größe des Unternehmens, Managementphilosophie, Märkte und Technologie der Organisation zählen.

Zweitens haben die der Unternehmensstrategie zu Grunde liegenden Ziele wichtige Auswirkungen auf die Struktur. Die Betonung langfristiger Rentabilität erfordert anspruchsvolle Managementsysteme und die Definition von Gewinnzentren. Die Betonung eines schnellen Wachstums bestimmt nicht nur die Art der internationalen Marketingfragestellungen, Produktions- und Finanzaktivitäten, sondern auch deren Koordination und Integration. Dies deutet darauf hin, dass Unternehmensziele mehr oder weniger direkt in organisatorische Schlüsselfunktionen und -aufgaben übersetzt werden.

Drittens sind einige Elemente der Strategie für die Entwicklung der Struktur besonders wichtig. Die Operationsvielfalt eines Unternehmens in den Produkt- und Gebietsdimensionen stellt eine strategische Entscheidung dar, die Auswirkungen auf die Organisation hat. Die Vielfalt bzw. Diversifizierung diktiert weitgehend die Fähigkeiten eines Unternehmens zur Übernahme einer Produkt-, Funktions- und Gebietsorientierung bei seinen Operationen. Die vertikale Rückwärts- (in Richtung Forschung und Entwicklung, Herstellung usw.) oder Vorwärtsintegration (in Richtung der Distributionskanäle) ist ein weiterer strategischer Aspekt mit wichtigen Auswirkungen auf die Struktur. Vertikal integrierte Unternehmen erfordern umfassende Koordinations-, Kommunikations- und Kontrollmechanismen, die sich häufig auf funktionale Aktivitäten konzentrieren. Eine internationale Beschaffungsstrategie stellt auch eine organisatorische Herausforderung dar, die einen wichtigen Aspekt der Wahl zwischen Zentralisation und Dezentralisation festlegt.

Die Berücksichtigung all dieser Variablen unterstützt das Erreichen von drei Dingen:

1. Identifizierung der Hauptdimensionen der internationalen Organisation
2. Definition organisatorischer Subeinheiten
3. Entscheidung, wie die verschiedenen Elemente der Struktur durch Koordinations- und Kontrollmechanismen und Managementsysteme verbunden werden sollen.

14.2.2 Zentralisation vs. Dezentralisation

Die Entscheidung für Zentralisation oder Dezentralisation ist ein altes, grundlegendes Thema im internationalen Marketing. Die Argumente für Zentralisation oder Dezentralisation hängen von der Art der vorgeschlagenen zentralen oder regionalen/divisionalen Autorität ab. Praktisch müssen die meisten Unternehmen tägliche Operationen an das lokale Management delegieren. Andernfalls könnte es zu einer Situation kommen, in der die Hauptniederlassung wegen Informationsüberlastung handlungsunfähig wird. Zudem erfordern zu viele Entscheidungen lokales Wissen. Was jedoch delegiert wird und welcher Art die entstehenden strukturellen Beziehungen sind, sind Fragen, über die das Top-Management zu entscheiden hat.

Die Frage, ob sich ein Unternehmen in seinen internationalen Unternehmungen zentralisieren oder dezentralisieren soll, hängt weitgehend von der Managementphilosophie und dem Managementstil des Unternehmens ab. Die Verfechter der zentralisierten Kontrolle weisen darauf hin, dass die aus der nationenübergreifenden, multikulturellen und vielfältigen Natur des internationalen/Exportmarketing resultierenden Bedingungen das Potenzial für verschwenderische doppelte Anstrengungen besitzen. Das Erreichen von Effizienz und die Maximierung der weltweiten Gewinne lässt sich nur über straffe, zentralisierte Entscheidungen erreichen. Jene Manager, die eine Dezentralisation favorisieren, behaupten, dass die strenge zentrale Kontrolle häufig zu anhaltenden Verzögerungen im internationalen Entscheidungsprozess führt. Der Zentralisation fehlt die Flexibilität, die für sofortige Reaktionen auf lokale Probleme erforderlich ist.

Ein Mittel zur Analyse der von Unternehmen benötigten Zentralisation ist die Untersuchung der Merkmale seiner Geschäftsbereiche, des Markts und der Industrie. Eine Fülle von Kriterien lässt sich im Rahmen dieser Untersuchung einsetzen. In Tabelle 14.1 werden Produkt-, Markt- und Finanzvariablen für drei Branchen untersucht: Molkereiprodukte, Flugzeuge und Uhren. Die Zellvariablen (hoch, mittel und niedrig) sind Werte des Kriteriums, das Zentralisation favorisiert.

Die Vorteile der Zentralisation sind in Geschäftsbereichen mit schnellem technologischen Wandel enorm. In diesen Industrien lassen sich Innovationen und Herstellung an einem zentralen Ort effizienter umsetzen. Die Wirtschaftlichkeit der Herstellung spielt auch bei der Organisationsgestaltung eine wichtige Rolle. Das Potenzial zur Nutzung von Skaleneffekten in Herstellung, Beschaffung, Marketing usw. ist bei zentralisiertem Management höher.

Tabelle 14.1 Ein Rahmen zur Entscheidung zwischen Zentralisation und Dezentralisation auf der Grundlage von Geschäftsbereichen.

	Vorteile der Zentralisation		
Kriterien	**Flugzeuge**	**Molkereiprodukte**	**Uhren**
Marktcharakteristiken			
Ausmaß der Standardisierung in:			
Produktgestaltung	Hoch	Niedrig	Niedrig
Produktnutzung	Hoch	Niedrig	Hoch
Kaufverhalten	Hoch	Niedrig	Niedrig
Distribution	Hoch	Niedrig	Niedrig
Art der Kunden:			
Verhältnis global/lokal	Hoch	Niedrig	Niedrig
Art der Wettbewerber:			
Verhältnis global/lokal	Hoch	Hoch	Niedrig
Verhältnis Investition/Werbung	Hoch	Mittel	Niedrig
Produktcharakteristiken			
Rate des technologischen Wandels	Hoch	Niedrig	Hoch
Herstellung:			
Minimale effiziente Mengen	Hoch	Niedrig	Hoch
Gültigkeitsbereich der Kostenkurve	Hoch	Niedrig	Hoch

Tabelle 14.1 Ein Rahmen zur Entscheidung zwischen Zentralisation und Dezentralisation auf der Grundlage von Geschäftsbereichen. (Forts.)

Verhältnis Investitionen/Steuern	Mittel	n.v.	Mittel
Wert/Gewicht	Hoch	Niedrig	Hoch
Kapitalintensität	Mittel	Niedrig	Hoch
Finanzielle Merkmale			
Anlagevermögen/Umsätze	Mittel	Niedrig	Mittel
Forschung und Entwicklung/Umsätze	Hoch	Niedrig	Mittel
Kosten der verkauften Waren/Umsätze	Hoch	Niedrig	Niedrig
Wertschöpfung/Umsätze	Hoch	Mittel	Hoch
Lagerhaltung/Umsätze	Mittel	Niedrig	Hoch

Geschäftsbereiche, die hinsichtlich Produktgestaltung, Kaufverhalten und Distributionseinrichtungen in Weltmärkten stark standardisiert sind, können Vorteile aus der Zentralisierung ziehen. Wenn es sich bei den vorrangigen Kunden des Produkts um multinationale Unternehmen oder Endverbraucher mit vergleichbarer Nachfrage und ähnlichem Bedarf handelt, ist eine Zentralisation des Marketingmanagements für die Koordination von Preisen, Designspezifikationen, Begriffen und Qualität wesentlich. Die Präsenz multinationaler Wettbewerber in einer Industrie erfordert ein zentrales Management, das eine integrierte globale strategische Position gewährleistet. Allgemein können auch einige finanzielle Merkmale auf die Notwendigkeit der Zentralisierung hinweisen. Geschäftsbereiche mit hohen Verhältnissen zwischen Forschung / Entwicklung und Umsatz bzw. Wertschöpfung und Umsatz profitieren häufig von der Zentralisierung.

Die Molkereiprodukte-Industrie ist ein Beispiel für einen Geschäftsbereich, in dem keine Zentralisierung möglich ist, weil die Produktstandardisierung die verschiedenen Märkte nicht durchdringt. Bei allen Lebensmittelprodukten und insbesondere bei Molkereiprodukten variieren die Geschmäcker, das Kaufverhalten und die Distributionskanäle im Allgemeinen stark zwischen den verschiedenen Auslandsmärkten. Die Kunden derartiger Produkte sind lokal orientiert. Allein zwischen den französischen Grenzen sind z.B. mehr als 200 spezielle lokale Käsesorten im Markt erhältlich. Die Zahl der Produktvarianten ist wegen der fragmentierten Nachfragestruktur auch in anderen Ländern hoch. In der europäischen Molkereiprodukte-Industrie gibt es z.B. mehr als 2.000 Produzenten.

Die Produktion von Molkereiprodukten ist weder kapitalintensiv, noch ist sie durch hohe technologische Anforderungen gekennzeichnet. Noch wichtiger ist jedoch, dass Transport und Lagerung von Molkereiprodukten wegen Haltbarkeit und Verarbeitbarkeit eingeschränkt sind. Die finanziellen Merkmale des Molkereigeschäfts deuten ebenfalls darauf hin, dass die Zentralisation keine bedeutenden Vorteile bietet. Die Indikatoren für das Verhältnis zwischen Aktiva und Umsätzen, für die Kosten der verkauften Waren und das Verhältnis Lagerhaltung/ Umsätze sind alle niedrig (vgl. Tabelle).

Im Gegensatz dazu ist die Flugzeugindustrie ein perfektes Beispiel für eine Industriesparte, die stark von einer Zentralisierungspolitik profitiert. Die weltweite Standardisierung der Produkte ist recht hoch. Die Zahl der Kunden ist klein. Bei den Kunden handelt es sich vorwiegend um größere, international operierende Unternehmen. Die wichtigsten Wettbewerber in der Industrie sind größere Unternehmen mit multinationalen Aktivitäten. Auf der Fertigungsebene ist die Rate des technologischen Wandels extrem hoch, so dass ein enger Kontakt zwischen zentralen Forschungsaktivitäten und der Herstellungsfunktion erforderlich sind. Die wirtschaftliche Produktion ist kapitalintensiv. Die Kostenkurve ist mengenempfindlich und die Kurve der minimal effizienten Produktionsmengen steigt steil an. All diese Faktoren tragen zum Bedarf für ein zentralisiertes Management in einem derartigen Geschäftszweig bei.

Die Uhrenindustrie liefert ein drittes Beispiel für die Aspekte der Entscheidung zwischen Zentralisation und Dezentralisation. Das Niveau der Produktstandardisierung ist in dieser Industrie nicht hoch. Es gibt eine Menge Unterschiede zwischen den nationalen Märkten, wie z.B. bei der Bevorzugung von digitalen Anzeigen vor Uhren mit Zifferblatt, bestimmter Gehäuseformen, Größen, besonderer Preiskategorien und der Art der Stromversorgung. Die Distributionskanäle und das Kaufverhalten unterscheiden sich in dieser Industrie ebenfalls. Die Rate des technologischen Wandels war einige Jahre lang sehr hoch, aber mittlerweile befindet sich die Industrie in einer Periode der Konsolidation. Die Wirtschaftlichkeit der Produktion ist zunehmend kapital- und mengenintensiv. Die Uhrenindustrie liefert jedoch keine klare Antwort auf die Frage der Zentralisierung hinsichtlich der Organisationsgestaltung.

Während die Produkte der Molkerei- und Flugzeugindustrie eindeutig eine bestimmte strukturelle Lösung erfordern, bietet sich bei Uhren ein komplexeres Bild. Eine Möglichkeit zur Gestaltung einer Organisation, die den Anforderungen der Uhrenindustrie gerecht wird, ist die Betonung der Rolle der funktionalen Dimensionen bei der Zentralisierungsfrage. Wir haben die Produkt- und Gebietsdimensionen zur Darstellung der beiden Extreme der Zentralisierungsaspekte benutzt. Im Fall der Uhren scheint es klar zu sein, dass die Marketingfunktion einen Dezentralisierungsansatz erfordert, um die Verantwortlichkeit für einzigartige lokale Marketingbedingungen sicherstellen zu können. Andererseits erfordern die Aktivitäten bei Forschung und Entwicklung und Herstellung einen zentralisierten Ansatz. Durch Definition einer zentralen Fertigungseinheit und dezentralisierter Markteinheiten lässt sich eine Organisation so gestalten, dass sie den Anforderungen dieses Geschäftszweigs gerecht wird.

14.2.3 Kommunikations- und Kontrollsysteme

Für das internationale Unternehmen bringt die Notwendigkeit der Verwaltung von Menschen in verschiedenen Nationen und Kulturen die Notwendigkeit einer größeren Aufmerksamkeit für die angemessene Gestaltung des Kommunikations- und Kontrollsystems mit sich. Die zwischen dem zentralen Management (Hauptsitz) und dem Management der ausländischen Einheiten (Manager von Niederlassungen, Beziehungen zwischen Verkäufern, Distributoren usw.) existierende Zweiteilung unterscheidet sich nicht allzu sehr von der in allen Organisationen traditionell existierenden Zweiteilung zwischen Stabs- und Linienpersonal, bei der niemand glaubt, dass der andere seine Probleme versteht, so dass Koordination und Kommunikation manchmal darunter leiden. Dieses Problem wird durch die im internationalen Marketing auftretende Entfernung zum Auslandsmarkt, kulturelle, sprachliche und nationale Unterschiede nur verstärkt.

Bei der Organisation der Einheiten und dem Treffen von Entscheidungen über die Managementkontrolle gibt es zwei Hauptfragen. Wie groß ist der gemeinsame Informationsbedarf der Abteilungen und internationalen Subeinheiten? Wie sehen die Kommunikationsanforderungen bei den Managern und Gruppen innerhalb der internationalen Organisation aus? Man darf nicht vergessen, dass Organisationen von Menschen geleitet werden, und dieser Aspekt gewinnt im internationalen Umfeld sehr an Komplexität.

Eines der schwierigen bei der Organisationsgestaltung zu lösenden Probleme ist, wie man mit dem Arbeitsfluss und den informellen sozialen Bedürfnissen zurechtkommen kann und gleichzeitig eine vernünftige Menge formeller Beziehungen beibehalten kann, die eine effiziente Nutzung der Ressourcen gestattet. Dies gilt um so mehr, wenn die Subeinheiten über nationale Grenzen hinweg verstreut sind und es sowohl große kulturelle als auch geografische Entfernungen gibt.

Vergleichende Studien verschiedener Länder konzentrieren sich in der Regel auf die wesentlichen institutionellen Einflussgrößen auf die Unterschiede zwischen den Ländern, wie z.B. Gesetze, Regelungen, staatliche Institutionen und den Prozess, durch den die Wirtschaften reguliert werden. Diese institutionellen Faktoren sind häufig eine Folge der unterschiedlichen kulturellen Normen und Traditionen und diese Variablen beeinflussen die Unternehmenspolitiken, Organisationsmechanismen und die übernommenen Arbeitspraktiken.

Dies lässt sich über die Unterschiede der bei verschiedenen Besitzformen in Frankreich, Deutschland und Großbritannien eingesetzten Kontrollsysteme verdeutlichen. In Deutschland gibt es ein- und zweigeteilte Systeme. Im zweigeteilten System übt ein Aufsichtsrat Kontrolle über einen Managementausschuss aus, wobei eine Mitgliedschaft in beiden Instanzen nicht möglich ist. In Großbritannien sitzen die „Direktoren" in demselben Ausschuss, unabhängig davon, ob sie Manager des Unternehmens sind. Dies ist auch bei den kleineren Gesellschaften mit beschränkter Haftung (GmbH) in Deutschland der Fall. Den deutschen Aufsichtsräten gehören Bankleute und Geschäftsführer von Lieferanten und Kunden an, während in Frankreich der „Conseil d'Administration" der großen GmbHs vorwiegend vom „Président Directeur-Général" (Vorstandsvorsitzender) zusammengestellt wird, der über eine beträchtliche zentrale Macht verfügt und häufig der einzige Repräsentant des Managements im Ausschuss ist. Die Familienkontrolle ist in Frankreich immer noch wichtig und wird in einigen der größeren Unternehmen weiterhin angewendet, und die hierarchische Struktur der Arbeitsbeziehungen und die Betonung der funktionellen Teilung kann in französischen Unternehmen größer als in britischen sein.

14.3 Organisationsstrukturen

Nun wenden wir uns einer kurzen Beschreibung der prinzipiellen organisatorischen Alternativen für exportierende, internationale bzw. globale Unternehmen zu. Internationale Organisationsstrukturen können auf (1) Funktionen, (2) Produktgruppen, (3) Märkten oder Kundengruppen, (4) Geografie und (5) kombinierten bzw. Matrix-Ansätzen beruhen. Da sie sich auf unterschiedliche Kompetenzen stützen, haben all diese Optionen ihre Vor- und Nachteile.

14.3.1 Funktionelle Exportabteilung (integrierte oder eigenständige Exporteinheit)

Anfangs steuern Unternehmen ihre Auslandsoperationen durch Einrichtung einer entweder in die Marketingorganisation integrierten Einheit oder einer getrennten Exporteinheit in der Unternehmensorganisation (vgl. Kapitel 7). Beim unerfahrenen internationalen Unternehmen, das nur einige wenige Exportmärkte bedient, können anfangs eine oder mehrere Personen alle Elemente der Exportmarketing-Operationen bewältigen. Durch Anstellung eines Exportmarketing-Managers, der einem einheimischen Marketingmanager berichtet, beginnt das Unternehmen mit dem Aufbau speziellen Expertenwissens im Exportverkauf und -marketing.

In den meisten Fällen zeigt die praktische Erfahrung, dass die Exportverantwortung nicht jemandem innerhalb der Organisation übertragen werden sollte, dessen Hauptaufgaben im inländischen Bereich liegen. Dies führt nicht zu der spezialisierten funktionalen Exportkompetenz, der technischen und administrativen Einsicht in ausländische Operationen (Exportdokumentation, Sprachkenntnisse, Umgang usw.) und der für den Start internationaler Geschäfte benötigten Erfahrung. Ein Exportleiter, der dem Marketingmanager des Unternehmens berichtet, kann eine Möglichkeit der Organisation einer integrierten Exporteinheit sein.

Mit wachsenden internationalen Aktivitäten des Unternehmens übersteigt jedoch die Komplexität der Koordination und Leitung dieser Operationen die Möglichkeiten einer einzelnen Person. Es entsteht der Zwang, eine Gruppe von Personen zusammenzustellen, die die Verantwortung für die Koordination und Kontrolle der Auslandsaktivitäten trägt. Dies kann zur Einrichtung einer eigenständigen Exportabteilung führen.

In ihren beiden Formen fördert die funktionale Organisation die professionelle Identität der Marketingaufgabe und -herausforderung und unterstützt insbesondere den Einsatz spezialisierter Fähigkeiten und Schulungen in den Anfangsstadien des Internationalisierungsprozesses des Unternehmens mit geringfügiger Produkt- und Gebietsvielfalt. Diese Struktur lässt sich leicht überwachen, sie lässt eine maximale Spezialisierung auf erlernte Berufsfähigkeiten zu und andere Abteilungen können leicht auf diese speziellen Fähigkeiten zurückgreifen.

Der funktionelle Ansatz zur Organisation der Auslandsoperationen führt jedoch zu Problemen bei der Koordination zwischen verschiedenen Abteilungen und Untereinheiten und häufig zu Konflikten bei der Zuweisung von Aufgaben, Ressourcen und Finanzmitteln. Es kann auch zu übermäßigem doppelten Ressourceneinsatz zwischen den Abteilungen kommen.

Die Form der funktionellen Exportabteilung eignet sich insbesondere für kleine und mittlere Unternehmen, aber auch für größere Unternehmen, die standardisierte Produkte herstellen, die sich in den frühen Stadien der internationalen Geschäftsentwicklung befinden und bei denen es nur eine geringfügige Produkt- und Gebietsvielfalt gibt. Die letztgenannten Unternehmen könnten aus der rohstoffgewinnenden Industrie kommen, wie z.B. Bergbau und Öl. Wenn kleine und mittlere Exportunternehmen nach und nach wachsen und in eine Vielzahl von Ländern eindringen, können sie sich zum Einsatz von regionalen Exportmanagern entschließen. Regionale Manager können bestimmten geografischen Gebieten zugeteilt werden und spezielle Aufgaben in Zusammenarbeit mit lokalen Mitgliedern des Distributionskanals (z.B. Auslandsvertreter, Distributoren und Importeure) zu erfüllen haben und diese z.B. bei der Einführung neuer Produkte, dem Aufbau von Dienstleistungen und Ausstellungseinrichtungen unterstützen und deren Verkaufsrepräsentanten und Personal schulen.

14.3.2 Internationale Abteilungsstruktur

Abbildung 14.1 zeigt eine Organisationsstruktur, die der Struktur mit funktioneller Exportabteilung ähnelt. Bei Unternehmen, die in großen Inlandsmärkten operieren, kommt es zu Beginn der Auslandsoperationen häufig zu relativ großen Umsatzmengen und möglicherweise zu größeren Schwierigkeiten, insbesondere wenn verschiedene Eintrittsmodi genutzt werden, wie z.B. traditionelle Exporte, Joint Ventures oder Vertriebstochtergesellschaften. Unternehmen mit vielen Produkten, die sich bereits in einheimische Produktabteilungen organisiert haben, reagieren häufig auf die Auslandsexpansion, indem sie auf der Ebene der Inlandsabteilungen eine zusätzliche internationale Abteilung einrichten.

Die internationale Abteilung koordiniert und kontrolliert die Aktivitäten, für die sie zuständig ist, und fungiert als Repräsentant der höherrangigen Managementgruppe. Der internationale Vizepräsident berichtet direkt dem Präsidenten (CEO – Geschäftsführer).

Abbildung 14.1 Internationale Abteilungsstruktur.

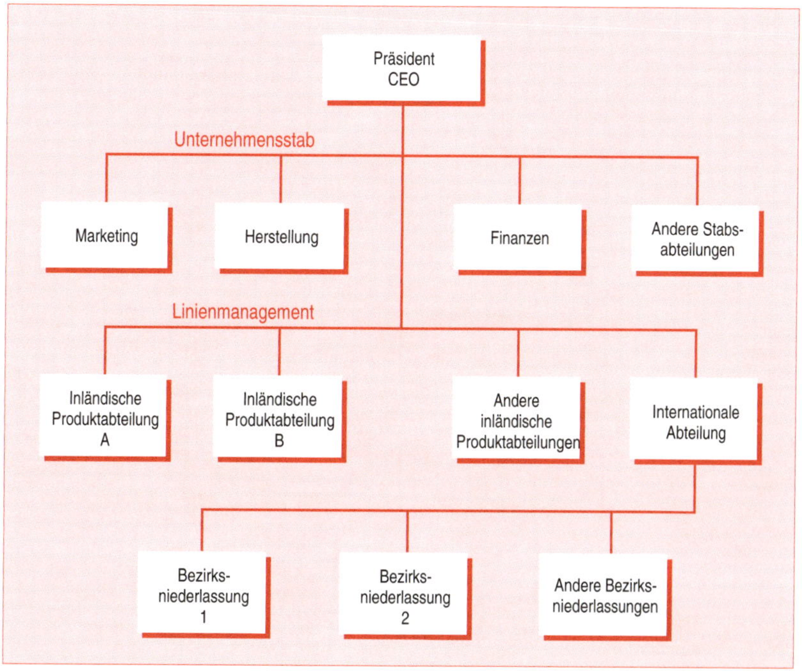

Da sie oft in Profitzentren eingeteilt ist, hat die internationale Abteilungsstruktur einen zusätzlichen Vorteil, indem sie die weltweite Sicht ausländischer Operationen fördert und daher zu einer Konzentration von Aufgaben und Ressourcen führt. Diese Struktur macht ein einziges, koordiniertes Management internationaler Geschäfte über Produktlinien und Länder hinweg möglich.

Oft wird behauptet, dass es sich bei der internationalen Abteilungsstruktur – insbesondere bei jenen Unternehmen, die den Umfang ihrer internationalen Operationen stark steigern bzw. ausdehnen – nur um ein Übergangsstadium der Organisation handelt. Das liegt an der Trennung von den inländischen Produktabteilungen und dem Unternehmensstab sowie dem Fehlen wesentlicher Produkt- und Technologiekompetenzen. Mit der Zeit ist die internationale Abteilung möglicherweise nicht mehr in der Lage, ihre Auslandseinheiten (Distributoren, Vertriebs- und / oder Produktionstochtergesellschaften usw.) voll zu unterstützen.

14.3.3 Produktbasierte internationale Organisationsstruktur

Stark diversifizierte Unternehmen mit mehreren unterschiedlichen Produktlinien oder Geschäftsgebieten können Vorteile aus der Übernahme einer internationalen produktbasierten Struktur ziehen. Das Hauptziel dieses Ansatzes ist es, die speziellen Anforderungen der Produkte und der unterstützenden Technologien zu erfüllen. Hinter der produktbasierten Struktur steht die Auffassung, dass das Produktmanagement der Kern der Marketingaufgabe ist. So gesehen ist eine Zentralisierung dieser Subfunktion sinnvoll. Abbildung 14.2 zeigt diese Struktur.

Abbildung 14.2 Internationale Organisationsstruktur auf der Basis von Produktlinien.

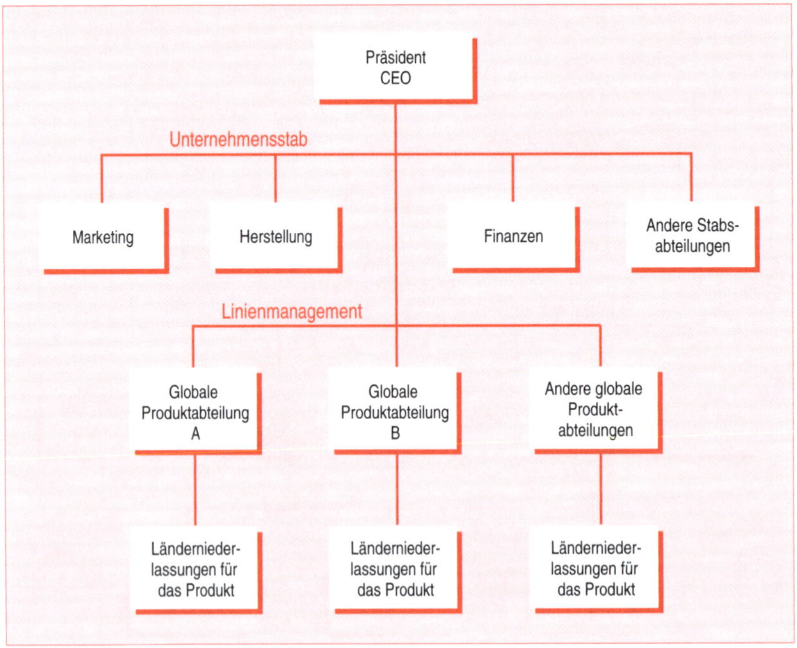

Eine internationale produktbasierte Struktur vereinfacht die Koordinationsaufgabe, ermöglicht das Wachstum der Organisation ohne Kontrollverlust und bietet der Geschäftsbereichsleitung stärkere Motivation. Die Marketingstrategien und -programme der verschiedenen Produktlinien werden vom lokalen „Stab“ entwickelt, koordiniert und umgesetzt. Die Skaleneffekte innerhalb der jeweiligen Produktlinien lassen sich besser ausnutzen.

Diese Struktur erleichtert die internationale Produktpositionierung, wenn die Manager der Produktbereiche (häufig Vizepräsidenten) weltweit für die Produktion und das Marketing ihrer jeweiligen Produktlinien verantwortlich werden. Ausländische Vertreter, internationale Vertriebs- und Produktionstochtergesellschaften berichten direkt an den Geschäftsbereich des Produkts im Unternehmen, von dem sie mit produktspezifischen und technischen Informationen und Daten versorgt und anderweitig unterstützt werden.

Generell eignet sich die produktorientierte Strukturierung besser für Unternehmen, die im internationalen Geschäft und Marketing bereits Erfahrungen mit unterschiedlichen Produktlinien und intensiven Forschungs- und Entwicklungsaktivitäten gesammelt haben. Die Strukturierung in produktbezogene Geschäftsbereiche eignet sich dann am besten, wenn die Vorteile eines global standardisierten Marketing-Mixes größer als die der Einteilung nach der regionalen oder lokalen Nachfrage und nach Bedürfnissen sind. Unternehmen, die chemische und elektrische Produkte anbieten, strukturieren sich häufig weltweit in produktbezogene Geschäftsbereiche. Idealerweise sollte es innerhalb eines Geschäftsbereichs eine gewisse Produkthomogenität und zwischen den globalen Produktgeschäftsbereichen eine gewisse Produktheterogenität geben.

Die Hauptnachteile dieser Art der Strukturierung sind der doppelte Ressourceneinsatz (insbesondere bei Vertriebs-/Distributionsstrukturen in den verschiedenen Ländern), die fehlende Förderung der Entwicklung funktioneller Fähigkeiten (z.B. Marketing und Finanzierung) und die Förderung von Suboptimierungen zwischen den Produktgeschäftsbereichen. Die Verdopplung des Funktionspersonals, der Ressourcen, Einrichtungen, der Vertriebsmannschaft und des Managements kann die Kosten der Auslandsoperationen deutlich erhöhen. Noch wichtiger ist aber, dass die produktbasierte Strukturierung die Fachkenntnisse und Erfahrungen aus den Unternehmensaktivitäten zersplittert, die durch andere Produktlinien über nationale Grenzen hinweg erworben werden. Dies kann dazu führen, dass aus Fehlern nicht gelernt wird und dass es zu peinlichen Inkonsistenzen in den Aktivitäten und dem Verhalten der einzelnen Geschäftsbereiche kommt. Ferner kann es dazu kommen, dass die ausländischen Verkaufs- und Distributionseinrichtungen nur unzureichend genutzt werden.

Eine weitere Schwäche dieser Strukturierung ist, dass Produktgruppen im Weltmarkt recht häufig dazu neigen, sich völlig unabhängig voneinander zu entwickeln. Die Strukturierung in globale produktbezogene Geschäftsbereiche kann schließlich z.B. dazu führen, dass es in derselben ausländischen Nation mehrere Tochtergesellschaften gibt, die an verschiedene Produktbereiche berichten, ohne dass in der Hauptniederlassung irgendjemand für die Gesamtunternehmenspräsenz im entsprechenden Land verantwortlich ist. Eine dezentralisiert nach Produkten ausgerichtete Marketingorganisation kann auch zu einer schlechten Kommunikation zwischen den weltweit verteilten, verschiedenen Marketingeinheiten führen. Es ist häufig von großem Nachteil, dass durch diese Art der Strukturierung beträchtliche Kreativität verloren geht. Lokale Einheiten bemühen sich möglicherweise um die Wahrung ihrer Unabhängigkeit. Sie können sich Entscheidungen widersetzen, die auf der Ebene der Unternehmensgeschäftsbereiche gefällt werden (das „Wurde-hier-nicht-erfunden"- bzw. „Not-invented-here"-Syndrom). Die in einem Markt entwickelten Produktentwicklungsideen, Marketingideen usw. können verloren gehen, sofern nicht ein spezielles System zur Übermittlung von Ideen, Verfahren und Wissen zwischen den Ländern entwickelt wird.

Vor einigen Jahren berichtete eine Studie über multinationale Unternehmen von Davidson und Haspeslagh (1982) Folgendes über die globale produktorientierte Strukturierung:

- Die Kosteneffizienz bei vorhandenen Produkten für existierende Märkte wurde gefördert.
- Die Unternehmen konnten ihre Position in reifen und stabilen Märkten besser konsolidieren, aber die Transfers ausländischer Ressourcen (insbesondere Technologie) schienen behindert und nicht erleichtert zu werden.
- Unternehmen wurden in eine defensive Wettbewerbsposition gezwungen.
- Es ergaben sich niedrigere Auslandsumsätze.
- Es war eine umfangreiche Aufmerksamkeit für den Bedarf an internationaler Erfahrung, Verantwortlichkeit und Fürsprache erforderlich.

Vielen dieser Probleme kann man durch den Einsatz eines Koordinationsmechanismus, wie z.B. Produktlinienkoordinatoren, durch das Planungssystem oder Direktkommunikation auf der vorgesetzten Managementebene begegnen. In mehreren internationalen Unternehmen, die sich nach Produkten strukturieren, treffen sich die Manager der Profitzentren einmal monatlich, um sich gegenseitig über die Leistung der Einheiten, deren Aktivitäten und Pläne zu informieren. Diese Treffen bieten unter anderem ein Top-Managementforum für die Lösung von Koordinations- und Integrationsproblemen und ein Forum zur Förderung der Ressourcenteilung und der Konsistenz der Auslandsoperationen. Andere Unternehmen fördern die Formierung einer „Führerrolle", die der größten oder erfahrensten ausländischen Tochtergesellschaft hinsichtlich der Produktentwicklung, der Marketingmethoden oder Koordinationsfähigkeiten zwischen den internationalen Produktbereichen zukommt.

14.3.4 Geografische oder kundengruppenorientierte internationale Struktur

Eine markt- oder gebietsbasierte Strukturierung ist für Unternehmen mit einer geografisch breiten Streuung und reifen, standardisierten Produkten von Vorteil (Abbildung 14.3). In der Regel wird die Welt in Regionen (Geschäftsbereiche) eingeteilt, wie z. B. Europa, Nordamerika, mittlerer Osten usw.

Abbildung 14.3 Internationale Strukturierung auf der Grundlage geografischer Gebiete.

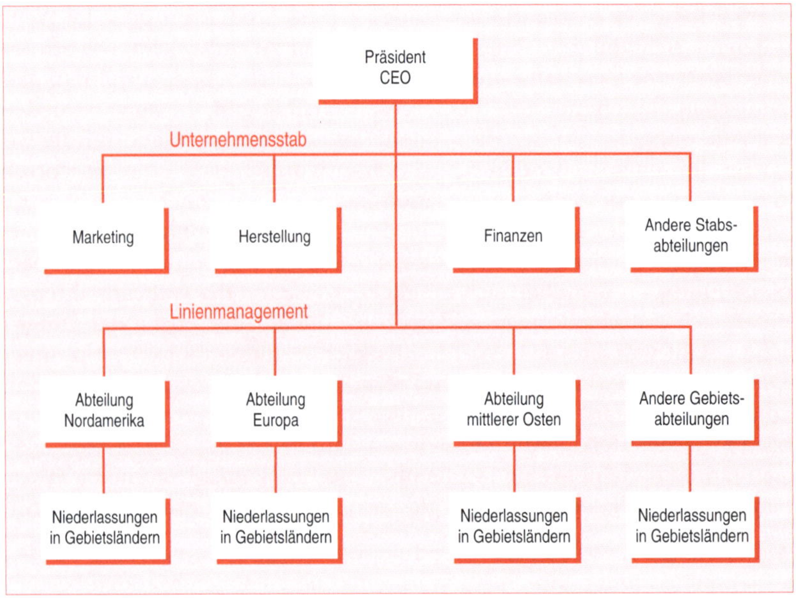

Die Regionen lassen sich weiter in Gebiete oder einfach Länder untergliedern, in denen es Tochtergesellschaften gibt. Das wichtige Merkmal ist, dass die Regionen recht selbständig sind und eigene funktionelle Infrastrukturen hinsichtlich Marketingplanung und -forschung besitzen.

Eine regionale Operationseinheit, wie z. B. der europäische Geschäftsbereich, wird üblicherweise wie folgt organisiert: Die Vizepräsidenten der Herstellung (wenn das Unternehmen ausländische Direktinvestitionen in Fertigungsstätten vorgenommen hat), des Marketing usw. berichten dem Gebietsleiter. Der Gebietsleiter koordiniert die funktionellen Eingaben, wie z. B. die Kapitalplanung und die Distribution, managt die vorhandenen Produkte der Region, tritt mit offiziellen Regierungsvertretern und Agenturen in Kontakt und steht im direkten persönlichen Kontakt mit dem Unternehmensausschuss bzw. Aufsichtsrat. Die Gebietsleiter sind für die Gewinne und Leistung einer Linie verantwortlich.

Alle Produktlinien der Region werden vom Leiter eines Produktmanagement-Teams geführt, das aus Managern für Marketing, Herstellung und technische Dienstleistungen besteht. Der Produktmanager berichtet dem regionalen Vizepräsidenten. Die verschiedenen

Teams legen die Strategien und anschließend die Pläne und Ziele für die spezifischen Produkte fest. Ihre tägliche Aufgabe ist es dann, diese Strategien umzusetzen. Im Allgemeinen verfügt jedes geografische Gebiet über die Unterstützung eines kompletten internen Stabs, obwohl diese Unterstützung bei einigen hoch spezialisierten Funktionen, wie z.B. Forschung und Entwicklung und Marketingforschung, häufig recht gering ist. Diese Teams müssen sich derartige Kenntnisse vom Unternehmensstab oder anderen regionalen Geschäftsbereichen (unter Kosten) „ausborgen".

Die regionale Organisationsstruktur ist ideal für Unternehmen mit einem einzigen Produkt oder einem homogenen Produktangebot, das eine schnelle und effiziente landesweite Distribution erfordert. Unternehmen mit Produktlinien, die sich auf ähnliche Technologien stützen und über gemeinsame Endverbrauchermärkte verfügen, neigen zu dieser Art der internationalen Organisation. Viele Lebensmittel-, Getränke-, Automobil- und Pharmaunternehmen benutzen diese Art der Strukturierung. Die regionale Organisation vereinfacht die Koordination zwischen verschiedenen Funktionen und ermöglicht ein Wachstum ohne Kontrollverlust. Ein Hauptvorteil ist die Fähigkeit zur einfachen Reaktion auf die Umwelt- und Marktanforderungen eines nationalen, regionalen oder kulturellen Gebiets durch geringfügige Modifikationen der Produktgestaltung, der Preise, der Marktkommunikation und der Verpackung. Daher unterstützt diese Struktur adaptive internationale Marketingprogramme. Zudem lassen sich Skaleneffekte innerhalb von Regionen ausnutzen.

Die prinzipiellen Schwierigkeiten der geografischen Organisation entstehen, wenn das Unternehmen über eine Reihe unterschiedlicher Produkte verfügt. Dies gilt sowohl für die internationale Strukturierung der Geschäftsbereiche als auch die weltweiten regionalen Organisationen. Die Aufgaben der Koordinierung von Produktvariationen, des Transfers neuer Produktideen und Marketingtechniken von einem in ein anderes Land und die Optimierung des Produktflusses von der Quelle bis in die weltweiten Produktmärkte lassen sich nicht einfach bewältigen.

Beim geografischen Organisationsrahmen klagen die Unternehmen traditionell darüber, dass sich die folgenden Aufgaben nur schwer oder gar nicht bewältigen lassen:

1. Umsetzung konsistenter Anstrengungen, um neu entwickelte Inlandsprodukte auf internationale Märkte zu bringen.
2. Vermeidung eines doppelten Linienmarketing, doppelt vorhandener Produkt- und Stabsmanager, insbesondere auf der regionalen Ebene.
3. Planungsleitung im weltweiten Maßstab.
4. Koordination von Forschung und Entwicklung auf einer globalen Basis.

Infolgedessen neigt die regionale Strukturierung dazu, die Gebietsautonomie zu fördern, und behindert die Schaffung wirklich globaler Marketingstrategien. Im Ergebnis werden die Produktlinien breiter, die Produktstandardisierung leidet und es kann zum Wettbewerb zwischen Gebieten und / oder Tochtergesellschaften um Exportmärkte kommen.

Die Welt lässt sich auch in Kundengruppen unterteilen, bei denen es sich um klar definierte Verbrauchergruppen handelt, wie z.B. Industrien oder Endverbrauchersegmente. Entsprechend sind die Bau-, Verpackungs- oder Chemieindustrie Kundengruppen für Unternehmen, die Maschinen, Komponenten und technische Unterstützung für diese Industriesegmente anbieten. Schulen, Hotels, Krankenhäuser und das Militär sind Kundengruppen beim Verkauf an institutionelle Märkte. Die Produkte werden normalerweise so gestaltet, dass sie den Bedürfnissen spezifischer geografischer Märkte oder Kundengruppen und deren speziellen Merkmalen gerecht werden. Die markt- oder kundenorientierte Struktur will sicherstellen, dass Bedürfnisse und Entwicklungen der Nachfrage richtig erkannt werden und dass man entsprechend darauf reagiert. Vieles von dem, was oben zur regionalen Strukturierung gesagt worden ist, trifft auch auf die Strukturierung nach Kundengruppen zu.

14.3.5 Kombinierte internationale Strukturierung: Die Matrix-Organisation

Im Allgemeinen übernehmen die meisten Organisationen und insbesondere die internationalen Unternehmen nicht einfach die Strukturen, die auf den Dimensionen Funktion, Produkt, Gebiet oder Kundengruppe basieren. Häufig führt die Organisationsgestaltung zu kombinierten Strukturen (siehe Beispiele 14.1 und 14.2). Wenn die Managementaufgaben komplexer werden, weil die Ausbreitung der Technologie- und Managementkompetenzen international zu einem zunehmenden Wettbewerb führt, kommt es tendenziell zur Entwicklung neuer organisatorischer Ansätze für das Management der internationalen Geschäfte und Marketingaktivitäten.

Der sog. *Matrix-Ansatz* versucht zwei oder mehr Kompetenzbereiche (geografische Kenntnisse, Produktkenntnisse, funktionale Kompetenz oder die Kenntnis der Kunden oder Industrien und deren Bedarf) auf einer weltweiten Basis zu kombinieren. Die Gesamtkompetenz entspricht einer Matrix-Organisation, die das Teilen von Ressourcen, Expertenwissen und Informationen anregt. Sie führt die vom Unternehmensmanagement gesetzten Ziele zusammen. Die Matrix-Organisation gleicht im Prinzip auch Technologie- (Produkt-) und Marktkräfte in einer projektorientierten Anordung aus und integriert diese.

BEISPIEL 14.1

IBMs Umstrukturierung: Zu wenig, zu spät?

Anfang 1993 kündigte John Akers, der derzeitige Vorstandsvorsitzende von IBM, eine Umstrukturierung von IBM an. Die neue Struktur sollte der folgenden Abbildung entsprechen.

Die Umstrukturierung des Unternehmens in autonome Einheiten entsprach der späten Einsicht, dass seine Hauptniederlassungen eine derart riesige globale Organisation in einer Industrie mit kleineren und spezialisierteren Wettbewerbern nicht mehr effizient koordinieren konnten. Jede IBM-Einheit sollte frei ihre eigenen Interessen verfolgen können, ohne dabei Rücksicht auf die Auswirkungen auf andere Unternehmensteile nehmen zu müssen. Neun der Einheiten beliefern die vier anderen, geografisch organisierten Marketing- und Dienstleistungs- oder „Einzelhandelsunternehmen" mit Produkten. Alle Einheiten sollten miteinander in Kontakt bleiben und untereinander Geschäfte zu Marktpreisen treiben, die über Verkäufe an und Einkäufe von externen Unternehmen geprüft werden.

Theoretisch gibt es keinen Grund, warum diese Anordnung nicht funktionieren sollte. Strukturen der einen oder anderen Art, die auf vielen Bereichen basieren, halten das Management zusammen, seit Alfred Sloan 1923 General Motors reorganisiert hat, und sog. „Verbände" sind mittlerweile bei Großunternehmen beliebt, die nach Flexibilität suchen.

Beispiel 14.1 (Forts.)

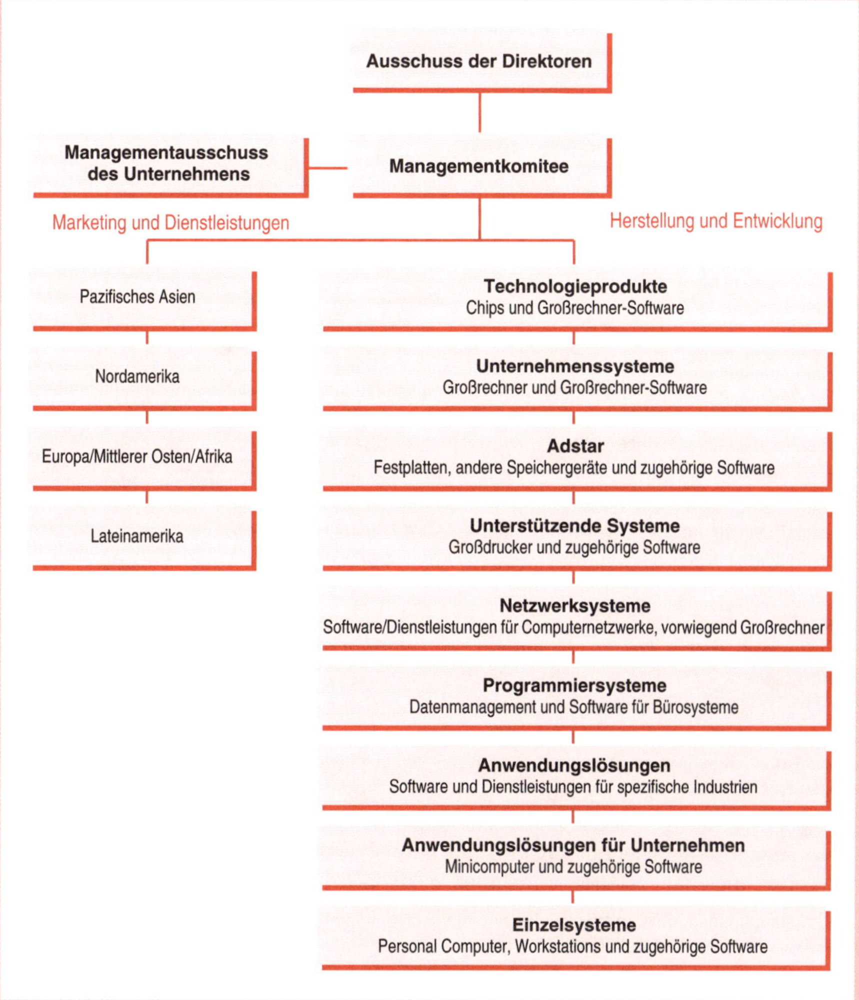

Kein anderes Unternehmen, auch kein japanisches, ist in allen von IBM versorgten Marktsegmenten aktiv. Und keines verfolgt entsprechende Pläne. Alle anderen Unternehmen der Industrie, vom Chiplieferanten bis hin zum Softwareunternehmen, mussten sorgfältige und häufig schmerzvolle strategische Entscheidungen darüber treffen, in welchen Bereichen sie konkurrieren können oder auch nicht.

Nach der Senkung der Kosten im Zeitraum zwischen 1990 und 1993 hatte IBM, insbesondere bei Erholung der amerikanischen Wirtschaft, einen kurzen Zahlungsaufschub für die nächsten ein oder zwei Jahre gewonnen. Aber ohne klare Strategie und die Ausarbeitung überzeugender Gründe dafür, welche der Geschäftsbereiche unter dem IBM-Schirm bleiben und welche verkauft oder aufgegeben werden sollten, scheint das Unternehmen auf lange Sicht weiteren Qualen ausgesetzt zu sein.

BEISPIEL 14.2

Marketingorganisationen: Folgen des EC92-Programms

Änderungen der Marktstruktur in vielen Industrien werden in Verbindung mit den Bemühungen des EC92-Programms zur Reduzierung physischer, technischer und steuerlicher Hindernissen zu einem deutlichen Wandel in Marketingorganisationen und -programmen führen. Im Allgemeinen wird es eine Verschiebung weg von der Annahme geben, dass Marketingprogramme notwendigerweise an die speziellen Bedürfnisse der jeweiligen Länder angepasst werden sollten. Die Reformen von 1992 haben die einzelnen Ländermärkte zwar zugänglicher, aber nicht ähnlicher gemacht. Die meisten kulturellen, historischen, institutionellen und wirtschaftlichen Unterschiede zwischen den EU-Ländern werden die Änderungen von 1992 überleben. Tatsächlich haben sie bereits überlebt. Sie werden jedoch mit der Zeit indirekt Gemeinsamkeiten des Kundenverhaltens über nationale Grenzen hinweg fördern.

Betont wird nun über nationale Grenzen hinweg die Suche nach Ähnlichkeiten statt nach Unterschieden, so dass sich die Anpassungskosten minimieren und Skaleneffekte maximieren lassen. Es werden standardisierte Werkzeuge der Marktforschung benötigt, um den Wandel der Kundeneinstellungen und Markenpräferenzen in ganz Europa zu überwachen und paneuropäische grenzübergreifende Kundensegmente zu ermöglichen (und zu erkennen). Wenn die grenzüberschreitenden Ähnlichkeiten des Kundenverhaltens die Unterschiede zunehmend überwiegen, dann schafft die geografische Segmentierung wahrscheinlich Raum für Segmentierungen nach paneuropäischen Lebensstilen. Diese Verschiebung hat wichtige Auswirkungen auf die Organisation der europäischen Marketingoperationen eines Unternehmens.

Die wachsende Bedeutung paneuropäischer Marketingprogramme deutet auf die Notwendigkeit anderer Organisationsansätze hin. Multinationale Unternehmen, wie z.B. Nestlé, Procter & Gamble, Kraft Foods, Gillette und viele andere, haben bereits eine mächtige Verlagerung von Ländern hin zu Regionen beim Treffen von Marketingentscheidungen angedeutet. Neu eingerichtete regionale Managements entscheiden nun über die Marketingstrategien bei paneuropäischen Marken und profitieren von Informationen des Landesmanagements. Arbeitsstäbe, die in Folge des Programms von 1992 die Pläne der Geschäftseinheiten prüfen und koordinieren, wurden an den regionalen Hauptsitzen eingerichtet. Die Unternehmen erweitern die Verantwortlichkeit ihrer europäischen Hauptniederlassungen über die finanzielle Kontrollfunktion hinaus, die die zentrale Rolle bei den meisten dezentralisierten multinationalen Unternehmen eingenommen hat. Es wird angenommen, dass es Auswirkungen auf die Organisationsgestaltung, die Autorität und die Verantwortlichkeit innerhalb des europäischen Marktes geben wird:

- Wenn unnötige doppelte Entscheidungen wegfallen und Skaleneffekte betont werden, sollte eine stärkere Rolle der regionalen Hauptniederlassungen eine entsprechende Reduzierung des Personalüberhangs in den Länderorganisationen der Unternehmen ermöglichen.
- Die Tochtergesellschaften in den Ländern werden zunehmend zu Vertriebs- und Dienstleistungseinrichtungen, wenn Marketingentscheidungen verstärkt zentralisiert werden. Darüber hinaus ermöglicht die Computertechnologie eine zentrale Verarbeitung des Schriftverkehrs. Man kann erwarten, dass der Vertrieb zunehmend nach Produktlinien organisiert wird. Niedrigere Kosten und effizientere Reisen innerhalb der EU werden spezialisiertere Verkäufer möglich machen, die weniger Produkte in größeren Gebieten repräsentieren.
- Die Verlagerung der Autorität auf die europäische regionale Ebene wird voraussichtlich auch Auswirkungen auf die Entwicklung der Geschäftsführung haben. Die Zahl der lokalen Staatsangehörigen wird abnehmen. Werbung und Produktförderung werden zunehmend Marketingmanagern mit Erfahrungen in mehreren Geschäftsfunktionen und Kulturen übertragen werden.

Beispiel 14.2 (Forts.)

- Schulungs- und Karriereprogramme werden das Ziel haben, ein Reservoir von Marketingmanagern mit diesen breiter angelegten Fähigkeiten zu schaffen. Die allmähliche Angleichung der professionellen Qualifikationsanforderungen innerhalb der EU-Länder wird internationale Karrierewege weiter fördern.

Die andauernden Verschiebungen in den Marketingorganisationen innerhalb der letzten Jahre wurden jedoch nicht vom 1992-Programm ausgelöst. Die Globalisierung des Wettbewerbs hat einige Unternehmen dazu motiviert, die Linienautorität von geografisch gesteuerten Organisationen auf weltweite Geschäftseinheiten zu verlagern.

Eine Möglichkeit zur Verdeutlichung des Matrixkonzepts ist die Betrachtung eines einfachen Beispiels. Northern Pumps, Inc. stellt eine Reihe industrieller Maschinen und Komponenten her, die drei Haupkategorien angehören: Wasserpumpen, Heizelektronik und Ventilatoren. Das Unternehmen liefert diese Produkte in eine große Anzahl ausländischer Märkte. Die Hauptnutzer stammen jedoch aus drei Industriesparten: Bau-, Flugzeug- und Schifffahrtindustrie. Weiterhin vermarktet das Unternehmen seine Produkte in vielen Ländern. Nun besteht das Problem darin, wie Northern Pumps international organisiert werden sollte.

Die Organisation nach Produkten würde bedeuten, dass die Bedürfnisse der einzelnen spezifischen Märkte vernachlässigt werden. Es ist nicht möglich, dass alle Produktlinien über tief gehende Kenntnisse der drei Märkte verfügen. Die Organisation nach geografischen Märkten oder Kundengruppen (Industrien) macht zwar aus Marketingsicht Sinn, aber die Anforderungen der Produkte und die für den Verkauf der Produkte erforderlichen spezifischen Technologiekenntnisse werden dabei nicht angemessen berücksichtigt. Der Marketingmanager für die Bauindustrie und sein übriger Vertriebsstab, der vorwiegend Wasserpumpen und Heizelektronik an die Bauindustrie verkauft, könnten unbegründete Vorurteile gegen Ventilatoren hegen, die an die Flugzeug- und Schifffahrtindustrie verkauft werden.

Die funktionale Strukturierung scheint völlig ungeeignet zu sein, weil sie sich nur wenig oder gar nicht an Produkten oder Märkten orientiert. Eine auf geografischen Gebieten basierte Strukturierung würde die Welt in unterschiedliche wirtschaftliche und politische Ländergruppen unterteilen, wobei jede als stark ergebnisorientiertes Profitzenter fungieren würde, sich aber nur wenig oder gar kein Entwicklungsfortschritt für neue Anwendungen erreichen ließe. Die Matrixstruktur versucht, das organisatorische Dilemma zu lösen. Abbildung 14.4 verdeutlicht die Matrixorganisation.

Im Fall von Northern Pumps wirkt sich die Übernahme dieses Strukturkonzepts vorwiegend darin aus, dass es neun funktionale Schnittpunkte gibt. An diesen Punkten genießt man die Vorteile maximalen Wissens und maximaler Sachkenntnis über ein Produkt und eine Marktgruppe.

Dies bedeutet, dass der Marketingstab sowohl als Mitglied einer Produktgruppe (Wasserpumpen, Ventilatoren und Heizelektronik) als auch – auf der Basis einer Marktdimension (Kundengruppe) – eines Projektteams arbeitet. Es gibt daher wahrscheinlich zwei verschiedene Manager. Dem Schaubild lässt sich weiterhin die internationale Dimension als dritte geografische Achse hinzufügen, der die Verantwortlichkeit für die Marketingkoordination innerhalb einer Region oder eines einzelnen Landes zukommt.

Abbildung 14.4 Internationale kombinierte Strukturierung.

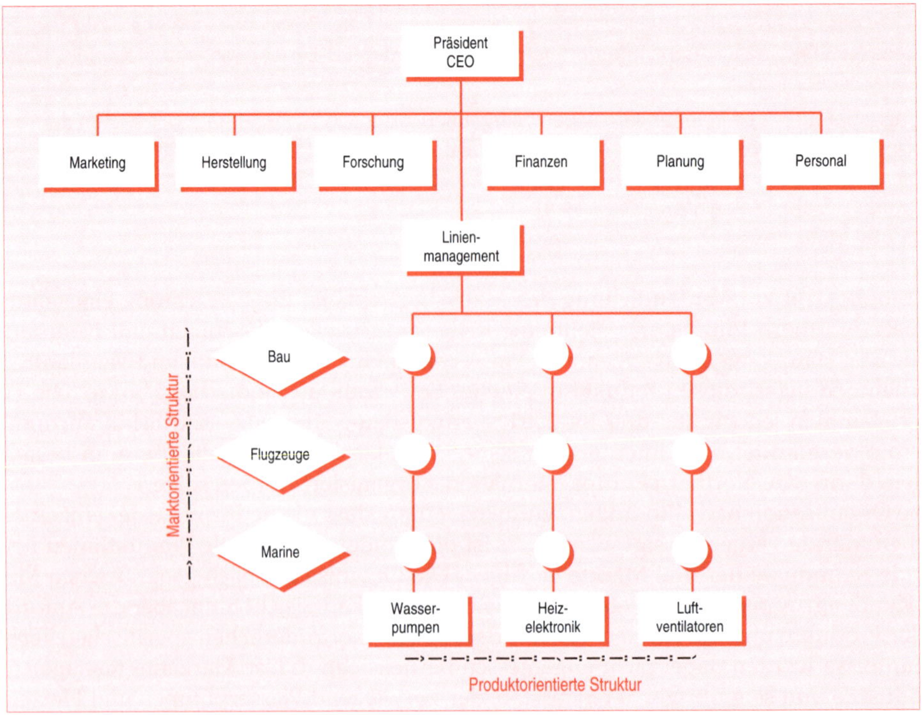

Wie alle Strukturen hat auch die Matrix-Organisation ihre allgemeinen Vor- und Nachteile. Die Struktur nützt Unternehmen, die sowohl eine Vielzahl von Produkten anbieten als auch geografisch gestreut arbeiten. Durch die Kombination des Produktmanagement-Ansatzes mit einem marktorientierten Ansatz kann man sowohl die Anforderungen der Märkte als auch der Produkte erfüllen. Im Ergebnis zeigt die Matrixstruktur sehr unterschiedliche Muster des Produkt-Know-hows, der Marktkenntnisse und des Technologietransfers. Viele wissens- und dienstleistungsbasierte Unternehmen und technologieintensive Firmen setzen die Matrixorganisation ein.

Bei diesem Ansatz sind alle und nicht nur die Profitzentren der nationalen Tochtergesellschaften, geografischen Gebietsbereiche oder Produktbereiche für die Rentabilität verantwortlich. Nationale Organisationen sind für die Ländergewinne, geografische Gebietsbereichsabteilungen für eine Gruppe nationaler Märkte (Nordamerika, Europa, Lateinamerika) und Produktabteilungen für die weltweite Produktrentabilität verantwortlich.

Verglichen mit reinen Organisationsformen bietet das Matrixformat für die Entscheidungsfindung ein anderes finanzielles und politisches Umfeld. Gebietsmanager sind für den effizienten Einsatz lokaler und regionaler Ressourcen verantwortlich. Ihr Anreizsystem fördert die effiziente Zuweisung lokaler Ressourcen zu Investitionsprojekten. Produkt- und Funktionsmanager streben eine maximale Effizienz an und weisen Investitionsprojekten Ressourcen zu bzw. setzen diese ein. Dies gleicht die Macht der Produktmanager und der geografischen Manager aus. Die Wirtschaftlichkeit der Projekte wird letztlich gesteigert.

Einer der häufig genannten Nachteile der Matrixstruktur ist die unklare Strukturierung der Entscheidungsfindung. Wenn man den Kompetenzen für Produkte, Funktionen und geografische Gebiete die gleiche Bedeutung einräumt, wird das Prinzip der Übereinstimmung der Weisungsbefugnis mit einzelnen Autoritätslinien fallen gelassen. Da es eine weit verbreitete Abneigung gegen das „Arbeiten für zwei Chefs" gibt, werden Matrixstrukturen oft kritisiert.

In der Matrix basieren Autorität und Einfluss auf der professionellen Kompetenz in Technologie, Marketing usw. statt auf formeller Autorität. Dies führt wiederum zur inhärenten Tendenz, Konflikte zwischen den Managern von Produkten, Funktionen oder geografischen Gebieten zu erzeugen. Da die verschiedenen Manager von Anfang an beteiligt sind, wird der Prozess der Entscheidungsfindung zwar verlangsamt, dafür werden die getroffenen Entscheidungen aber schneller umgesetzt. In einer Matrixorganisation müssen Manager die Notwendigkeit zur Lösung von Fragen und der Auswahl von Alternativen auf der niedrigstmöglichen Managementebene akzeptieren und können sich nicht auf höhere Autoritäten verlassen. Damit die Matrixorganisation funktioniert, müssen die Manager verschiedener Abteilungen gewillt sein, sich an Komitees und am Teammanagement zu beteiligen.

Als Gegensatz zu den bisher bereits vorgestellten organisatorischen Ansätzen, die sich alle auf ein Hierarchieprinzip stützen, wurde das von den schwedischen Wissenschaftlern Hedlund und Rolander entwickelte Konzept der *heterarchischen* multinationalen Struktur vorgeschlagen (1992). Die Grundidee ist die, dass sich das Unternehmensmanagement nicht allzu sehr um logische Inkonsistenzen und die Eleganz der formalen Struktur kümmern sollte. Wichtig ist vielmehr, ob die Struktur im Laufe der Zeit praktisch, verständlich und flexibel ist. Unter anderem wird eine Heterarchie durch viele Zentren unterschiedlicher Art, verschiedene strategische Rollen ausländischer Tochtergesellschaften, Koalitionen mit anderen Unternehmen und ein tendenziell „radikales" problemorientiertes Verhalten charakterisiert.

In der heterarchischen Struktur sind die Zentren des Hauptquartiers geografisch stärker verteilt. Ein Unternehmen kann z.B. ein Finanzzentrum in Brüssel, eine regionale Marketingeinheit mit der Aufgabe der Koordinierungsaktivitäten für den gesamten südostasiatischen Bereich in Hongkong, eine italienische Produktionseinheit mit globaler Verantwortlichkeit für die Versorgung mit Komponenten, für bestimmte Produkte ein Zentrum für Forschung und Entwicklung in Dänemark und die größte Produktabteilung mit Hauptsitz in New York besitzen.

Ebenfalls im Gegensatz zum traditionellen hierarchischen Ansatz können ausländische Tochtergesellschaften spezielle strategische Rollen innerhalb einer Funktion, einer Produktlinie oder einem geografischen Gebiet übernehmen, und zwar nicht nur für „ihr" Unternehmen z.B. in Deutschland oder Schweden, sondern auch für das Gesamtunternehmen. Die steigende Zahl internationaler strategischer Allianzen zwischen Unternehmen, die zueinander selbst in einer direkten Wettbewerbssituation stehen, kann auch einen Einfluss zu Gunsten der „lockereren" oder organisatorischen Ad-hoc-Lösungen haben.

ZUSAMMENFASSUNG

Dieses Kapitel hat einige wichtige Überlegungen zur Organisation internationaler Operationen vorgestellt. Drei eng verwandte Fragen wurden erörtert, nämlich die Definition organisatorischer Untereinheiten, die Entscheidung zwischen Zentralisation und Dezentralisation und die Zuordnung von Berichts- und Kontrollsystemen.

Das Kapitel hat auch die Vor- und Nachteile der prinzipiellen Organisationsalternativen des internationalen Unternehmens erörtert. Die strukturellen Alternativen sind: (1) Funktionen, (2) Produktgruppen, (3) Markt- oder Kundengruppen, (4) Geografie und (5) kombinierte Ansätze.

FRAGEN ZUR DISKUSSION

14.1 Welche Arten von Variablen haben einen Einfluss darauf, wie Linienoperationen in organisatorische Einheiten unterteilt werden sollten?

14.2 Definieren Sie das Konzept der Zentralisation und erörtern Sie die Bedingungen, die eine Zentralisierung der internationalen Operationen eines Unternehmens vorteilhaft erscheinen lassen.

14.3 Erörtern Sie die Vor- und Nachteile einer zentralisierten Organisationsstruktur.

14.4 Erklären Sie, warum ein Unternehmen in den frühen Stadien des Prozesses seiner Internationalisierung häufig eine funktionelle Exportabteilung einsetzt.

14.5 Warum entscheiden sich Unternehmen für eine internationale Organisationsstruktur auf Basis von Produktlinien? Erläutern Sie Ihre Antwort.

14.6 Nennen Sie Beispiele für Produktarten oder -linien, bei denen zu erwarten steht, dass Unternehmen eine internationale Struktur wählen, die sich auf geografische Gebietsbereiche stützt.

14.7 „Die Matrix-Struktur ist die beste Form zur Organisation eines in turbulenten und vielfältigen Umfeldern tätigen internationalen Unternehmens." Erörtern Sie diese Aussage.

14.8 Gibt es für Unternehmen ein „optimales" Verfahren zur Kombination seiner internationalen Operationen zwecks Bildung eines integrierten globalen Unternehmens? Erläutern Sie Ihre Antwort.

LITERATURHINWEISE

Davidson, W. H., Haspeslagh, P. (1982). Shaping a global organization. *Harvard Business Review*, Juli-August, 125-32.

Hedlund, G., Rolander, D. (1992). Action in hierarchies. In: *Managing the Global Firm* (Hrsg. C. A. Bartlett und I. Doz), Kap. 1, London: Routledge.

WEITERFÜHRENDE LITERATUR

Bagazotti, R. P., Celly, K. S., Rosa, J. A. (Hrsg.) (2000). *Marketing-Management*. München: Oldenbourg.

Buzzell, R. D., Quelch, J. A., Bartlett, C. A. (1995). *Global Marketing Management: Cases and Readings*. 3. Aufl. Reading, MA: Addison-Wesley, 364-427.

Keegan, W. J. (1995). *Global Marketing Management*. 5. Aufl. Englewood Cliffs, NJ: Prentice Hall, Kap. 18.

FALLSTUDIE 14.1

Asea Brown Boveri Limited

(Diese Fallstudie basiert auf Materialien aus K. E. Agthe, Managing the mixed marriage, Business Horizons, 33(1) (Januar-Februar 1990), S. 37-43; W. Taylor, The logic of global business: an interview with ABB's Percy Barnevik, Harvard Business Review, 69(2) (März-April 1991), S. 91-105 und The ABB of management, The Economist, 338(7947) (6. Januar 1996), S. 56.)

Asea Brown Boveri (ABB) ist eine globale Organisation mit Hauptsitz in Zürich (Schweiz). Das Unternehmen wurde 1987 gegründet, als sich die schwedische Firma Asea mit dem schweizerischen Unternehmen Brown Boveri zusammenschloss. Anfangs konsolidierte das vereinte Unternehmen die Operationen durch Entlassungen, Betriebsschließungen und Produktaustausch zwischen den Ländern. Das Unternehmen erweiterte sich auch durch Akquisitionen. Es ist auf eine Weise organisiert, die globalen Maßstab und Welttechnologien mit Betonung auf lokale Märkte kombiniert. Die weltweit angewandte Gesamtphilosophie des ABB-Managements lautet: „Global denken, lokal handeln."

ABB ist eines der weltgrößten elektrotechnischen Unternehmen mit jährlichen Einnahmen (Umsätzen) von mehr als 25 Mrd. US-$. Weltweit werden mehr als 240.000 Mitarbeiter beschäftigt. Diese Angestellten arbeiten in mehr als 1.300 Unternehmen, die in 140 Ländern operieren. Diese Unternehmen werden in 5.000 Profitzentren organisiert.

ABB ist eine globale Organisation mit großer Geschäftsvielfalt. Ihre Organisationsprinzipien sind jedoch einfach. Entlang einer Dimension ist das Unternehmen ein verteiltes globales Netzwerk. Weltweit treffen Manager ohne Rücksicht auf nationale Grenzen Entscheidungen über Produktstrategien und -leistungen. Entlang einer zweiten Dimension handelt es sich um einen Zusammenschluss traditionell organisierter nationaler Unternehmen, die jeweils ihren Heimatmarkt möglichst effektiv bedienen. Die globale Matrix von ABB vereint die beiden Dimensionen.

An der Spitze des Unternehmens sitzen CEO Perry Barnevik und zwölf Kollegen im Managementkomitee. Die Gruppe, die sich alle drei Wochen trifft, ist für die globale Strategie und den Erfolg von ABB verantwortlich. Das Managementkomitee besteht aus Schweden, Schweizern, Deutschen und Amerikanern. Mehrere Mitglieder des Managementkomitees sind außerhalb von Zürich ansässig und ihre Treffen werden rund um die Welt abgehalten. Im Züricher Hauptsitz arbeiten nur 135 Leute.

Dem Managementkomitee berichten die Leiter von etwa 50 Geschäftsbereichen (GBs), die weltweit verteilt sind und in die die Produkte und Dienstleistungen des Unternehmens unterteilt sind. Die GBs sind in acht Geschäfts- bzw. Produktsegmenten gruppiert, für die verschiedene Mitglieder des Managementkomitees verantwortlich sind. Das „Industriesegment", das Komponenten, Systeme und Software zur Automatisierung industrieller Prozesse verkauft, hat z.B. fünf GBs, zu denen Metallurgie und Antriebs- und Verfahrenstechnik zählen. Die GB-Leiter berichten Gerhard Schulmeyer, einem deutschen Mitglied des Managmentkomitees, der von Stamford (Connecticut) aus arbeitet.

Jeder GB besitzt einen Leiter, der für die Optimierung der Geschäfte auf globaler Basis verantwortlich ist. Der GB-Leiter ersinnt und implementiert eine globale Strategie, hält die Betriebe rund um die Welt auf Kosten- und Qualitätsstandard, ordnet den einzelnen Betrieben Exportmärkte zu und teilt das Expertenwissen durch grenzüberschreitende Rotation der Angestellten, Bildung von Teams aus verschiedenen Nationalitäten zur Problemlösung und Aufbau einer Kultur von Vertrauen und Kommunikation. Der GB-Leiter für Spannungswandler, der für 25 Fabriken in 16 Ländern verantwortlich ist, ist ein Schwede, der von Mannheim (Deutschland) aus arbeitet. Der GB-Leiter für Instrumentation ist ein Brite. Der GB-Leiter für elektrische Messtechnik ist ein Amerikaner, der in North Carolina beheimatet ist.

Neben der GB-Struktur befindet sich eine Unternehmensstruktur. Die Operationen von ABB in den Industrieländern der Welt sind wie nationale Unternehmen mit Geschäftsführern, Bilanzen, Einkommenserklärungen und Karriereleitern organisiert. In Deutschland beschäftigt das nationale ABB-Unternehmen Asea Brown Boveri AG z.B. 36.000 Mitarbeiter und sorgt für jährliche Einnahmen von über 4 Mrd. US-$. Der Hauptgeschäftsführer von ABB Deutschland, Eberhard von Koerber, spielt eine Rolle, die mit der eines traditionellen deutschen Direktors vergleichbar ist. Er berichtet einem Aufsichtsrat, zu dessen Mitgliedern deutsche Bankrepräsentanten und Gewerkschafter zählen. Sein Unternehmen veröffentlicht Finanzberichte, die mit denen der anderen deutschen Unternehmen vergleichbar sind, und nimmt voll am deutschen Lehrlingsausbildungsprogramm teil.

Abbildung 14.5 Internationale Matrix-Organisation.

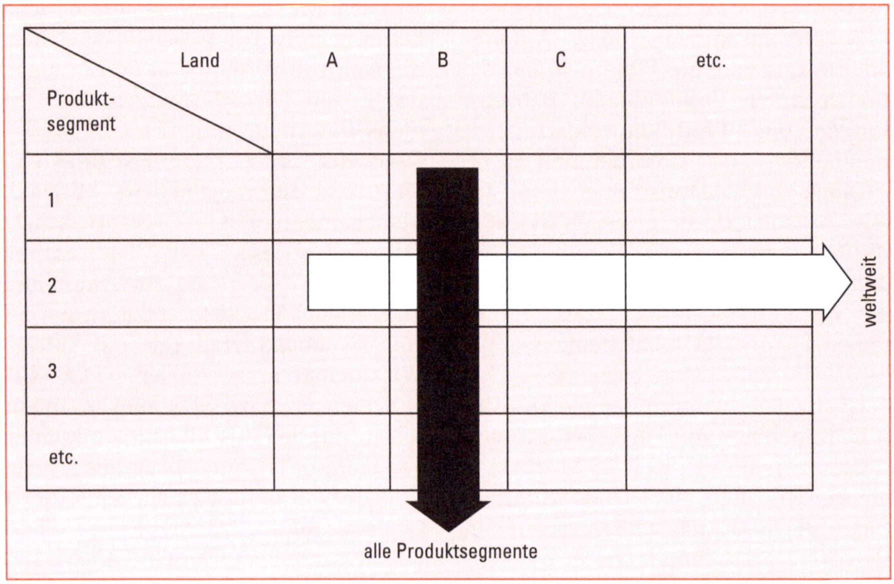

Die GB-Struktur entspricht auf der Ebene der ABB-Mitgliedsunternehmen der nationalen Struktur. Percy Barnevik befürwortet eine strenge Dezentralisation. Soweit dies möglich ist, errichtet ABB eigenständige Unternehmen, die die Arbeit der 50 GBs in verschiedenen Ländern übernehmen. Zum Beispiel verkauft ABB in Norwegen nicht bloß Industrieroboter. In Norwegen befindet sich ein ABB-Robotics-Unternehmen, das mit der Herstellung von Robotern, dem Verkauf und dem Service bei einheimischen Kunden und dem Export in die ihm vom GB-Leiter zugewiesenen Märkte beauftragt ist.

Weltweit gibt es 1.300 solcher lokaler Unternehmen. Deren Leiter berichten an zwei Chefs: den GB-Leiter, der sich üblicherweise außerhalb des Landes befindet, und den Präsidenten des nationalen Unternehmens, von dem das lokale Unternehmen eine Tochtergesellschaft ist. Auf der Ebene dieser Schnittstelle wird die „multibeheimatete" Struktur von ABB zur Realität.

Die Organisation von ABB wird von Offiziellen des Unternehmens als eine Matrix-Organisation angesehen, die in Abbildung 14.5 verdeutlicht wird. Viele glauben, dass einem in vielen Ländern und mit vielen unterschiedlichen Geschäftsbereichen (Produktgruppen) tätigen Unternehmen gar keine andere Alternative bleibt, als im Rahmen einer Matrix-Organisation zu operieren.

Fragen

1. Bewerten Sie den Einsatz einer Matrix-Organisation durch ABB. Welche Vorteile genießt ABB durch diese Organisation und welche Kosten entstehen dem Unternehmen?
2. Warum lassen sich die Aufgaben nicht mit einer „direkten" Organisationsstruktur bewältigen, die auf Produkten, der Geografie oder vielleicht sogar internationalen Geschäftsbereichen basiert?

FALLSTUDIE 14.2

Unilever

(Diese Fallstudie wurde von der Forschungsassistentin Charlotte Butler in Zusammenarbeit mit Philippe Lasserre, Professor für Strategie und Management, im Eurasien-Center bei INSEAD verfasst.)

Im 19. Jahrhundert gegründet, ist Unilever einer der weltweit größten Hersteller von Markenkonsumgütern. Seine Produkte werden in 75 Ländern hergestellt und von Tochtergesellschaften bei einem Gesamtumsatz von über 23 Mrd. £ in Europa, Lateinamerika, Afrika und Asien vertrieben.

Anfang der 90er Jahre hatte das Wachstum im Gebiet des pazifischen Asiens den Unternehmensdurchschnitt der letzten zehn Jahre mit einem Gesamtumsatz von ca. 1,5 Mrd. £ übertroffen. Die Position der Gruppe in Thailand, Indonesien, Taiwan, Korea und China wurde für gut gefestigt gehalten, wobei sie insbesondere in China einen „phänomenalen Erfolg“ verzeichnen konnte! In Japan war Unilever zwar eines der relativ großen ausländischen Unternehmen, spielte aber nach japanischen Begriffen immer noch eine kleine Rolle.

Das pazifische Asien wird für eine Region des zukünftigen Wachstums gehalten. Es ist aber nur für 7% der Unternehmensumsätze verantwortlich, obwohl sich 20% der Weltmärkte in Asien befinden. Laut Morris Tabaksblat, dem Mitvorsitzenden des Unternehmens, „erreicht Unilever dort seine Grenzen“, da ein Mangel an erfahrenen Managern herrscht.

Globale Organisation

Unilever war im Laufe seiner gesamten Geschichte profitabel und seine Hauptstärken waren Größe und geografische Streuung. Kern der Unilever-Geschäfte ist die lokale Herstellung verpackter Markenverbrauchsgüter: Nahrungsmittel (50% des Umsatzes), Wasch- und Reinigungsmittel (25%) und „persönliche Produkte“ (15% – Körperpflege / Kosmetika). Neben den Konsumgütern umfassen seine anderen Hauptaktivitäten Produkte für den Handel und landwirtschaftliche Geschäftsoperationen industrieller Kunden, spezielle Chemikalien und medizinische Produkte.

In allen Ländern setzen sich die Unilever-Produkte üblicherweise aus verschiedenen international bekannten Marken und einer Reihe lokaler Marken zusammen.

Die weltweiten Geschäfte von Unilever werden durch seine Hauptniederlassung in London koordiniert, die als ein „Reservoir von Wissen und Sachverstand und als eine Agentur für die Verteilung von Ideen in der gesamten Gruppe“ fungiert. Sechs Nationalitäten sind im Hauptausschuss vertreten, der aus 18 Personen besteht, wobei jeder Direktor eine bestimmte Verantwortlichkeit für unterschiedliche Sektoren des Geschäfts hat.

Die Managementstruktur von Unilever wird mit „straff, aber frei fließend“ beschrieben, bei der es „nur vier Ebenen zwischen dem Vorsitzenden der Gruppe und dem niedrigsten Markenmanager in der entferntesten Ecke der Welt“ gibt. Über 95% aller Unilever-Manager sind Staatsangehörige des Landes, in dem sie arbeiten. Ihr Verständnis für Nuancen der lokalen Kultur wird für eine große Stärke gehalten.

Die Unilever-Unternehmungen werden durch eine dreidimensionale Struktur geleitet, die auf Produkten, Gebieten und Funktionen (z. B. Finanzen und Marketing) basiert.

An der Spitze der Produktmanagementgruppen, den sog. Koordinierungsgruppen, befindet sich jeweils ein Direktor. Die Koordinierungsgruppen für Wasch- und Reinigungsmittel und Körperpflege / Kosmetik sind für Unternehmen in Europa und den USA verantwortlich und arbeiten in beratender Funktion in der übrigen Welt. Die Koordinierungsgruppen für die speziellen Chemikalien und die landwirtschaftlichen Geschäfte arbeiten auf globaler Basis.

Die Nahrungsmittel-Exekutive, die aus drei Direktoren besteht, ist für die weltweite Strategie und den globalen Erfolg der Nahrungsmittelinteressen verantwortlich. Seit Januar 1991 ist jeder der drei für die Nahrungsmittelaktivitäten in einer bestimmten Region (Nordeuropa, Südeuropa und die USA) verantwortlich. Sie stehen auch zur übrigen Welt in einer engen beratenden Beziehung. Die drei werden von fünf Produktgruppen unterstützt, die jeweils für die weltweite Strategie und den Erfolg einer bestimmten Kategorie von Nahrungsmitteln verantwortlich sind.

Das organisatorische Erbe von Unilever sind im Grunde starke, lokale, autarke Unternehmen. Traditionell gab die höchst dezentralisierte Organisation der Gruppe, die auf „kurzen Kommunikationsleitungen und Delegationen“ aufbaut, seinen Unternehmen weitestgehende Freiheiten, innerhalb des Gesamtunternehmensplans zu agieren, während die Managementphilosophie eine starke Betonung auf die Entscheidungsfindung durch die weltweit leitenden Unternehmensvorsitzenden legt. In der Vergangenheit verlieh dieser Ansatz der Gruppe große Stärke in Hinsicht auf lokale Verantwortlichkeit und lokales Wissen.

Von 1960 an führten die Zwänge des Wandels zu einer Modifikation dieses Ansatzes. Erstens führte der Glaube, dass „die Wissenschaft, das Wissen und die Sachkenntnis bei den Produkt-Koordinierungsgruppen liegt“, zu einer Verschiebung von der Geografie hin zum Produkt. Dem folgte die Erkenntnis innerhalb des Unternehmens, dass mit der steigenden Geschwindigkeit des Wandels „die Zeitfenster für die Chancen klein sind und sehr schnell vorübergehen“. In der Vergangenheit hatte sich die Gruppe langsam entwickelt und eine langfristige Sicht bevorzugt, und nun hatte man entschieden, dass man sich diesen Luxus nicht mehr leisten konnte. Diese Erkenntnis fiel mit der wahrgenommenen Notwendigkeit zur Globalisierung zusammen, damit man sich in einer Position befand, in der man globale Chancen ergreifen konnte.

Eine dritte treibende Kraft war das sich verändernde Gleichgewicht der wirtschaftlichen Struktur der Welt. Historisch lagen die Stärken von Unilever in Europa (1989 60% der Umsätze) und dann in Nordamerika. Die ostasiatischen und pazifischen Zonen waren in seinem Portfolio nur von relativ geringer Bedeutung. Die schnelle Öffnung der Verbrauchermärkte in den Entwicklungsländern und besonders im pazifischen Asien änderten jedoch die Einschätzung der Bedeutung der Region durch Unilever und führten dazu, dass es die Notwendigkeit erkannte, diese Region stark zu „pushen“.

Die Gesamtstrategie von Unilever in Reaktion auf dieses neue Umfeld war die Änderung seiner Struktur, um für den globalen Verkauf der Waren ein besseres Gleichgewicht zwischen „mächtigen Länder- und globalen Produktmanagern“ zu erreichen. Ziel war es, die aus der Operation in vielen Ländern stammenden Synergien zu nutzen, ohne die Gruppe von den lokalen Wurzeln abzuschneiden, die „die Quelle unseres Marktverständnisses waren, das die Grundlage unserer heutigen Stärke bildet und, wie wir glauben, auch für unsere zukünftigen Operationen wesentlich sein wird“.

Dementsprechend modifizierte Unilever seine Struktur, um zu „einzigartig flexiblen Organisationen zu kommen, die für den örtlichen Geschmack sensibel sind und gleichzeitig Technologien und Konzepte global umsetzen“. Andererseits „glauben wir, dass wirklich globale Chancen und Marken sehr selten sein werden. Die akademischen Diskussionen über das globale Dorf und „global vs. lokal“ sind nicht relevant. Die Wirklichkeit wird aus vielen unterschiedlichen Zwischengrößen bestehen.“

In diesem Kontext hat sich der Unilever-Ansatz für Operationen außerhalb seiner zwei Hauptmärkte (Europa und Nordamerika) sowohl substanziell als auch stilistisch gewandelt.

Bis in die frühen 80er Jahre hatte Unilever einen „Dampfschiffansatz“ bei den Operationen, die die Überschrift „Rest der Welt“ trugen. Diese wurden von einem Überseeekomitee durchgeführt, das aus drei oder vier Personen bestand, von denen sich zwei oder drei im Hauptaufsichtsrat befanden. Jedes Mitglied war für zwei oder drei Länder in Lateinamerika, Afrika oder Asien verantwortlich, aber es gab keinen Versuch, die Länder mit ähnlichen Merkmalen zu Gruppen zusammenzufassen. Die Strategie war eine des „Teilens und Herrschens“. Jedes Land war eine weitgehend autarke, autonome Einheit, die an die Zentrale berichtete, und es gab keinen Versuch, Seitenkontakte zwischen Nachbarn herzustellen.

Mit leichten Modifikationen blieb diese Struktur bis 1985 bestehen, als eine umfangreiche Studie der Unilever-Organisation Änderungen empfahl, die zur Einrichtung von drei regionalen Managementgruppen führte. Dabei handelte es sich um die folgenden:

- Ostasien-Pazifik (Thailand bis Neuseeland inklusive China)
- Afrika ohne Südafrika und dem Mittelosten
- der aus Lateinamerika, Südafrika und dem indischen Subkontinent bestehende Rest der Welt.

Ein Hauptausschussdirektor ist für die jeweiligen Gruppen verantwortlich und wird von einem Stab unterstützt. Die Gruppe war voll verantwortlich für den Gewinn der Region, Spezialistenwissen über Marken, Marketing usw. und stützte sich auf andere Koordinierungsgruppen innerhalb des Unternehmens. 1990 war dies die Organisation der Operationen der Gruppe im pazifischen Asien. Alle zwölf Unternehmen der Region des pazifischen Asiens berichteten dem Ausschussmitglied, das für ihre Gewinne und ihr Wachstum verantwortlich war und in London ansässig war.

Die Entwicklung von Unilever in Asien

Unilever besitzt keine feste Politik für den Eintritt in ein Land und die Begründung seiner Präsenz. Im Allgemeinen zieht man es vor, „es allein anzugehen“ und die volle Kontrolle über seine operierenden Unternehmen zu behalten, indem man 100% des Eigenkapitals behält, sofern lokal gutes Personal verfügbar ist. Eigenkapitalpartnerschaften mit lokalen Unternehmen, mit der Regierung oder mit dem Anlagepublikum im Gastland werden bei Bedarf eingegangen, wie z.B. in Indien und Indonesien.

Durch die koloniale Vergangenheit war Unilever in der Region früh präsent. Typischerweise wurde eine Basis in einem Land durch den Verkauf von Seifen und Seifenpulver errichtet, der schnell die lokale Produktion und dann mit der Entwicklung des Markts schnell die beständige Erweiterung der Produkte und der Angebotspalette folgte. Körperpflege/Kosmetik, Nahrungsmittel und andere Aktivitäten wurden auf der Grundlage der Wasch- und Reinigungsmittel und der Seifengeschäfte entwickelt. Da man häufig der Erste in diesen Märkten war, konnten die Unilever-Produkte eine dominierende Position gewinnen. In vielen Fällen wurde diese Position anschließend durch Anschaffungen verstärkt.

Zu Beginn der 90er Jahre operierte die Gruppe über ihre Tochtergesellschaften in zwölf Ländern und produzierte überall außer in Singapur und Hongkong lokal. Die chronologische Entwicklung wird in Abbildung 14.6 beschrieben. Tabelle 14.2 fasst die Präsenz von Unilever in dieser Region zusammen.

Tabelle 14.2 Die Präsenz von Unilever im pazifischen Asien.

	Nahrungsmittel	Wasch-/Reinigungsmittel	Körperpflege/ Kosmetik
Phillipinen (1927)	Eigene Tochtergesellschaft 1 Betrieb		
Thailand (1932)		Eigene Tochtergesellschaft 1 Betrieb	
Malaysia (1930)	Gemeinsame Tochtergesellschaft 70% Unilever		
Singapur (1954)	Eigene Tochtergesellschaft		
Hongkong (1924)	Eigene Tochtergesellschaft		
China (1924 ... 1987)	Joint Venture	Joint Venture	Joint Venture
Japan (1964)	Eigene Tochtergesellschaft		
Taiwan (1984)	Akquisition		
Korea (1985)		Joint Venture	
Australien (1888) Neuseeland (1919)	Eigene Tochtergesellschaften		

Über die 80er Jahre hinweg konnte Unilever auch weitgehend erfolgreich die starken Positionen bei Seifen und Wasch- und Reinigungsmitteln wahren und häufig ausbauen. Die neue Betonung der „gemeinsamen Ideennutzung" und der „schnellen Übertragung von Konzepten" hatte zum Transfer einer erfolgreichen Marketingidee für ein Waschmittel von Australien in die USA geführt, wo das Produkt zur Nummer zwei im Markt wurde.

Es war generell auch beim Aufbau starker Positionen bei einigen Körperpflege-/Kosmetikprodukten und insbesondere Haarpflegeprodukten erfolgreich. Marken wurden nach erfolgter lokaler Anpassung nacheinander in den einzelnen Ländern eingeführt. Die Hauptstärke von Unilever in Südostasien war der Verkauf von Zahnpastatuben und Shampooflaschen für den einmaligen Gebrauch.

Man findet sie überall und in jedem Dorf. Und das bedeutet ein phantastisches Logistik- und Vertriebssystem. Wir verkaufen Millionen dieser Proben ... wir verkaufen an denselben Kunden drei pro Woche. Man muss also ihre Vorlieben kennen und lokal eingebürgert sein. Man muss tief im Markt verwurzelt sein ... und das ist die treibende Kraft unserer Marketingeinheit in Indonesien, auf den Philippinen, in Thailand. ... Bei unserem Marketingpersonal handelt es sich um lokale Bürger, die von einigen „Ausgebürgerten" (expats) geschult und geführt werden.

Die Gruppe war beim Aufbau des Nahrungsmittelgeschäfts in Ostasien weitestgehend erfolglos geblieben. Während Nahrungsmittel für 50% des Gesamtgeschäfts von Unilever verantwortlich waren, brachte man es hier beim gesamten Asiengeschäft des Unternehmens nur auf 15%.

Dies wurde vorwiegend dem Umstand zugeschrieben, dass das Unilever-Wissen aus den westeuropäischen Märkten stammte. Die Gruppe hat jedoch kürzlich damit begonnen, „unser Marktverständnis in Asien einzusetzen und uns Nahrungsmitteln und der Ernährungsweise der Familien zuzuwenden, um es mit unserem grundlegenden Know-how zu verbinden und Chancen zur Wertschöpfung zu schaffen."

Unilever war jedoch durch den Erfolg eines Eiskremunternehmens in Thailand ermutigt worden, wo das neu errichtete Unternehmen gut lief. Es wurden Versuche unternommen, diesen Erfolg andernorts zu wiederholen.

Soweit es die anderen, äußerst erfolgreichen Unilever-Produkte betraf, „investieren alle im pazifischen Asien, und wir, als die Typen mit Besitz, werden von neuen Konkurrenten ins Visier genommen. Daher sind wir nicht selbstzufrieden".

Abbildung 14.6 Präsenz von Unilever im pazifischen Asien.

Australien: 1888 begann das Unternehmen mit der Distribution von Seifenprodukten in ganz Australien. Die lokale Produktion wurde 1898 in Sydney aufgenommen. Bis 1990 waren die meisten Interessen des Unternehmens unter einem Dachunternehmen organisiert, das von der Tochtergesellschaft der Hauptgruppe geleitet wurde. Die Aktivitäten umfassten alle Produktgruppen außer Landwirtschaft. Das Unternehmen beschäftigte mehr als 4.700 Mitarbeiter und hatte über die Jahre hinweg stark in Managementtraining und Entwicklung investiert. Viele der Unilever-Marken der Bereiche Waschmittel und Körperpflege/Kosmetik waren Marktführer oder beinahe Marktführer.

Neuseeland: Die Marktführerschaft von Unilever bei Wasch- und Reinigungsmitteln datiert aus dem Jahre 1919, als die lokale Produktion aufgenommen wurde. Nach 1945 erweiterte sich das Unternehmen auf Nahrungsmittel und Körperpflege/Kosmetik und konnte gute Positionen im Zahn-, Haar- und Hautpflegebereich gewinnen. Die Aktivitäten bei den Nahrungsmitteln blieben insgesamt bis 1988 erfolglos, als die Gruppe durch Anschaffungen eine bedeutende Präsenz entwickeln konnte. Das Ergebnis war, dass die Nahrungsmittel um 1990 mehr als 50% der Unilever-Umsätze in Neuseeland ausmachten. Die Operationen wurden über eine komplett eigene Tochtergesellschaft geleitet.

Philippinen: Die Präsenz von Unilever reicht hier bis zum Jahr 1927 zurück. 1990 befand sich Unilever unter den 25 umsatzstärksten Unternehmen des Landes. Die Tochtergesellschaft befand sich komplett im Eigenbesitz. Die Unternehmensaktivitäten deckten den kompletten Bereich der verpackten Verbraucherwaren ab und man war besonders stark (Marktführer oder zweiter) bei Körperpflege/Kosmetik.

Thailand: Beim Jahrhundertwechsel wurde Unilever eine königliche Garantie gewährt und der erste Betrieb wurde 1932 eröffnet. Unilever war konstant profitabel und mitführend bei Seifen, Wasch- und Reinigungsmitteln und neuerdings auch bei Körperpflege/Kosmetik und 1990 das größte Verbrauchsgüterunternehmen des Landes. Ein Hauptziel für die Zukunft war die Entwicklung des Nahrungsmittelgeschäfts.

Malaysia: Die Unilever-Operationen begannen hier in den frühen 30ern auf Importbasis und Unilever wurde 1952 zum ersten ausländischen Unternehmen, das die lokale Produktion aufnahm. Das Land ist für die Gruppe immer noch ein wichtiger Lieferant von Rohstoffen. Die Herstellung von Körperpflege/Kosmetik begann 1963 und in den 80ern fand durch Übernahme eine Erweiterung auf das Nahrungsmittelgeschäft statt. Gegen Ende des Jahrzehnts deckten die Aktivitäten des Unternehmens in den meisten Geschäftsbereichen die volle Produktspanne ab und es war Führer oder zweiter in seinen Märkten. 25% des Umsatzvolumens wurden exportiert. Im Einklang mit dem Gesetz von Malaysia besaß Unilever 70% der Tochtergesellschaft, während 30% lokalen institutionellen Aktionären gehörten.

Abbildung 14.6 Präsenz von Unilever im pazifischen Asien. (Forts.)

Indonesien: Die Aktivitäten wurden hier 1933 mit der Errichtung einer Seifenfabrik aufgenommen, der 1936 die Herstellung von Nahrungsmittelfetten und Speiseölen folgte. 1941 fand die Diversifikation in Zahnpasten und andere Körperpflege-/Kosmetikprodukte statt. 1980 wurden alle Unternehmen unter einer Tochtergesellschaft konsolidiert, bei der es sich 1990 um das größte in Indonesien operierende Konsumgüterunternehmen handelte.

Singapur: Die Präsenz von Unilever in diesem kleinen Markt begann 1954 mit der Eröffnung einer Zweigstelle für die malaysische Operation. Die Verkäufe wurden bis 1959 über Vertreter abgewickelt, als eine Vertriebsmannschaft angeworben wurde, die eine beschränkte Auswahl von Seifen, Wasch- und Reinigungsmitteln verkaufen sollte. Nach der Unabhängigkeit wurde 1965 ein Betrieb zur Herstellung von Wasch- und Reinigungsmitteln und Nahrungsmittelfetten eröffnet, der 1987 geschlossen wurde. Das Geschäft mit Körperpflege-/Kosmetikprodukten wurde 1976 und das mit Nahrungsmitteln nach einer Akquisition 1979 aufgenommen. 1990 waren die meisten für Unilever interessanten Produktbereiche praktisch gesättigt und es herrschte intensiver Wettbewerb. Mit einer Ausnahme wurden alle verkauften Produkte aus der Region und der übrigen Welt importiert. Durch seine zentrale Lage war Singapur jedoch ein „guter regionaler Stützpunkt."

Hongkong: Vor 1949 war die Unilever-Tochtergesellschaft in Hongkong ein Lager für ein Seifenunternehmen in Schanghai, das 1924 eröffnet worden war. Nach 1954 wurden ihre Aktiva und das Management an das Unternehmen in Hongkong übertragen, das für die Exporte nach China zuständig war. Später wurden Joint Ventures mit China direkt von London aus abgewickelt. Nach einer schleppenden Periode in den 60ern und 70ern starteten die Geschäfte in den 80ern – vorwiegend aufgrund von Exporten nach China – durch. 1989 wurden die Aktivitäten in Hongkong und China unter dem Vorsitzenden der Unilver-Tochtergesellschaft in Hongkong zusammengelegt. Ein Jahr später unterstützte die Niederlassung zunehmend die Unilever-Aktivitäten in China, obwohl das Marketing für China immer noch von Hongkong aus geleitet wurde. Als Tor nach China „ändert sich ihr Schwerpunkt schnell."

China: 1990 unterhielt Unilever drei Gemeinschaftsunternehmen in Schanghai, die alle nach Hongkong berichteten. Das erste, das 1987 gegründet worden war, stellte Seifen, Wasch- und Reinigungsmittel her, das zweite (1990) stellte Hautpflegemittel und das dritte (1989) Margarine und Eiskrem (Nahrungsmittel) her. Unilever zeigte sein Engagement für China durch eine Erhöhung seiner Investitionen trotz der Ereignisse auf dem Tiananmen Square (1989). 1995 sollten die Investitionen in das erste Unilever-Gemeinschaftsunternehmen zurückgezahlt worden sein.

Japan: Hier wurde 1964 ein Tochterunternehmen als Joint Venture gegründet. 1974 erhöhte Unilever seine Beteiligung von 45 auf 79,9%. 1986 wurde es dann zu einer 100%igen Unilever-Tochtergesellschaft, die eine aggressivere Haltung signalisierte. 1990 stellte das Unternehmen an drei Orten her und hatte seit Mitte der 80er Jahre eine hohe Wachstumsrate erreicht. Es hatte eine erhebliche Präsenz in den Märkten für Haarpflege, Weichspüler und Tiefkühlkost erreicht. In Anerkennung der Bedeutung Japans in der Welt und in der Region hatte das Unternehmen dort für die Zukunft beträchtliche Investitionen geplant.

Taiwan: 1984 erwarb Unilever auf der Grundlage einer genehmigten Auslandsinvestition einen 50%-Anteil eines Unternehmens, das Reinigungspulver und Toilettenseifen produzierte und verkaufte. Weitere Anteilskäufe in späteren Stadien führten dazu, dass Unilever 92,2% der Anteile hielt. Körperpflege- und Kosmetikmarken wurden 1988 gestartet, und ihnen folgten einige Nahrungsmittelprodukte.

Korea: 1985 wurde ein Gemeinschaftsunternehmen in erster Linie für den Verkauf von Reinigungsmitteln gegründet. 1993 wurde ein komplett eigenes Unternehmen gegründet.

In der Vergangenheit bedeutete das Unilever-Erbe der lokalen Autonomie, dass Produkte häufig unnötigerweise „gemäß dem Gesetz der Verringerung des Gewinns“ angepasst wurden. Während die grundlegende Forschung und Entwicklung üblicherweise in Großbritannien stattfand, war der Unilever-Ansatz immer „mehr als Produktadaption ... Ich würde sagen, dass wir in den einzelnen Ländern absolut lokal geführt werden“.

Für die Körperpflege/Kosmetik galt z.B.: „Wir gestalten unsere Produkte für den lokalen Markt ... Wir fertigen Produkte, indem wir testen, ob sie den Vorlieben der Indonesier und Thailänder entsprechen, so dass wir weit mehr als nur eine Produktadaption vornehmen.“ Vor dem Hintergrund der Trends hin zu „großen Wirtschaften, schnellen Innovationen und flexiblen Reaktionen auf Markttrends erkannte das Management, dass ein solcher Ansatz eine Behinderung war“.

Die Schlussfolgerung lautete: „Vielleicht sind wir bisweilen zu weit gegangen“. Mit dem Ende der 80er Jahre lautete das neue Ziel zu versuchen, eine Südostasien-Idee zu beginnen und diese dann geringfügig für die Philippinen, Indonesien usw. anzupassen. „Es wurde üblicherweise gedacht, dass sich der Verkauf von Waschmitteln auf den Philippinen von dem in der übrigen Welt unterschied. Nun wissen wir, dass es bei Shampoos oder Waschmitteln in allen Ländern um ähnliche Fragestellungen geht. Es ist nur eine Feinabstimmung erforderlich.“

Organisatorischer Ansatz für Asien

Organisationsstruktur

1990 befand sich die Gruppe für das pazifische Ostasien, an die zwölf operierende Unternehmen in der Region berichteten, in London. Sie setzte sich aus einem Hauptausschussmitglied, einem Betriebsleitungsmitglied, einem Personal- und einem Finanzmitglied zusammen, das für die Finanzen, die Buchführung, die Logistik, den Einkauf und Berechnungen aller Unternehmen verantwortlich war. 1991 wurde mit dem Wunsch, diesen Bereich voranzutreiben, ein Nahrungsmittelmitglied ernannt.

Die Rolle der Gruppe für das pazifische Asien sah so aus:

1. Sicherstellen der Unterstützung für die operierenden Unternehmen
2. Synergien nutzen, d.h. durch regionale und subregionale Strategien, um so zu „verhindern, dass Ländergrenzen zu Mauern werden“
3. Strategische Planung und Ressourcenzuweisung (Pläne entwickeln, Besetzung von Schlüsselpositionen und Entscheidung über bedeutende Investitionen)

In Asien gab es keine Hauptgeschäftsführung. In jedem der zwölf EU-Länder wurde das operierende Unternehmen entweder durch eine Tochtergesellschaft im Eigenbesitz oder eine Beteiligung geleitet, die den lokalen Gesetzen entsprach. Sie waren für alle Unilever-Aktivitäten in den jeweiligen Ländern verantwortlich und berichteten dem regionalen Direktor.

Die geschäftsfähigen Unternehmen führten Standardpolitiken aus, wobei vieles dem Ermessen des lokalen Managements überlassen blieb. Auch wenn der lokale Hauptmanager (CE – Chief Executive) immer noch große Freiheiten bei Schlüsselentscheidungen über das Produkt hatte, lag nun eine größere Betonung auf der Rolle der Koordinierungsgruppen. In den einzelnen Gruppen wurden Leute, die „Teil des Produktkernlands“ waren, zu Marketing- und Verbindungsmitgliedern der Unternehmen der Region ernannt: „Diese Leute behalten weitgehend ihre Autonomie und sagen ihnen, was sie glauben, was ihre Unternehmen machen sollten.“

Zum Beispiel: „Wenn Sie in Bangkok sitzen und plötzlich das Eindringen eines Wettbewerbers bemerken und reagieren wollen, dann gibt es eine gepunktete Linie zum Verbindungsmitglied in der relevanten Koordinierungsgruppe, das sagen könnte: „Sage uns, was wir deiner Meinung nach tun sollten, warum treffen wir uns nicht ... so dass wir zusammen eine Strategie entwickeln können. Das Hauptausschussmitglied wird über die Anfrage informiert und erhält einen Bericht über den vom Verbindungsmitglied erteilten Rat."

Sammlung von Informationen und Nachrichten

Es gab keine für Asien zuständige Stelle für Analysen oder die Sammlung spezifischer Informationen. Als globales Unternehmen im Bereich der Konsumgüter glaubte Unilever, dass die Unterschiede zwischen den Regionen gradueller und nicht grundsätzlicher Natur waren. Die Betonung lag mehr auf einer gemeinsamen Sprache und globalen Systemen als auf lokaler Differenzierung.

Durch die Reorganisation der Asiengeschäfte wurden alle aufmerksamer für regionale Aktivitäten. Jeder der zwölf Vorsitzenden erhielt Daten, die ihn ausführlich und detailliert darüber informierten, was andere Betriebsleiter machten und welche Produkte in der übrigen Region verkauft wurden. Es gab viel mehr Reisen zwischen den Ländern und die Manager kannten sich untereinander. Die zwölf Vorsitzenden trafen sich einmal im Jahr und ihre Wirtschaftsdirektoren trafen sich ebenfalls regelmäßig.

In den Untergruppen sahen sich die Manager vier- oder fünfmal jährlich (der Vorsitzende und die Wirtschaftsdirektoren oder der Vorsitzende und die Marketingmanager usw.). Jede Person sah ihre Kollegen aus den anderen Ländern wahrscheinlich vier bis fünf Mal im Jahr.

Dies führte zu viel häufigeren Vergleichen der Aufzeichnungen und der Anerkennung der Tatsache, dass „die Ähnlichkeiten der Produkte und die Produktprobleme größer als die Unterschiede waren". Dies war „ein dramatischer Wandel für die Gruppe".

Planung und Budgetierung

Für neue Märkte gab es eine Landesstrategie, die aufführte, welche Ressourcen und Produkte zugewiesen werden sollten. Der lokale CE bereitete eine Strategie für das regionale Management vor, das sich mit der zuständigen Koordinierungsgruppe abstimmte. Dann wurden Fragen mit dem Vorsitzenden ausdiskutiert und der sich schließlich ergebende Rahmenentwicklungsplan war dann eine Mischung aus der zentralen langfristigen Unilever-Strategie sowie dem Landesplan und den Anregungen der Koordinierungsgruppe.

Innerhalb der Unternehmensgruppe wurde die Region des pazifischen Asiens 1990 stärker betont, da „die zwölf Länder von Unilever für attraktiver als irgendwelche anderen zwölf Länder gehalten wurden".

Integrationsmechanismen

Den Betriebsleitern zufolge bildete die Suche nach Synergien den interessantesten Kontrast zur alten Art und Weise von Unilever, seine regionalen Geschäftstätigkeiten durchzuführen. Die Mitglieder seiner Gruppe verbrachten die meiste Zeit damit, einen Mehrländeransatz anzuregen, um den Produkten mehr Antrieb zu geben oder die Ressoucen besser zuzuweisen.

Auf dieser Basis war es das Ziel der Gruppe, Geschäftsmöglichkeiten zu finden, die Chancen auf lokaler, subregionaler, regionaler, multiregionaler und globaler Ebene ergriffen.

> *Dies erfordert einen gewissen Grad der Flexibilität, der sich nicht erreichen lässt, wenn man die Welt für eine Reihe von Ländern oder ein einziges Dorf hält. Wir müssen vereinfachende Annahmen machen und ziehen daher Linien auf Landkarten, die sich für verschiedene Aufgabenstellungen unterscheiden können.*
>
> *Wenn wir also Südostasien betrachten, sehen wir im Grunde genommen die ASEAN-Länder (Association of Southeast Asian Nations). Für gewisse Belange können wir aber auch Taiwan*

einbeziehen, während der Großraum China häufig auch Singapur und die chinesisch beeinflussten südostasiatischen Länder umfasst.

Wir versuchen eine Reihe von Institutionen und Prozessen einzurichten, die ihrem Wesen nach auf mehrere Länder abzielen (im Gegensatz zu der Dominanz der Einzelländer im Unilever-Erbe), um gemeinsame Bedürfnisse zu erkennen und Ressourcen auf aufgabenbezogener Basis zuzuweisen, so dass nicht immer dieselbe Gruppe von Ländern betroffen sein kann.

Ein Beispiel dieses aufgabenorientierten Ansatzes war der Versuch, ethnische chinesische Humanressourcen zu entwickeln. Dabei lag der Schwerpunkt auf Taiwan, Hongkong und Singapur.

Mehrländerprojekte wurden von Arbeitsstäben umgesetzt, die sich aus mehreren Ländern oder mehreren Disziplinen zusammensetzen konnten und dauerhafter oder vorübergehender Natur sein konnten. In den letzten Jahren wurden fünf oder sechs einzelne subregionale Spezialisten ausgebildet, die allen zwölf operierenden Unternehmen effiziente Dienstleistungen zur Verfügung stellen sollten. Einige wurden an wechselnden Orten eingesetzt. Ein Marktforscher in Tokyo verbrachte z.B. die Hälfte seiner Zeit in Japan und beriet während der übrigen Zeit andere Länder bei Marktforschungs-Techniken. Um jedoch Raum zu sparen und keine unnötigen Kosten zu verursachen, wurden diese Personen von keinem weiteren Personal unterstützt.

Ein derartiger Ansatz erforderte eindeutig, dass die für die Leitung der Ländergeschäfte zuständigen Leute zugänglicher als bisher sein mussten. Lag ihre historische Aufgabe in der Maximierung der Fortschritte in ihrem Land, trugen sie nun die zusätzliche Verantwortung, „die Scheuklappen zu entfernen".

Die Gruppe war bisher jedoch noch nicht so weit gegangen, die Ländergrenzen komplett niederzureißen. Organisatorisch konnte Unilever seine Geschäftstätigkeiten z.B. über einen Produktbereich und auf einen CE gestützt durchführen und dabei nationale Grenzen ignorieren. Die Gruppe bewegte sich in der Hinsicht in diese Richtung, dass sie nach „einer professionellen Führung der einzelnen Produktgruppen über nationale Grenzen hinweg suchte, aber das als Ergänzung zum intensiven Marktverständnis und der Fähigkeit zum Umgang mit dem Einzelhandel usw. sieht".

Ein weiterer betrachteter interner Faktor war, dass Unilever „immer noch dazu neigt, in Länderbegriffen zu denken". Innerhalb der ostasiatischen Gruppierung von Thailand bis Korea war bisher noch kein Land dominierend (obwohl es China eigentlich hätte sein müssen). Dies stand im Kontrast zur übrigen Unilever-Welt, in der Brasilien Lateinamerika und Indien den indischen Subkontinent dominierten und als Dynamo ihrer Zonen fungierten. Ohne einen offensichtlichen Dynamo für die Zone des pazifischen Asiens war die pazifische Ostasiengruppe verpflichtet, Thailand, die Philippinen, Indonesien und andere aufzunehmen, um interne Schlagkraft zu erhalten und die Aufmerksamkeit der zentralen Forschung und Entwicklung zu gewinnen.

Dem entsprach auch der äußere Umstand, dass die Schlagkraft einer Gruppe im Umgang mit Lieferanten und beim Einkauf ähnlicher Materialien benötigt wurde.

Das alles bedeutete, dass „nationale Grenzen poröser werden, was bei Unternehmen mit unserem Erbe zu Problemen führt und einen Wandel bedeutet, der sowohl eine Gefahr als auch eine Gelegenheit sein kann".

Auf lange Sicht glaubte der leitende Mitarbeiter: „Wir müssen ein Bild schaffen, das unsere Zielposition darstellt, bevor wir die Ressourcen an Ort und Stelle bringen. Daher formulieren wir Ideen davon, wie unsere „Mini-Dynamos" aussehen sollten und werden dann investieren."

Bis dahin hatten die Gruppenmitglieder Informationen gesammelt. Es bestand eine Neigung zur Extrapolation, aber „die Welt funktioniert ohne wirklichen Zusammenhang, so dass wir in unseren Phantasien zu springen versucht haben. Am Ende des Tages werden wir wahrscheinlich konservativ auf unsere Einsichten reagieren, denn es besteht immer das Risiko, falsch zu liegen".

Man war der Meinung, dass man immer noch zu sehr von dem Wissen bestimmter Einzelpersonen abhängig war, wodurch es dem Unternehmen schwer fiel, ein breiteres Publikum auf sich aufmerksam zu machen und für sich zu gewinnen. Es gab auch Überlegungen darüber, dass sich die ganzen Informationen und die Sachkenntnisse in den Köpfen von im Ausland Lebenden befanden, so dass sie verloren waren, wenn diese nach England zurückkehrten oder an einen anderen Ort wechselten. Zukünftig wollte sich die Gruppe dadurch im Geschäft halten, dass man einem lokalen Management vertraute. Auch wenn diese lokalen Manager international eingesetzt werden würden, fände der größte Teil ihrer Karriere doch in ihrem eigenen Land statt. Für bestimmte Länder entwickelte das Unternehmen ein Schema, dass es Ausländern ermöglichen würde, länger in einem Land zu arbeiten.

Das Wissen wurde zunehmend systematisiert, auch wenn sich dieser Prozess noch in den frühen Stadien befand. In einem einzigartigen Experiment versuchte das Unternehmen, das Wissen und die Kenntnisse Japans über Schlüsselthemen (z.B. Technologie) in der übrigen Region zu verbreiten.

Symbole und Signale

Das Top-Management von Unilever war sich der Vorgänge in Asien sehr bewusst. Tatsächlich waren die Unternehmen in der Region der Meinung, dass sie unter zu vielen Besuchen interessierter Parteien innerhalb der Gruppe zu leiden hatten und dass sie sich 1990 fast am Sättigungspunkt befanden. Die Besuche von Vorsitzenden, Ausschussmitgliedern und speziellen Komitees hatten während der letzten drei Jahre spürbar zugenommen, was ein Zeichen für die zunehmende Bedeutung der Region war. Aussagen über die asiatischen Geschäfte des Unternehmens waren häufig und alle wesentlichen Marken des Geschäfts waren dort vertreten. Produkte, die die führende Unilever-Technologie repräsentierten, wie z.B. konzentrierte Waschmittel, machten im Osten stärkere Fortschritte als irgendwo anders.

Anmerkungen

1. 4. Juli 1994.
2. Alle Zitate stammen aus Interviews mit Managern des Unternehmens.

Fragen

1. Beurteilen Sie die von Unilever in Asien verwendete Organisationsstruktur.
2. Wie sollte sich Unilever organisieren, um ein optimales Ergebnis zu erzielen?
3. Erläutern Sie, warum sich der Ansatz einer Matrix-Organisation für Unilever in Asien eignet bzw. warum nicht.

Glossar

Absatzprognose Die auf der Grundlage der Ausführung eines Marketingplans und einiger externer Umweltfaktoren erwartete Höhe der Umsätze eines Unternehmens.

Absatzreaktionsfunktion Beziehung zwischen Ausgaben für Marketinganstrengungen und der Absatzreaktion in einem Auslandsmarkt.

Abschöpfungspreispolitik Preisstrategie, bei der ein hoher Preis verlangt wird, bis der Markt bei diesem Preis erschöpft ist. Der Preis kann dann gesenkt und/oder das Unternehmen verkauft werden.

Absendervertreter Eine Hilfsorganisation, die die Bewegung internationaler Frachten im Inland übernimmt.

Absoluter Vorteil Ein absoluter Vorteil liegt vor, wenn ein Land oder Unternehmen bei einem Produkt (oder einer Dienstleistung) einen Kostenvorteil hat, während ein anderes Land oder Unternehmen einen Kostenvorteil bei einem anderen Produkt oder einer anderen Dienstleistung hat.

Abwertung einer Währung Der Preis in einer anderen notierten nationalen Währung wird entweder durch Marktkräfte oder Regierungsentscheidung gesenkt.

Adaption Ein Unternehmen arbeitet mit verschiedenen Versionen des Marketingprogramms oder einzelnen Elemente desselben (wie z.B. einem Produkt) in den jeweiligen Auslandsmärkten.

Akkreditiv (letter of credit) Kommerzieller Kredit, der über eine Bank durch einen Käufer aufgenommen wird und der die Bedingungen angibt, unter denen die Zahlung an den Begünstigten (den Exporteur) zu erfolgen hat. Es ist eine Art von Kredit mit der Unterstützung einer oder mehrerer Banken.

Akzept Zeitbezogener Wechsel, der als Zahlungsmittel angenommen worden ist.

Allgemeine Havarie Eine Art des Verlusts bei der Verschiffung auf einem Seefrachtführer, der alle Versender auf einem bestimmten Schiff und das Schiff selbst betrifft.

Andenländer Ein gemeinsamer Markt in Südamerika, dem Bolivien, Kolumbien, Ekuador, Peru und Venezuela angehören.

Antidumping-Zölle Importwaren auferlegte Steuern, die zu Preisen verkauft werden, die unter den Produktionskosten oder unter den Preisen im Heimatmarkt liegen

Arbitrage Ein Verfahren zur Beilegung von Streit, bei dem eine dritte, unabhängige Partei als eine Art Schiedsrichter fungiert, um den Sachverhalt des Falls festzustellen und einen Schiedsspruch zu fällen, der von beiden Parteien anerkannt wird.

ASEAN (Association of Southeast Asian Nations) Eine regionale wirtschaftliche Integrationsmaßnahme, die die Länder von Brunei, Indonesien, Malaysia, den Philippinen, Singapur, Thailand, Vietnam, Myanmar (Birma) und Laos umfasst.

Ausgleichshandel Eine Art des gegenseitigen Handels, bei der der Verkäufer das Marketing für Produkte des Käufers unterstützen oder übernehmen muss.

Ausgleichszölle Steuern, mit denen Importe von der Regierung des Landes des Exporteurs belegt werden, um einige spezielle Vorteile des Exporteurs auszugleichen.

Ausländische Direktinvestition Investition in den Besitz von Unternehmen im Ausland, mit dem Ziel, eine gewisses Ausmaß von Kontrolle zu erreichen.

Ausländische Verkaufsniederlassung Ein im ausländischen Markt beheimatetes eigenständiges Unternehmen, das gewissermaßen wie eine unabhängiges Unternehmen operiert.

Auslandsauftrag (indent order) Ein Auftrag, den ein Exporteur auf der Grundlage eines zwischen einem Käufer und einer ausländischen Zweigstelle oder einem Distributor ausgehandelten Verkaufsvertrags erhält.

Auslandsfrachtspediteur Ein unabhängiges Unternehmen, das sich auf das Durchführen des physischen Transports (Weiterleitung) einer Exportsendung in Auslandsmärkte spezialisiert hat und/oder Platz auf transportierenden Frachtführern besorgt. Auch Konsolidierer genannt.

Auslandsmedien Anzeigenmedien, die nur in einem einzigen Land existieren. Auch als lokale, einheimische Medien bekannt.

Außenmedien Anzeigenposter, Schilder und Autoaufkleber, die sich an Außenwänden von Gebäuden oder öffentlichen Verkehrsmitteln befinden oder auch einzeln aufgestellt werden.

Ausstellende Bank Bank im Land des Importeurs, die ein Akkreditiv für einen Importeur ausstellt.

BERI (Business Environment Risk Index) Ein Index, der die Diskriminierung von Ausländern im Vergleich mit Inländern und das allgemeine Wirtschaftsklima eines Landes misst.

Berner Union Der globale Koordinator nationaler Kredit- und Investitionsversicherer aus mehr als 30 Ländern. Formal unter dem Namen „International Union of Credit and Investment Insurers“ bekannt.

Bestätigendes Haus Ein Vertreter, der den ausländischen Käufer bei der Bestätigung bereits erteilter Aufträge vertritt.

Bestätigtes Akkreditiv Akkreditiv, bei dem eine Bank im Land des Exporteurs die gesetzliche Verpflichtung eingeht, alle unter dem Akkreditiv gezogenen Wechsel anzuerkennen (zu zahlen).

Bill of exchange Ein auf einen Importeur gezogener Wechsel. Siehe **Wechsel**.

Bill of lading *Siehe* **Konnossement**.

Break-Even-Preis Preis, der auf dem Punkt (Absatzvolumen) beruht, an dem Gesamteinnahmen und Gesamtkosten gleich sind.

Broker Ein in seinem Heimatland niedergelassener Vertreter (Makler), dessen Hauptfunktion die Zusammenführung von Käufer und Verkäufer ist. Kann als Vertreter beider Parteien auftreten.

Bündelpreis Gesamtpreis für eine Reihe von Komponenten und/oder Produkten.

C&F (Cost and Freight – Kosten und Fracht) Handelsbegriff, der angibt, dass der Preis der Waren deren Verbringung an Bord eines Transportmittels und die Frachtkosten bis zum benannten ausländischen Hafen umfasst.

CACM (Central American Common Market) Ein gemeinschaftlicher Markt, der aus den Ländern Costa Rica, El Salvador, Guatemala, Honduras und Nicaragua besteht.

Cash with order Zahlung, die ganz oder teilweise bereits bei Vergabe (im Voraus) eines Auftrags erfolgt. Auch als „cash in advance" bekannt.

Center of excellence Eine technologiebasierte Zentrale innerhalb eines multinationalen oder globalen Unternehmens, das zentral für die Entwicklung von Produkten oder Komponenten für das gesamte Unternehmen verantwortlich ist. Auch unter der Bezeichnung Kompetenzzentrum bekannt.

Change agent Regierungs- oder Privatorganisation, die Exportaktivitäten von Geschäftsunternehmen fördert.

CIF (Cost, Insurance, and Freight – Kosten, Versicherung und Fracht) Handelsbegriff, der die Kosten von C&F sowie die Transportversicherung umfasst.

CIS (Commonwealth of Independent States) *Siehe* **GUS**.

Clean draft Ein Wechsel, dem keine Dokumente beiliegen.

COD (Cash On Delivery) Die Zahlung erfolgt bar, wenn die Fracht beim Käufer abgeliefert wird (Nachnahme).

Danwei Die grundlegende Arbeitseinheit in China, bei der ein Gemeinschaftsunternehmen dafür verantwortlich ist, dass alle von den Beschäftigten benötigten Dienste (Wohnungen, Geschäfte, Schulen usw.) zur Verfügung gestellt werden.

Datumswechsel Ein Wechsel, bei dem die Zahlung nach einer bestimmten Anzahl von Tagen nach einem bestimmten Datum fällig ist.

Devisenbewirtschaftung Eine von Regierungen veranlasste Beschränkung der Möglichkeiten des Bezugs von Auslandswährung oder Im- bzw. Exportwährung durch Unternehmen oder Personen.

Dezentralisierung Organisationsmodell, bei dem die Entscheidungsfindung und die Kontrolle der internationalen Operationen vom Hauptquartier an Unterabteilungen der Organisation (häufig dem lokalen Management) delegiert werden.

Direktexport Direkter Verkauf an einen Importeur oder Käufer im Gebiet eines Auslandsmarkts.

Disproportionalitätsphänomen Ein bestimmter Teil der Produkte im Produktsortiment und/oder den Produktlinien sind für einen proportional größeren oder kleineren Teil der Umsätze und Gewinne verantwortlich.

Distributionsstruktur Alle vermittelnden Marketingagenturen oder -institutionen in einem ausländischen Markt, die von Unternehmen zu einem beliebigen Zeitpunkt in Anspruch genommen werden und deren geografische Reichweite.

Dokumente gegen Akzept (documents against acceptance – D/A) Eine Klausel in einem Wechsel, die angibt, dass die dem Wechsel beiliegenden Dokumente dem Importeur ausgehändigt werden, wenn er die Zahlung des Wechsels innerhalb eines angegebenen Zeitraums akzeptiert.

Dokumente gegen Zahlung (documents against payment – D/P) Eine Klausel in einem Wechsel, bei dem die Dokumente dem Importeur ausgehändigt werden, wenn er den im Wechsel angegeben Betrag zahlt.

Dumping Der Verkauf eines Produkts oder einer Dienstleistung durch einen Exporteur in einem ausländischen Markt unterhalb der Produktionskosten oder unterhalb des Preises im einheimischen Markt.

Eigenständige Exportabteilung Eine in sich abgeschlossene und weitgehend autarke Unternehmenseinheit, die die Exportaktivitäten vorwiegend selbst abwickelt.

Einfache Havarie Ein Verlust während des Seeversands, der nur bestimmte Versender betrifft.

Eintrittsstrategie Die Strategie eines Unternehmens für den Eintritt in ausländische Märkte und der Plan für das für einen gegebenen Markt einzusetzende Marketingprogramm. Auch als internationale Marketingkanalstrategie bekannt.

Empathie Vorgang, bei dem eine Person etwas aus der Sicht einer anderen Person betrachtet. Siehe **kulturelle Empathie**.

Endogene Variablen Faktoren, die vom Unternehmen beeinflusst und gesteuert werden können.

Erfahrungskurvenpreise Preisfestlegung, die sich bei steigender Produktion (Absatzmengen) auf die Beziehung zwischen Kosten und Mengen der Produktion / Verkäufe stützt.

Erweiterter Tauschhandel Eine Art des gegenseitigen Handels zur Förderung des Absatzes von Gütern, wenn eine der an einem Tauschhandel oder einer gegenseitigen Transaktion beteiligten Parteien die Angebote der anderen Partei eigentlich nicht wünscht.

Ethik Menschlicher moralischer, überkultureller Verhaltenskodex.

Europäische Freihandelszone (EFTA – European Free Trade Association) Zollausschlussgebiet, das aus Island, Liechtenstein, Norwegen und der Schweiz besteht.

Europäische Gemeinschaft (EU – Europäische Union) Wirtschaftliche Gemeinschaft, die aus den Ländern Österreich, Belgien, Dänemark, Finnland, Frankreich, Deutschland, Griechenland, Irland, Italien, Luxemburg, den Niederlanden, Portugal, Spanien, Schweden und Großbritannien besteht.

Europäisches Wirtschaftsgebiet (EEA – European Economic Area) Zollausschlussgebiet, das die EU- und die EFTA-Länder umfasst.

Ex dock Handelsklausel, die CIF sowie alle Kosten inklusive der Zölle umfasst, die beim Transport der Güter zum Dock des Importhafens anfallen.

Exogene Variablen Faktoren, die sich vom Unternehmen nicht kontrollieren lassen, wie z.B. Kultur, Gesetze usw.

Expansive Marktselektion Ein Verfahren zur Auswahl ausländischer Märkte, das mit dem als Basis dienenden Heimatmarkt oder existierenden Kernmarkt beginnt, um davon ausgehend marktweise zu expandieren.

Export Der Verkauf von Produkten / Dienstleistungen an Auslandsmärkte.

Exportförderung Direkte oder indirekte finanzielle Unterstützung des Exporteurs durch dessen Regierung.

Exporthändler Ein Mittler, in dessen Besitz die in einen ausländischen Markt zu exportierenden Produkte übergehen.

Exporteur Ein Unternehmen, das sich mit Exporten befasst und auf eigene Rechnung ein- und verkauft.

Exportkombination Eine kooperative Organisation, bei der es sich um einen mehr oder weniger formellen Verband unabhängiger und konkurrierender Geschäftsunternehmen handelt, bei der die Mitgliedschaft freiwillig ist und die sich für Zwecke des Verkaufs in ausländische Märkte organisiert.

Exportkommissionshaus Ein Repräsentant ausländischer Käufer, der im Heimatland des Exporteurs ansässig ist. Auch als **Exporteinkaufskommissionär** bekannt.

Exportmanagement-Unternehmen Ein internationaler Verkaufsspezialist, der für mehrere verbündete, aber nicht konkurrierende Hersteller als Außenhandelsabteilung auftritt.

Exportmarkt-Ausrichtung Entscheidung eines Unternehmens darüber, ob es seine Position in einem Auslandsmarkt aufbauen, halten, abbauen oder aufgeben will.

Exportmarkt-Selektion (Expansion) Das Verfahren oder die Gelegenheit, die zur Auswahl von Auslandsmärkten führt, in denen ein Unternehmen konkurriert.

Exportmotive Die der Beteiligung des Unternehmens an Exportaktivitäten zu Grunde liegenden treibenden Kräfte.

Exportverhaltenstheorien Theorien, die zu erklären versuchen, warum und wie sich einzelne Unternehmen in Exportaktivitäten engagieren.

Export-Verkaufstochtergesellschaft Eine eigenständige Unternehmenseinheit, die sich im Heimatland befindet und die wie ein quasi-unabhängiges Unternehmen operiert.

Exportvertreter Ein Repräsentant eines Herstellers, der als Verkäufer fungiert und dem eine Kommission gezahlt wird.

Factoring Der Kauf der Aktivforderungen eines Unternehmens durch ein Geldinstitut.

Faktorproportionentheorie Eine Nation wird das Produkt exportieren, für das große Mengen des relativ reichlich vorhandenen (preiswerten) Faktors erforderlich sind und wird das Produkt importieren, für dessen Produktion der relativ knappe (teuere) Faktor eingesetzt wird.

Faktura In einigen spanischsprachigen Ländern verwendete Konsulatsfaktura.

FAS (free alongside – frei Längsseite Schiff) Handelsbegriff, der angibt, dass die Waren von . einem Transporteur auf Kosten des Verkäufers längsseits (aber nicht an Bord) des vom Käufer benannten Schiffes im angegebenen Hafen zu bringen sind.

Firmenbroschüre Inhouse-Publikation eines Unternehmens, die Werbeideen, Unternehmensnachrichten, Auszeichnungen von Beschäftigten usw. präsentiert.

FOB (free on board – Lieferung frei Schiff) Handelsbegriff, der besagt, dass Güter von einem Transporteur an einem benannten Verschiffungshafen kostenfrei an Bord gebracht werden.

Forschungsprozess Ein Prozess der Informationsbeschaffung, der mit einer „Problemdefinition" beginnt und mit einem vollständigen Bericht und der letztlichen Integration der Ergebnisse in die Entscheidungsprozesse des Management endet. Siehe **Marketingforschung**.

Franchising Art der Lizenzierung, bei der Unternehmen das Recht eingeräumt wird, wichtige Bestandteile (Teile, Materialien usw.) des Fertigprodukts zu benutzen.

Freigebiet Ein Gebiet innerhalb eines Landes, das außerhalb des Zolleinzugsgebiets eines Landes liegt.

Freihafen Zollfreies Gebiet, das einen Hafen oder eine ganze Stadt umfasst.

Freihandelszone Abgeschlossenes, überwachtes Gebiet ohne Wohnbevölkerung in der Nähe eines Importhafens, in das ausländische Güter ohne Zollformalitäten gebracht werden können, die nicht anderweitig verboten sind.

Freiwillige Exportbeschränkung Einseitiges Abkommen eines Unternehmens oder Landes über die Beschränkung seiner Exporte eines bestimmten Produkts oder einer Produktklasse in einen bestimmten ausländischen Markt.

Freizone Eine Art des Freigebiets, das sich im Allgemeinen in einem entlegenen, unterentwickelten Gebiet eines Landes (häufig in der Nähe der Grenze) befindet.

Funktionelle Exportabteilung *Siehe* **interne Exportabteilung** und **eigenständige Exportabteilung**.

Gastland Das fremde Land, in dem ein Unternehmen operiert.

GATT (General Agreement on Tariffs and Trade) *Siehe* **Weltwirtschaftsorganisation**.

Gegenseitige Käufe Eine Form des gegenseitigen Handels, bei dem ein Exporteur seine Produkte an einen Importeur gegen Bargeld oder Kredit verkauft und darin einwilligt, Produkte aus dem Land des ursprünglichen Importeurs zu kaufen (mit Geld oder auf Kredit) und zu vermarkten.

Gegenseitiger Handel Parallele Geschäftstransaktionen, bei denen ein Verkaufsvertrag mit einem Kaufvertrag verbunden wird und finanzielle Arrangements begleitet oder ersetzt. Ein Verkäufer versorgt einen Käufer mit Produkten/Dienstleistungen/Technologien und willigt in eine gegenseitige Kaufverpflichtung ein.

Gemeinschaftlicher Markt Eine Gruppe von Ländern, die sich auf ein Integrationsschema geeinigt haben, bei dem interne Handelsbarrieren beseitigt werden, gemeinschaftliche externe Barrieren bestehen können und innerhalb derer eine freie Bewegung der Produktionsfaktoren erlaubt ist.

Geografische Organisation Unternehmensstruktur, die nach regionalen Marktbereichen oder -gebieten organisiert ist.

Gewohnheitsrechtsland Ein Land, in dem sich das Rechtssystem bei der Schlichtung von Disputen oder der „Regelung" des Verhaltens auf bisherige Gerichtsentscheidungen oder Fälle stützt.

Gleiche Vorteile Eine Situation, bei der ein Land oder ein Unternehmen bei allen Produkten und Dienstleistungen gleiche relative Kostenvorteile vor einem anderen Land oder Unternehmen hat.

Globale Einstellung Der Markt oder relevante Teile der Welt werden als einzelner Markt gesehen, der aus einer Reihe von Segmenten besteht, die von den zu verkaufenden Produkten bestimmt werden.

Globale Vermarktung Integrierte weltweite Marketingstrategie, die sich auf einen konsistenten Verkauf von Markenprodukten stützt und bei der nur geringfügige für die einzelnen Märkte erforderliche Änderungen vorgenommen werden.

Globales Outsourcing Einkauf von Produkten, Komponenten und Materialien im Ausland.

Globales Unternehmen Ein Unternehmen, das mit einer derartigen Konsistenz in seinen Märkten oder Gebieten operiert, dass es so aussieht, als ob es die Welt oder wichtige Teile derselben als einheitlichen Markt betrachtet.

Globalisierung Prozess der Abkehr von individuellen Marketingprogrammen für bestimmte Auslandsmärkte hin zur Entwicklung von Programmen zur Vermarktung von Produkten/Dienstleistungen auf einer weltweiten Basis.

Graumarkt-Exportkanal Ein Marketingkanal in einen bestimmten Auslandsmarkt, der nicht vom Exporteur autorisiert ist. Auch als **Parallelimport** bekannt.

Greenfield-Investment (Investition auf der grünen Wiese) Ausländische Direktinvestitionen in eine Fertigungsstätte, die komplett neu errichtet wird.

Grenzsteuer Diese Steuer wurde vorwiegend in Europa eingesetzt und neben Zöllen bei Importen erhoben. Sie soll Importe mit den gleichen Steuern wie ähnliche einheimische Produkte belasten.

Grüner Punkt Warenzeichen, das in Deutschland auf Verbraucherverpackungen eingesetzt wird.

GUS (Gemeinschaft Unabhängiger Staaten) Ein Zusammenschluss von Russland und mehreren anderen ehemaligen Mitgliedern der Sowjetunion.

Handelsklauseln System zur Angabe von Exportpreisen, das über die Haftung von Exporteur und Käufer, Kosten und Verantwortlichkeiten Aufschluss gibt.

Handelsmesse Konzentrierte Ausstellung der Produkte vieler Hersteller / Exporteure.

Handelsmission Eine Aktivität, die von einer Regierung oder Industrie finanziert wird, bei der eine Gruppe von Geschäftsleuten in einen ausländischen Markt geht, um dort Verkäufe abzuschließen und / oder Beziehungen aufzubauen.

Handelsunternehmen Eine Art von Export- / Importhändler.

Hannover Messe Allgemeine Handelsmesse, die jährlich in Hannover (Deutschland) stattfindet und auf der mindestens 20 wichtige Industriesparten vertreten sind.

Herfindahl-Index Ein Maß für die Stärke der Auslandsmarktkonzentration eines Unternehmens.

Herkunftsbescheinigung (certificate of origin) Ein Dokument, das das Ursprungsland der Produkte bescheinigt, die exportiert werden.

Heterarchische Organisationsstruktur Multinationale Struktur, die durch viele Knotenpunkte unterschiedlicher Art, verschiedene strategische Rollen der ausländischen Tochtergesellschaften, Koalitionen mit anderen Unternehmen und ein tendenziell radikales problemorientiertes Verhalten charakterisiert ist.

Hilfs-/Dienstleistungsorganisationen Institutionen oder Agenturen, die keine Mitglieder des Marketingkanals sind, dem international tätigen Unternehmen aber nützliche und notwendige Dienstleistungen bieten. Beispiele sind Banken, Transportunternehmen und Werbeagenturen.

Hochkontextkultur Eine Kultur, in der die Bedeutung einer Botschaft oder von Verhaltensweisen von der Situation bzw. dem Kontext abhängig ist, in der die Botschaft oder das Verhalten erfolgt, wo die Worte also nicht für sich selbst sprechen.

Huckepack-Vermarktung Ein Hersteller benutzt seine ausländischen Distributionseinrichtungen nicht nur zum Verkauf seiner eigenen, sondern auch der Produkte anderer Unternehmen.

Import(ieren) Der Kauf von Produkten aus ausländischen Gebieten.

INCOTERMS 1990 System von Handelsklauseln, die von der Internationalen Handelskammer entwickelt wurden.

Indirekte Exporte Nutzung von Dienstleistungen unabhängiger Marketingorganisationen oder kooperierender Unternehmen, die im exportierenden Land ansässig sind.

Innere Internationalisierung Beschaffung im Ausland.

Internationale Abteilung Organisationsstruktur, bei der alle internationalen Marketingaktivitäten von einheimischen Geschäftsoperationen getrennt und in eine eigene Abteilung verlagert werden

Internationale Marketingstrategie Die Summe der grundlegenden Marketingentscheidungen hinsichtlich der Produkte und der Marktselektion, des Eintrittsmodus und anderer Marketingaktivitäten.

Internationale Medien Werbemedien, die in zwei oder mehr Ländern zirkulieren, gehört oder gesehen werden.

Internationaler Absatzkanal Das aus Marketingorganisationen bestehende System, das einen Hersteller mit dem Endverbraucher in einem ausländischen Markt verbindet.

Internationales Marketing Vermarktung von Waren und Dienstleistungen über politische Grenzen hinweg.

Internationalisierung Schrittweiser Prozess der internationalen Geschäftsentwicklung, durch den ein Unternehmen sich zunehmend mit bestimmten Produkten in bestimmten Märkten für und in internationalen Geschäftsaktivitäten engagiert.

Interne Exportabteilung Eine Unternehmenseinheit, die aus einem Exportverkaufsmanager und einer Bürohilfe besteht. Für das Exportmarketing (außer den Verkäufen) sind vorwiegend die regulären inländischen Marketingabteilungen des Unternehmens zuständig.

Interne Produktentwicklung Ein evolutionärer Prozess, der aus einer Reihe von Phasen besteht, mit der Ideengewinnung beginnt und mit der Kommerzialisierung endet.

ISIC-Kode (International Standard Industrial Classification) Kode zur Klassifizierung von Industrien nach Warengruppen.

ISO 9000 ff Minimale Standards die von der ISO (International Standards Organization) gesetzt werden, die das Design, die Herstellung, die Logistik und andere Steuerungsmöglichkeiten im Zusammenhang mit der Herstellung von Qualitätsprodukten und -Dienstleistungen spezifizieren.

JETRO (Japan External Trade Organization) Japanische wirtschaftliche Interessenvertretung zur Förderung des Außenhandels und damit von Exporten nach Japan. Die deutsche Zentrale befindet sich in Düsseldorf, weitere Niederlassungen sind in Berlin, Frankfurt, Hamburg und München.

Joint Venture Art der strategischen Allianz, bei der Unternehmen aus mindestens zwei Ländern, von denen eins üblicherweise lokal ist, ein neues Unternehmen bilden, das auf gemeinschaftlicher Basis Produkte oder Dienstleistungen herstellt.

Kaiablieferungsbescheinigung (dock receipt) Ein Dokument, das dem Versender vom Transportunternehmen ausgehändigt wird und den Empfang der zu transportierenden Güter bestätigt.

Kanalkonzept Ein integriertes System mit dem Hersteller an einem und dem Endverbraucher oder Käufer am anderen Ende. Grundlegende Bestandteile sind der Hauptsitz des Unternehmens, die Kanäle zwischen den Nationen und die Kanäle innerhalb einer Nation.

Kartell Ein Verband von Herstellern mit dem Ziel der Koordination und Kontrolle der Produktion und der Vermarktung eines Produkts und der Steigerung der Gewinne.

Kommission Der Exporteur versendet das Produkt an den Käufer, der dieses nach dem Weiterverkauf bezahlt.

Kommunikations-/Werbehindernis Etwas, das den Empfang einer vom Exporteur ursprünglich versendeten Botschaft durch ausländische Käufer (potenziell) nachteilig beeinflusst.

Komparativer Vorteil Der Fall, wenn ein Land oder ein Unternehmen im Vergleich mit einem anderen Land oder Unternehmen über absolute Kostenvorteile in der Produktion aller Produkte verfügt, die aber bei einigen Produkten größer als bei anderen sind.

Kompensationsvereinbarung *Siehe* **Rückkauf**.

Konnossement Ein Dokument, bei dem es sich um einen Transportvertrag zwischen dem Versender und einem transportierenden Frachtführer, eine vom Frachtführer ausgestellte Empfangsbestätigung für die Güter und/oder einen Beweis über den Besitz der Güter handelt.

Konsolidierer *Siehe* **Auslandsfrachtspediteur**.

Konsulatsfaktura (consular invoice) Ein von dem Konsul des importierenden Landes unterzeichnetes Dokument, das der Kontrolle und Kennzeichnung der dorthin versandten Produkte dient.

Kontraktible Marktselektion Systematische Sichtung aller potenzieller Märkte, die zur Eliminierung der am wenigsten vielversprechenden Märkte und der weiteren Untersuchung der vielversprechendsten Märkte führt.

Kultur Die Summe von Wissen, Werten, Glauben und Einstellungen, die eine bestimmte Gruppe von Menschen gemeinsam teilt.

Kulturelle Distanz *Siehe* **psychische/psychologische Distanz**.

Kulturelles Einfühlungsvermögen Die Fähigkeit einer Person, kulturelle Unterschiede so zu verstehen, dass es ihr möglich ist, Situationen vom Standpunkt der anderen Kultur aus zu betrachten.

Kulturübergreifende Kommunikation Kommunikation zwischen zwei Personen, die aus unterschiedlichen Kulturen stammen.

Kundengebundenes Lager Ein Lager, in dem Güter aus dem Ausland aufbewahrt und bearbeitet werden können, ohne dass Zölle zu zahlen sind, bis die gelagerten Güter an den Käufer ausgeliefert werden.

Kundenorganisation Unternehmensstruktur, deren Organisation auf Kundengruppen (Industrie, Endverbraucher usw.) basiert.

Küstennaher Betrieb Eine Fabrik, die sich im Besitz eines Unternehmens befindet, dessen Standort in einem anderen Land liegt, und deren vorrangiger Zweck die Herstellung von Produkten ist, die in den Heimatmarkt exportiert werden sollen.

Länderimage Einstellungen der Verbraucher (Anwender) in einem Importland zu ausländischen Produkten, die auf deren Wahrnehmung des Exportlandes beruhen.

Little Dragons (kleine Drachen) Asiatische Gebiete in Korea, Taiwan, Hongkong und Singapur.

Logistik Management der Beziehungen, Entscheidungen und Aktivitäten zwischen Produktion, Lagerung und physischer Verteilung.

LOV (List of Values – Liste von Werten) Eine Menge von neun Wertedimensionen, die Menschen charakterisieren.

Luftfrachtbrief Das beim Lufttransport verwendete Konnossement (bill of lading) ist ein nichtübertragbares Dokument.

Managementverträge Strategische Allianz, bei der ein im Ausland ansässiges Unternehmen ein Unternehmen in einem lokalen Markt für einen lokalen Investor leitet.

Maquiladora Eine in den als zollfrei ausgewiesenen Gebieten Mexikos ansässige Fertigungsstätte.

Marke Alles, was die Waren eines Verkäufers kennzeichnet und sie von anderen unterscheidet.

Marketingforschung Die systematische und objektive Suche und Analyse von Informationen, die für das Erkennen und Lösen beliebiger Probleme im Zusammenhang mit den Marketingaktivitäten eines Unternehmens relevant sind. Siehe **Forschungsprozess**.

Marketingkanal *Siehe* **internationaler Absatzkanal**.

Marketing-Mix (-Programm) Die geplante und koordinierte Kombination der vom Unternehmen eingesetzten Marketingverfahren oder -werkzeuge zur Erreichung eines zuvor festgelegten Ziels.

Markteintrittsmodus Die Mittel, die ein Unternehmen zum Eindringen in einen ausländischen Markt nutzt. Siehe **Marketingkanal**.

Marktkonzentration Marktselektionsstrategie, die zu einer langsamen und graduellen Wachstumsrate in den von einem Unternehmen bedienten Auslandsmärkten führt.

Marktnachfrage Die Gesamtmenge eines Produkts bzw. einer Dienstleistung, die sich von einer bestimmten Kundengruppe in einem definierten geografischen Gebiet in einem definierten Zeitraum in einem definierten Marketingumfeld bei Einsatz eines bestimmten Marketingprogramms verkaufen lässt.

Marktorientiertes Unternehmen Ein Unternehmen, das kundenorientiert ist und sich mit dem befasst, was sich der Kunde wünscht und was sich profitabel herstellen lässt.

Marktpotenzial Die Menge eines Produktes (oder einer Dienstleistung), die der Markt in einem unendlichen Zeitraum unter optimalen Bedingungen der Marktentwicklung absorbieren könnte.

Marktprognose Erwartete Marktnachfrage.

Marktsegmentierung Prozess der Identifikation und Kategorisierung von Kundengruppen und Ländern nach gemeinsamen Merkmalen.

Marktstreuung Marktselektionsstrategie, die von einer hohen Wachstumsrate bei der Anzahl der von einem Unternehmen in den frühen Phasen bedienten Unternehmen gekennzeichnet ist.

Matrixorganisation Eine Mischstruktur, die mehrere Kompetenzen auf weltweiter Basis kombiniert.

Media-Mix Kombination der von einem Unternehmen genutzten verschiedenen Werbeträger.

Mercosur Ein gemeinsamer Markt, der Argentinien, Brasilien, Paraguay und Uruguay umfasst.

Montageoperationen Eine auslandsmarktbasierte Einrichtung, in der vorwiegend importierte Komponenten und Teile zu einem Fertigprodukt zusammengebaut werden.

Multinationales Unternehmen Ein Unternehmen, das in einer Reihe von Ländern operiert und seine Produkte und Praktiken jeweils für einzelne Länder oder Ländergruppen anpasst.

Musterstandardisierung Werbestrategie, die von Anfang an so entworfen wurde, dass sich Anpassungen an die lokalen Bedingungen nationaler Märkte vornehmen lassen, aber dennoch in allen Märkten über gemeinsame Merkmale verfügt.

Nachfragekurve „hinabrutschen“ Preisstrategie, bei der anfangs ein hoher Preis festgelegt wird, der dann gesenkt wird, um der Konkurrenz zuvorzukommen, so dass sich das Unternehmen in Auslandsmärkten festsetzen kann.

Nachsichtwechel (time draft) Wechsel, dessen Zahlung eine bestimmte Anzahl von Tagen nach Sicht fällig ist.

NAFTA (North American Free Trade Area) Das nordamerikanische Zollausschlußgebiet besteht aus den USA, Kanada und Mexiko.

Nationalismus Der Einfluss kollektiver Mächte in der Form eines Nationalgeistes oder einer nationalen Einstellung.

Netzwerkmodell Ansatz des Marketing zwischen Unternehmen, bei dem sich ein Unternehmen in aus mehreren verschiedenen Firmen bestehenden Netzwerken von Geschäftsbeziehungen engagiert.

NIC (newly industrialized country) Entwicklungsland, in dem ein schnelles industrielles Wachstum stattgefunden hat und in dem das Pro-Kopf-Bruttoinlandsprodukt höher als in den meisten Entwicklungsländern ist.

Niedrigkontextkultur Eine Kultur, in der die Bedeutung einer Botschaft oder eines Verhaltens vorwiegend über das Wort oder das Verhalten selbst transportiert wird und damit weniger vom Kontext abhhängt.

Nischenunternehmen International tätiges Unternehmen, das sich vorwiegend auf die Vermarktung von Produkten in kleinen und spezialisierten Segmenten des Gesamtmarkts konzentriert.

OEM (Original Equipment Manufacturer) Hersteller von Originalgeräteausstattung, also von Komponenten, die in Produkte anderer Anbieter einfließen.

Offenes Konto Die Zahlung an den Exporteur hat entweder an einem bestimmten Datum oder innerhalb einer angegebenen Anzahl von Tagen nach einem in der Exportrechung angegebenen Datum zu erfolgen.

Öffentlichkeit Jede Nachricht über ein Unternehmen oder seine Produkte, die in den Medien erscheint und die nicht vom Unternehmen bezahlt wird.

Öffentlichkeitsarbeit *Siehe* **PR**.

Ortsspezifische Vorteile Vorteile eines Unternehmens, die aus dem spezifischen Ort resultieren, an dem es sich befindet.

Packliste Enthält, Stück für Stück, den Inhalt der Kisten oder Container einer Sendung.

Pariser Union (International Convention for the Protection of Industrial Property) *Siehe* **PVÜ**.

Penetrationspreis Eine Strategie, bei der Preise so niedrig festgelegt werden, dass sie schnell zur Entwicklung eines Massenmarkts führen.

Persönlicher Verkauf Persönliche Marketingkommunikation zwischen einem Unternehmensrepräsentanten und einem Kaufinteressenten.

Physische Distribution Die Beförderung und der Umgang mit Produkten aus dem exportierenden Land hinaus an die Orte des Verbrauchs oder der Nutzung. Siehe **Logistik**.

Physischer Produktkern Funktionale Merkmale, Stil, Präsentation und Gestaltung.

Politisches Risiko Einsatz von Politiken der Regierung des Gastgeberlandes, die die Geschäftsoperationen bestimmter Auslandsinvestitionen beschränken. Umfasst Risiken, die den Transfer, die Operationen, die Eigentumskontrolle und generelle Instabilitäten betreffen.

POP-Materialien (point-of-purchase materials) Materialien von Herstellern und Exporteuren verpackter Verbrauchsgüter zur Absatzförderung, die am Ort des Kaufs eingesetzt werden und Kunden anziehen sollen.

Positionierung Eine Strategie der Marketingkommunikation mit einem Auslandsmarkt, durch die eine Marke in den Köpfen der Kunden gegenüber anderen Produkten hinsichtlich der von einem Produkt gebotenen Produktmerkmale und -vorteile eingeordnet werden soll.

PR (Public Relations) Marketingkommunikation, die auf öffentliches Verständnis und öffentliche Akzeptanz eines Unternehmens und seiner Geschäftsaktivitäten abzielt.

Präemptive Preissetzung Der Preis wird niedrig gesetzt (in der Näher der Gesamtkosten), um die Konkurrenz zu entmutigen.

Preiseskalation Die Tendenz, dass Preise von Produkten auf dem Weg vom exportieren Hersteller zum Anwender oder Verbraucher deutlich steigen.

Preissensitivität Reaktion der Kunden (Käufer) auf Preisänderungen. Auch Preiselastizität genannt.

Primärdaten Daten, die durch originale Forschungen für einen bestimmten Forschungsauftrag erhoben werden.

Primäre Informationsquellen Sammlung von Informationen durch Beobachtung, kontrollierte Experimente, Umfragen und andere Techniken, bei jenen, von denen man sie benötigt.

Proaktives Verhalten Aggressives Verhalten, das sich auf das Interesse des Unternehmens an der Ausbeutung einzigartiger Kompetenzen oder Marktchancen stützt.

Produkt Summe aller physischer und psychologischer Nutzen, die der Verbraucher beim Kauf oder der Anwendung des Produkts wahrnimmt.

Produktdifferenzierung Wahrgenommene Einmaligkeit eines Produkts.

Produktdiffusion Ausbreitung eines Produkts nach seiner Entwicklung im Markt.

Produktfälschungen Anbringen von Markennamen oder Warenzeichen an gefälschten Produkten oder Dienstleistungen, so dass der Kunde glaubt, er würde Produkte/Dienstleistungen des Besitzers des Warenzeichens oder des Markennamens erwerben.

Produktlebenszyklus Die Phasen, denen ein Produkt von seiner Geburt (Produkteinführung) bis zu seiner Veralterung (Umsatzrückgang) folgt.

Produktlinie Gruppe von Produkten, die sich ähneln oder über gemeinsame Merkmale verfügen.

Produktmix Die Menge (Zusammensetzung) der Produkte, die ein Unternehmen seinen Kunden anbietet. Auch Produktsortiment.

Produktorganisation Unternehmensstruktur, die auf der Basis von Produkten organisiert ist und bei der die Produktabteilungen die globale Verantwortung haben.

Produktorientiertes Unternehmen Ein Unternehmen, das in seiner Entscheidungsfindung von technologischen und produktbezogenen Überlegungen geleitet wird.

Produktphasen Menge der Strategien zur Synchronisierung der Ablösung alter Produkte durch neue.

Produktverpackung Umfasst die Verpackung selbst, Warenzeichen, Markenname und das Etikett bzw. den Verpackungsaufdruck.

Produzierende Exportzone Ein Freigebiet, das ausländischen Herstellern Anreize für Investitionen bietet und in dem für den Export bestimmte Produkte hergestellt werden.

Proformarechnung Eine vom Exporteur vorbereitete vorläufige Rechnung, die über die Bestimmungen der vereinbarten oder vorgeschlagenen Transaktion Aufschluss gibt.

Prototypstandardisierung Werbestrategie, bei der dieselben Anzeigen oder Kampagnen in mehreren Auslandsmärkten eingesetzt werden und nur die Sprache an die lokalen Märkte angepasst wird.

Psychische/psychologische Distanz Bei Anwendung auf Länder handelt es sich um deren Entfernung, die über Betrachtungen von Kultur, Stadium der wirtschaftlichen Entwicklung, Geschichte usw. bestimmt wird.

Psychographische Segmentierung Segmentierung eines Markts auf der Basis psychographischer Variablen, wie z.B. Lebensstil, Persönlichkeit usw.

Pull-Werbepolitik/-strategie Die Kundennachfrage wird durch direkte, an den Kunden gerichtete Werbung erzeugt, die dann dafür sorgt, dass das Produkt über die Nachfrage bei den Mittlern durch den Kanal „gezogen" wird.

Push-Werbepolitik/Strategie Werbung durch den Marketingkanal. Kanalmitglieder sind für die Werbung der Kanalmitglieder der niedrigeren Ebenen zuständig.

PVÜ (Pariser Verbandsübereinkunft zum Schutz des gewerblichen Eigentums) Übereinkunft, mit der die unterzeichnenden Länder die nationale Behandlung hinsichtlich des Schutzes von Warenzeichen, Patenten usw. auf die Unternehmen aus anderen Mitgliedsländern erweitern. Siehe auch **Pariser Union**.

Quoten Rechtliche Beschränkungen, die die Menge eines Produkts, die von einem bestimmten Land importiert werden kann, begrenzt.

R&D Abk. für Research and Development (Forschung und Entwicklung).

Reaktives Verhalten Ein Unternehmen reagiert auf internen und externen Druck und handelt passiv.

Reines Konnossement Konnossement ohne Vermerke über Beschädigungen.

Residenter Käufer Ein Vertreter ausländischer Käufer, der im Heimatland des Exporteurs ansässig ist. Siehe auch **Exportkommissionshaus**.

Revidierte amerikanische Außenhandelsdefinitionen 1941 System von Handelsklauseln, das ursprünglich von der Handelskammer der USA und zwei anderen Organisationen entwickelt wurde.

Rückkauf Eine Form des gegenseitigen Handels, bei der sich ein Unternehmen im Tausch gegen den Produktionsausstoß einer Fabrik damit einverstanden erklärt, technische Kenntnisse zur Errichtung dieser Fabrik zur Verfügung zu stellen, die Fabrik selbst zu errichten oder die Nutzung eines Warenzeichens zu lizenzieren.

Schifffahrtkonferenz Verband von Seetransportunternehmen, die Dienstleistungen für bestimmte Strecken erbringen.

Schlüsselfertiger Betrieb Ein Managementvertrag über den Bau einer Fabrik, die Schulung des Personals und den anfänglichen Betrieb der Fabrik für einen lokalen Investoren.

Schreibtischmakler Eine Art von Exporteur, der das in einen ausländischen Markt verkaufte Produkt physisch nie besitzt. Auch als Auftragsmakler bekannt.

SEA (Single European Act) Englische Bezeichnung des Binnenmarktgesetzes der EU von 1987.

Seeassekuranz Versicherung zum Schutz gegen die Risiken der Beschädigung von Gütern bei ihrer physischen Bewegung vom Exporteur zum Käufer.

Sekundärdaten Von sekundären Informationsquellen erhältliche Daten.

Sekundäre Informationsquellen Alle Quellen veröffentlichter Informationen und von Informationen, die zuvor für andere Zwecke als den aktuellen Bedarf gesammelt worden sind.

Selbstbezugskriterium (self-reference criterion – SRC) Beurteilung der kulturellen Gewohnheiten und Normen eines ausländischen Markts auf der Basis der kulturellen Gewohnheiten und Normen der Heimatgesellschaft.

Sichtwechsel (sight draft) Ein Wechsel, der angibt, dass die Zahlung erfolgen muss, wenn der Wechsel dem Käufer erstmals und zur Zahlung vorgelegt wird.

SITC (Abk. für Standard International Trade Classification) Internationales Warenverzeichnis für den Außenhandel, das dem Zweck dient, alle Waren des internationalen Handels systematisch zu ordnen.

SKU (Stock Keeping Unit) Produktidentifikationsnummer für Inventurzwecke, über die sich individuelle Produkte identifizieren lassen. Die SKUs der Produkte müssen eindeutig sein.

Sogo Shosha Große japanische, allgemeine Handelsunternehmen.

Staatshandel Direkte oder über kontrollierte Vertreter erfolgende Beteiligung der Regierung an kommerziellen Geschäftsoperationen.

Standardisierung Ein Unternehmen nutzt eine Version des Marketingprogramms oder einzelne Elemente eines Programms (wie z.B. das Produkt) für alle Auslandsmärkte. Auch als Globalisierung bekannt.

Strategische Allianzen Langfristige Vereinbarungen zur Zusammenarbeit und/oder Kooperation in bestimmten Bereichen der internationalen Marketingaktivitäten zwischen Unternehmen aus mehreren Ländern.

Subkultur Eine Kultur innerhalb einer umfassenderen Kultur, die sich auf möglicherweise Staatsangehörigkeit, Religion, Sprache, Rasse oder geografische Bereiche stützen kann.

Tauschhandel Eine Form des gegenseitigen Handels, bei der ein direkter Tausch der Waren und Dienstleistungen zwischen zwei Parteien stattfindet, bei denen es sich um Geschäftsfirmen oder Regierungen handeln kann.

Technologieorientiertes Unternehmen *Siehe* **produktorientiertes Unternehmen**.

TQM (Totales Qualitätsmanagement) Qualitätsmanagement, mit dem Unternehmen danach streben, Produkte schneller, mit weniger Defekten und niedrigeren Kosten auf die Märkte zu bringen.

Transferpreis Preis, der für Tochtergesellschaften gilt, die sich ganz oder teilweise im eigenen Besitz befinden.

Übertragbares Akkreditiv Lässt eine Übertragung von Teilen oder des gesamten Akkreditivs auf irgendwelche anderen Parteien zu.

Unreines Konnossement Konnossement (bill of lading) auf dem sich Vermerke über Beschädigungen von Waren, Verpackungen oder Containern befinden, die auf einen transportierenden Frachtführer geladen wurden.

Unterscheidende Kompetenz Eine Fähigkeit oder Qualität, die einer Organisation einen einzigartigen Vorteil vor anderen verleiht.

Unterschiedliche Preisfestlegung Die Preise für die jeweiligen Märkte werden unterschiedlich festgelegt.

Unwiderrufliches Akkreditiv Akkreditiv, das sich nicht einseitig vom Importeur oder der ausstellenden Bank aufheben lässt.

VALS (Values and Lifestyles) Ein System zur Darstellung der Werte und des Lebensstils der Menschen eines Landes oder einer Kultur.

VER (voluntary export restraint) *Siehe* **Freiwillige Exportbeschränkung**.

Verdrängungspreise Preise werden sehr niedrig gesetzt (in der Nähe der direkten Kosten), um vorhandene Konkurrenten aus ausländischen Märkten zu verdrängen.

Verfallskurve Ein Prozess, durch den neue Produktideen progressiv in den jeweiligen Phasen der Produktentwicklung verworfen werden.

Verkaufsförderung Alle Verkaufsaktivitäten, die den persönlichen Verkauf und die Werbung begleiten und unterstützen.

Verrechnungsverkehr Art des Tauschhandels, bei dem Überhänge dadurch bereinigt werden, dass weitere Waren akzeptiert werden oder eine der Parteien eine Strafe zahlt.

Verschobene Akkreditive Akkreditive, bei denen der Exporteur Zahlungen zu bestimmten Zeitpunkten nach der Versendung vornimmt.

Vertragsfertigung Eine Form der strategischen Allianz, bei der ein Unternehmen seine Produkte von Herstellern in ausländischen Märkten vertraglich fertigen/zusammenbauen lässt, dabei aber weiterhin für das Marketing und die Distribution dieser Produkte zuständig bleibt.

VIEW-Test Eine Möglichkeit zur Ermittlung der Effektivität einer Verpackung, bei der die Sichtbarkeit, die Informationen, die emotionale Wirkung und die Umsetzbarkeit geprüft werden.

Warenzeichen Eine Marke oder Teil einer Marke, die gesetzlich geschützt ist.

Wechsel Eine Art von Scheck, der vom Exporteur auf den Importeur gezeichnet wird und auf dem der Exporteur angibt, dass ihm eine Summe Geldes auszuzahlen ist. Wenn ein Wechsel in Verbindung mit einem Akkreditiv eingesetzt wird, wird er auf eine Bank gezeichnet.

Weltwirtschaftsorganisation (WTO – World Trade Organization) Eine multinationale, supranationale Organisation, die auf der Ebene nationaler Regierungen ein Forum für Verhandlungen von Themen, die internationale Geschäfte betreffen, zur Verfügung stellt. Dazu zählt auch ein Verfahren zur Lösung von Streitigkeiten. Der Nachfolger der GATT nahm seine Arbeit am 1. Januar 1995 auf.

Werbeklima Allgemeine Ansichten der Leute und Institutionen in einem sozioökonomischen, kulturellen und politischen System über die Werbung.

Werbe-Mix Kombination der verschiedenen im Marketing des Exporteurs eingesetzten Werbeaktivitäten.

Werbeprogramm Geplante, koordinierte, integrierte Folge von Anstrengungen, die sich um ein gemeinsames Thema oder eine Idee drehen, und die der Erreichung vorher festgelegter Kommunikationsziele dienen soll.

Werbetransfer Die Übertragung einer Werbekampagne oder einiger ihrer Bestandteile von einem Markt (Inland oder Ausland) auf einen anderen.

Werbung Unpersönliche Präsentation von Verkaufsbotschaften über Massenmedien, die vom Werbetreibenden bezahlt wird.

Widerrufliches Akkreditiv Akkreditiv, das sich jederzeit vom Exporteur oder der ausstellenden Bank aufheben lässt.

Wirtschaftliche Integration Eine Vereinigung eigenständiger nationaler Wirtschaften zu einem größeren einzelnen (oder internen) Markt.

Wirtschaftsunion Eine Gruppe von Ländern, die die Zölle an den gegenseitigen Landesgrenzen sich beseitigt haben, gemeinsame externe Barrieren errichtet haben, einen freien Fluss der Produktionsfaktoren erlauben und die Wirtschafts- und Sozialpolitik innerhalb dieser Union koordinieren und harmonisieren.

WTO *Siehe* **Weltwirtschaftsorganisation**

Zentralisierung Organisationsmodell, bei dem die Entscheidungsfindung und Kontrolle zentral im Hauptsitz konzentriert ist.

Zivilrechtsland (Roman Law) Land, in dem sich das Rechtssystem auf Bestimmungen stützt, die für umfassend gehalten werden und die eine pauschale Quelle der Autorität darstellen, die das Verhalten „regelt".

Zoll Eine Steuer auf Importe.

Zollfreigrenzen (nontariff barriers) Staatliche Regulierungen des Handels, bei denen es sich nicht um Zölle oder eine Besteuerung der Importe handelt.

Zollunion Eine Gruppe von Ländern, die die Zölle untereinander abgeschafft und gemeinsame externe Zolltarife eingerichtet haben.

Register

C

D

E

F

G

H

I

J

K

L

M

N

O

P

Q

R

S

T

U

V

W

Z

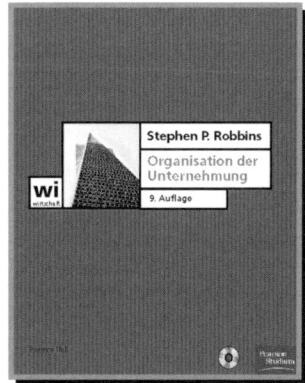